Dmitri Mendelejew
Grundlagen der Chemie - Band I

SEVERUS Verlag

Mendelejew, Dmitri: Grundlagen der Chemie - Band I. Aus dem Russischen übersetzt
von L. Jawein und A. Thillot. 2018
Neuauflage der Ausgabe von 1891
ISBN: 978-3-95801-307-0

Scanbearbeitung: Nathalie Strnad

Umschlaggestaltung: Annelie Lamers, SEVERUS Verlag
Umschlagmotiv: www.pixabay.com

Bibliografische Information der Deutschen Nationalbibliothek: Die Deutsche Nationalbibliothek verzeichnet diese Publikation in der Nationalbibliografie; detaillierte bibliografische Daten sind im Internet über https://dnb.de abrufbar.

Der SEVERUS Verlag ist ein Imprint der Bedey & Thoms Media GmbH,
Hermannstal 119k, 22119 Hamburg

SEVERUS Verlag, 2018
http://www.severus-verlag.de
Gedruckt in Deutschland
Der SEVERUS Verlag übernimmt keine juristische Verantwortung oder irgendeine Haftung für evtl. fehlerhafte Angaben und deren Folgen.

Dmitri Mendelejew

Grundlagen der Chemie - Band I
Aus dem Russischen übersetzt von L. Jawein und A. Thillot

INHALT DES GANZEN WERKES:

Seite.

1. Tabelle: Anordnung der Elemente nach Gruppen und Reihen.
2. » Atomgewichte der Elemente (Anordnung der Elemente nach Perioden).

Einleitung: Chemische Umwandlung. Unvergänglichkeit des Stoffes. Einfache und zusammengesetzte Körper. Chemische Energie. Chemisches Gleichgewicht. Reaktions-Bedingungen . . .   1

Kapitel   I. Das Wasser und seine Verbindungen. Wässerige Lösungen. Kryohydrate. Krystallhydrate. Hydrate.   46

»   II. Zusammensetzung des Wassers. Wasserstoff.   128

»   III. Sauerstoff und seine salzbildenden Verbindungen.—Knallgas. — Verbrennung im Sauerstoff. — Oxyde — Säuren und Alkalien. — Salze   171

»   IV. Ozon und Wasserstoffhyperoxyd.— Gesetz der multiplen Proportionen. Gesetz der Aequivalente.   221

»   V. Stickstoff und Luft.   247

»   VI. Wasserstoff- und Sauerstoffverbindungen des Stickstoffs. — Ammoniak.— Substitutionsgesetz.— Salpetersäure.— Untersalpetersäureanhydrid und Stickstoffdioxyd.— Salpetrigsäureanhydrid — Stickoxyd.— Schwefelsäurefabrikation. — Stickoxydul.   271

»   VII. Molekeln und Atome. Gesetze von Gay-Lussac und Avogadro-Gerhardt   324

»   VIII. Kohlenstoff.—Kohle. Graphit. Diamant.—Kohlenwasserstoffe. Leuchtgas. Naphta.   359

»   IX. Verbindungen des Kohlenstoffs mit Sauerstoff: Kohlensäuregas. Kohlenoxyd.—Cyanverbindungen. Blausäure. . . .   405

»   X. Chlornatrium.— Berthollet's Lehre.—Chlorwasserstoff . .   446

»   XI. Die Halogene: Chlor, Brom, Jod und Fluor.—Metalepsie. .   496

»   XII. Natrium.—Schwefelsaures Natrium. — Soda.— Aetznatron.— Metallisches Natrium.—Wasserstoffnatrium.—Natriumoxyde   551

»   XIII. Kalium.—Pottasche.—Aetzkali.— Cyankalium.— Salpeter.— Spektroskopische Untersuchungen.— Lithium, Rubidium und Cäsium   582

»   XIV. Aequivalenz und spezifische Wärme der Metalle.— Magnesium, Calcium, Strontium, Baryum und Beryllium   623

»   XV. Die Aehnlichkeit der Elemente unter einander. — Isomorphismus.— Verbindungsformen.— Das periodische Gesetz .   666

Periodizität der Elemente (Tabelle)   684

Anordnung der Elemente nach Gruppen und Reihen.

GRUPPE:	I.	II.	III.	IV.	V.	VI.	VII.	VIII.
				RH⁴	RH³	RH²	RH	Wasserstoffverbindungen.
Reihe: 1	H							
» 2	Li	Be	B	C	N	O	F	
» 3	Na	Mg	Al	Si	P	S	Cl	
» 4	K	Ca	Sc	Ti	V	Cr	Mn	Fe. Co. Ni. Cu.
» 5	(Cu)	Zn	Ga	Ge	As	Se	Br	
» 6	Rb	Sr	Y	Zr	Nb	Mo	J	Ru. Rh. Pd. Ag.
» 7	(Ag)	Cd	In	Sn	Sb	Te	—	
» 8	Cs	Ba	La	Ce	Di?	—	—	— — — —
» 9	—	—	Yb	—	Ta	W	—	Os. Ir. Pt. Au.
» 10	—	—	—	—	—	—	—	
» 11	(Au)	Hg	Tl	Pb	Bi	—	—	
» 12	—	—	—	Th	—	U	—	
	R²O	R²O² / RO	R²O³	R²O⁴ / RO²	R²O⁵	R²O⁶ / RO³	R²O⁷	Höchste salzbildende Oxyde RO⁴

ATOMGEWICHTE DER ELEMENTE.

Anordnung der Elemente nach Perioden.

Gruppen.	Höchste salzbildende Oxyde.	Typische oder 1-te kleine Periode.	GROSSE PERIODEN.				
			1-te	2-te	3-te	4-te	5-te
I	R^2O	Li = 7	K 39	Rb 85	Cs 133	—	—
II	RO	Be = 9	Ca 40	Sr 87	Ba 137	—	—
III	R^2O^3	B = 11	Sc 44	Y 89	La 138	Yb 173	—
IV	RO^2	C = 12	Ti 48	Zr 90	Ce 140	—	Th 232
V	R^2O^5	N = 14	V 51	Nb 94	—	Ta 182	—
VI	RO^3	O = 16	Cr 52	Mo 96	—	W 184	Ur 240
VII	R^2O^7	F = 19	Mn 55	—	—	—	—
VIII			Fe 56	Ru 101	—	Os 190	—
			Co 58½	Rh 103	—	Jr 193	—
			Ni 59	Pd 106	—	Pt 194	—
I	R^2O	Na = 23	Cu 63	Ag 108	—	Au 197	—
II	RO	Mg = 24	Zn 65	Cd 112	—	Hg 200	—
III	R^2O^3	Al = 27	Ga 70	Jn 113	—	Tl 204	—
IV	RO^2	Si = 28	Ge 72	Sn 118	—	Pb 206	—
V	R^2O^5	P = 31	As 75	Sb 120	—	Bi 208	—
VI	RO^3	S = 32	Se 79	Te 125	—	—	—
VII	R^2O^7	Cl = 35½	Br 80	J 127	—	—	—
			1-te	2-te	3-te	4-te	5-te
		2-te kleine Periode.		Grosse Perioden.			

$H = 1$

Periodizität der chemischen Elemente.

Einfache Körper und ihre Eigenschaften				Wasserstoffverbindungen und metallorganische Verbindungen	Elemente		Formen der salzbildenden Oxyde	Eigenschaften der höchsten salzbildenden Oxyde			Kleine Perioden oder Reihen
t	α	s	A/s	RH^m und $R(CH^3)^m$	R	A	R^2O^n	s'	$(2A+n \cdot 16)/s'$	V	
[1]	[2]	[3]	[4]	[5]	[6]		[7]	[8]	[9]	[10]	[11]
Wasserstoff. $<-200°$	—	$<0{,}05$	>20	$m=1$	H	1	$1 =^n$	0,917	19,6	<-20	1-te
Lithium.. 180°	—	0,59	12	—	Li	7	1^+	2,0	15	-9	2-te
Beryllium. (900°)	—	1,64	5,5	—	Be	9	— 2	3,06	16,3	$+2{,}6$	
Bor... (1300°)	—	2,5	4,4	3	B	11	— — 3	1,8	39	10	
Kohlenstoff. $>(2500°)$	—	$<2{,}0$	>6	4	C	12	— — — 4	$>1{,}0$	88	<19	
Stickstoff. $-203°$	—	$<0{,}7$	>20	3	N	14	1 — 3^* — 4 5^*	1,64	66	<5	
Sauerstoff. $<-200°$	—	$<1{,}0$	>16	2	O	16	— — — — —	—	—	—	
Fluor.. —	—	—	—	1	F	19	— — — — —	—	—	—	
Natrium.. 96°	071	0,98	23	—	Na	23	1^+	Na^2O 2,6	24	-22	3-te
Magnesium. 500°	027	1,74	14	2	Mg	24	— 2^+	3,6	22	-3	
Aluminium. 600°	023	2,6	11	—	Al	27	— — 3	Al^2O^3 4,0	26	$+1{,}3$	
Silicium... (1200°)	008	2,3	12	4	Si	28	— — 3 4	2,65	45	5,2	
Phosphor.. 44°	128	2,2	14	3	P	31	1 — 3^* 4^* 5^*	2,39	59	6,2	
Schwefel.. 114°	067	2,07	15	2	S	32	— 2 — 4^* 5^* 6^*	1,96	82	8,7	
Chlor... $-75°$	—	1,3	27	1	Cl	35½	1^+ — 3 — 5^* — 7^*	—	—	—	
Kalium.. 58°	084	0,87	45	—	K	39	1^+	2,7	35	-55	4-te
Calcium.. (800°)	—	1,6	25	—	Ca	40	— 2^+	3,15	36	-7	
Scandium.. —	—	(2,5)	(18)	—	Sc	44	— — 3^+	3,86	35	(0)	
Titan.. (2500°)	—	(5,1)	(9,4)	—	Ti	48	— — 3 4	4,2	38	$(+5)$	
Vanadin. (2000°)	—	5,5	9,2	—	V	51	— 2 3 4 5	3,49	52	6,7	
Chrom... (2000°)	—	6,5	8,0	—	Cr	52	— 2 3 — — 6^*	2,74	73	9,5	
Mangan... (1500°)	—	7,5	7,3	—	Mn	55	— 2^+ 3 4 — 6^* 7^*	—	—	—	
Eisen... 1400°	012	7,8	7,2	—	Fe	56	— 2^+ 3 — — 6^*	—	—	—	
Kobalt. (1400°)	013	8,6	6,8	—	Co	58½	— 2^+ 3	—	—	—	
Nickel. 1350°	017	8,7	6,8	—	Ni	59	— 2^+ 3	—	—	—	
Kupfer. 1054°	029	8,8	7,2	—	Cu	63	1^+ 2^+	Cu^2O 5,9	24	9,8	5-te
Zink... 433°	—	7,1	9,2	2	Zn	65	— 2^+	5,7	28	4,8	

Element	Temp.		Dichte				Wertigkeiten						Oxid			Gruppe
Germanium	900°	—	5,47	12	4	3	—	—	—	—	—	—	—	—	—	
Arsen	500°	006	5,7	13.	—	3	—	2	—	4	—	—	4,7	44	4,5	
Selen	217°	—	4,8	13	—	—	—	—	—	—	—	5*	—	4,1	56	6,0	
Brom	—7°	—	3,1	16	2	—	—	—	—	4	—	6*	—	—	—	—	6-te
Rubidium	39°	—	1,5	26	—	1	—	—	—	—	5*	7*	—	—	—	—	
Strontium	(600°)	—	2,5	57	—	1†	—	—	—	—	—	—	—	—	—	—11	
Yttrium	—	—	(3,4)	35	—	—	2†	—	—	—	—	—	4,3	48	(—2)	
Zirkonium	—	—	4,1	(26)	—	—	—	3†	—	—	—	—	5,05	45	— 0,2	
Niob	(1500°)	—	7,1	22	—	—	—	—	4	5*	—	5,7	43	+ 6,2	
Molybdän	—	—	8,6	13	—	—	—	3	4	—	6*	4,7	57	6,8	
													4,4	65		
Ruthenium	(2000°)	010	12,2	8,4	—	—	2	3	4	—	6	—	8				
Rhodium	(1900°)	008	12,1	8,6	—	—	2	3	4	—	6					
Palladium	1500°	012	11,4	8,3	—	1†	2	—	4							7-te
Silber	950°	019	10,5	10	—	1†	—	—	—	—	—	Ag²O 7,5	31	11		
Cadmium	320°	031	8,6	13	2	—	2†	—	—	—	—	8,15	31	2,5		
Indium	176°	046	7,4	14	—	—	2	3	—	—	—	In²O³ 7,18	38	2,7		
Zinn	230°	023	7,2	16	3	—	2	—	4	—	—	6,95	43	2,8		
Antimon	432°	012	6,7	18	—	—	—	3	4	5	—	6,5	49	2,6		8-te
Tellur	455°	017	6,4	20	3	—	—	3	4	—	6*	5,1	68	4,7		
Jod	114°	—	4,9	26	—	1†	—	—	—	5*	7*	—	—	—		
Cäsium	27°	—	1,88	71	—	1†	—	—	—	—	—	—	—	— 6,0		
Baryum	—	—	3,75	36	—	—	2†	—	—	—	—	5,1	60	+ 1,3		
Lanthan	(600°)	—	6,1	23	—	—	—	3†	—	—	—	6,5	50	2,0		
Cer	(700°)	—	6,6	21	—	—	—	3	4	—	—	6,74	50	—		
Didym	(800°)	—	6,5	22	—	—	—	3	—	—	—	—	—	—		
Yterbium	—	—	(6,9)	(25)	—	—	—	3	—	—	—	9,18	43	(—2)		10-te

Element	Temp			Dichte				Symbol						Oxid		8-te
Indium	176°	0,46	—	7,4	14	3	—	In 113	—	—	3	—	—	In²O³ 7,18	38	2,7
Zinn	230°	0,23	—	7,2	16	—	—	Sn 118	—	2	—	4	—	6,95	43	2,8
Antimon . .	439°	0,12	—	6,7	18	3	—	Sb 120	—	2	3	4	5	6,5	49	2,6
Tellur . . .	455°	0,17	—	6,4	20	—	2	Te 125	—	—	3	4	5	6,5	68	4,7
Jod	114°	—	—	4,9	26	—	—	J 127	1 —	—	—	—	5*	5,1	—	—
Cäsium . .	27°	—	—	1,88	71	—	—	Cs 133	1†	—	—	—	7*	—	—	—
Baryum . .	—	—	—	3,75	36	—	—	Ba 137	—	2†	—	—	—	5,1	60	−6,0
Lanthan . .	(600°)	—	—	6,1	23	—	—	La 138	—	—	3†	—	—	6,5	50	+1,3
Cer	(700°)	—	—	6,6	21	—	—	Ce 140	—	—	3	4	—	6,74	50	2,0
Didym . .	(800°)	—	—	6,5	22	—	—	Di 142	—	—	3	—	5	—	—	—
								(14)								
Ytterbium .	—	—	—	—	—	—	—	Yb 173	—	—	3	—	—	9,18	43	(−2) 10-te
								(1)								
Tantal . . .	—	—	—	10,4	18	—	—	Ta 182	—	—	—	—	5	7,5	59	4,6
Wolfram . .	(1500°)	—	—	19,1	9,6	—	—	W 184	—	—	—	4	6	6,9	67	8
								(1)								
Osmium . .	(2500°)	0,07	—	22,5	8,5	—	—	Os 190	—	—	3	4	—	6—8	—	—
Iridium . .	2000°	0,07	—	22,4	8,6	—	—	Ir 193	—	—	3	4	6	—	—	—
Platin . . .	1775°	0,05	—	21,5	9,2	—	—	Pt 194	—	2	—	4	—	—	—	—
Gold . . .	1045°	0,14	—	19,3	10	—	—	Au 197	1 —	—	3	—	—	Au²O (12,5)	(33)	(13) 11-te
Quecksilber	−39°	—	2	13,6	15	—	—	Hg 200	1†	2†	—	—	—	11,1	39	4,5
Thallium .	294°	0,31	—	11,8	17	—	—	Tl 204	1†	—	3	—	—	Tl²O³ (9,7)	(47)	(4,3)
Blei	326°	0,29	—	11,3	18	3	—	Pb 206	—	2†	—	4	—	8,9	53	4,2
Wismuth . .	268°	0,14	—	9,8	21	3	—	Bi 208	—	—	3	—	5	—	—	—
								(5)								
Thorium . .	—	—	—	11,1	21	—	—	Th 232	—	—	—	4	—	9,86	54	2,0 12-te
								(1)								
Uran . . .	(800°)	—	—	18,7	13	—	—	U 240	—	—	—	4	6	(7,2)	(80)	(9)
	[1]	[2]	[3]	[4]	[5]			[6]					[7]	[8]	[9]	[10] [11]

[1] Das Zeichen > bedeutet, dass der wirkliche Werth grösser und >, dass derselbe kleiner, als der angegebene ist. Schmelztemperaturen **t** der einfachen Körper, wobei für Platin t = 1775° (nach Violle) gesetzt ist. Die ohne Zahlenangaben (nur relativ) bestimmten Temperaturen sind eingeklammert.

[2] Mittlere Ausdehnungskoöffizienten **x** der **linearen Ausdehnung fester** einfacher Körper von 0° bis 100°, hauptsächlich nach Daten von Fizeau, in Millionstel. Beim Wismuth z. B. beträgt die mittlere Ausdehnung für 1° auf einen Meter: a = 0,000014 Meter.

[3] Spezifische Gewichte **s** der einfachen Körper im festen oder flüssigen Zustande. In Klammern stehen die spezifischen Gewichte, die bis jetzt nicht bestimmt, aber auf Grund des periodischen Gesetzes wahrscheinlich sind. Diese Bemerkung bezieht sich auch auf die Kolumnen 4, 8, 9 und 10, in welchen die nicht direct bestimmten Zahlen gleichfalls eingeklammert sind.

[4] Mittlere spezifische Atomvolume der einfachen Körper im festen und flüssigen Zustande, erhalten mittelst Division von **A** durch **s**.

[5] Die Zahlen dieser Kolumne geben an, ob ein Element Wasserstoffverbindungen und metallorganische Verbindungen bildet, und bezeichnen zugleich die Zusammensetzung der **Moleküln** dieser Verbindungen (deren Dampfvolum = dem Volum von H^2 ist). Ausserdem wird durch die fett gedruckten Zahlen angegeben, dass das betreffende Element sowol Wasserstoff-, als auch metallorganische Verbindungen bildet, während die Zahlen gewöhnlichen Druckes bei solchen Elementen stehen, die keine Wasserstoffverbindungen bilden. Es bedeutet z. B. die bei Sb in Fettdruck stehende Zahl **3**, dass die Verbindungen SbH^3, $Sb(CH^3)^3$, $Sb(C^2H^5)^3$ u. s. w. bekannt sind. Die in gewöhnlicher Schrift bei Pb abgedruckte Zahl 4 gibt an, dass die Verbindungen $Pb(CH^3)^4$ und $Pb(C^2H^5)^4$ existiren, während eine Wasserstoffverbindung beim Blei nicht bekannt ist.

[6] Die Zeichen ~~ und die eingeklammerten Zahlen, welche in die zwischen den Symbolen der Elemente und deren Atomgewichten frei gelassenen Zeilen eingestellt sind, weisen auf die Anzahl der nach dem periodischen System unbekannten intermediären Elemente hin. Zwischen Di und Yb z. B. fehlen 14 Elemente. In diesen Zwischenraum gehören wahrscheinlich einige der seltenen Elemente, die gegenwärtig entdeckt, aber noch nicht genügend erforscht sind.

[7] In dieser Kolumne ist die Zusammensetzung der **salzbildenden** Oxyde, die Basen, Säuren und Salze bilden, durch Zahlen ausgedrückt (daher sind hier solche Oxyde, wie CO und H^2O^2, welche direkt keine Salze bilden nicht mit einbegriffen). Die Zusammensetzung aller Oxyde ist, der bequemen Vergleichung wegen, durch R^2O^n wiedergegeben, wobei n von 1 bis 8 geht. Es bedeuten z. B. die bei Au stehenden Zahlen 1 und **3**, dass Gold die Oxyde AuO und Au^2O^3 bildet und aus den bei Pb befindlichen Zahlen 2 und 4 folgt, dass für Blei die Verbindungen Pb^2O^2 oder PbO und Pb^2O^4 oder PbO^2 bekannt sind. Die in Fettschrift abgedruckten Zahlen bedeuten, dass die entsprechenden Oxyde Salze bilden und im isolirten Zustande auftreten, wie z. B. Au^2O^3, PbO, PbO^2 u. s. w. Die bei S z. B. stehenden Zahlen **2**, **4**, 5 und **6** geben an, dass die Oxyde S^2O^4 oder SO^2 und S^2O^6 oder SO^3 sowol im isolirten Zustande, als auch in Salzen bekannt sind; das Oxyd S^2O^5 tritt im isolirten Zustande nicht auf, bildet aber das Hydrat $H^2S^2O^5$ und Salze der Dithionsäure. Die Form S^2O^2 entspricht auch den unterschwefligsauren Salzen $M^2S^2O^3$. Das Zeichen * deutet an, dass das Oxyd der angegebenen Zusammensetzung die Eigenschaften einer starken oder deutlichen Base besitzt, während das Zeichen † auf Oxyde hinweist, die energische Säuren bilden.

[8] Spezifische Gewicht **s'** der **höchsten** salzbildenden Oxyde im festen Zustande. Die bei W z. B. stehende Zahl entspricht dem spezifischen Gewicht von W^2O^6 oder WO^3.

[9] Volum dieser höchsten salzbildenden Oxyde, die (der bequemen Vergleichung wegen) nach ihrer Formel R^2O^n berechnet sind, und zwar mittelst Division des Gewichtes $2A + n16$ (das dieser Formel entspricht) durch das spezifische Gewicht s', welches in der vorhergehenden Kolumne angegeben ist.

[10] Atomvolum des Sauerstoffs im höchsten Oxyde. Die Grösse dieses Volums **V** ergibt sich durch Subtraktion des doppelten Volums des einfachen Körpers (Kolumne 4) aus dem des höchsten Oxyds R^2O^n (Kolumne 9), wenn die erhaltene Differenz durch die Anzahl der Sauerstoffatome n' im höchsten Oxyde dividirt wird (Kolumne 7). Die negativen Grössen zeigen, dass das Volum des Oxydes geringer als das Volum des darin enthaltenen einfachen Körpers ist.

[12] Numeration der kleinen Perioden (oder Reihen), um die paaren von den unpaaren zu unterscheiden.

D. Mendelejeff.

EINLEITUNG.

Die Chemie beschäftigt sich mit der Erforschung [1]) homogener

---

1) Erforschen heisst: a) das Verhältniss des zu Erforschenden zu dem erkennen, was entweder durch unmittelbare Erkenntniss und die Erfahrung des alltäglichen Lebens gegeben oder das Resultat früheren Erforschens ist, also, Unbekanntes durch bereits Bekanntes bestimmen und ausdrücken; b) alles das messen, was überhaupt messbar und ein Zahlen-Verhältniss des zu Erforschenden zu Bekanntem und zu den Kategorien der Zeit, des Raumes, der Temperatur, Masse u. s. w. ausdrücken kann; c) die Stelle des zu Erforschenden in dem Systeme des Bekannten bestimmen, unter Benutzung sowol qualitativer als auch quantitativer Daten; d) nach gemessenen Grössen die empirische (durch Versuche gefundene, sichtbare) Abhängigkeit (Funktion oder «das Gesetz», wie zuweilen gesagt wird) von veränderlichen Grössen finden, z. B. die Abhängigkeit der Zusammensetzung von den Eigenschaften, der Temperatur von der Zeit, der Zeit von der Lage u. s. w.; e) Hypothesen über den wirklichen, ursächlichen Zusammenhang zwischen dem zu Erforschenden (Gemessenen oder Beobachteten) und seinem Verhalten zu Bekanntem oder zu den Kategorien der Zeit, des Raumes u. s. w. aufstellen; f) die logischen Folgen von Hypothesen durch Versuche prüfen und g) die Theorie des zu Erforschenden aufstellen, d. h. dieses letztere als eine direkte Folge aus Bekanntem und aus den Bedingungen und Kategorien, unter denen es besteht, ableiten. Erforschen lässt sich Etwas augenscheinlich nur dann, wenn ein Anderes als Ausgangspunkt, als Feststehendes, im Bewusstsein Vorhandenes gegeben ist, wie z. B. die Begriffe der Zahl, der Zeit, des Raumes, der Bewegung, der Masse. Diese primären oder Ausgangsbegriffe (Kategorien) sind zwar von der wissenschaftlichen Erforschung nicht als gänzlich ausgeschlossen zu betrachten, lassen sich aber vielfach für den Augenblick noch nicht derselben unterwerfen. Hieraus folgt, dass, wenn Etwas erforscht werden soll, immer ein Anderes, ohne Erforschen gegeben oder als bekannt angenommen sein muss. Als Beispiel können hier die Axiome der Geometrie dienen. Ebenso muss in den biologischen Wissenschaften die Fähigkeit der Organismen zur Vermehrung als ein seinem Wesen nach gegenwärtig noch nicht erklärbarer Begriff anerkannt werden. Auch bei der Erforschung der chemischen Erscheinungen muss gegenwärtig der Begriff des Elementes fast ohne jede weitere Analyse angenommen werden. Indem wir nun mittelst unserer Sinnesorgane das zunächst Sichtbare und der direkten Beobachtung Zugängliche erforschen, können wir uns der Hoffnung hingeben, dass anfangs Hypothesen und später auch Theorien darüber erscheinen werden, was jetzt noch als Grundlage des zu Erforschenden, aber selbst nicht Erforschbares angenommen werden muss. Die Alten dachten die wichtigsten, grundlegenden Kategorien der Forschung unmittelbar durch die Vernunft erfassen zu können, während alle Erfolge des modernen Wissens auf der soeben auseinandergesetzten Methode der Forschung, ohne Bestimmung «des Anfangs aller Dinge», beruhen. Auf diesem induktiven Wege fortschreitend, sind die exakten Wissenschaften bereits dahin gelangt, dass sie Vieles aus der Welt des

Stoffe ²), aus denen alle Körper der Welt zusammengesetzt sind,

---

Unsichtbaren, durch die Sinnesorgane direkt nicht fassbaren (z. B. die allen Körpern eigene molekulare Bewegung, die Zusammensetzung der Himmelskörper und die Bahnen ihrer Bewegung, die Existenz von sinnlich nicht wahrnehmbaren Stoffen u. a.) sicher erkannt und das Erkannte bereits geprüft und zur Vergrösserung der dem Wohle der Menschen dienenden Mittel benutzt haben. Es ist daher die Zuversicht vorhanden, dass die induktive Forschungs-Methode eine vollkommenere ist, als die deduktive (von wenigem Unerforschbaren, aber als erkannt Angenommenen, zu dem vielen Fassbaren und der Beobachtung Zugänglichen fortschreitende) Methode, durch welche die Alten in der Vernunft zu erfassen gedachten. Indem die neuere Wissenschaft die Welt auf dem Wege der Induktion erforscht (von vielem Beobachteten zu dem wenigen Geprüften und sicher Feststehenden schreitend), hat sie es aufgegeben die absolute Wahrheit erkennen zu wollen; ihr Bestreben ist nur darauf gerichtet, das relativ Richtige zu erkennen und dadurch auf dem langsamen und schwierigen Wege der Forschung zu richtigen Schlussfolgerungen zu gelangen, deren Grenzen weder in der Natur der äusseren Dinge, noch in der eigenen Erkenntniss des Menschen zu ermessen sind.

2) Der Stoff oder die Materie ist das, was den Raum erfüllend, ein Gewicht besitzt, das also die Massen darstellt, die von der Erde und anderen Stoffmassen angezogen werden. Aus dem Stoffe bestehen die Naturkörper und an ihm gehen die Bewegungen und Erscheinungen in der Natur vor sich. Wenn man die Gegenstände, die in der Natur vorkommen und künstlich dargestellt werden, betrachtet und untersucht, bemerkt man leicht, dass einige derselben in allen Theilen ganz homogen sind, während andere aus einem Gemische von mehreren homogenen Körpern bestehen. Am leichtesten ist dies an den festen Körpern zu ersehen. Die Metalle, die in der Praxis benutzt werden (z. B. Gold, Eisen, Kupfer) müssen homogen sein, denn sonst sind sie brüchig und zu vielen Zwecken untauglich. Ein homogener Stoff besitzt in allen seinen Theilen die gleichen Eigenschaften; wird derselbe zerschlagen, so erhält man Bruchstücke, die ihrer Form nach wol verschieden, aber ihren Eigenschaften nach unter einander vollkommen gleich sind: Glas, gute Sorten von Zucker, Marmor, Salz u. a. können als Beispiele homogener Stoffe angeführt werden. Viel gewöhnlicher sind aber, sowol in der Natur, als auch in der Praxis die Beispiele von ungleichartigen Körpern. Ungleichartig ist der grösste Theil der Gesteine. In der dunklen Masse des Porphyrs sieht man oft hellere Stücke eines Minerales eingesprengt, das Feldspath genannt wird. In dem gewöhnlichen, rothbraunen Granite kann man grössere Stücke des Feldspaths unterscheiden, die mit dunklem, halbdurchsichtigem Quarze und biegsamen Blättchen von Glimmer gemengt sind. Nicht homogen sind auch die Pflanzen und Thiere. Die Blätter z. B. bestehen aus der Oberhaut, Fasern, fleischigen Theilen, Saft und einem grünen Farbstoffe. Dieses ist leicht zu sehen, wenn man ein dünnes, aus einem Blatte ausgeschnittenes Scheibchen unter dem Mikroskope betrachtet. Als ein ungleichartiges Produkt der Technik lässt sich das Pulver anführen, das man durch Vermischen von Schwefel, Salpeter und Kohle in bestimmten Verhältnissen darstellt. Auch viele Flüssigkeiten sind nicht homogen, wie sich dieses mittelst des Mikroskopes erkennen lässt. Ein Bluttropfen erscheint unter dem Mikroskope als eine farblose Flüssigkeit, in der rothe Körperchen schwimmen, die für das blosse Auge ihrer geringen Grösse wegen unsichtbar sind, die aber dem Blute die demselben eigene rothe Farbe verleihen. Die Milch ist gleichfalls eine durchsichtige Flüssigkeit, in der mikroskopische Fetttröpfchen suspendirt sind, die beim Abstehenlassen der Milch aufschwimmen und auf diese Weise den Rahm bilden. Beim Butterschlagen vereinigen sich die einzelnen Fetttröpfchen zu einer Masse. Aus einem jeden ungleichartigen Körper lassen sich die homogenen Stoffe, aus denen derselbe besteht, ausziehen. Aus dem Porphyre z. B. können, wenn derselbe zerschlagen wird,

sie untersucht die Umwandlungen dieser Körper in einander [3]) und die Erscheinungen, welche hierbei beobachtet werden [4]). Alle chemischen Veränderungen — Reaktionen [5]) — gehen nur bei vollständiger, inniger Berührung der reagirenden Stoffe vor sich [6]); bestimmt werden dieselben durch Kräfte, die den kleinsten, unsichtbaren Theilchen des Stoffes eigen sind. Es sind drei verschiedene Arten von chemischen Umwandlungen zu unterscheiden.

1) Die Vereinigung ist eine Reaktion, bei welcher aus zwei Körpern einer entsteht, oder, im allgemeinen, aus einer gegebenen Anzahl von Körpern eine geringere Zahl. So z. B. entsteht beim

---

die Feldspathstücke ausgelesen werden. In den Goldwäschereien wird das Gold von dem beigemengten Sande und Lehme durch Abschlämmen geschieden.

Die Chemie beschäftigt sich nur mit homogenen Körpern, die in der Natur vorkommen oder aus natürlichen und künstlichen Stoffen abgeschieden werden. Die verschiedenen in der Natur vorkommenden Gemische werden in den anderen Naturwissenschaften: der Geognosie, Botanik, Zoologie, Anatomie u a. betrachtet.

3) Unter Körper versteht man einen durch Flächen begrenzten und eine Form besitzenden Theil des Stoffes. Die Erde ist als ein Theil des Sonnensystems ein Körper. Krystalle, Pflanzen sind Körper; ebenso sind auch das Meer und die Luft Körper, wenn man die ganze Masse derselben, in der sie die Erde bedecken, in Betracht zieht. Der Stoff der Luft ist ein Gas mit einer Summe von Eigenschaften, ebenso wie das Wasser der Meere. Der Begriff des Stoffes ist augenscheinlich allgemeiner, als der des Körpers. Die Chemie beschäftigt sich nicht mit Körpern, sondern nur mit Stoffen. Die Worte (nicht die Begriffe) Körper und Stoff werden übrigens sehr oft verwechselt; man spricht von Körpern und versteht darunter Stoffe. So spricht man z. B. von einfachen und zusammengesetzten chemischen Körpern, obgleich hier das Wort «Stoff» benutzt und an Stelle von «einfacher Körper», «einfacher Stoff» gesagt werden müsste. Dieser unrichtige Sprachgebrauch hat sich aber so eingewurzelt, dass wol jeder Versuch einer Richtigstellung vergeblich bleiben würde.

4) Als Erscheinung ist alles das zu bezeichnen, was in der Zeit mit den Stoffen und Körpern vor sich geht. Die Erforschung der Erscheinungen an und für sich gehört in das Gebiet der Physik. Die Bewegung ist die ursprüngliche, am meisten verständliche Art der Erscheinungen, man ist daher bestrebt eine jede Erscheinung sich ebenso vorzustellen, wie die Bewegung. Die Mechanik, die die Bewegung erforscht, liegt allen anderen Naturwissenschaften zu Grunde, deren Streben infolge dessen darauf gerichtet ist, alle zu erforschenden Erscheinungen auf mechanische zurückzuführen. Gelungen ist dieses zuerst der Astronomie, die viele astronomische Erscheinungen auf rein mechanische zurückgeführt hat. Die Physik und Chemie, die Physiologie und Biologie gehen in derselben Richtung vor.

5) Von dem Worte Reaktion wird das Wort reagiren abgeleitet, das einwirken oder sich chemisch verändern bedeutet.

6) Wenn eine Erscheinung auf bemerkbare, sichtbare, messbare Entfernungen vor sich geht (wie z. B. die magnetische Anziehung und die allgemeine Gravitation), so gehört sie nicht zu den chemischen Erscheinungen. Diese letzteren gehen auf unmessbar kleinen, für das Auge und Mikroskop unsichtbaren Entfernungen vor sich; sie gehören also zu den wirklichen, molekularen Erscheinungen. Wenn innerhalb eines Körpers, ohne sichtbare Bewegung und ohne Einwirkung anderer Körper eine Stoffveränderung vor sich geht (wie z. B. in jungem Traubenweine, der beim Lagern das sogen. «Bouquet» erlangt), so kann diese Erscheinung wol zu den chemischen gehören, aber

Erwärmen [7]) von Eisen und Schwefel ein neuer Körper — das Schwefeleisen, in welchem unter dem Mikroskop selbst bei der stärksten Vergrösserung, weder Schwefel- noch Eisentheilchen zu sehen sind. Vor der Reaktion kann aus dem Gemische das Eisen mittelst eines Magneten ausgezogen werden, der Schwefel mittelst öliger Flüssigkeiten [8]); überhaupt können beide Stoffe, so lange noch keine Vereinigung vor sich gegangen, auf mechanischem Wege getrennt werden; nach der Vereinigung jedoch durchdringen dieselben einander so innig, dass sie mechanisch nicht mehr zu trennen und nicht zu unterscheiden sind. In den meisten Fällen werden die Reaktionen der direkten Vereinigung von einer Wärmeentwickelung begleitet. Die gewöhnliche, Wärme entwickelnde Verbrennung besteht in der Vereinigung des brennenden Stoffes mit einem Theil der Luft (dem Sauerstoffe). Hierdurch entstehen Gase und Dämpfe, die in dem Rauche enthalten sind.

2) **Die Zersetzungs-Reaktionen** sind denen der Vereinigung entgegengesetzt, denn es entstehen bei denselben aus einem Stoffe zwei, oder, im allgemeinen, aus einer gegebenen Anzahl von Stoffen eine grössere Zahl. So z. B. erhält man beim Erhitzen des Holzes (ebenso wie der Steinkohle und vieler vegetabilischer und animalischer Stoffe) ohne Luftzutritt ein brennbares Gas, eine wässrige Flüssigkeit, Theer und Kohle. Auf dieselbe Weise werden, im Grossen, in Gasanstalten, Theer, Leuchtgas und Koks dargestellt [9]). Die Kalksteine, z. B. der Fliesenstein, die Kreide und der Marmor

---

der gewöhnliche Fall ist der, dass eine chemische Reaktion bei der gegenseitigen Einwirkung verschiedener Körper stattfindet, die von einander getrennt sind und die sich während der Reaktion durchdringen.

7) Man kann zu diesem Zwecke ein Stück Eisen in einem Schmiedeherde zum Glühen bringen und mit demselben dann ein Stück Schwefel berühren; hierbei erhält man geschmolzenes, flüssiges Schwefeleisen und es findet noch stärkeres Erglühen statt. Oder man vermischt direkt feine Eisenfeilspäne mit Schwefel-Pulver, im Verhältniss von 5 Theilen Eisen auf 3 Theile Schwefel, bringt das Gemisch in ein Glasrohr und erwärmt einen Theil des letzteren. Ohne Erwärmen findet keine Vereinigung desselben statt, hat aber die Reaktion in einem Theile des Gemisches begonnen, so geht sie auch durch die ganze Masse weiter, indem der zuerst erhitzte Theil, bei der Bildung von Schwefeleisen, die Wärme entwickelt, welche genügt, um die nächst benachbarten Theilchen auf die Temperatur zu bringen, die zum Beginne der Reaktion erforderlich ist. Die eintretende Temperaturerhöhung ist so gross, dass dabei das Glas weich werden kann.

8) Der Schwefel löst sich in vielen flüssigen Oelen, aber nur in geringer Menge; leichtlöslich ist derselbe in Schwefelkohlenstoff und einigen anderen Flüssigkeiten. Das Eisen ist in Schwefelkohlenstoff unlöslich, letzterer kann daher zum Trennen des Schwefels vom Eisen benutzt werden.

9) Eine solche Zersetzung nennt man «trockene Desillation», weil hier, ebenso wie bei der Destillation, erwärmt wird und Dämpfe entstehen, die sich beim Abkühlen zu einer Flüssigkeit verdichten. Im Allgemeinen ist eine Zersetzung, bei der Wärme absorbirt wird, einer Veränderung des physikalischen Aggregat-Zustandes analog, z. B. dem Uebergange aus dem flüssigen in den dampfförmigen Zustand.

zersetzen sich beim Erhitzen, indem sie Kalk zurücklassen und ein Gas bilden, das man Kohlensäure nennt. Eine ähnliche Zersetzung, aber bei einer viel geringeren, dünnes Glas noch nicht erweichenden Temperatur, geht mit dem grünen kohlensauren Kupfer vor sich, das in der Natur in dem Malachite enthalten ist. Dieses Beispiel wird später genauer beschrieben werden. Wenn bei den Vereinigungs-Reaktionen gewöhnlich Wärme entwickelt wird, so wird bei den Zersetzungs-Reaktionen umgekehrt gewöhnlich Wärme aufgenommen.

3) Die dritte Art der chemischen Reaktionen, bei welcher die Anzahl der reagirenden Körper gleich der der entstehenden ist, kann als eine gleichzeitige Zersetzung und Vereinigung betrachtet werden. Wenn z. B. die Körper A und B gegeben sind und aus ihnen die Körper C und D entstehen, so erhält man, unter der Annahme, dass A in D und E zersetzt wird und dass E sich mit B zu C verbindet, eine Reaktion, in welcher zwei Körper A oder DE und B genommen waren und zwei andere C oder EB und D entstanden sind. Solche Reaktionen müssen, im allgemeinen, Wechselzersetzungen genannt werden, und speziell, wenn zwei Stoffe zwei neue geben — Ersetzungs-Reaktionen (Substitutionen)[10]). Wenn z. B. in die wässrige Lösung des blauen Kupfervitriols ein Stück Eisen getaucht wird, so scheidet sich Kupfer aus und in der Lösung erhält man den grünen Eisenvitriol, welcher sich vom Kupfervitriol nur dadurch unterscheidet, dass in ihm das Kupfer durch Eisen ersetzt ist. Auf eine ähnliche Weise können das Eisen mit Kupfer, das Kupfer mit Silber überzogen werden; solche Reaktionen werden sehr oft in der Praxis benutzt.

Die chemischen Reaktionen, die in der Natur vor sich gehen und in der Technik benutzt werden, sind grösstentheils sehr komplizirt, weil sie aus vielen einzelnen, gleichzeitig vor sich gehenden Vereinigungen, Zersetzungen und Substitutionen bestehen. In dem so komplizirten Charakter der chemischen Erscheinungen

---

Deville vergleicht die vollständige Zersetzung mit dem Sieden und die theilweise, bei der ein Theil des Stoffes in Gegenwart seiner Zersetzungs- oder Dissoziationsprodukte nicht weiter zersetzt wird, mit dem Verdunsten.

10) Die Wechselzersetzungen können zuweilen auch nur mit einem Stoffe vor sich gehen, der sich dabei in einen neuen isomeren Stoff verwandeln kann. So z. B. gibt Schwefel, wenn er auf 250° erwärmt und dann in kaltes Wasser ausgegossen wird, beim Abkühlen eine weiche, braune Modification. Der gewöhnliche, durchsichtige, giftige, im Dunkeln (an der Luft) leuchtende Phosphor bildet nach dem Erwärmen auf 270° (in einer Verbrennen nicht unterhaltenden Athmosphäre, z. B. in Wasserdämpfen) eine undurchsichtige, rothe, nicht giftige und im Dunkeln nicht mehr leuchtende, isomere Modifikation. Solche Isomerie-Fälle zeigen die Möglichkeit von Umlagerungen innerhalb eines Körpers und werden durch eine andere Vertheilung der einzelnen Theile desselben bedingt, etwa analog der Art und Weise, wie aus einer gegebenen Anzahl von Kugeln, Figuren und Formen von verschiedenem Aussehen und verschiedenen Eigenschaften zusammengestellt werden können.

ist die Ursache zu suchen, dass trotz der vielen, schon längst
bekannten und benutzten chemischen Reaktionen [11]) man dennoch
viele Jahrhunderte hindurch keine chemischen Kenntnisse besass,
d. h. dass man weder das Wesen der chemischen Veränderungen,
die mit den Stoffen vor sich gehen, kannte, noch dieselben vorher-
zusehen oder nach Belieben zu leiten vermochte. Eine andere Ursache der späten Entwickelung des chemischen Wissens liegt darin,
dass an vielen Reaktionen gasförmige Stoffe, namentlich Luft, theilnehmen. Einen richtigen Begriff von der Wägbarkeit der Luft und
überhaupt der Gase, als eines besonderen, elastischen, durch das Bestreben sich in allen Richtungen auszubreiten charakterisirten Zustandes der Stoffe, erhielt man erst im XVI und XVII Jahrhundert.
Nur nachdem diese Erkenntniss gewonnen war, konnte sich eine Wissenschaft der Umwandlungen der Stoffe entwickeln. Bis dahin, ohne richtige Vorstellung von dem unsichtbaren, aber dennoch wägbaren gas-
und dampfförmigen Zustande der Stoffe konnte eine tiefer eindringende Kenntniss chemischer Vorgänge nicht erlangt werden,
da unter den reagirenden und entstehenden Körpern die Gase übersehen
wurden. So z. B. kann sich unter dem Eindruck der beobachteten
Erscheinungen die Vorstellung bilden, dass ein Entstehen und Verschwinden von Stoff stattfinde. Es verbrennen ganze Massen von
Holz und hinterlassen nur eine geringe Menge von Kohle und
Asche; aus dem Samen, dessen Gewicht höchst unbedeutend ist,
wächst ein grosser Baum hervor: in dem einen Falle verschwindet
der Stoff scheinbar, in dem andern wird er neu erschaffen. Diese
Schlussfolgerung ergibt sich nothwendigerweise, wenn die Bildung
oder Absorption der für das Auge unsichtbaren Gase ausser Acht
gelassen wird. Beim Verbrennen erleidet das Holz eine chemische
Umwandlung in gasförmige Produkte, die in Form von Rauch entweichen. Der Stoff des Holzes verschwindet nicht, sondern wird nur
durch den chemischen Prozess in den gasförmigen Zustand übergeführt. Dieses kann durch sehr einfache Versuche bestätigt
werden. Wird nämlich der Rauch gesammelt, so bemerkt man, dass
er Gase enthält, die sich von der Luft gänzlich unterscheiden;
dieselben können z. B. weder Verbrennung, noch Athmen unterhalten. Beim Wägen dieser Gase ersieht man, dass sie ein
grösseres Gewicht haben, als das Gewicht des verbrannten Holzes.
Die Gewichtszunahme wird dadurch bedingt, dass beim Verbrennen
die Bestandtheile des Holzes sich mit einem Theile der Luft verbinden; ebenso nimmt das Eisen beim Rosten an Gewicht zu. Beim

---

11) So z. B ist es schon längst bekannt gewesen, wie der Traubensaft, der eine
zuckerähnliche Substanz (die Glykose) enthält, in Wein oder in Essig verwandelt
werden kann, wie aus den in der Erdrinde vorkommenden Erzen Metalle gewonnen
werden, wie aus erdigen Stoffen das Glas zu gewinnen ist u. s. w.

Verbrennen des Pulvers findet kein Verschwinden seines Stoffes statt, sondern nur eine Umwandlung in Pulvergase und Rauch. Auch beim Wachsen eines Baumes nimmt der Samen nicht aus sich selbst an Masse zu, sondern er wächst nur deshalb, weil er aus der Luft Gase und aus dem Boden, durch seine Wurzeln, Wasser, zugleich mit den darin gelösten Stoffen, aufnimmt. Aus diesen absorbirten Gasen und Flüssigkeiten bilden sich durch komplizirte chemische Prozesse die Pflanzensäfte und die festen Körper, welche den Pflanzen ihre Form geben. Durch die Pflanzen werden Gase und Flüssigkeiten in feste Körper verwandelt. In einem Gase, in dem die Bestandtheile der Luft fehlen, kann eine Pflanze nicht wachsen, sondern muss darin umkommen. Wenn feuchte Gegenstände trocken werden, an Gewicht abnehmen, überhaupt, wenn Wasser verdunstet, so wissen wir, das letzteres nicht verschwindet, sondern in die Atmosphäre übergeht, aus welcher es als Regen, Thau oder Schnee wieder niederfällt. Wird Wasser vom Boden aufgesogen, so verschwindet es auch da nicht, sondern sammelt sich im Erdreich und erscheint später als Quelle. Der Stoff erleidet also auf diese Weise nur veschiedene chemische und physikalische Umwandlungen, verändert Stelle und Form, aber weder verschwindet er, noch wird er neu erschaffen; seine Menge bleibt unverändert — für uns ist der Stoff unvergänglich. Diese einfache und grundlegende chemische Wahrheit festzustellen, gelang nur schwierig, einmal aber festgestellt, fand sie schnelle Verbreitung und erscheint uns jetzt so natürlich und einfach, wie viele durch Jahrhunderte bekannte Wahrheiten. Dass der Stoff ewig ist, vermutheten bereits die Gelehrten des XVII Jahrhunderts, wie z. B. Mariotte, aber sie vermochten nicht diesem Gesetze einen klaren Ausdruck zu geben und es dadurch zur Grundlage der wissenschaftlichen Forschung zu machen. Die Versuche, durch welche dieses einfache Gesetz erkannt wurde, sind in der letzten Hälfte des vorigen Jahrhunderts vom Begründer der modernen Chemie, dem französischen General-Pächter und Akademiker Lavoisier, ausgeführt worden. Die zahlreichen Untersuchungen dieses Gelehrten sind mit Hilfe der Wage angestellt worden, des einzigen Apparates, der eine direkte und genaue Beurtheilung der Menge des Stoffes ermöglicht.

Indem er jedesmal alle Stoffe und die zu den Versuchen benutzten Apparate wog und darauf auch das Gewicht der nach den chemischen Umwandlungen entstandenen Stoffe bestimmte, fand Lavoisier, dass die Summe der Gewichte der entstehenden Körper immer der der angewandten Körper gleich war, mit andern Worten: **dass der Stoff weder geschaffen wird, noch verschwindet**, oder dass die Materie unvergänglich ist. Der letztere Ausdruck schliesst natürlich eine Hypothese ein, aber er fasst in kurzen Worten die folgende längere Definition in sich: bei allen unsern Versuchen und allen erforschten Naturerscheinnngen ist es kein einziges Mal gelungen zu beobachten, dass das Gewicht der entstandenen Stoffe (soweit die Genauigkeit unserer Wägungen geht) grösser oder kleiner geworden wäre, als dasjenige der angewandten; da nun das Gewicht proportional der Masse [12]) oder Menge des Stoffes ist, so folgt aus dem eben gesagten, dass es niemals gelungen ist, ein Verschwinden des Stoffes oder das Erscheinen einer neuen Menge desselben zu bemerken. Dieses Gesetz verleiht allen chemischen Untersuchungen eine besondere Genauigkeit, weil auf Grund desselben für jede chemische Reaktion eine Gleichung aufgestellt werden kann. Wenn man durch A, B, C u. s. w. das Gewicht der angewandten Körper und durch M, N, O u. s. w. das der entstehenden Körper bezeichnet, so erhält man die Gleichung:

$$A+B+C\ldots\ldots = M+N+O\ldots\ldots$$

Wenn daher das Gewicht eines der reagirenden oder entstehenden Körper unbekannt ist, so kann man aus der Gleichung das Gewicht dieses unbekannten Körpers finden. Behält man das Gesetz der Unvergänglichkeit der Materie beständig im Auge, so wird man niemals einen der reagirenden oder entstehenden Körper ganz ausser Acht lassen können; ein Uebersehen müsste sich sofort dadurch herausstellen, das die Summe der Gewichte der angewandten Körper nicht derjenigen der entstehenden gleich sein würde. Alle zu Ende des vorigen und im Laufe dieses Jahrhunderts gemachten Fortschritte in der Chemie beruhen auf dem Gesetze der Ewigkeit des Stoffes und es muss daher jeder an das Studium der Chemie Herantretende sich die durch dieses Gesetz ausgedrückte einfache Wahrheit vollkommen zu eigen machen. In Folgendem bringen wir einige Beispiele, die die Anwendung des Gesetzes der Unvergänglichkeit des Stoffes erklären.

1) Es ist allgemein bekannt, dass das Eisen in feuchter Luft rostet [13]) und dass es beim Erhitzen in der Luft sich mit Hammer-

---

12) Der Begriff der Masse des Stoffes erschien in bestimmter Form erst seit Galilei (der 1642 starb) und namentlich seit Newton (1643 bis 1727) während der berühmten Epoche der Entwickelung des induktiven Wissens, deren philosophische Begründung wir Bacon und Descartes verdanken. Bald nach dem Tode von Newton wurde am 26. August 1743 Lavoisier geboren, dessen Name im Zusammenhange mit Galilei und Newton genannt werden muss. Lavoisier's Ende fällt in die Schreckenszeit der grossen französischen Revolution. Lavoisier wurde zugleich mit 27 anderen Generalpächtern am 8. Mai 1794 (19. Floreal' des II. Jahres der Republik) in Paris guillotinirt. Aber seine Arbeiten und Gedanken haben ihn unsterblich gemacht.

13) Indem man das Eisen mit einer Glasur (einem glasartigen Flusse), Lack, Hammerschlag, mit anderen nicht rostenden Metallen (z. B. Nickel), mit einer Schicht von Paraffin u. a. Stoffen bedeckt, verhindert man den Zutritt der Luft und Feuchtigkeit und schützt es auf diese Weise vor dem Rosten.

schlag bedeckt, welcher ebenso wie der Rost eine erdige Substanz darstellt, ähnlich den Eisenerzen, die in der Erde vorkommen und aus denen das Eisen gewonnen wird. Wird das Eisen vor und nach der Bildung des Hammerschlages oder Rostes gewogen, so kann man sich überzeugen, dass das Gewicht des Metalles zunimmt[14]). Es ist leicht festzustellen, dass diese Gewichtszunahme bei Bildung der erdigen Substanz aus dem Eisen auf Kosten der Luft vor sich geht und zwar, wie Lavoisier gezeigt, auf Kosten desjenigen Bestandtheiles derselben, welcher Sauerstoff genannt wird und welcher die Verbrennung unterhält, wie weiter unten gezeigt werden wird. Im luftleeren Raume oder in Gasen, die nicht den Sauerstoff der Luft enthalten, wie z. B. im Wasserstoff und Stickstoff, findet in der That keine Rostbildung statt. Wenn man nicht wägen würde, so könnte man die Mitwirkung des Sauerstoffs bei dem Uebergange des Eisens in erdige Stoffe ganz übersehen, wie es vor Lavoisier auch wirklich der Fall war, weshalb man sich Erscheinungen, die der eben beschriebenen ähnlich waren, nicht erklären konnte. Dank dem Gesetze der Unvergänglichkeit des Stoffes folgt aus der Gewichtszunahme des Eisens bei der Bildung des Hammerschlages, dass derselbe komplizirter als das Eisen ist und dass bei seiner Bildung eine Vereinigung vor sich geht. Ohne Erforschung der quantitativen Seite (des Gewichts) und ohne Kenntniss der Wägbarkeit der Luft und deren Fähigkeit an den

---

14) Ein Versuch dieser Art lässt sich leicht ausführen, wenn man ganz feine (nicht verrostete) Eisenfeilspäne nimmt (gewöhnlich müssen dieselben mit Aether zur Entfernung von anhaftendem Fette ausgezogen, getrocknet und durch ein feines Sieb gesiebt werden; angewandt wird nur das feinste Pulver). Solche Späne können in der Luft direkt brennen (sich oxydiren und Hammerschlag bilden), namentlich dann, wenn sie an einen Magneten gehängt werden. Ein massives Stück Eisen brennt nicht, während das lockere Pulver wie Zunder glimmt. Man befestigt an den einen Arm einer ziemlich empfindlichen Wage, über deren Schale, einen hufeisenförmigen Magnet (mit den Polen nach unten) und lässt von demselben die feinen Eisenfeilspäne (die auf einem Blatt Papier genähert werden) anziehen, die in Form eines Bartes oder einer Franze hängen bleiben. Etwa herabfallende Späne müssen auf die Wagschale kommen, damit keine zufällige Gewichts-Veränderung eintrete. Durch Auflegen der entsprechenden Gewichte auf die andere Schale wird die Wage in das Gleichgewicht gebracht. Werden nun die Späne durch die Flamme eines Lichtes oder einer Lampe entzündet, so kommen sie in's Glühen, bedecken sich mit dem Oxyde und der den Magneten tragende Arm der Wage wird sich senken; selbstverständlich müssen alle beim Glühen herabfallende Eisentheilchen auf die Wagschale kommen. Aus $5^1/_2$ Theilen der Eisenfeilspäne müssen bei vollständiger Verbrennung ungefähr $7^1/_2$ Theile (dem Gewichte nach) an Hammerschlag entstehen. Wenn also an dem Magnet etwa 5 Gramm Eisen hängen werden, so muss die stattfindende Gewichtszunahme deutlich zu sehen sein, wenn die benutzte Wage Theile eines Grammes anzeigt. Dieser Versuch lässt sich so leicht und schnell ausführen, dass er bequem dazu benutzt werden kann, um zu zeigen, dass die Gewichtszunahme auf Kosten der Luft vor sich geht und dass letztere hierbei mit dem Eisen einen festen Körper — den Hammerschlag bildet.

EINLEITUNG.

Verbrennungs-Reaktionen Theil zu nehmen, konnte diese chemische Umwandlung nur ganz unrichtig erklärt werden; es konnte z. B. der Hammerschlag als ein einfacherer Körper, als das Eisen angesehen und die Bildung desselben dadurch erklärt werden, dass aus dem Eisen etwas entweiche. Vor Lavoisier wurde in der That angenommen, dass das Eisen einen besondern Stoff enthalte, der Phlogiston genannt wurde. Der Hammerschlag sollte, nach dieser Anschauung, unter Ausscheidung dieses hypothetischen Phlogistons entstehen.

2) Das käufliche grüne, kohlensaures Kupfer genannte, Pulver, eben so wie der allgemein als Malachit bekannte Stein, der zu Schmuckgegenständen und (als Erz) zur Kupfer-Gewinnung benutzt wird, verwandelt sich beim Glühen in eine schwarze Substanz [15]). Dieselbe bildet sich auch beim Glühen des metallischen Kupfers an der Luft, d. h. sie bildet den Hammerschlag oder das Oxyd des Kupfers. Das Gewicht des zurückbleibenden schwarzen Kupferoxyds ist geringer, als das des angewandten Kupfersalzes, daher schliessen wir, dass die hierbei vor sich gehende Reaktion eine Zersetzung ist und dass bei derselben aus dem angewandten grünen Pulver etwas entweicht. Wird nämlich die Oeffnung des Gefässes, in dem das Erwärmen vorgenommen wird, mittelst eines *Korkes gut verschlossen und durch letztern ein Gasableitungsrohr* [16]) gesteckt, dessen Ende in Wasser getaucht wird, so kann man bemerken, dass das kohlensaure Kupfer beim Glühen ein Gas bildet, das durch das Gasleitungsrohr aus dem Wasser in Bläschen ent-

---

15) Am bequemsten nimmt man zu diesem Versuche das kohlensaure Kupfer, das man sich selbst in Form eines grünen Pulvers darstellen kann, indem man zu einer Kupfervitriol-Lösung eine Lösung von Soda zusetzt. Der entstehende Niederschlag muss auf einen Filter gebracht (wie im 4-ten Beispiele beschrieben), mit Wasser ausgewaschen und getrocknet werden. Das kohlensaure Kupfer zersetzt sich in Kupferoxyd und Kohlensäuregas bei einer relativ so niedrigen Temperatur, dass die Zersetzung schon in Glasgefässen beim Erwärmen über der Lampe vor sich geht. Zu diesem Zwecke lässt sich eine dünnwandige, an einem Ende zugeschmolzene Glasröhre, ein Probirrohr (s. Figur 1) oder eine sogen Retorte (Fig. 2) verwenden. Der Versuch wird in der Weise ausgeführt, wie es im 3. Beispiele beschrieben ist und das Kohlensäuregas über einer Wanne aufgesammelt (s. weiter unten).

Fig. 1. Probirröhrchen, in welches mittelst eines durchbohrten Korkes eine Glasröhre eingestellt ist, um Gase aufsammeln zu können, z. B. das Gas, das bei der Zersetzung des kohlensauren Kupfers entsteht.

16) Die Gasableitungsröhren werden gewöhnlich aus Glas von verschiedenem Durchmesser und verschiedener Wandstärke hergestellt. Enge, dünnwandige Röhren lassen sich leicht biegen, wenn man die zu biegende Stelle im Feuer, namentlich in einer Leuchtgas- oder einer Spiritus-Flamme erhitzt; sie können leicht an einer bestimmten Stelle zerschnitten werden, indem man sie mit einer Feile anfeilt und dann zerbricht oder auseinanderzieht. Diese Eigenschaften der Glasröhren, ihre Undurchdringbarkeit und Durchsichtigkeit, ebenso wie ihre Härte und

weicht. Wie weiter unten gezeigt werden wird, kann dieses Gas leicht aufgesammelt werden, wobei man sich dann überzeugen kann, dass dasselbe von der Luft ganz verschieden ist; so z. B. erlischt in dem Gase ein brennender Span ebenso, als wenn derselbe in Wasser getaucht würde. Wenn man sich nicht durch Wägen überzeugen würde, dass ein Ausscheiden von Stoff stattfindet, so könnte man leicht die Bildung dieses Gases übersehen, weil dasselbe durchsichtig und farblos, wie die Luft ist und, folglich, auch ohne gleich zu bemerkende Erscheinungen entweicht. Das sich ausscheidende Gas kann man wägen[17]) und sich überzeugen, dass die Summe der

---

regelmässige cylindrische Form bieten manche Bequemlichkeit bei chemischen Arbeiten. An Stelle der Glasröhren kann man natürlich auch Strohhalme und Röhren aus Kautschuk oder Metall u. a. anwenden. Mit solchen Röhren lassen sich aber nur schwierig gutschliessende Verbindungen herstellen; auch sind dieselben für Gase

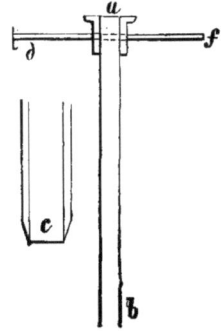

Fig. 2. Retorten; die erste ist mit einer besonderen Oeffnung, einem Tubulus, versehen und daher tubulirte Retorte genannt. Der Tubulus dient zum Eingiessen von Flüssigkeiten, Einstellen eines Thermometers und, nöthigenfalls, zum Einleiten von Gas in die Retorte.

Fig. 3. Korkbohrer, der aus einem offenen Messingrohre ab besteht. Das obere Ende ist mit einer Oeffnung zum Einbringen eines stählernen Stiftes df versehen, der beim Bohren als Handhabe benutzt wird. Mittelst dieses Bohrers erhält man in Korken cylindrische Bohrungen zum Einsetzen von Glasröhren.

nicht undurchlässig. Gläserne Gasleitungsröhren können mit den verschiedenen Gefässen ganz hermetisch (undurchlässig für Gase) verbunden werden. Zu diesem Zwecke werden die Glasröhren in weiche, dichtschliessende Korke gesteckt, deren durchbohrte Oeffnungen im Durchmesser enger sein müssen, als die Röhren. Wenn die Korke die richtige Form besitzen, regelrecht durchbohrt sind und beim Einsetzen zusammengedrückt werden, so erhält man einen hermetischen Verschluss. Um die Korke vor der Einwirkung von Gasen zu schützen, werden sie zuweilen vor der Benutzung mit geschmolzenem Paraffin getränkt. Oft benutzt man auch Kautschukpropfen.

17) Gase können ebenso, wie alle anderen Körper, gewogen werden, aber ihrer Leichtigkeit und der Unmöglichkeit wegen grössere Mengen zu nehmen, können dazu nur sehr empfindliche Wagen benutzt werden, d. h. Wagen, die bei bedeutender Belastung geringe Gewichts-Veränderungen anzeigen, z. B. bei 1000 Grammen Belastung Hundertstel und Tausendstel eines Gramme (Centi- und Milligramme). Zum Wägen von Gasen werden Glasballons mit dichtschliessenden Hähnen angewandt (dass der Verschluss in Ordnung ist, muss besonders geprüft werden). Zuerst wird aus dem Ballon mittelst einer Luftpumpe (z. B. einer Quecksilberpumpe) die Luft ausgepumpt, worauf bei geschlossenem Hahne der leere Ballon gewogen wird. Da letzterer hierbei den Luftdruck auszuhalten hat, so müssen seine Wände, da-

Gewichte des schwarzen Kupferoxydes und des Kohlensäuregases gleich dem Gewicht des angewandten kohlensauren Kupfers ist [18]). Auf dieselbe Weise kann man sich jedes mal durch Erforschung der Reaktionen von der Richtigkeit des Gesetzes der Ewigkeit des Stoffes überzeugen.

3) Ebenso zersetzt sich, nur bei stärkerem Erhitzen und etwas langsamer, unter Ausscheidung eines besonderen Gases — des Sauerstoffes — auch das rothe Quecksilberoxyd, das sich gleichfalls wie Hammerschlag beim Erwärmen des Quecksilbers an der Luft bildet. Um dieses zu zeigen, wird eine mit Quecksilberoxyd gefüllte Glasretorte [19]) genommen; ihr Hals wird mittelst eines festschliessenden Korkes mit einer Glaskugel verbunden, in deren andere Oeffnung durch einen dichten Kork ein nach unten gebogenes Gasleitungsrohr eingesetzt wird, wie aus der beigegebenen Figur 4 zu ersehen ist.

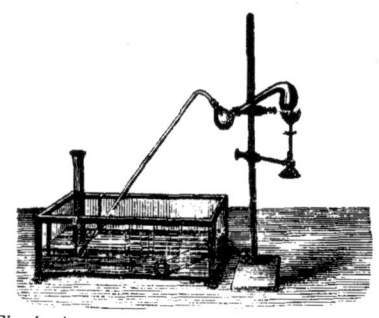

Fig. 4. Apparat zur Zersetzung des rothen Quecksilberoxyds ¹/₁₅. (Beschreibung s. im Texte).

---

mit sie nicht zerdrückt werden, ziemlich dick sein. Am geeignetsten sind kugelförmige Glasgefässe, da sie bei sonst gleichen Bedingungen am besten dem Zerdrücken widerstehen. Wird in den leeren Ballon das abzuwägende Gas eingelassen, so muss sein Gewicht eine dem Gewichte dieses Gases entsprechende Zunahme erfahren. Um aber hierbei das richtige Gewicht zu erfahren, darf in der die Wage umgebenden Luft keine Veränderung der Temperatur und des Druckes vor sich gehen, weil der Ballon beim Wägen in der Luft an Gewicht verliert und dieser Gewichtsverlust beim Wechsel der Dichte der äusseren Luft verschieden sein wird. Bei allen Wägungen müssen daher das Volumen und Gewicht der verdrängten Luft bekannt sein, ausserdem müssen die Temperatur, Tension und Feuchtigkeit derselben beobachtet werden, wie theilweise weiter unten erklärt werden wird und genauer in den Lehrbüchern der Physik nachzulesen ist. In Anbetracht der Komplizirtheit aller dieser Operationen wird die Masse eines Gases am öftesten durch Messen des Volumens bestimmt, vorausgesetzt, dass die Dichte desselben oder das Gewicht der Volumeinheit bekannt ist.

18) Das abzuwägende kohlensare Kupfer muss trocken sein, widrigenfalls erhält man bei der Zersetzung ausser dem Kupferoxyde und Kohlensäuregase, noch Wasser. Beim Malachit geht das Wasser in dessen Zusammensetzung ein und muss folglich in Betracht gezogen werden. Das bei der Zersetzung entstehende Wasser kann vollständig durch Absorption mittelst Schwefelsäure und Chlorcalcium gesammelt werden, wie später nachgewiesen wird. Um das Salz zu trocknen, muss dasselbe bei einer Temperatur von 100° bis zu konstantem Gewicht erwärmt oder unter der Glocke einer Luftpumpe über Schwefelsäure stehen gelassen werden, was gleichfalls später beschrieben werden wird. Da das Wasser sich überall vorfindet und von vielen Körpern aus der Luft absorbirt wird, so darf die mögliche Anwesenheit desselben niemals ausser Acht gelassen werden.

19) Da zur Zersetzung des rothen Quecksilberoxyds eine so hohe, der Rothgluth nahe kommende Temperatur, bei welcher das gewöhnliche (leicht schmelzbare) Glas weich wird, erforderlich ist, so muss zu dem Versuche eine Retorte (oder ein Probirrohr) aus schwer schmelzbaren Glase angewandt werden, die eine

Das offene Ende des Gasrohres wird in ein Gefäss mit Wasser getaucht, das Wanne[20]) genannt wird. Wenn sich in der Retorte Gase auszuscheiden anfangen, so werden sie keinen andern Ausgang finden, als durch das Gasrohr und das Wasser der Wanne; das Gas wird daher als im Wasser aufsteigende Bläschen zu sehen sein. Beim Erhitzen der Retorte mit Quecksilberoxyd entweicht zuerst Luft, die sich durch das Erwärmen ausdehnt, und darauf ein besonderes Gas, der Sauerstoff. Das sich ausscheidende

---

solche Temperatur, ohne weich zu werden, aushalten kann. Aus demselben Grunde muss eine Lampe benutzt werden, die eine starke Hitze und eine grosse Flamme gibt, welche den Boden der Retorte umfassen kann; am geeignetsten ist eine möglichst kleine Retorte.

20) Die Gaswannen können natürlich aus beliebigem Materiale angefertigt werden (aus Metall, Porzellan, Thon u. a.) aber gewöhnlich benutzt man gläserne, wie auf der Figur 4 abgebildet, damit das in der Wanne Vorsichgehende beobachtet werden kann. Aus diesem Grunde

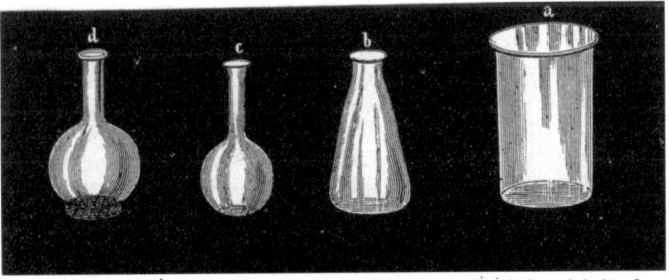

Fig. 5. Kolben und Gläser: a ist ein gewöhnliches, bei chemischen Arbeiten benutztes Becherglas, b ein Becherkolben, c ein Kolben mit flachem Boden und d ein Rundkolben.

und weil Glassachen leicht rein zu halten und bequem zu handhaben sind, sowie auf das Glas sehr viele Stoffe nicht einwirken, die andere Materia-

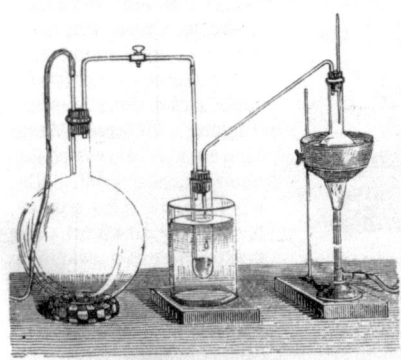

Fig. 6. Apparat zum Destilliren unter vermindertem Drucke. Der Kolben, aus dem destillirt wird, ist mit der Vorlage verbunden, die abgekühlt werden kann und die mit einem grossen Ballon verbunden ist, aus welchem die Luft ausgepumpt wird.

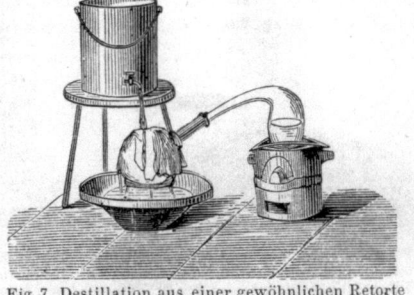

Fig. 7. Destillation aus einer gewöhnlichen Retorte welche auf einem Kohlenbecken erwärmt wird und deren Hals direkt in die Vorlage, die durch darauf fliessendes Wasser gekühlt wird, eingestellt ist.

lien (z. B. Metalle) angreifen, werden bei chemischen Untersuchungen Glasgefässe allen anderen vorgezogen. Ohne ein Zerspringen befürchten zu müssen, kann man in Glasgefässen unter Beobachtung folgender zwei Bedingungen erhitzen: erstens müssen die

Gas ist leicht zu sammeln. Zu diesem Zwecke nimmt man ein Gefäss (einen gewöhnlichen Cylinder, wie aus der Figur 4 ersichtlich), füllt es bis an den Rand mit Wasser, verschliesst es, stürzt es um und taucht es mit der Oeffnung ins Wasser. Wird jetzt der Cylinder unter Wasser geöffnet, so verhindert der von der Luft auf das Wasser in der Wanne ausgeübte Druck das Ausfliessen des Wassers aus dem Cylinder. Die Oeffnung des Cylinders wird über die Mündung des Gasleitungsrohres gebracht, so dass die aus letzterem entweichenden Bläschen in den Cylinder gelangen müssen. Auf diese Weise werden Gase aufge-

---

zum Erwärmen bestimmten Glasgefässe, z. B. Retorten, Probircylinder, Kolben, Gläser, Ballons u. a. aus dünnem (und dazu reinem) Glase gemacht sein, denn sonst springen sie infolge der schlechten Wärmeleitungsfähigkeit des Glases; zweitens müssen die zu erwärmenden Gefässe mit einer Flüssigkeit oder Sand umgeben werden (wie aus Zeichnung 6 zu ersehen), was man Erwärmen im Bade nennt, oder sie müssen in einem, aus brennenden Kohlen kommendem, heissen Gasstrome (ohne die Kohlen zu berühren Fig. 7), oder in der Flamme einer nicht russenden Lampe erhitzt werden. Ein kalter Gegenstand in ein gewöhnliches Licht oder eine Flamme gebracht, bedeckt sich mit Russ, der ein schlechter Wärmeleiter ist; daher können mit Russ bedeckte Glasgefässe leicht springen. Man benutzt gewöhnlich Spirituslampen, deren Flamme keinen Russ giebt oder Gasbrenner von besonderer Konstruktion. (Fig. 8). In solchen Brennern wird das Leuchtgas zuerst mit Luft gemischt und brennt mit einer blassen, nicht leuchtenden und nicht russenden Flamme. Uebrigens lassen sich auch die gewöhnlichen (Kerosin- oder Benzin-) Lampen ganz gefahrlos zum Erwärmen benutzen, wenn nur das zu erwärmende Gefäss nicht direkt in die Flamme, sondern in den aufsteigenden heissen Gasstrom gestellt wird. In allen Fällen muss aber ein Glasgefäss anfangs sehr vorsichtig erwärmt werden und darf die Temperatur nur allmählich, nicht auf einmal, gesteigert werden, wenn kein Springen eintreten soll.

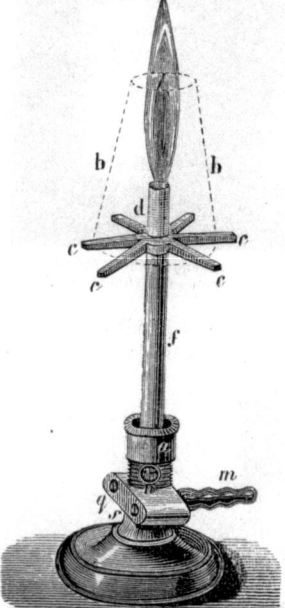
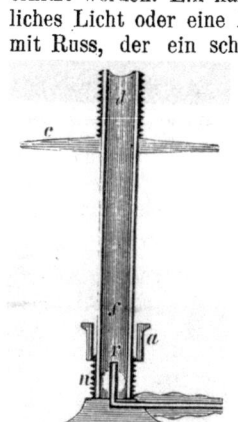

Fig. 8. Bunsen'scher Gasbrenner (nebenstehend im Durchschnitt). Das Leuchtgas wird mittelst eines auf die Röhre m aufzusetzenden Kautschukschlauches in den Brenner eingeleitet und strömt aus der feinen Oeffnung r in das weitere Rohr df, in welchem es sich mit Luft vermischt, die durch die Oeffnungen n eindringt. Das Gemisch von Gas und Luft wird an der oberen Brennermündung entzündet. Mittelst der Trommel a, durch welche die Oeffnungen n verdeckt werden können, regulirt man den Luftzutritt. Die Oeffnungen q und s dienen zum Befestigen des Brenners auf einem gabelförmigen Gestell. Auf den Kranz cc wird ein Schornstein bb aufgesetzt, um das Flackern der Flamme zu verhindern.

fangen[21]). Wenn sich in dem Cylinder eine genügende Menge von Gas angesammelt hat, so lässt sich zeigen, dass sich in diesem Falle keine Luft, sondern ein eigenthümiches Gas gebildet hat, das die Fähigkeit besitzt besonders gut die Verbrennung zu unterhalten. Um dieses zu zeigen, wird der Cylinder, so lange er noch im Wasser ist, geschlossen, darauf herausgenommen, mit der Oeffnung nach oben gestellt und in denselben ein glimmender Span gebracht. In der Luft erlischt bekanntlich derselbe, aber in dem aus dem rothen Quecksilberoxyde entstandenen Gase beginnt er hell und energisch zu brennen; dies beweist die Fähigkeit dieses Gases die Verbrennung energischer als Luft zu unterhalten und gibt die Möglichkeit, dasselbe von letzterer zu unterscheiden. Beim Erhitzen des rothen Quecksilberoxydes bemerkt man, ausser der Bildung des Sauerstoffes, das Erscheinen von metallischem Quecksilber, welches beim Erwärmen sich in Dampf verwandelt und in den kältern Theilen der Retorte (und in der zwischen der Retorte und dem Gasrohr angebrachten Kugel) sich in Form eines Spiegels oder in Tröpfchen niederschlägt. Man erhält also aus dem rothen Quecksilberoxyd beim Erhitzen zwei Körper: Quecksilber und Sauerstoff. Aus einem Körper sind zwei neue entstanden, d. h. es ist eine Zersetzung vor sich gegangen. Schon vor Lavoisier verstand man Gase zu sammeln und zu untersuchen, er war es jedoch, der zuerst die wirkliche Rolle der Gase in vielen chemischen Umwandlungen aufklärte, während dieselben bis dahin nicht richtig verstanden oder gar nicht erklärt, sondern nur in ihren sichtbaren Erscheinungen beobachtet wurden. Für die Geschichte der Chemie zu Lavoisier's Zeiten hat der oben beschriebene Versuch mit dem rothen Quecksilberoxyd eine besondere Wichtigkeit, weil das hierbei erhaltene Sauerstoffgas in der Luft enthalten ist und eine sehr wichtige Rolle in der Natur spielt, so namentlich beim Athmen der Thiere, beim Verbrennen der Körper in der Luft und bei der Bildung von Metalloxyden (Rost oder Hammerschlag), d. h. erdiger, den zur Gewinnung von Metallen dienenden Erzen ähnlicher Substanzen. Diese Oxyde nannte man damals auch Erden, Kalke — daher die Ausdrücke Kalzination, kalziniren. Das Gesetz der Unvergänglichkeit des Stoffes konnte durch Wägungen nicht eher entdeckt und bestätigt werden, als man eine Erklärung für die Rolle der Luft

---

21) Um den Cylinder nicht beständig in der Hand zu halten, wird sein offenes Ende breiter gemacht (und geschliffen, damit es mit einer glatt geschliffenen Glasplatte dicht verschlossen werden kann), er wird dann auf einen besonderen Glasuntersatz gestellt, der in der Wanne unter der Oberfläche des Wassers, aber über dem Boden der Wanne angebracht ist. Ein solcher Untersatz wird Brücke genannt. Er enthält mehrere Oeffnungen; unter eine derselben wird das Gasleitungsrohr gebracht und darüber der Cylinder gestellt, der zum Auffangen des Gases dient.

und den Antheil des Sauerstoffes an vielen chemischen Erscheinungen, die aus der Erfahrung (beim Verbrennen, Athmen) oder aus den Untersuchungen früherer Beobachter (Umwandlung der Metalle in ihre Erden oder Oxyde) bekannt waren, gefunden hatte.

4) Um noch ein Beispiel für chemische Umwandlungen und die Anwendbarkeit des Gesetzes der Erhaltung des Stoffes zu bringen, wollen wir die Reaktion zwischen Kochsalz und Höllenstein betrachten. Letzterer dient bekanntlich zum Beizen von Wunden. Beide Stoffe lösen sich in Wasser. Mischt man ihre durchsichtigen Lösungen, so bemerkt man sofort die Bildung eines festen, weissen Stoffes, welcher in Wasser unlöslich ist und sich zu Boden senkt. Dieser aus der Lösung sich ausscheidende Stoff kann durch Abfiltriren leicht von der Lösung getrennt werden. Zu diesem Zwecke bringt man in einen Glastrichter (Fig. 9) ein kreisförmiges Stück ungeleimten Papiers, das in der Weise zusammengefaltet und auseinandergebreitet ist, dass man einen papiernen Konus erhält, in den die zu filtrirende trübe Flüssigkeit gegossen wird. Durch das Papier (den Filter) geht dann die klare Lösung und auf demselben bleibt das in der Flüssigkeit suspendirte und sie trübende Pulver. Wird dieses Pulver getrocknet, so erweist es sich als eine von den ursprünglich genommenen ganz verschiedene Substanz, was schon aus seiner Unlöslichkeit im Wasser zu ersehen ist. Wird die durch den Filter gegangene Flüssigkeit eingedampft, so bemerkt man, dass sie ebenfalls eine neue Substanz enthält, die sich sowol vom Kochsalz, als auch vom Höllenstein unterscheidet, aber gleich ihnen in Wasser löslich ist. Somit waren zwei in Wasser lösliche Substanzen: der Höllenstein und das Kochsalz genommen worden, aus denen durch ihre gegenseitige chemische Einwirkung zwei neue Körper entstanden: ein in Wasser unlöslicher und ein in Lösung bleibender. Da hier aus zwei Körpern zwei neue gebildet werden, so ist dies eine Ersetzungs-Reaktion. Das Wasser diente nur dazu die reagirenden Substanzen in den flüssigen und leicht beweglichen Zustand überzuführen.

Fig. 9. Filtration. Aus der Schale wird die trübe Flüssigkeit in den das Papierfilter enthaltenden Trichter gegossen, wobei durch das Filter das klare Filtrat geht, während auf dem Papier das abzufiltrirende Pulver zurückbleibt. Um Verluste durch Verspritzen zu vermeiden, giesst man längs eines Glasstabes.

Wenn man Höllenstein und Kochsalz trocknet [22]) und von

---

22) Das Trocknen ist zur Entfernung des Wassers nöthig, das in den Salzen

ersterm ungefähr 170 Gewichtstheile (Gramme) von letzterm $58^1/_2$ Gramm nimmt[23]), so erhält man $143^1/_2$ Gramm unlösliches Chlorsilber und 85 Gramm lösliches salpetersaures Natrium. Die Summe der Gewichte der in Reaktion getretenen und der entstandenen Körper erweist sich als dieselbe, gleich $228^1/_2$ Gramm, wie es das Gesetz der Unvergänglichkeit des Stoffes erfordert.

Es fragt sich nun, ob es eine Grenze für die verschiedenen chemischen Umwandlungen gibt oder, wenn dieselben unbegrenzt sind, ob es möglich ist aus einem gegebenen Stoffe eine demselben gleiche Menge eines jeden andern Stoffes zu erhalten? Die Frage läuft also darauf hinaus, ob es eine ewige, unbegrenzte Umwandlung einer Materie in alle andern giebt, oder ob diese Umwandlungen begrenzt sind? Wir treten hier an die zweite Hauptfrage der Chemie heran, an die Frage von der Qualität des Stoffes, die augenscheinlich mehr Schwierigkeiten bietet, als die von der Quantität desselben. Auf eine einfache Weise kann diese Frage nicht entschieden werden, denn wenn man sieht, wie aus der Luft und den Elementen des Bodens die verschiedenartigen Bestandtheile der Pflanzen entstehen, wie das Eisen n Farben umgewandelt wird, z. B. in Tinte, Berlinerblau u. s. w., so kann man annehmen, dass diese qualitativen Umwandlungen des Stoffes kein Ende nehmen. Andrerseits hat die tägliche Erfahrung zur Erkenntniss geführt, dass aus Steinen keine Nahrungsmittel, aus Kupfer kein Gold u. s. w. gemacht werden können. Eine bestimmte Antwort kann man nur von einer genaueren Erforschung der einzelnen Thatsachen erwarten. Zu verschiedenen Zeiten wurde diese Frage verschieden beant-

---

enthalten sein kann (s. Anmerk. 18). Wenn die angewandten und entstehenden Stoffe getrocknet werden, so kann das zum Lösen dienende Wasser, das beim Trocknen entfernt wird, in beliebiger Menge genommen werden.

23) Das genaue Gewicht der einwirkenden und entstehenden Körper lässt sich nur sehr schwierig feststellen, und zwar nicht nur infolge der möglichen Fehlerhaftigkeit der Wage und der Gewichte, die zum Wägen benutzt werden (eine jede Wägung ist nur innerhalb der Empfindlichkeits-Grenzen der Wage genau) und der schwer anzubringenden Korrektionen auf den leeren Raum, wobei das Gewicht der Luft berücksichtigt werden muss, die von den Gefässen und den darin befindlichen, zum Wägen kommenden Körpern und auch von den Gewichtsstücken verdrängt wird, sondern auch infolge der hygroskopischen Eigenschaften vieler Körper (und Gefässe), die aus der Luft Feuchtigkeit anziehen und endlich desswegen, weil es nicht leicht ist bei den vielen, zur Erlangung des endgültigen Resultates erforderlichen Operationen (dem Filtriren, Verdampfen, Trocknen u. a.) nichts zu verlieren. Bei sehr genauen Wägungen werden alle diese Umstände in Betracht gezogen, aber ihre Beseitigung erfordert viele spezielle Vorsichtsmassregeln, die bei gewöhnlichen Untersuchungen nicht zugänglich sind. Es werden sich daher die (durch chemische Formeln ausgedrückten) Gewichtsmengen, welche der Wirklichkeit entsprechen (immerhin aber mit gewissen wahrscheinlichen, möglichen und unvermeidlichen Abweichungen) unter gewöhnlichen Umständen nur mehr oder minder annähernd bestimmen lassen.

wortet. Die früher am meisten verbreitete Ansicht war die, dass alles Sichtbare aus vier Elementen: aus Luft, Wasser, Erde und Feuer bestehe. Diese Ansicht stammt aus Asien, von wo sie zu den Griechen überging und mit besonderer Vollständigkeit von Empedokles (gegen 460 v. Chr.) dargelegt wurde. Aus der Annahme von so wenigen Elementen konnte leicht der Schluss gezogen werden, dass das Gebiet der möglichen chemischen Umwandlungen, wenn auch nicht unendlich, so doch höchst umfangreich sei. Eine solche Ansicht war nicht das Ergebniss direkter Beobachtungen, sondern gründete sich mehr auf Spekulationen der Philosophen. Ihr zu Grunde lag augenscheinlich die nahe liegende Eintheilung der Körper in Gase (wie Luft), Flüssigkeiten (wie Wasser), und feste Körper (wie Erde). Wie es scheint, waren es arabische Gelehrte, die zuerst auf experimentellem Wege zur Entscheidung der oben aufgestellten Frage schritten. Ueber Spanien brachten die Araber den Eifer zur Erforschung ähnlicher Fragen nach Europa und von der Zeit an erschienen viele Adepten dieser Wissenschaft, die damals als Geheimlehre galt und Alchemie genannt wurde. Ohne ein streng und genau festgestelltes Gesetz zum Ausgangspunkte ihrer Untersuchungen zu besitzen, gelangten die Alchemiker zu den abweichendsten Resultaten. Höchst verdient machten sie sich dadurch, dass sie eine Menge von Versuchen anstellten und viele neue Umwandlungen entdeckten. Wie die Alchemiker die Frage von der Umwandelbarkeit der Stoffe entschieden, ist allgemein bekannt. Sie gaben unbedingt zu, dass die Umwandlungen des Stoffes unendlich seien, und suchten nach dem Stein der Weisen, der die Fähigkeit besitzen sollte, Alles in Gold und Diamant zu verwandeln und den Menschen wieder jung zu machen. Späterhin wurde eine solche Entscheidung der Frage vollständig umgestossen; indessen darf man nicht glauben, dass die Ansicht der Alchemiker bloss ein Ausfluss phantastischer Spekulationen gewesen sei; viele ihrer chemischen Versuche mussten vielmehr gerade zu einer solchen Ansicht führen. Aus dem metallisch glänzenden, Bleiglanz genannten Minerale wurde Blei erhalten, also scheinbar aus einem Metalle, das seiner Brüchigkeit wegen keine Anwendung finden konnte, ein anderes, dehnbares und daher für die Praxis werthvolleres. Durch weitere Verarbeitung des so gewonnenen Bleies konnte das noch werthvollere Silber erhalten werden. Dieses berechtigte scheinbar zu dem Schlusse, dass durch eine Reihe von Umwandlungen die Metalle veredelt werden können, denn, nachdem aus Blei Silber erhalten worden war, lag es nahe anzunehmen, dass aus Silber auch Gold dargestellt werden könne, worauf die Versuche der Alchemiker auch gerichtet waren. Ihr Fehler bestand nur darin, dass sie bei ihren Versuchen das Gewicht nicht berücksichtigten, denn durch Wägen hätten sie erfahren, dass in dem eben angeführten Beispiele das Gewicht des gewonnenen Bleies viel geringer, als das des angewandten Bleiglanzes und dass das Gewicht des erhaltenen Silbers, verglichen mit dem Gewichte des Bleies, ganz unbedeutend ist. Wenn die Alchemiker die Gewinnung des Silbers aus dem Bleie genauer erforscht hätten (auch heute wird die Hauptmenge des Silbers auf diese Weise gewonnen), so hätten sie sich überzeugen können, dass das Blei nicht in Silber umgewandelt wird, sondern dass es nur eine geringe Menge des letztern enthält, nach dessen Ausscheidung aus dem Bleie durch keine weitere Operation Silber gewonnen werden kann. Heute ist das alles durch Versuche festgestellt, es war aber natürlich, dass bei einer ersten Betrachtung der Vorgang fehlerhaft aufgefasst wurde [24]. Grosse Erfolge hätten die Alchemiker niemals erringen können, weil sie bei ihren Untersuchungen zu planlos vorgingen, verschiedene Körper mit einander vermischten, glühten u. s. w. und sich keine klar begrenzten Fragen stellten, nach deren Entscheidung ein weiteres Vorgehen möglich gewesen wäre. Es konnten daher die Alchemiker auch kein einziges festes Gesetz entdecken, hinterliessen uns aber eine Menge neuer, empirischer Daten. Mit Vorliebe beschäftigten sie sich mit der Erforschung der den Metallen eigenen Umwandlungen, und lange Zeit hindurch beschränkte sich die Chemie fast ausschliesslich auf die Untersuchung metallischer Stoffe.

Indem sie zahlreiche chemische Erscheinungen untersuchten, benutzten die Alchemiker oft zwei Arten von chemischen Umwandlungen, von denen die eine heute Reduktion, die andere Oxydation genannt

---

24) In den allermeisten Fällen ist die erste, unmittelbare Erklärung einer Menge von Vorgängen, die sich nicht auf verschiedene Weise wiederholen sondern immer nur in einer Form und nur ein oder wenige male beobachtet werden, gewöhnlich nicht richtig, wie sehr sie auch auf der Hand zu liegen scheinen mag. So z. B. führt die täglich beobachtete Bewegung der Sonne und der Sterne zu der falschen Vorstellung von der Bewegung des Himmelsgewölbes und des Feststehens der Erde. Dieses scheinbar Richtige ist von der Wahrheit sehr weit entfernt, ja derselben gerade entgegengesetzt. Ebenso wird dem gesunden Verstande und der täglichen Erfahrung nach geschlossen, dass das Eisen nicht brennbar sei, und dennoch brennt es nicht nur in Form von Feilspänen (s. Versuch 1), sondern auch als Draht, wie weiter unten gezeigt werden wird. Bei der Entwickelung unserer Kenntnisse stellte sich die Nothwendigkeit heraus eine Menge von ursprünglichen Vorurtheilen durch richtige, empirisch geprüfte Vorstellungen zu ersetzen. Wenn wir im gewöhnlichen Leben viele Erscheinungen von Anfang an richtig erklären, so kommt das daher, dass wir uns unbewusst auf unsere tägliche Erfahrung stützen. Dass man zur Wahrheit durch anfänglich oft unrichtige Erklärungen gelangt die durch Erfahrung und Versuche richtig gestellt werden müssen, wird durch die Eigenschaften unserer Vernunft bedingt. Man wäre sehr im Irrthum, wenn man die Erwartung hegen würde, die Wahrheit allein durch Spekulation erkennen zu können. Die Erfahrung allein führt natürlich noch nicht zur Wahrheit, aber sie ermöglicht es, falsche Vorstellungen zu beseitigen und richtige in allen ihren Folgen zu bestätigen.

werden. Das Rosten der Metalle und überhaupt der Uebergang derselben aus dem metallischen Zustand in den erdigen wird Oxydation genannt, während, umgekehrt, die Bildung eines Metalles aus erdiger Substanz — Reduktion heisst. Sehr viele Metalle oxydiren sich beim einfachen Glühen in der Luft und werden beim Glühen mit Kohle wieder reduzirt, z. B. Eisen, Blei und Zinn. Solche oxydirte Metalle finden sich zuweilen in der Erde und bilden eine wichtige Gruppe der metallischen Erze, aus denen man (ebenso wie aus dem Roste), beim Glühen mit Kohle das Metall (z. B. Zinn, Eisen, Kupfer) erhalten kann. Auch diese Erscheinungen sind von den Alchemikern erforscht worden; bewiesen wurde es aber erst später, dass alle Erden und Gesteine metallische Roste oder Oxyde und deren Verbindungen sind. Es waren also zwei Arten von Umwandlungen bekannt: die Oxydation der Metalle und die Reduktion der hierbei entstehenden Oxyde in Metalle. Die Erklärung dieser beiden chemischen Erscheinungen führte zur Entdeckung der wichtigsten chemischen Gesetze. Die erste Hypothese zur Erklärung dieser Erscheinungen stellten Becher und namentlich Stahl auf; letzterer, Arzt des Königs von Preussen, in seinen im Jahre 1723 erschienenen «Fundamenta chemiae». Nach Stahl bestehen alle Körper aus einer unwägbaren Feuermaterie, dem Phlogiston (materia aut principium ignis, non ipse ignis), und aus einem andern Elemente, das bei allen Körpern verschieden ist. Je leichter ein Körper sich oxydirt oder brennt, desto reicher an Phlogiston ist er. Sehr viel Phlogiston enthält die Kohle. Bei der Oxydation und Verbrennung entweicht Phlogiston, bei der Reduktion dagegen wird es aufgenommen oder geht in die entstehende Verbindung ein. Die Kohle reduzirt erdige Stoffe eben deswegen, weil sie reich an Phlogiston ist; bei der Reduktion giebt sie einen Theil desselben ab. Stahl nahm also an, dass die Metalle zusammengesetzte Körper seien, die aus Phlogiston und einer erdigen Substanz oder Oxyd bestehen. Die Stahl'sche Hypothese zeichnet sich durch grosse Einfachheit aus und hat darum sehr viele Anhänger gefunden [25]).

---

25) Stahl war allerdings eine seine Hypothese direkt umstossende Thatsache bekannt. Man wusste nämlich (aus den Versuchen von Geber und namentlich Rey, schon 1630), dass die Metalle bei der Oxydation an Gewicht zunehmen, während nach Stahl's Voraussetzung sie hierbei eine Gewichtsabnahme erleiden müssten, da bei der Oxydation das Phlogiston sich ausscheidet. Hierüber schreibt Stahl folgendes: «Es ist mir wohl bekannt, dass bei der Oxydation (Umwandlung in Kalke) die Metalle an Gewicht zunehmen, aber hierdurch wird meine Theorie nicht nur nicht umgestossen, sondern, im Gegentheil, bestätigt, weil nämlich das Phlogiston leichter als Luft ist und, wenn es sich mit einem Körper verbunden hat, das Bestreben zeigt denselben zu heben, das Gewicht desselben zu verringern: folglich, muss ein Körper, der Phlogiston verliert, schwerer werden». Diese Ansicht beruht augenscheinlich auf einer unklaren Vorstellung von den Eigenschaften der Gase, auf der Annahme, dass ein Gas kein Gewicht besitze und von der Erde nicht an-

Mit der Wage in der Hand bewies Lavoisier, dass das Rosten der Metalle oder die Oxydation und das Verbrennen von einer Gewichtszunahme auf Kosten der Luft begleitet ist. Er sprach daher die natürliche Ansicht aus, dass der schwerere Körper zusammengesetzter, als der leichtere sei[26]). Lavoisier's berühmter, im Jahre 1774 ausgeführter Versuch, der unstreitig den Grundstein zu der Ansicht legte, die in Vielem der Lehre von Stahl entgegengesetzt ist, bestand in folgendem: 4 Unzen reinen Quecksilbers wurden in die Retorte A gegossen, deren Hals, wie aus Figur 10 ersichtlich, gebogen war und in das gleichfalls mit Quecksilber gefüllte Gefäss KS tauchte. Das hervorstehende Ende des Retortenhalses O war mit einer Glasglocke bedeckt.

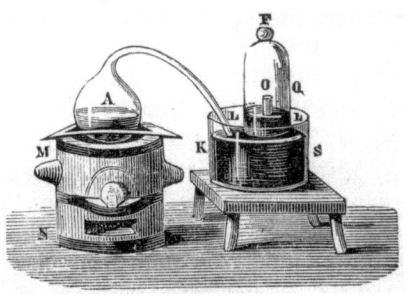

Fig. 10. Apparat, in welchem Lavoisier die Zusammensetzung der Luft und die Ursache der Gewichtszunahme der Metalle beim Glühen bestimmte.

Vor dem Versuch waren das Gewicht des in der Retorte und dem Gefässe enthaltenen Quecksilbers, sowie das Volum der in dem obern Theile der Retorte und der

---

gezogen werde, oder auch auf einer unklaren Vorstellung vom Phlogiston selbst, weil dasselbe ursprünglich als ein unwägbarer Körper definirt wurde. Das Auftauchen des Begriffes von einem unwägbaren Phlogiston entsprach den damaligen Anschauungen, nach welchen viele Erscheinungen (Wärme, Licht, Elektricität, Magnetismus) durch Annahme von unwägbaren Flüssigkeiten erklärt wurden. In diesem Sinne entsprach die Lehre Stahl's vollkommen dem Geiste seiner Zeit. Wenn heute die Wärme als Bewegung, Energie angesehen wird, so muss auch das Phlogiston in diesem Sinne betrachtet werden. Beim Brennen der Kohle z. B. findet in der That eine Abgabe von Wärme und Energie statt, obschon gleichzeitig eine Vereinigung der Kohle mit dem Sauerstoff erfolgt. Es schliesst also die Lehre Stahl's eine richtige Vorstellung von dem ein, was wir heute, Entwickelung von Energie nennen, übersieht aber die Ursache derselben, die Vereinigung. Zur Geschichte der Chemie vor Lavoisier müssen, ausser den Werken von Stahl (s. oben im Text), die in Paris zu Ende des vorigen Jahrhunderts erschienenen: «Expériences et observations sur différentes espèces d'air. Ouvrage traduit de l'Anglais de M. J. Priestley par Gibelin» und «Car. Guil. Scheele: Opuscula chimica et physica. Lips. 1788—1789» empfohlen werden. Aus diesen wichtigen Werken des englischen und schwedischen Gelehrten ist der Zustand der chemischen Kenntnisse vor der Verbreitung der Ideen von Lavoisier zu ersehen. Sehr interessant ist für die Geschichte des Phlogistons der Aufsatz von Radwell im Philosophical Magazine vom Jahre 1868; darin wird bewiesen, dass die Idee des Phlogiston schon sehr früh auftauchte, dass Basilius Valentinus (1394—1415) in seinem «Cursus triumphalis Antimonii», Paracelsus (1493—1541) in seinem Werke «de rerum natura», Glauber (1604—1668) und namentlich Johann Joachim Becher (1625—1682) in seinem Buche «Physica subterranea» das Phlogiston, nur unter einer anderen Benennung, annahmen.

26) Der Engländer Mayow hatte ein ganzes Jahrhundert vor Lavoisier (im Jahre 1666) einige Oxydations-Erscheinungen vollkommen richtig aufgefasst, aber es gelang ihm nicht seine Ansicht klar zu entwickeln und dieselbe durch lehrreiche Versuche zu begründen; er kann also nicht, wie Lavoisier, als Begründer des modernen

Glasglocke enthaltenen Luft bestimmt worden. Besonders wichtig war die Bestimmung des Volums der Luft, um die Rolle der letzteren bei der Oxydation des Quecksilbers aufzuklären. Nach Stahl musste das Phlogiston in die Luft entweichen, während nach Lavoisier das Quecksilber, indem es sich oxydirte, einen Theil der Luft aufnehmen musste. Es war folglich festzustellen, ob eine Zu- oder Abnahme der Luftmenge bei der Oxydation des Metalles vor sich geht. Das Volum der Luft war daher vor und nach dem Versuche auszumessen. Zu diesem Zwecke mussten der ganze Inhalt der Retorte, die Menge des in dieselbe gegossenen Quecksilbers und der Voluminhalt der Glasglocke bis zu der Marke, welche das Quecksilber erreichte, ebenso die Temperatur und der Luftdruck während des Ausmessens bekannt sein. Aus den betreffenden Messungen ergab sich das Volum der Luft, die in dem Apparate enthalten und von der übrigen Luft abgeschlossen war. Nachdem Lavoisier seinen Apparat auf diese Weise zusammengestellt hatte, erhitzte er die Retorte mit dem Quecksilber 12 Tage lang bis zu einer dem Siedepunkt des letztern nahen Temperatur. Das Quecksilber bedeckte sich mit einer Menge von rothen Schüppchen, d. h. es oxydirte oder verwandelte sich in Erde (Kalk). Es war dies das rothe Quecksilberoxyd, dessen bereits oben erwähnt wurde (Beisp. 3). Nach Ablauf dieser 12 Tage konnte man in dem abgekühlten Apparate bemerken, dass das Volum der Luft in demselben während des Versuches abgenommen hatte. Hierdurch war also die Ansicht des deutschen Gelehrten widerlegt worden. Von 50 Kubikzoll Luft waren nur 42 zurückgeblieben. Der Versuch von Lavoisier führte noch zu andern, nicht weniger wichtigen Schlüssen. Das Gewicht der Luft hatte um so viel abgenommen, als das Gewicht des Quecksilbers bei der Oxydation grösser geworden war; ein Theil der Luft war folglich nicht verschwunden, sondern hatte sich mit dem Queck-

---

chemischen Wissens angesehen werden. Die Wissenschaft ist ein Gemeingut Aller, daher fordert es die Gerechtigkeit, den grössten wissenschaftlichen Ruhm nicht demjenigen zuzuschreiben, der zuerst eine Wahrheit ausgesprochen, sondern demjenigen, der es verstanden hat andere von dieser Wahrheit zu überzeugen, ihre Glaubwürdigkeit festzustellen und sie zum Allgemeingut zu machen. In Betreff der wissenschaftlichen Entdeckungen muss bemerkt werden, dass dieselben selten auf einmal gemacht werden, gewöhnlich gelingt es den ersten Vorläufern nicht, ihre Zeitgenossen von der Richtigkeit des Gefundenen zu überzeugen, aber mit der Zeit sammelt sich Material an, das sich zum Demonstriren der Wahrheit eignet, und es erscheint Derjenige, dem alle Mittel zu Gebote stehen die gefundene Wahrheit zum Bewusstsein Aller zu bringen. Ein solcher Verkündiger der Wahrheit wird dann mit Recht für den Träger derselben gehalten. Man darf aber nicht vergessen, dass ein solcher nur dank der Arbeit Vieler und dem durch lange Zeit angehäuften Materiale erscheinen kann. Zu ihnen gehört Lavoisier, wie auch alle anderen grossen Entdecker von wissenschaftlichen Wahrheiten.

silber verbunden. Dieser Theil der Luft konnte aus dem rothen Quecksilberoxyd wieder ausgeschieden werden; er besass, wie wir gesehen (Beispiel 3), andere Eigenschaften, als die Luft und ist Sauerstoff genannt worden. Der Theil der Luft dagegen, der in dem Apparate zurückgeblieben war und sich nicht mit dem Quecksilber verbunden hatte, besass nicht mehr die Fähigkeit Metalle zu oxydiren und konnte weder das Brennen, noch das Athmen unterhalten, so dass ein brennender Span in derselben erlosch; «er erlischt wie beim Eintauchen in Wasser» schreibt Lavoisier in seiner Denkschrift. Dieses Gas erhielt den Namen Stickstoff. Die Luft ist also kein einfacher Körper, sondern besteht aus zwei Gasen — dem Sauerstoff und Stickstoff; folglich ist auch die alte Theorie, welche die Luft zu den Elementen rechnete, unrichtig. Bei der Verbrennung und Oxydation der Metalle wird Sauerstoff aus der Luft aufgenommen. Die hierbei entstehenden Erden sind Körper, die aus Sauerstoff und Metallen bestehen. Wird der Stickstoff mit Sauerstoff gemischt, so erhält man wieder Luft, wie sie vor dem Experimente war. Es war also die Existenz zusammengesetzter Körper zweifellos bewiesen. Ebenso wurde durch direkte Versuche nachgewiesen, dass bei der Reduktion eines Oxydes mittelst Kohle der darin enthaltene Sauerstoff zur Kohle übergeht und eben dasselbe Gas gibt, das beim Brennen der Kohle in der Luft entsteht. Folglich ist auch dieses Gas ein zusammengesetzter Körper, der aus Kohle und Sauerestoff besteht, wie die Oxyde aus Metall und Sauerstoff. Zahlreich- Beispiele der Entstehung und Zersetzung von Körpern bestätigen es, dass die Mehrzahl der Körper, mit denen wir es zu thun haben, aus zwei oder mehreren andern Körpern zusammengesetzt ist. Beim Erhitzen von Kreide (oder von kohlensaurem Kupfer, wie in Beispiel 2) erhält man Kalk und dasselbe Kohlensäuregas, das beim Brennen der Kohle sich bildet. Wird dieses Gas bei gewöhnlicher Temperatur mit Kalk (und Wasser) zusammengebracht, so erhält man von neuem die zusammengesetzte Substanz — den kohlensauren Kalk, der mit der Kreide identisch ist; folglich ist auch Kreide ein zusammengesetzter Körper. Aber auch die Stoffe, aus denen die Kreide erhalten werden kann, sind nicht einfach, denn das Kohlensäuregas entsteht durch Vereinigung von Kohle mit Sauerstoff und der Kalk durch Oxydation eines besondern Metalles, das Calcium genannt wird. — Indem man die Körper auf diese Weise in ihre Bestandtheile zersetzt, gelangt man zuletzt zu solchen, die durch keine uns zugängliche Mittel in zwei oder mehrere Körper getheilt, oder aus solchen zusammengesetzt werden können. Diese Körper können wir nur in der Weise verändern, dass wir sie unter einander in Verbindung treten oder auf andere zusammengesetzte Körper einwirken lassen. Stoffe, die weder aus andern zusammengesetzt, noch in irgendwelche andere zersetzt werden können, nennt man **einfache Körper**. Es können also alle homogenen Körper in einfache und zusammengesetzte eingetheilt werden. Der Begriff des einfachen Körpers ist gleichfalls seit Lavoisier's Zeiten in die Wissenschaft eingeführt worden. Die Anzahl solcher Körper ist im Vergleich zu der Zahl der von ihnen gebildeten zusammengesetzten Körper sehr gering. Gegenwärtig sind mit positiver Sicherheit nur gegen 70 einfache Körper bekannt; einige von ihnen kommen in der Natur nur sehr selten oder in geringer Menge vor. Die Existenz anderer ist noch zweifelhaft. Die Zahl der einfachen Körper, mit deren Verbindungen wir es gewöhnlich zu thun haben, ist sehr gering.

Die einfachen Körper können nicht in einander verwandelt werden, wenigstens ist bis jetzt kein einziger Fall einer solchen Umwandlung beobachtet worden. Es ist unmöglich ein Metall in ein anderes zu verwandeln und bis jetzt ist, trotz vielfacher Anstrengungen, keine einzige Thatsache aufgefunden worden, die auf irgend welche Weise den Gedanken des Zusammengesetztseins der als einfache erkannten Körper, wie z. B. des Sauerstoffes, Eisens, Schwefels u. a., rechtfertigen könnte [27]). Der Begriff des

---

27) Viele Philosophen des Alterthums nahmen nur eine Urmaterie an. Dieses spiegelt sich noch bis heute in dem beständigen Streben ab, die Zahl der einfachen Körper zu verringern. Auf die verschiedenste Weise, empirisch und spekulativ, suchte man die Zusammengesetztheit der einfachen Körper zu beweisen; so z. B. dachte man im Brome Chlor oder im Chlore Sauerstoff aufzufinden. Bis jetzt waren alle darauf gerichteten Bemühungen vergeblich und die Ueberzeugung, dass die Urmaterie nicht so gleichartig sei, wie es die Vernunft im ersten Drange nach einer übereilten Verallgemeinerung wohl verlangte, gewinnt von Jahr zu Jahr an Boden. Die von so vielen gewünschte Einheit des Materials der einfachen Körper wird ersetzt durch die Einheit der Gesetze und die Einheitlichkeit der von der Natur zur Bildung der einfachen Körper benutzten Mittel. Jedenfalls liegt bis jetzt kein einziger thatsächlicher oder spekulativer Beweis von der Zusammengesetztheit unserer einfachen Körper vor. Beim gegenwärtigen Stande unseres Wissens ist es überhaupt gar nicht möglich sich eine Vorstellung davon zu machen, auf welche Weise die verschiedenen einfachen Körper aus einer einheitlichen Urmaterie entstanden sein könnten. Durch Isomerie und Polymerie zusammengesetzter Körper wird wol die Möglichkeit der Bildung von Stoffen mit verschiedenen Eigenschaften aus ein und denselben Elementen bewiesen, aber alle Unterschiede dieser Art verschwinden vollständig oder werden vernichtet, wenn eine bestimmte Temperatur-Erhöhung eintritt, nach deren Einwirkung alle Isomeren und Polymeren ihre ursprünglichen Eigenschaften verändern und in ein und dieselben Stoffe übergehen. Alles, was bis jetzt bekannt ist, weist aber darauf hin, dass das Eisen oder andere Elemente selbst bei einer so hohen Temperatur, wie sie auf der Sonne herrscht, in Form verschiedener Körper, die sich nicht in einander verwandeln, erhalten bleiben. Gibt man, wenn auch nur spekulativ zu, dass eine einheitliche Urmaterie existirt, so muss man sich eine Vorstellung davon machen, auf welche Weise aus derselben die verschiedenen einfachen Körper, nach ihrer Zerstörung, entstehen und wie die eine Materie die verschiedenen einfachen Körper bilden konnte. Wenn man annimmt, dass dies nur bei niederen Temperaturen geschieht wie es bei den Isomeren be-

einfachen Körpers schliesst die Möglichkeit von Zersetzungs-Reaktionen dieser Körper aus [28]). Aus dem Gesetze der Unvergänglickeit des Stoffes und der Definition des einfachen Körpers ergibt sich, dass die Menge jedes einfachen Körpers bei allen chemischen Umwandlungen konstant bleibt. Die Gleichung, durch welche das Gesetz der Unvergänglichkeit des Stoffes ausgedrückt wird, erlangt somit eine neue, noch viel wichtigere Bedeutung. Sind die Mengen der einfachen Körper, welche in Reaktion treten oder welche die reagirenden Körper zusammensetzen, bekannt und entsteht durch chemische Umwandlung eine Reihe neuer einfacher oder zusammengesetzter Körper, so muss in diesen letztern die Menge der einfachen Körper nach der Reaktion dieselbe sein, wie vor der Reaktion. Die Erforschung der chemischen Umwandlungen läuft darauf hinaus festzustellen, womit und wie jeder der reagirenden einfachen Körper, vor und nach der Umwandlung, verbunden ist.

Um die verschiedenen chemischen Umwandlungen durch Gleichungen ausdrücken zu können, ist man übereingekommen einen jeden einfachen Körper mit einem oder zwei Anfangsbuchstaben seines lateinischen Namens zu bezeichnen. So z. B. bezeichnet man durch O den Sauerstoff, der lateinisch Oxygenium heisst, durch N den Stickstoff — Nitrogenium, Hg das Quecksilber — Hydrargyrum, Fe das Eisen — Ferrum u. s. w., wie aus der auf Seite 29 u. 30 angeführten Tabelle zu ersehen ist. Durch Nebeneinanderstellen dieser Symbole der einfachen Körper bezeichnet man die aus denselben zusammengesetzten Körper. Indem man z. B. durch die Formel HgO das rothe Quecksilberoxyd bezeichnet, zeigt man an, dass es aus Sauerstoff und Quecksilber besteht. Dem Zeichen eines jeden

---

obachtet wird, so müsste man erwarten, dass, wenn auch die verschiedenen, einfachen Körper sich nicht in einen besondern, beständigen Körper verwandeln, doch wenigstens eine Verwandlung der einfachen Körper in einander stattfände. Bis jetzt ist aber nichts dergleichen beobachtet worden und die alchemistische Illusion, die einfachen Körper fabriziren zu können (nach Berthelot's Ausdrucksweise), hat nicht den geringsten faktischen oder theoretischen Grund.

28) Die von Lavoisier gegebene und seitdem in der Wissenschaft herrschende Definition, dass die einfachen Körper sich weder zersetzen, noch in einander übergehen, besitzt den Fehler negativ zu sein. Bei dieser Definition muss indessen in Betracht gezogen werden, dass die einfachen Körper die äusserste Grenze unserer Kenntniss des Stoffes bilden und dass es an einer Grenze immer schwierig ist das zu Erkennende positiv zu definiren. Uebrigens kommt, wenn auch nicht allen, so doch den meisten einfachen Körpern, die metallischen Charakter besitzen, eine Reihe von allgemeinen Eigenschaften zu, die es ermöglichen diese Körper auf den ersten Blick von allen anderen Arten von Körpern zu unterscheiden (sie besitzen ein besonderes Aussehen und Glanz, leiten den galvanischen Strom ohne sich dabei zu zersetzen u. s. w.). Ausserdem ist es (durch die Spektralanalyse) sicher festgestellt, dass die einfachen Körper auf den entferntesten Gestirnen vorkommen und dass sie, ohne sich zu zersetzen, die höchsten Temperaturen, die erreicht werden können, aushalten.

einfachen Körpers entspricht ausserdem eine bestimmte relative Gewichtsmenge desselben, die Atomgewicht genannt wird, so dass die chemische Formel eines zusammengesetzten Körpers nicht nur die Qualität der einfachen Körper, aus welchen derselbe besteht, sondern auch den quantitativen Gehalt an diesen einfachen Körpern anzeigt. Ein jeder chemische Prozess kann *durch eine Gleichung ausgedrückt* werden, welche aus den Formeln der reagirenden und entstehenden Körper zusammengesetzt wird. Die Gewichtsmenge der einfachen Körper muss in jeder chemischen Gleichung auf beiden Seiten gleich sein, weil keiner der einfachen Körper bei den chemischen Umwandlungen weder sich neu bilden, noch verschwinden kann. Im Vorwort und auf den folgenden Seiten befindet sich eine Tabelle der einfachen Körper, ihrer Symbole und Atomgewichte, d. h. der durch diese Symbole ausgedrückten relativen Gewichte; die Methoden zur Bestimmung dieser Atomgewichte werden weiter unten auseinandergesetzt werden. Hier sei nur bemerkt, dass ein zusammengesetzter Körper, der die einfachen Körper A und B enthält, durch die Formel $A_n B_m$ bezeichnet wird; die Koëffizienten oder Faktoren n und m geben die Zahl der Atome der einfachen Körper an, welche in der Verbindung enthalten sind. Wird das Atomgewicht des Körpers A durch a und das des Körpers B durch b bezeichnet, so enthält der Körper $A_n B_m$ — na Theile vom Körper A und mb vom Körper B. In Gewichtsprozenten ausgedrückt werden folglich in 100 Theilen des zusammengesetzten Körpers $\frac{na\,100}{na+mb}$ Theile des einfachen Körpers A und $\frac{mb\,100}{na+mb}$ Theile des andern einfachen Körpers B enthalten sein. Es ist klar, dass durch die Formel der relative Gehalt eines jeden einfachen Körpers gegeben ist, und dass folglich, wenn das reale Gewicht des zusammengesetzten Körpers bekannt ist, aus dessen Formel das reale Gewicht der darin enthaltenen einfachen Körper berechnet werden kann. Die Formel NaCl des Kochsalzes z. B zeigt (da Na = 23 und Cl = 35,5), dass in 100 Theilen desselben 39,3 Prozente Natrium und 60,7 Prozente Chlor enthalten sind, oder dass $58^1/_2$ Pfund des Salzes aus 23 Pfund Natrium und $35^1/_2$ Pfund Chlor bestehen.

Durch das soeben Auseinandergesetzte erfährt die Vorstellung von den chemischen Umwandlungen eine deutliche Begrenzung: aus Körpern von bestimmten Eigenschaften kann man nicht alle möglichen Körper darstellen, sondern nur solche, welche dieselben einfachen Körper enthalten. Aber auch bei dieser Begrenzung ist die Zahl der verschiedenartigen Verbindungen, die entstehen können, unendlich gross. Erforscht und beschrieben sind verhältnissmässig nur eine beschränkte Zahl von Verbindungen. Jeder, der in der Chemie zu arbeiten anfängt, kann leicht neue, noch nicht dargestellte zusammengesetzte Körper entdecken. Die Existenz von vielen solchen neu zu erhaltenden Körpern wird von der Wissenschaft vorausgesehen, und ihre Aufgabe besteht gerade darin, die Vielartigkeit der zusammengesetzten Körper einem einheitlichen Prinzip unterzuordnen und die Gesetze, welche die Bildung und Eigenschaften dieser Körper bestimmen, zu erforschen.

Nach Feststellung des Begriffes der einfachen Körper war das nächste Ziel der Chemie: erstens die Eigenschaften der zusammengesetzten Körper auf Grund der Quantität und Qualität der in dieselben eingehenden einfachen Körper zu bestimmen; zweitens diese einfachen Körper selbst zu erforschen; drittens zu erkennen, welche und wie beschaffene zusammengesetzte Körper aus jedem einfachen Körper entstehen können, und viertens festzustellen, welcher Art der Zusammenhang zwischen den einfachen Körpern, die die zusammengesetzten bilden, ist. Der einfache Körper ist hier Ausgangspunkt, der ursprüngliche Begriff, von welchem sich alle übrigen ableiten. Wenn man behauptet, dass irgend ein einfacher Körper den Bestandtheil eines gegebenen zusammengesetzten Körpers bildet, wenn man z. B. sagt, dass in dem rothen Quecksilberoxyde Sauerstoff enthalten ist, so versteht man darunter nicht, dass der Sauerstoff als gasförmige Substanz in dem zusammengesetzten Körper enthalten ist, sondern man drückt damit nur die Umwandlungen aus, zu welchen das rothe Quecksilberoxyd fähig ist; man sagt also, dass aus demselben Sauerstoff erhalten und an verschiedene andere Körper abgegeben werden kann. Die Angabe der **Bestandtheile** eines zusammengesetzten Körpers ist zugleich der Ausdruck der Umwandlungen, denen er unterworfen werden kann.

Es ist in dieser Beziehung sehr wichtig, einen deutlichen Unterschied zu machen zwischen dem Begriffe des einfachen Körpers als eines **einzelnen homogenen Stoffes** und als des **sinnlich nicht wahrnehmbaren stofflichen Bestandtheiles** eines zusammengesetzten Körpers. Das rothe Quecksilberoxyd enthält nicht zwei einfache Körper, Metall und Gas, sondern zwei Elemente: Quecksilber und Sauerstoff, welche einzeln genommen Metall und Gas geben. Nicht das Quecksilber als Metall und nicht der Sauerstoff in seinem gasförmigen Zustande sind in dem rothen Quecksilberoxyd enthalten: dasselbe enthält nur den Stoff dieser einfachen Körper, ebenso wie in dem Wasserdampf nur der Stoff des Eises, nicht das Eis selbst enthalten ist, oder wie das Brod den Stoff des Kornes, aber nicht das Korn selbst enthält. Von der Existenz des einfachen Körpers kann man sich eine Vorstellung machen, ohne den Körper selbst zu kennen, wenn man nur seine Verbindungen erforscht und erfährt, dass dieselben unter den verschiedensten Verhältnissen Verbindungen geben, die mit andern uns bekannten Verbindungen nicht identisch sind. Ein solches **Element** ist z. B. das Fluor. Dasselbe war lange Zeit im freien Zustande unbekannt und dennoch musste man es als einfachen Körper anerkennen, weil seine Verbindungen mit andern einfachen Körpern bekannt waren und der Unterschied dieser Verbindungen von allen andern ähnlichen, zusammengesetzten Körpern festgestellt war. Um noch deutlicher den Unterschied zwischen den Begriffen des einfachen Körpers und des **Elementes** (oder Radikals, wie Lavoisier sagte) zu erfassen, muss in Betracht gezogen werden, dass die zusammengesetzten Körper gleichfalls im Stande sind, sich zu neuen, noch komplizirteren Verbindungen zu vereinigen und hierbei Wärme zu entwickeln. Aus diesen neuen Verbindungen kann oft der ursprüngliche zusammengesetzte Körper nach eben denselben Methoden ausgeschieden werden, wie die einfachen Körper aus den entsprechenden zusammengesetzten. Viele einfache Körper sind ausserdem in verschiedenen Modifikationen bekannt, während ein Element, dem Begriffe nach, etwas einer Veränderung nicht Unterliegendes ist. So z. B. erscheint der Kohlenstoff in Form von Kohle, Graphit und Diamant, welche verschiedene, aber dennoch einfache Körper sind, während ihr Element immer derselbe Kohlenstoff ist. Dieser Kohlenstoff ist auch im Kohlensäuregas enthalten, aber in letzterem findet sich weder Kohle noch Graphit oder Diamant.

Die meisten einfachen Körper besitzen einen besondern Glanz, sind undurchsichtig, hämmerbar, leitungsfähig für Wärme und Elektrizität, — Eigenschaften, die den Metallen und ihren Verbindungen untereinder, den Legirungen, eigen sind. Aber nicht alle einfachen Körper sind **Metalle**. Die einfachen Körper, die keine die Metalle charakterisirende physikali-che Eigenschaften haben, nennt man **Metalloïde**. Eine scharfe Grenze lässt sich jedoch zwischen den Metallen und Metalloïden nicht ziehen, da zwischen ihnen Uebergänge vorkommen. So z. B. besitzt der Graphit, ein einfacher Körper, welcher zur Herstellung von Bleistiften Anwendung findet, den Glanz und viele Eigenschaften der Metalle, während die Kohle und der Diamant, als welche derselbe Kohlenstoff erscheint, keine einzige metallische Eigenschaft zeigen. In den charakteristischen Repräsentanten beider Reihen zeigen die einfachen Körper einen scharfen Unterschied, während in vielen einzelnen Fällen der Unterschied nicht scharf ist und daher auch nicht als Basis zur genauen Eintheilung der einfachen Körper in zwei Gruppen dienen kann.

Der Begriff des einfachen Körpers bildet die Grundlage des chemischen Wissens und wenn hier, gleich zu Anfang, ein Verzeichniss der einfachen Körper gegeben ist, so soll damit der Zustand der gegenwärtigen Kenntnisse über diesen Gegenstand bezeichnet werden. Im Ganzen sind bis jetzt mit Sicherheit etwa 70 einfache Körper bekannt, von denen aber viele so selten in der Natur vorkommen und in so geringen Mengen erhalten worden sind, dass unsere Kenntnisse über dieselben höchst ungenügend sind. Die in der Natur am meisten verbreiteten Körper enthalten eine sehr geringe Zahl von Elementen. Diese letztern sind schon desswegen viel vollständiger erforscht, weil sie von einer viel grösseren Zahl von Forschern untersucht werden konnten. Am verbreitetsten in der Natur sind die folgenden einfachen Körper:

Wasserstoff	H = 1.	Im Wasser, in den Organismen.
Kohlenstoff	C = 12.	In den Organismen, Steinkohlen, Kalksteinen.
Stickstoff	N = 14.	In der Luft, in den Organismen.
Sauerstoff	O = 16.	In der Luft, dem Wasser, der Erde, in den Organismen. Das verbreiteste und in grösster Menge vorkommende Element.
Natrium	Na = 23.	Im gewöhnlichen Salz, in vielen Gesteinen.
Magnesium	Mg = 24.	Im Meerwasser in vielen Gesteinen.
Aluminium	Al = 27.	In Gesteinen, im Lehm.
Silicium	Si = 28.	Im Sande, Thon, in Gesteinen.
Phosphor	P = 31.	In den Knochen, der Pflanzenasche, im Boden.
Schwefel	S = 32.	In den Kiesen, dem Gypse, dem Meerwasser.
Chlor	Cl = 35,5.	Im gewöhnlichen Salz und in Salzen des Meerwassers.
Kalium	K = 39.	In den Gesteinen, der Pflanzenasche, dem Salpeter.
Calcium	Ca = 40.	In den Kalksteinen, dem Gyps, in den Organismen.
Eisen	Fe = 56.	In dem Boden, den Eisenerzen, in den Organismen.

Ausserdem sind die folgenden einfachen Körper, wenn auch in der Natur nicht sehr verbreitet, so doch mehr oder weniger bekannt, da sie entweder im freien Zustande oder in ihren Verbindungen im gewöhnlichen Leben oder in der Technik Anwendung finden:

Lithium	Li = 7.	Angewandt in der Medizin als Li_2CO_3 und der Photographie als LiBr.
Bor	B = 11.	Borax $B_4Na_2O_7$, Borsäureanhydrid B_2O_3.
Fluor	F = 19.	Flussspath CaF_2, Flusssäure HF.
Chrom	Cr = 52.	Chromsäureanhydrid, CrO_3, dichromsaures Kalium $K_2Cr_2O_7$.
Mangan	Mn = 55.	Mangandioxyd MnO_2, Chamäleon $MnKO_4$.
Kobalt	Co = 59.	In der Smalte und blauen Gläsern.
Nickel	Ni = 59.	Zur Bedeckung anderer Metalle (Vernickelung) gebraucht.
Kupfer	Cu = 63.	Das allen bekannte rothe Metall.
Zink	Zn = 65.	Als Blech, zu galvanischen Elementen u. a.
Arsen	As = 75.	Weisser Arsenik As_2O_3 (ein Gift).

Brom	Br = 80.	Eine braune, flüchtige Flüssigkeit; Bromnatrium NaBr.
Strontium	Sr = 87.	Zu bengalischen Feuern SrN_2O_6.
Silber	Ag = 108.	Das allen bekannte weisse Metall.
Cadmium	Cd = 112.	Ein weisses Metall. Eine gelbe Farbe CdS.
Zinn	Sn = 118.	Ein allen bekanntes Metall.
Antimon	Sb = 120.	In Legirungen, z. B. dem Letternmetall.
Jod	J = 127.	In der Medizin und Photographie im freien Zustande und als KJ angewandt.
Baryum	Ba = 137.	Schwerspath $BaSO_4$, als Beimengung zu Bleiweiss.
Platin	Pt = 196.	
Gold	Au = 198.	Allgemein bekannte Metalle.
Quecksilber	Hg = 200.	
Blei	Pb = 206.	
Wismuth	Bi = 208.	In der Medizin; zu leicht schmelzbaren Legirungen.
Uran	U = 240.	Im gelbgrünen, fluorescirendem Glase.

Weniger Anwendung finden die, gleichfalls bekannten, aber in geringer Menge, wenn auch ziemlich oft vorkommenden Verbindungen folgender Metalle und Halbmetalle:

Beryllium	Be = 9.	Zirkonium	Zr = 90.	Wolfram	W = 184.
Titan	Ti = 48.	Molybdän	Mo = 96.	Osmium	Os = 197.
Vanadium	V = 51.	Palladium	Pd = 106.	Iridium	Ir = 193.
Selen	Se = 79.	Cerium	Ce = 140.	Thallium	Tl = 204.

Die folgenden; ziemlich vollständig untersuchten Metalle finden sich noch seltener in der Natur und haben bis jetzt noch keine Anwendung gefunden.

Scandium	Sc = 44.	Niobium	Nb = 94.	Cäsium	Cs = 133.
Gallium	Ga = 70.	Ruthenium	Ru = 103.	Lantan	La = 138.
Germanium	Ge = 72.	Rhodium	Rh = 104.	Didym	Di = 143.
Rubidium	Rb = 85.	Indium	In = 113.	Ytterbium	Yb = 173.
Yttrium	Y = 89.	Tellur	Te = 125.	Tantal	Ta = 182.
				Thorium	Th = 232.

Ausser diesen 66 einfachen Körpern sind noch das Erbium, Terbium, Samarium, Thulium, Holmium, Neodym, Decipium, Mosandrium, Philippium, Vesbium, Actinium und einige andere entdeckt. Aber die Eigenschaften und Verbindungen dieser Metalle sind ihrer grossen Seltenheit wegen noch sehr wenig bekannt; ja sogar die selbstständige Existenz einiger dieser Elemente ist noch zweifelhaft[29]).

---

29) Die Verbindungen einiger derselben bestehen, möglicherweise, aus einem Gemische von Verbindungen bereits bekannter einfacher Körper. Reine, unstreitig

Viele der gewöhnlichsten auf der Erde vorkommenden Elemente (z. B H, Na, Mg, Fe) werden auch auf den entferntesten Weltkörpern angetroffen, was durch die Untersuchungen des Lichtes der letzteren zweifellos bewiesen ist. Man gelangt auf diese Weise zur Erkenntniss, dass die Form des Stoffes, in welcher er auf der Erde in den einfachen Körpern erscheint, eine weite Verbreitung im Weltall besitzt. Es ist noch unbekannt, warum die Masse der einfachen Körper eine verschieden grosse ist.

Charakterisirt wird jedes Element durch die Fähigkeit, im freien Zustande (als einfacher Körper) sich mit diesem oder jenem einfachen Körper zu verbinden und zusammengesetzte Körper zu bilden, denen mehr oder weniger die Eigenschaft zukommt, neue zusammengesetzte Verbindungen einzugehen. So z. B. verbindet sich der Schwefel, unter Bildung von beständigen Körpern, leicht sowohl mit Metallen als auch mit Sauerstoff, Chlor und Kohlenstoff. Silber und Gold dagegen treten schwerer in Verbindungen ein und bilden meist unbeständige Körper, welche beim Erwärmen sich leicht zersetzen. Unter den zusammengesetzten und einfachen Körpern lassen sich solche unterscheiden, die leicht verschiedenartige chemische Umwandlungen erleiden und viele beständige Verbindungen bilden, und andere, welche nur wenige Verbindungen bilden und nur geringe Fähigkeit besitzen, direkt neue zusammengesetzte Körper zu bilden. Dieselbe Ursache (Kraft), welche chemische Veränderungen hervorruft, bedingt auch gleichzeitig das Verharren verschiedenartiger Stoffe in einer Verbindung und verleiht den entstandenen Körpern einen geringeren oder grösseren Grad von Beständigkeit. Diese Kraft nennt man die chemische **Verwandtschaft** (Affinitas, Affinität) [30]). Da dieselbe nothwendiger Weise als eine Anziehungskraft, ähnlich der Schwere, aufgefasst werden muss, so waren viele Forscher, z. B. Bergman zu Ende des vorigen und Berthollet zu Anfang unseres Jahrhunderts der Ansicht, dass die Verwandtschaft ihrem Wesen nach mit der allgemeinen Gravitation identisch sei und der Unterschied darin bestehe, dass letztere

---

selbstständige Verbindungen dieser Elemente sind nicht bekannt, einige derselben sind nicht einmal isolirt worden, sondern ihre Existenz wird nur auf Grund von spektroskopischen Untersuchungen angenommen. In einem kurzen, allgemeinen Lehrbuch der Chemie kann natürlich von solchen noch zweifelhaften einfachen Körpern nicht die Rede sein.

30) Dieses Wort, das, wenn ich nicht irre, zuerst von Glauber in die Chemie eingeführt worden ist, beruht auf der Ansicht der alten Philosophen, nach welcher eine Vereinigung (Verschmelzung) nur in dem Falle vor sich gehen kann, wenn die sich verbindenden Stoffe etwas Gemeinsames enthalten. Wie in allem oder vielem Anderen besteht seit dem Alterthum und entwickelt sich bis zur jetzigen Zeit dieser Ansicht eine direkt entgegengesetzte Vorstellung, nach welcher angenommen wird, dass die Verschmelzung durch eine Gegensätzlichkeit, verschiedene Polarität oder ein Bestreben das Fehlende zu ersetzen bedingt wird.

nur auf weitere Entfernungen wirke, die chemische Verwandtschaft dagegen nur in unmittelbarer Nähe zur Wirkung komme. Eine vollständige Identifizirung ist jedoch nicht durchzuführen, denn die Gravitation hängt von der Masse und Entfernung ab, nicht aber von der Beschaffenheit des Stoffes, von welcher die Affinität in hohem Maasse abhängig ist. Die Verwandtschaft kann auch nicht mit der Kohäsion identifizirt werden, die den homogenen Körpern ihre krystallinische Form, Elastizität, Festigkeit, Zähigkeit und ähnliche Eigenschaften verleiht und die in den Flüssigkeiten die Oberflächenspannung, die Tropfenbildung, das Aufsteigen in Haarröhren u. s. w. bedingt. Die Verwandtschaft wirkt zwischen verschiedenartigen Theilchen des Stoffs, die Kohäsion zwischen gleichartigen, obgleich beide nur auf unmerklich geringen Entfernungen (bei der Berührung) zum Vorschein kommen und viel Gemeinsames haben. Die chemische Kraft, die das gegenseitige Durchdringen der Stoffe bedingt, lässt sich auch nicht mit den Anziehungskräften identifiziren, welche die Adhäsion, das Anhaften verschiedenartiger Körper an einander hervorrufen, wie z. B. das Haften glatt geschliffener Flächen fester Körper, das Benetzen fester Körper durch Flüssigkeiten und die Verdichtung von Gasen und Dämpfen auf der Oberfläche fester Körper. Unter der Einwirkung der chemischen Affinität durchdringen sich die Körper gegenseitig und bilden neue Körper, was bei den Adhäsions-Erscheinungen niemals der Fall ist. Dennoch darf nicht übersehen werden, dass die die Adhäsion verschiedenartiger Körper bedingenden Kräfte offenbar einen Uebergang von den mechanischen zu den chemischen Kräften bilden, weil sie nur bei vollständiger Berührung und zwischen verschiedenartigen Körpern wirken. Nach einer anderen Ansicht, welche lange Zeit hindurch, namentlich in der ersten Hälfte dieses Jahrhunderts herrschte, wurden die Affinität und die chemischen Kräfte überhaupt mit den elektrischen identifizirt. Zwischen diesen Kräften besteht natürlich ein inniger Zusammenhang, da bei den chemischen Einwirkungen Elektrizität entwickelt wird, die ihrerseits einen grossen Einfluss auf die chemischen Prozesse ausüben kann, wie z. B. bei den elektrolytischen Zersetzungen. Der ganz ähnliche Zusammenhang zwischen den chemischen und thermischen Erscheinungen jedoch (bei chemischen Erscheinungen entwickelt sich Wärme und durch Wärme können Verbindungen zersetzt werden) zeigt nur die Einheit der Naturkräfte und ihre Fähigkeit, sich gegenseitig zu erzeugen und ineinander überzugehen. Die Identifizirung der chemischen Kräfte mit den elektrischen konnte daher gegenüber den Ergebnissen der experimentellen Forschung nicht aufrecht erhalten werden [31]). Von allen (molekularen) Natur-

---

31) Besonders überzeugend waren die Fälle der sogen. Metalepsie (Dumas, Lau-

erscheinungen, die mit den Stoffen auf unmessbar kleinen Entfernungen vor sich gehen, sind mit der (relativ) grössten Vollkommenheit und Vollständigkeit nur die Wärmevorgänge erforscht, — und zwar sind dieselben zurückgeführt auf die einfachsten, mechanischen Grundbegriffe (Energie, Gleichgewicht, Bewegung), die seit Newton der mathematischen Analyse unterliegen. Es erklärt sich daher das besonders in den letzten Jahren der Entwicklung der Chemie hervorgetretene Bestreben, die chemischen Begriffe in engen Zusammenhang mit den Wärmeerscheinungen (und de Theorie dieser Erscheinungen) zu bringen, ohne jedoch die chemschen Erscheinungen mit den thermischen zu identifiziren. Die Natur der chemischen Kräfte ist für uns bis jetzt ebenso verborgn, wie die Natur der allgemeinen Schwere, aber auch ohne Kenntniss derselben konnten, auf Grund mechanischer Begriffe die astronomischen Erscheinungen nicht nur unter ein einhtliches Prinzip gebracht, sondern auch in vielen Einzelheiten vorausgesagt werden; ebenso können auch in der Erforschung der chemischen Erscheinungen, ohne dass das Wesen der chemischen Verwandtschaft erkannt wird, dennoch, unter Anwendung der Gesetze der Mechanik, Dank den Fortschritten der mechanischen Wärmetheorie, bedeutende Erfolge erreicht wer-

---

rent). Sich mit Wasserstoff vereinigend, gibt das Chlor einen sehr beständigen Körper, den — Chlorwasserstoff, welcher beim Einwirken des galvanischen Stromes in Chlor und Wasserstoff in der Weise zerfällt, dass am positiven Pole das Chlor und am negativen der Wasserstoff erscheint. Die Elektrochemiker nahmen daher an, dass der Wasserstoff ein elektropositiver und das Chlor ein elektronegativer Körper sei, die durch ihre entgegengesetzten Elektrizitäten in Verbingung gehalten werden. Die Erscheinungen der Metalepsie zeigten indess, dass das Chlor an die Stelle des Wasserstoffes treten kann (und umgekehrt), wobei die übrigen Elemente nicht nur ihre ursprüngliche Gruppirung, sondern auch ihre wichtigsten chemischen Eigenschaften beibehalten. Essigsäure z. B., in welcher der Wasserstoff durch Chlor ersetzt ist, behält ihre Fähigkeit, Salze zu bilden. Da die Elektrochemiker in solchen Fällen die Ersetzung eines positiven Körpers durch einen negativen zugeben mussten, so wurde ihre Anschauungsweise nach Erforschung der Erscheinungen der Metalepsie hinfällig. Hierbei muss bemerkt werden, dass die Erklärung der chemischen Erscheinungen durch die Elektrizität den Nachtheil aufweist, dass das eine Unbekannte durch ein anderes, ebenso wenig Bekanntes erklärt wird. Höchst bemerkenswerth ist es, dass zugleich mit dem Elektrochemismus die Vorstellung entstand und sich auch erhielt, nach welcher der galvanische Strom durch ein Uebertragen der chemischen Wirkung längs den Leitern erklärt wurde — es wurde also für die elektrische Erscheinung eine Erklärung im Chemismus gesucht. Augenscheinlich besteht ein inniger Zusammenhang zwischen diesen beiden Erscheinungen, die aber selbstständig sind und besondere Arten molekularer (Atom-) Bewegungen darstellen, deren Natur bis jetzt noch nicht erkannt wurde. Jedenfalls ist der Zusammenhang zwischen diesen beiden Kategorien von Erscheinungen nicht nur an sich höchst belehrend, sondern er ermöglicht auch eine ausgedehntere Anwendnng des allgemeinen Begriffes der Einheit der Naturkräfte, einer der wichtigsten Errungenschaften der Wissenschaft der letzten Jahrzehnte.

den. Bis jetzt ist dieser Theil der Chemie noch wenig ausgearbeitet und bildet, als nächste Aufgabe der Wissenschaft, ein besonderes Gebiet, das man theoretische oder physikalische Chemie, am richtigsten *chemische Mechanik* nennt. Das Studium dieses Theiles der Chemie setzt die Kenntniss der verschiedenen bis jetzt erhaltenen homogenen Körper, ihrer chemischen Umwandlungen und der sie begleitenden (thermischen und and.) Erscheinungen voraus. Zweck des vorliegenden Werkes[32]) ist eben den Anfänger mit diesen chemischen Grundbegriffen vertraut zu machen.

---

32) Was ich aus der chemischen Mechanik in dem vorliegenden Lehrbuche mitzutheilen für möglich und nützlich halte, besteht in wenigen allgemeinen Begriffen und einigen konkreten Beispielen, die besonders die Gase betreffen, deren mechanische Theorie am vollständigsten ausgearbeitet ist. Die molekulare Mechanik der flüssigen und festen Körper befindet sich erst im Entstehungszustande. Vieles von derselben ist noch streitig und es sind auf diesem Gebiete der chemischen Mechanik noch keine besonderen Erfolge aufzuweisen. An dieser Stelle ist es wohl nicht überflüssig in Bezug auf den Begriff der chemischen Verwandtschaft zu bemerken, dass bis jetzt zu deren Erklärung der Reihe nach die allgemeine Anziehungskraft, die Elektrizität und die Wärme herangezogen worden sind. Oefters versuchte man auch den Lichtäther in die theoretische Chemie einzuführen; wenn nun der von Maxwell in den Vordergrund gestellte Zusammenhang zwischen den Erscheinungen des Lichts und der Elektrizität vollständiger ausgearbeitet sein wird, so müssen in der theoretischen Chemie wol, zweifellos, von neuem sich wiederholende Versuche auftauchen, den Lichtäther zur Erklärung von Allem oder wenigstens Vielem heranzuziehen. Als Resultat solcher Versuche muss, meiner Ansicht nach, eine vollständige chemische Mechanik der materiellen Stofftheilchen und der in den letzteren vor sich gehenden inneren (Atom-) Veränderungen erscheinen. Wie die Erfolge der Chemie zu Lavoisiers Zeiten einen fördernden Einfluss auf die gesammte Naturforschung ausgeübt haben, so muss, meiner Ansicht nach, eine selbstständige chemische Mechanik neues Licht auf die gesammte molekulare Mechanik werfen, die als die Hauptaufgabe der modernen exakten Wissenschaft anzusehen ist. Vor 200 Jahren legte Newton den Grund zu einer wirklich wissenschaftlichen, theoretischen Mechanik der äusseren sichtbaren Bewegungen und errichtete darauf das Gebäude der Himmelsmechanik. Vor 100 Jahren erkannte Lavoisier zuerst das Grundgesetz der inneren Mechanik der unsichtbaren Stofftheilchen. Sein Werk ist aber noch lange nicht vollendet weil es viel schwieriger ist und es, ausserdem, noch an Ausgangspunkten fehlt, obgleich viele Einzelheiten bereits ziemlich vollständig erforscht sind. Ein Newton konnte nur nach seinen Vorgängern Kopernikus und Keppler erscheinen, welche die äussere, empirische Einfachheit der Himmelserscheinungen erkannt hatten. Lavoisier und Dalton lassen sich mit Kopernikus und Keppler in Bezug auf die chemische Mechanik der Molekularwelt vergleichen, ein Newton ist für dieselbe jedoch noch nicht erschienen. Ein solcher wird, wie ich glaube, in der chemischen Konstitution der Körper die Grundgesetze der Mechanik der unsichtbaren Bewegungen des Stoffes eher finden, als in den physikalischen Erscheinungen (der Elektrizität, der Wärme, des Lichtes); letztere gehen mit den Stofftheilchen als solchen vor sich, während die Aufgabe der molekularen Mechanik, wie jetzt schon festgestellt ist, hauptsächlich darin besteht, die unsichtbaren Bewegungen der diese Stofftheilchen zusammensetzenden kleinsten Atome zu erkennen. Die von Newton erkannten allgemeinen Gesetze der Mechanik werden, aller Wahrscheinlichkeit nach, die Ausgangspunkte der molekularen Mechanik sein, deren Selbstständigkeit jedoch sofort klar wird, wenn man die Molekeln der Chemiker mit den Himmelssystemen, z. B. dem Sonnensystem, die chemischen

Da die chemischen Veränderungen des Stoffes von den ihm eigenen innern Kräften bedingt werden, da weiter die chemischen Erscheinungen unstreitig in einer Bewegung materieller Theilchen bestehen (nach dem Gesetze der Unvergänglichkeit des Stoffes und der Definition der einfachen Körper) und da die Erforschung der mechanischen und physikalischen Erscheinungen zum Gesetz der **Unvergänglichkeit der Kraft** oder der Erhaltung der Energie führt, d. h. die Möglichkeit der Umwandlung der einen Art von Bewegung in eine andere (der sichtbaren — mechanischen in unsichtbare — physikalische) darthut, so muss man in den Körpern (und speziell in den einfachen Körpern, aus denen alle anderen bestehen) nothwendigerweise das Vorhandensein eines Vorraths an **chemischer Energie** oder unsichtbarer Bewegung, die das Eintreten der Reaktionen hervorruft, annehmen. Wenn bei einer Reaktion Wärme entwickelt wird, so heisst das, dass chemische Energie in Wärme-Energie übergeht[33]), wenn dagegen

---

Atome mit den einzelnen Theilen dieser Systeme (z. B. der Sonne, den Planeten Kometen und Trabanten) und den Lichtäther mit dem den Himmelsraum wol zweifellos erfüllenden kosmischen Staube vergleicht. Der gegenwärtige Zustand der molekularen Mechanik ist bis zu einem gewissen Grade ein Abbild der Himmels-Mechanik, doch es liegt nichts vor, was uns von der vollkommenen Aehnlichkeit dieser beider Welten überzeugen könnte, wenn auch eine solche Vorstellung der von der gewohnten Annahme der Einheit des Weltalls ausgehenden Vernunft am wahrscheinlichsten scheint.

33) Die Wärmetheorie liess in uns die Vorstellung vom Vorhandensein eines Vorraths an innerer Bewegung oder Energie entstehen; mit ihr zugleich musste auch die chemische Energie anerkannt werden; es liegt aber durchaus kein Grund vor die thermische Energie mit der chemischen zu identifiziren. Es ist anzunehmen, lässt sich aber nicht mit Sicherheit behaupten, dass die Wärme-Bewegungen den Bewegungen der Molekeln und die chemischen Bewegungen denen der Atome entsprechen; da aber die Molekeln aus Atomen bestehen, so geht die Bewegung der einen in die der andern über; hieraus erklärt sich auch der grosse Einfluss der Wärme auf die Reaktionen, ihr Auftreten und Verschwinden während derselben. Diese im Allgemeinen augenscheinlichen und kaum zu bezweifelnden Beziehungen unterliegen im Einzelnen doch manchem Bedenken, namentlich desshalb, weil alle Arten von Molekular- und Atom-Bewegungen in einander übergehen können. In allgemeinen Zügen muss zugegeben werden, dass ebenso wie mechanische Energie vollstaendig in Wärme-Energie übergehen (das Umgekehrte findet aber, nach dem zweiten Gesetze der Wärmetheorie, nur theilweise statt), so auch Wärme-Energie in chemische Energie übergehen kann, aber zweifelhaft und sogar wenig wahrscheinlich ist, dass chemische Energie vollständig in Wärme-Energie übergehen kann. Es kann daher die bei chemischen Reaktionen sich entwickelnde Wärme nicht als volles Maass der chemischen Energie dienen, namentlich da viele Vereinigungs-Reaktionen bekannt sind, bei welchen Wärme aufgenommen wird; so z. B. findet die Vereinigung von Kohle und Schwefel unter Wärmeaufnahme statt, wohl desshalb, weil die Molekel der Kohle komplizirter, als die des Schwefelkohlenstoffes ist und das Zerfallen der komplizirten Kohlen-Molekeln eine grössere Wärmeaufnahme verlangt, für die wir ein Mass indessen nicht haben; die Vereinigung von Schwefel mit Kohlenstoff dagegen findet unter Wärmeentwicklung statt. Der Beobachtung unterliegt nur der Unterschied zwischen beiden Resultaten.

3*

bei einer Reaktion Wärme aufgenommen wird, so kann dieselbe theilweise in chemische Energie übergehen (latent werden)[34']. Der Vorrath an Kraft oder Energie zur Bildung neuer zusammengesetzter Körper kann, nachdem mehrere Verbindungen unter Wärme-Entwicklung entstanden sind, endlich so gering werden, dass man zusammengesetzte Körper erhält, die keine Energie zu weiteren Vereinigungen zeigen; in einigen Fällen können sich aber solche Körper mit energich wirkenden einfachen oder auch zusammengesetzten Körpern wieder vereinigen und noch zusammengesetztere Körper geben, welche ihrerseits die Fähigkeit besitzen, chemische Verbindungen einzugehen. Von den einfachen Körpern besitzen wenig Energie: Gold, Platin, Stickstoff; sehr viel Energie dagegen: Kalium, Chlor, Sauerstoff.

Die Energie tritt also nicht in gleichem Maasse bei allen Körpern hervor. Wenn unähnliche Körper mit einander in Verbindung treten, so entstehen oft Stoffe von geringerer Energie. Kalium und Schwefel z. B. brennen in der Luft, wenn sie erhitzt werden; haben dieselben sich aber einmal verbunden, so ist der entstandene Körper nicht mehr entzündbar, er brennt nicht in der Luft, wie seine Bestandtheile. Ein Theil der Energie des Kaliums und des Schwefels hat sich bei der gegenseitigen Vereinigung in Form von Wärme ausgeschieden. Wie beim Uebergang aus einem Aggregatzustand in den andern ein Theil des Wärmevorraths aufgenommen oder ausgeschieden wird, so tritt auch bei Vereinigungen, Zersetzungen und allen chemischen Prozessen eine Veränderung in dem Vorrath an chemischer Energie ein, gleichzeitig wird aber noch Wärme ausgeschieden und aufgenommen[35]).

---

34) Die direkt (bei gewöhnlicher oder hoher Temperatur) zwischen den Körpern stattfindenden Reaktionen können ganz scharf in exothermische und endothermische getheilt werden, d. h. in solche, bei denen Wärme abgegeben oder aufgenommen wird. In letzterem Falle ist augenscheinlich eine Wärmezufuhr von aussen erforderlich. Die Wärme wird entweder direkt dem umgebenden Mittel entnommen, (z. B. bei der Bildung des Schwefelkohlenstoffes aus Kohle und Schwefel und bei Zersetzungen, welche bei hoher Temperatur vor sich gehen) oder durch eine andere gleichzeitig stattfindende Reaktion geliefert. So z. B. wird Schwefelwasserstoff in Gegenwart von Wasser durch Jod auf Kosten der beim Lösen des entstehenden Jodwasserstoffs in Wasser erscheinenden Wärme zersetzt. In Abwesenheit von Wasser findet diese exothermische Reaktion nicht statt. Da nun bei einer Vereinigung von verschiedenartigen Körpern der zwischen den Molekeln und Atomen der homogenen Körper bestehende Zusammenhang aufgehoben werden muss, bei Substitutionen dagegen zugleich mit der Bildung eines Körpers auch die eines anderen stattfindet, und da ausserdem bei einer Reaktion eine Reihe von physikalischen und mechanischen Veränderungen mit verläuft, so lässt sich auch aus der Summe der beobachteten Wärmeerscheinungen nicht die direkt von einer gegebenen Vereinigung abhängende Wärmetönung feststellen. Aus diesem Grunde sind die thermochemischen Daten so komplizirt und können an und für sich nicht den Schlüssel zur Entscheidung vieler chemischen Fragen abgeben, wie früher erwartet wurde. Diese Daten bilden nur einen Theil der chemischen Mechanik, erschöpfen dieselbe aber nicht.

Um die chemischen Erscheinungen als mechanische Prozesse zu verstehen, d. h. um den Mechanismus der chemischen Erscheinungen zu erforschen, müssen 1) die stöchiometrischen Gesetze, d. h. die Gesetze, welche die quantitativen Gewichts- und Volumverhältnisse der reagirenden Körper bestimmen, bekannt, 2) muss eine Klassifikation der chemischen Einwirkungen aufgestellt, 3) muss der Zusammenhang zwischen der chemischen Zusammensetzung und den Eigenschaften der Stoffe erforscht, 4) müssen die die chemischen Umwandlungen begleitenden Erscheinungen untersucht und 5) müssen die Bedingungen, bei denen die Reaktionen vor sich gehen, unter allgemeine Gesichtspunkte gebracht sein. Was die Stöchiometrie anbetrifft, so ist deren Gebiet mit einer grossen Vollständigkeit ausgearbeitet und es sind darin Gesetze aufgefunden worden (von Dalton, Avogadro-Gerhardt und anderen), die so tief in alle Theile der Chemie eingreifen, dass gegenwärtig die Hauptaufgabe unserer Wissenschaft darin besteht, die allgemeinen stöchiometrischen Gesetze auf einzelne konkrete Fälle anzuwenden. d. h. die quantitative (Gewichts- und Volum-) Zusammensetzung der Körper zu erforschen. Die Bedeutung der stöchiometrischen Gesetze ist auf allen Gebieten der Chemie gegenwärtig so gross, dass diese Gesetze der weiteren Darstellung an erster Stelle zu Grunde gelegt werden müssen. Selbst die Reaktionen der Vereinigung, Zersetzung und Umsetzung haben, wie wir weiter unten zeigen werden, unter dem Einfluss eines genaueren Verständnisses der quantitativen Verhältnisse der reagirenden Körper einen neuen Charakter erhalten. Ferner wurde auf Grund der Erforschung dieser Seite der chemischen Erscheinungen eine neue Eintheilung der zusammengesetzten Körper — in *bestimmte* und *unbestimmte* aufgestellt. Noch zu Beginn dieses Jahrhunderts machte z. B. Berthollet diesen Unterschied nicht. Proust zeigte jedoch, dass in vielen zusammengesetzten Körpern die Bestandtheile, aus welchen sie entstehen oder in welche sie zerfallen, sich in einem ganz genau bestimmten und unter allen Bedingungen konstanten Gewichtsverhältnisse befinden. So z. B. enthält das rothe Quecksilberoxyd stets auf 200 Gewichtstheile Quecksilber 16 Theile

---

35) Da beim Erwärmen chemische Reaktionen vor sich gehen, so wird die von den Körpern vor der Zersetzung oder Veränderung ihres Aggregatzustandes aufgenommene Wärme, die durch die spezifische Wärme bestimmt wird, wahrscheinlich, wenn man sich so ausdrücken kann, zur Vorbereitung der Reaktion verwandt, selbst in den Fällen, wo die Temperatur-Grenze, bei der die Reaktion stattfindet, nicht erreicht wird. Die Moleküln des Körpers A, die mit denen des Körpers B nicht vor dem Eintreten einer Temperatur t reagiren können, werden, wenn sie von einer niedrigeren Temperatur auf die Temperatur t erwärmt sind, eben die Veränderung erleiden, die zur Bildung von AB erforderlich ist. Dieser Gedanke wird öfters unberechtigt ausgedehnt, indem man z. B. annimmt, dass ein gegebener Körper beim Uebergange aus dem flüssigen Zustande in den gasförmigen, chemisch oder substantiell neue, leichtere, einfachere Moleküln bildet (nach de Haen depolymerisirt wird).

Sauerstoff, was durch die Formel HgO ausgedrückt wird. Zu einer Legirung von Kupfer mit Silber dagegen kann man eine beliebige Menge beider Metalle zusetzen, ebenso wie man in einer wässrigen Zuckerlösung das gegenseitige Verhältniss beider Bestandtheile ändern kann, ohne die Homogenität des Ganzen irgend zu stören. Im Gegensatz zum Quecksilberoxyd haben wir es in diesen beiden letztern Fällen mit unbestimmten chemischen Verbindungen zu thun. Obgleich nun in der Natur und der chemischen Praxis (in den Laboratorien und in der Technik) die Bildung von unbestimmten Verbindungen (z. B. von Legirungen und Lösungen) eine ebenso wichtige Rolle spielt, wie die bestimmter chemischer Verbindungen, so ist dennoch unsere Kenntniss der ersteren höchst unvollständig, da bis jetzt die stöchiometrischen Gesetze fast ausschliesslich auf bestimmte chemische Verbindungen Anwendung gefunden haben und erst in den lezten Jahren die Forschung sich auch dem Gebiete der unbestimmten Verbindungen zugewandt hat.

Für die chemische Mechanik ist es höchst wichtig, gleich Anfangs einen deutlichen Unterschied zwischen den **umkehrbaren und nicht umkehrbaren Reaktionen** zu machen. Ein oder mehrere Körper können bei einer gewissen Temperatur neue Körper geben Es können nun in einem Falle die entstandenen Körper, bei derselben Temperatur, wieder die ursprünglichen Körper bilden, im anderen dagegen kann diese umgekehrte Reaktion bei unveränderten Temperatur-Bedingungen nicht stattfinden. Löst man z. B. Kochsalz in Wasser bei gewöhnlicher Temperatur, so kann die entstandene Lösung bei derselben Temperatur wieder zerfallen, indem das Wasser verdunstet und das Salz zurückbleibt. Der Schwefelkohlenstoff entsteht aus Schwefel und Kohle ungefähr bei derselben Temperatur, bei welcher er wieder in Schwefel und Kohle zerfallen kann. Das Eisen scheidet bei einer bestimmten Temperatur aus dem Wasser den Wasserstoff aus und bildet Eisenoxyd, aber bei derselben Temperatur kann letzteres mit Wasserstoff wieder Eisen und Wasser geben. Wenn also die Körper A und $B - C$ und D geben und die Reaktion umkehrbar ist, so müssen C und D auch A und B bilden können; nimmt man nun eine bestimmte Masse von A und B oder eine ihnen entsprechende Masse von C und D, so erhält man in beiden Fällen alle vier Körper, d. h. es wird zwischen den mit einander reagirenden Körpern **chemisches Gleichgewicht** (oder eine Vertheilung) eintreten. Wird die Masse des einen der Körper vergrössert, so entstehen neue Bedingungen, die das Gleichgewichts-Verhältniss anders gestalten werden Es lässt sich also in diesen umkehrbaren Reaktionen der **Einfluss der Masse** auf den Verlauf der Umwandlung beobachten. Beispiele nicht umkehrbarer chemischer Reaktionen sind meisten solche, die an sehr komplizirten Verbindungen und Gemischen beobachtet werden. Viele zusammengesetzte Bestandtheile pflanzlicher und thierischer Organismen zerfallen z. B. in der Hitze; aber aus ihren Zersetzungsprodukten sind die ursprünglichen Verbindungen, bei welcher Temperatur es auch sei, nicht wieder zu erhalten. Ebenso kann das Pulver, ein Gemisch von Salpeter, Schwefel und Kohle, aus seinen Verbrennungsprodukten (Pulvergasen und Rauch) bei keiner Temperatur wiedererhalten werden. Um solche durch umkehrbare Reaktionen nicht wieder entstehende Körper darzustellen, muss auf einem Umwege vorgegangen werden, den man als eine **Vereinigung nach Resten** bezeichnen kann. Wenn A unter keinen uns zugänglichen Bedingungen sich direkt mit B vereinigt, so heisst es noch nicht, dass die Verbindung AB überhaupt nicht darstellbar sei. Wenn sich z. B. A mit C und B mit D verbindet und wenn C eine grössere Verwandschaft zu D hat, so kann bei der gegenseitigen Einwirkung von AC und BD nicht nur CD, sondern auch AB entstehen. Da bei der Bildung von CD die Stoffe A und B, die in AC und DB enthalten waren, nicht in demselben Zustande ausgeschieden werden, wie sie uns als einfache Körper bekannt sind (wir erinnern an den Unterschied zwischen einfachem Körper und Element); so nehmen wir an, dass ihre Vereinigung zu dem Körper AB eben desshalb stattfindet, weil sie sich im Moment ihres Entstehens in einem besonderen, dem sogen. **Entstehungs-Zustande** (in statu nascendi) begegnen. Chlor z. B. wirkt auf die verschiedenen Modifikationen des Kohlenstoffes, auf Kohle, Graphit oder Diamant nicht ein; trotzdem existiren Verbindungen des Chlors mit Kohlenstoff und viele derselben zeichnen sich durch ihre Beständigkeit aus. Diese Verbindungen entstehen durch Einwirkung von Chlor auf Kohlenwasserstoffe. Das Chlor entzieht diesen letzteren zunächst den Wasserstoff, während der zurückbleibende Kohlenstoff im Moment des Freiwerdens sich mit einem anderen Theil des Chlors verbindet, so dass schliesslich Verbindungen des Chlors mit Kohlenstoff und mit Wasserstoff erscheinen [36]).

---

36) Die Ursache vieler solcher Reaktionen kann durch die Annahme erklärt werden, dass auch einfache Stoffe aus zusammengesetzten Molekeln bestehen, die bei der Kohle z. B. aus den einzelnen Atomen des Kohlenstoffs gebildet werden, welche in Folge ihrer grossen Verwandtschaft (wie gewöhnlich gesagt wird) ebenso unter einander verbunden sind, wie die ungleichartigen Atome in den Molekeln zusammengesetzter Körper. Wenn nun auch die Verwandtschaft des Chlors zum Kohlenstoffe nicht stark genug ist, die Verbindung der einzelnen Atome in den Kohlenstoffmolekeln aufzuheben, so ist sie doch hinreichend, um eine dauernde Vereinigung des Chlors mit den schon von einander getrennten Atomen des Kohlenstoffs zu bewirken. Eine solche Auffassung dieses Vorganges schliesst natürlich eine Hypothese in sich, die, obgleich gegenwärtig allgemein anerkannt, dennoch nicht auf genügend festen Grundlagen ruht. Wenn die Sache sich so einfach verhielte, wie es nach dieser Hypothese scheint, so müsste, z. B. — zufolge der Annahme, dass zwi-

Was die Erscheinungen betrifft, welche die gegenseitige Einwirkung der Körper begleiten, so ist für die chemische Mechanik der Umstand am wichtigsten, dass bei chemischen Prozessen nicht nur eine mechanische Ortsveränderung (eine sichtbare Bewegung) erfolgt, dass Wärme, Licht, elektrische Spannung und galvanische Ströme hervorgerufen werden, sondern dass alle diese Ursachen selbst im Stande sind chemische Umwandlungen zu beeinflussen und denselben diese oder jene Richtung zu geben. Diese Gegenseitigkeit oder Umkehrbarkeit wird natürlich dadurch bedingt, dass alle Naturerscheinungen nur verschiedene Arten und Formen sichtbarer und unsichtbarer (molekularer) Bewegungen sind. Die Physik führte zunächst den Schall und dann das Licht ihrem Wesen nach auf schwingende Bewegungen zurück; später wurde auch der bis dahin hypothetische Zusammenhang der Wärme mit mechanischer Bewegung und Arbeit unzweifelhaft bewiesen und durch die Bestimmung des mechanischen Wärmeäquivalents (424 Kilogrammometer mechanischer Arbeit entsprechen einer Kilogramm-Wärmeeinheit oder Kalorie) ein mechanisches Maass für die Wärmeerscheinungen gefunden. Obgleich für die elektrischen Erscheinungen eine mechanische Theorie noch nicht mit solcher Vollständigkeit ausgearbeitet ist, wie für die Wärme, so unterliegt es dennoch keinem Zweifel, dass der elektrische Zustand der Stoffe und selbst der elektrische und galvanische Strom nur besondere Formen der Bewegung sind; umsomehr als sowohl statische, wie auch dynamische Elektrizität durch mechanische Bewegung (in den gewöhnlichen Elektrisirmaschinen und den Dynamomaschinen von Gramme u. a.) entstehen und, umgekehrt, durch den elektrischen Strom (in den elektrischen Motoren) mechanische Bewegung hervorgerufen werden kann; ganz ebenso wie in den kalorischen (Dampf-, Gas- und Luft-) Maschinen Wärme in mechanische Arbeit umgesetzt wird. Lässt man z. B. durch die Leitungsdrähte einer Gramme'schen Maschine einen elektrischen Strom gehen, so setzt sich dieselbe in Bewegung; wird umge-

---

schen den einzelnen Kohlenstoffatomen eine grosse Verwandtschaft besteht und diese Atome das Bestreben haben, sich zu vereinigen und Kohle zu bilden — erwartet werden, dass der Chlorkohlenstoff leicht zersetzbar ist; dieses ist aber nicht der Fall. Augenscheinlich, besteht nun nicht nur das Reagiren selbst in einer Bewegung, sondern auch in dem entstehenden zusammengesetzten Körper (in der Molekel) müssen sich die dasselbe bildenden Elemente (die Atome) in einer übereinstimmenden, beständigen Bewegung befinden (wie die Planeten im Sonnensystem). Es muss diese Bewegung einen Einfluss ausüben auf die Beständigkeit und Reaktionsfähigkeit und es hängen dieselben daher nicht nur von der Verwandtschaft der reagirenden Körper ab, sondern auch von den Reaktionsbedingungen, welche den Bewegungszustand der Elemente in den Molekeln verändern und von der Art, Form und Intensität der Bewegung, welche die Elemente im gegebenen Zustande besitzen. Hieraus ist zu ersehen, dass die mechanische Seite der chemischen Einwirkung höchst komplizirt sein muss.

kehrt dieselbe Maschine mechanisch in Bewegung gesetzt, so erhält man einen elektrischen Strom; man demonstrirt auf diese Weise den Uebergang der Elektrizität in mechanische Bewegung. Auf diesen Zusammenhang der chemischen Erscheinungen mit den physikalischen und mechanischen muss sich die chemische Mechanik gründen. Die hier berührten Fragen sind aber so komplizirt und relativ neu, dass wir noch keine zufriedenstellende Hypothese, geschweige denn eine ausgearbeitete Theorie derselben besitzen; im weiteren werden wir daher auf dieselben nicht mehr zurückkommen.

Der Verlauf einer chemischen Umwandlung in einer gewissen Richtung, wird nicht nur durch die Masse und die Zusammensetzung der Körper, die Vertheilung ihrer Bestandtheile und die ihnen eigene Verwandtschaft oder chemische Energie bestimmt, sondern hängt auch von den **Bedingungen** ab, unter denen sich die Körper befinden. Diese Bedingungen sind für die einzelnen Reaktionen sehr verschieden. Damit zwischen Körpern, die auf einander einwirken können, eine bestimmte chemische Reaktion vor sich gehe, sind vielfach Bedingungen erforderlich, die sich von den in der Natur vorkommenden bedeutend unterscheiden. So z. B. ist zum Brennen der Kohle nicht nur die Gegenwart von Luft und zwar des darin befindlichen Sauerstoffs erforderlich, sondern die Kohle muss auch erhitzt, d. h. auf eine hohe Temperatur gebracht werden. Wenn der ins Glühen gebrachte Theil der Kohle zu brennen anfängt, so vereinigt er sich mit dem Sauerstoff der Luft und entwickelt hierbei Wärme, welche wieder andere Theile der Kohle ins Glühen bringt, die dann weiter brennen. Ebenso wie das Brennen der Kohle durch das vorhergehende Erhitzen derselben bedingt wird, findet jede chemische Reaktion nur unter gewissen physikalischen, mechanischen und anderen Bedingungen statt. Die wichtigsten Bedingungen, die auf den Verlauf der chemischen Reaktionen einwirken, sind folgende:

a) *Die Temperatur.* Die chemischen Vereinigungs-Reaktionen gehen nur innerhalb bestimmter Temperaturgrenzen vor sich. Als Beispiel lässt sich, neben der schon erwähnten, nur beim Erhitzen stattfindenden Verbrennung, die Vereinigung des Chlors oder des Kochsalzes mit Wasser anführen, die im Gegensatz zur Verbrennung, nur bei Temperaturen unter $0°$ vor sich geht. Bei höheren Temperaturen geht die Bildung dieser Verbindungen nicht vor sich, sondern es tritt ein vollständiges oder theilweises Zerfallen der schon gebildeten Verbindungen in ihre Bestandtheile ein. Die Nothwendigkeit einer erhöhten Temperatur zum Eintritt gewisser Vereinigungsreaktionen lässt sich in einigen Fällen dadurch erklären, dass durch die Wärme einer der reagirenden Körper aus dem festen Zustande in den flüssigen oder dampfförmigen übergeht, wodurch eine vollständigere Berührung der auf einander reagirenden Theilchen möglich wird. Eine andere Ursache des grossen Einflusses des Erwärmens auf das Hervorrufen chemischer Reaktionen besteht darin, dass die physikalische Kohäsion oder der innere chemische Zusammenhang der gleichartigen Theilchen beim Erwärmen verringert wird, wodurch diese Theilchen leichter auseinanderfallen und neue Verbindungen eingehen. In den Fällen endlich, wo, wie bei den Zersetzungen, die Reaktion unter Wärmeaufnahme, unter Umwandlung von Wärme in latente chemische Energie vor sich geht, ist die Zuführung der Wärme von aussen selbstverständlich.

Von grosser Wichtigkeit ist der Einfluss der Temperaturerhöhung auf die zusammengesetzten Körper, da Vieles für die Annahme spricht, dass dieselben bei einem grösseren oder geringeren Hitzegrade sich alle zersetzen müssen. Beispiele dieser Einwirkung der Hitze sahen wir schon bei der Beschreibung der Zersetzung des rothen Quecksilberoxyds in Quecksilber und Sauerstoff und der trocknen Destillation des Holzes. Viele Körper zersetzen sich schon bei geringerer Erwärmung, das Knallquecksiber z. B., welches zum Füllen der Zündhütchen gebraucht wird, zersetzt sich beim Erwärmen auf etwas über $120°$. Viele Bestandtheile der Thiere und Pflanzen zersetzen sich bei einer Temperatur von $250°$. Andrerseits haben wir Grund anzunehmen, dass bei sehr niedrigen Temperaturen überhaupt keine chemischen Reaktionen stattfinden, wie wir das an den Pflanzen sehen, deren chemische Prozesse während der Winterkälte aufhören. Eine jede chemische Reaktion geht also nur innerhalb gewisser Temperaturgrenzen vor sich; auf der Sonne, wo die Temperaturen sehr hoch oder auf dem Monde, wo dieselben sehr niedrig sind, können zweifellos viele der von uns beobachteten Reaktionen gar nicht stattfinden.

Besonders bemerkenswerth ist der Einfluss der Erwärmung auf die umkehrbaren chemischen Reaktionen. Wenn z. B. ein zusammengesetzter Körper, der sich aus seinen Zersetzungsprodukten wiederbilden kann, erwärmt wird, und zwar bis zu der Temperatur, bei welcher seine Zersetzung beginnt, so wird letztere nicht auf einmal und vollständig vor sich gehen, sondern es wird in einem begrenzten Raume von einer gegebenen Menge des Körpers nur ein Theil zersetzt werden, während ein anderer Theil unverändert bleiben wird. Bei weiterer Temperatur-Steigerung nimmt die Menge des sich zersetzenden Stoffes zu, so dass einer jeden bestimmten Temperatur in dem gegebenen Raume ein bestimmtes Verhältniss zwischen der bereits zersetzten und der noch nicht veränderten Menge entspricht, bis endlich die Temperatur erreicht wird, bei der der zusammengesetzte Körper vollständig zerfällt. Diese unvollständige, von der Temperatur abhängige Zersetzung nennt man Dissoziation; man unterscheidet eine Anfangs- und End-Temperatur der Dissoziation. Wenn bei einer gegebenen Temperatur die Dissoziation eintritt und ein oder alle Zersetzungsprodukte aus dem Bereiche des noch unzersetzten Theils des Körpers entfernt werden, so geht die Zersetzung bis zu Ende. Der Kalkstein z. B. wird in der Hitze des Kalkofens vollständig in Kalk und Kohlensäuregas zersetzt, weil das letztere aus dem Ofen entweichen kann. Wenn aber derselbe Kalkstein in einem geschlossenen Raume, z. B. in einem Flintenlaufe, dessen Oeffnung vernietet ist, erhitzt wird, so kann das Kohlensäuregas nicht entweichen und es wird bei jeder Temperatur, die höher ist, als die der beginnenden Dissoziation, immer nur ein Theil des Kalksteins zersetzt werden. Die Zersetzung hört auf, wenn der maximale Dissoziationsdruck, der der gegebenen Temperatur entspricht, erreicht ist.

Wird der Druck noch durch Einführung von Kohlensäuregas in den Reaktionsraum vergrössert, so findet Wiedervereinigung von Kohlensäure und Kalk statt, bei Abnahme des Druckes dagegen schreitet die Zersetzung weiter. Diese Zersetzung ist ganz analog der Verdampfung; wird der Dampf nicht entfernt, so erreicht sein Druck das der Temperatur entsprechende Maximum und die Verdampfung hört auf. Wenn man dann Dampf von aussen zuführt, so wird ein Theil desselben verflüssigt; wenn aber ein Theil des Dampfes entfernt wird, so findet, bei unveränderter Temperatur, Verdampfung neuer Mengen statt. Der Begriff der Dissoziation ist von Henri Sainte-Claire Deville in die Wissenschaft eingeführt worden, und soll weiter unten ausführlich entwickelt werden. Hier sei nur bemerkt, dass die von einander getrennten Bestandtheile eines Körpers sich desto leichter wieder verbinden, je mehr die Temperatur sich der Anfangstemperatur der Dissoziation nähert; mit anderen Worten — die Anfangstemperatur der Dissoziation liegt in der Nähe der Anfangstemperatur der Wiedervereinigung.

b) Der *Einfluss des galvanischen Stromes* und der Elektrizität auf den Verlauf chemischer Umwandlungen ist im Allgemeinen ganz analog dem Einfluss der Wärme. Der grösste Theil der den galvanischen Strom leitenden Körper wird beim Einwirken der Elektrizität zersetzt. Die Wiedervereinigung tritt gewöhnlich unter annähernd denselben Bedingungen ein, welche die Zersetzung hervorrufen. Daher findet beim Einwirken der Elektrizität ebenso häufig Vereinigung wie Zersetzung statt, ganz wie bei der Einwirkung von Wärme. Wie diese letztere, muss auch die Elektrizität als eine besondere Art molekularer Bewegung angesehen werden und alles, was über den Einfluss der Wärme gesagt wurde, gilt auch in Bezug auf die durch den elektrischen Strom hervorgerufenen Erscheinungen. Durch denselben kann die Zersetzung eines Körpers in seine Bestandtheile viel bequemer erreicht werden, da sie schon bei gewöhnlicher Temperatur stattfindet. Selbst die beständigsten Körper lassen sich durch den Strom zersetzen, wobei die Zersetzungsprodukte an den verschiedenen Polen oder Elektroden, durch welche der Strom in den Körper eintritt, erscheinen. Die Körper, welche an dem positiven Pole (der Anode) erscheinen, werden elektronegative genannt und die an der Kathode, d. h. auf dem (mit dem Zinke im gewöhnlichen galvanischen Elemente verbundenen) negativen Pole auftretenden nennt man elektropositive Körper. Zu den erstern gehören die nichtmetallischen Körper wenigstens in der Mehrzahl der Fälle, wie: Chlor, Sauerstoff u. a., ebenso die Säuren und ihnen ähnliche Körper. An dem negativen Pole erscheinen die Metalle, Wasserstoff und ähnliche Zersetzungsprodukte. Die Zersetzung zusammengesetzter Körper mittelst des galvanischen Stromes hat in der Geschichte der Chemie zu höchst wichtigen Entdeckungen geführt. Viele einfache Körper sind auf diese Weise entdeckt worden. Bekannt ist namentlich die Darstellung der Metalle Kalium und Natrium, deren Verbindung mit Sauerstoff Lavoisier und die Chemiker seiner Zeit nicht zu lösen verstanden. Erst der Engländer Davy zeigte, dass diese Verbindungen durch den galvanischen Strom zersetzt werden und erhielt am negativen Pole die in denselben enthaltenen Metalle: Kalium und Natrium.

c) Auch durch die *Einwirkung des Lichtes* werden einige, wenig beständige Verbindungen zersetzt. Auf der Zersetzbarkeit der Silbersalze durch das Licht beruht z. B. die Photographie. Die mechanische Arbeit der die Erscheinungen des Lichts bedingenden Schwingungen ist sehr gering und es werden deshalb, wenigstens unter den gewöhnlichen Bedingungen, nur wenig beständige Körper durch das Licht zersetzt. Aber es giebt eine Reihe von chemischen, unter dem Einflusse des Lichts vor sich gehender Erscheinungen, die noch der Aufklärung harren. Es sind dies die Erscheinungen in den Pflanzen, in denen ganz eigenthümliche Zersetzungen und Vereinigungen vor sich gehen, die auf künstliche Weise oft nicht dargestellt werden können. So z. B. wird das gegenüber der Einwirkung des Stromes und der Wärme so beständige Kohlensäuregas in den Pflanzen, unter dem Einflusse des Lichts, zersetzt wobei es Sauerstoff ausscheidet. In anderen Fällen werden durch die Einwirkung des Lichts nur wenig beständige Verbindungen zersetzt, die auch beim Erhitzen und beim Einwirken anderer Reagentien, leicht Zersetzungen erleiden. Das Chlor vereinigt sich mit Wasserstoff nicht nur unter dem Einfluss der Wärme, sondern auch des Lichts; wir sehen also, dass Vereinigungen ebenso wie Zersetzungen, durch die Einwirkung sowol des Lichts, wie auch der Wärme und der Elektrizität hervorgerufen werden können.

d) *Mechanische Einflüsse* wirken gleichfalls auf den Verlauf von chemischen Umwandlungen ein, und zwar sowol auf Vereinigungen, wie auch auf Zersetzungen. Viele Stoffe werden schon durch Schlag oder Reibung zersetzt, so z. B. die Jodstickstoff genannte Verbindung, die aus Stickstoff, Jod und Wasserstoff besteht; das Knallquecksilber zersetzt sich vom Schlage auf das Zündhütchen. Durch mechanische Reibung entzündet sich der Schwefel und verbrennt auf Kosten des im Berthollet'schen Salze enthaltenen Sauerstoffs.

e) Ausser den verschiedenen, eben auseinandergesetzten Bedingungen wirkt fördernd oder hindernd auf den Verlauf der chemischen Reaktionen *der Grad der gegenseitigen Berührung* der reagirenden Körper ein. Vergrössert man die Zahl der Berührungspunkte so beschleunigt man, unter sonst gleichbleibenden Bedingungen, den Reaktionsverlauf. Es genügt darauf hinzuweisen, dass das ölbildende Gas durch Schwefelsäure nur bei fortgesetztem Schütteln absorbirt wird, während unter gewöhnlichen Bedingungen, wenn dieses Gas nur mit der Oberfläche der Säure in Berührung kommt, keine Absorption stattfindet. Soll zwischen zwei festen Körpern eine vollständige gegenseitige Reaktion vor sich gehen, so müssen dieselben zunächst in möglichst feines Pulver verwandelt und gut mit einander vermischt werden. Pulverförmige Körper wirken, bei gewöhnlicher Temperatur, nicht aufeinander ein, können aber in Reaktion treten, wenn sie stark zusammengepresst werden. Unter einem Druck von 6000 Atmosphären verbindet sich der Schwefel mit vielen Metallen schon bei gewöhnlicher Temperatur und viele Metalle bilden unter diesem Drucke, wenn sie in Pulverform angewandt werden, Legirungen mit einander. Die Ursache der hierbei eintretenden Reaktionen liegt augenscheinlich in der durch den Druck hervorgerufenen Vermehrung der Berührungspunkte und Vergrösserung der Berührungsflächen. Da in allen drei Agregatzuständen des Stoffes, wenn auch in verschiedenem Maasse und verschiedener Form das Vorhandensein einer innern Bewegung und Beweglichkeit der die Körper bildenden Molekeln anzunehmen ist, so ist ohne Zweifel der Eintritt von Reaktionen zwischen festen Körpern ebenso möglich, wie zwischen flüssigen und gasförmigen. Von grosser Wichtigkeit ist ferner der Umstand, dass die innere Bewegung oder der Zustand der Molekeln im Innern des Stoffes ein anderer sein muss als auf seiner Oberfläche. Auf eine jede, sich im Innern des Körpers befindende Molekel wirken von allen Seiten andere, ebensolche Molekeln ein, während an der Oberfläche die Einwirkung nur von einer Seite stattfindet. An den Berührungsflächen eines Körpers mit andern Körpern wird daher der Zustand des Stoffes eine grössere oder geringere Veränderung erleiden, welche mit der durch Temperatur-Erhöhung hervorgerufenen verglichen werden kann. Es erklären sich auf diese Weise die zahlreichen chemischen **Kontakt-Reaktionen**, d. h. Reaktionen, in denen gewisse Körper durch ihre blosse Anwesenheit (Berührung, Kontakt), ohne sichtbare Veränderungen zu erleiden, wirken. Besonders oft wirken auf diese Weise poröse und pulverförmige Körper, namentlich Platinschwamm und Kohle. Schwefeldioxyd vereinigt sich nicht direkt mit Sauerstoff, aber in Gegenwart von Platinschwamm geht die Vereinigung vor sich[37]).

Die in vorliegender Einleitung erörterten allgemeinen chemischen Begriffe können erst dann vollständig richtig erfasst werden, wenn der spezielle, die einzelnen Stoffe und Erscheinungen behandelnde Theil der Chemie durchgenommen sein wird. Dennoch war es unumgänglich, von Anfang an den Leser mit solchen grundlegenden Prinzipien, wie die Gesetze der Erhaltung des Stoffes und der Kraft bekannt zu machen, weil nur an der Hand dieser Prinzipien die Darlegung des speziellen Theiles der Chemie fruchtbringend und überhaupt ausführbar ist.

Erstes Kapitel.

Das Wasser und seine Verbindungen.

Das Wasser findet sich in der Natur fast überall und in allen drei Aggregatzuständen. Als Wasserdampf ist es in der Atmosphäre enthalten und verbreitet sich in dieser Form über die ganze Erdoberfläche. Beim Abkühlen verdichten sich die Wasserdämpfe

---

[37] Die Kontakt-Erscheinungen sind besonders ausführlich von *Konowalow* untersucht worden (1884). Meiner Ansicht nach muss die Voraussetzung gemacht werden, dass an den Berührungspunkten der Körper der Zustand der inneren Bewegung der Atome in den Molekeln eine Veränderung erleidet. Diese Bewegung bedingt aber die chemischen Reaktionen, so dass infolge des Kontaktes Vereinigungs-, Zersetzungs und Substitutions-Reaktionen vor sich gehen. Konowalow hat gezeigt, dass viele Körper bei einem gewissen Zustande ihrer Oberfläche Kontaktwirkungen ausüben, so z. B. wirkt pulverförmige Kieselerde (aus dem Hydrate) zersetzend auf einige Ester ein, analog dem Platin. Da chemische Reaktionen nur dann vor sich gehen, wenn die Theilchen der reagirenden Körper in innigste Berührung mit einander kommen, so ist wol anzunehmen, dass die Reaktionen durch beim Kontakte eintretende Veränderungen in der Vertheilung der Atome in den Molekeln gleichsam vorbereitet werden. Hierdurch haben die Kontakterscheinungen eine grosse Bedeutung. Es lässt sich z. B. durch dieselben erklären, dass ein Gemisch von Wasserstoff mit Sauerstoff bei verschiedener Temperatur Wasser bildet (explodirt), je nach der Natur des erhitzten Körpers, durch welchen dem Gasgemische die erforderliche Wärme zugeführt wird. Für die chemische Mechanik müssen die Kontaktwirkungen eine grosse Bedeutung erlangen, doch bis jetzt sind sie noch wenig erforscht.

und geben Schnee, Regen, Hagel, Thau und Nebel. In einem Kubikmeter (oder 1.000.000 Kubikcentimetern oder 1000 Litern) Luft können bei 0° nur 4,8 Gramm Wasser bei 20° etwa 17,0 g und bei 40° etwa 50,7 g enthalten sein; gewöhnlich enthält aber die Luft nur gegen 60 pCt. der Feuchtigkeit, die sie zu fassen vermag. Enthält die Luft weniger als 40 pCt. dieser Feuchtigkeitsmenge, so erscheint sie uns trocken, wenn dagegen der Gehalt 80 pCt. übersteigt, so wird sie für feucht gehalten [1]). Das als Regen

---

[1]) In der chemischen Praxis hat man es fortwährend mit Gasen zu thun, die sehr oft über Wasser gesammelt werden müssen, hierbei geht das Wasser in Dampf über, der sich mit den Gasen vermengt. Es ist daher von Wichtigkeit jedesmal die Menge des Wassers oder der Feuchtigkeit, welche in der Luft und anderen Gasen enthalten sind, berechnen zu können. Wir wollen daher diese Frage einer genaueren Betrachtung unterziehen. Stellen wir uns einen in einer Quecksilber-Wanne stehenden und mit trocknem Gase gefüllten Cylinder vor, in welchem das Gas das Volum v bei einer Temperatur $t°$ und einem Drucke oder Tension von h mm einnehme (h Millimeter Quecksilbersäule bei 0°). Führt man nun in den Cylinder soviel Wasser ein, dass ein kleiner Theil desselben flüssig bleibt, dass also das Gas mit Wasserdämpfen gesättigt ist, so nimmt das Volum des Gases zu (nimmt man viel Wasser, so wird ein Theil des Gases sich lösen und das Gasvolum kann abnehmen). Nimmt man ferner an, dass nach dem Wasserzusatz die Temperatur dieselbe bleibt, so werden sich der Druck und das Volum vergrössern. Wenn nun durch Steigerung des Druckes das ursprüngliche Volum wiederhergestellt wird, so muss der Druck oder die Spannung grösser als h, und zwar $h + f$ werden; durch Einführen von Wasserdampf wird also eine Zunahme der Gasspannung stattfinden. Die Beobachtungen von Dalton, Gay-Lussac und Regnault haben gezeigt, dass diese Zunahme dem Maximaldrucke entspricht, der dem Wasserdampf bei der Beobachtungstemperatur eigen ist. In Tabellen, welche die beobachtete Tension des Wasserdampfes angeben, lässt sich für jede Temperatur der entsprechende Maximaldruck finden. Die Grösse f entspricht eben diesem Maximaldrucke des Wasserdampfes, was auf folgende Weise ausgedrückt wird: Der Maximaldruck, den in einem geschlossenen Raume Wasser — und andere Dämpfe ausüben, ist, unabhängig davon, ob da Raum leer oder gaserfüllt ist, derselbe. Diese Regel ist unter dem Namen des Gesetzes von Dalton bekannt. Wenn sich das Volum v eines trocknen Gases unter dem Drucke h und das eines feuchten, mit Wasserdampf gesättigten unter dem Drucke $h + f$ befindet, so wird bei diesem letzterem Drucke, nach dem Mariotte'schen Gesetze, das trockne Gas das Volum $\frac{vh}{h+f}$, der Wasserdampf das Volum $v - \frac{vh}{h+f}$ oder $\frac{vf}{h+f}$ einnehmen. Das Volum des trocknen Gases und das der in ihm enthaltenen Feuchtigkeit werden sich also, unter dem Drucke $h + f$, wie $h : f$ verhalten. Folglich werden sich, bei einem Drucke n, wenn der Raum mit Wasserdampf gesättigt ist, die darin enthaltenen Volume trockner Luft und Feuchtigkeit wie $n-f : f$ verhalten, wobei f dem in der Tabelle zu findenden Druck des Wasserdampfes entspricht. Wenn also das Volum eines mit Dämpfen gesättigten Gases N unter dem Drucke H gemessen ist, so wird das Volum des trocknen Gases, unter demselben Drucke, $N\frac{H-f}{H}$ sein, weil das Volum N in Theile getheilt werden muss, die sich wie $H-f : f$ verhalten. In der That muss sich das ganze Volum N zu dem des trocknen Gases x wie $H : H-f$ verhalten, folglich $N : x = H : H-f$, woraus sich $x = N\frac{H-f}{H}$ ergibt. Unter

oder Schnee niederfallende Wasser dringt im flüssigen Zustande ins Erdreich, kommt als Quellen wieder zum Vorschein und sammelt sich zu Bächen, Seen, Flüssen, Meeren und Ozeanen. Andrerseits wird das Wasser von den Pflanzen durch die Wurzeln aufgesogen und bildet 40 bis 80 Gewichtsprozente der Bestandtheile derselben. Ebensoviel Wasser enthalten auch die Thiere. Im festen Zustande erscheint das Wasser als Schnee, Eis oder in einer intermediären Form (Firn), in der es auf den mit ewigem Schnee bedeckten Gebirgen vorkommt. Im Wasser der

---

einem anderen Drucke z. B. von 760 mm wird das Volum des trocknen Gases $\frac{x H}{760}$ oder $\frac{H-f}{760}$ sein. Es ergibt sich hieraus die folgende praktische Regel: wenn das Volum eines mit Wasserdämpfen gesättigten Gases bei einem Drucke von H mm gemessen ist, so ergibt sich das darin enthaltene Volum des trocknen Gases, wenn man das Volum findet, welches dem Drucke H, verringert um den der Beobachtungstemperatur zukommenden Druck des Wasserdampfes, entspricht. Hat man z. B. bei einem Drucke von 747,3 mm. Quecksilber (bei 0°) 37,5 Kubik-Centimeter mit Wasserdämpfen gesättigter Luft bei 15,3° gemessen, so ergibt sich das Volum der trocknen Luft bei 0° und 760 mm durch folgende Rechnung. Der 15,3° entsprechende Druck des Wasserdampfes ist 12,9 mm, folglich das Volum der trocknen Luft bei 747,3 mm u. 15,3° gleich $37,5 \cdot \frac{747,3-12,9}{747,3}$; bei 760 mm wird es gleich $37,5 \cdot \frac{734,4}{760}$ sein und bei 0° gleich $37,5 \cdot \frac{734,4}{760} \cdot \frac{273}{273+15,5} = 34,31$ Kubik-Centimeter.

Nach dieser Regel lässt sich berechnen, welches Volum die Feuchtigkeit unter gewöhnlichem Druck bei verschiedener Temperatur einnehmen wird; bei 30° C. z. B. ist $f = 31,3$, folglich sind in 100 Volum feuchten Gases oder Luft unter 760mm Druck $100 \cdot \frac{31,5}{760}$ oder 4,110 Volum Feuchtigkeit enthalten. Auf dieselbe Weise findet man bei 0° 0,61, bei 10° 1,21, bei 20° 2,29 und bei 50° 12,11 Volumprocente Feuchtigkeit. Hiernach lässt sich beurtheilen, wie gross die Fehler bei Messungen von Gasvolumen sein könnten, wenn die Feuchtigkeit nicht in Betracht gezogen werden würde, und wie bedeutend die Volum-Veränderungen der Luft sind, je nach dem dieselbe Wasserdampf aufnimmt oder abgibt. Auch die verschiedenen atmosphärischen Erscheinungen (Winde, Aenderungen im Luftdruck, Niederschläge, Stürme) finden hierdurch ihre Erklärung.

Ist ein Gas nicht vollständig mit Wasserdämpfen gesättigt, und soll sein Volum im trocknen Zustande bestimmt werden, so muss zunächst der Feuchtigkeitsgrad dieses Gases bekannt sein. Die vorher angegebenen Verhältnisse beziehen sich auf die maximale Wassermenge, welche in dem Gase unter bestimmten Bedingungen überhaupt vorhanden sein kann. Der Feuchtigkeitsgrad gibt nun an, welcher Theil dieser Menge thatsächlich in dem nicht mit Wasserdampf gesättigten Gase enthalten ist. Wenn folglich die Feuchtigkeit des Gases 50 pCt. d. h. die Hälfte beträgt, so ist das Volum des trocknen Gases bei 760 mm gleich dem des feuchten, multiplizirt mit $\frac{h-0,5f}{760}$ oder allgemeiner, mit $\frac{h-rf}{760}$, wobei r den Feuchtigkeitsgrad bezeichnet. Aus dem Volum des feuchten Gases lässt sich, folglich, das des trocknen genau feststellen, wenn das Gas mit Wasserdampf gesättigt ist, anderen Falles muss der Feuchtigkeitsgrad bestimmt werden. Hat man das Volum eines feuchten Gases zu messen, so

Flüsse[2]) Quellen[3]), Ozeane, Meere, Seen und Brunnen sind verschiedene Stoffe in Lösung enthalten, vorzugsweise aber Salze, d. h. Stoffe die dem

muss das Gas vollständig getrocknet oder vollständig mit Wasserdampf gesättigt oder es muss endlich der Feuchtigkeitsgrad bestimmt werden. Man benutzt gewöhnlich die zweite Methode, weil die erste und letzte unbequem sind. Zu dem Zwecke bringt man in die Glocke, welche das zu messende Gas enthält, Wasser, wartet einige Zeit bis sich das Gas mit Feuchtigkeit gesättigt, beachtet, dass ein Theil des Wassers unverdampft bleibt und bestimmt dann das Volum des mit Wasserdampf gesättigten Gases, woraus das Volum des trocknen Gases berechnet wird. Um das Gewicht der Wasserdämpfe in einem Gase zu finden, muss das Gewicht eines Kubikmasses der Dämpfe bei 0° und 760 mm. Druck bekannt sein. Ein Kubikcentimeter Luft wiegt 0,001293 Gramm und die Dichte des Wasserdampfes beträgt 0,62, woraus sich das Gewicht eines Kubikcentimeters Wasserdampf bei 0° und 760 mm. auf 0,0008 g berechnet. Bei einer Temperatur von $t°$ und einem Drucke von h wird ein Kubikcentimeter Dampf $0,0008 \frac{h}{760} \cdot \frac{273}{273 + t}$ wiegen. Bei einer Temperatur von $t°$ und einem Drucke von h mm sind in v Volum Gas $v \frac{f}{h}$ Volum an Wasserdämpfen, welche das Gas sättigen, enthalten; folglich ist das Gewicht des in v Volum Gas enthaltenen Wasserdampfes gleich $v \frac{f}{h} \cdot 0,0008 \cdot \frac{h}{760} \cdot \frac{273}{273 + t}$ oder $v \cdot 0,0008 \cdot \frac{f}{760} \cdot \frac{273}{273 + t}$.

Das Gewicht des in einer Volumeinheit enthaltenen Wassers hängt also nur von der Temperatur und nicht vom Drucke ab. Die Verdampfung geht in der Luft ebenso vor sich, wie im luftleeren Raume. Das Dalton'sche Gesetz drückt dieses Verhalten folgendermaassen aus: Gase und Dämpfe verbreiten sich in einander ebenso, wie in der Leere. Ein gegebener Raum wird bei einer gegebenen Temperatur immer ein und dieselbe Menge von Dämpfen fassen, welches auch der Druck des den Raum füllenden Gases sein mag. Wenn der Feuchtigkeitsgrad r ist, so befinden sich in v Kubikcentimetern Gas an Wasserdämpfen:

$$p = v \, 0,0008 \, \frac{f \cdot r}{760} \cdot \frac{273}{273+t} \text{ Gramme.}$$

Kennt man das Gewicht des in einem gegebenen Gasvolum enthaltenen Dampfes p, so ergibt sich, wie leicht zu ersehen, der Feuchtigkeitsgrad $r = \frac{p}{v \, 0,0008} \cdot \frac{760}{f} \cdot \frac{273 + t}{273}$. Hierauf beruht eine sehr genaue Bestimmung des Feuchtigkeitsgrades der Luft nach dem Gewicht des in einem gegebenen Volum derselben enthaltenen Wassers. Aus der vorhergehenden Formel lässt sich leicht in Grammen das Gewicht des Wassers berechnen, das unter einem beliebigen Drucke in einem Kubikmeter oder in einer Million Kubikcentimeter mit Dämpfen gesättigter Luft bei verschiedenen Temperaturen enthalten ist; bei 30° z. B. ist $f = 31,5$, folglich $p = 1000000 \cdot 0,0008 \cdot \frac{31,5}{760} \cdot \frac{273}{273 + 30}$ oder 29,84 Gramm. Die hier für Gase und Dämpfe angewandten Gesetze von Mariotte, Dalton und Gay-Lussac sind nicht ganz genau, kommen aber der Wahrheit sehr nahe. Wären diese Gesetze vollständig genau, so müsste ein Gemisch von mehreren Flüssigkeiten, die eine bestimmte Dampftension besitzen, einen sehr bedeutenden Druck ausüben können; dieses ist aber nicht der Fall. In Wirklichkeit ist, wie die Versuche von Regnault und and. gezeigt haben, die Tension des Wasserdampfes in einem Gase immer etwas geringer, als im luftleeren Raume, und das Gewicht des Dampfes, welches von einem Gase aufgenommen wird, etwas geringer, als dasjenige, das sich nach dem Dalton'schen Gesetze berechnet. Hieraus folgt, dass auch die Tension des Wasserdampfes

gewöhnlichen Kochsalz sowol ihren physikalischen, als auch wichtigsten chemischen Eigenschaften nach ähnlich sind. Die verschie-

in der Luft etwas geringer sein wird, als im luftleeren Raume, wodurch sich die im Vergleich mit der berechneten geringere Gewichtsmenge des Wasserdampfes in der Luft erklärt. Der Unterschied zwischen der Tension des Dampfes in der Luft und im luftleeren Raume übersteigt übrigens nicht $1/20$ .der Gesammt-Tension, so dass man in der Praxis ohne weiteres das Gesetz von Dalton anwenden kann. Diese geringe beim Vermischen von Gasen und Dämpfen stattfindende Abnahme der Tension weist bereits auf eine beginnende chemische Veränderung hin. Dem Wesen nach findet hier, ebenso wie beim Kontakte (s. die vorhergehende Anmerkung), eine Veränderung der Bewegung der Atome in den Molekeln und folglich auch der Bewegung der Molekeln selbst statt.

Die gleichförmige Vermischung von Luft und anderen Gasen mit Wasserdämpfen und die Fähigkeit des Wassers in Dampf überzugehen und mit Luft ein homogenes Gemisch zu bilden, können als Beispiele von physikalischen Erscheinungen dienen, die den chemischen ähnlich sind und bereits einen Uebergang von den ersteren zu den leztren bilden. Zwischen Wasser und trockner Luft besteht gleichsam eine Verwandtschaft, die es bewirkt, dass die Luft mit Wasserdampf gesättigt wird. Ein homogenes Gemisch bildet sich aber fast unabhängig von der Natur des Gases, in welchem die Verdampfung vor sich geht; selbst im luftleeren Raume ist die Erscheinung ganz dieselbe, wie in einem Gase, so dass die Ursache des Verdampfens nicht in den Eigenschaften des Gases, nicht in seinem Verhalten zum Wasser, sondern in den Eigenschaften des Wassers selbst zu suchen ist; es tritt hier noch keine chemische Verwandtschaft, wenigstens keine deutlich entwickelte, hervor. Dass aber letztere dennoch theilweise zum Vorschein kommt, muss aus den Abweichungen vom Dalton'schen Gesetz gefolgert werden.

2) Das aus der **Atmosphäre** herabfallende Wasser enthält die Gase der Luft, Salpetersäure, Ammoniak, organische Verbindungen, Salze des Natriums, Magnesiums und Calciums in Lösung und, als mechanische Beimengung, Staub und in der Luft suspendirt gewesene Keime. Der Gehalt an diesen und einigen anderen Bestandttheilen ist sehr verschieden. Selbst zu Anfang und Ende eines herabfallenden Regens werden nicht selten bedeutende Veränderungen bemerkt, so z. B. bestimmte Boussingault in einer aufgefangenen Regen-Probe den Gehalt an Ammoniak zu 3,7 g im Kubikmeter, während er in einer zu Ende des Regens gesammelten Probe nur 0,64 g fand. Im Mittel enthält das Wasser dieses Regens im Kubikmeter 1,47 g Ammoniak. Im Laufe eines Jahres erhält eine Dessjatine ($=109,25$ Ar) Land bis zu 15 Kilogramm Stickstoff in Form von Stickstoffverbindungen. Marchand fand in einem Kubikmeter Schneewasser $15,63$ g und in einem Kubikmeter Regenwasser $10,07$ g schwefelsaures Natrium. Angus Smith zeigte, dass nach einem 32 stündigen Regen in Manchester in einem Kubikmeter Regenwasser noch $34,3$ g Salze enthalten waren Im Regenwasser wurden auch ziemlich bedeutende Mengen organischer Stoffe, nämlich bis 25 g in einem Kubikmeter gefunden. Der Gesammt-Gehalt an festen Stoffen erreicht im Regenwasser 50 g im Kubikmeter. Regenwasser enthält gewöhnlich sehr wenig Kohlensäure, während fliessendes Wasser ziemlich reich daran ist. Von besonderer Wichtigkeit sind die mit dem Regen in den Boden gelangenden Stoffe für die Ernährung der Pflanzen.

Flusswasser, dem das atmosphärische Wasser durch Quellen zugeführt wird, enthält gewöhnlich in 1000000 Gewichtstheilen 50 bis 1600 Thl. Sälze. An festen Stoffen enthalten einige der bekanntesten Flüsse im Kubikmeter oder 1000000 Gewichtstheilen die folgenden Mengen: der Don 124, die Loire 135, der St. Lorenzstrom 170, die Rhône 182, der Dnjepr 187, die Donau 117 bis 234, der Rhein 158 bis 317, die Seine 190 bis 432, die Themse bei London 400 bis 450, in ihrem oberen Laufe 387 und im unteren 1617, der Nil

denen Wasser unterscheiden sich nach der Menge und Natur der 1580 und der Jordan 1052 Gewichtstheile. Das Wasser der Newa zeichnet sich durch einen sehr geringen Gehalt an festen Beimengungen aus. Nach den Untersuchungen von Trapp befinden sich in einem Kubikmeter Newawasser 32 g nicht brennbarer und 23 g organischer Stoffe, im Ganzen 55 g. Von allen anderen bekannten Flüssen unterscheidet sich die Newa durch ihr besonders reines Wasser. Um den Einfluss der Ufer und der Verunreinigungen, die in die Flüsse kommen, zu veranschaulichen, seien hier dieselben Untersuchungen J. Trapp's angeführt, nach denen z. B. das Wasser der Fontanka (eines Armes der Newa in St. Petersburg) schon 36 g mineralischer und 25 g organischer Bestandheitle enthält, also im Ganzen 61 g; der Katharinenkanal (gleichfalls in St. Petersburg) enthält 66 g. Das Wasser des Ladogasees enthält 27 g unorganischer und 20 g organischer Bestandtheile, also im Ganzen nur 47 g. Nach neueren Analysen von Pöhl (vom Jahre 1887) enthält das Newawasser auf 1 Tonne: 1,6 g suspendirter, 22 g organischer und 38 g mineralischer Stoffe; von letzteren sind 13 g Kalk, 0,16 g Ammoniak und 0,7 g Salpetersäure. In einem Kubikcentimeter Wasser aus dem Ladogasee fand Pöhl 246 Mikroorganismen und im Newawasser 1550. Ein grosser Gehalt an Beimengungen, namentlich organischer Stoffe, die von ins Wasser gelangenden faulenden Substanzen herstammen, macht das Wasser vieler Flüsse zum Gebrauche untauglich.

Den grössten Theil der im Flusswasser gelösten Bestandtheile bilden Kalksalze. Es enthalten an kohlensaurem Calcium 100 Theile festen Rückstandes aus dem Wasser: der Loire 53 pCt., der Themse gegen 50 pCt., der Elbe 55 pCt., der Weichsel ebenso auch der Donau 65 pCt., des Rheines 55 bis 75 pCt., der Seine 75 pCt. und der Rhône 82 bis 94 pCt. Das Newawasser enthält in 100 Thl. seiner Salze gegen 40 pCt. kohlensaures Calcium. Der hohe Gehalt an diesem Salz erklärt sich durch die weite Verbreitung desselben im Erdreich, aus welchem es leicht in Lösung übergeht, wenn das durchfliessende Wasser Kohlensäure gelöst enthält. Ausser kohlensaurem und schwefelsaurem Calcium enthält das Flusswasser: Magnesia, Kieselerde, Chlor, Natrium, Kalium, Thonerde, Salpetersäure und Mangan. Das Vorhandensein von Phosphorsäure ist bis jetzt nicht in jedem Flusswasser mit Sicherheit nachgewiesen worden, wogegen Salpetersäure fast in allen genau untersuchten Flusswassern aufgefunden wurde. Das Wasser des Dnjepr's enthält nicht mehr als 0,4 g und das des Don's nicht über 5 g phosphorsaures Calcium in 100 g Rückstandes. Im Seinewasser beträgt die Menge der salpetersauren Salze 15 g, in der Rhône 8 g. Viel geringer ist der Gehalt an Ammoniak. Im Rhein beträgt er 0,5 g im Juni und nur 0,2 g im October; den nämlichen Ammoniak-Gehalt zeigt die Seine. Derselbe ist also geringer, als im Regenwasser. Trotz dieser geringen Menge führt dennoch der Rhein allein im Laufe von 24 Stunden dem Ozean 16245 Kilogr. Ammoniak zu. Der verschiedene Gehalt an Ammoniak im Fluss- und Regenwasser wird dadurch bedingt, dass beim Durchsickern des Wassers durch den Boden letzterer das Ammoniak ebenso wie Phosphorsäure, Kaliumsalze und andere Stoffe zurückhält.

Trinkwasser wird gesundheitsschädlich, wenn es viele sich in Zersetzung befindende Organismenreste enthält, in deren Gegenwart sich niedere Organismen (Bakterien) entwickeln können, die dann oft Träger und Ursache von Infektionskrankheiten werden. Dieses Forschungs-Gebiet ist im letzten Jahrzehnt, dank den Arbeiten von Pasteur, Koch und vieler Anderer besonders erfolgreich untersucht, so dass jetzt die Möglichkeit geboten ist, sogar die Zahl und die Eigenschaften der im Wasser enthaltenen Keime festzustellen. Es sind die Krankheits- oder pathogenen Bakterien aufgefunden worden, durch deren Vermehrung bestimmte Krankheiten, z. B. Typhus, Milzbrand, entstehen können. Bei bakteriologischen Untersuchungen wird aus Wasser, das vorher mehrere mal (nach gewissen Zwischenräumen) auf 100° erwärmt d. h. sterilisirt worden ist, (in welchem also alle Bakterien getödtet

4*

darin enthaltenen Salze. Es gibt bekanntlich Süss-, Salz-, Eisen-

sind), und einer Lösung von Leim (Gelatine, Gallerte) eine sogen. Nährflüssigkeit bereitet, in welcher sich die Bakterienkeime des Wassers entwickeln und vermehren können. Zu der Nährflüssigkeit oder Gallerte wird eine bestimmte geringe Menge des zu untersuchenden Wassers gebracht (das zuweilen noch mit sterilisirtem Wasser verdünnt wird, um die Keime leichter zählen zu können) und das Ganze, geschützt gegen den Staub der Luft (die gleichfalls Keime enthält), so lange stehen gelassen, bis sich aus jedem Keime sogenannte Kolonien niederer Organismen entwickelt haben. Die entstehenden Kolonien sind mit blossen Auge (als Flecken) erkennbar und daher leicht zu zählen; sie können unter dem Mikroskope näher bestimmt werden und auf ihre pathogenen Eigenschaften (sich in höheren Organismen zu vermehren) geprüft werden. Die meisten der Bakterien sind dem Organismus unschädlich; unstreitig gibt es aber pathogene Bakterien, deren Anwesenheit eine der Ursachen gewisser Erkrankungen ist und die als Verbreiter dieser Krankheiten zu betrachten sind. Die Menge der Bakterien in einem Kubikcentimeter Wasser erreicht zuweilen die ungeheure Zahl von Hunderttausenden und Millionen. Das Wasser einiger Quellen und Brunnen und auch einiger Flüsse enthält wenig Bakterien und ist unter den gewöhnlichen Bedingungen (wenn es nicht durch Beimengungen verunreinigt wird) frei von pathogenen Bakterien. Beim Kochen des Wassers wird die Lebensthätigkeit der Bakterien und ihre Fähigkeit zur Vermehrung vernichtet, aber es bleiben die zur Entwicklung der Bakterien erforderlichen organischen Stoffe zurück. Gutes Trinkwasser enthält nicht mehr als 300 Bakterien in einem Kubikcentimeter.

Die Menge der im Wasser enthaltenen verschiedenen Ueberreste zerfallener Organismen lässt sich theilweise nach dem Stickstoff-Gehalt beurtheilen, da alle Organismen stickstoffhaltige Verbindungen enthalten. Hierbei ist zu bemerken, dass Stickstoff in Form von organischen Substanzen von dem in Form von Stickstoffoxyden (Salpetersäure) vorhandenen unterschieden und jeder besonders bestimmt werden muss. Ersterer wird selbst beim Erwärmen und Einwirken von reduzirenden Substanzen, wie z. B. schwefliger Säure, aus dem Wasser nicht ausgeschieden, während der in Form von Oxyden vorhandene Stickstoff bei dieser Behandlung in Freiheit gesetzt wird. Wird z. B. zu Wasser Salzsäure und Eisenchlorür zugesetzt, so bildet der als Salpetersäure darin enthaltene Stickstoff Stickoxyd, das abgeschieden und gemessen werden kann. Ein Gehalt an Salpetersäure weist darauf hin, dass die im Wasser enthaltenen organischen Stoffe bereits oxydirt sind. Ein Wasser, das in einer Million Theilen einen Theil Stickstoff als Salpetersäure) enthält, wird für durchaus schädlich gehalten und seine Benutzung als Trinkwasser ist zu vermeiden. Frankland fand im Wasser der Themse bei London 1,8 g oxydirten Stickstoffs und 0,22 bis 0,5 g Stickstoff in Form organischer Verbindungen.

Der Gehalt an gelösten Gasen ist im Flusswasser viel konstanter, als der an festen Bestandtheilen. Ein Liter oder 1000 Kub.-Centim. Wasser enthalten gewöhnlich 40 bis 55 Kub.-Centim. unter normalen Bedingungen gemessener Gase. Im Winter ist der Gehalt an Gasen grösser, als im Sommer und Herbste. Enthält ein Liter 50 Kub.-Centim. Gas, so kann man annehmen, dass dasselbe im Mittel aus 20 Volumen Stickstoff, 20 Vol. Kohlensäuregas (das aller Wahrscheinlichkeit nach aus dem Erdboden und nicht aus der Atmosphäre stammt) und 10 Vol. Sauerstoff besteht. Bei einem geringeren Gehalte ändert sich das Verhältniss fast gleichmässig; in der Mehrzahl der Fälle herrscht jedoch die Kohlensäure vor. Das Wasser vieler tiefer und schnell fliessender Ströme enthält weniger Kohlensäure, was darauf hinweist, dass das Wasser dieser Ströme noch keine Zeit gehabt hat genügend Kohlensäure zu absorbiren. So z. B. fand Deville im Wasser des Rhein's bei Strassburg im Liter 8 Kub.-Centim. Kohlensäure, 16 Kub.-Centim. Stickstoff und 7 Kub.-Centim. Sauerstoff. Nach den Untersuchungen von Kapustin und seiner Schüler ist es zur Beurtheilung eines Trinkwassers sehr wichtig die Zusammensetzung der darin gelösten Gase zu kennen.

Wasser u. s. w. Durch einen Gehalt von ungefähr $3^{1}/_{2}$ Prozent an

3) **Quellwasser** entsteht aus dem durch den Boden gesickerten Regenwasser. Ein Theil des herabfallenden Wassers verdunstet natürlich unmittelbar auf der Erdoberfläche und den darauf befindlichen Pflanzen. Durch Untersuchungen ist es festgestellt worden, dass von 100 Thl. auf die Erde herabfallenden Wassers nur 36 pCt. ins Meer fliessen, während die übrigen 64 pCt. unmittelbar verdunsten oder tief ins Erdreich dringen. Dieses letztere Wasser ist es, das durch Anlage von gewöhnlichen und artesischen Brunnen zugänglich gemacht wird und das, indem es unter der Erdoberfläche über wasserdichte Schichten dahinfliesst, an verschiedenen Stellen in Form von Quellen wieder zum Vorschein kommt. Die Temperatur der Quellen wird bedingt durch die Tiefe, aus welcher das Wasser derselben hervorkommt. Warme Mineralquellen (Thermen) von 30° und mehr Graden sind nicht selten. Eine Quelle im Kaukasus z. B. besitzt eine Temperatur von 90°. Diese hohe Temperatur wird wol dadurch bedingt, dass die Erdschichten, aus denen die Quelle kommt, infolge vulkanischer Einflüsse stark erwärmt sind. Wenn ein Quellwasser Substanzen enthält, die ihm einen besonderen Geschmack verleihen und die in ganz unbedeutender Menge oder auch gar nicht im gewöhnlichen Flusswasser enthalten sind, so wird dasselbe als **Mineralwasser** bezeichnet. Nach ihren Bestandtheilen unterscheidet man unter den Mineralwassern, von denen viele zu Heilzwecken benutzt werden: salinische Wasser, die sich durch einen grossen Gehalt an Kochsalz auszeichnen, alkalische Wasser, die als überwiegenden Bestandtheil kohlensaures Natrium enthalten, Bitterwasser mit einem Gehalt an Bittersalz, Eisenwasser, die kohlensaures Eisenoxydul enthalten, Säuerlinge, die reich an Kohlensäure sind, und Schwefelwasser, die sich durch ihren Schwefelwasserstoff-Gehalt auszeichnen. Letztere erkennt man an ihrem Geruch nach faulen Eiern und an ihrer Eigenschaft mit Bleisalzen einen schwarzen Niederschlag zu bilden; silberne Gegenstände werden durch dieselben schwarz. Die viel Kohlensäure enthaltenden Säuerlinge perlen an der Luft, haben einen scharfen Geschmack und färben Lakmuspapier schwach roth. Salinische Wasser hinterlassen beim Eindampfen einen bedeutenden Rückstand an in Wasser löslichen festen Stoffen und besitzen einen salzigen Geschmack. Eisen- (oder Stahl-) Wasser zeigen einen Geschmack nach Tinte und werden durch einen Galläpfelaufguss schwarz gefärbt; beim Stehen an der Luft scheiden sie einen braunen Niederschlag aus. Die meisten Mineralwasser zeigen einen gemischten Charakter. Die hier folgende Tabelle zeigt die Zusammensetzung einiger durch ihre heilkräftige Wirkungen bekannten Mineralquellen. Die Mengen der Bestandtheile sind in Millionsteln Gewichtstheilen, d. h. in Grammen auf einen Kubikmeter oder in Milligrammen auf einen Liter angegeben.

	Kalksalze.	Chlornatrium.	Schwefelsaures Natrium.	Kohlensaures Natrium.	Kohlensaures Eisenoxydul.	Jod- und Bromkalium.	Andere Kaliumsalze.	Magnesiumsalze.	Kieselerde.	Kohlensäuregas.	Schwefelwasserstoff.	Gesammtmenge der festen Bestandtheile.
I.	1928	—	152	—	—	—	24	448	152	1300	80	2609
II.	816	386	1239	26	9	—	43	257	46	1485	—	2812
III.	1085	1430	1105	—	—	4	90	187	65	1326	11	3950
IV.	343	3783	16	3431	—	—	14	251	112	2883	—	7950
V.	3406	15049	—	—	17	2	—	1587	229	—	76	20290
VI.	352	3145	—	95	1	35	50	260	11	20	—	3970
VII.	308	1036	2583	1261	4	—	—	178	75	—	—	5451
VIII.	1726	9480	—	—	26	40	120	208	40	—	—	11790
IX.	551	2040	1150	999	30	—	1	209	50	2740	—	4070
X.	285	558	279	3813	7	—	—	45	45	2268	—	5031
XI.	340	910	schwefelsaur. Eisenoxydul u. Aluminium {1020, 1660}					940	190	2550	330	{Schwefel-u. Salzsäure.}

Salzen wird das Meerwasser schwerer als gewöhnliches Wasser [4]) und erhält einen salzigen Geschmack. Das Süsswasser enthält ähnliche Salze, aber in viel geringerer Menge. Der Salzgehalt eines Wassers lässt sich durch Eindampfen desselben leicht nachweisen, denn es entweichen hierbei nur Wasserdämpfe, während die Salze zurückbleiben; daher setzt sich in Dampfkesseln und überhaupt in Gefässen, in denen Wasser verdampft wird, an den Wandungen mit der Zeit eine feste Kruste, der sogenannte Kesselstein ab, der aus den im Wasser in Lösung gewesenen Salzen besteht. In das fliessende Wasser gelangen diese Salze durch das Regenwasser, welches durch das Erdreich sickert und hierbei verschiedene erdige Bestandtheile auflöst; so z. B. wird Wasser, das durch Salzschichten oder Kalkboden fliesst, salz- oder kalkhaltig. Regen- und Schneewasser ist viel reiner, als Fluss- und Quellwasser, denn Regen und Schnee sind nichts anderes als verdichteter Wasserdampf und Salze

---

I. Schwefelwasser von Sergijewsk im Gouvernement Samara, Kreis Buguruslan, nach der Analyse von Klaus; die Temperatur der Quelle ist 8° C. II. Quelle № 10 von Sheleznowodsk in der Nähe von Pjatigorsk im Kaukasus (Temp. 22°,5) Analyse von Fritsche. III. Alkalische Schwefelquelle (Alexanderquelle) in Pjatigorsk (Temp. 46,5°) Mittel aus den Analysen von Hermann, Zinin und Fritsche. IV. Alkalische Quelle von Buguntuki № 17, in Essentuki im Kaukasus (Temp. 21,6°), Analyse von Fritsche. V. Salinisches Wasser von Staraja-Russa im Gouvernement Nowgorod, Analyse von Neljubin. VI. Wasser des artesischen Brunnens in Petersburg in der Expedition zur Herstellung von Staatspapieren, Analyse von Struve. VII. Karlsbader Sprudel in Böhmen (Temp. 83,7°), Analyse von Berzelius. VIII. Kreuznacher Elisenquelle in der preussischen Rheinprovinz (Temp. 8,8°), Analyse von Bauer. IX. Selterswasser in Nassau, Analyse von Henry. X. Wasser von Vichy in Frankreich, Analyse von Berthier und Puvy. XI. Quelle von Paramo de Ruiz in Neu-Granada, die sich durch ihren Gehalt an freien Säuren auszeichnet, Analyse von Levy.

4) Im Vergleich zu gewöhnlichem Süsswasser enthält das **Meerwasser** eine grössere Menge von nichtflüchtigen, salzigen Bestandtheilen. Es erklärt sich dies dadurch, dass das ins Meer strömende Wasser seine Salze darin zurücklässt, während von der Oberfläche aus viel Wasser verdunstet und als Dampf, in den keine Salze übergehen, entweicht. Selbst das spezifische Gewicht des Meerwassers ist grösser, als das von reinem Wasser; dasselbe beträgt gewöhnlich 1,02. Uebrigens ist je nach dem Meere und der Tiefe, das spezifische Gewicht des Meerwassers ebensolchen Veränderungen unterworfen, wie der Salzgehalt desselben. Es genügt darauf hinzuweisen, dass in einem Kubikmeter Wasser an festen Bestandtheilen in Grammen die folgenden Mengen enthalten sind: in den Lagunen von Venedig 19.122, im Hafen von Livorno 24.312, im Mittelländischen Meere bei Cette 37.655, im Atlantischen Ozean 32.585 bis 35.695, und im Stillen Ozean von 35.233 bis 34.708. In Binnenmeeren, die mit dem Ozean in keiner oder nur in sehr entfernter Verbindung stehen, ist der Unterschied im Salzgehalt öfters noch grösser. So z. B. beträgt derselbe im Kaspischen Meere 6.300 g und im Schwarzen, ebenso wie im Baltischen Meere 17.700 g Das Wasser der Ozeane und Meere enthält am meisten Kochsalz und zwar in einem Kubikmeter 25.000 bis 31.000 g, dann folgt das Chlormagnesium 2600 bis 6000 g, schwefelsaures Magnesium 1200 bis 7000 g, schwefelsaures Calcium 1500 bis 6000 g und Chlorkalium 10 bis 700 g. Bemerkenswerth ist der geringe Gehalt an organischen Stoffen und phosphorsauren Salzen im Meerwasser.

können nicht in Dampf übergehen. Uebrigens reisst niederfallender Regen und Schnee den in der Luft schwebenden Staub mit und löst auch Luft auf, die in jedem Wasser enthalten ist. Die im Wasser aufgelösten Luftgase scheiden sich beim Erwärmen desselben in Form von Bläschen aus; in ausgekochtem Wasser ist keine Luft mehr enthalten

Als reines Wasser bezeichnet man im gewöhnlichen Leben solches, das nicht nur keine Trübung zeigt, d. h. keine suspendirte, mit blossem Auge sichtbare, ungelöste Theile enthält, sondern auch einen reinen und frischen Geschmack besitzt. Letzterer wird bedingt: 1^{tens} durch das Fehlen von besonderen sich zersetzenden organischen Stoffen, 2^{tens} durch einen Gehalt an gelöstem Luftgas [5]) und 3^{tens} durch einen Gehalt an mineralischen Substanzen, im Verhältniss von etwa 300 Grammen auf eine Tonne oder einen Kubikmeter (oder, was dasselbe ist, von 300 Milligrammen auf ein Kilogramm oder einen Liter) und an organischen Stoffen im Verhältniss von nicht mehr als 100 Grm. auf eine Tonne Wasser. Ein solches Wasser ist wol zum Trinken und zum gewöhnlichen Gebrauche geeignet, aber nicht rein im chemischen Sinne [6]). *Chemisch reines Wasser* ist

---

[5]) Der Geschmack des Wassers hängt hauptsächlich von den darin gelösten Gasen ab. Beim Kochen entweichen diese Gase und es ist bekannt, das gekochtes Wasser. so lange es noch keine Gase aus der Luft absorbirt hat, einen eigenartigen, ganz anderen Geschmack besitzt, als Wasser, das viel Gase in Lösung enthält. Ein Wasser, das keine Gase, namentlich keinen Sauerstoff und keine Kohlensäure, in Lösung enthält, ist gesundheitsschädlich. Der in Paris gebohrte artesische Brunnen von Grenelle gab anfangs ein Wasser, das beim Genusse sowol auf Menschen, als auch Thiere schädlich einwirkte. Die Ursache war, wie sich herausstellte, der zu geringe Gehalt an Sauerstoff und überhaupt an Gasen; denn, als man dieses Wasser, damit es Luft absorbire, in Kaskaden herabfallen liess, erwies es sich als vollkommen taugliches Trinkwasser. Bei weiten Seereisen nimmt man auf Schiffen nur einen geringen Vorrath an Süsswasser mit, weil es bei längerem Aufbewahren durch die Zersetzung der darin enthaltenen organischen Stoffe verdirbt und faulig wird. Süsswasser lässt sich aus dem Meerwasser durch direkte Destillation desselben gewinnen. Man erhält hierbei Wasser, das wol nicht mehr die Salze des Meerwassers enthält, aber doch den faden Geschmack von gekochtem Wasser besitzt und das man daher, vor dem Gebrauch als Trinkwasser, noch in dünnen Strahlen durch die Luft fliessen lässt, damit es sich mit den Gasen derselben sättigen kann; ausserdem werden dem überdestillirten Wasser noch einige Salze, die in dem gewöhnlichen Süsswasser enthalten sind, zugesetzt.

[6]) **Hartes Wasser** nennt man Wasser, das viele mineralische Bestandtheile und namentlich Kalksalze enthält. Dasselbe schäumt nicht mit Seife, setzt beim Kochen in Kochgefässen viel Kesselstein ab und kann nicht zum Weichkochen von Gemüse benutzt werden. Zu hartes Wasser ist als Trinkwasser direkt schädlich, wie statistisch in mehreren grösseren Städten nachgewiesen worden ist, in welchen bald eine Abnahme der Sterblichkeit eintrat, als an Stelle von hartem Wasser weiches zum Trinken benutzt wurde. **Fauliges Wasser** enthält immer eine bedeutende Menge von sich zersetzenden organischen Stoffen; in der Natur sind dieselben hauptsächlich vegetabilischen, in bevölkerten Gegenden, namentlich inmitten von Städten, animalischen

nicht nur in wissenschaftlicher Hinsicht, als ein selbstständiger Körper von sich immer gleichbleibenden, bestimmten Eigenschaften, von Interesse, sondern es wird auch häufig in der Praxis benutzt, z. B. in der Photographie und Medizin zum Lösen von Substanzen, welche durch die im natürlichen Wasser enhaltenen Beimengungen leicht verändert werden könnten. *Reines, destillirtes Wasser* gewinnt man in den Apotheken und Laboratorien in der Weise, dass man Wasser in geschlossenen Metallkesseln zum Kochen bringt und den entstehenden Dampf durch einen Kühler streichen lässt, d. h. durch eine mit kaltem Wasser umgebene Röhre, in der sich die Wasserdämpfe durch Akühlung wieder zu Wasser verdichten. Die im Wasser gelöst gewesenen Stoffe bleiben hierbei im Kessel zurück. Die zum Kondensiren bestimmten Kühlröhren werden am besten aus Zinn gemacht oder wenigstens verzinnt, da Wasser und darin enthaltene Beimengungen auf Zinn nicht einwirken.[7]) Bei längerem Stehen an der Luft absorbirt auch das destillirte Wasser allmählich Luft, nimmt darin enthaltenen Staub auf und verliert seine Reinheit. Uebrigens sind die auf diese Weise in das destillirte Wasser gelangenden Beimengungen so unbedeutend, dass dasselbe sich kaum verändert und zu vielen Zwecken tauglich bleibt. Beim Destilliren indessen gehen mit dem Wasser, ausser der sich in ihm lösenden Luft, auch einige flüchtige Beimengungen

---

Ursprungs. Solches Wasser hat den unangenehmen Geruch und Geschmack des stehenden Wassers von Sümpfen und Brunnen, die sich in unmittelbarer Nähe von Wohnhäusern befinden. Besonders gefährlich wird schlechtes Wasser beim Auftreten von epidemischen Krankheiten. Theilweise gereinigt wird das Wasser beim Filtriren durch Kohle, die stinkende und organische Substanzen, ebenso wie auch einige mineralische Bestandtheile zurückhält. Trübes Wasser kann bis zu einem gewissen Grade durch Zusatz von Alaun geklärt werden, indem letzterer bei längerem Stehen die Bildung von Niederschlägen hervorruft, welche die die Trübung bedingenden Stoffe mitreissen. Eines der Mittel zum Reinigen von fauligem Wasser bildet das mineralische Chamäleon (übermangansaures Kalium oder Natrium). Selbst eine sehr verdünnte Lösung dieses Salzes zeigt eine tief karminrothe Färbung und besitzt die Fähigkeit organische Stoffe zu zerstören, indem es dieselben oxydirt. Von der Chamäleon-Lösung muss zu fauligem Wasser so viel zugesetzt werden, bis eine nicht mehr verschwindende rosa Färbung erscheint. Besonders nützlich ist ein geringer Zusatz dieses Salzes zum Wasser während Epidemien.

Schon durch den Gehalt von einem Gramm, einerlei ob organischer oder mineralischer Substanzen in einem Liter oder 1000 Kub.-Centim. wird Wasser nicht nur untauglich, sondern sogar schädlich für Thiere (nicht für Pflanzen). Enthält ein Wasser 1 pCt. Metallchloride, so ist es deutlich salzig und verursacht Durst, anstatt ihn zu löschen. Besonders unangenehm ist ein Gehalt an Magnesiumsalzen, die den widerlich bitteren Geschmack besitzen, der auch dem Meerwasser eigen ist. Einen grossen Gehalt an salpetersauren Salzen findet man nur in höchst unreinem und meist schädlichem Wasser; dieselben weisen auf die Anwesenheit von sich zersetzenden, animalischen Stoffen hin.

7) In kleinem Maassstabe werden in Laboratorien zur Gewinnung von destillirtem Wasser oder überhaupt zu Destillationen Glasretorten und Kolben benutzt. Letztere

(namentlich organische) in die Vorlage über, während gleichzeitig die Wandungen der Destillations-Apparate theilweise angegriffen werden. Hierdurch wird das Wasser wieder etwas verunreinigt und hinterlässt dann beim Verdampfen einen Rückstand[8]). Für einige physikalische und chemische Untersuchungen ist jedoch vollkommen reines Wasser nöthig. Um letzteres zu erhalten wird zu destillirtem Wasser eine Lösung von mineralischem Chamäleon (übermangansaur. Kalium) so lange

werden auf einem Kohlenfeuer wie Fig. 11 zeigt oder mittelst Lampen (Einl. Anm. 20) erwärmt. Fig. 12 zeigt die wichtigsten Theile eines gläsernen Destillations-Apparates,

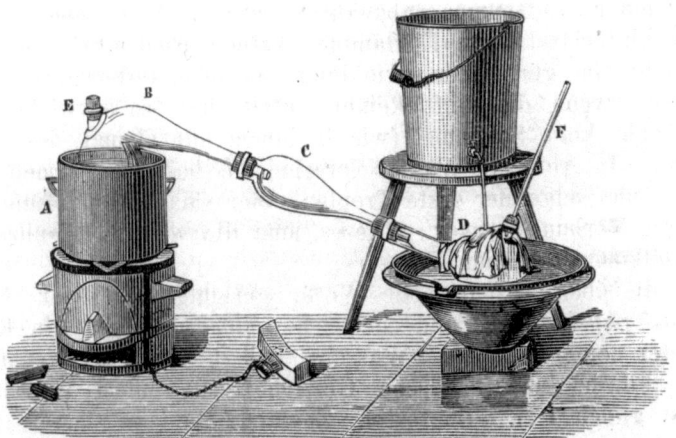

Fig. 11. Destillation aus einer tubulirten Retorte *B*, welche in einem mit Sand, Oel oder einer anderen Flüssigkeit gefüllten Kessel (Bad) *A*, erwärmt wird. Der Retortenhals ist mittelst der Allonge *C* mit der Vorlage *D* verbunden, in deren Tubulus sich das Rohr *F* befindet, aus dem Gas und Luft entweichen können.

wie er gewöhnlich in den Laboratorien benutzt wird. Die aus dem Kolben entweichenden Dämpfe gelangen in das dünne Glasrohr, das von dem breiteren, äusseren Rohre umgeben ist und durch kaltes Wasser abgekühlt wird. Die Wasserdämpfe werden auf diese Weise kondensirt und fliessen in die Vorlage.

8) Auf diese Frage bezieht sich eine der ersten Denkschriften Lavoisier's (vom Jahre 1770). Um festzustellen, ob Wasser sich in Erde verwandeln könne, wie behauptet wurde, suchte Lavoisier die Bildung des bei der Destillation von vollkommen reinem Wasser zurückbleibenden erdigen Rückstandes zu erklären und konstatirte hierbei durch direktes Wägen,

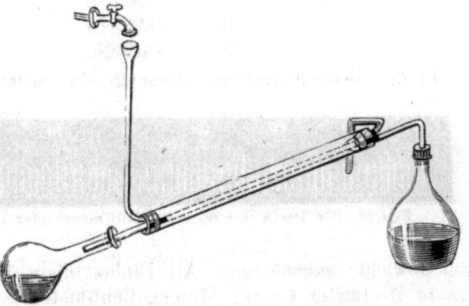

Fig. 12. Destillation aus einem Glaskolben, in dessen Hals mittelst eines Korkes eine Glasröhre eingesetzt ist, welche durch den Kühler in einen als Vorlage dienenden Kolben geht.

dass dieser Rückstand sich nicht aus dem Wasser, sondern nur infolge der Einwirkung des Wassers auf die Wandungen des gläsernen Destillationsgefässes bildet.

zugesetzt, bis das Wasser eine schwach rosa Färbung annimmt. Hierdurch werden die in dem Wasser enthaltenen organischen Stoffe zerstört, indem sie in Gase und nicht flüchtige Substanzen übergehen. Ein Ueberschuss vom Chamäleon bleibt bei der darauf folgenden Destillation im Apparate zurück, ist aber nicht von Belang. Zum zweiten Mal muss aus einer Platinretorte in eine Platinvorlage destillirt werden. Das Platin ist ein Metall, das weder von Luft noch Wasser angegriffen wird Das in der Platinvorlage aufgesammelte Wasser enthält noch Luft, die durch längeres Kochen ausgetrieben wird, worauf dann das Wasser unter der Glocke einer Luftpumpe abgekühlt wird. Vollkommen reines Wasser hinterlässt beim Eindampfen keinen Rückstand, verändert sich nicht im geringsten, wie lange es auch aufbewahrt werden mag und, wenn die Luft keinen Zutritt hat, so entwickelt sich darin auch kein Schimmel (wie in einem nur einmal destillirten Wasser). In reinem Wasser erscheinen beim Erwärmen keine Bläschen und schon der erste Tropfen einer Chamäleon-Lösung ruft eine rosa Färbung hervor. Dieses sind die wenigen Kennzeichen eines vollkommen reinen Wassers.

Auf die eben beschriebene Weise gereinigtes Wasser besitzt konstante *physikalische* und chemische *Eigenschaften*. Ein Kubikcentimeter eines solchen Wassers wiegt bei 4° C genau ein Gramm, d. h. das spezifische Gewicht von reinem Wasser bei 4° C ist gleich 1 [9]). Im festen Zustande bildet Wasser Krys-

---

[9]) Nimmt man, wie allgemein üblich, das spezifische Gewicht des Wassers, bei dessen grösster Dichte, d. h. bei 4°, als Einheit an, so hat man für andere Temperaturen die folgenden spezifischen Gewichte des Wassers:

bei —	5°	0,99929	bei	30°	0,99577
»	0°	0,99987	»	40	0,99236
»	+ 10°	0,99974	»	50	0,98317
»	15°	0,99916	»	80°	0,97192
»	20°	0,99826	»	100°	0,95854

In der Wissenschaft ist allgemein das **metrische** oder **decimale System** für Maasse

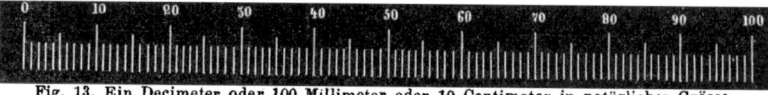

Fig. 13. Ein Decimeter oder 100 Millimeter oder 10 Centimeter in natürlicher Grösse.

und Gewichte angenommen. Als Einheit dient das **Meter** (= 0,4687 russische Faden), das in Decimeter (= 0,1 Meter), Centimeter (= 0,01 Meter), Millimeter (= 0,001 M.) und Mikromillimeter (= einem Millionstel Meter) getheilt wird (Fig. 13), Ein Kubikdecimeter wird **Liter** genannt und als Hohlmaass benutzt. Das Gewicht eines Liters Wasser bei 4° im luftleeren Raume ist ein Kilogramm. Der tausendste Theil eines Kilogramms oder das Gewicht eines Kubikcentimeters Wasser bei 4° ist das **Gramm**, das in Decigramme, Centigramme und Milligramme (letztere = 0,001 Gramm) getheilt wird. Von dem Längenmaasse ergiebt sich folglich

talle des hexagonalen Systems [10]), was man an den Schneetheilchen sehen kann, die gewöhnlich regelmässige, sternförmig verwachsene Krystallchen bilden; auch an halbgeschmolzenem, gelockertem Eise, das im Frühjahr auf Flüssen schwimmt, ist die hexagonale Krystallform (Säulen und Prismen) zu erkennen.

---

ein directer Uebergang zu dem Körpermaasse und dem Gewichte. Das russische Pfund entspricht $409^1/_2$ Grammen. Das metrische System bietet als ein Decimalsystem so viele Bequemlichkeiten, dass es in der Wissenschaft und im internationalen Verkehr allgemein angenommen ist. In vorliegendem Buche sind ausschliesslich metrische Maasse angegeben. Als Längeneinheit bedient man sich meistens des Centimeters, als Gewichtseinheit des Grammes, als Zeiteinheit der Sekunde und als Temperatureinheit des Celsius-Grades.

Fig. 14. Eine Druse natürlicher Bergkrystalle in $^1/_4$ natürlicher Grösse.

Fig. 15. Ein abgeschlagenes Stück Kalkspath (isländischen Spathes). um dessen Spaltbarkeit zu veranschaulichen.

10) Da feste Körper in selbstständigen, regelmässigen Krystallformen erscheinen, welche nach ihrer Spaltbarkeit zu urtheilen, durch die nach verschiedenen einander unter bestimmten Winkeln durchschneidenden Richtungen, ungleiche

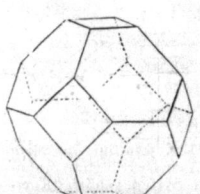
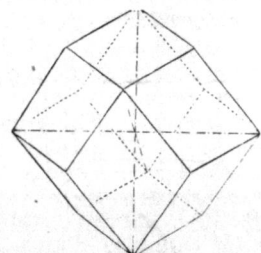
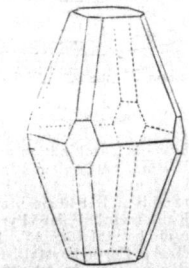

Fig. 16. Kombination eines Oktaëders mit einem Würfel, unter Vorherrschen des ersteren, zum regulären Krystallsystem gehörig. In dieser Form krystallisiren Alaun, Flussspath, Kupferoxydul u. a.

Fig. 17. Granatoëder oder Dodekaëder des regulären Systems. Granaten.

Fig. 18. Kombination von Pyramide, Prisma und horizontalem Pinakoïd des rhombischen Systems. Schwefelsaures Nickel.

Kohärenz (Anziehung, Festigkeit) bedingt werden, so ist die Krystallform eines der wichtigsten Merkmale zur Charakterisirung bestimmter chemischer Verbindungen. (Infolge seiner Spaltbarkeit lässt sich z. B. der Glimmer in Lamellen theilen und der Kalkspath in Stücke spalten, die durch zu einander unter bestimmten Winkeln geneigte Flächen begrenzt sind). Zum wissenschaftlichen Studium der Chemie sind daher wenigstens die elementaren Kenntnisse aus der eine selbstständige

Die Temperaturen, bei welchen dass Wasser aus einem Zustande in den andern übergeht, bilden die festen Punkte des Thermometers. Die Temperatur des schmelzenden Eises wird mit 0° und die der Dämpfe, welche aus siedendem Wasser bei normalem Barometerdruck (von 760 mm. gemessen bei 0° unter dem 45-sten Breitengrade am Meeresniveau) sich entwickeln, mit 100° bezeichnet (nach Celsius). Zur Charakteristik des Wassers als einer chemischen Verbindung wird unter anderem angegeben, dass dasselbe bei 0° schmilzt und bei 100° siedet. Das Gewicht eines Kubikmeters Wasser bei 4° ist 1000 Kilo, bei 0° = 999,8; ein Kubikmeter Eis hat bei 0° das viel geringere Gewicht von 917 Kilo. Das Gewicht desselben Volums Wasserdampfes bei 760 mm. und bei 100° beträgt nur 0,60 Kilo. Die Dichte des Wasserdampfes im Verhältniss zu Luft ist 0,62, im Verhältniss zu Wasserstoff 9.

Zu diesen physikalischen, das Wasser charakterisirenden Eigenschaften wäre noch hinzuzufügen, dass dasselbe bekanntlich eine leichtbewegliche, farblose und durchsichtige Flüssigkeit ist, die weder Geruch, noch Geschmack hat. Die latente Verdampfungswärme des Wassers beträgt 534, die latente Schmelzwärme 79 Wärmeeinheiten [11]). Wasserdämpfe sowol, als auch heisses Wasser

Wissenschaft bildenden Krystallographie unbedingt erforderlich. Die hier beigegebenen Zeichnungen (Fig. 14 bis 21) veranschaulichen die wichtigsten Krystallformen, von denen in diesem Werke öfters die Rede sein wird.

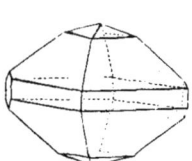

Fig. 19. Rhombisches System; Kombination von Prisma, vertikalem Pinakoïd und zwei Arten Pyramiden. Der horizontale Kantenwinkel der Pyramide beträgt 122° 43'. In dieser Form krystallisirt das wasserfreie schwefelsaure Natrium.

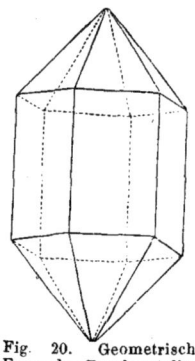

Fig. 20. Geometrische Form des Bergkrystalles. Prisma und Pyramide des hexagonalen Systems.

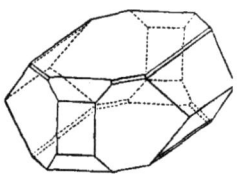

Fig. 21. Krystallinische Form der Weinsäure, zum monoklinen System gehörig. Kombination von horizontalem Pinakoïd und Prisma, vertikalem Prisma und and. Formen.

11) Von allen bekannten Flüssigkeiten besitzt das Wasser die grösste Kohäsion, denn in Haarröhrchen steigt es am höchsten und zwar etwa $2^{1}/_{2}$ mal höher, als Alkohol, fast 3 mal höher als Aether, bedeutend höher als Schwefelsäure u. s. w. In einem Kapillarrohr mit einem Durchmesser von 1 Millimeter ist die Steighöhe des Wassers bei 0° = 15,3 mm., von der Oberfläche des Wassers bis zu $^{2}/_{3}$ der Meniskus-Höhe gerechnet, und 12,5 mm. bei 100°. Die durch die Temperatur bedingte Veränderung der Kohäsion findet sehr gleichmässig statt, so dass z. B. bei 50° die

werden ihres grossen Wärme-Vorrathes wegen zum Erwärmen be-
Steighöhe 13,9 mm., also dem Mittel der von 0° und 100° gleich kommt. Diese Gleichmässigkeit erfährt selbst in der Nähe des Gefrierpunktes keine Aenderung, worauf hin die Annahme gemacht werden kann, dass auch bei höheren Temperaturen die Kohäsion sich ebenso oder fast ebenso regelmässig verändern wird, wie bei niedrigen Temperaturen; es muss folglich, da auf je 100° die Steighöhe um 2,8 mm. abnimmt, bei 500° das Wasser in einem Kapillarrohr von 1 mm. Durchmesser um 15,2—5. 2,8=1,2 mm. steigen, d. h. bei einer so hohen Temperatur wird zwischen den einzelnen Wassertheilchen fast gar keine Kohäsion vorhanden sein. Nur wenige Lösungen (z. B. von Salmiak, Chlorlithium) zeigen in Kapillarröhren, wenn gleichzeitig ein grosser Ueberschuss von Wasser vorhanden eine grössere Steighöhe, als reines Wasser. Durch die dem Wasser zukommende grosse Kohäsion werden, zweifellos, viele physikalische und auch chemische Eigenschaften desselben bedingt.

Die zur Erwärmung einer Gewichtseinheit Wasser von 0° auf 1°, d. h. um 1° C., erforderliche Wärmemenge nennt man eine Wärmeeinheit oder Calorie und betrachtet die **Wärmekapazität des flüssigen Wassers** bei 0° als Einheit. Die Veränderung der Wärmekapazität des Wassers mit der Temperatur ist ganz unbedeutend, wenn man sie mit den Veränderungen vergleicht, denen die Wärmekapazität anderer Flüssigkeiten mit der Temperatur unterworfen ist. Nach Oettingen ist bei 20° die Wärmekapazität des Wassers = 1,016, bei 50° = 1,039 und bei 100° = 1,073. Das Wasser besitzt von allen bekannten Flüssigkeiten die grösste Wärmekapazität; die Wärmekapazität des Alkohols z. B. ist bei 0° = 0,5475, d. h. dieselbe Wärmemenge, die 55 Theile Wasser auf 1° erwärmen kann, erwärmt 100 Gewichtstheile Alkohol um 1°. Die Wärmekapazität des Terpentinöls beträgt bei 0° = 0,4106, des Aethers 0,529, der Essigsäure 0,5274, des Quecksilbers 0,033. Am vollständigsten wird also die Wärme vom Wasser aufgenommen. Diese Eigenschaft des Wassers ist sowol in der Natur, wie auch in der Praxis von sehr grosser Bedeutung. Das Wasser verhindert nämlich ein zu schnelles Erkalten oder Erwärmen und mildert auf diese Weise sowol Kälte, als auch Hitze. Eis- und Wasserdämpfe besitzen eine viel geringere Wärmekapazität, als flüssiges Wasser, für Eis ist dieselbe = 0,504, für Wasserdämpfe = 0,48. Beim Vergrössern des Druckes um 1 Atmosphäre ist die Kontraktion des Wassers 0,000047; die des Quecksilbers 0,00000352 und des Aethers 0,00012 bei 0°, die des Alkohols bei 13° = 0,000095. Durch Zusetzen von verschiedenen Substanzen wird gewöhnlich die Komprimirbarkeit des Wassers zugleich mit der Kohäsion verringert. Die Komprimirbarkeit anderer Flüssigkeit nimmt beim Erwärmen zu, während beim Wasser dieselbe bis zu 53° abnimmt, um dann gleichfalls zuzunehmen.

Bei der **Ausdehnung des Wassers** durch Erwärmen werden gleichfalls verschiedene Eigenheiten beobachtet, welche anderen Flüssigkeiten nicht zukommen. Bei niedrigen Temperaturen ist der Ausdehnungskoeffizient des Wassers im Vergleich zu denen anderer Flüssigkeiten sehr gering; bei 4° sinkt er fast bis auf 0 herab, während er bei 100° gleich 0,0008 ist; unter 4° ist er negativ, d. h. dass beim Abkühlen das Wasser sich nicht zusammenzieht, sondern ausdehnt. Beim Uebergange in den festen Zustand findet noch eine weitere Abnahme des spezifischen Gewichts des Wassers statt; bei 0° wiegt ein Kubikcentimeter Wasser 0,99988 g, Eis von derselben Temperatur nur 0,9175 g. Bereits entstandenes Eis zieht sich übrigens beim weiteren Abkühlen wie die meisten anderen Körper zusammen. Aus 92 Volumen Wasser entstehen 100 Volume Eis. Durch diese beim Gefrieren des Wassers vor sich gehende bedeutende Ausdehnung lassen sich viele der in der Natur vorkommenden Erscheinungen erklären. Mit der Zunahme des Druckes sinkt der Gefrierpunkt des Wassers (um 0,007° auf je eine Atmosphäre), weil letzteres sich hierbei ausdehnt (Thomson), während bei Körpern, die sich beim Erstarren zusammenziehen, eine Erhöhung des Schmelzpunktes eintritt; Paraffin z. B. schmilzt unter 1 Atmosphärendruck bei 46° und unter einem Druck von 100 Atmosphären bei 49°.

nutzt[12]). Die Wärmekapazität des Wassers ist grösser, als die aller anderen Flüssigkeiten.

Beim Uebergange des Wassers in Dampf wird die Kohäsion der einzelnen Molekeln desselben aufgehoben, und die Molekeln entfernen sich so weit von einander, dass die zwischen denselben bestehende Anziehung nicht mehr zur Wirkung kommt. Da die Kohäsion der einzelnen Wassermolekeln bei verschiedenen Temperaturen nicht gleich ist, so muss schon aus diesem Grunde die zur Ueberwindung der Kohäsion erforderliche Wärmemenge oder die **latente Verdampfungswärme** bei verschiedenen Temperaturen verschieden sein. Die zur Ueberführung eines Gewichtstheiles Wasser in Dampf bei verschiedenen Temperaturen erforderliche Wärmemenge ist von Regnault mit grosser Genauigkeit bestimmt worden. Nach dessen Messungen verbraucht 1 Gewichtstheil Wasser von 0° beim Uebergange in Dampf von der Temperatur $t° = 606{,}5 + 0{,}305\,t$ Wärmeeinheiten, d. h. bei 0° werden zur Verdampfung 606,5 Wärmeeinheiten verbraucht; bei 50° — 621,7, bei 100° — 637,0, bei 150° — 652,2 und bei 200° — 667,5 Calorien. In diesen Wärmemengen ist aber auch die zum Erwärmen des Wassers von 0° auf $t°$ erforderliche Wärme enthalten, also ausser der latenten Verdampfungswärme noch die Wärme, durch die das flüssige Wasser bis zur Temperatur $t°$ erwärmt wird. Durch Subtraktion dieser letzteren erhält man für die latente Verdampfungswärme bei 0° — 606,5, bei 50° — 571, bei 100° — 534, bei 150° — 494 und bei 200° ungefähr 453 Calorien. Bei verschiedenen Temperaturen ist also zum Ueberführen von Wasser in Dampf von derselben Temperatur eine sehr verschiedene Wärmemenge erforderlich. Es wird dies hauptsächlich durch die bei verschiedenen Temperaturen verschiedene Kohäsion des Wassers bedingt; bei niederen Temperaturen ist die Kohäsion grösser, als bei höheren, bei ersteren ist daher zur Aufhebung der Kohäsion eine grössere Wärmemenge nöthig. Vergleicht man diese Wärmemengen unter einander, so findet man, dass sie sich ziemlich gleichmässig verringern: von 0° bis 100° beträgt nämlich die Verringerung 72 und von 100° bis 200° 81 Wärmeeinheiten. Hierauf fussend kann man daher annehmen, dass auch bei höheren Temperaturen annähernd dieselbe Veränderung stattfinden muss; folglich wird bei einer Temperatur von 400°—600° gar keine Wärme zur Ueberführung von Wasser in Dampf von derselben Temperatur erforderlich sein. Bei dieser Temperatur wird also unter jedem Drucke Verdampfung eintreten (vergl. das 2-te Kapitel über die absolute Siedetemperatur des Wassers; 370° nach Dewar, der kritische Druck = 196 Atmosphären). Es muss hier bemerkt werden, dass das Wasser, infolge der ihm zukommenden bedeutenden Kohäsion, zur Verdampfung viel mehr Wärme verbraucht, als andere Flüssigkeiten. Alkohol z. B. verbraucht zur Verdampfung 208, Aether 90, Terpentinöl 70 Wärmeeinheiten u. s. w.

Beim Ueberführen von Wasser in Dampf geht übrigens nicht die ganze verbrauchte Wärmemenge zur Ueberwindung der Kohäsion auf, d. h. sie wird nicht allein zur Verrichtung innerer Arbeit in der Flüssigkeit, sondern auch theilweise zur mechanischen Bewegung der Wassermolekeln verbraucht, da Wasserdampf von 100° einen 1650-mal grösseren Raum einnimmt, als dieselbe Wassermenge (unter gewöhnlichem Drucke). Ein Theil der Wärme oder Arbeit wird folglich zum Fortbewegen der einzelnen Wassermolekeln und zum Ueberwinden des Druckes, d. h. zu äusserer Arbeit verwandt. Diese Wärme kann utilisirt werden, was auch in ausgedehntem Maasse in den Dampfmaschinen geschieht. Um die Grösse dieser Arbeit festzustellen, wollen wir alle zur Berechnung erforderlichen Daten einzeln durchnehmen und mit einander vergleichen.

Das Maximum des Druckes oder der Spannung des Wasserdampfes bei verschiedenen Temperaturen ist von vielen Forschern mit der grössten Genauigkeit festgestellt worden. Hier wie auch im Vorhergehenden verdienen die Beobachtungen Regnault's, als die umfassendsten und genauesten besondere Beachtung. Die beigege-

Die chemischen Reaktionen, in die das Wasser eingeht und

bene Tabelle zeigt die Tension des Wasserdampfes bei verschiedenen Temperaturen in Millimetern Quecksilbersäule von 0°.

Temperatur.	Tension.	Temperatur.	Tension.
− 20°	0,9	70°	233,3
− 10°	2,1	90°	525,4
0°	4,6	100°	760,0
+ 10°	9,1	105°	906,4
15°	12,7	110°	1075,4
20°	17,4	115°	1269,4
25°	23,5	120°	1491,3
30°	31,5	150°	3581
50	92,0	200°	11689

Aus dieser Tabelle ist zugleich die Siedetemperatur des Wassers unter verschiedenem Drucke zu ersehen. Auf der Höhe des Montblanc z. B., wo der mittlere Druck ungefähr 424 mm. beträgt, siedet das Wasser bei 84,4°. Im luftverdünnten Raume siedet das Wasser sogar bei gewöhnlicher Temperatur, wobei jedoch die verdampfenden Wassertheilchen so viel Wärme aufnehmen, dass der übrige Theil des Wassers sich bedeutend abkühlt und sogar gefrieren kann, wenn der Druck nicht über 4,6 mm. beträgt und der sich bildende Wasserdampf schnell absorbirt wird. Zur Absorption kann Schwefelsäure benutzt werden. Es lässt sich auf diese Weise mit Hülfe einer Luftpumpe künstliches Eis darstellen. Dieselbe Tabelle der Wasserdampf-Tensionen zeigt auch die Temperaturen des in einem geschlossenen Dampfkessel befindlichen Wassers an, wenn nur der Druck der darin entstehenden Dämpfe bekannt ist. Beträgt z. B. der Druck 5 Atmosphären (d. h. ist derselbe fünfmal grösser, als der gewöhnliche Atmosphärendruck, also 5×760=3800 mm.), so wird die Temperatur des Wassers gleich 152° sein. Aus derselben Tabelle ist endlich auch der Druck zu ersehen, den der aus einem Dampfkessel kommende Dampf auf eine gegebene Fläche ausüben muss. Dampf von 152° wird z. B. auf einen Kolben mit einem Querschnitt von 100 Quadratcentimetern einen Druck von 517 Kilo ausüben, weil der Atmosphärendruck auf einen Quadratcentimeter 1,033 Kilo beträgt und Dampf von 152° einen Druck von 5 Atmosphären ausübt. Da auf einen Quadratcentimeter eine Quecksilbersäule von 1 mm. mit einem Gewicht von 1,35959 Grammen drückt, so entspricht der Druck des Dampfes bei 0° — 6,25 Grammen auf den Quadratcentimeter. Auf dieselbe Weise berechnet sich der Druck für jede andere Temperatur; bei 100° z. B. wird derselbe 1033,28 Gramm betragen. Nimmt man einen Cylinder, mit einem Querschnitte von 1 Quadratcentimeter, füllt ihn mit Wasser und setzt einen Kolben darauf, dessen Gewicht 1033 g ist, so werden sich beim Erwärmen des Wassers im luftleeren Raume bis zu 100° keine Dämpfe bilden, weil bei dieser Temperatur der Dampf nicht im Stande sein wird, den Druck des Kolbens zu überwinden; wenn aber jeder Gewichtseinheit des Wassers bei 100° noch 534 Wärmeeinheiten mitgetheilt werden, so wird sich alles Wasser in Dampf von derselben Temperatur verwandeln. Dasselbe wird auch bei jeder anderen Temperatur der Fall sein. Es fragt sich nur, wie hoch unter diesen Bedingungen unser Kolben gehoben werden wird, oder mit anderen Worten, welches Volum der Wasserdampf unter einem bestimmten Drucke einnehmen wird? Zur Beantwortung dieser Frage muss das Gewicht eines Kubikcentimeters Wasser bei verschiedenen Temperaturen bekannt sein. Durch in dieser Richtung angestellte Beobachtungen ist festgestellt worden, dass die Dichte des den Raum nicht sättigenden Wasserdampfes sich unter den verschiedensten Drucken nur höchst unbedeutend verändert; diese Dichte ist nämlich 9 mal so gross, als die des Wasserstoffs unter denselben Bedingungen. Den Raum sättigender Wasserdampf hat bei verschiedenen Temperaturen eine verschiedene Dichte, doch ist der Unterschied nicht gross; im Mittel ist die Dichte im Verhältniss zu Luft gleich 0,64.

bei welchen es sich bildet, sind so zahlreich und so eng mit den

Berechnen wir nun, unter Zugrundelegung dieser Dichte, das Volum, welches der aus dem Wasser entstehende Dampf bei 100° einnehmen wird. Das Gewicht eines Kubikcentimeters Luft bei 0° und 760 mm. ist 0,001293 Gramm; bei 100° und demselben Drucke ist dasselbe $\frac{0,001293}{1,368}$, also 0,000946 g; folglich wird ein Kubikcentimeter Wasserdampf von der Dichte 0,64 bei 100° — 0,000605 Gramm wiegen und ein Gramm Wasser einen Raum von ungefähr 1653 Kubikcentimetern einnehmen. Es wird daher in einem Cylinder von einem Quadratcentimeter Querschnitt eine Wassersäule von einem Centimeter Höhe, nachdem das Wasser in Dampf übergegangen, den Kolben 1653 Centimeter hoch heben. Da das Gewicht dieses Kolbens, wie oben angegeben wurde, 1033 Gramme beträgt, so wird folglich die äussere Arbeit des Dampfes. d. h. die Arbeit, die das Wasser leistet, indem es sich in Dampf von 100° verwandelt, in der Hebung eines Kolbens von 1033 Gramm bis zu einer Höhe von 1653 Centimeter bestehen. Durch diese 17 Kilogrammmetern entsprechende Arbeit, wird man also 17 Kilogramm 1 Meter oder ein Kilogramm 17 Meter hoch heben können. Zur Verwandlung von 1 Gramm Wasser in Dampf sind 534 Wärmeeinheiten erforderlich, d. h. die Wärmemenge, die beim Verdampfen von einem Gramm Wasser aufgenommen wird, ist derjenigen gleich, durch welche ein Kilogramm Wasser auf 0,534° erwärmt werden kann. Wie durch genaue Versuche festgestellt worden ist, kann eine jede Wärmeeinheit eine Arbeit von 424 Kilogrammmetern ausführen. Folglich verbraucht ein Gramm verdampfenden Wassers eine Arbeit von 424 × 0,534 = (fast) 226 Kilogrammmetern. An äusserer Arbeit erhält man aber nur 17 Kilogrammmeter; 209 Kilogrammmeter werden somit zur Ueberwindung der Kohäsion der einzelnen Wassermolekeln unter einander verbraucht. Die innere Arbeit beträgt folglich 92 pCt. der Wärme oder Arbeit, die überhaupt verbraucht wird. Für verschiedene Temperaturen berechnen sich diese Arbeitsquanta folgendermassen:

Temperatur.	Gesammt-Arbeit der Verdampfung in Kilogrammmetern.	Aeussere Arbeit des Dampfes in Kilogrammmetern.	Innere Arbeit des Dampfes.
0°	255	13	242
50°	242	15	227
100°	226	17	209
150°	209	19	190
200°	192	20	172

Wie aus diesen Daten zu ersehen, wird die zur Ueberwindung der Kohäsion beim Verdampfen erforderliche Arbeit mit der Zunahme der Temperatur immer geringer, was ganz analog der sich entsprechend verringernden Kohäsion ist; in der That zeigt es sich, dass die hierbei beobachteten Veränderungen die grösste Aehnlichkeit mit denen haben, die in den Steighöhen des Wassers in Kapillarröhren beim Erwärmen eintreten. Die Menge der äusseren Arbeit oder, wie man zu sagen pflegt, der nützlichen Arbeit, welche das Wasser bei seiner Verdampfung leisten kann, ist also offenbar höchst unbedeutend im Vergleich zu der Wärmemenge, die zur Verwandlung in Dampf erforderlich ist.

Indem ich im Vorliegenden auf einige physikalisch-mechanische Eigenschaften des Wassers hingewiesen habe, hatte ich nicht nur die wichtige Bedeutung derselben für die Theorie und Praxis, sondern auch die rein chemische Seite des Gegenstandes im Auge; wenn, wie soeben auseinander gesetzt, schon bei Veränderung des physikalischen Aggregatzustandes der grösste Theil der Arbeit zur Ueberwindung der Kohäsion verbraucht wird, so muss auch zur Ueberwindung der chemischen Attraktion oder Verwandtschaft eine ungeheure innere Arbeit geleistet werden.

12) Zum Erwärmen grösserer, in verschiedenen Gefässen befindlicher Flüssigkeits-Mengen benutzt man in der Technik Wasserdampf. Ist z. B. viel Wasser zum Auflösen von Salzen zu erwärmen, oder sollen flüchtige Flüssigkeiten aus verschiede-

Reaktionen vieler anderer Körper verknüpft, dass es unmöglich ist gleich anfangs alle diese Reaktionen in Betracht zu ziehen. Viele derselben werden wir später kennen lernen und wollen jetzt nur einiger Verbindungen des Wassers erwähnen. Um uns die Natur der verschiedenen Arten von Verbindungen, die vom Wasser gebildet werden, zu verdeutlichen, beginnen wir mit denen, in welchen zwischen dem Wasser und dem mit ihm verbundenen Stoffe nur ein ganz schwacher, durch rein mechanische Ursachen bedingter Zusammenhang besteht. Von vielen Körpern wird das Wasser mechanisch angezogen, es haftet an ihrer Oberfläche, wie Staub an Gegenständen, an denen er sich niedersetzt, oder wie ein glatt geschliffenes Glas an einem andern. Dieses Haftenbleiben des Wassers nennt man Benetzung, Durchtränkung und Absorption. Benetzt wird z. B. reines Glas, an dessen Oberfläche das Wasser haften bleibt; durchtränkt werden Erde, Sand und Lehm, zwischen deren einzelne Theilchen das Wasser ebenso eindringt, wie es beim Aufsaugen durch einen Schwamm, ein Tuch, Papier und ähnliche Gegenstände der Fall ist. Talg und überhaupt fette Oberflächen werden von Wasser nicht benetzt. Aufgesogenes Wasser behält sowol seine chemischen, als auch physikalischen Eigenschaften bei; es kann z. B. durch Austrocknen entfernt werden, wie dies ja allgemein bekannt ist. Auf mechanische Weise zurückgehaltenes Wasser kann auch durch mechanische Mittel wieder entfernt werden. z. B. durch Reiben, Druck und Benutzung der Centrifugalkraft. Aus nassen Geweben z. B. wird das Wasser durch Pressen oder Centrifugiren entfernt. Doch enthalten Gegenstände, die in der Praxis gewöhnlich für trocken gehalten werden, (weil sie sich nicht nass anfühlen). oft noch Feuchtigkeit, was leicht zu beweisen ist, wenn

---

nen Gefässen abdestillirt werden, z. B. Alkohol aus einer gegohrenen Flüssigkeit u. s. w., so leitet man einfach aus einem Dampfkessel in die zu erwärmende Flüssigkeit Wasserdampf, der, indem er sich hierbei abkühlt und verflüssigt, seine latente Wärme abgibt. Diese Wärme ist so bedeutend, dass durch eine geringe Menge von Dampf sehr viel Flüssigkeit erwärmt werden kann. Sollen z. B. 1000 Kilogramm Wasser von 20^0 auf 50^0 erwärmt werden, wozu 30000 Wärmeeinheiten erforderlich sind, so wird man in diese Wassermenge nur 52 Kilogramme Wasserdampf von 100^0 einzuleiten haben, denn in je einem Kilogramm Wasser von 50^0 sind 50 Wärmeeinheiten und in je einem Kilogramm Wasserdampf von 100^0 637 Wärmeeinheiten enthalten, so dass beim Abkühlen eines Kilogramms Wasserdampf auf 50^0 587 Wärmeeinheiten abgegeben werden. In der chemischen Praxis wird zum Erwärmen sehr oft Wasser angewandt und zwar benutzt man dabei die sogen. Wasserbäder, d. h. mit Wasser gefüllte Metallgefässe — Schalen oder Kessel, die mit in einander passenden konzentrischen Ringen verschiedenen Durchmessers bedeckt werden. Die zu erwärmenden Gegenstände: Gläser, Schalen, Kolben, Retorten u. s. w. stellt man auf diese Ringe und erhitzt sie das Wasserbad, wobei durch den sich bildenden Wasserdampf der Boden des Gefässes, aus dem destillirt oder verdampft werden soll, erwärmt wird. Oefters benutzt man Wasserbäder auch zum direkten Erwärmen, indem das betreffende Gefäss in das Wasser des Bades selbst hineingestellt wird.

der betreffende Gegenstand in einer an einem Ende zugeschmolzenen Glasröhre erwärmt wird. Erhitzt man in einer solchen Röhre Papierstücke, trockene Erde und viele ähnliche (namentlich poröse) Gegenstände, so bemerkt man, dass an den kalt gebliebenen Theilen der Röhre sich Wassertropfen niederschlagen. In nicht flüchtigen Körpern kann dass Vorhandensein von solchem aufgesogenem oder sogen. *hygroskopischem Wasser* am besten dadurch erkannt werden, dass man dieselben bei 100° trocknet oder unter der Glocke einer Luftpumpe über Substanzen, von denen das Wasser chemisch angezogen wird, stehen lässt. Die Menge des hygroskopischen Wassers ergibt sich hierbei aus dem Gewichtsverluste, den man durch Wägen des Körpers vor und nach dem Trocknen in Erfahrung bringt [13]). Na-

---

13) Zum Trocknen von Substanzen bei 100°, d. h. der Siedetemperatur des Wassers (bei welcher das hygroskopische Wasser sich verflüchtigt) benutzt man den in Fig. 22 abgebildeten Apparat, der aus einem doppeltwandigen Kasten aus Kupferblech besteht und Trockenschrank genanntwird. Zwischen die Wandungen desselben giesst man Wasser, das auf die eine oder andere Weise erwärmt wird. Erhält man das Wasser im Sieden, so erreicht die Temperatur im Trockenschranke die Siedetemperatur des Wassers, also 100° C. Zum Hineinstellen der zu trocknenden Substanz dient das Thürchen, das mit zwei Löchern versehen ist, damit der beim Trocknen entstehende Wasserdampf entweichen kann.

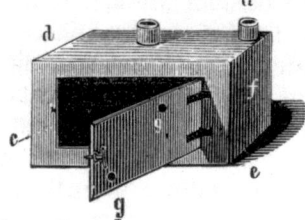

Fig. 22. Kupferner Trockenschrank. Zwischen den doppelten Wandungen befindet sich Wasser, das erwärmt wird, während in den Schrank der zu trocknende Gegenstand gestellt wird. 1/10 der natürlichen Grösse.

Uebrigens wendet man zum Trocknen meistens einwandige Schränke, sogen. Luftbäder an, die direkt durch eine Flamme erwärmt werden und in denen die Temperatur durch ein eingestelltes Thermometer beobachtet wird. Unumgänglich werden solche Luftbäder zum Trocknen von Substanzen, die ihr Wasser erst bei Temperaturen über 100° verlieren. Zur direkten Bestimmung des Wassergehaltes einer Substanz,

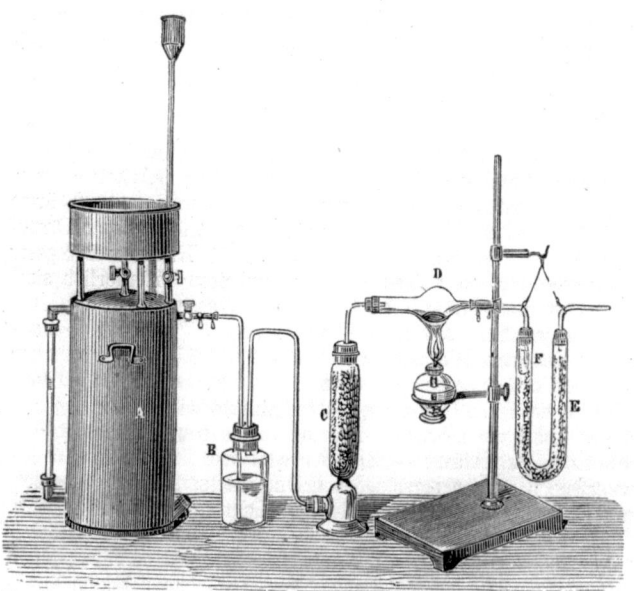

Fig. 23. Bestimmung der Wassermenge durch Trocknen im trocknen Luftstrome und Absorption des sich ausscheidenden Wassers im Rohre E. 1/20 der natürlichen Grösse.

türlich muss man bei solchen Bestimmungen vorsichtig sein und nicht ausser Acht lassen, dass ein Gewichtsverlust infolge von unter Gasausscheidung vorsichgehender Zersetzung der Substanz selbst eintreten kann. Die Hygroskopizität der Körper, d. h. die Fähigkeit derselben Feuchtigkeit aufzunehmen, muss bei genauen Wägungen immer in Betracht gezogen werden. Die Menge des von einem Körper aufgenommenen Wassers hängt von der Feuchtigkeit der Luft ab, (d. h. von der Spannung der in letzterer befindlichen Wasserdämpfe). In vollkommen trockner Luft und im leeren Raume verflüchtigt sich das hygroskopische Wasser in Form von Dampf. In trocknen Gasen (oder in der Leere) können daher Gegenstände, die hygroskopisches Wasser enthalten, vollkommen getrocknet werden. Erwärmen beschleunigt das Trocknen, weil es die Spannung der Wasserdämpfe vergrössert. Zum Trocknen von Gasen benutzt man gewöhnlich Phosphorsäureanhydrid (ein weisses Pulver), flüssige Schwefelsäure, festes poröses Chlorcalcium und geglühten Kupfervitriol (gleichfalls ein weisses Pulver). Diese Körper absorbiren aus der Luft, und überhaupt aus Gasen, die darin enthaltene Feuchtigkeit in bedeutender, aber nicht unbegrenzter Menge. Das Phosphorsäureanhydrid und Chlorcalcium zerfliessen hierbei und werden feucht, die Schwefelsäure verwandelt sich aus einer öligen, dicken Flüssigkeit in eine leichter bewegliche und der geglühte Kupfervitriol nimmt eine blaue Färbung an. Nachdem aber diese Körper eine bestimmte Menge von Wasser absorbirt haben, verlieren sie nicht nur ihre Absorptions-Fähigkeit für Wasser, sondern können sogar einen Theil des bereits absorbirten Wassers wieder in die Luft ausscheiden. Die Reihenfolge, in der wir diese Körper angeführt haben, entspricht der Intensität, mit der dieselben Wasser anziehen. Durch Chlorcalcium getrocknete Luft hält immer noch etwas Feuchtigkeit zurück, die ihr durch Schwefelsäure entzogen werden kann. Am vollständigsten werden Gase durch das Phosphorsäureanhydrid getrocknet.

---

die beim Erhitzen nur Wasser verliert, bringt man dieselbe in das Rohr D Fig. 23, dessen Gewicht vor und nach dem Einbringen der Substanz bestimmt wird, wobei man natürlich auch das Gewicht der Substanz selbst erhält. Das eine Ende des Rohres D verbindet man mit einem, mit Luft gefüllten Gasometer, aus dem, beim Oeffnen des Hahnes, die Luft zuerst durch das Schwefelsäure enthaltende Gefäss B und dann über gleichfalls mit Schwefelsäure getränkte Bimsteinstückchen in dem Gefäss C geleitet wird. Die auf diese Weise getrocknete Luft streicht dann über die in D befindliche Substanz, aus der hierbei schon bei gewöhnlicher Temperatur und desto mehr beim Erwärmen das hygroskopische Wasser entfernt und weiter in die mit dem anderen Ende verbundene U förmige Röhre geleitet wird. In letzterer befinden sich mit Schwefelsäure getränkte Bimsteinstückchen, wodurch die mit dem Luftstrom durchstreichenden Wasserdämpfe vollständig zurückgehalten werden. Bestimmt man nun das Gewicht dieser Röhre vor und nach dem Versuche, so gibt die gefundene Gewichtszunahme direkt die Menge des in der Substanz enthaltenen Wassers an.

Das Trocknen vieler Körper geschieht in der Weise, dass man dieselben in einer Schale unter eine Gasglocke stellt, in der sich gleichzeitig eine der erwähnten Substanzen befindet [14]). Die Glocke muss wie bei einer Luftpumpe hermetisch schliessen. Durch den die Feuchtigkeit anziehenden Körper, z. B. Schwefelsäure, wird in der Glocke zuerst die Luft getrocknet, in welche dann die Feuchtigkeit des auszutrocknenden Körpers übergeht. Diese Feuchtigkeit wird wieder von der Schwefelsäure absorbirt u. s. w. Noch besser geschieht das Trocknen unter der Glocke einer Luftpumpe, weil dann das Verdunsten schneller vor sich geht, als in einer mit Luft gefüllten Glocke.

Aus dem Vorhergehenden ist ersichtlich, dass die Aufnahme von Feuchtigkeit durch Gase grosse Aehnlichkeit mit der Absorption von hygroskopischer Feuchtigkeit zeigt. Bei dieser Absorption findet aber noch keine chemische Vereinigung statt, denn Wasser, das als hygroskopisches absorbirt worden ist, behält seine charakteristischen Eigenschaften und bildet keine neuen Körper [15]).

Einen ganz anderen Charakter hat die Anziehung, welche zwischen Wasser und darin löslichen Körpern stattfindet. Beim Lösen solcher Körper entstehen besondere, unbestimmte chemische Verbindungen; es bildet sich aus zwei Körpern eine neue homogene Substanz. Aber auch hier ist der Zusammenhang zwischen den betreffenden Körpern ein sehr loser. Wasser, in dem verschiedene Stoffe gelöst sind, siedet bei einer Temperatur, welche dem Siedepunkte des reinen Wassers nahe liegt und behält die Eigenschaften, sowol des Wassers selbst, als auch der darin gelösten Substanz bei. Werden im Wasser Substanzen gelöst, die leichter als das Wasser selbst sind, so erhält man Lösungen von geringerer Dichte, als die des reinen Wassers, so z. B. beim Lösen von Alkohol in Wasser. Werden dagegen schwerere Stoffe gelöst, so nimmt das spezifische Gewicht zu. Salzwasser ist schwerer, als Süsswasser. [16])

---

14) Anstatt den zu trocknenden Körper unter eine Glasglocke mit darin stehender Schwefelsäure zu bringen, benutzt man öfters eigens zum Trocknen eingerichtete Exsikkatoren, d. h. Glasgefässe, die mit einem angeschliffenen Glasdeckel hermetisch geschlossen werden können und Schwefelsäure oder Chlorcalcium enthalten, über welche man die zu trocknende Substanz bringt. Manche Exsikkatoren sind noch mit einem seitlichen durch einen Hahn verschliessbaren Ansatzrohr versehen, wodurch ein Auspumpen der darin befindlichen Luft ermöglicht wird.

15) Nach Chappuis werden beim Befeuchten von 1 Gramm Kohle mit Wasser 7 Wärmeeinheiten und beim Begiessen mit Schwefelkohlenstoff sogar 24 Cal. entwickelt. Thonerde (1 Gramm) entwickelt beim Befeuchten mit Wasser $2^{1}/_{2}$ Calorien. Dieses Verhalten beim Befeuchten weist darauf hin, dass hier bereits, ebenso wie bei den Lösungen, eine Uebergangsform zu den exothermischen Verbindungen (bei deren Bildung Wärme entwickelt wird) vorliegt.

16) Starke Essigsäure jedoch (deren Zusammensetzung der Formel $C^2H^4O^2$ ent-

Wir gehen nun zu den **wässerigen Lösungen** über und werden dieselben ausführlicher behandeln. Lösungen in Wasser entstehen fortwährend im Erdreich, im Organismus der Thiere und Pflanzen, bei den verschiedensten technischen Prozessen und spielen in vielen chemischen Umwandlungen eine hervorragende Rolle, nicht nur weil das Wasser überall verbreitet ist, sondern hauptsächlich aus dem Grunde, weil in den Lösungen die Körper sich in einem Zustande befinden, welcher den Verlauf chemischer Umwandlungen am meisten begünstigt. Hauptbedingungen für diese letzteren sind — Beweglichkeit und vollständige Berührung der Theilchen. Feste Körper erlangen, wenn sie in Lösung übergehen, die nöthige Beweglichkeit der Theilchen, Gase verlieren ihre Elastizität und es können daher in Lösungen sehr oft solche Reaktionen vor sich gehen, die beim Zusammenbringen der betreffenden Körper für sich allein nicht stattfinden. Ausserdem erleiden die in Lösung übergehenden Körper offenbar eine Lockerung ihrer Theilchen (es findet eine Disgregation derselben statt), die gelösten Körper erlangen auf diese Weise bis zu einem gewissen Grade die Eigenschaften der Gase und die diese letzteren charakterisirende Beweglichkeit der Theilchen. Aus dem Gesagten ist leicht zu ermessen, wie wichtig das Verhalten der verschiedenen Körper zum Wasser als Lösungsmittel ist.

Es ist allgemein bekannt, dass im Wasser sehr viele Substanzen sich lösen. Salz, Zucker, Weingeist und viele andere Stoffe lösen sich im Wasser und bilden mit demselben homogene Flüssigkeiten. Dass auch Gase in Wasser löslich sind, lässt sich leicht demonstriren: man wählt hierzu am besten ein Gas, das einen grossen Löslichkeitskoëffizienten besitzt, z. B. Ammoniakgas, das man in einer mit Quecksilber gefüllten und in einer Quecksilberwanne aufgestellten Glocke (oder einem Cylinder) sammelt (s. Fig. 25). Bringt man dann in den Cylinder Wasser, so steigt das Quecksilber in demselben, da das Ammoniakgas vom Wasser gelöst wird. Ist die Quecksilbersäule kürzer, als die dem Barometerstande entsprechende, und ist die eingeführte Wassermenge zur Lösung des gesammten Gases genügend, so bleibt im Cylinder kein Gas mehr zurück. Um Fig. 24. Pipette. Wasser in den Cylinder einzuführen, bedient man sich einer

---

spricht), und deren spezifisches Gewicht bei 15° — 1,055 ist, wird beim Verdünnen mit Wasser (dessen spezifisches Gewicht bei 15° 0,999 ist) nicht leichter, sondern schwerer, so dass eine Lösung von 80 Thl. Essigsäure und 20 Thl. Wasser das spezifische Gewicht 1,074 zeigt; selbst bei gleichen Theilen Essigsäure und Wasser (50 pCt.) ist das spez. Gewicht der Mischung immer noch grösser, als das der Essigsäure selbst (1,061). Es erklärt sich dieses durch die bei der Lösung vor sich gehende bedeutende Kontraktion. Eine Kontraktion oder Zusammenziehung findet in der That beim Vermischen verschiedener Lösungen und überhaupt von Flüssigkeiten mit Wasser statt.

Glaspipette (s. Fig. 24); man taucht deren unteres gebogenes Ende in Wasser, saugt am oberen Ende, verschliesst dieses, nachdem die Pipette mit Wasser gefüllt ist, mit dem Finger und bringt nun das untere Ende in die Quecksilberwanne unter die Mündung des Cylinders. Bläst man dann in die Pipette, so dringt das Wasser in den Cylinder und steigt seines geringeren spezifischen Gewichtes wegen auf die Oberfläche des Quecksilbers. Für

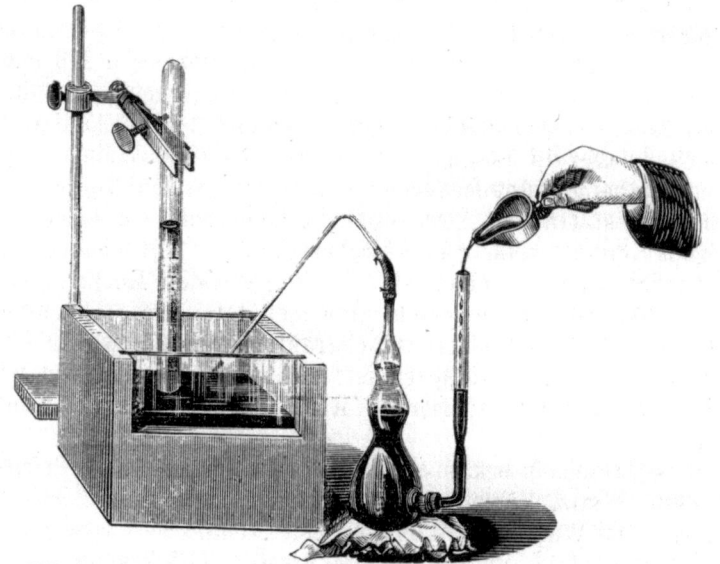

Fig. 25. Ueberführen von Gas in einen mit Quecksilber gefüllten Cylinder, dessen unteres offenes Ende in das Quecksilber der Wanne taucht. Durch Eingiessen von Quecksilber wird das Gas, aus dem Gefässe, in dem es sich befindet in den Cylinder übergeführt, in welchem es gemessen werden kann.

solche Gase, wie Ammoniak, lässt sich die Löslichkeit in Wasser auch auf folgende Weise zeigen: man füllt mit dem Gase eine Flasche, die mit einem durchbohrten und mit einem Glasrohre versehenen Propfen verschlossen ist, und bringt das Ende des Rohres in Wasser; sobald ein Theil des Wassers in die Flasche gelangt ist (man beschleunigt dies durch vorheriges Erwärmen der Flasche), dringt das Wasser in die Flasche in Form einer Fontaine. Das Steigen des Quecksilbers im Cylinder und die Entstehung der Fontaine in diesen beiden Versuchen weisen augenscheinlich auf die bedeutende Affinität des Wassers zum Ammoniakgas hin und veranschaulichen die beim Lösen wirkende Kraft. Ebenso wie die vollständige Vermischung von Gasen mit einander (die Diffusion), so nimmt auch der Lösungsprocess eine gewisse Zeit in Anspruch, die nicht nur von den Berührungsflächen, sondern auch von der Natur der zu lösenden Substanzen abhängt. Man kann sich davon durch den Versuch überzeugen. Giesst man in hohe Gefässe

Lösungen von Substanzen, die schwerer als Wasser sind, wie z. B. Salz oder Zucker, und lässt man dann vorsichtig, ohne die Lösung aufzurühren, aus einem Trichter reines Wasser zufliessen, so sieht man bei ruhigem Stehen der Gefässe, zwischen den Schichten des Wassers und der Lösung, dank den verschiedenen Brechungsexponenten beider Flüssigkeiten, eine deutliche Grenze. Trotzdem nun die unten befindliche Lösung schwerer als Wasser ist, findet selbst bei ganz ruhigem Stehen eine vollständige Vermischung statt. Gay-Lussac überzeugte sich davon durch spezielle Versuche, welche er in den Kellerräumen der Pariser Sternwarte ausführte. Diese Räume, in welchen viele wichtige Untersuchungen angestellt worden sind, liegen in einer bedeutenden Tiefe unter der Erdoberfläche und besitzen daher eine sehr gleichmässige, während des ganzen Jahres und auch bei Tag und Nacht nicht schwankende Temperatur. Diese letztere Bedingung war von besonderer Wichtigkeit, denn sie ermöglichte die Vermeidung der Strömungen, die bei einer Aenderung der Tagestemperatur in der Flüssigkeit entstehen, hierdurch eine Vermischung der beiden Schichten bedingen und das Versuchsresultat zweifelhaft machen würden (jeder der Versuche dauerte mehrere Monate). Es erwies sich, dass auch bei ganz konstanter Temperatur die gelöste Substanz allmählich im Wasser emporsteigt und sich in demselben gleichmässig vertheilt, ein Beweis, dass sich zwischen dem Wasser und dem in Lösung befindlichen Körper eine besondere Art von Anziehung, eine Tendenz sich gegenseitig zu durchdringen, bethätigt und der Schwere entgegenwirkt. Ausserdem wurde gefunden, dass diese Tendenz und somit auch die Diffusions-Geschwindigkeit für Salz und Zucker, ebenso wie für *andere Körper* eine sehr verschiedene ist. Folglich bethätigt sich beim Lösen eine besondere Kraft, wie bei einer wirklichen chemischen Vereinigung, und das Lösen wird durch eine Art von Bewegung (chemische Energie des Stoffes), welche dem Lösungsmittel und dem sich lösenden Körper eigen ist, bedingt. Aehnliche Versuche, wie die eben beschriebenen, sind mit verschiedenen Substanzen von Graham ausgeführt worden, der nachwies, dass die **Diffusionsgeschwindigkeit der Lösungen**[17]) in Wasser eine sehr verschiedene ist, oder mit anderen Worten, dass eine gleichmässige

---

17) Die Untersuchungen von Graham, Fick, Nernst u. a. haben gezeigt, dass die Menge eines gelösten Körpers, welche in einem vertikalen Cylinder von Schicht zu Schicht emporsteigt, proportional ist, nicht nur der Zeit und dem Querschnitt des Cylinders, sondern auch dem Gehalt an gelöster Substanz in der betreffenden Schicht, so dass einem jeden in Lösung befindlichen Körper ein besonderer Diffusionskoëffzient zukommt. Als Ursache der Diffusion von Lösungen muss zunächst, ganz wie bei der Diffusion von Gasen, die den Molekeln eigenthümliche Bewegung angesehen werden; bei den Lösungen machen sich aber aller Wahrscheinlichkeit nach, ebenfalls die, wenn auch wenig entwickelten, rein chemischen Kräfte geltend, welche die Bildung von bestimmten Verbindungen der sich lösenden Körper mit Wasser bedingen.

Vertheilung eines sich in Wasser lösenden Körpers bei verschiedenen Substanzen in ungleich langen Zeiträumen zu Stande kommt (bei vollständiger Ruhe und einer solchen Lage der Flüssigkeitsschichten, dass zu ihrer Vermischung die Schwere überwunden werden muss). Graham vergleicht die Diffusionsfähigkeit mit der Flüchtigkeit: es gibt leichter und schwerer diffundirende Körper, wie es mehr und weniger flüchtige gibt. Giesst man in ein Becherglas 700 Cubikcentimeter Wasser und lässt dann auf dessen Boden aus einer Pipette vorsichtig 100 cc. einer Lösung, welche 10 Gramm gelöster Substanz enthält, zufliessen, so entstehen zwei Schichten; nach Verlauf einiger Tage hebert man nach einander, von oben nach unten fortschreitend, je 50 cc. der Lösung ab und bestimmt in diesen Portionen den Gehalt an gelöster Substanz. Es zeigt sich beim Kochsalz z. B. nach 14 Tagen folgender Gehalt an gelöster Substanz in den einzelnen Schichten von der oberen angefangen, (in Milligrammen auf je 50 cc.): 104, 120, 126, 198, 267, 340, 429, 535, 654, 766, 881, 991, 1090, 1187, im Rückstande 2266. Bei einem gleichen Versuch mit Eiweiss, waren in die sieben obersten Schichten nur sehr geringe Mengen übergegangen, von der achten an wurden folgende Mengen gefunden: 10, 15, 47, 113, 343, 855, 1892 und im Rückstand 6725 Milligramme. Somit hängt die Diffusion von der Zeit und der Beschaffenheit der gelösten Körper ab und kann, abgesehen von ihrer Wichtigkeit für die Erklärung der Natur des Lösungsvorganges, auch zur Unterscheidung verschiedener Körper von einander dienen. Graham zeigte, dass die in Flüssigkeiten rasch diffundirenden Körper, auch rascher durch Membranen hindurchgehen und krystallisationsfähig sind (**Krystalloïde**), während die langsam diffundirenden Körper nicht krystallisiren, **kolloïd** — leimähnlich sind, durch Membranen nur langsam hindurchgehen[18]) und in gallertartigem, unlöslichem Zustande auftreten können.

---

18) Die Diffusionsgeschwindigkeit, ebenso wie die Geschwindigkeit des Durchdringens durch Membranen oder die **Dialyse** (welche von so grosser Bedeutung für das Leben der Organismen ist) weist, nach den Untersuchungen von Graham, besonders grosse Unterschiede dann auf, wenn man krystallisirende Körper, zu denen die meisten Salze und Säuren gehören, mit Körpern vergleicht, welche wie z. B. der Leim (Colla, Gelatine) Gallerte bilden können. Erstere diffundiren in Lösungen und durch Membranen bedeutend rascher, als letztere, und Graham unterschied daher die rasch diffundirenden **Krystalloïde** von den langsam diffundirenden **Kolloïden.** Die Bruchflächen der (festen) Kolloïde zeigen, dass diese Klasse von Körpern keine Spaltbarkeit besitzt; ihr Bruch ist muschelig, wie bei Leim und Glas. Zu den Kolloïden gehören fast alle diejenigen Stoffe, die zum Aufbau pflanzlicher und thierischer Organismen dienen; es erklärt sich daher, wenigstens zu einem grossen Theil, die Verschiedenartigkeit der den Organismen eigenen Formen, wodurch dieselben sich auf das augenfälligste von den meist krystallinischen Körpern des Mineralreiches unterscheiden. In den Organismen, d. h. den Thieren und Pflanzen, nehmen die festen kolloïdalen Körper, gewöhnlich in mit Wasser getränktem (imbibirten) Zustande,

Will man das Lösen beschleunigen, so muss, nach dem oben Erörterten und wie es auch aus der Erfahrung hervorgeht, die Flüssigkeit gerührt, geschüttelt, überhaupt mechanisch bewegt werden, damit die um den zu lösenden Körper sich bildende Lösung, wenn sie schwerer als Wasser ist, emporsteige. Eine einmal entstandene homogene Lösung bleibt aber, auch wenn sie vollständig in Ruhe gelassen wird, unbegrenzt lange Zeit hindurch unverändert, wie schwer auch der gelöste Körper sein mag, wenn nur kein Temperaturwechsel eintritt, — ein neuer Beweis dafür, dass die Theil-

---

die eigenthümlichen Formen von Zellen, Körnern, Fasern, schleimigen Massen u. dgl. an, Formen, die bei den krystallinischen Körpern nicht angetroffen werden. Wenn Kolloïde sich aus einer Lösung ausscheiden oder, nachdem sie geschmolzen waren, wieder erstarren, so zeigen sie ihr früheres homogenes Aussehen, wir sehen dies z. B. ganz deutlich am Glase. Von den Krystalloïden unterscheiden sich die Kolloïde nicht nur durch das Fehlen einer krystallinischen Form, sondern auch durch viele andere sehr charakteristische Eigenschaften, wie dies der schon mehrfach erwähnte englische Gelehrte Graham gezeigt hat. Fast alle Kolloïde besitzen die Fähigkeit unter gewissen Bedingungen aus dem in Wasser löslichen Zustande in den unlöslichen überzugehen, wie z. B. das Eiweiss der Eier (Eieralbumin), welches wir in rohem, löslichem und koagulirtem (nach dem Kochen), unlöslichem Zustande kennen. Beim Uebergange in den unlöslichen Zustand geben die meisten Kolloïde bei Gegenwart von Wasser gallertartige Substanzen, es quillt z. B. Stärkekleister, erstarrter Leim, Gallerte, Fischleim oder gewöhnlicher Tischlerleim, in kaltes Wasser gebracht, zu einer unlöslichen Gallerte auf; beim Erhitzen zerfliesst letztere und löst sich in Wasser, erstarrt aber beim Erkalten wieder zu unlöslicher Gallerte. — Eine weitere Eigenthümlichkeit der Kolloïde, durch welche sie sich von den Krystalloïden unterscheiden, besteht darin, dass sie durch Membranen nur sehr langsam hindurchgehen, während letztere dieselben rasch durchdringen. Man überzeugt sich hiervon durch folgenden Versuch: über die untere Oeffnung eines an beiden Enden offenen Cylinders wird eine thierische Blase, Eihaut (Amnion) oder ein Stück Pergamentpapier

Fig. 26. Dialysator. Derselbe dient zur Trennung von Körpern, welche durch Membranen durchgehen, von solchen, die diese Fähigkeit nicht besitzen.

(ungeleimtes Papier, das während 2—3 Min. mit einem kalten Gemisch von konzentrirter Schwefelsäure mit dem halben Volum Wasser behandelt und sodann ausgewaschen wird) oder eine andere membranöse Haut (es sind das alles Kolloïde in unlöslichem Zustande) derart gespannt (Fig. 26), dass sie den Cylinder vollkommen dicht verschliesst. Ein solches Gefäss heisst **Dialysator** und die mit Hilfe von Membranen ausgeführte Scheidüng der Kolloïde von Krystalloïden — **Dialyse**. In den Dialysator giesst man die wässerige Lösung eines Krystalloïds oder eines Kolloïds oder ein Gemisch beider Arten von Körpern und stellt ihn dann in ein Gefäss mit Wasser, so dass die poröse Scheidewand von letzterem bedeckt ist. Es dringen nun während eines bestimmten Zeitraumes die Krystalloïde durch die Membran in das äussere Wasser, während die Kolloïde unvergleichlich langsamer hindurchgehen. Das Durchgehen eines Krystalloïds in das Wasser des äusseren Gefässes währt natürlich nur solange, bis sich

chen des gelösten Körpers und des Lösungsmittels durch eine besondere Kraft zusammengehalten werden [19]).

der Gehalt desselben auf beiden Seiten der Membran ausgleicht. Wird aber das äussere Wasser durch frisches ersetzt, so können aus dem Dialysator neue Mengen des Krystalloïds entfernt werden, so dass schliesslich dasselbe vollkommen in das äussere Wasser übergeht, während fast die gesammte Menge der Kolloïde im Dialysator verbleibt. Es gelingt auf diese Weise die Scheidung der Kolloïde von den Krystalloïden Das Studium der Eigenschaften der kolloïdalen Körper und der Erscheinungen ihrer Diffusion durch Membranen wird sicher noch sehr viel zur Aufklärung der in den Organismen stattfindenden Prozesse beitragen.

[19]) Die Bildung von Lösungen kann von zwei Standpunkten aus, dem physikalischen und dem chemischen, betrachtet werden, und es lässt sich hier besser, als in irgend einem anderen Gebiete der Chemie, sehen, wie eng diese beiden Disziplinen der Naturwissenschaft mit einander verknüpft sind. Der Lösungsprozess ist einerseits ein physikalisch-mechanischer Vorgang, der darin besteht, dass zwei verschiedenartige Körper — das Lösungsmittel und die sich lösende Substanz sich gegenseitig durchdringen und dass die Molekeln derselben sich ebenso aneinander lagern wie in den homogenen Körpern. In dieser Hinsicht ist die bei der Lösung vor sich gehende Diffusion der Diffusion von Gasen ähnlich, nur mit dem Unterschiede, dass die Struktur und der Energievorrath bei den Gasen andere sind, als bei den Flüssigkeiten, und dass bei letzteren die bei den Gasen relativ geringe innere Reibung bedeutend ist. Es kann also das Eindringen eines sich lösenden Körpers in das Wasser mit dem Verdampfen verglichen werden und der Lösungsvorgang überhaupt mit der Dampfbildung. Diese Parallele wurde schon von Graham gezogen, und ist in neuester Zeit von dem holländischen Gelehrten J. H. Van't Hoff auf das ausführlichste entwickelt worden; Van't Hoff zeigte nämlich (in den Verhandlungen der Schwedischen Akademie der Wissenschaften Bd. 21, № 17: «Lois de l'équilibre chimique dans l'état dilué, gazeux ou dissous.» 1886), dass in verdünnten Lösungen der osmotische Druck denselben Gesetzen (von Boyle-Mariotte, Gay-Lussac und Avogadro-Gerhardt) unterworfen ist, wie in den Gasen. Der osmotische Druck von in Wasser gelösten Substanzen wird mit Hülfe von Membranen bestimmt, welche nur das Wasser, nicht aber die gelöste Substanz durchlassen. Diese Eigenschaft besitzen die thierischen, protoplasmatischen Membranen, sowie poröse Körper, welche mit amorphen Niederschlägen bedeckt sind, wie z. B. mit dem durch Einwirkung von Kupfervitriol auf gelbes Blutlaugensalz entstehenden (Pfeffer, Traube). Bringt man in ein Gefäss mit solchen Wandungen z. B. eine einprozentige Zuckerlösung und stellt dasselbe, nachdem es hermetisch verschlossen, in Wasser, so dringt die Lösung durch die Wandung und entwickelt dabei bei 6° einen Druck, welcher einer Quecksilbersäule von 50 mm Höhe entspricht. Wird aber der Druck im Gefässe künstlich vergrössert, so tritt durch die Wandungen Wasser heraus. Die auf solche Weise (von Pfeffer, de Vries) ausgeführten Bestimmungen des osmotischen Druckes in verdünnten Lösungen haben gezeigt, dass dieser Druck denselben Gesetzen folgt, wie der Gasdruck, dass z. B. bei Vergrösserung der Salzmenge (bei gegebenem Volum) um das zwei- oder n-fache, der osmotische Druck ebenfalls um das 2 oder n-fache wächst. Aus diesem Parallelismus zwischen osmotischem Druck und Gasdruck folgt, dass die Konzentration einer homogenen Lösung bei stellenweisem Erwärmen oder Abkühlen derselben sich verändern muss. Soret (1881) beobachtete in der That, dass eine Kupfervitriollösung, welche bei 20° 17 Th. des Salzes enthielt, nach längerem Erhitzen des oberen Theiles des Rohres, in welchem sie sich befand, auf 80°, in diesem Theile nur noch 14 Th. Salz enthielt. — Die soeben besprochenen, gegenwärtig mit besonderer Ausführlichkeit untersuchten Verhältnisse können als die physikalische Seite des Lösungsvorgangs bezeichnet werden.

Ausser dem schon oben erläuterten Begriffe der Diffusion, ist zum Verständniss der Lösungserscheinungen ein weiterer grundlegender Begriff — der der **Sättigung** — in Betracht zu ziehen. Ebenso wie feuchte Luft durch eine beliebige Menge trockner Luft verdünnt werden kann, können auch unbegrenzt grosse Mengen eines flüssigen Lösungsmittels zur Herstellung von Lösungen

---

Derselbe Vorgang weist aber auch eine chemische Seite auf, indem eine Lösnng nicht aus jedem beliebigen Paar von Körpern entstehen kann, sondern zu ihrem Zustandekommen eine besondere Anziehung oder Verwandschaft zwischen diesen Körpern erforderlich ist. Dampf oder Gas dringen in jeden anderen Dampf und jedes andere Gas ein, während ein in Wasser lösliches Salz in Weingeist so gut wie unlöslich sein kann und in Quecksilber sich überhaupt nicht lösen wird. Betrachtet man aber auch eine Lösung als das Resultat der Einwirkung chemischer Kräfte (und chemischer Energie), so muss man doch zugeben, dass diese Kräfte sich so schwach äussern, dass die entstandenen bestimmten (d. h. nach dem Gesetze der multiplen Proportionen zusammengesetzten) Verbindungen des Wassers mit dem gelösten Körper schon bei gewöhnlicher Temperatur dissoziiren und in ein homogenes System zerfallen; d. h. in ein solches, in welchem sich sowol die Verbindung selbst, als auch deren Zersetzungsproduckte, in flüssigem Zustande befinden. Die Hauptschwierigkeit füs das Verständniss des Lösungsvorgangs besteht darin, dass bis jetzt eine mechanische Theorie der Flüssigkeiten in der vollendeten Entwickelung, wie wir sie für die Gase besitzen, nicht existirt. Die Auffassung der Lösungen als dissoziirter, flüssiger, bestimmter chemischer Verbindungen, gründet sich auf die folgenden Thatsachen: 1) dass einige zweifellos bestimmte feste krystallinische Verbindungen (z. B. $H^2SO^4H^2O$, $NaCl^1OH^2O$, $CaCl^26H^2O$ und andere) bei einer gewissen Temperaturerhöhung schmelzen und in geschmolzenem Zustande wirkliche Lösungen bilden; 2) dass Metalllegirungen im geschmolzenen Zustande wirkliche Lösungen darstellen, beim Abkühlen aber häufig ganz genau bestimmte krystallinische Verbindungen geben, 3) dass der gelöste Körper mit dem Lösungsmittel in zahlreichen Fällen zweifellos viele bestimmte Verbindungen bildet, wie z. B. die Verbindungen mit Krystallisationswasser; 4) dass die physikalischen Eigenschaften der Lösungen und insbesondere ihr spezifisches Gewicht (welches sich mit besonderer Genauigkeit bestimmen lässt) je nach der Aenderung der Zusammensetzung gerade so variiren, wie dies die Bildung einer oder mehrerer bestimmter, aber dissoziirender Verbindungen zwischen dem Wasser und dem gelösten Körper verlangt. Wird z. B. zu rauchender Schwefelsäure Wasser zugesetzt so bemerkt man eine Abnahme des specifischen Gewichtes, bis die bestimmte Zusammensetzung H^2SO^4 oder $SO^3 + H^2O$ erreicht ist, darauf nimmt das spez. Gew. zu, um bei weiterer Verdünnung wieder abzunehmen. Hierbei verändert sich die Zunahme des spezifischen Gewichtes (ds) mit dem Prozentgehalt des gelösten Körpers (dp) in allen genauer bekannten Lösungen derart, dass sich die Abhängigkeit in den Grenzen der bestimmten Verbindungen, welche in den Lösungen anzunehmen sind, durch eine Gerade ausdrücken lässt (der Quotient $\frac{ds}{dp} = A + Bp$), ein Verhalten, welches im Sinne der Dissoziationshypothese auch zu erwarten ist. (Mendelejew, Untersuchung der wässrigen Lösung nach ihrem spezifischen Gewicht [russ.] 1887). Es ist z. B. von H^2SO^4 bis $lH^2SO^4 + H^2O$ (beide Körper existiren als bestimmte Verbindungen für sich) der Quotient $\frac{ds}{dp} = 0{,}0729 - 0{,}000749p$ (p = Prozentgehalt an H^2SO^4). Für Weingeist, C^2H^6O, dessen Lösungen genauer, als alle anderen, untersucht sind, müssen in seinen Lösungen mit Wasser die drei bestimmten Verbindungen: $C^2H^6O + 12H^2O$, $C^2H^6O + 3H^2O$ und $3C^2H^6O + H^2O$ angenommen werden.

genommen werden, ohne die Homogenität der Flüssigkeit zu stören. Andrerseits wissen wir, dass bei einer bestimmten Temperatur ein gegebenes Volum Luft nicht mehr als eine bestimmte Menge Wasserdampf aufnehmen kann, ohne dass der Ueberschuss, über die Sättigungskapazität hinaus, sich in tropfbar flüssigem Zustande ausscheide [20]. Dasselbe gilt auch in Bezug auf in Wasser

---

Die verschiedenen bis jetzt aufgestellten Hypothesen über die Natur der Lösungen nehmen entweder die physikalische oder die chemische Seite dieser Erscheinung zum Ausgangspunkte; mit der Zeit werden sie aber zweifellos zu einer allgemeinen Theorie der Lösungen führen, denn die physikalischen und die chemischen Erscheinungen unterliegen ein und denselben Gesetzen und die Eigenschaften und Bewegungen der Molekeln, welche das physikalische Verhalten der Körper bedingen, hängen nur von den Eigenschaften und Bewegungen der sie zusammensetzenden Atome ab, welche den chemischen Umwandlungen zn Grunde liegen. Ausführliches über die Theorie der Lösungen findet man in speziellen, wissenschaftlichen Arbeiten oder in Werken, welche die theoretische (physikalische) Chemie behandeln, hier würde die Erorterung dieser Fragen uns zu weit führen, da sie noch lange nicht gelost sind und eine der Hauptaufgaben unserer Wissenschaft in ihrem heutigen Entwickelungstadium bilden. Indem ich meinerseits insbesondere der chemischen Seite der Losungserscheinungen meine Aufmerksamkeit zuwende, halte ich es für nothwendig beide Seiten mit einander in Einklang zu bringen; es scheint mir dies um so mehr möglich, als die physikalische Forschung sich nur auf verdünnte Lösungen beschränkt, während die chemische sich hauptsächlich mit konzentrirten Lösungen befasst.

20) Ein System von aufeinander (physikalisch oder chemisch) einwirkenden Korpern, welche sich in verschiedenen Aggregatzuständen befinden, z. B. von denen die einen fest, die anderen flüssig oder gasförmig sind, nennt man ein heterogenes System. Bis jetzt sind es nur solche Systeme, die einer genauen Analyse im Sinne der mechanischen Wärmetheorie unterliegen. Die Lösungen (wenn sie nicht gesättigt sind) bilden flüssige homogene Systeme, deren Erforschung noch grosse Schwierigkeiten bietet.

Die begrenzte Löslichkeit einer Flüssigkeit in einer anderen veranschaulicht auf das Deutlichste den **Unterschied zwischen dem Lösungsmittel und dem gelösten Körper.** Ersteres (das Lösungsmittel) kann zur Lösung in beliebigen Mengen zugesetzt werden ohne die Gleichartigkeit derselben aufzuheben, während die Menge des gelosten Korpers eine durch die Sättigungskapazität genau bestimmte Grenze nicht übersteigen kann. Schüttelt man z. B. Wasser mit gewöhnlichem Aether (dem sogen. Schwefeläther, einem Bestandtheil der Hoffmann'schen Tropfen), so löst sich ein Theil des letzteren im Wasser zu einer klaren Lösung; ist aber soviel Aether zugegen, dass das Wasser sich mit demselben sättigt und ein Theil noch ungelost bleibt, so lost sich in diesem Ueberschusse seinerseits ein Theil des Wassers, und bildet eine gesättigte Losung von Wasser in Aether. Es entstehen also zwei gesättigte Lösungen: die eine enthält Aether in Wasser gelöst, die andere, umgekehrt, Wasser in Aether: die beiden Lösungen bilden, ihrem spezifischen Gewicht entsprechend, zwei abgegrenzte Schichten — oben die leichtere ätherische Lösung, unten die schwerere wässerige. Wird die oben stehende ätherische Lösung abgegossen, so zeigt sich, dass man zu derselben beliebige Mengen Aether zusetzen kann, sie bleibt dabei vollkommen klar; hier ist also der Aether das Lösungsmittel. Wird aber zu der Lösung Wasser zugesetzt, so trübt sie sich, da letzteres nicht mehr gelost wird; das Wasser sättigt also hier den Aether und ist der gelöste Körper. Verfährt man auf dieselbe Weise mit der unteren Schicht, so zeigt es sich, dass das Wasser — das Lösungsmittel und der Aether der gelöste Körper ist.

gelöste Stoffe: in einer gegebenen Menge Wasser löst sich bei einer gegebenen Temperatur nicht mehr, als eine ganz bestimmte Menge eines löslichen Körpers; ein Ueberschuss des letztern bleibt ungelöst, tritt mit dem Wasser in keine Verbindung ein. Wie die Luft oder überhaupt ein Gas mit Wasserdampf gesättigt wird, so *sättigt sich* auch das Wasser mit dem sich lösenden Körper. Bringt man in eine gesättigte Lösung eine neue Menge des betreffenden Körpers, so bleibt diese letztere in ihrem ursprünglichen Zustande, wird weder verflüssigt, noch gelöst. Die Menge eines Körpers (in Volumen — wie bei Gasen, oder in Gewichtstheilen — wie bei flüssigen und festen Stoffen), welche 100 Thle Wasser beim Lösen sättigt, nennt man den **Löslichkeitskoëffizienten**, oder kurz — die **Löslichkeit** des betreffenden Körpers in Wasser. So z. B. können sich in 100 Grammen Wasser bei 15^0 nicht mehr als 35,86 g Kochsalz lösen, es beträgt demnach die Löslichkeit des Kochsalzes bei 15^0 35,86 [21]). — Von nicht zu verkennender Wichtigkeit ist das Vor-

---

Nimmt man verschiedene Mengen von Aether und Wasser zu diesen Versuchen, so lässt sich leicht die Löslichkeit des Aethers in Wasser und, umgekehrt, des Wassers in Aether bestimmen. Es zeigt sich z. B. in dem gegebenen Falle, dass das Wasser etwa $1/10$ seines Volums an Aether löst, während der Aether nur ganz geringe Mengen Wasser aufnimmt. Unterstellen wir aber einen anderen Fall und nehmen an, dass das Wasser in der anderen Flüssigkeit und diese im Wasser in bedeutendem Maasse löslich sind, dass z. B. zur Sättigung von 100 Theilen Wasser 80 Th. der Flüssigkeit und zur Sättigung von 100 Th. der Flüssigkeit 125 Th. Wasser erforderlich sind. Beim Vermischen zweier solcher Flüssigkeiten könnten sich nicht, wie in unserem ersten Beispiel, zwei Schichten bilden, da beide entstehenden gesättigten Lösungen eine so grosse Aehnlichkeit besitzen, dass sie mit einander in allen Verhältnissen mischbar sein müssen. In der That enthält nach unserer Annahme die gesättigte wässerige Lösung auf 1 Th. Wasser 0,8 Th. der anderen Flüssigkeit, die gesättigte Lösung von Wasser in dieser letzteren, aber ebenfalls auf 1 Th. Wasser 0,8 Th. derselben. Eine Grenze zwischen den beiden Lösungen kann sich nicht bilden und sie müssen sich vermischen. Sind also zwei Flüssigkeiten in allen Verhältnissen mischbar, so bedeutet das soviel, dass die Löslichkeit derselben in einander sehr gross ist; wie gross aber die Löslichkeitskoëfizienten in solchen Fällen sind, lässt sich offenbar nicht bestimmen, da gesättigte Lösungen sich nicht herstellen lassen.

21) Um die Löslichkeit oder den Löslichkeitskoëffizienten eines Körpers zu bestimmen, kann man auf verschiedene Weise verfahren. Entweder stellt man eine bei der gegebenen Temperatur angenscheinlich gesättigte (d. h. einen deutlich sichtbaren Ueberschuss des gelösten Körpers enthaltende) Lösung her und bestimmt darin die Menge des Wassers und des gelösten Körpers (durch Verdampfen, Trocknen) oder man nimmt, wie dies bei Gasen immer geschieht, bekannte Mengen von Wasser und des zu lösenden Körpers und bestimmt den ungelöst bleibenden Rest des letzteren.

Zur Bestimmung der Löslichkeit von Gasen in Wasser dient der hier abgebildete (Fig. 27), **Absorptiometer** genannte Apparat. Er besteht aus einem eisernen Gestell oder Fuss f, auf welchen ein Kautschukring aufgelegt wird. Auf diesen Ring wird das weite Glasrohr gestellt und vermittelst des Ringes h und der Schrauben ii so aufgepresst, dass es mit dem Untersatz fest verbunden ist.

handensein von in **Wasser unlöslichen festen Stoffen in der Natur**. Diese Stoffe bedingen die äussere Form sowol der unbelebten Körper der Erdoberfläche, als auch der thierischen und pflanzlichen Organismen.

Der mit dem Trichter r kommunizirende Hahn r führt zum unteren Theil des Fusses f; durch den Trichter kann man also in das weite Glasrohr Quecksilber eingiessen; die Hähne müssen von Stahl sein, da Kupfer vom Quecksilber angegriffen wird. Der Ring h trägt einen mit einem Kautschukring versehenen Deckel p, welcher das weite Glasrohr hermetisch verschliesst. Die Länge des Rohrs rr kann nach Ermessen gewählt werden und durch Eingiessen von Quecksilber in den Trichter lässt sich der Druck im Apparate beliebig steigern; umgekehrt, kann durch Ausfliessenlassen von Quecksilber aus dem Hahn r der Druck entsprechend verringert werden. Der so konstruirte Apparat dient zur Aufnahme des Absorptionsrohres e, in welches das Gas kommt, dessen Löslichkeit bestimmt werden soll. Das Rohr e ist mit Millimetertheilungen zum Ablesen des Druckes versehen und ausserdem genau dem Volum nach kalibrirt, so dass nach dem Niveau der Flüssigkeit im Rohr die Volume von Gas und Lösungsmittel genau berechnet werden können. Das Rohr, dessen unteres Ende besonders abgebildet ist, lässt sich leicht aus dem Apparate herausnehmen. Am unteren Ende ist eine Schraubenhülse aufgekittet, welche in die Schraubenmutter a passt. Die Bodenplatte dieser letzteren ist mit Kautschuk ausgelegt, so dass durch Hineinschrauben des Rohrs das untere Ende desselben auf den Kautschuk fest aufgedrückt und dadurch hermetisch verschlossen wird; das obere Ende des Absorptionsrohres ist zugeschmolzen. An der Schraubenmutter a befinden sich zwei hervorstehende Stahlfedern cc, welche in zwei entsprechende perpendikuläre Falze des Fusses f passen. Das zugeschraubte Absorptionsrohr wird in den Fuss f so eingestellt, dass die Federn cc in den Falzen ruhen. Man setzt nun das äussere Rohr auf, schraubt es fest, giesst in den Zwischenraum zwischen dem äusseren und inneren Rohr Quecksilber, dann Wasser und stellt eine Verbindung beider Röhren her, indem man durch Drehen des Rohres e (in der unbeweglich festgehaltenen Schraubenmutter a) oder durch Aufschrauben von a mittels eines im Fusse f befindlichen Schlüssels den Verschluss öffnet. Das Füllen des Absorptionsrohres mit Gas und Wasser geschieht in folgender

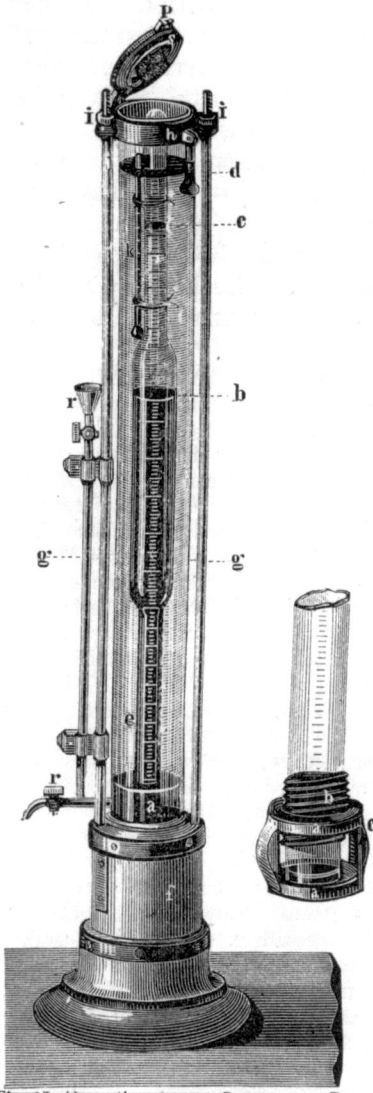

Fig. 27. Absorptiometer von Bunsen, zur Bestimmung der Löslichkeit von Gasen in Flüssigkeiten /8 natürlichen Grösse.

Würden dem überall verbreiteten Wasser nicht unlösliche Stoffe entgegenstehen, so wären irgend beständige Formen von Bergen,

Weise: das aus dem Apparat herausgenommene Rohre wird mit Quecksilber gefüllt und das Gas eingeführt. Man misst das Volum des Gases, notirt Temperatur und Druck, unter denen es sich befindet und berechnet das Volum desselben bei 0° und 760 mm Druck. Darauf führt man ein bestimmtes Volum ausgekochten und auf diese Weise von gelöster Luft völlig befreiten Wassers ein und verschliesst das Rohr auf die oben angegebene Weise durch Zuschrauben der Schraubenmutter a. Das Rohr wird nun in den Fuss f gestellt, das äussere Rohr befestigt, zwischen die beiden Rohre Quecksilber und Wasser eingegossen, das innere Rohr geöffnet, der Deckel p angeschraubt und der Apparat einige Zeit stehen gelassen, bis das Absorptionsrohr und das in demselben befindliche Gas die Temperatur des im äusseren Cylinder befindlichen Wassers angenommen haben; zur Ablesung dieser Temperatur dient das am inneren Rohr befestigte Thermometer k. Das innere Rohr wird nun wieder verschlossen, der Deckel p zugemacht und der Apparat geschüttelt, damit das in e befindliche Gas das Wasser vollständig sättige. Nach einigem Schütteln wird e geöffnet, der Apparat stehen gelassen, darauf e wieder verschlossen, wieder geschüttelt und dieses so oft wiederholt, bis nach einem neuen Schütteln das Volum des Gases sich nicht mehr verringert und vollständige Sättigung stattgefunden hat. Man beobachtet nun die Temperatur, die Höhe des Quecksilbers und des Wassers im Absorptionsrohre und im äusseren Cylinder und berechnet hieraus den Druck, unter welchem die Lösung vor sich gegangen ist, sowie das Volum des ungelöst gebliebenen Gases und des zur Lösung verwandten Wassers. Durch Veränderung der Temperatur des Wassers im äusseren Rohr, kann man die Mengen Gas bestimmen, die sich bei verschiedenen Temperaturen im Wasser lösen. Mit Hilfe dieses Apparates haben Bunsen, Carius u. v. a. die Löslichkeit verschiedener Gase in Wasser, in Weingeiste und einigen anderen Flüssigkeiten bestimmt. Ist z. B. auf diese Weise gefunden worden, dass n Cubikcentimeter Wasser, bei dem Druck h und der Temperatur t, m Cubikcentimeter eines gegebenen Gases, gemessen bei 0° und 760 mm Druck, lösen, so ist der **Löslichkeitskoëffizient** in 1 Vol. Wasser für die Temperatur t gleich $\frac{m}{n} \cdot \frac{760}{h}$.

Diese Formel ist leicht zu verstehen, wenn man festhält, dass der Löslichkeitskoëffizient eines Gases dasjenige bei 0° und 760 mm Druck gemessene, Volum desselben ist, welches bei 760 mm von 1 Volum Flüssigkeit gelöst wird. Wenn n cbcm Wasser m cbcm Gas absorbirt haben, so absorbirt 1 cbcm Wasser $\frac{m}{n}$ cbcm Gas; Wenn 1 cbcm Wasser bei h mm Druck $\frac{m}{n}$ cbcm Gas absorbirt, so muss nach dem Gesetze der Abhängigkeit der Löslichkeit von dem Drucke bei 760 mm ein solches Volum absorbirt werden, das sich zu $\frac{m}{n}$ verhält, wie 760 zu h. — Es sei noch daran erinnert, dass bei Bestimmung des Volums des ungelöst gebliebenen Gases die Feuchtigkeit desselben zu berücksichtigen ist (s. Anm. 1).

In der folgenden Tabelle geben wir die Mengen einiger Körper in Grammen, welche 100 g. Wasser sättigen, d. h. die Löslichkeitskoëffizienten dem Gewichte nach, für drei verschiedene Temperaturen:

		Bei 0°.	Bei 20°.	Bei 100°.
Gase.	Sauerstoff O^2	$6/1000$	$4/1000$	—
	Kohlensäuregas CO^2	$35/100$	$18/100$	—
	Ammoniak NH^3	90,0	51,8	7,3
Flüssigkeiten.	Phenol C^6H^6O	4,9	5,2	∞
	Amylalkohol $C^5H^{12}O$	4,4	2,9	—
	Schwefelsäure H^2SO^4	∞	∞	∞

Fluss- und Meeresufern, Pflanzen und Thieren und den verschiedensten Produkten menschlicher Thätigkeit unmöglich [22]).

Die in Wasser leicht löslichen Körper besitzen eine gewisse Aehnlichkeit mit demselben. Salz und Zucker erinnern in vielen äusseren Merkmalen an Eis. Metalle, die von dem Wasser wesentlich abweichende Eigenschaften besitzen, sind darin auch unlöslich, wol aber lösen sie sich gegenseitig in geschmolzenem Zustande und bilden Legirungen; ebenso sind brennbare ölige Stoffe in einander löslich (wie z. B. Talg in Petroleum oder Olivenöl) und unlöslich in Wasser. Man ersieht hieraus, dass die **Aehnlichkeit der Körper, welche Lösungen geben,** beim Lösen eine gewisse Rolle

		$1/5$	$1/4$	$1/5$
Feste Körper.	Gyps $CaSO^4 2H^2O$			
	Alaun $AlK S^2O^8 \; 12H^2O$	3,3	15,4	357,5
	Glaubersalz (wasserfrei) Na^2SO^4 . . .	4,5	20	43
	Kochsalz $NaCl$	35,7	36,0	39,7
	Salpeter KNO^3	13,3	31,7	246,0

Manchmal ist die Löslichkeit so gering, dass sie gleich Null gesetzt werden kann. Solche Fälle sind zahlreich bei festen, wie flüssigen Körpern; auch Gase, wie z. B. Sauerstoff, lösen sich zwar im Wasser, aber die gelöste Gewichtsmenge ist so gering, dass sie ausser Acht gelassen werden könnte, wenn nicht selbst diese so geringe Löslichkeit des Sauerstoffs eine sehr grosse Rolle in der Natur spielte (Fische athmen diesen im Wasser gelösten Sauerstoff) und wenn das geringe Gewicht des Gases sich nicht so leicht seinem Volum nach messen liesse. Das Zeichen ∞ bei der Schwefelsäure bedeutet, dass dieselbe mit dem Wasser in allen Verhältnissen mischbar ist. Auch viele andere Flüssigkeiten mischen sich in allen Verhältnissen mit Wasser, darunter bekanntlich auch der Weingeist (Alkohol); ein Gemisch von 50 Th. wasserfreien (absoluten) Alkohols mit 100 Gewichtstheilen Wasser bildet den gewöhnlichen Branntwein.

22) Wie es Körper gibt, welche bei gewöhnlicher Temperatur sich nicht (chemisch) zersetzen, und auch Körpern, welche bei dieser Temperatur sich nicht verflüchtigen (z. B. Holz, Gold, die bei höherer Temperatur allerdings sich zersetzen resp. verflüchtigen), — so muss auch die Existenz solcher Körper zugegeben werden, welche im Wasser, ohne mehr oder weniger tiefgehende Veränderung, sich nicht lösen. Quecksilber ist bei gewöhnlicher Temperatur theilweise flüchtig, aber es ist kein Grund zur Annahme vorhanden, dass dasselbe, ebenso wenig wie andere Metalle, sich in Wasser, Weingeist u. dgl. Flüssigkeiten lösen könnte. Das Quecksilber bildet aber Lösungen, indem es seinerseits andere Metalle aufzulösen vermag. Andererseits gibt es in der Natur eine Menge von Körpern, welche im Wasser sich in so unbedeutender Menge lösen, dass sie praktisch so gut wie unlöslich sind (z. B. schwefelsaures Baryum). Um nun den allgemeinen Plan zu erfassen, nach welchem die Zustandsänderungen der Stoffe (chemisch verbundener, gelöster, fester, flüssiger, gasförmiger) sich gestalten, wäre es gerade da, wo die Zersetzbarkeit, Flüchtigkeit, Löslichkeit sich Null nähern, von grösster Wichtigkeit zwischen sehr kleinen Werthen und denen, welche gleich Null sind, zu unterscheiden. Bei dem gegenwärtigen Zustand unseres Wissens und unserer Untersuchungsmethoden konnten aber diese Fragen noch nicht in Angriff genommen worden. — Es muss schliesslich noch bemerkt werden, dass das Wasser sehr viele Substanzen zwar nicht löst, aber auf dieselben chemisch einwirkt, wobei lösliche Produkte entstehen. So z. B. werden Glas und viele Gesteinsarten (besonders in Pulverform) vom Wasser chemisch verändert, sind aber in demselben unlöslich.

spielt. Da ferner die wässerigen und auch alle anderen Lösungen Flüssigkeiten sind, so ist mit grosser Wahrscheinlichkeit anzunehmen, dass feste und gasförmige Körper, wenn sie sich lösen, eine physikalische Veränderung erleiden und in den flüssigen Zustand übergehen müssen. Diese Annahme erklärt viele Eigenthümlichkeiten des Lösungsprozesses, so namentlich die Veränderung der Löslichkeit mit der Temperatur und die Ausscheidung oder Aufnahme von Wärme bei der Bildung von Lösungen. Die Löslichkeit, d. h. die Menge eines Körpers, welche zur Sättigung des Lösungsmittels erforderlich ist, **ändert sich mit der Temperatur** und zwar so, dass in der Regel für feste Körper die Löslichkeit mit der Temperatur zunimmt, für Gase dagegen abnimmt. In der That nähern sich die festen Körper beim Erwärmen, die Gase beim Abkühlen dem flüssigen Zustande [23]). Die Aenderungen der Löslichkeit mit der Temperatur werden häufig graphisch dargestellt, indem man die Temperaturen auf der (horizontalen) Abscissenaxe aufträgt und an den entsprechenden Punkten Senkrechte (Ordinaten) errichtet, deren Länge dann die Löslichkeit für die betreffende Temperatur ausdrückt, z. B. in der Weise, dass je ein Gewichtstheil des Salzes auf 100 Thle Wasser einem Millimeter entspricht. Durch Verbinden der Endpunkte dieser Senkrechten erhält man dann Curven, welche die Löslichkeit bei verschiedenen Temperaturen zum Ausdruck bringen. Für feste Körper erhält man meistens ansteigende Curven, d. h. solche, die mit der Zunahme der Temperatur sich von der Horizontalen immer mehr entfernen. Die Neigung der Curven zeigt die Schnelligkeit an, mit welcher die Löslichkeit mit der Temperatur-Zunahme wächst. Sind einige Punkte einer solchen Curve festgestellt, also die Löslichkeit bei den entsprechenden bestimmten Temperaturen gefunden worden, so kann aus der Neigung und Form der erhaltenen Curve unmittelbar auf die Löslichkeit bei den zwischenliegenden Temperaturen geschlossen und folglich auch das empirische Gesetz der Löslichkeit erkannt werden [24]). Die Löslichkeit eini-

---

23) Beilby (1883) führte Versuche mit Paraffin aus. Ein Kubikdecimeter desselben wog bei 21° 874 Gramm, das Gewicht desselben Volums flüssigen Paraffins war bei der Schmelztemperatur 38° = 783 g, bei 49° = 775 g, bei 60° = 767 g; demnach müsste ein Liter flüssiges Paraffin bei 21° (wenn es bei dieser Temperatur flüssig bliebe) 795,4 g wiegen. Es stellte sich nun heraus, dass beim Lösen von festem Paraffin in Schmieröl bei 21°, 795,6 g desselben (bei 21°) das Volum eines Liters einnehmen. Beilby schloss daraus, dass die Lösung flüssiges Paraffin enthält.

24) Gay-Lussac war der erste, der die Löslichkeit graphisch (durch Kurven) darstellte; er nahm nach der damals allgemein herrschenden Ansicht an, dass eine die Enden der Ordinaten verbindende Kurve ein vollständiges Bild der Löslichkeitsänderungen mit der Temperatur gebe. Gegenwärtig spricht vieles gegen die Richtigkeit dieser Annahme: es kann nämlich keinem Zweifel unterliegen, dass

ger Salze, z. B. des Kochsalzes, verändert sich mit der Temperatur nur unbedeutend. Für andere Körper findet mit der Temperatur eine gleichmässige Zunahme statt: es verlangen z. B. 100 Thle Wasser zur Sättigung bei 0^0 29,2 Th. Chlorkalium, bei 20^0 — 34,7, bei 40^0 —

die Kurven an gewissen Punkten gebrochen sind (das Beispiel des Na^2SO^4 wird später betrachtet werden) und möglicherweise bedingen die bestimmten Verbindungen der sich lösenden Körper mit dem Wasser, indem sie sich in gewissen Temperaturgrenzen zersetzen, öfter als man annimmt, solche Unterbrechungen der Löslichkeitskurven; es ist sogar leicht möglich, dass die Löslichkeit, wenn nicht immer, so doch sehr häufig, in Wirklichkeit nicht durch eine kontinuirliche Kurve, sondern durch eine Anzahl von Geraden oder eine gebrochene Linie auszudrücken ist. Die Löslichkeit des salpetersauren Natriums $NaNO^3$ in 100 Th. Wasser beträgt nach Ditte:

0^0	4^0	10^0	15^0	21^0	29^0	36^0	51^0	68^0
66,7	71,0	76,3	80,6	85,7	92,9	99,4	113,6	125,1.

Diese Daten lassen sich meiner Ansicht nach (1881) mit einer den Versuchen vollkommen genügenden Genauigkeit durch die Gleichung einer Geraden $67,5 + 0,87$ t ausdrücken. Die Löslichkeit bei 0^0 entspricht genau der Zusammensetzung der bestimmten chemischen Verbindung $NaNO^3$ $7H^2O$. Die Versuche von Ditte zeigen ferner, dass die bei 0^0 bis $-15^0,7$ gesättigten Lösungen dieselbe Zusammensetzung besitzen und dass bei dieser letzteren Temperatur die Lösung vollständig, als ein homogenes Ganze, erstarrt. Die Lösung $NaNO^3$ $7H^2O$ scheidet zwischen 0^0 und $-15^0,7$ weder Eis noch Salz aus. Diese Ergebnisse der von Ditte ausgeführten Bestimmungen beweisen also: erstens, dass die Löslichkeit des $NaNO^3$ durch eine gebrochene Linie ausgedrückt wird, und bestätigen, zweitens, die von mir schon seit lange vertretene Ansicht, dass wir in den Lösungen bestimmte chemische Verbindungen im Zustande der Dissoziation vor uns haben. In jüngster Zeit hat Étard (1888) dasselbe Verhalten bei vielen schwefelsauren Salzen gefunden (Brandes wies schon 1830 nach, dass bei dem $MnSO^4$ gegen 100^0 die Löslichkeit sich verringert). In Gewichtsprozenten (auf 100 Th. Lösung, nicht Wasser bezogen), ist die zur Sättigung erforderliche Menge schwefelsauren Eisens $FeSO^4$, zwischen -2^0 und $+65^0 = 13,5 + 0,3784$ t, also die Löslichkeit nimmt hier mit der Temperatur zu; von 65^0 bis 98^0 bleibt sie unverändert (nach Brandes soll sie bei diesen Temperaturen zunehmen, ein Widerspruch, der noch aufzuklären ist), von 98^0 bis 150^0 nimmt sie ab $= 104,35 - 0,6685$ t. Es muss hiernach bei 156^0 die Löslichkeit $= 0$ werden, was der Versuch auch bestätigt. Ich bemerke meinerseits noch, dass nach der Formel von Étard die Löslichkeit bei 65^0 $38,1^0/_0$ und bei 92^0 $38,8^0/_0$ beträgt und dass dieser maximale Gehalt an Salz in der Lösung sehr nahe der Formel $FeSO^4 14H^2O$ entspricht, welche $37,6^0/_0$ verlangt. Wir können hier also, wie beim $NaNO^3$, die Bildung einer bestimmten Verbindung annehmen. Aus dem Gesagten ist zu ersehen, dass die auf die Löslichkeit sich beziehenden Daten einer neuen Bearbeitung bedürfen, wobei erstens die ganze Löslichkeitsskala im Auge zu behalten ist — von den als Ganzes erstarrenden Lösungen (den Kryohydraten, von denen später die Rede sein wird) an bis zur vollständigen Ausscheidung des Salzes aus der Lösung wenn dies überhaupt bei Temperaturerhöhung stattfindet (bei $MnSO^4$ und $CdSO^4$ ist die Ausscheidung nach Etard vollständig), oder bis zum Eintritt einer beständigen Löslichkeit (für K^2SO^4 ist nach Etard die Löslichkeit bei 163^0 bis 220^0 konstant und $= 24,9^0/_0$); zweitens wäre hierbei die Anwendbarkeit der Vorstellung von der Existenz bestimmter chemischer Verbindungen in den Lösungen auf konstante und variirende Lösungen (solche in denen die maximale Löslichkeit erreicht ist, und solche, wo dieselbe sich noch verändert) zu prüfen. Von dieser Seite betrachtet, bietet der Lösungsprozess ein neues ganz spezielles Interesse.

40,2, bei 60° — 45,7; die Löslichkeit nimmt für je 10° um 2,75 Gewichtstheile dieses Salzes zu, sie kann also durch die Gleichung einer Geraden ausgedrückt werden: $\alpha = 29{,}2 + 0{,}275\,t$, wobei α die Löslichkeit bei t^0 bedeutet. Für andere Salze sind die Gleichungen komplizirter: für Salpeter z. B. $\alpha = 13{,}3 + 0{,}574\,t + 0{,}01717\,t^2 + 0{,}0000036\,t^3$, wonach bei $t = 0°$, $\alpha = 13{,}3$, bei $t = 10°$, $\alpha = 20{,}8$ und bei 100° $\alpha = 246{,}0$ ist.

Die Löslichkeits-Curven ermöglichen es im voraus zu bestimmen, wie viel Salz ausgeschieden werden wird, wenn eine bei gegebener Temperatur gesättigte Lösung bis auf einen bestimmten Grad abgekühlt wird. Hat man z. B. 200 Th. einer bei 60° gesättigten Chlorkaliumlösung und soll bestimmt werden, wie viel Salz sich beim Abkühlen auf 0° ausscheidet, wenn die Löslichkeit bei 60° = 45,7 und bei 0° = 29,2 ist, so rechnet man folgendermassen: bei 60° enthält die gesättigte Lösung auf 100 Th. Wasser 45,7 Th. Chlorkalium, es kommen also auf 145,7 Th. Lösung 45,7 oder auf 200 Th. derselben 62,7 Th. Salz. In den 200 Th. Lösung sind 137,3 Th. Wasser enthalten, welche bei 0° nur 40,1 Th. Chlorkalium in Lösung behalten können; es müssen sich also 62,7 — 40,1 oder 22,6 Th. Salz ausscheiden.

Die mit der Zu- und Abnahme der Temperatur sich verschieden ändernde Löslichkeit benutzt man sehr häufig, namentlich in der Technik, um Salze aus ihren Gemischen zu trennen. Aus dem (in Stassfurt vorkommenden) Gemisch von Chorkalium und Chlornatrium z. B. trennt man diese beiden Salze in der Weise, dass man ihre gesättigte Lösung abwechselnd zum Sieden erhitzt (eindampft) und wieder abkühlt. Beim Abnehmen der Menge des Wassers durch das Verdampfen scheidet sich Chlornatrium, beim Abkühlen der Lösung dagegen Chlorkalium aus; denn die Löslichkeit dieses letztern nimmt mit fallender Temperatur bedeutend ab, während die des Chlornatriums fast dieselbe bleibt. Ebenso werden Salpeter, Zucker und viele andere lösliche Substanzen von ihren Beimengungen gereinigt.

Obgleich in der Mehrzahl der Fälle die Löslichkeit fester Körper mit der Temperatur wächst, gibt es, analog dem abweichenden Verhalten gewisser Körper, deren Volum beim Erwärmen zunimmt (z. B. das des Wassers zwischen 0° und 4°), doch auch eine Anzahl fester Stoffe, deren Löslichkeit mit steigender Temperatur abnimmt. Ein historisch besonders lehrreiches Beispiel dafür sehen wir in dem Glaubersalz oder schwefelsauren Natrium. In 100 Th. Wasser lösen sich von dem geglühten (kein Krystallisationswasser enthaltenden) Salze bei 0° —5, bei 20° — 20, bei 33° über 50 Th.; innerhalb dieser Temperaturgrenzen wächst also die Löslichkeit, wie bei fast allen andern Salzen, mit der Temperatur; von 33° aber beginnt sie plötzlich zu fallen, bei 40° lösen sich schon weniger als 50 Th. Salz, bei 60° nur 45, bei 100° etwa 43 Th. in 100 Th.

Wasser. Dieses Verhalten hängt damit zusammen, dass 1tens das schwefelsaure Natrium, wie weiter unten gezeigt werden soll, verschiedene Verbindungen mit Wasser eingeht, 2tens dass bei 33° die sich bei niedrigeren Temperaturen bildende Verbindung $Na^2SO^4 + 10H^2O$ schmilzt und 3tens dass beim Verdampfen der Lösung bei einer über 33° liegenden Temperatur sich nur das wasserfreie Salz Na^2SO^4 ausscheidet. Dieses Beispiel zeigt, wie komplizirt im Grunde der auf den ersten Blick so einfache Lösungsprozess ist, — ein Schluss, den ein genaueres Studium der Lösungen vollkommen bestätigt. Betrachten wir z. B. die **Lösungswärme**: wenn das Lösen ausschliesslich *in einer Veränderung des Aggregatzustandes bestände, so müsste beim Lösen von Gasen gerade so viel Wärme entwickelt* und beim Lösen von festen Körpern genau so viel Wärme aufgenommen werden, als dem Uebergang aus dem gasförmigen oder festen Zustande in den flüssigen entspricht; in Wirklichkeit aber wird immer eine grössere Wärmemenge frei, denn es geht dabei eine chemische Vereinigung unter Wärmeentwickelung vor sich. 17 Gramm Ammoniak (Formel NH^3) entwickeln beim Uebergange aus dem gasförmigen in den flüssigen Zustand 4400 Wärmeeinheiten (latente Wärme), d. h. eine Wärmemenge, die 4400 Gramm Wasser um 1° erwärmt. Dieselbe Menge Ammoniakgas aber gibt beim Lösen in einem Ueberschuss von Wasser die doppelte Wärmemenge, 8800 Einheiten; ein Beweis, dass die Vereinigung von Ammoniak mit Wasser unter Ausscheidung von 4400 Wärmeeinheiten verläuft. Dabei ist zu beachten, dass der grösste Theil dieser Wärme schon bei der Auflösung des Ammoniaks in kleinen Mengen von Wasser freigesetzt wird; 17 g. entwickeln beim Lösen in 18 g. Wasser (entsprechend der Formel H^2O) 7535 Wärmeeinheiten, so dass die Bildung der Lösung $NH^2 + H^2O$, abgesehen von der Aggregatzustandsänderung, 3135 Wärmeeinheiten liefert. Da beim Lösen von Gasen die Wärmetönungen der beiden Prozesse — der Verflüssigung (physikalischen Zustandsänderung) und der chemischen Vereinigung mit Wasser positiv (+) sind, so findet beim **Lösen von Gasen stets Erwärmung statt**. Beim Lösen von festen Körpern dagegen findet der Uebergang in den flüssigen Zustand unter Wärmeaufnahme statt (die Wärmetönung ist negativ, —), während durch die chemische Vereinigung mit dem Wasser Wärme entwickelt (+) wird; es kann also je nach Umständen entweder Abkühlung erfolgen, wenn die positive Wärmetönung (des chemischen Vorgangs) geringer ist, als die negative (des physikalischen Vorgangs), oder, umgekehrt, Wärme ausgescheiden werden. Die Beobachtung bestätigt dies: 124 g. thioschwefelsaures Natrium (das Hyposulfit der Photographen) $Na^2S^2O^35H^2O$ nehmen beim Schmelzen (bei 48°) 9700 Wärmeeinheiten auf, dagegen beim Lösen in viel Wasser (bei gewöhnlicher

Temperatur) nur 5700 Wärmeeinheiten; trotzdem also beim Lösen dieses Salzes Abkühlung eintritt, geht die chemische Vereinigung desselben mit Wasser unter Wärmeausscheidung vor sich (von etwa $+4000$ Wärmeeinheiten)[25]. In sehr vielen Fällen findet aber beim Lösen

---

25) Die latente Schmelzwärme wird bei der Schmelztemperatur bestimmt, die Lösung findet aber bei gewöhnlicher Temperatur statt und es ist anzunehmen, dass die latente Schmelzwärme, ebenso wie die latente Verdampfungswärme, mit der Temperatur sich verändert (Anm. 11). Ausserdem findet bei der Lösung Disgregation der Partikel des Lösungsmittels und des sich lösenden Körpers (Lockerung ihres Zusammenhangs) statt, ein Vorgang, der in mechanischer Hinsicht der Verdampfung gleichzustellen ist und mithin viel Wärme verbrauchen muss. Nach Person muss also die bei der Lösung eines festen Körpers zum Vorschein kommende Wärme aus drei Theilen zusammengesetzt gedacht werden: 1) einem positiven — durch die stattfindende chemische Vereinigung, 2) einem negativen — durch den Uebergang in den flüssigen Zustand und 3) einem ebenfalls negativen — durch die Disgregation bedingten. Bei der Lösung von Flüssigkeiten in einander fällt der zweite Theil fort und es findet, wenn die Verbindungswärme grösser ist, als die zur Disgregation verbrauchte, — Erwärmung und bei umgekehrtem Verhältniss, — Abkühlung statt. In der That wird bei der gegenseitigen Lösung vieler Flüssigkeiten, wie Schwefelsäure, Weingeist und anderen Wärme entwickelt, während z. B. bei der Lösung von Chloroform in Schwefelkohlenstoff (Bussy und Buignet) oder von Phenol (und auch Anilin) in Wasser (Alexejew) Wärme absorbirt wird. Bei der Lösung geringer Mengen Wassers in Essigsäure (Abaschew), Blausäure (Bussy und Buignet) und Amylalkohol (Alexejew) findet Abkühlung und, umgekehrt, beim Lösen dieser Flüssigkeiten in Wasser (d. h. bei einem Ueberschuss von Wasser) — Erwärmung statt.

Die vollständigsten, aber immerhin noch zu einer endgiltigen Entscheidung der Frage nicht hinreichenden Daten in Betreff der Lösung von Flüssigkeiten in einander hat W. Alexejew geliefert (1883—1885). Er wies nach, dass zwei Flüssigkeiten, die sich gegenseitig lösen, bei einer bestimmten Temperatur mit einander in allen Verhältnissen mischbar sind. So z. B. ist die Löslichkeit von Wasser in Phenol C^6H^6O und von Phenol in Wasser unterhalb 70^0 begrenzt, oberhalb dieser Temperatur aber lassen sich diese beiden Flüssigkeiten in allen Verhältnissen mit einander klar mischen. Es ergibt sich das aus der folgender Zahlenreihe, wo p den Prozentgehalt an Phenol ausdrückt und t die Temperatur, bei welcher die Lösung trübe wird, d. h. Sättigung eintritt:

p = 7,12   10,20   15,31   26,15   28,55   36,70
t = 1^0 45^0 60^0 67^0 67^0 67^0
p =   48,86   61,15   71,97
t = 65^0 53^0 20^0.

Dasselbe wird auch beim Lösen von Benzol, Anilin u. a. in geschmolzenem Schwefel beobachtet. Für Lösungen von sekundärem Butylalkohol in Wasser fand Alexejew in der Nähe von 107^0 eine ebensolche unbegrenzte Mischbarkeit; bei niedrigeren Temperaturen dagegen ist die Löslichkeit eine begrenzte. Ferner zeigte es sich, dass bei 50^0—70^0 ein Minimum der Löslichkeit eintritt, sowol für den Alkohol im Wasser, als auch umgekehrt, und dass endlich bei 5^0 für beide Arten von Lösungen (Butylalkohol in Wasser und Wasser in diesem Alkohol) neue Veränderungen der Löslichkeit auftreten, so dass eine bei 5^0—40^0 gesättigte Lösung bei 60^0 trübe wird. Bei der Lösung von Flüssigkeiten in einander konstatirte Alexejew weit häufiger, als dies vor ihm angenommen wurde, eine Erniedrigung der Temperatur (Wärmeabsorption), beobachtete aber keine Abnahme der Wärmekapazität (im Vergleich zu der für das Gemisch berechneten).

von festen Körpern in Wasser, ungeachtet des Ueberganges derselben in den flüssigen Zustand, Wärmeentwickelung statt; ein Beweis, dass die bei der Vereinigung mit Wasser entwickelte Wärmemenge (+) nicht nur sehr bedeutend, sondern auch grösser ist, als diejenige, welche beim Uebergange in den flüssigen Zustand verbraucht wird (—). So z. B. findet beim Lösen von Chlorcalcium $CaCl^2$, schwefelsaurem Magnesium $MgSO^4$ und vielen anderen Salzen Erwärmung statt; 60 Grm. dieses letzteren Salzes entwickeln etwa 10000 Wärmeeinheiten. Es findet demnach beim Lösen fester Körper entweder Abkühlung [26]) oder Erwärmung [27]) statt, je nach der Verschie-

Was übrigens seine Behauptung (im Sinne einer mechanischen und nicht einer chemischen Auffassung der Lösungen) betrifft, dass in den Lösungen der Aggregatzustand des gelösten Körpers beibehalten werde (derselbe also als Gas, Flüssigkeit oder fester Körper in der Lösung sich befinde), so scheint mir dieselbe höchst zweifelhaft, schon aus dem Grunde, weil sie zu der Annahme zwingen würde, dass im flüssigen Wasser und im Wasserdampf das aus denselben entstehende Eis als solches vorhanden sei. Alexejew geht hierbei von der unbegründeten, obgleich von vielen angenommenen, Hypothese aus, dass in den verschiedenen Aggregatzuständen die Grösse (das Gewicht) der Molekeln eines und desselben Stoffes eine sehr verschiedene sei. Heutzutage wird aber durch ιGefrierenlassen von Lösungen, d. h. bei niedrigen Temperaturen das Gewicht von gasförmigen Molekeln (siehe unten) bestimmt und es muss daher in den Lösungen entweder die Anwesenheit gasförmiger Molekeln oder flüssiger, letztere aber von gleicher Masse wie die ersteren, angenommen werden. Diese Annahme scheint die einfachere und richtigere zu sein.

Aus dem oben Gesagten ersieht man, dass selbst in dem relativ einfachen Lösungsvorgange es unmöglich ist, die Wärmemenge, welche bei der Verbindung ausschliesslich unter dem Einflusse chemischer Kräfte entwickelt wird, zu berechnen, m. a. W. dass es unmöglich ist, den chemischen Vorgang von dem physikalischen und mechanischen zu sondern.

26) Die bei der Lösung von festen Körpern (ebenso wie bei der Ausdehnung von Gasen oder bei der Verdampfung von Flüssigkeiten) stattfindende Abkühlung wird zur **künstlichen Erzeuguug von Kälte** benutzt; sehr häufig bedient man sich dazu des salpetersauren Ammonium's NH^4NO^3, welches beim Lösen in Wasser auf je einen Gewichtstheil gegen 77 Wärmeeinheiten absorbirt; durch Verdampfen der Lösung kann man das Salz wieder in festem Zustande erhalten. Auf demselben Prinzip beruht auch die Anwendung der sogen. **Kältemischungen** zur Erzeugung von niedrigen Temperaturen (ohne Druckveränderung oder Erhitzung, welche bei anderen Methoden der Kälteerzeugung zu Hilfe genommen werden müssen). Solche Mischungen enthalten gewöhnlich Schnee oder gestossenes Eis, deren latente Schmelzwärme hierbei utilisirt wird. In den Laboratorien wird am häufigsten ein Gemisch von 3 Th. Schnee und 1 Th. gewöhnlichen Kochsalzes benutzt; dasselbe gibt eine Temperaturerniedrigung von 0^0 auf -21^0 C. Eine stärkere Abkühlung erhält man beim Lösen von Rhodankalium KCNS in Wasser ($^3/_4$ des Gewichtes des Salzes). Durch Vermischen von 10 Theilen krystallisirten Chlorcalciums $CaCl^2.6H^2O$ mit 7 Th. Schnee kann man ein Fallen der Temperatur von 0^0 auf -55^0 bewirken.

27) Die Wärme, welche bei der Bildung von einigen Lösungen oder sogar bei der Verdünnung derselben freigesetzt wird, kann ebenfalls praktisch verwerthet werden. So z. B. entwickelt das Aetznatron NaHO beim Lösen in Wasser oder auch beim Verdünnen seiner konzentrirten Lösungen eine so bedeutende Wärme-

DIE WÄSSERIGEN LÖSUNGEN. 87

denheit der dabei in Wirkung tretenden Affinitäten. Ist die Affinität des sich lösenden Körpers zum Wasser bedeutend, d. h. wird das Wasser aus der entstehenden Lösung nur schwer und erst bei höherer Temperatur ausgeschieden (solche Substanzen ziehen in festem Zustande schon aus der Atmosphäre Wasser an), so findet während des Lösens, ebenso, wie bei vielen directen Vereinigungsreaktionen, Entwickelung von Wärme statt und es tritt daher bedeutende Erwärmung ein. Als Beispiele solcher Lösungsvorgänge, können die Lösung von Schwefelsäure (Vitriolöl H_2SO^4), von Aetznatron (NaHO) u. a. Stoffen in Wasser dienen [28]).

Der Lösungsprozess ist eine umkehrbare Reaktion, denn nach Ent-

menge, dass es als Ersatz von Heizmaterial benutzt werden kann. In einen Dampfkessel dessen Wasser vorläufig zum Sieden erhitzt wird, bringt man einen anderen, Kessel, der Aetznatron enthält, und lässt den aus den Cylindern entweichenden Dampf in diesen letzteren Kessel eintreten; die dadurch bewirkte Erhitzung genügt um das Wasser im grossen Kessel längere Zeit ohne Heizung im Sieden zu erhalten. Norton hat dieses Prinzip in seinen rauchfreien Strassenlokomotiven angewandt.

28) Auf der beigegebenen Zeichnung (Fig. 28) stellt die untere Kurve die Temperaturen dar, welche beim Vermischen von Schwefelsäuremonohydrat H^2SO^4 mit verschiedenen Mengen Wassers entstehen;

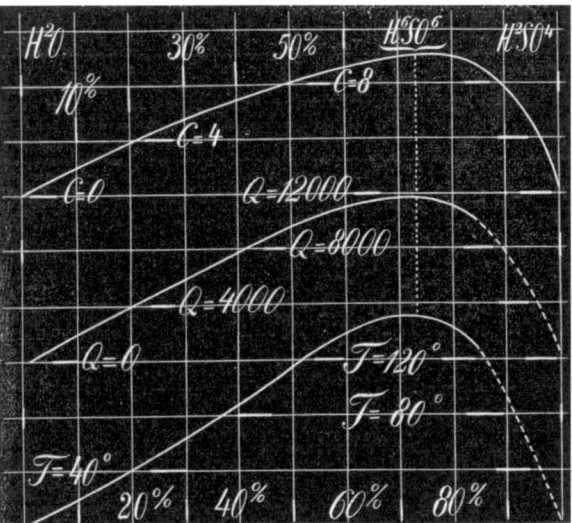

Fig. 28. Kurven, welche die Kontraktion, die Wärmemenge und die Temperaturzunahme, ausdrücken, die beim Vermischen von Schwefelsäure mit Wasser beobachtet werden. Auf der Abscissenaxe sind die Gewichtsprocente Schwefelsäure aufgetragen.

die relativen Mengen der Schwefelsäure sind in Gewichtsprozenten auf der horizontalen Axe aufgetragen. Die höchste Temperatursteigerung geht bis 149°. Diese Temperatur entspricht auch der maximalen Wärmeentwickelung für ein bestimmtes Volum der entstehenden Lösung (100 cbcm); die entsprechenden Wärmemengen sind durch die mittlere Kurve veranschaulicht. Die obere Kurve drückt die Kontraktion, ebenfalls für 100 Volume, der entstehenden Lösung aus. Es entspricht die grösste Kontraktion, ebenso wie die grösste Temperaturerhöhung der Bildung des Trihydrates $H^2SO^4 2H^2O$ (= 73,1%, H^2SO^4). Wahrscheinlich zeigen auch andere Lösungen ein ähnliches Verhalten, obgleich alle diese Erscheinungen (Kontraktion, Wärmeentwickelung und Temperaturerhöhung) höchst komplizirt sind und von vielen anderweitigen Faktoren beeinflusst werden. Das eben angeführte Beispiel zeigt aber, dass vor der chemischen Anziehung, besonders da, wo sie so bedeutend ist, wie zwischen H^2SO^4 und H^2O, alle übrigen Einflüsse in den Hintergrund treten.

fernung des Wassers kann der zum Lösen genommene Körper zurück erhalten werden. Dabei ist aber nicht ausser Acht zu lassen, dass die Entfernung des zum Lösen dienenden Wassers nicht immer mit gleicher Leichtigkeit geschieht, da die chemische Affinität des Wassers zu den sich lösenden Körpern verschieden ist. Erwärmt man z. B. eine Lösung von Schwefelsäure, die mit Wasser in allen Verhältnissen mischbar ist, so ist, je nach Umständen, eine verschiedene Temperatur zur Entfernung des Wassers nöthig. Enthält die Lösung viel Wasser, so verflüchtigt es sich schon bei nicht viel über 100^0 liegenden Temperaturen, ist dagegen der Wassergehalt der Mischung gering, so kann sich das Verhältniss zwischen Säure und Wasser so gestalten, dass letzteres bei 120^0, 150^0, 200^0, ja sogar noch bei 300^0 von der Säure zurückgehalten wird. Dieser Rest von Wasser ist offenbar an die Säure stärker gebunden, als das übrige, sich verflüchtigende Wasser. Die Kraft, welche in den Lösungen zum Vorschein kommt, besitzt folglich eine sehr verschiedene Intensität: von schwachen Bindungen, bei welchen die Eigenschaften des Wassers, z. B. seine Fähigkeit zu verdampfen, sich nur ganz unbedeutend ändern, allmählich übergehend zu den Fällen, wo zwischen dem Wasser und dem in ihm gelösten oder mit ihm chemisch verbundenen Körper eine so starke Anziehung besteht, dass sie selbst bei relativ hohen Temperaturen nicht aufgehoben wird. Die Erscheinungen der Zersetzung von Lösungen, wobei ein Ausscheiden des Wassers oder des darin gelösten Körpers stattfindet, sind von grösster Bedeutung und werden wir dieselben weiter unten näher betrachten, müssen aber vorher einige Eigenthümlichkeiten der Lösungserscheinungen bei Gasen und festen Körpern kennen lernen.

Die Löslichkeit der Gase wird gewöhnlich in Gasvolumen (bei 0^0 und 760 mm. Druck), bezogen auf 100 Volume Wasser, ausgedrückt [29]. Sie verändert sich nicht nur mit der Natur des Gases

---

29) Ein bei dem Drucke von h mm Quecksilber (bei 0^0) und der Temperatur t^0 C. gemessenes Gasvolum v, wird bei 0^0 und 760 mm Druck nach den Gesetzen von Boyle-Mariotte und Gay-Lussac ein Volum einnehmen, das gleich ist dem Produkt von v multiplizirt mit 760, dividirt durch das Produkt von h mal $f + \alpha t$, wobei α der Ausdehungskoëffizient der Gase $= 0{,}00367$ ist. Das Gewicht eines Gases wird gefunden, indem man das Volum, bei 0^0 und 760 mm Druck, mit der Dichte des Gases in Bezug auf Luft und dem Gewicht der Volumeinheit Luft bei 0^0 und 760 mm Druck multiplizirt; das Gewicht eines Liters Luft unter den angegebenen Bedingungen beträgt 1,293 Gramm. Ist die Dichte des Gases in Bezug auf Wasserstoff gegeben, so findet man durch Division derselben durch 14,4 die Dichte in Bezug auf Luft. Ist ein mit Wasserdampf gesättigtes Gas gemessen, so wird das entsprechende Volum trocknen Gases nach den in Anmerkung 1 gegebenen Regeln gefunden. Ist der Druck durch eine Quecksilbersäule von der Temperatur t gemessen, so berechnet man die entsprechende Quecksilberhöhe bei 0^0, indem man die gefundene Höhe durch $1 + 0{,}00018$ t dividirt. Wenn das Gas sich in einem Rohre über einer Flüssigkeit befindet, deren Höhe H und

(und des Lösungsmittels) und der Temperatur, sondern auch mit dem Drucke, da das Volum der ·Gase selbst sich mit dem Drucke bedeutend verändert. Wie a priori zu erwarten, wird hierbei folgendes beobachtet: 1) Gase, die sich leicht verflüssigen (durch Abkühlung und Druck), sind löslicher, als die sich schwer verflüssigenden. So z. B. lösen sich in 100 Vol. Wasser bei 0^0 und 760 mm. nur 2 Vol. Stickstoff und Wasserstoff, 4 Vol. Sauerstoff, 3 Vol. Kohlenoxyd u. s. w., da sie zu den Gasen gehören, welche sich nur schwer verflüssigen; dagegen lösen sich vom Kohlensäuregas 180, Stickoxydul 130, Schwefelwasserstoff 437 Vol., weil dieselben Gase sind, die sich leicht verflüssigen. 2) Beim Erwärmen nimmt die Löslichkeit eines Gases, wie aus dem Vorhergehenden leicht zu ersehen, ab, da die Elastizität des Gases grösser wird und es sich von dem Zustande, in dem die Verflüssigung stattfinden kann, entfernt. So z. B. lösen bei 0^0 100 Vol. Wasser 2,5 Vol. Luft, bei 20^0 nur 1,7 Vol. Dadurch erklärt es sich, dass kaltes Wassr, in einen warmen Raum gebracht, einen Theil der gelösten Gase ausscheidet [30]). 3) Die Menge eines sich lösenden Gases verändert sich proportional dem Drucke. Diese Regel, das **Henry-Dalton'sche Gesetz**, findet bei den Gasen Anwendung, welche in Wasser wenig löslich sind. Im luftleeren Raume scheidet sich demnach ein in Wasser gelöstes Gas vollständig ans; während ein unter erhöhtem Druck mit Gas gesättigtes Wasser bei verringertem Druck nur einen Theil des gelösten Gases wieder abgibt. So z. B. sättigt sich das Wasser vieler Mineralquellen in der Tiefe unter dem bedeutenden Drucke der darüber befindlichen Wassersäule mit Kohlensäuregas, dessen Ueberschuss sich dann beim Austritt an die Erdoberfläche

---

deren Dichte D beträgt, so ist der Druck, gleich dem barometrischen, minus $\frac{HD}{13,59}$ (13,59 ist das spezifische Gewicht des Quecksilbers). Auf die soeben beschriebene Weise wird die **Menge eines Gases** bestimmt und das sich ergebende Volum auf normale Bedingungen reduzirt oder in Gewicht umgerechnet. Bei Manipulationen mit Gasen und Messungen derselben müssen die physikalischen Eigenschaften der Gase und Dämpfe stets im Auge behalten werden und jeder Anfänger sollte sich mit den hierzu nöthigen Berechnungen vollkommen vertraut machen.

30) Bei dem Drucke von einer Atmosphäre absorbiren 100 Volume Wasser folgende Volume verschiedener Gase (bei $0°$ und 760 mm gemessen):

	1	2	3	4	5
0^0	4,11	2,03	1,93	179,7	3,3
10^0	3,25	1,61	1,93	118,5	2,6
20^0	2,84	1,40	1,93	90,1	2,3
	6	7	8	9	10
0^0	130,5	437,1	688,6	5,4	104960
10^0	92,0	358,6	513,8	4,4	81280
20^0	67,0	290,5	362,2	3,5	65400

1 — Sauerstoff, 2 — Stickstoff, 3 — Wasserstoff, 4 — Kohlensäuregas, 5 — Kohlenoxyd, 6 — Stickoxydul, 7 — Schwefelwasserstoff, 8 — Schwefligsäuregas, 9 — Sumpfgas, 10 — Ammoniak.

unter Schäumen ausscheidet. Auch die moussirenden Weine und Wasser sind unter Druck mit Kohlensäuregas gesättigt, das solange in Lösung bleibt, als die Flüssigkeit sich im geschlossenen Gefässe befindet; beim Entkorken der Flaschen aber, sobald die Flüssigkeit mit der Luft, deren Druck geringer ist, in Berührung kommt, kann ein Theil des Gases bei dem verminderten Druck nicht mehr in Lösung bleiben und scheidet sich bekanntlich in Form von Schaum aus. Es muss übrigens bemerkt werden, dass das Henry-Dalton'sche Gesetz nur annähernd richtig ist, ebenso wie die anderen für die Gase geltenden Gesetze (das Gay-Lussac'sche und Mariotte'sche), denn dieses Gesetz ist der Ausdruck nur eines Theiles einer komplizirten Erscheinung, die Grenze, der diese Erscheinung zustrebt oder das erste Glied der die ganze Erscheinung ausdrückenden Reihe. Die Komplikation wird hier durch den Einfluss des Löslichkeitsgrades und des Affinitätsgrades des Gases zum Wasser herbeigeführt. Die schwer löslichen Gase, z. B. Wasserstoff, Sauerstoff, Stickstoff, folgen dem Henry-Dalton'schen Gesetz am genauesten. Das Kohlensäuregas weicht schon erheblich von demselben ab, wie aus den Messungen von Wroblewsky (1882), zu ersehen ist: bei 0^0 und 1 Atm. Druck absorbirt 1 cc Wasser 1,8 cc Kohlensäure, bei 10 Atm. 16 cc (nicht 18, wie nach dem Gesetz von Henry-Dalton zu erwarten wäre), bei 20 Atm. 26,6 cc (statt 36), bei 30 Atm. 33,7 cc [31]). Uebrigens geht aus den Untersuchungen von Setschenoff hervor, dass die Absorption des Kohlensäuregases durch Wasser und selbst durch Salzlösungen, wenn letztere vom Gase nicht chemisch verändert werden und mit demselben keine Verbindung eingehen, bei geringen Druckänderungen und gewöhnlicher Temperatur, annähernd genau dem Henry-Dalton'schen Gesetz folgt, da unter diesen Bedingungen die chemische Bindung zwischen dem Gase und dem Wasser so

---

[31]) Diese Zahlen zeigen, dass hier mit der Zunahme des Druckes der Löslichkeitskoëffizient abnimmt, trotzdem das Kohlensäuregas flüssig wird. In der That mischt sich flüssige Kohlensäure nicht mit Wasser und es wird auch bei der Verflüssigungstemperatur keine rasche Zunahme der Löslichkeit beobachtet. Dieses Verhalten beweist erstens, dass die Lösung nicht in einem Flüssigwerden besteht und, zweitens, dass dieselbe durch eine besondere Anziehung zwischen dem Wasser und dem sich lösenden Körper bedingt wird. Wroblewski hielt sich sogar zu der Annahme berechtigt, dass das gelöste Gas die Eigenschaften eines Gases beibehält. Er folgerte dies aus Versuchen, welche bewiesen, dass die Diffusionsgeschwindigkeiten verschiedener Gase im Lösungsmittel den Quadratwurzeln aus ihren Dichten umgekehrt proportional sind, ebenso wie die Bewegungsgeschwindigkeiten der gasförmigen Molekeln (s. Anm. 34). Das Vorhandensein von Affinität zwischen dem Wasser H^2O und dem Kohlensäuregas CO^2 bewies Wroblewski dadurch, dass er bei der (unter Temperaturerniedrigung erfolgenden) Ausdehnung feuchter komprimirter Kohlensäure (unter 10 Atm. bei 0^0) eine übrigens sehr unbeständige bestimmte krystallinische Verbindung von der Zusammensetzung $CO^2 + 8H^2O$ erhielt.

schwach ist, dass ein Zerfallen der Lösung und ein Entweichen von Gas schon bei geringer Abnahme des Druckes stattfindet [32]). Anders ist das Verhältniss, wenn zwischen dem Wasser und dem gelösten Gase eine bedeutende Affinität besteht. Es kann dann der Fall eintreten, dass das Gas selbst im Vacuum nicht vollständig ausgeschieden wird, wie dies nach dem Henry-Dalton'schen Gesetz erwartet werden muss und thatsächlich bei Gasen, welche diesem Gesetze folgen, beobachtet wird. Solche, wie überhaupt leicht lösliche Gase weisen in der That deutliche Abweichungen von dem Henry-Dalton'schen Gesetze auf. Als Beispiele können Ammoniak und Chlorwasserstoff dienen; ersteres wird beim Kochen der Lösung und bei Druckverminderung ausgeschieden, letzteres nicht, aber beide zeigen deutliche Abweichungen von dem erwähnten Gesetze:

Druck in Millimetern Quecksilber:	100 g Wasser lösen bei 0° Ammoniak:	100 g Wasser lösen bei 0° Chlorwasserstoff:
100	28,0 g.	65,7 g.
500	69,2 «	78,2 «
1000	112,6 «	85,6 «
1500	165,6 «	— «

Wie aus dieser Tabelle zu ersehen, steigt bei einer Zunahme des Druckes um das 10-fache die Löslichkeit des Ammoniaks nur auf das $4^1/_2$-fache.

Es könnten zahlreiche Beispiele ähnlicher Fälle und sogar solcher Fälle von Absorption von Gasen durch Flüssigkeiten angeführt werden, die nicht im Entferntesten mit den Lösungsgesetzen in Einklang zu bringen sind. So z. B. wird Kohlensäuregas von einer wässerigen Aetzkalilösung absorbirt und scheidet sich, wenn die Menge des Aetzkali genügend ist, bei Druckverminderung gar nicht aus. Dies ist ein Fall von innigerer chemischer Bindung. Ein weniger ausgesprochenes, aber ganz analoges chemisches Verhalten tritt in einigen Fällen auch bei Lösungen von Gasen in reinem Wasser auf; ein hierher gehöriges Beispiel wird weiter unten an den Lösungen des Jodwasserstoffes beschrieben werden. Zunächst wollen wir aber auf eine höchst wichtige Anwendung des Henry-Dalton'schen Gesetzes [33]) näher eingehen

---

[32]) Da nach den Untersuchungen von Roscoe und seinen Mitarbeitern, das Ammoniak bei niedrigen Temperaturen bedeutende Abweichungen von dem Henry-Dalton'schen Gesetze aufweist, während bei 100° dieselben schon unbedeutend werden, so ist anzunehmen, dass der dissoziirende Einfluss der Temperatur bei allen Gaslösungen zum Vorschein kommen muss, d. h. dass bei höheren Temperaturen die Lösungen aller Gase diesem Gesetze folgen, bei niederen Temperaturgraden dagegen in allen Fällen Abweichungen eintreten werden.

[33]) Die Proportionalität zwischen dem Druck und der Quantität des sich lösenden Gases wurde 1805 von Henry nachgewiesen; Dalton zeigte 1807 die Anwendbarkeit dieses Gesetzes auf Gasgemenge und führte in die Wissenschaft

indem wir die Verhältnisse beim Lösen eines Gemisches von zwei Gasen betrachten. Die hierbei zu Tage tretenden Erscheinungen können ohne ein klares theoretisches Verständniss der Natur der Gase nicht vorausgesehen werden [34]).

den Begriff des Partialdruckes ein, ohne den das Henry'sche Gesetz seine wahre Bedeutung nicht erlangen konnte. Das Gesetz der Verbreitung von Dämpfen in Gasen (s. Anm. 1) schliesst eigentlich schon den Begriff des Partialdruckes in sich, denn der Druck der feuchten Luft ist gleich der Summe desjenigen der trocknen Luft und des Wasserdampfes und es wird, nach Dalton's Vorgang, angenommen, dass die Verdampfung in einer trocknen Atmosphäre ebenso vor sich geht, wie in der Leere. Es muss aber bemerkt werden, dass das Volum eines Gemisches zweier Gase (oder Dämpfe) nur annähernd der Summe der Volume der Bestandtheile gleich ist (dasselbe gilt selbstverständlich auch von dem Druck), d. h es findet beim Mischen von Gasen eine, wenn auch geringe, aber doch bei genauen Messungen ganz deutliche, Volumänderung statt. Braun (1888) hat z. B. gezeigt, dass beim Vermischen gleicher Volume von Schwefligsäuregas SO^2 und Kohlensäuregas CO^2 (bei gleichem Druck von 760 mm und gleichen Temperaturen), eine Abnahme des Druckes um 3,9 mm beobachtet wird. Die Möglichkeit einer chemischen Wirkung beim Vermischen dieser Gase ist daraus zu ersehen, dass gleiche Volume SO^2 und CO^2 bei -19^0, nach Pictet (1888), eine Flüssigkeit geben, welche als unbeständige chemische Verbindung oder Lösung anzusehen ist, wie die unbeständige chemische Verbindung von SO^2 mit H^2O.

[34]) Die jetzt allgemein angenommene **kinetische Theorie der Gase**, nach welcher allen Gasmolekeln eine rasche fortschreitende Bewegung eigen ist, ist sehr alten Ursprungs (Bernoulli im vorigen Jahrhundert u. a. haben einer ähnlichen Vorstellung Ausdruck gegeben), sie fand aber erst allgemeine Anerkennung nach Aufstellung der mechanischen Wärmetheorie und nachdem Kroenig (1855) ihr eine neue Entwickelung gegeben, besonders aber, nachdem Clausius und Maxwell sie mathematisch ausgearbeitet hatten. Der Druck, die Elastizität, die Diffusion und die innere Reibung der Gase, sowie die Gesetze von Boyle-Mariotte, Gay-Lussac und Avogadro-Gerhardt werden durch die kinetische Theorie der Gase nicht nur erklärt (indem sie sich aus derselben deduziren lassen), sondern finden auch in dieser Theorie ihren vollkommenen Ausdruck. So wurde z. B. von Maxwell unter Anwendung der Wahrscheinlichkeitsrechnung auf die Zusammenstösse der Gasmolekeln, die den verschiedenen Gasen eigene innere Reibung auf das Genaueste vorhergesagt. Die kinetische Theorie muss daher als eine der Haupterrungenschaften der Wissenschaft in der letzten Hälfte dieses Jahrhunderts betrachtet werden. Die Geschwindigkeit der fortschreitenden Bewegung der Molekeln eines Gases, von welchem ein Kubikcentimeter d Gramm wiegt, ist nach der Theorie gleich der Quadratwurzel aus dem Producte 3. p. D g. dividirt durch d, wo p — den in Centimetern Quecksilberhöhe ausgedrückten Druck, bei welchem d bestimmt worden, D — das Gewicht in Grammen eines Kubikcentimeters Quecksilber (D = 13,59, p = 76 also den normalen Druck auf ein Quadratcentimeter = 1033 Gramm) und g die Intensität der Schwere in Centimetern bedeutet (g = 980,5 am Meeresniveau unter dem 45-ten Breitengrade und = 981,92 in Petersburg, variirt überhaupt entsprechend der geographischen Breite und der Höhe des Ortes). Auf diese Weise wurde gefunden, dass die Geschwindigkeit bei 0^0 für Wasserstoff 1843, und für Sauerstoff 461 Meter in der Sekunde beträgt. Diese Geschwindigkeiten sind Mittelwerthe und es ist anzunehmen (nach Maxwell u. a.), dass die einzelnen Molekeln verschiedene Geschwindigkeiten besitzen, d. h. gewissermaassen ungleich erwärmt sind, ein Umstand, der bei der Betrachtung vieler Erscheinungen von grösster Wichtigkeit ist. Es liegt auf der Hand, dass die mittleren Geschwindigkeiten für verschiedene Gase, bei gleichen Temperatur — und Druckbedingungen,

Nach dem **Gesetz des Partialdruckes**, welches diese Erscheinungen beherrscht, findet das Lösen von Gasen, die gemischt mit anderen Gasen auftreten nicht unter dem Einflusse des Gesammtdruckes des Gemisches statt, sondern nur unter dem Drucke, welchen das sich lösende Gas, entsprechend seinem relativen Volum in der Mischung, ausübt. Hätten wir z. B. eine Mischung von gleichen Volumen Sauerstoff und Kohlensäuregas, deren Gesammtdruck 760 mm wäre, so würde sich von jedem der beiden Gase im Wasser nur soviel lösen, wie es der Fall sein würde, wenn jedes von ihnen sich unter dem Druck einer halben Atmosphäre befände: es würde sich also

---

sich wie die Quadrate der Dichten dieser Gase verhalten; die direkte Beobachtung der Ausströmung von Gasen aus engen Oeffnungen und durch poröse Wandungen bestätigt diese Regel. Die ungleichen Ausströmungsgeschwindigkeiten verschiedener Gase werden bei chemischen Untersuchungen häufig dazu benutzt, um Gase von verschiedener Dichte und somit auch verschiedener Diffusionsgeschwindigkeit von einander zu trennen (s. folgendes Kapitel und Kap. 7, das Avogadro-Gerhardt'sche Gesetz). Die verschiedenen Ausströmungsgeschwindigkeiten bewirken auch die Erscheinung der Fontaine in dem (Anm. 35) beschriebenen Versuche zur Veranschaulichung der inneren Bewegung in den Gasen.

Wenn für eine gewisse Masse eines (normalen) Gases, welches genau den Gesetzen von Mariotte und Gay-Lussac folgt, die Temperatur t und der Druck p sich gleichzeitig veränderten, so liessen sich alle hierbei eintretenden Veränderungen durch die Gleichung $pv = C(1 + \alpha t)$ ausdrücken, oder was dasselbe ist, $pv = RT$, wobei $T = t + 273$ und C und R Konstanten sind, welche nicht nur von den Maasseinheiten, sondern auch von der Natur und der Masse des Gases abhängen. Da aber Abweichungen von diesen beiden Grundgesetzen der Gase stattfinden (wovon im nächsten Kapitel die Rede sein wird) und es anzunehmen ist, einerseits, dass zwischen den Gasmolekeln eine gewisse Anziehung besteht und, andererseits, dass die Gasmolekeln selbst Raum erfüllen, so muss für gewöhnliche Gase, bei irgend bedeutenden Druck- und Temperaturänderungen die **van der Waals'sche Formel** angenommen werden:

$$\left(p + \frac{a}{v^2}\right)(v - b) = R(1 + \alpha t),$$

in welcher α der wahre Ausdehnungskoëffizient der Gase ist. Da der beobachtete Ausdehnungskoëffizient der Luft, bei atmosphärischem Druck und Temperaturen zwischen 0^0 und 100^0, durch Bestimmung der Druckänderung $= 0{,}00367$ (Regnault) und durch Bestimmung der Volumänderung $= 0{,}00368$ (Mendelejew und Kajander) gefunden worden ist, bei anderen Gasen, wenn auch wenig, immerhin von diesen Werthen abweicht (s. nächstes Kapitel) und bei starkem Druck und grosser Dichte sich bedeutend verändert, so ist als wahrer Ausdehnungskoëffizient der Gase derjenige anzunehmen, welchen dieselben bei geringem Druck besitzen. Dieser Koëffizient kommt dem Werthe $0{,}00367$ nahe.

Die van der Waals'sche Formel ist von besonderer Bedeutung bei der Betrachtung des Ueberganges der Gase in den flüssigen Zustand, da sie die Grundeigenschaften der Gase und der Flüssigkeiten gleich gut, wenn auch nur in allgemeinen Zügen, zum Ausdruck bringt.

Näheres über die hier berührten Fragen, welche besonderes Interesse für die Theorie der Lösungen, als Flüssigkeiten, haben, finden sich in speziellen Abhandlungen und Werken aus dem Gebiete der theoretischen und physikalischen Chemie. Einiges hierauf bezügliche wird in den Anmerkungen zum nächsten Kapitel besprochen werden.

bei 0^0 in 1 cc Wasser 0,02 cc Sauerstoff und 0,90 cc Kohlensäure lösen. Wenn der Druck des Gasgemisches h ist und in n Volumen desselben a Vol. eines bestimmten Gases enthalten sind, so findet die Lösung derart statt, wie sie bei einem Drucke von $\frac{h \cdot a}{n}$ auf das sich lösende Gas vor sich gehen würde. Der Theil des Druckes, unter welchem die Lösung eines Gases stattfindet, wird als Partialdruck dieses Gases bezeichnet.

Um sich die Ursache dieses Gesetzes klar zu machen, muss man auf die Grundeigenschaften der Gase zurückgehen. Die Gase sind elastisch und breiten sich nach allen Richtungen gleichmässig aus. Alles was wir von den Gasen wissen, führt zu der Annahme, dass diese Fundamentaleigenschaften derselben durch eine rasche, nach allen Richtungen hin fortschreitende Bewegung ihrer kleinsten Theilchen bedingt sind [35]). Der Stoss der Gasmolekeln gegen Wan-

---

35) Obgleich die der kinetischen Gastheorie zu Grunde liegende Bewegung der Gasmolekeln unsichtbar ist, kann ihre Existenz dennoch veranschaulicht werden auf Grund der verschiedenen Geschwindigkeiten der Molekeln von Gasen, welche bei gleichem Druck verschiedene Dichte besitzen. Die Molekeln leichterer Gase müssen sich mit grösserer Geschwindigkeit fortbewegen, als die der schwereren Gase, um denselben Druck, wie diese letzteren, auszuüben. — Wasserstoff ist z. B. 14,4 mal leichter als Luft, daher müssen seine Molekeln eine 4 mal grössere Geschwindigkeit besitzen, als die der Luft (genauer 3,8 mal, nach der vorhergehenden Anmerkung). Wenn also in einem porösen Cylinder sich Luft befindet und ausserhalb desselben Wasserstoff, so muss in einem gegebenen Zeitraum in denselben mehr Wasserstoff eindringen, als Luft heraustritt, und der Druck im Cylinder muss steigen, bis sich ausserhalb und innerhalb desselben ein Gasgemenge (von Luft und Wasserstoff) von gleicher Dichte gebildet hat. Wenn nun ausserhalb des Cylinders sich nur Luft befindet, in demselben aber eine noch so geringe Menge Wasserstoff, so wird mehr Gas heraustreten, als in den Cylinder eindringt und der Druck in demselben wird abnehmen. Wir haben hier die Volume der Gase als gleichbedeutend mit der Anzahl der Molekeln angenommen, denn es enthalten, wie wir später sehen werden, gleiche Volume verschiedener Gase die gleiche Zahl von Molekeln (Gesetz von Avogadro-Gerhardt). Wird der poröse Cylinder durch Wasser abgesperrt, so kann die Zu- und Abnahme des Gasdruckes durch das Fallen oder Steigen des Wasserniveau's anschaulich gemacht werden. Am einfachsten kann der Versuch folgendermaassen ausgeführt werden (Fig. 29). In den einen Hals einer zweihalsigen (Woulf'schen) Flasche A wird mit Hülfe eines Propfens ein Trichter B eingestellt, während in den zweiten Hals ein oben zur Spitze ausgezogenes und mit einer engen Oeffnung versehenes Glasrohr C eingesetzt wird, welches in die bis an den Rand der Flasche reichende Flüssigkeit eintaucht. In den Trichter wird (mit der Oeffnung nach

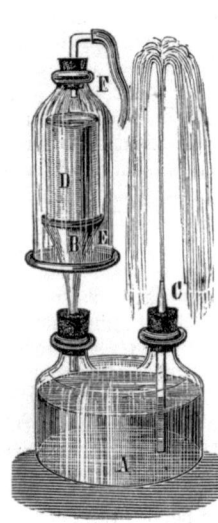

Fig. 29. Die Wasserstofftheilchen dringen durch die Poren des Cylinders D schneller ein, als die durch dieselben entweichenden Lufttheilchen, wodurch im Cylinder ein Ueberdruck entsteht, der die Bildung der Fontaine bedingt.

dungen bedingt den vom Gase ausgeübten Druck. Je grösser nun die Anzahl der Gasmolekeln ist, welche in einem gegebenen Zeitraum gegen eine Wandung treffen, desto grösser muss auch der Druck sein. Der Druck eines einzelnen Gases oder eines Gasgemisches hängt also ab von der Summe des von allen Molekeln ausgeübten Druckes, der Anzahl der in einer Zeiteinheit auf die Flächeneinheit erfolgenden Stösse und von der Masse und Geschwindigkeit (der lebendigen Kraft) der anprallenden Molekeln. Die verschiedene Natur der Molekeln kommt hierbei nicht in Betracht, die Wandung empfängt nur den Druck der Summe ihrer lebendigen Kräfte. Bei einem chemischen Vorgang, wie beim Lösen von Gasen, spielt im Gegentheil die Natur der auftreffenden Gasmolekeln die wichtigste Rolle. Ein Theil der auf die Oberfläche der Flüssigkeit treffenden Molekeln des Gases dringt in die Flüssigkeit ein und wird in derselben zurückgehalten, solange andere Molekeln desselben Gases gegen die Flüssigkeit prallen oder, mit anderen Worten, auf dieselbe drücken. Wie gross auch der Gesammtdruck eines Gasgemisches ist, so wird die Zahl der Stösse der Molekeln des sich lösenden Bestandtheiles dadurch doch nicht grösser. Für die Löslichkeit dieses einen Gases, für die Zahl der von dessen Molekeln gegen die Flüssigkeit ausgeführten Stösse ist es einerlei, ob nebenbei noch Molekeln anderer Gase auf die Flüssigkeit prallen oder nicht. Es wird demnach die Löslichkeit eines Gases nicht dem Gesammt-Druck des Gasgemisches, sondern demjenigen Theile dieses Druckes proportional sein, welcher auf das sich lösende Gas entfällt. Die Sättigung einer Flüssigkeit wird dadurch bedingt, dass die eingedrungenen Gasmolekeln, obgleich ihre Bewegung mit derjenigen der Flüssigkeits-

---

unten) ein poröser Thoncylinder D (wie sie in galvanischen Elementen augewandt werden) luftdicht eingekittet. Man benutzt zu diesem Zweck (was in der Laboratoriumspraxis sehr häufig vorkommt) am besten einen Kitt, welcher durch Zusammenschmelzen von 100 Gew. Thln. Kolophonium und 25 Gew. Thln. Wachs unter Zusatz von 40 Gew. Thln. geglühten Eisenoxyds (Colcothar, Caput mortuum, welches als Anstrichfarbe Verwendung findet) dargestellt wird. Dieser Kitt haftet sehr fest an Glas und Metall, welche am besten vorher erwärmt, aber jedenfalls vollkommen trocken sein müssen; Siegellack springt von Glas und Metallen leicht ab. Nachdem der Apparat in der beschriebenen Weise zusammengestellt ist, wird über den Cylinder D die Glocke E befestigt und in dieselbe durch das Rohr F (am besten aus einem mit dem Gase gefüllten Kautschukkissen) Wasserstoff geleitet. Sobald dies Gas die Glocke gefüllt hat, wird durch den vergrösserten Druck im Cylinder und der Flasche das Wasser aus dem Rohr C in Form einer Fontaine herausgetrieben. Wird nun die Glocke E entfernt, so dringen durch das Rohr C Luftblasen in die Flasche, da der Druck in D abnimmt. Diese sichtbaren Bewegungen der Flüssigkeit (die Fontaine und das Eindringen von Luftblasen) werden durch die unsichtbare Bewegung, welche allen Gasmolekeln eigen ist, bedingt; es findet also hier eine Umwandlung der einen Art von Bewegnng in eine andere statt.

molekeln koordinirt wird, nicht in der Flüssigkeit verbleiben, sondern wieder heraustreten (ebenso wie die Dämpfe aus einer sich verflüchtigenden Flüssigkeit). Wenn nun in einer Zeiteinheit ebensoviel Gas in die Flüssigkeit eindringt, wie aus ihr heraustritt, so erfolgt Sättigung. Im Sättigungszustande befindet sich also das System nicht in Ruhe, sondern in einem dynamischen Gleichgewicht. Bei Verringerung des Druckes wird die Zahl der aus der Flüssigkeit heraustretenden Gasmolekeln grösser, als die der eintretenden und ein neuer Gleichgewichtszustand stellt sich erst ein, wenn die Zahl der aus- und eintretenden Molekeln wieder eine gleiche geworden ist. Auf diese Weise erklärt sich in seinen Hauptzügen der Lösungsprozess, abgesehen natürlich von der zwischen dem Gas und der Flüssigkeit sich bethätigenden speziellen (chemischen) Anziehung (gegenseitigen Durchdringung und Koordination der Bewegung), welche sowol den Löslichkeitsgrad, als auch die Beständigkeit der entstandenen Lösung bestimmt.

Die Folgen des Partialdruckgesetzes sind sehr zahlreich und von grösster Tragweite. In der Natur befinden sich alle Flüssigkeiten in Berührung mit Luft, welche, wie wir in der Folge ausführlicher sehen werden, ein Gemisch von Gasen ist, von denen vier — Sauerstoff, Stickstoff, Kohlensäure und Wasserdampf die wichtigsten sind. 100 Volume Luft enthalten annähernd 78 Vol. Stickstoff und 21 Vol. Sauerstoff; der Volumgehalt an Kohlensäure übersteigt nicht 0,05; an Wasserdampf ist gewöhnlich bedeutend mehr vorhanden, die Menge desselben (die Feuchtigkeit der Luft) variirt aber. Wenn der Luftdruck 760 mm beträgt, so löst sich in mit der Luft in Berührung kommenden Flüssigkeiten der Stickstoff unter dem Partialdruck von $\frac{78}{100}$ 760 mm, also unter dem Druck einer Quecksilbersäule von etwa 600 mm Höhe; die Lösung des Sauerstoffs findet unter einem Partialdruck von etwa 160 mm statt, während das Kohlensäuregas sich unter dem sehr unbedeutenden Druck von 0,4 mm löst. Da aber die Löslichkeit des Sauerstoffs doppelt so gross ist, als die des Stickstoffs, so wird sich im Wasser mehr Sauerstoff gelöst finden, als der Zusammensetzung der Luft entspricht. Die Berechnung der sich lösenden Menge dieser Gase bietet keine Schwierigkeiten. Betrachten wir den einfachsten Fall, und lassen wir die Lösung bei $0°$ und 760 mm Druck stattfinden. Bei 760 mm löst 1 cbcm Wasser 0,0203 cbcm Stickstoff, bei dem Partialdruck von 600 mm also 0,0203 $\frac{600}{760}$ oder 0,0160 cbcm; 0,0411 $\frac{160}{760}$ oder 0,0086 cbcm Sauerstoff und 1,8 $\frac{0,4}{760}$ oder 0,00095 cbcm. Kohlensäuregas. Es werden also 100 cbcm Wasser bei $0°$ im Ganzen 2,55 cbcm Luftgase aufnehmen und 100 Volume des gelösten Gasgemisches 62 pCt Stickstoff, 34pCt Sauerstoff und 4 pCt Kohlensäuregas enthalten Dies müsste also die Zusammensetzung der im Wasser gelösten Luft sein. Das Wasser der Flüsse, Brunnen u. s. w. enthält aber gewöhnlich mehr Kohlensäuregas, infolge der Oxydation der Kohlenstoffverbindungen, welche in das Wasser gelangen. Der Gehalt an Sauerstoff im Wasser beträgt in der That $^1/_3$, während die Luft nur zu $^1/_5$ ihres Volums aus diesem Gase besteht.

Nach dem Gesetze des Partialdruckes muss jedes beliebige in Wasser gelöste Gas in der Atmosphäre eines andern Gases sich aus der Lösung ebenso ausscheiden, wie im luftleeren Raume, da in beiden Fällen der Druck des gelösten Gases nur unbedeutend ist. Die Atmosphäre eines anderen Gases verhält sich also zum gelösten Gas, wie ein leerer Raum. In die Flüssigkeit treten unter diesen Umständen keine Molekeln des gelösten Gases wieder ein, während die in der Lösung enthaltenen Molekeln infolge ihrer Elastizität die Flüssigkeit wieder verlassen,[36]) das Gas scheidet sich daher

---

36) Es sind hier zwei Fälle möglich: entweder ist die Atmosphäre, welche die Lösung umgibt, begrenzt, oder sie ist relativ sehr gross, also praktisch unbegrenzt, wie z. B. die Luftatmosphäre auf der Erdoberfläche. Wenn die Atmosphäre des Gases, in welches die Lösung eines andern Gases gebracht wird, begrenzt ist, z. B. in einem verschlossenen Gefäss, so scheidet sich ein Theil des gelösten Gases aus der Flüssigkeit aus, tritt in den abgeschlossenen Raum und übt hier einen gewissen Partialdruck x aus. Nehmen wir beispielsweise an, dass 10 cc eines bei 0° und normalem Druck mit Kohlensäuregas gesättigten Wassers in ein Gefäss gebracht werden, welches 10 cc eines von Wasser nicht absorbirbaren Gases enthält. Die Lösung enthält 18 cc Kohlensäuregas. Letzteres fängt an aus der Lösung zu entweichen, bis zuletzt ein Gleichgewichtszustand eintritt, bei welchem in der Flüssigkeit soviel Gas zurückbleibt, als unter dem Partialdruck des ausgeschiedenen Gases in Lösung sein kann. Um die Menge des ausgeschiedenen und in Lösung gebliebenen Gases zu berechnen, nehmen wir an, dass x cc Gas in der Lösung geblieben sind, dann müssen aus der Lösung $18-x$ cc entwichen sein; das gesammte Gasvolum ist also $10+18-x=28-x$ cc. Der Partialdruck, unter welchem das Kohlensäuregas gelöst ist, wird (vorausgesetzt, dass der Druck während des Versuches konstant bleibt) $\frac{18-x}{28-x}$ betragen und die in Lösung befindliche Menge dieses Gases nicht 18 cc (wie es der Fall wäre, wenn der Partialdruck gleich dem atmosphärischen wäre), sondern $18 \cdot \frac{18-x}{28-x}$, wir haben also die Gleichung $x = 18 \frac{18-x}{28-x} = 8{,}69$. Wenn die Atmosphäre, in welche eine Gaslösung gebracht wird, nicht nur aus einem andern, als dem gelösten Gase besteht, sondern auch unbegrenzt ist, so verbreitet sich das aus der Lösung entweichende Gas in dieser Atmosphäre und übt in derselben nur einen unendlich kleinen Druck aus. Unter solchem Druck kann aber von dem Gase nichts in Lösung bleiben und es erfolgt vollständige Ausscheidung desselben. Daher muss Wasser, welches mit einem in der Luft nicht vorhandenen Gase gesättigt ist, in Berührung mit der atmosphärischen Luft allmählich auch gelöste Gas verlieren. Aus der Lösung verdunstet gleichzeitig auch Wasser und es können offenbar auch solche Fälle vorkommen, wo zwischen den Mengen des verdampfenden Wassers und des aus der Lösung ent-

aus der Lösung aus. Aus demselben Grunde gelingt es, durch Kochen einer Gaslösung alles Gas aus derselben auszutreiben, wenigstens in den Fällen, wo keine besonders beständige Verbindung des Gases mit dem Wasser vorliegt. In der That, bildet sich an der Oberfläche der siedenden Flüssigkeit eine Atmosphäre von Wasserdampf, welcher allein allen Druck auf das gelöste Gas ausübt. Folglich wird der Partialdruck des gelösten Gases höchst unbedeutend sein. Dieses ist die einzige Ursache der Ausscheidung des gelösten Gases beim Kochen der Lösung. Die Löslichkeit der Gase im Wasser bei dessen Siedetemperatur ist noch bedeutend genug, um in der Lösung einen Theil des Gases zurückzuhalten; allmählich aber wird das Gas von den Wasserdämpfen mit fortgerissen und scheidet sich daher bei längerem Kochen vollständig aus der Lösung aus [37]).

Der Partialdruck der Gase kommt natürlich, nicht nur bei der Bildung von Lösungen, sondern überhaupt in allen Fällen chemischer Wirkung von Gasen in Betracht. Besonders wichtig ist dieses Gesetz für die Physiologie der Athmung [38]).

---

weichenden Gases ein konstantes Verhältniss besteht, so dass die Gaslösung als Ganzes und nicht das Gas allein verdampft. Es gibt in der That Lösungen (z. B. von HCl, HJ), welche, wie wir weiter unten sehen werden, beim Erwärmen sich nicht zersetzen.

37) In den Fällen übrigens, wo die entsprechend der Temperatur eintretenden Aenderungen des Löslichkeitskoëffizienten nicht bedeutend genug sind und die Lösung bei der Siedetemperatur eine gewisse Menge Wasserdampf und Gas ausscheidet, kann unter Umständen eine Atmosphäre von derselben Zusammensetzung, wie die der flüssigen Lösung selbst, entstehen. In eine solche Atmosphäre kann selbstverständlich nicht eine relativ grössere Menge Gas übergehen, als in der Lösung enthalten war, die Lösung destillirt daher unzersetzt über und behält beim Sieden und bei der Destillation ihre ursprüngliche Zusammensetzung (übrigens nur so lange der Druck derselbe bleibt). Ein Beispiel davon ist die Lösung von Jodwasserstoff in Wasser. Man ersieht also, dass der Lösungsvorgang die verschiedensten Uebergänge von ganz schwachen Affinitätsgraden zu relativ energischer chemischer Bindung einschliesst. Die **Wärmemenge**, welche bei der Lösung gleicher Volume verschiedener Gase entwickelt wird, steht in offenbarem Zusammenhange mit der verschiedenen Löslichkeit dieser Gase und der Beständigkeit der entstehenden Lösungen. Beim Lösen von 22,3 Litern (bei 760 mm Druck) in einer grossen Menge Wasser entwickeln verschiedene Gase die folgenden Wärmemengen (in Gramm-Calorien): Kohlensäure 5600, schweflige Säure 7700, Ammoniak 8800, Chlorwasserstoff 17400, Jodwasserstoff 19400 Cal. Die beiden letztgenannten Gase, welche beim Sieden aus der Lösung nicht ausgeschieden werden, entwickeln beim Lösen ungefähr die doppelte Wärmemenge, im Vergleich mit solchen Gasen, welche, wie das Ammoniak, aus dem Wasser durch Kochen entfernt werden können, während die wenig löslichen Gase noch weit geringere Wärmemengen entwickeln.

38) Von den zahlreichen Untersuchungen über diesen Gegenstand werden weiter unten im dritten Kapitel die von Paul Bert ausgeführten besprochen werden. Hier wollen wir nur erwähnen, dass Setschenow in seinen Untersuchungen der Absorption von Gasen durch verschiedene Flüssigkeiten unter anderem genaue Beobachtungen über die Löslichkeit von Kohlensäure in Salzlösungen gemacht hat und dabei zu dem Resultate gelangt ist, dass einerseits beim Lösen von Kohlen-

Die Löslichkeit **fester Körper** im Wasser hängt von dem Drucke in merklichem Maasse nicht ab (da feste und flüssige Körper wenig komprimirbar sind), dagegen zeigt sie eine deutliche Abhängigkeit von der Temperatur. In der grössten Mehrzahl der Fälle nimmt die Löslichkeit dieser Körper im Wasser mit der Temperatur zu; gleichzeitig findet auch eine Zunahme der Lösungsgeschwindigkeit statt, welche letztere von der Diffusionsgeschwindigkeit der entstehenden Lösung im übrigen Wasser bestimmt wird. Die Auflösung eines festen Körpers, wie auch eines Gases, im Wasser besteht übrigens nicht nur in dem physikalischen Vorgang der Verflüssigung des sich lösenden Körpers, sondern wird auch durch die chemische Affinität desselben zum Wasser bedingt, was besonders dadurch bewiesen wird, dass beim Lösen Volumverminderung, Veränderung der Siedetemperatur, der Dampftension, des Gefrierpunktes und anderer Eigenschaften eintritt. Wäre das Lösen ein ausschliesslich physikalischer, kein chemischer Prozess, so müsste offenbar eine Zunahme des Volums, nicht eine Verminderung desselben beobachtet werden, denn beim Schmelzen nimmt in der Regel das Volum zu (die Dichte vermindert sich). Indessen findet beim Lösen gewöhnlich **Kontraktion** statt und wird dieselbe sogar beim Verdünnen von Lösungen mit Wasser[39])

---

säure in solchen Salzlösungen, auf welche das Gas chemisch einwirken kann (z. B. Na^2CO^3, $Na^2B^4O^7$, Na^2HPO^4) nicht nur die Löslichkeitskoëffizienten grösser als für Wasser werden, sondern dass auch deutliche Abweichungen vom Henry-Dalton'schen Gesetze auftreten, während andererseits Lösungen von Salzen, die von der Kohlensäure nicht verändert werden (z. B. Chlormetalle, schwefel- und salpetersaure Salze), das Gas in geringerem Maasse lösen als Wasser (infolge der «Konkurrenz» der schon in Lösung befindlichen Salze mit der sich lösenden Kohlensäure) und dem Gesetze von Henry-Dalton folgen, obgleich auch hier unzweifelhafte Anzeichen einer chemischen Wechselwirkung zwischen Salz, Wasser und Kohlensäure beobachtet werden. Wenn Schwefelsäure mit Wasser verdünnt wird, so vermindert sich die Löslichkeit des Kohlensäuregases in der Säure bis ein Verdünnungsgrad erreicht ist, bei welchem das Hydrat H^2SO^4 H^2O entsteht; bei weiterer Verdünnung nimmt dann die Löslichkeit wieder zu.

39) Kremers beobachtete dies auf folgende einfache Art: er nahm eine enghalsige mit Marke versehene Flasche (einen Messkolben), brachte Wasser in dieselbe und goss dann vorsichtig durch ein bis zum Boden des Kolbens reichendes Trichterrohr die Lösung eines Salzes ein; nach Entfernung des Trichterrohrs wurde die Flüssigkeit (im Wasserbade) auf eine bestimmte Temperatur erwärmt und mit Wasser bis zur Marke aufgefüllt. Es entstanden zwei Flüssigkeitsschichten, unten die schwerere Salzlösung, oben Wasser. Wurde nun die Flüssigkeit geschüttelt (um die Diffusion zu beschleunigen), so konnte eine Abnahme des Volums (bei gleichbleibender Temperatur) konstatirt werden. Wenn die spezifischen Gewichte der Salzlösung und des Wassers bekannt sind, so kann man sich davon auch durch Rechnung überzeugen. Es wiegt z. B. bei 15° ein Kubikcentimeter einer 20-prozentigen Kochsalzlösung 1,1500 Gramm, d. h. 100 g der Lösung nehmen ein Volum von 86,96 cc ein. Das spezifische Gewicht des Wassers bei 15° beträgt 0,99916, das Volum von 100 g ist also 100,08 cc, die Summe der Volume mithin = 187,04 cc. Nach dem Vermischen dieser Mengen entstehen 200 g einer 10-prozentigen Lösung, deren spe-

und auch beim Lösen von Flüssigkeiten in diesem letzterem [40]) beobachtet, ganz ebenso wie bei der Vereinigung von Körpern zu neuen zusammengesetzten Verbindungen [41]). Uebrigens ist die Kontraktion bei der Bildung von Lösungen nicht gross, denn feste und flüssige Körper besitzen überhaupt eine geringe Komprimirbarkeit und die komprimirende Kraft, welche bei der Lösung sich bethätigt, ist unbedeutend [42]). Die Volumänderungen, welche beim Lösen von festen und flüssigen Körpern beobachtet werden, sowie die entsprechenden Aenderungen der spezifischen Gewichte [43])

---

zifisches Gewicht bei 15° 1,0725 ist (bezogen auf Wasser bei seinem Dichtemaximum), 200 g nehmen also 186,48 cc ein. Die Kontraktion, die beim Vermischen stattgefunden, beträgt folglich 0,56 cc.

40) Die Kontraktion, welche beim Lösen von Schwefelsäure in Wasser stattfindet, ist aus der der Anmerkung 28 beigegebenen Zeichnung zu ersehen. Sie erreicht 10,1 cc auf 100 cc der entstehenden Lösung. Beim Lösen von 46 Gewichtstheilen wasserfreien Weingeistes in 54 Th. Wasser findet die grösste Kontraktion statt: nämlich bei 0° 4,15, bei 15° 3,78, bei 30° 3,50, d. h. wenn wir bei 0° 46 Gewichtstheile Weingeist auf 54 Wasser nehmen, so ist die Summe ihrer Volume vor der Vermischung 104,15, während das Gemisch nur 100 Volume einnimmt.

41) Weiter unten bei genauer Besprechung dieses Gegenstandes werden wir sehen, dass bei Vereinigungsreaktionen (fester und flüssiger Körper) die Kontraktion sehr verschieden ist und dass es, wenn auch seltene, Fälle von Vereinigungen gibt, wo gar keine Kontraktion oder gar Ausdehnung stattfindet. Dasselbe wird auch bei den Lösungen beobachtet.

42) Die Komprimirbarkeit der Kochsalzlösungen ist nach Grassi geringer, als die des Wassers. Bei 18° beträgt die Kompression für eine Million Volume Wasser auf je eine Atmosphäre Druck 48 Vol., für eine 15-prozentige Kochsalzlösung 32, für eine 24-prozentige Losung 26. Aehnliche Bestimmungen wurden von Braun (1887) an gesättigten Lösungen von Salmiak (38 Vol.), Alaun (46), Kochsalz (27) und schwefelsaurem Natrium bei einer Temperatur von $+$ 1° ausgeführt, bei welcher die Komprimirbarkeit des Wassers 47 Vol. auf eine Million beträgt. Braun wies nach, dass Stoffe, die unter Wärmeentwicklung oder Volumvergrösserung (wie z. B. Salmiak) sich lösen, bei vergrössertem Druck sich aus ihren gesättigten Lösungen theilweise ausscheiden (der Versuch mit Salmiak ist höchst lehrreich), während die Löslichkeit der Stoffe, die unter Abkühlung und Volumkontraktion sich lösen, **bei zunehmendem Druck** wächst, wenn auch in sehr unbedeutendem Maasse. Sorby hatte dieses letztere Verhalten beim Chlornatrium schon früher (1883) beobachtet.

43) Die zuverlässigsten Daten über die Veränderungen des spezifischen Gewichtes von Lösungen mit ihrer Zusammensetzung und der Temperatur habe ich in meinem oben (Anm. 19) citirten Werke zusammengestellt und besprochen. Da diese Frage von grösstem praktischem und theoretischem Interesse ist (indem einerseits in der Fabriks- und Laboratoriumspraxis mittelst des spezifischen Gewichtes der Gehalt an gelöster Substanz in den Lösungen bestimmt wird, andrerseits das spezifische Gewicht sich mit grösserer Genauigkeit bestimmen lässt, als andere Eigenschaften, und mit der Dichte sich auch viele andere Eigenschaften ändern), da ferner schon jetzt gewisse Gesetzmässigkeiten in den Dichteänderungen entdeckt worden sind, so erscheint es höchst wünschenswerth, dass die Erforschung der Lösungen in dieser Richtung durch weitere möglichst genaue Beobachtungen vervollständigt werden möge. Diese Untersuchungen verlangen zwar viel Zeit und Aufmerksamkeit, bieten aber im Allgemeinen keine besonderen Schwierigkeiten dar.

und vieler anderer physikalischen Eigenschaften, hängen von der besonderen Natur des sich lösenden Körpers und des Wassers ab und sind in vielen Fällen der Menge des gelösten Körpers nicht proportional [44]), ein Beweis, dass zwischen dem Lösungsmittel und dem gelösten Körper dieselben chemischen Kräfte wirken, wie auch bei allen andern Arten chemischer Reaktionen [45]).

---

44) Bei der Bildung von Lösungen erleiden viele Eigenschaften der Stoffe nur geringe Veränderungen, so dass bei ungenügender Genauigkeit der Beobachtungen, bei Bestimmung nur annähernder Werthe, besonders aber, wenn die Aenderungen der Zusammensetzung in engen Grenzen gewählt werden (z. B. nur verdünnte Lösungen), eine Proportionalität der Veränderungen gewisser Eigenschaften mit der Zusammensetzung scheinbar sich auch da konstatiren lassen kann, wo sie in Wirklichkeit nicht existirt. Einen derartigen Irrthum begingen z. B. Michel und Krafft (1854), welche auf Grund ungenügender Beobachtungen gefunden zu haben glaubten, dass die Zunahme des spezifischen Gewichtes von Lösungen proportional der Zunahme des Salzgehaltes in einem gegebenen Volume sei; indess trifft diese Angabe nur bei solchen Bestimmungen zu, deren Genauigkeit mehrere Hundertstel nicht übersteigt, was selbst für Fabrikszwecke unzureichend ist. Genaue Bestimmungen bestätigen weder diese Proportionalität, noch die, welche in Bezug auf die Rotationsfähigkeit (der Polarisationsebene), die Kapillarität u. s. w., vielfach angenommen wurde. Dennoch lässt sich in gewissen Grenzen, z. B. bei sehr verdünnten Lösungen, um den ersten Schritt in der Erkenntniss der Lösungserscheinungen zu machen und die Anwendung der mathematischen Analyse auf das Studium derselben zu ermöglichen, eine solche annähernde Methode nicht ohne weiteres von der Hand weisen, sie kann vielmehr, mit der nöthigen Vorsicht gebraucht, unstreitig Nutzen bringen. Auf Grund der von mir in Betreff der spezifischen Gewichte von Lösungen gefundenen Daten, glaube ich mich zur Annahme berechtigt, dass es in vielen Fällen richtiger sein dürfte, eine Proportionalität in den Aenderungen der Eigenschaften von Lösungen, nicht in Bezug auf den Gehalt an gelöster Substanz, sondern in Bezug auf das Produkt dieser Zahl mit dem Gehalte an Wasser anzunehmen, um so mehr als das chemische Verhalten sich in vielem gerade dem Produkte der wirkenden Massen proportional verändert, wie dies in der Mechanik für viele Erscheinungen der Anziehung festgestellt ist. Man erreicht dies sehr einfach, indem man die Wassermenge in den zu vergleichenden Lösungen als konstant annimmt ganz in derselben Weise wie es beim Bestimmen der Gefrierpunktserniedrigungen geschieht (Anm. 49).

45) Alle Arten von chemischer Wechselwirkung können beim Lösungsvorgang in Be racht kommen: 1) Vereinigungsreaktionen — Bildung von mehr oder weniger beständigen und vollkommenen (d h. mehr oder weniger dissoziirten) Verbindungen des Lösungsmittels mit dem gelösten Körper. Diese Art von Reaktionen ist am wahrscheinlichsten und wird auch in den meisten Fällen angenommen. 2) Ersetzungsreaktionen oder doppelte Umsetzungen. — Man kann z. B. annehmen, dass in einer Lösung von Salmiak, NH^4Cl, in Wasser, H^2O, sich zum Theil Aetzammon, NH^4HO, und Chlorwasserstoff, HCl, bilden, die sich im Wasser lösen und sich wiederum gegenseitig anziehen. Da Salmiaklosungen und andere in der That (manchmal untrügliche) Anzeichen solcher Umsetzungen bieten (wie z. B. die Ausscheidung von Ammoniak aus Salmiaklösungen), so ist mit grosser Wahrscheinlichkeit anzunehmen dass diese Art von Reaktionen in den Lösungen häufiger stattfinden, als man im Allgemeinen glaubt. 3) Isomerisationsreaktionen oder Umlagerungen — sind in Lösungen mit um so grösserer Wahrscheinlichkeit anzunehmen, als hier verschiedenartige Molekeln in innige Berührung mit einander kommen und dadurch die Atome eine theilweise Umlagerung zu einer neuen, von

Obgleich die Lösungen fester Körper bei Veränderung des äusseren Druckes sich gewöhnlich nicht zersetzen, so lässt sich doch die schwache Entwickelung der in diesen Lösungen zur Wirkung kommenden chemischen Kräfte auf das Deutlichste aus der **Zersetzung** sowol gesättigter, als auch ungesättigter **Lösungen**, unter den verschiedenartigsten Bedingungen ersehen. Beim Erwärmen (bei Wärmeabsorption) oder Abkühlen, sowie durch Einwirkung innerer Kräfte scheiden Lösungen in vielen Fällen ihre Bestandtheile oder bestimmte Verbindungen derselben aus. Das Wasser der Lösungen kann sowol als Dampf, wie auch (bei Abkühlung) als Eis[46]) aus denselben ausgeschieden werden. Doch ist die

---

der ursprünglichen, in der isolirten Molekel, verschiedenen Anordnung erfahren können. Einen deutlichen Hinweis auf solche Vorgänge liefert die Beobachtung der Lösungen optisch aktiver (d. h. die Polarisationsebene ablenkender) Substanzen; diese Erscheinung wird von der Molekularstruktur in sehr bemerkbarer Weise beeinflusst und es hat sich z. B. gezeigt (Schneider 1881), dass verdünnte Lösungen der links drehenden Aepfelsäure die Polarisationsebene rechts ablenken, während die Lösungen ihrer Ammoniumsalze bei allen Konzentrationen linksdrehend sind. 4) Zersetzungsreaktionen in den Lösungen sind nicht nur an und für sich denkbar, sondern wurden auch in jüngster Zeit von Arrhenius, Ostwald u. a., besonders auf Grund elektrolytischer Bestimmungen nachgewiesen. — Es ist endlich noch zu bemerken, dass, während ein Theil der Molekeln einer Lösung sich im Zustande der Zersetzung befindet, andere sich gleichzeitig zu noch zusammengesetzteren Komplexen vereinigen können, was mit der verschiedenen Bewegungsgeschwindigkeit der Molekeln eines und desselben Gases verglichen werden kann (s. Anm. 34).

Daher ist es höchst wahrscheinlich, dass beim Aendern der Wassermasse einer Lösung auch die in letzterer vorsichgehenden Reaktionen eine quantitative und qualitative Aenderung erleiden müssen. Dieser Umstand erklärt auch die Schwierigkeiten, welche einer endgiltigen Aufklärung der chemischen Vorgänge in den Lösungen entgegentreten. Da ferner beim Lösen neben dem chemischen, noch ein physikalischer Prozess verläuft, der analog dem sich gegenseitigen Durchdringen zweier homogener Flüssigkeitsmassen ist, so lässt sich der komplizirte Charakter der heute auf der Tagesordnung stehenden Frage von der Natur der Lösungen leicht ermessen. Es werden übrigens sehr zahlreiche und vielseitige Untersuchungen in diesem Gebiete gemacht und das umfangreiche Material wird späteren Forschern zur Aufstellung einer vollständigen Theorie der Lösungen dienen können.

Meinerseits glaube ich, dass das ausschliessliche Studium der physikalischen Eigenschaften der Lösungen (besonders der verdünnten), welches jetzt hauptsächlich auf diesem Gebiete der Forschung betrieben wird (obgleich es sehr viel zum Fortschritt des physikalischen, wie auch des chemischen Wissens beitragen muss), die Natur der Lösungen nicht endgiltig aufzuklären im Stande sein wird. Es muss vielmehr daneben erstens, die Erforschung des Einflusses der Temperatur, besonders niedriger, auf die Lösungen, zweitens die Anwendung der mechanischen Wärmetheorie auf dieselben und drittens, ein vergleichendes Studium der chemischen Eigenschaften der Lösungen einen hervorragenden Platz einnehmen. Die Grundsteine zu allen diesen Forschungen sind schon gelegt, bisher aber noch zu vereinzelt, um hier kurz eine Uebersicht über dieselben geben zu können.

46) Wenn in einer Lösung Dissoziation (Anm. 19) stattfindet, so ist zu erwarten, dass in derselben freie Wassermolekeln zugegen sind, welche eines

Dampftension[47]) des in Lösungen enthaltenen Wassers geringer, als die des reinen Wassers, und liegt die **Temperatur der Eisbildung** in Lösungen unter $0°$. Von grösster Wichtigkeit ist hierbei der Umstand, dass sowol die Verringerung der Dampftension als auch die Erniedrigung der Gefriertemperatur, wenigstens bei verdünnten Lösungen, dem Gehalte an gelöster Substanz nahezu proportional ist[48]). Wenn z. B. auf 100 Grm. Wasser 1 Grm., 5 Grm. oder 10 Grm. gewöhnlichen Kochsalzes (NaCl) in Lösung enthalten sind, so wird die normale Tension des Wasserdampfes bei $100°$ und 760 mm Druck um 4 resp. 21 und 43 mm. Quecksilberhöhe vermindert und Bildung von Eis findet nicht bei $0°$, sondern bei $-0°,58$, resp. $-2°,91$ und $-6°,10$ statt. Diese Zahlen[49]) sind dem Gehalte an gelöstem

---

der Zersetzungsprodukte der bestimmten Verbindungen sind, deren Entstehung den Lösungsprozess bedingt. Indem nun das Wasser sich in Form von Eis oder Dampf ausscheidet, bildet es mit der Lösung ein heterogenes System (von Körpern in verschiedenen Aggregatzuständen), wie dies z. B. bei der Bildung eines unlöslichen oder flüchtigen Körpers bei doppelten Umsetzungen stattfindet.

47) Ist der gelöste Körper gar nicht (wie Salz, Zucker) oder nur wenig flüchtig, so gehört die gesammte Tension des ausgeschiedenen Dampfes dem Wasser an; beim Verdampfen der Lösung eines flüchtigen Körpers (z. B. eines Gases oder einer flüchtigen Flüssigkeit) dagegen entfällt auf das Wasser nur ein proportionaler Theil der Dampftension, die zusammengesetzt wird aus dem Druck der Dämpfe des Wassers und des gelösten Körpers. Die meisten Beobachtungen beziehen sich auf den ersteren Fall, den letzteren untersuchte Konowalow (1881), welcher zeigte, dass bei gegenseitiger Löslichkeit zweier flüchtiger Flüssigkeiten, wenn zwei Schichten gesättigter Lösungen entstehen (wie bei Wasser und Aether, siehe Anmerk. 20), die Dampfspannung beider Lösungen dieselbe ist (im gegebenen Fall 431 mm Quecksilber bei $19°,8$). Ferner fand Konowalow, dass bei Lösungen von Flüssigkeiten, die in allen Verhältnissen mit einander mischbar sind, die Dampfspannung in gewissen Fällen grösser (bei Lösungen von Weingeist in Wasser), in andern kleiner (bei Lösungen von Ameisensäure in Wasser) ist, als diejenige, welche einer geradlinigen (dem Gehalte an gelöster Substanz proportionalen) Veränderung der Dampfspannung — von der des Wassers zu derjenigen der gelösten Substanz — entsprechen würde. Eine 70-prozentige Lösung von Ameisensäure z. B. besitzt bei allen Temperaturen geringere Dampfspannung als reines Wasser oder reine Ameisensäure. Die Dampftension der Lösung ist in solchen Fällen also niemals gleich der Summe der Dampftensionen beider Flüssigkeiten, wie dies schon Regnault gezeigt hat, der diesen Fall von dem der Verdampfung einer Mischung von in einander unlöslichen Flüssigkeiten unterschied, Beim Lösen findet also eine Wechselwirkung statt, welche die den Flüssigkeiten im isolirten Zustande eigene Dampfspannung vermindert; dies steht denn auch vollkommen mit der Annahme im Einklange, dass in den Lösungen Verbindungen ihrer Bestandtheile entstehen, ein Vorgang, bei welchem stets eine Abnahme der Dampfspannung beobachtet wird.

48) Der Gehalt an gelöster Substanz wird gewöhnlich in Gewichtsmengen derselben auf 100 Th. Wasser ausgedrückt. Es wäre, allem Anscheine nach, bequemer die Menge der gelösten Substanz in einem bestimmten Volum der Lösung, also z. B. in einem Liter, anzugeben. Die verschiedenen Ausdrucksweisen für die Zusammensetzung von Lösungen finden sich in meinem in Anm. 19 erwähnten Werke.

49) Beobachtungen über die Aenderungen der Dampftension von Lösungen haben viele Forscher angestellt; am meisten bekannt sind die Untersuchungen von

Salz (1, 5 und 10 auf 100 Wasser) nahezu proportional. Weitere Beobachtungen haben sodann ergeben, dass das Verhältniss der Dampftensions-Erniedrigung zur Tension des Dampfes reinen Wassers bei verschiedenen Temperaturen für eine gegebene Lösung eben-

---

Wüllner (1858—1860) und von Tammann (1887). Zahlreiche Beobachtungen über die Eisbildungstemperatur für verschiedene Lösungen sind von Blagden (1788), Rüdorff (1861), Coppet (1871) ausgeführt worden; besonderes Interesse erlangten diese Untersuchungen durch die Arbeiten von Raoult, der 1882 die Lösungen in Wasser, später auch in anderen leicht gefrierenden Flüssigkeiten, wie Benzol C^6H^6 (Schmelzpunkt $4^0,96$), Essigsäure $C^2H^4O^2$ ($16^0,75$) u. a., untersuchte. Er bestimmte die Gefriertemperatur der Lösungen vieler gut untersuchter Kohlenstoffverbindungen und fand, dass ein bestimmtes einfaches Verhältniss zwischen dem Molekulargewicht des gelösten Körpers und der Krystallisationstemperatur des Lösungsmittels besteht. Auf die Anwendung der Resultate Raoult's zur Bestimmung des Molekulargewichts werden wir weiter unten zurückkommen, hier wollen wir nur das Ergebniss seiner Untersuchungen zusammenfassen. Wenn in 100 Grammen eines Lösungsmittels der hundertste Theil des der Formel entsprechenden Molekulargewichtes eines Körpers (in Grammen) gelöst wird, so wird der Gefrierpunkt für Wasser um $0^0,185$, für Benzol um $0^0,49$, für Essigsäure um $0^0,39$, oder um das doppelte dieser Menge erniedrigt. Da nun bei verdünnten Lösungen die Gefrierpunktserniedrigung dem Gehalte an gelöster Substanz proportional ist, so lässt sich dieselbe aus den angeführten Zahlen für alle andere (verdünnte) Lösungen berechnen. Die der Formel des Acetons, C^3H^6O, entsprechende Gewichtsmenge ist 58; Lösungen von 2,42 g, 6,22 g und 12,35 g Aceton in 100 g Wasser gefrieren (nach Beckmann) bei — $0^0,770$, — $1^0,930$ und — $3^0,820$, woraus die Gefrierpunktserniedrigung für je 0,58 g Aceton auf 100 g Wasser sich zu $0^0,185$ resp. $0^0,180$ und $0^0,179$ berechnet. Es ist zu bemerken, dass das Gesetz der Proportionalität (zwischen der Gefrierpunktserniedrigung, dem Gehalt an gelöstem Körper und dem Molekulargewicht dieses letzteren) im Allgemeinen nur annähernd zutrifft und nur auf schwache Lösungen Anwendung findet.

Wir müssen bemerken, dass diese Untersuchungen ein ganz besonderes theoretisches Interesse erlangten, nachdem der Zusammenhang zwischen der Erniedrigung der Dampftension, der Gefrierpunktserniedrigung, dem osmotischen Druck (Van't Hoff Anm. 19) und der galvanischen Leitungsfähigkeit entdeckt worden war. Wir wollen daher noch in Kürze die Ausführung der diesbezüglichen Bestimmungen beschreiben und einige theoretische Ergebnisse anführen.

Zur **Bestimmung der Temperatur der Eisbildung** (oder der Krystallisation anderer Lösungsmittel) bereitet man sich eine Lösung von bestimmtem Gehalte und giesst dieselbe in ein cylindrisches Gefäss, das in ein anderes ebensolches Gefäss in der Weise gebracht wird, dass zwischen beiden eine Luftschicht bleibt, welche (als schlechter Wärmeleiter) zu rasche Temperaturänderungen verhindert. In die Lösung taucht man die Kugel eines sehr empfindlichen (und verificirten) Thermometers und einen zum Mischen der Flüssigkeit dienenden gebogenen Platindraht. Der ganze Apparat wird unter fortwährendem Mischen der Lösung so lange abgekühlt (durch Umgeben mit einer Kältemischung), bis sich Eiskrystalle auszuscheiden beginnen. Wenn auch die Temperatur anfangs etwas tiefer fällt, so wird sie, sobald Eisbildung eintritt, konstant. Lässt man die Flüssigkeit sich etwas erwärmen, kühlt sie dann von neuem ab und beobachtet wiederum die Gefriertemperatur (d. h. den höchsten Stand des Quecksilbers im Thermometer während der Krystallbildung, so gelangt man zu genauen Resultaten. Ist die Masse der Lösung bedeutend, so beschleunigt man die Bildung von Eis durch Einführen eines kleinen Eiskrystalles (der die Zusammensetzung der Lösung nur in ganz unmerklichem

falls eine fast konstante Grösse bildet [50]) und dass für verschiedene (verdünnte) Lösungen das Verhältniss zwischen der Erniedrigung der Dampftension und des Gefrierpunktes ein ziemlich konstantes ist [51]).

Die Verminderung der Dampftension von Lösungen erklärt die Erhöhung der Siedetemperatur des Wassers beim Lösen von nicht

---

Maasse verändert) in die etwas unterkühlte Lösung. Die Beobachtung muss unter Bildung einer möglichst geringen Menge von Krystallen ausgeführt werden, da sonst die Ausscheidung derselben die Zusammensetzung der Lösung verändert; es muss ferner der Zutritt von Feuchtigkeit aus der Luft in den Apparat vermieden werden, damit keine Veränderungen in der Zusammensetzung der Lösung und den Eigenschaften des Lösungsmittels (z. B. bei Essigsäure) eintreten.

Diese im Grunde so einfachen Bestimmungen erlangten ein ausserordentliches theoretisches Interesse, als Van't Hoff (Anmerk. 19) nachwies, dass die hierbei erlangten Resultate vollkommen mit denen übereinstimmen, zu welchen die Beobachtung des osmotischen Druckes führt. Die letzteren Beobachtungen haben gezeigt, dass molekulare (d. h. den Formeln entsprechende) Mengen verschiedener Stoffe in Lösungen einen osmotischen Druck ausüben, der entweder gleich einer Atmosphäre ($i = 1$) ist, oder das i-fache einer Atmosphäre beträgt. Die Grösse i, welche durch Beobachtungen des osmotsichen Druckes in wässerigen Lösungen bestimmt wird, kann gleichfalls aus den Gefrierpunktserniedrigungen abgeleitet werden, indem man die einem Gehalte von 1 Gramm Substanz in 100 g Wasser entsprechende Erniedrigung mit dem Molekulargewicht (welches durch die Molekularformel ausgedrückt wird) multiplizirt und durch die Zahl 18,5 dividirt. Auf Grund der oben für Aceton gegebenen Zahlen findet man, dass für 1 g desselben die Gefrierpunkterniedrigung $0^0,318$ beträgt; multiplizirt man mit dem Molekulargewicht (58) und dividirt durch 18,5, so findet man dass $i = 1$ ist. Für Zucker und viele andere Stoffe (z. B. $MgSO_4$, CO_2 u. a.) führen beide Methoden ebenfalls zu einem sich der Eins nähernden Werthe. Für KCl, NaCl, KJ, KNO^3 u. a. ist i grösser als 1, aber kleiner, als 2; für H^2SO^4, HCl, $NaNO^3$, CaN^2O^6 u. a. nähert es sich 2; für $BaCl^2$, $MgCl^2$, K^2CO^8, $K^2Cr^2O^7$ u. a. ist es grösser, als 2, aber kleiner, als 3. Weitere Beobachtungen müssen zeigen, ob diese Resultate allgemeine Geltung besitzen und werden wahrscheinlich diese bemerkenswerthen, bis jetzt nur erst konstatirten Verhältnisse aufklären.

50) Es wurde dies von Gay-Lussac, Prinsep und Babo aufgestellt und ist bis zu einem gewissen Grade durch spätere Beobachtungen bestätigt worden. Man zieht demnach nicht die Erniedrigung der Dampftension selbst ($p - p'$) in Betracht, sondern den Quotienten $\left(\dfrac{p - p'}{p}\right)$, wobei p die Dampftension des Wassers bezeichnet. Es ist zu bemerken, dass da, wo keine chemische Wechselwirkung stattfindet, auch keine oder nur eine höchst geringe (Anm. 33) und dann auch dem Gehalte an gelöster Substanz nicht proportionale Erniedrigung der Dampfspannung beobachtet wird. Die Dampfspannung der Mischung ist dann, nach dem Dalton'schen Gesetz, gleich der Summe der Dampfspannungen der Bestandtheile. Mischungen von in einander unlöslichen Flüssigkeiten (z. B. Wasser und Chlorkohlenstoff) sieden daher niedriger, als die leichter flüchtige der sie zusammensetzenden Flüssigkeiten (Magnus, Regnault).

51) Wird in unserem Beispiele die Erniedrigung der Dampftension durch die Dampftension des Wassers dividirt, so erhält man Zahlen, welche (etwa) 105-mal geringer sind, als die Grösse der Gefrierpunktserniedrigung. Dieses Verhältniss wurde von Guldberg auf Grund der mechanischen Wärmetheorie abgeleitet und bestätigte sich später an vielen untersuchten Lösungen.

flüchtigen festen Körpern. Da nun der Dampf dieselbe Temperatur besitzt wie die Flüssigkeit, aus der er entsteht, so erhält man aus solchen Lösungen überhitzten Dampf. Eine gesättigte Lösung von gewöhnlichem Kochsalz siedet bei $108^0,4$, eine Lösung von 335 Theilen Salpeter in 100 Theilen Wasser bei $115^0,9$, eine solche von 325 Theilen Chlorcalcium bei 179^0 (bei Bestimmung der Temperatur durch Eintauchen der Thermometerkugel in die Flüssigkeit). Diese Erhöhung der Siedetemperatur beweist wiederum, dass in den Lösungen zwischen dem Lösungsmittel und dem gelösten Körper eine chemische Anziehung besteht. Noch deutlicher wird dies in den Fällen, wo die Lösung höher siedet, als das Wasser und der in demselben gelöste flüchtige Körper (z. B. Salpetersäure oder Ameisensäure), oder wo selbst Lösungen von Gasen (Chlorwasserstoff, Jodwasserstoff) oberhalb 100^0 sieden.

Die Ausscheidung von reinem Eis aus wässerigen Lösungen [52]) erklärt die den Seefahrern längst bekannte Erscheinung, dass das Eis der Ozeane beim Schmelzen süsses Wasser gibt; ferner auch den Umstand, dass beim Gefrierenlassen von Salzwasser, ebenso wie beim Eindampfen desselben die Soole salzreicher wird. In kalten Landstrichen lässt man daher bei Gewinnung von Salz aus Meerwasser letzteres frieren und dampft die konzentrirte Lösung dann ein.

Wenn aus einer Lösung das Wasser entfernt wird (durch Verdampfen bei verschiedenen Temperaturen oder durch Eisbildung) so muss eine gesättigte Lösung entstehen und schliesslich der darin gelöste Körper sich ausscheiden. Ebenso muss eine Lösung, welche bei einer bestimmten Temperatur gesättigt war, einen Theil des gelösten Körpers ausscheiden, wenn sie durch Abkühlung [53]) auf eine solche Temperatur gebracht

---

[52] Fritzsche hat gezeigt, dass die Lösungen vieler Farbstoffe farbloses Eis geben, ein deutlicher Beweis dafür, dass nur das Wasser, ohne Beimengung der gelösten Substanz, in den festen Zustand übergeht, obgleich die Möglichkeit auch des Gegentheils nicht ausgeschlossen erscheint.

[53] Da die Löslichkeit einiger Stoffe (z. B. des Coniins, des schwefelsauren Ceriums u. a.) mit der Zunahme der Temperatur abnimmt (in gewissen Grenzen, siehe Anm. 24), so scheiden sich solche Stoffe aus ihren gesättigten Lösungen nicht beim Abkühlen, sondern beim Erwärmen aus. So z. B. wird eine bei 70^0 gesättigte Lösung von schwefelsaurem Mangan $MnSO^4$ bei weiterem Erhitzen trübe. Die Ausscheidung von gelöster Substanz bei Temperaturänderungen bietet ein bequemes Mittel zur Bestimmung des Löslichkeitskoëffizienten; dasselbe wurde auch von W. Alexejew zu diesem Zweck in vielen Fällen benutzt. Die Beobachtungsmethode ist im Grunde dieselbe wie bei den Gefrierpunktsbestimmungen. Aus den Lösungen von Salzen (z. B. von $CaSO^4$, $MnSO^4$), die sich beim Erwärmen ausscheiden, erhält man durch Abkühlen Eis und durch Erwärmen — Salz in festem Zustande. Hieraus ergibt sich, dass die Ausscheidung von gelöster Substanz eine gewisse Analogie mit der Ausscheidung von Eis aus Lösungen bietet: in beiden Fällen entsteht aus einem homogenen (flüssigen) ein heterogenes (aus einem flüssigen und einem festen Körper bestehendes) System.

wird, bei welcher das Wasser die vorhandene Substanzmenge nicht mehr in Lösung zu halten vermag. Wenn die Ausscheidung beim Abkühlen einer gesättigten Lösung oder beim Eindampfen langsam vor sich geht, so entstehen sehr häufig **Krystalle** des gelösten Körpers. Dieses ist auch die gewöhnliche Art der Darstellung von Krystallen löslicher Körper. Einige feste Körper scheiden sich aus ihren Lösungen sehr leicht in schön ausgebildeten, manchmal eine bedeutende Grösse erreichenden Krystallen aus; z. B. Seignettesalz, schwefelsaures Nickel, gewöhnlicher Alaun, Soda, Chromalaun, Kupfervitriol, rothes Blutlaugensalz und viele andere Salze. Sehr wichtig ist hierbei auch der Umstand, dass viele feste Körper bei der Ausscheidung aus wässrigen Lösungen einen Theil des Wassers zurückhalten und wasserhaltige Krystalle geben. Das in den Krystallen zurückgehaltene Wasser wird **Krystallisationswasser** genannt. Alaune, Vitriole, Glaubersalz, Bittersalz enthalten solches Krystallisationswasser, andere Körper dagegen bilden wasserfreie Krystalle, so z. B. Salmiak, Kochsalz, Salpeter, chlorsaures Kalium oder Berthollet's Salz, Höllenstein oder salpetersaures Silber, Zucker u. a. Ein und derselbe Körper kann sich aus seinen Lösungen, je nach der Temperatur, bei welcher die Krystallbildung erfolgt, entweder mit einem Gehalt an Krystallisationswasser oder wasserfrei ausscheiden. So z. B. enthält Kochsalz kein Krystallisationswasser, wenn es bei gewöhnlicher oder höherer Temperatur krystallisirt; bei niedrigeren Temperaturen aber, unterhalb $-5°$, scheiden sich Kochsalz-Krystalle aus, die in 100 Theilen 38 Theile Wasser enthalten. Es können ferner die bei verschiedenen Temperaturen aus den Lösungen entstehenden Krystalle eines Körpers verschiedene Mengen Krystallisationswasser enthalten. Wir ersehen daraus, dass ein in Wasser gelöster fester Körper mit demselben Verbindungen von verschiedener Eigenschaft und Zusammensetzung bilden kann, welche sich im festen Zustande ebenso ausscheiden lassen, wie viele gewöhnliche chemische Verbindungen. Es offenbart sich dieses durch eine Menge von Eigenschaften und Erscheinungen, welche den Lösungen zukommen, und lässt voraussetzen, dass in den Lösungen ebensolche oder wenigstens ähnliche Verbindungen des Lösungsmittels mit dem gelösten Körper, aber in flüssigem und theilweise zersetztem Zustande vorhanden sind. Häufig wird dies schon durch die **Farbe der Lösungen** bestätigt. Kupfervitriol bildet blaue Krystalle, welche Krystallisationswasser enthalten; durch Glühen dieser Krystalle scheidet sich das Wasser aus und das wasserfreie Salz bleibt als weisses Pulver zurück. Die blaue Farbe ist also der Verbindung des Salzes mit Wasser eigen und da die Lösungen von Kupfervitriol stets von blauer Farbe sind, so müssen sie eine den wasserhaltigen Krystallen des

Kupfervitriols ähnliche Verbindung enthalten. Die Krystalle von Kobaltchlorür lösen sich in wasserfreien Flüssigkeiten, z. B. *in wasserfreiem Weingeist, mit blauer Farbe, im Wasser geben sie dagegen rothe Lösungen.* Die sich aus der wässerigen Lösung ausscheidenden Krystalle des Kobaltchlorürs enthalten nach den Bestimmungen von Potilitzin, sechsmal mehr Wasser ($CoCl^2 6H^2O$) auf eine gegebene Menge wasserfreien Salzes, als die violetten Krystalle ($CoCl^2 H^2O$), welche beim Verdampfen der weingeistigen Lösung sich bilden.

Auf das Vorhandensein von besonderen Verbindungen der gelösten Körper mit Wasser in den Lösungen deuten ferner: die übersättigten Lösungen, die sogen. Kryohydrate, die konstant siedenden Lösungen einiger Säuren und endlich die Eigenschaften der Verbindungen mit Krystallisationswasser, welche beim Studium der Lösungen gleichfalls in Betracht zu ziehen sind.

Uebersättigte Lösungen entstehen beim Abkühlen der gesättigten Lösungen einiger Salze [54]), wobei unter bestimmten Umständen der Ueberschuss an gelöster Substanz in Lösung bleiben kann und sich nicht, wie es in der Regel geschieht, ausscheidet. Sehr viele Körper besitzen die Fähigkeit solche Lösungen zu geben, besonders aber das schon früher erwähnte Glaubersalz oder schwefelsaure Natrium Na^2SO^4. Wenn man Wasser bei Siedetemperatur mit Glaubersalz sättigt, die Lösung von dem überschüssigen Salz abgiesst, einige Zeit kocht und, während sie noch im Kochen ist, das Gefäss dicht verschliesst, entweder zuschmilzt oder mit Baumwolle verstopft oder auf die Flüssigkeit eine Oelschicht giesst, so kann die Lösung auf die gewöhnliche Temperatur und selbst bedeutend niedriger abgekühlt werden, ohne dass eine Ausscheidung von Glaubersalz erfolgt, während, wenn die angedeuteten Vorsichtsmassregeln nicht beachtet werden, Krystalle von der Zusammensetzung $Na^2SO^4 10H^2O$, also mit einem Gehalt von 180 Wasser auf 142 wasserfreies Salz, entstehen. Die übersättigte Lösung kann in dem Gefässe bewegt werden, ohne dass Krystallisation erfolgt und die Menge des gelösten Salzes bleibt dieselbe, wie bei der höheren Temperatur, bei welcher die Lösung hergestellt wurde. Krystallisation erfolgt aber sofort, wenn das Gefäss geöffnet und ein Krystall von Glaubersalz in dasselbe geworfen wird [55]). Bei der sehr raschen Bildung

---

54) Am leichtesten geben übersättigte Lösungen diejenigen Salze, welche sich aus ihren Lösungen mit Krystallisationswasser ausscheiden; die Erscheinung ist aber viel allgemeiner, als früher angenommen wurde. Die ersten Angaben über solche Lösungen machte im vorigen Jahrhundert Löwitz in Petersburg. Zahlreiche Beobachtungen haben sodann gezeigt, dass die übersättigten Lösungen sich von den gewöhnlichen nicht wesentlich unterscheiden, denn ihr spezifisches Gewicht, ihre Dampftension, ihr Gefrierpunkt u. s. w. ändern sich nach denselben Gesetzen.

55) Da in der Luft, wie unmittelbare Versuche lehren, kleine Kryställchen verschiedener Salze, darunter auch Glaubersalz, wenn auch in höchst geringer

der Krystalle lässt sich auch eine sehr bedeutende Erwärmung beobachten, da der Uebergang des Salzes aus dem flüssigen in den festen Zustand von Wärmeentwickelung begleitet wird. Die Erscheinung ist bis zu einem gewissen Grade derjenigen analog, bei welcher sich Wasser unterhalb 0^0 (sogar bis auf -10^0) abkühlen lässt ohne zu gefrieren, und bei welcher dann die Erstarrung unter bestimmten Bedingungen plötzlich und unter Wärmeentwickelung erfolgt. Uebrigens ist die Erscheinung der Uebersättigung von Lösungen ein komplizirterer Vorgang, als der soeben erwähnte. So z. B. scheidet eine übersättigte Glaubersalzlösung beim Abkühlen Krystalle von der Zusammensetzung $Na^2SO^4 7H^2O$ aus [56]), d. h. eine Verbindung mit einem Gehalte von

---

Menge, enthalten sind, so kann in einem offen an der Luft stehenden Gefässe Krystallisation der übersättigten Glaubersalzlösung erfolgen. Uebersättigte Lösungen einiger anderer Salze, z. B. des essigsauren Bleies, krystallisiren dagegen unter dem Einflusse der atmospärischen Luft nicht. Nach den Beobachtungen von Lecoq de Boisbaudran, Gernez u. a. können nicht nur Krystalle des in der übersättigten Lösung enthaltenen Salzes, sondern auch Krystalle isomorpher Salze die Krystallisation der Lösung hervorrufen. So z. B. krystallisirt schwefelsaures Nickel aus übersättigten Lösungen bei der Berührung mit Krystallen der entsprechenden Salze von Mg, Cu, Co, Mn. Bei der Berührung mit einem Krystall erfolgt die Krystallisation einer übersättigten Lösung strahlenförmig von dem Krystall ausgehend mit einer bestimmten Geschwindigkeit, wobei selbstverständlich jeder entstehende Krystall wiederum zum Ausgangspunkte neuer Krystallbildung wird. Die Erscheinung erinnert an die Entwickelung von Organismen aus Keimen. Aehnliches wird durch Aehnliches angezogen und gestaltet sich zu bestimmten ähnlichen Formen.

56) Die gegenwärtig am meisten verbreitete Vorstellung ist die, dass übersättigte Lösungen homogene Systeme darstellen, welche in heterogene (aus einem festen und einem flüssigen Körper bestehende) übergehen, ebenso wie unterkühltes Wasser Eis und Wasser gibt, oder wie überschmolzener rhombischer Schwefel bei Berührung mit rhombischen Schwefelkrystallen in die rhombische und bei Berührung mit monoklinen Krystallen in die monokline Modifikation übergeht. Obgleich diese Vorstellung sehr viele der die Uebersättigung begleitenden Erscheinungen erklärt, so deutet doch z. B. beim Glaubersalz die Bildung des weniger beständigen 7 Wassermolekeln enthaltenden Salzes, anstatt des beständigeren mit 10 Wassermolekeln krystallisirenden, darauf hin, dass hier eine von der gewöhnlichen abweichende Struktur der übersättigten Lösungen anzunehmen ist. Stscherbatscheff behauptet auf Grund seiner Untersuchungen, dass die Lösung des 10 Wassermolekeln enthaltenden Glaubersalzes beim Verdampfen ohne Erhitzen Krystalle mit 10 Wassermolekeln gibt, während beim Erhitzen über 33^0 eine übersättigte Lösung entsteht und das 7 Wassermolekeln enthaltende Salz sich bildet, so dass also ein verschiedener Zustand des Salzes in gewöhnlichen und übersättigten Lösungen anzunehmen wäre. Um diese Annahme zu rechtfertigen, müssten aber solche Merkmale gefunden werden, welche erlauben würden, die (nach dieser Anschauung isomeren) Lösungen des 10 und des 7 Wassermolekeln enthaltenden Salzes von einander zu unterscheiden, was aber bis jetzt trotz aller Mühe nicht gelungen ist. Ferner wäre in allen übersättigten Lösungen die Existenz von besonderen Modifikationen von Krystallhydraten zu erwarten, bis jetzt ist aber nichts derartiges bekannt (obgleich es wol möglich ist). Es ist anzunehmen, dass der Zusammenhang zwischen der leichten Schmelzbarkeit des 10 Wassermolekeln enthaltenden Salzes (wie überhaupt der Salze, welche leicht übersättigte Lösungen

142 Th wasserfreien Salzes auf 126 Th. Wasser und nicht 180 Th., wie in dem zuerst erwähnten Salze. Die Krystalle des 7 Wassermolekeln enthaltenden Salzes sind nicht beständig, es genügt sie mit einem Krystall des 10 Wassermolekeln enthaltenden Salzes, oder häufig selbst mit einem fremden festen Körper zu berühren, um ein Trübwerden der Lösung infolge der Entstehung eines Gemisches von wasserfreiem und wasserhaltigem Salz hervorzurufen. Offenbar können sich also zwischen dem Wasser und dem gelösten Körper Gleichgewichtszustände verschiedener Art und von grösserer oder geringerer Stabilität einstellen, von denen die Lösungen nur ein spezieller Fall sind [57]).

geben und verschiedene Krystallhydrate bilden) und der Zersetzbarkeit dieses Salzes beim Schmelzen (d. h. der Bildung von wasserfreiem Salz) bei dem Vorgang eine Rolle spielen. Da die Krystallhydrate gewisser Salze (Alaun, Bleizucker, Chlorcalcium) ohne Zersetzung schmelzen, während andere, wie das Na^2SO^4 10 H^2O, sich dabei zersetzen, so ist letzteren möglicherweise ein solcher Gleichgewichtszustand (der Molekeln) eigen, der bei höheren Temperaturen, als der des Schmelzpunktes, nicht mehr bestehen kann. Würde durch den Versuch festgestellt, dass das 7 Wassermolekeln enthaltende Glaubersalz beim Abkühlen der Lösung, noch ehe die Temperatur von 33^0 erreicht ist, auszukrystallisiren anfängt und später die Krystalle nur wachsen, so liessen sich alle Eigenschaften der übersättigten Glaubersalzlösungen ausschliesslich durch Unterkühlung erklären. Bis jetzt sind aber diese Fragen, trotz der äusserst zahlreichen Untersuchungen, bei weitem noch nicht entschieden. Ich bemerke noch, dass beim Schmelzen der Krystalle des 10 Wassermolekeln enthaltenden Salzes sich neben festem wasserfreiem Salz eine übersättigte Lösung bildet, welche Krystalle mit 7 Molekeln Wasser gibt, so dass der Uebergang des 10 Wassermolekeln enthaltenden in das 7 Wassermolekeln enthaltende Salz, und umgekehrt, unter gleichzeitiger Bildung von wasserfreiem (vielleicht eine Molekel Wasser enthaltendem) Salz vor sich geht.

Die Untersuchungen von Pickering (1887) über die Wärmemengen, welche beim Lösen von wasserhaltigen und wasserfreien Salzen bei verschiedenen Temperaturen entwickelt werden, führen zu der Annahme, dass bei einer bestimmten Temperatur die Verbindungswärme des Salzes mit Wasser gleich Null ist, dass also wahrscheinlich überhaupt keine solche Verbindung entsteht. So z. B. werden beim Lösen von 100 g (Grammmoleculargewicht) wasserfreier Soda Na^2CO^3 in 7200 g (= 400 H^2O) Wasser bei 4^0 4300 Calorien, bei 16^0 5300 Cal., bei 25^0 5850 Cal. entwickelt (in anderen Fällen wird ebenfalls ein Wachsen der Lösungswärme bei zunehmender Temperatur beobachtet). Nimmt man dagegen das Krystallhydrat Na^2CO^3 10H^2O, so findet (auf dieselbe Menge wasserfreier Soda berechnet) Wärmeabsorption statt: bei 4^0 von — 16250 Cal., bei 16^0 von — 16150 Cal. und bei 25^0 von — 16300 Cal. Da hierbei ein Theil der Wärme absorbirt wird, weil das Krystallisationswasser in festem Zustande genommen wird und erst beim Lösen in den flüssigen Zustand übergeht, so bringt Pickering die latente Schmelzwärme des Eises in Abzug und findet auf diese Weise, dass in dem angeführten Falle die Wärmeabsorption bei 4^0 — 1700 Cal., bei 16^0 — 600 Cal. und bei 25^0 — 0 Cal. beträgt. Hieraus berechnet sich die Bildungswärme des Krystallhydrates oder die Verbindungswärme von Na^2CO^3 mit 10H^2O (durch Subtraktion der letzteren Zahlenreihe von der ersten) bei 4^0 zu + 6000 Cal., bei 16^0 zu + 5900 Cal. und bei 25^0 zu + 5850 Cal., sie nimmt also, wenn auch nur wenig, mit steigender Temperatur ab. Möglicherweise sind für das Na^2SO^4 bei 33^0 die Verbindungswärmen mit 10 H^2O und mit 7H^2O gering und kaum zu unterscheiden.

57) Die **Emulsionen,** milchähnliche Gemische von Lösungen gummiartiger Kör-

Beim Abkühlen unter 0° scheiden Salzlösungen entweder Eis oder Krystalle von Salz (gewöhnlich mit Krystallisationswasser) aus; bei einer gewissen Konzentration jedoch, die durch vorhergehendes Ausscheiden von Eis erreicht werden kann, erstarren sie in ihrer ganzen Masse. Die so entstehenden festen Verbindungen werden **Kryohydrate** genannt. Meine 1868 ausgeführten Untersuchungen über Kochsalzlösungen haben gezeigt, dass dieselben vollständig erstarren, wenn sie die Zusammensetzung $NaCl + 10H^2O$ (58,5 Th. Salz auf 180 Th. Wasser) haben und zwar bei einer Temperatur von etwa — 23°. Die erstarrte Lösung schmilzt bei dieser Temperatur und sowol der flüssig gewordene Theil, als auch die übrige feste Masse behalten die nämliche oben angegebene Zusammensetzung. Guthrie (1874—1876) erhielt die Kryohydrate vieler anderen Salze und zeigte, dass einige derselben, wie das soeben beschriebene, sich bei relativ niedrigen Temperaturen bilden, während andere (z. B. die des Sublimats, des Alauns, des Berhtollet'-

---

per mit öligen Flüssigkeiten, in welchen letztere in Form kleiner, unter dem Mikroskop aber deutlich wahrnehmbarer, Tröpfchen suspendirt sind, bieten uns ein Beispiel mechanischer Gemische, welche mit den Lösungen wohl Aehnlichkeit zeigen, aber dennoch deutliche Unterschiede aufweisen. Es gibt aber Lösungen, welche den Emulsionen dadurch sehr nahe stehen, dass die in ihnen gelösten Stoffe sich mit besonderer Leichtigkeit ausscheiden lassen. Es ist z. B. schon seit lange bekannt, dass die besondere Modifikation des Berlinerblaus: $KFe^2(CN)^6$, welche sich in reinem Wasser löst, durch die geringsten Mengen vieler Salze in den unlöslichen Zustand übergeführt wird und gerinnt. Werden Schwefelkupfer CuS, Schwefelcadmium CdS, Schwefelarsen As^2S^3 und andere Schwefelmetalle durch doppelte Umsetzung dargestellt, indem man die Lösung eines Salzes dieser Metalle mit Schwefelwasserstoff fällt und das Schwefelmetall sorgfältig auswäscht (durch Dekantation, Absetzenlassen, Abgiessen der Flüssigkeit vom Niederschlage, Aufgiessen von schwefelwasserstoffhaltigem Wasser u. s. w.), so gehen diese in Wasser unlöslichen Schwefelmetalle, wie Schulze, Spring, Prost u. a. gezeigt haben, in durchsichtige (bei Hg, Pb, Ag — rothbraune, bei Cu, Fe — grünlichbraune, bei Cd, In — gelbe und bei Zn — farblose) Lösungen über, die sich längere Zeit halten (je verdünnter, um so länger), sogar gekocht werden können, mit der Zeit aber immer gerinnen, d. h. den gelösten Körper in unlöslichem Zustande, manchmal sogar in krystallinischem ausscheiden (wonach ein Uebergang in den löslichen Zustand gar nicht mehr möglich ist). Die geringsten Mengen von Salzen, namentlich des Aluminiums oder des in Lösung befindlichen Metalls, bringen solche Lösungen zum Gerinnen. Graham u. a. Forscher haben nachgewiesen, dass die Kolloïde (Anm. 18) die Fähigkeit besitzen Lösungen zu bilden, welche **Hydrosole** oder **Lösungen gallertartiger Kolloïde** genannt werden; beim Thonerde- und Kieselerdehydrat werden wir noch Gelegenheit haben auf diese Art von Lösungen zurückzukommen.

Bei dem heutigen Zustande unserer Kenntniss der Lösungserscheinungen können wir Lösungen der soeben beschriebenen Art als Uebergangsformen zu den Emulsionen betrachten. Eine richtige Vorstellung von diesen Lösungen wird sich aber erst dann gewinnen lassen, wenn das Verhältniss derselben zu den gewöhnlichen und übersättigten Lösungen, mit welchen sie in gewissen Punkten übereinstimmen, genauer erforscht sein wird. Wir bemerken noch, dass Lösungen selbst löslicher Kolloïde beim Abkühlen unter 0° sofort gefrieren und keine Kryohydrate nach Guthrie bilden.

schen Salzes, verschiedener Kolloïde) schon bei unbedeutender Abkühlung, bei — 2^0 und sogar höherer Temperatur entstehen; die Kryohydrate dieser letzteren Kategorie enthalten sehr viel Wasser. Es ist anzunehmen, dass diese zwei Arten von Kryohydraten sich wesentlich von einander unterscheiden, ein endgiltiges Urtheil lässt sich aber darüber nicht fällen, da wir noch weit entfernt sind über ein genügendes Thatsachenmaterial zu verfügen [58]). Uebrigens sind die Kryohydrate des Kochsalzes mit 10 Molekeln Wasser und des salpetersauren Natriums[59]) mit 7 Molekeln (d. h. 85 Salz auf 126 Wasser) unstreitig als bestimmte Verbindungen anzusehen, welche unverändert aus dem festen in den flüssigen Zustand — und umgekehrt — übergehen können; wir sind also berechtigt anzunehmen, dass wir in den Kryohydraten Lösungen vor uns haben, die nicht nur beim Abkühlen sich nicht zersetzen, sondern die auch stets eine ganz bestimmte Zusammensetzung behalten und somit von neuem auf das Vorhandensein eines Gleichgewichtszustandes zwischen Lösungsmittel und gelöstem Körper hinweisen.

Die Bildung von bestimmten, wenn auch wenig beständigen Verbindungen beim Lösen wird auf das handgreiflichste durch die bedeutende Verminderung der Dampftension und Erhöhung der Siedetemperatur beim Lösen einiger flüchtiger Flüssigkeiten und Gase im Wasser bewiesen. Der Jodwasserstoff HJ z. B.

---

58) Auf Grund seiner Untersuchungen hält Offer (1880) die Kryohydrate für einfache Gemische von Eis und Salz, welche eine konstante Schmelztemperatur besitzen, analog den Legirungen mit konstanter Schmelztemperatur und den Flüssigkeitslösungen mit konstantem Siedepunkt (s. Anm. 60). Offer erklärt aber nicht, in welchem Zustande das Kochsalz z. B. im Kryohydrate $NaCl + 10H^2O$ enthalten ist. Bei Temperaturen über $— 10^0$ scheidet sich das Kochsalz in wasserfreien Krystallen aus, in der Nähe dieses Temperaturgrades dagegen mit Krystallisationswasser in Krystallen von der Zusammensetzung $NaCl\ 2H^2O$; daher erscheint es höchst unwahrscheinlich, dass bei noch niedrigeren Temperaturen Ausscheidung von wasserfreien Krystallen stattfindet. Nimmt man aber im Kryohydrat die Existenz eines Gemisches von $NaCl\ 2H^2O$ und Eis an, so bleibt es unerklärlich, warum nicht einer dieser Körper früher schmilzt, als der andere. Wenn nun auch Weingeist aus der festen Masse des Kryohydrates Wasser auszieht, so beweist das durchaus nicht die Anwesenheit von Eis, denn der Weingeist entzieht Wasser den Krystallen sehr vieler wasserhaltiger Verbindungen bei der Schmelztemperatur derselben. Ferner lehrt der Versuch, dass ein im flüssigen Zustande sehr vorsichtig abgekühltes Kryohydrat, beim Einführen eines Eiskrystalls kein Eis ausscheidet, was der Fall sein müsste, wenn beim Erstarren des Kryohydrates ein Gemisch von Eis und Salz entstände.

In Bezug auf die Kryohydrate will ich noch hinzufügen, dass ich bei der Untersuchung der wässerigen Lösungen von Weingeist (s. Anm. 19) aus dem spezifischen Gewichte derselben auf die Existenz der Verbindung $C^2H^6O\ 12H^2O$ schloss; eine Lösung von dieser Zusammensetzung erstarrt vollständig bei $— 20^0$ zu schön ausgebildeten Krystallen, die, nach von mir im Verein mit Tistschenko gemachten Beobachtungen, bei ungefähr $— 18^0$ schmelzen. Diese bestimmte Verbindung erinnert in vieler Hinsicht an die Kryohydrate.

59) Siehe Anm. 24.

ist ein Gas, welches sich nur bei bedeutender Abkühlung verflüssigt und eine bei etwa — 20° siedende Flüssigkeit bildet. Seine Lösung in Wasser, welche in 100 Theilen 57 Th. (dem Gewichte nach) Jodwasserstoff enthält, zeichnet sich durch eine grosse Beständigkeit aus. Beim Erhitzen derselben verflüchtigt sich der Jodwasserstoff zugleich mit dem Wasser in demselben Verhältniss, in welchem er sich in der Lösung befindet, so dass die Lösung sich unverändert destilliren lässt und im Destillat dieselben relativen Mengen von Jodwasserstoff und Wasser wie in der ursprünglichen Lösung enthalten sind. Die Siedetemperatur dieser Lösung liegt höher, als die des reinen Wassers, und zwar bei 127°. Die physikalischen Eigenschaften des Gases und des Wassers sind hier also verschwunden, es ist eine beständige Verbindung beider — ein neuer Körper — entstanden, der seine eigene bestimmte Siedetemperatur besitzt, oder, richtiger gesagt, eine Temperatur, bei welcher die Verbindung sich zersetzt und Dämpfe seiner Dissoziationsprodukte bildet, die beim Abkühlen sich wieder vereinigen. Wird eine geringere Menge Jodwasserstoff im Wasser gelöst, so destillirt beim Erhitzen der Lösung zunächst reines Wasser über, bis im Rückstande eine Lösung von der oben angegebenen Konzentration entsteht, welche nun unverändert bei 127° übergeht. Wird umgekehrt in diese Lösung noch Jodwasserstoffgas eingeleitet, so löst sich wol eine neue Menge desselben auf, dieselbe scheidet sich aber sehr leicht wieder aus. Uebrigens wäre es falsch anzunehmen, dass die Kräfte, welche in den gewöhnlichen Lösungen von Gasen wirken, bei der Bildung solcher konstant siedender Lösungen gar nicht in Betracht kommen; eine solche Annahme wird schon dadurch widerlegt, dass bei verschiedenem Druck die Zusammensetzung der konstant siedenden Lösungen nicht dieselbe bleibt [60]). Nur beim gewöhnlichen atmosphäri-

---

60) Gerade diese bei Druckänderungen unvollkommene Beständigkeit der konstant siedenden Lösungen wird vielfach als Grund gegen die Annahme von bestimmten Hydraten flüchtiger oder gasförmiger Körper, z. B. Chlorwasserstoff, angeführt. Es wird nämlich darauf hingewiesen, dass, wenn wirklich Konstanz der Zusammensetzung existirte, dieselbe bei Aenderungen des Druckes sich nicht ändern dürfte. Darauf lässt sich folgendes erwiedern: die Destillation solcher konstant siedenden Hydrate ist unzweifelhaft (nach Bineau's Bestimmungen der Dampfdichte) von einer vollständigen Zersetzung der in der Flüssigkeit bestehenden Verbindung begleitet, ähnlich der Verflüchtigung von Salmiak, Schwefelsäure und anderen Verbindungen, d. h. dass, ebenso wie diese letzteren, auch die Hydrate im Dampfzustande nicht existenzfähig sind; die Zersetzungsprodukte HCl und H^2O sind aber bei der Destillationstemperatur Gase, welche sich in der siedenden und sich kondensirenden Flüssigkeit lösen und zwar, wie alle Gase, verschieden je nach dem Druck. Daher muss auch die Zusammensetzung der konstant siedenden Lösungen sich mit dem Druck etwas ändern; je geringer aber der Druck und je niedriger die Verdampfungstemperatur, desto wahrscheinlicher ist die Entstehung einer wirklichen Verbindung. Nach den Untersuchungen von Roscoe

schen Druck enthält die konstant siedende Jodwasserstofflösung 57 Procente Jodwasserstoff, bei anderem Drucke wird auch das Verhältniss der Mengen von Wasser und Jodwasserstoff ein anderes. Nach den Beobachtungen von Roscoe sind diese Veränderungen in der Zusammensetzung zwar sehr gering selbst bei bedeutenden Druck-

---

und Dittmar (1859) erwies sich, dass bei 3 Atmosphären Druck die konstant siedende Lösung der Salzsäure 18 Procent HCl enthält, bei 1 Atm. 20 pCt., bei $^1/_{10}$ Atmosphäre 23 pCt. Wird Luft durch solche Lösungen, bis eine konstante Zusammensetzung derselben erreicht wird, geleitet (und auf diese Weise überschüssiger Wasserdampf oder HCl entfernt), so erhält man bei 100° eine Lösung von 20 pCt. HCl, bei 50° von 23 pCt. und bei 0° von circa 25 pCt. Es folgt hieraus, dass man durch Verminderung des Drucks und Erniedrigung der Verdampfungstemperatur zu ein und demselben Resultat gelangt, d. h. zur Bildung eines Hydrates, welches der Formel $HCl + 6H^2O$ entspricht (für dasselbe berechnet sich der Chlorwasserstoffgehalt zu 25.26 pCt. Die rauchende Salzsäure enthält mehr Chlorwasserstoff.

Der Hauptgrund, welcher für die Annahme bestimmter Verbindungen in den konstant siedenden Säuren spricht, ist die Abnahme der Elasticität des gelösten Körpers. Das Gas (HCl, HJ) verliert seine Elasticität, bei Abnahme des Druckes folgt es nicht mehr dem Henry-Dalton'schen Gesetze und die Lösung scheidet nur Wasser aus; die flüchtige Flüssigkeit (z. B. Salpeter- und Ameisensäure) zeigt in der Lösung geringere Dampftension, als ihr selbst und dem mit ihr verbundenen Wasser entsprechen würde. Diese Abnahme der Elasticität erklärt sich durch eine Einbusse an innerer Bewegung, durch die Anziehungskraft, welche zwischen dem Wasser und dem gelösten Stoff zur Wirkung kommt. In dem oben besprochenen Fall, wie auch in dem von Konowalow (Anm. 47) untersuchten, sich auf die Ameisensäure beziehenden, hat die konstant siedende Lösung geringere Dampfspannung, also eine höhere Siedetemperatur, als ihre Bestandtheile. In anderen Fällen dagegen, z. B. bei der konstant siedenden Lösung von Propylalkohol (C^3H^8O), liegt die Siedetemperatur niedriger, als die des leichter flüchtigen der Bestandtheile. Auch in solchen Fällen aber, wenn nur überhaupt Lösung stattfindet, lässt sich die Möglichkeit der Bildung einer bestimmten Verbindung ($C^3H^8O + H^2O$) nicht leugnen, und ist die Dampftension der Lösung nicht gleich der Summe der Dampftensionen der Bestandtheile. Es sind endlich auch Fälle von konstant siedenden Gemischen selbst dann möglich, wenn überhaupt gar keine Lösung, keine Abnahme der Dampftension, also überhaupt keine chemische Einwirkung beobachtet wird, denn die Menge der überdestillirenden Flüssigkeiten wird durch das Produkt ihrer Dampfdichte mit der Dampftension bestimmt (Wanklyn). Daher destilliren z. B. mit Wasserdämpfen sogar unter 100° solche in Wasser unlösliche Flüssigkeiten über, die höher als 100° sieden, wie Terpentinöl und ätherische Oele. Somit sind in den uns beschäftigenden Fällen die Anzeichen einer wirklichen chemischen Wechselwirkung zwischen der Säure und dem Wasser nicht in der Konstanz der Zusammensetzung und des Siedepunktes (der Zersetzungstemperatur) zu suchen, sondern in der bedeutenden Abnahme der Elasticität, welche vollkommen analog ist derjenigen, die bei der Bildung der ganz bestimmten Verbindungen mit Krystallisationswasser beobachtet wird (Anm. 65). Die Schwefelsäure H^2SO^4 — zersetzt sich, wie wir später sehen werden, bei der Destillation ebenso, wie $HCl6H^2O$, sie besitzt aber alle Eigenschaften einer bestimmten chemischen Verbindung. Das Studium der Veränderungen der Dichte von Lösungen in Abhängigkeit von ihrer Zusammensetzung (s. Anm. 19) zeigt, dass Erscheinungen derselben Ordnung, nur in verschiedenem Grade, die Bildung sowol von H^2SO^4 aus H^2O und SO^3, als auch die von $HCl6H^2O$ (oder ähnlicher wässeriger Lösungen) aus HCl und H^2O, begleiten.

änderungen, dieselben zeigen aber ganz deutlich, dass die Bildung von unbeständigen chemischen Verbindungen, die leicht (unter Bildung von Gas) dissoziiren, von dem Drucke ebenso, nur weniger, beeinflusst wird, wie das Lösen von Gasen [61]. **Konstant siedende Lösungen** geben ausser der Jodwasserstoffsäure auch die Salzsäure, Salpetersäure u. a. m. Alle diese Lösungen haben die gemeinsame Eigenschaft, dass sie, wenn ihr Gehalt an Wasser gering ist, **an der Luft rauchen**; die konzentrirten Lösungen der Salpeter-, Salz-, Jodwasserstoff- und anderer Säuren werden daher als rauchende Säuren bezeichnet. Diese rauchenden Flüssigkeiten enthalten eine bestimmte, konstant über 100^0 (unter Zerfall in die Bestandtheile) siedende Verbindung und ausserdem einen Ueberschuss an gelöster flüchtiger Substanz, welche die Fähigkeit besitzt sich mit Wasser zu Hydrat zu verbinden, dessen Dampftension geringer ist, als die des Wassers. Indem nun diese gelöste Substanz verdampft, trifft sie mit der Feuchtigkeit der Luft zusammen, mit der sie sichtbare Nebel bildet, welche aus dem erwähnten Hydrate bestehen. Die chemische Anziehung oder Affinität, welche z. B. den Jodwasserstoff an das Wasser bindet, findet ihren Ausdruck nicht nur darin, dass beim Lösen desselben Wärme entwickelt und die Dampftension vermindert (die Siedetemperatur erhöht) wird, sondern auch in verschiedenen rein chemischen Erscheinungen. So bildet sich aus Jod und Schwefelwasserstoff bei Gegenwart von Wasser Jodwassersoff, während bei Abwesenheit von Wasser diese Reaktion nicht stattfindet [62].

Die **Verbindungen** vieler Stoffe mit **Krystallisationswasser** sind vor allem feste Körper (im geschmolzenen Zustande sind sie schon als Lösungen, d. h. Flüssigkeiten zu betrachten); aus ihren Lösungen können sie ebenso entstehen, wie Eis oder Wasserdampf. Ich schlage für diese Verbindungen den Namen **Krystallhydrate** vor. So wenig wir in

---

[61] Der Vorgang hierbei lässt sich folgendermaassen veranschaulichen: der gasförmige oder leicht flüchtige Körper A gibt mit einer gewissen Menge Wasser nH^2O eine bestimmte zusammengesetzte Verbindung AnH^2O, die bis zu einer über 100^0 liegenden Temperatur t beständig ist. Wird diese Temperatur erreicht, so zersetzt sich die Verbindung in zwei Körper: $A + H^2O$. Beide sieden bei normalem Druck unter t^0, sie destilliren daher bei dieser Temperatur über und verbinden sich in der Vorlage von neuem. Wenn nun ein Theil der Verbindung AnH^2O sich zersetzt hat nnd überdestillirt ist, so bleibt im Destillationsgefäss noch unzersetzte Flüssigkeit, die eines der Zersetzungsprodukte zum Theil wieder auflösen kann, und zwar in Mengen, die entsprechend dem Druck und der Temperatur veränderlich sind. Daher muss die konstant siedende Lösung bei verschiedenem Druck eine etwas verschiedene Zusammensetzung haben.

[62] Die Lösungen von HCl in Wasser zeigen noch grössere Verschiedenheiten in ihrem Verhalten, je nachdem ob die Wassermenge dem Hydrat $HCl6H^2O$ entspricht oder grösser ist. So z. B. zersetzen konzentrirte Lösungen Schwefelantimon (unter Bildung von Schwefelwasserstoff H^2S) und fällen Kochsalz aus seinen Lösungen; während verdünnte Chlorwasserstofflösungen dies nicht thun.

Lösungen (die flüssig sind) die Anwesenheit von Eis oder Wasserdampf als solchen (wol aber die von Wasser) annehmen können, so wenig ist auch Grund zu der Annahme vorhanden, dass die aus den Lösungen entstehenden Verbindungen mit Krystallisationswasser bereits in der Lösung vorgebildet sind. [63]). Offenbar bilden diese Verbindungen nur eine der zahlreichen möglichen Formen des Gleichgewichts zwischen dem Wasser und der in ihm gelösten Substanz. Diese Formen erinnern aber in ihrem gesammten Verhalten an die Lösungen, d. h. an solche Verbindungen mit Wasser, welche sich mit geringerer oder grösserer Leichtigkeit unter Ausscheidung von Wasser und Bildung von wasserärmeren oder wasserfreien Verbindungen zersetzen. In der That gibt es viele wasserhaltige Krystalle, welche schon bei gewöhnlicher Temperatur einen Theil ihres Wassers in Form von Dampf ausscheiden. Die Krystalle der Soda oder des kohlensauren Natriums z. B. sind, wenn sie sich bei gewöhnlicher Temperatur, aus ihrer wässerigen Lösung ausscheiden, vollkommen durchsichtig; beim Stehen an der Luft aber geben sie einen Theil ihres Krystallisationswassers ab, verlieren ihre Durchsichtigkeit und das krystalilnische Aussehen, behalten jedoch ihre ursprüngliche Form bei. Diese Ausscheidung von Krystallisationswasser aus Krystallen bei gewöhnlicher Temperatur heisst **Verwitterung** der Krystalle. Unter dem Rezipienten der Luftpumpe und besonders bei schwachem Erwärmen wird die Verwitterung beschleunigt. Es ist dies ein bei gewöhnlicher Temperatur verlaufender Dissoziationsprozess. Lösungen zersetzen sich auf dieselbe Weise [64]). Die Tension der

---

[63]) Ein sehr gutes Beispiel dafür liefern die übersättigten Lösungen. Aus Lösungen von Kupfervitriol krystallisirt gewöhnlich das Salz in Krystallen mit 5 Molekeln Wasser $CuSO^4\ 5H^2O$; übersättigte Lösungen geben beim Einbringen eines solchen Krystalles Krystallisationen von derselben Zusammensetzung. Wird aber, nach den Beobachtungen von Lecocq de Boisbaudran, in die übersättigte Kupfervitriollösung ein Krystall von Eisenvitriol (ein isomorphes Salz: s. Anm. 55) $FeSO^4\ 7H^2O$, gebracht, so bilden sich Krystalle von schwefelsaurem Kupfer, welche 7 Molekeln Wasser enthalten, wie der Eisenvitriol: $CuSO^4\ 7H^2O$. Offenbar ist in der Lösung weder das eine, noch das andere dieser Krystallhydrate des schwefelsauren Kupfers enthalten, wir haben vielmehr in der Lösung die besondere Form eines flüssigen Gleichgewichtszustandes vor uns.

[64]) Die Verwitterung geht, wie jede andere Verdampfung, von der Oberfläche aus vor sich. Im Innern der verwitterten Krystalle findet sich gewöhnlich noch nicht in Verwitterung übergegangene Masse: auf den Bruchflächen grosser verwitterter Sodakrystalle zeigt sich ein durchsichtiger Kern, der aussen von verwitterter, pulverförmiger, undurchsichtiger Masse umgeben ist. Bemerkenswerth ist hierbei der Umstand, dass die Verwitterung ganz regelmässig und gleichartig vor sich geht in der Weise, dass Krystallecken und -Flächen gleichen krystallographischen Charakters gleichzeitig verwittern und die Krystallform die Theile des Krystalls bestimmt, in welchen der Verwitterungsprozess anfängt und die Reihenfolge, in der andere Theile von dem Prozess ergriffen werden. In den Lösungen findet die Verdampfung gleichfalls von der Oberfläche aus statt und hier bilden sich auch, bei genügender Ueber-

Wasserdämpfe, welche von den Krystallhydraten abgegeben werden, ist natürlich, wie bei den Lösungen, geringer, als die Dampftension des reinen Wassers bei derselben Temperatur [65]; daher können auch viele wasserfreie Salze, welche mit Wasser Verbindungen geben, aus der feuchten Atmosphäre Wasserdampf anziehen, d. h. gewissermaassen die Rolle eines kalten Körpers spielen, auf dem sich Wasser aus Dämpfen niederschlägt. Auf dieser Eigenschaft einiger Salze beruht auch ihre Anwendung zum Trocknen von Gasen, wobei noch zu bemerken ist, dass gewisse Körper, wie z. B. Potasche (K^2CO^3) und Chlorcalcium ($CaCl^2$) nicht nur das Wasser absorbiren, welches zur Bildung einer festen krystallinischen Verbindung nöthig ist, sondern in der feuchten Atmosphäre zerfliessen, d. h. Lösungen geben. Viele Krystalle, verwittern bei gewöhnlicher Temperatur gar nicht, wie z. B. der Kupfervitriol, welcher unbegrenzt lange Zeit unverändert aufbewahrt werden kann; doch verwittert auch dieses Salz, nachdem es unter dem Rezipienten der Luftpumpe sich zu zersetzen angefangen hat, an der Luft schon bei gewöhnlicher Temperatur. Die Temperatur, bei welcher eine vollständige Ausscheidung des Krystallisationswassers eintritt, ist für die verschiedenen Substanzen sehr verschieden; ausserdem wird häufig selbst in ein und derselben Verbindung nicht alles Krystallisationswasser bei derselben Temperatur aus-

---

sättigung, die ersten Krystalle. Die Krystalle übrigens, die von der Oberfläche zu Boden sinken, fahren selbstverständlich fort zu wachsen (s. NaCl).

[65] Nach Lescoeur (1883) besitzt eine konzentrirte Lösung von Aetzbaryt bei 100°, wenn sie Krystalle ($BaH^2O^2 + H^2O$) auszuscheiden beginnt, eine Dampftension von 630 mm (Wasser 760 mm); die Dampftension verringert sich (wenn die Lösung weiter eingedampft wird) auf 45 mm, indem alles Wasser entweicht und nur die Krystalle $BaH^2O^2 H^2O$ zurückbleiben; aber auch diese Krystalle verlieren ihr Wasser (dissoziiren, verwittern bei 100°) und hinterlassen das Hydrat BaH^2O^2, das bei 100° sich nicht zersetzt und kein Wasser ausscheidet. Bei 73° (wo die Dampftension des Wassers 265 mm beträgt) haben die mit einem Gehalt von $33H^2O$ krystallisirenden Lösungen eine Dampfspannung von 230 mm und die entstehenden Krystalle $BaH^2O^2\ 8H^2O$ eine solche von 160 mm; diese Krystalle können ihr Wasser verlieren und in die Verbindung $BaH^2O^2 H^2O$ übergehen die bei 73° nicht zersetzt wird, deren Dampftension bei dieser Temperatur also $= 0$ ist. Müller-Erzbach (1884) bestimmte die Dampftension verschiedener Substanzen (in Bezug auf flüssiges Wasser), indem er Röhrchen gleicher Länge mit den betreffenden Substanzen und mit Wasser in einem Exsikkator stehen liess und die Geschwindigkeit verfolgte, mit welcher der Wasserverlust vor sich ging. Hieraus ergab sich dann die relative Spannung. So besitzen bei gewöhnlicher Temperatur die Krystalle des phosphorsauren Natriums $Na^2HPO^4\ 12H^2O$, so lange sie nicht $5H^2O$ verloren haben, eine relative Dampfspannung von 0,7 (in Bezug auf Wasser), bei weiterem Verluste von $5H^2O$ beträgt dieselbe 0,4 und beim Entweichen der letzten Wassermolekeln nur 0,04. Offenbar werden also nicht alle Molekeln des Krystallisationswassers mit derselben Energie festgehalten. Von den 5 Wassermolekeln des Kupfervitriols werden 2 relativ leicht, schon bei gewöhnlicher Temperatur, ausgeschieden (übrigens, nach Latschinow, erst nach mehrtägigem Stehen im Exsikkator), weitere 2 Molekeln Krystallisationswasser entweichen schon schwieriger, während die fünfte sogar bei 100° zurückgehalten wird.

geschieden. Die Anfangstemperatur der Dissoziation liegt häufig bedeutend höher, als die Siedetemperatur des Wassers. Der blaue oder Kupfer-Vitriol, welcher in 100 Theilen 36 Th. Wasser enthält, scheidet bei 100^0 nur 28,8 Proc. desselben aus, die übrigen 7,2 Proc. dagegen erst bei 240^0. Alaun scheidet von seinen 45,5 Proc. Krystallisationswasser bei 100^0 18,9 Proc., bei 120^0 weitere 17,7, bei 180^0 noch 7,7, bei 280^0 noch 1 Proc. aus, während die letzten Mengen Wasser (1 Proc.) erst bei der Zersetzungstemperatur des Salzes abgegeben werden. Dieses Verhalten zeigt, dass der Eintritt des Krystallisationswassers in solche Verbindungen von einer, zwar im Vergleich mit den weiter unten zu besprechenden Fällen noch schwach erscheinenden, aber immerhin ziemlich bedeutenden Veränderung seiner Eigenschaften begleitet ist. In gewissen Fällen wird das Krystallisationswasser erst bei einer Temperatur ausgeschieden, bei welcher die Krystalle aus dem festen Aggregatzustande in den flüssigen übergehen, d. h. schmelzen. Man nennt dies — **Schmelzen im Krystallisationswasser**; nachdem sich aber das Wasser aus der geschmolzenen Masse ausgeschieden, bleibt der feste wasserfreie Körper zurück, so dass bei weiterem Erhitzen die Masse von Neuem fest wird. Die Krystalle des Bleizuckers (essigsauren Bleies) schmelzen im Krystallisationswasser bei $56^0,25$ wobei sie dieses Wasser zu verlieren anfangen; bei 100^0, nachdem alles Krystallisationswasser ausgeschieden ist, wird das Salz wieder fest, bei 280^0 schmilzt endlich das wasserfreie Salz. Das essigsaure Natrium $C^2H^3NaO^2$. $3H^2O$ schmilzt und erstarrt, nach Jeannel, bei 58^0, jedoch nur bei Berührung mit einem bereits vorhandenen Krystall, so dass es ohne zu erstarren bis 0^0 abgekühlt und zur Erhaltung einer bestimmten Temperatur benutzt werden kann; die latente Schmelzwärme beträgt etwa 28 Calorien, die Lösungswärme — 35 Calorien (Pickering). Das geschmolzene Salz siedet bei 123^0, d. h. bei dieser Temperatur ist die Tension des entweichenden Dampfes gleich einer Atmosphäre.

Von grösster Wichtigkeit ist bei den Verbindungen mit Krystallisationswasser der Umstand, dass die Menge dieses Wassers zu der Menge des mit ihm verbundenen Körpers stets in ein und demselben Verhältnisse steht. So oft man auch Kupfervitriol darstellen möge, immer findet man in seinen Krystallen 36,14 Procent Wasser und immer verlieren diese Krystalle bei 100^0 nur $^4/_5$ ihres Wassers, während das übrige $^1/_5$ zurückbleibt und erst bei 240^0 sich ausscheidet. Die Bestimmung des Gehaltes an Krystallisationswasser geschieht auf sehr einfache Weise, indem man eine gewogene Menge der Krystalle bei einer bestimmten Temperatur, im Luftbade oder einem andern Bade, trocknet. Das von den Krystallen des Kupfervitriols Gesagte gilt auch von allen anderen wasserhaltigen Krystallen: es kann weder die relative Menge des Salzes, noch die des Krystallisationswassers vergrössert werden, ohne die Homogenität der Verbindung zu zerstören. Findet Verlust eines Theiles des Wassers, z. B. durch Verwittern der Krystalle, statt, so hat man nicht mehr einer homogenen Körper, sondern ein Gemisch vor sich, das zum Theil aus der unveränderten wasserhaltigen Verbindung, zum Theil aus wasserfreier Substanz besteht. Wir haben hier also ein Beispiel einer **bestimmten chemischen Verbindung**, d. h. einer solchen, in der die Mengen der Bestandtheile genau bestimmt sind, vor uns. Solche Verbindungen lassen sich von den unbestimmten chemischen Verbindungen (den Lösungen z. B.) dadurch unterscheiden, dass zu den letzteren der eine der Bestandtheile, zuweilen auch beide, in unbegrenzter Menge hinzugefügt werden können und die Verbindung dennoch homogen bleibt, während bei bestimmten Verbindungen kein Bestandtheil sich zusetzen lässt, ohne dass die Homogenität des Ganzen aufgehoben wird. Bestimmte Verbindungen können wol bei höheren Temperaturen zerfallen, sie scheiden aber, wenigstens in den gewöhnlichen Fällen, bei Temperaturerniedrigungen keinen ihrer Bestandtheile aus, während z. B. Lösungen hierbei entweder Eis, oder Verbindungen mit Krystallisationswasser bilden. Dies führt zu der Annahme, dass die Lösungen fertig gebildetes Wasser, wenn auch vielleicht zuweilen in höchst unbedeutender Menge enthalten [66]. Die Lösungen, welche vollständig zu erstarren vermögen (wie z. B. die Kryohydrate und Krystallhydrate, d. h. schmelzbare Verbindungen mit Krystallisationswasser) sind also in diesem Sinne schon als bestimmte chemische Verbindungen aufzufassen, wie z. B. die Verbindungen von $84^1/_2$ Theilen Schwefelsäure H^2SO^4 mit $15^1/_2$ Th. Wasser HO, d. h. von der Zusammensetzung $H^2SO^4 . H^2O$ oder H^4SO^5. Stellen wir uns aber eine solche bestimmte Verbindung in flüssigem Zustande vor und nehmen wir an, dass sie sich in diesem Zustande theilweise zersetzt und Wasser nicht in Form von Eis oder Dampf (wobei ein heterogenes System von Körpern in verschiedenen Aggregatzuständen entstehen müsste), sondern in flüssigem Zustande (so dass ein homogenes System vorliegt), ausscheide, so gewinnen wir eine Vorstellung von der Lösung, als einem flüssigen, dissoziirenden, in einem dynamischen Gleich-

---

[66] Bei rein chemischen Einwirkungen lässt sich eine solche Erscheinung häufig beobachten. Wenn z. B. der flüssige Körper A mit dem gleichfalls flüssigen Körper B eine auch noch so unbedeutende Menge des, entsprechend den Versuchsbedingungen, festen oder gasförmigen Körpers C bildet, so wird letzterer dennoch sofort ausgeschieden (nach Berthollet's Ausdrucksweise aus der Wirkungssphäre entfernt), so dass die zurückbleibenden Mengen von A und B wieder eine neue Menge des Körpers C geben können u. s. w. Es muss also unter solchen Bedingungen die Reaktion bis zu Ende gehen. Mir scheint, dass der nämliche Prozess auch in den Lösungen stattfindet, wenn dieselben Eis oder Wasserdampf ausscheiden, was auf die Anwesenheit von (fertig gebildetem) Wasser hindeutet.

gewichtszustand befindlichen System von Wasser und dem gelösten Körper. Sowie zu einem homogenen Gasgemenge, ohne die Homogenität aufzuheben, der eine oder der andere der Bestandtheile zugefügt werden kann, so lässt sich auch zu solchen bestimmten Lösungen sowol vom Lösungsmittel, als auch vom gelösten Körper zusetzen (im ersteren Fall entsteht eine verdünnte Lösung, die keine bestimmte Zusammensetzung mehr besitzt, im letzteren Fall, wenn der gelöste Körper fest und die Lösung gesättigt ist, —·eine übersättigte Lösung); der gelöste Körper kann aber, dank der Kohäsion seiner Theilchen, sich im krystallinischen Zustande aus der Lösung ausscheiden. Der Zusatz vom gelösten Körper oder vom Lösungsmittel zur Lösung, bei fortbestehender Homogenität der letzteren, verändert die relativen Mengen (das Verhältniss der aufeinander wirkenden Massen) dieser beiden Bestandtheile, mithin auch die Menge des als Dissoziationsprodukt der Lösung auftretenden Wassers und die relative Quantität der einen oder der verschiedenen bestimmten Verbindungen des gelösten Körpers mit dem Wasser. Hierdurch tritt ferner auch eine Veränderung der Eigenschaften der Lösung (Kontraktion, Aenderung der Dampftension u. s. w.) ein, und zwar nicht nur im Sinne einer mechanischen Veränderung des Gehaltes an den einzelnen Bestandtheilen (wie beim Vermischen von auf einander nicht einwirkenden Gasen), sondern auch im Sinne einer Veränderung der Mengen der flüssigen bestimmten chemischen Verbindungen, welche in den Lösungen enthalten sind und deren Entstehung durch eine chemische Anziehung zwischen dem Wasser und den sich in ihm lösenden und mit ihm verschiedene [67]) Verbindungen gebenden Körpern bedingt wird.

---

67) Es gibt Substanzen, die sich unter einander nur zu einer einzigen Verbindung vereinigen, andere dagegen können mehrere Verbindungen von sehr verschiedener Beständigkeit bilden. Zu letzteren gehören die Verbindungen mit Wasser. In den Lösungen der Schwefelsäure z. B. (vrgl. Anm. 19) muss man die Existenz von mehreren, von einander verschiedenen bestimmten Verbindungen annehmen. Viele derselben sind bis jetzt noch nicht isolirt worden und kommen vielleicht auch nicht in einem anderem, als dem flüssigen Aggregatzustande, d. h. in Lösung, vor, ebenso wie viele, zweifellos bestimmte Verbindungen nur in einem physikalischen Zustande existiren. Solche Verbindungen kommen auch unter den Hydraten vor. Nach Wroblewski existirt die Verbindung $CO^2 8H^2O$ (s. Anm. 31) nur im festen Zustande. Auch die Existenz der Hydrate $H^2S 12H^2O$ (Forcrand und Villars) und $HBr\, 2H^2O$ (Bakhuis-Roozeboom) muss auf Grund der Veränderungen ihrer Dampfspannungen angenommen werden, obgleich diese Hydrate nur vorübergehend auftreten und nicht dauernd existiren können. Selbst die Schwefelsäure H^2SO^4, die zweifellos eine bestimmte Verbindung tsi, raucht im flüssigen Zustande unter Ausscheidung des Anhydrids SO^3, d. h. sie befindet sich in einem sehr unbeständigen Gleichgewicht. Beispiele von sehr unbeständigen Hydraten sind die Krystallhydrate des Chlors $Cl^2 8H^2O$, des Schwefelwasserstoffs $H^2S 12H^2O$ (das sich bei 0^0 bildet, aber schon bei $+ 1^0$ vollständig zerfällt, so dass bei dieser Temperatur ein Volum Wasser nur 4 Vol. H^2S löst, während bei $— 0{,}1^0$ gegen 100 Vol. gelöst werden) und vieler anderen Gase.

Dass ein sich lösender Körper mit dem Wasser eine Reihe verschiedener Verbindungen bilden kann, lässt sich daraus ersehen, dass häufig ein Körper viele **Krystallhydrate** (Verbindungen mit Krystallisationswasser) gibt, von denen jedes seine selbständigen, von den anderen Krystallhydraten desselben Körpers unterscheidenden Eigenschaften besitzt. — Auf Grund dieser Betrachtungen lassen sich die Lösungen [68]) **als flüssige, unbeständige, bestimmte chemische Verbindungen im Zustande der Dissoziation** definiren [69]).

---

68) Ebenso sind auch die anderen unbestimmten chemischen Verbindungen, z. B. die Metalllegirungen zu betrachten. Dieselben sind feste Körper oder erstarrte Metalllösungen, welche gleichfalls bestimmte Verbindungen enthalten können, in welchen aber auch ein Ueberschuss eines der dieselben bildenden Metalle vorhanden sein kann. Nach den Versuchen von Laurie (1888) verhalten sich Legirungen von Zink und Kupfer, was ihre elektromotorische Kraft in den galvanischen Elementen anbetrifft, genau ebenso wie Zink, wenn nur die Menge des letzteren in der Legirung nicht über eine bestimmte Grenze hinausgeht, d. h. wenn nicht eine bestimmte Verbindung entsteht, weil dann auch freies Zink vorhanden sein kann. Wenn aber von einer Kupferfläche nur der tausendste Theil mit Zink bedeckt wird, so wirkt in dem galvanischen Elemente nur das Zink.

69) Auf Grund der vorhergehenden Darlegungen kann man sich im Sinne der kinetischen Hypothese (d. h. unter der Annahme einer inneren Bewegung der Molekeln und Atome) den Zustand der Lösungen in folgender Weise vorstellen. In einer homogenen Flüssigkeit, z. B. im Wasser H^2O, befinden sich die Molekeln, in einem wenn auch beweglichen, so doch im Endresultat beständigen Gleichgewichte. Beim Lösen eines Körpers A in Wasser, bilden dessen Molekeln mit einigen Molekeln des Wassers die Systeme $A\,nH^2O$, welche so unbeständig sind, dass sie sich in dem aus Wassermolekeln bestehenden Mittel zersetzen, aber auch wieder bilden; A geht auf diese Weise von den einen Gruppen von Wassermolekeln fortwährend zu andern über, so dass eine Wassermolekel, die in einem gegebenen Moment sich in dem System $A\,nH^2O$ in mit A koordinirter Bewegung befand, im nächsten Moment dieses System verlassen haben kann. Ein Hinzutritt von neuen Wassermolekeln oder Molekeln des Körpers A kann entweder nur die Anzahl der freien oder zu den Systemen $A\,nH^2O$ verbundenen Molekeln verändern oder die Bedingungen schaffen, welche die Bildung von neuen Systemen $A\,mH^2O$ ermöglichen, wobei m grösser oder kleiner als n sein kann. Wenn in einer Losung die relativen Mengen der Molekeln gerade dem System $A\,mH^2O$ entsprechen, so muss der Hinzutritt neuer Molekeln von Wasser oder von A zur Bildung neuer Molekeln $A\,nH^2O$ führen. Die relativen Mengen, die Beständigkeit und die Zusammensetzung dieser Systeme oder bestimmten Verbindungen muss bei verschiedenen Lösungen verschieden sein. Zu dieser Vorstellung von den Lösungen führte mich das nähere Studium der Aenderungen ihrer spezifischen Gewichte (dieser Frage ist das in Anm. 19 citirte Werk gewidmet). Die bestimmten Verbindungen $A\,n_1H^2O$ und $A\,m_1H^2O$, welche in isolirtem Zustande, z. B. als feste Körper bekannt sind, können unter gewissen Umständen in Lösungen in einem (wenn auch nur theilweise) dissoziirten Zustande enthalten sein, sie sind ihrer Struktur nach vollkommen den bestimmten Verbindungen ähnlich, welche sich in den Lösungen bilden, nichts zwingt uns zu der Annahme, dass in den Lösungen gerade solche Systeme enthalten sind, wie z. B. $Na^2SO^4\,10H^2O$, $Na^2SO^4\,7H^2O$ oder Na^2SO^4.

In den relativ beständigeren, im isolirten Zustande existirenden und als solche aus dem einen Aggregatzustande in den andern übergehenden Systemen $A\,n^1H^2O$ muss, wenigstens innerhalb gewisser Temperaturgrenzen, ein mit dem von n^1H^2O

Auf diese Weise wird der Begriff der Lösung auf den Begriff einer bestimmten chemischen Verbindung, mit welcher die Chemie sich vornehmlich beschäftigt, zurückgeführt [70]). Wir wollen daher

vollkommen koordinirter Bewegungsmodus von A bestehen, während für die in Lösungen befindlichen Systeme A nH^2O und A mH^2O gerade das charakteristisch ist, dass sie im flüssigen Zustande, wenigstens theilweise, dissoziirt sind. Die Lösungen gebenden Körper A zeichnen sich eben durch die Fähigkeit aus, solche unbeständige Systeme A nH^2O zu geben, obgleich sie daneben auch bedeutend beständigere Systeme A n^1H^2O bilden können. So z. B. gibt das ölbildende Gas C^2H^4 beim Lösen in Wasser wahrscheinlich ein System $C^2H^4 nH^2O$, welches leicht in C^2H^4 und H^2O zerfällt; es bildet aber auch ein relativ beständiges System — den Weingeist $C^2H^6H^2O$ oder C^2H^6O. Der Sauerstoff löst sich im Wasser, verbindet sich aber mit demselben auch zu Wasserstoffhyperoxyd; das Terpentinöl $C^{10}H^{16}$ ist in Wasser unlöslich, es verbindet sich aber mit Wasser zu einem relativ beständigen Hydrat. Mit andern Worten, die chemische Struktur der Hydrate oder der bestimmten chemischen Verbindungen, die in Lösungen enthalten sind, zeichnet sich nicht nur durch eine Reihe von Eigenthümlichkeiten, sondern auch durch die verschiedenartige Beständigkeit dieser Verbindungen aus. Dieselbe chemische Struktur müssen wir auch in den Krystallhydraten, welche beim Schmelzen ächte Lösungen bilden, annehmen. Da nun Substanzen, die Krystallhydrate geben, wie die Soda, viele verschiedenartige Hydrate (A nH^2O) bilden können, in welchen die Zahl der Wassermolekeln (n) meist um so grösser ist, je niedriger ihre Entstehungstemperatur ist, und welche sich um so leichter zersetzen, je mehr Wasser sie enthalten, so muss: 1) die Isolirung von in Lösungen existirenden Hydraten mit grossem Wassergehalt am ehesten bei Temperaturerniedrigung zu erwarten sein (obgleich einige von ihnen vielleicht im festen Zustande überhaupt nicht existenzfähig sind) und muss 2) wahrscheinlich auch die Beständigkeit dieser höchsten Hydrate (Hydratationsstufen) unter den normalen Existenzbedingungen des Wassers am geringsten sein. Daher kann auch ein weiteres und eingehenderes Studium der Kryohydrate (s. Anm. 58) zur Aufklärung der Natur der Lösungen beitragen. Es ist aber vorauszusehen, dass gewisse Kryohydrate ähnlich den Metalllegirungen, sich als erstarrte Gemische von Eis und (wasserfreien) Salzen oder deren beständigeren Hydraten, andere dagegen sich als bestimmte chemische Verbindungen erweisen werden.

70) Die oben entwickelte Vorstellung, welche die Lösungen und andere un*bestimmte Verbindungen, als bestimmte, sich in einem besonderen Zustande befindliche* chemische Verbindungen betrachtet und die Annahme der Existenz einer besonderen Gruppe von unbestimmten Verbindungen beseitigt, führt zu einer Einheitlichkeit unserer chemischen Begriffe, welche nicht erreicht werden konnte, solange betreffs der unbestimmten Verbindungen eine physikalisch-mechanische Betrachtungsweise herrschte. Von den typischen Lösungen (Lösungen von Gasen in Wasser und verdünnten Salzlösungen) zur Schwefelsäure und von dieser und ähnlichen bestimmten, aber unbeständigen und flüssigen Verbindungen zu vollkommen bestimmten, wie die Salze und ihre Krystallhydrate, findet ein so allmählicher Uebergang statt, dass, wollte man die Zugehörigkeit der Lösungen zu den bestimmten, aber dissoziirten Verbindungen bestreiten, man auch gezwungen wäre, die bestimmte atomistische Zusammensetzung solcher Körper zu leugnen, wie der Schwefelsäure und der geschmolzenen Krystallhydrate. Ich wiederhole aber, dass bis jetzt die Theorie der Lösungen noch nicht als sicher festgestellt betrachtet werden kann. Die oben entwickelten Ansichten sind nichts weiter, als eine Hypothese, welche danach strebt, den relativ beschränkten Kenntnissen gerecht zu werden, die wir über die Lösungen und deren Uebergänge in bestimmte Verbindungen besitzen. Indem ich die Lösungen den Begriffen der Dalton'schen

an dieser Stelle noch auf eine wesentliche Eigenschaft der bestimmten chemischen Verbindungen, zu denen im Grunde auch die Lösungen gerechnet werden müssen (oder wenigstens können), eingehen.

Wir haben oben gesehen, dass der Kupfervitriol bei 100^0 nur $^4/_5$ seines Krystallisationswassers verliert, das übrige aber erst bei 240^0. Es existiren hier also zwei bestimmte Verbindungen des Wassers mit dem wasserfreien Salz. Die Soda oder das kohlensaure Natrium Na^2CO^3 scheidet sich aus seinen Lösungen bei gewöhnlicher Temperatur in Krystallen von der Zusammensetzung Na^2CO^3 $10H^2O$ aus, also mit einem Gehalte von 62,9 Gewichtsprocenten Wasser. Erfolgt aber aus der Lösung dieses Salzes eine Ausscheidung von Krystallen bei niedriger Temperatur, ungefähr bei -20^0, so enthalten die Krystalle auf 28,2 Th. wasserfreies Salz 71,8 Th. Wasser. Diese Krystalle entstehen gleichzeitig mit Eiskrystallen, nach deren Aufthauen sie zurückbleiben. Wird gewöhnliche, 62,9 Proc. Krystallisationswasser enthaltende Soda vorsichtig in ihrem Krystallisationswasser geschmolzen, so bleibt ein festes Salz mit 14,5 Proc. Wasser zurück und gleichzeitig entsteht eine flüssige Lösung, die bei 34^0, an der Luft nicht verwitternde Krystalle mit einem Wassergehalt von 46 Proc. ausscheidet. Stellt man sich endlich eine übersättigte Lösung von Soda her, so liefert sie bei 8^0 Krystalle, welche 54,3 Proc. Krystallisationswasser enthalten. Es sind also schon 5 Verbindungen der wasserfreien Soda mit Wasser bekannt, die sich in ihren Eigenschaften, ihrer Krystallform, ja sogar in ihrer Löslichkeit von einander unterscheiden. Wir bemerken noch, dass der grösste Wassergehalt der niedrigsten Temperatur (-20^0), der geringste der höchsten Temperatur entspricht. — Auf den ersten Blick lässt sich in den angeführten, die Zusammensetzung der Verbindungen von Soda und Wasser ausdrückenden Zahlen keine Regelmässigkeit entdecken; werden aber diese Zahlen nicht, wie es oben geschehen, in Procenten, sondern in der Weise ausgedrückt, dass die verschiedenen Mengen des Wassers immer auf ein und dieselbe Menge des Salzes berechnet werden, so tritt eine unverkennbare Gesetzmässigkeit hervor. Es zeigt sich, dass auf 106 Theile wasserfreier Soda, die bei -20^0 entstehenden Krystalle 270 Th. Wasser enthalten; die bei 15^0 entstehenden 180, die aus übersättigten Lösungen entstehenden 126, die bei 34^0 entstehenden 90, und endlich die am wenigsten Wasser enthaltenden 18. Vergleicht man diese Zahlen, so ersieht man,

---

Atomlehre zu unterordnen suche, hoffe ich nicht nur zu einer umfassenden, harmonischen chemischen Theorie gelangen zu können, sondern auch einen Anstoss zu neuen Untersuchungen und Beobachtungen zu geben, die entweder diese Ansicht bestätigen oder an ihre Stelle eine neue vollständigere und richtigere Theorie setzen werden.

dass sie in einem einfachen Verhältniss zu einander stehen, alle durch 18 theilbar sind und sich verhalten wie 15 : 10 : 7 : 5 : 1. Selbstverständlich können direkte Versuche, wie sorgfältig sie auch immer ausgeführt sein mögen, nicht ganz fehlerfrei sein, trägt man aber den unvermeidlichen Versuchsfehlern Rechnung, so geht aus den Bestimmungen doch soviel hervor, dass auf eine gegebene Menge des wasserfreien Körpers in den verschiedenen Verbindungen desselben mit Wasser, solche Mengen dieses letzteren enthalten sind, die zu einander in einem einfachen multiplen Verhältniss stehen. Diese Regelmässigkeit. welche überhaupt in allen bestimmten chemischen Verbindungen beobachtet wird, findet ihren Ausdruck in dem von Dalton aufgestellten **Gesetz der multiplen Proportionen**, dessen ausführlichere Begründung weiter unten gegeben werden wird. Hier wollen wir noch erwähnen, dass das Gesetz der bestimmten Proportionen es ermöglicht die Zusammensetzung der Körper durch Formeln auszudrücken und dass das Gesetz der multiplen Proportionen die Anwendung ganzer Zahlen als Koëffizienten bei den Symbolen der Elemente in diesen Formeln zulässt. So z. B. zeigt die Formel $Na^2CO^310H^2O$ unmittelbar, dass dieses Krystallhydrat auf 106 Th. wasserfreier Soda 180 Gewichtstheile Wasser enthält, da die Formel Na^2CO^3 dem Gewichte 106, die des Wassers H^2O aber 18 Gewichtstheilen entspricht und vor letzterer der Koëffizient 10 steht.

In den bis jetzt angeführten Beispielen von Verbindungen mit Wasser sahen wir die Bindung des letzteren mit dem Körper, mit welchem es eine homogene Substanz bildet, allmählich immer stärker werden. Es gibt aber noch eine Klasse von solchen Verbindungen mit Wasser, in denen dasselbe mit grosser Energie festgehalten wird und sich, wenn überhaupt, nur bei sehr grosser Hitze ausscheiden lässt; in manchen Fällen kann aber das Wasser gar nicht ausgeschieden werden, ohne dass eine vollständige Zersetzung des betreffenden Körpers eintritt. Gewöhnlich weist bei solchen Verbindungen nicht das geringste Anzeichen auf einen Gehalt an Wasser hin; der neue aus Wasser und wasserfreier Substanz entstehende Körper besitzt häufig gar keine Aehnlichkeit weder mit dem einen, noch mit dem anderen dieser seiner Bestandtheile. In der Mehrzahl der Fälle wird bei der Bildung solcher Verbindungen mit Wasser sehr viel Wärme entwickelt, unter Umständen erfolgt sogar ein Erglühen der Substanz, d. h. eine Entwickelung von Licht. Selbstverständlich zeichnen sich die dabei entstehenden Verbindungen durch ihre Beständigkeit aus: um ihre Zersetzung zu bewirken, muss ihnen eine grosse Wärmemenge zugeführt werden, da die Trennung der in Verbindung getretenen Bestandtheile einen bedeutenden Aufwand an Arbeit erfordert. Alle diese Körper gehören zu den bestimmten, gewöhnlich sogar zu den scharf charakterisirten chemischen Verbindungen.

Die Zahl solcher Verbindungen oder **Hydrate** im engeren Sinne, welche ein bestimmter Körper mit Wasser zu bilden vermag, ist gewöhnlich eine geringe, meist entsteht nur ein einziges Hydrat von grosser Beständigkeit. Das in den Hydraten enthaltene Wasser wird oft als **Konstitutionswasser** bezeichnet, wodurch angedeutet werden soll, dass das Wasser in das Gefüge des betreffenden Körpers eingetreten ist, dass seine kleinsten Theilchen mit denen des mit ihm verbundenen Körpers zu einem Ganzen zusammengetreten sind, während in anderen Verbindungen die Wassermolekeln gewissermaassen gesondert bestehen.

Aus der grossen Zahl der Hydrate wollen wir hier nur das wol allgemein bekannte Hydrat des Kalkes oder den gelöschten Kalk erwähnen. Der Kalk wird bekanntlich durch Brennen von Kalkstein erhalten, wobei sich Kohlensäuregas ausscheidet und eine weisse, dichte, kompakte, ziemlich zähe, steinartige Masse zurückbleibt, welche als ungelöschter oder gebrannter Kalk in den Handel gebracht wird. Wird diese Masse mit Wasser übergossen, so findet sofort oder nach Verlauf einer kurzen Zeit eine bedeutende Temperaturerhöhung statt, die ganze Masse erhitzt sich, ein Theil des Wassers verdampft und der Kalk zerfällt unter Absorption von Wasser zu einem Pulver. War die Wasser-Menge genügend und der Kalk rein und gut ausgebrannt, so verliert er die Form einer kompakten Masse und zerfällt vollständig; bei einem Ueberschuss an Wasser löst sich das Produkt darin auf. Der eben beschriebene Prozess heisst Löschen des Kalkes; der gelöschte Kalk, gemengt mit Sand und Wasser (Mörtel) dient zum Verbinden von Bausteinen. Der gelöschte Kalk ist ein bestimmtes Hydrat des Kalkes (Calciumhydroxyd). Bei $100°$ getrocknet hält er $24,3$ Procent Wasser zurück, das erst bei über $400°$ ausgeschieden wird, wobei wieder ungelöschter Kalk entsteht Bei der Vereinigung von Kalk mit Wasser tritt eine so bedeutende Temperaturerhöhung ein, dass durch die Reaktion Holz, Schwefel, Pulver u. dgl. entzündet werden können. Selbst beim Mengen von ungelöschtem Kalk mit Eis steigt die Temperatur auf $100°$. Endlich wird auch Lichtentwickelung beobachtet, wenn ungelöschter Kalk mit einer geringen Menge Wasser in der Dunkelheit übergossen wird. Wie wir schon erwähnt haben, lässt sich aber diesem Hydrat das Wasser noch entziehen[71].

Phosphorsäureanhydrid dagegen, ein weisser Körper, der beim Verbrennen von Phosphor in trockner Luft entsteht, verbindet

---

[71] Bei der Vereinigung von einem Gewichtstheil Kalk mit Wasser werden 245 Wärmeeinheiten entwickelt. Bedingt wird diese hohe Temperatur nur durch die geringe spezifische Wärme des entstehenden Produktes. Bei der Bildung von Aetznatron NaHO aus Natriumoxyd Na^2O und Wasser H^2O, werden auf je ein Gewichtstheil Natriumoxyd 552 Wärmeeinheiten entwickelt.

sich so energisch mit Wasser, dass die Reaktion unter Erglühen erfolgt (der Versuch verlangt daher die grösste Vorsicht) und aus dem entstehenden Hydrate das Wasser selbst durch die stärkste Erhitzung nicht mehr ausgeschieden werden kann. Fast ebenso energisch verbindet sich auch das Schwefelsäureanhydrid SO^3 mit Wasser zu seinem Hydrat — der Schwefelsäure H^2SO^4. In beiden Fällen entstehen bestimmte Verbindungen; da aber die flüssige Schwefelsäure sich beim Erhitzen zersetzen und Dämpfe ihres flüchtigen Anhydrides schon bei gewöhnlicher Temperatur ausscheiden kann, so bildet sie einen deutlichen Uebergang zu den Lösungen und gibt auch, da sie löslich ist, mit überschüssigem Wasser eine wirkliche Lösung. Sind auf 80 Theile Schwefelsäureanhydrid 18 Theile Wasser vorhanden, so lässt sich dieses Wasser selbst bei 300^0 nicht ausscheiden, die Trennung desselben vom Anhydrid gelingt nur mit Hilfe von Phosphorsäureanhydrid oder durch eine Reihe chemischer Umwandlungen. Die Verbindung H^2SO^4 ist die Schwefelsäure oder das Vitriolöl; dieselbe kann sich mit einer neuen Menge Wasser verbinden und, wenn auf 80 Theile des Anhydrids 36 Theile Wasser genommen werden, so entsteht eine in der Kälte krystallisirende, bei $+8^0$ schmelzende Verbindung, während das Vitriolöl selbst bei -30^0 nicht erstarrt. Nimmt man noch grössere Mengen Wasser, so löst sich die Schwefelsäure in demselben, und zwar erfolgt Wärmeentwickelung nicht nur bei der Vereinigung mit dem Konstitutionswasser, sondern auch bei weiterem Wasserzusatz, nur in geringerem Masse [72]. Hier sehen wir also, dass von den chemischen Erscheinungen, welche zur Entstehung von Lösungen führen, zu denen, welche bei der Bildung der beständigsten Hydrate wahrgenommen werden, ein allmählicher Uebergang stattfindet und sich eine scharfe Grenze zwischen diesen beiden Arten von Erscheinungen keineswegs ziehen lässt [73].

---

[72] Die der Anmerk. 28 beigegebene Zeichnung veranschaulicht die Wärmeentwickelung beim Vermischen der Schwefelsäure (des Monohydrates $H^2SO^4 = SO^3 + H^2O$) mit verschiedenen Mengen Wasser, auf je 100 Volume der entstehenden Lösung. 98 Gramm Schwefelsäure (H^2SO^4) entwickeln beim Vermischen mit 18 g Wasser 6379 Wärmeeinheiten, bei einer zwei, drei mal grösseren Menge Wasser 9418 resp. 11137 cal., bei einer unbegrenzt grossen Menge Wasser 17860 cal., nach den Bestimmungen von Thomsen. Derselbe Forscher zeigte, dass bei der Bildung von H^2SO^4 aus SO^3 (= 80) und H^2O (= 18 Gewthl.), auf 98 Gewthl. entstehender Schwefelsäure, 21308 cal. entwickelt werden.

[73] Somit ist das Wasser in den verschiedenen Hydraten verschieden fest gebunden. Einige Körper binden das Wasser sehr schwach, ihre Hydrate entstehen unter unbedeutender Wärmeentwickelung. Aus den Hydraten anderer Körper dagegen lässt sich das Wasser selbst durch die stärkste Hitze nicht ausscheiden. Es gibt sogar Fälle, wo solche beständige Hydrate aus dem Anhydrid (dem wasserfreien Körper) und Wasser unter geringer Wärmeentwickelung entstehen: Essigsäureanhydrid z. B. entwickelt bei seiner Verbindung mit Wasser

Wir haben im Vorhergehenden die Bildung einer Reihe von verschiedenen Verbindungen des Wassers mit anderen Körpern betrachtet. Diese **Vereinigungsreaktionen des Wassers** führen zur Entstehung neuer homogener zusammengesetzter Körper, d. h. solcher, die aus anderen einfacheren Körpern bestehen. Diese Verbindungen sind zwar homogen, wir müssen aber in denselben die Existenz der sie zusammensetzenden Körper annehmen, da diese letzteren aus ihnen wieder gewonnen werden können. Es ist dieses aber nicht in dem Sinne aufzufassen, dass z. B. in dem Kalkhydrat unmittelbar Wasser als solches vorhanden sei, so wenig wie wir be-

nur wenig Wärme, wird aber das entstandene Hydrat (die Essigsäure) stark erhitzt, so destillirt es entweder unzersetzt über oder es zerfällt in neue Körper, liefert aber nicht mehr die beiden ursprünglichen Bestandtheile (Anhydrid und Wasser). In Anbetracht solcher Fälle wird eben das Wasser der Hydrate Konstitutionswasser genannt, wie z. B. das Wasser, welches im Aetznatron oder Natriumhydroxyd (s. 71) enthalten ist. Uebrigens wird auch das Wasser gewisser Hydrate, die dasselbe relativ leicht ausscheiden. nicht als Krystallisations-, sondern als Konstitutionswasser bezeichnet, nicht nur weil diese Hydrate manchmal keine krystallinische Form besitzen, sondern auch weil sie unter ganz analogen Bedingungen wie andere sehr beständige Hydrate entstehen und die Fähigkeit besitzen, wie diese letzteren, in besondere chemische Reaktionen, von denen später die Rede sein wird, einzugehen. Eine scharfe Grenze besteht also zwischen dem Hydrat- (Konstitutions-) Wasser und dem Krystallisationswasser ebensowenig, wie zwischen der Lösung und der Hydratation.

Es ist noch zu bemerken, dass viele Körper bei ihrer Ausscheidung aus wässeriger Lösung, ohne selbst zu krystallisiren, Wasser in demselben locker gebundenen Zustande, wie die Krystalle, zurückhalten; nur kann dies Wasser, wenn die Verbindung nicht krystallinisch ist, nicht als Krystallisationswasser bezeichnet werden. Als Beispiele solcher unbeständiger Hydrate seien die Verbindungen der Thonerde und der Kieselerde mit Wasser genannt. Werden diese Körper aus wässerigen Lösungen durch einen chemischen Prozess ausgeschieden, so erhält man sie stets mit einem Gehalt an Wasser; selbst wenn sie bei einer bestimmten Temperatur zur Vertreibung des hygroskopischen Wassers getrocknet werden, so halten sie dennoch Wasser zurück, aber in wechselnder Menge. Dass sich hier neue wasserhaltige chemische Verbindungen bilden, ist besonders deutlich aus dem Verhalten der Thonerde und der Kieselerde in wasserfreiem Zustande zu ersehen, in welchem dieselben mit Wasser keine direkte Verbindung eingehen und ganz andere Eigenschaften besitzen, als ihre Verbindungen mit Wasser. Viele kolloïdale Körper bilden bei ihrer Ausscheidung aus wässerigen Lösungen gleichfalls derartige Verbindungen mit Wasser, die fest und gewöhnlich nicht krystallinisch sind. Ausserdem können die Kolloïde Wasser auch in verschiedenen anderen Zuständen zurückhalten (s. Anm. 17 und 18), indem sie häufig gallertartige Massen geben. In erstarrtem Leim oder gekochtem Eiweiss werden bedeutende Wassermengen zurückgehalten; dieses Wasser kann durch Auspressen nicht entfernt werden, woraus zu schliessen ist, dass sich eine Verbindung des betreffenden Körpers mit Wasser gebildet haben muss. Beim Trocknen wird dieses Wasser zwar leicht, aber nicht vollständig entfernt — ein Theil desselben bleibt zurück und wird gewöhnlich als zu einem Hydrat gehörig betrachtet, obgleich es sehr schwierig, wenn nicht unmöglich ist, hier bestimmte Verbindungen mit Wasser zu erhalten. Diese Beispiele veranschaulichen eben auf das deutlichste, dass eine scharfe Grenze zwischen den Lösungen, den Krystallhydraten und den Hydraten im engeren Sinne sich nicht ziehen lässt.

haupten würden, dass das Wasser Eis oder Dampf enthalte. Wenn wir sagen, dass in einem Hydrat Wasser enthalten ist, so wollen wir nur darauf hinweisen, dass es chemische Reaktionen gibt, in denen einerseits durch Einführung von Wasser in einen Körper dieses Hydrat entsteht, und andere, in denen aus dem Hydrat das Wasser wieder ausgeschieden wird. Wenn nun die in einem Hydrat wirkenden Anziehungskräfte so schwach sind, dass dasselbe schon bei gewöhnlicher Temperatur sich zersetzt, so tritt das Wasser als eines seiner Dissoziationsprodukte auf. Hierdurch unterscheiden sich aller Wahrscheinlichkeit nach die Lösungen von anderen Hydraten, in denen das Wasser energischer gebunden ist und eine feste Verbindung mit dem wasserfreien Körper bildet.

Zweites Kapitel.

Zusammensetzung des Wassers. Wasserstoff.

Es fragt sich nun, ob das **Wasser** selbst nicht ein **zusammengesetzter Körper** ist, ob es nicht aus einfacheren Körpern gebildet werden und in dieselben wieder zerfallen kann? Wenn das Wasser indessen auch ein zusammengesetzer Körper ist und in seine Bestandtheile zerfallen kann, so ist es zweifellos eine **bestimmte** chemische Verbindung, die sich durch den festen Zusammenhang der sie zusammensetzenden Theile auszeichnet. Es folgt dieses schon daraus, dass das Wasser als ein einheitliches Ganzes in alle drei Aggregatzustände übergeht, ohne irgendwie seine Eigenschaften zu ändern und in seine Bestandtheile zu zerfallen, (während sowol Lösungen, als auch viele Hydrate nicht unzersetzt flüchtig sind). Dass das Wasser kein einfacher Körper ist, sondern, wie viele andere zusammengesetzte Körper, aus zwei Stoffen besteht, ist eine der wichtigen Entdeckungen, die zu Ende des vorigen Jahrhunderts gemacht wurden. Der Beweis hierfür wurde nach zwei Methoden erbracht: durch Analyse und Synthese, d. h. durch Zersetzung des Wassers in seine Bestandtheile und durch seine Bildung aus denselben. Es ist dies der Weg, auf welchem überhaupt die Zusammengesetztheit eines Körpers am deutlichsten veranschaulicht werden kann.

Synthetisch wurde das Wasser zum ersten Male im Jahre 1781 vom Engländer Lord Cavendish dargestellt. Derselbe verbrannte das von ihm dargestellte Wasserstoffgas in dem damals gleichfalls schon bekannten Sauerstoffgas, und da er hierbei die Bildung von Wasser beobachtete, so folgerte er, dass letzteres aus diesen beiden Gasen zusammengesetzt sei. Obgleich nun Cavendish keine genaueren Versuche angestellt hatte, aus denen mit Sicherheit hervorgegangen wäre, dass das Wasser ein zusammengesetzter Körper ist und aus denen auf das Mengenverhältniss der das Wasser bildenden Bestandtheile hätte geschlossen werden können, so hatte er dennoch die richtige Schlussfolgerung gezogen, welche aber nicht sogleich allgemeine Anerkennung fand, denn neue Anschauungsweisen brechen sich nur schwer Bahn, und zu solchen gehörte die Vorstellung, dass das Wasser ein zusammengesetzter Körper sei. Die Richtigkeit derselben wurde erst anerkannt, nachdem zahlreiche Versuche gemacht worden waren, an deren Resultat nicht mehr zu zweifeln war. Die grundlegenden Versuche, durch welche auf synthetischem Wege bewiesen wurde, dass das Wasser ein zusammengesetzter Körper ist, sind im Jahre 1789 von Monge, Lavoisier, Fourcroy und Vauquelin ausgeführt worden. Durch Verbrennen von Wasserstoff fanden diese Forscher, dass das Wasser aus 15 Theilen Wasserstoff und 85 Theilen Sauerstoff besteht. Zugleich bewiesen sie, dass das Gewicht des entstehenden Wassers gleich der Summe der Gewichte der dasselbe bildenden Bestandtheile ist. Im Wasser ist folglich alle Substanz enthalten, welche sowol den Sauerstoff, als auch den Wasserstoff bildet.

Von der Synthese des Wassers wenden wir uns jetzt zur Analyse, d. h. zur Zerlegung des Wassers in seine Bestandtheile. Die Analyse kann mehr oder weniger vollständig sein; entweder kann man die beiden Bestandtheile des Wassers einzeln darstellen oder man kann nur den einen ausscheiden und den andern in einen neuen Körper überführen, in welchem man diesen Bestandtheil dann durch Wägen bestimmt. Letzteres wäre eine Ersetzungs-Reaktion; in der Analyse finden solche Reaktionen sehr oft Anwendung. Die erste Analyse des Wassers wurde im Jahre 1784 von Lavoisier und Meusnier ausgeführt. Der von denselben benutzte Apparat bestand aus einer Glasretorte, die mit einer abgewogenen Menge Wasser, natürlich gereinigtem, gefüllt war. Der Retortenhals war mit einem mit Eisendrehspänen gefüllten Porzellanrohr verbunden, das in einem Ofen mittelst Kohlen bis zur Rothgluth erhitzt wurde. Beim Durchstreichen der Wasserdämpfe durch das glühende Rohr zersetzte sich ein Theil derselben, während ein anderer unzersetzt blieb und sich in der mit dem Rohre verbundenen Kühlschlange kondensirte und in das untergestellte Gefäss abfloss. Das bei der Zersetzung entstehende Gas wurde in einer Glasglocke aufgefangen und das erhaltene Volum gemessen, aus welchem dann, da das spezifische Gewicht bekannt war, das Gewicht des Gases berechnet werden konnte. Der sich im Porzellanrohr zersetzende Theil des Wassers erwies sich in den Versuchen von Lavoisier und Meusnier gleich dem Gewicht des in der Glocke aufgefangenen Gases plus der Gewichtszunahme der Eisendrehspäne. Das Wasser hatte sich also in ein Gas und in eine mit dem Eisen in Verbindung getretene Substanz zersetzt. Diese Substanz und das Gas bilden also die Bestandtheile des Wassers. Bei dieser ersten Analyse war nur der eine der beiden gasförmigen Bestandtheile des Wassers isolirt worden; es lassen sich aber auch beide zugleich gesondert aufsammeln, wenn die Zersetzung des Wassers durch den galvanischen Strom oder einfach durch Erhitzen ausgeführt wird [1]).

Das Wasser ist ein schlechter Stromleiter, in reinem Zustande kann es einen schwachen galvanischen Strom nicht leiten, es wird aber leitungsfähiger, wenn man darin irgend ein Salz oder eine Säure auflöst. Angesäuertes **Wasser wird durch den galvanischen Strom zersetzt.** Zum Säuern nimmt man gewöhnlich etwas Schwefelsäure und benutzt zum Einleiten des Stromes Platin-Elektroden (da Platin nicht, wie viele andere Metalle, von der Säure angegriffen wird), welche durch Drähte mit einer galvanischen Batterie verbunden sind. Beim Durchleiten des Stromes erscheinen an den Elektroden Bläschen eines Gases [2]), das beim Entzünden leicht explodirt [3]) und daher **Knallgas** genannt worden ist. Dasselbe ist ein Gemisch der beiden Gase, die bei der Zersetzung des Wassers entstehen. Wird Knallgas mit einem glühenden Körper in Berührung gebracht, z. B. mit einem brennenden Holzspan, so verbinden sich die beiden Gase von neuem zu Wasser, wobei eine so grosse Wärmemenge entwickelt wird, dass die Dämpfe des entstehenden Wassers sich

---

1) Die ersten Versuche der Synthese und Analyse des Wassers waren jedoch nicht vollkommen überzeugend, denn Davy glaubte noch lange, dass man bei Zersetzung des Wassers durch den galvanischen Strom ausser Wasserstoff und Sauerstoff auch eine Säure und ein Alkali erhält. Erst nachdem er durch eine Reihe von Versuchen festgestellt hatte, dass das Erscheinen von Säure und Alkali bei der Zersetzung des Wassers durch darin enthaltene Beimengungen (namentlich von salpetersaurem Ammonium) bedingt wird, überzeugte er sich, dass das Wasser ausschliesslich aus Wasserstoff und Sauerstoff besteht. Endgiltig wurde die Zusammensetzung des Wassers erst durch die quantitave Bestimmung seiner Bestandtheile festgestellt. Was über das Wasser gesagt wurde, gilt auch von allen anderen zusammengesetzten Körpern: die Zusammensetzung eines jeden derselben kann nur durch die Gesammtheit einer grösseren Zahl von darauf bezüglichen Daten als sicher festgestellt betrachtet werden.
2) Dieses Gas wird in einem Voltameter aufgesammelt.
3) Um diese Explosion auf eine ganz ungefährliche Weise beobachten zu können, giesst man in einen eisernen Mörser Seifenwasser, aus dem sich leicht Seifenblasen bilden können. In dieses Seifenwasser leitet man nun durch eine Glasröhre Knallgas ein, das man durch Einwirken des galvanischen Stromes auf Wasser darstellt. Man erhält auf diese Weise mit Knallgas gefüllte Seifenblasen, in denen (nach dem Abstellen des das Knallgas gebenden Apparates) durch Entzünden mittelst eines brennenden Spanes eine starke Explosion hervorgerufen wird. Damit der Versuch nicht gefährlich werde, dürfen nur kleine Blasen entzündet werden. Etwa zehn Bläschen von der Grösse einer Erbse geben schon eine starke, einem Pistolenschuss ähnliche Explosion.

bedeutend ausdehnen, und zwar so schnell, dass eine Explosion erfolgt, die der des Pulvers ähnlich ist.

Um die Natur der Zersetzungsprodukte des Wassers festzustellen, müssen die sich an jeder Elektrode entwickelnden Gase einzeln aufgesammelt werden. Man bedient sich hierzu einer gebogenen Röhre (Fig. 30), die an einem Ende offen und am andern zugeschmolzen ist In den geschlossenen Schenkel der Röhre ist ein Platindraht eingeschmolzen, welcher in ein Platinblech ausläuft. Das Rohr wird mit durch Schwefelsäure angesäuertem Wasser gefüllt⁴) und darauf auch in den offenen Schenkel desselben eine Platinelektrode getaucht. Wird nun der galvanische Strom durchgeleitet, so vermischt sich das aus dem offenen Schenkel entweichende Gas mit der Luft, während in dem geschlossenen Schenkel das

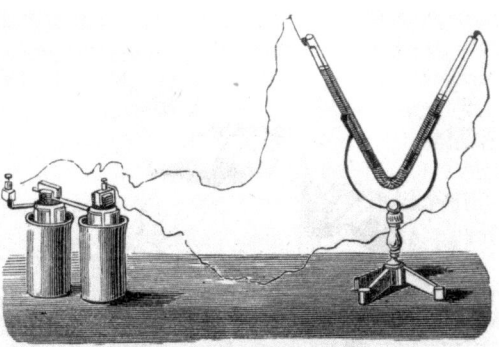

Fig. 30. Zersetzung des Wassers durch den galvanischen Strom. Im zugeschmolzenen Schenkel sammelt sich eines der Gase an, wobei die Eigenschaften desselben leicht festgestellt werden können ¹/₁₂.

Gas sich über dem Wasser ansammelt und dasselbe allmählich verdrängt. Auf diese Weise lässt sich immer eines der entstehenden Gase leicht aufsammeln und untersuchen, denn man braucht den Strom nur in entgegengesetzter Richtung durchzuleiten, um aus dem Wasser auch das andere Gas zu erhalten. War die Elektrode in dem geschlossenen Schenkel mit dem Zink der Batterie in Verbindung, so erhält man ein brennbares Gas, was sich leicht beweisen lässt, wenn man den offenen Schenkel mit dem Finger schliesst, durch Neigen des Rohres das Gas aus dem geschlossenen Schenkel in den offenen überführt und letzterem, nach Entfernung des Fingers, eine Flamme nähert; hierbei entzündet sich das Gas. Dieses brennbare Gas ist **Wasserstoff** (Fig. 31). Wenn bei Anstellung desselben Versuches die Elektrode im geschlossenen Schenkel mit dem positiven Pole (d. h. mit Kohle, Kupfer Platin) in Verbindung ist, so erhält man ein Gas, das selbst nicht brennt, wol aber das Brennen sehr energisch unterhält; ein glimmender Span entzünden sich in demselben sofort. Das an der Anode oder an dem positiven Pole sich ansammelnde Gas ist der **Sauerstoff** (Fig. 32), der in der Luft und, wie wir bereits gesehen, in dem rothen Quecksilberoxyd enthalten ist.

---

4) Um das Rohr zu füllen, neigt man den zugeschmolzenen Schenkel desselben nach unten und giesst dann durch den offenen Schenkel das mit Schwefelsäure angesäuerte Wasser hinein.

Bei der Zersetzung des Wassers erscheint folglich an dem positiven Pole Sauerstoff und an dem negativen Wasserstoff; Knallgas ist ein Gemisch beider Gase. Der Wasserstoff entzündet sich an der Luft und bildet mit dem Sauerstoff derselben wieder Wasser. Die Explosion des Knallgases erklärt sich durch das Verbrennen des mit Sauerstoff gemischten Wasserstoffs. Um das gegenseitige Mengenverhältniss der bei der Zersetzung des Wassers ent-

Fig. 31. Untersuchung des Wasserstoffs auf seine Brennbarkeit.

Fig. 32. Untersuchung des Sauerstoffs mittelst eines glimmenden Spanes $^1/_{12}$.

stehenden Gase festzustellen, benutzt man einen Apparat (Fig. 33), der aus einem Glasgefässe besteht, durch dessen Boden zwei Platinelektroden gehen und in welches angesäuertes Wasser eingegossen wird. Mit solchem Wasser werden auch zwei Glascylinder von gleicher Grösse gefüllt, die man über die Elektroden stülpt, jedoch so, dass das Wasser nicht ausfliesst. Wird nun der galvanische Strom durchgeleitet, so sammelt sich in dem einen Cylinder, der durch die Zersetzung des Wassers entstehende Wasserstoff und in dem andern Sauerstoff, wobei man sich leicht überzeugen kann, dass das Volum des Wasserstoffs zwei mal so gross, als das des Sauerstoffs ist. Es entstehen folglich, bei der Zersetzung des Wassers zwei Volume Wasserstoff und ein Volum Sauerstoff.

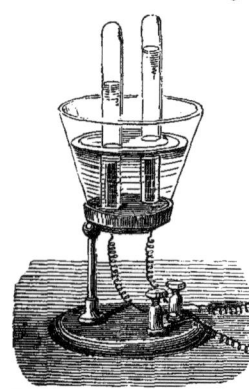

Fig. 33. Zersetzung des Wassers durch den galvanischen Strom, um das Volum-Verhältniss zwischen Wasserstoff und Sauerstoff festzustellen.

Auch **durch Einwirkung von Hitze** kann das Wasser in seine Bestandtheile zersetzt werden. In Gegenwart von Silber, bei dessen Schmelztemperatur (960^0), zersetzt sich das Wasser in der Weise, dass der frei werdende Sauerstoff vom geschmolzenen Silber absorbirt oder gelöst wird. Beim Erkalten des Silbers wird aber der absorbirte Sauerstoff wieder ausgeschieden. Uebrigens ist ein solcher Versuch nicht ganz überzeugend, denn man kann annehmen, dass die Zersetzung des Wassers hierbei nicht durch das Erhitzen, sondern infolge der Einwirkung des Silbers vor sich gehe, dass also das Silber dem Wasser den Sauerstoff entziehe. Direkt lässt sich die Zersetzung des Wassers durch Erhitzen nicht zeigen, weil die Bestandtheile des Wassers, wenn sie zusammenbleiben, bei eintretender Temperatur-Erniedrigung sich wieder zu Wasser vereinigen. Wenn man Wasserdampf durch eine glühende Röhre, in deren Mitte die Temperatur auf 1000° gesteigert wird, leitet, so zersetzt sich ein Theil des Wassers [5]) und bildet Knallgas. Bei weiterem Vordringen durch die kältern Theile der Röhre jedoch bildet das Knallgas wieder Wasser, da bei niedrigerer Temperatur Wasserstoff und Sauerstoff sich von neuem vereinigen [6]). Die Zersetzung des Wassers durch Einwirken hoher Temperatur konnte erst demonstrirt werden, als in den 50-ger Jahren Henry Sainte-Claire Deville den Begriff der Dissoziation in die Wissenschaft einführte. Unter Dissoziation verstand derselbe einen sich fortwährend verändernden chemischen Zustand, den er mit der Verdampfung verglich, unter der Voraussetzung, dass eine Zersetzung dem Sieden analog sei.

---

5) Da das Wasser aus Wasserstoff und Sauerstoff unter bedeutender Temperatur-Erhöhung entsteht und ausserdem zersetzbar ist, so muss diese Reaktion auch umkehrbar sein (siehe Einleitung); folglich kann auch die Zersetzung des Wassers durch starkes Erhitzen nicht vollständig sein, denn sie wird durch die entgegensetzte Reaktion begrenzt. Streng genommen, ist es eigentlich unbekannt, wie viel Wasser bei einer gegebenen hohen Temperatur zersetzt wird, obgleich verschiedene Forscher (Bunsen u. and.) sich bemüht haben diese Frage zu entscheiden. Alle hierauf bezüglichen (auf Beobachtungen des Druckes bei der Explosion beruhenden) Berechnungen bleiben zweifelhaft, weil eben der Ausdehnungskoëffizient und die Wärmekapazität der Gase bei so hohen Temperaturen unbekannt sind.

6) In den 40-ger Jahren machte Grove die Beobachtung, dass wenn ein Platindraht in der Knallgas-Flamme zum Schmelzen, also auf die Temperatur, bei welcher die Bildung des Wassers erfolgt, gebracht wird und ein vom Ende des Drahtes abschmelzender Platintropfen' ins Wasser fällt, wieder Knallgas entsteht, indem das Wasser durch das geschmolzene Platin zersetzt wird. Damals wurde diese Erscheinung: die Zersetzung des Wassers bei seiner Bildungs-Temperatur, für ein Paradoxon gehalten, das erst in den 50-ger Jahren, als H. Sainte-Claire Deville den Begriff der Dissoziation in die Wissenschaft einführte, seine Erklärung fand. Die Einführung dieses Begriffes bildet eine wichtige Epoche in der wissenschaftlichen Chemie und die weitere Entwickelung desselben gehört zu den Aufgaben der modernen chemischen Forschung. Das gleichzeitige Bestehen und Zersetzen von Wasser bei hohen Temperaturen erklärt sich aus dem analogen Verhalten von flüchtigen Flüssigkeiten, die bei bestimmten Temperaturen als Flüssigkeit und als Dampf bestehen können. Wie der Dampf, wenn er das Maximum seiner Tension erreicht, einen begrenzten Raum sättigt, so streben auch die Dissoziationsprodukte nach dem Maximum ihrer Spannung, nach dessen Erreichung die Zersetzung ebenso aufhört, wie die Verdampfung. Wird aber der entstandene Dampf entfernt (d. h. wird sein Partialdruck verringert), so beginnt wieder die Verdampfung, ebenso geht auch, nach dem Entfernen der Dissozionsprodukte, die stehen gebliebene Zersetzung wieder weiter. Das soeben über die Dissoziation Gesagte führt zu den verschiedensten den Mechanismus der chemischen Reaktionen betreffenden Folgerungen, so dass wir noch öfters darüber zu sprechen haben werden.

Zur Veranschaulichung der Zersetzbarkeit des Wassers durch **Dissoziation** oder durch Erhitzen auf eine Temperatur, die derjenigen nahe kommt, bei welcher das Wasser sich aus seinen Elementen bilden kann, mussten die dabei gleichzeitig entstehenden Gase: Wasserstoff und Sauerstoff von einander getrennt werden, ehe das Gemisch Zeit zur Abkühlung gefunden hatte. Deville benutzte dazu die Verschiedenheit in der Dichte der beiden Gase.

In einen starke Hitze gebenden Ofen (der mit kleinen, ausgesuchten Koksstückchen geheizt wird) bringt man ein breites Porzellanrohr (Fig. 34), in welches ein anderes Rohr von geringerem Durchmesser eingestellt ist. Dieses letztere muss porös sein, am besten aus unglasirtem Thone bestehen. Sowol das äussere Rohr, als auch das in dasselbe eingekittete innere Rohr werden an ihren beiden Enden, gleichfalls durch Kitt, mit je zwei engeren Glasröhren: $a-d$ und $b-c$ verbunden. Diese Anordnung ermöglicht es in den ringförmigen Raum,

Fig. 34. Zersetzen des Wassers durch Einwirken von Hitze und Isolirung des sich hierbei bildenden Wasserstoffs mittelst einer porösen Thonröhre ¹/₁₀.

der zwischen dem Thonrohr und dem dasselbe umgebenden breiten Rohre bleibt, Gas einzuleiten und die sich in diesem Raume ansammelnden Gase aufzufangen. Leitet man in das innere Thonrohr durch das Rohr d Wasserdampf, der in einer Retorte oder einem Kolben gebildet wird, so erfolgt in dem glühenden Raum die Zersetzung dieses Dampfes in Sauerstoff und Wasserstoff. Nun besitzen diese beiden Gase eine sehr verschiedene Dichte; der Wasserstoff ist 16 mal leichter, als der Sauerstoff. Durch poröse Wände dringen leichte Gase mit einer grösseren Geschwindigkeit als dichtere, daher gelangt der Wasserstoff durch die Poren des Thonrohrs in den ringförmigen Raum in grösserer Menge, als der Sauerstoff. Der in den ringförmigen Raum gelangende Wasserstoff kann aber nur in dem Falle aufgesammelt werden, wenn kein Sauerstoff vorhanden ist, mit dem er sich zu Wasser vereinigen kann. Man füllt daher den ringförmigen Raum mit einem das Brennen nicht unterhaltendem und sich mit Wasserstoff nicht verbindendem Gase, also mit Stickstoff oder Kohlensäuregas. Letzteres leitet man durch das Rohr c ein und den entstehenden Wasserstoff durch das Rohr b ab. Der Wasserstoff wird natürlich mit etwas Kohlensäuregas gemischt sein, und gleichzeitig wird ein Theil der Kohlensäure durch die Poren des Thons auch in das innere Rohr dringen. In letzterem sammelt sich der durch die Zersetzung des Wassers entstehende Sauerstoff, den man durch das Rohr a ableiten kann. Ein Theil des Sauerstoffs wird freilich durch die Poren des Thons auch in den ringförmigen Raum eintreten. Doch, wie bereits gesagt, wird dieser Theil viel geringer sein, als die Menge des dahin gelangenden Wasserstoffs, weil Sauerstoff 16 mal dichter, als Wasserstoff ist. Das Volum des durch die Thonwand dringenden Sauerstoffs wird also (da die Menge der durch Thonwände dringenden Gase den Quadratwurzeln aus den Dichten derselben umgekehrt proportional ist), vier mal kleiner, als das Volum des durchgehenden Wasserstoffs sein. Der in den ringförmigen Raum gedrungene Sauerstoff wird sich bei eintretender Abkühlung wieder mit Wasserstoff vereinigen; doch hierzu werden auf je ein Volum Sauerstoff, zwei Volum Wasserstoff erforderlich sein, während durch die Thonröhre wenigstens vier Volume Wasserstoff dringen werden; ein Theil des Wasserstoffs wird daher in dem ringförmigen Raum frei bleiben. Dagegen wird eine entsprechende, von der Zersetzung des Wassers zurückgebliebene Menge Sauerstoff aus dem inneren Rohre entweichen. Wenn man das sowol dem Sauerstoff, als auch dem Wasserstoff beigemengte Kohlensäuregas in der Wanne durch eine alkalische Lösung, z. B. durch Natronlauge absorbirt, so sammelt sich in dem Cylinder Knallgas an.

Viel leichter lässt sich die Zersetzung des Wassers durch Substitution ausführen, in Folge der Verwandtschaft, die einige Körper zum Sauerstoff oder Wasserstoff des Wassers besitzen. Bringt man mit Wasser einen Körper zusammen, der demselben Sauerstoff entzieht und an die Stelle des Wasserstoffs tritt, so erhält man aus dem Wasser dieses letztere Gas in freiem Zustande. So z. B. gibt Natrium mit dem Wasser Wasserstoff, während Chlor, indem es sich mit dem Wasserstoff verbindet, Sauerstoff frei macht.

Wasserstoff wird aus dem Wasser durch solche Metalle ausgeschieden, die die Fähigkeit besitzen an der Luft ein Oxyd-Hammerschlag (oder Kalk, wie es Stahl nennt) — zu bilden, also Metalle, die verbrennen oder sich mit Sauerstoff vereinigen können. Die Fähigkeit sich mit Sauerstoff zu vereinigen und folglich auch Wasser zu zersetzen oder Sauerstoff auszuscheiden, besitzen die Metalle in sehr verschiedenem Grade [7]). Am energischsten

---

[7]) Zur Veranschaulichung des Unterschiedes in der Verwandtschaft des Sauerstoffs zu den verschiedenen einfachen Körpern genügt eine Vergleichung der Wärmemengen, die sich bei der Vereinigung dieser Körper mit je 16 Gewichtstheilen Sauerstoff entwickeln. Natrium entwickelt nach den Daten von N. Beketow, 100 Tausend Calorien (oder Wärmeeinheiten), wenn die Verbindung Na^2O entsteht oder 46 Thl. Na sich mit 16 Thl. Sauerstoff verbinden, Wasserstoff 69 Tausend Cal. (wenn Wasser H^2O entsteht), Eisen 69 Tausend Cal. (wenn sich das

wirken Kalium und Natrium. Ersteres ist in der Potasche, letzteres in der Soda enthalten; beide Metalle sind leichter als Wasser, weich und an der Luft leicht veränderlich. Wird eines derselben mit Wasser in Berührung gebracht, so kann man schon bei gewöhnlicher Temperatur [8]) unmittelbar eine Wasserstoff-Menge

Oxydul FeO bildet) und 64 T. (wenn das Oxyd Fe^2O^3 entsteht), Zink 86 Taus. Cal. (beim Entstehen von ZnO), Blei 51 T. Cal. (bei der Bildung von PbO), Kupfer 38 T. Cal. (beim Entstehen von CuO) und Quecksilber 31 Taus. Cal. (wenn das Oxyd HgO entsteht). Uebrigens können diese Zahlen dem Verwandtschafts-Grade nicht direkt entsprechen, weil in den einzelnen Fällen der physikalische (und mechanische) Zustand der sich mit dem Sauerstoff verbindenden Körper sehr verschieden ist. Der Wasserstoff ist ein Gas und bildet mit dem Sauerstoff flüssiges Wasser; verändert also seinen Aggregatzustand und gibt hierbei Wärme ab. Zink und Kupfer sind feste Körper und geben mit Sauerstoff gleichfalls feste Oxyde. Der als Gas auftretende Sauerstoff geht in diesen Fällen in einen flüssigen oder festen Körper über und muss daher bei der Bildung der Oxyde einen Theil seines Wärmevorrathes abgeben. Die Kontraktion (und folglich auch die mechanische Arbeit) ist gleichfalls in den einzelnen Fällen verschieden (wie weiter unten auseinander gesetzt werden wird). Es können daher die die Bildungswärme ausdrückenden Zahlen nicht direkt von der Verwandtschaft oder dem Verluste an innerer Energie, die in den einfachen Körpern vorhanden war, abhängen, doch werden diese Zahlen bis zu einem gewissen Grade der Reihenfolge entsprechen, in welcher die einfachen Körper hinsichtlich ihrer Verwandtschaft zum Sauerstoff stehen. Quecksilberoxyd, das die kleinste Bildungswärme (unter den angeführten Beispielen) zeigt, ist auch am unbeständigsten, es zersetzt sich leicht unter Ausscheidung von Sauerstoff, während Natriumoxyd, bei dessen Bildung die grösste Wärmemenge entwickelt wird, die Fähigkeit besitzt alle anderen Oxyde zu zersetzen und ihnen den Sauerstoff zu entziehen. Den augenscheinlichen Zusammenhang zwischen der Verwandtschaft und der Wärme-Abgabe und Aufnahme, welchen in den 40-ger Jahren Favre und Silbermann und später Thomsen (in Dänemark) und Berthelot (in Frankreich) sicher feststellten, haben viele Forscher und namentlich der zuletzt Genannte durch das Prinzip der grössten Arbeit zum Ausdruck gebracht. Dieses Prinzip lautet, dass unter den möglichen chemischen Reaktionen nur diejenigen eintreten, bei denen die grösste Menge chemischer (latenter, potentialer) Energie in Wärme übergeht. Nach dem oben Auseinandergesetzten ist es aber erstens nicht möglich aus der Summe der bei einer Reaktion (im Kalorimeter) beobachteten Wärmemenge, die Wärme abzusondern, die ausschliesslich der chemischen Einwirkung entspricht; zweitens existiren viele augenscheinlich endothermische Reaktionen, die unter denselben Bedingungen, wie die exothermischen vor sich gehen (Kohle brennt im Schwefeldampf, indem sie Wärme aufnimmt und im Sauerstoff verbrennt sie unter Abgabe von Wärme) und drittens, weil umkehrbare Reaktionen bekannt sind, bei denen in der einen Richtung Wärme abgegeben und in der entgegengesetzten aufgenommen wird. Das Prinzip der grössten Arbeit konnte daher in seiner ursprünglichen Form nicht aufrecht erhalten werden; den Forschungen auf diesem Gebiete, in welchem heute unermüdlich gearbeitet wird, wird es wol, aller Wahrscheinlichkeit nach, gelingen, das allgemeine Gesetz zu finden, das der Thermochemie bis jezt noch mangelt.

8) Wirft man ein Stück metallischen Natriums auf Wasser, so wird dieses sofort zersetzt; das Natrium schwimmt dabei (seiner Leichtigkeit wegen) auf dem Wasser, in dem es sich fortwährend hin und her bewegt (getrieben durch das sich entwickelnde Gas). Der sich ausscheidende Wasserstoff kann entzündet werden. Dieser Versuch muss vorsichtig angestellt werden, da leicht Explosion

erhalten, die der Menge des angewendeten Metalles entspricht. 39 Grm. Kalium oder 23 Grm. Natrium scheiden ein Grm. Wasserstoff aus, der ein Volum von 11,16 Liter bei 0° und 760 mm. einnimmt. Um dieses zu beobachten, verfährt man folgendermassen: in ein Gefäss mit Wasser giesst man eine Lösung von Natrium in Quecksilber oder das sogen. Natriumamalgam, welches schwerer als Wasser ist und zu Boden sinkt; hierbei wirkt das Natrium auf das Wasser und scheidet Wasserstoff aus, während das Quecksilber keine Einwirkung ausübt und in derselben Menge zurückbleibt in welcher es zum Lösen des Natriums genommen wurde. Der Wasserstoff scheidet sich allmählich in Form von aufsteigenden Bläschen aus.

Ausser dem entweichenden Wasserstoff und der in Lösung bleibenden festen Substanz (die durch Eindampfung der Lösung ausgeschieden werden kann), entstehen hierbei keine anderen Produkte. Man erhält aus zwei Körpern (Wasser und Natrium) ebenso viele neue Körper (Wasserstoff und die im Wasser gelöst bleibende Substanz); die Reaktion muss folglich als eine doppelte Umsetzung angesehen werden. Angewandt waren: Natrium im freien Zustande und Wasser, das aus Sauerstoff und Wasserstoff besteht; erhalten wurden: Wasserstoff im freien Zustande und eine feste Substanz, das bekannte Aetznatron, das aus Natrium, Sauerstoff und der Hälfte des im Wasser enthaltenen Wasserstoffs besteht. Aetznatron wäre demnach Wasser, in welchem die Hälfte des Wasserstoffs durch metallisches Natrium ersetzt ist. Diese Reaktion lässt

---

erfolgen kann, wenn z. B. das sich bewegende Natrium in Ruhe kommt (indem es an der Gefässwandung haften bleibt) und das dasselbe zunächst umgehende Wasser stark erwärmt (hierbei verbindet sich wol NaHO mit Na zu Na^2O, das durch seine Verbindung mit Wasser eine so starke Erhitzung hervorruft, dass plötzliche Dampfbildung eintritt). Gefahrlos lässt sich der Versuch der Zersetzung des Wassers durch Natrium in einem mit Quecksilber gefüllten Glascylinder ausführen, der über eine Quecksilberwanne gestülpt ist (Fig. 35). Zuerst führt man in den Cylinder etwas Wasser ein das seiner Leichtigkeit wegen natürlich oben schwimmt, und dann mittelst einer Zange ein, in Papier gewickeltes Natriumstückchen. Letzteres kommt auf die Oberfläche des Wassers, das es sofort zersetzt, wobei der entstehende Wasserstoff sich im Cylinder ansammelt und nach der Zersetzung bequem untersucht werden kann. Am gefahrlosesten und anschaulichsten wird aber dieser Versuch in der Weise ausgeführt, dass man ein Stück Natrium (das vom Erdöl, in dem es aufbewahrt wird, gut gereinigt ist) in ein feines Kupferdrathnetz wickelt und mittelst einer Zange oder direkt mittelst einer mit einem Drahtkorb versehenen Zange unter Wasser hält. Die Wasserstoff-Entwicklung geht hierbei ganz ruhig vor sich und die aufsteigenden Gasblasen können unter einer Glasglocke gesammelt und dann entzündet werden.

Fig. 35. Bildung von Wasserstoff bei der Zersetzung des Wassers durch Natrium.

sich durch die folgende, aus dem soeben Gesagten verständliche Gleichung [9]) ausdrücken: $H^2O + Na = NaHO + H$.

Natrium und Kalium wirken auf Wasser bei gewöhnlicher Temperatur ein, andere schwerere Metalle nur bei höherer Temperatur und nicht so schnell und energisch. Magnesium und Calcium z. B. verdrängen den Wasserstoff nur bei der Siedetemperatur des Wassers, Zink und Eisen dagegen sogar nur bei Rothgluth, während Kupfer, Blei, Quecksilber, Silber, Gold und Platin das

---

[9]) Dieses ist eine stark exothermische Reaktion. Wird viel Wasser angewandt, so löst sich alles entstehende Aetznatron NaHO im Wasser und auf je 23 Gramme Natrium werden gegen $42^1/_2$ Tausend Wärmeeinheiten entwickelt (oder $42^1/_2$ grosse Calorien). Da 40 g Aetznatron entstehen, die, nach direkten Bestimmungen zu urtheilen, beim Lösen in viel Wasser ungefähr 10 Tausend Cal. entwickeln, so würde, wenn kein Ueberschuss von Wasser vorhanden wäre und keine Lösung erfolgte, die Reaktion $Na + H^2O = H + NaHO$ etwa $32^1/_2$ Tausend Cal. entwickeln. Diese Reaktion muss, da, wie wir später sehen werden, der Wasserstoff in seinen kleinsten Theilchen aus H^2 und nicht aus H besteht, durch die folgende Gleichung ausgedrückt werden: $2Na + 2H^2O = H^2 + 2NaHO$. Der letzteren entspricht eine Wärmemenge von $+ 65$ Taus. Calorien. Das wasserfreie Natriumoxyd Na^2O bildet im Wasser das Hydrat 2NaHO, wobei, wie Beketow gezeigt hat, $35^1/_2$ Tausend Cal. entwickelt werden. Der Reaktion $2Na + H^2O = H^2 + Na^2O$ werden folglich $29^1/_2$ Tausend Calorien entsprechen. Diese Wärmemenge ist geringer, als die, welche sich bei der Vereinigung des Natriumoxydes mit Wasser zum Aetznatron entwickelt; es ist also sehr natürlich, dass immer das Hydrat NaHO und nicht die wasserfreie Substanz Na^2O entsteht. Die Nothwendigkeit dieser mit der Wirklichkeit übereinstimmenden Folgerung ergibt sich auch aus der Beobachtung von Beketow, nach welcher das wasserfreie Natriumoxyd direkt mit Wasserstoff in Reaktion tritt und Natrium ausscheidet: $Na^2O + H = NaHO + Na$. Diese Reaktion erfolgt unter Wärme-Abgabe und zwar von etwa 3 Tausend Calorien, weil beim Vereinigen von Na^2O mit $H^2O - 35^1/_2$ Tausend und von Na mit $H^2O - 32^1/_2$ Taus. Cal. entwickelt werden. Uebrigens geht auch die entgegengesetzte Reaktion $NaHO + Na = Na^2O + H$ (gleichfalls beim Erwärmen) vor sich; bei derselben wird folglich Wärme aufgenommen. Wir haben hier ein Beispiel kalorimetrischer Berechnungen vor uns, aus denen der geringe Nutzen des Gesetzes der grössten Arbeit zur Erklärung der umkehrbaren Reaktionen zu ersehen ist. Es ist aber zu bemerken, dass alle umkehrbaren Reaktionen nur wenig Wärme abgeben oder aufnehmen, so dass, nach der Anmerkung 6 (und Kap. 1. Anm. 25) die Ursache der Nichtübereinstimmung der Regel der grössten Arbeit mit der Wirklichkeit zuerst wol darin zu suchen ist, dass wir keine Mittel besitzen aus der beobachteten Wärmemenge diejenige abzusondern, die sich auf den rein chemischen Vorgang bezieht. Dieses kann aber auch schwerlich jemals gelingen, da schon beim Erwärmen allein sehr viele Körper Veränderungen erleiden; dasselbe geschieht auch bei Kontaktwirkungen. Ein erwärmter Körper besitzt eigentlich nicht mehr die ursprüngliche Energie seiner Atome, weil durch das Erwärmen nicht nur die den Molekeln eigene Bewegung, sondern auch die Bewegung der die letzteren bildenden Atome verändert wird; es wird also die chemische Veränderung gleichsam eingeleitet. Hieraus folgt, dass die Thermochemie oder die Lehre von den die chemischen Reaktionen begleitenden Wärmeerscheinungen keineswegs mit der chemischen Mechanik zu identifiziren ist. Die thermochemischen Daten werden wol in die chemische Mechanik eingehen, aber das Wesen derselben kann nicht aus ihnen allein bestehen.

Wasser überhaupt nicht zersetzen und nicht an die Stelle des Wasserstoffs desselben treten können.

Um zu zeigen, dass man Wasserstoff durch Zersetzen von Wasserdampf mittelst metallischen Eisens (oder Zinks) bei erhöhter Temperatur erhalten kann, stellt man folgenden Versuch an: durch ein mit Eisen (z. B. Drehspänen, eisernen Nägeln) gefülltes Porzellanrohr, das stark erhitzt wird, leitet man Wasserdampf, welcher bei Berührung mit dem Eisen diesem seinen Sauerstoff abgibt, während der Wasserstoff frei wird und aus dem andern Ende des Rohres, zugleich mit unzersetztem Wasserdampf, entweicht. Der soeben beschriebene, historisch [10]) wichtige Versuch ist für die Praxis indessen nicht bequem, da zu demselben eine relativ hohe Temperatur erforderlich ist. Ausserdem ist diese Reaktion eine umkehrbare (glühendes Eisen zersetzt darüber strömenden Wasserdampf unter Bildung von Hammerschlag und Wasserstoff, während Eisenhammerschlag beim Glühen im Wasserstoffstrome Eisen und Wasserdämpfe bildet) und wird nicht durch den relativ geringen Verwandtschafts-Unterschied des Sauerstoffs zum Eisen (oder Zink) und zum Wasserstoff bedingt, sondern nur dadurch, dass der entstehende Wasserstoff in Folge seiner Elastizität aus dem Bereiche der reagirenden Körper sofort entweicht [11]). Werden aber die Reaktions-

---

[10]) Durch Einwirken von Wasserdämpfen auf glühendes Eisen ist, wie wir sahen, die Zusammensetzung des Wassers bestimmt worden. Auf demselben Wege wurde der Wasserstoff auch zum Füllen von Aërostaten dargestellt. Diese Reaktion, bei der Hammerschlag von der Zusammensetzung Fe^3O^4 entsteht, lässt sich durch die Gleichung: $3Fe + 4H^2O = Fe^3O^4 + 8H$ ausdrücken. Sehr wichtig ist es zu bemerken, das dieselbe auch umkehrbar ist, da beim Glühen von Hammerschlag im Wasserstoffstrome Wasser und Eisen entstehen. Nimmt man also Eisen und Wasserstoff und nur soviel Sauerstoff, dass seine Menge zur Vereinigung mit beiden Körpern nicht ausreicht, so muss sich, nach dem Prinzip des chemischen Gleichgewichts, ein Theil des Sauerstoffs mit dem Eisen und ein anderer mit dem Wasserstoff verbinden, beide Körper müssen aber auch theilweise im freien Zustande zurückbleiben. Die Umkehrbarkeit hängt auch hier wieder von dem geringen Wärmeeffekt ab und beide Reaktionen (die direkte und die umkehrbare) gehen nur beim Erhitzen vor sich. Wenn aber in der oben beschriebenen Reaktion der sich ausscheidende Wasserstoff entfernt wird, wenn also keine Steigerung seines Partialdruckes stattfindet, so kann alles Eisen durch den Wasserdampf oxydirt werden, was aber nicht der Fall ist, wenn das Eisen und Wasser in einem geschlossenen Raume bis zu ihrer Reaktionstemperatur erwärmt werden. Wir sehen hier den Einfluss der Massenwirkung, zu der wir bei der weiteren Darlegung noch öfters zurückkommen werden.

[11]) Wenn daher Eisen und Wasser in einem geschlossenen Raume bis zu ihrer Reaktionstemperatur erhitzt werden, so beginnt wol die Zersetzung des Wassers nach der Gleichung: $3Fe + 4H^2O = Fe^3O^4 + 8H$, hört aber bald auf und geht nicht zu Ende, weil die Bedingungen zu der entgegengesetzten Reaktion eintreten. Es stellt sich eben nach der Zersetzung einer bestimmten Menge von Wasser ein Gleichgewichts-Zustand her. Nach der Anmerkung 9 muss Aehnliches auch dann eintreten, wenn man anstatt Eisen Natrium nimmt; nur wird im letzterem Falle mehr Wasser zersetzt werden und das Gleichgewicht sich dann erst herstellen, wenn

Bedingungen derart verändert, dass die entstehenden Sauerstoffverbindungen z. B. (Eisen- oder Zinkoxyd) in Lösung übergehen können, so kann die Reaktion zu einer nicht umkehrbaren werden, da in dieselbe ein neuer Faktor, die Verwandtschaft des Lösungsmittels zum entstehenden Oxyde, eingeführt wird [12]). Da die in Wasser unlöslichen Oxyde des Eisens und Zinks die Fähigkeit besitzen, sich mit Säureoxyden (wie später erklärt werden wird) zu verbinden und mit Säuren oder saure Eigenschaften besitzenden Hydraten salzartige und löslische Körper zu bilden, so scheiden sie beim Einwirken solcher Hydrate oder deren wässriger Lösungen [13]) viel leichter

---

ein Theil des Hydrates NaHO und des wasserfreien Oxyds Na^2O entstanden sein werden; alles Wasser wird also nur als Hydrat zurückbleiben. Mit Blei oder Kupfer tritt weder bei gewöhnlicher, noch erhöhter Temperatur Zersetzung ein, weil die Verwandtschaft dieser beiden Metalle zum Sauerstoff viel geringer ist, als die des Wasserstoffs.

12) Wenn zwischen auf einander reagirenden Körpern sowol umkehrbare, als auch nicht umkehrbare Reaktionen vor sich gehen können, so treten, wenigstens nach dem bis jetzt Bekannten zu urtheilen, meistens die nicht umkehrbaren Reaktionen ein, was zu der Annahme zwingt, dass bei letzteren eine relativ grössere Verwandtschaft in Wirkung kommt. Die in einer Lösung bei gewöhnlicher Temperatur vor sich gehende Reaktion: $Zn + H^2SO^4 = H^2 + ZnSO^4$, ist bei derselben Temperatur wol kaum umkehrbar, wird es aber, wenn die Temperatur eine bestimmte Höhe erreicht, weil dann das schwefelsaure Zink und die Schwefelsäure sich zersetzen und die Reaktion zwischen dem Wasser und Zink vor sich gehen muss. Die aus der oben aufgestellten Annahme gemachten Folgerungen können theilweise durch Versuche kontrolirt werden. Ist nämlich die Einwirkung des Zinks oder Eisens auf eine Schwefelsäurelösung eine nicht umkehrbare Reaktion, so muss bei derselben der Wasserstoff in einem so stark komprimirten Zustande erhalten werden können, dass er auf eine Lösung der schwefelsauren Salze dieser Metalle nicht einwirken wird. Dieses bestätigten in der That Versuche, bei denen der Wasserstoff einem grösstmöglichen Drucke ausgesetzt wurde. Dagegen müssen solche Metalle, die mit Säuren keinen Wasserstoff entwickeln, unter erhöhtem Drucke wieder den Wasserstoff verdrängen können. Wie nun Brunner gezeigt hat, werden aus den Verbindungen des Platins und Palladiums mit Chlor in wässriger Lösung beide Metalle durch Wasserstoff wirklich verdrängt; nicht verdrängt wird aber Gold, während, nach Beketow, Silber und Quecksilber aus den Lösungen einiger ihrer Verbindungen durch stark komprimirten Wasserstoff verdrängt werden. Für eine schwache Lösung von schwefelsaurem Silber genügt schon ein Druck von 6 Atmosphären, während bei einer konzentrirteren Lösung ein viel grösserer Druck zur Verdrängung des Silbers erforderlich ist.

13) Aus demselben Grunde verdrängen viele Metalle den Wasserstoff beim Einwirken auf Lösungen von Alkalien. Besonders deutlich offenbart sich in dieser Beziehung die Einwirkung des Aluminimus, weil dessen Oxyd mit den Alkalien eine lösliche Verbindung bildet. Ebenso scheidet Zinn beim Einwirken auf Salzsäure Wasserstoff aus und Silicium beim Einwirken auf Flusssäure (Fluorwasserstoff). In solchen Fällen spielt augenscheinlich die Summe der Verwandtschaften eine Rolle; ziehen wir, um uns dieses zu veranschaulichen, die Reaktion zwischen Zn und H^2SO^4 in Betracht, so sehen wir, dass der Verwandtschaft des Zinks zum Sauerstoff (wobei ZnO entsteht), die des Zinkoxyds zu SO^3 (die $ZnSO^4$ bilden) und die des entstehenden $ZnSO^4$ zu Wasser zugezählt werden müssen. Bei der Reaktion zwischen Zink und Sauerstoff kommt nur die Verwandtschaft dieses Metalles zu Sauerstoff in Be-

und schon bei gewöhnlicher Temperatur Wasserstoff aus, d. h. Eisen und Zink wirken auf Säurelösungen ebenso wie Natrium auf Wasser [14]). Zu Versuchen benutzt man gewöhnlich Schwefelsäure oder Vitriolöl H^2SO^4. Aus denselben wird der Wasserstoff durch viele Metalle bedeutend leichter verdrängt, als direkt aus dem Wasser; hierbei entwickelt sich eine grosse Wärmemenge [15]) und

---

tracht, abgesehen von den zwischen den Molekeln wirkenden physikalisch-mechanischen Kräften (z. B. der Kohäsion der einzelnen Oxyd-Molekeln unter einander), und den chemischen Kräften, die zwischen den die Molekeln bildenden Atomen in Wirksamkeit sind (die z. B. die Verbindung von je zwei Wasserstoffatomen zu den Molekeln H^2 bedingen). Eine Hypothese zur Erklärung der chemischen Verwandtschaft oder des Strebens verschiedenartiger Atome, zusammengesetzte Molekeln, d. h. einheitliche Systeme mit koordinirter Bewegung zu bilden, sollte, meiner Ansicht nach, auch die Kräfte berücksichtigen, welche die Bildung von Molekeln aus gleichartigen Atomen (z. B. H^2) und ihre Verbindung zu flüssigen und festen Körpern bedingen, in denen das Vorhandensein einer Anziehung zwischen den gleichartigen Molekeln vorausgesetzt werden muss. Auch die das Lösen bedingenden Kräfte müssen in Betracht gezogen werden. Alle diese Kräfte, die bei chemischen Reaktionen zur Wirkung kommen, gehören zu ein- und derselben Kategorie; daher bietet auch die Erforschung der molekularen Mechanik und der einen Theil derselben bildenden chemischen Mechanik so grosse Schwierigkeiten.

14) Die soeben auseinandergesetzte Vorstellung von der Ursache der leichten Einwirkung des Eisens oder Zinkes auf Schwefelsäure ist natürlich nur eine, die Beobachtung erklärende, Hypothese. Auf den ersten Blick zeigt dieselbe Aehnlichkeit mit der früher herrschenden Hypothese von der **Wahlverwandtschaft**, nach welcher vorausgesetzt wurde, dass die Reaktion nur desswegen vor sich gehe, weil das Zinkoxyd, welches entstehen kann, thatsächlich in Folge der Verwandtschaft dieses Oxydes zur Schwefelsäure entstehe. Diese Hypothese setzt die unerklärliche Wirkung einer Kraft auf einen Körper voraus, der noch nicht entstanden ist, sondern nur entstehen kann. Nach der von uns entwickelten Vorstellung dagegen wird angenommen, dass das Zink selbst schon bei gewöhnlicher Temperatur auf Wasser einwirke, dass aber diese Einwirkung sich nur auf einen geringen Theil, auf die unmittelbaren Berührungsstellen des Metalls mit dem Wasser erstrecke. (In der That wird durch sehr fein zertheiltes Zink, den sogen. Zinkstaub, Wasser unter Einwickelung von Wasserstoff und Bildung von Zinkoxyd (hydrat) zersetzt). Das aus dem Zinke entstehende Oxyd wirkt dann auf die Schwefelsäure und das sich bildende Salz wird vom Wasser gelöst. Die Einwirkung geht weiter, weil eines der entstehenden Produkte — das Zinkoxyd — sich von dem noch nicht in Reaktion getretenen Metalle entfernt. Man kann selbstverständlich auch annehmen, dass die Reaktion nicht direkt zwischen dem Metalle und dem Wasser verläuft, sondern zwischen dem Metalle und der Säure; diese einfachste Vorstellung, würde aber den in Wirklichkeit komplizirten Mechanismus der Reaktion verdecken.

15) Nach Thomsen werden bei der Reaktion zwischen Zink und schwacher (mit viel Wasser verdünnter) Schwefelsäure auf 65 Gewichtstheile Zink gegen 38 Tausend Calorien entwickelt (indem $ZnSO^4$ entsteht), während 56 Gew. Thl. Eisen (gleich 65 Gew. Thl. Zink) bei ihrer Vereinigung mit 16 Gew. Thl. Sauerstoff nur 25 Tausend Calorien entwickeln (unter Bildung von $FeSO^4$).

Die Einwirkung der Metalle auf Säuren beobachtete schon im 17-ten Jahrhundert Paracelsus, aber erst im 18-ten Jahrhundert bestimmte Lemery, dass das hierbei entstehende Gas sich von der Luft durch seine Brennbarkeit unterscheide. Selbst Boyle verwechselte dieses Gas mit der Luft. Die wichtigsten Eigenschaften des

man erhält ein Salz der Schwefelsäure, d. h. einen Körper, in welchem der Wasserstoff der Säure durch Metall ersetzt ist. So entstehen beim Einwirken von Zink auf Schwefelsäure Wasserstoff und schwefelsaures Zink ZnSO⁴ (Zink- oder weisser Vitriol), ein fester in Wasser löslicher Körper. Soll die Einwirkung des Metalls auf die Säure gleichmässig verlaufen, so muss letztere mit Wasser verdünnt werden, damit das entstehende Salz in Lösung bleibe und nicht durch sein Ausscheiden in festem Zustande das noch ungelöste Metall bedecke und auf diese Weise das weitere Einwirken der Säure verhindere. Gewöhnlich nimmt man zum Lösen des Zinks auf ein Volum Vitriolöl drei bis fünf Volume Wasser. Da das Metall um so schneller gelöst wird, je grösser die der Einwirkung der Säure ausgesetzte Fläche ist, so wird das Zink möglichst zerkleinert; man benutzt Streifen von Zinkblech oder gekörntes, (granulirtes, d. h. geschmolzenes und von einer gewissen Höhe in Wasser gegossenes) Zink. Eisen wird in Form von Nägeln, Draht, Spänen und verschiedenen Eisenabfällen verwendet.

Zur Darstellung von Wasserstoff benutzt man gewöhnlich eine zweihalsige Woulf'sche Flasche, in die man gekörntes Zink bringt.

Fig. 36. Zweihalsige Woulf'sche Flasche, gefüllt mit Zink und Schwefelsäure zur Darstellung von Wasserstoff.

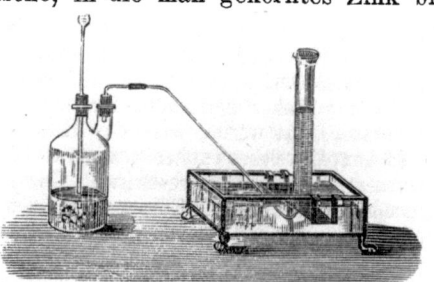

Fig 37. Apparat zum Darstellen und Aufsammeln von Wasserstoff ¹/₂₀.

Durch den einen Hals geht ein bis an den Boden der Flasche reichender Trichter zum Eingiessen der Säure. Das untere Ende des Trichterrohrs muss in die Säure tauchen, damit der Wasserstoff nicht durch dasselbe, sondern durch das in den andern Hals mittelst eines Korkes gehende Glasrohr entweiche. Letzteres ist so gebogen, dass es bequem unter den, in einer Wanne aufgestellten und mit Wasser gefüllten Cylinder gebracht werden kann (Fig. 36—37) [16]). Beim Eingiessen der Schwefelsäure in die Woulf'sche

---

von Paracelsus entdeckten Gases beschrieb Cavendish. Man nannte dasselbe brennbare Luft und erst als man erkannt hatte, dass es beim Verbrennen Wasser bilde, führte man die Bezeichnung Wasserstoff — Hydrogenium von den griechischen Worten — Wasser und erzeuge — ein.

16) Da zu Laboratoriums-Versuchen mit Gasen einige vorläufige Kenntnisse erforderlich sind, so geben wir hier eine **praktische Anleitung zur Darstellung und zum Aufsammeln von Gasen.** Soll z. B. nach Belieben Wasserstoff (oder ein anderes Gas, das ohne Erwärmen entsteht) entwickelt werden, so benutzt man dazu am be-

Flasche beginnt sofort die Wasserstoff-Entwickelung, was an den aufsteigenden Gasbläschen zu sehen ist. Das zuerst entweichende Gas wird nicht gesammelt, weil es noch mit der im Apparat

quemsten den in Fig. 38 abgebildeten Apparat, der aus zwei Gefässen A und B besteht, die unten die Oeffnungen E und F haben, in welche mittelst Korke Glasröhren eingestellt werden, die man dann durch einen Kautschukschlauch mit einander verbindet. In das eine Gefäss kommt Zink, in das andere Schwefelsäure. Den Hals des ersteren schliesst man mit einem Korke, durch den ein mit einem Hahn versehenes Glasrohr geht. Sind die beiden Gefässe mit einander in Verbindung, so kommt die Säure mit dem Zink zusammen und durch dieses Rohr entweicht bei geöffnetem Hahne Wasserstoff. Wird der Hahn geschlossen, so verdrängt der Wasserstoff die Säure aus dem Gefässe mit Zink und die Einwirkung hört auf. Dasselbe erreicht man, wenn man, nachdem in das Zink enthaltende Gefäss ein Theil der Säure geflossen ist, das Gefäss, welches letztere enthält, niedriger stellt. Die Form ist die einfachste eines kontinuirlich wirkenden Apparates zur Gasentwickelung; derselbe kann auch zum Sammeln von Gasen (als Aspirator oder Gasometer) benutzt werden.

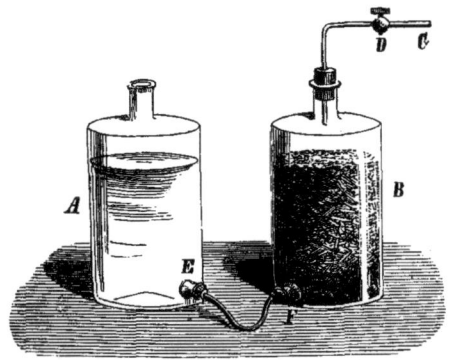

Fig. 38. Bequemer Apparat zur Darstellung verschiedener Gase, ohne Erwärmen; derselbe kann auch als Aspirator und als Gasometer benutzt werden.

In den Laboratorien bedient man sich aber zum Aufsammeln und Aufbewahren von Gasen meistens anderer Apparate, von denen hier die gewöhnlichsten angeführt seien. Als *Aspirator* benutzt man ein Gefäss, das am Boden mit einem Ausflusshahne versehen ist und in dessen Hals ein dicht schliessender Kork mit einem Glasrohr gesetzt ist. Wird der Aspirator mit Wasser gefüllt und der Hahn geöffnet, so dringt durch dieses Glasrohr das abzusaugende Gas in dem Maasse ein, wie das Wasser abfliesst.

Als Aspirator lässt sich auch der folgende einfache und lange in Thätigkeit bleibende Apparat (Fig. 39) empfehlen: ab ist ein oben breites, unten enges Rohr, etwa vom Durchmesser einer Federpose. In den Hals a kommt ein Kork mit einem rechtwinklig gebogenen Rohre fg und ein Trichter c, dessen Ansflussöffnung enger, als die bei b sein muss, damit durch den Trichter aus dem Wasserleitungshahne d weniger Wasser eindringe, als aus b ausfliessen kann. Hierdurch bilden sich im Rohre hb kleine Wassercylinder, welche das zwischen ihnen befindliche Gas (oder Luft) mitreissen und das Eindringen (Einsaugen) neuer Gasmengen durch g veranlassen. Der Durchmesser von hb darf aber nicht zu gross sein, sonst bilden sich keine Wassercylinder und das Wasser fliesst an den Wänden herunter, ohne Gas mitzureissen. Soll das durch diesen Aspirator gehende Gas aufgesammelt werden, so bieg man das Röhrenende b um, taucht es in ein Gefäss mit Wasser und stülpt einen Glascylinder darüber. Wird an Stelle des Wassers Quecksilber in den Aspirator gegossen, so lässt sich derselbe, wenn das Rohr hb länger als 670 Millimeter ist, als Luftpumpe benutzen. Es ist dies die Quecksilberluftpumpe von Sprengel. Auch bei Anwendung von Wasser kann dieser Apparat zum Auspumpen von Luft benutzt werden, und zwar dann, wenn das Rohr hb über 30 Fuss lang ist. Der Trichter c muss, während der Apparat in Thätigkeit ist, immer mit Flüssigkeit gefüllt sein, damit keine Luft eindringe.

befindlichen Luft gemengt ist. Diese Vorsichtsmaassregel darf niemals ausser Acht gelassen werden, weil beim Prüfen des mit Luft

Zum Aufsammeln und Aufbewahren von Gasen bedient man sich meist der **Gasometer,** die aus Glas, Kupfer oder Blech angefertigt werden. Fig. 40 zeigt ein gewöhnliches Gasometer; das untere hermetisch verschliessbare Gefäss B desselben ist mit dem oberen offenen Gefässe A durch zwei mit Hähnen versehene Röhren a und b verbunden. Das Rohr a geht dicht bis an den Boden des Gefässes

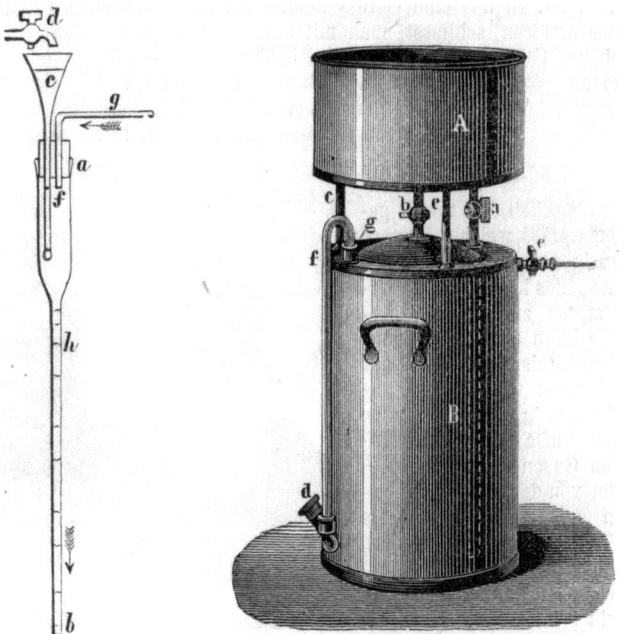

Fig. 39. Kontinuirlich wirkender Aspirator.

Fig. 40. Gasometer $^1/_{20}$.

B, während b im Deckel desselben sich öffnet. Wird A mit Wasser gefüllt, so fliesst bei geöffneten Hähnen das Wasser durch a in den untern Theil des Gasometers und verdrängt daraus allmählich die Luft, die durch b entweicht. Das an der Seite befindliche Rohr f ist ein Wasserstandsrohr. Soll das Gasometer mit einem Gase gefüllt werden, so wird zuerst das Gefäss B vollständig mit Wasser gefüllt, dann werden die drei Hähne a, b und c geschlossen, die Oeffnung d geöffnet und durch dieselbe in den Gasometer das Rohr eingeführt, aus welchem das aufzusammelnde Gas kommt. In dem Maase, wie das Gas eindringt, fliesst aus d das Wasser ab. Auf diese Weise lässt sich aber das Gasometer nur mit einem Gase füllen, das sich unter einem grösserem, als dem Atmosphärendrucke befindet. Ist das Gegentheil der Fall, so muss das Gas eingesogen werden, und zwar durch das Rohr mit dem Hahne e, der zugleich mit d geöffnet wird, aus welchem mit dem eindringenden Gase das Wasser abfliessen wird. Soll das im Gasometer aufgesammelte Gas in ein anderes Gefäss geleitet werden, so verbindet man das Rohr des Hahnes e mit einem Kautschukschlauche, füllt A mit Wasser und öffnet den Hahn a; indem nun durch letzteren das Wasser in den Gasometer eindringt, kann durch den aufgesetzten Schlauch das darin enthaltene Gas in ein beliebiges Gefäss übergeleitet werden.

gemischten Wasserstoffs auf seine Brennbarkeit Explosion eintreten kann (Knallgas)[17].

Der im Wasser enthaltene und daher daraus zu gewinnende Wasserstoff ist auch in vielen andern Substanzen[18] enthalten, aus denen er gleichfalls gewonnen werden kann. Als Beispiele führen wir die folgenden an: 1) das ameisensaure Natrium, $CHNaO^2$, bildet, wenn es, mit Aetznatron $NaHO$ gemengt, geglüht wird, kohlensaures Natrium Na^2CO^3 und Wasserstoff H^2 [19]); 2) viele organische Substanzen, die Kohlenwasserstoffverbindungen enthalten, geben beim Glühen, neben andren Gasen, auch Wasserstoff, der daher auch im gewöhnlichen Leuchtgas enthalten ist; 3) die Entstehung von Wasserstoff beim Einwirken von Wasserdämpfen auf glühende Kohlen[20]. Da alle diese Reaktionen ziemlich komplizirt sind, so sollen sie erst bei der weiteren Darlegung genauer erklärt werden.

---

17) Soll Wasserstoff in grösserer Menge zum Füllen von Aërostaten dargestellt werden, so benutzt man dazu hölzerne, innen mit Blei ausgekleidete Fässer oder Kupfergefässe, die man mit Eisenabfällen und verdünnter Schwefelsäure füllt, und leitet den entstehenden Wasserstoff durch Bleiröhren in besondere mit Wasser (zum Abkühlen) und mit Kalk (zur Absorption von sauren Dämpfen) gefüllte Behälter. Um Verluste an Gas zu vermeiden, werden alle Verbindungsstellen mit Kitt oder Harz bedeckt. Giffard hatte im Jahre 1878 zur kontinuirlichen Darstellung von Wasserstoff für seine grossen Aërostaten (von 25000 Kubikmetern Inhalt) einen komplizirten Apparat konstruirt, in welchem in dem Maasse, wie neue Schwefelsäure einfloss, die entstehende Eisenvitriollösung abfloss. Wird Leuchtgas zur Füllung benutzt, so sucht man dasselbe möglichst leicht, d. h. mit einem grossen Gehalt an Wasserstoff zu erhalten und benutzt daher das zuletzt aus den Gasretorten kommende Gas, das noch durch besondere, zum Glühen erhitzte Gefässe geleitet wird, wodurch die Kohlenwasserstoffe des Leuchtgases theilweise zersetzt werden, und zwar in sich absetzende Kohle und Wasserstoff. Noch leichter und reicher an Wasserstoff wird das Leuchtgas, wenn es über ein glühendes Gemisch von Kohlen und Kalk geleitet wird.

18) Von den einfachen Körpern verbinden sich mit dem Wasserstoff nur wenige Metalle (Natrium z. B.), wobei sehr leicht zersetzbare Verbindungen entstehen, und von den Metalloïden am leichtesten die Halogene (Fluor, Chlor, Brom und Jod). Von den Wasserstoffverbindungen der letzteren, den Haloïdwasserstoffsäuren, deren jedes Halogen nur je eine gibt, sind der Chlorwasserstoff und namentlich der Fluorwasserstoff sehr beständig, während der Brom- und besonders der Jodwasserstoff sich leicht zersetzen. Von den anderen Metalloïden bilden z. B. Schwefel, Kohlenstoff und Phosphor Wasserstoffverbindungen von verschiedener Zusammensetzung und Eigenschaft; dieselben sind aber alle unbeständiger, als das Wasser. Die Zahl der Kohlenwasserstoffe ist ungeheuer gross, doch sind darunter nur sehr wenige, die beim Erhitzen zur Rothgluth sich nicht in Kohle und Wasserstoff zersetzen.

19) Die Reaktion: $CNaHO^2 + NaHO = CNa^2O^3 + H^2O$ kann in Glasgefässen, ebenso wie die Zersetzung des kohlensauren Kupfers oder des rothen Quecksilberoxyds (s. Einl.), ausgeführt werden. Da diese Reaktion nicht umkehrbar ist und in Abwesenheit von Wasser vor sich geht, so ist sie von Pictet (s. später) zur Darstellung von Wasserstoff unter starkem Drucke benutzt worden.

20) Die Reaktion zwischen Kohle und überhitztem Wasserdampf verläuft in zwei Richtungen: entweder entsteht Kohlenoxyd nach der Gleichung: $H^2O + C = H^2 + CO$ oder Kohlensäuregas CO^2 nach der Gleichung: $2H^2O + C = 2H^2 + CO^2$.

Eigenschaften des Wasserstoffs. Der Wasserstoff gehört zu den Gasen, die sich auf den ersten Blick von der Luft nicht unterscheiden. Es ist daher nicht zu verwundern, dass Paracelsus, als er beim Einwirken von Metallen auf Schwefelsäure eine luftförmige Substanz erhielt, dieselbe nicht von der Luft unterschied. Der Wasserstoff ist in der That, ebenso wie die Luft, ein farb- und geruchloses Gas[21]; untersucht man aber den Wasserstoff genauer, so findet man, dass derselbe sich von der Luft scharf unterscheidet. Das beste unterscheidende Merkmal ist seine Brennbarkeit, an der man auch gewöhnlich den bei einer Reaktion entstehenden Wasserstoff erkennt; jedoch darf nicht ausser Acht gelassen werden, dass es auch viele andere brennbare Gase gibt. Bevor wir aber die Brennbarkeit und die anderen chemischen Eigenschaften des Wasserstoffs betrachten, sollen zuerst seine physikalischen Eigenschaften beschrieben werden, wie dieses auch beim Wasser geschehen ist.

Es lässt sich leicht zeigen, dass der Wasserstoff ein sehr leichtes Gas ist[22]. Wird derselbe auf den Boden eines mit

---

Das Gemisch von Kohlenoxyd mit Wasserstoff nennt man **Wassergas** (s. unter Kohlenoxyd).

21) Der durch Einwirken von Zink oder Eisen auf Schwefelsäure entstehende Wasserstoff riecht gewöhnlich nach Schwefelwasserstoff (faulen Eiern), ein Gas das dem Wasserstoff beigemengt ist. Reiner ist der Wasserstoff, der durch die Einwirkung des galvanischen Stromes oder des Natriums auf Wasser erhalten wird. Die Beimengungen kommen aus den im Zinke oder Eisen und in der Schwefelsäure enthaltenen fremden Stoffen, die zu gleichzeitig mit der Hauptreaktion verlaufenden Nebenreaktionen Veranlassung geben. So erklärt sich die Beimengung von Schwefelwasserstoff durch einen Gehalt des Zinkes oder Eisens an Schwefeleisen. das gleichfalls durch die Schwefelsäure zersetzt wird ($FeS + H^2SO^4 = H^2S + FeSO^4$). Uebrigens können die im Wasserstoff enthaltenen Beimengungen leicht entfernt werden; diejenigen, die saure Eigenschaften besitzen, durch Durchleiten des Wasserstoffs durch Natronlauge; andere Beimengungen lassen sich durch eine Sublimatlösung und wieder andere durch eine Lösung des sogen. mineralischen Chamäleons (übermangansaures Kalium) beseitigen. Um Wasserstoff zu trocknen, leitet man ihn über Substanzen, die Wasser absorbiren, z. B. Vitriolöl oder Chlorcalcium. Die zum Reinigen von Wasserstoff dienenden Flüssigkeiten giesst man in Woulf'sche Flaschen oder befeuchtet mit denselben Bimsteinstücke, um eine grössere Berührungsfläche zu erhalten, damit dann die Absorption der Beimengungen besser und schneller vor sich gehe. Braucht man vollständig *reinen Wasserstoff*, so benutzt man dazu das Gas, das sich beim Einwirken des galvanischen Stromes auf gekochtes (keine Luft in Lösung enthaltendes und mit reiner Schwefelsäure versetztes) Wasser an der negativen Elektrode ansammelt. Bei Benutzung eines Knallgas gebenden Apparates isolirt man den Wassertoff durch Eintauchen der positiven Elektrode in Quecksilber, das Zink in Lösung enthält. Beim Durchleiten des Stromes verbindet sich dann das Zink mit dem entstehenden Sauerstoffe zu Zinkoxyd und bildet mit der Schwefelsäure schwefelsaures Zink, welches im Wasser gelöst bleibt. so dass sich im Apparate nur reiner Wasserstoff ansammelt.

22) Wird an dem einem Ende des Wagebalkens einer genügend empfindlichen Wage ein mit seinem Boden nach oben gekehrtes Glas befestigt. die Wage durch eine Tara ins Gleichgewicht gebracht und darauf Wasserstoff in das Glas geleitet, so hebt sich das Glas, da es infolge der Verdrängung der darin befindlichen Luft

Luft gefüllten Glascylinders geleitet, so verbleibt er nicht in dem letzteren, sondern entweicht, seiner Leichtigkeit wegen, in die Luft. Wenn dagegen ein mit seiner Oeffnung nach unten gerichteter Cylinder mit Wasserstoff gefüllt wird, so lässt sich das Gas darin aufsammeln und vermischt sich mit der Luft nur langsam. Bringt man ein brennendes Licht in die Nähe der Cylinderöffnung, so entzündet sich der Wasserstoff, während beim Einführen des Lichtes in den Cylinder dasselbe erlischt (siehe Fig. 42). Der Wasserstoff ist also ein brennbares Gas, das aber selbst die Verbrennung nicht unterhält. Seiner Leichtigkeit wegen wird der Wasserstoff zum Füllen von Luftballons benutzt. Das gewöhnliche Leuchtgas, das dieselbe Verwendung findet, ist nur zwei mal leichter, als Luft, während der Wasserstoff $14^1/_2$ mal leichter ist. Mit Hülfe von Seifenblasen lässt sich die Leichtigkeit des Wasserstoffs und seine Bedeutung für die Füllung von Luftballons bequem demonstriren.

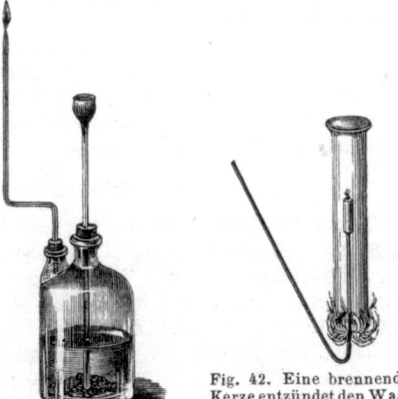

Fig. 41. Die einfachste Form eines Apparates, um die Brennbarkeit des Wasserstoffs zu zeigen.

Fig. 42. Eine brennende Kerze entzündet den Wasserstoff, erlischt aber beim Einführen in einen mit diesem Gase gefüllten Cylinder.

Diesen Versuch zeigte in Paris Charles, der fast gleichzeitig mit den Gebrüdern Mongolfier einen mit Wasserstoff gefüllten Aërostaten konstruirte.

Ein Liter Wasserstoff[23]) hat bei $0°$ und 760 mm Druck ein

---

durch Wasserstoff leichter wird. Da bei gewöhnlicher Zimmertemperatur ein Liter Luft 1,2 Gramm wiegt, so wird beim Verdrängen derselben durch Wasserstoff jeder Liter etwa um einen Gramm leichter. Feuchter Wasserstoff hat ein grösseres Gewicht, als trockner, weil Wasserdämpfe 9 mal schwerer als Wasserstoff sind. Da man zum Füllen von Aërostaten niemals vollkommen trocknen und luftfreien Wasserstoff erhalten kann, so rechnet man die Tragkraft eines jeden Kubikmeters (1000 Liter) zu einem Kilogramme (1000 Gramm).

23) Die Dichte des Wasserstoffs im Verhältniss zu Luft ist durch genaue Versuche festgestellt worden. Die erste von Lavoisier ausgeführte Bestimmung ergab eine nicht ganz genaue Zahl, nämlich 0,0769, die Dichte der Luft als Einheit angenommen; danach wäre der Wasserstoff 13 mal leichter als Luft. Genauere Bestimmungen führte Thomson aus, der die Zahl 0,0693 fand. Berzelius und Dulong bestimmten die Dichte zu 0,0688; Dumas und Boussingault zu 0,06945. Die zweifellos genaueste Bestimmung führte Regnault aus. Derselbe brachte auf die Schalen einer Wage zwei umfangreiche Glasballons, die ein und dasselbe Volum Luft fassten (wodurch die Korrektur der Wägung in der Luft vermieden wurde). Der eine Ballon war zugeschmolzen, während der andere zuerst leer und darauf mit Wasserstoff gefüllt gewogen wurde. Aus dem Gewichte des den Ballon füllenden Wasserstoffs und dem bekannten Volum des letzteren ergab sich das Gewicht eines Liters Wasserstoff und, da das Gewicht eines Liters Luft bei derselben Temperatur und demselben Drucke gleichfalls bekannt war, auch die Dichte des

Gewicht von 0,089578 Gramm, er ist also 14,43 mal leichter als Luft. Der Wasserstoff ist das leichteste aller Gase, eine Eigenschaft, die viele seiner Eigenthümlichkeiten erklärt, z. B. seine grosse Diffusions-Geschwindigkeit durch feine Oeffnungen [24]. Alle anderen Gase zeigen bei einem nicht viel grösseren, als dem

Wasserstoffs. Regnault fand aus diesen Versuchen im Mittel die Dichte des Wasserstoffs im Verhältniss zu Luft = 0,06926 (korrigirt = 0,06949).

Da wir im weiteren alle Gasdichten nicht auf Luft, sondern auf Wasserstoff beziehen werden, so gebe ich, der Deutlichkeit wegen, das Gewicht eines Liters trocknen Wasserstoffs in Grammen bei der Temperatur t und dem Drucke H (gemessen in Millimetern Quecksilber bei 0^0 unter dem 45-sten Breitengrade). Das Gewicht eines Liters Wasserstoffs ist

$$= 0{,}08958 \cdot \frac{H}{760} \cdot \frac{1}{1 + 0{,}00367\, t} \text{ Gramme.}$$

Für die Luftschifffahrt ist es von Wichtigkeit das Gewicht der Luft in verschiedenen Höhen zu kennen; ich gebe daher die nach den Daten von Glescher über die Temperatur und Feuchtigkeit der Luftschichten bei heiterem Wetter zusammengestellte Tabelle. Alle Zahlen sind nach dem metrischen Systeme angegeben. 1000 Millimeter = 39,37 Zoll. 1000 Kilogramm = 61,04 Pud. 1000 Kubikmeter = 35316,5 Kubikfuss. Die Ausgangstemperatur ist 15° C.; die Feuchtigkeit 60 pCt; der Druck 760 mm. Die Angaben des Druckes sind nach einem Aeroïde gemacht, das am Meeresniveau unter dem 45-sten Breitengrade verifizirt worden war.

Druck.	Temperat.	Feuchtigk.	Höhe.	Gew. der Luft.	
760 mm.	15° C.	60 pCt.	0 Met.	1222 Kil.	
700	11°,0	64	690	1141	
650	7°,6	64	1300	1073	
600	4°,3	63	1960	1003	
550	+ 1°,0	62	2660	931	1000 Kubikmeter.
500	− 2°,4	58	3420	857	
450	− 5°,8	52	4250	781	
400	− 9°,1	44	5170	703	
350	− 12°,5	36	6190	624	
300	− 15°,9	27	7360	542	
250	− 19°,2	18	8720	457	

Obgleich die Zahlen dieser Tabelle möglichst sorgfältig aus mittleren Daten berechnet wurden, so sind sie nur für allgemeine Schlussfolgerungen von Bedeutung, denn in jedem einzelnen Falle können sich sowol auf der Erdoberfläche, als auch in der Atmosphäre abweichende Bedingungen zeigen. Bei der Berechnung der Tragkraft eines Aërostaten muss augenscheinlich die Dichte des denselben füllenden Gases im Verhältniss zur Luft bekannt sein. Für gewöhnliches Leuchtgas beträgt diese Dichte 0,6 bis 0,35; für Wasserstoff, bei dem unvermeidlichen Gehalt an Luft und Feuchtigkeit 0,1 bis 0,15. Hieraus ergibt sich z. B., dass ein, 1000 Kubikmeter fassender, mit möglichst reinem Wasserstoff gefüllter Ballon, dessen Gewicht (Hülle, Geräthe, Menschen, Ballast) 727 Kilogramm beträgt, bis zu einer 4250 Meter nicht viel überragenden Höhe emporsteigen kann.

24) Wenn ein mehrere Sprünge aufweisendes Glasgefäss mit Wasserstoff gefüllt und mit seiner Oeffnung nach unten in Wasser oder Quecksilber getaucht wird, so steigen diese Flüssigkeiten allmählich in dem Gefässe auf, weil der Wasserstoff durch die Sprünge 3,8 mal schneller entweicht, als Luft durch dieselben eindringen kann. Leichter lässt sich diese Erscheinung beobachten, wenn man ein Glasrohr anwendet, das mit einer porösen Substanz, z. B. Graphit, unglasirtem Thone oder einer Gypsplatte verschlossen wird.

Atmosphären-Drucke eine grössere Kompressibilität und beim Erwärmen einen grösseren Ausdehnungskoëffizienten, als nach den Gesetzen von Mariotte und Gay-Lussac [25]) zu erwarten wäre,

[25]) Für eine gegebene Gasmasse nimmt bei konstanter Temperatur, nach dem Gesetze von Boyle-Mariotte, das Volum nur um die Grösse ab, um welche der Druck zunimmt, d. h., dass nach diesem Gesetze das Produkt aus dem Volum v und dem Drucke p für eine gegebene Gasmenge eine konstante Grösse darstellt: $pv = C$, die auch beim Verändern des Druckes immer dieselbe bleibt. In Wirklichkeit ist diese Gleichung ein genauer Ausdruck des Verhältnisses zwischen Volum und Druck nur dann, wenn die Veränderungen des Druckes, der Dichte und des Volums relativ gering sind. Bei irgend bedeutenderen Veränderungen erweist sich die Grösse pv in Abhängigkeit vom Drucke, mit dessen Zunahme sie entweder zu- oder abnimmt. Im ersteren Falle ist die Komprimirbarkeit geringer, im letztern grösser, als nach dem Mariotte'schen Gesetze zu erwarten ist. Die Abweichungen bezeichnen wir im ersteren Falle als positive (weil dann $\frac{d\,(pv)}{d\,(p)}$ grösser als o ist) und im letzteren als negative (weil dann der Differentialquotient negativ, kleiner als Null ist). Nach meinen in Gemeinschaft mit M. Kirpitschew und V. Hemilian ausgeführten Versuchen zeigen alle untersuchten Gase bei geringen Drucken, d. h. bei bedeutender Verdünnung, positive Abweichungen. Andrerseits geht aus den Untersuchungen von Natterer, Cailletet und Amagat hervor, dass alle Gase unter grossen Drucken (wenn ihr Volum 500 bis 1000 mal kleiner wird, als bei Atmosphärendruck) gleichfalls positive Abweichungen aufweisen. So z. B. wird bei einem Drucke von 2700 Atmosphären das Volum der Luft nicht 2700 mal, sondern nur 800 mal und das des Wasserstoffs nur 1000 mal kleiner. Folglich sind die positiven Abweichungen für die Gase so zu sagen normal, was auch leicht zu verstehen ist, denn würde irgend ein Gas dem Mariotte'schen Gesetze folgen oder sogar noch mehr komprimirt werden, so würde bei sehr starkem Druck seine Dichte grösser, als die fester und flüssiger Körper werden, was an- und für sich schon unwahrscheinlich und desswegen unmöglich ist, weil feste und flüssige Körper selbst wenig komprimirbar sind. Ein Kubikcentimeter Sauerstoff z. B., der bei 0° und Atmosphärendruck 0,0014 g. wiegt, müsste bei einem Drucke von 3000 Atmosphären (der in Kanonenrohren erreicht wird) ein Gewicht von 4,2 g besitzen, d. h. er würde, beim genauen Befolgen des Mariotte'schen Gesetzes, viermal schwerer als Wasser sein; bei 10000 Atmosphären Druck müsste der Sauerstoff schwerer, als Quecksilber werden. Ausserdem erscheinen die positiven Abweichungen auch aus dem Grunde wahrscheinlicher, weil die Gasmolekeln selbst ein gewisses Volum einnehmen müssen. Nimmt man an, dass dem Mariotte'schen Gesetze nur der intramolekulare Raum unterworfen ist, so sieht man gleichfalls die Nothwendigkeit der positiven Abweichungen ein. Bezeichnen wir das Volum einer Gasmolekel selbst mit b (wie es van der Waals thut, s. Kapitel 1. Anmerk. 34), so muss p $(v-b) = C$ sein, woraus sich $pv = C + bp$ ergibt, wodurch eben die positiven Abweichungen angezeigt werden. Angenommen dass beim Wasserstoff unter einem Druck von 1 Meter $pv = 1000$ ist, so erhält man nach den Versuchsdaten von Regnault, Amagat und Natterer für b annähernd 0,7 (bis 0,9).

Folglich muss als normales Gesetz der Komprimirbarkeit der Gase das Anwachsen des Produktes mit der Zunahme des Druckes angesehen werden. Eine solche positive Komprimirbarkeit zeigt der Wasserstoff bei jedem Drucke, denn nach den Untersuchungen von Regnault sind seine Abweichungen von dem Mariotte'schen Gesetze, auch für Drucke, die höher sind als der Atmosphärendruck, positiv. Der Wasserstoff ist also sozusagen ein Mustergas, kein anderes Gas verhält sich so einfach bei Druckveränderungen. Unter einem Drucke von einer bis zu 30 Atmosphären zeigen alle anderen Gase negative Abweichungen, d. h. sie werden mehr während der Wasserstoff sich weniger komprimirt und bei Zunahme der Temperatur sich etwas weniger ausdehnt [26]). Uebrigens kann

komprimirt, als nach dem Mariotte'schen Gesetz zu erwarten ist, wie es sich aus den Messungen von Regnault ergibt, die auch von mir und Boguzsky bestätigt worden sind. So z. B. wird bei einer Erhöhung des Druckes von 4 bis auf 20 Meter Quecksilbersäule, d. h. bei 5 mal grösserem Drucke das Volum nur 4,93 mal kleiner, wenn Wasserstoff und 5,06 mal, wenn Luft komprimirt wird.

Die Abweichungen vom Boyle-Mariotte'schen Gesetz bei bedeutenden Drucken (von 1 bis zu 3000 Atmosphären) finden ihren entsprechenden Ausdruck (bei konstanten Temperaturen) durch die oben erwähnte Formel von van der Waals, (noch besser durch die ähnliche Formel von Clausius); da aber diese Formel (wie auch die von Clausius) nicht auf die Existenz von positiven Abweichungen bei geringen Drucken hinweist, während doch nach den oben erwähnten, von mir mit Kirpitschew und Hemilian ausgeführten und von Krajewitsch (nach zweierlei Methoden) kontrolirten Bestimmungen solche Abweichungen allen Gasen (selbst den sich leicht verflüssigenden, wie CO^2, SO^2) eigen sind, so entsprechen die Formeln, welche die Erscheinungen der Zusammendrückbarkeit und sogar der Verflüssigung richtig wiedergeben, nicht den Fällen, in welchen die Gase stark verdünnt sind, d. h. sich in einem Zustande befinden, in welchem die Gasmolekeln möglichst weit von einander getrennt oder entfernt sind. Dieser Zustand entspricht möglicher Weise dem Uebergange in den sogen. Lichtäther, der den Himmelsraum erfüllt. Stellen wir uns nun vor, dass die Gase sich nur bis zu einer bestimmten Grenze verdünnen lassen, nach deren Erreichung sie (ähnlich den festen Körpern) ihr Volum bei Abnahme des Druckes nicht mehr ändern, so erklärt sich einerseits der Uebergang der Atmosphäre in ihren oberen Grenzen in ein homogenes Fluidum, den Lichtäther, während anderenseits bei grossen Verdünnungen (d. h. wenn kleine Gasmassen grosse Volume einnehmen oder am weitesten von ihrem flüssigen Zustande entfernt sind) gerade positive Abweichungen vom Boyle-Mariotte'schen Gesetze erwartet werden müssen. In Bezug auf stark verdünnte Gase sind unsere heutigen Kenntnisse noch sehr zurück, aber jede Erweiterung derselben verspricht werthvolle Aufklärungen. Zu den drei Aggregatzuständen (dem festen, flüssigen und gasförmigen) muss augenscheinlich, (wie bereits Crookes voraussetzte) noch ein vierter, der ätherförmige kommen — ein Zustand, in welchem der Stoff in seiner äusserst möglichen Verdünnung zu verstehen ist.

26) Das Gesetz von Gay-Lussac lautet, dass alle Gase in allen Zuständen ein und denselben Ausdehnungskoëffizienten 0,00367 besitzen, d. h. dass die Gase beim Erwärmen von $0°$ auf $100°$ sich wie die Luft ausdehnen, indem aus 1000 Volum Gas, bei $0°$ gemessen, 1367 Volum bei $100°$ erhalten werden. Regnault zeigte in den 50-ger Jahren, dass das Gay Lussac'sche Gesetz nicht ganz genau ist und dass verschiedene Gase, wie auch ein und dasselbe Gas bei verschiedenen Drucken, nicht vollkommen gleiche Ausdehnungskoëffizienten besitzen. Für Luft z. B. ist von $0°$ bis $100°$ bei gewöhnlichem Atmosphärendruck (auf 1000 Vol.) dieser Koëffizient = 0,367 und bei 3 Atmosphären 0,371; für Wasserstoff 0,366, für Kohlensäuregas 0,370. Regnault bestimmte übrigens die Volumveränderungen von $0°$ bis $100°$ nicht direkt sondern aus den von der Temperatur bedingten Aenderungen der Tension; da aber die Gase dem Mariotte'schen Gesetze nicht genau folgen, so lässt sich auch aus den Aenderungen der Tension nicht direkt auf die des Volums schliessen. Direkte Bestimmungen der Volumänderungen von $0°$ bis $100°$ führte ich in den 70-ger Jahren in Gemeinschaft mit Kajander aus. Durch diese Bestimmungen wurde Regnault's Behauptung in Bezug auf die nicht volle Genauigkeit des Gay-Lussac'schen Gesetzes bestätigt und, ausserdem, gezeigt: erstens, dass die Ausdehnung auf 1000 Volum von $0°$ bis $100°$ bei gewöhnlichem Atmosphärendruck für Luft 0,368, Wasserstoff 0,367, Kohlensäuregas 0,373, Bromwasserstoff 0,386 u. s. w. beträgt; zweitens, dass für Gase, die

sich Wasserstoff, ebenso wie Luft und andere bei gewöhnlicher Temperatur permanente Gase, selbst unter sehr bedeutendem Drucke nicht verflüssigen [27]); im Gegentheil sein Volum nimmt noch weniger

sich mehr komprimiren lassen, als nach dem Mariotte'schen Gesetze zu erwarten ist, mit der Zunahme des Druckes auch die Ausdehnung beim Erwärmen grösser wird; für Luft z. B. ist dieselbe bei $3^1/_2$ Atmosphären Druck gleich 0,371, für Kohlensäuregas bei 1 Atmosphäre 0,373, bei 3 Atm. 0,389, bei 8 Atm. 0,413; und drittens, dass für weniger komprimirbare Gase, im Gegentheil, mit der Zunahme des Druckes die Ausdehnung beim Erwärmen geringer wird, z. B. für Wasserstoff bei 1 Atmosphäre 0,367, bei 8 Atm. 0,366, für Luft bei $^1/_4$ Atm. 0 370, bei 1 Atm. 0,368. Nach den Versuchen von Kirpitschew, Hemilian und mir ist aber der Wasserstoff, ebenso wie auch Luft (und überhaupt alle Gase) bei geringen Drucken weniger komprimirbar, als sich nach dem Mariotte'schen Gesetze folgern lässt (bei grösserem als dem atmosphärischen Drucke verhält Luft sich umgekehrt). Auf diese Weise zeigt also der Wasserstoff angefangen von Null bis zu den höchsten Drucken einen allmählich, wenn auch sehr langsam, abnehmenden Ausdehnungskoëffizienten, während für die Luft und andere Gase bei Atmosphären- und höherem Drucke der Ausdehnungskoëffizient immer grösser wird und zwar in dem Maasse, in welchem der Druck steigt, so lange die Komprimirbarkeit noch grösser ist, als nach dem Boyle-Mariotte'schen Gesetze erwartet werden muss. Wenn aber bei bedeutenden Drucken diese Abweichungen normal werden (s. Anm. 25), so wird für alle Gase der Ausdehnungskoëffizient mit der Zunahme des Druckes kleiner, wie aus den Beobachtungen von Amagat zu ersehen ist. Durch diese Verhältnisse erklärt sich der Unterschied der beiden Ausdehnungskoëffizienten: bei konstantem Drucke und bei konstantem Volum. Für Luft z. B. ist bei Atmosphärendruck der wahre Ausdehnungskoëffizient (der Druck bleibt konstant — das Volum verändert sich) = 0,00368 (nach den Bestimmungen von Mendelejeff und Kajander) und die Veränderung der Tension (wobei das Volum konstant bleibt) = 0,00367 nach den Daten von Regnault.

27) Als permanente Gase müssen solche bezeichnet werden, die durch Steigerung des Druckes allein sich nicht verflüssigen lassen. Bei genügender Temperaturerhöhung werden alle Gase und Dämpfe permanent. Kohlensäuregas wird bei Temp. über 32° permanent, während es bei niedrigen Temp. durch Druck verflüssigt werden kann.

Durch die in der ersten Hälfte dieses Jahrhunderts von Faraday und and. ausgeführte **Verflüssigung von Gasen**, stellte es sich heraus, dass viele Substanzen, ebenso wie das Wasser, alle drei Aggregatzustände annehmen können und dass zwischen Gasen und Dämpfen kein wesentlicher Unterschied vorhanden ist. Der ganze Unterschied besteht nur darin, dass die Siedetemperatur (oder die 760 mm. Tension entsprechende Temperatur) bei Flüssigkeiten über und bei verflüssigbaren Gasen unter der gewöhnlichen Temperatur liegt. Ein Gas ist folglich überhitzter Dampf oder Dampf, der über seine Siedetemperatur erwärmt oder von dem Sättigungszustande entfernt, verdünnt ist und eine geringere Tension besitzt, als die Maximaltension, die dem betreffenden Körper bei gegebener Temperatur eigen ist. Wie für das Wasser (vergl. pag. 63) bringen wir auch für einige Flüssigkeiten und Gase Daten über ihre **Maximaltension bei verschiedenen Temperaturen**. Vor das Gleichheitszeichen sind die Temperaturen (nach dem Luftthermometer) und hinter dasselbe die Tensionen in Millimetern Quecksilber bei 0° gesetzt. Schwefelkohlenstoff CS^2: 0° = 127,9; 10° = 198,5; 20° = 298,1; 30° = 431,6; 40° = 617,5; 50° = 857,1. Chlorbenzol C^6H^5Cl: 70° = 97,9; 80° = 141,8; 90° = 208,4; 100° = 292,8; 110° = 402,6; 120° = 542,8; 130° = 719,0. Anilin C^6H^7N: 150° = 283,7; 160° = 387,0; 170° = 515,6; 180° = 677,2; 185° = 771,5. Salicylsäuremethylester, $C^8H^8O^3$: 180° = 249,4; 190° = 330,9; 200° = 432,4; 210° = 557,5; 220° = 710,2; 224° = 779,9. Quecksilber Hg: 300° = 246,8; 310° = 304,9; 320° = 373,7; 330° = 454,4; 340° = 548,6; 350° = 658,0; 359° = 770,9. Schwefel: 395° = 300; 423° = 500; 443° = 700;

ab, als es nach dem Mariotte'schen Gesetze sein müsste [28]). Schon

452° = 800; 459° = 900. Diese Zahlen (Ramsay und Young) ermöglichen es durch Aenderung des Druckes konstante Temperaturen in Dämpfen siedender Flüssigkeiten zu erhalten.

Für verflüssigte Gase geben wir die Tensionen in Atmosphären an: Schwefligsäuregas SO^2: — 30° = 0,4; — 20° = 0,6; — 10° = 1; 0° = 1,5; + 10° = 2,3; 20° = 3,2 30° = 5,3. Ammoniak NH^3: — 40° = 0,7; — 30° = 1,1; — 20° = 1,8; — 10° = 2,8; 0° = 4,2; + 10° = 6,0; + 20° = 8,4. Kohlensäuregas CO^2: — 115° = 0,033; — 80° = 1; — 70° = 2,1; — 60° = 3,9; — 50° = 6,8; — 40° = 10; — 20° = 23; 0° = 35; +10° = 46; +20° = 58. Stickoxydul N^2O: — 125° = 0,033; — 92° = 1; — 80° = 1,9; — 50° = 7,6; — 20° = 23,1; 0° = 36,1; +20° = 55,3. Aethylen C^2H^4: — 140° = 0,033; — 130° = 0,1; — 103° = 1; — 40° = 13; — 1° = 42. Luft — 191° = 1; — 158° = 14; — 140° = 39. Stickstoff N^2: — 203° = 0,085; — 193° = 1; — 160° = 14; — 146° = 52.

Die Methoden zur Verflüssigung der Gase (durch Druck und Abkühlung) werden beim Ammoniak, Stickstoffoxydul, Schwefeldioxyd und in weiteren Anmerkungen beschrieben werden. Hier soll nur darauf hingewiesen werden, dass wir in der Verdampfung flüchtiger Flüssigkeiten unter verschiedenen, namentlich geringen Drucken ein leichtes Mittel zum Erhalten **niedriger Temperaturen** besitzen. Verflüssigtes Kohlensäuregas z. B. erzeugt schon direkt eine Kälte von — 80°, während durch Verdampfung desselben bei einer Verdünnung bis zu 25 mm (= 0,033 Atm.) (was mittelst einer Luftpumpe erreicht wird), nach den oben angeführten Daten zu urtheilen, die Temperatur auf — 115° erniedrigt werden kann (Dewar). Selbst wenn gewöhnliche, überall vorkommende Flüssigkeiten unter geringen Drucken, die sich mittelst Pumpen leicht erreichen lassen, verdampft werden, kann man niedrige Temperaturen erzeugen, die wieder zur Verflüssigung flüchtigerer Flüssigkeiten benutzt werden können; durch letztere kann man dann noch niedrigere Temperaturen erhalten. Wasser, das in der Luft siedet, kühlt sich ab und gefriert, wenn der Druck unter 4,5 mm. ist, weil bei 0° seine Tension 4,5 mm. beträgt. Bläst man Luft (in feinen Bläschen) durch gewöhnlichen (Schwefel-)Aether, Schwefelkohlenstoff CS^2, Methylchlorid CH^3Cl und ähnliche flüchtige Flüssigkeiten, so lässt sich dadurch schon ein bedeutendes Sinken der Temperatur hervorrufen. Nebenstehende Tabelle enthält für einige Gase: 1) die zur Verflüssigung bei einer Temperatur von 15' erforderlichen Atmosphärendrucke und 2) die Siedetemperatur bei einem Drucke von 760 mm.:

	C^2H^4	N^2O	CO^2	H^2S	AsH^3	NH^3	HCl	CH^3Cl	C^2N^2	SO^2
1)	42	31	52	10	8	7	25	4	4	3
2)	—103°	—92°	—80°	—74°	—58°	—38°	—35°	—24°	—21°	—10°

28) Aus den Bestimmungen von Natterer (1851—1854) und den Daten von Amagat (1880—1888) ist zu ersehen, dass die Komprimirbarkeit des Wasserstoffs unter grossen Drucken durch die folgenden Zahlen ausgedrückt werden kann:

$p =$ 1   100   1000   2500
$v =$ 1   0,0107   0,0019   0,0013
$pv =$ 1   1,07   1,9   3,25
$s =$ 0,11   10,3   58   85

wo p den Druck in Metern Quecksilber, v das Volum, unter der Annahme, dass beim Drucke von 1 Meter das Volum = 1 ist, und s das Gewicht eines Liters Wasserstoffs bei 20° in Grammen ausdrücken. Würde Wasserstoff dem Boyle-Mariotte'schen Gesetze folgen so würde ein Liter desselben unter dem Drucke von 2500 Metern nicht 85, sondern 265 Gramm wiegen. Aus den angeführten Zahlen ist zu ersehen, dass das Gewicht eines Liters Gases bei Zunahme des Druckes sich einer Grenze nähert, die wol zweifelsohne die Dichte des verflüssigten Gases ist. Das Gewicht eines Liters flüssigen Wasserstoffs wird daher wahrscheinlich annähernd 100 Gramme sein (die Dichte beträgt ungefähr 0,1 — sie ist kleiner, als die aller anderen flüssigen Körper).

hieraus konnte geschlossen werden, dass die absolute Siedetemperatur[29]) des Wasserstoffs und ähnlicher Gase sehr niedrig sein müsse, dass also die **Verflüssigung dieses Gases** nur bei sehr starker Abkühlung

---

29) Caignard de la Tour machte die Beobachtung, dass beim Erwärmen von Aether in einem zugeschmolzenen Rohre bei 190° die Flüssigkeit sich plötzlich in Dampf verwandelte, der dasselbe Volum einnahm, also auch dieselbe Dichte wie die Flüssigkeit besass. Aus weiteren von Drion und auch von mir in dieser Richtung angestellten Untersuchungen ging hervor, dass allen Flüssigkeiten eine **absolute Siedetemperatur** zukommt, über welcher die Flüssigkeit nicht mehr bestehen kann, sondern in ein Gas von derselben Dichte übergehen muss. Um sich eine klare Vorstellung von der Bedeutung dieser Temperatur zu machen, ist zu beachten, dass den flüssigen Zustand die Kohäsion der Molekeln charakterisirt, die in Gasen und Dämpfen nicht vorhanden ist. Die Kohäsion der Flüssigkeiten äussert sich in den kapillaren Erscheinungen (Zerreissen der Flüssigkeitssäulen, Tropfenbildung, Aufsteigen an benetzten Wandungen u. a.). Das Produkt aus der Dichte der Flüssigkeit und deren Steighöhe in Haarröhrchen (von bestimmtem Durchmesser) kann als Maass der Kohäsion dienen. In einer Röhre vom einem Millimeter Durchmesser z. B. ist die Steighöhe von Wasser $= 14,8$ Millimeter (unter Anbringung der Korrektur auf die Form des oberen Meniskus), von Aether bei $t^0 = 5,35 - 0,028\,t$ Millim. Beim Erwärmen wird die Kohäsion der Flüssigkeiten kleiner, infolge dessen nimmt dann auch die Steighöhe in Haarröhrchen ab. Diese Abnahme ist der Temperatur proportional; man kann daher aus den Steighöhen berechnen, bei welcher Temperatur die Kohäsion gleich 0 wird. Beim Aether tritt dieser Fall, nach der eben angeführten Formel bei 191° ein. Wenn in einer Flüssigkeit die Kohäsion der Molekeln verschwindet, so wird die Flüssigkeit zu einem Gase, denn diese beiden Aggregatzustände unterscheiden sich nur durch die Kohäsion. Wenn eine Flüssigkeit verdampft, wobei also die Kohäsion aufgehoben wird, so findet Wärmeaufnahme statt. Daher definirte ich im Jahre 1861 die absolute Siedetemperatur als die Temperatur, bei welcher: a) eine Flüssigkeit nicht mehr existirt, sondern in Gas übergeht, das sich bei keiner Drucksteigerung mehr verflüssigen lässt, b) die Kohäsion $= 0$ wird und c) die latente Verdampfungswärme $= 0$ ist.

Diese Definition fand wenig Verbreitung bis Andrews (1869) von einer andern Seite, indem er nämlich von den Gasen ausging, Aufklärung brachte. Derselbe machte die Beobachtung, dass das Kohlensäuregas bei Temperaturen über 31° unter keinem Drucke verflüssigt werden kann, während bei niedrigeren Temperaturen die Verflüssigung gelingt. Diese Temperatur nannte Andrews die *kritische*. Dieselbe ist augenscheinlich mit der absoluten Siedetemperatur identisch. Wir wollen sie mit tc bezeichnen. Bei niedrigeren Temperaturen verwandelt sich ein Gas, das einem seine Maximaltension (s. Anm. 27) übersteigenden Drucke ausgesetzt wird, in eine Flüssigkeit, welche beim Verdampfen in gesättigten Dampf von eben dieser Maximaltension übergeht. Bei höheren Temperaturen als tc kann der auf ein Gas ausgeübte Druck unbegrenzt gesteigert werden, das Volum des Gases kann aber nicht unbegrenzt abnehmen, sondern muss sich einer bestimmten Grenze nähern (s. Anm. 28), d. h. das Gas muss in dieser Beziehung flüssigen oder festen Körpern ähnlich werden, deren Volume sich mit dem Drucke nur wenig verändern. Das Volum, das eine Flüssigkeit oder ein Gas bei tc einnimmt, nennt man das **kritische Volum**, welchem der **kritische Druck** entspricht, den wir mit pc bezeichnen und in Atmosphären ausdrücken wollen. Aus dem soeben Gesagten ist es augenscheinlich, dass die Abweichungen vom Boyle-Mariotte'schen Gesetze, die absolute Siedetemperatur, die Dichte im flüssigen und komprimirten gasförmigen Zustand, wie auch die Eigenschaften der Flüssigkeit, unter einander in einem engen Zusammenhang stehen müssen; dieser soll in einer der nächsten Anmerkungen

und starkem Drucke möglich sein würde [30]). Bestätigt wurde diese Schlussfolgerung im Jahre 1879 durch die Versuche von Pictet und Cailletet [31]), welche die stark abgekühlten Gase direkt einem sehr bedeutenden Druck unterwarfen und dieselben sich dann plötzlich aus-

näher betrachtet werden. In folgender Tabelle sind die Werthe von tc und pc für einige in dieser Beziehung untersuchte Gase und Flüssigkeiten angegeben:

	tc	pc		tc	pc
N^2	$-146°$	33	H^2S	$+108°$	92
CO	$-140°$	39	C^2N^2	$+124°$	62
O^2	$-119°$	50	NH^3	$+131^2$	114
CH^4	$-100°$	50	CH^3Cl	$+141°$	73
NO	$-93°$	71	SO^2	$+155°$	79
C^2H^4	$+10°$	51	C^5H^{10}	$+192°$	34
CO^2	$+32°$	77	$C^4H^{10}O$	$+193°$	40
N^2O	$+35°$	75	$CHCl^3$	$+268°$	55
C^2H^2	$+37°$	68	CS^2	$+278°$	78
HCl	$+52°$	86	C^6H^6	$+292°$	60

30) Diese Schlussfolgerung zog ich im Jahre 1870. s. Poggendorffs Annalen B. 141. 623.

31) *Pictet* gelang die unmittelbare Verflüssigung vieler bis dahin noch nicht verflüssigter Gase, indem er dazu die Apparate benutzte, die auf seiner Fabrik zur Erzeugung künstlichen Eises mittelst Verdampfung von durch Druck verdichtetem, flüssigem Schwefligsäureanhydrid SO^2 vorhanden waren. Dieses Anhydrid ist ein Gas, das sich bei gewöhnlicher Temperatur unter dem Drucke von mehreren Atmosphären (s. Anm. 27) zu einer Flüssigkeit verdichtet, die unter gewöhnlichem Drucke bei $-10°$ siedet. Unter vermindertem Drucke siedet diese Flüssigkeit, wie eine jede andere, bei niedrigerer Temperatur; wird hierbei das sich entwickelnde Gas fortwährend mittelst einer starken Luftpumpe entfernt, so sinkt die Temperatur des siedenden Schwefligsäureanhydrides auf $-75°$. Wird also in ein Gefäss von der einen Seite flüssiges Anhydrid eingepresst und von der anderen Seite mittelst starker Pumpen das Gas entfernt, so wird durch das Sieden dieses Anhydrides eine Temperaturerniedrigung von $-75°$ hervorgerufen. Befindet sich nun in einem so weit abgekühlten Gefäss ein zweites, so lässt sich in diesem letzteren durch die hervorgerufene Kälte leicht ein anderes Gas verflüssigen. Auf diese Weise verfuhr auch Pictet um (bei $-60°$ bis $-75°$ unter 4 bis 6 Atmosphärendruck) das Kohlensäuregas oder Kohlensäureanhydrid zu verflüssigen, das sich schwerer als das Schwefligsäureanhydrid verflüssigt, das aber auch beim Verdampfen eine bedeutendere Temperaturerniedrigung hervorruft als sich durch das Schwefligsäureanhydrid erreichen lässt. Durch Verdampfen des verflüssigten Kohlensäuregases lässt sich unter 760 mm. Druck eine Kälte von $-80°$ und durch gleichzeitiges Verdünnen mittelst einer starken Pumpe sogar von $-140°$ erzeugen. Solche niedrige Temperaturen ermöglichen es jetzt die meisten anderen Gase zu verflüssigen, wenn dieselben gleichzeitig einem starken Drucke ausgesetzt werden. Um in dem Raume, in welchem die Anhydride SO^2 und CO^2 zum Sieden gebracht werden, einen niedrigen Druck zu unterhalten, sind besondere, Verdünnung hervorrufende Pumpen erforderlich, wogegen zum Verflüssigen dieser Anhydride besondere Druckpumpen nöthig sind, welche die verflüssigten Gase in den abzukühlenden Raum treiben. Pictet komprimirte mittelst der Pumpe A (Fig. 43) flüssiges Kohlensäureanhydrid unter einem Druck von 4—6 Atm. und trieb dasselbe in die Röhre BB, welche mit siedendem, flüssigem und abgekühltem Schwefligsäureanhydride umgeben war, das in M mittelst der Pumpe N komprimirt und dann durch die Saugpumpe R verdünnt wurde. Das flüssige Kohlensäureanhydrid floss durch die Röhre CC

dehnen liessen, indem sie entweder den Druck verringerten oder einen Theil des Gases in die Luft austreten liessen. Analog der

in das Rohr DD, in welchem durch die Pumpe E ein niedriger Druck unterhalten und hierdurch eine Kälte von $-140°$ erzeugt wurde. Die Pumpe E leitete die Dämpfe des Kohlensäureanhydrides zur Pumpe A, in der dasselbe wieder verflüssigt wurde, so dass es sich in einem fortwährenden Kreislauf befand, indem es

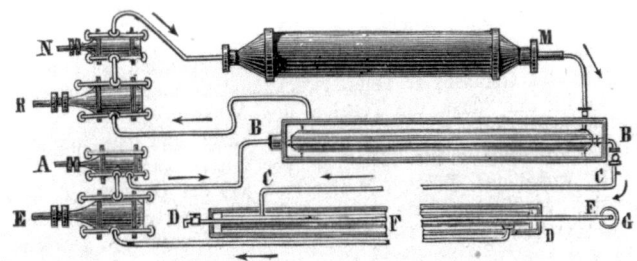

Fig. 43. Allgemeine Anordnung der von Pictet zur Verflüssigung der schwer komprimirbaren Gase benutzten Apparate.

aus dem Zustande eines verdünnten Dampfes von geringer Tension und niedriger Temperatur durch Kompression und Abkühlung verflüssigt wurde und durch Verdampfen wieder Kälte erzeugte.

In der schief gestellten Röhre DD (Fig. 44), in welcher das Kohlensäureanhydrid verdampfte, befand sich eine engere Röhre FF zur Aufnahme des Was-

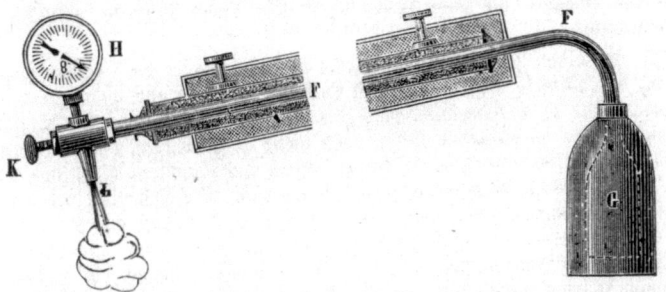

Fig. 44. Der von Pictet im Jahre 1879 benutzte Apparat: im Gefässe G wurde der Wasserstoff entwickelt, der sich im Rohre FF verflüssigte, als der Druck auf 600 Atmosphären gestiegen und die Temperatur auf $-140°$ gesunken war.

serstoffs, welcher durch Erhitzen des Gefässes G aus einem darin befindlichen Gemisch von ameisensaurem Natrium und Aetznatron entwickelt wurde ($CHO^2Na +$ $NaHO = Na^2CO^3 + H^2$). Das aus starkem Kupfer gemachte dickwandige Gefäss G, wie auch das Rohr FF, konnte starken Druck aushalten und war überall hermetisch verschlossen, so das der darin sich entwickelnde Wasserstoff keinen Ausweg hatte und in dem Masse wie er sich ansammelte, einen immer grösseren Druck ausüben musste. Diesen Druck zeigte das mit FF verbundene metallene Manometer H an. Auf diese Weise wurde der Wasserstoff gleichzeitig einer starken Kälte und einem hohen Druck, also den zur Verflüssigung eines Gases erforderlichen Bedingungen ausgesetzt. Näherte sich der in der äusseren Rohre DD herrschende Druck Null, d. h. sank die Temperatur auf $-140°$, und zeigte das Manometer

Entstehung flüssigen Wassers in Form von Nebel bei schneller Ausdehnung von Wasserdampf [32]) erscheint auch in stark abgekühltem und komprimirtem Wasserstoffe bei plötzlicher Ausdehnung ein Nebel, der den Uebergang in den flüssigen Zustand anzeigt. Bis jetzt ist es aber noch nicht gelungen den Wasserstoff selbst nur so lange im flüssigen Zustande zu erhalten, um wenigstens seine Eigenschaften bestimmen zu können, trotzdem dass auf — 200° abgekühlt und der Druck bis auf 200 Atmosphären gesteigert

---

H in der Röhre FF einen Druck von 600 Atmosphären, so konnte bei fortgesetztem Erhitzen des Gefässes G keine Druckzunahme mehr hervorgerufen werden. Dieses wies darauf hin, dass die Tension des Wasserstoffs das der Temperatur von — 140° entsprechende Maximum erreicht hatte und dass folglich alles überschüssige Gas verflüssigt wurde. Hiervon überzeugte sich Pictet durch Oeffnen des Hahnes K, wobei der flüssige Wasserstoff aus der Oeffnung L herausströmte. Indem aber der verflüssigte oder nur stark komprimirte Wasserstoff aus einem Raume, wo er 600 Atmosphären Druck ausgesetzt war, unter den gewöhnlichen Luftdruck gelangte, dehnte er sich sofort aus, kam ins Sieden absorbirte Wärme und kühlte sich noch mehr ab. Hierbei ging, nach den Angaben von Pictet, ein Theil des flüssigen Wasserstoffs in den festen Zustand über und in das untergestellte Gefäss fielen nicht flüssige Tropfen, sondern Stückchen eines festen Körpers, die wie Schrotkörner aufschlugen, aber sofort verdampften. War es nun auch auf diese Weise nicht möglich gewesen den flüssigen Wasserstoff zu sehen und aufzusammeln, so musste trotzdem angenommen werden, dass derselbe nicht nur in den flüssigen, sondern auch in den festen Zustand übergehe, weil auch die anderen beständigen, bis dahin nicht verflüssigten Gase, namentlich Sauerstoff und Stickstoff in den Versuchen von Pictet im flüssigen und festen Zustande dargestellt werden konnten. Pictet nimmt an, dass der flüssige und feste Wasserstoff dem Eisen ähnliche, metallische Eigenschaften besitze.

32) Zu derselben Zeit (1879) als Pictet in der Schweiz die Verflüssigung der Gase ausführte, beschäftigte sich damit auch Cailletet in Paris und gelangte zu denselben, wenn auch nicht so augenscheinlichen Resultaten, durch welche die Möglichkeit der Verflüssigung der meisten bis dahin noch nicht verflüssigten Gase bewiesen wurde. Cailletet komprimirte die Gase in einem engen, dickwandigen Glasrohre unter einem Drucke von mehreren Hundert Atmosphären, indem er gleichzeitig von aussen dieses Rohr durch Kältemischungen möglichst abkühlte und darauf, durch rasches Herauslassen des absperrenden Quecksilbers, das Gas sich rasch und stark ausdehnen liess. Eine solche Ausdehnung musste Kälte erzeugen, ebenso wie schnelles Zusammendrücken Wärme entwickelt und die Temperatur erhöht. Die Abkühlung erfolgte auf Kosten des Gases selbst, weil dessen Molekeln, bei der schnellen Ausdehnung, die höhere Temperatur des Rohres nicht schnell genug mitgetheilt werden konnte. Die Folge war die Umwandlung eines Theiles des sich ansdehnenden Gases in den flüssigen Zustand. Es war dieses an der Bildung von nebelförmigen Tröpfchen, die das Gas undurchsichtig machten, zu bemerken. Cailletet hatte auf diese Weise die Möglichkeit der Verflüssigung von Gasen bewiesen, aber die verflüssigten Gase nicht isolirt. Der Uebergang von Gasen in Flüssigkeiten lässt sich nach der Methode von Cailletet einfacher und leichter beobachten, als in den komplizirten und theueren Apparaten von Pictet.

Die Methoden von Pictet und Cailletet sind von Olszewski, Wroblewsky, Dewar und and. verbessert worden. Um eine grossere Kälte zu erzeugen, wurde an Stelle des Kohlensäureanhydrides verflüssigtes Aethylen C^2H^4 oder Stickstoff genommen, durch deren Verdampfung unter vermindertem Drucke die Temperatur

wurde [33]), unter welchen Bedingungen die Gase der Luft dagegen längere Zeit hindurch flüssig erhalten werden können. Es erklärt sich dieses dadurch, dass die absolute Siedetemperatur des Wasserstoffs niedriger ist, als die aller andern bekannten Gase, was gleichfalls durch die grosse Leichtigkeit des Wasserstoffs bedingt wird [34]).

noch mehr erniedrigt werden konnte (bis auf -200^0). Auch die Methoden zur Bestimmung so niedriger Temperaturen sind vervollkommen worden; doch das Wesen der Sache ist unverändert geblieben. Stickstoff und Sauerstoff sind im flüssigen, ersterer sogar im festen Zustand dargestellt worden; flüssigen Wasserstoff hat aber noch Niemand gesehen.

33) Aus den Untersuchungen von Wroblewsky in Krakau geht hervor, dass Pictet bei seinem Versuche innerhalb des Apparates keinen verflüssigten Wasserstoff haben konnte und dass, wenn derselbe sich dennoch bildete, dies nur während des Ausströmens aus dem Apparate infolge der durch die Ausdehnung hervorgerufenen Kälte der Fall sein konnte. Pictet nimmt an, dass er eine Temperaturerniedrigung von -140^0 erreichte, doch nach den neueren Daten über Verdampfung von CO^2 unter geringen Drucken, erreichte dieselbe wol kaum $- 120^0$. Dieser Unterschied erklärt sich durch die auf verschiedene Weise gemachten Temperaturmessungen. Nach den anderen Eigenschaften des Wasserstoffs zu urtheilen (s. Anm. 34), muss seine absolute Siedetemperatur bedeutend unter $- 120^0$ und sogar unter $- 140^0$ liegen nach einer auf der Zusammendrückbarkeit beruhenden Berechnung von Sarrau ist diese Temperatur $= -174^0$). Aber selbst bei -200^0 (vorausgesetzt, dass die Methoden zur Bestimmung so niedriger Temperaturen richtige Resultate geben) wird der Wasserstoff unter einem Drucke von mehreren Hundert Atmosphären noch nicht verflüssigt. Bei seiner Ausdehnung bildet sich sowohl ein Nebel, eine Art flüssigen Zustandes, aber die Flüssigkeit lässt sich nicht isoliren.

34) Nachdem zu Anfang der 70-ger Jahre der Begriff der absoluten Siedetemperatur (tc Anm. 29) ausgearbeitet und der Zusammenhang zwischen derselben und den Abweichungen vom Boyle-Mariotte'schen Gesetze festgestellt, namentlich aber nachdem die permanenten Gase verflüssigt worden waren, wandte sich die allgemeine Aufmerksamkeit der Vervollständigung der Grundbegriffe über den gasförmigen und flüssigen Zustand der Stoffe zu. Einige Forscher gingen hierbei auf dem Wege der weiteren Untersuchung der Dämpfe (z. B. Ramsay und Young), Gase (Amagat z. B.) und Flüssigkeiten (Sajentschewsky, Nadeshdin u. a.) vor, andere (Konowalow, De-Haën u. a.) suchten in dem gewöhnlichen (von tc und pc weit entfernten) Zustande der Flüssigkeiten das Verhältniss derselben zu den Gasen festzustellen, wieder andere (van der Waals, Clausius u. a.) gingen von den allgemein angenommenen Grundlagen der mechanischen Wärmetheorie und der kinetischen Gastheorie aus und zogen, unter der natürlichen Annahme, dass in den Gasen dieselben Kräfte wirken, die sich in den Flüssigkeiten deutlich offenbaren, Schlüsse über den zwischen den Eigenschaften der Flüssigkeiten und Gase bestehenden Zusammenhang. In dem vorliegenden elementaren Lehrbuche kann die Gesammtheit der hier erreichten Resultate nicht auseinandergesetzt werden, doch ist es unumgänglich, wenigstens einen Begriff von den Deduktionen von van der Waals zu geben, da dieselben den kontinuirlichen Uebergang von Flüssigkeiten in Gase in der einfachsten Weise erklären. Obgleich nun die van der Waal'schen Resultate nicht als vollkommen und endgiltig angesehen werden können, so erlauben dieselben trotzdem ein so tiefes Eindringen in das Wesen der Sache, dass sie die grösste Bedeutung nicht nur für die Physik, sondern auch für die Chemie erlangt haben; für letztere besonders aus dem Grunde, weil hier die Uebergänge aus dem gasförmigen in den flüssigen Zustand öfters vorkommen und die Prozesse der Disso-

Beim Einwirken von physikalisch-mechanischen Kräften geht also die Verflüssigung des Wasserstoffs nur sehr schwierig vor sich, verhältnissmässig leicht dagegen verliert der Wasserstoff un-

ziation, Zersetzung und Vereinigung auf die Veränderungen des physikalischen Zustandes zurückgeführt werden müssen, da die Richtung einer Reaktion gerade durch den physikalischen Zustand der reagirenden Körper bedingt wird.

Für eine *gegebene Menge* (Gewicht, Masse) einer bestimmten Substanz wird deren Zustand durch die folgenden drei Variablen ausgedrückt: v das Volum, p der Druck (Spannung) und t die Temperatur (nach Celsius). Obgleich die Kompressibilität der Flüssigkeiten [d. h. d (v) / d (p)] gering ist, so tritt sie dennoch deutlich hervor und ändert sich nicht nur mit der Natur der Flüssigkeit, sondern auch mit dem Wechsel der Temperatur und des Druckes (bei tc ist die Kompressibilität der Flüssigkeiten sehr bedeutend). Bei geringen Druckänderungen folgen die Gase dem Gesetze von Boyle-Mariotte und ziehen sich gleichmässig zusammen, doch, nach den vorkommenden Abweichungen zu urtheilen, ist auch hier die Abhängigkeit, in der sich v von t und p befindet eine komplizirte. Ebendasselbe bezieht sich auch auf den Ausdehnungskoëffizienten [= d(v)/d(t) oder d(p)/d(t)], der sich mit t und p sowol für Gase (s. Anm. 26), als auch für Flüssigkeiten ändert (für letztere ist derselbe bei tc sehr gross, oft sogar grösser, als der für Gase 0.00367). Die **Zustandsgleichung** muss daher drei Variable: v, p und t enthalten Für ein sogenanntes *vollkommenes (ideales) Gas* oder für geringe Aenderungen in der Dichte der Gase muss die Gleichung:

$$pv = R\alpha(1 + \alpha t) \text{ oder } pv = R(273 + t),$$

wo R eine mit der Masse und Natur des Gases sich verändernde Konstante ist, als elementarer Ausdruck dieser Abhängigkeit angenommen werden, denn in derselben sind die Gesetze von Gay-Lussac und Mariotte eingeschlossen; es verändert sich nämlich bei konstantem Drucke das Volum proportional dem Werthe $1 + \alpha t$, während bei konstanter Temperatur das Produkt pv ist. In ihrer einfachsten Form erhält die Gleichung das Aussehen

$$pv = RT,$$

wo T die sogen. absolute Siedetemperatur oder die zu 273 addirte gewöhnliche Temperatur $T = t + 273$ bezeichnet.

Von der Voraussetzung der Existenz einer Anziehung oder eines inneren (mit a bezeichneten) dem Quadrate der Dichte proportionalen (oder dem Quadrate des Volums umgekehrt proportionalen) Druckes und eines Volums oder einer Wegelänge (b) der Gasmolekeln ausgehend, gibt van der Waals für die Gase eine andere komplizirtere Zustandsgleichung:

$$\left(p + \frac{a}{v^2}\right)(v-b) = 1 + 0{,}00367\, t,$$

wo bei 0° und dem Drucke $p = 1$ (z. B. einer Atmosphäre) das Volum (ein Liter z. B.) Gas (oder Dampf) als 1 angenommen und folglich v und b, sowie p und a in denselben Einheiten ausgedrückt werden. Durch diese Gleichung werden die **Abweichungen** von den Gesetzen von Mariotte und Gay-Lussac ausgedrückt. Für Wasserstoff z. B. muss a eine sehr geringe Grösse und $b = 0{,}0009$ sein, wenn die bei 1000 und 2500 Meter Druck geltenden Daten zu Grunde gelegt werden (Anm. 28). Für andere permanente Gase, für welche ich schon zu Anfang der 70-ger Jahre (Anm. 25) nach der Gesammtheit der Daten von Regnault und Natterer zuerst eine Abnahme und darauf ein Anwachsen von pv nachgewiesen habe, was in den 80-ger Jahren durch neue Bestimmungen von Amagat bestätigt wurde, können die Erscheinungen durch bestimmte Werthe von a und b mit genügender Annäherung an die heute mögliche Genauigkeit ausgedrückt werden (obgleich für sehr geringe Drucke die Formel von van der Waals nicht anwendbar ist). Augenscheinlich kann die van der Waals'sche Formel auch die Unterschiede in den Aus-

ter dem Einflusse der chemischen Affinität. seinen gasförmigen Zustand (d. h. die Elastizität oder physikalische Energie seiner dehnungskoëffizienten der Gase bei veränderten Drucken und veränderten Bestimmungsmethoden (Anm. 26) zum Ausdruck bringen. Ausserdem zeigt diese Formel, dass bei höheren Temperaturen, als $273\left(\frac{8a}{27b}-1\right)$, nur ein einziges reales (Gas-) Volum möglich ist, während bei niedrigen Temperaturen, je nach der Aenderung des Drucks drei verschiedene Volume: ein flüssiges, gasförmiges und ein theils flüssiges, theils gesättigt-dampfförmiges möglich sind. Die oben angeführte Temperatur ist natürlich die absolute Siedetemperatur, d. h. $(tc) = 273\left(\frac{8a}{27b}-1\right)$. Man erhält dieselbe unter der Annahme, dass alle drei mögliche Volume (die drei Kubikwurzeln der van der Waals'schen Gleichung) unter einander und auch gleich $(vc) = 3b$ sind. Der Druck ist dann $(pc) = \frac{a}{27b^2}$. Diese Abhängigkeit zwischen den Konstanten a und b und den Bedingungen des **kritischen Zustandes**, d. h. (tc) und (pc), erlaubt es, die einen Werthe durch die anderen zu bestimmen. Für Aether (Anm. 29) ist $(tc) = 193^0$, $(tp) = 40$, folglich $a = 0,0307$ und $b = 0,00533$, woraus sich für $(vc) = 0,016$ ergibt. Dieses kritische Volum nimmt, nach der ursprünglich gemachten Annahme, diejenige Aether-Masse ein, die unter dem Drucke einer Atmosphäre bei 0° ein Volum, z. B. einen Liter ausfüllt. Da aber die Dichte der Aetherdämpfe im Verhältniss zu Wasserstoff $= 37$ ist und ein Liter Wasserstoff bei 0° und Atmosphärendruck 0,0896 Gramm wiegt, so beträgt das Gewicht eines Liters Aetherdampf 3,32 g, welche im kritischen Zustande (bei 193° und 40 Atmosphären) ein Volum von 0,016 Liter oder 16 Kubikcentimeter einnehmen; folglich wird ein Gramm Aetherdampf ungefähr 5 Kubikcentimeter erfüllen oder das Gewicht eines Kubikcentimeters desselben wird gegen 0,21 betragen. Nach den Untersuchungen von Ramsay und Young (1887) nähert sich diese Zahl in der That dem kritischen Volume des Aethers bei seiner absoluten Siedetemperatur; die Kompressibilität ist dann aber so gross, dass die geringste Aenderung des Druckes oder der Temperatur einen bedeutenden Einfluss auf das Volum ausübt. Aus den Untersuchungen der beiden eben genannten Gelehrten hat sich aber noch ein anderer, indirekter Beweis der richtigen Zusammenstellung der Gleichung von van der Waals ergeben. Ramsay und Young fanden nämlich, dass die Isochoren oder Kurven gleicher Volume bei Aenderungen in der Temperatur und dem Drucke immer Gerade sind; es entspricht z. B. ein Volum von 10 Kubikcentimetern für 1 Gramm Aether dem (in Metern Quecksilber ausgedrückten) Drucke $m = 0,135 t - 3,3$ (z. B. bei 180° und 21 M. Druck, bei 280° und 34,5 M. Druck). Die Geradlinigkeit der Isochoren (wobei v eine konstante Grösse ist) folgt direkt aus der Gleichung von van der Waals.

Als ich im Jahre 1883 zeigte, dass die spezifischen Gewichte der Flüssigkeiten sich proportional der Zunahme der Temperatur verringern [$S_t = S_0 - kt$ oder $S_t = S_0 (1-kt)$] oder die Volume umgekehrt proportional der Grösse $1-kt$ zunehmen, d. h. dass $v_t = v_0 (1-kt)^{-1}$ ist, wo k den Ausdehnungs-Modulus anzeigt, der sich mit der Natur der Flüssigkeiten ändert (und zwar mit derselben Genauigkeit wie beim Ausdruck $1 + \alpha t$ für die Volumzunahme), da kam in Bezug auf die Volumänderungen nicht nur der allgemeine Zusammenhang zwischen Gasen und Flüssigkeiten zum Vorschein, sondern es erwies sich auch als möglich, unter Benutzung der van der Waals'schen Formel, aus der Ausdehnung der Flüssigkeiten auf deren Uebergang in den dampfförmigen Zustand zu schliessen und die Haupteigenschaften der Flüssigkeiten, zwischen denen bis dahin keine direkte Abhängigkeit angenommen wurde, in Zusammenhang zu bringen. Thorpe und Rücker fanden, dass $2(tc) + 273 = 1/k$ ist, wo k den Ausdehnungsmodulus der Flüssigkeit

Molekeln und deren schnelle fortschreitende Bewegung) [35]. Es offenbart sich dieses nicht nur bei der Vereinigung des Wasserstoffs mit dem Sauerstoffe zu flüssigem Wasser, sondern auch bei vielen anderen Erscheinungen, wo Absorption von Wasserstoff stattfindet.

Eine starke Verdichtung erleidet der Wasserstoff durch einige feste Körper, wie z. B. Kohle und Platinschwamm. Wenn in einen mit Wasserstoff gefüllten, auf einer Quecksilberwanne stehenden Cylinder ein Stück frisch geglühter Kohle eingeführt wird, so absorbirt die Kohle gegen zwei Volume Wasserstoff. Durch Platinschwamm wird noch mehr Wasserstoff verdichtet. Unter den Metallen besitzt aber die grösste **Absorptionsfähigkeit für Wasserstoff das Palladium**, ein graues Metall, welches in der Natur zusammen mit dem Platin vorkommt. Nach Graham absorbirt das Palladium, wenn man es, zur Rothgluth erhitzt, im Wasserstoff erkalten lässt, gegen 600 Volume dieses Gases. Der absorbirte Wasserstoff wird dann

---

in der oben angeführten Formel bezeichnet. Die Ausdehnung des Aethers $C^4H^{10}O$ z. B. lässt sich mit genügender Genauigkeit von 0° bis 100° durch die folgende Gleichung ausdrücken: $S_t = 0{,}736(1-0{,}00154\,t)$ oder $v_t = 1/(1-0{,}00154\,t)$, in welcher 0,00154 der Modulus ist; daher ergibt sich für $(tc) = 188°$, während durch direkte Beobachtung 193° gefunden wurde. Für Siliciumchlorid $SiCl^4$ ist der Modulus $= 0{,}00136$, folglich $(tc) = 231$; der Versuch ergibt 230°. Andererseits leitete D. Konowalow, unter der Annahme, dass in den Flüssigkeiten der äussere Druck (p) im Verhältniss zum innern (a in der van der Waal'schen Formel) ganz gering ist und dass die Arbeit bei der Ausdehnung der Flüssigkeit ihrer Temperatur proportional ist (wie in den Gasen) direkt aus der van der Waals'schen Gleichung die oben angeführte Formel für die Ausdehnung der Flüssigkeiten $v_t = 1/(1-kt)$ und ausserdem auch die Grösse ihrer latenten Verdampfungswärme, Kohäsion und Kompressibilität durch Druck ab. Die Gleichung von van der Waals umfasst auf diese Weise den gasförmigen, kritischen und **flüssigen Zustand** der Stoffe und zeigt deren gegenseitigen Zusammenhang. Wenn aber die van der Waals'schen Gleichung auch nicht für vollkommen allgemein und genau gelten kann, so ist sie nicht nur viel genauer, als $pv = RT$, sondern auch allgemeiner, weil sie auf Gase und auf Flüssigkeiten anwendbar ist. Weitere Untersuchungen werden natürlich eine noch weitere Annäherung zur Wirklichkeit ergeben und den Zusammenhang zwischen der Zusammensetzung und den Konstanten (a und b) zeigen; aber auch in ihrer gegenwärtigen Form ist die Zustandsgleichung als ein bedeutender Fortschritt der Naturwissenschaft anzusehen.

Die Veränderlichkeit von a mit der Temperatur in der van der Waals'schen Gleichung in Betracht ziehend, gab Clausius (1880) die folgende Zustandsgleichung:

$$\left(p + \frac{a}{T(v+c)^2}\right)(v-b) = RT.$$

Sarrau wandte diese Formel (1882) auf die Daten von Amagat für den Wasserstoff an und fand $a = 0{,}0551$, $c = -0{,}00043$, $b = 0{,}00089$ woraus er die absolute Siedetemperatur auf $-174°$ und $(pc) = 99$ Atmosphären berechnete. Da aber eine ähnliche Berechnung für Sauerstoff ($-105°$), Stickstoff ($-124°$) und Sumpfgas ($-76°$) grössere Werthe von tc ergab, als in der That gefunden wurden (s. Anm. 29), so ist anzunehmen, dass auch beim Wasserstoff die absolute Siedetemperatur niedriger als $-174°$ sein wird.

35) Dieser und viele andere ähnliche Fälle zeigen deutlich, wie gross die inneren chemischen Kräfte im Vergleich mit den physikalischen und mechanischen sind.

auch bei gewöhnlicher Temperatur zurückgehalten, beim Erhitzen zur Rothgluth dagegen wieder ausgeschieden [36]). Die Durchlässigkeit einiger Metallröhren für Wasserstoff [37]) erklärt sich durch diese Absorptionsfähigkeit, die man **Okklusion** nennt. Die Erscheinung der Okklusion beruht ebenso, wie die der Lösung, auf der Eigenschaft der Metalle mit Wasserstoff unbeständige leicht dissoziirende Verbindungen [38]) zu geben, welche analog den Verbindungen der Salze mit Wasser sind.

36) Die Eigenschaft des Palladiums Wasserstoff zu absorbiren und hierbei an Volum zuzunehmen lässt sich leicht demonstriren, wenn man bei der Elektrolyse von Wasser als Kathode eine Palladiumplatte anwendet, deren hintere Seite mit einem isolirenden Lacke bedeckt ist. Der sich beim Einwirken des galvanischen Stromes ausscheidende Wasserstoff wird dann nur von der unbedeckten metallischen Fläche absorbirt, infolge dessen sich die Platte krümmt. Befestigt man an einem Ende der Platte einen Zeiger, so lässt sich die eintretende Krümmung deutlich verfolgen; lässt man den Strom in entgegengesetzter Richtung einwirken (wobei sich am Palladium Sauerstoff entwickelt, der mit dem absorbirten Wasserstoff Wasser gibt), so verliert das Palladium seinen Wasserstoff und die Krümmung verschwindet.

37) Deville fand, dass bei Rothgluth Eisen und Platin für Wasserstoff durchlässig werden, und beschrieb dieses in folgender Weise: «die Durchlässigkeit solcher homogener Stoffe, wie Eisen und Platin, ist von dem Durchdringen von Gasen durch nicht kompakte Körper, wie Thon und Graphit, scharf zu unterscheiden. In den Metallen hängt die Durchlässigkeit von der durch Erwärmen bedingten Ausdehnung ab und beweist, dass die geschmolzenen, homogenen Metalle porös werden.» Dagegen bewies Graham, dass nur der Wasserstoff die Fähigkeit besitzt durch die genannten Metalle zu dringen. Sauerstoff, Stickstoff, Ammoniak und viele andere Gase dringen nur in ganz unbedeutenden Mengen durch. Graham zeigte ferner, dass durch eine 1 Quadratmeter grosse Platinplatte mit einen Durchmesser von 1,1 Millimeter bei Rothgluth in einen leeren Raum gegen 500 Kubikcentimeter Wasserstoff in der Minute dringen, während von andern Gasen unter diesen Bedingungen kaum merkbare Mengen hindurchgehen. Dieselbe Fähigkeit Wasserstoff durchzulassen besitzt Kautschuk (s. folgendes Kap.); bei gewöhnlicher Temperatur übrigens lässt eine 0,014 Millimeter dicke Kautschukmembran von 1 Quadratmeter nur 127 Kubikcentimeter Wasserstoff in der Minute durch. In dem Versuche der Zersetzung des Wassers durch glühend gemachte poröse Röhren lässt sich das Thonrohr mit Vortheil durch ein Rohr aus Platin ersetzen. Wenn unter den angegebenen Bedingungen ein mit Wasserstoff gefülltes Platinrohr mit einem anderen Luft enthaltenden Rohre umgeben wird, so lässt sich nach Graham zeigen, dass eine Abnahme des Druckes in dem Platinrohr vor sich geht. In etwa einer Stunde ist fast aller Wasserstoff (97 pCt.) aus dem Rohre entwichen, ohne dass er durch Luft ersetzt wird

Augenscheinlich stehen die Okklusion und das Durchdringen des Wasserstoffs durch Metalle, denen die Okklusionsfähigkeit zukommt, nicht nur in einem innigen Zusammenhange mit einander, sondern werden auch durch die Fähigkeit der Metalle mit Wasserstoff Verbindungen von verschiedener Beständigkeit zu bilden bedingt, was ganz analog dem Verhalten von Salzen zu Wasser ist.

38) Wie sich bei weiteren Untersuchungen herausstellte, bildet Palladium mit Wasserstoff eine bestimmte Verbindung Pd^2H (s. unten); besonders lehrreich war aber die Untersuchung der Natriumwasserstoffverbindung Na^2H, aus der deutlich hervorging, dass die Entstehung und die Eigenschaften solcher Verbindungen vollkommen den Begriffen der Dissoziation entsprechen (vergl. hierüber das Kapitel über Natrium).

Mendelejew. Chemie.

Bei gewöhnlicher Temperatur geht der gasförmige Wasserstoff nur langsam und selten in Reaktionen ein; seine Reaktions-Fähigkeit wird erst ersichtlich, wenn durch Druck, Erwärmen oder Einwirken von Licht die Bedingungen geschaffen werden, unter denen er einwirken kann, oder wenn er im Entstehungszustande auftritt. Uebrigens **verbindet sich der Wasserstoff** auch unter diesen Bedingungen unmittelbar nur mit sehr wenigen Körpern, von den einfachen Körpern nur mit: Sauerstoff, Schwefel, Chlor, Kohlenstoff, Kalium und einigen anderen; während die meisten Metalle, Stickstoff, Phosphor und andere Elemente sich mit ihm direkt nicht verbinden. Dennoch existiren Verbindungen des Wasserstoffs mit einigen dieser einfachen Körper, auf die derselbe unmittelbar nicht einwirkt. Erhalten werden diese Verbindungen durch Zersetzungs-Reaktionen oder doppelte Umsetzungen mit andern Wasserstoffverbindungen.

Die Eigenschaft des Wasserstoffs sich beim Erhitzen mit Sauerstoff zu verbinden bedingt seine Brennbarkeit; er brennt mit kaum sichtbarer, nicht leuchtender Flamme [39]). Bei gewöhnlicher Temperatur findet keine Vereinigung statt, wol aber beim Er-

Fig. 45. Entstehung von Wasser beim Brennen von Wasserstoff $1/10$. A ist der Apparat zur Darstellung von Wasserstoff, B die zum Trocknen des Gases mit Chlorcalcium gefüllte Röhre und C die Röhre, aus welcher der Wasserstoff ausströmt und entzündet wird. Ueber die Wasserstoffflamme ist ein Trichter gestülpt, der in den Ballon t führt, aus dem die Luft mittelst eines Aspirators durch das Rohr C abgesogen wird. In dem Ballon sammelt sich das entstehende Wasser.

Als ein schwer zu verflüssigendes Gas ist der Wasserstoff im Wasser und anderen Flüssigkeiten wenig löslich. Bei 0^0 lösen 100 Volume Wasser nur 1,9 Volum Wasserstoff, Alkohol 6,9 Volum. gemessen bei 0^0 und 760 mm. Geschmolzenes Gusseisen absorbirt Wasserstoff, entlässt denselben aber beim Erkalten. Dass sich der Wasserstoff in Metallen löst, beruht bis zu einem gewissen Grade auf seiner Verwandtschaft zu denselben und kann mit dem Lösen der Metalle in Quecksilber und der Bildung von Legirungen verglichen werden. In vielen seiner chemischen Eigenschaften zeigt der Wasserstoff einen Metallcharakter; Pictet behauptet sogar, dass flüssiger Wasserstoff metallische Eigenschaften besitze (s. Anm. 31). Letztere offenbaren sich z. B. darin, dass der Wasserstoff ein ausgezeichneter Wärmeleiter ist, eine Eigenschaft die den Metallen, nicht aber den Gasen zukommt (Magnus).

39) Soll eine vollständig farblose Wasserstoffflamme erhalten werden, so muss der Wasserstoff aus einer Platinspitze ausströmen; an der Oeffnung eines Glasrohres entzündeter Wasserstoff brennt mit gelber Flamme, was durch die aus dem Glase stammenden Natriumdämpfe bedingt wird.

hitzen⁴⁰) und zwar unter bedeutender Wärme-Entwickelung. Das Produkt dieser Verbrennung ist Wasser, wovon man sich leicht überzeugen kann, wenn man über brennenden Wasserstoff eine Glasglocke hält (Fig. 45) oder, noch besser, wenn man Wasserstoff in der Röhre eines Kühlers entzündet. Das entstehende Wasser verdichtet sich dann an den Wänden des Kühlers und fliesst in Tropfen herab⁴¹). Dieser Versuch demonstrirt uns die **Synthese des Wassers**; die Analyse, d. h. die Zersetzung ist bereits früher beschrieben worden.

Das Licht zeigt auf ein Gemisch von Wasserstoff und Sauerstoff keine Einwirkung, aber der elektrische Funken wirkt ebenso, wie eine Flamme, man benutzt daher denselben, um ein Gemisch von Sauerstoff und Wasserstoff oder sogen. Knallgas in einem Gefässe zu entzünden, wie im folgenden Kapitel auseinander gesetzt werden wird. Da Wasserstoff (ebenso wie Sauerstoff) durch Platinschwamm verdichtet wird, und zwar unter Temperatur-Erhöhung, und da das Platin durch Kontakt (s. S. 45) wirkt, so kann, wie Döbereiner gezeigt hat, die Vereinigung von Sauerstoff und Wasserstoff auch durch Platinschwamm hervorgerufen werden. Die Einwirkung des letzteren kann so energisch sein, dass die beiden Gase sich unter Explosion verbinden und der Platinschwamm ins Glühen kommt⁴²).

Obgleich gasförmiger Wasserstoff auf viele Körper direkt nicht

---

40) Denkt man sich einen, durch eine Röhre allmählich entweichenden Wasserstoffstrom in mehrere Theile getheilt, so ergibt sich folgendes. Wird der zuerst ausströmende Theil entzündet, d. h. ins Glühen gebracht, so vereinigt er sich in diesem Zustande mit dem Sauerstoff der Luft, wobei aber eine so starke Wärmeentwickelung stattfindet, dass auch der nächste Theil des ausströmenden Wasserstoffs ins Glühen gebracht, also gleichfalls entzündet wird, u. s. w. Auf diese Weise wird der einmal angezündete Wasserstoff zu brennen fortfahren, wenn nur der Zufluss des Gases kontinuirlich stattfindet und die Atmosphäre in der das Brennen vor sich geht, nicht geschlossen ist und Sauerstoff enthält.

41) Die Brennbarkeit des Wasserstoffs lässt sich direkt bei der Zersetzung des Wassers durch Natrium zeigen. In eine Schale mit Wasser geworfen schwimmt das Natrium unter Entwickeln von Wasserstoff, der entzündet werden kann. Die Flamme färbt sich durch die Gegenwart von Natriumdämpfen gelb. Wird Kalium angewandt, so entzündet sich der Wasserstoff von selbst, weil die bei der Zersetzung sich entwickelnde Wärmemenge so bedeutend ist, dass sie zum Entzünden genügt. Die hierbei entstehende Wasserstoffflamme nimmt vom Kalium eine violette Färbung an. Wenn das Natrium nicht auf Wasser, sondern auf eine Säure oder selbst auf eine dicke Lösung von Gummi gebracht wird, so kann es gleichfalls so viel Wärme entwickeln, dass der entweichende Wasserstoff sich entzündet. Solche Versuche müssen mit Vorsicht ausgeführt werden, weil das sich bildende Natriumoxyd herausgeschleudert werden kann; um diesem vorzubeugen, bedeckt man das Gefäss mit einer Glasplatte.

42) Diese Eigenschaft des Platinschwamms benutzt man in dem **sogennanten Wasserstofffeuerzeuge** (Figur 46). Dasselbe besteht aus einem Cylinder oder Glase, in welchem sich ein zur Aufnahme von Zinkstückchen bestimmtes Bleigestell befindet (weil Blei von Schwefelsäure nicht angegriffen wird). Ueber dem Gestelle be-

einwirkt [43]), so findet dennoch, wenn er sich im **Entstehungszustande** befindet, oft eine Einwirkung statt. Nascirender Wasserstoff bildet sich z. B. beim Einwirken von Natriumamalgam auf Wasser; derselbe

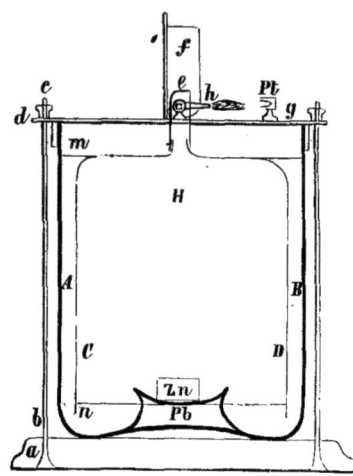

Fig. 46. Schematische Darstellung des Wasserstoff-Feuerzeuges im Durchschnitte: *a* ist das Gestell, *AB* das Glasgefäss, *CD* die innere Glasglocke, die in der Fassung *c* hermetisch befestig ist. Durch die Platte *h* und die Schrauben *bc* sind das Glasgefäss und die Glocke an das Gestell befestigt. Das Niveau *n* der Säure in der Glocke liegt unter dem Niveau *m* ausserhalb derselben, daher strömt beim Oeffnen des Hahnes *e* durch Heben des Deckels *f* der Wasserstoff aus der Spitze *h* gegen den Platinschwamm *g* ($^1/_5$ der natürlichen Grösse).

findet sich eine mit einem Hahne versehene Glasglocke welche in Schwefelsäure taucht. Bei geöffnetem Hahne kommt die Schwefelsäure mit dem Zink in Berührung und entwickelt Wasserstoff, während bei geschlossenem Hahne durch den sich in der Glocke ansammelnden Wasserstoff die Säure zurückgedrängt wird. Auf diese Weise kann man durch Oeffnen und Schliessen des Hahnes nach Belieben die Schwefelsäure auf das Zink einwirken und folglich Wasserstoff sich bilden und ausströmen lassen. Richtet man den ausströmenden Wasserstoff gegen den Platinschwamm, so entzündet er sich, denn das Platin wird glühend, was unter anderem auch davon abhängt, dass der Wasserstoff in den Platinporen mit darin verdichtetem Sauerstoff zusammenkommt und sich mit letzterem unter Erglühen verbindet. Soll der Apparat regelmässig wirken, so muss der Platinschwamm vollkommen rein sein; man schützt ihn am besten durch ein dünnes Blättchen von metallischem Platin, durch welches Staub und andere Beimengungen der Luft fern gehalten werden. Jedenfalls muss der Platinschwamm von Zeit zu Zeit gereinigt werden, wozu einmaliges Aufkochen mit Salpetersäure genügt, in welcher das Platin unlöslich, die Beimengungen jedoch löslich sind. Vermieden wird diese Unbequemlichkeit durch die Konstruktion von Feuerzeugen, in denen der ausströmende Wasserstoff durch den galvanischen Strom, indem beim Öffnen des Hahnes die Zinkplatte eines galvanischen Elements sich in die Flüssigkeit eintaucht und den Strom herstellt, oder den elektrischen Funken entzündet wird.

43) Unter denselben Bedingungen, unter denen der Wasserstoff sich mit Sauerstoff vereinigt, kann er sich auch mit Chlor verbinden. Ein Gemisch von Wasserstoff und Chlor explodirt beim Durchschlagen des elektrischen Funkens oder bei Berührung mit einem glühenden Körper, desgleichen auch in Gegenwart von Platinschwamm. Ausserdem erfolgt die Vereinigung von Chlor mit Wasserstoff schon beim Einwirken des Lichtes. Wenn ein Gemisch gleicher Volume von Wasserstoff und Chlor dem Sonnenlichte ausgesetzt wird, so erfolgt ihre vollständige Vereinigung unter Explosion. Mit Kohlenstoff vereinigt sich der Wasserstoff nicht direkt, weder bei gewöhnlicher Temperatur, noch beim Einwirken von Hitze oder Druck; wenn aber durch Kohlenelektroden, die nicht weit auseinander stehen (wie beim Erzeugen des elektrischen Lichtes oder des sogen. Volta'schen Bogens) der galvanische Strom auf die Weise durchgeleitet wird, dass ein leuchtender Bogen entsteht, in welchem die Kohlentheilchen von einem Pole zum andern getragen werden, so kann infolge der hierbei sich entwickelnden grossen Hitze die direkte Vereinigung von Kohle und Wasserstoff erfolgen, wobei man ein eigenthümlich riechendes Gas, das Acetylen C^2H^2 erhält.

muss im ersten Momente seiner Entstehung aus der Flüssigkeit einen verdichteten Zustand annehmen ⁴⁴). In diesem Zustande besitzt nun der Wasserstoff die Fähigkeit auf Körper einzuwirken, auf welche er im gasförmigen Zustande keine Einwirkung zeigt. Zwischen den beim Einwirken von Platinschwamm stattfindenden Erscheinungen und denen, welche der Wasserstoff im Entstehungszustande hervorruft, offenbar ein inniger Zusammenhang besteht. Im Entstehungszustande verbindet sich der Wasserstoff z. B. mit Aldehyden. Das gewöhnliche Aldehyd ist eine flüchtige, aromatisch riechende Flüssigkeit, die bei 21^0 siedet, in Wasser löslich ist, an der Luft Sauerstoff absorbirt und hierdurch in Essigsäure übergeht (letztere ist im gewöhnlichen Essig enthalten). Wird nun in eine wässrige Aldehydlösung Natriumamalgam geworfen, so verbindet sich der grösste Theil des entstehenden Wasserstoffs mit dem Aldehyd und es entsteht der gewöhnliche Alkohol oder Weingeist. Letzterer ist in Wasser löslich und bildet den wichtigsten Bestandtheil aller geistigen Getränke. In reinem Zustande siedet der Weingeist bei 78^0. Der Zusammensetzung des Aldehyds entspricht die Formel — C^2H^4O, der des Weingeistes — C^2H^6O; auf dieselbe Menge Kohlenstoff und Sauerstoff enthält also der Alkohol, im Vergleich zum Aldehyde, mehr Wasserstoff. Besonders zahlreich sind unter den Reaktionen, bei welchen der Wasserstoff im Entstehungszustande wirkt, die der Ersetzung oder **Verdrängung der Metalle durch den Wasserstoff** ⁴⁵).

---

44) Es gibt noch eine andere Erklärung für die Leichtigkeit, mit der die Reaktionen im Entstehungszustande vor sich gehen. In der Folge werden wir sehen, dass die Wasserstoffmolekeln aus zwei Atomen H^2 bestehen, dass es aber auch Körper gibt, die in ihrer Molekel nur ein Atom enthalten, wie z. B. das Quecksilber. Es muss daher bei einer jeden Reaktion des gasförmigen Wasserstoffs eine Trennung der die Wasserstoffmolekeln bildenden Atome eintreten. Im Entstehungsmoment nimmt man nun die Existenz freier Wasserstoff-Atome an, die in diesem Zustande besonders energisch einwirken sollen. Diese Hypothese stützt sich nicht auf Thatsachen, während die Vorstellung, dass der Wasserstoff im Entstehungsmomente verdichtet auftritt, natürlicher ist und auch damit übereinstimmt, dass komprimirter Wasserstoff (Anm. 17) Palladium und Silber verdrängt (Brunner, Beketow), also ebenso wie im Entstehungsmomente wirkt.

45) Wenn beim Zufügen von Säure und Zink zu einem Silbersalze Silber reduzirt wird, so lässt sich die Reaktion durch die direkte Wirkung des Zinks ohne die des Wasserstoffs im Entstehungsmomente erklären. Es gibt aber auch Fälle, wo eine solche Erklärung nicht anwendbar ist; so z. B. wird durch nascirenden Wasserstoff der Sauerstoff seinen Stickstoffverbindungen, wenn diese in Lösung sind, leicht entzogen, wobei der Stickstoff in eine Verbindung mit Wasserstoff übergeht. In diesem Falle treffen so zu sagen der Stickstoff und Wasserstoff im Entstehungsmomente zusammen, in welchem sie sich auch vereinigen.

Augenscheinlich setzt der elastisch-gasförmige Zustand des Wasserstoffs seiner Energie eine Grenze und hindert ihn in Verbindungen einzugehen, zu deren Bildung er die Fähigkeit besitzt. Im Entstehungsmomente befindet sich der Wasserstoff nicht im gasförmigen Zustande und zeichnet sich durch seine viel ener-

Wie wir später sehen werden, können die Metalle in vielen Fällen sich gegenseitig ersetzen; ebenso und zuweilen sogar leichter ersetzen die Metalle den Wasserstoff und werden auch selbst von ihm ersetzt. Beispiele solcher Ersetzungen sahen wir bei der Bildung des Wasserstoffs aus Wasser, Schwefelsäure u. a. In allen diesen Fällen wird der Wasserstoff durch die Metalle Natrium, Eisen und Zink verdrängt. Ebenso wie aus dem Wasser, kann der Wasserstoff auch aus vielen seiner Verbindungen durch Metalle verdrängt werden; so z. B. gibt der durch direkte Vereinigung von Wasserstoff mit Chlor entstehende Chlorwasserstoff beim Einwirken vieler Metalle Wasserstoff. Aus den Verbindungen des Wasserstoffs mit Stickstoff wird durch die Metalle Kalium und Natrium gleichfalls der Wasserstoff verdrängt; nur aus den Verbindungen des Wasserstoffs mit Kohlenstoff findet keine Verdrängung desselben durch Metalle statt. Seinerseits kann der Wasserstoff wieder durch Metalle ersetzt werden, besonders leicht geschieht dieses beim Erwärmen und mit solchen Metallen, die selbst den Wasserstoff nicht verdrängen. So z. B. wird beim Glühen in einem Wasserstoff-Strome vielen Metallverbindungen ihr Sauerstoff durch den Wasserstoff entzogen, welcher an die Stelle der Metalle tritt, d. h. sie verdrängt, ebenso wie er in anderen Fällen selbst durch Metalle verdrängt wird. Beim Ueberleiten von Wasserstoff über die zum Glühen erhitzte Verbindung des Kupfers mit Sauerstoff erhält man metallisches Kupfer und Wasser: $CuO + H^2 = Cu + H^2O$. Eine solche doppelte Umsetzung nennt man **Reduktion**, in Bezug auf das Metall, welches aus seiner Sauerstoffverbindung wieder im metallischen Zustande hergestellt wird. Aber nicht alle Metalle können den Wasserstoff aus seinen Sauerstoffverbindungen verdrängen und umgekehrt kann z. B. auch der Wasserstoff nicht alle Metalle, weder Kalium, noch Calcium, noch Aluminium, aus ihren Sauerstoffverbindungen verdrängen. Stellt man die Me-

---

gischere Einwirkung aus Aus dem Begriffe der chemischen Energie lässt sich ein solches Verhalten vollkommen erklären, weil zum Uebergehen in ein Gas eine bestimmte Wärmemenge erforderlich ist und folglich eine bestimmte Menge von Arbeit aufgewandt werden muss. Wenn gasförmiger Wasserstoff entsteht, so sind auch schon die Bedingungen vorhanden, die genügen um demselben Wärme zu übermitteln und ihn in den gasförmigen Zustand überzuführen. Im Entstehungsmomente bleibt augenscheinlich die Wärme, die sonst im gasförmigen Wasserstoffe latent geworden wäre, in den Wasserstoffmolekeln disponibel; letztere befinden sich daher in einem Zustande der Spannung, in welchem sie auf viele Körper einwirken können.

Es sei hier auf den Umstand hingewiesen, (der nach der vorausgegangenen Erklärung leicht zu verstehen sein wird), dass Wasserstoff, der in den Poren einiger Metalle (z. B. von Palladium und Platin) verdichtet ist, auf viele Substanzen reduzirend einwirkt. Ebenso ist es begreiflich, dass Substanzen, die viel Wasserstoff enthalten und ihn leicht abgeben, gleichfalls stark reduzirend einwirken.

talle in folgender Weise neben einander: K, Na, Ca, Al...
Fe, Zn, Hg... Cu, Pb, Ag, Au, so werden die zuerst angeführten Metalle zu denen gehören, die dem Wasser den Sauerstoff entziehen, also zu den Metallen, die Wasserstoff verdrängen während als letzte Glieder in der Reihe solche Metalle genannt sind, die, im Gegentheil, durch Wasserstoff reduzirt werden. Die Verwandtschaft dieser letzteren zum Sauerstoff ist also eine geringere, als die des Wasserstoffs, während die Metalle K, Na, Ca, im Vergleich zu Wasserstoff eine grössere Verwandtschaft zum Sauerstoff besitzen. Dieser Unterschied offenbart sich auch in der Wärmemenge, die sich bei der Vereinigung der Metalle mit Sauerstoff entwickelt: K, Na und die ihnen näher stehenden Metalle zersetzen das Wasser unter Wärme-Entwickelung, während Cu, Ag u. s. w. diese Fähigkeit nicht besitzen, weil sie bei ihrer Vereinigung mit Sauerstoff weniger Wärme entwickeln, als der Wasserstoff bei der Bildung von Wasser. Es wird daher bei der Reduktion dieser Metalle durch Wasserstoff Wärme entwickelt. Bei der Vereinigung von 16 Grammen Sauerstoff mit Kupfer werden 38000 Wärmeeinheiten (Calorien) entwickelt und bei der Vereinigung von 16 Grm. Sauerstoff mit Wasserstoff zu Wasser 69000 Cal., während Natrium bei seiner Vereinigung mit 16 Grm. Sauerstoff 100000 Cal. entwickelt. Diese Beispiele zeigen uns, dass direkt und unmittelbar solche chemische Reaktionen vor sich gehen, bei denen Wärme entwickelt wird. Natrium zersetzt Wasser und Wasserstoff reduzirt Kupfer aus dessen Oxyde, weil hier **exothermische Reaktionen** vorliegen, d. h. solche, bei denen Wärme entwickelt wird. Durch Kupfer wird das Wasser nicht zersetzt, weil diese Reaktion unter Wärmeaufnahme vor sich gehen müsste. Reaktionen, bei denen Wärme aufgenommen wird, nennt man **endothermische**; dieselben treten gewöhnlich nicht ein, obgleich sie, wenn Energie von Aussen (durch Elektrizität, verschiedene Wärmequellen) zugeführt wird, gleichfalls vor sich gehen können [46]).

Die Reduktion der Metalle durch Wasserstoff benutzt man zur

---

46) Einige Zahlen, die hierauf Bezug haben, sind oben in den Anmerkungen 7, 9 und 11 angegeben und besprochen worden. Zu bemerken ist, dass die Einwirkung von Fe oder Zn auf H^2O oder die entgegengesetzte Wirkung von H^2 auf die Oxyde des Eisens oder Zinks umkehrbare Reaktionen sind, die in beiden Richtungen verlaufen, je nachdem der Wasserstoff oder das Wasser aus der Wirkungssphäre entfernt werden und einer dieser Körper in überwiegender Masse zugegen ist. Es tritt hier die **Massenwirkung** zum Vorschein. Die Reaktion $CuO + H^2 = Cu + H^2O$ ist nicht umkehrbar, da die bei derselben in Betracht kommende Verwandtschaft zu verschieden ist; so wird selbst bei einem grossen Ueberschuss von Wasser, soweit bekannt, kein Wasserstoff ausgeschieden. Ausserdem muss bemerkt werden dass unter den Dissoziations-Bedingungen des Wassers Kupfer von demselben nicht oxydirt wird, wahrscheinlich wol deswegen, weil Kupferoxyd selbst die Fähigkeit besitzt sich beim Erhitzen zu zersetzen.

genauen **Bestimmung der Gewichtszusammensetzung des Wassers.** Zu diesem Zwecke glüht man gewöhnlich Kupferoxyd im Wasserstoffstrome und wägt die Menge des hierbei entstehenden Wassers. Die zur Bildung des letztern verbrauchte Sauerstoffmenge ergibt sich aus dem Gewichtsverlust des Kupferoxyds, welches vor und nach dem Versuche gewogen werden muss. Es sind also nur feste Körper zu wägen, was mit grosser Genauigkeit geschehen kann[47]). Die erste Bestimmung dieser Art führten im Jahre 1819 Dulong und Berzelius aus und fanden, dass das Wasser in 100 Gewichtstheilen 88,91 Sauerstoff und 11,09 Wasserstoff oder auf einen Theil Wasserstoff 8,008 Thl. Sauerstoff enthält. Dumas vervollkommnete dieses Verfahren im Jahre 1842 und fand, dass im Wasser 100 Theile

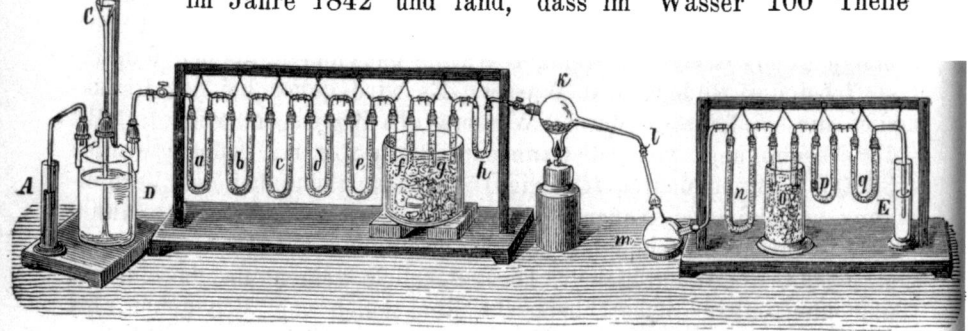

Fig. 47. Der von Dumas zur Bestimmung der Zusammensetzung des Wassers benutzte Apparat. 1/5.

Sauerstoff und 12,515 Th. Wasserstoff enthalten sind, d. h. auf 1 Theil Wasserstoff 7,990 Thle Sauerstoff [48]). Daher wird gewöhnlich angenommen, dass **im Wasser auf einen Gewichtstheil Wasserstoff 8 Gewichtstheile Sauerstoff kommen.** Auf welche Weise

---

47) Diese Bestimmung kann man in dem auf Seite 66 Fig. 23 beschriebenem Apparate ausführen, wenn man in D Kupferoxyd bringt, das Gasometer A mit Wasserstoff füllt und in E das sich bildende Wasser sammelt.

48) Fig. 47 zeigt den von Dumas benutzten Apparat. Das zur Bestimmung erforderliche reine trockne Kupferoxyd erhielt er durch Glühen von Kupfer unter Luftzutritt. Vom Kupferoxyd nahm Dumas zu jeder Bestimmung so viel, dass er ungefähr 50 Gramm Wasser erhielt. Da das Kupferoxyd vor und nach dem Versuche gewogen und aus der Differenz der in das entstehende Wasser übergangene Sauerstoff bestimmt wurde, so durfte sich beim Glühen des Kupferoxydes ausschliesslich Sauerstoff ausscheiden. Ebenso musste auch der Wasserstoff vollkommen rein sein, ohne jeden Gehalt an Feuchtigkeit oder anderen Beimengungen, die sich im Wasser lösen oder mit dem Kupfer irgend welche Verbindungen geben. In der das Kupferoxyd enthaltenden Kugel k durfte keine Luft zurückbleiben, denn sonst hätte sich der durchzuleitende Wasserstoff mit dem Sauerstoff dieser Luft anstatt mit dem des Kupferoxyds vereinigt. Endlich musste zur genauen Bestimmung des entstehenden Wassers die Absorption desselben vollständig sein. Der Wasserstoff wurde in der dreihalsigen Flasche D entwickelt, in deren mittleren Hals durch die Trichter B und C die zum Auflösen des Zinks dienende Schwefelsäure gegossen wurde. In den Röhren $a, b \ldots h$ wurde der Wasserstoff gereinigt, in der Kugel

wir auch Wasser erhalten, die Zusammensetzung desselben bleibt immer ein und dieselbe: ob wir natürlich vorkommendes

---

k kam er mit dem erhitzten Kupferoxyd in Berührung, bildete Wasser und reduzirte das Oxyd zu metallischem Kupfer, in m verdichtete sich das gebildete Wasser, dessen Reste in den Röhren n, o und p absorbirt wurden. Durch Wägen der Kugel k mit dem Kupferoxyd vor und nach dem Versuche erfuhr man die Menge des zur Bildung des Wassers verbrauchten Sauerstoffs und aus der Gewichtszunahme der Kugel m und der Röhren n, o und p die Menge des entstandenen Wassers. Letztere minus der Menge des verbrauchten Sauerstoffs entsprach natürlich der in das gebildete Wasser übergegangenen Wasserstoff-Menge. Gehen wir zu den Einzelheiten dieses soeben im Allgemeinen beschriebenen Apparates über, so sehen wir, dass aus dem einen Seitenhalse der Flasche D ein gebogenes Rohr in den mit Quecksilber gefüllten Cylinder A taucht, zum Zweck eine zu grosse Druckzunahme bei rascher Wasserstoff-Entwicklung zu verhindern. Bei bedeutender Zunahme des Druckes würde der Wasserstoff zu schnell durch den Apparat strömen, infolge dessen er nicht genügend gereinigt und das entstehende Wasser nicht vollständig absorbirt werden könnte. Durch den dritten Hals der Flasche D wird, wie aus der Figur ersichtlich, der sich entwickelnde Wasserstoff in den Reinigungsapparat geleitet, der aus 8 gebogenen Röhren besteht. Die Röhren a und b sind mit Glasstückchen gefüllt, die in ersterer mit einer Lösung von Bleinitrat, in letzterer mit Silbernitrat benetzt sind. Das mit Kalilauge gefüllte Rohr c hält Säuren zurück, die dem Wasserstoff beigemengt sein können, während durch Bleinitrat Schwefelwasserstoff und durch Silbernitrat Arsenwasserstoff zurückgehalten werden. Die Röhren d und e enthalten Aetzkalistückchen zur Absorption von Kohlensäure und Feuchtigkeit; zur Entfernung der letzteren dienen auch die Röhren f und g, die mit Bimsteinstückchen vermengtes Phosphorsäureanhydrid enthalten. Diese beiden Röhren sind ausserdem noch mit einer Kältemischung umgeben. Das Röhrchen h enthält gleichfalls eine Wasser absorbirende Substanz und wird vor dem Versuche gewogen, um festzustellen, dass der durch dasselbe streichende Wasserstoff auch wirklich vollkommen trocken ist. Die das Kupferoxyd enthaltende Kugel k wird vor dem Versuche längere Zeit getrocknet und mittelst einer Pumpe luftleer gemacht, um das Kupferoxyd in leerem Raume wägen zu können und keine Korrektur auf das Wägen in der Luft anbringen zu müssen. Die Kugel k besteht aus schwer schmelzbarem Glase, so dass sie längeres Erhitzen (gegen 20 Stunden) aushalten kann. Die Verbindung zwischen dieser Kugel und den Reinigungsröhren wird erst hergestellt, nachdem der Wasserstoff durch letztere längere Zeit gestrichen und man sich überzeugen konnte, dass der aus h kommende Wasserstoff vollkommen rein und trocken war. Nach Herstellung der Verbindung wird der Hahn der Kugel k geöffnet und, nachdem dieselbe sich mit Wasserstoff gefüllt, ihr ausgezogenes Ende l mit der Kugel m mittelst eines Kautschukschlauches verbunden; jetzt erst wird der diesen Kautschuk schliessende Bindfaden entfernt, so dass der Wasserstoff in die Kugel m und weiter in die Absorptionsröhren dringen kann. Das Rohr n enthält ausgeglühte Potasche-Stückchen, o und p — Phosporsäureanhydrid oder mit Schwefelsäure benetzte Bimsteinstückchen. Letzteres (p) wird zur Kontrole der vollständigen Absorption immer einzeln gewogen. Das Rohr g dient nur zum Schutze gegen das Eindringen von Feuchtigkeit aus der äusseren Luft und der mit Schwefelsäure gefüllte Cylinder E, durch den der überschüssige Wasserstoff entweicht, zur Beobachtung des Gasstromes. Nachdem man sich überzeugt hat, dass alle Theile des Apparates gut, d. h. hermetisch schliessen und kein Gas durchlassen, wird die Kugel k mittelst einer Spirituslampe erhitzt (denn ohne Erhitzen findet keine Reduktion statt) und zwar so lange, bis fast alles Kupferoxyd reduzirt ist; dann wird die Lampe entfernt, den Apparat lässt man im Wasserstoffstrome erkalten, das ausgezogene Ende der Kugel k wird zuge-

Wasser nehmen, oder dasselbe künstlich durch Oxydation von Wasserstoff erhalten, oder aus irgend einer seiner Verbindungen ausscheiden oder bei irgend einer doppelten Umsetzung erhalten, immer wird das Wasser, nachdem es gereinigt, auf einen Theil Wasserstoff acht Theile Sauerstoff enthalten. Das Wasser ist eben eine bestimmte chemische Verbindung. Das Knallgas dagegen, aus welchem man Wasser erhalten kann, ist ein einfaches Gemisch von Sauerstoff und Wasserstoff, aus denselben Bestandtheilen zusammengesetzt, wie das Wasser. In dem Knallgase haben die beiden dasselbe bildenden Gase alle ihre Eigenschaften behalten: beide Gase können in beliebiger Menge dem Gemische zugefügt werden, ohne dass die Homogenität desselben gestört wird. Im Wasser dagegen haben sowol der Sauerstoff, als auch der Wasserstoff ihre Grundeigenschaften verloren, weder von dem einen, noch dem anderen kann dem Wasser etwas zugesetzt werden. Man kann wol diese beiden Gase aus dem Wasser zurückerhalten, aber nur unter Zufuhr von Wärme, da bei ihrer Vereinigung zu Wasser Wärme ausgeschieden wurde. Dieses Verhalten des Wassers lässt sich in dem folgenden Satze zusammenfassen: «**Das Wasser ist eine**

---

schmolzen und der darin zurückgebliebene Wasserstoff ausgepumpt, um die Wägung wieder im leeren Raume auszuführen. Da die mit Wasserstoff gefüllten Absorptionsröhren ein geringeres Gewicht haben müssen, als mit Luft gefüllte, so wird nach Entfernung der Kugel k durch diese Röhren an Stelle des Wasserstoffs so lange Luft geleitet, bis aus dem Cylinder E kein Wasserstoff mehr entweicht. Hierauf werden die Kugel m und die Röhren n und o gewogen und wird durch die erhaltene Gewichtszunahme die Menge des entstandenen Wassers ermittelt. Aus vielen mit diesem Apparate ausgeführten Bestimmungen erhielt Dumas als mittleres Resultat, dass im Wasser auf 10000 Theile Sauerstoff 1253,3 Thl. Wasserstoff enthalten sind. Indem er die Luftmenge in Betracht zog, die in der zum Entwickeln des Wasserstoffs dienenden Schwefelsäure enthalten war, erhielt er als Mittel: 1251,5 und als Grenzzahlen 1247,2 und 1256,2 Thl. Wasserstoff. Auf 1 Theil Wasserstoff kommen folglich 7,9904 Thl. Sauerstoff, wobei der mögliche Fehler auf 1 Thl. Wasserstoff nicht unter $^1/_{250}$ oder 0,03 in der Menge des Sauerstoffs sein kann.

Erdmann und Marchand fanden als Mittel von 8 Bestimmungen, dass im Wasser auf 10000 Theile Sauerstoff 1253 Thl. Wasserstoff enthalten sind; ihre Grenzzahlen waren 1258,5 nnd 1248,7. Es kommen also auf 1 Theil Wasserstoff im Wasser 7,9952 Thl. Sauerstoff, wobei der mögliche Fehler bis zu 0,05 betragen kann, weil bei Annahme der Zahl 1258,5 man für den Sauerstoff 7,944 erhält.

Kayser in Amerika fand (1888), unter Anwendung von Palladiumwasserstoff und Beobachtung verschiedener Vorsichtsmassregeln, um möglichst genaue Resultate zu erlangen, dass das Wasser auf 2 Theile Wasserstoff 15,95 Thl. Sauerstoff enthält.

Einige von den neueren Bestimmungen der Zusammensetzung des Wassers, die wol kaum weniger genau, als die Analysen von Dumas sind, ergaben auf 1 Thl. Wasserstoff immer weniger als 8, im Mittel 7,98 Thl. Sauerstoff. Das Atomgewicht des Sauerstoffs kann daher jetzt $= 15,96$ angenommen werden. Uebrigens ist diese Zahl nicht vollkommen sicher festgestellt und bei gewöhnlichen Untersuchungen kann man auch heute noch den Sauerstoff $O = 16$ annehmen.

bestimmte chemische Verbindung von **Wasserstoff** und **Sauerstoff**». Wenn man durch das Zeichen des Wasserstoffs H die Gewichtseinheit dieser Substanz und 16 Gewichtstheile Sauerstoff durch O bezeichnet, so erhält man zur Bezeichnung des Wassers die chemische Formel H^2O. Solche Formeln stellt man nur für bestimmte chemische Verbindungen auf und verbindet mit der chemischen Formel eines zusammengesetzten Körpers nicht nur eine ganze Reihe von Begriffen, die durch unsere Vorstellungen über zusammengesetzte chemische Verbindungen bedingt werden, sondern drückt durch die Formel gleichzeitig auch die quantitative Gewichtszusammensetzung der betreffenden Verbindung aus. Ausserdem finden, wie wir später sehen werden, durch die Formel auch die Volum-Verhältnisse der den zusammengesetzten Körper bildenden Gase ihren Ausdruck, so z. B. bezeichnet die Formel des Wassers H^2O, dass in ihm zwei Volumen Wasserstoff und ein Volum Sauerstoff enthalten sind. Endlich drückt die chemische Formel auch die Dampfdichte aus, welche wieder viele Eigenschaften des zusammengesetzten Körpers bedingt und, wie später gezeigt werden wird, auch auf die Mengenverhältnisse der zur Bildung desselben in Reaktion getretenen Körper schliessen lässt. Aus 2 Buchstaben H^2O kann also der Chemiker die ganze Geschichte eines Körpers ersehen. Es ist dies die internationale Sprache der chemischen Formeln, welche der Chemie ihre Einfachheit und Deutlichkeit verleiht und zu der Sicherheit führt, die auf dem Befolgen der Naturgesetze beruht.

Drittes Kapitel.

Der Sauerstoff und seine wichtigsten salzbildenden Verbindungen.

Der Sauerstoff ist in seinen verschiedenartigen Verbindungen das am meisten verbreitete Element der Erdoberfläche [1]). Das Wasser, das den grössten Theil der Erde bedeckt, besteht zum grössten Theile ($8/9$ des Gewichts) aus Sauerstoff. Fast alle erdigen Stoffe und Gesteine bestehen aus Verbindungen des Sauerstoffs mit Metallen und Metalloiden. Der Sand besteht hauptsächlich aus Kieselerde, einer Verbindung von (53 pCt.) Sauerstoff mit Silicium; der Thon enthält Wasser, Thonerde (aus Sauerstoff und Aluminium bestehend) und

---

1) Was das Innere der Erde anbetrifft, so enthält dasselbe im Vergleich zur Oberfläche viel weniger Sauerstoffverbindungen (so weit sich aus der Gesammtheit unserer Kenntnisse über die Entstehung der Erde, über ihre Dichte, die Natur der Meteorsteine u. s. w. schliessen lässt, wie ich dies im IV. Kapitel meines Buches: «Die Erdöl-Industrie» (1877) bei der Erörterung der Frage über die Entstehung des Erdöls entwickelt habe).

Kieselerde. In den Erden und Gesteinen kann man bis zu $^1/_3$ ihres Gewichtes Sauerstoff rechnen; die Bestandtheile der Pflanzen und Thiere weisen gleichfalls einen reichen Gehalt an Sauerstoff auf. Abgesehen vom Wasser enthalten die Pflanzen bis zu 40 und die Thiere bis zu 20 Gewichtsprocenten Sauerstoff. In ihrer Gesammtheit bilden die Sauerstoffverbindungen dem Gewichte nach ungefähr die Hälfte aller festen und flüssigen Körper der Erdoberfläche. Ausserdem bildet der Sauerstoff im freien Zustande zusammen mit Stickstoff die Luft, die ihrer Masse nach ungefähr zu $^1/_4$ und ihrem Volume nach ungefähr zu $^1/_5$ aus Sauerstoff besteht.

Seiner grossen Verbreitung wegen spielt der Sauerstoff in der Natur eine sehr wichtige Rolle; durch ihn werden viele der vor unsern Augen stattfindenden Erscheinungen bedingt. Die **Thiere athmen** Luft ein, nur um den darin enthaltenen **Sauerstoff** durch ihre Athmungsorgane (Lungen, Kiemen, Trachäen u. s. w.) aufzunehmen. Der Sauerstoff der Luft (oder des Wassers, in dem er gelöst ist) dringt durch die Athmungsorgane ins Blut in welchem er durch die Blutkörperchen zurückgehalten und allen Körpertheilen zugeführt wird, um an den im Körper vor sich gehenden chemischen Prozessen hauptsächlich durch Entziehung von Kohlenstoff und Umbildung des letzteren in Kohlensäure theilzunehmen. Der grösste Theil des entstehenden Kohlensäuregases geht ins Blut über, wird darin gelöst und dann durch die Lungen beim Athmen ausgeschieden, während gleichzeitig Sauerstoff absorbirt wird. Beim Athmen wird also Kohlensäure (und Wasser) ausgeschieden und Sauerstoff absorbirt, wobei das dunkle venöse Blut in rothes, arterielles übergeht. Das Aufhören dieses Vorganges hat den Tod zur Folge, weil dann die chemischen Prozesse, die Erwärmung und alle die Arbeit, welche der Sauerstoff bedingt, nicht weiter gehen können. Aus demselben Grunde tritt im luftleeren Raume und in Gasen, die keinen Sauerstoff enthalten, Erstickung und Tod ein. Wird ein Thier in reinen Sauerstoff gebracht, so werden anfangs alle seine Bewegungen sehr energisch und es lässt sich eine allgemeine Belebung beobachten, doch bald tritt Erschöpfung ein und es kann der Tod erfolgen. Der mit der Luft eingeathmete Sauerstoff ist mit 4 Volumen nicht absorbirbaren Stickstoffs verdünnt, es wird also vom Blute verhältnissmässig wenig Sauerstoff aufgenommen, während beim Einathmen von reinem Sauerstoff eine zu grosse Menge desselben ins Blut kommt, infolge dessen die Veränderungen in allen Theilen des Organismus so schnell vor sich gehen, dass Zerstörung stattfindet. Reinen Sauerstoff lässt man eine kurze Zeit lang bei manchen Krankheiten der Athmungsorgane einathmen[2]).

---

[2]) Beim Athmen wirkt augenscheinlich der Partialdruck des Sauerstoffs (s. Kap. 2), wie dieses mit besonderer Deutlichkeit aus den Untersuchungen von

Die Verbrennung organischer Stoffe, d. h. der Stoffe, welche die Bestandtheile der Pflanzen und Thiere bilden, geht ebenso vor sich wie die vieler unorganischen Stoffe z. B. des Schwefels, Phosphors, Eisens u. a., über deren Vereinigung mit Sauerstoff in der Einleitung gesprochen wurde. Auch das Faulen, Verwesen und ähnliche überall vor sich gehende Veränderungen werden meistens durch die Einwirkung des Sauerstoffs der Luft bedingt, der hierbei aus dem freien Zustand in Verbindungen übergeht. Der grösste Theil der Sauerstoffverbindungen ist, ebenso wie das Wasser, sehr beständig und der Sauerstoff kann aus denselben unter den gewöhnlichen in der Natur vorkommenden Bedingungen nicht zurück erhalten werden. Da die soeben beschriebenen Prozesse überall vor sich gehen, so wäre zu erwarten, dass die Sauerstoffmenge in der Luft allmählich und zwar ziemlich schnell abnehmen müsste. Dieses findet in der That dann statt, wenn Verbrennungs- und Athmungsprozesse in geschlossenen Räumen vor sich gehen. Thiere ersticken in einem geschlossenen Raume, weil sie den darin enthaltenen Sauerstoff verbrauchen und zum Athmen untaugliche Luft zurücklassen. Ebenso hört unter solchen Bedingungen auch jede Verbrennung allmählich auf, was durch den folgenden einfachen Versuch gezeigt werden kann. Man bringt in ein Glasgefäss einen brennenden Körper z. B. Schwefel und schliesst dann das Gefäss, damit die äussere Luft nicht eindringe. Der Schwefel wird dann noch so lange brennen, bis der freie Sauerstoff im Gefäss verbraucht ist, und darauf erlöschen. Damit Verbrennung und Athmung regelmässig vor sich gehen, muss folglich beständig neue, frische Luft zugeführt werden. In unsern Wohnungen geschieht dies durch eine Menge von feinen Oeffnungen in den porösen Wänden,

---

Paul Bert hervorgeht. Derselbe zeigte, dass unter dem Drucke von $1/5$ Atmosphäre in reinem Sauerstoff Thiere und Menschen leben können, weil sie sich dabei unter den normalen Bedingungen des Sauerstoff-Partialdruckes befinden, dass aber bei $1/5$ Atmosphären-Druck in der Luft das Leben unmöglich wird und sogar schon $1/3$ Atmosphäre-Druck nur kurze Zeit ertragen werden kann, weil dann der Partialdruck des Sauerstoffs bis auf $1/25$ respektive $1/15$ Atmosphäre sinkt. Das Athmen wird also unter diesen Bedingungen nicht infolge des mechanischen Einflusses des verringerten Druckes, sondern des zu geringen Sauerstoff-Partialdruckes unmöglich. Es ist dieses durch viele Versuche von Paul Bert aufgeklärt worden, der dieselben theilweise an sich selbst ausgeführt hat. Auf diese Weise erklärt sich auch, unter anderem, das Unbehagen das man beim Besteigen hoher Berge und bei Luftschifffahrten empfindet, wenn man eine Höhe von über 8 Kilometer erreicht, wo der Druck unter 250 mm sinkt. (Kap. 2. Anm. 23). Der Aufenthalt auf grossen Höhen ebenso wie unter Wasser ist nur unter Benutzung einer künstlichen Atmosphäre möglich. Die bei einigen Krankheiten angewandten Heilmethoden mittelst komprimirter oder verdünnter Luft beruhen theilweise auf einer mechanischen Wirkung der Druckänderung, theilweise auf der Veränderung des Partialdruckes des einzuathmenden Sauerstoffs.

durch Fenster, Ventilatoren und durch den beim Heizen der Oefen entstehenden Zug.

In der Luft der gesammten Erdoberfläche findet jedoch wol kaum eine Abnahme der Sauerstoffmenge statt, weil in der Natur auch viele Prozesse vor sich gehen, bei denen der Vorrath an freiem Sauerstoff in der Luft wieder erneuert wird. Die **Pflanzen** sind es, die durch ihre Blätter am Tage unter der Einwirkung des Lichtes freien **Sauerstoff ausscheiden**[3]) und auf diese Weise den durch das Athmen der Thiere und durch das Verbrennen (von Holz, Kohle u. s. w.) entstehenden Verlust an Sauerstoff wieder ersetzen. Bringt man in eine mit kohlensäurehaltigem Wasser gefüllte Glasglocke Pflanzenblätter und setzt dieselbe der Einwirkung des Sonnenlichtes aus, so absorbiren die Blätter die Kohlensäure und scheiden Sauerstoff aus, welcher sich in ihnen aus der Kohlensäure entwickelt und allmählich in der Glasglocke ansammelt. Dieser Versuch ist zuerst von Priestley zu Ende des vorigen Jahrhunderts ausgeführt worden. Die Pflanzen liefern also nicht nur die für die Thiere erforderlichen Nahrungsmittel, sondern ersetzen auch den verbrauchten Sauerstoff der Luft. Während der langen Lebensperiode der Erde hat sich zwischen den Prozessen, bei welchen Sauerstoff absorbirt und denen, bei welchen derselbe entwickelt wird, ein gewisses Gleichgewicht hergestellt, so dass in der Gesammtmasse der atmosphärischen Luft immer eine bestimmte Menge Sauerstoff erhalten bleibt[4]).

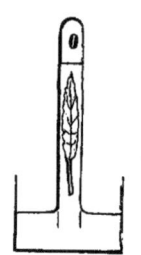

Fig. 48. Ausscheidung von Sauerstoff durch Pflanzenblätter. Die Blätter bringt man in eine Schale mit kohlensäurehaltigem Wasser, stülpt einen mit demselben Wasser gefüllten Cylinder darüber und setzt das Ganze der Einwirkung des Sonnenlichtes aus. Der sich entwickelnde Sauerstoff sammelt sich im Cylinder an. $1/_{19}$.

Im freien Zustande kann der Sauerstoff auf die eine oder andere Weise aus allen den Stoffen gewonnen werden, in denen er enthalten ist. Zu diesem Zwecke führt man z. B. den Sauerstoff vieler Körper

---

3) Während der Nacht, wenn keine Aufnahme von Energie, zur Zersetzung der Kohlensäure in freien Sauerstoff und Kohlenstoff, stattfindet — athmen die Pflanzen, ebenso wie die Thiere, unter Aufnahme von Sauerstoff und Abgabe von Kohlensäure. Dieser Prozess geht neben dem ihm entgegengesetzten auch am Tage vor sich, ist aber viel schwächer als der letztere (Sauerstoff entwickelnde).

4) Der Flächeninhalt der Erde beträgt (ungefähr) 510 Millionen Quadrat-Kilometer, während das Gewicht der Luftmasse (bei einem Drucke von 760 mm.) über jedem Quadrat-Kilometer ungefähr $10^1/_3$ Millionen Tons (eine Tonne = 1000 Kilogrammen oder etwa 61 Pud) beträgt; das Gewicht der ganzen Atmosphäre ist folglich ungefähr 5100 Millionen-Millionen ($= 51 \times 10^{14}$) Tons und das des in der Erdatmosphäre enthaltenen freien Sauerstoffs ungefähr 2×10^{15} Tons. Die unabsehbare Reihe von Prozessen, bei welchen Sauerstoff absorbirt wird, kompensirt sich durch die Entwickelung von Sauerstoff in den Pflanzen. Nimmt man an, dass jährlich auf 100 Millionen Quadrat-Kilometern Land (im Wasser geht derselbe Prozess vor sich), (auf den Hektar oder $1/_{100}$ Quadratkilom. zu 10 Tons Wurzeln, Blätter, Stämme u. s. w. gerechnet), 100.000 Tons Pflanzensubstanz mit einem Gehalt von 40 pCt. Kohlenstoff aus der Kohlensäure der Luft entstehen, so ergibt sich, dass

zuerst in Wasser über, aus dem er dann, wie wir gesehen, leicht auszuscheiden ist [5]).

Aus der Luft, die ein Gemisch von Sauerstoff und Stickstoff ist, kann letzterer nicht unmittelbar entfernt werden, weil er mit keinem Stoffe auf eine direkte und leichte Weise in Vereinigung gebracht werden kann. Mit den Körpern aber, mit denen sich der Stickstoff direkt vereinigt (z. B. mit Bor, Titan), verbindet sich gleichzeitig auch der Sauerstoff [6]). Dennoch lässt sich der Sauerstoff auch aus der Luft gewinnen, und zwar dadurch, dass man ihn zuerst mit einer Substanz in Verbindung bringt, die später leicht in der Weise zersetzt werden kann (z. B. durch Erhitzen), dass der absorbirte Sauerstoff wieder ausgeschieden wird. Man benutzt also umkehrbare Reaktionen. So z. B kann der Sauerstoff der Luft das Schwefligsäuregas oder das Schwefeldioxyd SO^2 (wenn das Gas über glühenden Platinschwamm geleitet wird) oxydiren und Schwefelsäureanhydrid oder Schwefeltrioxyd SO^3 bilden; letzteres ist eine feste flüchtige Substanz, die sich leicht von Stickstoff und SO^2 trennen lässt und die beim Glühen wieder in Sauerstoff und Schwefeldioxyd zerfällt. Aus dem Gemisch dieser beiden letzteren Gase lässt sich das Schwefeldioxyd durch Aetznatron oder Kalk

---

die Landpflanzen im Jahre gegen 100.000 Tons Sauerstoff entwickeln, was aber nur einen ganz unbedeutenden Theil der Gesammtsauerstoffmenge der Luft ausmacht.

5) Aus dem Wasser lässt sich der Sauerstoff auf zweierlei Weise darstellen: entweder durch Zersetzen des Wassers in seine Bestandtheile, z. B. durch Einwirken des galvanischen Stromes (s. Kap. 2) oder durch Entziehen von Wasserstoff. Wir sahen aber bereits, dass der Wasserstoff sich nur mit sehr wenigen Körpern und unter besonderen Umständen verbindet, während der Sauerstoff, wie wir sehen werden, fast mit allen Körpern in Verbindung treten kann. Nur das gasförmige Chlor und besonders das Fluor können Wasser zersetzen, indem sie sich mit dem Wasserstoff, nicht aber mit dem Sauerstoff verbinden. Chlor löst sich in Wasser und wenn man eine solche Lösung oder sogen. Chlorwasser in einen Kolben giesst und letzteren über einer gleichfalls mit Chlorwasser gefüllten Schale umstürzt, so kann man mittelst dieser Vorrichtung den Sauerstoff des Wassers gewinnen. Bei Zimmertemperatur und im Dunkeln wirkt das Chlorgas nicht oder nur sehr schwach auf Wasser ein, aber im direkten Sonnenlichte zersetzt es das Wasser unter Entwickelung von Sauerstoff und vereinigt sich selbst mit dem Wasserstoff zu Chlorwasserstoff, das sich im Wasser auflöst, während der frei gewordene Sauerstoff aus der Flüssigkeit entweicht. Der auf diese Weise gewonnene Sauerstoff enthält nur eine geringe Beimengung von Chlor, das sich leicht durch Kalilauge entfernen lässt, wenn man das Gas durch dieselbe leitet.

6) Auch der Unterschied in den physikalischen Eigenschaften beider Gase lässt sich hier nicht verwenden, weil diese Eigenschaften einander zu ähnlich sind. Die Dichte des Sauerstoffs z. B. ist 16 mal und die des Stickstoffs 14 mal grösser, als die des Wasserstoffs, folglich ist auch der Zeitunterschied beim Durchgehen dieser beiden Gase durch poröse Körper zu unbedeutend, als dass er zu einer Trennung derselben benutzt werden könnte.

Graham gelang es den Sauerstoffgehalt der Luft dadurch zu vergrössern, dass er Luft durch Kautschuk diffundiren liess. Es geschieht dies auf folgende Weise.

entfernen und auf diese Weise reiner Sauerstoff erhalten. In grossem Maasstabe wird. wie wir weiter unten sehen. werden, auf den Fabriken das Schwefeldioxyd in das Hydrat des Trioxyds oder die Schwefelsäure H^2SO^4 verwandelt. Lässt man Schwefelsäure auf glühend gemachte Steine tropfen, so erhält man Wasser,

Ein gewöhnliches Kautschukkissen E (Fig. 49) wird hermetisch mit einer Luftpumpe oder, noch besser, mit einem Quecksilberaspirator (oder einer Sprengelschen Pumpe, die auf der Figur mit den Buchstaben ABC bezeichnet ist) verbunden und aus dem Kissen die Luft ausgepumpt. Ist dieses geschehen, was daran zu sehen ist, dass das Quecksilber in fast ununterbrochenem Strome ausfliesst und auf der Barometerhöhe (um 1—2 Millim. niedriger) stehen bleibt, so lässt sich beobachten, wie durch den Kautschuk allmählich Gas eindringt, denn im abfliessenden Quecksilber erscheinen Luftbläschen. Durch Eingiessen von Quecksilber in A und mittelst des Quetschhahnes C lässt sich nun das Ausfliessen des Quecksilbers so reguliren, dass im Kissen fortwährend ein geringer Druck unterhalten und ein Theil der eindringenden Luft durch das Quecksilber fortgeführt wird. Diese Luft, die sich in dem Cylinder R angesammelt hatte, erwies sich als aus ungefähr 42 Volum Sauerstoff, 57 Volum Stickstoff und 1 Vol. Kohlensäure bestehend, während in 100 Volum Luft nur 21 Volum Sauerstoff enthalten sind. Durch einen Quadratmeter Kautschuk (von gewöhnlicher Dicke) diffundirten in einer Stunde etwa 45 Kubikcentimeter Luft von der angeführten Zusammensetzung. Dass Kautschuk für Gase durchlässig ist, lässt sich übrigens auch an den als Kinderspielzeug dienenden Kautschukballons, die mit Leuchtgas gefüllt sind, beobachten. Nach ein, zwei Tagen schrumpfen diese Ballons zusammen, nicht weil sie Oeffnungen enthalten, sondern weil durch den Kautschuk Luft eindringt, während das in ihnen eingeschlossene leichtere Gas ausströmt. Die

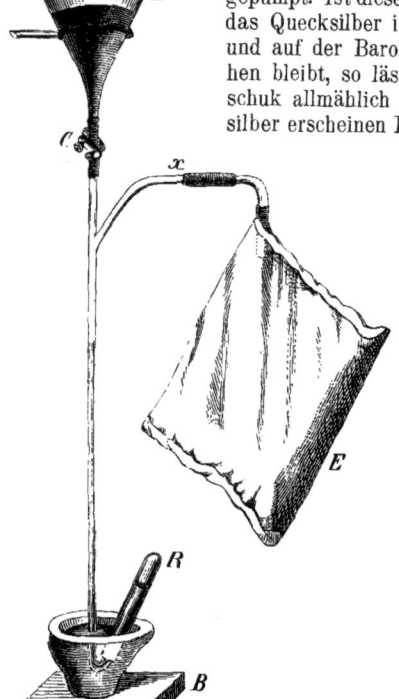

Fig. 49. Apparat, den Graham benutzte, um zu zeigen, dass Sauerstoff durch Kautschuk schneller durchgeht als Stickstoff. $^1/_{18}$.

Diffusions-Geschwindigkeit der Gase hängt nicht von der Dichtigkeit derselben ab, wie Mitchell und Graham gezeigt haben, und kann folglich auch nicht durch das Vorhandensein von feinen Oeffnungen bedingt werden. Die Erscheinung lässt sich vielmehr mit der Dialyse, d. h. dem Diffundiren von Flüssigkeiten durch kolloïdale Membranen vergleichen. Gleiche Volume von Gasen diffundiren durch Kautschuk in Zeiten, die sich folgendermaassen zu einander verhalten: Kohlensäuregas 100, Wasserstoff 247, Sauerstoff 532, Sumpfgas 633, Kohlenoxyd 1220, Stickstoff 1358. Stickstoff diffundirt folglich langsamer, als Sauerstoff; am schnellsten diffundirt Kohlensäuregas. In derselben Zeit, in der 1 Volum Stickstoff diffundirt, diffundiren 2,556 Volume Sauerstoff und 13,585 Volume Kohlensäuregas. Durch Multliplikation dieser Geschwindigkeiten mit dem Gehalte der Gase in der Luft, erhält man Zahlen,

Schwefeldioxyd und Sauerstoff: $H^2O + SO^2 + O$. Durch Ueberleiten dieses Gemisches über Kalk isolirt man den Sauerstoff. Die Bildung des Sauerstoffes aus dem rothen Quecksilberoxyd, das direkt aus Quecksilber und dem Sauerstoff der Luft entsteht, ist gleichfalls eine umkehrbare Reaktion, welche zur Darstellung des Sauerstoffs aus der Luft benutzt werden kann. Leitet man durch eine mit Baryumoxyd gefüllte, bis zur Rothgluth erhitzte Röhre trockene Luft, so verbindet sich der Sauerstoff derselben mit dem Oxyde BaO zu dem sogen. Baryumhyperoxyde BaO^2, das bei stärkerem Glühen den absorbirten Sauerstoff wieder ausscheidet und in das ursprüngliche Baryumoxyd übergeht [7]).

---

die zu einander fast in demselben Verhältniss stehen, wie die Gasvolume, die aus der Luft durch Kautschuk dringen. Würde mit der durch den Kautschuk diffundirten Luft die Dialyse wiederholt werden, so würde man ein Gemisch mit einem Gehalt von 65 pCt Sauerstoff erhalten. Es ist anzunehmen, dass hier die Erscheinung der Dialyse in einer Absorption oder Okklusion (s. Kapitel 2) der Gase durch den Kautschuk und darauf folgendem Ausscheiden der zuerst gelösten Gase in den leeren Raum besteht. Kautschuk besitzt in der That die Fähigkeit Gase zu absorbiren, namentlich absorbirt er viel Kohlensäuregas und zwar ein dem seinen gleiches Volum; dieses lässt sich mit der Absorptions-Fähigkeit der Metalle für Gase (besonders bei erhöhter Temperatur) vergleichen (s. das vorhergehende Kapitel). Die soeben beschriebene Methode der Trennung der Luftbestandtheile nannte Graham **Atmolyse.**

7) Die Darstellung des Sauerstoffs nach dieser von *Boussingault* angegebenen Methode — geschieht in einer Porzellanröhre, die man mit Baryumoxyd (erhältlich durch Erhitzen von vorher getrocknetem Baryumnitrat) füllt und in einem Ofen zum Glühen bringt. Das eine hervorragende Ende der Röhre verbindet man mittelst eines Glasrohres mit einem Gasometer in der Weise, dass man Luft durchleiten kann. Die Luft wird vorher durch Kalilauge, zur Entfernung der darin enthaltenen Kohlensäure, geleitet und dann sorgfältig getrocknet (weil das Hydrat BaH^2O^2 kein Hyperoxyd gibt). Bei **dunkler Rothgluth** absorbirt das Baryumoxyd aus der Luft Sauerstoff, so dass dann aus der Röhre fast nur Stickstoff entweicht. Ist die Absorption beendigt, so streicht durch die Röhre unveränderte Luft, was man daran erkennt, dass ein hineingehaltener, brennender Körper zu brennen fortfährt. Bei der Umwandlung des Baryumoxydes in das Hyperoxyd wird auf 11 Th. des Oxyds etwa 1 Theil (dem Gewichte nach) Sauerstoff absorbirt. Um denselben wieder auszutreiben, schliesst man das eine Ende der Röhre, stellt in das andere mittelst eines Propfens ein Glasrohr ein und verstärkt das Feuer im Ofen bis zur **hellen Rothgluth.** Bei dieser Temperatur scheidet das Baryumhyperoxyd allen Sauerstoff aus, den es bei dunkler Rothgluth absorbirt hatte, d. h. 12 Theile des Hyperoxydes geben ungefähr 1 Theil Sauerstoff, dem Gewichte nach. Nach dem Ausscheiden des Sauerstoffs bleibt dasselbe Baryumoxyd zurück, das ursprünglich genommen worden war, so dass man von neuem über dasselbe Luft leiten und auf diese Weise die Darstellung von Sauerstoff aus der Luft mittelst ein und derselben Menge BaO mehrere mal wiederholen kann. Wenn alle nothwendigen Vorsichtsmaassregeln in Bezug auf Temperatur-Erhöhung und Fernhalten von Feuchtigkeit und Kohlensäure aus der zugeführten Luft beobachtet werden, so gelingt es nach dieser Methode aus ein und derselben Menge Baryumoxyd über hundert Mal Sauerstoff zu erhalten. Widrigenfalls verdirbt das Oxyd ziemlich schnell.

Da beim Verbrennen verschiedener Körper in Sauerstoff hohe Temperaturen entstehen und ein starkes Licht erhalten wird, infolge dessen dieses Gas wichtige tech-

Besonders leicht erhält man aber den Sauerstoff aus verschiedenen zusammengesetzten, wenig beständigen Sauerstoffverbindungen, zu deren Uebersicht wir jetzt übergehen. Viele dieser Sauerstoff gebenden Verbindungen zersetzen sich nach Reaktionen, die zu den umkehrbaren [8]) gehören, andere (z. B. das Berthollet'sche Salz) können nur auf indirekten Wegen (s. Einleitung) dargestellt werden.

1) Die **Sauerstoffverbindungen** einiger, namentlich der sog. **edlen Metalle**, Quecksilber, Silber, Gold und Platin, bleiben, wenn sie einmal dargestellt sind, bei gewöhnlicher Temperatur mit dem Sauerstoff in Verbindung, verlieren aber denselben, wenn sie erhitzt werden. Diese Verbindungen sind feste, gewöhnlich pulverförmige, unschmelzbare Körper, die beim Erwärmen leicht in Metall und Sauerstoff zerfallen. So zersetzt sich z. B. das öfters erwähnte rothe Quecksilberoxyd. Priestley erhielt im Jahre 1774 durch Erhitzen dieses Oxyds mittelst eines Brennglases zum ersten Male reinen Sauerstoff und zeigte, dass sich dieses Gas von der Luft durch die charakteristische Eigenschaft, das Brennen mit «besonderer Kraft» zu unterhalten, scharf unterscheide. Priestley nannte den Sauerstoff daher dephlogistisirte Luft.

2) Bei mehr oder weniger starkem Erhitzen (wie auch beim Einwirken vieler Säuren) wird Sauerstoff von den sogenannten **Hyperoxyden** ausgeschieden [9]). Die Hyperoxyde enthalten gewöhn-

---

nische Anwendung finden kann, so bildet die Darstellung desselben unmittelbar aus der Luft auf technischem Wege eine Aufgabe, an deren Lösung auch jetzt noch viele Forscher arbeiten. Am anwendbarsten ist die Methode von *Tessié du Motay*, die darauf beruht, dass ein Gemisch aus gleichen Gewichtstheilen Manganhyperoxyd und Aetznatron bei schwacher Rothgluth (gegen 350°) aus der Luft Sauerstoff absorbirt und Wasser auscheidet, entsprechend der Gleichung: $MnO^2 + 2NaHO + O = Na^2MnO^4 + H^2O$, und dass beim Ueberleiten von überhitztem Wasserdampfe über das erhaltene Produkt bei ungefähr 450° wieder Manganhyperoxyd und Aetznatron entstehen, indem der vorhin absorbirte Sauerstoff wieder ausgeschieden wird: $Na^2MnO^4 + H^2O = MnO^2 + 2NaHO + O$. Auf diese Weise kann die Gewinnung von Sauerstoff aus ein und demselben Gemisch durch abwechselndes Ueberleiten von Luft und Wasserdampf unzählige Mal wiederholt werden. In diesem Falle ist folglich zur Darstellung des Sauerstoffs aus der Luft nur Brennmaterial nöthig, wobei zu beobachten ist, dass das Zuleiten von Luft und Wasserdämpfen richtig regulirt werden muss.

8) Umkehrbar ist sogar die Zersetzungs-Reaktion des Mangandioxyds, weil aus dem Manganoxydule, das durch Ausscheiden von Sauerstoff aus dem Dioxyde entsteht, letzteres wieder zurückgehalten werden kann (Kap. 11, Anm. 6). Die Verbindungen der Chromsäure, welche das Trioxyd CrO^3 enthalten, bilden unter Ausscheidung von Sauerstoff Chromoxyd Cr^2O^3, das umgekehrt beim Glühen mit Alkalien an der Luft wieder chromsaure Salze bildet.

9) Wie wir später sehen werden, müssen als wahre Hyperoxyde nur solche Körper angesehen werden, die dem Baryumhyperoxyde ähnlich sind (und Wasserstoffhyperoxyd bilden können), während die Verbinduugen MnO^2, PbO^2 und ähnliche von den Hyperoxyden zu unterscheiden sind und daher passender Dioxyde genannt werden (mit Säuren geben die Dioxyde kein Wasserstoffhyperoxyd, wol aber scheiden sie mit Salzsäure Chlor aus).

lich mit viel Sauerstoff verbundene Metalle und bilden die höchsten Oxydationsstufen solcher Metalle, welche meistens mehrere Oxyde oder Verbindungen mit Sauerstoff geben. Die niederen Oxydationsstufen, die weniger Sauerstoff enthalten, sind meistens Substanzen, die mit Säuren, z. B. Schwefelsäure leicht in Reaktion treten. Diese niederen Oxyde oder Sauerstoffverbindungen der Metalle nennt man Basen. Die Hyperoxyde enthalten mehr Sauerstoff, als die demselben Metall entsprechenden Basen. So z. B. enthält das Bleioxyd in 100 Theilen 7,1 Thl. Sauerstoff, dasselbe ist eine Base, während das Bleihyperoxyd in 100 Theilen 13,3 Thl. Sauerstoff enthält. Das **Manganhyperoxyd**, eine feste, schwere, dunkel gefärbte Substanz, die in der Natur vorkommt, wird unter dem Namen Braunstein (Pyrolusit der Mineralogen) in der Technik benutzt. Bei mehr oder weniger starkem Erhitzen scheiden die Hyperoxyde nicht ihren ganzen Sauerstoff, sondern nur einen Theil desselben aus und gehen in niedere oder basische Sauerstoffververbindungen über. Das Bleihyperoxyd gibt beim Glühen Sauerstoff und Bleioxyd. Während diese Zersetzung ziemlich leicht, schon durch Erwärmen in einem Glasgefäss, ausgeführt werden kann, gibt das Manganhyperoxyd seinen Sauerstoff nur bei starker Rothgluth ab; die Zersetzung muss daher in eisernen oder anderen metallenen oder irdenen Gefässen ausgeführt werden. Auf diese Weise wurde der Sauerstoff früher dargestellt. Das Manganhyperoxyd gibt beim Glühen nur ein Drittel seines Sauerstoffs ab (entsprechend der Gleichung: $3MnO^2 = Mn^3O^4 + O^2$), zwei Drittel bleiben in dem festen Rückstande. Ausserdem geben die Metall-

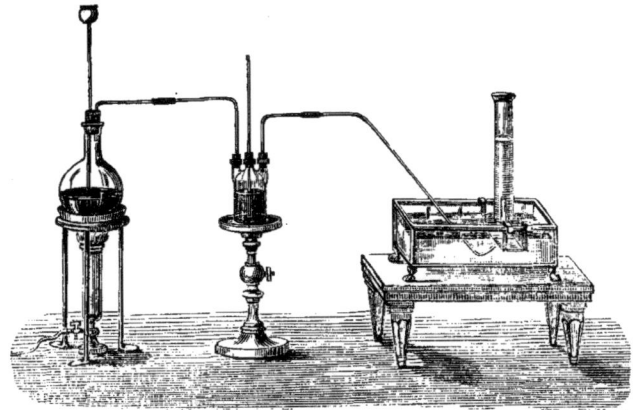

Fig. 50. Darstellung von Sauerstoff aus Manganhyperoxyd durch Einwirkung von Schwefelsäure. Das sich im Kolben entwickelnde Gas leitet man durch Kalilauge, die sich in einer Woulf'schen Flasche befindet.

hyperoxyde ihren Sauerstoff auch beim Erwärmen mit Schwefelsäure ab. Hierbei wird soviel Sauerstoff ausgeschieden, dass aus dem

Hyperoxyde die Base entsteht, welche mit der Schwefelsäure in Reaktion tritt und einen neuen zusammengesetzten Körper (ein Salz) bildet. Baryumhyperoxyd gibt beim Erwärmen mit Schwefelsäure Sauerstoff und ein Oxyd, das mit der Säure eine Verbindung, das schwefelsaure Baryum, bildet ($BaO^2 + H^2SO^4 = BaSO^4 + H^2O + O$). Die Reaktion, die gewöhnlich leichter verläuft, als die Zersetzung des Hyperoxyds einfach durch Erhitzen, führt man in der Weise aus, dass man z. B. zerkleinertes Manganhyperoxyd mit Schwefelsäure in einem Kolben erhitzt, welcher durch ein Gasleitungsrohr, wie aus der Figur 50 ersichtlich, mit einer Kalilauge enthaltenden Woulf'schen Flasche verbunden ist, um dem sich ausscheidenden Sauerstoff beigemengtes Kohlensäuregas und Chlor zurückzuhalten. Das Aufsammeln des Sauerstoffs beginnt man erst dann, wenn ein glimmender Holzspan, den man vor die Oeffnung des aus der Woulf'schen Flasche führenden Rohres hält, sich entzündet. Beim Zersetzen des Manganhyperoxydes durch Schwefelsäure scheidet sich, nicht wie beim Erhitzen nur $1/3$, sondern die Hälfte des darin enthaltenen Sauerstoffs aus ($MnO^2 + H^2SO^4 = MnSO^4 + H^2O + O$). Aus 50 Grammen Hyperoxyd erhält man durch Schwefelsäure $7^1/_5$ Grm. oder $5^1/_2$ Liter Sauerstoff[10]; beim Erhitzen gewöhnlich nur $3^1/_2$ Liter. Zu Lavoisier's Zeiten stellten die Chemiker den Sauerstoff aus dem in der Natur vorkommenden Manganhyperoxyde dar; heute bedient man sich bequemerer Methoden.

3) Als Material zur Gewinnung von Sauerstoff benutzt man ferner **Säuren** und **Salze**, die viel Sauerstoff enthalten und die durch vollständige oder theilweise Abgabe desselben in andere, schwerer zersetzbare Verbindungen (oder niedere Oxydationsprodukte) übergehen können. Diese Säuren und Salze geben (ähnlich den Hyperoxyden) ihren Sauerstoff entweder schon beim Erhitzen allein oder nur beim Erhitzen mit andern Substanzen ab; letzteres ist namentlich der Fall, wenn das zurückbleibende Produkt leicht z. B. mit Schwefelsäure in Reaktion treten und eine beständige (schwer zersetzbare) Verbindung bilden kann. Als Beispiel einer Säure, die durch Erhitzen allein zersetzt wird, kann die Schwefelsäure angeführt werden; bei Rothgluth zerfällt sie in Wasser, Schwefeldioxyd und Sauerstoff[11] Durch Glühen von Salpeter wurde der Sauerstoff im

---

10) Die Darstellung des Sauerstoffs aus dem Mangandioxyde mit Schwefelsäure ist im Jahre 1785 von Scheele angegeben worden.

11) Sauerstoffreiche Säuren, namentlich wenn ihnen niedere (basische Oxyde) entsprechen, entwickeln Sauerstoff entweder direkt bei gewöhnlicher Temperatur oder beim Erwärmen, oder beim Einwirken von Schwefelsäure, z. B. Eisensäure, Salpeter-, Uebermangan-, Chrom-, Ueberchlorsäure u. a. Die Salze der Chromsäure, z. B. das doppeltchromsaure Kalium $K^2Cr^2O^7$, geben mit Schwefelsäure Sauerstoff, indem zuerst schwefelsaures Kalium entsteht, während die frei werdende Chromsäure das schwefelsaure Salz des entsprechenden niederen Oxydes Cr^2O^3 bildet.

Jahre 1772 von Priestley und etwas später von Scheele dargestellt. Das beste Beispiel der Darstellung von Sauerstoff durch Glühen eines Salzes liefert uns das chlorsaure Kalium oder das sogen. Berthollet'sche Salz, das nach dem französischen Chemiker Berthollet, der dasselbe entdeckte, benannt worden ist. Das Berthollet'sche Salz ist ein zusammengesetzter Körper, der aus dem Metall Kalium, Chlor und Sauerstoff besteht: $KClO^3$. Es bildet farblose durchsichtige Täfelchen, ist in Wasser löslich, namentlich in heissem, und zeigt in vieler seiner Reaktionen und physikalischen Eigenschaften einige Aehnlichkeit mit dem gewöhnlichen Kochsalz; beim Erwärmen schmilzt es und zersetzt sich im geschmolzenen Zustande unter Ausscheidung allen Sauerstoffs und Zurücklassen von Chlorkalium [12]), entsprechend der Gleichung: $KClO^3 = KCl + O^3$. Das Erhitzen des Berthollet'schen Salzes kann in Gefässen aus schwer schmelzbarem Glase ausgeführt werden. In dem Maasse aber wie die Zersetzung fortschreitet, quillt das geschmolzene Salz auf, schäumt und erstarrt zuletzt; die Sauerstoff Entwickelung ist daher ungleichmässig und das Glasgefäss kann leicht springen. Um dieses zu vermeiden, vermischt man das Berthollet'sche Salz mit pulverförmigen Substanzen, die sich weder mit dem entweichenden Sauerstoff verbinden, noch schmelzen, aber gute Wärmeleiter sind. Gewöhnlich nimmt man dazu Manganhyperoxyd [13]). Die Zersetzung des Berthollet'schen Salzes geht dann viel leichter, bei niedrigerer Temperatur (weil die ganze Masse sich besser erwärmt) und ohne Schäumen vor sich. Diese bequeme Darstellungs-Methode wird gewöhnlich benutzt, wenn geringe Mengen von Sauerstoff nöthig sind. Ausserdem ist reines Berthollet'sches Salz leicht zu beschaffen. 100 Gramme desselben geben gegen 39 Grm. oder ungefähr 30 Liter Sauerstoff. Wie mittelst Zink und Schwefelsäure der Wasserstoff, so lässt sich nach der eben beschriebenen Methode der Sauerstoff aus dem Berthollet'schen Salze so einfach und leicht erhalten [14]), dass man mit der Darstellung dieser beiden

---

12) Diese nicht umkehrbare Reaktion ist exothermisch, d. h. sie geht nicht unter Aufnahme, sondern unter Entwickelung von Wärme vor sich. indem auf die Molekulargewichtsmenge $KClO^3$ ($=122$) 9713 Calorien entwickelt werden (nach den Bestimmungen von Thomsen, der im Kalorimeter Wasserstoff allein oder mit einer bestimmten Menge von Berthollet'schem Salze mit Eisenoxyd gemengt verbrannte). Die Reaktion geht nicht auf einmal vor sich, sondern es bildet sich erst überchlorsaures Kalium $KClO^4$ (s. Chlor und Kalium), das sich dann weiter zersetzt. Wir bemerken, dass KCl bei 738^0, $KClO^3$ bei 372^0 und $KClO^4$ bei 610^0 schmelzen.

13) Das Manganhyperoxyd scheidet hierbei keinen Sauerstoff aus; man kann dasselbe durch viele andere Oxyde z. B. Eisenoxyd ersetzen. Es ist zu beachten, dass dem Gemisch von chlorsaurem Kalium und Manganhyperoxyd keine brennbaren Körper (Papierschnitzel, Sägespähne, Schwefel u. dgl.) beigemengt sein dürfen, denn sie könnten Explosion verursachen.

14) Die Zersetzung des Gemisches von geschmolzenem und gepulvertem Berthollet'schem Salze mit pulverförmigem Manganhyperoxyd geht schon bei so niedriger

Gase oft die chemische Praxis beginnt, namentlich da mit denselben viele interessante und durch ihre Eigenartigkeit überraschende Versuche angestellt werden können [15]).

Eine Lösung von **Bleichkalk**, die unterchlorigsaures Calcium $CaCl^2O^2$ enthält, scheidet schon bei schwachem Erwärmen Sauerstoff aus, wenn zu derselben geringe Mengen gewisser Oxyde, z. B. Kobaltoxyd, zugesetzt werden; letzteres wirkt hierbei durch Berührung (Kontakt s. Einleitung). Eine Bleichkalk-Lösung allein scheidet beim Erwärmen noch keinen Sauerstoff aus, aber es oxydirt das Kobaltoxyd zu einem höheren Oxyde, welches sich mit dem Bleichkalk sofort in Sauerstoff und ein niederes Oxyd umsetzt, das durch den Bleichkalk von neuem oxydirt wird, dann wieder Sauerstoff abgibt u. s. w.[16]). Das unterchlorigsaure Calcium zersetzt sich hierbei nach der Gleichung: $CaCl^2O^2 = CaCl^2 + O^2$. Auf diese Weise genügt eine geringe Menge von Kobaltoxyd zur Zersetzung einer unbegrenzten Menge von Bleichkalk [17]).

Temperatur vor sich (das Salz schmilzt nicht einmal), dass sie in einer Retorte aus leicht schmelzbarem Glase ausgeführt werden kann. Als eine exothermische Reaktion kann die Zersetzung des Berthollet'schen Salzes wahrscheinlich unter gewissen Bedingungen (z. B. durch Kontaktwirkung) auch bei sehr niedriger Temperatur vor sich gehen. Aehnlich scheinen theilweise auch die Substanzen zu wirken, die dem Berthollet'schen Salze beigemengt werden.

15) Wie das Berthollet'sche Salz scheiden auch viele andere Salze ihren Sauerstoff beim Erhitzen aus, dazu ist aber entweder eine sehr hohe Temperatur (beim gewöhnlichen Salpeter z. B.) nöthig, oder die Reaktion verursacht zu grosse Unkosten (beim Kaliumpermanganat z. B.), oder das bei starker Hitze sich ausscheidende Sauerstoffgas ist nicht rein (Zinksulfat z. B. gibt in der Rothgluth ein Gemisch von Schwefeldioxyd und Sauerstoff), so dass diese Reaktionen in der Praxis nicht angewandt werden.

16) Es ist dies gegenwärtig die einzig mögliche Erklärung der Kontakt-Erscheinungen In vielen Fällen, wie auch im vorliegenden, beruht dieselbe auf thatsächlichen Beobachtungen So z. B. ist es bekannt, dass öfters Substanzen, die an Sauerstoff reich sind, denselben nur zurückhalten, so lange sie isolirt sind; wenn sie aber mit einander in Berührung kommen, so entwickeln sie sofort freien Sauerstoff. Auf diese Weise wirkt z. B. eine wässrige Lösung von Wasserstoffhyperoxyd (das zweimal mehr Sauerstoff enthält, als das Wasser) auf Silberoxyd ein und beide Körper scheiden hierbei schon bei Zimmertemperatur Sauerstoff aus. Zu denselben Erscheinungen gehört auch die bei gewöhnlicher Temperatur stattfindende Ausscheidung von Sauerstoff aus einem Gemisch von Baryumhyperoxyd oder übermangansaurem Kalium mit Wasser und Schwefelsäure. Es ist anzunehmen, dass alle diese Erscheinungen auf Kontaktwirkung zurückzuführen sind: durch die Berührung verändern die Atome ihre Lage und das Gleichgewicht wird, wenn es nicht stabil ist, gestört. Besonders deutlich kommt diese Erscheinung an solchen Körpern zum Vorschein, die sich exothermisch verändern, d. h. unter Reaktionen, bei denen Wärmeentwickelung stattfindet. Zu solchen Reaktionen gehört die der Zersetzung von $CaCl^2O^2$ in $CaCl^2$ und O^2 (desgleichen auch die Zersetzung des Berthollet'schen Salzes).

17) Eine Bleichkalk-Lösung ist gewöhnlich alkalisch (sie enthält Kalk), man versetzt dieselbe daher mit einer Lösung von Kobaltchlorid, wobei sich dann das auf den Bleichkalk einwirkende Kobaltoxyd bildet.

Eigenschaften des Sauerstoffs [18]). Der Sauerstoff ist ein permanentes Gas, d. h. er lässt sich, bei gewöhnlicher Temperatur, durch Druck nicht verflüssigen, aber er kann in den flüssigen Zustand übergeführt werden (und zwar leichter als Wasserstoff) bei Temperaturen unter -120^0, weil dieses seine absolute Siedetemperatur ist. Da der kritische Druck [19]) des Sauerstoffs gegen 50 Atmosphären beträgt, so verflüssigt er sich leicht, wenn die Temperatur unter -120^0 ist und der Druck mehr als 50 Atmosphären beträgt. Pictet erhielt flüssigen Sauerstoff bei -140^0, indem er dieses Gas einem Drucke von mehr als 100 Atmosphären aussetzte. Im kritischen Zustande ist nach Dewar die Dichte des Sauerstoffes 0,65 (Wasser $= 1$). doch verändert sich dieselbe, wie bei allen Körpern in diesem Zustande [20]), sehr bedeutend bei Aenderungen des Druckes und der Temperatur. Viele Forscher schreiben daher dem Sauerstoff im kritischen Zustande, bei höherem Drucke, eine bis zu 1,1 gehende Dichte zu. Wie alle Gase ist der Sauerstoff durchsichtig und wie der grösste Theil derselben farblos. Er besitzt weder Geruch, noch Geschmak, wie schon aus seinem Vorhandensein in der Luft geschlossen werden kann. Das spezifische Gewicht (d. h das Gewicht eines Kubikcentimeters in Grammen bei 0^0 und 760 mm Druck) beträgt 0,0014298 und ein Liter wiegt 1,4298 Gramme, folglich ist der Sauerstoff etwas

---

18) In allen angeführten Reaktionen kann die Bildung von Sauerstoff verhindert werden, wenn Beimengungen zugegen sind, die sich mit demselben vereinigen, z. B. Kohle, manche Kohlenstoffverbindungen, Schwefel, Phosphor, verschiedene niedere Oxyde u. a. Diese Substanzen absorbiren den sich ausscheidenden Sauerstoff, verbinden sich mit ihm und an Stelle des freien Sauerstoffs erhält man einen zusammengesetzten, sauerstoffhaltigen Körper. Erwärmt man ein Gemisch von Berthollet'schem Salz mit Kohle, so erfolgt Explosion weil infolge der Vereinigung von Sauerstoff mit Kohle plötzliche Gasentwicklung eintritt.

Der nach den beschriebenen Methoden dargestellte Sauerstoff ist selten rein; gewöhnlich enthält er Wasserdämpfe, die man durch Leiten des Gases über Chlorcalcium entfernt. Ausserdem enthält der Sauerstoff fast immer Kohlensäuregas und öfters auch etwas Chlor. Diese Beimengungen entfernt man, indem man das Gas durch eine Lösung von Aetzkali leitet. Letztere wird zu diesem Zwecke in eine Woulf'sche Flasche gegossen (im vorigen Kapitel beschrieben). Trocknes und reines Berthollet'sches Salz gibt fast reines Sauerstoffgas; soll dasselbe jedoch zum Einathmen für Kranke dienen, so muss es durch Wasser und Kalilauge ausgewaschen werden. Um direkt reinen Sauerstoff zu erhalten, nimmt man überchlorsaures Kalium $KClO^4$, welches, wenn es gut gereinigt ist, reines Sauerstoffgas gibt.

19) Ueber die absolute Siedetemperatur, den kritischen Druck und im Allgemeinen über den kritischen Zustand s. Kap. 2. Anm 29 u. 34.

20) Aus dem in der Anmerkung 34 des vorigen Kapitels Gesagten, so wie aus unmittelbaren Beobachtungen folgt, dass allen Stoffen im kritischen Zustande, wenn sie flüssig sind, ein grosser Ausdehnungskoëffizient und eine bedeutende Komprimirbarkeit zukommen.

dichter, als Luft. Seine Dichte in Verhältniss zu Luft ist $= 1,1056$, im Verhältniss zu Wasserstoff $= 16$ (genauer 15,96) [21]).

Der Sauerstoff zeichnet sich in seinem chemischen Verhalten dadurch aus, dass er sehr leicht und im chemischen Sinne sehr energisch mit vielen Stoffen in Reaktion tritt und Sauerstoff-Verbindungen bildet. Uebrigens verbinden sich mit Sauerstoff bei gewöhnlicher Temperatur direkt nur wenige Körper und Gemische (z. B. Phosphor, mit Ammoniak befeuchtetes Kupfer, verwesende organische Substanzen, Aldehyd, Pyrogallol in Gegenwart eines Alkalis u. a.), dagegen gibt es sehr viele Körper, die beim Glühen mit dem Sauerstoff leicht in Verbindung treten und zwar öfters in schnell verlaufenden chemischen Reaktionen, unter bedeutender Wärmeentwickelung. Wenn eine solche Reaktion unter so bedeutender Wärmeentwickelung vor sich geht, dass Erglühen eintritt, so wird dieselbe **Verbrennung** genannt. Viele Metalle verbrennen z. B. in Chlorgas, Natrium- oder Baryumoxyd in Kohlensäuregas. Sehr viele Körper verbrennen in Sauerstoff und auch in der Luft, infolge des Sauerstoffgehaltes der letzteren. Um die Verbrennung einzuleiten, muss man gewöhnlich [22]) den brennbaren Körper oder nur einen Theil desselben zuerst ins Glühen bringen. Wenn aber die Verbrennung einmal begonnen, d. h. wenn nur der ins Glühen gebrachte Theil des Körpers sich mit Sauerstoff zu vereinigen angefangen hat, so geht die Verbrennung ohne Unterbrechung so lange

---

21) Da das Wasser aus 1 Volum Sauerstoff und 2 Vol. Wasserstoff besteht, und auf 2 Gewichtstheile Wasserstoff 16 Gew. Thl. Sauerstoff enthält, so folgt schon hieraus, dass der Sauerstoff 16 mal dichter als der Wasserstoff ist. Umgekehrt kann man aus der Dichte des Wasserstoffs und Sauerstoffs und der Volum-Zusammensetzung des Wassers auch die Gewichts-Zusammensetzung desselben berechnen. An diesem Beispiele ersieht man, wie die auf verschiedene Weise gemachten Beobachtungen sich gegenseitig ergänzen und bestätigen — wodurch eine allseitige Prüfung der unseren Schlussfolgerungen zu Grunde liegenden Begriffe ermöglicht wird. Diese Methode verleiht den exakten Wissenschaften ihre feste Grundlage.

Die spezifische Wärme des Sauerstoffs unter konstantem Drucke ist 0,2175; sie verhält sich also zu der des Wasserstoffs (3,409) wie 1 : 15,6. Folglich sind die spezifischen Wärmen den Gewichten gleicher Volume umgekehrt proportional. Daraus folgt, dass gleiche Volume beider Gase (fast) dieselbe spezifische Wärme besitzen, d. h. zur Erwärmung auf 1° gleiche Wärmemengen erfordern.

Der Sauerstoff ist, ebenso wie die meisten anderen schwer komprimirbaren Gase, in Wasser und anderen Flüssigkeiten nur wenig löslich. Bei gewöhnlicher Temperatur lösen 100 Volume Wasser etwa 3 Volume Sauerstoff, nämlich: bei $0°$ — 4,1 Vol., bei $10°$ — 3,3 Vol. und bei $20°$ — 3,0 Vol. (gemessen bei der Temperatur des lösenden Wassers). Aus diesen Löslichkeits-Angaben ist zu ersehen, dass das Wasser an der Luft Sauerstoff absorbiren, d. h. lösen muss. Der im Wasser gelöste Sauerstoff ermöglicht das Athmen der Fische. In ausgekochtem Wasser können Fische nicht leben, weil demselben der Sauerstoff fehlt (s. Kap. 1).

22) Einige Körper entzünden sich übrigens schon von selbst an der Luft, z. B. unreiner Phospor- und Siliciumwasserstoff, Zinkäthyl und die Pyrophore (fein zertheiltes Eisen u. a.).

weiter, bis entweder der brennende Körper oder aller Sauerstoff verbraucht ist. Zum Unterhalten der Verbrennung ist kein weiteres Erhitzen erforderlich, weil die bei der Verbrennung selbst sich entwickelnde Wärme [23]) vollkommen genügt, um die übrigen Theile des brennenden Körpers im Glühen zu erhalten. Beispiele sind jedem aus der täglichen Erfahrung bekannt. In Sauerstoff geht die Verbrennung viel schneller und unter stärkerem Erglühen vor sich, als in der Luft. Dieses lässt sich durch viele Versuche veranschaulichen. Bringt man in ein mit Sauerstoff gefülltes Glasgefäss (Fig. 51) mittelst eines Drahtes ein Stück **Kohle**, die zu glimmen angefangen hat, so wird sie sofort ins Brennen kommen, d. h. sich mit Sauerstoff vereinigen und ein gasförmiges Verbrennungsprodukt bilden, das man Kohlensäureanhydrid oder Kohlensäuregas nennt. Es ist dies dasselbe Gas, das sich beim Athmen bildet, denn alle organischen Substanzen enthalten Kohle (dieselbe tritt als Zersetzungsprodukt solcher Substanzen auf), welche im Organismus beim Athmen gewissermassen allmählich verbrennt. Bringt man in ein mit Sauerstoff gefülltes Glasgefäss ein Stück brennenden **Schwefels**, das man zu diesem Zwecke in ein an einem Drahte befestigtes Schälchen thut, so fährt der an der Luft nur mit schwacher Flamme brennende Schwefel im Sauerstoff mit viel stärkerer, violett gefärbter Flamme zu brennen fort. — Wenn man an Stelle des Schwefels ein Stück **Phosphor**[24]) mittelst des am Draht befestigten Schälchens in den Sauerstoff bringt, so verbindet er sich auch ohne Erwärmen langsam mit dem Sauerstoff; wenn aber der Phosphor auch nur an einer Stelle erhitzt wird, so verbrennt er sofort mit sehr heller, blendend weisser Flamme. Um den Phosphor in dem Glasgefässe an einer Stelle zu erhitzen, berührt man ihn am einfachsten mit dem glühenden Ende eines Drahtes. Die Kohle brennt nur wenn sie stark geglüht wird und Schwefel entzündet sich beim Erwärmen auf über 100^0, Phosphor aber schon bei 40^0. Der Versuch mit Phosphor lässt sich nicht in der Weise

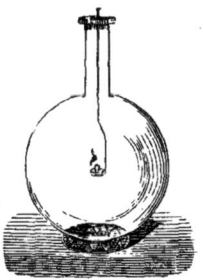

Fig. 51. Glasballon zum Verbrennen von Schwefel, Phosphor, Natrium und and. in Sauerstoff.

---

23) Wenn so wenig Wärme entwickelt wird, dass die benachbarten Theile sich nicht bis zur Verbrennungstemperatur erhitzen, so hört das Brennen auf.

24) Zu dem Versuche muss trockner Phosphor verwandt werden; gewöhnlich wird Phosphor, da er sich an der Luft oxydirt, in Wasser aufbewahrt. Das Zerschneiden muss unter Wasser geschehen, denn sonst entzündet sich der Phosphor. Feuchter Phosphor spritzt beim Brennen; um dieses zu verhüten, trocknet man ihn schnell mittelst Filtrirpapier. Nimmt man zum Versuche ein zu grosses Stückchen, so kann der eiserne Löffel leicht schmelzen. Auf den Boden des mit Sauerstoff gefüllten Gefässes giesst man etwas Wasser, um ein Zerspringen desselben zu verhüten. Der Kork muss lose aufgesetzt werden.

ausführen, dass man bereits brennenden Phosphor in das Gefäss mit Sauerstoff bringt, weil die Verbrennung desselben schon an der Luft sehr schnell und mit grosser Flamme vor sich geht. Wenn man in einer aus einem Kalkstück [25]) gemachten kleinen Schale metallisches **Natrium** schmilzt und dasselbe mittelst einer Flamme entzündet [26]), so brennt es an der Luft nur schwach, während es im Sauerstoff mit grosser, ziemlich heller, gelbgefärbter Flamme brennt. Metallisches **Magnesium**, das schon in der Luft mit heller Flamme brennt, verbrennt im Sauerstoffe noch viel energischer zu einem weissen Pulver, das eine Verbindung von Magnesium mit Sauerstoff (Magnesia) ist. Ein massives Stück **Eisen** oder Stahl brennt nicht an der Luft, aber im Sauerstoffe lässt sich ein Eisendraht oder eine Stahlfeder leicht verbrennen. Man könnte natürlich auch ein viel grösseres Stück Eisen verbrennen, wenn es sich nur auf eine bequeme Weise genügend erhitzen liesse [27]). Die Verbrennung von Stahl und Eisen im Sauerstoffe geht ohne Flamme, aber unter Sprühen von Funken, die aus Hammerschlag bestehen, vor sich [28]) (Fig. 52).

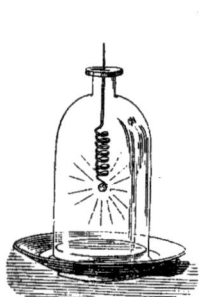

Fig. 52. Verbrennen einer Stahlfeder in Sauerstoff.

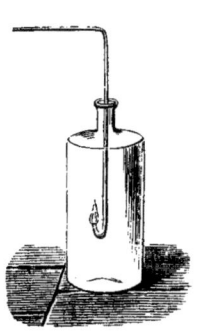

Fig. 53. Verbrennen von Wasserstoff in Sauerstoff.

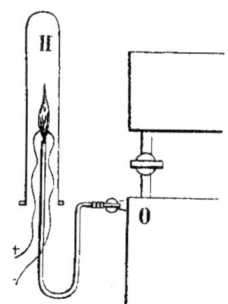

Fig. 54. Apparat, um das Verbrennen von Sauerstoff in Wasserstoff zu zeigen; letzterer befindet sich in dem Cylinder, während der Sauerstoff dem Gasometer entnommen und in dem mit Wasserstoff gefüllten Cylinder durch den elektrischen Funken entzündet wird.

Um die **Verbrennuug** von **Wasserstoff** in Sauerstoff zu zeigen, be-

---

25) Ein Schälchen aus Eisen würde beim Erhitzen mit Natrium im Sauerstoffe schmelzen.

26) Um das Kalkschälchen schnell ins Glühen zu bringen erhitzt man es mit der Gebläseflamme (vergl. Kap. 8).

27) Eine stählerne Feder bringt man dadurch ins Glühen, dass man an das Ende derselben ein Stück Zunder (oder mit einer Salpeterlösung getränktes und getrocknetes Papier) befestigt und, nachdem derselbe entzündet, die Feder in das mit Sauerstoff gefüllte Gefäss bringt. Hierbei entzündet sich das Ende der Feder und die anliegenden Theile werden so weit erhitzt, dass die ganze Feder verbrennen kann.

28) Die Hammerschlag-Funken entstehen dadurch, dass das Volum des Eisen-

nutzt man ein Glasrohr, das in der Weise gebogen ist, wie Figur 53 zeigt, und durch welches man den Wasserstoff zuleitet und dann entzündet. Darauf bringt man das Rohr in eine mit Sauerstoff gefüllte Flasche. Im Sauerstoff brennt der Wasserstoff mit derselben bleichen Flamme, wie in der Luft, trotzdem die Temperatur sich bedeutend erhöht. Bemerkenswerth ist, dass ebenso wie der Wasserstoff in Sauerstoff, so auch der Sauerstoff in Wasserstoff brennen kann. Zum Demonstriren der Verbrennung in Wasserstoff, füllt man ein Gasometer mit Sauerstoff und verbindet den Glashahn mit einer vertikal ansteigenden Röhre, die in eine feine Oeffnung ausläuft (Fig. 54). Vor dieser Oeffnung befestigt man zwei Drähte in solchem Abstande von einander, dass zwischen denselben bei Anwendung der Ruhmkorff'schen Spirale Funken durchschlagen und den Sauerstoff entzünden können (übrigens kann man die Entzündung auch durch Zunder bewirken, den man in der Nähe der Röhren-Oeffnung ins Glühen bringen muss). Ueber das Ausströmungsrohr und die beiden Drähte stülpt man eine Glasglocke, die mit Wasserstoff gefüllt wird. Ist dieses geschehen, so öffnet man den Hahn des Sauerstoff-Gasometers (nicht früher, denn wenn die Glocke nicht vollständig mit Wasserstoff gefüllt ist, kann Explosion erfolgen) und entzündet den ausströmenden Sauerstoff. Man erhält auf diese Weise dieselbe Flamme, wie bei der Verbrennung des Wasserstoffs in Sauerstoff [29]) Augenscheinlich ist also die bei

---

oxydes fast das doppelte Volum des Eisens einnimmt und die sich entwickelnde Hitze nicht im Stande ist das Oxyd und das Eisen selbst vollkommen zu schmelzen, infolge dessen dieselben abfallen und herumfliegen. Solche Funken bilden sich auch in anderen Fällen, z. B. wenn Eisenfeilspähne verbrennen. Beim Schmieden von glühendem Eisen fliegen feine Eisentheilchen herum, welche in der Luft verbrennen, was daraus zu ersehen ist, dass dieselben zu glühen fortfahren und nach dem Abkühlen bereits kein Eisen, sondern eine Verbindung des Eisens mit Sauerstoff zurücklassen. Dasselbe geschieht, wenn man mit dem Stahle eines Feuerzeuges auf den Feuerstein aufschlägt, wobei die abgeschlagenen und durch die Reibung erhitzten Stahlpartikelchen in der Luft verbrennen. Am besten lässt sich die Verbrennung des Eisens demonstriren, wenn man es in Form eines sehr feinen Pulvers nimmt, das schon von selbst, ohne vorheriges Erhitzen, beim Ausschütten in die Luft zu glühen anfängt. Dieses feine Eisenpulver (pyrophores Eisen) erhält man durch Glühen von Berlinerblau oder durch Reduktion der Verbindungen des Eisens mit Sauerstoff im Wasserstoffstrome. Die Selbstentzündung des pyrophoren Eisens wird natürlich dadurch bedingt, dass die Berührungsfläche des feinen Pulvers mit der Luft bedeutend grösser ist, als die eines Eisenstückchens von gleichem Gewichte.

29) Man kann den Versuch auch ohne Benutzung der Drähte ausführen, wenn man den Wasserstoff an der Mündung eines Cylinders entzündet (wie S. 147, Fig. 42 angegeben) und letzteren hierbei über das Glasrohr stülpt, durch welches Sauerstoff aus einem Gasometer austritt. Thomsen führt den Versuch folgendermaassen aus: In einen Kork steckt man 1 bis 1½ Centimeter von einander entfernt zwei Glasröhren ein, die in Platinspitzen auslaufen und von denen die eine mit einem Sauerstoff, die andere mit einem Wasserstoff enthaltenden Gasometer verbunden

den beschriebenen Versuchen entstehende Flamme weder brennender Wasserstoff, noch brennender Sauerstoff, sondern nur die Stelle, wo sich die beiden Gase vereinigen, denn man kann von brennendem Sauerstoff ebenso, wie von brennendem Wasserstoff die Flamme erhalten.

Nimmt man anstatt des Wasserstoffs irgend ein anderes brennbares Gas, z. B. Leuchtgas, so erhält man dieselben Verbrennungserscheinungen, jedoch mit dem Unterschiede, dass die Flamme leuchtend wird und andere Verbrennungsprodukte entstehen. Da aber Leuchtgas eine bedeutende Menge von Wasserstoff sowol in freiem, als auch in gebundenem Zustande enthält, so bildet sich bei dessen Verbrennung zugleich eine bedeutende Menge von Wasser.

Vermischt man Wasserstoff und Sauerstoff in dem Verhältniss, in dem sie Wasser bilden, d. h. nimmt man auf 2 Volume Wasserstoff 1 Volum Sauerstoff, so erhält man dasselbe Gemisch, das sich bei der Zersetzung des Wassers durch den galvanischen Strom bildet, nämlich Knallgas. Bereits im vorigen Kapitel wurde erwähnt, dass die Vereinigung von Gasen oder deren Explosion auch beim Einwirken elektrischer Funken vor sich gehen kann, weil letztere das Gas an der Stelle, wo sie überspringen, erhitzen und folglich ebenso zünden, wie ein brennender oder glühender Körper. Die Funken können auch einfach durch einen dünnen Draht, den man mittelst des galvanischen Stromes ins Glühen bringt, ersetzt werden. Die Entzündung des Knallgases mittelst elektrischer Funken ist zum ersten Male von Cavendish zu Ende des vorigen Jahrhunderts, mit Hilfe des in Figur 56 abgebildeten

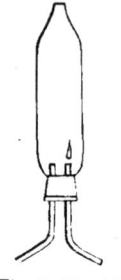

Fig. 55. Vorrichtung zum Demonstriren des Brennens von Wasserstoff in Sauerstoff und umgekehrt.

sind. Nachdem man die Hähne beider Gasometer geöffnet hat, entzündet man den Wasserstoff und setzt auf den Kork einen gewöhnlichen, oben sich verengenden Lampencylinder. Der Wasserstoff wird auf Kosten des in den Cylinder strömenden Sauerstoffs zu brennen fortfahren. Wenn aber die Sauerstoff-Zufuhr allmählich verringert wird, so tritt bald ein Moment ein, wo die Wasserstoffflamme, infolge Mangels an Sauerstoff, sich vergrössert, dann auf einige Augenblicke verschwindet und an der Röhre, aus welcher der Sauerstoff strömt, wieder zum Vorschein kommt. Wird nun der Sauerstoffhahn wieder mehr geöffnet, so springt die Flamme von neuem an die den Wasserstoff zuführende Röhre über. Auf diese Weise kann man nach Belieben die Flamme bald an der einen, bald an der anderen Röhre erscheinen lassen, wenn man nur die Sauerstoff-Zufuhr nicht plötzlich, sondern allmählich vergrössert oder verringert. An Stelle des Sauerstoffs kann man Luft und an Stelle des Wasserstoffs gewöhnliches Leuchtgas anwenden und hierbei beobachten, wie die Luft sich in der Leuchtgas-Atmosphäre entzündet. Dass der Lampencylinder mit einem brennbaren Gase gefüllt ist, davon überzeugt man sich durch Anzünden desselben an der oberen verengten Oeffnung des Cylinders, wo also Leuchtgas in der Luft brennen wird, während im Cylinder Sauerstoff in Leuchtgas brennt.

Apparates, ausgeführt worden und wird seitdem immer dann angewandt, wenn ein Gemisch von Sauerstoff mit einem brennbaren Gase in einem geschlossenen Gefässe entzündet werden soll. Man benutzt jetzt zu diesem Zweck, nach dem Vorgange vom Bunsen, [30]) das **Eudiometer**. Dasselbe ist ein dickwandiges Glasrohr, das der Länge nach in Millimeter getheilt (um die Höhe der Quecksilbersäule zu bestimmen) und mittelst Quecksilber kalibrirt ist, so dass die diesen Theilungen entsprechenden Volume bekannt sind. In dem oberen geschlossenen Ende des Eudiometers sind zwei Platindrähte eingeschmolzen, die sich innerhalb der Röhre nicht berühren. Selbstverständlich müssen die Drähte vollkommen luftdicht in das Glas eingelassen sein [31]). Mit Hülfe des Eudiometers kann man nicht nur die Volum-Zusammensetzung des Wassers [32]) und den Gehalt

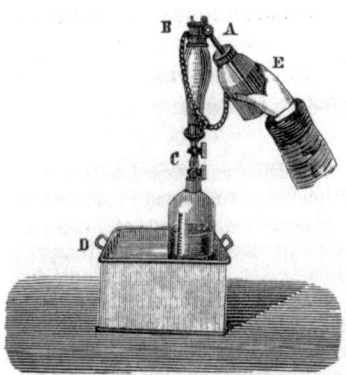

Fig. 56. Apparat von Cavendish zum Demonstriren der Explosion von Knallgas. Die in der Wanne befindliche Glocke füllt man zuerst mit 1 Vol. Sauerstoff und 2 Vol. Wasserstoff und schraubt dann das andere gleichfalls mit einem Hahne versehene dickwandige Glasgefäss B darauf, aus welchem vorher die Luft ausgepumpt worden. Nun führt man das Knallgas aus dem unteren Gefässe in das obere über, schliesst die Hähne und bewirkt die Explosion durch einen Funken, den man mittelst einer Leydener Flasche durchschlagen lässt. Werden jetzt die Hähne geöffnet so dringt das Wasser aus der Wanne auch in das Gefäss B ein.

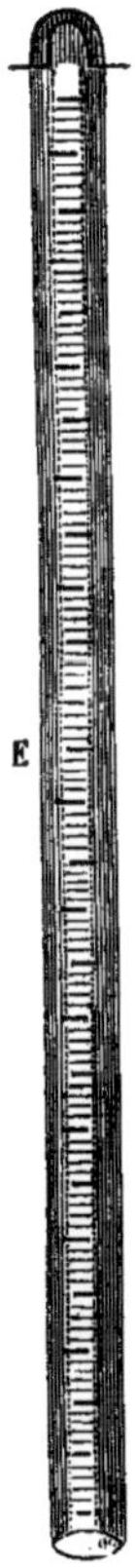

Fig. 57. Eudiometer $^1/_5$.

---

30) Ausser der beschriebenen Form des Eudiometers (von Bunsen) wendet man bei Gasuntersuchungen in Laboratorien eine Menge anderer Apparate an, die häufig für spezielle hygienische oder technische Zwecke eingerichtet sind. Genaueres über die Methoden der Gasanalyse und der dazu benutzten Apparate findet man in den Werken über analytische und angewandte Chemie.

31) Um sich zu überzeugen, dass die Drähte gut eingeschmolzen sind, füllt man das Endiometer mit Quecksilber und bringt es mit dem offenen Ende nach unten in Quecksilber. Ist nun an den Drähten die geringste Oeffnung vorhanden, so dringt durch dieselbe die äussere Luft allmählich ins Eudiometer und ruft ein Sinken des Quecksilbers hervor.

32) Das Eudiometer wird zur Bestimmung der Zusammensetzung brennbarer Gase benutzt. Obgleich hier nicht der Ort ist die Anwendung desselben in der **Gasanalyse** ausführlich zu beschreiben (s. Anm. 30), so soll dennoch, als Beispiel, die Bestimmung der Zusammensetzung des Wassers mit Hülfe des Eudiometers kurz auseinander gesetzt werden.

In das Eudiometer bringt man reinen, trocknen Sauerstoff und wenn derselbe die Temperatur der umgebenden Luft angenommen, was daran zu sehen ist, dass der Quecksilbermeniskus längere Zeit an ein und derselben Stelle stehen bleibt, so notirt man sich den demselben entsprechenden, so wie den Theilstrich, bis zu

an Sauerstoff in der Luft [33]) bestimmen, sondern auch eine Menge von Versuchen ausführen, welche die Verbrennungserscheinungen erklären.

Mittelst des Eudiometers lässt sich z. B. beweisen, dass zur **Entzündung** des **Knallgases** eine **bestimmte Temperatur** erforderlich

---

welchem das Quecksilber in der Wanne reicht. Die Differenz dieser beiden Ablesungen (in Millimetern) zeigt die Quecksilber-Höhe im Eudiometer an, welche, nachdem sie auf die Höhe, die sie bei $0°$ einnehmen würde, gebracht ist, von dem herrschenden Barometerstande subtrahirt werden muss, um den Druck zu erfahren, unter dem sich der Sauerstoff im Eudiometer befindet. Nachdem auf diese Weise, unter Berücksichtigung der Temperatur und des Barometerstandes, das Volum des eingeführten Sauerstoffs gemessen ist, bringt man reinen Wasserstoff in das Eudiometer und misst das Gasvolum von neuem. Nun bewirkt man durch einen Funken die Explosion. Zum Hervorbringen des Funkens benutzt man eine Leydener Flasche, deren äussere Belegung man mittelst einer Kette mit dem einen Platindrahte in Verbindung bringt, während man mit der Kugel der Flasche den anderen Draht berührt. Oder man benutzt einen Elektrophor oder, was am bequemsten ist, eine kleine Ruhmkorff'sche Spirale, die den Vorzug bietet, dass sie ebenso gut in feuchter, wie in trockner Luft wirkt, während die Wirkung der Leydener Flasche und der Elektrisirmaschine in feuchter Luft aufhört. Vor der Explosion muss man das untere Ende des Eudiometers verschliessen (man drückt dasselbe zu diesem Zwecke auf eine auf den Boden der Quecksilberwanne gelegte Gummiplatte fest auf und befestigt es in dieser Stellung), um zu vermeiden, dass bei der Explosion das Quecksilber und möglicher Weise auch ein Theil der Gase aus dem Eudiometer herausgeschleudert werde. Soll die Verbrennung vollständig sein, so dürfen auf 1 Volum Sauerstoff nicht mehr als 12 Vol. Wasserstoff oder auf 1 Vol. Wasserstoff nicht mehr als 15 Vol. Sauerstoff kommen, weil bei zu starkem Vorherrschen eines der Gase überhaupt keine Explosion erfolgt. Am besten nimmt man ein Gemisch von einem Volum Wasserstoff und einigen Volumen Sauerstoff. Bei der Explosion entsteht natürlich Wasser und das Volum (oder die Tension) wird geringer, so dass beim Oeffnen des Eudiometers das Quecksilber darin aufsteigt. Beim Messen des zurückgebliebenen Gases muss die Tension des Wasserdampfs in Betracht gezogen worden (Kap. 1. Anm. 1). Bleibt wenig Gas zurück, so wird das entstandene Wasser genügen, um das Gas vollständig mit Wasserdämpfen zu sättigen. Bleibt dagegen viel Gas zurück, so kann dasselbe möglicher Weise ungesättigt bleiben. Ist dies der Fall, so muss in das Eudiometer etwas Wasser eingeführt werden. Mit Wasserdampf gesättigt ist das Gas dann, wenn an den Wänden des Eudiometers Wassertropfen zu sehen sind. Von dem Atmosphärendruck, unter dem das zurückgebliebene Gas gemessen wird, muss der Druck des dieses Gas bei der Versuchstemperatur sättigenden Wasserdampfes abgezogen werden. (Kap. 1. Anm. 1).

Auf die soeben beschriebene Weise ist im Eudiometer zum ersten male die Zusammensetzung des Wassers von Gay-Lussac und Humboldt mit ziemlich grosser Genauigkeit bestimmt worden. Aus ihren Bestimmungen zogen diese Forscher den Schluss, dass das Wasser aus zwei Volumen Wasserstoff und einem Volum Sauerstoff besteht. Bei jedem Versuche, zu dem sie eine grössere Menge Sauerstoff nahmen, bestand das nach der Explosion zurückbleibende Gas aus diesem letzteren, während bei einem Ueberschuss von Wasserstoff, — Wasserstoff zurückblieb. Nur wenn beide Gase genau in dem angegebenen Verhältnisse genommen wurden, blieb nach der Explosion weder Sauerstoff, noch Wasserstoff zurück. Durch diese Bestimmungen war die Zusammensetzung des Wassers endgiltig festgestellt worden.

33) Ueber diese Anwendung des Eudiometers vergl. das Kapitel über Stickstoff.

ist. Wenn die Temperatur zu niedrig ist, so findet keine Reaktion statt, wenn aber in der Röhre nur an irgend einer Stelle die Entzündungs-Temperatur des Gasgemisches erreicht wird, so erfolgt zunächst an dieser Stelle die Vereinigung der Gase, wobei so viel Wärme entwickelt wird, dass sogleich auch die anliegenden Theilchen des Knallgases entzündet werden. Bringt man zu einem Volum Knallgas 10 Volume Sauerstoff, oder 4 Volume Wasserstoff, oder 3 Volume Kohlensäuregas und lässt durch ein so verdünntes Gasgemisch Funken durchschlagen, so findet keine Explosion statt. Durch das Verdünnen des Knallgases mit einem andern Gase wird nämlich eine relative Temperatur-Erniedrigung bedingt, weil dann die Wärmemenge, welche bei der Vereinigung eines Theiles des durch die Funken glühend gemachten Gemisches von Wasserstoff und Sauerstoff auftreten kann, sich nicht nur auf das entstehende Wasser, sondern auch auf die dem Knallgas beigemengten Gase vertheilen muss [34]). Dass zur Entzündung des Knallgases eine bestimmte Temperatur erforderlich ist, lässt sich auch daraus ersehen, dass reines Knallgas schon von einem bis zur Rothgluth erhitzten Eisendraht und von einer so schwach glühenden Kohle, dass das Glühen kaum zu sehen ist, zur Explosion gebracht werden kann; bei schwächerem Erhitzen findet aber keine Explosion statt. Endlich kann die Explosion auch durch schnelles Zusammendrücken bewirkt werden, weil hierbei bekanntlich gleichfalls Wärme entwickelt wird [35]). Das Knallgas explodirt, wie durch besondere Versuche festgestellt worden, nur bei Temperaturen, welche zwischen 450^0 und 560^0 liegen [36]).

---

34) Verhindert wird die Explosion des Knallgases auch, wenn zu einem Volum desselben $1/4$ Volum Kohlenoxyd, ein gleiches Volum Sumpfgas, 2 Vol. Chlorwasserstoff oder Ammoniak, 6 Vol. Stickstoff oder 12 Vol. Luft zugesetzt werden.

35) Wird das Zusammendrücken langsam ausgeführt, so dass die sich hierbei entwickelnde Wärme Zeit hat, sich dem umgebenden Mittel mitzutheilen, so werden selbst bei 150 Atmosphären-Druck der Sauerstoff und Wasserstoff sich nicht mit einander vereinigen, weil eben keine Erwärmung stattfindet. Wenn man ein mit einer Lösung von Platin (in Königswasser) und Salmiak getränktes Papier verbrennt, so erhält man eine Asche in der sich fein vertheiltes Platin in einer Form findet, welche zur Entzündung des Wasserstoffs und Knallgases am geeignetsten ist. Ein Platindraht entzündet Wasserstoff, wenn er schwach erhitzt ist, Platinschwamm schon bei gewöhnlicher Temperatur und das in der erhaltenenen Asche fein vertheilte Platin selbst bei -20^0. Viele andere Metalle: Palladium, Iridium, Gold wirken bei schwachem Erwärmen ebenso, wie das Platin. Kohle, ebenso wie die meisten pulverförmigen Körper, entzündet das Knallgas bei 350^0. Quecksilber bewirkt selbst bei seiner Siedetemperatur keine Entzündung.
In allen diesen Fällen wird aber die Explosion des Knallgases durch Kontaktwirkung hervorgerufen.

36) Als sich die Begriffe der Dissoziation zu verbreiten anfingen, konnte man annehmen, dass die umkehrbaren Vereinigungs-Reaktionen (zu denen die Bildung des Wassers aus H^2 und O gehört), bei derselben Temperatur beginnen, wie die Dissoziation. Dies trifft in der That in den meisten Fällen, aber nicht immer zu.

Die Vereinigung von Wasserstoff und Sauerstoff erfolgt unter bedeutender Wärmeentwickelung; nach den Bestimmungen von Favre und Silbermann [37]) entwickelt 1 Gewichtstheil Wasserstoff bei der Bildung von Wasser 34462 Wärmeeinheiten. Diesen sehr

wie aus folgendem zu ersehen ist: 1) weil bei Temperaturen von 450°—560°, bei denen das Knallgas explodirt, nicht nur keine Veränderung der Dichte der Wasserdämpfe stattfindet (auch bei höheren Temperaturen verändert sich die Dichte kaum, wahrscheinlich wol der geringen Menge der Dissoziationsprodukte wegen), sondern auch, wenigstens bis jetzt, keine Spur einer Dissoziation bemerkt worden ist; 2) weil unter dem Einfluss von Kontaktwirkungen, die Vereinigungstemperatur des Wasserstoffs mit Sauerstoff sogar mit der Zimmertemperatur zusammenfallen kann, bei der Wasser und ähnliche Körper natürlich nicht dissoziiren; Kontaktwirkungen lassen sich aber, nach den Beobachtungen von Konowalow nicht vermeiden (s. Einleitung, Anmerk. 36). Metalle, Glas und verschiedene Gefässe können schon dieselbe Wirkung ausüben, die so scharf im Platinschwamm hervortritt. Besonders empfindlich in Bezug auf Kontaktwirkungen müssen, nach dem was jetzt darüber bekannt ist, die stark exothermischen Reaktionen sein. Eine solche Reaktion ist die Explosion des Knallgases.

37) Zur Bestimmung der Wärmemenge, die sich beim Brennen einer bestimmten Gewichtsmenge (eines Grammes z. B.) eines gegebenen Körpers entwickelt, beobachtet man, um wie viel Grad sich das Wasser erwärmt, dem die ganze sich bei der Verbrennung entwickelnde Wärme mitgetheilt wird. Zu diesem Zwecke bedient man sich des **Kalorimeters**, z. B. des in Fig. 58 abgebildeten. Dasselbe besteht aus einem dünnwandigen (damit es sich schneller erwärme), polirten (damit die Wärmeausstrahlung möglich klein sei) metallenen Gefässe AA, das mit einem schlechten Wärmeleiter umgeben ist, und einem äusseren metallischen Gefässe BB, das den Zweck hat, den Wärmeverlust des Gefässes AA möglichst gering zu machen. Dennoch findet immer ein geringer Wärmeverlust statt, dessen Grösse durch Vorversuche bestimmt werden muss, um an den Resultaten der Beobachtung die entsprechende Korrektur anzubringen (man füllt das Gefäss mit warmem Wasser und bestimmt die in einer bestimmten Zeit eintretende Abkühlung). Das Gefäss enthält Wasser, dem die Wärme des brennenden Körpers mitgetheilt wird. Durch die Rührvorrichtung kii erreicht man gleichmässige Erwärmung des Wassers, dessen Temperatur durch die Thermometer m und n angezeigt wird. Die bei der Verbrennung sich entwickelnde Wärme theilt sich natürlich nicht allein dem Wasser, sondern auch allen anderen Theilen des Apparates mit. Gleichfalls durch Vorversuche bestimmt man, welcher Wasser-Menge alle diese Theile (Gefässe, Röhren u. s. w.), auf die sich die Wärme vertheilt, entsprechen und bringt auf diese Weise die zweite wichtige Korrektur der kalorimetrischen Bestimmung an. Zur Verbrennung selbst dient das Gefäss C, in welches die zu verbrennende Substanz durch das dicht schliessende Rohr ab eingeführt wird. Die beiliegende Zeichnung zeigt den Moment, in dem durch die Röhre op eingeleitetes Gas verbrennt. Der zum Brennen erforderliche Sauerstoff wird durch die Röhre cd

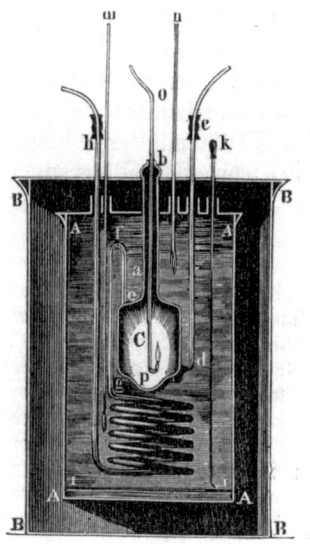

Fig. 58. Kalorimeter von Favre und Silbermann zur Bestimmung der Verbrennungswärme $1/8$.

nahe Zahlen ergaben auch viele neuere Bestimmungen, so dass man annehmen kann, dass bei der Bildung von 18 Theilen Wasser (H^2O) ungefähr 69 grosse Calorien oder 69 Tausend Wärmeeinheiten entwickelt werden [38]). Wenn die Wärmekapazität des Wasser-

---

zugeführt, während die Verbrennungsprodukte entweder im Gefässe C zurückbleiben (wenn sie flüssig oder fest sind) oder durch die Röhre $efgh$ in einen Apparat geleitet werden, in welchem sowol ihre Menge, als auch ihre Eigenschaften bestimmt werden können. Die sich bei der Verbrennung entwickelnde Wärme theilt sich folglich zuerst dem Gefässe C und den entstehenden Gasen und darauf dem Wasser des Gefässes AA mit.

38) Diese Wärmemenge entspricht der Bildung von flüssigem Wasser bei gewöhnlicher Temperatur aus Knallgas von derselben Temperatur. Nimmt man an, dass das Wasser in Dampfform bleibt, so beträgt die Wärmeentwickelung 58 Cal. und wenn es sich als Eis ausscheidet 70,4 Cal. Ein Theil dieser Wärme entsteht dadurch, dass 1 Volum Wasserstoff und $^1/_2$ Volum Sauerstoff 1 Volum Wasserdampf geben, dass also Kontraktion stattfindet, wobei Wärme entwickelt wird. Diese Wärmemenge kann berechnet werden, nicht aber diejenige, die zur Trennung der einzelnen Sauerstoffatome von einander verbraucht wird. Streng genommen bleibt uns daher die Wärmemenge, die sich bei der Vereinigung von Wasserstoff und Sauerstoff entwickelt, unbekannt, obgleich die beim Verbrennen von Knallgas sich entwickelnde Wärme genau gemessen wird.

Die Konstruktion der Kalorimeter, ebenso wie die zu den Wärmemessungen angewandten Methoden sind sehr verschieden. Die meisten kalorimetrischen Bestimmungen sind von Berthelot und Thomsen ausgeführt und in ihren Werken: Essai de mécanique chimique, fondée sur la thermochimie, par M. Berthelot 1879 (2 Vol.) und Thermochemische Untersuchungen von J. Thomsen 1886 (4 Vol.) beschrieben worden. In den Werken über theoretische und physikalische Chemie werden die Grundlagen und Methoden der Thermochemie auseinandergesetzt, in deren Einzelheiten hier, nicht eingegangen werden kann, um so weniger als dieselben noch in den Anfangsstadien ihrer Entwicklung begriffen sind und, wie sich in letzter Zeit herausgestellt, noch vervollständigt werden müssen, wenn unsere thermochemischen Kenntnisse für die chemische Mechanik die wichtige Bedeutung erlangen sollen, die man beim Erscheinen der ersten thermochemischen Untersuchungen erwartete. Einer der ersten, die sich mit der Thermochemie beschäftigten, war Hess, Mitglied der St. Petersburger Akademie der Wissenschaften. Seit Anfang der 70-ger Jahren wandten sich der Thermochemie zahlreiche Forscher zu, namentlich in Frankreich und Deutschland, nach den grundlegenden Arbeiten des französischen Akademikers Berthelot und des Kopenhagener Professors Thomsen. Unter den russischen Chemikern sind durch ihre thermochemischen Untersuchungen: Beketow, Werner, Luginin, Tschelzow, Chrustschoff u. a. bekannt. Gegenwärtig befindet sich die Thermochemie, da ihr kein festes Princip zu Grunde liegt (denn das der grössten Arbeit kann als ein solches nicht angesehen werden), in einer Periode in welcher nur faktisches Material gesammelt wird, aus dem erst später weitere Schlüsse gezogen werden können. Meiner Ansicht nach sind es die folgenden drei wesentlichen Umstände, die es unmöglich machen aus dem bereits vorhandenen, sehr reichen Material an thermochemischen Daten sichere, für die chemische Mechanik wichtige Schlüsse zu ziehen: 1) Der grösste Theil der Bestimmungen wird in schwachen wässrigen Lösungen ausgeführt und, da die Lösungswärme bekannt ist, auf die gelöste Substanz bezogen; nun zwingt aber Vieles (s. Kap. 1) zu der Annahme, dass beim Lösen das Wasser nicht nur die Rolle eines verdünnenden Mittels spielt, sondern auch selbst auf die sich lösende Substanz chemisch einwirkt. 2) Werden viele thermochemische Bestimmungen durch Verbrennung bei hohen Temperaturen aus-

dampfes (0,48) von den gewöhnlichen Temperaturen an bis zu denen, welche bei der Verbrennung des Knallgases entstehen, dieselbe bliebe (obgleich sie höchst wahrscheinlich zunimmt), wenn die Verbrennung sich in einem Punkte konzentrirte [39]) (sie geschieht aber in der Flamme), wenn nicht durch Strahlung und Leitung Wärme verloren ginge und wenn, was das Wichtigste, keine Dissoziation statt fände, d. h. wenn das in der Flamme sich bildende Wasser durch die Hitze nicht wieder zersetzt würde, wodurch sich ein Gleichgewichtszustand zwischen Wasserstoff, Sauerstoff und Wasser herstellt, so könnte man die Temperatur der Knallgasflamme berechnen. Dieselbe müsste unter diesen Bedingungen $10000°$ erreichen [40]).

geführt, während die spezifischen Wärmen der meisten Substanzen bei diesen Temperaturen unbekannt sind. 3) Neben den chemischen Umwandlungen gehen unvermeidlich auch physikalische und mechanische Veränderungen vor, deren thermische Effekte sich in den meisten Fällen bis jetzt nicht von einander trennen lassen. Es ist augenscheinlich, dass die chemischen Veränderungen ihrem Wesen nach sich von den mechanischen und physikalischen gar nicht trennen lassen, so dass, meiner Ansicht nach, die thermochemischen Daten ihre wahre Bedeutung erst dann erlangen werden, wenn der Zusammenhang zwischen den Veränderungen, die einerseits mit den Atomen vor sich gehen, und andererseits mit den Molekeln und ganzen Massen stattfinden, besser aufgeklärt sein wird, als es jetzt der Fall ist. Wenn angenommen werden muss, dass beim mechanischen Kontakt und beim Erwärmen von Substanzen zuweilen eine deutliche, immer aber eine unsichtbare (beginnende) chemische Veränderung, d. h. eine andere Vertheilung (oder besser Bewegung) der Atome in den Molekeln eintritt, so ist schwer einzusehen, wie rein chemische Veränderungen ohne gleichzeitige physikalische und mechanische vor sich gehen sollen. Das Verhalten der Atome zu einander, in welchem das Wesen der chemischen Erscheinungen liegt, ist gegenwärtig der Beobachtung unzugänglich und lässt sich unabhängig von den Molekeln, welche die physikalischen Erscheinungen bedingen, und selbst auch unabhängig von ganzen Massen von Molekeln, mit denen man es bei den mechanischen Erscheinungen zu thun hat, gar nicht denken. Die Vorstellung von isolirten Atomen hat keinen realen Boden. Eine mechanische Veränderung lässt sich ohne eine physikalische, ebenso wie eine physikalische ohne eine chemische Veränderung wol noch vorstellen (obgleich auch eine solche Vorstellung schon unwahrscheinlich ist), aber eine chemische Veränderung ohne gleichzeitig stattfindende physikalische und mechanische Veränderungen wäre überhaupt nicht wahrnehmbar. Ins Gebiet der Physik gehörte einstmals auch die ganze Mechanik und die ganze Chemie. Heute aber haben sich dieselben von der Physik getrennt und sind selbstständig geworden. In der Zukunft lässt sich wieder eine Verschmelzung erwarten, als deren Vorläufer die Gesetze der Unvergänglichkeit des Stoffes und der Erhaltung der Energie anzusehen sind.

39) Die Flamme oder die Stelle, an welcher die Verbrennung von Gasen und Dämpfen stattfindet, ist eine komplizirte Erscheinung, «eine ganze Fabrik» wie Faraday sagt; in einer der nächsten Anmerkungen soll daher die Flamme ausführlich betrachtet werden.

40) Wenn beim Verbrennen von 1 Thl. Wasserstoff 34500 Wärmeeinheiten entwickelt werden und die Wärme den hierbei entstehenden 9 Gewichtstheilen Wasserdampf mitgetheilt wird, so muss, wenn die spezifische Wärme des letzteren gleich 0,475 angenommen wird, jede Wärmeeinheit einen Gewichtstheil Wasserdampf auf $2.1°$ und 9 Gewichtstheile auf $\frac{2,1}{9} = 0,23°$ erwärmen; 34500 Wärmeeinheiten folg-

In der Wirklichkeit ist die Temperatur viel niedriger, aber dennoch höher, als die, welche durch die Hitze unserer Oefen und in der gewöhnlichen Flamme erreicht wird. Die bei der Explosion von Knallgas entstehende Temperatur erreicht 2000°. Der bei so hoher Temperatur entstehende Wasserdampf muss ein wenigstens 5 mal grösseres Volum einnehmen, als das Knallgas bei gewöhnlicher Temperatur hatte. Der die Explosion des Knallgases begleitende Schall entsteht aber nicht nur infolge der Erschütterung, welche durch die schnelle Ausdehnung des erwärmten, bei der Verbrennung sich bildenden Dampfes erfolgt, sondern auch dadurch, dass sofort Abkühlung, Umwandlung der Dämpfe in Wasser und schnelle Kontraktion erfolgen.

Das Knallgas benutzt man, ebenso wie die Gemische verschiedener anderer brennbarer Gase mit Sauerstoff[41]) zur Erlangung der hohen Temperaturen, bei welchen man im Grossen solche Metalle zum Schmelzen bringen kann, die wie z. B. Platin in einem durch Kohle unter Luftzutritt geheizten Ofen nicht schmelzen. Man benutzt zu diesem Zwecke den in Fig. 59 abgebildeten Brenner, der aus zwei in einander gestellten messingenen Röhren besteht. Das innere centrale Rohr S führt den Sauerstoff zu, während das dasselbe umfassende Rohr W zur Zuführung des Wasserstoffs dient. Die beiden Gase vermischen sich

---

lich auf 7935°. Wenn Knallgas in einem geschlossenen Raume Wasserdampf bildet, so kann letzterer sich nicht ausdehnen und man wird zur Berechnung der Verbrennungstemperatur die spezifische Wärme bei konstantem Volum in Betracht zu ziehen haben; dieselbe beträgt für Wasserdampf 0,36. Diese Zahl ergibt eine noch höhere Temperatur der Flamme; in Wirklichkeit ist dieselbe jedoch viel niedriger. Von verschiedenen Beobachtern sind über diese Temperatur sehr weit auseinander gehende Angaben gemacht worden (von 1700° bis zu 2400°). Dieses erklärt sich zunächst dadurch, dass infolge verschiedener Flammengrösse die Abkühlung durch Wärmestrahlung verschieden ist, dann aber hauptsächlich dadurch, dass die Methoden und Apparate (Pyrometer) zur Bestimmung hoher Temperaturen, obgleich sie es ermöglichen über relative Temperatur-Veränderungen richtig zu urtheilen, dennoch zur Bestimmung absoluter Temperaturgrössen wenig zuverlässig sind. Indem ich die Temperatur in der Knallgasflamme auf ungefähr 2000° schätze, stütze ich mich auf die Gesammtheit der zuverlässigsten Bestimmungen.

41) Nicht nur Wasserstoff, sondern auch jedes andere brennbare Gas gibt mit Sauerstoff ein explodirbares Gemisch. Daher entsteht auch beim Entzünden eines Gemisches von Leuchtgas mit Luft Explosion. Der Druck, der bei Explosionen von Gasgemischen entsteht, kann als Triebkraft in Maschinen benutzt werden. Auf dieselbe Weise wird auch die Kontraktion, die nach der Explosion eintritt, utilisirt. Von den nach diesem Prinzipe konstruirten Motoren waren früher am bekanntesten die Gasmaschinen von Lenoir, heute sind es die von Otto. Zur Explosion benutzt man gewöhnlich ein Gemisch von Leuchtgas und Luft, in letzter Zeit auch Dämpfe brennbarer Flüssigkeiten (Kerosin, Benzin) und Wassergas (s. Kapitel 9). In der Lenoir'schen Maschine wird die Explosion des Gemisches von Leuchtgas und Luft durch den Funken einer Ruhmkorff'schen Spirale hervorgerufen, während in den neueren Maschinen das explodirbare Gemisch direkt durch die Flamme eines Gasbrenners entzündet wird.

nur am Ausgange, so dass im Apparate selbst keine Explosion erfolgen kann. Bei Benutzung dieses Brenners, verbindet man die Röhre S mit einem Sauerstoff enthaltenden Gasometer und die Röhre W mit einem Gasometer, das Wasserstoff (zuweilen auch Leuchtgas) enthält. Durch Hähne lässt sich die Menge der zufliessenden Gase leicht reguliren. Die kürzeste und am meisten

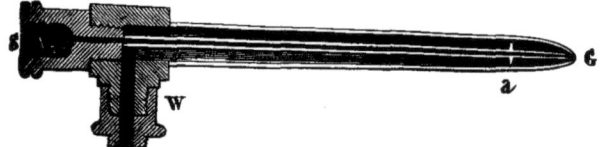

Fig. 59. Gefahrloser Brenner für Knallgas. $^1/_2$.

Wärme gebende Flamme erhält man dann, wenn auf 2 Volume Wasserstoff ein Volum Sauerstoff kommt. Der Grad der Hitze lässt sich danach beurtheilen, dass in der aus richtig zusammengesetztem Gase entstehenden Flamme dünner Platindraht sehr leicht schmilzt. Bringt man zwei ausgehöhlte Kalkstücke in der Weise zusammen, dass ein Schmelzraum entsteht, in welchen man den Knallgasbrenner einführen kann, so hat man eine Vorrichtung, in der leicht eine grössere Menge Platin geschmolzen werden kann, wenn nur für genügenden Zufluss an Sauerstoff und Wasserstoff gesorgt wird (Deville). Die Knallgasflamme kann auch zur Beleuchtung benutzt werden; an und für sich ist sie nicht leuchtend, aber in Folge ihrer hohen Temperatur bringt sie nicht schmelzbare Körper zum Glühen und entwickelt hierdurch ein sehr helles Licht. Man verwendet dazu gewöhnlich Kalk, Magnesia und Zirkon. Sehr helles und weisses Licht entsteht, wenn man ein cylinderförmiges Kalkstück in eine richtig regulirte Knallgasflamme hält. Dieses Licht ist seinerzeit zur Beleuchtung von Leuchtthürmen vorgeschlagen worden; heute benutzt man dazu meistens das seiner Beständigkeit und anderer Vorzüge wegen vortheilhaftere elektrische Licht. Das durch Glühen von Kalk in Knallgas entstehende Licht nennt man **Drummond'sches Licht**.

Die oben angeführten Fälle sind Beispiele von Verbrennungen einfacher Körper, ebensolche Erscheinungen beobachtet man aber auch bei der **Verbrennung zusammengesetzter Körper**. Das Naphtalin — ein fester Körper von der Zusammensetzung $C^{10}H^8$ — brennt in der Luft mit russender Flamme, mit sehr heller, glänzender dagegen im Sauerstoff. Ebenso verbrennen im Sauerstoff (wenn man denselben z. B. mittelst einer Röhre in die Flamme einer Lampe leitet) Weingeist, Oel und andere brennbare Körper. Die sich hierbei entwickelnde hohe Temperatur wird zuweilen in der chemischen Praxis utilisirt.

Um zu verstehen, warum die Verbrennung im Sauerstoff

schneller und unter grösserer Wärmeentwickelung vor sich geht, als in der Luft, muss in Betracht gezogen werden, dass Luft mit Stickstoff verdünnter Sauerstoff ist, daher in der Luft der Oberfläche des brennenden Körpers weniger Sauerstofftheilchen zugeführt werden, als in reinem Sauerstoff. Die Hauptursache der energischen Verbrennung im Sauerstoffe liegt in der hohen Temperatur, auf die sich der darin brennende Körper erhitzt. Betrachten wir z. B. die Verbrennung des Schwefels in der Luft und im Sauerstoffe. 1 Gramm Schwefel entwickelt beim Verbrennen, einerlei ob in der Luft oder im Sauerstoffe, 2250 Wärmeeinheiten, d. h. eine Wärmemenge, die 2250 G. Wasser auf 1^0 C erwärmen kann. Die Wärme wird zuerst dem durch die Vereinigung des Schwefels mit Sauerstoff entstehenden Schwefeldioxyd SO^2 mitgetheilt. Beim Verbrennen von 1 G. Schwefel entstehen 2 G. dieses Gases, d. h. der Schwefel verbindet sich mit einem G. Sauerstoff. Damit zu 1 G. Schwefel 1 G. Sauerstoff gelange, müssen gleichzeitig 3,4 G. Stickstoff zufliessen, weil in der Luft auf 23 Gewichtstheile Sauerstoff 77 Th. Stickstoff enthalten sind. Beim Verbrennen von 1 G. Schwefel in der Luft vertheilen sich die 2250 Wärmeeinheiten wenigstens auf 2 G. Schwefeldioxyd und 3,4 G. Stickstoff. Da zum Erwärmen von 1 G. Schwefeldioxyd auf 1^0 C 0,155 Wärmeeinheiten, also von 2 G. dieses Gases 0,31 W. E. und zum Erwärmen von 3,4 G. Stickstoff $3,4 \times 0,244$ oder 0,83 W. E. erforderlich sind, so müssen zum Erwärmen beider Gase auf 1^0 C $0,31 + 0,83$ oder 1,14 Wärmeeinheiten verbraucht werden. Da nun beim Verbrennen des Schwefels 2250 Wärmeeinheiten entwickelt werden, so müssten sich die Gase (wenn sich ihre spezifische Wärme nicht änderte) bis auf $\frac{2250}{1,14}$ oder 1974^0 C erhitzen. Die höchste Temperatur der in der Luft brennenden Schwefelflamme könnte folglich 1974^0 C betragen. Beim Verbrennen des Schwefels im Sauerstoff theilt sich die sich entwickelnde Wärme (2250 Einh.) nur 2 G. Schwefeldioxyd mit, daher kann die höchste Temperatur der Schwefelflamme im Sauerstoffe $= \frac{2250}{0,31}$ oder 7258^0 sein. Ebenso lässt sich berechnen, dass die Temperatur der in Luft verbrennenden Kohle nicht höher als 2700^0 sein kann, während im Sauerstoffe eine Temperatur von 10100^0 C erreicht werden müsste. Im Sauerstoff ist also bei Verbrennungen die Temperatur immer höher, als in der Luft, obgleich weder im ersteren noch im letzteren Falle die berechnete Temperaturhöhe auch nur annähernd erreicht wird (vergl. das beim Knallgas Gesagte pag. 194).

Eine charakteristische, die Verbrennung vieler Körper in Gasen begleitende Erscheinung ist die **Flamme**. Schwefel. Phosphor, Natrium, Magnesium, Naphtalin und and. verbrennen, ebenso wie Wasserstoff, mit Flamme, während andere Körper, z. B.

Kohle und Eisen, bei ihrer Verbrennung keine Flamme geben. Bedingt wird das Erscheinen der Flamme durch die Fähigkeit des brennenden Körpers bei der Verbrennungstemperatur in Dämpfe oder Gase überzugehen. Schwefel, Phosphor, Natrium gehen beim Verbrennen direkt in Dampf über, Holz, Weingeist, Oel u. and. zersetzen sich dabei in gas- und dampfförmige Stoffe. Dämpfe und Gase verbrennen aber unter Flammenbildung; daher stellt *eine Flamme brennendes und durch das Brennen zum Glühen gebrachtes Gas oder Dampf* dar. Dass in der Flamme von nicht flüchtigen Körpern, z. B. Holz, flüchtige und brennbare, beim Verbrennen entstehende Körper enthalten sind, lässt sich leicht beweisen, wenn man in eine Flamme eine Glasröhre einstellt und durch dieselbe mittelst eines Aspirators Luft saugt. In den Aspirator gelangen dann ausser den Verbrennungprodukten auch noch unverbrannte Gase und Flüssigkeiten, die in der Flamme in Dampfform vorhanden sind. Der Flamme diese noch brennbaren Dämpfe und Gase zu entziehen gelingt übrigens nur dann, wenn die Glasröhre richtig *in das Innere* der Flamme hineingehalten wird, denn in der äusseren Hülle findet bereits, infolge der unmittelbaren Vermischung mit dem die Flamme umgebenden Sauerstoff vollständige Verbrennung statt [42]). Die Helligkeit einer Flamme kann sehr verschieden sein, je nachdem in derselben *feste*, im Glühen befindliche Theilchen vorhanden sind oder nicht. Die glühenden Dämpfe und Gase selbst leuchten nur wenig [43]). Die Flamme von

Fig. 60. Faraday's Versuch zur Bestimmung der verschiedenen Bestandtheile einer Kerzenflamme.

42) Faraday bewies dies sehr anschaulich an der Flamme einer Stearinkerze. Führt man nämlich in letztere ein gebogenes Glasrohr in der Weise ein, dass das Ende desselben sich über dem Dochte in dem dunkeln Theil der Flamme befindet, so werden die brennbaren Zersetzungsprodukte des Stearins in dem Glasrohre aufsteigen, am anderen Ende desselben sich abkühlen und in dem vorgestellten Kolben sich in Form von schweren, weissen Dämpfen ansammeln, die sich leicht entzünden lassen (Fig. 60). Bringt man das Glasrohr durch geringes Heben in den oberen leuchtenden Theil der Flamme, so erhält man im Kolben einen dichten, schwarzen, nicht brennbaren Rauch. Wird endlich das Glasrohr so weit in die Flamme gesenkt, dass es den Docht berührt, so wird sich im Kolben fast nur Stearinsäure kondensiren.

43) Alle durchsichtigen Körper, die das Licht gut durchlassen (d. h. wenig Licht absorbiren), sind im

brennendem Weingeist, Schwefel und Wasserstoff z. B. enthält keine festen Theilchen und ist daher durchsichtig, bleich und gibt wenig Licht [44]). Eine solche Flamme kann hell leuchtend gemacht werden, wenn man in dieselbe fein zertheilte, feste Körper bringt. Ein helles Licht erhält man z. B. durch Einführen eines dünnen Platindrahts in eine Weingeist- oder, noch besser, Wasserstoff-Flamme. Schüttet man in eine nicht leuchtende Flamme einen pulverförmigen nicht brennbaren Stoff, z. B. feinen Sand, oder bringt in dieselbe ein Bündel von Asbestfasern, so wird die Flamme gleichfalls leuchtend. Eine jede leuchtende Flamme enthält entweder feste Theilchen oder wenigstens sehr dichte, schwere Dämpfe. In Sauerstoff brennendes Natrium gibt eine gelbe, hell leuchtende Flamme, welche feste Theilchen von Natriumhyperoxyd enthält. Leuchtend ist auch die Flamme des Magnesiums, weil sich bei dessen Verbrennung feste Magnesia bildet, die ebenso ins Glühen kommt, wie der feste, nicht flüchtige Kalk, der die Helligkeit des Drummond'schen Lichtes bedingt. Die Flamme einer gewöhnlichen Kerze, des Holzes und ähnlicher Stoffe leuchtet vermittelst der sich ausscheidenden, glühenden Kohletheilchen. Dass in einer leuchtenden Flamme in der That Kohletheilchen enthalten sind, zeigt sich beim Einführen eines kalten Gegenstandes, z. B. eines Messers in dieselbe; an letzterem schlagen sich die in der Flamme befindlichen Kohletheilchen sofort in Form von Russ [45]) nieder. In der äusseren Flammenhülle verbrennen die leuchtenden Kohletheilchen, wenn genug Luft zuströmt; ist aber Mangel an Luft, d. h. an Sauerstoff, so russt die Flamme, weil die Kohletheilchen unverbrannt bleiben und durch den Luftstrom aus der Flamme getragen werden [46]).

---

glühenden Zustande wenig leuchtend. Ebenso geben auch Körper, die wenig Wärmestrahlen absorbiren, beim Glühen nur wenig Wärmestrahlen ab.

44) Es unterliegt aber keinem Zweifel (nach den Versuchen von Frankland), dass sehr schwere, dichte Dämpfe oder komprimirte Gase beim Glühen desswegen leuchten, weil sie sich ihrer Dichte nach den festen und flüssigen Körpern nähern. So z. B. gibt komprimirtes Leuchtgas beim Explodiren helles Licht.

45) Leitet man Wasserstoffgas durch eine leicht flüchtige Kohlenstoffhaltige Flüssigkeit, z. B. durch Benzin (das man direkt in den Wasserstoff-Entwicklungsapparat giessen kann), so erhält man eine hell leuchtende Flamme, weil die aus dem Benzin beim Brennen entstehenden Kohletheilchen (Russ) in starkes Glühen kommen. Die auf diese Weise mit Benzin karburirte Wasserstoffflamme kann, ebenso wie die Flamme dieses Gases, wenn ein Platinnetz zum Glühen in dieselbe gebracht wird, in der Praxis zur Beleuchtung angewandt werden.

46) Die einzelnen Theile einer **Flamme** können mehr oder weniger deutlich unterschieden werden. Der den Docht (Fig. 61) unmittelbar umgebende Theil, in den die brennbaren Dämpfe oder Gase zuerst gelangen, ist nicht leuchtend, weil darin die Temperatur niedrig ist und der Verbrennungsprozess noch nicht angefangen hat. In der Leuchtgasflamme befindet sich dieser Theil unmittelbar über der Ausflussöffnung des Gases. In einer Kerzenflamme bilden sich die brennbaren Dämpfe und Gase durch Einwirken der Hitze auf den geschmolzenen Talg oder das Stearin, welche im Dochte aufsteigen und durch die hohe Flammentemperatur ins Glühen

Verschiedene Körper zeigen bei ihrer Vereinigung mit Sauerstoff keine Verbrennungserscheinungen oder bewirken nur eine unbedeutende Temperaturerhöhung. Dieses kann etweder dadurch bedingt sein, dass der sich mit dem Sauerstoff vereinigende Körper hierbei überhaupt nur wenig Wärme entwickelt (z. B. Quecksilber, Zinn, Blei bei hoher Temperatur oder ein Gemisch von Pyro-

Fig. 61. Der innere Raum *aa* der Kerzenflamme enthält die Dämpfe und Zersetzungsprodukte des Leuchtmaterials; in dem leuchtenden Theile *efg*, in welchem sich Kohletheilchen ausscheiden, beginnt die Verbrennung und hört in dem kaum sichtbaren äusseren Flammenmantel *cbd* auf.

kommen. Die Zersetzung der festen oder flüssigen Substanzen beim Entstehen einer Flamme ist ganz analog der Bildung von Zersetzungsprodukten bei der trocknen Destillation. Diese Produkte finden sich im centralen Flammentheile. Die der Flamme von aussen zuströmende Luft kann sich nicht in allen Theilen mit den Gasen und Dämpfen derselben gleichmässig vermischen; in den äusseren Flammentheil gelangt mehr Sauerstoff, als in die innern Theile. Das Eindringen von Sauerstoff ins Innere der Flamme erfolgt durch Diffusion, wobei natürlich zugleich mit dem Sauerstoff auch Stickstoff hineingelangt, wenn das Brennen in der Luft stattfindet. Bei der Vereinigung des Sauerstoffs mit den brennbaren Dämpfen und Gasen der Flamme geht die bedeutende Wärmeentwicklung vor sich, die zur Unterhaltung der Verbrennung erforderlich ist. In der Richtung von der kälteren, äusseren Lufthülle der Flamme zum Dochte derselben trifft man zuerst auf Schichten, die eine immer höhere Temperatur zeigen und dann wieder auf kältere, in welchen, infolge von mangelndem Sauerstoff-Zutritt, eine weniger vollständige Verbrennung vor sich geht.

Im Innern einer Flamme befinden sich, wie wir soeben gesehen, noch unverbrannte Zersetzungsprodukte organischer Substanzen; aber selbst dann, wenn in die Flamme Sauerstoff eingeleitet wird, oder wenn ein Gemisch von Wasserstoff mit Sauerstoff verbrennt, enthalten diese Produkte immer auch freien Sauerstoff, weil die sich beim Verbrennen des Wasserstoffs und Kohlenstoffs organischer Verbindungen entwickelnde Temperatur so hoch ist, dass sich die Verbrennungsprodukte selbst schon theilweise zersetzen, d. h. dissoziiren; es müssen daher in der Flamme sowol Wasserstoff, als auch Sauerstoff im freien Zustande enthalten sein. Nehmen wir nun an, dass beim Brennen einer kohlenstoffhaltigen Substanz der Wasserstoff derselben in der Flamme theilweise im freien Zustande auftritt, so muss auch ein Theil des Kohlenstoffs in diesem Zustande erscheinen, weil unter sonst gleichen Bedingungen der Kohlenstoff nach dem Wasserstoff verbrennt, wie wir dieses beim Verbrennen verschiedener Kohlenwasserstoffe in Wirklichkeit sehen. Die Bildung der als Russ auftretenden Kohle wird durch Dissoziation der in der Flamme enthaltenen Kohlenstoffverbindungen bedingt. Viele Kohlenwasserstoffe namentlich solche, die viel Kohlenstoff enthalten, wie z. B. Naphtalin, brennen selbst im Sauerstoff mit russender Flamme. Der Wasserstoff verbrennt, während der Kohlenstoff, wenigstens theilweise, unverbrannt bleibt. Dieser frei werdende Kohlenstoff bedingt nun das Leuchten der Flamme. Dass sich im Innern der Flamme ein noch brennbares Gemisch befindet, lässt sich durch den folgenden Versuch beweisen, bei welchem aus einer brennenden Kohlenoxyd-Flamme mittelst eines Wasser-Aspirators ein Theil des Gases abgesaugt wird. Zu diesem Zwecke benutzt man (wie es Deville that) eine Metallröhre, durch die man Wasser fliessen lässt und in deren Wandung eine feine Oeffnung angebracht ist. Mit dieser Oeffnung stellt man die Röhre in die Flamme ein, setzt den Aspirator in Thätigkeit und bewirkt auf diese Weise, dass von dem durch die Röhre fliessenden

gallol mit Kalilauge bei gewöhnlicher Temperatur), oder dadurch, dass die sich entwickelnde Wärme sogleich guten Wärmeleitern z. B. Metallen mitgetheilt wird, oder endlich dadurch, dass die

Wasser die Flammengase mit fortgerissen und dann besonders aufgesammelt werden können. In der Rohre bilden sich nämlich Wassersäulchen mit dazwischen befindlichen Gasbläschen. Das mittelst dieser Vorrichtung aus den verschiedenen Theilen der Flamme eines Gemisches von Kohlenoxyd und Sauerstoff aufgesammelte Gas erweist sich immer als aus diesen beiden Gasen bestehend.

Bei der Explosion eines Gemisches von Wasserstoff und Kohlenoxyd mit Sauerstoff in einem abgeschlossenen Raume findet, wie aus den Untersuchungen von Deville und Bunsen hervorgeht, nicht sofort eine vollständige Verbrennung statt. Bringt man nämlich in einem geschlossenen Raume zwei Volume Wasserstoff mit einem Volum Sauerstoff zur Explosion, so erhält man niemals den Druck, der entstehen müsste, wenn sofort eine vollständige Verbrennung stattfinden würde. Nach der Berechnung müsste man bei der Explosion von Wasserstoff mit Sauerstoff einen bis zu 26 Atmosphären steigenden Druck erhalten, während derselbe in Wirklichkeit, wie durch direkte Versuche festgestellt ist, $9^1/_2$ Atmosphären nicht übersteigt. Es lässt sich dieses nur dadurch erklären, dass bei der Explosion nicht aller Sauerstoff sich sogleich mit dem brennbaren Gase vereinigt. Die Menge des verbrannten Gases lässt sich sogar nach der Grösse des entstehenden Druckes berechnen, wenn die bei der Verbrennung sich entwickelnde Wärmemenge und die spezifische Wärme aller an der Explosion theilnehmenden und entstehenden Körper bekannt ist; ebenso lässt sich folglich auch die Verbrennungs-Temperatur und der Druck, der infolge der stattfindenden Erhitzung eintritt, berechnen. Es erweist sich hierbei, dass nur ein Drittel der Gase verbrennt, während die beiden anderen Drittel bei der durch die Explosion bedingten Temperatur sich nicht verbinden können; ihre Vereinigung findet erst später bei eintretender Abkühlung statt. Eine Beimengung von Verbrennungsprodukten zu einem explosiven Gemische verhindert folglich die Verbrennung der übrigen brennbaren Gase. In Gegenwart von Kohlensäure z. B. kann Kohlenoxyd nicht vollständig verbrennen; ebenso wirkt auch ein jedes andere beigemischte Gas. In einer Flamme müssen daher in allen ihren Theilen sowol brennbare, als auch die Verbrennung unterhaltende und verbrannte Stoffe enthalten sein, also Sauerstoff, Kohlenstoff, Kohlenoxyd, Wasserstoff, Kohlenwasserstoffe, Kohlensäure und Wasser. Folglich ist es **unmöglich sofort eine vollständige Verbrennung zu erreichen**; darin liegt aber auch der Grund der Flammen-Bildung. Damit verschiedene Mengen der brennbaren Bestandtheile in gewisser Folge verbrennen und durch das sie umgebende Mittel wieder abgekühlt werden, ist ein bestimmter Raum erforderlich, dessen verschiedene Theile verschiedene Temperatur besitzen können. Nur dort, wo die Flamme verschwindet, hort auch die Verbrennung auf. Wäre es möglich die Verbrennung auf einen Punkt zu konzentriren, so würde man eine unvergleichlich höhere Temperatur erhalten, als es unter den in der Wirklichkeit herrschenden Bedingungen geschieht. Auch das Erscheinen von Russ und Rauch erklärt sich hierdurch, weil eben eine vollständige Verbrennung nicht mit einem male, sondern nur allmählich durch eintretende Temperatur-Erniedrigung erreicht wird.

Im Vorhergehenden wurde vorausgesetzt, dass die spezifische Wärme der Verbrennungsprodukte bekannt und gleich der bei gewohnlicher Temperatur bestimmten sei. Wenn dieses aber nicht der Fall ist, wie Berthelot und Vielle behaupten, so lässt sich auch die Menge der beim Explodiren unverbrannt zurückbleibenden Gase nicht berechnen. Quantitativ lässt sich also die Erscheinung nicht bestimmen, dass sie aber qualitativ so verläuft, wie es oben beschrieben worden, unterliegt keinem Zweifel, denn die Dissoziation der Verbrennungsprodukte bei hohen Temperaturen ist durch verschiedene Versuche sicher festgestellt worden.

Vereinigung so langsam vor sich geht, dass die auftretende Wärme sich auf die umgebenden Körper vertheilen kann. Die Verbrennung ist nur ein spezielles, besonders in die Augen fallendes Beispiel einer Vereinigung mit Sauerstoff. In derselben Weise findet die Vereinigung mit Sauerstoff auch beim Athmen statt, wobei gleichfalls Wärme entwickelt wird, freilich nicht direkt in den Lungen (wo vom Blute Sauerstoff aufgenommen und Kohlensäure abgegeben wird), sondern in den verschiedenen Geweben des Organismus (in denen der chemische Prozess der Umwandlung des Sauerstoffs in Kohlensäure vor sich geht). Lavoisier sprach dieses in folgenden charakteristischen Worten aus: «Das Athmen ist eine langsame Verbrennung.»

Eine Reaktion, bei welcher Vereinigung mit Sauerstoff stattfindet, nennt man **Oxydation**, vom griechischen οξύς — sauer, da hierbei (ebenso wie beim Verbrennen) öfters saure Verbindungen entstehen; daher auch die Bezeichnung des Sauerstoffs selbst (Oxygenium, oxygène). Die Verbrennung ist eine schnell verlaufende Oxydation. Langsame Oxydation in der Luft bei gewöhnlicher Temperatur erleiden: Phosphor, Eisen, Traubenwein und and. Körper. Lässt man solche Körper mit einer bestimmten Menge von Sauerstoff oder Luft in Berührung, so nimmt das Volum dieser Gase infolge der allmählich vorsichgehenden Absorption von Sauerstoff fortwährend ab. Bei langsamer Oxydation ist die Wärmeentwickelung meistens so gering, dass sie nur selten beobachtet wird, weil eben infolge des langsamen Reaktionsverlaufs und der Vertheilung der sich bildenden Wärme (durch Strahlung und andere Ursachen) die Temperaturerhöhung gewöhnlich nicht nachgewiesen werden kann. Bei der Oxydation des Weines und der Umwandlung desselben in Essig (nach der gewöhnlichen Methode) z. B. ist die Temperaturerhöhung desswegen nicht zu bemerken, weil die Wärmeentwickelung ganz allmählich während mehrerer Wochen vor sich geht; bei der Schnellessigfabrikation dagegen, bei welcher bedeutendere Mengen Wein verhältnissmässig schnell oxydirt werden, lässt sich die stattfindende Wärmeentwickelung leicht beobachten.

In der Natur findet unter dem Einfluss der Luft eine Unzahl von langsamen Oxydationsprozessen statt. Diesen Prozessen unterliegen namentlich abgestorbene Organismen und Substanzen organischen Ursprungs. Thierkadaver, Holz, Wolle, Gräser u. s. w. **faulen** und **verwesen**, indem ihre festen Bestandtheile unter dem Einfluss von Feuchtigkeit, Sauerstoff und häufig auch infolge der Entwickelung von anderen Organismen: Würmern, Schimmel, Mikroorganismen (Bakterien), in Gase übergehen. Es sind dies langsame Verbrennungsprozesse oder langsam vor sich gehende Vereinigungen mit Sauerstoff. Bekannt ist, dass beim Faulen von Mist Wärme entwickelt wird, dass feuchtes Gras, in Haufen gebracht, feuchtes

Mehl und dergl. beim Aufbewahren sich erwärmen und untauglich werden [47]). Bei allen diesen Prozessen bilden sich dieselben Verbrennungsprodukte, die auch im Rauche enthalten sind: Kohlensäuregas und Wasser. Hauptbedingung zum Stattfinden derselben wie auch von Verbrennungen ist das Vorhandensein von Sauerstoff. Durch vollständiges Abhalten von Luft werden daher diese Prozesse verhindert [48]), durch verstärkten Luftzutritt dagegen beschleunigt. Die mechanische Auflockerung des Ackerbodens durch Pflügen. Eggen und ähnliche Bearbeitung muss nicht allein der Ausbreitung der Wurzeln förderlich sein und den Boden wasserdurchlässiger machen, sondern auch den Luftzutritt erleichtern, damit die organischen Bestandtheile des Bodens verwesen, gleichsam Luft einathmen, d. h. Sauerstoff aufnehmen und Kohlensäure ausscheiden können. Eine Dessjatine (= $1{,}092$ Hektar) guter Ackererde scheidet im Laufe eines Sommers mehr als 15 Tonnen Kohlensäuregas aus.

Langsame Oxydation in Gegenwart von Wasser erleiden nicht allein vegetabilische und animalische Substanzen, sondern auch Metalle, indem sie bekanntlich rosten. Kupfer absorbirt leicht Sauerstoff in Gegenwart von Säuren. Viele Schwefelmetalle (z. B. Kiese) oxydiren sich bei Zutritt von Luft und Feuchtigkeit sehr leicht. In der Natur finden überall langsame Oxydationsprozesse statt.

Obgleich viele einfache Körper mit gasförmigem Sauerstoff direkt unter keinen Bedingungen in Reaktion treten, so können ihre Sauerstoffverbindungen dennoch erhalten werden. Zu diesen Körpern gehören z. B. Platin, Gold, Iridium, Chlor und Jod. Zur **Oxydation** derselben benutzt man so genannte **indirekte Methoden**, d. h. man verbindet den gegebenen Körper zuerst mit einem andern Elemente und ersetzt dieses dann auf dem Wege der doppelten Umsetzung durch Sauerstoff, oder man bringt den zu oxydirenden Körper mit einem Stoffe in Berührung, der leicht Sauerstoff ausscheidet; der Sauerstoff wirkt dann im Entstehungs-Zustande. Noch besser geht die Oxydation vor sich, wenn auch der zu oxydirende

---

47) Mit Oel durchtränkte Baumwolle (die in Fabriken vom Reinigen der geölten Maschinen zurückbleibt) kann sich, in grossen Haufen liegend, bei der Oxydation an der Luft sogar von selbst entzünden.

48) Um Vorräthe an pflanzlichen oder thierischen Nahrungsmitteln aufzubewahren, muss man den Zutritt von Sauerstoff (und auch von Organismen-Keimen, die in der Luft schweben) zu denselben verhindern. Man benutzt zu diesem Zwecke hermetisch schliessende Gefässe, aus denen die Luft ausgepumpt wird; Gemüse trocknet man und bringt es dann in erwärmte Blechbüchsen, die gut zugelöthet werden (Konserven, Sardinen konservirt man z. B. in Oel u. s. w. Dasselbe erreicht man in manchen Fällen durch Entfernen von Wasser (z. B. beim Trocknen von Heu, Brod. Früchten) oder mittelst Substanzen, welche Sauerstoff absorbiren (z. B. Schwefeldioxyd) oder welche die Entwicklung niederer Organismen verhüten, (durch Räuchern, Einbalsamiren, Einlegen in Alkohol u. s. w.)

Körper sich im Entstehungszustande befindet. Körper, die nicht direkt, sondern nur auf indirektem Wege mit Sauerstoff in Verbindung treten, besitzen öfters die Fähigkeit, den Sauerstoff, den sie bei einer doppelten Umsetzung oder im Entstehungs-Zustande absorbirt haben, leicht wieder auszuscheiden. Hierher gehören die Verbindungen des Sauerstoffs mit Chlor, Stickstoff und Platin; der Sauerstoff derselben wird schon beim Erwärmen ausgeschieden. Diese, ebenso wie andere leicht Sauerstoff ausscheidende Verbindungen benutzt man zur Darstellung von Sauerstoff und zum Oxydiren. Besonders wichtig sind in dieser Beziehung die **Oxydationsmittel**, d. h. die Sauerstoff-haltigen Verbindungen, welche in der Laboratoriums- und Fabriks-Praxis zur Uebertragung von Sauerstoff an viele andere Körper benutzt werden. An erster Stelle ist unter den Oxydationsmitteln die Salpetersäure oder das Scheidewasser zu nennen, eine an Sauerstoff reiche Verbindung, welche denselben beim Erwärmen leicht abgibt und daher viele Stoffe zu oxydiren vermag. Mehr oder weniger oxydirt werden beim Erwärmen mit Salpetersäure fast alle Metalle und organische Substanzen, die Kohlenstoff und Wasserstoff enthalten. Taucht man in konzentrirte Salpetersäure glühende Kohle, so geht das Glühen auf Kosten des in der Säure enthaltenen Sauerstoffs weiter. Ebenso wie Salpetersäure wirkt auch Chromsäure; Alkohol entzündet sich beim Vermischen mit dieser letzteren. Auch Wasser kann, wenn auch nicht so auffällig, durch seinen Sauerstoff oxydiren. In vollkommen trocknem Sauerstoff wird metallisches Natrium, bei gewöhnlicher Temperatur, nicht oxydirt, im Wasser dagegen sehr leicht; in Wasserdampf verbrennt es sogar. Im Kohlensäuregase, dem Verbrennungsprodukte der Kohle, kann Kohle zu Kohlenoxyd verbrennen. Beim Verbrennen von Magnesium in Kohlensäure wird Kohle ausgeschieden. Ueberhaupt kann der in eine Verbindung getretene Sauerstoff immer wieder in eine andere übergeführt werden.

Unter **Oxyden** versteht man Produkte der Verbrennung oder Oxydation und im Allgemeinen bestimmte Sauerstoffverbindungen. Von den Oxyden verbinden sich einige entweder gar nicht oder nur mit wenigen anderen Oxyden und geben hierbei, unter sehr geringer Wärmeentwickelung, unbeständige Verbindungen. Andere dagegen verbinden sich mit vielen Oxyden, besitzen eine bedeutende chemische Energie und bilden beständige Verbindungen. Erstere, d. h. Oxyde, welche sich mit anderen gar nicht oder nur schwach verbinden, nennt man **indifferente Oxyde**; zu diesen gehören die Hyperoxyde, von denen oben die Rede war.

Salzbildende Oxyde sind solche, die sich unter einander verbinden können. Diese Oxyde lassen sich wenigstens ihren äussersten Repräsentanten nach in zwei Hauptgruppen theilen. Die eine

Gruppe bilden die Oxyde, welche sich nicht untereinander, wol aber mit denen der andern Gruppe verbinden. Hierher gehören die Oxyde der Metalle: Magnesium, Natrium, Calcium u. a. Zu der andern Gruppe, rechnet man die Oxyde, welche aus den nichtmetallischen Elementen: Schwefel, Phosphor, Kohle entstehen und mit den Oxyden der ersten Gruppe in Verbindung treten können. So z. B verbinden sich die Oxyde des Calciums und Phosphors mit einander unter grosser Wärmeentwickelung. Leitet man über Kalkstücke Dämpfe von Schwefelsäureanhydrid (eines Oxydes des Schwefels), so werden diese Dämpfe vom Kalk absorbirt und es bildet sich ein Körper, den man schwefelsaures Calcium oder Gyps nennt. Die Oxyde der Metalle im Allgemeinen nennt man **basische Oxyde** oder **Basen** (z. B. das unter dem Namen Kalk bekannte Oxyd des Calciums CaO). **Saure Oxyde** oder **Säureanhydride** nennt' man die Oxyde, denen die Fähigkeit zukommt sich mit Basen zu verbinden. Zu diesen gehört z. B. das Schwefelsäureanhydrid SO^3, das sich beim Ueberleiten eines Gemisches von Schwefligsäuregas SO^2 (das Verbrennungsprodukt des Schwefels) mit Sauerstoff über glühenden Platinschwamm bildet. Kohlensäuregas, Phosphorsäureanhydrid, Schwefligsäuregas — sind saure Oxyde, weil sie sich mit solchen Oxyden, wie Kalk oder Calciumoxyd, Magnesia oder Magnesiumoxyd MgO, Natron oder Natriumoxyd Na^2O u. a. verbinden können.

Wenn ein einfacher Körper nur ein basisches Oxyd bildet, so nennt man dasselbe einfach **Oxyd**, z. B. Calcium-, Magnesium-, Kaliumoxyd. Auch einige indifferente Oxyde bezeichnet man einfach als Oxyde, wenn sie weder den Charakter der Hyperoxyde, noch den der Säureanhydride besitzen, wie z. B. das Kohlenoxyd. Bildet ein einfacher Körper zwei basische (oder zwei indifferente, den Charakter von Hyperoxyden nicht besitzende) Oxyde, so bezeichnet man die niedere, weniger Sauerstoff enthaltende Oxydationsstufe als **Oxydul** und die höhere an Sauerstoff reichere als **Oxyd**. Beim Glühen unter Luftzuritt nimmt Kupfer an Gewicht zu und absorbirt Sauerstoff; verbinden sich hierbei 63 Gewichtstheile Kupfer mit nicht mehr als 8 Theilen Sauerstoff, so bildet sich das rothe Kupferoxydul, bei fortgesetztem Glühen jedoch und reichlicherem Luftzutritt wird mehr Sauerstoff aufgenommen und wenn mit 63 Theilen Kupfer 16 Theile Sauerstoff in Verbindung treten, so erhält man das schwarze Kupferoxyd. Die Säureanhydride bezeichnet man nach den entsprechenden Säuren, indem die niedrigere Oxydationsstufe durch die Endung «ig» unterschieden wird, z. B. Schwefelsäureanhydrid und Schwefligsäureanhydrid. Existiren noch weitere Oxydationsstufen mit Säurecharakter, so bezeichnet man dieselben durch Vorstellen der Vorwörter unter und über: also Unterchlorigsäureanhydrid mit weniger Sauerstoff, als in dem Anhydride der chlorigen Säure und Ueberchlorsäureanhydrid mit mehr Sauerstoff, als in dem der Chlorsäure erhalten ist. Ferner bezeichnet man auch die ganze Reihe der von einem einfachen Körper gebildeten Oxydationsstufen nach der relativen, in denselben enthaltenden Sauerstoffmenge: Mono-, Di-, Tri-, Tetra-, Pentoxyd u. s. w. [49])

Die Oxyde selbst erleiden chemische Umwandlungen nur in wenigen Fällen; dagegen sind ihre Verbindungen mit Wasser viel reaktionsfähiger. Die meisten, jedoch nicht alle basischen und sauren Oxyde verbinden sich entweder direkt oder auf indirektem Wege mit Wasser und bilden dann **Hydrate**, d. h. Verbindungen, welche unter den entsprechenden Bedingungen in Wasser und Oxyd zerfallen können. Hydrate sind, z. B. wie wir im 1-ten Kap. gesehen, der gelöschte Kalk, sodann die Schwefel- und die Phosphorsäure. Ein Anhydrid ist, wie schon der Name andeutet, ein Hydrat, dem das Wasser (direkt oder indirekt) entzogen ist. Die sauren Hydrate nennt man **Säuren**, weil sie einen sauren Geschmack besitzen, der natürlich nur dann wahrgenommen wird, wenn sie in Wasser und folglich auch im Speichel löslich sind. Essig z. B. hat einen sauren Geschmack, weil er in Wasser lösliche Essigsäure enthält. Die Schwefelsäure, die gewöhnlichste und in der chemischen und technischen Praxis am meisten angewandte Säure, ist das Hydrat, welches sich bei der Vereinigung von Schwefelsäureanhydrid mit Wasser bildet. Ausser dem sauren Geschmack besitzen die löslichen Säuren oder sauren Hydrate die Fähigkeit einige blaue Pflanzenfarbstoffe in rothe überzuführen. Besonders wichtig ist unter diesen Farbstoffen das so häufig angewandte **Lakmus**, — welches aus verschiedenen Flechten gewonnen und auch zum Färben von Geweben benutzt wird; mit Wasser gibt es eine blaue Lösung, die durch **Säuren** roth wird [50]).

---

[49]) Manche einfache Körper bilden alle drei Arten von Oxyden, d. h. indifferente, basische und saure. Das Mangan z. B. bildet: Oxydul, Oxyd, Hyperoxyd, Mangansäure- und Uebermangansäureanhydrid, von denen aber einige nur in Verbindungen und nicht im freien Zustande bekannt sind. Die basischen Oxyde enthalten immer weniger Sauerstoff, als die Hyperoxyde und letztere weniger, als die Säureanhydride eines und desselben Elementes. In Bezug auf den Sauerstoff-Gehalt lässt sich daher die folgende normale Reihe aufstellen: 1) basische Oxyde: Oxydul und Oxyd, 2) Hyperoxyde und 3) Säureanhydride. Die meisten einfachen Körper bilden nicht alle Oxydationsstufen, einige nur eine einzige. Ausserdem existiren noch Oxyde, die durch Vereinigung von basischen und sauren Oxyden oder überhaupt von Oxyden unter einander entstehen. Genau genommen, könnte man bei einem jeden Elmente, das mehrere Oxydationsstufen bildet, annehmen, dass dessen intermediäre Oxyde durch Vereinigung eines niederen Oxydes mit einem höheren entstanden seien. Eine solche Annahme ist aber in den Fällen nicht zuzulassen, in denen das zu betrachtende Oxyd eine ganze Reihe von selbstständigen Verbindungen bildet, da Oxyde, die in der That bei der Vereinigung von zwei anderen Oxyden entstehen, solche selbstständige oder eigenartige Verbindungen nicht geben, sondern verhältnissmässig leicht in die sie zusammensetzenden Oxyde zerfallen.

[50]) Zur Entdeckung von Säuren und Basen wird gewöhnlich ungeleimtes oder

OXYDE.

Die basischen Oxyde geben ebenfalls Hydrate, von denen aber nur wenige in Wasser löslich sind. Die in Wasser löslichen Hydrate werden **Alkalien** genannt, sie besitzen den der Seife und Aschenlauge eigenen sogen. alkalischen Geschmack, und die Eigenschaft, die durch Säure hervorgerufene rothe Farbe von **Lakmus wieder in die blaue überzuführen.** In Wasser leicht lösliche basische Hydrate sind die Oxyde des Kaliums und Natriums KHO und NaHO. Man nennt dieselben Aetzalkalien, weil sie sehr energisch auf thierische und pflanzliche Gewebe einwirken.

Charakteristisch für die salzbildenden Oxyde ist folglich ihre Fähigkeit sich untereinander und mit Wasser zu verbinden. Auch das Wasser muss als ein Oxyd und nicht einmal als ein indiffe-

---

Filtrirpapier, das mit einer Lakmuslösung getränkt ist, angewandt; dasselbe wird in Streifen geschnitten und als **Reagenspapier** benutzt. Beim Eintauchen in eine Säure nimmt das Reagenspapier sofort eine rothe Farbe an und kann zur Entdeckung von minimalen Mengen mancher Säuren dienen. Man erhält z. B. noch eine ganz deutliche rothe Färbung, wenn man in 1000 Gewichtstheilen Wasser nur 1 Theil Schwefelsäure auflöst; ja die Färbung ist sogar wahrnehmbar, wenn diese Lösung noch mit der 10-fachen Wassermenge verdünnt wird.

Lakmus wird in Form von blauen Stücken oder Tafeln in den Handel gebracht. Zur Bereitung der Lakmustinktur zerreibt man gewöhnlich 100 Gramm Lakmus, giesst reines kaltes Wasser auf, schüttelt, giesst das Wasser wieder ab und wiederholt dies etwa 3 mal. Nachdem man auf diese Weise leicht lösliche Beimengungen, namentlich Alkalien entfernt hat, schüttet man den ausgewaschenen Lakmus in einen Kolben, fügt 600 Gramm Wasser zu, erwärmt die Mischung und lässt sie mehrere Stunden an einem warmen Ort stehen. Darauf filtrirt man und theilt das Filtrat in zwei gleiche Theile. Die eine Hälfte färbt man mit einigen Tropfen Salpetersäure schwach roth und vermischt sie darauf wieder mit der andren Hälfte; zum Gemisch giesst man Alkohol zu und bewahrt es dann in offenen Gefässen auf (in geschlossenen verdirbt es leichter). Eine so bereitete Lakmustinktur kann direkt benutzt werden; durch Säuren wird sie roth, durch Alkalien blau gefärbt. Dampft man die Tinktur ein, so erhält man einen Rückstand, der sich unbegrenzt lange aufbewahren lässt. Zur Entdeckung von Alkalien benutzt man ebensolche Streifen von Reagenspapier, wie bei den Säuren, nur muss dasselbe durch etwas Säure schwach roth gefärbt sein; entstehende Blaufärbung weist auf ein Alkali hin. Nimmt man zu viel Säure, so erhält man ein wenig empfindliches Reagenspapier. Starke Säuren, wie z. B. Schwefelsäure rufen in der Lakmustinktur eine ziegelrothe Färbung hervor, während schwache Säuren, z. B. Kohlensäure, eine schwach weinrothe Färbung geben. Ausser Lakmuspapier benutzt man noch durch alkoholischen Kurkuma-Aufguss gefärbtes, gelbes Reagens-Papier, welches durch Alkalien braun gefärbt wird und durch Säuren seine ursprüngliche gelbe Farbe wieder zurückerhält. Zur Entdeckung von Säuren und Alkalien können noch viele andere blaue und anders gefärbte vegetabilische Pflanzenfarbstoffe benutzt werden, z. B. Aufgüsse von Kornblumen, Cochenille, Veilchen, Campecheholz u. a. Denselben Zweck erreicht man endlich auch durch verschiedene künstliche Farbstoffe. Rosolsäure $C^{20}H^{16}O^3$ und Phenolphtaleïn $C^{20}N^{14}O^4$ z. B. sind in saurer Lösung farblos, in alkalischer dagegen von rother Farbe. Cyanin, das in Gegenwart von Säuren gleichfalls farblos ist, wird durch Alkalien blau gefärbt. Alle diese Reagentien (oder **Indikatoren** von Säuren und Alkalien) sind höchst empfindlich; auf ihr Verhalten zu Säuren, Alkalien und Salzen gründen sich zuweilen besondere Methoden zur Unterscheidung verschiedener Körper von einander.

rentes betrachtet werden, weil es sich, wie wir im Vorhergehenden gesehen, sowol mit basischen, als auch mit sauren Oxyden verbindet. In dieser Beziehung ist das Wasser der Repräsentant einer ganzen Reihe von salzbildenden Oxyden, die sowol mit basischen, als auch mit sauren Oxyden in Verbindung treten können, d. h. bald die Rolle von Basen, bald die von Säuren spielen, und ihres unbestimmten Charakters wegen, als **intermediäre** Oxyde bezeichnet werden können. Beispiele solcher Oxyde sind: Aluminiumoxyd, Zinnoxyd u. and. Hinsichtlich ihrer Fähigkeit sich mit einander zu verbinden, können also die Oxyde in eine kontinuirliche Reihe gebracht werden, an deren einem Ende diejenigen Oxyde stehen die mit Säuren, nicht aber mit Basen in Verbindung treten, d. h. die basischen Oxyde, während an das andere Ende die sauren Oxyde zu stehen kommen; den Uebergang bilden die intermediären Oxyde, die sich sowol mit den erstern, als auch mit den letzteren und unter einander verbinden. Die von den Gliedern dieser Reihe untereinander gebildeten Verbindungen sind um so beständiger, ihre gegenseitige Einwirkung ist um so energischer, die dabei entwickelnde Wärmemenge um so grösser, der Salzcharakter der entstehenden Verbindung um so ausgesprochener, je weiter die Oxyde in der Reihe von einander stehen.

Die basischen und sauren Oxyde können sich wol, wie wir gesehen, direkt mit einander verbinden; doch geschieht dieses nur selten, da die meisten derselben feste oder gasförmige Körper sind. Nun sind aber diese beiden Aggregatzustände, wie wir bereits erwähnt, die für das Stattfinden chemischer Einwirkungen am wenigsten geeigneten, da bei Gasen die Elastizität und grosse Beweglichkeit der Molekeln, bei festen Körpern umgekehrt die zu geringe Beweglichkeit der Molekeln überwunden werden müssen, oder, mit anderen Worten, die für chemische Reaktionen nothwendige innige Berührung und Beweglichkeit der die reagirenden Körper bildenden Molekeln unter diesen Bedingungen fehlen. Daher treten auch die festen Oxyde viel leichter mit einander in Reaktion, wenn sie erwärmt, oder besser, geschmolzen werden. Solche Reaktionen, die übrigens in der Natur nur selten vor sich gehen, werden in der Technik bei Schmelzoperationen angetroffen, z. B. bei der Darstellung des Glases, wobei die dasselbe bildenden Oxyde sich mit einander im geschmolzenen Zustande verbinden. Sind aber die Oxyde in Verbindung mit Wasser getreten und sind die entstandenen Hydrate ausserdem noch in Wasser löslich, so erlangen die Molekeln eine grössere Beweglichkeit und folglich auch eine grössere Reaktionsfähigkeit. In der That erfolgt dann die Reaktion schon bei gewöhnlicher Temperatur leicht und schnell. In der Natur treffen wir fortwährend auf solche Reaktionen und sehen sie auch in der Praxis sehr häufig angewandt. Bei Betrachtung der gegenseitigen Einwirkung der Oxyde als Hydrate in Lösung, darf nicht vergessen werden, dass das Wasser selbst ein Oxyd ist und einen nicht geringen Einfluss auf die Umwandlungen, an denen es Theil nimmt, ausüben muss.

Giesst man zu einer bestimmten Menge einer Säurelösung, die mit Lakmustinktur roth gefärbt ist, allmählich eine Alkalilösung (Aetzlauge), so bleibt die rothe Farbe anfangs unverändert, fährt man aber mit dem Zugiessen fort, so geht das Roth erst in Violett und endlich, wenn die Flüssigkeit alkalisch geworden, in Blau über. Die Ursache dieser Farbenänderung ist die Bildung einer neuen Verbindung und die vor sich gegangene Reaktion nennt man **Sättigung** oder **Neutralisation** der Säure durch die Base oder auch umgekehrt: der Base durch die Säure. Eine Lösung, in welcher die sauren Eigenschaften der Säure durch die alkalischen der Base, (resp. umgekehrt) gesättigt sind, nennt man eine **neutrale** Lösung. Bei der Neutralisation findet ausser der Farbenveränderung des Lakmus noch Erwärmung, d. h. Wärmeentwicklung statt, was bereits darauf hinweist, dass zugleich eine chemische Umwandlung vor sich geht. Wird die erhaltene neutrale violette Lösung eingedampft, so erhält man, nachdem alles Wasser verdampft ist, weder die Säure noch die Base, sondern eine Verbindung, die keine saure und auch keine basische Eigenschaften, aber das krystallinische Aussehen des gewöhnlichen Kochsalses besitzt; dieselbe ist ein **Salz** im chemischen Sinne des Wortes. Ein Salz entsteht folglich bei der gegenseitigen Einwirkung einer Säure und einer Base und zwar in einem genau bestimmten Verhältnisse. Das hierbei zur Lösung angewandte Wasser dient nur dazu, den Verlauf der Reaktion zu erleichtern, denn, wie wir gesehen haben, können auch Säureanhydride sich direkt mit basischen Oxyden verbinden und es entstehen dann dieselben Salze, welche sich beim Vermischen der Lösungen der entsprechenden Säuren und basischen Hydrate bilden. Folglich ist ein Salz eine aus bestimmten Mengen einer Base und eines Säureanhydrides bestehende Verbindung, oder eine Substanz, die sich bei der gegenseitigen Einwirkung von Säuren und basischen Hydraten bildet. Im letzteren Falle scheidet sich Wasser aus, es entsteht aber dasselbe Salz, wie bei der unmittelbaren Vereinigung der wasserfreien Oxyde unter einander [51]). Fälle, in welchen aus

---

51) Um zu zeigen, dass bei der gegenseitigen Einwirkung eines basischen und sauren Hydrates sich wirklich Wasser ausscheidet, ersetzt man letzteres durch ein anderes indifferentes Hydrat, z. B. durch Thonerde und wendet eine Lösung von Thonerde in Schwefelsäure an; diese Lösung zeigt saure Reaktion und färbt folglich auch Lakmus roth. Andrerseits nimmt man eine Lösung derselben Thonerde in einem Alkali, z. B. in Kalilauge, die natürlich Lakmus blau färben muss. Vermischt man diese beiden Lösungen, so erhält man ein Salz, welches aus Schwefelsäureanhydrid und Kaliumoxyd zusammengesetzt ist. Gleichzeitig erhält man aber auch, ebenso wie bei der gegenseitigen Einwirkung von Hydraten, das interme-

Säuren (oder ihren Anhydriden) und Basen (basischen Oxyden und ihren Hydraten) Salze entstehen, lassen sich leicht beobachten und kommen in der Praxis fortwährend vor. Das in Wasser unlösliche Magnesiumoxyd z. B. löst sich leicht in Schwefelsäure und man erhält hierbei, nach dem Eindampfen, einen salzartigen Körper von dem bitteren Geschmacke, der allen Magnesiumsalzen eigen ist. Dieser Körper ist das Bittersalz, das auch unter dem Namen englisches Salz bekannt ist und als Abführungsmittel benutzt wird. Wird eine Lösung von Aetznatron, wie sie beim Einwirken von Natrium auf Wasser entsteht, in ein Gefäss gegossen, in welchem Kohle verbrannt wurde, oder leitet man das bei vielen Reaktionen entstehende Kohlensäuregas in Natronlauge, so erhält man kohlensaures Natrium oder Soda Na^2CO^3, ein Salz, das schon öfters erwähnt wurde und das in den chemischen Fabriken im Grossen dargestellt wird. Die Reaktion, bei welcher sich die Soda bildet, lässt sich durch folgende Gleichung ausdrücken: $2NaHO + CO^2 = Na^2CO^3 + H^2O$. Aus den verschiedenen Basen und Säuren erhält man auf diese Weise eine grosse Menge der verschiedenartigsten Salze [52]).

---

diäre Oxyd — die Thonerde. Es lässt sich dieses deutlich beobachten, da die Thonerde in Wasser unlöslich ist und in Form eines gallertartigen Hydrates ausgeschieden wird, während die Verbindungen der Thonerde sowol mit der Säure, als auch mit dem Alkali und das aus der Vereinigung derselben entstehende Salz in Lösung bleiben.

52) Die Einwirkung der Hydrate auf einander und ihre Fähigkeit Salze zu bilden, können zur Bestimmung des Charakters von in Wasser unlöslichen Hydraten benutzt werden. Wenn z. B. ein unbekanntes Hydrat vorliegt, das in Wasser unlöslich ist und dessen Reaktion daher nicht mit Lakmus geprüft werden kann, so vermischt man dasselbe mit Wasser und fügt Säure zu (z. B. Schwefelsäure). Ist das angewandte Hydrat basisch, so wird hierbei entweder unmittelbar oder beim Erwärmen gegenseitige Einwirkung erfolgen und ein Salz entstehen. Ist dieses Salz in Wasser löslich, so erkennt man die Bildung desselben sofort daran, dass Lösung erfolgt. Wenn dagegen das entstehende Salz unlöslich ist, so beobachtet man, ob nach dem Zusatz der Säure saure Reaktion eintritt. ist dies nicht der Fall, so liegt ein basisches Hydrat vor. Selbstverständlich darf bei dieser Probe die Säure nicht im Ueberschusse zugesetzt werden; basische Hydrate sind z. B. Kupferoxyd, Bleioxyd u. a. Wirkt nun die Säure (auch bei höherer Temperatur) auf das zu untersuchende Hydrat nicht ein, so kann dasselbe keine basischen Eigenschaften besitzen und man muss daher prüfen, ob es nicht ein saures Hydrat ist. Zu diesem Zwecke fügt man anstatt der Säure ein Alkali zu und beobachtet, ob Lösung eintritt oder ob nach dem Zusatz des Alkalis die alkalische Reaktion des letzteren verschwindet. Auf diese Weise lässt sich z. B. beweisen, dass das Kieselerdehydrat eine Säure ist, weil es sich in Alkalien auflöst, in Säuren aber unlöslich ist. Hat man es mit einem intermediären in Wasser unlöslichen Hydrate zu thun, so wird dasselbe sowol mit Säuren, als auch mit Alkalien in Reaktion treten. Hierher gehört z. B. das in Kalilauge und in Schwefelsäure lösliche Thonerdehydrat. Es ist aber zu beachten, dass die intermediären Oxyde im wasserfreien Zustande oft sehr beständig sind und nur schwierig salzartige Verbindungen geben. Die in der Natur in Krystallen vorkommende, wasserfreie

Die Salze gehören zu den chemischen Verbindungen, welche für die Geschichte der Chemie von besonderer Bedeutung sind und auch jetzt noch in der Wissenschaft das beste Beispiel zur Erläuterung des Begriffs einer bestimmten chemischen Verbindung bilden. In der That kommen den Salzen alle die Eigenschaften zu, welche eine solche Verbindung charakterisiren. So z. B. sind zur Bildung von Salzen immer bestimmte Mengen der betreffenden Oxyde erforderlich und die Reaktion geht unter Entwickelung von Wärme vor sich [53]) Das entstehende Salz zeigt weder den Charakter,

---

Thonerde (Aluminiumoxyd) z. B. löst sich weder in Alkalien, noch in Säuren. Um krystallinische Thonerde in Lösung zu bringen, zerreibt man dieselbe zu einem feinen Pulver und schmilzt sie dann mit sauren beim Erhitzen sich nicht verändernden Verbindungen z. B. saurem schwefelsauren Kalium zusammen.

Der Grad der **Affinität** oder **chemischen Energie** der Oxyde und ihrer Hydrate ist sehr verschieden. Einige Oxyde, die äussersten Glieder der Reihe, wirken sehr energisch auf einander ein, unter Entwicklung einer bedeutenden Wärmemenge; auch beim Einwirken auf intermediäre Oxyde entwickeln diese Oxyde noch Wärme, wie wir das bei der Vereinigung von Kalk oder Schwefelsäure mit Wasser sahen. Die aus solchen Oxyden entstehenden Salze sind beständig, schwer zersetzbar und besitzen meist sehr charakteristische Eigenschaften. Anders verhalten sich die Verbindungen der intermediären Oxyde unter einander und manchmal selbst mit den äussersten Gliedern der Reihe. Wie viel Thonerde man auch in Schwefelsäure lösen möge, niemals wird man die Säure sättigen können — die Lösung wird immer eine saure Reaktion behalten. Ebenso wenig kann durch Lösen von Thonerde die alkalische Reaktion einer Alkalilösung aufgehoben werden.

53) Zur Beurtheilung der Wärmemenge, die sich bei der Bildung von Salzen entwickelt, führe ich die folgende Tabelle mit den von Berthelot und Thomsen gegebenen Daten für stark mit Wasser verdünnte Lösungen von Alkalien und Säuren an. Die Zahlen sind in grossen Calorien, d. h. in Tausenden von Wärmeeinheiten angegeben. Es werden z. B. nach der Tabelle 49 Gramm Schwefelsäure H^2SO^4 in schwacher wässriger Lösung beim Vermischen mit einer ebenso verdünnten Lösung von soviel Aetznatron NaHO, damit das neutrale Salz entstehe (d. h. aller Wasserstoff der Schwefelsäure durch Natrium ersetzt werde), 15 800 Wärmeeinheiten entwickeln.

	49 Thl. H^2SO^4	63 Thl. HNO^3
NaHO	15,8	13,7
KHO	15,7	13,8
NH^3	14,5	12,5
CaO	15,6	13,9
BaO	18,4	13,9
MgO	15,6	13,8
FeO	12,5	10,7?
ZnO	11,7	9,8
Fe^2O^3	5,7	5,9

Diese Zahlen dürfen nicht als Neutralisationswärmen angesehen werden, weil noch der Einfluss des Wassers in Betracht zu ziehen ist. So z. B. entwickeln Schwefelsäure und Aetznatron beim Lösen in Wasser sehr viel Wärme, das aus ihnen entstehende schwefelsaure Natrium dagegen nur wenig, folglich wird die Wärmeentwicklung im wasserfreien Zustande eine andere sein, als in dem der Hydrate. Wenn schwache Säuren sich mit derselben Alkalimenge verbinden, die

noch besitzt es die physikalischen Eigenschaften der dasselbe bildenden Oxyde. Das gasförmige Kohlensäureanhydrid z. B. bildet feste Salze, in denen die Elastizität des Gases vollständig verschwunden ist [54]).

Salz ist somit, nach dem Vorhergehenden, eine Verbindung von basischen und sauren Anhydriden oder Oxyden oder das Resultat der unter Ausscheidung von Wasser stattgefundenen Wechselwirkung der Hydrate dieser Oxyde. Aber auch nach andern Methoden können Salze gewonnen werden. Basische Oxyde entstehen, wie wir gesehen haben, aus Metallen, Säureoxyde dagegen meist aus Metalloiden. Nun aber vereinigen sich Metalle mit Metalloiden zu Verbindungen, durch deren Oxydation wieder Salze entstehen können: Eisen z. B. verbindet sich leicht mit Schwefel zu Schwefeleisen, welches an der Luft, namentlich in Gegenwart von Wasser, Sauerstoff anzieht und hierbei in das Salz übergeht, welches auch bei der direkten Vereinigung der Oxyde des Eisens und Schwefels oder der Hydrate dieser beiden Oxyde entsteht. Unzulässig ist daher die Annahme, dass in einem Salze die Elemente von Oxyden enthalten seien und dass ein Salz nothwendigerweise aus zwei Arten von Oxyden bestehe. Zu demselben Schlusse gelangt man beim Betrachten der anderen Methoden, nach welchen Salze entstehen können. Viele Salze z. B. gehen mit Metallen in doppelte Umsetzungen ein, bei welchen das reagirende Metall an die Stelle des im Salze befindlichen Metalles tritt. In einer Lösung von schwefelsaurem Kupfer oder Kupfervitriol wird z. B. durch Eisen das Kupfer verdrängt und ein neues Salz, das schwefelsaure Eisenoxydul gebildet. Die Entstehung der Salze aus ihren Oxyden ist, folglich, nur eine

---

auch bei der Bildung von neutralen Schwefel- oder Salpetersäuresalzen verbraucht wird, so ist hierbei die Wärmeentwickelung immer geringer. Mit Aetznatron z. B. entwickelt Kohlensäure 10,2, Blausäure 2,9, Schwefelwasserstoffsäure 3,9 Cal. Da nun auch schwache Basen (z. B. Fe^2O^3) weniger Wärme entwickeln als starke, so ist in dieser Beziehung ein allgemeiner Zusammenhang zwischen den thermochemischen Daten und der Affinität auch hier, wie wir das bereits in anderen Fällen sahen (s. Kap. 2. Anm. 7), nicht zu verkennen, was uns jedoch noch nicht das Recht gibt, nach der Bildungswärme der Salze in schwachen Lösungen über den Affinitäts Grad der Elemente eines Salzes zu einander zu urtheilen. Besonders deutlich offenbart sich dieses darin, dass das Wasser viele Salze zersetzt, und umgekehrt bei deren Bildung ausgeschieden wird.

54) Beim Lösen von Kohlensäure in Wasser entwickelt sich Wärme; die Lösung dissoziirt aber leicht und scheidet nach dem Henry-Dalton'schen Gesetze (Kap. 1. S. 89) Kohlensäure CO^2 aus. In Natronlauge löst sich Kohlensäure entweder zu dem neutralen Salze Na^2CO^3, das kein CO^2 ausscheidet oder zu dem sauren Salze $NaHCO^3$, das unter Ausscheidung von CO^2 dissoziirt. Beim Lösen von Kohlensäuregas in Salzlösungen können beide Fälle vorkommen (s. Kap. 2. Anm. 38). Es offenbart sich hier die Stetigkeit der Uebergänge zwischen Verbindungen von verschiedener Beständigkeit. Würde man eine scharfe Grenze zwischen Lösungen und chemischen Verbindungen ziehen, so würden die in Wirklichkeit existirenden natürlichen Uebergänge ausser Acht gelassen werden.

besondere Darstellungsmethode, neben welcher es noch viele andere gibt; daher kann ein Salz nicht als eine Verbindung von zwei Oxyden unter einander angesehen werden. In der Schwefelsäure lässt sich, wie wir gesehen, der Wasserstoff direkt durch Zink ersetzen und hierdurch das schwefelsaure Zink erhalten; auf dieselbe Weise kann auch in vielen anderen Säuren der Wasserstoff durch Zink, Eisen, Natrium, Kalium und eine ganze Reihe ähnlicher Metalle ersetzt werden, wobei die entsprechenden Salze entstehen. In allen diesen Fällen ersetzt das Metall in der Säure den Wasserstoff und aus dem Hydrate erhält man ein Salz. In diesem Sinne ist ein **Salz als eine Säure zu betrachten, in welcher der Wasserstoff durch ein Metall ersetzt ist.** Diese Definition verdient schon darum den Vorzug, weil sie sich unmittelbar auf die einfachen Körper und nicht auf deren Sauerstoffverbindungen bezieht. Aus derselben folgt, dass Säure und Salz eigentlich zu einer und derselben Art von Verbindungen gehören, nur mit dem Unterschiede, dass eine Säure Wasserstoff und ein Salz Metall enthält. Ausserdem gewährt die gegebene Definition noch den Vortheil, dass sie sich auch auf die Säuren anwenden lässt, die keinen Sauerstoff enthalten; solcher Säuren gibt es, wie wir später sehen werden, eine ganze Reihe. Elemente, wie Chlor und Brom, bilden nämlich mit Wasserstoff Verbindungen, aus denen durch Ersetzung des Wasserstoffs Körper erhalten werden, die ihren Reaktionen und Eigenschaften nach ganz analog den Salzen sind, welche aus Oxyden entstehen. Zu diesen Körpern gehört z. B. das Kochsalz $NaCl$, welches durch Ersetzen des Wasserstoffs im Chlorwasserstoff HCl durch metallisches Natrium ebenso erhalten werden kann, wie das schwefelsaure Natrium Na^2SO^4 aus der Schwefelsäure. Die Aehnlichkeit dieser beiden Produkte ist schon aus ihrem Aussehen, ihrer neutralen Reaktion und dem ihnen eigenen Salzgeschmack zu ersehen, ebenso wie die Aehnlichkeit des Chlorwasserstoffs mit der Schwefelsäure aus der sauren Reaktion, dem sauren Geschmack und der Fähigkeit Basen zu sättigen und mit einigen Metallen Wasserstoff auszuscheiden, — Eigenschaften, die beiden Säuren gemeinsam sind.

Zu den wichtigsten Eigenschaften der Salze muss noch ihre mehr oder weniger leichte **Zersetzbarkeit beim Einwirken des galvanischen Stromes** gezählt werden. Je nachdem welches Salz und in welcher Form es angewandt wird, ob in Lösung oder im geschmolzenen Zustande, ist das Resultat dieser Zersetzung ein sehr verschiedenes Indessen lässt sich annehmen, dass jedes Salz durch den galvanischen Strom in der Weise zersetzt wird, dass am elektronegativen Pole das Metall auftritt, während am positiven Pole alle andern Bestandtheile des Salzes erscheinen. (Analog wird auch das Wasser zersetzt, indem am negativen

Pole der Wasserstoff und am positiven der Sauerstoff auftritt). Lässt man den galvanischen Strom z. B. auf schwefelsaures Natrium in wässriger Lösung einwirken, so erscheint an dem elektronegativen Pole: Natrium und an dem positiven: Sauerstoff und Schwefelsäureanhydrid; da aber das Natrium, wie wir sahen, Wasser unter Bildung von Wasserstoff und Aetznatron zersetzt, so erhält man am negativen Pole, an Stelle des Natriums, Wasserstoff und Aetznatron in der Lösung. Das am positiven Pole entstehende Schwefelsäureanhydrid verbindet sich natürlich mit dem Wasser zu Schwefelsäure und man erhält daher an diesem Pole die Säure und Sauerstoff [55]). Wenn das sich beim Einwirken des Stromes ausscheidende Metall nicht die Fähigkeit besitzt Wasser zu zersetzn, so erscheint es im freien Zustande. Bei der Zersetzung des schwefelsauren Kupfers z. B. erscheint an der Kathode Kupfer, während am positiven Pole Sauerstoff und Schwefelsäure auftreten. Befestigt man an dem positiven Pole eine Kupferplatte, so oxydirt der sich entwickelnde Sauerstoff das Kupfer zu Kupferoxyd, das von der Schwefelsäure gelöst wird. Auf diese Weise wird also am positiven Pole Kupfer gelöst und am negativen wieder niedergeschlagen, d. h. es findet gleichsam eine Uebertragung des Kupfers von einem Pole zum anderen statt. Auf dieser Erscheinung beruht die Galvanoplastik [56])

Für die wichtigsten und allgemeinen Eigenschaften aller Salze (auch derjenigen, welche, wie das Kochsalz, keinen Sauerstoff enthalten), lässt sich daher ein gemeinsamer Ausdruck finden, wenn man von der Vorstellung ausgeht, dass jedes Salz aus einem Metalle M und einem Halogen X besteht. Man bezeichnet also ein Salz durch die allgemeine Formel MX. Im gewöhnlichen Kochsalz ist das Metall — Natrium und das Halogen — das

---

55) Diese Zersetzung lässt sich sehr leicht beobachten, wenn man in ein U-förmig gebogenes Glasrohr eine durch Lakmustinktur gefärbte Losung von schwefelsaurem Natrium bringt und in beide Schenkel die Elektroden einer galvanischen Batterie taucht. Beim Durchleiten des Stromes wird sich dann die den negativen Pol umgebende Lösung infolge der Bildung von Aetznatron blau färben, während am positiven Pole die entstehende Schwefelsäure das Erscheinen der rothen Färbung bedingen wird.

56) Andere Salze erleiden beim Einwirken des galvanischen Stromes eine viel komplizirtere Zersetzung. Wenn z. B. das im Salze enthaltene Metall eine höhere Oxydationsstufe bildet, so kann dieselbe am positiven Pole durch die Einwirkung des sich entwickelnden Sauerstoffs erscheinen. So entstehen beim Einwirken des galvanischen Stromes auf die Salze des Silbers, Bleies und Mangans die Hyperoxyde dieser Metalle. In vielen Fällen wird die Erscheinung noch verwickelter, wenn das sich am negativen Pole ausscheidende Metall auf das in Lösung befindliche und dem Strome ausgesetzte Salz einwirkt. Indessen lassen sich alle bis jetzt bekannten Fälle der Zersetzung von Salzen durch den galvanischen Strom in der oben angegebenen Regel zusammenfassen, nach welcher am negativen Pole das Metall und am positiven Pole alles das erscheint, was mit dem Metall verbunden ist.

Element Chlor. Im schwefelsaureu Natrium Na^2SO^4 hat man wieder das Metall — Natrium und als Halogen — die zusammengesetzte Gruppe SO^4. Dieselbe Gruppe findet man in dem Kupfervitriol, in welchem das Metall — Kupfer ist. Diese Vorstellung, nach welcher jedes Salz aus Metall und Halogen besteht, erklärt also auf eine einfache Weise **die Fähigkeit der Salze mit andern Salzen in doppelte Umsetzungen einzugehen**, welche in einem Austausch der in den Salzen befindlichen Metalle bestehen. Diese Austausch-Fähigkeit ist eine der Grundeigenschaften der Salze. Wenn zwei aus verschiedenen Metallen und Halogenen bestehende Salze, sei es in Lösung, im geschmolzenen Zustande oder auf irgend eine andere Weise, mit einander in Berührung kommen, so findet zwischen den Metallen der Salze immer ein mehr oder weniger weit gehender Austausch statt. Bezeichnet man das eine Salz durch MX und das andere durch NY, so gehen dieselben, wenn sie mit einander in Reaktion treten, entweder vollständig oder nur theilweise in die zwei neuen Salze MY und NX über. Wir sahen z. B. in der Einleitung, dass beim Mischen der Lösungen von Kochsalz NaCl und Höllenstein $AgNO^3$ ein weisser, in Wasser unlöslicher Niederschlag von Chlorsilber AgCl entsteht, während in der Lösung ein neues Salz — das salpetersaure Natrium $NaNO^3$ gebildet wird. Der gegenseitige Austausch der Metalle bei doppelten Umsetzungen von Salzen macht es verständlich, dass auch die Metalle selbst, im freien Zustande, auf Salze einwirken können; so z. B. scheidet Zink aus Säuren Wasserstoff aus, und aus Kupfervitriol wird durch Eisen Kupfer ausgeschieden. Die Bedingungen, unter welchen die Metalle sich gegenseitig verdrängen und sich an die Halogene vertheilen, werden im 18-ten Kapitel unter Zugrundelegung der von Berthollet noch zu Anfang dieses Jahrhunderts in die Wissenschaft eingeführten Begriffe betrachtet werden.

Nach dem Vorhergehenden lässt sich eine Säure als ein Wasserstoffsalz definiren. Das Wasser selbst, H^2O, kann demnach als ein Salz betrachtet werden, in welchem der Wasserstoff entweder mit Sauerstoff oder mit dem Wasserreste, d. h. mit der Gruppe OH verbunden ist; für das Wasser ergibt sich dann die Formel HOH und für die Alkalien oder basischen Hydrate die Formel MOH. Die Gruppe OH, der **Wasserrest**, den man auch **Hydroxyl** nennt, kann als ein Halogen betrachtet werden, das dem Chlor des Kochsalzes analog ist, nicht nur weil das Element Chlor und die Gruppe OH in vielen Fällen einander ersetzen und sich mit einem und demselben Elemente verbinden, sondern weil auch das freie Chlor in vielen Beziehungen und Reaktionen dem Wasserstoffhyperoxyde welchem die Zusammensetzung des Hydroxyls zukommt, sehr ähnlich ist. Die basischen Hydrate sind daher gleichfalls Salze, und zwar basische oder solche, die aus einem Metalle und Hydroxyl bestehen, z. B. das Aetznatron NaOH. **Saure Salze** nennt man solche, in welchen nur ein Theil des Säure-Wasserstoffs durch Metall ersetzt ist. Schwefelsäure H^2SO^4 z. B. gibt mit Natrium nicht nur das neutrale Salz Na^2SO^4, sondern auch das saure Salz $NaHSO^4$. In einem **basischen Salze** ist das Metall nicht nur mit dem Halogen einer Säure, sondern auch mit dem Wasserreste eines basischen Hydrates verbunden, Wismuth z. B. gibt ausser dem neutralen salpetersauren Salze $Bi(NO^3)^3$, auch das basische Salz $Bi(OH)^2(NO^3)$. Da die basischen und sauren Salze, welche den Sauerstoffsäuren entsprechen, gleichzeitig Wasserstoff und Sauerstoff enthalten, so können sie diese beiden letzteren in Form von Wasser ausscheiden und **Anhydrosalze** geben, welche natürlich mit den Verbindungen der neutralen Salze mit sauren oder basischen Anhydriden identisch sein werden. Dem oben erwähnten schwefelsauren Natrium entspricht das Anhydrosalz $Na^2S^2O^7$, welches mit dem Salze, das aus $2NaHSO^4$ durch Abgabe von Wasser H^2O entsteht, identisch ist. Die Wasser-Ausscheidung erfolgt hier und oft auch in andern Fällen direkt beim Erwärmen, daher nennt man solche Salze auch — Pyrosalze; das eben erwähnte Anhydrosalz $Na^2S^2O^7$ z. B. wird pyroschwefelsaures Natrium genannt; dasselbe kann aber auch als das neutrale Salz Na^2SO^4 plus Schwefelsäureanhydrid SO^3 betrachtet werden. **Doppelsalze** nennt man solche. in welchen entweder zwei Metalle, z. B. $KAl(SO^4)^2$ oder zwei Halogene enthalten sind [57]).

---

57) Die oben gegebene Definition der Salze als Verbindungen von Metallen (von einfachen oder zusammengesetzten, wie das Ammonium NH^4) mit Halogenen (einfachen, wie Chlor oder zusammengesetzten, wie die Cyangruppe oder der Schwefelsäurerest SO^4), Verbindungen, die in doppelte Umsetzungen eingehen können, wird alles das zusammenfassen, was wir von den Salzen wissen; doch hat sich diese Definition nur allmählich ergeben, nachdem verschiedene *Theorien über die chemische Struktur der Salze* aufgestellt und wieder verlassen worden waren.

Die Salze gehören zu den Körpern, die in der Praxis schon längst bekannt und daher in vielen Beziehungen längst erforscht sind. Ursprünglich machte man übrigens keinen Unterschied zwischen Basen, Säuren und Salzen. Bis zur Mitte des 17-ten Jahrhunderts, als Glauber viele Salze auf künstlichem Wege darstellte, waren meist nur in der Natur vorkommende Salze bekannt. Nach diesem Chemiker ist auch das schwefelsaure Natrium, von dem schon öfters die Rede war, Glaubersalz genannt worden. Neutrale, basische und saure Salze wurden zuerst von Rouelle unterschieden. der auch die verschiedene Einwirkung von Säuren, Alkalien und Salzen auf Pflanzenfarbstoffe beobachtete; doch verwechselte derselbe noch viele Salze mit Säuren. Uebrigens muss man eigentlich auch heute noch jedes saure Salz als Säure betrachten, weil ein solches Salz Wasserstoff enthält, der durch Metalle ersetzt werden kann (d. h. Säurewasserstoff). Die von Rouelle aufgestellte Unterscheidung der Salze wurde von Baumé bestritten, welcher behauptete, dass nur neutrale Salze wirkliche Salze sind, während basische Salze einfach Gemische von neutralen Salzen mit Basen und saure Salze solche von neutralen Salzen mit Säuren seien; nach Baumé sollte aus diesen Gemischen die Säure oder die Base

Da in der Natur Sauerstoffverbindungen vorwalten, so muss man, nach dem Vorhergehenden zu urtheilen, voraussetzen, dass hauptsächlich Salze und nicht Säuren oder Basen anzutreffen sein werden, da diese beiden letzteren, wenn sie vereinzelt auftreten sollten, namentlich infolge des überall eindringenden Wassers immer zusammmentreffen müssten, wobei sie sich natürlich zu Salzen verbinden würden. In der That findet man in der Natur

durch blosses Auswaschen entfernt werden können. Rouelle kommt das Verdienst zu, die Salze genauer erforscht und seine Ansichten über dieselben in fesselnden Vorlesungen verbreitet zu haben. Wie die meisten Chemiker der damaligen Zeit, benutzte er keine Wage und beschränkte sich auf qualitative Untersuchungen. Die ersten quantitativen Untersuchungen von Salzen führte um dieselbe Zeit **Wenzel**, Director der Freiberger Bergwerke in Sachsen aus. Bei der Erforschung der doppelten Umsetzungen von Salzen bemerkte Wenzel, dass hierbei aus einem neutralen Salze immer wieder ein neutrales Salz entstehe, und bewies sodann, durch Wägungen, dass dieses dadurch bedingt werde, dass zur Sättigung einer gegebenen Menge einer beliebigen Base mit verschiedenen Säuren, von letzteren immer eine solche Menge erforderlich sei, die auch eine jede andere Base sättigen könne. Beim Mischen von zwei neutralen Salzen in wässriger Lösung, z. B. von schwefelsaurem Natrium und salpetersaurem Calcium geht die doppelte Umsetzung vor sich, weil sich das wenig lösliche schwefelsaure Calium ausscheidet. Die Reaktion bleibt neutral, wie viel auch immer von den beiden Salzen zugesetzt werden mag. Folglich wird bei der gegenseitigen Ersetzung der Metalle der neutrale Charakter der Salze nicht verändert; denn dieselbe Schwefelsäure-Menge, die das Natron sättigt, genügt auch zum Sättigen des Kalkes und die den Kalk sättigende Salpetersäure-Menge kann auch das Natron sättigen, welches in Verbindung mit Schwefelsäure das schwefelsaure Natrium bildet. Wenzel hatte bereits die Ueberzeugung, dass in der Natur kein Stoff verschwinden kann, denn er brachte in seinen Vorlesungen über die chemische Verwandtschaft der Körper Korrekturen in den Fällen an, wo sich die bei einer Umsetzung erhaltenen Gewichtsmengen geringer erwiesen, als die, welche zum Versuche genommen worden waren. Obgleich Wenzel das Gesetz, nach welchem die doppelten Umsetzungen von Salzen verlaufen, genau erkannt hatte, so war es ihm aber noch nicht gelungen zu bestimmen, in welchen Mengen Säuren und Basen auf einander einwirken Dieses erkannte erst zu Ende des vorigen Jahrhunderts Richter, welcher die Gewichtsmengen von Basen, die Säuren sättigen, und die Säure-Mengen, die zur Sättigung von Basen erforderlich sind, bestimmte. Hierbei erhielt er bereits ziemlich richtige Zahlen, seine Schlussfolgerungen waren aber falsch. Er behauptete nämlich, dass die Mengen der Basen, die zur Sättigung einer Säure erforderlich sind, sich in einer arithmetischen Progression verändern, die Säure-Mengen, die eine Base sättigen, dagegen in einer geometrischen. Richter entdeckte auch die Fällbarkeit der Metalle aus den Lösungen ihrer Salze durch andere Metalle und bemerkte, dass hierbei die neutrale Reaktion der Lösung nicht aufgehoben wird. Sodann bestimmte er die Gewichtsmenge der sich gegenseitig ersetzenden Metalle und wies darauf hin, dass Silber aus seinen Salzen durch Kupfer und dieses letztere durch Zink und eine ganze Reihe anderer Metalle verdrängt werde. Die Metallmengen, die sich gegenseitig ersetzen können, nannte er **äquivalente**, d. h. gleichwerthige Mengen.

Richter gab die Richtigkeit der von Lavoisier gemachten Entdeckungen zu, hielt sich aber noch an die Phlogistontheorie, infolge dessen seinen Lehren die nöthige Klarheit fehlte; darin ist wol auch der Grund zu sehen, warum er keine Anhänger fand. Erst die Arbeiten des schwedischen Gelehrten **Berzelius** brachten Licht in die Untersuchungen von Wenzel und Richter und führten zu Erklärungen

überall Salze vor. Nur geringe Mengen von Salzen sind aber in Thieren und Pflanzen enthalten, was auch ganz natürlich ist, da die Salze, als letzte Produkte chemischer Einwirkungen, nur zu wenigen Umwandlungen fähig sind. Die Salze können nur relativ wenig chemische Energie enthalten, da schon bei der Bildung der Oxyde und dann bei der gegenseitigen Vereinigung der letzteren die in den Elementen enthaltene Energie (in

im Sinne der Anschauungen von Lavoisier und des bereits von Dalton entdeckten Gesetzes der multiplen Proportionen. Wenn man die Ergebnisse der von Berzelius in dieser Richtung ausgeführten, zahlreichen, durch ihre Genauigkeit bemerkenswerthen Untersuchungen auf die Salze anwendet, so lässt sich das folgende Gesetz der Aequivalente aufstellen: *ein jedes Metall ersetzt in einer Säure durch das ihm eigene Aequivalent je einen Gewichtstheil Wasserstoff*; wenn daher Metalle sich gegenseitig ersetzen, so verhalten sich ihre Gewichtsmengen wie ihre Aequivalente. Ersetzt wird z. B. 1 Thl. Wasserstoff durch 23 Thl. Natrium, 39 Thl. Kalium, 12 Thl. Magnesium, 20 Thl. Calcium, 28 Thl. Eisen, 108 Thl. Silber, 33 Thl. Zink u. s. w.; wenn daher Silber durch Zink verdrängt wird, so treten an die Stelle von 108 Thl. Silber 33 Thl. Zink oder 33 Zink werden durch 23 Thl. Natrium ersetzt u. s. w.

Die Lehre von den Aequivalenten wäre deutlich und einfach, wenn ein jedes Metall nur eine Verbindungsstufe mit Sauerstoff oder nur je ein Salz mit jeder Säure bilden würde. Da aber viele Metalle mehrere Oxydationsstufen geben, in welchen verschiedene Aequivalente angenommen werden müssen, so treten Komplikationen ein. Das Eisen z. B. bildet Oxydulsalze, in denen sein Aequivalent 28 beträgt, ausserdem ist aber noch eine andere Reihe von Salzen vorhanden, in welchen das Aequivalent des Eisens zu $18^{1}/_{3}$ angenommen werden muss, also Salze, welche weniger Eisen, und folglich mehr Sauerstoff enthalten und welche einer höheren Oxydationsstufe — dem Eisenoxyd entsprechen. Bei der direkten Einwirkung von metallischem Eisen auf Säuren entstehen zuerst Eisenoxydulsalze welche durch weitere Oxydation in Eisenoxydsalze übergeführt werden können; aber dieses Verhalten ist nur ein spezieller Fall. Beim Kupfer, Quecksilber und Zinn entstehen unter verschiedenen Bedingungen Salze, die verschiedenen Oxydationsstufen dieser Metalle entsprechen. Es müssen also vielen Metallen in ihren verschiedenen Salzen, d. h. in solchen, die verschiedenen Oxydationsstufen entsprechen auch verschiedene Aequivalente zugeschrieben werden und es lässt sich daher auch nicht einem jeden einfachen Körper ein bestimmtes Aequivalentgewicht beilegen. Aus diesem Grunde ist auch der Begriff des Aequivalents der in der Geschichte der Chemie eine so wichtige Rolle gespielt hat, heute beim Studium der Chemie nur als ein einführender Begriff anzusehen, der, wie weiter gezeigt werden wird, einem höheren, allgemeineren Begriffe untergeordnet werden muss.

Die Entwicklung der chemischen Theorien befand sich lange Zeit hindurch in enger Verbindung mit der Lehre von den Salzen. Eine deutlichere Vorstellung von der Natur dieser Verbindungen gewann erst Lavoisier und Berzelius entwickelte dieselbe systematisch. Nach der ihren Ansichten zu Grunde liegenden Theorie, die in der Chemie unter dem Namen **Dualismus** bekannt ist, wurde angenommen, dass alle zusammengesetzten Verbindungen, namentlich Salze, aus je zwei Theilen bestehen. Die Salze wurden als Verbindungen von basischen Oxyden (Basen) mit sauren Oxyden (d. h. mit Säureanhydriden, die damals Säuren genannt wurden) angesehen; dementsprechend stellen die Hydrate Verbindungen derselben wasserfreien Oxyde mit Wasser dar. Man verstand diese Definition nicht nur in dem Sinne, dass sie die gewöhnlichste Bildungsweise der Salze anzeige (was ja vollkommen richtig ist), sondern man sah in ihr auch einen Ausdruck für die

Form vom Wärme) abgegeben wird. In den Organismen gehen aber ununterbrochen verschiedenartige und energische chemische Umwandlungen vor sich, deren die Salze, die nur doppelte Umsetzungen leicht erleiden, gar nicht fähig sind. Dennoch sind Salze in den Organismen ein niemals fehlender Bestandtheil. Die Knochen z. B. enthalten phosphorsaures Calcium, der Traubensaft — saures weinsaures Kalium (Weinstein), einige Flechten — viel oxalsaures

---

wirkliche Vertheilung der Elemente in ihren Verbindungen und eine Erklärung der Eigenschaften dieser Verbindungen. In dem schwefelsauren Kupfer setzte man als die beiden nächsten Bestandtheile: Kupferoxyd und Schwefelsäureanhydrid voraus. Es war dies eine Hypothese. Die Entwicklung derselben fiel mit der **elektrochemischen Hypothese** zusammen, nach welcher angenommen wurde, dass die beiden Bestandtheile einer Verbindung dadurch zusammengehalten werden, dass der eine Theil (das Säureanhydrid) elektronegative, der andere dagegen (in den Salzen die Base) elektropositive Eigenschaften besitze. Beide Theile ziehen sich gegenseitig als Körper von entgegengesetzten Elektrizitäten an. Nun erhält man aber bei der Zersetzung der Salze im geschmolzenen Zustande durch den galvanischen Strom immer das freie Metall. Daher ist die oben im Texte entwickelte Anschauung über die Zusammensetzung und Zersetzung der Salze, welche man die **Theorie der Wasserstoffsäuren** nennt, viel wahrscheinlicher, als die Voraussetzung nach der die Salze aus Basen und Säureanhydriden bestehen. Aber auch die Theorie der Wasserstoff-Säuren ist eine dualistische Hypothese, die der elektrochemischen nicht widerspricht, sondern eher eine Modifikation derselben darstellt. Der Dualismus datirt von Rouelle und Lavoisier, die elektrochemische Betrachtungsweise wurde mit besonderem Eifer von Berzelius ausgearbeitet und die Theorie der Wasserstoffsäuren zuerst von Davy und dann von Liebig.

Diese hypothetischen Vorstellungen erleichterten die Forschung, verallgemeinerten die erworbenen Resultate und dienten als Ausgangspunkte zu weiteren Betrachtungen. So lange es sich nur um Salze handelte, blieb es fast gleichgültig, welche dieser Hypothesen angenommen wurde, aber man übertrug sie von den Salzen auch auf andere Substanzen und überhaupt auf alle zusammengesetzten Körper. Der Dualismus und Elektrochemismus suchten überall zwei polar entgegengesetzte Bestandtheile und strebten danach alle chemischen Reaktionen durch elektrische und ähnliche Gegensätze zu erklären. Man nahm z. B. an, dass das Zink ein elektropositiveres Element als der Wasserstoff sei, weil dasselbe den Wasserstoff aus Säuren verdrängt; hierbei übersah man aber, dass unter anderen Bedingungen der Wasserstoff das Zink verdrängen kann, wie z. B. beim Glühen von Zinkoxyd im Wasserstoffstrome. Chlor und Sauerstoff wurden für Elemente gehalten, die dem Wasserstoff polar entgegengesetzt seien, weil beide mit letzterem leicht in Verbindung treten. Nun kann aber der Wasserstoff sowol durch Chlor, als auch durch Sauerstoff ersetzt werden und zwar, was besonders bemerkenswerth ist, behalten bei einer solchen Ersetzung des Wasserstoffs durch Chlor die Kohlenstoffverbindungen z. B. ihre chemischen Eigenschaften und selbst ihre äussere Form, wie Laurent nud Dumas nachwiesen. Solche Thatsachen erschütterten den Dualismus und namentlich das elektrochemische System und man begann im Gegensatz zu den genannten Hypothesen zur Erklärung der Reaktionen nicht den polaren Unterschied der Körper, sondern den Gesammteinfluss aller Elemente auf die entstehenden Verbindungen in Betracht zu ziehen. Bei der Widerlegung der in der vorhergehenden Periode herrschenden Lehren, die den inzwischen neu entdeckten Thatsachen nicht mehr genügen konnten, blieb aber die Wissenschaft nicht stehen; es trat eine neue Lehre auf, eine Lehre welche die Grundlage der heutigen Chemie bildet und welche unter dem Namen der **Unitätstheorie** bekannt ist.

Calcium, die Muscheln der Weichthiere — kohlensaures Calcium u. s. w. Dagegen zeichnen sich sowol das Wasser, als auch der Boden, in denen keine energischen chemischen Prozesse vor sich gehen, durch einen reichen Gehalt an Salzen aus. Das Wasser der Ozeane und alle anderen Wasser (s. Kap. I.) enthält verschiedene Salze, während im Boden, in den Gesteinen der Erdkruste, in der Lava von Vulkanen und in den Meteorsteinen Salze der Kieselsäure, namentlich Doppelsilikate, vorwalten. Der Feldspath z. B. ist ein Doppelsilikat des Kaliums und Aluminiums. Salzartige Körper sind auch die Kalksteine, aus welchen oft ganze Gebirge und Erdschichten bestehen; diese Kalksteine bestehen grösstheils aus kohlensaurem Calcium $CaCO^3$.

Wir finden also den Sauerstoff im freien Zustande und in den verschiedenartigsten Verbindungen von verschiedener Beständigkeit, angefangen von leicht zersetzbaren Salzen, wie das Berthollet'sche oder der Salpeter, bis zu den beständigsten Kieselerdeverbindungen im Granite. Denselben Unterschied in der Beständigkeit sahen wir auch bei den Verbindungen des Wassers und des Wasserstoffs. In allen seinen Formen bleibt aber der Sauerstoff als Element, als Stoff immer ein und derselbe, er erscheint nur in verschiedenen chemischen Zuständen, welche mit den verschiedenen physikalischen Aggregatzuständen ein und desselben Körpers verglichen werden können. Einen neuen chemischen Zustand des Sauerstoffs werden wir im nächsten Kapitel bei der Beschreibung des Ozons und Wasserstoffhyperoxyds kennen lernen. In diesen beiden Körpern tritt die Energie des Sauerstoffs beson-

---

Nach dieser Theorie üben in einem zusammengesetzten Körper alle Elemente gemeinsam ihren Einfluss aus, ohne dass sie sich zu polar entgegengesetzten Bestandtheilen gruppiren. Dieselbe betrachtet also das schwefelsaure Kupfer einfach als eine bestimmte Verbindung von Kupfer, Schwefel und Sauerstoff; sie sucht ferner durch Zusammenstellen und Vergleichen der in ihren Eigenschaften und Reaktionen ähnlichen Verbindungen zu bestimmen, welchen Einfluss ein jedes Element auf die gesammten Eigenschaften seiner Verbindungen ausübt. In den meisten Fällen führt die Unitätstheorie zu ähnlichen Ergebnissen, wie auch die oben angeführte Hypothese, in einzelnen Fällen jedoch gelangt sie zu Schlüssen, die dem Dualismus und seinen Folgerungen direkt entgegengesetzt sind. Auf solche Fälle stösst man besonders oft bei der Betrachtung von Körpern, die komplizirter als die Salze sind, wie z. B. die organischen, kohlenstoffhaltigen Verbindungen. Doch das Hauptverdienst und die Stärke der Unitätslehre liegt nicht in diesem, freilich höchst wichtigen Uebergange von einer künstlichen zu einer natürlichen Systematik, und in der Zusammenfassung einer Menge von zahlreichen Reaktionen typischer Körper unter einfache Gewichtspunkte, sondern darin, dass durch dieselbe der Begriff der Molekel in die Wissenschaft eingeführt wurde. Die aus dem Begriffe der Molekel sich ergebenden Schlussfolgerungen werden in zahlreichen Fällen vollkommen gerechtfertigt, so dass die Mehrzahl der Chemiker unserer Zeit den Dualismus verliessen und die Unitätslehre annahmen, die auch diesem Werke zu Grunde gelegt ist. Als Begründer der Unitätslehre sind Laurent und Gerhardt anzusehen.

ders deutlich hervor und wir werden in denselben neue chemische Verhältnisse und den Reichthum an Formen, in welchen ein Stoff erscheinen kann, kennen lernen.

Viertes Kapitel.
Ozon und Wasserstoffhyperoxyd. Dalton's Gesetz.

Schon im vorigen Jahrhundert beobachtete Van Marum, dass Sauerstoff, wenn er in einem Glasrohr der Einwirkung einer Reihe elektrischer Funken ausgesetzt wird, einen eigenthümlichen Geruch annimmt und die Eigenschaft erhält sich mit Quecksilber schon bei gewöhnlicher Temperatur zu verbinden Diese erste Beobachtung wurde später durch viele andere Versuche bestätigt. Wenn eine Elektrisirmaschine in Thätigkeit ist, wobei sich Elektrizität in der Luft verbreitet oder durch dieselbe hindurch geht, so bemerkt man gleichfalls diesen Geruch der einem besonderen, sich aus dem Sauerstoff der Luft bildenden Körper eigen ist. Im Jahre 1840 untersuchte Schönbein (Professor in Basel) diesen riechenden Körper genauer und zeigte, dass derselbe auch bei der Zersetzung des Wassers durch den elektrischen Strom zugleich mit dem Sauerstoff am positiven Pole auftritt, dass er ferner bei der Oxydation von Phosphor in feuchter Luft und überhaupt bei der Oxydation sehr vieler Körper entsteht und daher sich stets in der Atmosphäre vorfindet, trotzdem er höchst unbeständig ist und in hohem Grade die Fähigkeit besitzt andere Körper zu oxydiren. Wegen seines charakteristischen Geruch's (nach Krebsen) wurde dieser Körper, der übrigens nur im Gemenge mit Sauerstoff bekannt ist, Ozon (vom griechischen ὄφω, ich rieche) genannt. Schönbein beschrieb die charakteristischen Eigenschaften des Ozons — seine Fähigkeit viele Stoffe, darunter sogar Silber, zu oxydiren und hierbei ganz wie der Sauerstoff zu wirken, nur mit dem Unterschiede, dass das Ozon schon bei gewöhnlicher Temperatur sehr energisch in vielen Fällen wirkt, in welchen gewöhnlicher Sauerstoff unter denselben Temperaturbedingungen ohne Wirkung bleibt. Es genügt z. B. darauf hinzuweisen, dass das Ozon bei gewöhnlicher Temperatur sehr schnell Silber, Quecksilber, Kohle, Eisen oxydirt. Ursprünglich wurde angenommen, dass das Ozon ein neuer, einfacher oder zusammengesetzter Stoff sei, doch die sorgfältigsten Untersuchungen zeigten bald, dass es nur in seinen Eigenschaften veränderter Sauerstoff ist. Besonders entscheidend war in dieser Hinsicht die Beobachtung, dass ozonhaltiger Sauerstoff beim Durchleiten durch ein auf 250^0 erhitztes Rohr vollständig in gewöhnlichen

Sauerstoff übergeht, während umgekehrt reiner Sauerstoff durch die Einwirkung elektrischen Funken bei niedriger Temperatur Ozon gibt (Marignac und De la Rive). Somit war durch die Umwandlung des Ozons in Sauerstoff und durch seine Darstellung aus Sauerstoff (durch Analyse und Synthese) bewiesen, dass das Ozon nichts anders ist, als der uns schon bekannte Sauerstoff in einem besonderen Zustande, d. h. mit besonderen, dem gewöhnlichen Sauerstoff nicht zukommenden Eigenschaften Bei allen Darstellungsmethoden des Ozons wird aber nur ein Theil des Sauerstoffs, und zwar ein relativ unbedeutender in diesen Zustand übergeführt, gewöhnlich unter 1 pCt., selten 2 pCt., und nur unter besonders günstigen Bedingungen bis zu 20 pCt. Die Ursache liegt in dem Umstande, dass *bei der Bildung von Ozon aus Sauerstoff Wärme absorbirt wird*. Wenn in einem Kalorimeter ein Körper in ozonisirtem Sauerstoff verbrannt wird, so entwickelt sich mehr Wärme, als beim Verbrennen in gewöhnlichem Sauerstoff; nach Berthelot ist die Differenz der in beiden Fällen entwickelten Wärmemengen sehr bedeutend, auf je 48 Theile Ozon beträgt sie 29600 cal.; diese Wärmemenge wird also beim Uebergange von 48 Th. Sauerstoff in Ozon absorbirt und bei der umgekehrten Verwandlung wieder frei gesetzt. Daher muss auch der Uebergang des Ozons in Sauerstoff (als exothermische Reaktion, ebenso leicht vor sich gehen, wie eine Verbrennung, was auch in der That der Fall ist, da schon bei 250° das Ozon vollständig in Sauerstoff übergeht. Jede Temperaturerhöhung kann folglich die Zersetzung des Ozons bewirken und da bei der elektrischen Entladung die Temperatur sich erhöht, so haben wir bei einer solchen Entladung die Bedingungen sowol für die Entstehung, als auch für die Zersetzung des Ozons vor uns. Die Umwandlung des Sauerstoffs in Ozon muss, als *umkehrbare Reaktion*, eine Grenze erreichen, wenn zwischen den Produkten der beiden entgegengesetzten Reaktionen ein Gleichgewichtszustand sich herstellt; sie ist also den *Dissoziationserscheinungen* analog und es muss daher auch eine Temperatur Erniedrigung der Bildung einer grösseren Menge von Ozon förderlich sein[1]). Ferner ergibt sich hieraus, dass es zur Darstellung von Ozon vortheilhafter ist, nicht die elektrische Ent-

---

[1]) Diese Ansicht, die ich schon 1878 (s. Moniteur scientifique) auf Grund des komplizirteren Charakters der Ozon-Molekel im Vergleich mit der des Sauerstoffs (s. weiter unten) und des grösseren Wärmevorraths im Ozon ausgesprochen hatte, fand ihre experimentelle Bestätigung in den Untersuchungen von Mailfert (1880), welcher zeigte, dass in einem Liter Sauerstoff durch die stille Entladung der Ozongehalt bei 0° auf 14 Milligramm, bei —30° auf 60 Milligramm gebracht werden kann, besonders aber in den Bestimmungen von Chappuis und Hautefeuille (1880), welche fanden, dass in der Kälte, bei —25°, die stille Entladung bis 20 pCt. Sauerstoff in Ozon verwandelt, während bei 20° nicht über 12 pCt. und bei 100° weniger als 2 pCt. Ozon erhalten werden.

EIGENSCHAFTEN DES OZONS. 223

ladung durch Funken (welche die Temperatur erhöhen)[2], sondern die allmähliche, **stille Entladung**, das Ausströmen von Elektrizität, zu benutzen[3]. Die verschiedenen, *Ozonisatoren* genannten, Apparate zur Darstellung von Ozon aus Sauerstoff durch Einwirkung von Elektrizität bestehen daher alle aus Leitern — Metallblättchen (z. B. Stanniol) oder Lösungen von Schwefelsäure (mit Chromsäure), welche durch dünne Glaswände von einander getrennt sind, zwischen denen die stille Entladung stattfindet[4], während in dem Zwischenraum gleichzeitig Sauerstoff (oder Luft) hindurchstreicht. Im Apparat von Berthelot (Fig. 62) wird in das Glas F und das Rohr A Schwefelsäure gegossen und mit den Polen einer Elektrizitätsquelle (einer Induktionsspirale) verbunden. Das Rohr A wird in das weitere Glasrohr B, in dessen Hals es eingeschliffen ist, gesetzt und dieses in die in F befindliche Säure getaucht. Die stille Entladung findet durch die dünnen Glaswandungen der Cylinder A und B, auf ihrer gesammten Oberfläche statt; wird nun Sauerstoff durch das an den Boden von B angeschmolzene gebogene Rohr C in den ringförmigen Raum zwischen A und B geleitet, so wird er hier ozonisirt, tritt dann aus dem

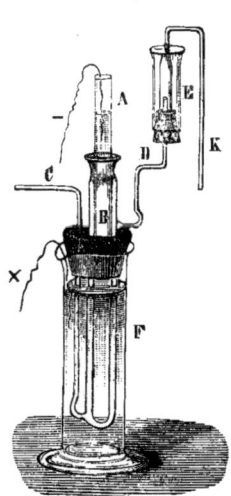

Fig. 62. Berthelot's Apparat zur Darstellung von Ozon durch Einwirken der stillen Entladung.

---

2) Eine Reihe von elektrischen Funken lässt sich erhalten mit Hilfe der gewöhnlichen Elektrisirmaschine, der Elektrophormaschinen von Holtz, Teplow u. a., der Leydener Flaschen, der Ruhmkorff'schen Induktionsspirale u. s. w., d. h. unter solchen Bedingungen, wo entgegengesetzte Elektrizitäten sich an den Spitzen von Leitern ansammeln können und bei genügender Spannung die Entladung durch einen Nichtleiter — Luft oder Sauerstoff — erfolgt.

3) Eine stille Entladung nennt man eine solche Vereinigung entgegengesetzter statischer (Spannungs-) Elektrizitäten, welche (gewöhnlich zwischen grösseren Oberflächen) gleichmässig, langsam und ruhig, ohne Funken erfolgt (wie z. B. bei einer Vertheilung von Elektrizität). Licht wird bei der stillen Entladung nur im Dunkeln sichtbar. Eine merkliche Temperaturerhöhung findet bei dieser Entladung nicht statt und es bildet sich daher eine grössere Menge Ozon. Bei längerem Hindurchgehen der stillen Entladung wird das Ozon aber dennoch zersetzt. — Um eine merkliche Wirkung der stillen Entladung zu erzielen, muss dieselbe auf möglichst grossen Oberflächen erfolgen, folglich müssen auch Elektrizitätsquellen von grosser Stärke angewandt werden. Am besten wählt man eine Induktionsspirale, die auf eine sehr bequeme Weise unter Anwendung eines schwachen galvanischen Stromes statische Elektrizität von bedeutender Intensität liefert.

4) Einer der ersten Apparate zur Ozonisirung von Sauerstoff mittelst der stillen Entladung war der von Babo konstruirte. Dieser Apparat, der bis jetzt noch zu den besten gehört, besteht aus einer grossen Anzahl (etwa 20) langer dünnwandiger capillarer Glasröhren, die an einem Ende zugeschmolzen sind. Nachdem durch die offenen Enden der Capillaren Platindrähte in der Weise eingestellt sind, dass sie die ganze Länge der Capillaren einnehmen und mit einem Ende

Rohr D heraus und kann in andere Apparate übergeführt werden [5]).

Die **Eigenschaften des Ozons**, welches auf eine der erwähnten Weisen dargestellt wurde [6]), unterscheiden dasselbe in vielen Hinsichten von dem Sauerstoff. Das Ozon entfärbt Indigo, Lakmus u. v. a. Farben sehr schnell, indem es sie oxydirt. Silber wird

---

noch herausragen, werden auch die offenen Enden der Capillare zugeschmolzen, d. h. die Platindrähte werden eingeschmolzen, und alle Röhren in der Weise zu einem Bündel vereinigt, dass die eine Hälfte der Röhren mit den Platindrahtenden nach der einen Seite, die andere Hälfte — nach der anderen zu liegen kommt. Ein solches Bündel (40 Capillare müssen vereinigt einen Durchmesser von nicht über 10 mm. haben) wird in ein genügend weites Glasrohr eingeführt, die Platindrähte an beiden Enden des Bündels von Capillaren werden zu zwei gemeinsamen Leitern vereinigt und diese in das umgebende Glasrohr eingeschmolzen. Die beiden Leiter werden mit einer Induktionsspirale vereinigt und durch das Glasrohr Sauerstoff oder Luft durchgeleitet Aus reinem Sauerstoff wird Ozon in grösserer Menge und frei von Stickstoffoxyden erhalten, während beim Durchleiten von Luft auch der Stickstoff zum Theil oxydirt wird. Die Beobachtung lehrt, dass bei niedriger Temperatur grössere Mengen Ozon sich bilden. Da das Ozon Kork und Kautschuck angreift, so muss der ganze Apparat aus Glas bestehen. Bei Anwendung einer starken Induktionsspirale und 40 Capillaren findet eine so starke Ozonisirung statt, dass das Gas beim Einleiten in eine Jodkaliumlösung nicht nur das Jod frei macht, sondern dasselbe weiter zu jodsaurem Kalium oxydirt, so dass nach etwa fünf Minuten das zum Einleiten des Gases dienende Rohr von Krystallen dieses schwerlöslichen Salzes verstopft wird

In der Mehrzahl der Ozonisatoren werden zwei Glasrohre mit Stanniolbekleidung angewandt und das Sauerstoffgas in den ringförmigen Zwischenraum, wo die stille Entladung vor sich geht, geleitet.

5) Um andere Apparate mit dem Ozonisator zu verbinden, dürfen Kautschuk, Quecksilber, Kitt u. dgl. nicht angewandt werden, da sie vom Ozon angegriffen werden und dasselbe zersetzen. Der Verschluss kann, nach dem Vorschlage von Brodie, mit Hilfe von Schwefelsäure, welche auf das Ozon nicht einwirkt, hergestellt werden. Zu diesem Zwecke setzt man auf das Ende des Rohres D mittelst eines Propfens das weite Rohr E so auf, dass ein Stück von D aus dem Propfen hervorragt. Auf den Propfen giesst man zunächst eine Schicht Quecksilber (um ihn vor der Wirkung der Schwefelsäure zu schützen) und auf dieses Schwefelsäure. Das zur Ableitung des ozonisirten Gases bestimmte Glasrohr, welches eine glockenförmige Erweiterung besitzt, wird mit diesem erweiterten Ende über das Ende von D in die Schwefelsäure gestülpt. Auf diese Weise wird ein vollständig hermetischer Verschluss hergestellt. Das Rohr A ist in den Hals des Cylinders B ebenfalls hermetisch eingeschliffen, so dass das durch C eintretende Gas nur durch D und E entweichen kann.

6) Nur die oben beschriebene Methode ist gut untersucht. Eine Beimengung von Stickstoff, sogar von Wasserstoff und insbesondere von Fluorsilicium erwies sich bei dieser Methode als der Bildung und Konservirung des Ozons günstig. Von anderen Darstellungsmethoden des Ozons seien folgende erwähnt: 1) Bei der Einwirkung von Sauerstoff auf Phosphor bei gewöhnlicher Temperatur wird ein Theil des Sauerstoffs in Ozon umgewandelt. Lässt man z. B. bei gewöhnlicher Temperatur einige Stangen weissen Phosphors, theilweise in warmes Wasser getaucht, in einem geräumigen Gefäss stehen, so nimmt die Luft im Gefässe Ozongeruch an. Es muss übrigens bemerkt werden, dass wenn Luft in Abwesenheit von Wasser längere Zeit mit Phosphor in Berührung gelassen wird — das gebildete Ozon vom Phosphor wieder

von Ozon schon bei gewöhnlicher Temperatur oxydirt, während gewöhnlicher Sauerstoff es selbst bei höherer Temperatur nicht verändert: wird ein blankes Silberblech in ozonisirten Sauerstoff gebracht, so schwärzt es sich (infolge der Oxydation) sehr bald. Das Ozon wird vom Quecksilber energisch absorbirt unter Bildung von rothem Oxyd; es verwandelt viele niedere Oxydationsstufen in die entsprechenden höheren, z. B. schweflige Säure in Schwefelsäure, Stickoxydul in Stickoxyd, Arsenigsäureanhydrid (As^2O^3) in Arsensäureanhydrid (As^2O^5) u. s. w. [7]). Besonders charakteristisch für das Ozon ist seine Wirkung auf Jodkalium. Sauerstoff wirkt auf dieses Salz nicht ein, während das Ozon beim Einleiten in eine Jodkaliumlösung **Jod ausscheidet** und das Kalium in Aetzkali, das in Lösung bleibt, überführt: $2KJ + H^2O + O = 2KHO + J^2$. Da mit Hilfe von Stärkekleister die geringsten Mengen freien Jods leicht entdeckt werden können, indem letzteres mit der Stärke eine Verbindung von intensiv dunkelblauer Färbung gibt, so lassen sich selbst Spuren von Ozon durch eine Mischung von Jodkalium und Stärke nachweisen [8]). Zerstört, d. h. in gewöhnlichen Sauerstoff umge-

---

zerstört wird. 2) Wird Kaliumhyperoxyd mit konzentrirter Schwefelsäure übergossen (ist die Säure mit nur $1/10$ Wasser verdünnt, so findet schon keine Bildung von Ozon statt), so wird bei niedriger Temperatur ozonhaltiger Sauerstoff ausgeschieden und zwar ist die Ozonmenge grösser, als die, welche mittelst des elektrischen Funkens oder durch Einwirkung von Phosphor erhalten werden kann. 3) Ozon kann auch beim Zersetzen von übermangansaurem Kalium durch konzentrirte Schwefelsäure, besonders unter Zusatz von Baryumhyperoxyd, erhalten werden.

Die von Gorup-Besanez beobachtete Erscheinung, dass Ozon sich bei langsamem Verdunsten grosser Wassermengen bildet, ist bis jetzt noch nicht ganz zweifellos festgestellt. In der Nähe von Gradirwerken ist die Luft bedeutend ozonreicher, als in einiger Entfernung von denselben. Hiermit steht auch der Umstand im Zusammenhange, dass die Luft am Meeresstrande relativ viel Ozon enthält. Ozon soll sich auch unter den normalen Bedingungen der Athmung von Pflanzen bilden, was übrigens noch vielfach bestritten wird.

7) Ozon entzieht dem Chlorwasserstoff seinen Wasserstoff und das freigewordene Chlor kann dann Gold in Lösung bringen. Brom, Jod und viele andere Stoffe werden von Ozon direkt oxydirt, während gewöhnlicher Sauerstoff auf sie nicht einwirkt. Ammoniak NH^2 wird vom Ozon zu salpetrig- (und salpeter-) saurem Ammonium oxydirt: $2NH^3 + O^3 = NH^4NO^2 + H^2O$; diese Salze erscheinen daher in Form eines Nebels, wenn man einen Tropfen Aetzammoniak in ozonhaltiges Gas bringt. Das Ozon führt Bleioxyd in Bleidioxyd, farbloses Thalliumoxydul in braunes Thalliumoxyd über (letztere Reaktion wird zum Nachweis von Ozon angewandt). Schwefelblei PbS wird von Ozon in schwefelsaures Blei $PbSO^4$ übergeführt, in einer neutralen Lösung von schwefelsaurem Manganoxydul $MnSO^1$ gibt Ozon einen braunen Niederschlag von Mangandioxyd, in saurer Lösung wird dieses Salz sogar zu Uebermangansäure $HMnO^4$ oxydirt. Von den Oxydationsprozessen, welche das Ozon in organischen Stoffen hervorruft, sei die Umwandlung von Aether $C^4H^{10}O$ in Aethylhyperoxyd erwähnt, eine Verbindung, die (nach Berthollet's Beobachtungen) unter Explosion sich zersetzt und bei der Einwirkung von Wasser Weingeist C^2H^6O und Wasserstoffhyperoxyd H^2O^2 gibt.

8) Diese Reaktion wird auch gewöhnlich zum Nachweis von Ozon angewandt, und zwar benutzt man meistens Papier, das mit Lösungen von Jodkalium und

wandelt, wird das Ozon nicht nur beim Erhitzen, sondern auch bei längerem Aufbewahren, besonders in Gegenwart von Aetzalkalien, Manganhyperoxyd, Chlor u. s. w.

Obgleich also das **Ozon dieselbe Zusammensetzung hat wie der Sauerstoff**, so unterscheidet es sich von diesem letzteren durch seine Unbeständigkeit und seine Fähigkeit viele Stoffe **sehr energisch, schon bei gewöhnlicher Temperatur zu oxydiren**, analog dem Sauerstoff gewisser unbeständiger zusammengesetzter Körper oder dem Sauerstoff im Entstehungszustande.

An dem Ozon und dem Sauerstoff zeigt sich demnach, dass ein und derselbe und zwar elementare Stoff in zwei verschiedenen Zuständen existiren kann und dass die Eigenschaften eines Körpers, sich verändern können, ohne Veränderung in seiner Zusammensetzung, die bei einem einfachen Körper schon an und für sich ausgeschlossen ist. Solche Fälle sind in grosser Anzahl bekannt und man bezeichnet diese Erscheinung — die Verschiedenheit der Eigenschaften bei ein und derselben elementaren Zusammensetzung — als **Isomerie**. Die Ursache der Isomerie ist offenbar im innersten Wesen der Materie zu suchen; ihre Erforschung ist von grösster Bedeutung für die Wissenschaft und hat schon zu Resultaten von unerwarteter Tragweite geführt. Die Verschiedenheit von Körpern, welche aus verschiedenen Elementen oder auch aus denselben Elementen, aber in verschiedenen Mengenverhältnissen, bestehen, ist leicht begreiflich, weil die Summe unseres Wissens zwingend zu der Annahme führt, dass zwischen einfachen Körpern und Elementen ein fundamentaler Unterschied besteht. Wenn aber in zwei Körpern Qualität und Quantität der Elemente (also die chemische Zusammensetzung) die nämlichen, ihre Eigenschaften aber verschieden sind, so reicht der Begriff des Elementes und des zusammen-

---

Stärke getränkt ist. Dieses **ozonometrische** oder Jodstärkepapier wird in feuchtem Zustande von Ozon blau gefärbt, und zwar ist die Intensität dieser Blaufärbung eine verschiedene, je nach der Dauer der Einwirkung und dem Ozongehalt eines Gases. Man kann sogar bis zu einem gewissen Grade nach der Färbung die Ozonmenge schätzen, wenn man vorläufige Versuche mit bekannten Ozonmengen angestellt hat.

Das ozonometrische Papier wird folgendermaassen dargestellt: man löst 1 g. neutralen Jodkaliums in 100 g. destillirten Wassers, schüttelt diese Lösung mit 10 g. Stärke zusammen und erhitzt die Mischung, bis die Stärke verkleistert ist. Mit diesem Kleister bestreicht man Streifen von Filtrirpapier und trocknet dieselben. Das Jodstärkepapier wird nicht nur von Ozon, sondern auch von vielen anderen oxydirenden Stoffen, z. B. Stickstoffoxyden und Wasserstoffhyperoxyd, gebläut. Houzeau hat daher vorgeschlagen mit Jodkaliumlösung getränktes rothes Lakmuspapier anzuwenden, das in Gegenwart von Ozon von dem sich bildenden KHO blau gefärbt wird. Um sicher zu sein, tränkt man nur einen Theil des Papiers mit Jodkalium, feuchtet das ganze an und bringt es in das auf Ozon zu prüfende Gas; enthält letzteres Alkali (Ammoniak), so wird auch der nicht mit Jodkalium getränkte Theil des Papiers blau. Ein Reagens, welches Ozon von Wasserstoffhyperoxyd deutlich zu unterscheiden ermöglichte, gibt es nicht, daher können geringe Mengen dieser beiden Stoffe (z. in der Luft) leicht verwechselt werden.

gesetzten Körpers nicht hin zur Erklärung der verschiedenartigen Eigenschaften der Naturkörper in ihrer Gesammtheit. Die Isomerie zeigt, dass die Eigenschaften und Umwandlungen der Stoffe durch etwas Anderes, tiefer im Wesen der Materie Liegendes, nicht blos durch die Zusammensetzung dieser Stoffe, bestimmt werden.

Es fragt sich nun, was die Isomerie des Ozons mit dem Sauerstoff — die besonderen Eigenschaften des Ozons — bedingt, worin sein Unterschied vom Sauerstoff besteht, abgesehen von dem verschiedenen Energievorrath, der ein Ausdruck der Eigenthümlichkeiten des Ozons ist. Diese Fragen haben seit Langem die Forscher beschäftigt und zu den verschiedensten genauen und mehrfach geprüften Beobachtungen geführt; die Untersuchungen waren dabei hauptsächlich auf die Volumverhältnisse bei der Entstehung und Zersetzung des Ozons gerichtet. Um den Leser mit dem Gange der Forschungen auf diesem Gebiet bekannt zu machen, theile ich die 1866 in den «Comptes rendus» der französischen Akademie der Wissenschaften erschienene Abhandlung von Soret im Auszuge mit:

«Was uns bis jetzt in Bezug auf die Volumverhältnisse des Ozons bekannt ist, lässt sich in Folgendem zusammenfassen:

«1) Gewöhnlicher Sauerstoff erleidet beim Uebergange in Ozon unter dem Einflusse der Elektrizität eine Volumverminderung», wie dies Andrews und Tait gezeigt haben.

«2) Bei der Einwirkung von ozonisirtem Sauerstoff auf Jodkalium oder andere oxydirbare Substanzen wird das Ozon zerstört, das Volum des Gases bleibt aber unverändert.» In der That haben die Untersuchungen von Andrews, Soret, Babo u. a. gezeigt, dass die Sauerstoffmenge, welche vom Jodkalium bei der Einwirkung von Ozon absorbirt wird, gleich ist der ursprünglichen Volumverminderung des Sauerstoffs bei seiner Umwandlung in Ozon, d. h. bei der Absorption von Ozon wird das Volum nicht verändert. Man könnte daraus schliessen, dass das Ozon, so zu sagen, kein Volum einnimmt, dass seine Dichte unendlich gross ist.

«3) Bei der Einwirkung von Hitze auf ozonisirten Sauerstoff und dem Uebergange desselben in gewöhnlichen Sauerstoff findet eine Zunahme des Volums statt. Diese Volumvergrösserung entspricht (nach denselben Forschern) der Sauerstoffmenge, welche bei der Zersetzung des Ozons an Jodkalium abgegeben wird.»

«4) Diese keinem Zweifel unterliegenden Versuchsergebnisse führen zu dem Schluss, dass das Ozon in einem mehr verdichteten Zustande sich befindet, als der Sauerstoff, und dass bei der oxydirenden Wirkung des Ozons gerade die Menge Substanz ausgeschieden wird, um welche das Ozon sich vom gewöhnlichen Sauerstoff unterscheidet.»

Stellen wir uns vor (sagt Weltzien), dass n Volume Ozon aus n Vol. Sauerstoff in Verbindung mit noch m Vol. desselben Körpers bestehen und dass bei seiner oxydirenden Wirkung das Ozon m Vol. Sauerstoff abgibt, während n Vol. gewöhnlichen Sauerstoffs zurückbleiben, so werden alle oben angeführten Thatsachen leicht erklärlich — andernfalls müsste man annehmen, dass das Ozon eine unendliche Dichte besitze. «Die Dichte des Ozons lässt sich nicht durch direktes Wägen eines bestimmten Volums des Gases bestimmen, da es nicht gelingt das Ozon in reinem Zustande zu erhalten. Das Ozon ist immer mit einer sehr grossen Menge Sauerstoff gemengt Daher war es nothwendig solche Substanzen zu benutzen, welche Ozon absorbiren, ohne es zu zerstören, jedoch keinen Sauerstoff aufnehmen. Dann konnte aus der Verminderung des Volums bei der Einwirkung des Lösungsmittels auf das Gas im Vergleich mit der Sauerstoffmenge, welche das Ozon an Jodkalium abgibt, die Dichte des Ozons bestimmt werden. Gleichzeitig musste auch die Volumvergrösserung bei der Zersetzung eines bekannten Volums von Ozon durch Hitze benutzt werden» (Soret). Soret fand im Terpentinöl und dem ätherischen Zimmtöl zwei Lösungsmittel, welche die oben erwähnten Eigenschaften besitzen. «Wird ozonisirter Sauerstoff mit Terpentinöl behandelt, so beobachtet man, dass das Ozon verschwindet. Es tritt ein dichter Nebel auf, der das kleine (0,14 Liter fassende) Gefäss soweit anfüllt, dass die direkten Sonnenstrahlen durch dasselbe nicht hindurchgehen. Lässt man das Gefäss nun ruhig stehen, so setzt sich der Nebel nieder, der obere Theil des Gefässes wird wieder durchsichtig und an der Grenze der Nebelschicht zeigen sich prächtige Regenbogenfarben.» Das ätherische Oel des Zimmts gibt ebenfalls solche Nebel, aber in geringerer Menge. Misst man das Volum des Gases vor und nach der Behandlung mit einem dieser ätherischen Oele, so zeigt sich, dass eine bedeutende Volumabnahme stattgefunden hat. Indem Soret die erforderlichen Korrekturen anbrachte (in Bezug auf die Löslichkeit des Sauerstoffs in den Oelen, die Tension der Dämpfe dieser Oele, die Druckveränderung u. s. w.), auch eine Reihe vergleichender Bestimmungen ausführte, erhielt er folgendes Resultat: 2 Vol. Ozon, welche sich in dem Oel lösen, erleiden bei der Zersetzung (durch Erhitzen mit einem durch den elektrischen Strom ins Glühen gebrachten Draht) eine Volumvergrösserung von 1 Vol. Folglich geben 3 Vol. Sauerstoff bei der Verwandlung in Ozon 2 Vol. dieses letzteren; die Dichte des Ozons (in Bezug auf Wasserstoff) beträgt also 24.

Die Beobachtungen und Messungen von Soret haben nicht nur gezeigt, dass das Ozon schwerer ist, als Sauerstoff und sogar Kohlensäuregas (da ozonisirter Sauerstoff aus feinen Oeffnungen langsamer ausströmt, als gewöhnlicher Sauerstoff oder ein Gemisch desselben mit Kohlensäuregas) und leichter, als Chlor (da seine Ausströmungsgeschwindigkeit grösser ist), sondern es gelang ihm auch, wie wir sahen, festzustellen, dass **das Ozon anderthalbmal dichter als Sauerstoff ist**, was man in der Weise ausdrücken kann, dass man die Sauerstoffmolekel mit O^2, die des Ozons mit O^3 bezeichnet: hierdurch lässt sich das Ozon mit zusammengesetzten Körpern[9]), welche Sauerstoff enthalten, vergleichen, z. B. mit CO^2, SO^2, NO^2 und and. Diese Auffassung erklärt die Hauptunterschiede des Ozons vom gewöhnlichen Sauerstoff und die Ursache dieser Isomerie; sie lässt aber gleichzeitig erwarten[10]), dass das Ozon, als ein dichteres Gas, sich leichter verflüssigen muss, als Sauerstoff. Hautefeuille und Chappuis, welche die **physikalischen Eigenschaften** des Ozons studirten (1880), haben in der That gefunden, dass das Ozon sich leichter in den flüssigen Zustand überführen lässt, als Sauerstoff. Die absolute Siedetemperatur des Ozons liegt bei — 106°; komprimirtes und abgekühltes Ozon gibt bei plötzlicher Ausdehnung flüssige Tropfen. Das flüssige, komprimirte Ozon[11]) besitzt eine himmelblaue Farbe. Beim Lösen in Wasser geht das Ozon theilweise in Sauerstoff über. Bei raschem Zusammenpressen und

---

9) Das Ozon ist gewissermaassen ein Oxyd des Sauerstoffs, wie Wasser ein Oxyd des Wasserstoffs. Ebenso wie der Wasserdampf aus 2 Volumen Wasserstoff und 1 Vol. Sauerstoff besteht, die zu 2 Vol. Wasserdampf verdichtet sind, so besteht auch das Ozon aus 2 Vol. Sauerstoff, die sich mit 1 weiteren Volum desselben zu 2 Vol. Ozon verdichtet haben. Bei der Einwirkung von Ozon auf verschiedene Stoffe, vereinigt sich mit diesen diejenige Sauerstoffmenge, um welche sich die Ozonmolekel von der des gewöhnlichen Sauerstoffgases unterscheidet, daher erleidet das Volum des ozonisirten Sauerstoffs bei solchen Reaktionen keine Aenderung: 2 Vol. Ozon scheiden $1/3$ ihres Gewichtes aus und es bleiben 2 Vol. Sauerstoff zurück.

Die von Soret beobachtete Fähigkeit des Terpentinöls Ozon aufzulösen, sowie Schönbein's Beobachtung, dass bei der Oxydation des Terpentinöls und ähnlicher ätherischer Pflanzenöle Ozon entsteht, — erklären die Wirkung dieser Oele auf viele Substanzen. Bekanntlich begünstigt eine Beimengung von Terpentinöl die Oxydation vieler Stoffe: wahrscheinlich wird dies dadurch bedingt, dass das Terpentinöl nicht nur selbst die Entstehung von Ozon hervorruft, sondern auch das Ozon der Luft auflöst und mit dem oxydirbaren Körper in Berührung bringt. Das Terpentinöl bleicht Leinwand und Kork, entfärbt Indigo, befördert die Oxydation und das Festwerden von gekochtem Leinöl u. s. w.; in der Praxis werden diese Eigenschaften desselben vielfach verwerthet. Flecken auf Wäsche, Kleidern u. s. w. lassen sich durch Terpentinöl leicht entfernen, nicht nur weil es Fette auflöst, sondern weil es auch oxydirend wirkt. Eine Beimengung von Terpentinöl zu Firniss (gekochtem Leinöl), Oelfarben und Lacken beschleunigt das Trocknen derselben. Eine ähnliche oxydirende Wirkung, wie Tepentinöl und Zimmtöl, besitzen auch die Pflanzenöle, welche in Parfüms und wohlriechenden Essenzen enthalten sind, wodurch möglicherweise die erfrischende Wirkung dieser Präparate und ferner auch der wohlthuende Einfluss der harzig riechenden Luft in Nadelholzwäldern sich erklärt.

10) Die dichteren, zusammengesetzteren und schwereren Molekeln müssen offenbar unter sonst gleichen Bedingungen weniger leicht in den beweglichen gasförmigen Zustand und umgekehrt — leichter in den flüssigen, durch grosse Kohäsion charakterisirten Zustand übergehen.

11) In einem Rohr von 1 Meter Länge, das mit 10 pCt. Ozon enthaltendem Sauerstoffgas gefüllt ist, lässt sich die durch das Ozon bedingte Färbung beobachten. Die Dichte des flüssigen Ozons ist, soviel mir bekannt, noch nicht bestimmt worden.

Erhitzen des Ozons erfolgt starke Explosion, indem gewöhnlicher Sauerstoff sich bildet und (wie bei allen explosiven Körpern) [12]) die Wärme frei wird, deren Vorrath das Ozon von dem Sauerstoff unterscheidet.

Nach dem Vorhergehenden zu schliessen muss das Ozon in der Natur nicht nur bei vielen Oxydationsprozessen, sondern auch unter dem Einflusse der atmosphärischen Elektrizität sich bilden. Die Bedeutung dieser Entstehungsquelle des Ozons hat schon vielfach die Aufmerksamkeit der Beobachter auf sich gezogen und es existirt eine ganze Reihe von ozonometrischen Beobachtungen, welche gezeigt haben, dass der Ozongehalt der Luft an verschiedenen Orten, zu verschiedenen Jahreszeiten und unter verschiedenen Bedingungen (z. B. während epidemischer Krankheiten) sehr verschieden ist. Obgleich diese Beobachtungen, wegen der Mangelhaftigkeit der früher gebräuchlichen Bestimmungsmethoden des Ozons, nicht zuverlässig sind, kann es doch keinem Zweifel mehr unterliegen [13]), dass die Ozonmenge in der Luft bedeutenden Schwankungen ausgesetzt ist, dass in der Luft der Wohnräume kein Ozon sich findet (es verschwindet hier, indem es die organischen Substanzen oxydirt), während auf Feldern und im Walde die Luft stets Ozon oder ähnlich wirkende Stoffe (Wasserstoffhyperoxyd) enthält, dass ferner nach Gewittern der Ozongehalt der Luft zunimmt und endlich, dass durch Ozonisirung der Luft Miasmen u. s. w. zerstört werden. Eine Einwirkung des Ozons auf Organismen lässt sich schon aus dem Grunde erwarten, weil es organische Stoffe leicht oxydirt und Miasmen aus organischen leicht zersetzlichen und oxydirbaren Substanzen bestehen. In der That werden viele Miasmen, z. B. die flüchtigen Produkte faulender Organismen, offenbar zerstört oder verändert, nicht nur unter dem Einfluss von Ozon, sondern auch von andern stark oxydirenden Körpern, wie Chlor in Gegenwart von Wasser, übermangansaurem Kalium u. a. [14]).

---

12) Alle explosionsfähigen Körper und Gemische (Pulver, Knallgas u. s. w.) entwickeln bei der Explosion Wärme, d. h. die unter Explosion erfolgenden Reaktionen sind exothermisch. Bei der explosionsartigen Zersetzung des Ozons (wobei aus einer gegebenen Anzahl Molekeln eine grössere Anzahl derselben entsteht; in anderen Fällen, z. B. bei der Explosion von Nitroverbindungen, entstehen aus einem Körper mehrere andere; s. unten) wird latente Wärme frei gesetzt, im Gegensatz zu den meisten anderen Zersetzungsreaktionen, bei denen Wärme aufgenommen wird. In dieser Wärmeentwickelung besteht eben das Wesen der Explosion.

13) In Paris wurde gefunden, dass der Ozongehalt der Luft mit der Entfernung vom Centrum der Stadt zunimmt, was auch leicht erklärlich ist, da in der Stadt reichlich Bedingungen zur Zersetzung des Ozons vorhanden sind. Der verschiedene Ozongehalt bedingt auch wahrscheinlich, den für uns sogleich merklichen Unterschied der Landluft von der Stadtluft. Im Frühjahr enthält die Luft mehr Ozon, als im Herbst, auf Wiesen mehr, als in Städten.

14) Ozon kann in Folge seiner oxydirenden Wirkung auch in der Technik Anwen-

An dem Ozon zeigt sich also: 1) die Fähigkeit selbst einfacher Stoffe (und um so mehr — zusammengesetzter Körper) mit veränderten Eigenschaften aufzutreten, ohne dass die Zusammensetzung sich ändert, eine Erscheinung, welche wir **Isomerie** nennen[15]; 2) die Fähigkeit der Elemente Molekeln von verschiedener Dichte zu bilden, — ein spezieller Fall der Isomerie, welcher als **Polymerie** bezeichnet wird; 3) die Fähigkeit des Sauerstoffs in einem Zustande intensiverer chemischer Wirkungsfähigkeit aufzutreten, als ihm in seinem gewöhnlichen Zustande eigen ist und 4) die Möglichkeit des Auftretens unbeständiger chemischer Gleichgewichtszustände, wie dies in der stark oxydirenden Wirkung des Ozons und seiner explosionsartigen Zersetzung zum Vorschein kommt[16].

Wasserstoffhyperoxyd. Viele der Eigenschaften, welche wir am Ozon kennen gelernt haben, besitzt auch ein besonderer Körper, der Sauerstoff und Wasserstoff enthält und Wasserstoffhyperoxyd oder oxydirtes Wasser (eau oxygénée) genannt wird. Dieser Körper wurde 1818 von Thénard entdeckt. Er zerfällt beim Erwärmen in Wasser und Sauerstoff, dessen Menge genau dieselbe ist wie die Sauerstoffmenge in dem zurückbleibenden Wasser. Der Theil des im Wasserstoffhyperoxyd enthaltenen Sauerstoffs, um den diese Verbindung sich vom Wasser unterscheidet, verhält sich in vielen Fällen ebenso, wie der aktive Theil des Sauerstoffs im Ozon, um welchen sich dieses vom gewöhnlichen Sauerstoff unterscheidet. Das Wasserstoffhyperoxyd H^2O^2 ist in dieser Hinsicht

---

dung finden, z. B. zur Zerstörung von Farbstoffen Zum Bleichen von Faserstoffen und zur Schnellessigfabrikation hat man es bereits zu benutzen angefangen; doch haben diese Methoden noch wenig Verbreitung gefunden.

15) Die Isomerie einfacher Körper wird **Allotropie** genannt

16) Sehr viele zusammengesetzte Körper sind in der einen oder anderen Hinsicht dem Ozon ähnlich. Das Cyan C^2N^2, der Chlorstickstoff u. a. zersetzen sich unter Explosion und Wärmeentwickelung. Das Salpetrigsäureanhydrid N^2O^3, welches eine dem verflüssigten Ozon ähnliche blaue Flüssigkeit darstellt, wirkt in zahlreichen Fällen ebenso oxydirend wie das Ozon. Der rothe Phosphor verhält sich zum gelben in gewissen Beziehungen wie gewöhnlicher Sauerstoff zum Ozon, in anderen aber umgekehrt. Es ist dies ebenfalls ein Fall von Allotropie. Auf diese Weise lassen sich nach den verschiedensten Seiten hin Analogien in dem chemischen Verhalten der verschiedenen Stoffe entdecken, ein System aber, das alle diese Analogieverhältnisse vollständig umfasste, fehlt bis jetzt und wir sind noch weit davon entfernt, dieselben so vollständig zu verstehen wie z. B. das Verhältniss des flüssigen Zustandes zum gasförmigen. Dass aber auch die chemischen Erscheinungen, nach Ansammlung des nöthigen Thatsachenmaterials, mit derselben Vollkommenheit sich aufklären werden ersieht man schon daraus, dass der Begriff der Dissoziation für eine Menge von bis dahin unerklärlichen Thatsachen die einfachste Erklärung geliefert hat. Es sei hier noch bemerkt, dass der Uebergang des Sauerstoffs in Ozon unter dem Einflusse der stillen Entladung, eine umkehrbare Reaktion bildet und den Gesetzen der Dissoziation folgt, während der Uebergang von Ozon in Sauerstoff, unter andern Bedingungen als die stille Entladung, eine Zersetzung im engeren Sinne ist.

dem Ozon O^3 analog; ein Atom des Sauerstoffs beider Substanzen wirkt stark oxydirend, während in beiden Fällen Körper hinterbleiben (H^2 und O^2), die zwar noch Sauerstoff enthalten, aber nicht mehr so intensiv wirken [17]. Beide enthalten verdichteten Sauerstoff, der so zu sagen durch die inneren den Elementen eigenen Kräfte in eine andere Verbindung hineingepresst ist, sich leicht ausscheidet und dabei wie der Sauerstoff im Entstehungsmomente wirkt. Bei ihrer Zersetzung unter theilweiser Ausscheidung des Sauerstoffs, *entwickeln* beide Stoffe Wärme, während gewöhnlich Zersetzungen unter Wärmeabsorption stattfinden.

Wasserstoffhyperoxyd bildet sich vielfach bei Verbrennungs- und Oxydationsprozessen, aber nur in höchst unbedeutenden Mengen; es genügt z. B Zink mit Schwefelsäure oder sogar Wasser zu schütteln, um im Wasser die Entstehung einer gewissen Menge Wasserstoffhyperoxyd zu beobachten [18]. Da nun in der Natur

---

[17] Es müsste hier ein Unterschied gemacht werden zwischen dem Sauerstoff — als **Element** — O und als **einfachem Körper** — O^2. Letzterer wäre am richtigsten als Sauerstoffgas zu bezeichnen, aber die Länge dieses Wortes und der eingebürgerte Sprachgebrauch machen eine scharfe Auseinanderhaltung beider Bezeichnungen schwierig.

[18] Schönbein behauptet, dass bei jeder Oxydation in Gegenwart von Wasser oder Wasserdämpfen Wasserstoffhyperoxyd gebildet wird. Nach den Beobachtungen von Struve ist Wasserstoffhyperoxyd im Schnee und Regenwasser enthalten, es bildet sich wahrscheinlich gleichzeitig mit Ozon und salpetrigsaurem Ammonium beim Athmen und bei der Verbrennung. Wird eine Lösung von Zinn in Quecksilber oder flüssiges Zinnamalgam mit schwefelsäurehaltigem Wasser geschüttelt, so bildet sich ebenfalls Wasserstoffhyperoxyd. Eisen dagegen gibt mit solchem Wasser geschüttelt kein Wasserstoffhyperoxyd. Die Anwesenheit von kleinen Mengen Wasserstoffhyperoxyd in diesen und ähnlichen Fällen lässt sich durch viele Reaktionen erkennen. Besonders charakteristisch ist die Wirkung des Wasserstoffhyperoxyds auf **Chromsäure** in Gegenwart von Aether; die Chromsäure wird hierbei in eine höhere Oxydationsstufe Cr^2O^7 übergeführt, welche in Aether löslich ist und eine tiefblaue Farbe besitzt. Eine solche aetherische Lösung ist ziemlich beständig. Zum Nachweis von Wasserstoffhyperoxyd mischt man die zu prüfende Lösung mit Aether und fügt einige Tropfen einer Chromsäurelösung hinzu; beim Schütteln löst der Aether die Verbindung Cr^2O^7 und färbt sich blau.

Die Bildung von Wasserstoffhyperoxyd bei Verbrennungen und überhaupt bei der Oxydation von Stoffen, welche Wasserstoff enthalten, kann im Sinne der weiter unten entwickelten Vorstellung, dass im Gaszustande alle Molekeln gleiche Volume besitzen, dadurch erklärt werden, dass im Momente der Ausscheidung die Molekel H^2 mit der Molekel O^2 sich zu H^2O^2 verbindet. Da aber diese letztere Verbindung unbeständig ist, so wird sie zum grössten Theil zersetzt und es bleibt nur eine ganz geringe Menge Wasserstoffhyperoxyd zurück. Aus dem entstandenen Wasserstoffhyperoxyd kann sich sehr leicht Wasser bilden, da diese Reaktion von Wärmeentwickelung begleitet ist; die umgekehrte Reaktion — Bildung von Wasserstoffhyperoxyd aus Wasser — ist dagegen höchst unwahrscheinlich. Direkte Beobachtungen haben gezeigt, dass die Reaktion $H^2O^2 = H^2O + O$ unter Entwickelung von 22000 Wärmeeinheiten vor sich geht, also wie die Zersetzung des Ozons, die nur eine andere Zahl ergibt. Hierdurch erklärt sich nicht nur die leichte Zersetzbarkeit des Wasserstoffhyperoxyds, sondern auch seine Fähigkeit gleich dem

stets eine Reihe verschiedenartiger Oxydationsprozesse vor sich geht, so wird, wie Schöne (Professor in Moskau) gezeigt hat, in der Luft immer Wasserstoffhyperoxyd, wenn auch in veränderlichen und unbedeutenden Mengen, gefunden. Wahrscheinlich existirt zwischen der Bildung des Hyperoxyds und des in vielen Hinsichten so nahe stehenden Ozons ein Zusammenhang. Die gewöhnlichste Entstehungsart des Wasserstoffhyperoxyds, die auch in der Regel zur indirekten Darstellung [19]) desselben benutzt wird, besteht in der doppelten Umsetzung der Hyperoxyde einiger Metalle (Kalium, Calcium, Baryum) mit Säuren [20]). Von diesen Hyperoxyden lässt sich das des Baryums am leichtesten erhalten: wie wir im III Kapitel gesehen haben, entsteht es, wenn genügend wasserfreies Baryumoxyd in einem Luft- oder Sauerstoffstrom bis zur Rothgluth erhitzt oder, noch besser, wenn es mit chlorsaurem Kalium geglüht wird, wobei in letzterem Falle das sich gleichzeitig bildende Chlorkalium durch Auswaschen entfernt werden kann [21]).

Ozon viele Körper zu oxydiren, welche vom gewöhnlichen Sauerstoff direkt nicht oxydirt werden. Die oben gegebene Erklärung der Entstehung des Wasserstoffhyperoxyds, als nächsten Produktes der Vereinignng von H^2 und O^2, habe ich seit den 70-er Jahren entwickelt; in neuester Zeit hat Traube dieselbe Ansicht ausgesprochen.

19) Die Bildung von Wasserstoffhyperoxyd aus Baryumhyperoxyd durch doppelte Umsetzung ist ein Beispiel der so zahlreichen **indirekten Darstellungsmethoden.** Der Körper A verbindet sich z. B. nicht direkt mit B, aber bei der Einwirkung von AC auf BD entsteht gleichzeitig mit CD die Verbindung AB (s. Einleitung). Wasser verbindet sich nicht mit Sauerstoff, in Form eines Säurehydrats aber reagirt es mit der Verbindung von Baryumoxyd und Sauerstoff — dem Baryumhyperoxyd — da das Baryumoxyd mit dem Säureanhydrid sich zu einem Salz verbindet; oder, was dasselbe ist, Wasserstoff und Sauerstoff bilden direkt kein Wasserstoffhyperoxyd, aber in Verbindung mit einem Halogen (z. B. Chlor) wirkt Wasserstoff auf BaO^2 ein und man erhält H^2O^2 und ein Baryumsalz. Wir bemerken noch, dass bei der Entstehung von BaO^2 aus BaO auf 16 Gewichtstheile in die Verbindung eintretenden Sauerstoffs 12100 cal. **entwickelt** werden, während bei der Bildung von H^2O^2 aus H^2O auf dieselbe Sauerstoffmenge 22000 cal. **absorbirt** werden müssten, wodurch es sich erklärt, dass letztere Vereinigungsreaktion direkt nicht stattfindet. Bei der Einwirkung auf Säuren muss offenbar das Baryumhyperoxyd weniger Wärme entwickeln, als das Oxyd und diese Differenz an Wärme wird im Wasserstoffhyperoxyd latent. Die Energie des Wasserstoffhyperoxyds stammt von der Energie, welche bei der Bildung des Baryumsalzes aus dem Baryumhyperoxyd freigesetzt wird.

20) Die fälschlich Hyperoxyde genannten Dioxyde des Bleis, Mangans u. a. (s. Kap. III. Anm. 6) geben unter diesen Bedingungen kein Wasserstoffhyperoxyd, sondern entwickeln mit HCl — Chlorgas.

21) Das auf solche Weise erhaltene Baryumhyperoxyd ist nicht rein, kann aber leicht gereinigt werden. Man löst es in verdünnter Salpetersäure und filtrirt es von dem stets zurückbleibenden unlöslichen Rückstande ab. Die filtrirte Lösung enthält aber nicht nur eine Verbindung des Baryumhyperoxyds, sondern auch des Baryumoxyds, da ein Theil dieses letzteren beim Glühen unoxydirt bleibt. Die Verbindungen des Hyperoxyds und Oxyds mit der Säure sind von sehr verschiedener Beständigkeit: das Hyperoxyd gibt eine unbeständige Verbindung, das Oxyd dagegen ein sehr beständiges Salz. Dieser Umstand kann zur Trennung des Hyper-

Bei der Einwirkung von Säuren auf Baryumhyperoxyd in der Kälte entsteht Wasserstoffhyperoxyd [22]). Der Zersetzungsvorgang ist leicht verständlich: der Wasserstoff der Säure und das Baryum des Baryumhyperoxyds wechseln ihre Stellen, es entsteht das Baryumsalz der Säure und Wasserstoffhyperoxyd, das in der wässerigen Lösung bleibt [23]). Die Reaktion lässt sich durch folgende Gleichung ausdrücken: $BaO^2 + H^2SO^4 = H^2O^2 + BaSO^4$. Man nimmt am besten eine abgekühlte schwache Lösung von Schwefelsäure und fügt zu derselben Baryumhyperoxyd fast bis zur Sättigung, so dass ein geringer Ueberschuss an Säure zurückbleibt. Es entsteht in Wasser unlösliches schwefelsaures Baryum und eine mehr oder weniger schwache, d. h. mit Wasser verdünnte Lösung von Wasserstoffhyperoxyd. Diese Lösung kann unter dem Rezipienten der Luftpumpe über Schwefelsäure konzentrirt werden und auf diese Weise das Wasser aus der Wasserstoffhyperoxydlösung schliesslich ganz entfernt werden; man muss aber bei sehr niedriger Temperatur operiren und das Wasserstoffhyperoxyd nur kurze Zeit im luftverdünnten Raum halten, da es sonst sich zu zersetzen anfängt [24]):

---

oxyds vom Oxyd benutzt werden. Fügt man zu der filtrirten Lösung eine wässerige Lösung von Baryumoxyd, so scheidet sich alles in der Flüssigkeit enthaltene Baryumhyperoxyd in reinem Zustande in Verbindung mit Wasser aus. Die ersten Fällungen enthalten fremde Beimengungen, z. B. Eisenoxyd. Darauf fällt reines Baryumhyperoxyd aus: es wird auf einem Filter gesammelt und ausgewaschen; man erhält es auf diese Weise in reinem Zustande als Verbindung von der bestimmten Zusammensetzung $BaO^2 8H^2O$. Zur Darstellung von reinem Wasserstoffhyperoxyd darf nur solches gereinigtes Baryumhyperoxyd angewandt werden.

22) In der Kälte gibt konzentrirte Schwefelsäure mit BaO^2 — Ozon, eine nur wenig verdünnte Säure — Sauerstoff (s. Anm. 6), und nur bei Anwendung von sehr verdünnter Schwefelsäure erhält man H^2O^2. Die Säuren HCl, HF, CO^2, H^2SiF^6 u. a. geben in verdünntem Zustande mit BaO^2 ebenfalls Wasserstoffhyperoxyd. Schöne, der das Hyperoxyd einem genauen Studium unterworfen hat, gelang es die Bildung desselben bei der Einwirkung vieler dieser Säuren nachzuweisen.

23) Die meisten Säuren geben hierbei gleichzeitig ein in der Lösung bleibendes Bariumsalz, so z. B. erhält man bei Anwendung von Salzsäure in der Lösung Wasserstoffhyperoxyd und Chlorbaryum. Um reines Wasserstoffhyperoxyd aus solchen Lösungen zu erhalten, müssen sehr komplizirte Methoden angewandt werden. Viel bequemer ist es daher, auf reines Baryumhyperoxydhydrat Kohlensäuregas einwirken zu lassen. Zu diesem Zwecke suspendirt man das Hydrat in Wasser und leitet in die Flüssigkeit einen schnellen Kohlensäurestrom. Es entsteht kohlensaures Baryum, das in Wasser unlöslich ist, und Wasserstoffhyperoxyd, das in der wässerigen Lösung bleibt; diese beiden Stoffe lassen sich nun auf das leichteste durch Filtration trennen. In der Technik wird Kieselfluorwasserstoffsäure angewandt, da sie ebenfalls mit Baryum ein unlösliches Salz gibt.

24) Aus sehr schwachen Lösungen kann dass Wasserstoffhyperoxyd durch Aether ausgezogen werden, denn der Aether löst dasselbe und in dieser Lösung kann es sogar destillirt werden. Um die wässerige Lösung von Wasserstoffhyperoxyd zu konzentriren, kann man auch niedrige Temperaturen anwenden, bei denen das Wasser auskrystallisirt, sich in Eis verwandelt, während das Wasserstoffhyper-

Im reinen Zustande bildet das Wasserstoffhyperoxyd eine farblose, geruchlose Flüssigkeit von höchst unangenehmem, metallischem Geschmack, der den Salzen vieler Metalle eigen ist. Denselben Geschmack erhält das Wasser beim Stehen in Zinkgefässen, wahrscheinlich infolge eines Gehaltes an Wasserstoffhyperoxyd. Die Dampftension des Wasserstoffhyperoxyds ist geringer, als die des Wassers, daher kann es auch im luftleeren Raum konzentrirt werden. Das wasserfreie Wasserstoffhyperoxyd besitzt das spezifische Gewicht 1,455. Beim Erwärmen, schon auf 20⁰ (bei Einwirkung von Licht?), zersetzt sich das reine Wasserstoffhyperoxyd unter Ausscheidung von Sauerstoff. Je verdünnter aber die wässerige Lösung von Wasserstoffhyperoxyd ist, desto beständiger ist sie; sehr verdünnte Lösungen können sogar ohne Zersetzung des Wasserstoffhyperoxyds destillirt werden. Lakmus- und Curcumalösung, ebenso wie viele andere organische Farbstoffe, werden von Wasserstoffhyperoxyd entfärbt (daher ist es auch zum Bleichen von Geweben vorgeschlagen worden).

Viele Körper zersetzen das Wasserstoffhyperoxyd zu Wasser und Sauerstoff, scheinbar ohne selbst irgend eine Veränderung zu erleiden. Die Wirkung dieser Körper kommt deutlicher zum Vorschein, wenn sie in fein vertheiltem Zustande sich befinden, als in kompakten Massen — ein Beweis, dass hier eine Kontakt-Wirkung vorliegt (s. Einleitung). Um diese Zersetzung herbeizuführen genügt es, das Wasserstoffhyperoxyd mit Kohle, Gold, Manganhyperoxyd, Bleidioxyd, Alkalien, metallischem Silber oder Platin in Berührung zu bringen [25]. Ausserdem bildet das Wasserstoffhyperoxyd Wasser und gibt Sauerstoff mit grosser Leichtigkeit einer grossen Anzahl von Körpern ab, welche die Fähigkeit besitzen sich zu oxydiren, d. h. sich mit Sauerstoff zu verbinden. In dieser

---

oxyd, das nur bei sehr niedrigen Temperaturen erstarrt, in der Lösung bleibt. Es muss noch bemerkt werden, dass das Wasserstoffhyperoxyd, besonders in reinem Zustande und in konzentrirter Lösung, selbst bei gewöhnlicher Temperatur ausserordentlich unbeständig ist und daher in Gefässen, welche fortwährend abgekühlt werden, aufzubewahren ist; sonst zerfällt es in Sauerstoff und Wasser.

25) Einige *katalytische* oder Kontakterscheinungen haben bei näherer Untersuchung eine ganz genaue Erklärung gefunden, indem es sich herausstellte, dass die unverändert bleibende Substanz unmittelbar an der Reaktion theilnimmt und nur am Ende in ihrem ursprünglichen Zustande wiedererscheint. Indessen giebt es auch eine Reihe von Reaktionen, welche durch mechanische Wirkungen hervorgerufen werden. Schöne ist es gelungen, viele bis dahin unerklärliche Reaktionen des Wasserstoffhyperoxyds aufzuklären. So z. B. hat er gezeigt, dass die Alkalimetalle mit Wasserstoffhyperoxyd die Hyperoxyde der Alkalimetalle bilden und dass diese mit dem überschüssigen Wasserstoffhyperoxyd zu sehr unbeständigen Verbindungen zusammentreten, welche sich äusserst leicht zersetzen (unter Bildung von Wasser, Alkali und Sauerstoff). Auf diese Weise erklärt sich die (katalytische) zersetzende Wirkung der Alkalien auf Wasserstoffhyperoxyd. Nur saure und schwache Lösungen von Wasserstoffhyperoxyd können aufbewahrt werden.

Hinsicht besitzt es grosse Aehnlichkeit mit dem Ozon und andern starken Oxydationsmitteln [26]). Zu den Kontaktwirkungen, welche für das Wasserstoffhyperoxyd, als unbeständigen und leicht unter Wärmeentwickelung sich zersetzenden Körper, so charakteristisch sind, gehört auch die Erscheinung, bei welcher das Wasserstoffhyperoxyd in Berührung mit sauerstoffhaltigen Körpern nicht nur seinen Sauerstoff, sondern auch den in diesen Körpern enthaltenen ausscheidet, also **reduzirend wirkt**. Solche Körper sind z. B. das Ozon, die Oxyde des Silbers, Quecksilbers, Goldes und Platins und das Bleidioxyd. Der Sauerstoff ist in diesen Körper ebenfalls locker gebunden, so dass eine schwache Kontaktwirkung genügt, ihn frei zu machen. Bei der Berührung mit diesen Körpern scheidet das Wasserstoffhyperoxyd, besonders wenn es in konzentrirtem Zustande ist, eine sehr grosse Menge Sauerstoff aus; lässt man zu solchen Körpern in trocknem, pulverförmigen Zustande tropfenweise konzentrirtes Wasserstoffhyperoxyd zufliessen, so erfolgt Explosion unter ausserordentlich grosser Wärmeentwickelung. Die Zersetzuug findet übrigens auch in verdünnten Lösungen statt [27]).

---

26) **Das Wasserstoffhyperoxyd**, als ein Körper, der viel Sauerstoff enthält (auf 1 Gewthl. Wasserstoff — 16 Th. Sauerstoff), **wirkt oxydirend**. Es oxydirt Arsen, führt Kalk in Calciumhyperoxyd, die Oxyde des Zinks und Kupfers in die entsprechenden Hyperoxyde über, gibt Sauerstoff an viele Schwefelmetalle ab und verwandelt dieselben in schwefelsaure Salze u. s. w. So wird z. B. das schwarze Schwefelblei PbS vom Wasserstoffhyperoxyd in weisses schwefelsaures Blei $PbSO^4$ übergeführt, Schwefelkupfer in schwefelsaures Kupfer u. s. w. Auf dieser Wirkung beruht die Anwendung des Wasserstoffhyperoxyds, um die dunkel gewordenen Farben alter Oelgemälde zu beleben. Die Oelfarben enthalten meist Bleiweiss und werden daher theilweise unter dem Einflusse des in der Luft enthaltenen Schwefelwasserstoffs, durch Bildung von schwarzem Schwefelblei, mit der Zeit dunkel. Behandelt man ein solches Gemälde mit einer Wasserstoffhyperoxydlösung, so wird das Schwefelblei in weisses schwefelsaures Blei übergeführt und die Farben treten in ihrem ursprünglichen Ton wieder hervor. Das Wasserstoffhyperoxyd oxydirt besonders energisch solche Stoffe, die Wasserstoff enthalten und denselben an oxydirende Substanzen leicht abgeben; so z. B. zersetzt es Jodwasserstoff unter Freisetzung von Jod und Oxydation seines Wasserstoffs zu Wasser; ebenso wird Schwefelwasserstoff zersetzt, indem der Schwefel zunächst frei wird. Jodkaliumstärkekleister wird indess von Wasserstoffhyperoxyd direkt, in Abwesenheit freier Säuren, nicht gebläut, die blaue Färbung erscheint aber, sobald man zur Mischung eine geringe Menge Eisenvitriol oder essigsauren Bleis zusetzt. In Gegenwart dieser Körper bildet der Jodkaliumstärkekleister, ebenso wie Chromsäure mit Aether (s. Anm. 18), ein sehr empfindliches Reagens auf Wasserstoffhyperoxyd (Reagens nennt man einen Körper, der zum Nachweis eines anderen benutzt wird).

27) Zur Erklärung dieser Erscheinungen ist eine Hypothese (aber auch nur eine Hypothese) von Brodie, Clausius und Schönbein aufgestellt worden, welche annehmen, dass der gewöhnliche Sauerstoff eine elektrisch oder überhaupt polar — neutrale Substanz darstelle, die gewissermaassen aus zwei entgegengesetzt polaren Arten von Sauerstoff — einer positiven und einer negativen zusammengesetzt sei. Nach dieser Hypothese ist nun im Wasserstoffhyperoxyd die eine Art Sauerstoff, in den Oxyden der oben erwähnten Metalle die entgegengesetzte Art enthalten,

Ebenso wie dem Wasser eine ganze Reihe von Verbindungen der Metalle — Oxyde und Oxydhydrate — entspricht, so giebt es auch zahlreiche dem Wasserstoffhyperoxyd analoge Verbindungen. Das Calciumhyperoxyd z. B. steht zum Wasserstoffhyperoxyd in demselben Verhältniss, wie das Calciumoxyd (der Kalk) zum Wasser. In beiden Fällen ist der Wasserstoff durch das Metall Calcium ersetzt. Sehr wichtig ist aber die Analogie des Wasserstoffhyperoxyds mit dem Chlor, einem einfachen nicht metallischen Körper. Die Wirkung dieses letzteren auf Farbstoffe, seine Fähigkeit zu oxydiren und andererseits aus vielen Oxyden Sauerstoff auszuscheiden, — sind den Wirkungen des Wasserstoffhyperoxyds vollkommen analog. Sogar die Entstehung des Chlors aus Mangandioxyd MnO^2 und Salzsäure HCl bietet die grösste Aehnlichkeit mit der Bildung des Wasserstoffhyperoxyds bei der Einwirkung derselben Säure auf Baryumhyperoxyd. Im ersteren Falle bilden sich Wasser, Chlor und Chlormangan, im letzteren — Wasserstoffhyperoxyd und Chlorbaryum. Wasser $+$ Chlor entsprechen also dem Wasserstoffhyperoxyd, und in der That ist die Wirkung des Chlors gerade in Gegenwart von Wasser analog der Wirkung des Wasserhyperoxyds. Diese Analogie findet ihren Ausdruk in dem Begriff des Hydroxyls (Wasserrestes), von dem früher schon die Rede war. Das **Hydroxyl** ist der Rest, welcher vom Wasser zurückbleibt, wenn ihm die Hälfte seines Wasserstoffs entzogen wird. In diesem Sinne würde das Aetznatron eine Verbindung von Natrium mit Hydroxyl sein, da es aus dem Wasser unter Austritt der Hälfte seines Wasserstoffs entsteht. Diese Verhältnisse werden durch folgende Formeln ausgedrückt: Wasser H^2O, Aetznatron $NaHO$, entsprechend dem Chlorwasserstoff HCl und Chlornatrium $NaCl$. Das Hydroxyl HO ist also ein zusammengesetztes Radikal, wie das Chlor Cl ein einfaches Radikal ist. Beide geben Verbindungen mit Wasserstoff: HHO — Wasser und HCl — Chlorwasserstoff; mit Natrium: $NaHO$ und $NaCl$ und eine ganze Reihe analoger Verbindungen mit anderen Elementen. Das freie Chlor wäre dann als $ClCl$ aufzufassen und das Wasserstoffhyperoxyd als $HOHO$. Letztere Formel drückt auch thatsächlich die Zusammensetzung des Wasserstoffhyperoxyds aus, da es doppelt soviel Sauerstoff enthält, als das Wasser.

---

und zwar im ersteren elektropositiver, in den letzteren elektronegativer Sauerstoff; bei der Berührung dieser Oxyde mit Wasserstoffhyperoxyd wird, infolge der gegenseitigen Anziehung der entgegengesetzt polaren Sauerstoffe, gewöhnlicher neutraler Sauerstoff frei. Brodie nimmt eine Polarität des Sauerstoffs nur in dessen Verbindungen an, Schönbein dagegen auch im freien Zustande, indem er das Ozon für negativen Sauerstoff ansieht. Der Annahme, dass im Ozon ein anderer Sauerstoff enthalten sei, als im Wasserstoffhyperoxyd, widerspricht die Thatsache, dass aus Baryumhyperoxyd konzentrirte Schwefelsäure — Ozon, verdünnte dagegen — Wasserstoffhyperoxyd ausscheidet.

Im Ozon und Wasserstoffhyperoxyd haben wir zwei höchst unbeständige, leicht (mit der Zeit von selbst oder durch Kontakt) zersetzbare Körper kennen gelernt, welche einen grossen Vorrath an Energie [28]) zu chemischen Umwandlungen besitzen und leicht Umlagerungen erleiden (in diesem Fall unter Ausscheidung von Sauerstoff und bedeutender Wärmeentwickelung sich zersetzen), also Beispiele **unbeständiger chemischer Gleichgewichtszustände**. Wenn ein Körper überhaupt existenzfähig ist, so stellt er bereits eine bestimmte Art von Gleichgewicht der ihn bildenden Elemente dar. Aber die chemischen Gleichgewichtszustände, ebenso wie die mechanischen können einen verschiedenen Grad von Beständigkeit oder Stabilität besitzen [29]).

Ausserdem führt die Betrachtung der Zusammensetzung des

---

28) Die niederen Oxyde des Stickstoffs und Chlors und die höheren des Mangans entstehen ebenfalls unter Wärmeaufnahme; sie wirken daher stark oxydirend, wie das Wasserstoffhyperoxyd, und können nicht nach den Methoden dargestellt werden, nach welchen die meisten anderen Oxyde sich bilden. Es ist erklärlich, dass solche Körper, welche an Energie (durch Wärmeaufnahme) reich sind, mehr und verschiedenartigere Fälle von chemischer Wechselwirkung mit andern Körpern geben, als Körper, welche an Energie arm sind.

29) Wenn der Stützpunkt sich vertikal unter dem Schwerpunkt befindet, ist bekanntlich der Gleichgewichtszustand labil. Befindet sich dagegen der Stützpunkt über dem Schwerpunkt, so ist das Gleichgewicht stabil und es können um diese Gleichgewichtslage Schwingungen stattfinden, wie beim Pendel oder der Waage, die damit enden, dass der Körper in seinen Gleichgewichtszustand zurückkehrt. Wenn wir aber, unter Beibehaltung desselben mechanischen Beispieles, nicht einen geometrischen Punkt, sondern eine kleine Fläche gestützt denken, so kann auch ein labiler Gleichgewichtszustand, sofern keine störenden Ursachen zur Wirkung kommen, auf die Dauer bestehen. Wenn z. B. der Mensch aufrecht steht, indem er sich auf die Fläche oder eine Reihe von Punkten der Fusssohle stützt, so befindet sich der Schwerpunkt seines Körpers oberhalb der Stützpunkte. In einem derartigen Falle sind auch Schwingungen möglich, aber in begrenztem Maasse, denn sobald die Grenze des möglichen Gleichgewichtes überschritten ist, wird eine andere Lage für den Körper stabiler und Schwingungen um diese neue Gleichgewichtslage möglicher, als bei Beibehaltung der ursprünglichen Lage. So z. B. kann ein prismatischer Körper, im Wasser schwimmend, mehrere mehr oder weniger stabile Gleichgewichtslagen annehmen. Dasselbe gilt auch von den Atomen in der Molekel. Die einen Molekeln befinden sich in einem stabileren, die anderen in einem weniger stabilen Gleichgewichtszustande. Dieser einfache Vergleich zeigt auf das Deutlichste, dass die Stabilität der Molekeln sehr verschieden sein kann und dass ein und dieselben Elemente in denselben Mengenverhältnissen Isomere von verschiedener Beständigkeit geben können, dass endlich so ephemere, labile Gleichgewichtszustände in den Molekeln möglich sind, wie sie nur unter ganz ausschliesslichen Bedingungen sich verwirklichen können. Hierher gehören z. B. gewisse Hydrate, von denen im I-sten Kap. (Anm. 57, 67 u. a.) die Rede war. Der labile Charakter eines bestimmten Gleichgewichtszustandes kann entweder in der Unbeständigkeit gegenüber Temperaturänderungen, oder in der leichten Zersetzbarkeit unter dem Einflusse des Kontaktes, oder der rein chemischen Einwirkung vieler Substanzen zum Vorschein kommen. So klar auch die verschiedene Beständigkeit des elementaren Baues der Körper in dieser allgemeinen Betrachtung erscheinen mag, ist es bis jetzt doch unmöglich, der-

Wasserstoffhyperoxyds zu folgenden, theoretisch überaus wichtigen Ergebnissen.

Wir haben gesehen, dass der Wasserstoff mit Sauerstoff zwei Oxydationsstufen bildet — das Wasser oder Wasserstoffoxyd und das oxydirte Wasser oder Wasserstoffhyperoxyd, und zwar in der Weise, dass letztere Verbindung auf eine gegebene Menge Wasserstoff doppelt soviel Sauerstoff enthält, als erstere. Es ist dies also ein Beispiel, welches das schon bei Betrachtung der Verbindungen mit Krystallisationswasser und der Salze erwähnte Gesetz der multiplen Proportionen bestätigt. Wir können nunmehr dies Gesetz vollkommen klar formuliren. **Das Gesetz der multiplen Proportionen** lautet: *Bilden zwei Elemente A und B (einfache oder zusammengesetzte Körper) unter einander mehrere bestimmte Verbindungen: $A^n B^m$, $A^q B^r$ ..., und drückt man die Zusammensetzung dieser Verbindungen in der Weise aus, dass die (Gewichts- oder Volum-) Menge des einen Bestandtheiles A eine konstante Grösse bleibt, so stehen die Mengen des andern Bestandtheiles B in allen Verbindungen AB^a, AB^b ..., in einem kommensurablen und zwar einem meist einfachen multiplen Verhältniss zu einander, so dass $a : b$... oder m/n zu r/q sich wie ganze Zahlen verhalten, z. B. wie $1 : 2$... oder $2 : 3$... oder $3 : 4$...*

Die Analyse zeigt, dass in 100 Gewichtstheilen Wasser:
11,112 Gewichtstheile Wasserstoff und 88,888 Sauerstoff enthalten sind; und im Wasserstoffhyperoxyd:
5,883 Gewichtstheile Wasserstoff und 94,117 Sauerstoff.

Die Analysenresultate sind hier, wie dies immer geschieht, in Procenten ausgedrückt. Der Vergleich dieser Zahlen lässt unmittelbar kein einfaches Verhältniss zwischen denselben erkennen. Bezieht man aber die Mengen der Bestandtheile auf den einen derselben — Wasserstoff oder Sauerstoff — als Konstante, z. B. als Einheit, so tritt die Gesetzmässigkeit sofort zum Vorschein. Es zeigt sich in dem uns beschäftigenden Fall, dass auf 1 Theil Wasserstoff im Wasser 8 Th., im Wasserstoffhyperoxyd 16 Th. Sauerstoff enthalten sind, oder auf 1 Th. Sauerstoff im Wasser $1/8$ und im Wasserhyperoxyd $1/16$ Th. Wasserstoff. Die Analyse gibt diese Zahlen zwar nicht mit absoluter Genauigkeit, sie ist immer bis zu einem gewissen Grade mit Fehlern behaftet, aber bei Verminderung der Fehler nähern sich die Resultate den angegebenen Zahlen als ihren Grenzen. Vergleicht man also die in den beiden Verbindungen des

---

selben eine Erklärung in der konkreten Form zu geben, welche es ermöglichte, mit rein mechanischen Begriffen zu operiren und die mathematische Analyse anzuwenden, d. h. den Gegenstand mit einer solchen Vollkommenheit zu beherrschen, dass der Grad der Stabilität der verschiedenen chemischen Gleichgewichte vorausgesehen werden könnte. Bis jetzt gelingt es nur in einzelnen Fällen, den ersten Schritt zur Aufstellung allgemeiner Prinzipien auf diesem Gebiete zu machen.

Wasserstoffs mit dem Sauerstoff enthaltenen Mengen dieser Elemente, indem man den einen der Bestandtheile als konstant annimmt, so erhält man wieder Zahlen, an denen sich das Gesetz der multiplen Proportionen erkennen lässt: denn wie wir gesehen haben, beträgt die Sauerstoff-Menge auf 1 Th. Wasserstoff — im Wasser 8 Th., im Wasserstoffhyperoxyd 16 Th., diese Zahlen verhalten sich aber wie 1 : 2.

Dasselbe multiple Verhältniss wird an allen übrigen genau untersuchten bestimmten chemischen Verbindungen beobachtet [30]). Das Gesetz der multiplen Proportionen ist der allgemeine Ausdruck für diese Thatsache und muss daher bei der Betrachtung chemischer Verbindungen stets zu Grunde gelegt werden.

Das Gesetz der multiplen Proportionen wurde im Anfange dieses Jahrhunderts von **Dalton** (Professor in Manchester) bei der Untersuchung der Verbindungen des Kohlenstoffs mit Wasserstoff entdeckt. Dalton fand, dass in zwei gasförmigen Verbindungen dieser Elemente — dem Sumpfgas CH^4 und dem ölbildenden Gas C^2H^4 auf dieselbe Menge Wasserstoff multiple Mengen Kohlenstoff enthalten sind, und

---

30) Wenn z. B. ein Element mehrere Verbindungen mit Sauerstoff bildet, so folgt die Zusammensetzung dieser Oxyde dem Gesetze der multiplen Proportionen. Auf eine gegebene Menge des Metalles oder Metalloides verhalten sich die Mengen Sauerstoff in den verschiedenen Oxydationsstufen, wie 1 : 2, oder 1 : 3, oder 2 : 3, oder 2 : 7 u. s. w. So z. B. verbindet sich das Kupfer mit Sauerstoff mindestens in zwei Verhältnissen: es bildet die in der Natur vorkommenden Oxyde, von denen das eine als Kupferoxydul, das andere als Kupferoxyd bezeichnet wird; letzteres enthält doppelt so viel Sauerstoff, als ersteres: Cu^2O und CuO. Das Blei bildet auch zwei Oxydationsstufen — das Monoxyd und das Dioxyd: PbO und PbO^2. Die Mennige — eine ziemlich gebräuchliche rothe Farbe — ist ein Gemisch von Verbindungen dieser beiden Oxyde des Bleis mit einander; es wird dies bewiesen nicht nur dadurch, dass die Zusammensetzung der Mennige keine konstante ist, sondern auch durch die Beobachtung, dass Reagentien, welche Bleioxyd ausziehen können, z. B. Säuren, dasselbe aus der Mennige thatsächlich aufnehmen und Bleidioxyd hinterlassen.

Wenn eine Base mit einer Säure mehrere Salze — neutrale, saure, basische, Anhydrosalze — bildet, so geschieht dies gleichfalls nach dem Gesetz der multiplen Proportionen. Wollaston hat dies kurze Zeit nach der Entdeckung des genannten Gesetzes nachgewiesen.

Wir sahen in Kap. 1, dass Salze verschiedene Verbindungsstufen mit Krystallisationswasser bilden und zwar ebenfalls nach dem Gesetze der multiplen Proportionen. Sogar die unbestimmten chemischen Verbindungen, welche wir in den Lösungen vor uns haben, können ebenfalls unter das Gesetz der multiplen Proportionen gebracht werden, wenn man annimmt, dass die Lösungen unbeständige, nach diesem Gesetze zusammengesetzte Hydrate im Zustande der Dissoziation sind. Diese Annahme verleiht dem Gesetze der multiplen Proportionen noch allgemeinere Geltung, indem sie dasselbe auf alle Arten von chemischen Verbindungen, auch die sogen. unbestimmten ausdehnt. Ihre Hauptrichtung hat die heutige Chemie durch die Entdeckungen Lavoisier's und Dalton's erhalten und indem wir auch die unbestimmten chemischen Verbindungen dem Gesetze Dalton's unterwerfen, erreichen wir die Einheitlichkeit der chemischen Begriffe, die bei einer strengen Scheidung der bestimmten von den unbestimmten Verbindungen unmöglich wäre.

zwar in dem Sumpfgas halbsoviel Kohlenstoff, als im ölbildenden Gas. Obgleich die damaligen analytischen Methoden eine grosse Genauigkeit nicht zuliessen und Dalton daher Zahlen erhielt, die der Wirklichkeit nicht vollständig entsprachen, so wurde das von diesem Forscher entdeckte Gesetz durch spätere genauere Untersuchungen dennoch vollkommen bestätigt. Dalton hatte zur Erklärung dieses Gesetzes eine Hypothese aufgestellt, welche sich auf die atomistische Theorie der Materie gründete. In der That erklärt sich das Gesetz der multiplen Proportionen bei Annahme einer atomistischen Struktur des Stoffes in ausserordentlich einfacher Weise.

Die atomistische Theorie besteht im Wesentlichen darin, dass der Stoff als aus einer Anzahl kleinster, nicht weiter theilbarer Theilchen — den Atomen — bestehend gedacht wird, und zwar so, dass der von einem Körper eingenommene Raum von den Atomen nicht vollständig ausgefüllt ist, indem diese Atome sich in gewissen Abständen von einander, wie die Himmelskörper im Weltraum, befinden. Form und Eigenschaften der Körper werden nach dieser Theorie von der Lage der Atome im Raum und ihrem Bewegungszustande bestimmt und die an den Körpern beobachteten Erscheinungen — durch Veränderungen in der gegenseitigen Lage der Atome und der ihnen eigenen Bewegung erklärt. Die atomistische Auffassung des Stoffes tauchte schon im Alterthume [31]) auf; bis

---

[31]) Von den Philosophen des klassischen Alterthums stellten sich Leukipp, Demokrit und besonders Lukrez den Stoff aus Atomen, d. h. untheilbaren diskreten Theilchen bestehend vor. Die Unmöglichkeit einer solchen Annahme vom geometrischen Standpunkte aus, sowie die Folgerungen, welche von den Atomisten des Alterthums aus derselben abgeleitet wurden, machten die Verbreitung der atomistischen Lehre unmöglich; sie lebte, wie so viele andere, in den Köpfen ihrer Anhänger, ohne sich um die reale Welt der Thatsachen zu kümmern. Zwischen der heutigen atomistischen Theorie und der der Philosophen des Alterthums, besteht wol ein entfernter historischer Zusammenhang, wie zwischen den Lehren der Pythagoräer und dem System des Copernicus, ihrem Wesen nach zeigen aber diese Theorien einen weitgehenden Unterschied. Für uns ist das Atom untheilbar, nicht im geometrischen, abstrakten Sinne, sondern nur im realen — physikalischen und chemischen. Es wäre daher besser anstatt Atom die Bezeichnung Individuum zu gebrauchen. Das griechische Atom ist mit dem lateinischen Individuum gleichbedeutend, historisch haben aber diese Worte einen verschiedenen Sinn erhalten. Ein Individuum ist mechanisch und geometrisch theilbar, es ist nur in einem bestimmten realen Sinne ein Untheilbares. Die Sonne, die Erde, der Mensch, ein Insekt sind Individuen, obgleich sie geometrisch theilbar sind. Ebenso sind die Atome der heutigen Naturwissenschaft untheilbar im physikalisch-chemischen Sinne; sie bilden die Einheiten, mit denen die Wissenschaft beim Studium der Naturerscheinungen zu thun hat, wie wir bei Betrachtung der gesellschaftlichen Verhältnisse den Menschen als untheilbare Einheit vor uns haben, oder wie für die Astronomie die Himmelskörper Einheiten darstellen. Wenn, wie wir weiter unten sehen werden, die Wirbelhypothese auftaucht, nach welcher die Atome mechanisch komplizirte, durch physikalisch-mechanische Kräfte nicht theilbare Wirbel sind, so genügt dies allein zum Beweise, dass die Forscher unserer Zeit, indem sie die atomistische Theorie annahmen, nur dies Wort — die Form — von den Philosophen des Alterthums entlehnten, nicht aber den

heute steht ihr die dynamische Auffassung gegenüber, welche den Stoff nur als Erscheinungsform der Kräfte begreift. In der letzten Zeit wird von den meisten Gelehrten die atomistische Theorie angenommen; es darf aber nicht vergessen werden, dass die Vorstellungen der heutigen Atomistiker sich von Grund aus von denen der Philosophen des Alterthums unterscheiden. Nach der jetzt verbreiteten Vorstellung ist das Atom eigentlich ein Individuum oder eine Einheit, die durch physikalische [32]) und chemische Kräfte nicht mehr theilbar ist, während bei den Alten das Atom als mechanisch und geometrisch untheilbar aufgefasst wurde. Als **Dalton** (1804) das Gesetz der multiplen Proportionen entdeckt hatte, sprach er sich für die atomistische Theorie aus, da dieselbe eine sehr einfache Erklärung dieses Gesetzes ergab. Wenn die Theilbarkeit jedes einfachen Körpers begrenzt ist und die Atome diese Grenze der Theilbarkeit bilden, so muss die Entstehung eines zusammengesetzten Körpers aus einfachen in der Weise vor sich gehen, dass die verschiedenartigen Atome sich zu einem Atomsystem — einer **Molekel** — vereinigen. Da jedes Atom nur als untheilbares Ganze in ein solches System eintreten kann, so ergiebt sich daraus mit Nothwendigkeit, dass die Vereinigung in der Weise stattfinden muss, wie es die Gesetze der konstanten Gewichtsverhältnisse und der multiplen Proportionen verlangen: ein Atom eines Körpers kann sich mit einem, zwei, drei oder mehr Atomen eines andern Körpers verbinden. Die Ersetzung eines Elementes durch ein anderes erfolgt nach dem Gesetze der Aequivalente: hiernach treten ein oder mehrere Atome des gegebenen einfachen Körpers an die Stelle eines oder mehrerer Atome eines anderen einfachen Körpers in dessen

---

Inhalt. Diejenigen, welche in den Anschauungen der heutigen Atomisten nichts weiter als eine Wiederbelebung der metaphysischen Spekulationen der Alten zu sehen glauben, sind im Irrthum. Wie der Geometer, bei Betrachtung der Kurven, dieselben aus Geraden zusammengesetzt denkt, um dadurch die Analyse zu ermöglichen, so wendet auch der Naturforscher die atomistische Lehre in erster Linie als Mittel zur Analyse der Naturerscheinungen an. Natürlich werden sich auch heutzutage, wie im Alterthume und wie dies immer sein wird, Leute finden, welche abstrakten Spekulationen den Vorzug vor dem Studium des Realen geben; es werden sich daher auch Atomisten extremer Richtung finden. Aber nicht dieser Richtung gehören die grossen Verdienste der atomistischen Lehre, welche, wenn man darauf bestehen will, Alles auf das Alterthum zurückzuführen, die Lehren der alten Atomisten und der alten Dynamisten verbunden, in Wirklichkeit aber sich ganz selbstständig entwickelt hat.

32) Dalton und Viele nach ihm machten einen Unterschied zwischen den Atomen einfacher und zusammengesetzter Körper, wodurch ihre Anschauungen sich schon als grundverschieden von denen der Alten kennzeichneten. Heute nennen wir Atome nur die Individuen der einfachen Körper — dieselben sind weder physikalisch, noch chemisch theilbar; die Individuen der zusammengesetzten Körper, welche physikalisch nicht theilbar sind, durch chemische Kräfte aber zu Atome getheilt werden können, nennen wir Molekeln.

Verbindungen. Die Atome der verschiedenen einfachen Körper mengen sich so zu sagen mit einander wie Sand mit Lehm gemengt werden können; eine vollständige Verschmelzung findet in dem ersteren Falle ebensowenig statt, wie in dem letzteren, die verschiedenartigen Atome reihen sich nur aneinander und es entsteht auf diese Weise aus den verschiedenen Theilen ein gleichartiges Ganzes. Die einfachste Form der Anwendung der atomistischen Lehre zur Erklärung chemischer Verbindungen zeigen die folgenden Beispiele [33]).

---

33) Bei dem heutigen Zustande der Wissenschaft muss jede Hypothese, welche den Bau des Stoffes erklären will, sei es die atomistische oder die dynamische, in demselben das Vorhandensein von verborgenen, direkt nicht wahrnehmbaren Bewegungen annehmen, ohne die es unmöglich ist, die Erscheinungen des Lichtes, der Wärme, des Gasdruckes und überhaupt die Gesammtheit der mechanischen, physikalischen und chemischen Vorgänge zu verstehen. Für das Alterthum war ausschliesslich das Thier die verkörperte Bewegung, für uns ist ohne selbstständige Bewegung nicht das geringste Theilchen des Stoffes denkbar; jedes dieser Theilchen besitzt in grösserem oder geringerem Grade einen Vorrath an lebendiger Kraft oder Energie. Der Begriff des Stoffes kann nicht mehr von dem der Bewegung getrennt werden, und es war auf diese Weise die Möglichkeit einer Wiederbelebung der dynamischen Theorie gegeben. In der atomistischen Lehre selbst gewann die Vorstellung immer mehr an Boden, dass die Welt der Atome wie die Welt der Himmelskörper beschaffen sei, dass sie wie diese ihre Sonnen, Planeten und Trabanten besitze, die von der ewigen lebendigen Kraft der Bewegung beseelt sind, Systeme — die Molekeln — bilden (wie unser Sonnensystem), untheilbar nur in dem Sinne, wie die Planeten des Sonnensystems, und ebenso beständig, wie das System des Weltalls.

Eine solche Vorstellung, die von einer absoluten Untheilbarkeit der Atome vollständig absieht, bringt Alles zum Ausdruck, was die Wissenschaft von einer Hypothese, welche den Bau des Stoffes erklären soll, verlangt. Noch mehr nähert sich der rein dynamischen Auffassung die nicht zum ersten Mal auftauchende **Wirbelhypothese**. Descartes war der erste, der diese Hypothese zu entwickeln versuchte, Helmholtz und Thomson haben ihr eine vollständigere und dem heutigen Stande der Wissenschaft mehr entsprechende Form gegeben; nach ihnen haben sie viele andere auf die Physik und Chemie angewandt. Als Ausgangspunkt dieser Hypothese dient der Wirbelring (anneau tourbillon, vortex). Ein allgemein bekanntes Beispiel solcher Wirbelringe sind die Ringe des Tabakrauches; künstlich kann man die Erscheinung hervorrufen, wenn man gegen eine mit einer runden Oeffnung versehene und mit Rauch gefüllte Pappschachtel einen kurzen Schlag führt; wie wir weiter unten sehen werden, gibt Phosphorwasserstoff beim Entweichen aus Wasser, wenn die Luft nicht bewegt ist, sehr schöne Wirbelringe. In solchen Wirbelringen beobachtet man eine beständige rotirende Bewegung der Theilchen um einen aequatorialen Kreis und es ist leicht zu bemerken, dass sie in ihrer fortschreitenden Bewegung ihre Form mit grosser Beharrlichkeit beibehalten. Das Atom wird nun als eine solche unveränderliche, in fortwährender innerer Bewegung begriffene Masse angesehen. Wie die mechanische Analyse lehrt, muss in einem reibungslosen Medium ein solcher Wirbelring unverändert fortbestehen. Solche Ringe können sich mit einander zu Gruppen vereinigen und wieder trennen, und, ohne absolut untheilbar zu sein, dennoch nicht in ihre Theile zerfallen. Bis jetzt befindet sich übrigens die Wirbelhypothese erst in ihrem Anfangsstadium, ihre Anwendbarkeit zur Erklärung chemischer Erscheinungen ist noch nicht ganz deutlich, obgleich durchaus nicht unmöglich, sie bringt kein Licht in das unaufgeklärte Problem der Beschaffenheit des

Eine bestimmte ganze Zahl von n Atomen eines einfachen Körpers A verbindet sich mit einer ebenfalls ganzen Zahl von m Atomen eines anderen einfachen Körpers B zu einem zusammengesetzten Körper A^nB^m; jede Molekel dieses letzteren enthält die Atome von A und B in diesem Mengenverhältniss, daher muss der zusammengesetzte Körper eine **bestimmte Zusammensetzung** besitzen, welche durch die Formel A^nB^m ausgedrückt wird, wobei A und B die Gewichte der Atome und n und m die relativen Mengen dieser Atome in der Verbindung bezeichnen. Bilden nun dieselben zwei Elemente A und B, ausser A^nB^m eine andere Verbindung A^rB^q, so können wir die Zusammensetzung der ersteren Verbindung durch $A^{nr}B^{mr}$ (was dasselbe ist wie $A^n B^m$) und die der letzteren durch $A^{nr}B^{qn}$ ausdrücken; da also auf eine gegebene Menge des einen

zwischen den Wirbelringen befindlichen Raumes (wie es auch unklar bleibt, was zwischen den Atomen und zwischen den Planeten sich befindet), sie gibt keine Antwort auf die Frage von der Natur der sich bewegenden Substanz der Wirbelringe; daher ist sie bis jetzt nur der Keim einer Hypothese über den Bau des Stoffes und braucht hier nicht ausführlicher besprochen zu werden.

Von Dalton's Zeit an bis auf den heutigen Tag hat die Frage, ob die mechanische Theilbarkeit des Stoffes eine begrenzte ist, die Naturforscher oft beschäftigt (und wird es natürlich auch in Zukunft thun); die Atomisten suchten eine Antwort auf diese Frage in den verschiedensten Gebieten der Natur. Ich wähle ein Beispiel, das nicht in die Chemie gehört, um zu zeigen, wie eng der Zusammenhang zwischen den verschiedenen Zweigen der Naturkunde ist.

Wollaston schlug die Untersuchung der Atmosphären der Himmelskörper als Methode zur Prüfung der atomistischen Hypothese auf ihre Richtigkeit vor. Wenn die Theilbarkeit der Materie eine unbegrenzte ist, so muss die Luft unserer Atmosphäre infolge ihrer Elasticität in den Weltraum ebenso diffundiren, wie sie auf der Erde sich überallhin verbreitet; es können also bei dieser Annahme im Weltraum nirgends die Bestandtheile der Luft fehlen. Ist dagegen die Materie nur bis zu einer gewissen Grenze — dem Atom — theilbar, so *können* Himmelskörper existiren, die keine Athmosphäre besitzen, und würden derartige Himmelskörper entdeckt, so wäre dies ein wichtiger Hinweis auf die Richtigkeit der atomistischen Hypothese. Für einen solchen Himmelskörper wurde seit lange der Mond gehalten und wurde dieses, besonders in Anbetracht der Nähe des Mondes von der Erde, als der beste Beweis zu Gunsten der atomistischen Anschauung angeführt. Dieser Beweis wurde theilweise durch den Einwand entkräftet, dass die gasförmigen Bestandtheile unserer Atmosphäre bei den niedrigen Temperaturen, welche, wie damals angenommen wurde, in den höheren Regionen der Athmosphäre herrschen, in den flüssigen und festen Zustand übergehen könnten (Poisson). Eine Reihe von Untersuchungen (Pouillet) zeigte jedoch, dass die Temperatur des Himmelsraumes eine relativ nicht sehr niedrige und in unseren Versuchen vollkommen erreichbare ist, so dass jedenfalls bei geringen Druckgraden eine Verflüssigung der Luftgase nicht zu erwarten ist. Man könnte also in dem Fehlen einer Mondatmosphäre, vorausgesetzt, dass diese Beobachtung sicher festgestellt wäre, eine Bestätigung der atomistischen Hypothese sehen. Als Beweis dafür, dass der Mond keine Atmosphäre besitze, wurde die Beobachtung angesehen, dass beim Durchgange des Mondes zwischen einem Sterne und dem Auge des Beobachters am Rande der Mondscheibe keine Lichtbrechung stattfindet. In der Nähe des Mondrandes wird keine scheinbare Verschiebung der Lage eines Sternes am Himmel beobachtet, was beim Vorhandensein einer Athmosphäre auf dem Monde nicht der Fall sein könnte. Nun ist aber

Elementes A^{nr} solche Mengen des anderen kommen, die sich wie mr zu qn verhalten, d. h. wie ganze Zahlen (da m, r, q und n ganze Zahlen sind), so ergiebt sich aus dieser Betrachtung das Gesetz der multiplen Proportionen.

Mit derselben Einfachheit, wie die Gesetze der konstanten Gewichtsverhältnisse und der multiplen Proportionen, lässt sich auf Grund der atomistischen Theorie auch das dritte Gesetz der bestimmten chemischen Verbindungen — **das Gesetz der Aequivalente** ableiten. Wenn eine gewisse Gewichtsmenge des Körpers C sich mit dem Gewichte a des Körpers A und dem Gewichte b des Körpers B verbindet, so müssen A und B sich mit einander in den Mengen a und b (oder dem Vielfachen derselben) verbinden. Aus dem Begriffe der Atome ergibt sich dies mit Nothwendigkeit. Wenn

---

der Schluss auf die Nichtexistenz einer Mondatmosphäre aus der angeführten Beobachtung durchaus nicht unanfechtbar, er wird vielmehr durch genaue Beobachtungen, welche das Vorhandensein einer Atmosphäre auf dem Monde beweisen, hinfällig gemacht. Bekanntlich ist die Mondoberfläche von einer grossen Anzahl von Bergen bedeckt, welche meist die für Vulkane charakteristische Form des Kegels besitzen. Der vulkanische Charakter dieser Berge wurde durch die im Oktober 1866 beobachtete Veränderung der Form eines derselben — des Linné-Kraters — bewiesen. Am Rande der Mondscheibe müssen sich auch solche Berge befinden, im Profil gesehen verdecken sie die Mondoberfläche gänzlich, so dass dasjenige, was uns als der Rand der Mondscheibe erscheint — die Spitzen dieser Berge sind und unserer Beobachtung nur die Erscheinungen auf diesen letzteren und nicht an der Oberfläche des Mondes zugänglich sind. Die Mondberge besitzen eine grössere Höhe, als die der Erde, und auf ihren Spitzen muss daher die Mondatmosphäre ausserordentlich verdünnt sein, wenn sie auch an der Mondoberfläche selbst eine wahrnehmbare Dichte besitzten mag. Da die Masse des Mondes bekannt ist — sie beträgt den 82-ten Theil der Erdmasse — so lässt sich annähernd berechnen, dass unsere Atmosphäre an der Mondoberfläche eine 25-mal geringere Dichte besitzen müsste, als auf der Erde. Folglich kann auch an der Mondoberfläche selbst die Lichtbrechung keine starke sein, während auf den Spitzen der Mondberge sie so unbedeutend sein muss dass sie innerhalb der Fehlergrenzen unserer Beobachtungen liegt. Das Fehlen der Lichtbrechung am Mondrande kann also nicht als Beweis für die Nichtexistenz einer Atmosphäre auf dem Monde gelten. Nun aber giebt es sogar eine Reihe von Beobachtungen, welche zu der Annahme führen, dass eine solche Atmosphäre existirt. Diese Beobachtungen stammen von John Herschell, der in folgenden Worten über dieselben berichtet: «Häufig wurde bei der Verdeckung von Sternen durch den Mond eine eigenthümliche optische Illusion beobachtet: vor dem Verschwinden schien der Stern den Rand des Mondes zu überschreiten und blieb dann, manchmal längere Zeit, durch die Mondscheibe hindurch sichtbar. Ich selbst habe diese Erscheinung beobachtet und sie wird von den glaubwürdigsten Zeugen bestätigt. Ich rechne diese Erscheinung zu den optischen Illusionen, halte es aber auch nicht für unmöglich, dass der Stern durch tiefe Spalten in dem Mondrande sichtbar ist». Geniller in Belgien hat (1856) eine den Ansichten von Cassini, Euler u. a. entsprechende Erklärung dieser Erscheinung gegeben: er behauptet, dass dieselbe durch die Lichtbrechung in den Thälern der am Mondrande befindlichen Berge bedingt wird. In der That, wenn auch diese Thäler (wahrscheinlich) die Form gerader Spalten nicht besitzen, so kann in ihnen das Licht eines hinter dem Monde befindlichen Sternes unter Umständen so gebrochen werden, dass der Stern, dennoch dem Beobachter auf der Erde sichtbar bleibt. Geniller bemerkt ferner, dass die Dichte der Atmosphäre auf der

A, B und C die Atomgewichte der drei Körper bezeichnen und (der Einfachheit halber) je ein Atom jedes der Körper in Verbindung tritt, so muss offenbar, wenn C die Verbindung AC und BC gibt, A mit B die Verbindung AB oder ein Vielfaches $A^n_, B^m$ geben.

Der Schwefel verbindet sich mit Wasserstoff und mit Sauerstoff. Im Schwefelwasserstoff sind auf 2 Gewichtstheile Wasserstoff 32 Gewichtstheile Schwefel enthalten, was durch die Formel H^2S ausgedrückt wird. Das Sckwefeldioxyd SO^2 enthält auf 32 Th. Schwefel 32 Th. Sauerstoff, folglich muss nach dem Gesetz der Aequivalente der Wasserstoff mit dem Sauerstoff in dem Verhältniss von 2 Th. des ersteren zu 32 Th. des letzteren, oder dem Vielfachen dieser Zahlen, sich verbinden. In der That wissen wir schon, dass auf 2 Th. Wasserstoff im Wasserstoffhyperoxyd 32 Th. und im Wasser 16 Th., Sauerstoff enthalten sind. Dasselbe gilt für alle übrigen chemischen Verbindungen. Diese aus der atomistischen Theorie sich ergebende Folgerung, welche in allen Analysenergebnissen ihre Bestätigung findet, bildet eines der wichtigsten Gesetze der Chemie. Es ist dies ein Gesetz, weil es das *Verhältniss* zwischen den Gewichtsmengen der in chemische Verbindungen eintretenden Körper zum Ausdruck bringt, und zwar ein absolut genaues, nicht nur annähernd richtiges Gesetz. Es ist ein Naturgesetz und keine Hypothese, denn würde auch die ganze atomistische Lehre als falsch erkannt — so würden dennoch die Gesetze der multiplen Proportionen und der Aequivalente, als Ausdruck realer Thatsachen, ihre Geltung vollkommen beibehalten. Die atomistische Theorie lässt diese Gesetze voraussehen; historisch ist das Gesetz der Aequivalente mit dieser Theorie auf das engste verbunden, das Gesetz und die Theorie sind aber

---

Mondoberfläche, infolge der langen Mondnächte, an verschiedenen Orten sehr ungleich sein muss. Auf der unbeleuchteten Seite des Mondes muss während der langen (13 mal 24 Stunden dauernden) Nacht intensive Kälte herrschen und die Atmosphäre dichter sein, als auf der warmen beleuchteten Seite. Die verschiedene Temperatur der beiden Mondhälften erklärt auch das Fehlen von Wolken auf der sichtbaren Seite des Mondes ungeachtet der Existenz von Luft und Wasserdampf auf demselben. Nach dem Gesagten kann das Vorhandensein einer Mondatmosphäre nicht geleugnet werden, es kann vielmehr mit gewissem Recht angenommen werden, dass eine solche existirt und dass die Luft überhaupt überall im Weltraum verbreitet ist. Auf der Sonne und den Planeten ist die Existenz einer Atmosphäre durch die astronomischen Beobachtungen sicher festgestellt; auf dem Jupiter und Mars können sogar wolkenartige Bildungen beobachtet werden.

Die atomistische Lehre, die nur eine begrenzte mechanische Theilbarkeit der Materie zulässt, darf also, wenigstens bis jetzt, nur als eine Annahme betrachtet werden welche die Analyse der Erscheinungen erleichtert, ebenso wie in der Mathematik bei Betrachtung einer Kurve dieselbe als aus einer sehr grossen Anzahl Gerader bestehend gedacht wird. Die Annahme der Atome gibt unseren Vorstellungen von den Erscheinungen eine grosse Einfachheit, aber eine Nothwendigkeit liegt für diese Annahme nicht vor. Nothwendig und über jeden Zweifel erhaben ist nur der Begriff der Individualität der Theile des Stoffes, welche wir in den chemischen Elementen kennen.

mit einander nicht identisch, es existirt nur ein bestimmter Zusammenhang zwischen beiden. Durch die atomistische Hypothese wird das Gesetz der Aequivalente leicht verständlich, ohne diese Hypothese wäre es äusserst schwer sich von demselben einen richtigen Begriff zu machen. Die Thatsachen, welche das Gesetz zum Ausdruck bringt, waren natürlich schon früher vorhanden, man sah sie aber nicht, ehe zu ihrer Erklärung die atomistische Lehre herangezogen wurde. An diesem Beispiele zeigt sich die Bedeutung der Hypothesen. Wie die Geschichte der Wissenschaften lehrt, sind Hypothesen für die Wissenschaft nothwendig, ihnen verdankt dieselbe die harmonische Einfachheit, welche sonst schwer zu erreichen wäre und man kann mit vollem Rechte sagen, dass es besser ist sich an eine Hypothese zu halten, die mit der Zeit sich als falsch erweisen kann, als keine Hypothese anzuerkennen. Wie der Pflug die Arbeit des Ackermannes, so erleichtern und richten die Hypothesen die wissenschaftliche Arbeit — das Erkennen der Wahrheit und deuten die Verbesserungen an, deren die Arbeit und die Arbeitsmittel bedürfen.

Fünftes Kapitel.
Stickstoff und Luft.

Der gasförmige *Stickstoff* macht etwa $^4/_5$ der Luft (dem Volum nach) aus und bildet folglich eine höchst bedeutende Masse derselben. Dennoch scheint der Stickstoff trotz seiner bedeutenden Menge gar keine Rolle in der Atmosphäre zu spielen, deren chemische Wirkung hauptsächlich durch den Sauerstoffgehalt bedingt wird. Eine solche Vorstellung von der Rolle des Luft-Stickstoffs kann aber schon deshalb nicht richtig sein, weil in reinem Sauerstoff Thiere in einen unnormalen Zustand kommen und sogar zu Grunde gehen; ausserdem bildet der Stickstoff der Luft, freilich nur langsam und allmählich, verschiedenartige Verbindungen, von denen viele in der Natur, namentlich für das Leben der Organismen eine sehr wichtige Bedeutung haben. Weder Pflanzen, noch Thiere absorbiren den Stickstoff direkt, sondern nehmen ihn aus bereits fertig gebildeten Stickstoffverbindungen auf: die Pflanzen aus stickstoffhaltigen Substanzen, die im Boden und Wasser vorkommen, die Thiere dagegen aus Stickstoffverbindungen, die in den Pflanzen oder andern Thieren enthalten sind. Die atmosphärische Elektrizität befördert (wie später erklärt werden wird) den Uebergang des gasförmigen Stickstoffs in solche Stickstoffverbindungen, welche, indem sie mit dem Regen in den Boden kommen, zur Ernährung der Pflanzen dienen. Eine reichliche Ernte tritt unter sonst gleichen Bedingungen nur dann ein, wenn im Boden bereits fertige Stickstoffverbindungen vorhanden sind, entweder solche, welche in der Luft und im Wasser vorkommen, oder solche, welche sich aus den Zersetzungsprodukten von pflanzlichen oder thierischen Stoffen bilden (z. B. im Miste). Die in Thieren vorkommenden Stickstoffverbindungen stammen aus Substanzen, welche zuerst in Pflanzen entstanden sind. Auf diese Weise nehmen alle Stickstoffverbindungen, sowol die in Thieren, als auch in Pflanzen vorkommenden, ihren Ursprung aus dem Stickstoff der Luft, aber nicht direkt, denn letzterer muss vorher mit den andern Elementen der Luft in Verbindung getreten sein.

Für Pflanzen und Thiere sind die Stickstoffverbindungen von besonders wichtiger Bedeutung; denn weder Pflanzen- noch Thierzellen, d. h. die Elementarformen der Organismen, können ohne einen Gehalt an Stickstoffsubstanz existiren. Das Leben eines Organismus offenbart sich zuerst in diesen Stickstoffverbindungen. Die Keime, Samen und andere Theile, durch welche sich die Zellen vermehren, zeichnen sich durch einen reichen Gehalt an Stickstoffverbindungen aus; von den chemischen Eigenschaften dieser Verbindungen hängt zu allererst die Gesammtheit der Erscheinungen ab, welche den Organismen eigen sind. Es genügt z. B. darauf hinzuweisen, dass für die sich so deutlich von einander unterscheidenden pflanzlichen und thierischen Organismen die verschiedene Intensität ihrer Lebensvorgänge charakteristisch ist und dass diese Organismen gleichzeitig auch einen verschiedenen Gehalt an Stickstoffverbindungen aufweisen. In den Pflanzen, welche im Vergleich zu den Thieren eine geringe Thätigkeit zeigen, keine willkürlichen Bewegungen besitzen u. s. w. ist der Gehalt an Stickstoffverbindungen viel geringer, als in den Thieren, deren Gewebe fast ausschliesslich aus Stickstoffverbindungen bestehen. Bemerkenswerth ist, dass die stickstoffhaltigen Theile der Pflanzen, namentlich der niederen, zuweilen Formen und Eigenschaften aufweisen, durch welche sie sich den thierischen Organismen nähern; hierher gehören z. B. die die Vermehrung bewirkenden sogenannten Zoosporen der Algen. Wenn diese Zoosporen die Algen verlassen, so zeigen sie sich in vielen Beziehungen niederen Thieren ähnlich, indem sie ebenso wie diese letzteren sich willkürlich bewegen können. Auch ihrer Zusammensetzung nach nähern sie sich den Thieren, denn ihre äussere Membran enthält Stickstoffsubstanzen. Wenn aber die Zoosporen sich mit der stickstofffreien Zellstoffmembran bedeckt haben, welche allen gewöhnlichen Pflanzenzellen eigen ist, so verlieren sie auch jede Aehnlichkeit mit thierischen Zellen und werden zu jungen Pflanzen. Dieses verschiedene Verhalten berechtigt zur Voraussetzung, dass der Unterschied in den Lebensverrichtungen der Thiere und Pflanzen durch einen verschiedenen Gehalt an Stickstoffsubstanzen bedingt wird.

Die in den Pflanzen und Thieren vorkommenden Stickstoffsubstanzen gehören zu den komplizirtesten und sich leicht verändernden chemischen Verbindungen; darauf weist schon ihre elementare Zusammensetzung hin, denn ausser Stickstoff enthalten dieselben: Kohlenstoff, Wasserstoff, Sauerstoff und Schwefel. Infolge ihrer grossen Unbeständigkeit können diese Stickstoffverbindungen schon unter sehr vielen Bedingungen, unter welchen andere zusammengesetzte Körper unverändert bleiben, die ununterbrochenen Umwandlungen erleiden, welche die erste Bedingung der Lebensthätigkeit bilden. Diese komplizirten und veränderlichen Stickstoffverbindungen der Organismen nennt man **Eiweissstoffe**. Allen bekannte Beispiele von Eiweissstoffen sind das Eiereiweiss. das Fleisch der Thiere, der Käsestoff der Milch, der im Mehle enthaltene Kleber, u. s. w.

In der Erdrinde findet sich der Stickstoff in Form von Verbindungen, welche Reste von Pflanzen und Thieren bilden oder welche aus dem Stickstoff der Luft durch Vereinigung des Stickstoffs mit anderen Bestandtheilen derselben sich gebildet haben. In andern Formen ist der Stickstoff in der Erdrinde nicht aufgefunden worden, so dass derselbe, zum Unterschiede vom Sauerstoffe, als ein Element angesehen werden muss, das nur auf der Erdoberfläche vorkommt, ohne ins Innere der Erde zu dringen[1]).

Im freien Zustande **bildet sich der Stickstoff** bei der Zerstörung **Stickstoff haltiger organischer Substanzen**, die in den Organismen enthalten sind; so z. B. bei der Verbrennung dieser Substanzen. Beim Glühen mit Kupferoxyd verbrennen alle stickstoffhaltigen organischen Substanzen: der Sauerstoff verbindet sich mit dem Kohlenstoffe, Schwefel und Wasserstoffe, während der Stickstoff im freien Zustande ausgescheden wird, weil er bei der hohen Temperatur keine irgend beständige Verbindung bilden kann. Gleichzeitig entstehen aus dem Kohlenstoffe — Kohlensäure und aus dem Wasserstoffe — Wasser, so dass zur Isolirung des reinen Stickstoffs die Kohlensäure aus den gasförmigen Zersetzungsprodukten entfernt werden muss, was man leicht durch Natronlauge erreicht.

---

1) Dass in der Erde keine anderen stickstoffhaltigen Substanzen vorkommen, ausser denen, die in dieselbe mit Organismenresten und aus der Luft, mit dem Regenwasser gelangen, lässt sich durch die folgenden zwei Umstände erklären. Erstens durch die Unbeständigkeit vieler Stickstoffverbindungen, die sich leicht unter Bildung von gasförmigem Stickstoff zersetzen, und zweitens dadurch, dass die salpetersauren Salze, die das Produkt der Einwirkung der Luft auf viele stickstoffhaltige, namentlich organische Verbindungen ausmachen, in Wasser leicht löslich sind und, indem sie daher mit dem Wasser in tiefere Erdschichten gelangen, dort ihren Sauerstoff abgeben. Die Bildung gasförmigen Stickstoffs ist ohne Zweifel, wenn auch nicht immer, so doch grösstentheils das Resultat der Veränderungen, welche die in die Erde gelangenden organischen Stickstoffverbindungen erleiden. So z. B. enthält das sich aus Steinkohlen ausscheidende Gas (neben CH^4, CO^2 u. and.) immer auch viel Stickstoff.

Den ausgeschiedenen Stickstoff kann man messen und auf diese Weise den Stickstoffgehalt einer organischen Verbindung bestimmen.

Auch aus der Luft lässt sich der Stickstoff leicht gewinnen, da der Sauerstoff derselben mit vielen Substanzen in Verbindung tritt. Um der Luft ihren Sauerstoff zu entziehen, benutzt man gewöhnlich entweder Phosphor oder metallisches Kupfer; selbstverständlich können auch viele andere Substanzen dazu angewandt werden. Lässt man ein Schälchen mit Phosphor mittelst eines Korkes in einem mit Wasser gefüllten Gefässe schwimmen und bedeckt dasselbe, nachdem man den Phosphor entzündet, sofort mit einer Glasglocke, so wird durch die Verbrennung des Phosphors der in der Glocke eingeschlossenen Luft aller Sauerstoff entzogen, während der Stickstoff zurückbleibt. Infolge dessen wird nach eingetretener Abkühlung das Wasser in der Glocke höher stehen, als ausserhalb derselben. Bequemer und vollständiger gewinnt man den Stickstoff aus der Luft durch Ueberleiten derselben über Kupferspäne, d. h. metallisches Kupfer, das man in einer Röhre ins Glühen bringt. Das Kupfer verbindet sich dann mit dem Sauerstoff und geht in schwarzes Kupferoxyd über. Ist die Kupferschicht genügend lang und der Luftstrom langsam, so wird der Luft aller Sauerstoff entzogen und man erhält nur Stickstoff [2]).

Den **Stickstoff** kann man auch aus vielen **seiner Verbindungen mit Sauerstoff** [3]) **und Wasserstoff** erhalten [4]); am besten benutzt man dazu ein Gemisch, welches einerseits eine Verbindung von Sticksoff mit Sauerstoff — das Salpetrigsäureanhydrid N^2O^3 — und andrerseits Ammoniak NH^3, d. h. eine Verbindung von Stickstoff mit Wasser-

---

2) Kupfer (am besten in Form von Drehspänen, um die der Einwirkung ausgesetzte Fläche zu vergrössern) absorbirt bei gewöhnlicher Temperatur in Gegenwart von sauren Lösungen Sauerstoff und bildet Kupferoxyd CuO; am besten geht die Absorption in Gegenwart von Ammoniaklösung vor sich, wobei eine blau-violette Lösung von Kupferoxyd in Ammoniak entsteht. Auf diese Weise erhält man leicht Stickstoff, wenn man mit Kupferdrehspänen einen Cylinder füllt, durch dessen obere Oeffnung mittelst eines Korkes ein mit einem Hahne versehener Trichter luftdicht eingestellt ist. Lässt man aus dem Trichter tropfenweise Ammoniaklösung auf das Kupfer fliessen und gleichzeitig (aus einem Gasometer) durch den Cylinder einen langsamen Luftstrom streichen, so wird aller Sauerstoff absorbirt und aus dem Cylinder kommt nur Stickstoff, den man zur Entfernung des mitgerissenen Ammoniaks durch Wasser leitet.

3) Die Sauerstoffverbindungen des Stickstoffs (z. B. N^2O, NO, NO^2) zersetzen sich schon beim Erhitzen und geben beim Einwirken von glühendem Kupfer, Natrium u. and. Metallen ihren Sauerstoff ab, so dass der Stickstoff frei wird. Nach V. Meyer und Langer (1885) zersetzt sich Stickstoffoxydul N^2O schon unter 900°, jedoch nicht vollständig. Die Zersetzung des Stickstoffoxydes tritt selbst bei 1200° nicht ein, ist aber bei 1700° vollständig.

4) Chlor und Brom (im Ueberschuss angewandt), ebenso wie unterchlorigsaure Salze (Bleichsalze) entziehen dem Ammoniak NH^3 seinen Wasserstoff und geben Stickstoff. Man erhält auf diese Weise den Stickstoff am einfachsten durch Einwirken einer Lösung von unterbromigsaurem Natrium auf festen Salmiak.

stoff enthält. Beim Erwärmen dieses Gemisches verbindet sich der Sauerstoff des Salpetrigsäureanhydrids mit dem Wasserstoff des Ammoniaks und bildet Wasser, während gasförmiger Stickstoff entweicht: $2NH^3 + N^2O^3 = 3H^2O + 4N$. Um auf diese Weise Stickstoff darzustellen, sättigt man eine Lösung von Aetzkali mit Salpetrigsäureanhydrid, wobei sich salpetrigsaures Kalium KNO^2 bildet, und eine Chlorwasserstofflösung mit Ammoniak, wobei man eine salzartige Substanz — den Salmiak NH^4Cl erhält. Vermischt man nun die auf diese Weise erhaltenen Lösungen und erwärmt sie, so verläuft die Reaktion nach folgender Gleichung: $KNO^2 + NH^4Cl = KCl + 2H^2O + N^2$. Das Eintreten dieser Reaktion erklärt sich dadurch, dass die beiden Verbindungen KNO^2 und NH^4Cl Salze sind, deren Metalle sich gegenseitig ersetzen und Chlorkalium KCl und salpetrigsaures Ammonium NH^4NO^2 geben; letzteres zerfällt sogleich in $2H^2O + N^2$. Bei Zimmertemperatur tritt übrigens diese Reaktion nicht ein, aber sehr leicht bei schwachem Erwärmen. Von den entstehenden Körpern ist nur der Stickstoff gasförmig, das Chlorkalium dagegen ist nicht flüchtig und bleibt in dem Apparate zurück, in welchem das Gemisch erwärmt wird. Leitet man das entweichende Gas, um es zu trocknen, durch Schwefelsäure (welche auch das mit dem Stickstoff entstehende Ammoniak zurückhält), so erhält man reinen Stickstoff.

Stickstoff ist ein gasförmiger Körper, der sich seinem Aussehen nach durchaus nicht von der Luft unterscheidet; seine Dichte beträgt im Verhältniss zu Wasserstoff 14, d. h. er ist etwas leichter als Luft; ein Liter Stickstoff wiegt 1,256 Gramm. Im Gemisch mit dem etwas schwereren Sauerstoff bildet er die Luft. Ebenso wie Sauerstoff und Wasserstoff gehört der Stickstoff zu den Gasen, die sich nur schwer verflüssigen lassen; seine Löslichkeit in Wasser und anderen Flüssigkeiten ist gering. Die absolute Siedetemperatur[5]) beträgt — 140°; oberhalb dieser Temperatur kann der Stickstoff durch keinen Druck verflüssigt werden, unterhalb dieser Temperatur dagegen schon durch einen Druck von 50 Atmosphären. Verflüssigter Stickstoff siedet bei — 193° und kann daher zur Erzeugung von grosser Kälte benutzt werden. Verdampft verflüssigter Stickstoff unter vermindertem Drucke bei etwa — 203°, so erstarrt der zurückbleibende Theil desselben zu einer farblosen schneeartigen Masse. Der Stickstoff ist selbst nicht brennbar und unterhält auch keine Verbrennung; von keinem Reagens wird er absorbirt, wenigstens nicht bei gewöhnlicher Temperatur; es kommen also dem Stickstoff eine ganze Reihe von negativen chemischen Merkmalen zu. Man fasst dieselben dahin zusammen, dass der Stickstoff keine Energie zum Eingehen von

---

5) Vergl. Kap. 2, Anm. 29.

Verbindungen besitzt. Die Verbindungen, die der Stickstoff sowol mit Wasserstoff, als auch mit Sauerstoff, Kohlenstoff und einigen Metallen bildet, können nur unter besonderen Bedingungen entstehen. Beim Glühen verbindet sich nämlich der Stickstoff direkt mit Bor, Titan und Silicium, unter Bildung von sehr beständigen Verbindungen [6]), die ganz andere Eigenschaften zeigen, als die Verbindungen des Stickstoffs mit Wasserstoff, Sauerstoff und Kohlenstoff. Mit Kohle verbindet sich der Stickstoff übrigens nicht direkt, wenn diese beiden Elemente allein mit einander geglüht werden, aber die Vereinigung erfolgt relativ leicht, wenn ein Gemisch von Kohle mit kohlensauren Salzen, namentlich mit K_2CO_3 und $BaCO_3$, in einer Stickstoffatmosphäre geglüht wird; es entstehen hierbei Cyanmetalle: $K_2CO_3 + 4C + N_2 = 2KCN + 3CO$ [7]).

Der Stickstoff ist zugleich mit dem Sauerstoff in der Luft enthalten; direkt verbinden sich diese Elemente nicht mit einander. Wie aber bereits Cavendish im vorigen Jahrhundert zeigte, erfolgt **die Vereinigung von Stickstoff und Sauerstoff beim Einwirken von elektrischen Funken**. Lässt man durch ein feuchtes [8]) Gemisch von Stickstoff und Sauerstoff, z. B. Luft, elektrische Funken schlagen, so bilden sich infolge der stattfindenden Vereinigung braune Dämpfe von Stickstoffoxyden [9]), aus welchen dann eine Stickstoff, Sauerstoff und Wasserstoff enthaltende Verbindung, nämlich die Salpeter-

---

6) Die Vereinigung mit Bor erfolgt unter Erglühen; Titan verbindet sich so leicht mit Stickstoff, dass es schwer ohne einen Gehalt an Stickstoff zu erhalten ist. Es ist höchst bemerkenswerth, dass die Verbindungen des Stickstoffs mit diesen nicht flüchtigen einfachen Körpern sehr beständig und auch nicht flüchtig sind. Von Einfluss ist hier wol der physikalische Zustand der Elemente, mit denen sich der Stickstoff vereinigt, und wol auch der Zustand der entstehenden Stickstoffverbindung. Kohlenstoff ($C = 12$) gibt mit Stickstoff Cyan, eine unbeständige, gasförmige Verbindung C_2N_2, von geringem Molekulargewicht, während der Borstickstoff ($B = 11$) ein fester, nicht flüchtiger und sehr beständiger Körper ist. Die Zusammensetzung desselben BN ist eigentlich dieselbe, wie die des Cyans, doch ist anzunehmen, dass der Borstickstoff ein grösseres Molekulargewicht besitzt.

7) So viel bekannt ist, erreicht diese Reaktion eine Grenze, wahrscheinlich weil das Cyan CN selbst in Kohle und Stickstoff zerfällt.

8) Frémy und Becquerel machten die Beobachtung, dass beim Durchschlagen von Funken durch trockne Luft braune Stickstoffdioxyddämpfe entstehen.

9) Entzündet man ein Gemisch von 1 Volum Stickstoff mit 14 Volumen Wasserstoff, so erhält man Wasser und eine bedeutende Menge von Salpetersäure. Möglicher Weise entsteht auch theilweise aus diesem Grunde bei der langsamen Oxydation von organischen stickstoffhaltigen Substanzen, in Gegenwart eines Luftüberschusses, eine geringe Menge von Salpetersäure. Begünstigt wird die Bildung der letzteren durch die Gegenwart eines Alkalis, das sich mit der entstehenden Säure verbinden kann. Leitet man durch Wasser, in dem Stickstoff und Sauerstoff aus der Luft gelöst sind, einen galvanischen Strom, so erfolgt Vereinigung des sich entwickelnden Wasserstoffs und Sauerstoffs mit Stickstoff zu Ammoniak und Salpetersäure.

säure NHO³ entsteht ¹⁰). Letztere lässt sich leicht nicht nur dadurch erkennen, dass sie Lakmuspapier röthet, sondern auch durch ihre stark oxydirenden Eigenschaften; sie oxydirt z. B. sogar Quecksilber. Aehnliche Bedingungen, wie die eben beschriebenen, existiren in der Natur während der Gewitter und anderer elektrischen Entladungen, die in der Atmosphäre vor sich gehen; Spuren von Salpetersäure sind daher immer in der Luft und im Regenwasser enthalten ¹¹).

Weitere Beobachtungen haben gezeigt, dass unter dem Einfluss elektrischer Entladungen ¹²), sowol stiller, als auch Funken

---

Wenn Kupfer sich in Gegenwart von Ammoniak bei Zimmertemperatur auf Kosten der Luft oxydirt, so vereinigt sich der Sauerstoff nicht nur mit dem Kupfer, sondern theilweise auch mit Stickstoff zu salpetriger Säure.

Die Vereinigung des Stickstoffs mit Sauerstoff, z. B. unter der Einwirkung von Funken erfolgt nicht, wie die eines Gemisches von Sauerstoff mit Wasserstoff, unter Explosion, weil hierbei Wärme nicht entwickelt, sondern aufgenommen wird — es wird also Energie verbraucht, nicht ausgeschieden. Es kann daher keine Wärme-Uebergabe von Molekel zu Molekel vor sich gehen, wie es bei der Explosion von Knallgas geschieht. Ein jeder Funke ruft nur die Bildung einer bestimmten Menge der Verbindung von Stickstoff mit Sauerstoff hervor, gibt aber den benachbarten Molekeln keinen Anstoss zur weiteren Reaktion. Die Vereinigung des Wasserstoffs mit Sauerstoff ist eine exothermische Reaktion und die des Stickstoffs mit Sauerstoff eine endothermische.

Besonders begünstigt wird die Oxydation des Stickstoffs bei der Explosion von Knallgas, wenn letzteres im *Ueberschuss* vorhanden ist. Bei der Explosion von 2 Vol. Knallgas mit 1 Vol. Luft wird $^1/_{10}$ der Luft in Salpetersäure übergeführt, so dass man nach der Explosion nur $^9/_{10}$ der angewandten Luft zurückerhält. Nimmt man aber mehr Luft, z. B. auf 2 Vol. Knallgas 4 Vol. Luft, so erhält man nach der Explosion (die bei viel niedrigerer Temperatur erfolgen wird) keine Salpetersäure und das angewandte Luftvolum bleibt unverändert. Hieraus ergiebt sich für die Benutzung des Eudiometers die Regel: zur Abschwächung der Explosion kein geringeres Volum Luft zu nehmen, als das des vorhandenen Knallgases. Nimmt man aber zu viel Luft, so wird überhaupt keine Explosion erfolgen (vergl. Kap. 3 Anm. 34).

10) Zuerst erhält man wirklich Stickoxyd NO, das aber mit Sauerstoff Stickstoffdioxyd (braune Dämpfe) bildet, welches, wie wir später sehen werden, mit Wasser und Sauerstoff Salpetersäure gibt. Bei der Einwirkung der stillen Entladung bilden sich in der Luft gleichzeitig Stickstoffoxyde und Ozon, ist aber die Entladung sehr schwach, so entsteht nur Ozon. Auf diese Weise bewies Berthelot, dass der Bildung von Stickstoffoxyden eine Ozonisation des Sauerstoffs nicht vorausgeht.

11) Die Salpetersäure in fliessendem Wasser (Kap. 1 Anm. 2), in Brunnen, im Boden u. s. w. verdankt ihre Entstehung (ebenso wie die Kohlensäure) der Oxydation organischer Verbindungen.

12) Diese Reaktionsfähigkeit des unter gewöhnlichen Bedingungen so indifferenten Stickstoffs lässt voraussetzen, dass der Einfluss elektrischer Entladung den gasförmigen Stickstoff verändert, wenn auch nicht in der Weise wie den Sauerstoff (denn elektrisirter Sauerstoff oder Ozon wirkt, nach Berthelot, auf Stickstoff nicht ein), so doch vielleicht zeitweise, im Moment der Einwirkung der Entladung, analog der Einwirkung von Hitze, durch welche manche Substanzen dauernd verändert werden (d. h. nachdem sie sich verändert, in dem neuen Zustande auch verharren, wie z. B. gelber Phosphor, der in rothen übergegangen),

gebender, der Stickstoff mit dem Wasserstoff selbst und mit vielen Kohlenwasserstoffen verschiedene Reaktionen eingehen kann, welche weder von selbst noch beim Glühen erfolgen. Leitet man z. B. eine Reihe elektrischer Funken durch ein Gemisch von Stickstoff und Wasserstoff, so bewirkt man ihre Vereinigung zu **Ammoniak** [13]), in dessen Zusammensetzung ein Volum Stickstoff und drei Volume Wasserstoff eingehen. Es vereinigen sich aber bei dieser Reaikton nur $\frac{6}{100}$ des Gemisches, weil das entstehende Ammoniak durch elektrische Funken wieder zersetzt wird, freilich nicht vollständig, sondern nur zu $\frac{94}{100}$. Folglich ist die durch elektrische Funken bewirkte Reaktion: $NH^3 = N + 3H$ umkehrbar, d. h. sie ist eine Dissoziation, bei der ein Gleichgewichtszustand eintritt. Letzterer kann durch Zuführen von gasförmigem Chlorwasserstoff HCl gestört werden, weil das Ammoniak sich mit demselben zu festem Salmiak NH^4Cl verbindet und hierdurch dem gasförmigen Gemisch entzogen wird. Beim weiteren Einwirken der Funken entsteht dann aus dem zurückgebliebenen Stickstoff und Wasserstoff wieder Ammoniak, so dass *beim Einwirken einer Reihe von elektrischen Funken auf ein Gasgemisch von NH^3 und HCl die Umwandlung desselben in festen Salmiak bis zu Ende geht.* Wir haben es hier, wie bei der Entstehung von Salpetersäure, wieder mit der Synthese eine Stickstoffverbindung aus gasförmigem Stickstoff zu thun [14]). Unter dem Einfluss der stillen Entladung absorbiren, nach Berthelot (1876), viele organische stickstofffreie Substanzen (Benzol C^6H^6, Papier, d. h. Cellulose, Gummi $C^6H^{10}O^5$ u. and.) Stickstoff und bilden komplizirte Stickstoffverbindungen, welche, ebenso wie die Eiweissstoffe beim Glühen mit Alkalien, ihren Stickstoff in Form von Ammoniak ausscheiden können [15]).

während andere sich nur zeitweise verändern und leicht wieder in ihren ursprünglichen Zustand zurückkehren (z. B. Salmiak, der beim Erwärmen in HN^3 und HCl zerfällt, die sich leicht wieder zu Salmiak verbinden). Für eine solche Annahme spricht das Erscheinen von zwei verschiedenen Stickstoffspektren, von denen später die Rede sein wird. Möglich wäre es, dass die Stickstoffmolekeln N^2 in einfachere, aus einem Atom N bestehende Molekeln zerfallen. Bei der Einwirkung der stillen Entladung zerfallen wahrscheinlich auch die Sauerstoffmolekeln O^2 theilweise in einzelne Atome O, die sich mit O^2 vereinigen und Ozon O^3 geben.

13) Diese von Chabrier entdeckte und von P. Thénard erforschte Reaktion fand ihre richtige Erklärung erst, nachdem von Deville der Begriff der Dissociation eingeführt worden war.

14) Aehnlich ist die Einwirkung von Stickstoff auf Acetylen; ein Gemisch dieser beiden Gase bildet unter dem Einfluss von elektrischen Funken Blausäure: $C^2H^2+N^2$ $=2CNH$. Auch hier wird eine Grenze erreicht, denn die Reaktion ist umkehrbar.

15) Zu diesen Versuchen wandte Berthelot mit Erfolg sogar Elektrizität von geringer Spannung an, woraus geschlossen werden kann, dass auch in der Natur, wo die Elektrizität sehr oft in Wirksamkeit tritt, auf diese Weise ein Theil der zusammengesetzten Stickstoffverbindungen aus dem gasförmigen Luftstickstoff entstehen könnte.

Auf diesen und vielleicht noch auf ähnlichen, indirekten Wegen bildet der gasförmige Stickstoff seine primären Verbindungen, in welchen er von den Pflanzen aufgenommen und dann zu komplizirten Eiweissstoffen umgewandelt wird. Aber auch ohne Mitwirkung von Organismen können durch Verbindungen des Stickstoffs z. B. mit Wasserstoff und Sauerstoff die verschiedenartigsten, höchst komplizirten Stickstoffsubstanzen gebildet werden, welche aus gasförmigem Stickstoff direkt nicht entstehen. Wir sehen hier ein Beispiel, in welchem sich der Unterschied offenbart, der zwischen einem einfachen Körper und einem Elemente besteht, und welches uns gleichzeitig die indirekten Wege der Entstehung von Verbindungen in der Natur veranschaulicht. Eine der wesentlichsten Aufgaben der Chemie liegt in der Entdeckung, dem Voraussehen und überhaupt in der Erforschung dieser indirekten Methoden, nach denen solche Verbindungen entstehen. Wenn ein Körper A auf einen andern B gar nicht einwirkt, so darf daraus noch nicht geschlossen werden, dass der zusammengesetzte Körper AB überhaupt nicht entstehen kann. Die Körper A und B enthalten Atome, welche auch in AB vorhanden sind, aber der Zustand oder die Art der Bewegung und Zusammenstellung dieser Atome kann ganz anders sein, als es zur Bildung von AB erforderlich ist; ebenso können aber auch in dem Körper AB, welcher die-

---

Da in den Organismen die Stickstoffverbindungen eine sehr wichtige Rolle spielen (denn ohne dieselben existirt kein organisches Leben) und da durch Einführung dieser Verbindungen in den Boden die Ernteerträge vergrössert werden können (selbstverständlich unter gleichzeitigem Vorhandensein der andern den Pflanzen unentbehrlichen Nahrungsstoffe), so gehört die Frage der Ueberführung des Luftstickstoffs in im Ackerboden vorkommende Stickstoffverbindungen oder in *assimilirbaren Stickstoff*, welcher von den Pflanzen aufgenommen und von denselben in zusammengesetzte (Eiweiss) Stoffe verwandelt werden kann, zu den Fragen, die ein sehr wichtiges theoretisches und praktisches Interesse besitzen. Die Aufgabe der künstlichen (fabrikmässigen) Ueberführung des Luftstickstoffs in Stickstoffverbindungen kann auch heute noch, trotz der oft wiederholten Versuche, nicht als gelöst betrachtet werden; die Möglichkeit der Lösung scheint aber schon gegeben zu sein. Auch hier wird wol die praktische Lösung nicht ohne Hülfe der Elektrizität gelingen. Wird erst die theoretische Seite der Frage vollkommen ausgearbeitet sein, so werden sich auch zweifellos vortheilhafte praktische Mittel finden, mit deren Hülfe die Fabrikation von Stickstoffverbindungen aus dem Luftstickstoff sich wird ausführen lassen. Den nächsten Vortheil würde hiervon die Landwirthschaft ziehen, für die die stickstoffhaltigen Düngemittel die wichtigsten, aber auch die kostspieligsten sind. 1000 Pud Mist enthalten gewöhnlich nicht mehr als 4 Pud Stickstoff in Form von Stickstoffverbindungen, während dieselbe Stickstoffmenge schon in 20 Pud schwefelsaurem Ammonium geliefert werden kann. In Bezug auf die Einführung von Stickstoff in den Boden kann folglich die Wirkung einer grossen Masse von Mist durch geringe Mengen von künstlichem Stickstoffdünger erreicht werden. Millionen von Puden Guano werden aus dem tropischen Amerika nach Europa hauptsächlich aus dem Grunde gebracht, weil der Guano (Exkremente von Seevögeln u. and.) die für die Landwirthschaft nöthigen Stickstoffverbindungen enthält.

selben Elemente wie A und B enthält, diese letzteren sich in einem ganz anderen chemischen Zustande befinden. Diesen verschiedenen Zustand zeigen z. B. die Sauerstoffatome im Ozon und im Wasser. Freier Stickstoff ist inaktiv, in seinen Verbindungen dagegen zeichnet er sich durch grosse Reaktionsfähigkeit aus. Vor der Betrachtung dieser Verbindungen soll aber die den freien Stickstoff enthaltende Luft beschrieben werden.

Die **atmosphärische Luft** besteht, wie bereits früher aus einander gesetzt wurde [16]), aus einem Gemisch von mehreren Gasen und Dämpfen; einige derselben kommen fast immer in einer und derselben Proportion vor, während andere sehr bedeutende Schwankungen zeigen. Die Hauptbestandtheile der Luft sind, ihrer Menge nach geordnet, die folgenden: Stickstoff, Sauerstoff, Wasserdampf, Kohlensäuregas, Salpetersäure, Ammoniakdämpfe, Ozon, Wasserstoffhyperoxyd und komplizirte Stickstoffverbindungen. Ausserdem enthält die Luft gewöhnlich noch Wasser in Form von Bläschen, Tropfen und Schnee und feste Körpertheilchen, die vielleicht kosmischen Ursprungs sind, wenigstens in einigen Fällen, in den meisten jedoch ihren Ursprung der mechanischen Uebertragung von einer Stelle zur andern durch den Wind verdanken.

Ihrer grossen Oberfläche und ihres geringen Gewichtes wegen, schweben diese festen und flüssigen Theilchen in der Luft ebenso, wie eine Trübung im Wasser; nicht selten schlagen sie sich auf der Erdoberfläche nieder, doch nie wird die Luft vollkommen frei

---

16) Unter atmosphärischer Luft versteht man in der Chemie und Physik gewöhnlich Luft, die nur aus Sauerstoff und Stickstoff besteht, weil diese beiden Bestandtheile allein in konstanter Menge die Luft bilden, während die Menge der übrigen Bestandtheile, die freilich eine sehr wichtige Bedeutung für das auf der Erdoberfläche herrschende Leben besitzen, eine beständig wechselnde ist. Die in der Luft schwebenden festen Beimengungen werden, bei physikalischen und chemischen Untersuchungen, durch einfaches Durchleiten der Luft durch eine Schicht von Watte entfernt. Beimengungen von organischen Stoffen entfernt man, indem man die Luft durch eine Lösung von übermangansaurem Kalium leitet, und die Kohlensäure mittelst Alkalien, am besten durch Natronkalk, dessen poröse Stücke, in trocknem Zustande, die Kohlensäure sehr schnell und vollständig absorbiren. Den in der Luft enthaltenen Wasserdampf hält man durch Chlorcalcium, starke Schwefelsäure oder Phosphorsäureanhydrid zurück. Die auf diese Weise von Beimengungen gereinigte Luft wird als aus reinem Sauerstoff und Stickstoff bestehend betrachtet, obgleich sie noch etwas Wasserstoff und Kohlenwasserstoffe enthält, welche durch Ueberleiten über glühendes Kupferoxyd entfernt werden können. Das Kupferoxyd oxydirt hierbei den Wasserstoff und die Kohlenwasserstoffe, verbrennt sie unter Bildung von Kohlensäure und Wasser, welche letztere, wie soeben angegeben, zurückgehalten werden. Vollständig gereinigte Luft zeigt in vielen Beziehungen andere Eigenschaften, als gewöhnliche atmosphärische: Pflanzen, z. B. gehen in derselben zu Grunde. Als Einheit bei Dichtebestimmungen von Gasen wird immer Luft angenommen, die nur aus Sauerstoff und Stickstoff besteht. Ein Liter oder 1 Kubikdecimeter solcher Luft wiegt bei 0° und 760 mm Druck unter dem 45 Breitengrade **1,293** Gramm, in St. Petersburg 1,294 Gramm.

davon, weil sie sich niemals in vollkommener Ruhe befindet. Endlich kommen in der Luft nicht selten zufällige Beimengungen verschiedener Substanzen vor, die zuweilen sehr schädlich werden können (z. B. miasmatische, Keime niederer Organismen), weil sie die Verbreitung ansteckender Krankheiten bedingen.

Das Verhältniss zwischen der Sauerstoff- und Stickstoff-Menge ist überall ein und dasselbe, einerlei ob die Luft aus den verschiedensten Gegenden, unter verschiedenen Breitegraden, von verschiedenen Höhen, über dem Meere oder dem trocknen Lande genommen wird. Es ist dies übrigens auch selbstverständlich, da die Luft beständig diffundirt (die sie bildenden Gastheilchen vermischen sich infolge der ihnen eigenen inneren Bewegung unter einander), sich bewegt und als Wind in Bewegung erhalten wird, wodurch eintretende Verschiedenheiten in der Zusammensetzung immer wieder ausgeglichen werden. An Orten dagegen, wo die Luft sich in mehr oder weniger abgeschlossenen oder nicht zu lüftenden Räumen befindet, kann ihre Zusammensetzung sehr bedeutenden Veränderungen unterliegen. In Wohnräumen, Kellern und Brunnen, wo sich immer Sauerstoff absorbirende Substanzen vorfinden, zeigt die Luft einen geringeren Sauerstoffgehalt; über stehendem Wasser dagegen, in welchem durch darin wachsende niedere Pflanzen Sauerstoff ausgeschieden wird, einen Ueberschuss des letzteren [17]). Die konstante Zusammensetzung der Luft auf der ganzen Erdoberfläche ist durch zahlreiche mit grosser Sorgfalt ausgeführte Untersuchungen bewiesen worden [18]).

---

[17]) Dass unter gewissen Bedingungen die Zusammensetzung der Luft sich ändern kann, ist z. B. daraus zu ersehen, dass die in Gletscherhöhlungen eingeschlossene Luft nur 10 Volumprocente Sauerstoff enthält. Dieses erklärt sich durch die bei der niedrigen Temperatur im Vergleiche zum Stickstoff viel grössere Löslichkeit des Sauerstoffs im Schneewasser und Schnee. Ebenso verändert sich die Zusammensetzung der Luft beim Schütteln mit Wasser, welches mehr Sauerstoff als Stickstoff löst. Wir sahen bereits (Kap. 1) dass, wenn aus bei 0° mit Luft gesättigtem Wasser diese durch Kochen ausgetrieben wird, man ein Gemisch von 35 Volumen Sauerstoff und 65 Volumen Stickstoff erhält und betrachteten den Grund dieser Erscheinung. Merkwürdiger Weise nimmt die Löslichkeit des Sauerstoffs und Stickstoffs mit der Temperaturzunahme so gleichmässig ab, dass das Verhältniss der beiden gelösten Gase zu einander bei den verschiedensten Temperaturen fast dasselbe bleibt. Nach einigen Beobachtern soll die Luft über dem Meere (namentlich über dem Eismeere) weniger Sauerstoff enthalten, als über dem trockenen Lande, was gleichfalls in der grösseren Löslichkeit des Sauerstoffs seine Erklärung findet. Der Unterschied übersteigt jedoch nicht 0,3 pCt und ist zuweilen auch gar nicht vorhanden.

[18]) Die in Paris von Dumas und Boussingault bei verschiedener Witterung zwischen dem 27. April und 22. September 1841 mehrfach ausgeführten Gewichtsanalysen der Luft ergaben, dass der Sauerstoffgehalt (dem Gewichte nach) nur zwischen 22,89 und 23,08 pCt schwankt und im Mittel 23,07 pCt beträgt. In diesen Grenzen liegende Schwankungen fanden auch Brunner, der in Bern, und Bravais, der auf dem Faulhorn in den Berner Alpen auf einer Höhe von 2 Kilometern über

Die **Analyse der Luft** wird in der Weise ausgeführt, dass man ihren Sauerstoff in eine nicht gasförmige Verbindung überführt, die aus der Luft entfernt werden kann. Misst man hierbei das Volum der ursprünglichen Luftmenge und dann das Volum des zurückbleibenden Stickstoffs, so ergibt sich aus der Differenz die gesuchte Sauerstoffmenge, die auch aus dem Gewichte der entstandenen Sauerstoffverbindung bestimmt werden kann. Bei Volummessungen müssen immer Druck, Temperatur und Feuchtigkeit in Betracht gezogen werden (Kap. I. und II). Zur Ueberführung des Sauerstoffs in nicht gasförmige Verbindungen müssen Mittel angewandt werden, welche die Eigenschaft besitzen, der Luft allen

---

dem Meeresniveau zu gleicher Zeit, wie Dumas und Boussingault in Paris, Luftanalysen ausführten. Zu denselben Resultaten gelangten auch Marignac in Genf, Lewy in Kopenhagen und Stas in Brüssel. Ueberhaupt führen alle Untersuchungen der Luft, einerlei ob dieselbe in den verschiedenen Erdtheilen, oder über dem Ocean oder auf verschiedenen Höhen genommen, zu dem Resultate, dass der Sauerstoffgehalt der Luft überall derselbe ist oder höchstens nur solchen Schwankungen unterliegt, die in sehr engen Grenzen eingeschlossen sind.

Da Grund zur Annahme vorhanden war, dass in grossen Höhen, welche die uns zugänglichen noch überragen, die Zusammensetzung der Luft eine andere sein müsse, und zwar eine an dem leichteren Stickstoffe reichere, so schienen einige in München und Amerika ausgeführte Beobachtungen diese Annahme zu rechtfertigen. Diese Beobachtungen wiesen nämlich darauf hin, dass bei aufsteigenden Luftströmen (d. h. in den Gebieten der barometrischen Minima oder in den Centren der meteorologischen Cyklone) die Luft mehr Sauerstoff enthalte, als bei absteigenden Strömungen (in dem Gebiete der Anticyklone oder der barometrischen Maxima). Die Unrichtigkeit dieser Annahme ist aber durch viele sorgfältigere Beobachtungen bewiesen worden. Es finden in der That einige Schwankungen in der Zusammensetzung der Luft statt, aber dieselben werden, wie durch mehrfache nach verbesserten Methoden ausgeführte Analysen festgestellt worden ist, erstens durch zufällige örtliche Einflüsse bedingt (Bewegung des Windes über Gebirge, über grosse Wasserflächen, durch Wälder u. s. w.) und zweitens sind diese Schwankungen so gering, dass sie kaum die möglichen Analysenfehler übersteigen.

Die Annahme, nach welcher in grossen Höhen die Atmosphäre weniger Sauerstoff enthalten soll, als auf der Erdoberfläche, beruht zunächst auf dem Gesetze des Partialdruckes (S. 93). Genaueres hierüber findet man in meinem Werke: „Ueber barometrische Nivellirung" (1876) (in russischer Sprache).

Aus dem Gesetze des Partialdruckes und den hypsometrischen Formeln, durch welche die Gesetze der Druckänderungen in verschiedenen Höhen ausgedrückt werden, lässt sich schliessen, dass in den oberen Schichten der Atmosphäre das Verhältniss der Stickstoffmenge zu der des Sauerstoffs zunimmt, doch kann diese Zunahme nur Zehntel von Procenten betragen, selbst in den Höhen von 7 bis 9 Kilometer, die bis jetzt durch Besteigen von Bergen und mit Aërostaten erreicht werden konnten. Bestätigt wird diese Schlussfolgerung durch Analysen von Luft, die Welch in England während seiner Luftfahrten in grosser Höhe machte. Die Frage von der Vertheilung der Gase in den oberen Atmosphären-Schichten ist von besonderer Wichtigkeit, wenn man sich eine Vorstellung von dem Zustande machen will, in welchem sich die gas- und dampfförmigen Massen befinden mögen, die im Weltenraume schweben und eine der Anfangsformen der Himmelskörper bilden (nach der Laplace-Kant'schen Hypothese). In meinem Werke: „Die Erdöl-Industrie" (1879), wo ich über die Entstehung des Erdöls spreche, ist diese Frage berührt.

Sauerstoff zu entziehen, ohne dabei andere gasförmige Produkte auszuscheiden. Eine alkalische Lösung von Pyrogallol $C^6H^6O^3$ z. B. [19]) absorbirt schon bei gewöhnlicher Temperatur sehr leicht Sauerstoff (und schwärzt sich hierbei), taugt aber nicht für genaue Analysen, weil sie ihrer alkalischen Eigenschaften wegen die Zusammensetzung der Luft noch in andrer Weise verändert [20]) (durch Absorption von CO^2). Bei annähernden Sauerstoff-Bestimmungen jedoch erhält man mit Hülfe dieser Lösung vollkommen befriedigende Zahlen.

Viel genauere Resultate ergeben die Bestimmungen im Eudiometer (Kap. III.), natürlich unter der Voraussetzung, dass bei den Messungen alle erforderlichen Korrekturen bezüglich Druck, Temperatur und Feuchtigkeit angebracht werden. Man misst im Eudiometer ein bestimmtes Volum Luft ab, führt dann ein ungefähr gleiches Volum trocknen Wasserstoffs ein, misst wieder und bewirkt die Explosion des Gasgemisches auf dieselbe Weise, wie bei den Bestimmungen der Zusammensetzung des Wassers. Darauf misst man das Volum des zurückgebliebenen Gases, welches natürlich geringer sein wird, als das bei der zweiten Messung bestimmte Volum. Diese Volumabnahme wird der Menge des (aus 2 Vol. Wasserstoff und 1 Vol. Sauerstoff) entstandenen Wassers entsprechen und $1/3$ derselben folglich die Sauerstoffmenge angeben, die in dem zur Analyse genommenen Luftvolum enthalten war [21]).

Die genaueste, mit den wenigsten Fehlern behaftete Methode der Luftanalyse besteht in der möglichst direkten Wägung des Sauerstoffs, Stickstoffs, Wassers und der Kohlensäure, welche die Luft bilden. Zu diesem Zwecke wird die zu analysirende Luft

---

19) Aus einem bestimmten Luftvolum kann man allen Sauerstoff durch feuchten Phosphor entfernen; man erkennt die vollständige Absorption an dem Aufhören des Leuchtens des Phosphors im Dunkeln. Die Menge des auf diese Weise absorbirten Sauerstoffs erfährt man durch Messen des zurückgebliebenen Stickstoffs. Die hierbei erhaltenen Resultate können aber nicht genau sein, da ein Theil der Luft vom Wasser gelöst wird und der Stickstoff sich theilweise mit Sauerstoff verbindet; ausserdem werden beim Einführen und Entfernen des Phosphors immer Luftbläschen mit eingeführt und endlich werden die vielen erforderlichen Korrekturen (bezüglich Feuchtigkeit, Temperatur, Druck) leicht zu Fehlerquellen.

20) Namentlich bei schnell und annäherungsweise auszuführenden Analysen (bei technischen und hygienischen Untersuchungen) ist ein solches Gemisch sehr bequem zur Bestimmung des Sauerstoff-Gehalts in Gasgemischen, aus denen vorher die durch Alkalien absorbirbaren Bestandtheile entfernt wurden. Nach einigen Angaben soll aber bei der Absorption von Sauerstoff aus dieser Lösung etwas Kohlenoxyd entstehen.

21) Genaueres über die eudiometrische Analyse, ebenso wie über andere analytische Methoden, ist in den Lehrbüchern der analytischen Chemie nachzulesen, worauf schon im Kap. 3 Anm. 32 hingewiesen wurde. Die Handgriffe der Analyse werden im vorliegenden Werke nur in so weit beschrieben, als zum Hinweis auf die verschiedenen Arten der chemischen Untersuchungsmethoden erforderlich ist.

zuerst durch Apparate geleitet, welche Feuchtigkeit und Kohlensäure zurückhalten und dann durch eine mit Kupferdrehspänen gefüllte und gewogene Röhre (Fig. 63). Beim Glühen entzieht das Kupfer, wenn die Schicht desselben in der Röhre nur lang genug ist, der Luft allen Sauerstoff und aus der Röhre tritt reiner Stickstoff, den man in einem vorher gewogenen luftleeren Ballon auffängt. Die Gewichtszunahme dieses Ballons ergibt dann direkt

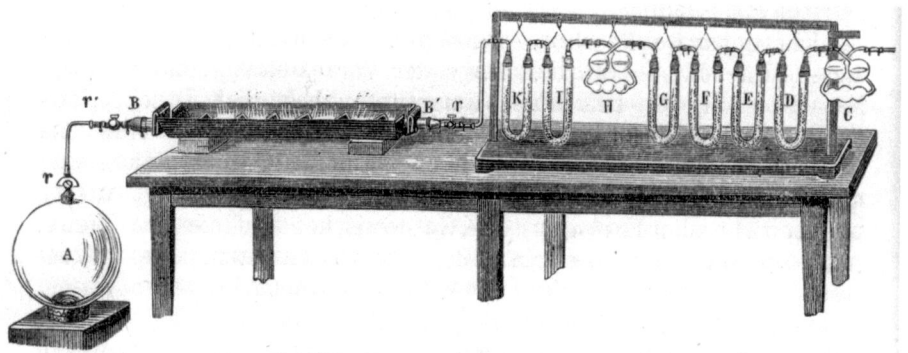

Fig. 63. Apparat von Dumas und Boussingault zur Gewichtsanalyse der Luft. Der 10—15 Liter fassende Ballon A wird nach dem Auspumpen der Luft leer gewogen. Das Rohr BB', welches mit demselben verbunden ist, wird mit Kupfer gefüllt, ebenfalls luftleer gewogen und dann mittelst Holzkohlen erhitzt; sobald das Kupfer ins Glühen kommt, wird der erste Hahn r (bei B') allmählich geöffnet. Die eindringende Luft geht durch die Reinigungsapparate: C enthält Kalilauge, D, E, F, G — Stücke von Aetzkali, H — Schwefelsäure, J und K mit Schwefelsäure getränkte Bimsteinstücke (die Schwefelsäure wird zur Austreibung von gelöster Luft ausgekocht); das Aetzkali absorbirt das in der Luft enthaltene Kohlensäuregas, die Schwefelsäure — den Wasserdampf. Die eintretende Luft gibt in BB' ihren Sauerstoff an das Kupfer ab; wenn jetzt der Hahn r des Ballons A geöffnet wird, so dringt der zurückgebliebene Stickstoff in diesen letzteren ein. Nachdem das Einströmen von Luft in den Apparat aufgehört, schliesst man die Hähne r und r' und wägt den Ballon A und das Rohr BB'; schliesslich wird aus BB' der Stickstoff ausgepumpt und dasselbe wieder gewogen. Die Gewichtszunahme von BB' (Differenz der 1-ten und 2-ten Wägung) gibt die Sauerstoffmenge der Luft an; die Differenz der 2-ten und 3-ten Wägung von BB' und der beiden Wägungen von A — die Menge des Stickstoffs. $^1/_{18}$.

den Stickstoffgehalt der Luft, während die Sauerstoffmenge aus der Gewichtszunahme der mit Kupfer gefüllten Röhre in Erfahrung gebracht wird.

Von Feuchtigkeit und Kohlensäure [22]) befreite Luft besteht, dem Gewichte nach, aus 23,15 Thl. Sauerstoff und 76,85 Thl. Stickstoff [23]), woraus sich, unter Annahme der Dichte des Sauer-

---

[22]) Von Kohlensäure befreite Luft erweist sich, nach Ausführung der Explosion, immer noch mit einem geringen Gehalt an Kohlensäure, wie bereits Saussure bemerkte, ebenso wie Luft, aus der das Wasser entfernt wurde, nach dem Ueberleiten über glühendes Kupferoxyd gleichfalls noch geringen Gehalt an Wasser zeigt, was zuerst Boussingault beobachtete. Dieses Verhalten erklärt sich durch die beständig in der Luft enthaltene geringe Menge von gasförmigen Kohlenwasserstoffen, die dem Sumpfgas CH^4 analog sind; übrigens übersteigt die Menge derselben nicht einige Hundertstel eines Procents.

[23]) Bei Angaben der mittleren normalen Zusammensetzung der Luft begnügt man sich mit Zehntel Procenten, weil die Fehler bei den Luftanalysen Hundertstel Procente erreichen.

stoffs = 16 und des Stickstoffs = 14, die Volumzusammensetzung der Luft zu 20,84 Vol. Sauerstoff und 79,16 Vol. Stickstoff berechnet [24]).

Dass Veränderuugen in der Zusammensetzung der Luft schon beim Einwirken eines Lösungsmittels eintreten, weist deutlich darauf hin, dass die Bestandtheile der Luft ein einfaches Gemenge bilden. Die Luft ist eben keine bestimmte chemische Verbindung, obgleich sie unter gewöhnlichen Bedingungen homogen erscheint. Bestätigt wird dieser Schluss durch die Veränderlichkeit der Luftzusammensetzung unter verschiedenen besonderen Umständen. Die Ursache der sonst konstanten Zusammensetzung der Luft ist daher nicht in der Natur der dieselbe bildenden Gase, sondern nur in kosmischen Erscheinungen zu suchen. Es muss angenommen werden, dass auf der ganzen Erdoberfläche die Sauerstoff ausscheidenden Prozesse, namentlich durch die Pflanzen, den Prozessen das Gleichgewicht halten, bei welchen Sauerstoff absorbirt wird [25]).

In der Luft befindet sich immer eine grössere oder geringere Menge von Feuchtigkeit [26]) und auch von **Kohlensäuregas**, welches beim Athmen der Thiere und beim Verbrennen von Kohle und Kohlenstoffverbindungen entsteht. Dieses Gas besitzt die Eigenschaften der Säureanhydride. Zur Bestimmung des Kohlensäure-Gehalts der Luft benutzt man Substanzen, die dieses Gas absorbiren, namentlich Alkalien, sowol im festen Zustande, als auch in Lösung. Zu diesem Zwecke bringt man eine Lösung von Aetzkali, KHO, in besondere Glasapparate, welche ein geringes Gewicht (Fig. 64 u. 65) haben und leitet durch dieselben Luft.

---

24) Das Gewicht eines Liters Wasserstoff bei 0° und 760 mm beträgt 0,08958 Gramm; 20,8 Liter Sauerstoff wiegen daher 29,87 Gramm und 79,2 Liter Stickstoff 99,28 gr., wonach sich das Gewicht eines Liters Luft zu 1,2914 anstatt 1,293 berechnet. Dieser Unterschied entspricht den möglichen Versuchsfehlern sowol der Luftanalyse, als auch der andern in die Berechnung eingehenden Daten.

25) Im 3. Kap. Anm. 4 wurde eine annähernde Berechnung zur Bestimmung der Gesammtmenge des Sauerstoffs in der Luft angestellt Dem Anscheine nach beruht eine solche Berechnung auf keiner sicheren Grundlage, weil man annehmen kann, dass die Zusammensetzung der Luft sich ändern wird, wenn eine Aenderung in dem Verhältniss zwischen der Pflanzendecke der Erde und den Sauerstoff verbrauchenden Prozessen eintritt. Dieser Annahme lässt sich aber die Betrachtung entgegenstellen, dass die Erdatmosphäre nicht begrenzt ist (wofür bestimmte Beobachtungen sprechen, s. Kap. 4 Anm. 33), und dass, folglich ein Austausch zwischen den Bestandtheilen unserer Atmosphäre und dem Weltenraume stattfinden muss. Sollte daher das heute bestehende Gleichgewicht gestört werden, so würde es sich wieder durch die ungeheure Masse der den Weltenraum erfüllenden verdünnten Luft ausgleichen. Sollte z. B. die locale Sauerstoffmenge abnehmen, so würde sie durch den im Weltenraum verstreuten Sauerstoff ersetzt werden.

26) Nähere Betrachtungen über den Feuchtigkeitsgehalt der Luft gehören in das Gebiet der Physik und Meteorologie. Im 1. Kap. Anm. 1 ist übrigens auf die Methoden hingewiesen worden, nach denen die Feuchtigkeit aus Gasen absorbirt wird.

Hierbei wird der Luft durch das Aetzkali die Kohlensäure entzogen und im Apparate zurückgehalten, dessen Gewichtszunahme dann direkt den Kohlensäuregehalt in dem durchgeleiteten Luftvolume angibt. Besser noch wird die Kohlensäure durch Natronkalk, eine poröse alkalische Masse, absorbirt [27]) (Fig. 66.) Bei lang-

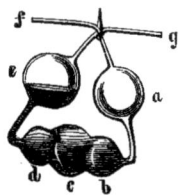
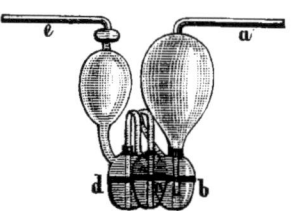
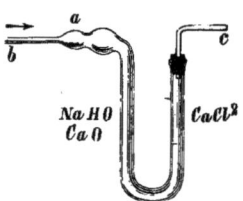

Fig. 64. Apparat zur Absorption und zum Auswaschen von Gasen (Liebig'scher Kaliapparat). Das Gas dringt in f ein, drückt auf die Flüssigkeit, gelangt allmählich nach b, c, d und e und verlässt den Apparat in g.

Fig. 65. Kaliapparat von Geissler. Das Gas dringt in a ein, geht in b, c und d durch die Kalilauge, welche Kohlensäure absorbirt, und tritt in e aus. Die Kugeln b, c und d sind in Form eines Dreiecks geordnet, so dass der Apparat stehen kann.

Fig. 66. Absorptionsrohr für Kohlensäure. In a befindet sich ein Wattepropf, der das Herausfallen des Pulvers verhindert. Der eine Schenkel ist mit Natronkalk beschickt, der andere enthält Chlorcalcium, welches Wasserdampf zurückhält.

samem Luftstrome genügt schon eine 20 Centimeter lange Schicht Natronkalk, um aus der Luft alle Kohlensäure zurückzuhalten. Damit von den Absorptionsapparaten für Kohlensäure kein Wasser zurückgehalten werde, lässt man die Luft zuerst durch eine Reihe von Röhren mit Chlorcalcium streichen, welches bekanntlich Wasser, nicht aber Kohlensäure zurückhält [28]). Das Durchleiten einer abgemessenen Luftmenge durch die Absorptionsapparate bewirkt man

---

[27]) Zur Darstellung des Natronkalkes zerstösst man ungelöschten Kalk zu einem feinen Pulver, das man in einer eisernen Schale mit einer schwach erwärmten starken Lösung von Aetznatron unter beständigem Rühren zusammenbringt. Der Kalk löscht sich hierbei und die Masse erwärmt sich, geräth ins Sieden, schäumt und erstarrt zuletzt von selbst zu einer porösen Substanz, welche zur Absorption von Kohlensäure sehr geeignet ist. Unvergleichlich langsamer wirkt ein massives Stück Aetznatron oder Aetzkali, das dem Gase eine relativ viel kleinere Oberfläche darbietet. Nach den Absorptionsapparaten für Kohlensäure muss man noch einen Apparat zur Absorption von Wasser anwenden, weil die Alkalien bei Aufnahme von Kohlensäure Wasser ausscheiden.

[28]) Selbstverständlich darf das zur Absorption von Wasser dienende Chlorcalcium nicht Kalk oder andere Alkalien enthalten, die Kohlensäure absorbiren würden. Um Chlorcalcium darzustellen bereitet man aus Kalk und Salzsäure eine vollkommen neutrale Lösung, die man zuerst auf einem Wasserbade bis zur Siropkonsistenz und dann vorsichtig auf einem Sandbade so lange eindampft, bis die Lösung zu schäumen anfängt. Man erhält dann eine erstarrte poröse Masse von Chlorcalcium. Um sicher zu sein, dass dieselbe keinen Kalk enthält, leitet man längere Zeit einen langsamen Kohlensäurestrom darüber und sättigt auf diese Weise den Kalk, der sich durch Einwirkung von Wasser auf einen Theil des Chlorcalciums gebildet haben kann, entsprechend der Gleichung: $CaCl^2 + 2H^2O = CaOH^2O + 2HCl$.

mittelst eines Aspirators und vereinigt auf diese Weise meistens die Bestimmung der Kohlensäure mit der des Wassers, wie dieses auch aus der Figur 63 zu ersehen ist.

Der Kohlensäuregehalt der Luft [29]) ist in einem unvergleichlich grösseren Grade konstant als der Gehalt an Feuchtigkeit. Im Mittel beträgt die Kohlensäuremenge in 100 Volumen trockner Luft nahe an $\frac{3}{100}$ pCt., d. h. in 10000 Volumen Luft sind gegen 3 Volumen Kohlensäure enthalten (meistens 2,95 Vol. CO^2). Da das spezifische Gewicht der Kohlensäure im Verhältniss zu Luft $= 1,52$ ist, so sind in 100 Gewichtstheilen trockner Luft 0,045 Gewichtstheile Kohlensäuregas enthalten. Diese Menge wechselt mit den Jahreszeiten (im Winter ist sie grösser), mit der Erhebung über das Meeresniveau (auf Höhen ist sie geringer), mit der Lage in der Nähe von Feldern und Wäldern (wo sie abnimmt) oder von Städten (wo sie relativ bedeutend anwächst) u. s. w.; alle diese Veränderungen sind aber gering und schwanken meistens zwischen $2^1/_2$ und 4 Volumen Kohlensäure auf 10000 Vol. Luft [30]). Da in der Natur viele örtliche Ursachen vorhanden sind, die entweder den Kohlensäuregehalt der Luft vergrössern (Athmen, Verbrennung, Verwesung, Ausbrüche von Vulkanen) oder verringern (Absorption durch Pflanzen und Wasser), so ist die Ursache des konstanten Gehaltes an diesem Gase erstens darin zu suchen, dass die Luft durch den Wind fortwährend in Bewegung erhalten wird, und zweitens

---

29) Um Kohlensäure allein in der Luft zu bestimmen, benutzt man besondere Methoden. Man absorbirt z. B. die Kohlensäure durch ein, kohlensaure Salze nicht enthaltendes Alkali (z. B. durch Barytlösung oder mit Baryt gemischte Natronlauge), treibt dann durch einen Ueberschuss von Säure die absorbirte Kohlensäure wieder aus und bestimmt ihr Volum. Im letzten Jahrzehnt sind über den Kohlensäuregehalt der Luft, namentlich von Reiset, Schlösing, Müntz und Aubin, viele umfangreiche und genaue Untersuchungen ausgeführt worden, aus denen hervorgeht, dass die Menge der Kohlensäure in der Luft nicht so bedeutenden Schwankungen ausgesetzt ist, wie früher auf Grund unvollständiger und nicht ganz genauer Bestimmungen angenommen wurde.

30) Anders verhällt sich die Sache in geschlossenen Räumen, wo nur ein schwacher Luftaustausch vor sich gehen kann, z B in Häusern, Brunnen, Höhlen, Bergwerken. Hier können sich grosse Massen von Kohlensäure ansammeln; auch in Städten, in welchen die Bedingungen zur Entwickelung von Kohlensäure zahlreich vorhanden sind (Athmungs-, Fäulniss- und Verbrennungsprozesse), kann der Kohlensäuregehalt der Luft grösser sein, als gewöhnlich; doch selbst bei stillem Wetter ist dieser Unterschied nicht grösser als ein Zehntausendstel (d. h. die Kohlensäuremenge steigt selten von 2,9 Volum auf 4 Vol. in 10,000 Vol. Luft). Es bestätigen dies Hunderte von sehr sorgfältigen, vergleichenden Bestimmungen, die gleichzeitig in Paris selbst und dessen Umgebungen ausgeführt worden sind und ausserdem die regelmässigen täglichen Bestimmungen, die auf einigen meteorologischen Stationen (z. B. in Mont-Souris bei Paris) gemacht werden. Sehr gering ist auch der Unterschied auf hohen Bergen und in tiefen Thälern, wie durch Beobachtungen in den Pyrenäen festgestellt worden ist (übrigens ist auf Höhen die Kohlensäuremenge dennoch geringer, wie auch a priori erwartet werden muss).

in dem Umstande, dass das Kohlensäure in Lösung haltende Wasser der Ozeane [31]), ein ungeheueres Reservoir bildet, durch welches der Kohlensäuregehalt in der Athmosphäre geregelt wird. Sobald nämlich der Partialdruck der Kohlensäure in der Luft geringer wird, so scheidet das Wasser einen Theil der gelösten Kohlensäure aus, während bei eintretender Steigerung dieses Druckes eine entsprechende Menge von Kohlensäure wieder absorbirt wird. Folglich existirt in der Natur, auch in dieser Beziehung, wie in vielen andern, ein sich von selbst herstellendes Gleichgewicht [32]).

Vom Stickstoff, Sauerstoff, Wasser und der Kohlensäure abgesehen, enthält die Luft alle andern Bestandtheile in verschwindend geringer Menge; daher hängt das **Gewicht eines Kubikmaasses Luft** auschliesslich von den genannten vier Bestandtheilen ab. Es wurde schon erwähnt, dass bei 0^0 und 760 mm. Druck ein Liter Luft 1,293 Grm. wiegt [33]), jedoch unter der Annahme, dass die Luft trocken ist und keine Kohlensäure enthält. Nimmt man an, dass der Kohlensäuregehalt $= 0,03$ in 100 Volumen ist, so wiegt ein Liter Luft schon 1,000156 mal mehr (folglich nicht 1,29300 g.

---

31) Im Wasser der Meere, ebenso wie im Süsswasser ist das Kohlensäuregas in zwei verschiedenen Formen vorhanden: entweder direkt gelöst im Wasser oder in Verbindung mit Kalk als saures kohlensaures Calcium (von welchem in hartem Wasser öfters ziemlich viel enthalten ist). Die Spannung der in Lösung befindlichen Kohlensäure hängt von der Temperatur, die Menge derselben von dem Partialdrucke ab. Für die in Form von sauren Salzen in Lösung vorhandene Kohlensäuremenge gelten dieselben Bedingungen, nur sind die Zahlen-Verhältnisse andere.

32) Die Erforschung der Naturerscheinungen führt mit Nothwendigkeit zur Vorstellung, dsss in dem überall herrschenden beweglichen Gleichgewicht die Hauptursache der harmonischen Ordnung zu suchen sei, welche den Beobachter überrascht. Das regulirende Moment bleibt öfters verborgen, und was speziell die Kohlensäure anbetrifft, so überrascht uns der Umstand, dass man anfangs keine harmonische, strenge Regelmässigkeit erwartete, wie zufällige (nicht genügend genaue und unzusammenhängende) Beobachtungen scheinbar bestätigten, dass aber später, nachdem man sich von der Existenz solcher Regelmässigkeit überzeugt hatte, man sehr bald auch die Ursachen derselben entdeckte. Diesen Charakter besassen gerade die Untersuchungen von Schlösing, denen die Deville'sche Idee von der Dissoziation der sauren kohlensauren Salze des Meerwassers zu Grunde lag. Auch in vielen anderen Fragen lässt sich eine richtige Auffassung erst bei genauerer Erforschung erwarten.

33) Der Unterschied im Gewichte eines Liters trockner Luft (ohne CO^2) bei 0^0 und 760 mm. unter verschiedenen Breitengraden und in verschiedenen Höhen wird durch die Veränderung der Schwere bedingt, mit welcher sich zugleich auch der Druck der Quecksilbersäule von 760 mm. ändert. Genaueres findet man hierüber in meinen Werken: «Ueber die Spannung der Gase» und «Ueber barometrisches Nivelliren» (in russischer Sprache).

Das Gewicht wird in Wirklichkeit nicht in absoluten Gewichtseinheiten (vergl. hierüber die Mechanik und Physik), sondern in relativen (Grammen, Gewichten) bestimmt, deren Masse immer dieselbe bleibt; daher dürfen die Veränderungen, welche die Gewichte selbst mit der Veränderung der Schwere erleiden, nicht in Betracht gezogen werden, denn es handelt sich nur um das proportionale Gewicht der Massen; mit der Ortsveränderung ändert sich die Schwere der Gewichte ebenso, wie die Schwere des gegebenen Luftvolums.

sondern 1,29319 g. bei 0^0 und 76 0mm.). Das Gewicht von feuchter Luft, in welcher die Tension [34]) des Wasserdampfes (der Partialdruck) $= f$ mm. ist, und folglich das Volum der Dämpfe (deren Dichte im Verhältniss zu Luft $= 0{,}62$) $= \frac{f}{760}$ (wenn der Druck der feuchten Luft $= 760$ mm.), verhält sich zum Gewicht desselben Volums trockner Luft wie $\frac{760-f}{760} + 0{,}62\,\frac{f}{760}$ oder wie $\frac{760-0{,}38f}{760}$ zu 1; folglich wiegt feuchte und kohlensäurehaltige Luft bei 0^0 und 760 mm. nicht 1,2930 g., sondern diese Grammmenge multiplizirt mit 1,000156 und mit $(1 - \frac{0{,}38\,f}{760})$. Bei H Millimeter Druck, der Temperatur t und Dampftension f ist das Gewicht eines Liters Luft (wenn das der trocknen Luft bei 0^0 und 760 mm. $= 1{,}293$ g.) gleich $\frac{1{,}23919}{1+0{,}00367\,t} \cdot \frac{H - 0{,}38f}{760}$. Wenn z. B. $H = 730$ mm., $t = 20^0$ und $f = 10$ mm. ist (was einer Feuchtigkeit von etwa 60 pCt. entspricht), so wiegt ein Liter Luft 1,1512 Grm. [35]).

Das Vorhandensein von **Ammoniak** in der Luft beweist die allmählich vor sich gehende Absorption dieses Bestandtheiles durch jede Säure, die man längere Zeit hindurch an der Luft stehen lässt. Saussure beobachtete, dass schwefelsaures Aluminium in der Luft allmählich in schwefelsaures Aluminiumammonium oder in den sogenannten Ammoniakalaun übergeht. Durch quantitative Bestimmungen ist festgestellt worden [36]), dass der Ammoniakgehalt der Luft zu verschiedener Zeit verschieden ist. Man kann annehmen, dass

---

34) Die Spannung des in der Luft enthaltenen Wasserdampfes wird durch Hygrometer, Psychrometer und auch auf andere Weise bestimmt (vergl. Kap. 1. Anm. 1).
35) Bei Wägungen von kleinen, relativ schweren Gegenständen (von Tiegeln u. dgl. bei Analysen, Bestimmungen von spezifischen Gewichten) in der Zimmerluft kann man die *Korrektur auf den Gewichtsverlust* in der Luft anbringen, indem man das Gewicht eines Liters Luft zu 1,2 Gramm annimmt und folglich auf jeden Kubikcentimeter 0,0012 g. rechnet. Sollen aber genaue Wägungen von Gasen oder überhaupt grossen Gefässen vorgenommen werden, so müssen alle sich auf die Dichte der Luft beziehenden Daten (t, H und f) bestimmt werden; eine empfindliche Waage zeigt schon die hierbei möglichen Gewichtsveränderungen an; da die durch die Grössen H und f bedingten Gewichtsänderungen eines Liters Luft, selbst bei konstanter Temperatur, Centigramme erreichen. Zu Bestimmungen der Luftdichte habe ich bereits 1859 die folgende Methode vorgeschlagen und angewandt: man bestimmt das Volum und Gewicht eines grossen, leichten, zugeschmolzenen Ballons mit möglichster Genauigkeit im luftleeren Raume und kontrolirt von Zeit zu Zeit die erhaltenen Zahlen. Wägt man nun den Ballon in der Luft und subtrahirt das so gefundene Gewicht von dem absoluten Gewicht desselben und dividirt dann durch das Volum, so erfährt man die gesuchte Dichte
36) Schlösing untersuchte das Gleichgewicht zwischen dem Ammoniakgehalt in der Atmosphäre und in Gewässern und bewies durch besondere Versuche, dass auch hier ein Austausch stattfindet. Das Verhältniss zwischen der Ammoniakmenge in einem Kubikmeter Luft und in einem Liter Wasser bei 0^0 ist $= 0{,}004$, bei $10^0 = 0{,}010$ und bei $25^0 = 0{,}040$.

in 100 Kubikmetern Luft nicht weniger als 1 und nicht mehr als 5 Milligramme Ammoniak enthalten sind; merkwürdiger Weise ist der Ammoniakgehalt auf Bergen grösser, als in Thälern. An Orten, wo sich animalische Substanzen ansammeln, namentlich in Ställen und in Aborten, enthält die Luft gewöhnlich eine viel erheblichere Menge von Ammoniak; dieses Gas bedingt auch den besonderen scharfen Geruch solcher Orte. Uebrigens besitzt das Ammoniak, wie wir im folgenden Kapitel sehen werden, die Eigenschaft sich mit Säuren zu verbinden und muss daher in der Luft in Form solcher Verbindungen vorhanden sein, da die Luft Kohlensäure und Salpetersäure enthält.

Die Existenz von Salpetersäure in der Luft wird zweifellos schon dadurch bewiesen, dass sich im Regenwasser nach Gewittern eine ziemlich bedeutende Menge von Salpetersäure nachweisen lässt, wie später gezeigt werden wird.

Sodann enthält die Luft, wie bereits erwähnt wurde (Kap. 4), **Ozon** und **Wasserstoffhyperoxyd** [37]).

Ausser gas- und dampfförmigen Bestandtheilen [38]) enthält die Luft immer eine grössere oder geringere Menge von Substanzen, welche in dampfförmigem Zustande nicht bekannt sind. Ein Theil dieser Substanzen schwebt in der Luft als **Staub**. Wenn man in vollkommen reiner Luft ein Stück Leinwand aufspannt, die man mit einer Säurelösung feucht erhält, so kann man in der von der Leinwand abtropfenden Flüssigkeit die Gegenwart von Natrium, Calcium, Eisen und Kalium nachweisen [39]). Befeuchtet man die Leinwand

---

37) Ozon und Wasserstoffhyperoxyd entstehen in der Luft, verschwinden aber auch wieder schnell, da sie sehr unbeständig sind und zur Oxydation vieler sich leicht oxydirender Körper verbraucht werden; höchst verschieden ist daher auch ihre in der Luft vorkommende Menge. Vollkommen reine Luft enthält merkliche Mengen von Ozon, während in der Luft der Städte und namentlich der Wohnungen, wo immer oxydirbare Stoffe vorhanden sind, viel weniger oder sogar gar kein Ozon enthalten ist. Der Ozongehalt steht mit dem Grade der Reinheit der Luft in einem ursächlichen Zusammenhang, denn derselbe wird durch die in der Luft enthaltenen, oxydirbaren Organismenreste bedingt. Das Ozon oxydirt diese Reste, indem es selbst hierbei zerfällt, so dass in der Luft nur dann Ozon enthalten sein kann, wenn wenig solcher Reste vorhanden sind. Dieses Verhaltens wegen benutzt man das Ozon zur Reinigung der Luft, indem man dasselbe auf künstlichem Wege entwickelt; z. B. durch elektrische Entladungen. Die Luft in Städten unterscheidet sich von der Luft ihrer Umgebungen durch den Ozongehalt. Uebrigens ist es in Luft, die relativ viel Ozon enthält, ebenso unmöglich zu leben, wie in reinem Sauerstoff.

38) Von den dampfförmigen Substanzen erwähnen wir Jod und Weingeist C^2H^6O, welchen letzteren Müntz regelmässig, wenn auch nur in minimalen Mengen, in der Luft, im Boden und im Wasser auffand.

39) Ein Theil des Luftstaubes ist kosmischen Ursprungs, was daraus hervorgeht, dass derselbe, ebenso wie die Meteorsteine, metallisches Eisen enthält. Nordenskjöld fand letzteres im Staube, der sich über Schnee abgesetzt hatte, Tissandier überall in der Luft, selbstverständlich aber nur in sehr geringer Menge.

mit einer alkalischen Lösung, so werden durch dieselbe Kohlensäure, Schwefel- und Phosphorsäure und Chlorwasserstoff angezogen. Auf dieselbe Weise lässt sich auch die Anwesenheit von organischen Substanzen nachweisen. Bringt man in ein Zimmer, in welchem sich viele Menschen aufhalten, einen mit Eis gefüllten Glasballon, so schlägt sich auf diesem Wasser nieder, in welchem den Eiweissstoffen ähnliche organische Substanzen nachgewiesen werden können. Aus ähnlichen Stoffen, ebenso wie aus Keimen in der Luft schwebender niederer Organismen entstehen möglicher Weise die Miasmen, welche das Auftreten epidemischer Krankheiten bedingen. Das Vorhandensein von Keimen in der Luft bewies Pasteur durch den folgenden Versuch: durch eine Glasröhre, die Pyroxylin enthielt, — eine Substanz, die wie Watte aussieht und sich in einem Gemisch von Aether und Alkohol löst, — leitete er während längerer Zeit einen Luftstrom und löste dann das Pyroxylin in dem eben genannten Gemische. In dem hierbei erhaltenen Rückstande blieben nun die in der durchgeleiteten Luft enthaltenen Organismenkeime zurück, welche sodann unter dem Mikroskop beobachtet und auf ihre Fähigkeit, sich unter passenden Bedingungen zu Organismen zu entwickeln, untersucht werden konnten.

Die Gegenwart dieser Keime bedingt es, dass die Luft die Verwesungs- und Gährungsprozesse hervorrufen kann, durch welche organische Substanzen tiefgehende Veränderungen erleiden. Es erscheinen bei diesen Prozessen öfters niedere Organismen sowol pflanzlichen, als auch thierischen Ursprungs. Beim Gährungsprozesse z. B., bei welchem aus dem süssem Traubensaft Wein entsteht, scheidet sich ein Niederschlag aus, der unter dem Namen Hefe bekannt ist. Die Hefe besteht aus Zellenorganismen, die sich aber nur dann bilden, wenn die in der Luft schwebenden Keime [40]) in die gährungsfähige Flüssigkeit gelangen. Unter günstigen Bedingungen entwickeln sich diese Keime zu Organismen, die sich von der organischen Substanz nähren und, indem sie dieselbe verändern und zerstören, Gährung und Verwesung hervorrufen. So lange der Traubensaft noch in der Beerenhülle eingeschlossen ist, durch welche wol Luft nicht aber Keime durchdringen, bleibt er unverändert und

---

40) Die einstmals von so Vielen vertheidigte Annahme der Urzeugung ist jetzt, nach den Arbeiten von Pasteur und seiner Nachfolger (theilweise auch seiner Vorgänger), fallen gelassen, weil es gelungen ist zu beweisen, wie, wann und woher (aus der Luft, dem Wasser) Keime erscheinen, und Organismen entstehen, ohne welche keine Gährungserscheinungen stattfinden und keine ansteckenden Krankheiten sich verbreiten können. Durch künstliches Einbringen solcher Keime (z. B. bei der Pockenimpfung oder beim Zusetzen von Hefe) gelingt es in dem entsprechenden Mittel die Veränderungen hervorzurufen, die zugleich mit der Entwicklung der aus den Keimen entstehenden Organismen vor sich gehen.

gährt nicht, wenn die Hülle unverletzt ist. Daher können pflanzliche und thierische Substanzen, wenn nur die Luft keinen Zutritt hat, ohne Veränderung zu erleiden, aufbewahrt werden. Auf dem Fernhalten von Luft beruht auch die Bereitung der Konserven [41]). Wie gering also auch die Menge der in der Luft enthaltenen Keime sein mag, so sind dieselben in der Natur dennoch von ungeheurer Bedeutung [42]).

In der Luft treffen wir also die verschiedenartigsten Stoffe an. Der Stickstoff, der in grösster Menge vorhanden ist, hat auf die unter dem Einfluss der Luft vor sich gehenden Prozesse die geringste Bedeutung. Der Sauerstoff dagegen, der in geringerer Menge vorkommt, nimmt an einer Menge von Reaktionen thätigen Antheil: er unterhält die Verbrennung, das Athmen, die Verwesungsprozesse und überhaupt jeden langsamen Oxydationsvorgang. Die Bedeutung der Feuchtigkeit der Luft ist allgemein bekannt, so dass wir sie hier nicht in Betracht zu ziehen brauchen. Das Kohlensäuregas, das in noch geringeren Mengen vorkommt, ist in der Natur von ungeheurer Bedeutung, denn es dient zur Ernährung der Pflanzen. Eine nicht unbedeutende Rolle spielen auch das Ammoniak und die Salpetersäure, aus welchen sich die stickstoffhaltigen Substanzen bilden, welche in jedem lebenden Organismus enthalten sind. Endlich haben auch die winzigen Mengen von Keimen für sehr viele Prozesse ihre Bedeutung. Es wird also die Rolle der einzelnen Luftbestandtheile nicht durch ihre Quantität, sondern durch ihre Qualität bedingt [43]).

Als ein Gemisch von verschiedenen Stoffen kann die Luft, infolge zufälliger Umstände, sehr bedeutende Veränderungen erleiden. Von besonderer Wichtigkeit sind die Veränderungen, die in der Zusammensetzung der Luft in Wohnungen und in Räumen vor sich gehen, in welchen sich längere Zeit Menschen aufhalten. Verän-

---

41) Dass Verwesung und Gährung in der That durch in der Luft schwebende Keime bedingt werden, lässt sich ferner dadurch beweisen, dass durch giftige Stoffe, welche die Organismen tödten, auch diese Prozesse aufgehalten werden oder deren Eintreten verhindert wird. Luft, die geglüht oder durch Vitriolöl geleitet worden ist, enthält keine Organismenkeime und kann weder Gährung, noch Verwesung hervorrufen.

42) Die sich in der Luft verbreitenden Keime sind mikroskopisch klein und besitzen im Verhältniss zu ihrem Gewichte eine relativ grosse Oberfläche, so dass sie in der Luft gleichsam schweben können. In Paris beträgt die Gesammtmenge des in der Luft suspendirten Staubes auf 1000 Kubikmeter etwa 6 (nach einem Regen bis zu 23 Grammen).

43) Aehnliche Verhältnisse sehen wir überall. Die im Boden vorwaltende Masse von Sand und Thon ist für die Ernährung der Pflanzen in chemischer Hinsicht fast von gar keiner Bedeutung. Die Pflanzen nehmen durch ihre Wurzeln aus dem Boden solche Substanzen auf, die in verhältnissmässig geringen Mengen darin vorkommen. In einem viele Nährstoffe enthaltenden Boden können Pflanzen überhaupt nicht fortkommen, sondern gehen ebenso zu Grunde, wie Thiere in reinem Sauerstoff.

dert wird die Luft durch das Athmen der Menschen und der Thiere[44]), durch sich zersetzende organische Substanzen und namentlich durch das Verbrennen von Körpern[45]). Von Wichtigkeit ist es daher für die Reinigung der Luft in Wohnräumen Sorge zu tragen. Die Erneuerung der Luft, die Ersetzung der ausgeathmeten Luft durch frische, nennt man Ventilation, Lüftung[46]) und die Beseitigung der in der Luft enthaltenen schädlichen

44) Durch das Athmen verbrennt der Mensch in jeder Stunde etwa 10 g. Kohlenstoff, d. h. entwickelt täglich ungefähr 880 g. oder (da 1 Kubikmeter Gas ungefähr 2000 g. wiegt) etwa $5/12$ cbm. Kohlensäure. Die Luft, die aus den Lungen ausgeathmet wird, enthält gegen 4 pCt Kohlensäure, dem Volume nach, und ist ihrer anderen Beimengungen wegen direkt giftig.

45) Daher wird beim Brennen von Kerzen, Lampen und Gas die Zusammensetzung der Luft fast ebenso verändert, wie beim Athmen. Durch die Verbrennung eines Kilogrammes Stearinkerzen erleiden 50 Kub. Meter Luft dieselbe Veränderung, wie durch das Athmen, d. h. der Kohlensäuregehalt der Luft steigt dann gleichfalls auf etwa 4 pCt. Noch mehr verdorben wird die Luft durch das Athmen von Thieren, die Ausdünstungen der Haut und namentlich durch die mit den Exkrementen vor sich gehenden Veränderungen, weil hierbei ausser der Kohlensäure noch andere flüchtige Substanzen in die Luft kommen. Gleichzeitig mit der Bildung der Kohlensäure vermindert sich der Sauerstoffgehalt der Luft und nimmt folglich die relative Stickstoffmenge zu; ausserdem entstehen Miasmen, d. h. Stoffe, deren Menge sehr gering ist, die aber leicht wahrzunehmen sind, wenn man aus der frischen Luft in einen Raum kommt, der solche verdorbene Luft enthält. Aus den hierauf bezüglichen Untersuchungen von Schmidt, Leblanc und anderer geht hervor, dass schon bei einem Gehalt an 20,6 pCt. Sauerstoff (anstatt $20,9^0/_0$) die Luft bemerkbar schwer und untauglich zum Athmen wird; bei weiterer Abnahme des Sauerstoffgehalts wird das bedrückende Gefühl, das man in einer solchen Luft empfindet, noch stärker. In einer Luft, die 17,2 pCt. Sauerstoff enthält, kann man sich kaum länger als einige Minuten aufhalten. Diese Beobachtungen sind hauptsächlich in verschiedenen Bergwerken, in verschiedener Tiefe angestellt worden. Die Luft der Theater und Wohnräume zeigt, wenn viele Menschen sich darin aufhalten, gleichfalls einen geringeren Sauerstoffgehalt; zu Ende einer Vorstellung wurden z. B. im Parterre eines Theaters 20,75 pCt. Sauerstoff gefunden während in den oberen Räumen die Luft gleichzeitig nur 20,36 pCt. enthielt. Als Maass der Verdorbenheit einer Luft kann deren Kohlensäuregehalt betrachtet werden (nach Pettenkofer). In einer Luft, deren Kohlensäuremenge 1 pCt. erreicht, kann ein Mensch nur sehr schwer längere Zeit aushalten. Um in Wohnräumen beständig gute Luft zu haben, müssen auf jeden Menschen im Laufe einer Stunde wenigstens 10 Kubikmeter frischer Luft zugeführt werden. Der Mensch athmet während eines Tages ungefähr $5/12$ cbm. Kohlensäure aus. Nach genaueren Untersuchungen wird eine Luft, die $1/10$ pCt. ausgeathmeter Kohlensäure (und folglich auch eine entsprechende Menge anderer, sich gleichzeitig ausscheidender Substanzen) enthält, noch nicht als verdorbene Luft empfunden; $5/12$ cbm. ausgeathmeter Kohlensäure müssen mit 420 cbm. frischer Luft verdünnt werden, wenn der Kohlensäuregehalt nicht über $1/40$ pCt. (dem Volum nach) betragen soll. Der Mensch braucht daher an einem Tage 420 cbm und in einer Stunde 18 cbm. Luft. Bei einer Zufuhr von nur 10 cbm frischer Luft in einer Stunde auf jeden Menschen kann der Kohlensäuregehalt schon auf $1/5$ pCt. steigen und die Luft erscheint dann nicht mehr frisch.

46) Die *Ventilation* ist von besonderer Wichtigkeit in Krankenhäusern, Schulen u. a. Räumen. Während des Winters bewirkt man dieselbe mittelst sogenannter

Beimengungen — Desinfektion [47]). Durch die Anhäufung verschiedener Beimengungen in der Luft der Wohnungen und Städte erklärt es sich, warum die Luft in Gebirgen, Wäldern, am Meere und an nicht sumpfigen Orten, die mit einer Pflanzendecke oder mit Schnee bedeckt sind, so erfrischend und in jeder Beziehung wohlthuend auf den Menschen wirkt. —

Kaloriferen, d. h. Oefen, in welchen die einzuführende Luft vorher erwärmt wird. In gut eingerichteten Kaloriferen muss die frische und kalte Luft durch eine Reihe von erwärmten Kanälen streichen, ehe sie in den zu ventilirenden Raum kommt; ausserdem muss sie eine genügende Menge von Feuchtigkeit enthalten, namentlich im Winter, weil dann die kalte Luft sehr trocken ist. An Stelle der bei der Ventilation einzuführenden Luft muss eine entsprechende Menge durch das Athmen und andere Ursachen verdorbener Luft aus dem Wohnraume ausgeführt werden; es müssen daher neben den Röhren, durch welche frische Luft eingeführt wird, Abzugsröhren zum Entfernen der verdorbenen Luft vorhanden sein. In gewöhnlichen Wohnungen, wo sich nicht viele Menschen ansammeln, geht die Ventilation auf natürlichem Wege vor sich, durch Spalten und Oeffnungen in den Wänden, Thüren und Fenstern, durch Klappfenster, beim Heizen der Oefen; in Fabriken jedoch und besonders in tief liegenden Bergwerken müssen Ventilationsvorrichtungen angebracht werden.

In einer Luft, die 30 pCt. Kohlensäure enthält, können Thiere noch einige Minuten lang leben, wenn die übrigen 70 pCt. aus gewöhnlicher Luft bestehen, doch wird das Athmen bald unmöglich und die Thiere müssen zu Grunde gehen. Bei einem Gehalt von 5—6 pCt. Kohlensäure erlischt ein brennendes Licht, während Thiere in einer solchen Luft noch ziemlich lange leben können, obgleich der Aufenthalt darin, selbst für niedere Thiere sehr drückend wird. Es gibt Gruben, in welchen Lichte infolge des grossen Kohlensäuregehaltes erlöschen und in welchen dennoch die Bergleute gezwungen sind längere Zeit hindurch zu arbeiten! Beim Brennen von Kohlen, Holz u. dgl. kann die Luft ganz andere Eigenschaften annehmen, selbst dann, wenn der Kohlensäuregehalt gering bleibt; bedingt wird dieses, zweifellos, durch die Entstehung von gasförmigen Substanzen (Kohlenoxyd, Acetylen, Cyanwasserstoff u. and.), die direkt schädlich sind. Hierdurch erklärt sich auch die Wirkung des Kohlendunstes und das Ersticken im Rauche. In Gegenwart von 1 pCt. Kohlenoxyd wird Luft selbst für kaltblütige Thiere tödlich. Die Luft in Minengalerien wird durch die Explosionsgase so verschlechtert, dass sie das Auftreten besonderer Krankheits-Erscheinungen hervorruft, die den durch Kohlendunst bedingten sehr ähnlich sind. Auch die Luft in tiefen Brunnen und Kellern kann erstickend wirken. Um sich von der Gefahrlosigkeit solcher Luft zu überzeugen, genügt es ein brennendes Licht hineinzubringen; wenn dasselbe hierbei nicht erlischt, so kann der Kohlensäuregehalt nicht über 5 pCt. betragen. In zweifelhaften Fällen ist es aber besser, in den zu betretenden Raume zuerst einen Hund oder ein anderes Thier zu bringen.

47) Die *Desinfektion* bezweckt die Reinigung der Luft durch verschiedene sogen. Desinfektionsmittel, welche die schädliche Wirkung einiger ihrer Bestandtheile durch Verändern oder Zerstören derselben aufheben. Unumgänglich ist die Desinfektion an Orten, wo viele flüchtige Stoffe in die Luft kommen oder wo organische Substanzen sich zersetzen, z. B. in Hospitälern, Abtritten. Die verschiedenartigen Desinfektionsmittel können in die folgenden Hauptkategorien getheilt werden: in *oxydirende*, *fäulnisswidrige* und *absorbirende* Mittel. Zu den *oxydirenden Desinfektionsmitteln* gehören das gasförmige Chlor und verschiedene dieses Gas ausscheidende Substanzen; in Gegenwart von Wasser werden die meisten organischen Stoffe durch Chlor oxydirt. Oxydirend wirken auch die übermangansauren Salze in

Sechstes Kapitel.

Verbindungen des Stickstoffs mit Wasserstoff und Sauerstoff.

Wie wir im vorigen Kapitel sahen, treten Stickstoff und Wasserstoff unmittelbar mit einander nicht in Verbindung; lässt man aber durch ein Gemisch dieser beiden Gase in Gegenwart von Chlorwasserstoffgas, HCl, elektrische Funken schlagen[1]), so bildet sich Salmiak NH^4Cl, eine Verbindung von HCl mit NH^3. Hierbei vereinigt sich folglich N mit H^3 zu Ammoniak[2]). Fast alle

---

wässriger Lösung, natürlich aber langsamer als das Chlor und nur dort, wo sie unmittelbar hinkommen, da sie nicht flüchtig sind. Fäulnisswidrige Desinfektionsmittel verwandeln organische Stoffe in andere sich wenig verändernde und verhindern Fäulniss und Gährung aller Wahrscheinlichkeit nach dadurch, dass sie die in den Miasmen enthaltenen Organismenkeime tödten. An erster Stelle ist unter diesen Mitteln das Kreosot und das Phenol (die Carbolsäure) zu nennen, Substanzen, welche sich im Theere und Rauche finden und durch deren Wirkung Fleischwaaren konservirt werden. Das Phenol ist ein in Wasser wenig löslicher, flüchtiger Körper, der den charakteristischen Geruch von Geräuchertem besitzt. In grösserer Menge wirkt das Phenol auf Thiere als Gift, während es in schwacher Lösung thierische Stoffe konservirt. Durch Phenol kann man, ebenso wie durch Chlor, in Abtritten leicht den Geruch beseitigen, der durch die Veränderungen der Exkremente bedingt wird. Aehnliche Mittel, wie das Phenol, sind Salicylsäure, Thymol, gewöhnlicher Theer und and. Man benutzt dieselben in besonderen Fällen allgemeine Anwendung zur Desinfektion finden sie natürlich nicht. Von nicht geringerer Bedeutung sind die absorbirenden Desinfektionsmittel, die sicher und gefahrlos wirken; es sind das Substanzen, welche riechende Gase und Dämpfe, namentlich Ammoniak, Schwefelwasserstoff und andere flüchtige bei der Fäulniss entstehende Verbindungen absorbiren. Zu diesen Mitteln gehören: Kohle, einige Eisensalze, Gyps, Magnesiumsalze und ähnliche Körper, sodann Torf, Moos, Ackererde und Thon. Von Nutzen sind diese Desinfektions-Mittel nicht nur zur Beseitigung übler Gerüche, sondern auch zur radikalen Vernichtung von Miasmen. Die Desinfektion gehört, ebenso wie die Ventilation zu den ernstesten Aufgaben der Hygiene; hier konnten sie nur ganz kurz skizzirt werden.

1) In der Luft, im Wasser und im Boden entstehen Ammoniak und seine Salze durch Zersetzung stickstoffhaltiger Substanzen von Pflanzen und Thieren und wahrscheinlich auch durch Reduktion von salpetersauren Salzen. Beim Rosten von Eisen entsteht immer Ammoniak, was aller Wahrscheinlichkeit nach dadurch bedingt ist, dass hierbei Wasser zersetzt wird und der Wasserstoff im Entstehungszustande auf die in der Luft enthaltene Salpetersäure einwirkt (Cloëz) oder aber durch die Bildung von salpetrigsaurem Ammonium, das unter verschiedenen Bedingungen auftreten kann. Ammoniakverbindungen enthaltende Dämpfe werden zuweilen in der Nähe von Vulkanen beobachtet.

2) Ammoniakgas wird beim Einwirken der stillen Entladung (bei der Ozonirung von Sauerstoff) oder beim Durchschlagen einer Reihe von elektrischen Funken (im Eudiometer z. B.) in Wasserstoff und Stickstoff zersetzt. Es ist dieses eine Dissoziationserscheinung, wie im vorhergehenden Kapitel (Seite 258) erklärt wurde. Das Ammoniak kann folglich durch elektrische Funken nicht vollständig zersetzt werden, ein Theil desselben bleibt immer unverändert. Aus 2 Vol. Ammoniak erhält man 1 Vol. Stickstoff und 3 Vol. Wasserstoff.

stickstoffhaltigen pflanzlichen und animalischen Substanzen entwickeln beim Glühen mit Alkalien gleichfalls Ammoniak. Aber auch ohne Alkali scheiden die meisten stickstoffhaltigen Substanzen, wenn sie verwesen oder geglüht werden, ihren Stickstoff, wenigstens theilweise, in Form von Ammoniak aus, namentlich wenn die Luft gar keinen oder nur geringen Zutritt hat. Beim Glühen von thierischen Abfällen: Haut, Knochen, Fleisch, Haaren, Horn u. s. w. in eisernen oder gusseisernen Retorten, d. h. ohne Luftzutritt, erfolgt Zersetzung oder sogenannte trockne Destillation, wobei ein Theil der Zersetzungsprodukte als kohlehaltiger Rückstand in der Retorte zurückbleibt, während der andere Theil sich verflüchtigt, durch

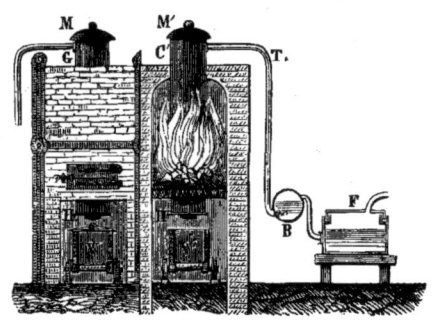

Fig. 67. Trockne Destillation von Knochen im Fabrikbetrieb. In dem vertikalen (etwa 1½ m hohen und 30 cm. weiten) Cylinder C', welcher im Ofen eingemauert ist, werden die Knochen erhitzt. Die dampfförmigen Destillationsprodukte werden durch T in das abgekühlte Rohr B und dann in den Behälter F geleitet. Nachdem die Ausscheidung von Dämpfen aufgehört hat, wird der Schieber H geöffnet und die Knochenkohle fällt in den Wagen V. Der Cylinder wird von oben nach Abnehmen des Deckels M' von neuem mit Knochen beschickt. Das Ammoniakwasser sammelt sich in den Vorlagen und wird auf Ammoniaksalze, wie auf der nächsten Fig. abgebildet ist, verarbeitet.

Die Gegenwart von freiem (nicht mit Säuren verbundenem) Ammoniak in einem Gasgemisch oder einer wässrigen Lösung erkennt man an dessen charakteristischem Geruche. Die Ammoniaksalze dagegen besitzen meistens keinen Geruch, fügt man aber zu denselben ein Alkali (z. B. Aetzkali, Aetznatron oder Kalk), so scheidet sich leicht freies Ammoniak aus, namentlich beim Erwärmen. Ausser am Geruche erkennt man dieses Gas dadurch, dass bei der Annäherung eines mit Salzsäure (Chlorwasserstoff) befeuchteten Glasstabes ein weisser Nebel erscheint; das gasförmige Ammoniak NH^3, ebenso wie die Chlorwasserstoffsäure HCl geben nämlich bei ihrer Vereinigung festen Salmiak NH^4Cl, der sich in Form eines weissen Nebels ausscheidet. Ist das zu entdeckende Ammoniak in zu geringer Menge vorhanden, so lässt sich die Bildung dieses Nebels kaum bemerken und man benutzt daher in solchen Fällen zur Prüfung besser ein mit salpetersaurem Quecksilberoxydul $HgNO^3$ getränkten Papierstreifen, den man über der Oeffnung des Gefässes hält, aus dem das Ammoniakgas entweichen soll. Nimmt der Papierstreifen eine schwarze Färbung an, so ist Ammoniak vorhanden, das mit dem Quecksilberoxydulsalze eine schwarze Verbindung bildet. Spuren von Ammoniak, z. B. in fliessendem Wasser entdeckt man durch das sogen. *Nessler'sche Reagenz*, das man durch Zugiessen eines Ueberschusses von *Jodkalium KJ* zu einer Lösung von *Quecksilbersublimat* $HgCl^2$ und Zufügen von *Kalilauge* erhält; mit Ammoniak gibt dieses Reagenz einen braunen Niederschlag.

Von Interesse sind die thermochemischen Daten (in Tausenden von Wärmeeinheiten nach Thomsen) oder die Wärmemengen, die sich bei der Bildung des Ammoniaks und dessen Verbindungen entwickeln, wenn diese in Quantitäten angewandt werden, die ihren Formeln entsprechen. Die Wärmetönung von $(N+H^3)$ ist 26,7, d. h. bei der Vereinigung von 14 g. Stickstoff mit 3 g. Wasserstoff wird so viel Wärme

das aus der Retorte führende Rohr entweicht und sich in der Vorlage zu einer Flüssigkeit verdichtet, welche sich in zwei Schichten theilt: eine ölige, das sogen. Knochenöl (oleum animale) bildende Schicht, und eine wässrige, die kohlensaures Ammonium in Lösung enthält. Mischt man diese Lösung mit Kalk und erwärmt sie, so entzieht der Kalk dem gelösten Salze die Elemente der Kohlensäure und das Ammoniak entweicht als Gas [3]). In früheren Zeiten kamen

Fig. 68. Fabrikmässige Gewinnung von Ammoniak aus dem bei der trocknen Destillation von Steinkohlen entstehenden Ammoniakwasser der Gasfabriken, aus gefaultem Urin u. s. w. Die ammoniakhaltige Flüssigkeit wird, mit Kalk gemengt, zunächst in den Kessel C'' gebracht, aus welchem sie der Reihe nach in die Kessel C' und C übergeführt wird. In dem unmittelbar über der Feuerung befindlichen Kessel C gibt das in den vorhergehenden Kesseln schon einen Theil seines Ammoniaks zurücklassende Wasser dasselbe gänzlich ab und wird abgelassen. Aus C geht das Ammoniakgas mit dem Wasserdampf durch das Rohr T in den Kessel C' und weiter in C''; in C' ist die Flüssigkeit ammoniakreicher, als in C, und in C'' reicher, als in C'. Damit der Kalk sich nicht zu Boden setzt, wird die Flüssigkeit durch die Rührapparate A, A' und A'' in Bewegung erhalten. Aus C'' gelangen Ammoniak und Wasserdämpfe durch das Rohr T'' in von kaltem Wasser umgebene Kühlschlangen und aus diesen in die Woulf'sche Flasche P, wo sich die wässerige Lösung von Ammoniak kondensirt. Das nicht kondensirte Ammoniak wird in das flache Gefäss R mit Säure geleitet und von dieser vollständig absorbirt.

die Ammoniakverbindungen nach Europa aus Aegypten, wo dieselben in der Libyschen Wüste in der Nähe des Tempels des Jupiter-Ammon aus dem Russe gewonnen wurden, der sich beim Heizen mit Kameelmist bildete; daher stammt die Bezeichnung des Salzes — sal ammoniacum und auch die Benennung des Ammoniaks selbst. In der Technik wird heute das Ammoniak ausschliesslich entweder aus den Produkten der trocknen Destillation von animalischen und

---

entwickelt, dass man damit 26,7 Kilogramm Wasser auf 1° erwärmen kann. Die Lösungswärme von $(NH^3 + nH^2O)$ ist 8,4; die Wärmetönung von $(NH^3nH^2O + HClnH^2O) = 12,3$; von $(N + H^3 + Cl) = 90,6$ und von $(NH^3 + HCl) = 41,9$.

3) Solches Ammoniakwasser erhält man auch, nur in geringerer Menge, bei der trockenen Destillation von Pflanzen und Steinkohlen, welche Ueberreste untergegangener Pflanzen sind. In allen diesen Fällen entsteht das Ammoniak durch Zerstörung komplizirter, in den Pflanzen und Thieren enthaltener Stickstoffverbindungen. Das Ammoniak wird zur Darstellung der gewöhnlichen Ammoniaksalze benutzt.

vegetabilischen Resten, oder aus gefaultem Urin, oder aus dem Ammoniakwasser gewonnen, welches sich bei der Zersetzung der Steinkohlen zur Leuchtgasgewinnung ansammelt. Erhitzt man dieses Ammoniakwasser mit Kalk, so destillirt mit den Wasserdämpfen auch das Ammoniak über[4]). Im freien Zustande als wässrige Lösung wird das Ammoniak in der Praxis verhältnissmässig wenig angewandt; grösstentheils wird es in Salze übergeführt, die in der Technik vielfach verwendet werden, namentlich in Salmiak NH^4Cl und in schwefelsaures Ammonium $(NH^4)^2SO^4$. Diese beiden Salze entstehen in Folge der Eigenschaft des Ammoniaks NH^3, sich mit Säuren HX zu Ammoniaksalzen NH^4X zu verbinden. Den Salmiak, der eine Verbindung von Ammoniak mit Chlorwasserstoff ist, erhält man, indem man die aus dem Ammoniakwasser entweichenden Wasserdämpfe, die das Ammoniak enthalten, in eine wässrige Lösung von Chlorwasserstoff leitet und die Lösung darauf eindampft. Hierbei scheidet sich der Salmiak in Form von Krystallen aus, die in Wasser löslich [5]) sind und dem Aussehen und Eigenschaften nach an das gewöhnliche Kochsalz erinnern. Aus **Salmiak** NH^4Cl lässt sich, wie aus jedem anderen Ammoniaksalze, leicht reines **Ammoniak** durch Erwärmen mit Kalk gewinnen. Als Alkali entzieht der Aetzkalk CaH^2O^2 dem Salze die Säure und macht das Ammoniak frei, welches als Gas entweicht,

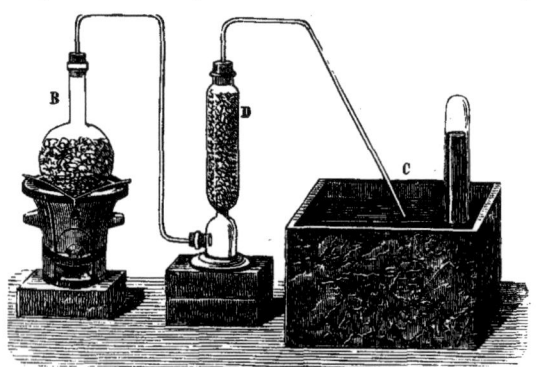

Fig. 69. Darstellung von gasförmigem Ammoniak. In dem Kolben *B* wird ein Gemenge von Kalk und Salmiak erhitzt; das entweichende Ammoniak wird in *D* durch Stücke von Aetzkali getrocknet und über der Quecksilberwanne *C* aufgesammelt. 1/10.

während Chlorcalcium zurückbleibt, entsprechend der Gleichung: $2NH^4Cl + CaH^2O^2 = 2H^2O + CaCl^2 + 2NH^3$ (Fig. 69)[6]).

---

4) Die technischen Darstellungsmethoden des Ammoniakwassers und des Ammoniaks aus demselben sind in ihren wichtigsten Theilen durch die dem Texte beigefügten Zeichnungen erläutert.

5) In den Fabriken wird der Salmiak gewöhnlich sublimirt, indem man ihn in Töpfen oder Kesseln erhitzt, wobei sich an den kälteren Theilen die Salmiakdämpfe in Form von Krystallkrusten verdichten, welche direkt in den Handel gebracht werden.

6) In kleinem Massstabe erhält man Ammoniak, indem man in einem Glaskolben ein Gemisch gleicher Gewichtstheile von Kalkhydrat und gepulvertem Salmiak erhitzt (Fig. 69). Das entweichende Gas leitet man durch einen mit Stücken von Aetzkali gefüllten Cylinder, wo es getrocknet wird und dann in eine Wanne mit Quecksilber, über welcher man es sammelt. Zum Trocknen des Ammoniaks kann man weder Chlor-

Alle zusammengesetzten Stickstoffverbindungen der Pflanzen, Thiere und des Bodens zersetzen sich beim Erwärmen mit Schwefelsäure, wobei der gesammte Stickstoff in schwefelsaures Ammonium übergeht, aus welchem er durch überschüssiges Alkali ausgetrieben werden kann. Auf dieser Reaktion beruht die Kjeldahl'sche Methode der Stickstoffbestimmung.

Das Ammoniak, das gleichfalls ein farbloses Gas ist, unterscheidet sich von allen anderen Gasen durch seinen charakteristischen, scharfen, die Augen reizenden Geruch. Zu athmen ist in dem Gase nicht möglich; Thiere gehen darin zu Grunde. Die Dichte des Ammoniaks im Verhältniss zu Wasserstoff ist 8,5; folglich ist es leichter als Luft. Das Ammoniak gehört zu den Gasen, die sich leicht verflüssigen lassen [7]). Faraday verflüssigte es unter Anwen-

---

calcium, noch Schwefelsäure benutzen, weil beide dasselbe absorbiren würden; ebenso wenig kann das Ammoniakgas über Wasser gesammelt werden. Trocknes Ammoniak stellte zuerst Priestley dar, während die Zusammensetzung des Gases zu Ende des vorigen Jahrhunderts von Berthollet bestimmt wurde.

Leichter erhält man Ammoniak, wenn man Salmiak nicht mit Kalk, sondern mit Bleioxyd mischt und erwärmt (Isambert); die Ursache, ebenso wie der Verlauf der Zersetzung sind fast dieselben (es entsteht wahrscheinlich ein Bleioxychlorid):

$$2PbO + 2NH^4Cl = Pb^2OCl^2 + H^2O + 2NH^3.$$

7) Die absolute Siedetemperatur des Ammoniaks liegt bei $+ 130°$ (Kap. 2 Anm. 29), folglich kann es schon bei gewöhnlicher und sogar bei bedeutend höherer Temperatur durch Druck allein verflüssigt werden. Die latente Verdampfungswärme von 17 Gewichtstheilen Ammoniak beträgt 4400 Wärmeeinheiten; verflüssigtes Ammoniak kann daher zur Erzeugung von Kälte benutzt werden. Man verwendet dazu öfters konzentrirte, wässrige Ammoniaklösungen, die ganz analog wirken.

Erwärmt man eine gesättigte Ammoniaklösung in einem geschlossenen Gefässe, das mit einer Vorlage verbunden ist, so wird infolge der eintretenden Ausscheidung von Ammoniak, zugleich mit etwas Wasser, der Druck im Apparate allmählich so weit steigen, dass in den kälteren Theilen das Ammoniak sich zu verflüssigen beginnt. In der Vorlage wird sich folglich flüssiges Ammoniak ansammeln. Unterbricht man die Erwärmung, nachdem nur Wasser oder eine an Ammoniak arme Lösung zurückgeblieben ist, so werden, bei eintretender Abkühlung, die Ammoniakdämpfe sich allmählich in denselben zu lösen anfangen, wodurch

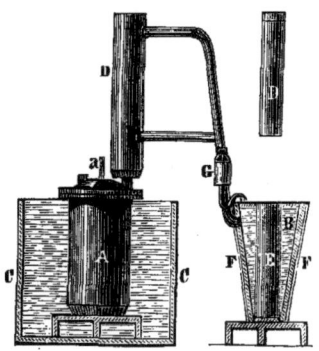

Fig. 70. Einfache Form der Carré'schen Eismaschine. Abgebildet in dem Momente, wo A erhitzt wird und das Ammoniak in B verdampft. 1/12 nat. Grösse.

Verdünnung eintreten muss, die dann eine schnelle Verdampfung des verflüssigten Ammoniaks bewirkt. Hierdurch wird aber in der Vorlage eine bedeutende Kälte erzeugt und wenn alles verflüssigte Ammoniak wieder verdampft und absorbirt ist, so erhält man schliesslich die ursprüngliche Ammoniaklösung zurück. Es wird folglich in diesem Apparate durch Erwärmen eine Vergrösserung und durch Abkühlen eine Verringerung des Druckes hervorgerufen und auf diese Weise direkt mechanische Arbeit ersetzt. Nach diesem Prinzipe ist die einfachste *Eismaschine* von Carré konstruirt (Fig. 70). Die gesättigte Ammoniaklösung bringt man in den eisernen Cylinder A, der

dung von Chlorsilber, AgCl, welches beim Ueberleiten von Ammoniak eine bedeutende Menge dieses Gases absorbirt, namentlich bei gleichzeitiger Abkühlung [8]), und eine feste Verbindung von Chlorsilber und Ammoniak AgCl $3NH^3$ bildet. Bringt man diese Verbindung in eine gebogene Glasröhre (Fig. 71), die man dann zuschmilzt (bei B) und erwärmt, so entweicht, infolge der leichten Dissoziation der Verbindung, das Ammoniak und kann im anderen Schenkel der Röhre, durch Eintauchen desselben in eine Kältemischung (Fig. 72), verflüssigt werden. Die Verflüssigung erfolgt infolge der Abkühlung und des Druckes, den das sich ausscheidende Ammoniak bewirkt. Unterbricht man das Erwärmen, so wird das Ammoniak von neuem durch das Chlorsilber absorbirt, so dass ein und dasselbe Rohr fortwährend zur Wiederholung des Versuches benutzt werden kann. Auch auf die gewöhnliche Weise lässt sich das Ammoniak verflüssigen, d. h. durch eine Druckpumpe und gleichzeitiges Abkühlen. Das verflüssigte

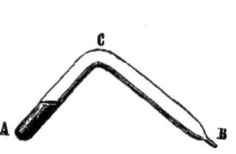

Fig. 71. Verflüssigung von Ammoniak. In dem Schenkel A des gebogenen, dickwandigen Glasrohres befindet sich die Verbindung von Chlorsilber mit Ammoniak. Nach dem Füllen des Rohres wird es in B zugeschmolzen. 1/7.

Fig. 72. Das in der vorhergehenden Figur abgebildete Rohr wird mit dem Ende A in ein mit Wasser gefülltes Gefäss getaucht und dieses erhitzt; das Ende B wird in einem Glase mit Schnee und Salz gekühlt. In B kondensirt sich flüssiges Ammoniak. 1/8.

durch die Röhre DG mit der Vorlage B verbunden ist. Alle Theile des Apparats müssen hermetisch schliessen und bedeutenden Druck aushalten können, da beim Erwärmen des Ammoniaks der Druck 10 und mehr Atmosphären erreichen kann. Aus dem Apparate muss alle Luft ausgetrieben werden, weil sie der Verflüssigung des Ammoniaks hinderlich sein würde. Man manipulirt in der Weise, dass man durch Neigen des Apparates alle Flüssigkeit aus B nach A treibt, worauf man den Cylinder A allmählich auf 130° erwärmt. Gleichzeitig kühlt man die Vorlage B durch Einstellen in kaltes Wasser ab, um in derselben die Verflüssigung des Ammoniaks zu beschleunigen. Nach etwa einer halben Stunde, wenn alles Ammoniak ausgetrieben ist, unterbricht man das Erwärmen und taucht jetzt den Cylinder A in den mit kaltem Wasser gefüllten Behälter C. Hierbei geht die Verdampfung des verflüssigten Ammoniaks vor sich und in der Vorlage B wird Kälte erzeugt. In der Vorlage befindet sich der Hohlraum E, in den der Cylinder D mit der abzukühlenden Flüssigkeit gestellt wird. Die Abkühlung dauert gleichfalls ungefähr eine halbe Stunde und in den gewöhnlich benutzten Eismaschinen (die bis zu 2 Liter Ammoniaklösung enthalten) verbraucht man zur Erzeugung von 5 Kilogrammen Eis je 1 Kg. Kohle. In Fabriken benutzt man komplizirter eingerichtete Carré'sche Apparate.

8) Unter 15° erhält man (nach Isambert) die Verbindung AgCl $3NH^3$ und über 20° die Verbindung 2AgCl $3NH^3$. Die Spannung des aus letzterer sich ausscheidenden Ammoniaks erreicht den Atmosphärendruck bei 68° und aus der ersteren bei 20°; bei höheren Temperaturen ist folglich die Spannung grösser, als der Atmosphärendruck, während bei niedrigeren das Ammoniak vom Chlorsilber absorbirt

Ammoniak [9]) ist eine farblose, sehr bewegliche Flüssigkeit, vom spezifischen Gewicht 0,63 bei 0° (E. Andrejew); bei einer Temperatur von ungefähr — 70°, die man durch ein Gemisch von flüssiger Kohlensäure mit Aether erreicht, krystallisirt das Ammoniak und zeigt in diesem Zustande nur einen schwachen Geruch, weil der Druck seines Dampfes bei einer so niedrigen Temperatur höchst unbedeutend ist. Die Siedetemperatur des flüssigen Ammoniaks liegt bei ungefähr — 32° (bei 760 mm Druck). Diese niedrige Temperatur lässt sich folglich durch Verdampfen von verflüssigten Ammoniak hervorrufen.

Da das Ammoniak viel Wasserstoff enthält, so ist es auch **brennbar**, doch geht die Verbrennung in der atmosphärischen Luft nur schwierig oder auch gar nicht vor sich, in reinem Sauerstoff dagegen verbrennt das Ammoniak mit gelber Flamme [10]) zu Wasser, während der hierdurch frei werdende Stickstoff mit dem Sauerstoff sich zu Stickstoffoxyden verbindet. Die Zersetzung des Ammoniaks erfolgt nicht nur beim Glühen und Durchschlagen von elektrischen

---

wird. In diesem Falle lassen sich also die Dissoziationserscheinungen deutlich beobachten.

9) Die Verflüssigung des Ammoniaks kann man auch ohne Druckvergrösserung, nur durch Abkühlen in einer richtig präparirten Mischung von Eis mit Chlorcalcium bewirken. Die Anwendung des verflüssigten Ammoniaks zur Bewegung von Maschinen ist eine Aufgabe, die bis zu einem gewissen Grade von dem französischen Ingenieur Tillier gelöst ist.

10) Das Brennen des Ammoniaks in Sauerstoff lässt sich unter Benutzung einer Platinspirale in der Weise ausführen, dass man in einen breithalsigen Kolben (oder ein dünnwandiges Becherglas) von etwa einem Liter Inhalt, eine geringe Menge einer wässrigen 20-procentigen Ammoniaklösung giesst, in welche man eine Sauerstoff zuführende Glasröhre von 10 mm. Durchmesser taucht. Ehe man mit dem Einleiten des Sauerstoffs beginnt, senkt man in den Kolben (oder das Glas) eine glühende Platinspirale. Das Ammoniak beginnt sich hierbei zu oxydiren und zu brennen, während die Spirale noch mehr erglüht. Leitet man jetzt den Sauerstoff ein und erhitzt die Ammoniakflüssigkeit, so reisst der Sauerstoffstrom Ammoniakdämpfe mit sich und das Gemisch von Ammoniak mit Sauerstoff gibt bei der Berührung mit der glühenden Platinspirale eine schwache Explosion. Darauf tritt eine geringe Abkühlung ein und zwar infolge zeitweiliger Unterbrechung im Brennen, bei dessen Erneuerung dann wieder eine leichte Explosion der anderen folgt. Geht die Oxydation des Ammoniaks ohne diese Explosionen vor sich so erscheinen weisse Dämpfe von salpetrigsaurem Ammonium und rothbraune Dämpfe von Stickstoffoxyden, während bei den Explosionen vollständige Verbrennung stattfindet und folglich nur Wasser und Stickstoff auftreten.

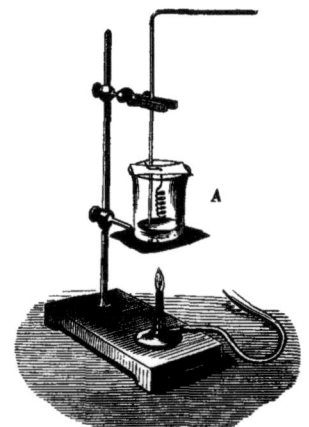

Fig. 73. Oxydation des Ammoniaks (dessen Lösung im Glase A sich befindet) in einem Sauerstoffstrome, der durch ein Gasleitungsrohr zugeführt wird. Die Entzündung wird durch den glühenden, in den Ammoniakdämpfen hängenden Platindraht bewirkt. $^1/_{10}$.

Funken, sondern auch beim Einwirken vieler oxydirender Substanzen; so z. B. beim Durchleiten von Ammoniak durch eine glühende mit Kupferoxyd gefüllte Röhre. Das hierbei entstehende Wasser lässt sich leicht absorbiren und der Stickstoff sammeln und messen. Auf diese Weise, durch Zersetzen mittelst glühenden Kupferoxyds, ist auch die Zusammensetzung des Ammoniaks bestimmt worden. Auf 14 Gewichtstheile Stickstoff enthält das Ammoniak 3 Gew. Thl. Wasserstoff; dem Volumen nach besteht es aus 3 Vol. Wasserstoff und 1 Vol. Stickstoff, die 2 Vol. Ammoniak bilden [11]).

Das Ammoniak kann sich mit sehr vielen Körpern verbinden und, ebenso wie das Wasser, Verbindungen von verschiedener Beständigkeit bilden. In Wasser und vielen wässrigen Lösungen ist das Ammoniak viel löslicher, als alle anderen bekannten Gase. Bei Zimmertemperatur löst 1 Volum Wasser gegen 700 Vol. Ammoniak (Kap. 1). Ein Eisstück schmilzt im Ammoniakgase und absorbirt dasselbe. Dank seiner grossen Löslichkeit in Wasser kann das Ammoniak bequem in Form einer Lösung angewandt werden [12]).

---

11) Es lässt sich dieses aus den Dichten der Gase nachweisen. Stickstoff ist 14 mal dichter als Wasserstoff, Ammoniak $8^1/_2$ mal. Wenn daher aus 3 Volumen Wasserstoff und 1 Vol. Stickstoff 4 Volume Ammoniak entstehen würden, so müssten dieselben 17 mal mehr wiegen, als 1 Vol. Wasserstoff; folglich, würde 1 Vol. Ammoniak $4^1/_4$ mal mehr wiegen, als 1 Vol. Wasserstoff. Da aber aus den 4 Vol. nur 2 Vol. Ammoniak entstehen, so muss dasselbe eine $8^1/_2$ mal grössere Dichte als Wasserstoff zeigen, wie es in der That der Fall ist.

12) Wässrige Ammoniaklösungen sind auch bei 15° leichter als Wasser; rechnet man Wasser bei 4° = 1000, so lässt sich das spezifische Gewicht derselben in Abhängigkeit von p oder dem Procentgehalt an Ammoniak (dem Gewichte nach) durch ein Parabel ausdrücken: $s = 9992 - 42{,}5p + 0{,}21p^2$. Bei einem Gehalte von 10 pCt Ammoniak z. B. ist $s = 0{,}9587$. Wenn die Temperatur $= t$, aber nicht unter 10° und nicht über 20° ist, so muss zum spezifischen Gewicht noch $(15 - t)(1{,}5+0{,}14\,p)$ addirt worden. Die Veränderungen des spezifischen Gewichtes der mehr als 24 pCt Ammoniak enthaltenden Lösungen sind noch nicht genügend untersucht. Uebrigens können noch konzentrirtere Lösungen leicht erhalten werden und bei 0° sogar Lösungen, deren Zusammensetzung sich der Formel NH^3H^2O (mit 48,6 pCt NH^3) und dem spezifischen Gewichte 0,85 nähert. Solche konzentrirte Lösungen scheiden aber bei gewöhnlicher Temperatur sehr viel Ammoniak aus, so dass eine Ammoniaklösung selten mehr als 24 pCt NH^3 enthält. Viel Ammoniak enthaltende Lösungen geben bei bedeutend unter 0° liegenden Temperaturen eisähnliche Krystalle, die allem Anscheine nach Ammoniak haltig sind (eine 8 procentige Ammoniaklösung z. B. gibt bei — 14° Krystalle, sehr starke Lösungen bei — 48°). Durch Erwärmen kann das Ammoniak aus seinen wässrigen Lösungen schon bei wenig erhöhter Temperatur vollständig ausgetrieben werden; beim Destilliren von Ammoniaklösungen kondensirt sich daher in der Vorlage zuerst immer eine stärkere Lösung. Auch Alkohol, Aether und viele andere Flüssigkeiten lösen Ammoniak. Beim Stehen an der Luft gibt eine Ammoniaklösung einen Theil ihres Ammoniak ab, wie es auch nach den die Lösungen von Gasen in Flüssigkeiten betreffenden Gesetzen zu erwarten ist; gleichzeitig wird aber auch aus der Luft Kohlensäure absorbirt, so dass in der Lösung kohlensaures Ammonium zurückbleibt.

Wässrige Ammoniaklösungen werden sowol in den Laboratorien, als auch in der Technik vielfach benutzt und daher in grösserer Menge dargestellt. In Laboratorien

In der Praxis ist eine solche Lösung unter dem Namen **Salmiakgeist** bekannt (d. h. die flüchtige Flüssigkeit, die man aus Salmiak erwendet man zur Darstellung von Ammoniak Apparate an, von denen einer in Fig. 74 abgebildet ist; ähnliche Apparate, aber nur in grösserem Masstabe (aus Thon- und Metallgefässen bestehend) sind auch in den Fabriken im Gebrauch. Das Ammoniak wird in dem Kolben A entwickelt und dann durch eine Reihe von Woulf'schen Flaschen B, C, D und E geleitet in welchen es durch das darin enthaltene Wasser absorbirt wird. Die mit dem Ammoniak zugleich entweichenden Bei-

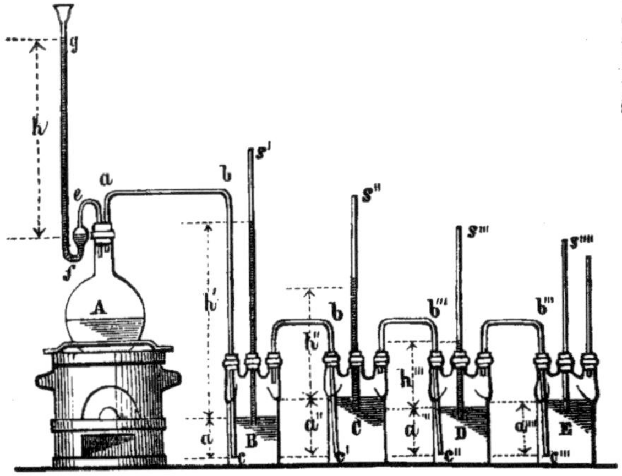

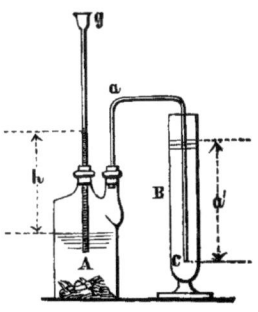

Fig. 74. Apparat zur Gewinnung von Ammoniaklösung, mit den Sicherheitsröhren g (welches, um den Schenkel fg kürzer machen zu können, mit Quecksilber gefüllt wird), s', s'', s'''.

Fig. 75. Höhe der Flüssigkeitsniveau's in einem Gasentwickelungsapparat (Darstellung von Wasserstoff u. a.).

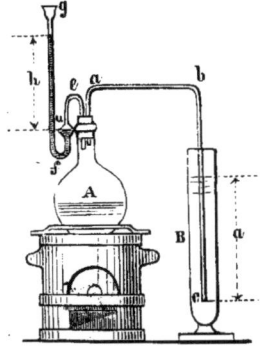

Fig. 76. Gasentwickelungsapparat mit Sicherheitsrohr; dasselbe erlaubt durch den Trichter g Flüssigkeit zuzugiessen, ohne den Kolben zu öffnen und verhindert das Hinübersaugen von Flüssigkeit aus B nach A.

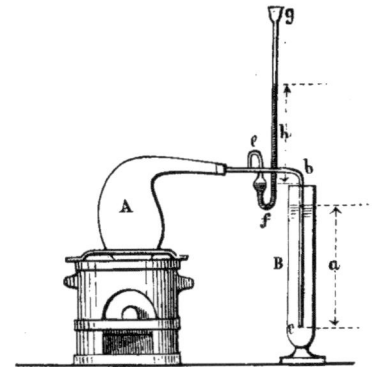

Fig. 77. Entwickelung von Gas in einer Retorte mit Sicherheitsrohr g, wodurch ein Hinübersaugen von Flüssigkeit aus B nach A verhindert wird.

mengungen werden schon in der ersten Flasche zurückgehalten, so dass man in den folgenden ganz reines Ammoniak erhält. Die in den Kolben eingestellte Röhre efg nennt man eine *Welter'sche Sicherheitsröhre*; dieselbe verhindert sowol eine zu starke Zunahme des Druckes im Kolben A, (indem dann durch diese Röhre ein Theil des Gases in die Luft entweicht), als auch eine zu bedeutende, zufällige Ab

hält). Die wässrige Ammoniaklösung scheidet fortwährend Ammoniakdämpfe aus und besitzt daher den diesem Gase eigenen Geruch. Sehr charakteristisch ist die alkalische Reaktion der Ammoniakflüssigkeit, welche daher **Aetzammon** (flüchtiges Alkali) genannt wird; dasselbe bläut rothes Lakmuspapier ebenso, wie das Aetzkali oder der Aetzkalk. Sodann lässt sich durch wässriges und gasförmiges Ammoniak eine Säure ebenso sättigen, wie durch jedes andere Alkali. **Das Ammoniak verbindet sich hierbei direkt mit der Säure;** es ist dies die wichtigste chemische Reaktion des Ammoniaks. Beim Lösen von Ammoniak in Schwefel-, Salpeter-, Essig- und jeder anderen Säure entwickelt sich viel Wärme und es entstehen Verbindungen, die alle Eigenschaften der Salze besitzen. Wenn z. B. das Ammoniak durch Schwefelsäure H^2SO^4 absorbirt wird, so kann man (nach dem Eindampfen), je nach der relativen Menge des Ammoniaks und der Säure, zwei verschiedene Salze erhalten. Entweder entsteht aus $NH^3 + H^2SO^4$ das Salz NH^5SO^4, oder aus $2NH^3 + H^2SO^4$ das Salz $N^2H^8SO^4$; ersteres, welches saure Reaktion zeigt, wird saures schwefelsaures Ammonium genannt, letzteres — neutrales, oder einfach, schwefelsaures Ammonium. Ganz dasselbe geschieht auch mit anderen Säuren; einige Säuren bilden mit dem Ammoniak nur neutrale Salze; andere dagegen sowol neutrale, als auch saure, was nur von der Natur der Säure und nicht der des Ammoniaks bedingt wird, wie wir weiter unten sehen werden. Die Ammoniaksalze sind ihrem Aussehen und ihren Eigenschaften nach vielen Metallsalzen sehr ähnlich; mit dem Kochsalz oder Chlornatrium z. B. hat der Salmiak oder die Chlorwasserstoffverbindung des Ammoniaks nicht nur dieselbe Krystallform gemeinschaftlich, sondern auch die Eigenschaft, mit Silbersalzen gleichfalls einen weissen Niederschlag zu geben, sich leicht in Wasser zu lösen, beim

---

nahme (z. B. durch plötzliches Abkühlen oder beim Aufhören der Reaktion), welche dadurch ausgeglichen wird, dass durch die Sicherheitsröhre Luft von aussen in den Kolben dringt. Wenn dies nicht der Fall wäre, so würde Flüssigkeit aus der Woulf'schen Flasche B in den Kolben übergesogen werden. Denselben Zweck erfüllen auch die von beiden Seiten offenen Sicherheitsrohre s', s'', s''' und s'''', deren untere Enden in die Flüssigkeit der entsprechenden Woulf'schen Flaschen tauchen. Ohne diese Röhren könnte, bei plötzlicher Unterbrechung der regelmässigen Entwicklung eines so leicht löslichen Gases, wie das Ammoniak, die Lösung aus einer Flasche in die andere übergezogen werden, z. B. aus E nach D u. s. w. Die Nothwendigkeit der *Sicherheitsröhren* in Gasentwicklungsapparaten ergibt sich aus folgender Betrachtung. Der Gasdruck im Innern eines geschlossenen Apparates muss den Atmosphärendruck um die Höhe der Flüssigkeitssäulen überragen, durch welche das Gas durchgeht. Ist das Gas, wie z. B. Wasserstoff in Wasser fast unlöslich, so lässt sich aus den Figuren 75 und 76 deutlich ersehen, wie hoch die Flüssigkeitssäule in dem Sicherheitsrohre g, welche das Ueberziehen von Flüssigkeit aus B nach A verhindert, sein muss, wenn in A eine zufällige Druckverminderung eintreten würde. Weltersche Sicherheitsröhren verbindet man zuweilen auch mit Gasleitungsröhren, wie z. B. Fig 77. zeigt.

Erwärmen mit Schwefelsäure Chlorwasserstoff aus zu scheiden; er zeigt überhaupt eine ganze Reihe von Reaktionen, die denen des Kochsalzes vollkommen analog sind. Vergleicht man den Salmiak NH^4Cl mit dem Kochsalz $NaCl$ oder das saure schwefelsaure Ammonium NH^4HSO^4 mit dem sauren schwefelsauren Natrium $NaHSO^4$ oder das salpetersaure Ammonium NH^4NO^3 mit dem salpetersauren Natrium $NaNO^3$, so ersieht man [13]), dass in diesen Verbindungen an Stelle des Natriums überall die Gruppe NH^4 enthalten ist, welcher man die Bezeichnung **Ammonium** beigelegt hat. Nennt man das Kochsalz, als Produkt der Einwirkung von Aetznatron oder Natriumhydroxyd auf Chlorwasserstoff, Chlornatrium (Natriumchlorid) so muss man den Salmiak, der aus dem Aetzammon oder Ammoniumhydroxyd auf dieselbe Weise entsteht, Chlorammonium (Ammoniumchlorid) nennen.

Die Annahme, dass in den Ammoniaksalzen das zusammengesetzte Metall «Ammonium» vorhanden sei, bezeichnet man als **Ammonium-Theorie**. Dieselbe ist nach dem von Ampère gemachten Vorschlag vom berühmten schwedischen Chemiker Berzelius aufgestellt worden. An Wahrscheinlichkeit gewinnt die vorausgesetzte Analogie zwischen dem Ammonium und den Metallen dadurch, dass das Quecksilber mit dem Ammonium ein ebensolches Amalgam oder eine ebensolche Lösung bildet, wie mit dem Natrium und vielen anderen Metallen Das **Ammoniumamalgam** unterscheidet sich von dem des Natriums nur durch seine Unbeständigkeit, denn es zersetzt sich sehr leicht in Ammoniak und Wasserstoff [14]). Man

---

13) Der Parallelismus zwischen dem Verhalten der Ammonium- und Natriumsalze wird dem Anscheine nach dadurch gestört, dass letztere aus einem Alkali oder einem Oxyde und einer Säure unter Ausscheidung von Wasser entstehen, während bei der Bildung der Ammoniumsalze direkt aus Ammoniak und einer Säure kein Wasser ausgeschieden wird. Vergleicht man jedoch das Aetznatron mit wässrigem Ammoniak und sieht die Verbindung des Ammoniaks mit Wasser als dem Aetznatron analog an, so wird der Parallelismus wieder hergestellt und die Entstehung der Ammoniumsalze aus dem Ammonhydrate erweist sich vollkommen analog der Bildung der Natriumsalze aus dem Natronhydrat. Als Beispiel sei die Einwirkung von Chlorwasserstoff auf die beiden Hydrate angeführt:

$$NaHO + HCl = H^2O + NaCl$$
Natronhydrat. Chlorwasserst. Wasser. Kochsalz.

$$NH HO + HCl = H^2O + NH^4Cl$$
Ammonhydrat. Chlorwasserst. Wasser. Salmiak.

Wie im Natronhydrate, so wird auch im Ammonhydrate das Hydroxyl durch Chlor ersetzt.

14) Durch Anwendung hohen Druckes erhielt Weyl zuerst die Verbindung NH^3K, und darauf (beim Einwirken von Salmiak auf dieselbe) das Ammonium selbst in Form einer blauen Flüssigkeit; doch bedürfen diese Untersuchungen noch der Bestätigung. Das Ammoniumamalgam ist zuerst auf dieselbe Weise, wie das Natriumamalgam dargestellt worden (Davy). In einem Stücke Salmiak, das mit Wasser befeuchtet ist um es leitend zu machen, bringt man eine Vertiefung an, in die Quecksilber gegossen und eine Platinplatte eingetaucht wird. Letztere verbindet

erhält das Ammoniumamalgam aus flüssigem Natriumamalgam, wenn man letzteres mit einer konzentrirten Salmiaklösung übergiesst und damit zusammenschüttelt; das Natriumamalgam nimmt dann an Volum bedeutend zu, wird unbeweglich, behält aber sein metallisches Aussehen. Hierbei löst sich das Ammonium in dem Quecksilber, tritt also an die Stelle des Natriums, welches seinerseits das Ammonium im Salmiak ersetzt und Chlornatrium bildet: $NH^4Cl + HgNa = NaCl + HgNH^4$. Die Bildung des Ammoniumamalgams beweist natürlich noch nicht die Existenz des Ammoniums selbst im freien Zustande, weist aber dennoch auf die Möglichkeit der Existenz desselben hin und, was besonders wichtig ist, es deckt die Aehnlichkeit auf, die zwischen dem Ammonium und den Metallen besteht, weil nur die Metalle sich in Quecksilber lösen, ohne dessen metallisches Aussehen zu verändern, indem sie mit demselben besondere, Amalgame genannte Verbindungen bilden [15]). Das Ammoniumamalgam krystallisirt in Würfeln, ist 3 mal schwerer, als Wasser und nur bei sehr niedrigen Temperaturen beständig. Schon bei Zimmertemperatur zersetzt es sich unter Ausscheidung von Ammoniak und Wasserstoff, indem auf 2 Vol. Ammoniak 1 Vol. Wasserstoff ausgeschieden wird: $NH^4 = NH^3 + H$. Beim Einwirken von Wasser bildet das Ammoniumamalgam Wasserstoff und wässriges Ammoniak, ebenso wie Natriumamalgam Wasserstoff und Natriumhydroxyd gibt; daher muss nach der Ammoniumtheorie in der Ammoniakflüssigkeit die Existenz des Ammonhydrats NH^4HO [16]) angenommen werden, analog dem Vorhandensein von $NaHO$ in der Natronlauge. Das Ammonhydrat NH^4HO ist, ebenso wie das

---

man mit dem positiven Pol einer galvanischen Baterie, deren negativen Pol man in das Quecksilber taucht. Leitet man nun den Strom durch, so nimmt das Quecksilber bedeutend an Volum zu, wird zähe, behält aber sein metallisches Aussehen, wie in den Fällen, wenn an Stelle des Salmiaks Salze des Kaliums, Natriums und vieler anderen Metalle genommen werden. Aus diesen Salzen scheidet sich beim Durchleiten des galvanischen Stromes, an dem ins Quecksilber tauchenden negativen Pole das in dem Salze enthaltene Metall aus, welches sich in dem Quecksilber auflöst. Dasselbe beobachtet man auch bei der Zersetzung des Salmiaks, wobei sich die Elemente des Ammoniums NH^4 im Quecksilber auflösen und darin einige Zeit zurückgehalten werden.

15) Auch der Wasserstoff scheint ein Amalgam bilden zu können, welches dem des Ammoniums ähnlich ist. Schüttelt man nämlich Zinkamalgam mit einer Lösung von Platinchlorid, unter Abhaltung der Luft, so erhält man eine schwammige Masse, die sich leicht unter Ausscheidung von Wasserstoff zersetzt.

16) Bei niedrigen Temperaturen erreicht, wie wir oben sahen, die Löslichkeit des Ammoniaks in Wasser das molekulare Verhältniss $NH^3 + H^2O$, in welchem diese beiden Körper in dem Aetzammon NH^4HO enthalten sein müssen; durch starke Abkühlung würde es vielleicht gelingen, letzteres in festem Zustande darzustellen. In der Fähigkeit des Ammoniaks sich so bedeutend in Wasser zu lösen, dass die Grenze NH^4HO beinahe erreicht wird, sehen wir eine Bestätigung der Anschauung, nach welcher die Lösungen als in Dissoziation befindliche bestimmte Verbindungen betrachtet werden.

Ammonium selbst, ein unbeständiger Körper, der leicht dissoziirt und im isolirten Zustande höchstens bei sehr niedrigen Temperaturen existiren kann [17]). Die gewöhnlichen wässrigen Ammoniaklösungen sind als Dissoziationsprodukte dieses Hydrats zu betrachten: $NH^4OH = NH^3 + H^2O$.

Alle Ammoniaksalze **zersetzen sich beim Glühen in Ammoniak und Säure**, welche sich beim Abkühlen wieder mit einander verbinden. Enthält das Ammoniaksalz eine nicht flüchtige Säure, so bleibt diese letztere beim Glühen zurück, während das Ammoniak entweicht; wenn aber die das Salz bildende Säure flüchtig ist, so verflüchtigt sich beim Glühen das Ammoniak zusammen mit der Säure und verbinden sich beim Abkühlen diese beiden Bestandtheile wieder zu dem ursprünglichen Salze [18]).

Das Ammoniak verbindet sich nicht nur mit Säuren, sondern auch mit vielen Salzen; mit Chlorsilber z. B. bildet es die bestimmten Verbindungen $AgCl\, 3NH^3$ und $2AgCl\, 3NH^3$. Ebenso wird das Ammoniak auch von den Chloriden, Bromiden und Iodiden vieler anderer Metalle absorbirt, und zwar unter Wärmeentwickelung. Einige dieser Verbindungen verlieren ihr Ammoniak schon beim Liegen an der Luft, andere nur beim Glühen, wieder andere beim Auflösen in Wasser; mehrere derselben lösen sich aber, ohne Zersetzung zu erleiden und können durch Eindampfen der Lösung unverändert wieder erhalten werden. Dieses ganze Verhalten weist darauf hin, dass die Verbindungen des Ammoniaks, ebenso wie die des Wassers, mehr oder weniger leicht der Dissoziation unterworfen sind [19]). Auch einige Metalloxyde absorbiren Ammoniak und

---

17) Zur Bestätigung dieser Schlussfolgerung kann man die bemerkenswerte Thatsache anführen, dass es relativ sehr beständige alkalische Hydrate $NR'HO$ gibt, die dem Ammoniumhydroxyde und dem Natriumhydroxyde $NaHO$ vollkommen analog sind und sich nur dadurch unterscheiden, dass der Wasserstoff in ihnen durch die zusammengesetzten Gruppen $R = CH^3$, C^2H^5 u. s. w. ersetzt ist, z. B. in der Verbindung $N(CH^3)^4HO$ und ähnlichen.

18) Dass die Ammoniaksalze sich beim Glühen zersetzen und nicht einfach sublimiren, lässt sich direkt am Salmiak NH^4Cl nachweisen, dessen Dämpfe in Ammoniak NH^3 und Chlorwasserstoff HCl zerfallen, wie dies im folgenden Kapitel beschrieben ist. Die leichte Zersetzbarkeit der Ammoniaksalze erkennt man z. B. an dem oxalsauren Ammonium, das sich schon bei — 1° unter Ammoniak-Ausscheidung zersetzt. Der beim Kochen von schwachen Ammoniaksalz-Lösungen entweichende Dampf zeigt alkalische Reaktion, denn er enthält sich aus dem Salze ausscheidendes freies Ammoniak.

19) Nach Isambert, welcher die Dissoziation der Ammoniaksalze erforschte (s. Anm. 8), besitzen viele dieser Salze die Fähigkeit, sich bei niedrigen Temperaturen mit einer noch grösseren Menge von Ammoniak NH^3 zu verbinden, was auf eine vollständige Analogie mit den Verbindungen von Salzen mit Wasser hinweist. Da nun bestimmte Verbindungen von Salzen mit Ammoniak leicht zu isoliren sind und die Tension des Ammoniaks viel geringer sein kann, als die des Wassers, so bieten die Ammoniakverbindungen für das Studium der Natur der wässrigen Lösungen und der Bildung bestimmter Verbindungen in den Lösungen ein besonderes Interesse,

lösen sich in Ammoniaklösung, z. B. die Oxyde des Zinks, Nickels, Kupfers und anderer Metalle; die meisten dieser Verbindungen sind aber unbeständig. Die Fähigkeit des Ammoniaks sich mit einigen Metalloxyden zu verbinden, erklärt seine Einwirkung auf einige Metalle, z. B. auf Kupfer in Gegenwart von Luft [20]). Kupferne Gefässe können daher nicht für ammoniakhaltige Flüssigkeiten benutzt werden. Eisen wird von Ammoniak nicht angegriffen.

Besonders charakteristisch ist das Verhalten von Ammoniak und Wasser zu Salzen und anderen Körpern, wenn dieselben sich sowol mit NH^3, als auch mit H^2O verbinden können, wie z. B. das schwefelsaure Kupfer $CuSO^4$. Mit Wasser bildet dieses Salz blaue Krystalle von der Zusammensetzung $CuSO^4 5H^2O$, aber es absorbirt auch Ammoniak in demselben molekularen Verhältniss und bildet die blaue Verbindung $CuSO^4 5NH^3$. Das sich mit Salzen verbindende Ammoniak kann man daher **Krystallisationsammoniak** nennen.

Von den Vereinigungs-Reaktionen des Ammoniaks wollen wir nun zu den Ersetzungs-Reaktionen, die diesem Körper eigen sind, übergehen. Leitet man Ammoniak über metallisches Kalium, das sich in einer Röhre befindet, so scheidet sich Wasserstoff aus und es entsteht eine Verbindung, welche als Ammoniak angesehen werden kann, in welchem ein Wasserstoffatom durch ein Kaliumatom ersetzt ist: NH^2K (entstanden nach der Gleichung: $NH^3 + K = NH^2K + H$). Diese Verbindung ist das Kaliumamid. Wie wir später sehen werden, kann der Wasserstoff des Ammoniaks auch durch Jod und Chlor direkt verdrängt und ersetzt werden, sodann durch die Gruppe CH, wie aus der Verbindung NCH, dem Cyanwasserstoff, zu ersehen ist; überhaupt lässt sich im Ammoniak der Wasserstoff durch verschiedene Elemente ersetzen. Wenn bei einer solchen Ersetzung in dem entstehenden Körper die Gruppe NH^2 zurückbleibt, so bezeichnet man denselben als ein **Amid**, bleibt die Gruppe NH zurück, so hat man ein **Imid** und wenn der ganze Ammoniakwasserstoff ersetzt wird, so ist der entstandene Körper ein **Nitril**. Es ist anzunehmen, dass die Eiweissstoffe, d. h. die höchst komplizirten organischen Substanzen, von denen oben die Rede war, amidartige Verbindungen sind, welche den zuckerähnlichen Substanzen entsprechen. Besonders wichtig ist es aber zu bemerken, dass beim Einwirken verschiedener Körper auf das Ammoniak immer der **Wasserstoff** ersetzt wird, dass also die Reaktion immer auf Kosten des Wasserstoffs und nicht des Stickstoffs verläuft, indem letzterer, so zu sagen, unberührt in die neu entstehende Verbindung übergeht. Dasselbe beobachtet man auch beim Einwirken verschiedener Körper auf das Wasser. In

infolge dessen wir die Ammoniakverbindungen noch öfters in Betracht ziehen werden.
20) Kapitel 5, Anm. 2.

der Mehrzahl der Fälle bestehen die Reaktionen des Wassers in dem Ausscheiden von Wasserstoff und Ersetzen desselben durch verschiedene andere Elemente. Denselben Reaktionen sind auch, wie wir gesehen, die Säuren unterworfen, in welchen der Wasserstoff leicht durch Metalle ersetzt wird. Diese chemische Beweglichkeit des Wasserstoffs steht augenscheinlich mit der grossen Leichtigkeit der Wasserstoffatome im Zusammenhange.

In der chemischen Praxis [21]) wird das Ammoniak sehr oft nicht nur zum Sättigen von Säuren, sondern auch zu doppelten Umsetzungen mit Salzen und namentlich zum Ausscheiden von unlöslichen basischen Hydraten aus ihren Salzlösungen benutzt. Bezeichnet man mit MHO das unlösliche basische Hydrat und mit HX die Säure, so kommt dem aus ihnen entstehenden Salze die Bezeichnung MX zu: $MHO + HX - H^2O = MX$. Beim Zufügen von Aetzammon NH^4OH zur Lösung eines Salzes tauscht das Ammonium mit dem Metalle M seinen Platz aus und es entsteht infolge dessen ein unlösliches basisches Hydrat, welches sich in Form eines Niederschlages ausscheidet. Die folgende Gleichung veranschaulicht den Mechanismus dieser doppelten Umsetzung:

---

[21]) In der Praxis wird das Ammoniak zu sehr verschiedenen Zwecken angewandt. Allgemein bekannt ist seine Anwendung als Reizmittel in Form des sogen. Stinkspiritus oder Salmiakgeistes; zu demselben Zwecke benutzt man auch das leicht flüchtige kohlensaure Ammonium (Hirschhornsalz) oder das Gemisch eines Ammoniaksalzes mit einem Alkali. Beim Einreiben in die Haut übt das Ammoniak gleichfalls eine reizende Wirkung aus und wird daher auch in der Medizin als äusseres Mittel angewandt. So z. B. wird die bekannte flüchtige Salbe durch Zusammenschütteln von fettem Oele mit Ammoniak dargestellt; ein Theil des Oeles verseift sich hierbei. Die Löslichkeit von Fetten in Ammoniak, die sowol auf der Entstehung einer Emulsion, als auch der Bildung von Seife beruht, erklärt die Anwendung des Ammoniaks als Fleckwasser. Als äusserliches Mittel benutzt man das Ammoniak auch gegen Insektenstiche und gegen Bisse giftiger Schlangen. Bemerkenswerth ist, dass nach übermässigem Alkoholgenuss durch Einnahme einiger Ammoniaktropfen mit Wasser Ernüchterung bewirkt werden kann. Grosse Ammoniakmengen werden in der Färberei zum Lösen einiger Farbstoffe verbraucht (von Karmin z. B.), zur Hervorrufung bestimmter Farbentöne und zur Neutralisation von Säuren. Ammoniak wird auch zur Herstellung künstlicher Perlen benutzt; man löst dazu die Schüppchen einer besonderen Fischart in Ammoniakwasser und bläst dann die Lösung in kleine, inwendig hohle Glaskugeln.

In der Natur kommen nur Salze des Ammoniaks vor. In Form von Ammoniaksalzen *erhalten die Pflanzen* den *Stickstoff*, den sie zur Bildung von Eiweissstoffen brauchen. Daher wird jetzt als Düngmittel viel schwefelsaures Ammonium angewandt. Dasselbe Ziel erreicht man aber auch durch Düngung mit Salpeter und thierischen Ueberresten, bei deren Fäulniss Ammoniak entsteht. Bei der Oxydation dieser Ammoniak gebenden Substanzen entsteht im Boden auch Salpeter, da mit Wasserstoff verbundener Stickstoff leicht in seine Sauerstoffverbindungen übergehen kann. Dadurch erklärt sich auch der Uebergang der im Frühjahr in den Boden gelangenden Ammoniakverbindungen während des Sommers in salpetersaure (sauerstoffhaltige) Salze.

$$MX + NH^4(OH) = NH^4X + MHO$$

Salz des Metalles M.	Aetzammon.	Ammoniumsalz.	Basisches Hydrat.
in Lösung.		*in Lösung.*	*im Niederschlage.*

Wenn man z. B. zur Lösung eines Salzes des Aluminiums Al oder der Thonerde Al^2O^3 Aetzammon zugiesst, so scheidet sich das Thonerdehydrat in Form eines farblosen gallertartigen Niederschlages aus [22]).

Zum Verständniss des Verhältnisses zwischen dem Ammoniak und den Sauerstoffverbindungen des Stickstoffs ist es nothwendig, sich das **Substitutions-Gesetz** klar zu machen. Dasselbe findet auf alle die Fälle Anwendung, in welchen verschiedene Elemente sich gegenseitig ersetzen oder substituiren [23]), folglich auch auf die Ersetzungen, die zwischen Sauerstoff und Wasserstoff, als den Bestandtheilen des Wassers, eintreten können. Das Substitutionsgesetz lässt sich auf mechanischer Grundlage entwickeln, wenn man den Begriff der Molekel, als eines Systems von elementaren, sich in einem gewissen chemischen und mechanischen Gleichgewichte befindenden Atomen annimmt. Vergleicht man die Molekeln mit einem System von Körpern, die sich bewegen, (wie z. B. mit dem der Sonne, ihrer Planeten und Trabanten), die sich also in ihrer Gesammtheit in einem dynamischen Gleichgewichtszustande befinden, so muss man erwarten, dass in diesem System die Wirkung eines Theiles desselben der entgegengesetzten Wirkung des anderen Theiles gleich ist (nach dem 3-ten mechanischen Gesetze von Newton). Wenn folglich die Molekeln eines zusammengesetzten Körpers gegeben sind, z. B. H^2O, NH^3, NaCl, HCl und and., so müssen je zwei Theile dieser Molekeln in chemischer Beziehung etwas Gleiches, mit gleichen Kräften Versehenes, darstellen, und daher müssen auch *je zwei Theile, in welche man sich die Molekel eines zusammengesetzten*

---

22) Da einige basische Hydrate mit Ammoniak besondere Verbindungen geben, so entsteht zuweilen beim Zusetzen von Ammoniak (zu der Salzlösung) zuerst ein Niederschlag, der sich bei weiterem Zusetzen wieder löst, wenn die basische Ammoniakverbindung in Wasser löslich ist. Dies ist z. B. bei den Kupferoxydsalzen der Fall.

23) Wenn das Element Wasserstoff durch das Element Chlor ersetzt wird, so verläuft auch die Reaktion selbst, bei der diese Ersetzung vor sich geht, wie eine Substitutionsreaktion: $AH + Cl^2 = ACl + HCl$, d. h. aus den beiden Körpern AH und Chlor (dem Körper, nicht dem Elemente) entstehen zwei neue ACl und HCl; aus je zwei in Reaktion tretenden Molekeln entstehen immer wieder zwei neue Molekeln. Uebrigens geht die Ersetzung eines Elementes A durch ein anderes X nicht immer leicht und einfach vor sich. Wasserstoff und Sauerstoff ersetzen einander direkt nur sehr selten, obgleich die gegenseitige Ersetzung dieser beiden Elemente zu den gewöhnlichsten Fällen der Oxydation und Reduktion gehört. Beim Erklären des Substitutionsgesetzes habe ich immer die gegenseitige Ersetzung der Elemente und nicht die direkte Substitutionsreaktion im Auge. Wenn nur einige Verbindungen eines Elementes (z. B. die mit Wasserstoff) bekannt sind, so lassen sich durch das Substitutionsgesetz auch die andern Verbindungen dieses Elementes ersehen.

Körpers zerlegt denken kann, immer die Fähigkeit besitzen **einander zu ersetzen.** Die Anwendung dieses Gesetzes lässt sich selbstverständlich nur dann deutlich veranschaulichen, wenn man von den Verbindungen der betreffenden Elemente mit einander die Beständigsten wählt; für Wasserstoff und Sauerstoff folglich ihre beständigste Verbindung — das Wasser [24]). Da aber einfachere Fälle möglich sind, z. B. der ebenfalls sehr beständigen Molekel des Chlorwasserstoffs HCl, welche sich nur auf eine einzige Weise in H und Cl zerlegen lässt, so wollen wir zunächst diese letztere betrachten. Nach dem Substitutionsgesetz müssen diese Elemente, wenn sie eine Molekel, und zwar eine beständige, zu bilden vermögen, sich auch gegenseitig ersetzen können. In der That werden wir weiter unten sehen, dass in einer grossen Anzahl von Fällen mit Leichtigkeit Wasserstoff durch Chlor ersetzt wird und umgekehrt. Wenn also RH gegeben ist, so ist auch die Existenz von RCl möglich, da HCl als beständige Verbindung existirt. Die Wassermolekel H^2O, lässt sich, da sie aus drei Atomen besteht, auf zwei Arten theilen: einerseits in H und (HO), andrerseits in H^2 und O. Wenn also RH gegeben ist, so entsprechen demselben nach der ersten Art der Substitution R(HO) und nach der zweiten R^2O; ist RH^2 gegeben, so entsprechen demselben: RH(OH), $R(OH)^2$, RO, $(RH)^2O$ u. s. w. Die Gruppe (HO) ist eben der **Wasserrest** oder das **Hydroxyl**, welches, wie wir im III Kapitel gesehen haben, einen Bestandtheil der basischen Hydrate bildet, wie z. B. in Na(OH), $Ca(OH)^2$ u. s. w. Offenbar muss, nach der Existenz von HCl zu urtheilen, auch (OH) durch Cl ersetzbar sein, da beide H ersetzen können. In der That ist dieser Fall ein sehr gewöhnlicher: den Hydraten der Alkalien: Na(OH) oder $NH^4(OH)$ entsprechen die Chlormetalle NaCl und NH^4Cl. In den Kohlenwasserstoffen, wie C^2H^6, kann der Wasserstoff durch Chlor und durch Hydroxyl ersetzt werden: der gewöhnliche Weingeist ist nichts anderes als C^2H^6, in welchem ein H durch (OH) ersetzt ist, nämlich $C^2H^5(OH)$. Selbstverständlich ist die Substitution von Wasserstoff durch Hydroxyl eigentlich eine Oxydationserscheinung, da RH in R(OH) oder RHO umgewandelt wird. Das Wasserstoffhyperoxyd kann in diesem Sinne als Wasser betrachtet werden, in welchem ein Wasserstoff durch Hydroxyl ersetzt ist: H^2O gibt $(OH)^2$ oder H^2O^2. Hierdurch erklärt sich, dass das Chlor Cl^2 in seinen Reaktionen, wie wir weiter unten sehen werden,

---

24) Von dem Wasserstoffhyperoxyde H^2O^2 ausgehend muss man erwarten, dass es noch höhere Oxydationsformen gibt, als die, welche dem Wasser entsprechen; diesen Formen muss aber auch die das Wasserstoffhyperoxyd charakterisirende Fähigkeit zukommen, ausserordentlich leicht Sauerstoff auszuscheiden. Solche Verbindungen sind in der That bekannt und besitzen auch die erwarteten Eigenschaften, wie es bei der Beschreibung der Uebersalpetersäure, Ueberschwefelsäure und ähnlicher Verbindungen gezeigt werden wird.

so viel Aehnlichkeit mit dem Wasserstoffhyperoxyd (HO)(HO) besitzt, welches man als freies Hydroxyl bezeichnen könnte. Eine andre Art von Substitution — die von H^2 durch O — kommt ebenfalls sehr häufig vor. Der gewöhnliche Weingeist C^2H^6O oder $C^2H^5(OH)$, im Wein z. B., oxydirt sich an der Luft zu Essigsäure $C^2H^4O^2$ oder $C^2H^3O(OH)$, wobei H^2 durch O ersetzt wird.

Im Weiteren werden wir öfters Gelegenheit haben das Substitutionsgesetz zur Erklärung von chemischen Erscheinungen anzuwenden.

Betrachten wir nun auf Grund dieses Gesetzes das Verhältniss des Ammoniaks oder Stickstoffwasserstoffs zu den Sauerstoffverbindungen des Stickstoffs. Aus dem Ammoniak NH^3 und dem Aetzammon $NH^4(OH)$ kann durch Ersetzen von H durch (OH) oder von H^2 durch O eine ganze Reihe von Körpern entstehen.

Die äussersten Glieder der Substitutionsreihe sind die folgenden: 1) Wird im NH^3 ein H durch (OH) ersetzt, so entsteht $NH^2(OH)$. Dieser Körper, der noch viel Ammoniakwasserstoff enthält, muss auch noch viele Eigenschaften des Ammoniaks besitzen; er ist unter dem Namen **Hydroxylamin** [25]) bekannt und bildet in der That,

---

25) Das Chlorwasserstoffhydroxylamin hat die Zusammensetzung NH^4ClO; es ist also gleichsam oxydirter Salmiak. Lossen erhielt diese Verbindung im Jahre 1865 beim Einwirken von Zinn und Chlorwasserstoff in Gegenwart von Wasser auf den Salpetersäureäthylester. Bei dieser Reaktion wirkt der aus dem Chlorwasserstoff durch das Zinn frei werdende Wasserstoff auf die Elemente der Salpetersäure:

$$N(C^2H^5)O^3 + 6H + HCl = NH^4OCl = H^2O + C^2H^5(OH)$$
Salpetersäure-   Wasser- Chlorwas-   Chlorwasser-   Wasser.   Weingeist.
äthylester.   stoff. serstoff.   stoffhydroxyl-
                                     amin.

Es wird hierbei folglich die Salpetersäure desoxydirt, aber nicht zu Ammoniak, sondern zu Hydroxylamin. Letzteres bildet sich auch beim Durchleiten von Stickoxyd NO durch ein Gemisch von Zinn und Salzsäure, d. h. beim Einwirken von nascirendem Wasserstoff auf Stickoxyd: $NO + 3H + HCl = NH^4OCl$; auch in anderen Fällen entsteht diese Verbindung. Nach der Methode von Lossen nimmt man ein Gemisch von 30 Thl. Salpetersäureäthylester, 120 Thl. Zinn und 40 Thl. einer wässrigen Chlorwasserstofflösung vom spezifischen Gewichte 1,06. Die Reaktion tritt nach einiger Zeit schon von selbst ein. Das Zinn wird darauf durch Schwefelwasserstoff entfernt und die Lösung eingedampft; hierbei scheidet sich eine bedeutende Menge von Salmiak aus (der beim weiteren Einwirken des Wasserstoffs auf die Hydroxylaminverbindung entsteht, indem letzterer durch den Wasserstoff Sauerstoff entzogen und Wasser gebildet wird). Im Rückstand erhält man zuletzt das Hydroxylaminsalz, das man in wasserfreiem Alkohol auflöst und von dem sich gleichfalls lösenden Salmiak durch Platinchlorid befreit, da letzteres mit dem Salmiak einen sich ausscheidenden Niederschlag bildet. Beim Eindampfen des alkoholischen Filtrates erhält man dann das Chlorwasserstoffhydroxylamin NH^4OCl in Form von Krystallen, die bei 150° schmelzen und sich dabei in Stickstoff, Salzsäure, Wasser und Salmiak zersetzen. Vermischt man die Lösung des Chlorwasserstoffhydroxylamins mit Schwefelsäure, so erhält man die Verbindung des Hydroxylamins mit Schwefelsäure, die gleichfalls in Wasser löslich ist. Das Hydroxylamin bildet also, analog dem Ammoniak, verschiedene Salze, in welchen die Säuren sich gegenseitig ersetzen können. Wie beim Einwirken von Alkalien auf Ammoniaksalze Ammoniak

wie das Ammoniak, mit Säuren Salze, mit Salzsäure z. B. NH^3 $(OH)Cl$, d. h. Salmiak, in welchem ein Wasserstoff durch Hydroxyl ersetzt ist. 2) Der engegengesetzte Fall ist der, wo das Aetzammon beim Ersatz seiner vier Wasserstoffe durch Sauerstoff: $NO^2(OH)$ oder NHO^3 (Salpetersäure) gibt, welche die höchste Oxydationsstufe des Stickstoffs darstellt [26]. Betrachten wir nun die Fälle der Substitution, die zwischen diesen beiden Extremen liegen, so erhalten wir die intermediären Oxydationsstufen des Stickstoffs. So z. B. ist

frei wird, so müsste sich eigentlich auch das Hydroxylamin aus seinen Salzen ausscheiden; vermischt man aber eine konzentrirte Lösung eines Hydroxylaminsalzes mit einer Alkalilösung, so zerfällt das sich hierbei ausscheidende Hydroxylamin in Stickstoff, Ammoniak und Wasser: $3NH^3O = N^1 + NH^3 + 3H^2O$ (wahrscheinlich bildet sich hierbei auch Stickoxydul). In verdünnten Lösungen geht die Reaktion nur sehr langsam vor sich. Eine geringe Menge von Hydroxylamin erhält man übrigens beim Zersetzen einer Lösung des schwefelsauren Salzes des Hydroxylamins durch Barythydrat; jedoch kann das Hydroxylamin auch aus dieser Lösung weder durch Erwärmen noch durch Verdunsten, ohne Zersetzung zu erleiden, ausgeschieden werden. Setzt man aber zu dieser Lösung eine Säure zu, so erhält man wieder Hydroxylamin-Salz. Aus wässrigen Lösungen fällt das Hydroxylamin, ebenso wie Ammoniak, die basischen Hydrate, während es die Oxyde des Kupfers, Silbers und andrer Metalle reduzirt. Das Hydroxylamin bildet sich ferner auch beim Einwirken von Zinn auf verdünnte Salpetersäure oder von Zink auf den Salpetersäureäthylester in Gegenwart von schwacher Salzsäure u. s. w. Die nahe Beziehung zwischen dem Hydroxylamin $NH^2(OH)$ und der salpetrigen Säure $NO(OH)$, die sich aus dem Substitutionsgesetze deutlich ergibt, tritt in den Fällen hervor, in welchen Reduktionsmittel auf Salze der salpetrigen Säure einwirken. Raschig z. B. schlug (1888) zur Darstellung des schwefelsauren Hydroxylamins die folgende Methode vor: in ein Gemisch der konzentrirten Lösungen äquivalenter Mengen von salpetrigsaurem Kalium KNO^2 und Aetzkali KHO leitet man, unter Abkühlung, einen Ueberschuss von Schwefligsäuregas und kocht dann die erhaltene Lösung längere Zeit hindurch; man erhält hierbei ein Gemisch der schwefelsauren Salze des Kaliums und des Hydroxylamins: $KNO^2 + KHO + 2SO^2 + 2H^2O = NH^2(OH)H^2SO^4 + K^2SO^4$. Die beiden Salze trennt man durch Krystallisation von einander.

Unter den Körpern, welche den Uebergang vom Ammoniak zu den Stickstoffoxyden bilden, sind die Untersalpetrigesäure und das Amid in Betracht zu ziehen (vgl. Anm. 67).

Die Salpetersäure entspricht dem Anhydride N^2O^5, das als das höchste salzbildende Oxyd des Stickstoffs anzusehen ist, ebenso wie beim Natrium das Oxyd Na^2O und dessen Hydrat $NaHO$, obwohl dieses Metall auch noch ein höheres Oxyd bildet; dieses letztere ist ein Hyperoxyd, das ebenso leicht Sauerstoff ausscheidet; wie das Wasserstoffhyperoxyd, nicht beim Glühen, wol aber beim Einwirken von Säuren. Nun entspricht aber auch der Salpetersäure ein Hyperoxyd, nämlich die **Uebersalpetersäure** (acide pernitrique). Die Zusammensetzung derselben ist nicht genau bekannt, kann aber aller Wahrscheinlichkeit nach durch die Formel NHO^4 ausgedrückt werden, der das Anhydrid N^2O^7 entspricht. Die Uebersalpetersäure bildet sich beim Einwirken der stillen Entladung auf Gemische von Stickstoff und Sauerstoff, so dass wol in der Uebersalpetersäure der Sauerstoff theilweise in derselben Form vorhanden sein muss, wie im Ozone. Dargestellt wurde die Uebersalpetersäure von Hautefeuille, Chappuis und Berthelot; sie ist sehr unbeständig, zerfällt leicht unter Bildung von NO^2 und zeigt eine grosse Aehnlichkeit mit der Ueberschwefelsäure, die später beschrieben werden wird.

$N(OH)^3$— orthosalpetrige Säure [27]), der die gewöhnliche (meta-) salpetrige Säure, $NO(OH)$ oder $NHO^2 = N(OH)^3 - H^2O$, und das Salpetrigsäureanhydrid, $N^2O^3 = 2N(OH)^3 - 3H^2O$, entspricht.

Ehe wir zu der Beschreibung der verschiedenen Oxydationsstufen des Stickstoffs übergehen, wollen wir an Beispielen zeigen, dass in vielen Fällen der Uebergang des Ammoniaks in die Sauerstoffverbindungen des Stickstoffs, sogar bis zur Entstehung von Salpetersäure, und umgekehrt der Uebergang dieser Säure in Ammoniak direkt und mit grosser Leichtigkeit vor sich gehen. In der Natur treten die Erscheinungen in einer durch die verschiedensten Einflüsse komplizirten Form auf, das Gesetz bringt dieselben Verhältnisse in ihrer einfachsten Form zum Ausdruck. Das Wesen der wissenschaftlichen Erkentniss der Dinge besteht eben darin, den Zusammenhang zwischen der Einfachheit des Gesetzes und dem komplexen Charakter der realen Erscheinungen zu erfassen.

Die Oxydation des Ammoniaks zu Salpetersäure lässt sich leicht darthun, wenn man ein Gemenge von Ammoniakgas und Luft über erhitzten Platinschwamm leitet. Dieser letztere befördert die Oxydation des Ammoniaks zu Salpetersäure, welche sich theilweise mit dem überschüssigen Ammoniak verbindet. Das im Kolben A (Fig. 78) sich entwickelnde Ammoniak, wird in der Woulf'schen Flasche C mit Luft gemischt, welche durch das aus dem Hahn r ausströmende Wasser aus dem Aspirator B verdrängt wird. Das Gemenge von Ammoniak und Luft gelangt darauf in das durch die Lampe L erhitzte und mit Platinschwamm gefüllte Rohr D, in welchem

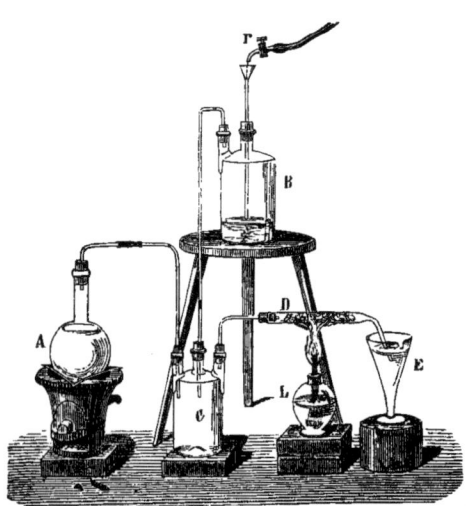

Fig. 78. Oxydation von Ammoniak (das aus der in A befindlichen Lösung verdampft) unter der Einwirkung von Luft (die durch Wasser aus B verdrängt wird) und Platinschwamm zu Salpetersäure. $^1/_8$.

---

27) Der Phosphor bildet eine dem Ammoniak NH^3 entsprechende Wasserstoffverbindung PH^3 (s. weiter unten) und die phosphorige Säure PH^3O^3, die der salpetrigen Säure analog ist; ebenso entspricht auch der Salpetersäure die Phosphorsäure oder richtiger Orthophosphorsäure PH^3O^4, die unter Wasserausscheidung in die Pyro- und Metaphosphorsäure übergehen kann. Der letzteren Säure kommt die Formel der Orthophosphorsäure minus eine Molekel Wasser zu: PHO^3, wonach also die Salpetersäure NHO^3 eigentlich als eine Metasäure anzusehen ist. Auch die salpetrige Säure NHO^2 ist, nach dieser Betrachtungsweise, eine Metasalpetrigsäure (d. h. eine Anhydrosäure), deren Orthosäure die Formel $NH^3O^3 = N(OH)^3$ entsprechen muss.

der Sauerstoff der Luft mit dem Ammoniak Wasser und Salpetersäure bildet; letztere löst sich mit dem überschüssigen Ammoniak im Wasser des Gefässes E und lässt sich in demselben mit Hilfe von Lakmuspapier nachweisen.

Der umgekehrte Uebergang der Salpetersäure in Ammoniak findet unter dem Einflusse von Wasserstoff im Entstehungsmomente statt [28]). So z. B. kann metallisches Aluminium, welches mit Aetznatron Wasserstoff entwickelt, die zu einem solchen Gemische (in Form eines salpetersauren Salzes, da die freie Säure das Alkali neutralisiren würde) zugesetzte Salpetersäure vollständig in Ammoniak überführen: $NHO^3 + 8H = NH^3 + 3H^2O$.

In den Verbindungen des Stickstoffs mit Sauerstoff haben wir ein schönes Beispiel für das Gesetz der multiplen Proportionen: dieselben enthalten auf je 14 Gewichtstheile Stickstoff — 8, 16, 24, 32 und 40 Gewthl. Sauerstoff, ihre Zusammensetzung lässt sich durch die folgenden Formeln ausdrücken:

N^2O Stickoxydul; Hydrat: NHO.
N^2O^2 Stickoxyd, NO.
N^2O^3 Salpetrigsäureanhydrid; Hydrat: NHO^2.
N^2O^4 Untersalpetersäureanhydrid, Stickstoffdioxyd, NO^2.
N^2O^5 Salpetersäureanhydrid; Hydrat: NHO^3.

Von diesen Verbindungen zeichnen sich durch besondere Beständigkeit aus [29]): das Stickoxydul, das Stickoxyd, das Stickstoffdioxyd

---

28) Bei der Oxydation durch Salpetersäure bemerkt man in vielen Fällen die Bildung von Ammoniak, so z. B. beim Einwirken auf Zinn, wenn die Salpetersäure in starker Verdünnung mit Wasser und in der Kälte einwirkt. Eine noch grössere Menge von Ammoniak NH^3 bildet sich, wenn gleichzeitig die Bedingungen zur Entwickelung von Wasserstoff vorhanden sind, z. B. beim Einwirken von Zink auf ein Gemisch von Salpeter- und Schwefelsäure.

29) Aus den thermochemischen Untersuchungen von Favre, Thomsen und insbesondere Berthelot ergibt sich, dass bei der Bildung der durch die Formeln ausgedrückten Mengen der Stickstoffoxyde, wenn als Ausgangsmaterial gasförmiger Stickstoff und gasförmiger Sauerstoff dienten und die entstehenden Produkte ebenfalls im gasförmigen Zustande erhalten wurden, folgende Wärmemengen in Tausenden Wärmeeinheiten (grossen Calorien) aufgenommen werden müssen (daher das Zeichen —):

N^2O	N^2O^2	N^2O^3	N^2O^4	N^2O^5
—21	—43	—22	—5	—1
+22	+21	+17	+4	

In der letzten Zeile sind die Differenzen der Wärmemengen für je zwei nächstliegende Oxyde gegeben. Wenn z. B. N^2 oder 28 g. Stickstoff sich mit O oder 16 g. Sauerstoff verbinden, so werden 21000 Wärmeeinheiten aufgenommen d. h. eine Wärmemenge, die im Stande ist, 21000 g. Wasser um 1° C. zu erwärmen. Durch unmittelbare Beobachtung lassen sich die angeführten Zahlen natürlich nicht ermitteln, verbrennt man aber Kohle, Phosphor u. dgl. m. in Stickoxydul und in Sauerstoff und vergleicht die in beiden Fällen entwickelten Wärmemenge, so gibt die Differenz dieser Werthe (beim Verbrennen in N^2O wird mehr Wärme entwickelt) die Wärmetönung, welche der Bildung des Oxyduls aus seinen elementaren Bestand-

und die Salpetersäure, NHO^3. Die niederen Oxydationsstufen können, beim Zusammentreffen mit den höheren, intermediäre Oxyde geben: NO mit NO^2 gibt z. B. N^2O^3, und umgekehrt kann ein intermediäres Oxyd in ein höheres und ein niederes zerfallen, N^2O^4 z. B. gibt N^2O^3 und N^2O^5 oder, in Gegenwart von Wasser, deren Hydrate.

Wir haben schon gesehen, dass der Stickstoff unter gewissen Bedingungen sich mit Sauerstoff verbindet und dass das Ammoniak sich oxydirt. In diesen Fällen entstehen gewöhnlich verschiedene Oxydationsstufen des Stickstoffs, aber in Gegenwart von Wasser und eines Ueberschusses an Sauerstoff gehen sie schliesslich in Salpetersäure über. Aus dieser Säure, die dem höchsten Oxyde des Stickstoffs entspricht, können durch Reduktion die niederen Oxyde dargestellt werden, daher soll dieselbe zunächst betrachtet werden.

Die **Salpetersäure**, NHO^3, auch Scheidewasser genannt, findet sich in der Natur im freien Zustande nur in sehr geringen Mengen — in der Luft und im Regenwasser nach Gewittern — sie bleibt aber auch in der Luft nicht lange frei, sondern verbindet sich mit dem Ammoniak, das in Spuren ebenfalls stets in der Luft enthalten ist. Gelangt die Salpetersäure in den Erdboden, in fliessendes Wasser u. s. w., so trifft sie überall Basen (oder deren kohlensaure Salze) an, mit welchen sie salpetersaure Salze bildet. Wenn Ammoniak oder andere Stickstoffverbindungen sich im Erdboden oxydiren, so geschieht dies immer in Gegenwart von Basen, es entstehen daher salpetersaure Salze und keine freie Salpetersäure. Aus den angeführten Gründen findet sich die Salpetersäure in der Natur ausschliesslich in Form von Salzen, welche allgemein unter dem Namen von Salpetern (verdorben aus dem lateinischen sal nitri) bekannt sind. Das Kaliumsalz, KNO^3, ist der gewöhnliche Salpeter; das Natriumsalz, $NaNO^3$, der würfelförmige oder Chilisalpeter. Die Salpeter bilden sich, wenn stickstoffhaltige Substanzen in Gegenwart von Basen sich auf Kosten des Sauerstoffs der Luft oxydiren. Beispiele solcher Oxydationsprozesse sind in der Natur sehr verbreitet und es enthalten viele Bodenarten und kalkhaltigen Massen (z. B. Schutt von Bauten) mehr oder weniger bedeutende Mengen von Salpetern. Der Natriumsalpeter wird in Peru und Chili in grossen Mengen in natürlichem Zustande gefunden und dient in der Technik zur Darstellung der Salpetersäure und anderer

---

theilen entspricht. Wenn N^2O^2 sich mit O^2 zu N^2O^4 verbindet, wird, wie aus der Tabelle zu ersehen, Wärme entwickelt, und zwar 38 grosse Calorien oder: $NO + O = 19$ Cal. Die in der Tabelle gegebenen Differenzen zeigen, dass die grösste Wärmeaufnahme bei der Bildung von Stickoxyd stattfindet, während die höheren Oxydationsstufen bei ihrer Entstehung aus demselben Wärme entwickeln. Wenn flüssige Salpetersäure NHO^3 in $N + O^3 + H$ zerfiele, so würde dies einen Verbrauch von 41 Cal. verlangen, d. h. bei der Bildung der Salpetersäure aus den Gasen wird diese Wärmemenge frei. Es sei noch bemerkt, dass bei der Bildung von Ammoniak NH^3 aus den Gasen $N + H^3 = 12,2$ Cal. entwickelt werden.

Sauerstoffverbindungen des Stickstoffs. *Die Salpetersäure wird aus dem Chilisalpeter durch Erhitzen desselben mit Schwefelsäure gewonnen.* Der Wasserstoff der Schwefelsäure wechselt hierbei seine Stelle mit dem Natrium des Salpeters und es entstehen aus H^2SO^4 entweder saures, $NaHSO^4$, oder neutrales, Na^2SO^4, schwefelsaures Natrium und aus dem Salpeter — Salpetersäure, die in Dampfform entweicht. Die Reaktion lässt sich durch folgende Gleichungen ausdrücken: 1) $NaNO^3 + H^2SO^4 = HNO^3 + NaHSO^4$, wenn das saure schwefelsaure Salz entsteht, und 2) $2NaNO^3 + H^2SO^4 = 2HNO^3 + Na^2SO^4$, wenn das neutrale Salz sich bildet. Bei Ueberschuss an Schwefelsäure und schwachem Erhitzen, im Anfangsstadium der Reaktion, geht die Umsetzung nach der ersten Gleichung vor sich, zu Ende der Reaktion, bei weiterem Erhitzen und genügender Salpetermenge — nach der zweiten, denn das saure Salz $NaHSO^4$ wirkt selbst wie eine Säure (es enthält noch durch Metalle ersetzbaren H), nach der Gleichung $NaHSO^4 + NaNO^3 = Na^2SO^4 + HNO^3$.

Die Schwefelsäure verdrängt, wie man zu sagen pflegt, die Salpetersäure aus ihren Verbindungen mit Basen. Dieser Umstand könnte zu der Annahme führen, dass die Schwefelsäure einen bedeutenderen Grad von chemischer Verwandtschaft oder Energie besitze, als die Salpetersäure; wir werden aber weiter sehen, dass der Begriff des relativen Verwandtschaftsgrades von Säuren und Basen zu einander in vielen Fällen auf sehr schwankendem Boden steht; ein Maass der Verwandtschaft besitzen wir noch nicht und es ist daher richtiger, solange die beobachtete Erscheinung sich auf andere Weise erklären lässt, die Einführung dieses Begriffes gänzlich zu vermeiden. In dem uns beschäftigenden Falle lässt sich die Einwirkung der Schwefelsäure auf Salpeter vollkommen durch die Flüchtigkeit der entstehenden Salpetersäure erklären. Von allen an dieser Reaktion sich betheiligenden Körpern ist die Salpetersäure der einzige, welcher in den dampfförmigen Zustand übergehen kann; sie allein verflüchtigt sich, während die übrigen Körper nicht flüchtig oder, richtiger gesagt, sehr wenig flüchtig sind. Stellen wir uns nun vor, dass die Schwefelsäure nur eine unbedeutende Menge Salpetersäure aus dem salpetersauren Salz frei setzt, so genügt dies schon, um die gänzliche Zersetzung des Salzes zu erklären: die frei gewordene Salpetersäure entweicht beim Erhitzen in Dampfform, wird also aus dem Bereiche der Einwirkung entfernt; die freie Schwefelsäure kann nun eine neue geringe Menge Salpetersäure frei machen und es setzt sich dieser Prozess solange fort, bis die ganze Salpetersäure durch die vorhandene freie Schwefelsäure verdrängt ist. Diese Erklärung verlangt offenbar, dass bis zu Ende der Zersetzung ein (wenn auch geringer) Ueberschuss an freier Schwefelsäure vorhanden sei; in der That, nach der oben angeführten Gleichung müssen auf 85 Th. Chilisalpeter 98 Th.

Schwefelsäure angewandt werden; die Praxis lehrt aber, dass bei diesem Mengenverhältniss die Verdrängung der Salpetersäure durch die Schwefelsäure nicht zu Ende geht und dass ein Ueberschuss an letzterer nothwendig ist; das gewöhnlich angewandte Verhältniss ist 80 Th. Chilisalpeter auf 98 Th. Schwefelsäure. — Bei der Einwirkung von Schwefelsäure auf Salpeter bildet sich also nichtflüchtiges schwefelsaures Salz und Salpetersäure, eine flüchtige Flüssigkeit, welche in den dampfförmigen Zustand übergeht und durch Abkühlen kondensirt werden kann. In kleinem Maasstabe wird die Zersetzung in einer Glasretorte mit gläserner Vorlage ausgeführt; im Grossen, in chemischen Fabriken, verfährt man wesentlich in derselben Weise, nur wird die Zersetzung in gusseisernen Retorten vorgenommen und als Vorlage eine Reihe von thönernen dreihalsigen Flaschen angewandt, wie in Fig. 79 dargestellt ist [30]).

Fig. 79. Fabrikmässige Gewinnung von Salpetersäure. Die gusseiserne Retorte *A* ist in den Ofen *B* eingemauert. Die Flamme des Herdes *F* umgibt die Retorte, die Flammengase werden mittelst eines Schiebers in den Kanal *E* und von da nach *G* geleitet. In die Retorte wird Chilisalpeter und Schwefelsäure gebracht und der Deckel mit Lehm und Gyps aufgekittet. In dem Halse der Retorte befindet sich ein Thonrohr (damit die Salpetersäure das Eisen nicht angreift), ausserhalb des Ofens ist der Retortenhals mittelst eines gebogenen Glasrohrs mit einer Reihe thönerner Vorlagen *D* verbunden. In der ersten Vorlage sammelt sich schwefelsäurehaltige Salpetersäure, in der zweiten reine, in der dritten chlorwasserstoffhaltige und in der vierten — stickstoffdioxydhaltige. In die letzte Vorlage wird Wasser gegossen, um die nicht kondensirten Dämpfe zu absorbiren. ¹/₅₀.

30) Es muss bemerkt werden, dass Schwefelsäure, wenigstens konzentrirte (60° Baumé) Gusseisen schwer angreift, so dass sie in gusseisernen Gefässen erhitzt werden kann. Eine geringe Einwirkung auf das Gusseisen zeigen indessen sowol Schwefelsäure als auch Salpetersäure, und die Salpetersäure wird daher immer einen geringen Gehalt an Eisen haben. In der Technik wird der billige Natronsalpeter angewandt, im Laboratorium gebraucht man Kalisalpeter, welcher reiner dargestellt werden kann und beim Erhitzen mit Schwefelsäure nicht so stark schäumt, wie Natronsalpeter. Bei der Einwirkung von überschüssiger Schwefelsäure auf Salpeter und Salpetersäure wird letztere zum Theil zu niederen Stickstoffoxyden zersetzt und dieselben lösen sich dann in der Salpetersäure auf. Ein Theil der Schwefelsäure selbst wird von den Salpetersäuredämpfen in zerstäubtem Zustande mit fortgerissen und die käufliche Salpetersäure enthält daher Schwefelsäure. Sie enthält ferner Chlorwasserstoff, da der Salpeter gewöhnlich Chlornatrium enthält, und dieses Salz mit Schwefelsäure Chlorwasserstoff gibt. Die fabrikmässig dargestellte Salpetersäure endlich enthält mehr Wasser, als dem Hydrate HNO^3 entspricht, da in die Vorlagen zur Beschleunigung der Kondensation Wasser gegossen wird. Uebrigens zersetzt sich eine Säure von der Zusammensetzung HNO^3 leicht unter Bildung von Sauerstoff und niederen Oxydationsstufen des Stickstoffs. Dem-

Die Salpetersäure erhält man immer in wasserhaltigem Zustande. Von dem Hydratwasser abgesehen, gelingt es nur mit grosser Schwierigkeit aus der Salpetersäure alles Wasser auszutreiben, ohne dass ein Theil der Säure selbst unter Bildung von niederen Stickstoffoxyden zersetzt werde. Wenn kein Ueberschuss an Wasser vorhanden, so ist die Salpetersäure sehr unbeständig; sie zersetzt sich theilweise schon bei schneller Destillation in Wasser, Sauerstoff und niedere Stickstoffoxyde, die zusammen mit dem Wasser in der Salpetersäure gelöst bleiben. Man muss daher, um reines Salpetersäurehydrat HNO^3 zu erhalten, mit grösster Vorsicht verfahren, indem man ein Gemenge der auf oben beschriebene Weise aus Salpeter dargestellten Säure mit Schwefelsäure, welche wasserentziehend wirkt, bei möglichst niedriger Temperatur wieder destillirt, wobei man die Retorte mit dem Gemisch vorsichtig auf einem Wasser- oder Oelbad erhitzt. In der ersten Fraktion des Destillates geht dann eine Salpetersäure über, welche bei 15^0 das spezifische Gewicht 1,526 besitzt, bei 86^0 siedet und bei 50^0 erstarrt. Dieses normale Hydrat NHO^3, welches den Salzen der Salpetersäure NMO^3 entspricht, ist beim Erwärmen sehr unbeständig. Die mit Wasser verdünnte Salpetersäure besitzt eine höhere Siedetemperatur nicht nur im Vergleich mit dem normalen Hydrat, sondern auch mit Wasser. Bei der Destillation derselben geht daher zunächst reines Wasser über, bis die Temperatur in den Dämpfen 121^0 erreicht. Bei dieser

---

nach enthält die käufliche Salpetersäure viele Beimengungen; ihr spezifisches Gewicht beträgt gewöhnlich 1,33 (36^0 Baumé), entsprechend einem Gehalte von $53^0/_0$ reiner Salpetersäure. In den Apotheken und Laboratorien wird gewöhnlich eine Säure von 1,2 spez. Gew., bestehend aus $1/_3$ reiner Salpetersäure und $2/_3$ Wasser gebraucht. Um die käufliche Säure zu reinigen wird häufig folgende Methode angewandt: man versetzt dieselbe zunächst mit salpetersaurem Blei, welches mit der freien Schwefelsäure und dem Chlorwasserstoff nicht flüchtige, schwerlösliche, in Form von Niederschlägen sich ausscheidende Verbindungen gibt und dabei freie Salpetersäure ausscheidet: z. B. $Pb(NO^3)^2 + 2HCl = PbCl^2 + 2HNO^3$. Setzt man nun zur Säure eine Lösung von chromsaurem Kalium, so wird aus der Chromsäure Sauerstoff entwickelt, der im Entstehungsmomente die niederen Stickstoffoxyde zu Salpetersäure oxydirt. Wird die so behandelte Säure sehr vorsichtig destillirt und nur die mittlere Fraktion aufgefangen (da die erste noch einen Theil des Chlorwasserstoffs enthält), so erhält man ganz reine, ausser Wasser keine Beimengungen enthaltende Salpetersäure. Eine solche Säure darf weder mit Chlorbaryumlösung, noch mit einer Lösung von salpetersaurem Silber Fällungen geben (ein Niederschlag würde im ersteren Falle auf Schwefelsäure, im letzteren auf Chlorwasserstoff hindeuten) und darf nach dem Verdünnen in Jodkalium haltigem Stärkekleister keine Färbung hervorrufen (widrigenfalls enthält sie andere Stickstoffoxyde). Am einfachsten lassen sich die Stickstoffoxyde aus roher Salpetersäure dadurch entfernen, dass man dieselbe einige Zeit mit einer geringen Menge Kohle kocht; die Kohle wird von der Salpetersäure zu Kohlensäuregas oxydirt, dieses entweicht und reisst N^2O^3, NO^2 u. a. flüchtige Körper mit sich fort. Destillirt man darauf die Salpetersäure, so erhält man sie rein. Die in der Salpetersäure gelösten niederen Stickstoffoxyde lassen sich auch mittelst Durchleiten von Luft entfernen.

letzteren Temperatur destillirt eine Verbindung von Salpetersäure mit Wasser über, welche etwa 70 pCt normales Salpetersäurehydrat enthält[31]) und bei 15° das spezifische Gewicht 1,440 besitzt. Enthält die Salpetersäurelösung weniger als 25 pCt Wasser, so dass ihr spezifisches Gewicht mehr als 1,44 beträgt, so raucht sie an der Luft, indem sich HNO^3 verflüchtigt und mit den Wasserdämpfen der Luft das oben erwähnte Hydrat gibt, dessen Dampftension geringer, als die des Wassers ist. Solche Lösungen sind unter dem Namen *rauchende Salpetersäure* bekannt. Bei der Destillation dieser Säure geht zuerst das Monohydrat HNO^3 über [32]) und es hinterbleibt das bei 121° siedende Hydrat, welches man demnach sowol aus verdünnteren, als auch aus konzentrirteren Salpetersäurelösungen erhält. Die rauchende Salpetersäure verliert leicht einen Theil ihres Sauerstoffs, nicht nur unter dem Einfluss von organischen Beimengungen der Luft, sondern auch schon beim Erhitzen für sich allein; es entste-

---

31) Dalton, Smith, Bineau haben für das konstant siedende Hydrat der Salpetersäure (s. Kap. I, Anm. 60) die Zusammensetzung $2HNO^3 3H^2O$, gefunden, Roscoe wies aber nach, dass die Zusammensetzung desselben mit dem Druck und der Temperatur, bei welchen die Destillation vor sich geht, wechselt. So z. B. enthält bei 1 Atm. Druck das konstant siedende Hydrat 68,6%, bei $^1/_{10}$ Atm. dagegen 66,8% reine Salpetersäure. Nach dem oben (l. c.) in Betreff der Salzsäurelösungen Gesagten und nach den Aenderungen der Dichte, glaube ich annehmen zu dürfen, dass die relativ grosse Abnahme der Dampftension durch die Bildung des Hydrates $HNO^3 2H^2O$ (mit 63,6% Salpetersäure) bedingt wird. Dieses Hydrat kann als $N(OH)^5$ aufgefasst werden, d. h. $NH^4(OH)$, in welchem aller Wasserstoff durch Hydroxylgruppen ersetzt ist. Die konstante Siedetemperatur wäre sonach die Zersetzungstemperatur dieses Hydrates.

Ausser diesem Hydrat, muss auf Grund der Dichteänderungen (s. meine Kap. I. Anm. 29' zitirte Arbeit) wenigstens noch eines angenommen werden: $HNO^3 5H^2O$ (mit 41,2% HNO^3). Vom reinen Wasser (p = o) bis zur Entstehung dieses Hydrates lässt sich die Dichte der Lösungen bei 15° durch die Formel: $s = 9992 + 57,4\ p + 0,16\ p^2$ ausdrücken, wenn die Dichte des Wassers bei $4° = 10000$ ist. So z. B. ist für $p = 30\%$, $s = 1,186$. In konzentrirteren Lösungen muss die Anwesenheit wenigstens des erst erwähnten Hydrates $HNO^3 2H^2O$ angenommen werden; bis zur Bildung desselben ist $s = 9570 + 84,18\ p - 0,240\ p^2$; möglicherweise (die Dichtebestimmungen sind nicht genug übereinstimmend, um einen positiven Schluss zu ziehen) entsteht auch ein Hydrat $HNO^3 3H^2O$, auf dessen Existenz der Umstand hinweist, dass viele Nitrate (Al, Mg, Co u. a.) mit einem solchen Gehalt an Krystallisationswasser erhalten werden. Von $HNO^3 2H^2O$ bis HNO^3 wird die Dichte der Lösungen (bei 15°) durch $s = 10552 + 62,08\ p - 0\ 160\ p^2$ ausgedrückt. Die Existenz des Pentahydrats, $N(OH)^5$, hat Berthelot auf Grund der thermochemischen Daten erkannt; die beim Mischen von HNO^3 und H^2O entwickelte Wärmemenge erleidet in der Nähe dieses Mengenverhältnisses eine plötzliche Veränderung. Das Pentahydrat erstarrt bei etwa 19°. Sehr wahrscheinlich wird ein genaueres Studium der Reaktionen der wässrigen Salpetersäure diesen Hydraten entsprechende Veränderungen in der Art und Geschwindigkeit des Reaktionsverlaufs erkennen lassen.

32) Das normale Hydrat HNO^3, welches den gewöhnlichen Salzen der Salpetersäure entspricht, kann Monohydrat genannt werden, da das Anhydrid N^2O^5 mit einer Molekel H^2O dieses Hydrat bildet. Das Hydrat $HNO^3 2H^2O$ ist in diesem Sinne ein Pentahydrat.

hen niedere Stickstoffoxyde, die sich in der Säure lösen und ihr eine *rothbraune Färbung* [33]) verleihen.

Die Salpetersäure ist ein **Säurehydrat**, sie besitzt daher die Fähigkeit in doppelte Umsetzungen mit Basen, deren Hydraten und Salzen einzutreten. In allen diesen Fällen entstehen salpetersaure Salze (Nitrate). Die Basen oder ihre Hydrate geben mit Salpetersäure Wasser und salpetersaures Salz: z. B. $KHO + HNO^3 = KNO^3 + H^2O$ oder $CaO + 2NHO^3 = Ca(NO^3)^2 + H^2O$. Viele Nitrate sind, wie schon erwähnt, unter dem Namen von Salpetern bekannt [34]). Die Zusammensetzung der gewöhnlichen Salze der Salpetersäure lässt sich durch die allgemeine Formel $M(NO^3)^n$ ausdrücken, wobei M das Metall bezeichnet, welches den Wasserstoff in einer oder mehreren (n) Salpetersäuremolekeln ersetzt, weil, wie wir weiter unten sehen werden, die Atome M der Metalle entweder einem (K, Na, Ag) oder zwei (Ca, Mg, Ba) oder drei (Al, In) oder überhaupt n Wasserstoffatomen äquivalent sind. **Die Salze der Salpetersäure** sind dadurch charakterisirt, dass sie **alle in Wasser löslich sind** [35]). Infolge

---

33) In den Laboratorien und der Technik wird häufig eine **rothe rauchende Salpetersäure** gebraucht, d. h. normale Salpetersäure, HNO^3, welche niedere Stickstoffoxyde in Lösung enthält. Diese Säure erhält man bei Zersetzung von Salpeter durch die Hälfte der äquivalenten Menge konzentrirter Schwefelsäure oder durch Destillation von Salpetersäure mit überschüssiger Schwefelsäure. Es wird hierbei zunächst normale Salpetersäure gebildet, die sich aber theilweise in Sauerstoff und niedere Stickstoffoxyde zersetzt, wobei letztere in der Säure sich lösen und ihr gewöhnlich eine gelbbraune oder röthliche Färbung verleihen. Eine solche Säure raucht an der Luft, indem sie aus derselben Feuchtigkeit anzieht und ein schwerer flüchtiges Hydrat bildet. Wird in rothbraune, rauchende Salpetersäure, besonders unter Erwärmen, Kohlensäuregas längere Zeit eingeleitet, so reisst dasselbe die Stickstoffoxyde mit sich fort und hinterlässt farblose, diese Oxyde nicht mehr enthaltende Salpetersäure. Bei der Gewinnung von rother Salpetersäure muss die Vorlage stark gekühlt werden, da die Salpetersäure nur in der Kälte grössere Mengen von Stickstoffoxyden auflöst. Konzentrirte rothe, rauchende Salpetersäure besitzt bei 20^c das spezifische Gewicht 1,56 und einen starken erstickenden Geruch nach Stickstoffoxyden. Beim Vermischen dieser Säure mit Wasser erscheinen zunächst grüne und blaue Färbungen und erst bei einem Ueberschuss von Wasser wird die Flüssigkeit farblos. Diese Erscheinung wird dadurch bewirkt, dass die Stickstoffoxyde in Gegenwart von Wasser und Salpetersäure verändert werden und dabei gefärbte Lösungen geben.

Die rothe rauchende Salpetersäure (oder ein Gemisch derselben mit Schwefelsäure) äussert in vielen Fällen eine sehr intensive Wirkung, die unter Umständen von der reinen Salpetersäure wesentlich abweicht. So z. B. bedeckt sich Eisen in derselben mit einer Schicht von Oxyden und verliert die Eigenschaft sich in Säuren zu lösen, es wird dadurch «passiv». Chromsäure (und dichromsaures Kalium) gibt mit ihr Chromoxyd, d. h. sie wird durch die in der rothen Säure enthaltenen und zu HNO^3 oxydirbaren, niederen Oxydationsstufen des Stickstoffs reduzirt. Uebrigens wirken sowol die rothe, als auch die farblose Salpetersäure gewöhnlich stark oxydirend.

34) Bei der Einwirkung von Salpetersäure (insbesondere der starken) auf Metalle, selbst auf diejenigen, welche mit anderen Säuren Wasserstoff entwickeln, erhält man letzteren nicht, da er im Entstehungsmoment die Salpetersäure reduzirt und, wie wir später sehen werden, in niedere Stickstoffoxyde umwandelt.

35) Einige basische Salze der Salpetersäure sind jedoch in Wasser unlöslich

der allen Salzen eigenen Fähigkeit in doppelte Umsetzungen einzutreten und der Flüchtigkeit der Salpetersäure, geben die Nitrate, wie der Natronsalpeter, beim Erhitzen mit Schwefelsäure — freie Salpetersäure. Wie die Salpetersäure selbst, scheiden auch ihre Salze beim Erhitzen Sauerstoff aus und wirken daher oxydirend: mit glühender Kohle z. B. verpuffen sie, indem die Kohle auf Kosten des im Nitrat enthaltenen Sauerstoffs zu gasförmigen Produkten verbrennt [36]).

Die Salpetersäure tritt übrigens auch vielfach in doppelte Umsetzungen mit solchen Kohlenwasserstoffverbindungen ein, die keinen basischen Charakter besitzen und mit anderen Säuren nicht reagiren. In solchen Fällen entsteht ebenfalls Wasser und ein neuer Körper, eine **Nitroverbindnng** (vom lateinischen *nitrum* — Salpeter). Diese Nitroverbindungen besitzen denselben Charakter, wie die ursprüngliche Substanz, aus welcher sie entstanden sind; aus indifferenten Kohlenwasserstoffverbindungen entstehen indifferente, aus Säuren — saure Nitrokörper. Wird z. B. Benzol, C^6H^6, ein flüssiger Kohlenwasserstoff von schwachem, aromatischem Geruch, der bei 80° siedet und leichter als Wasser ist, mit Salpetersäure behandelt, so entsteht nach der Gleichung: $C^6H^6 + NHO^3 = H^2O$

(z. B. das basische salpetersaure Wismuth); dagegen sind die neutralen Nitrate alle löslich. Dieser Umstand ist in der Hinsicht bemerkenswerth, dass fast alle gewöhnlichen Säuren mit dem einen oder anderen Metall unlösliche Salze geben: die Schwefelsäure z. B. mit Ba und Pb, die Salzsäure mit Ag u. a. Die neutralen Salze der Essigsäure und einiger anderen Säuren sind alle in Wasser löslich.

36) **Das salpetersaure Ammonium** oder Ammoniumnitrat, NH^4NO^3, lässt sich leicht darstllen, wenn man zu Salpetersäure eine wässerige Lösung von Ammoniak oder kohlensaurem Ammonium bis zur neutralen Reaktion zusetzt. Beim Verdampfen der Lösung erhält man dann die wasserfreien Krystalle des Salzes. Das salpetersaure Ammonium krystallisirt in Prismen, ähnlich dem gewöhnlichen (Kali —) Salpeter und besitzt einen erfrischenden Geschmack. 100 Th. Wasser lösen bei $t°$ dem Gewichte nach $54 + 0.61t$ Th. Salz; dasselbe ist auch in Weingeist löslich, schmilzt bei 160° und zersetzt sich bei 180° zu Wasser und Stickoxydul: $NH^4NO^3 = 2H^2 + N^2O$. Wird salpetersaures Ammonium mit Schwefelsäure bis nahe zur Siedetemperatur des Wassers erhitzt so bildet sich Salpetersäure und in der Lösung bleibt schwefelsaures Ammonium zurück, wird aber stärker — bis 160° erhitzt, so entsteht Stickoxydul. Im ersteren Falle entzieht die Schwefelsäure dem Salze Ammoniak, im letzteren — Wasser. Das salpetersaure Ammonium wird in der Praxis zur künstlichen Kälteerzeugung benutzt, da es beim Lösen in Wasser eine bedeutende Temperaturerniedrigung bewirkt. Am besten nimmt man zu diesem Zwecke gleiche Gewichtsmengen Wasser und salpetersaures Ammonium; das Salz wird zuerst zu Pulver zerrieben und rasch mit Wasser gemischt; die Temperatur fällt von $+15°$ auf $-10°$, so dass Wasser in diesem Gemisch gefriert.

Das salpetersaure Ammonium absorbirt Ammoniakgas und bildet mit demselben unbeständige Verbindungen, welche mit den Krystallhydraten Aehnlichkeit besitzen. Bei $-10°$ entsteht die Verbindung $NH^4NO^3 2NH^3$ — eine Flüssigkeit von 1,50 spez. Gew., die beim Erwärmen Ammoniak abgibt. Bei $+28°$ entsteht ein fester Körper $NH^4NO^3 NH^3$, der beim Erhitzen, besonders wenn er gelöst ist, ebenfalls sein Ammoniak ausscheidet.

$+ C^6H^5NO^2$, — Nitrobenzol, ein bei 210° siedender Körper, von Bittermandelgeruch, der schwerer als Wasser ist und in der Technik in grossen Mengen zur Darstellung von Anilin und Anilinfarben angewandt wird [37]. Die Nitrokörper enthalten gleichzeitig sowol brennbare Elemente (Wasserstoff und Kohlenstoff), als auch Sauerstoff, der im Salpetersäurereste (der Nitrogruppe) NO^2 locker an Stickstoff gebunden ist, sie zersetzen sich daher beim Entzünden oder auch schon durch Stoss unter Explosion, welche durch den Druck

---

[37] Ein anderes Beispiel bietet uns die Einwirkung der Salpetersäure auf Cellulose oder Zellstoff $C^6H^{10}O^5$. Aus dieser Verbindung bestehen die äusseren Membranen aller Pflanzenzellen; in fast reinem Zustande ist sie in der Baumwolle, der Papiermasse, der Leinwand u. s. w. enthalten. Mit Salpetersäure gibt die Cellulose Wasser und Nitrocellulose. Letztere behält das ursprüngliche Aussehen der Baumwolle, zeigt aber ganz andere Eigenschaften: durch Stoss explodirt sie, wird durch den Funken sehr leicht entzündet und verhält sich ganz wie Schiesspulver; daher die Bezeichnung der Nitrocellulose als Schiessbaumwolle oder Pyroxylin. Ihre Zusammensetzung wird durch die Formel: $C^6H^7N^3O^{11} = C^6H^{10}O^5 + 3NHO^3 - 3H^2O$ ausgedrückt. Lässt man die Salpetersäure nur bis zu einer gewissen Grenze auf die Baumwolle einwirken, so geht eine geringere Anzahl von NO^2-Gruppen in die Nitrocellulose ein und die Verbindung ist zwar entflammbar, verbrennt aber ohne Explosion. Eine Lösung dieser Substanz in einem Gemisch von Aether und Weingeist heisst **Collodium**; dasselbe bildet eine dickflüssige Masse, die auf eine Oberfläche ausgegossen nach dem Verdampfen des Aethers und Weingeistes als amorphe, durchsichtige, in Wasser unlösliche Membran zurückbleibt. Die Collodiumlösung wird in der chirurgischen Praxis zum Bedecken von Wunden und in der Photographie zum Ueberziehen von Glasplatten mit einer die nöthigen Reagenzien aufnehmenden Membran gebraucht.

Die Fähigkeit der Nitrocellulose, des (im Dynamit enthaltenen) Nitroglycerins u. a. Nitroverbindungen mit Explosion zu verbrennen, ist auf dieselben Ursache zurückzuführen, wie die Verpuffung oder Explosion eines Gemisches von Salpeter und Kohle; in allen diesen Fällen wird der in der Verbindung befindliche Salpetersäurerest zersetzt: der Sauerstoff oxydirt den Kohlenstoff und der Stickstoff wird frei: es entsteht also aus den ursprünglichen festen Körpern plötzlich eine grosse Menge Gas — Stickstoff und Oxyde des Kohlenstoffs. Die gasförmigen Produkte besitzen ein viel grösseres Volum, als die ursprüngliche Substanz, sie üben daher bei ihrer Ausdehnung einen starken Druck aus und bewirken die Explosion. Da die Nitrokörper unter Wärmeentwickelung explodiren (sich also nicht, wie gewöhnlich, unter Aufnahme, sondern unter Abgabe von Wärme zersetzen), so bieten sie gewissermaassen eine Aufspeicherung von Energie dar; die in ihnen enthaltenen Elemente befinden sich in einem Zustande von besonders energischer Bewegung, als deren Träger die in allen Nitroverbindungen enthaltene Gruppe NO^2 anzusehen ist. Diese Gruppe ist wenig beständig wie alle Sauerstoffverbindungen des Stickstoffs, die, wie wir sehen werden, sich leicht zersetzen und bei deren Entstehung Wärme aufgenommen wird (Anm. 29). Anderseits sind die Nitroverbindungen von Interesse, da sie einen Beweis dafür liefern, dass die Elemente und Gruppen, aus denen sich Verbindungen zusammensetzen, in den Molekeln von einander getrennt sind: es bedarf eines Schlages einer Erschütterung oder einer entsprechenden Temperaturerhöhung, um die brennbaren Elemente C und H mit der Gruppe NO^2 in Berührung zu bringen und die Umlagerung der Elemente zu neuen Verbindungen hervorzurufen.

Was die Zusammensetzung der Nitroverbindungen anbetrifft, so ist in ihnen an Stelle des Wasserstoffs der ursprünglichen Substanzen aus der Salpetersäure die

der entstehenden Gase und Dämpfe: Stickstoff, Kohlensäuregas und Wasserdampf — bedingt wird. Bei der Explosion von Nitrokörpern wird, wie bei der Verbrennung von Schiesspulver oder Knallgas, viel Wärme entwickelt und die Explosionskraft ist sehr bedeutend, nicht nur weil die aus einem festen oder flüssigen, wenig Raum einnehmenden Körper entstehenden Gase und Dämpfe ihr normales Volum einzunehmen streben, sondern auch noch dadurch, dass die hohe Verbrennungstemperatur eine Ausdehnung derselben über dieses Volum hinaus bewirkt [38]).

Die selbstständige Verbrennung der Nitrokörper, sowie die durch

---

Gruppe NO^2 getreten. Dieselbe Substitution findet bei dem Uebergange von basischen Hydraten in salpetersaure Salze statt. Die verschiedenen Substitutionen durch Salpetersäure, d. h. die Bildung von Nitrokörpern und Nitraten, können also dahin zusammengefasst werden, dass bei denselben an Stelle von Wasserstoff der **Salpetersäurerest** NO^2 tritt, wie nachfolgende Tabelle zeigt:

{ Aetzkali: $\quad$ KHO
{ Salpeter: $\quad$ $K(NO^2)O$
{ Kalkhydrat: $\quad$ CaH^2O^2
{ Calciumnitrat: $Ca(NO^2)^2O^2$
{ Glycerin: $\quad$ $C^3H^5H^3O^3$
{ Nitroglycerin: $C^3H^5(NO^2)^3O^3$
{ Phenol: $\quad$ C^6H^5OH
{ Pikrinsäure: $C^6H^2(NO^2)^3OH$ u. s. w.

Der Unterschied zwischen den salpetersauren Salzen und den Nitroverbindungen besteht darin, dass aus ersteren durch Schwefelsäure sich leicht Salpetersäure ausscheiden lässt (durch doppelte Umsetzung), während aus wahren Nitroverbindungen z. B. Nitrobenzol $C^6H^5(NO^2)$, die Salpetersäure durch Schwefelsäure nicht verdrängt wird. Die Nitroverbindungen werden ausschliesslich von Kohlenstoffverbindungen gebildet und werden daher mit diesen in der organischen Chemie beschrieben.

Die Gruppe NO^2 der Nitrokörper geht in vielen Fällen (ähnlich den übrigen Sauerstoffverbindungen des Stickstoffs) in den Ammoniakrest, die Gruppe NH^2, über. Es wird dies durch Reduktionsmittel, welche Wasserstoff ausscheiden, bewirkt: $KNO^2 + 6H = RNH^2 + 2H^2O$. Zinin erhielt auf diese Weise durch Einwirkung von Schwefelwasserstoff aus dem Nitrobenzol $C^6H^5NO^2$ das Anilin $C^6H^5NH^2$.

Nimmt man die Existenz der Gruppe NO^2, die Wasserstoff in verschiedenen Verbindungen ersetzt, an, so kann auch die Salpetersäure als Wasser betrachtet werden, in welchem die Hälfte des Wasserstoffs durch den Salpetersäurerest ersetzt ist. In diesem Sinne ist die Salpetersäure Nitrowasser $(NO^2)HO$, ihr Anhydrid — Dinitrowasser $(NO^2)^2O$ und die salpetrige Säure Nitrowasserstoff NO^2H. Der Salpetersäurerest ist in der Salpetersäure mit dem Wasserrest ebenso verbunden, wie im Nitrobenzol mit dem Benzolrest.

Es ist hier noch zu bemerken, dass in den salpetersauren Salzen auch die Gruppe NO^3 angenommen werden kann, da diese Salze die Zusammensetzung $M(NO^3)^n$, wie die Chlormetalle MCl^r haben. Die Gruppe NO^3 bildet aber ausser den Nitraten keine Verbindungen, sie muss daher als Hydroxyl HO, in welchem H durch NO^2 ersetzt ist, betrachtet werden.

38) In der Technik und dem Kriegswesen haben die Nitroverbindungen eine grosse Bedeutung erhalten. Näheres über dieselben findet man in speziellen Werken; in unserer Literatur nehmen die Arbeiten von Schuljatschenko und Tscheltzow eine ehrenvolle Stellung ein. Eine wichtige, historische Rolle spielen auf diesem Gebiet die experimentellen und theoretischen Forschungen von Berthelot.

Salpeter bewirkten Verbrennungen (z. B. im Pulver) finden ihre Erklärung in der lockeren Bindung des Sauerstoffs mit dem Stickstoff in der Salpetersäure, wie auch in allen Sauerstoffverbindungen des Stickstoffs. Beim Durchleiten von Salpetersäuredämpfen durch ein selbst schwach erhitztes Glasrohr bemerkt man die Bildung dunkelbrauner Dämpfe von niederen Stickstoffoxyden und es entsteht freier Sauerstoff: $2NHO^3 = H^2O + 2NO^2 + O$. Bei Weissgluth ist die Zersetzung vollständig: $2NHO^3 = H^2O + N^2 + O^5$. Dadurch erklärt es sich, dass die Salpetersäure ihren Sauerstoff an oxydirbare Substanzen abgeben kann[39]) und als **Oxydationsmittel** wirkt.

---

39) Beim Leiten von Salpetersäuredämpfen über metallisches Kupfer, welches stark geglüht wird, lässt sich die Salpetersäure vollständig zersetzen, da die zunächst entstehenden Stickstoffoxyde ihren Sauerstoff dem glühenden Kupfer abgeben,

Fig. 80. Methode der Zersetzung und Analyse von Stickstoffdioxyd (auch bei anderen Stickstoffoxyden anwendbar). In A wird NO^2 aus salpetersaurem Blei gewonnen, in B kondensirt sich Salpetersäure u. a. wenig flüchtige Producte. Das Rohr CC enthält Kupfer und wird erhitzt. In D kondensiren sich unzersetzte flüchtige Produkte (wenn sich solche bilden sollten). Das Auftreten brauner Dämpfe in diesem Gefäss deutet auf eine unvollständige Zersetzung hin. In E wird das Stickstoffgas gesammelt. $1/20$.

und man nur Stickstoff und Wasser erhält. Mit Hilfe dieser Methode lässt sich die Zusammensetzung sowol der Salpetersäure, als auch aller übrigen Sauerstoffverbindungen des Stickstoffs bestimmen. Wird der entstandene freie Stickstoff gesammelt, so kann aus seinem Volumen das Gewicht und demnach auch der Gehalt an Stickstoff in dem ursprünglichen Oxyd bestimmt werden. Die Gewichtszunahme des Kupfers ergibt den Gehalt an Sauerstoff. Die Zersetzung des Salpetersäure lässt sich durch folgende Gleichung ausdrücken: $2HNO^3 + 5Cu = H^2O + N^2 + 5CuO$. Dieser Zersetzung muss die Bildung von salpetersaurem Kupfer $Cu(NO^3)^2$ vorausgehen, da das Kupferoxyd mit Salpetersäure dieses Salz liefert; dasselbe ist aber sehr unbeständig und gibt beim Glühen Sauerstoff und Stickstoffoxyde ab. Beim Durchleiten eines Gemenges von Salpetersäuredämpfen und Wasserstoffgas durch ein glühendes Rohr findet ebenfalls vollständige Zersetzung der Salpetersäure statt, der Wasserstoff wird oxydirt und freier Stickstoff ausgeschieden. Metallisches Natrium zersetzt beim Glühen die Stickstoffoxyde, entzieht denselben

Fig. 81. Zersetzung von Stickstoffoxydul durch metallisches Natrium.

Wie wir gesehen haben, verbrennt Kohle in Salpetersäure; durch *Phosphor, Schwefel. Jod und die meisten Metalle wird die Salpetersäure ebenfalls zersetzt, von einigen beim Erhitzen, von andern schon bei gewöhnlicher Temperatur;* sie wird hierbei zu niederen Stickstoffoxyden reduzirt, während der mit ihr reagirende Körper oxydirt wird. Nur wenige Metalle, wie Gold und Platin, wirken auf die Salpetersäure nicht ein; die Mehrzahl der übrigen zersetzen sie, gehen in Oxyd über, welches, wenn es basischen Charakter besitzt, mit einer neuen Menge Salpetersäure sich umsetzt; es entstehen daher meist nicht Oxyde, sondern salpetersaure Salze, neben' niederen Oxydationsstufen des Stickstoffs. Die entstehenden Nitrate lösen sich und man sagt daher, dass die Salpetersäure die meisten Metalle *auflöst*, angreift oder ätzt [40]). Als *Auflösung* der Metalle in Säuren wird also ein Prozess bezeichnet, der eine tiefer gehende chemische Veränderung der reagirenden Stoffe bewirkt, als die einfache Lösung. Diejenigen Metalle, deren Oxyde sich mit Salpetersäure nicht verbinden, geben bei der Einwirkung dieser Säure das Oxyd selbst; so wirkt z. B. Zinn auf Salpetersäure, es entsteht das Hydrat SnH^2O^3 in Form eines weissen Pulvers: $Sn + 4HNO^3 = H^2SnO^3 + 4NO^2 + H^2O$. Neben dem Zinndioxyd bildet sich Stickstoffdioxyd. Silber entzieht der Salpetersäure mehr Sauerstoff und verwandelt sie zum grössten Theil in Salpetrigsäureanhydrid: $4Ag + 6HNO^3 = 4AgNO^3 + N^2O^3 + 3H^2O$. Bei der Einwirkung von Kupfer geht die Reaktion noch weiter und es entsteht Stickoxyd, NO, ein farbloses Gas; bei der Einwirkung von Zink endlich gibt die Salpetersäure eine weitere Menge ihres Sauerstoffs ab und wird zu Stickoxydul reduzirt: $4Zn + 10HNO^3 = 4Zn(NO^3)^2 + N^2O + 5H^2O$ [41]).

---

ihren gesammten Sauerstoff und kann daher ebenfalls zur Analyse dieser Oxyde benutzt werden.

40) Hierauf beruht die Anwendung der Salpetersäure beim Graviren auf Kupfer und Stahl. Das Metall wird mit einer Schicht einer harzigen Masse bedeckt, auf welche die Säure nicht einwirkt, und nachdem die Harzschicht an den zu ätzenden Stellen mit einer Gravirnadel entfernt worden ist, mit Salpetersäure begossen. Die vom Harze geschützten Stellen bleiben unverändert, während an den entblössten das Kupfer von der Salpetersäure angegriffen wird, so dass die betreffenden Stellen vertieft erscheinen. Auf diese Weise werden die Platten zu den «eau forte» genannten Kupferstichen hergestellt.

41) Die Aufstellung von Reaktionsgleichungen, namentlich von so komplizirten, wie die oben im Text angeführten, scheint dem Anfänger meist schwieriger, als sie in Wirklichkeit ist. Wenn nur die Produkte einer Reaktion und die reagirenden Körper bekannt sind, so lässt sie auch die Gleichung der Reaktion leicht finden. Soll z. B. die Einwirkung der Salpetersäure auf Zink, bei welcher Stickoxydul N^2O und salpetersaures Zink· entstehen, durch eine Gleichung ausgedrückt werden, so ist in Betracht zu ziehen, dass die Salpetersäure Wasserstoff enthält, nicht aber das Stickoxydul oder das Salz, infolge dessen Wasser entstehen und die Säure wie das Anhydrid N^2O^5 wirken muss. Letzteres scheidet bei der Umwandlung in Stickoxydul 4 Atome Sauerstoff aus, kann also 4 Atome Zink oxydiren. Die entstehenden 4 Mo-

In manchen Fällen, besonders bei der Einwirkung verdünnter Salpetersäurelösungen, geht die Reduktion bis zur Bildung von Hydroxylamin und Ammoniak, oder von freiem Stickstoff. Die Bildung der einen oder anderen Stickstoffverbindung aus der Salpetersäure wird nicht nur durch die Natur des mit ihr reagirenden Körpers bestimmt, sondern auch durch die relativen Massen von Wasser und Salpetersäure, die Temperatur und den Druck, kurz — durch die Gesammtheit der Reaktionsbedingungen. Da nun diese Bedingungen im Verlaufe der Reaktion selbst sich ändern (z. B. die Temperatur und das Massenverhältniss), so bildet sich sehr oft ein Gemenge verschiedener Reduktionsprodukte der Salpetersäure.

Die Salpetersäure wirkt also auf Metalle in der Weise, dass sie dieselben oxydirt und selbst, je nach der Temperatur, Konzentration, der Natur des Metalles und verschiedenen anderen Bedingungen, entweder zu niederen Stickstoffoxyden, oder freiem Stickstoff, oder selbst Ammoniak reduzirt wird [42]). Wie die Metalle und andere elementare Körper werden auch viele zusammengesetzte Körper von der Salpetersäure oxydirt: z. B niedere Oxydationsstufen in höhere übergeführt — arsenige Säure in Arsensäure, Eisenoxydul in Eisenoxyd, scheflige Säure in Schwefelsäure, Schwefel-

---

lekeln Zinkoxyd verlangen zur Bildung von salpetersaurem Salz noch 4 Molekeln Salpetersäureanhydrid, im Ganzen müssen sich also an der Reaktion 5 Molekeln dieses letzteren oder 10 Molekeln Salpetersäure betheiligen. Folglich muss man, um die Reaktion in ganzen Atomzahlen auszudrücken, auf 4 Atome Zink 10 Molekeln Salpetersäure nehmen. — Es darf hierbei aber nicht vergessen werden, dass nur wenige Reaktionen sich durch einfache Gleichungen vollständig ausdrücken lassen. Meistens zeigt eine Gleichung nur die Hauptprodukte einer Reaktion an, und zwar nur diejenigen, welche als Endresultat der Wechselwirkung auftreten. So z. B. wird durch keine der drei oben gegebenen Gleichungen alles das zum Ausdruck gebracht, was bei der Einwirkung der betreffenden Metalle auf die Salpetersäure vor sich geht. In keiner dieser Reaktionen bildet sich ausschliesslich ein Stickstoffoxyd, immer entstehen mehrere derselben gleichzeitig oder der Reihe nach, in dem Maasse, als die Temperatur steigt und die Konzentration der Säure sich ändert. Das entstehende Oxyd besitzt selbst gleichfalls die Fähigkeit auf das Metall einzuwirken und desoxydirt zu werden, andererseits kann es unter dem Einflusse der Salpetersäure verändert werden und auf dieselbe verändernd einwirken. Die angeführten Gleichungen sind daher nur als schematischer Ausdruck für die Hauptreaktion zu betrachten, da bei Aenderungen in der Temperatur und der Konzentration der Säure auch die Reaktion bedeutenden Aenderungen unterliegt.

42) Normale Salpetersäure (das Monohydrat HNO^3) oxydirt viele Metalle bedeutend schwerer, als mit Wasser verdünnte Säure; Eisen, Kupfer und Zink werden von verdünnter Salpetersäure sehr leicht oxydirt, bleiben aber in reiner HNO^3 unverändert. Salpetersäure, die mit einer grossen Menge Wasser verdünnt ist, oxydirt Kupfer nicht, wol aber Zinn. Von verdünnter Salpetersäure werden weder Silber, noch Quecksilber angegriffen aber nach Zusatz von salpetriger Säure beginnt die Einwirkung auch auf diese Metalle. Dieser letztere Umstand wird offenbar durch die geringere Beständigkeit der salpetrigen Säure bedingt, sowie dadurch, dass, nachdem die Einwirkung begonnen, die Salpetersäure in salpetrige übergeht und diese fortfährt auf das Metall zu wirken.

metalle, M^2S, in schwefelsaure Salze, M^2SO^4, u. s. w. In allen diesen Fällen wird der Salpetersäure Sauerstoff entzogen, der sich mit andern Körpern verbindet, dieselben oxydirt. Manche Körper werden durch konzentrirte Salpetersäure so schnell und unter so bedeutender Wärmeentwickelung oxydirt, dass Verpuffung und Entflammung eintritt. Terpentinöl $C^{10}H^{16}$ entzündet sich, wenn es in rauchende Salpetersäure gegossen wird. Dank ihren oxydirenden Eigenschaften kann die Salpetersäure vielen Körpern *Wasserstoff entziehen*. Sie zersetzt z. B. Jodwasserstoff unter Ausscheidung von Jod und Bildung von Wasser; bringt man in ein Gefäss mit Jodwasserstoffgas rauchende Salpetersäure, so findet eine energische Reaktion, unter Flammenerscheinung und Ausscheidung von violetten Joddämpfen und braunen Dämpfen von Stickstoffoxyden, statt [43]).

Da die Salpetersäure so leicht unter Ausscheidung von Sauerstoff sich zersetzt, war man lange Zeit der Ansicht, dass sie das entsprechende **Salpetersäureanhydrid**, das Stickstoffpentoxyd, N^2O^5, nicht geben könne, doch gelang es zuerst Deville, nach ihm Weber und anderen dieses Anhydrid darzustellen. Deville erhielt das Salpetersäureanhydrid, indem er salpetersaures Silber unter schwachem Erhitzen durch Chlor zersetzte: $2AgNO^3 + Cl^2 = 2AgCl + N^2O^5 + O$. Die Einwirkung beginnt bei einer Temperatur von 95°, geht aber, nachdem sie einmal begonnen, von selbst, auch ohne Erwärmen, vor sich. Leitet man die sich ausscheidenden braunen Dämpfe durch ein mit einer Kältemischung umgebenes Rohr, so kondensirt sich ein Theil des Reaktionsproduktes, während ein anderer gasförmig bleibt; derselbe enthält Sauerstoff. Der kondensirte Theil besteht aus Krystallen und einer Flüssigkeit, welche abgegossen wird. Ueber die Krystalle leitet man Kohlensäuregas um die denselben anhaftenden, flüchtigen Substanzen (flüssigen Stickstoffoxyde) zu entfernen. Die zurückbleibende voluminöse Masse von rhombischen, manchmal ziemlich grossen Krystallen (spez. Gew. 1,64) besteht

---

[43] Bei der Einwirkung von Salpetersäure auf organische Substanzen findet oft nicht nur Entziehung von Wasserstoff, sondern auch Vereinigung mit Sauerstoff statt; so z. B. verwandelt die Salpetersäure Toluol, C^7H^8, in Benzoësäure, $C^7H^6O^2$. In einigen Fällen wird hierbei auch ein Theil des Kohlenstoffs der organischen Verbindung auf Kosten des Sauerstoffs der Salpetersäure verbrannt: Naphtalin, $C^{10}H^8$, z. B. gibt Phtalsäure $C^8H^6O^4$. Die Einwirkung der Salpetersäure auf Kohlenstoffverbindungen ist also unter Umständen sehr komplizirt: es findet (abgesehen von der Nitrirung) Ausscheidung von Kohlenstoff, Entziehung von Wasserstoff und Vereinigung mit Sauerstoff statt. Ueberhaupt gibt es nur wenig organische Substanzen, die der Salpetersäure widerstehen, die meisten werden von ihr verändert. Auf der Haut hinterlässt die Salpetersäure gelbe Flecken, verursacht in grösseren Mengen Wunden, indem sie die Gewebe des menschlichen Körpers gänzlich zerstört; auch pflanzliche Gewebe werden von ihr angefressen. *Das Indigo*, einer der beständigsten vegetabilischen Farbstoffe, wird von Salpetersäure *in eine gelbe Substanz umgewandelt;* man benutzt diese Reaktion zum Nachweis selbst sehr geringer Mengen Salpetersäure.

aus Salpetersäureanhydrid; diese Krystalle schmelzen bei ungefähr 30° und destilliren, unter theilweiser Zersetzung, bei etwa 47° über. Mit Wasser bilden sie Salpetersäure. Das Salpetersäureanhydrid wird auch durch gewonnen Einwirkung von Phosphorsäureanhydrid P^2O^5 auf (unter 0°) abgekühlte reine Salpetersäure gewonnen. Bei vorsichtigem Destilliren des Gemenges (gleicher Gewichtstheile) dieser beiden Substanzen wird ein Theil des sich bildenden N^2O^5 zersetzt, ein anderer gibt die flüssige Verbindung $H^2O2N^2O^5 = N^2O^52HNO^3$, während die Hauptmasse der Salpetersäure in ihr Anhydrid übergeht, nach der Gleichung: $2NHO^3 + P^2O^5 = 2PHO^3 + N^2O^5$. Beim Erhitzen (und auch spontan — unter Explosion) zersetzt sich das Salpetersäureanhydrid in Untersalpetersäureanhydrid und Sauerstoff: $N^2O^5 = N^2O^4 + O$.

Untersalpetersäureanhydrid (Stickstofftetroxyd), N^2O^4, und **Stickstoffdioxyd**, NO^2. Die empirische Zusammensetzung beider Körper ist dieselbe, sie müssen aber ebenso von einander unterschieden werden, wie gewöhnliches Sauerstoffgas von Ozon; übrigens findet im ersteren Fall der Uebergang der beiden Körper in einander leichter (z. B. schon beim Verdampfen) statt und NO^2 entsteht aus N^2O^4 unter Wärmeaufnahme, während beim Uebergange von O^3 in O^2 Wärme abgegeben wird.

Bei der Einwirkung auf Zinn und auf viele organische Substanzen (z. B. Stärke) gibt die Salpetersäure braune Dämpfe, welche aus einem Gemenge von N^2O^3 und NO^2 bestehen. Ein reineres Produkt erhält man durch Zersetzung von salpetersaurem Blei, wobei Bleioxyd, Sauerstoff und Untersalpetersäureanhydrid entstehen und letzteres zu einer braunen, bei etwa $+ 22°$ siedenden Flüssigkeit kondensirt werden kann: $Pb(NO^3)^2 = 2NO^2 + O + PbO$. Am reinsten lässt sich Untersalpetersäureanhydrid, das bei $-9°$ erstarrt, darstellen, wenn man trocknes Sauerstoffgas in einer Kältemischung mit dem doppelten Volum trocknen Stickoxydes mengt; in der abgekühlten Röhre bilden sich dann durchsichtige Prismen von Untersalpetersäureanhydrid, die bei etwa $-10°$ zu einer farblosen Flüssigkeit schmelzen. Ist die Temperatur in der Röhre höher, als $-9°$, so schmelzen die Krystalle [44]) und geben schon bei 0° eine röthlichgelbe Flüssigkeit, ähnlich der, welche bei der Zersetzung von salpetersaurem Blei entsteht. Die Dämpfe des Untersalpetersäureanhydrids besitzen einen charakteristischen Geruch und bei gewöhnlicher Temperatur

---

44) Wenn die geschmolzenen Krystalle bei einer über $-9°$ liegenden Temperatur eine braune Flüssigkeit gebildet haben, so erstarren sie nicht mehr bei $-10°$. Diese von einigen Beobachtern bemerkte Thatsache erklärt sich wahrscheinlich dadurch, dass eine gewisse Menge N^2O^3 (und Sauerstoff) entsteht und das Trioxyd selbst bei $-30°$ flüssig bleibt; vielleicht aber auch dadurch, dass der Uebergang von NO^2 in N^2O^4 nicht so leicht vor sich geht, wie der von N^2O^4 in NO^2.

Das flüssige Untersalpetersäureanhydrid (d. h. ein Gemisch von NO^2 und N^2O^4) wird im Gemenge mit Kohlenwasserstoffen als Sprengmittel angewandt.

eine dunkelbraune Farbe, die bei niedrigen Temperaturen bedeutend heller wird, beim Erwärmen aber, besonders über 50°, an Intensität so zunimmt, dass die Dämpfe fast undurchsichtig werden. Die Ursache dieses eigenthümlichen Verhaltens des Untersalpetersäureanhydrids fand ihre Erklärung, als Deville und Troost die Dichte und Dissoziation der Dämpfe desselben bei verschiedenen Temperaturen bestimmten und nachwiesen, dass die Dichte mit der Temperatur sich verändert. Auf Wasserstoff (bei derselben Temperatur und bei demselben Drucke) bezogen, verändert sich die Dichte von 38 bei der Siedetemperatur (gegen 27°) bis zu 23 bei 135°, worauf sie konstant bleibt bis zu den hohen Temperaturen, bei denen die Stickstoffoxyde zersetzt werden. Da, nach den im nächsten Kapitel näher zu begründenden Gesetzen, die Dichte 23 der Verbindung NO^2 entspricht (das Molekulargewicht, welches dieser Formel entspricht, beträgt 46 und die Dichte, auf Wasserstoff, bezogen, ist gleich der Hälfte des Molekulargewichtes), so muss angenommen werden, dass bei Temperaturen über 135° nur das Stickstoffdioxyd NO^2 existiren kann. Bei niedriger liegenden Temperaturen gibt dieses Gas Untersalpetersäureanhydrid N^2O^4, dessen Molekulargewicht und folglich auch dessen Dichte doppelt so gross ist, als die des Stickstoffdioxyds. Das die Dichte 46 besitzende Untersalpetersäureanhydrid, ein Isomeres des Stickstoffdioxyds (wie das Ozon ein Isomeres des Sauerstoffs ist), bildet sich in um so grösserer Menge, je niedriger die Temperatur ist, es krystallisirt bei — 10°. Da die Dämpfe von N^2O^4 durchsichtig und farblos, die von NO^2 braun und undurchsichtig sind, so erklärt sich auf diese Weise die Veränderung sowol der Farbe, als auch der Dichte des Gases mit der Temperatur. Bei der Siedetemperatur wurde die Dichte 38 gefunden, das Gemisch besteht dann[45]) aus 79 Gewthl. N^2O^4 und 21 Gewthl. NO^2. Die Zersetzung, welche in dem Gemenge stattfindet, zeigt die Eigenthümlichkeit, dass das Zersetzungsprodukt NO^2 bei Erniedrigung der Temperatur sich wieder polymerisirt (kondensirt). Die Reaktion:

$$N^2O^4 = NO^2 + NO^2$$

gehört folglich zu den umkehrbaren. Die Erscheinung ist also eine **Dissoziation** in einem homogenen, gasförmigen Mittel, wobei der ursprüngliche Körper N^2O^4 und das Zersetzungsprodukt NO^2 Gase (oder Dämpfe) sind. Der Grad der Dissoziation lässt sich durch das Verhältniss der Menge des Dissoziationsproduktes zu der Menge der

---

45) Bezeichnen wird durch x die Gewichtsmenge N^2O^4, so beträgt das Volum $\frac{x}{46}$; die Gewichtsmenge NO^2 ist $100-x$, sein Volum also $\frac{(100-x)}{23}$; das Gewicht des Gemenges, welches die Dichte 38 besitzt, beträgt 100, und sein Volum $\frac{100}{38}$. Folglich ist $\frac{x}{46} + \frac{(100-x)}{23} = \frac{100}{38}$ und $x = 79{,}0$.

gesammten Substanz ausdrücken. Hiernach ist der Dissoziationsgrad des Untersalpetersäureanhydrids bei seiner Siedetemperatur $= \frac{21}{(79 + 21)} = 0{,}21$ oder 21 pCt., bei 135^0 ist er $= 1$ und bei $-10^0 = 0$, d. h. das Anhydrid bleibt bei dieser Temperatur unzersetzt. Die Grenzen der Dissoziation liegen bei Atmosphärendruck zwischen -10^0 und 135^0 [46]). In diesen Temperaturgrenzen gibt es keine konstante Dampfdichte beim Untersalpetersäureanhydrid, unterhalb und oberhalb existiren dagegen bestimmte Körper. Bei Temperaturen über 135^0 ist kein N^2O^4 mehr vorhanden, es existirt dann nur das Dioxyd NO^2, und unter -10^0 nur N^2O^4. Bei gewöhnlicher Temperatur haben wir offenbar ein im Gleichgewicht befindliches theilweise dissoziirtes System, ein Gemenge von Untersalpetersäureanhydrid N^2O^4 und Stickstoffdioxyd NO^2. In der braunen Flüssigkeit, welche die Siedetemperatur 22^0 besitzt, ist wahrscheinlich schon ein Theil von N^2O^4 in NO^2 übergegangen. Als reines Untersalpetersäureanhydrid kann nur die krystallinische Substanz, welche bei -10^0 zu einer farblosen Flüssigkeit schmilzt, angesehen werden [47]).

---

46) Die Dissoziationserscheinungen und die dieselben regierenden Gesetze, gehören in das Gebiet der theoretischen Chemie; wir betrachten sie daher nur an einzelnen konkreten Fällen, um so mehr, als die Lehre von den chemischen Gleichgewichtszuständen in mancher Hinsicht wegen der Neuheit des Gegenstandes noch nicht vollständig festgestellt ist. Dennoch wollen wir bei dem Untersalpetersäureanhydrid, einem historisch wichtigen Beispiel der Dissoziation in einem homogenen gasförmigen Mittel, die Resultate der sorgfältigen von E. und L. Nathanson (1885—1886) gemachten Bestimmungen der Dichte bei Temperatur- und Druckänderungen anführen. Es zeigte sich, dass der auf die oben im Text angegebene Weise ausgedrückte Dissoziationsgrad (der sich übrigens auch anders ausdrücken lässt z. B. durch das Verhältniss der Menge von zersetzter Substanz zu der unzersetzten), bei allen Temperaturen mit abnehmendem Druck zunimmt. Dieses Resultat war zu erwarten, da in einem homogenen Mittel eine Abnahme des Druckes die Bildung des leichteren (geringere Dichte und grösseres Volum besitzenden) Dissoziationsproduktes begünstigen muss. So z. B. steigt der Dissoziationsgrad bei $0°$ bei einer Abnahme des Druckes von 251 auf 38 mm. von $10°/_0$ auf $30°/_0$, bei $49°7$ wächst er bei Abnahme des Druckes von 498 bis auf 27 mm. von $49°/_0$ auf $93°/_0$ und bei $100°$ nimmt er bei einer Druckabnahme von 732,5 auf 11,7 mm. von 89,2 bis $99{,}7°/_0$ zu. Bei $130°$ und $150°$ ist die Dissoziation vollständig, und bei dem geringen Drucke (von weniger als 1 Atm.), unter welchem die genannten Forscher operirten, ist nur noch NO^2 vorhanden. Wahrscheinlich werden unter grösserem Druck (von mehreren Atmosphären) auch bei dieser Temperatur Molekeln von N^2O^4 entstehen und wäre es von grösstem Interesse die Erscheinung sowol bei sehr bedeutendem Druck, als auch bei relativ grossem Volumen zu verfolgen.

47) Der Umstand, dass bei Temperaturen von $0°$ bis $22°$ im flüssigen N^2O^4 die Anwesenheit einer gewissen Menge von NO^2 schon angenommen werden muss, ist nicht nur für die Theorie der Lösungen, als flüssiger homogener Systeme, welche theils aus noch mit einander verbundenen, theils schon zerfallenen Stoffen bestehen, von unverkennbarer Bedeutung, sondern weist auch auf die Natur der Lösungen gasförmiger Stoffe hin, da hier das NO^2 als ein in der flüchtigen Flüssigkeit N^2O^4 gelöstes Gas angenommen werden muss.

Die eben mitgetheilten Daten erklären auch das Verhalten des Untersalpetersäureanhydrids zu Wasser bei niedrigen Temperaturen. Dasselbe wirkt hierbei wie ein gemischtes Salpetrig-Salpetersäureanhydrid. Das Salpetrigsäureanhydrid N^2O^3 kann als Wasser betrachtet werden, in welchem zwei Wasserstoffatome durch den Rest NO ersetzt sind, das Salpetersäureanhydrid als Wasser, in welchem die Gruppe NO^2 die Wasserstoffatome ersetzt, während im Untersalpetersäureanhydrid ein Wasserstoff des Wassers durch NO, der andere durch NO^2 ersetzt ist:

$$\left.\begin{array}{l}H\\H\end{array}\right\}O; \quad \left.\begin{array}{l}NO\\NO\end{array}\right\}O; \quad \left.\begin{array}{l}NO^2\\NO\end{array}\right\}O; \quad \left.\begin{array}{l}NO^2\\NO^2\end{array}\right\}O;$$

oder H^2O; N^2O^3; N^2O^4; N^2O^5.

In der That gibt Untersalpetersäureanhydrid bei niedrigen Temperaturen mit Wasser (Eis) Salpetersäure HNO^3 und salpetrige Säure HNO^2. Letztere zerfällt, wie wir weiter unten sehen werden, in ihr Anhydrid N^2O^3 und Wasser. Mit warmem Wasser dagegen bildet sich nur Salpetersäure neben Stickoxydgas: $3NO^2 + H^2O = NO + 2HNO^3$.

Obgleich das NO^2 selbst bei 500^0 sich noch nicht in N und O spaltet, so wirkt es doch in einer grossen Anzahl von Fällen oxydirend. So z. B. oxydirt es metallisches Quecksilber und führt dasselbe in salpetersaures Oxydulsalz über: $2NO^2 + Hg = HgNO^3 + NO$. Das Stickstoffdioxyd wird gleichzeitig zu Stickoxyd reduzirt, welches auch in vielen anderen Fällen aus dem Dioxyd entsteht und selbst wieder mit grosser Leichtigkeit dieses letztere bildet [48]).

Dem **Salpetrigsäureanhydrid** (Stickstofftrioxyd) N^2O^3 entspricht [49])

Im flüssigen Zustande besitzt das bei $22°-26°$ siedende Untersalpetersäureanhydrid nach Geuther das spezifische Gewicht 1,494 bei $0°$ und 1,474 bei $15°$. Offenbar hängt die Veränderung der Dichte mit der Temperatur im flüssigen Zustande, ebenso wie im gasförmigen nicht nur von der physikalischen, sondern auch der chemischen Veränderung ab, indem beim Erwärmen die Menge von N^2O^4 abnimmt und die von NO^2 wächst; diese Polymeren müssen aber im flüssigen Zustande ein verschiedenes spezifisches Gewicht besitzen (wie z. B. die Kohlenwasserstoffe C^5H^{10} und $C^{10}H^{20}$).

Von Interesse sind auch die Messungen der spezifischen Wärme des dampfförmigen Gemenges von N^2O^4 und NO^2, auf Grund deren Berthelot berechnen konnte, dass der Uebergang von $2NO^2$ in N^2O^4 unter Wärmeentwickelung (von etwa + 13000 cal.) stattfindet. Da nun die Reaktion mit derselben Leichtigkeit in der einen, wie in der andern Richtung verläuft, obgleich sie in einem Fall exothermisch, im entgegengesetzten endothermisch ist, so wird hierdurch sehr deutlich die Möglichkeit beider Arten von Reaktionen demonstrirt. Uebrigens finden gewöhnlich wärmeentwickelnde Reaktionen leichter statt.

48) Wenn Untersalpetersäureanhydrid sich in Salpetersäure vom spez. Gew. 1,51 löst, so färbt sich die Säure braun; eine Säure vom spez. Gew. 1,32 nimmt eine grünlich-blaue Farbe an, während Salpetersäure, deren spezifisches Gewicht geringer als 1,15 ist, nach Absorption von Untersalpetersäureanhydrid farblos bleibt.

49) Das Untersalpetersäureanhydrid bildet, da es ein gemischtes Anhydrid ist, keine Salze.

die salpetrige Säure NHO^2, welche eine Reihe von Nitrite genannten Salzen bildet, z. B. salpetrigsaures Natrium (Natriumnitrit) $NaNO^2$, Kaliumnitrit KNO^2, Ammoniumnitrit $(NH^4)NO^2$ [50]), Silbernitrit $AgNO^2$ u. a. [51]) Weder das Anhydrid, noch das Säurehydrat sind in reinem Zustande bekannt. Das Salpetrigsäureanhydrid ist ein sehr unbeständiger Körper, der wol dargestellt, aber noch nicht genügend untersucht worden ist. Bei den Versuchen aus den Nitriten die salpetrige Säure NHO^2 zu erhalten, zerfällt dieselbe sogleich in Wasser und ihr Anhydrid. Letzteres zersetzt sich seinerseits, als intermediäre Oxydationsstufe, sehr leicht in $NO + NO^2$. Die Salze der salpetrigen Säure zeichnen sich dagegen durch relative Beständigkeit aus. Entzieht man dem Salpeter KNO^3 einen Theil seines Sauerstoffs, indem man ihn (ohne stark zu erhitzen) mit Metallen, z. B. Blei, schmilzt, so erhält man salpetrigsaures Kalium: $KNO^3 + Pb = KNO^2 + PbO$. Das entstandene Salz wird mit Wasser ausgezogen, in welchem das Bleioxyd unlöslich ist. Die Lösung des Kaliumnitrits [52]) scheidet, mit Schwefelsäure und andern Säuren behandelt, sofort braune Dämpfe von Salpetrigsäureanhydrid aus: $2KNO^2 + H^2SO^4 = K^2SO^4 + N^2O^3 + H^2O$. Dasselbe Gas erhält man, wenn man bei 0^0 Stickoxyd in flüssiges Untersalpetersäureanhydrid leitet [53]). Auch beim Erhitzen von Stärke mit Salpetersäure von dem spezifischen Gewichte 1,3 bildet sich diese Verbindung N^2O^3. Bei starker Ab-

---

50) Das salpetrigsaure Ammonium kann in Lösungen ebenso leicht durch doppelte Umsetzung (z. B. von salpetrigsaurem Baryum mit schwefelsaurem Ammonium) dargestellt werden, wie andere Salze der salpetrigen Säure. Beim Verdampfen seiner Lösung zersetzt es sich aber sehr leicht unter Ausscheiden von freiem Stickstoffgas (s. Kap. V). Wird die Lösung bei gewöhnlicher Temperatur unter dem Rezipienten der Luftpumpe verdunstet, so entsteht eine feste salzartige Masse, die beim Erwärmen sich leicht zersetzt. Das trockne Salz zersetzt sich durch Stoss oder beim Erwärmen gegen 70^0 sogar unter Explosion: $NH^4NO^2 = 2H^2O + N^2$. Das salpetrigsaure Ammonium bildet sich bei der Einwirkung von wässrigem Ammoniak auf ein Gemisch von Stickoxyd und Sauerstoff, bei der Einwirkung von Ozon auf Ammoniak und in vielen andern Fällen.

51) Das salpetrigsaure Silber $AgNO^2$ wird, als schwerlöslicher Körper, durch Vermischen der Lösungen von salpetersaurem Silber $AgNO^3$ und salpetrigsaurem Kalium KNO^2 in Form eines Niederschlags dargestellt. In einer grössern Wassermenge ist das $AgNO^2$ löslich; daher kann man es von dem gleichzeitig entstehenden unlöslichen Silberoxyd Ag^2O trennen. Die Bildung dieses letzteren erklärt sich dadurch, dass das KNO^2 in der Regel K^2O enthält; dieses gibt mit Wasser KHO, das aus $AgNO^3$ Silberoxyd fällt. Die Lösung von $AgNO^2$ gibt bei der doppelten Umsetzung mit Chlormetallen (z. B. $BaCl^2$) unlösliches $AgCl$ und das salpetrigsaure Salz des in der Chlorverbindung enthaltenen Metalles (z. B. $Ba(NO^2)^2$).

52) Es ist anzunehmen, dass das salpetrigsaure Kalium KNO^2 bei starkem Glühen, besonders in Gegenwart von Metalloxyden, N und O ausscheidet und Kaliumoxyd K^2O gibt, da auch der gewöhnliche Salpeter sich auf diese Weise zersetzt. Die Reaktion ist aber noch nicht genügend untersucht.

53) Offenbar ist auch die Reaktion $N^2O^3 = NO^2 + NO$ umkehrbar und der Umwandlung von N^2O^4 in NO^2 ähnlich; bis jetzt ist sie aber noch zu wenig erforscht. Die braune Färbung der N^2O^3-Dämpfe wird wahrscheinlich durch NO^2 bedingt.

kühlung verflüssigt sich das Gas N^2O^3 zu einer blauen Flüssigkeit, die unter $0°$ siedet [54]), dabei aber schon theilweise in $NO+NO^2$ zerfällt. — Das Salpetrigsäureanhydrid besitzt in hohem Grade die Fähigkeit zu oxydiren. Entzündete Körper verbrennen in demselben; Salpetersäure absorbirt es und erhält dann die Fähigkeit auf Silber und andere Metalle, selbst in verdünntem Zustande einzuwirken. **Jodkalium** wird durch Salpetrigsäureanhydrid **unter Ausscheiden von Jod** oxydirt (wie dies auch durch Ozon, Wasserstoffhyperoxyd, Chromsäure u. s. w. geschieht), während weder verdünnte Salpetersäure, noch Schwefelsäure diese Wirkung äussern. Das freie Jod kann, ebenso wie Ozon (Kap. IV), durch Stärkekleister entdeckt werden. Es lassen sich auf diese Weise selbst Spuren von salpetrigsauren Salzen nachweisen. Setzt man z B. zu einer Kaliumnitritlösung Stärkekleister und Jodkalium (zunächst entsteht keine Färbung, da keine freie salpetrige Säure vorhanden ist) und darauf Schwefelsäure, so scheidet die frei werdende salpetrige Säure sofort Jod aus und dieses färbt d n Stärkekleister blau. Die Salpetersäure gibt diese Reaktion nicht, nach Zusatz von Zink dagegen tritt Blaufärbung ein, ein Beweis, dass bei der Reduktion von Salpetersäure sich salpetrige Säure bildet [55]) Auf Ammoniak wirkt die salpetrige Säure unmittelbar unter Bildung von Stickstoff und Wasser ein: $HNO^2 + NH^3 = N^2 + 2H^2O$ [56]).

Da das Salpetrigsäureanhydrid leicht in NO^2 und NO zerfällt,

---

Wird zu Untersalpetersäureanhydrid, das auf $-20°$ abgekühlt ist, tropfenweise die halbe Gewichtsmenge Wasser zugesetzt, so zersetzt es sich (wie schon erwähnt) in salpetrige und Salpetersäure. Die salpetrige Säure bleibt aber nicht in Form des Hydrates, sondern geht unmittelbar in ihr Anhydrid über; daher entstehen beim Erwärmen der erhaltenen Flüssigkeit—Dämpfe von N^2O^3, die sich zu einer blauen Flüssigkeit kondensiren, wie Fritzsche gezeigt hat. Diese Bildungsweise des Salpetrigsäureanhydrids scheint das reinste Produkt zu liefern

54) Nach den Angaben von Thorpe siedet das N^2O^3 bei $+18°$; nach Geuther bei $+3,5°$; das spezifische Gewicht beträgt bei $0°$ 1,449.

55) Bei der oxydirenden Einwirkung des Salpetrigsäureanhydrids entsteht Stickoxyd: $N^2O^3 = 2NO + O$. Hierin tritt eine weitere Analogie desselben mit dem Ozon hervor, da im Ozon ebenfalls nur ein Drittel des Sauerstoffs oxydirend wirkt, indem O^3 in O und O^2 zerfällt. In den physikalischen Eigenschaften gibt sich die Aehnlichkeit von N^2O^3 mit O^3 darin kund, dass beide Körper im flüssigen Zustande von blauer Farbe sind.

56) Man benutzt diese Reaktion, um Amide NH^2R (R = ein Element oder eine zusammengesetzte Gruppe) in Hydrate RHO überzuführen, denn $NH^2R + NHO^2$ geben $2N + H^2O + RHO$; NH^2 - der Ammoniakrest wird durch HO — den Wasserrest ersetzt. Aus organischen stickstoffhaltigen Substanzen mit Amidcharakter erhält man; auf diese Weise die entsprechenden Hydrate so z. B. wird das aus Nitrobenzol $C^6H^5NO^2$ (Anm. 37) erhältliche Anilin $C^6H^5NH^2$ durch Salpetrigsäureanhydrid in Phenol C^6H^5HO umgewandelt, letzteres (die Carbolsäure) ist ein Bestandtheil des Kreosots, welches aus Kohlentheer erhalten wird. Der Wasserstoff des Benzols und anderer Kohlenwasserstoffverbindungen kann also der Reihe nach durch NO^2, NH^2 und HO ersetzt werden.

so gibt es mit warmem Wasser, wie NO^2, Salpetersäure und Stickoxyd, nach der Gleichung: $3N^2O^3 + H^2O = 4NO + 2NHO^3$.

Die salpetrige Säure und ihr Anhydrid werden, da sie eine niedrigere Oxydationsstufe des Stickstoffs, als die Salpetersäure, darstellen, von vielen Oxydationsmitteln, z. B. $MnKO^4$, in diese letztere übergeführt [57]).

Stickoxyd, NO. Dieses permanente [58]), d. h. ohne Abkühlung (durch Druck allein) nicht verflüssigbare Gas kann aus allen im Vorhergehenden beschriebenen Sauerstoffverbindungen des Stickstoffs dargestellt werden. Man benutzt zu seiner Darstellung gewöhnlich Salpetersäure, welche man durch ein Metall reduzirt. Es muss verdünnte Salpetersäure angewandt werden (von nicht mehr als 1,18 spez. Gew.) da bei grösserer Konzentration N^2O^3 und NO^2 entstehen). Mit dieser Säure übergiesst man in einem Kolben metallisches Kupfer [59]), wobei die Reaktion schon bei gewöhnlicher Temperatur beginnt. Quecksilber und Silber liefern mit Salpetersäure ebenfalls Stickoxyd. In allen diesen Reaktionen dient ein Theil der Salpetersäure zur Oxydation des Metalles, ein anderer weit grösserer Theil verbindet sich mit dem entstehenden Metalloxyd zu salpetersaurem Salz. Die erste Phase der Einwirkung von Salpetersäure auf Kupfer lässt sich durch die folgende Gleichung ausdrücken:

$$2NHO^3 + 3Cu = H^2O + 3CuO + 2NO.$$

Die zweite durch:

$$6NHO^3 + 3CuO = 3H^2O + 3Cu(NO^3)^2.$$

Vereinigt man beide Gleichungen, so erhält man:

$$8NHO^3 + 3Cu = 3Cu(NO^3)^2 + 2NO + 4H^2O.$$

Das Stickoxyd ist ein farbloses Gas, das sich in Wasser wenig

---

57) Die Wirkung einer Lösung von übermangansaurem Kalium (Chamäleon) $KMnO^4$ auf salpetrige Säure in Gegenwart von Schwefelsäure wird dadurch bedingt, dass die im Chamäleon enthaltene höhere Oxydationsstufe des Mangans Mn^2O^7 in die niedere basische Oxydationsstufe MnO übergeht, welche mit der Schwefelsäure schwefelsaures Mangan $MnSO^4$ gibt, während der frei werdende Sauerstoff N^2O^3 in N^2O^5 oder dessen Hydrat überführt. Da die Lösung von $KMnO^4$ roth gefärbt, die des $MnSO^4$ dagegen fast farblos ist, so ist die Reaktion deutlich zu verfolgen und kann zum Nachweis und zur Bestimmung der salpetrigen Säure und ihrer Salze benutzt werden.

58) Die absolute Siedetemperatur liegt bei $-93°$. (Kap. II Anm. 29.)

59) Kämmerer hat zur Gewinnung von NO vorgeschlagen, Kupferspäne mit einer gesättigten Lösung von $NaNO^3$ zu übergiessen und tropfenweise H^2SO^4 zuzusetzen. Eisenoxydulsalze (z. B. Eisenvitriol) geben bei der Oxydation mittelst Salpetersäure ebenfalls Stickoxyd; zu dem Zwecke löst man in 1 Th. konzentrirter Salzsäure Eisen (wobei $FeCl_2$ entsteht), setzt noch 1 Th. Salzsäure und Salpeter hinzu und erhitzt; es scheidet sich dann Stickoxyd aus. Wenn Stickoxyd nach einer der angegebenen Methoden dargestellt wird, so erscheinen im Apparate zunächst braune Dämpfe von Stickstoffdioxyd, das aus dem Stickoxyd und dem Sauerstoff der Luft sich bildet; reines Stickoxyd kann erst gesammelt werden, wenn alle Luft aus dem Apparate verdrängt und derselbe ganz von farblosem Gas gefüllt ist.

löst ($^1/_{20}$ Vol. bei gewöhnlicher Temperatur). Leicht verlaufende doppelte Umsetzungen sind für dasselbe nicht bekannt (es ist ein indifferentes, kein salzbildendes Oxyd). Beim Glühen zersetzt es sich wie die übrigen Stickstoffoxyde. Charakteristisch ist seine Fähigkeit sich leicht und unmittelbar (unter Wärmeentwickelung) mit **Sauerstoff zu verbinden** und **salpetrige Säure**, sowie **Untersalpetersäureanhydrid** zu bilden: $2NO + O = N^2O^3$, $2NO + O^2 = 2NO^2$. Mengt man NO mit Sauerstoff und schüttelt das Gasgemisch sofort mit Kalilauge, so entsteht fast ausschliesslich salpetrigsaures Kalium, während nach einiger Zeit, nachdem sich schon N^2O^4 gebildet hat, man mit Aetzkali ein Gemisch von KNO^3 und KNO^2 erhält. Leitet man in eine mit Stickoxyd gefüllte Glocke Sauerstoff, so entstehen braune Dämpfe von N^2O^3 und NO^2, die mit Wasser, wie wir schon wissen, Salpetersäure und Stickoxyd geben. Auf diese Weise kann bei einem Ueberschuss an Sauerstoff und Wasser das Stickoxyd leicht unmittelbar und vollständig in Salpetersäure umgewandelt werden. In der Technik wird diese Reaktion zur Regenerirung von Salpetersäure aus Stickoxyd, Luft und Wasser häufig benutzt: $2NO + H^2O + 3O = 2NHO^3$; sie lässt sich durch folgenden lehrreichen Versuch zeigen. In dem Maasse als Sauerstoff in eine mit Stickoxyd gefüllte und durch Wasser abgesperrte Glasglocke zugeleitet wird, löst sich die entstehende Salpetersäure im Wasser, und wenn kein überschüssiger Sauerstoff vorhanden ist, absorbirt das Wasser die gesammte aus dem Stickoxyd entstehende Salpetersäure und steigt in der ursprünglich mit Gas gefüllten Glasglocke bis nach oben [60]). Das Stickoxyd hat, indem es sich mit Sauerstoff verbindet [61]), offenbar das Bestreben in den höheren Typus

---

60) Die Umwandlung der permanenten Gase NO und O in flüssige Salpetersäure in Gegenwart von Wasser, wobei Entwickelung von Wärme stattfindet, kann als Beispiel einer durch chemische Kräfte bewirkten Verflüssigung dienen. Diese Kräfte vollbringen hier mit Leichtigkeit eine Arbeit, die durch physikalische (Abkühlung) oder mechanische Kräfte (Druck) nur schwierig ausgeführt wird. Die den Gasmolekeln eigene Bewegung verschwindet hierbei, während in anderen Fällen chemischer Einwirkung umgekehrt diese Bewegung wieder zum Vorschein kommt, indem sie aus latenter Energie, d. h. wahrscheinlich aus der Bewegung der Atome in den Molekeln entsteht.

61) Das Stickoxyd bildet viele charakteristische Verbindungen; es wird von den Lösungen vieler Säuren (Weinsäure, Essigsäure, Phosphorsäure, Schwefelsäure) und Salze (besonders der Eisenoxydulsalze, wie Eisenvitriol) absorbirt. Die entstehenden Verbindungen sind äusserst unbeständig; sie sind aber in atomistischen Verhältnissen zusammengesetzt. So z. B. absorbirt Eisenvitriol $FeSO^4$ das Stickoxyd in dem Verhältniss von NO auf $2FeSO^4$. Behandelt man die in diesem Falle entstehende Verbindung mit Alkali, so entsteht Ammoniak, da der Sauerstoff des Stickoxyds und des Wassers das Eisenoxydul in Eisenoxyd umwandelt, während der Stickstoff sich mit dem Wasserstoff verbindet. Nach den Untersuchungen von Gay (1885) entsteht diese Verbindung unter bedeutender Wärmeentwickelung und dissoziirt leicht, ähnlich einer wässerigen Ammoniaklösung. Indessen ist dieser Gegenstand noch nicht

der Stickstoffverbindungen überzugehen, den wir in HNO^3 oder $NO^2(OH)$, in N^2O^5 oder $(NO^2)^2O$ und in NH^4Cl treffen. Bezeichnen wir durch X ein Atom H oder ein demselben äquivalentes, wie Cl, (OH) u. s. w. und ein Atom O, welches nach dem Substitutionsgesetz H^2 äquivalent ist, durch X^2, so gehören die erwähnten drei Stickstoffverbindungen zum Typus NX^5: in der Salpetersäure ist $X^5 = O^2 + OH$, da $O^2 = X^4$ und $(OH) = X$. Das Stickoxyd ist eine Verbindung des Typus NX^2. Es hat wie alle niederen Verbindungstypen das Bestreben in den dem gegebenen Elemente entsprechenden höchsten Typus überzugehen; daher entstehen aus NX^2 der Reihe nach NX^3 (N^2O^3 und HNO^2), NX^4 (NO^2) und NX^5.

Das Stickoxyd zersetzt sich schon oberhalb 600^0, daher **brennen viele Körper im Stickoxyd** auf Kosten seines Sauerstoffs; wenn z. B. entzündeter Phosphor in dieses Gas gebracht wird, so fährt er fort zu brennen. Schwefel und Kohle dagegen verlöschen im Stickoxyd. Die Ursache hiervon ist, dass die beim Brennen der beiden letztgenannten Körper entwickelte Wärme zur Zersetzung des Stickoxyds nicht genügt. In der That, sehr stark glühende Kohle fährt im Stickoxyd zu brennen fort[62]).

Die im Vorhergehenden beschriebenen Sauerstoffverbindungen des Stickstoffs können alle aus dem Stickoxyd dargestellt werden und lassen sich wiederum alle in dasselbe überführen, das Stickoxyd steht daher in einem engen Zusammenhang mit diesen Verbindun-

---

genügend erforscht. — Wird Stickoxyd in Salpetersäure geleitet, so erhält man Untersalpetersäure- und Salpetrigsäureanhydrid, deren Lösungen in Salpetersäure, wie wir schon gesehen haben, charakteristische Färbungen besitzen. — Oxydationsmittel (z. B. Chamäleon $KMnO^4$, Anm. 57) oxydiren Stickoxyd natürlich zu Salpetersäure.

Wenn in den Verbindungen der Salpetersäure die Gruppe NO', welche die Zusammensetzung des Stickstoffdioxyds hat, angenommen werden muss, so kann in den Verbindungen der salpetrigen Säure die mit Stickoxyd gleich zusammengesetzte Gruppe NO angenommen werden. Die Körper, welche die Gruppe NO (Nitrosogruppe) enthalten, werden Nitrosoverbindungen genannt. Ueber diese Verbindungen vergleiche das Buch von Bunge (Kijew, 1868).

62) Ein Gemenge von Stickoxyd und Wasserstoff explodirt beim Entzünden. Wird ein solches Gemenge über Platinschwamm geleitet, so vereinigt sich sogar der Stickstoff mit Wasserstoff und es entsteht Ammoniak. In Mischung mit vielen brennbaren Dämpfen und Gasen entzündet sich das Stickoxyd leicht; eine charakteristische Flamme zeigt sich beim Entzünden eines Gemisches von Stickoxyd mit den Dämpfen des brennbaren Schwefelkohlenstoffs CS^2. Dieser letztere Körper geht sehr leicht aus dem flüssigen in den dampfförmigen Zustand über, so dass Stickoxydgas beim Durchleiten durch eine Schicht derselben (z. B. in einer Woulf'schen Flasche) eine bedeutende Menge von Schwefelkohlenstoffdampf aufnimmt. Das Licht der Flamme dieses Gases enthält viele ultraviolette, chemisch besonders wirksame Strahlen und kann daher zum Photographiren beim Fehlen des Tageslichtes benutzt werden (wie Magnesiumlicht oder elektrisches Licht). Gemenge von Stickoxyd mit vielen andern Gasen, z. B. Ammoniak, können im Eudiometer zur Explosion gebracht werden.

gen[63]). Der Uebergang des Stickoxyds in die höheren Oxydationsstufen und umgekehrt wird in der Praxis als ein Mittel benutzt, um den **Sauerstoff der Luft auf oxydirbare Körper zu übertragen**. Hat man Stickoxyd, so kann dasselbe leicht mit Hilfe des Luftsauerstoffs und Wasser in Salpetersäure, in N^2O^3 und NO^2 übergeführt werden. Diese Stickstoffoxyde können zur Oxydation von verschiedenen Körpern benutzt werden, wobei sie wieder das ursprüngliche Stickoxyd bilden; dasselbe kann auf's neue oxydirt werden und der Process sich ohne Ende wiederholen, wenn nur die nöthigen Mengen Sauerstoff und Wasser zugeführt werden. Hierdurch erklärt sich die auf den ersten Blick paradoxe Thatsache, dass eine geringe Menge Stickoxyd in Gegenwart von Luft und Wasser eine unbegrenzt grosse Menge von Körpern oxydiren kann, die unmittelbar durch Sauerstoff oder durch Stickoxyd allein sich nicht oxydiren lassen. Als Beispiel eines solchen Körpers kann das Schwefligsäuregas SO^2 dienen, welches beim Verbrennen von Schwefel oder beim Glühen vieler Schwefelmetalle an der Luft entsteht. In der Technik verbrennt man zur Darstellung desselben entweder Schwefel oder Eisenkies FeS^2, wobei letzterer Eisenoxyd und Schwefligsäuregas gibt. Unmittelbar oxydirt sich dieses Gas in Berührung mit dem Sauerstoff der Luft zu der höheren Oxydationsstufe des Schwefels — dem Schwefelsäureanhydrid SO^3 — nicht. In Gegenwart von Wasser geht die Oxydation zwar vor sich ($SO^2 + H^2O + O = H^2SO^4$), aber nur sehr langsam. Mit Salpetersäure (besonders mit salpetriger Säure, aber nicht mit Untersalpetersäureanhydrid) und Wasser dagegen gibt das Schwefligsäuregas, insbesondere bei schwachem Erwärmen (gegen 40°) sehr leicht Schwefelsäure, während die Salpetersäure (noch leichter die salpetrige) in Stickoxyd übergeht:

$$3SO^2 + 2NHO^3 + 2H^2O = 3H^2SO^4 + 2NO.$$

Die Gegenwart von Wasser ist nothwendig, da sonst Schwefelsäureanhydrid SO^3 entsteht, das sich mit den Stickstoffoxyden (Salpetrigsäureanhydrid) verbindet und krystallinische stickstoffhaltige

---

63) Diese Oxyde entstehen nicht direkt beim Zusammenbringen von Stickstoff und Sauerstoff, offenbar aus dem Grunde, weil ihre Entstehung von bedeutender Wärmeaufnahme begleitet ist. Bei der Vereinigung von 16 Th. Sauerstoff mit 14 Th. Stickstoff (zu Stickoxyd) werden 21500 cal. absorbirt (vrgl. Anm. 29); dieselbe Wärmemenge wird entwickelt, wenn Stickoxyd in N und O zerfällt, daher geht diese Reaktion, wenn sie einmal angefangen, von selbst weiter (wie bei explosiven Verbindungen und Gemischen). In der That hat Berthelot bei der Explosion von Knallquecksilber Zersetzung des Stickoxyds beobachtet. Von selbst findet diese Zersetzung nicht statt, selbst die Verbrennungen im Stickoxydgas gehen schwer vor sich, wahrscheinlich weil ein gewisser Theil des bei der Zersetzung des Stickoxyds entstehenden Sauerstoffs sich mit unzersetztem Stickoxyd zu dem relativ beständigen NO^2 verbindet Die Bildung aller höheren Oxydationsstufen des Stickstoffs aus Stickoxyd findet unter Wärmeentwickelung statt, daher entstehen diese Oxyde aus dem Stickoxyd unmittelbar bei der Berührung mit Luft. Diese Beispiele zeigen, dass die Anwendbarkeit der thermochemischen Daten in Wirklichkeit nur eine begrenzte ist.

Körper gibt (die *Kammerkrystalle*, welche beim Schwefel beschrieben werden sollen). Das Wasser zersetzt diese Verbindungen und macht die Stickstoffoxyde wieder frei. Die Menge des Wassers muss sogar grösser sein, als die, welche zur Bildung des Hydrates H^2SO^4 erforderlich ist, da auch dieses letztere die Stickstoffoxyde löst, während bei einem Ueberschuss von Wasser keine Lösung stattfindet. Nimmt man zur Reaktion nur Wasser, Schwefligsäuregas und Salpetersäure (oder salpetrige) in bestimmten Mengen, so entstehen Schwefelsäure und Stickoxyd nach der angeführten Gleichung und die Reaktion endet damit; im Ueberschusse angewandtes Schwefligsäuregas bleibt unverändert. Wird aber eine neue Menge von Luft und Wasser zugeführt, so gibt das Stickoxyd mit dem Sauerstoff der Luft Stickstofftetroxyd, welches durch das Wasser in salpetrige und Salpetersäure übergeführt wird, und diese oxydiren wieder das Schwefligsäuregas zu Schwefelsäure. Das wieder erhaltene Stickoxyd kann bei hinreichender Luft- und Wasserzufuhr die Oxydation von Neuem beginnen. Auf diese Weise lässt sich durch eine bestimmte Stickoxydmenge eine unbegrenzte Menge Schwefligsäuregas in Schwefelsäure umwandeln, wobei nur Wasser und Sauerstoff zugeführt werden müssen [64]). Dieses lässt sich durch einen Versuch in kleinem Maasstabe zeigen, wenn man in einen Kolben, in den uspünglich eine geringe Menge Stickoxyd eingeführt worden war, ununterbrochen Schwefligsäuregas, Wasserdampf und Sauerstoff einleitet. Die Reaktion lässt sich, wenn man nur die ursprünglich genommenen und die entstehenden Körper in Betracht zieht, durch die folgende Gleichung ausdrücken:

$$nSO^2 + nO + (n+m) H^2O + NO = nH^2SO^4 mH^2O + NO.$$

Diese Gleichung zeigt, dass eine bestimmte Menge Stickoxyd unbegrenzte Mengen von SO^2, O und H^2O in Schwefelsäure überführt und schliesslich in unveränderter Menge wieder erscheint. In der Praxis ist übrigens die Wirkung des Stickoxydes nicht unbegrenzt; ein Theil desselben löst sich auch bei vorhandenem Ueberschuss

---

64) Die Wirkung einer geringen Menge NO, welche eine bestimmte chemische Reaktion zwischen grossen Massen anderer Körper ($SO^2+O+H^2O=H^2SO^4$) vermittelt, ist sehr lehrreich, da dieser Fall in seinen Einzelheiten erforscht ist und gezeigt hat, dass bei den sogen. katalytischen oder Kontaktwirkungen intermediäre Reaktionen entdeckt werden können, welche die Erscheinung im Sinne gewöhnlicher chemischer Einwirkungen erklären. Im Grunde reagirt hier der Körper A ($=SO^2$) mit B (O und H^2O) in Gegenwart von C, da letzterer BC bildet, welcher mit A die Verbindung AB gibt und C wieder im freien Zustande erscheinen lässt. C dient hier also als Vermittler, als Uebertrager, ohne dessen Mitwirkung die Erscheinung nicht zu Stande kommen kann. Wie der Kaufmann als Vermittler zwischen Produzenten und Konsumenten tritt, wie der Versuch der Vermittler zwischen den Naturerscheinungen und unserer Vernunft ist und wie das Wort, die Form, das Gesetz nothwendige Vermittler in den sozialen Beziehungen der Menschen zu einander sind, so vermittelt auch das Stickoxyd die gegenseitige Einwirkung von SO^2 und $O+H^2O$.

an Wasser in der Schwefelsäure, so dass selbst bei Anwendung reinen Sauerstoffs die Menge des freien (ungelösten), aktiven Stickoxyds allmählich abnimmt; wird aber, wie dies in der Praxis nothwendig ist, anstatt Sauerstoff Luft vergewandt, so muss der zurückbleibende Stickstoff derselben entfernt (und stets neue Luft zugeführt) werden; der entweichende Stickstoff führt aber das Stickoxyd mit sich fort und dasselbe kann für den Betrieb verloren gehen [65]).

Der eben beschriebene Prozess bildet die Grundlage der **fabrikmässigen Gewinnung der Schwefelsäure** H^2SO^4. Diese, Kammersäure oder englische Schwefelsäure genannte Säure wird in den chemischen Fabriken in grossem Maassstabe dargestellt, da sie die billigste Säure ist und daher zu den verschiedensten Zwecken in bedeutenden Mengen verbraucht wird.

Fig. 82. Bleikammer zur Schwefelsäurefabrikation im Durchschnitte; der mittlere Theil ist weggelassen und nur Anfang und Ende der Kammer zu sehen. Der Koksthurm links am Eingang der Kammer ist Glover's Thurm, der andere rechts am Ende der Kammer Gay-Lussac's Thurm. Die natürliche Grösse beträgt das Hundertfache und mehr der Dimensionen der Figur.

Zur Schwefelsäurefabrikation wird gewöhnlich eine Reihe von Kammern (oder, wie in Fig. 82 abgebildet, eine einzige, durch Scheidewände in mehrere Abtheilungen getheilte Kammer) aus

---

65) Wird zur Darstellung von Schwefligsäuregas Eisenkies FeS^2 verbrannt, so müssen auf je eine Molekulargewichtsmenge FeS^2 (das Atomgewicht des Eisens ist 56, das des Schwefels 32, also das Molekulargewicht des Eisenkieses 120) sechs Atomgewichtstheile (96 Th.) Sauerstoff zur Umwandlung des Schwefels in Schwefelsäure (um in Gegenwart von Wasser $2H^2SO^4$ zu bilden) und $1^1/_2$ Atomgewichtstheile (24) zur Ueberführung des Eisens in Eisenoxyd Fe^2O^3 verbraucht werden, im Gan-

zusammengelötheten Bleiplatten benutzt. Diese Kammern werden neben einander aufgestellt und mit einander durch Röhren (oder Oeffnungen in den Scheidewänden bei einer einzigen Kammer) in der Weise verbunden, dass die Eintrittsöffnungen oben an dem einen Ende, die Austrittsöffnungen unten an dem entgegengesetzten Ende der Kammer sich befinden. Durch diese Kammern streicht das Gemenge der zur Bildung von Schwefelsäure nöthigen Gase und Dämpfe. Die entstehende Säure fällt auf den Boden der Kammern, rieselt an den Wandungen derselben hinab, fliesst am Boden der Kammern aus der letzten in die erste (daher dürfen die Scheidewände nicht ganz bis an den Boden reichen und wird von hier in die zur Konzentration dienenden Apparate abgelassen. Offenbar müssen daher die Kammern aus einem Material hergestellt sein, das von der Schwefelsäure nicht angegriffen wird. Das Blei ist das einzige von den gewöhnlichen Metallen, das dieser Anforderung entspricht; Eisen, Kupfer, Zink werden von der Schwefelsäure angegriffen, während Glas oder Porzellan zwar der Säure widerstehen, aber bei den Temperaturänderungen, wie sie in den Schwefelsäurekammern vorkommen, springen würden und nur schwer so dicht verbunden werden können, wie Blei; Holz wird bekanntlich von der Schwefelsäure ebenfalls zerstört.

Zur Bildung von Schwefelsäure müssen in die Kammern Schwefligsäuregas, Wasserdampf, Luft und Salpetersäure oder ein anderes Stickstoffoxyd (mit Ausnahme des Stickoxyduls) eingeführt werden. Das Schwefligsäuregas erhält man durch Verbrennen von Schwefel oder Eisenkies. In Fig. 82 zeigt F einen Ofen mit 4 Herden zum Rösten des Kieses (d. h. Glühen desselben bei Luftzutritt,

---

zen also 120 Th. Sauerstoff, d. h. eine der Eisenkiesmenge gleiche Quantität Sauerstoff, oder die fünffache Menge Luft. Vier Fünftel dieser Luft betheiligen sich nicht an der Reaktion, da dieselben aus Stickstoff bestehen, und beim Entfernen dieses Stickstoffs wird auch das Stickoxyd fortgetragen. Es gelingt jedoch, dasselbe, wenn auch nicht vollständig, so doch zum grössten Theile, wieder aufzufangen, wenn man die entweichende, noch stickoxydhaltige Luft, durch Substanzen leitet, die Stickstoffoxyde absorbiren. Zu diesem Zwecke kann die Schwefelsäure selbst dienen, wenn sie in Form des Monohydrats H^2SO^4, oder nur mit einem geringem Ueberschuss von Wasser angewandt wird. Eine solche Schwefelsäure löst die Stickstoffoxyde und scheidet sie beim Erwärmen oder bei Zusatz von Wasser wieder aus, da in wässriger Schwefelsäure die Stickstoffoxyde nur wenig löslich sind. Ferner wirkt SO^2 auf die Stickstoffoxyde in Lösung enthaltende Schwefelsäure ein, oxydirt sich auf Kosten von N^2O^3 und führt dasselbe in NO über, das wieder in den Prozess eintritt. Daher wird die Schwefelsäure, welche in K (Fig. 82) die aus den Bleikammern austretenden Stickstoffoxyde absorbirt hat, zum Eingang in die Kammern geleitet, wo sie mit dem eintretenden SO^2 in Berührung kommt und die Stickstoffoxyde wieder in den Kammerprozess einführt. Zu diesem Zwecke dienen die Koksthürme (Gay-Lussac's und Glover's), welche vor und hinter den Kammern eingeschaltet werden.

wobei der Schwefel des Schwefeleisens als Schwefligsäuregas entweicht, während Eisenoxyd zurückbleibt). Die Luft gelangt zuerst in den Ofen und von hier in die Kammern durch Luftlöcher in den Ofenthüren; indem man diese Luftlöcher mehr oder weniger öffnet, regulirt man die Zufuhr von Luft und Sauerstoff. Der Zug in den Kammern wird dadurch hergestellt, dass in dieselben heisse Gase und Dämpfe eintreten, ferner durch die bei der Reaktion erfolgende Temperaturerhöhung. in den Kammern und endlich dadurch, dass der zurückbleibende Stickstoff aus der Austrittsöffnung (am oberen Ende des Koksthurmes K) in einen hohen neben den Kammern befindlichen Schornstein abzieht. Auf den zur Verbrennung von Schwefel oder Kiesen dienenden Herden (oder einem besonders hierzu eingerichteten) wird auch Salpetersäure aus Schwefelsäure und Natronsalpeter dargestellt. Auf 1 Th. verbrannten Schwefels nimmt man nicht über $\frac{8}{100}$ Th. Salpeter. Aus dem Ofen treten die Dämpfe der Salpetersäure und der höheren Stickstoffoxyde, mit Schwefligsäuregas und Luft gemischt, durch das im Behälter BB durch zirkulirendes Wasser gekühlte Rohr T, wodurch ihre Temperatur vor dem Eintritt in die Kammern etwas erniedrigt wird, in den (in der Figur links abgebildeten) Thurm, in welchem über Koksstücke aus dem oben befindlichen Reservoir M die Schwefelsäure (Nitrose) herab rieselt, welche in dem Thurm K (am entgegengesetzten Ende der Kammern) aus den den Kammern entströmenden Gasen die Stickstoffoxyde absorbirt hat. Der Thurm K ist ebenfalls mit Koksstücken gefüllt, über dieselben fliesst aus M konzentrirte Schwefelsäure (Koks wird von ihr nicht angegriffen), die hierdurch auf einer grossen Fläche ausgebreitet wird und viel Stickstoffoxyde aufnehmen kann. Nachdem die Schwefelsäure diesen Thurm passirt hat und mit Stickstoffoxyden gesättigt ist, gelangt sie durch das Rohr h in das neben dem Ofen abgebildete Gefäss, aus welchem sie vermittelst Dampfdruck durch das Rohr $h'h'$ in das Reservoir M über dem ersten (vor den Kammern befindlichen) Koksthurm getrieben werden kann. Die in diesen letzteren Thurm aus dem Ofen gelangenden heissen Gase scheiden aus der Nitrose die Stickstoffoxyde aus, die auf diese Weise wieder in den Kammerprozess eingeführt werden, während die von ihnen befreite Schwefelsäure in die Kammern zurückfliesst. In die Kammern tritt also durch die Oeffnung m ein Gemenge von Schwefligsäuregas, Luft und Dämpfen von Salpetersäure und Stickstoffoxyden ein; hier trifft es mit dem Wasserdampf zusammen, der an verschiedenen Stellen der Kammer durch Bleiröhren zugeführt wird, und die Reaktion beginnt. Die entstehende Schwefelsäure sammelt sich am Boden und in den nächsten Kammern(oder Abtheilungen) wiederholt sich der Prozess, bis alles Schwefligsäuregas aufgebraucht ist.

Luft wird in etwas grösserer Menge, als zur Reaktion erforderlich ist, eingelassen, damit aus Mangel an Sauerstoff kein unverändertes Schwefligsäuregas zurückbleibe. Das Vorhandensein eines Ueberschusses an Sauerstoff erkennt man an der Farbe der (bei D) aus dem Kammersystem austretenden Gase: sind dieselben von heller Farbe (und enthalten sie Schwefligsäuregas), so fehlt es an Sauerstoff, ist dagegen die dunkle (von Stickstoffdioxyd bedingte) Färbung der Gase sehr intensiv, so zeigt dieses einen grossen Ueberschuss an Sauerstoff an, was ebenfalls schädlich ist, da durch Vergrösserung der Menge des aus der Kammer entweichenden Gases auch der unvermeidliche Verlust an Stickstoffoxyden vergrössert wird[66]).

Das **Stickoxydul** N^2O hat dieselbe Volumzusammensetzung, wie das Wasser[67]): aus zwei Volumen Sauerstoff und einem Volum Stickstoff entstehen zwei Volume Stickoxydul. Man überzeugt sich hiervon

---

66) Nach dieser Methode können in einem Kammernsystem von 5000 Cubikmetern Rauminhalt im Laufe eines Jahres (bei ununterbrochenem Betrieb) bis 2.500.000 Kilogramm Kammersäure, mit einem Gehalt von etwa 60% Monohydrat H^2SO^4 und etwa 40% Wasser, gewonnen werden. Die Schwefelsäurefabrikation hat einen solchen Grad von Vollkommenheit erreicht, dass aus 100 Th. reinen Schwefels zu bis 300 Thln. des Hydrates H^2SO^4 gewonnen werden, während die theoretisch überhaupt mögliche Ausbeute 306 Th. beträgt. Die in den Kammern dargestellte Säure verliert beim Erhitzen Wasser. Sie wird zunächst in Bleipfannen konzentrirt. Hat sie aber einen Gehalt von 75% H^2SO^4 (60° Baumé) erreicht, so greift sie beim Erhitzen schon Blei an und wird daher behufs weiterer Konzentration in Glasretorten oder besondern Platinapparaten (wie weiter unten beim Schwefel beschrieben werden soll) eingedampft.

Die wässerige Säure (von 50° Baumé), welche beim Kammerprozess resultirt, wird als Kammersäure oder englische Schwefelsäure bezeichnet. Häufiger wird die konzentrirte Säure von 60° Baumé gebraucht, in manchen Fällen das Vitriolöl genannte Monohydrat (von 66° Baumé). In Grossbritanien allein beträgt die jährliche Produktion von Schwefelsäure nach dem Kammerprozess über 1000 Millionen Kilogramm. — Die Bildung von Schwefelsäure unter Mitwirkung von Salpetersäure wurde von Drebbel entdeckt, die erste Bleikammer baute Roebuck in Schottland Mitte des vorigen Jahrhunderts. Das Wesen des Prozesses wurde erst im Anfang des laufenden Jahrhunderts durch die Untersuchungen einer Reihe von Chemikern aufgeklärt und von dieser Zeit datiren viele wichtige Verbesserungen in der Praxis der Schwefelsäurefabrikation.

67) Die untersalpetrige Säure NHO, welche dem Stickoxydul als einem Anhydride entspricht, ist in reinem Zustande unbekannt, man kennt aber ihre Salze — die Hyponitrite. Dieselben werden durch Reduktion von Nitriten (und folglich auch Nitraten) mittelst Natriumamalgam dargestellt. Setzt man zu einer abgekühlten Lösung von salpetrigsaurem Alkali dieses Amalgam bis zum Aufhören der Gasentwickelung und, nachdem das überschüssige Alkali durch Essigsäure neutralisirt ist, eine Lösung von salpetersaurem Silber zu, so entsteht ein gelber Niederschlag von in Wasser unlöslichem untersalpetrigsaurem Silber NAgO. Das Salz ist in der Kälte in Essigsäure unlöslich, beim Erhitzen es sich unter Ausscheidung von Stickoxydul; wenn das Erhitzen schnell erfolgt, so findet sogar Explosion statt. Schwache Mineralsäuren lösen dasselbe unverändert auf, von starken, z. B. Schwefel- oder Salzsäure, wird es unter Ausscheidung von Stickstoff zersetzt, während in der Lösung salpetrige oder Salpetersäure zurückbleibt. Von andern Salzen der untersal-

nach der allgemeinen Methode der Analyse von Stickstoffoxyden, indem man das Gas durch glühendes Kupfer oder Natrium zersetzt. Das Stickoxydul unterscheidet sich von den übrigen Stickstoffoxyden dadurch, dass es von Sauerstoff direkt nicht oxydirt wird; dagegen kann es aus den höheren Stickstoffoxyden durch die Einwirkung einiger reduzirender Substanzen dargestellt werden. So z. B. gibt ein Gemenge von zwei Volumen Stickoxyd und einem Volum Schwefligsäuregas, wenn es in Berührung mit Wasser und Platinschwamm kommt, Schwefelsäure und Stickoxydul: $2NO +$

---

petrigen Säure sind das Blei-, das Kupfer- und das Quecksilber-Salz in Wasser unlöslich. Dies ist alles, was nach den Untersuchungen von Divers über diese Verbindung, welche ihrer Zusammensetzung und ihren Reaktionen nach eine gewisse Aehnlichkeit mit der unterchlorigen Säure besitzt, bekannt ist. Es ist sogar Grund zu der Annahme vorhanden, dass das untersalpetrigsaure Silber eine komplizirtere Zusammensetzung besitzt, also durch die Formel AgNO angegeben wird. Ueberhaupt gehört die untersalpetrige Säure zu den wenig untersuchten Körpern und bleibt daher Vieles in Bezug auf sie zweifelhaft. Offenbar gehört sie schon nach ihrer Bildungsweise zu den Substanzen, welche eine Zwischenstellung zwischen den Wasserstoff- und den Sauerstoffverbindungen des Stickstoffs einnehmen. Wenn die Zusammensetzung der untersalpetrigen Säure NHO ist, so stellt sie möglicherweise Ammoniak NH^3 dar, in welchem zwei Wasserstoffatome durch Sauerstoff ersetzt sind (Seite 288); eine solche Verbindung, welche mit Stickstoff verbundenen Wasserstoff (also Ammoniakwasserstoff) enthält, muss isomer und nicht identisch mit dem wahren Hydrate des Stickoxyduls sein, da ein solches Hydrat den Wasserstoff in Form von Hydroxyl enthalten muss.

Zu den höchst interessanten, aber noch ungenügend bekannten Verbindungen gehört auch das von Curtius (1887) aus dem Diazoessigäther oder besser aus der Triazoessigsäure erhaltene *Amid* oder *Hydrazin* N^2H^4. Curtius und Jay (1889) haben gezeigt, dass Triazoessigsäure CHN^2COHO [deren Molekularformel dreimal grösser ist: $C^3H^3N^6(COHO)^3$] beim Erwärmen mit Wasser oder Mineralsäuren glatt in Oxalsäure und Amid (Hydrazin) gespalten wird: $CHN^2COOH + 2H^2O = (COOH)^2 + N^2H^4$, d. h (empirisch) tritt der Sauerstoff des Wassers an die Stelle des Stickstoffs der Triazoessigsäure. Man erhält hierbei das Amid in Form eines Salzes; dasselbe gibt nämlich mit Säuren (HCl, H^2SO^4) sehr beständige Salze von zwei Typen: N^2H^4HX oder $N^2H^4H^2X^2$. Diese Salze krystallisiren leicht, wirken in sauren Lösungen als starke Reduktionsmittel, unter Ausscheidung von Stickstoff, bilden beim Erhitzen Ammoniumsalze, Stickstoff und Wasserstoff und scheiden mit salpetrigsauren Salzen Stickstoff aus. Das schwefelsaure Salz $N^2H^4H^2SO^4$ ist in kaltem Wasser schwer löslich (3 Th. in 100 Th. Wasser), löst sich aber leicht in heissem Wasser; es besitzt das spezifische Gewicht 1,378 und schmilzt unter Zersetzung bei 254°. Das salzsaure Salz N^2H^42HCl krystallisirt in Oktaëdern, löst sich leicht in Wasser, ist in Weingeist unlöslich, schmilzt bei 198° unter Ausscheidung von HCl und Bildung von N^2H^4HCl, zersetzt sich bei schnellem Erhitzen unter Explosion und scheidet mit Platinchlorid $PtCl^4$ sofort Stickstoff aus unter gleichzeitiger Bildung von $PtCl^2$. Bei der Einwirkung von Alkalien geben die Salze N^2H^42HX *das Hydrat des Amids*: $N^2H^4H^2O$ — eine rauchende Flüssigkeit, die bei 119° siedet, geruchlos ist, alkalischen Geschmack besitzt, giftig wirkt und in wässeriger Lösung Glas und Kautschuk angreift. Die reduzirenden Eigenschaften des Hydrates sind deutlich aus seinem Verhalten zu den Lösungen von Platin- und Silbersalzen zu ersehen, aus denen es die Metalle reduzirt. Mit HgO explodirt es; mit Aldehyden RO reagirt es direkt unter Bildung von N^2R^2; mit Benzaldehyd z. B. gibt es das sehr beständige, schwerlös-

$SO^2 + H^2O = H^2SO^4 + N^2O$. Auch bei der Einwirkung einiger Metalle, z. B. von Zink [68]), gibt Salpetersäure Stickoxydul, übrigens in diesem speziellen Falle gemischt mit Stickoxyd. Die gewöhnliche Darstellungsmethode des Stickoxyduls beruht auf der Zersetzung von salpetersaurem Ammonium beim Erhitzen, wobei nur Wasser und Stickoxydul entstehen: $NH^3NHO^3 = 2H^2O + N^2O$. Die Zersetzung [69]) geht mit grosser Leichtigkeit vor sich und wird in einem der Apparate, welche zur Darstellung von Sauerstoff oder Ammoniak benutzt werden, d. h. in einer Retorte oder in einem Kolben mit Gasleitungsrohr vorgenommen. Das Erhitzen muss übrigens mit Vorsicht geschehen, da sich sonst durch Zersetzung von NO Stickstoff bilden kann [70]). Das salpetersaure Ammonium darf keinen Salmiak enthalten, damit sich dem Gase kein Chlor beimenge.

Das Stickoxydul ist kein permanentes Gas (seine absolute Siedetemperatur ist $+36^0$), durch Kälte und Druck lässt es sich leicht verflüssigen, bei 15^0 genügt hierzu ein Druck von 40 Atmosphären. Die Verflüssigung wird gewöhnlich mit Hilfe der in Fig. 83 abgebildeten Druckpumpe [71]) vorgenommen. Da flüssiges Stick-

---

liche, gelbe *Benzalazin* $(C^6H^5CHN)^2$. Weitere Untersuchungen müssen das Verhältniss der dargestellten sehr interessanten Salze zu dem bisher noch nicht isolirten Amid N^2H^4 selbst feststellen. Das Amid muss als ein Körper betrachtet werden, der sich zu NH^3 ebenso verhält, wie H^2O^2 zu H^2O. Das Wasser $H(OH)$ gibt nach dem Substitutionsgesetz, die bestimmt zu erwartende Verbindung $(OH)(OH)$, d. h. Wasserstoffhyperoxyd ist freies Hydroxyl. Ebenso bildet Ammoniak $H(NH^2)$ Hydrazin $(NH^2)(NH^2)$, d. h. den Ammoniakrest oder Amid in freiem Zustande. Wie wir weiter unten sehen werden, ist beim Phosphor die entsprechende Verbindung P^2H^4, als flüssiger Phosphorwasserstoff, längst bekannt.

68) Bemerkenswerth ist der Umstand, dass galvanisch ausgeschiedenes Kupfer mit einer 10-procentigen Lösung von Salpetersäure Stickoxydul liefert, während bei Anwendung von gewöhnlichem Kupfer Stickoxyd entsteht. Dies zeigt, dass selbst der physikalische und mechanische Zustand der Körper, d. h. die Kontaktverhältnisse auf den Verlauf der Reaktionen einen Einfluss üben.

69) Diese Zersetzung wird von einer Entwicklung von etwa 25000 cal. auf die durch die Formel NH^4NO^3 ausgedrückte Menge begleitet. Daher erfolgt sie mit grosser Leichtigkeit, unter Umständen selbst mit Explosion.

70) Um das möglicher Weise dem Stickoxydul beigemengte Stickoxyd abzusondern, leitet man das Gas durch eine Lösung von Eisenvitriol. Da Stickoxydul in kaltem Wasser leicht löslich ist (bei 0^0 lösen 100 Vol. Wasser 130 Vol. N^2O, bei 20^0 67 Vol.), so wird es über warmem Wasser aufgefangen. Die Löslichkeit der Stickoxyduls ist bedeutend grösser, als die des Stickoxyds, was auch mit der leichteren Verflüssigbarkeit des ersteren vollkommen im Einklang steht.

71) Faraday erhielt flüssiges Stickoxydul auf ähnliche Weise, wie flüssiges Ammoniak: er erhitzte trocknes salpetersaures Ammonium in dem einen Schenkel eines gebogenen zugeschmolzenen Glasrohres bei gleichzeitiger Abkühlung des anderen Schenkels. Es bilden sich in solchem Falle zwei Flüssigkeitsschichten: unten Wasser, oben flüssiges Stickoxydul. Der Versuch verlangt übrigens die grösste Vorsicht, da die Dampftension des Stickoxyduls in feuchtem Zustande sehr bedeutend ist, nämlich (nach Regnault), bei $+10° = 45$ Atm., bei $0° = 36$ Atm., bei $-10° = 29$ Atm., bei $-20° = 23$ Atm. Bei $-92°$ siedet das flüssige Stickoxydul, bei dieser Temperatur ist also die Tension $= 1$ Atm.

Mendelejew. Chemie.

oxydul auf diese Weise relativ leicht erhältlich ist und beim Verdampfen starke Abkühlung zu bewirken vermag[72]), so wird es (ebenso wie verflüssigte Kohlensäure) sehr häufig bei Untersuchungen, welche niedrige Temperaturen erfordern, benutzt. In flüssigem Zustande bildet das Stickoxydul eine sehr bewegliche, farblose, die Haut ätzende Flüssigkeit, welche in der Kälte weder metallisches Kalium, noch Phosphor, noch Kohle oxydirt und deren spezifisches Gewicht etwas geringer, als das des Wassers ist (0,94). Beim Verdampfen von flüssigem Stickoxydul unter dem Rezipienten der Luftpumpe sinkt die Temperatur auf —100° und die Flüssigkeit erstarrt zu einer schneeartigen Masse, in welcher durchsichtige Krystalle erscheinen. Quecksilber erstarrt sofort, wenn es mit dem verdampfenden flüssigen Stickoxydul in Berührnng kommt[73]).

In die Athmungsorgane (und folglich in das Blut) eingeführt,

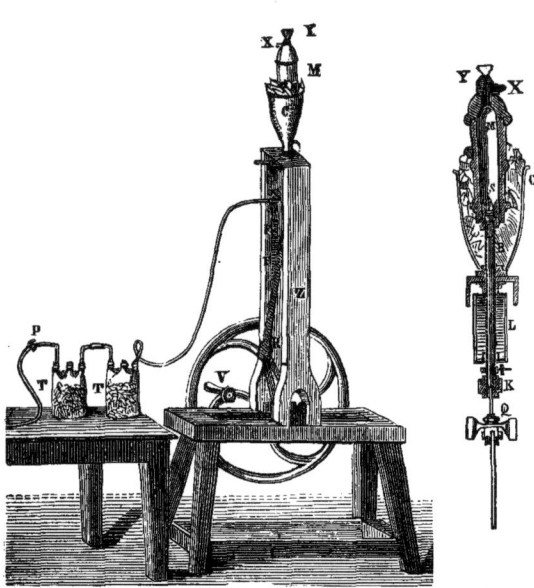

Fig. 83. Natterers Apparat zur Darstellung von flüssigem Stickoxydul oder flüssiger Kohlensäure. Das in den Gefässen T,T getrocknete Gas gelangt durch ein Rohr in die Druckpumpe B (welche auf dem rechts besonders abgebildeten Vertikalschnitt des oberen Theiles des Apparates zu sehen ist). Der Kolben der Druckpumpe wird durch den Hebelarm R und das Schwungrad V in Bewegung gesetzt. Beim Hinaufziehen des Kolbens wird das Gas in das schmiedeiserne Gefäss M gepresst und hier verflüssigt. Das Austreten des Gases aus M verhindert das Ventil S, das nur nach innen sich öffnet. Das Gefäss und die Pumpe werden durch Eis, welches sich im Trichter G befindet, abgekühlt. Wenn das Gas verflüssigt ist, wird das Gefäss M abgeschraubt; beim Oeffnen des Schraubenhahnes Y fliesst die Flüssigkeit aus dem Rohr X aus. $1/20$.

---

72) Wenn flüssiges Stickoxydul bei demselben Druck verdampft wie flüssige Kohlensäure, so bedingt es fast dieselbe oder selbst eine etwas grössere Temperatur-Erniedrigung als diese letztere. So z. B. bewirkt CO^2 bei 25 mm. Druck eine Abkühlung auf —115°, N^2O auf —125° (nach Dewar). Die nahe Uebereinstimmung der Eigenschaften dieser beiden Körper in flüssigem Zustande, die sich sogar auf ihre absoluten Siedetemperaturen erstreckt ($CO^2 = +32°$, $N^2O = +36°$), ist um so bemerkenswerther, als beide Gase ein und dasselbe Molekulargewicht besitzen $= 44$ (s. Kap. IV, Anm. 10 und Kap. VII).

73) Sehr charakteristisch ist der Versuch der gleichzeitigen Verbrennung und sehr starken Abkühlung, der sich mit Hilfe von flüssigem Stickoxydul ausführen lässt: giesst man in ein weites Glasrohr flüssiges Stickoxydul und darauf Quecksilber, so erstarrt letzteres; wirft man nun auf das flüssige Stickoxydul eine glühende Kohle, so verbrennt diese mit leuchtender Flamme unter starker Wärmeentwickelung.

bewirkt das Stickoxydul eine besondere Art von Rausch und Heiterkeit, denen lebhafte Bewegungen folgen; daher erhielt dieses Gas, das Priestley 1776 entdeckte — den Namen «*Lustgas*». Bei längerem Einathmen verursacht es Gefühllosigkeit (Anästhesie, wie das Chloroform) und wird daher in der zahnärztlichen und geburtshilflichen Praxis als anästhesirendes Mittel bei Operationen angewandt.

Das Stickoxydul zerfällt leicht beim Erwärmen und beim Einwirken elektrischer Funken in Stickstoff und Sauerstoff. Hierdurch erklärt es sich, dass viele Körper, die im Stickoxyd nicht brennbar sind, im Stickoxydul leicht verbrennen. In der That, wenn das Stickoxyd Sauerstoff abgibt, so verbindet sich der unzersetzte Theil desselben sofort mit diesem letzteren zu NO^2, während das Stickoxydul sich weiter mit Sauerstoff direkt nicht verbinden kann [74]). Ein Gemenge von Stickoxydul mit Wasserstoff explodirt wie Knallgas, natürlich entsteht dabei neben Wasser freier Stickstoff: $N^2O + H^2 = H^2O + N^2$. Das Volum des nach der Explosion zurückbleibenden Stickstoffs ist gleich dem ursprünglichen Volum des Stickoxyduls, sowie dem des Wasserstoffs, der sich mit dem Sauerstoff verbindet; es ersetzen sich also gleiche Volume von Stickstoff und Wasserstoff. Durch ins Glühen gebrachte Metalle wird das Stickoxydul ebenfalls sehr leicht zersetzt. Schwefel, Phosphor, Kohle brennen in dem Gase, jedoch mit weniger leuchtender Flamme, als im Sauerstoffe. Bei solchen Verbrennungen in Stickoxydul wird mehr Wärme entwickelt, als bei der Verbrennung derselben Körper in Sauerstoff; dieses zeigt auf das Unverkennbarste, dass die Bildung des Stickoxyduls aus Stickstoff und Sauerstoff unter Wärmeaufnahme stattfindet, denn sonst bliebe es unerklärlich, woher der Ueberschuss an entwickelter Wärme bei der Verbrennung in Stickoxydulgas stammt. Wird ein gegebenes Volum Stickoxydul durch ein Metall z. B. Natrium zersetzt und nach vollständiger Zersetzung und Erkaltung das Volum des zurückbleibenden Stickstoffs gemessen, so zeigt es sich, dass dasselbe dem des ursprünglich genommenen Stickoxyduls gleich ist; der Sauerstoff lagert sich also bei der Bildung von Stickoxydul, so zu sagen, zwischen die Atome des Stickstoffs, ohne das Volum dieses letzteren zu vergrössern.

---

74) Im nächsten Kapitel werden wir die Volumzusammensetzung der Stickstoffoxyde betrachten, wobei dann auch der Unterschied zwischen Stickoxydul und Stickoxyd klar werden wird. Das Stickoxydul entsteht unter Volumkontraktion, das Stickoxyd nicht, denn bei der Bildung desselben ist das Volum des entstandenen Gases gleich der Summe der Volume des Stickstoffs und Sauerstoffs. Wenn die Oxydation von Stickoxydul zu Stickoxyd direkt erfolgte, würden zwei Volume des ersteren mit 1 Vol. Sauerstoff nicht 3, sondern 4 Vol. Stickoxyd geben. Diese Verhältnisse müssen beim Vergleichen der calorischen Bildungsäquivalente, der Fähigkeit Verbrennung zu unterhalten und anderer Eigenschaften von NO und N^2O in Betracht gezogen werden.

Siebentes Kapitel.

Molekeln und Atome. Gesetze von Gay-Lussac und Avogadro-Gerhardt.

Wasserstoff verbindet sich mit Sauerstoff in der Weise, dass auf zwei Volume des ersteren Gases ein Volum des letzteren kommt. Nach demselben Volumverhältniss ist auch das Stickoxydul zusammengesetzt: es besteht aus zwei Volumen Stickstoffgas und einem Volum Sauerstoffgas. Wird Ammoniak durch elektrische Funken in seine Bestandtheile zerlegt, so überzeugt man sich leicht davon, dass es auf ein Volum Stickstoff drei Volume Wasserstoff enthält. Ueberhaupt zeigt es sich, jedesmal, wenn ein zusammengesetzter Körper in seine Bestandtheile zerlegt wird und die **Gasvolume**, welche hierbei entstehen, ermittelt werden, dass diese Bestandtheile im gas- oder dampfförmigen Zustande stets Volume einnehmen, die in einem sehr einfachen multiplen Verhältniss zu einander stehen. Am Wasser, dem Stickoxydul u. a. lässt sich dies leicht direkt beobachten; in den meisten Fällen jedoch, besonders bei Stoffen, die wenn auch flüchtig (d. h. in den Gas- oder Dampfzustand überführbar), doch bei gewöhnlicher Temperatur flüssig sind, ist eine direkte Beobachtung der Gasvolume der Bestandtheile sehr schwierig. Es lässt sich aber auch in diesen Fällen die Volumzusammensetzung im gasförmigen Zustande leicht ermitteln, wenn die Dichten der betreffenden Körper im Gas- oder Dampfzustande bekannt sind. Das Volum eines Körpers ist direkt proportional seinem Gewicht und umgekehrt proportional seiner Dichte; wenn folglich die Gewichtsmengen der an einer Reaktion betheiligten Körper durch die Dichte derselben im Gas- oder Dampfzustande dividirt werden, so erhält man Quotienten, die in demselben Verhältniss zu einander stehen, wie die Gasvolume der reagirenden Körper [1]). So z. B. ent-

---

1) Bezeichnet man durch P das Gewicht, durch D die Dichte und durch V das Volum, so ist:
$$\frac{P}{D} = kV,$$
wobei k ein Koëffizient ist, der vom System, in welchem P, D und V ausgedrückt werden, abhängt. Ist D das Gewicht eines Cubikmaasses der betreffenden Substanz, bezogen auf ein gleiches Cubikmaass Wasser, und ist das Cubikmaass eines Gewichtstheiles Wasser als Einheit der Volume angenommen, wie im metrischen System (Kap. 1, Anm. 9), so ist $k = 1$. Uebrigens, wie auch immer die Grösse von k sei, beim Vergleich der Volume hebt sich diese Grösse auf, da nicht absolute, sondern relative Volume in Betracht kommen. In diesem Kapitel, wie in dem ganzen Werke sind die Gewichte P, wenn es sich um absolutes Gewicht handelt, in Grammen

steht das Wasser aus 1 Gewthl. Wasserstoff und 8 Gewthl. Sauerstoff. Die Dichte des Wasserstoffgases ist 1, die des Sauerstoffgases 16, folglich sind die Volume (oder Quotienten der Gewichtsmengen durch die Gasdichten) 1 und $^1/_2$. Diese Berechnung zeigt also, wie die direkte Beobachtung, dass im Wasser auf 1 Vol. Sauerstoff 2 Vol. Wasserstoff enthalten sind. Ebenso berechnet sich, da das Stickoxyd aus 14 Gewthl. Stickstoff und 16 Sauerstoff besteht und die (auf Wasserstoff bezogene) Gasdichte des ersteren 14, des letzteren 16 beträgt, dass die Volume dieser beiden Gase, welche zur Bildung von Stickoxyd zusammentreten, sich wie 1 : 1 verhalten. Das Stickoxyd stellt also eine Verbindung gleicher Volume Stickstoff und Sauerstoff dar. Nehmen wir endlich das Stickstoffdioxyd. Im vorhergehenden Kapitel haben wir gesehen, dass die Dichte von NO^2 erst über 135^0 konstant und (auf Wasserstoff bezogen) gleich 23 wird; die direkte Bestimmung der Volumzusammensetzung dieser Verbindung müsste also bei einer relativ hohen Temperatur ausgeführt werden, was schwierig ist. Die Analyse zeigt uns aber, dass NO^2, wie es die Formel ausdrückt, aus 14 Gewthl. Stickstoff und 32 Sauerstoff besteht, welche 46 Gewthl. Stickstoffdioxyd bilden; da uns die Dichten dieser drei Gase bekannt sind, so berechnet sich, dass 1 Vol. Stickstoff mit 2 Vol. Sauerstoff — 2 Vol. Stickstoffdioxyd bilden.

Wenn also die Gewichtsmengen der Körper, welche sich an einer Reaktion betheiligen oder einen zusammengesetzten Körper bilden, und die Gas- oder Dampfdichten [2]) dieser Körper bekannt

---

ausgedrückt, bei relativem Gewichte z. B als Ausdruck der chemischen Zusammensetzung, ist das Gewicht des Wasserstoffatoms als Einheit angenommen. Die Gasdichten sind ebenfalls auf Wasserstoff bezogen; die Volume V sind, wenn es sich um absolute Maasen handelt, in metrischen Maasen (Cubikcentimetern, Cubikmetern u. s. w.) ausgedrückt; da, wo sie sich auf chemische Umwandlungen beziehen, d. h. relative Volume darstellen, ist das Volum eines Atoms Wasserstoff oder eines Gewichtstheiles desselben $=1$ gesetzt und alle Volume sind in diesen Einheiten ausgedrückt.

2) Da die Volumverhältnisse der Gase und Dämpfe, nächst den Gewichtsverhältnissen, das wichtigste Gebiet unseres chemischen Wissens und die Grundlage der chemischen Forschung bilden und da sie aus den Dichten bestimmt werden, so sind die **Methoden zur Bestimmung der Dampfdichte** (und — was dasselbe ist — der Gasdichte) für die Chemie von grösster Bedeutung. Diese Methoden werden ausführlich in den Lehrbüchern der Physik, der physikalischen und analytischen Chemie beschrieben, wir beschränken uns daher auf die Anführung der allgemeinen Prinzipien, auf denen dieselben begründet sind.

Wenn wir bei der Temperatur t und dem Drucke h das Volum v des Dampfes der Gewichtsmenge p eines Körpers bestimmt haben, so finden wir direkt die Dichte des Dampfes, wenn wir p durch das Gewicht des Volums v Wasserstoff bei t und h dividiren (wenn die Dichte auf Wasserstoff bezogen wird, s. Kap. II, Anm. 23). Die zwei letzteren Grössen (die Temperatur t und der Druck h) werden durch das Thermometer, das Barometer und die Höhe des Quecksilbers oder einer andern, das Gas absperrenden Flüssigkeit direkt angegeben, bedürfen also keiner weiteren Erläuterung. Es muss nur Folgendes bemerkt werden: 1) Für leicht flüchtige Flüssigkeiten ist es

sind, so lassen sich immer durch einfache Rechnung die Volume derselben finden. Die Untersuchung der Volumverhältnisse (durch

---

nicht schwer ein Bad von genügend konstanter Temperatur herzustellen, dennoch ist es besser (besonders wegen der Unrichtigkeit der Thermometer) ein Mittel von wirklich konstanter Temperatur zu wählen. Man benutzt daher schmelzende Substanzen, z. B. Eis (0°), schmelzende Krystalle von essigsaurem Natrium (+ 56°) u. s. w. oder, noch häufiger, Dämpfe einer Flüssigkeit von bestimmtem Siedepunkt, und beobachtet den Druck, unter welchem die Flüssigkeit siedet, um auf diese Weise die Temperatur ihrer Dämpfe zu kennen. Zu diesem Zwecke sind in diesem Werke die Siedetemperaturen des Wassers (Kap. I, Anm. 11) und anderer leicht erhältlicher Flüssigkeiten (Kap. II, Anm. 27) bei verschiedenem Drucke angeführt. 2) Was die Temperaturen, welche über 300° liegen (bei niedrigeren lassen sich noch Quecksilberthermometer benutzen) betrifft, so wird die Konstanz derselben, die bei der Dampfdichtebestimmung nöthig ist, (um das

Fig. 84. Apparat zur Dampfdichtebestimmung nach Dumas. In den Glasballon bringt man eine kleine Menge der Flüssigkeit, deren Dampfdichte bestimmt werden soll, und erhitzt ihn in einem Wasser- oder Oelbade auf eine Temperatur, welche über dem Siedepunkt der Flüssigkeit liegt. Nachdem alle Flüssigheit in Dampf verwandelt ist und dieser die Luft aus dem Ballon gänzlich verdrängt hat, wird der Ballon zugeschmolzen und gewogen. Hierauf wird der Rauminhalt des Ballons bestimmt und auf diese Weise das Volum in Erfahrung gebracht, welches ein bestimmtes Gewicht des Dampfes bei einer bestimmten Temperatur einnimmt.

Fig. 85. Apparat von Deville und Troost zur Bestimmung der Dampfdichte von hochsiedenden Körpern nach der Methode von Dumas. Ein Porzellanballon mit der Substanz, deren Dampfdichte bestimmt werden soll, wird in den Dämpfen von Quecksilber (360°), Schwefel (448°), Cadmium (770°) oder Zink (1040°) erhitzt. Der Ballon wird im Knallgasgebläse zugeschmolzen.

Volum in einem Raume messen zu können, der die beobachtete Temperatur angenommen hat), am einfachsten unter Anwendung der Dämpfe hochsiedender Flüssigkeiten erreicht. So z. B. erhält man in den Dämpfen von siedendem Schwefel (bei gewöhnlichem Atmosphärendruck) eine Temperatur von 448°, in den Dämpfen von Fünffachschwefelphosphor 518°, in denen von Chlorzinn 606°, von metallischem Cadmium 770°, von metallischem Zink 930° (nach Violle u. a.) oder 1040° (nach Deville) u. s. w. 3) Am genauesten lässt sich die Temperatur mittelst des Wasserstoffthermometers bestimmen, wobei aber zu beachten ist, dass Wasserstoffgas durch glühendes Platin diffundirt; eventuell wird daher Stickstoff benutzt. 4) Die Temperatur der Dämpfe, deren Dichte man bestimmt, muss jedenfalls um einige Grade höher sein, als der Siedepunkt der Flüssigkeit, damit nicht die geringste

direkte Messung oder durch Berechnung aus den Gewichten und Gasdichten) bei den verschiedensten chemischen Reaktionen, welche

Menge derselben flüssig bleiben kann. Aber auch unter diesen Bedingungen bleibt die Dampfdichte bei Aenderungen der Temperatur nicht immer konstant, wie dies der Fall sein müsste, wenn das Ausdehnungsgesetz der Gase und Dämpfe vollkommen genau wäre (Kap. II, Anm. 25) und in den Dämpfen keine physikalischen und chemischen Umwandlungen, wie wir sie am NO^2 (Kap. VI) kennen gelernt, stattfinden würden. Da nun die *konstanten*, d. h. mit der Temperatur sich nicht verändernden Dichten von besonderer Wichtigkeit sind, so muss bei Dampfdichtebestimmungen stets die Möglichkeit eines Einflusses der Temperatur auf die Dichte im Auge behalten werden. 5) Gewöhnlich werden, der Bequemlichkeit halber, die Dampfdichten bei dem durch das Barometer angegebenen Atmosphärendruck bestimmt. Bei Körpern die schwer flüchtig sind oder bei der Siedetemperatur sich zersetzen oder überhaupt verändern, ist es jedoch nützlich und selbst nothwendig die Bestimmungen unter geringerem Drucke auszuführen, unter erhöhtem Drucke dagegen bei Körpern, welche sich unter geringem Drucke zersetzen. 6) In vielen Fällen ist es wichtig, die Dampfdichte in Gegenwart anderer Gase zu bestimmen, d. h. unter dem Partialdruck, der gefunden wird, wenn das Volum des Gemenges und das des beigemengten Gases bekannt ist (s. Kap. I, Anm. 1). Diese Methode ist von grösster Bedeutung bei Körpern, welche sich leicht zersetzen, da in der Atmosphäre eines der Zersetzungsprodukte der Körper nach den Gesetzen der Dissoziation unzersetzt bleiben kann. So hat z. B. Würtz die Dampfdichte von PCl^5 in Gegenwart von PCl^3-Dämpfen bestimmt. 7) Aus dem Beispiel von NO^2 ist ersichtlich,

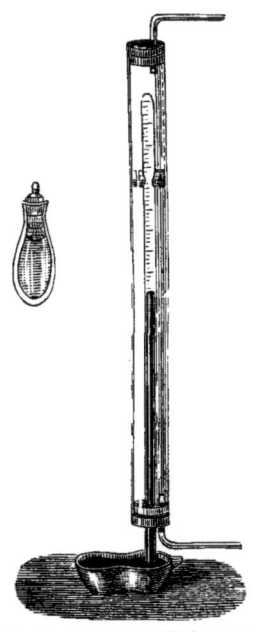

Fig. 86. Apparat von Hofmann zur Dampfdichtebestimmung. Das innere, etwa 1 m. lange, mit Theilungen versehene und kalibrirte Rohr wird mit Quecksilber gefüllt und in einer Quecksilberwanne umgestülpt. In die barometrische Leere bringt man nun in einem Fläschchen, (das links in nat. Gr. abgebildet ist) eine gewogene Menge der Flüssigkeit, deren Dampfdichte bestimmt werden soll. Durch das äussere weite Rohr werden Dämpfe von siedendem Wasser, Amylalkohol u. a. m. geleitet und auf diese Weise der Dampf im inneren Rohre auf eine bestimmte Temperatur gebracht, bei welcher das Volum des Dampfes gemessen wird.

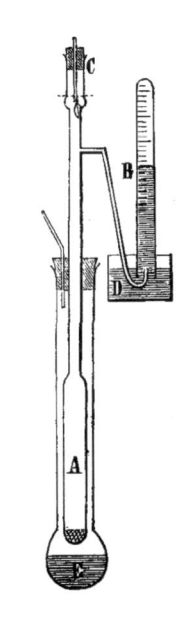

Fig 87. Apparat von V. Meyer zur Dampfdichtebestimmung. Das Rohr A wird in den Dämpfen einer konstant siedenden Flüssigkeit (die sich in E befindet) erhitzt. Durch den Pfropfen C wird eine Ampulle mit der abgewogenen Flüssigkeit, deren Dampfdichte bestimmt werden soll, eingeführt. Die verdrängte Luft wird im Cylinder B über der Wasserwanne D gesammelt.

dass eine Veränderung des Druckes auch eine Veränderung der Dichte nach sich ziehen kann, indem sie die Zersetzung befördert oder hemmt; daher können manchmal bei einer gewissen Erhöhung der Temperatur und Verminderung des Druckes (bei variabler Dichte) konstante Resultate erlangt werden und wenn bei Aenderungen von Temperatur und Druck über eine bestimmte Grenze hinaus keine Aenderungen in der Dichte mehr stattfinden (wenigstens in merklichem, die Versuchsfehler überschreitendem Masse), so befindet sich die Substanz in einem *gasförmigen und sich nicht ändernden*

zur Bildung von bestimmten chemischen Verbindungen führen, zeigt nun, dass die Volume der reagirenden Körper im Gas- oder Dampf-

Zustande. Nur für solche Dichten gelten die weiter zu entwickelnden Gesetze. Die meisten flüchtigen Körper besitzen übrigens bei Temperaturen, welche dem Siedepunkte nicht zu nahe liegen, bei welchen aber noch keine Zersetzung stattfindet, konstante Dampfdichten. So z. B. bleibt die Dichte des Wasserdampfs unverändert von der gewöhnlichen Temperatur an bis zu der von 1000° (für höhere Temperaturen gibt es keine zuverlässigen Bestimmungen) und bei Druck von unter einer Atmosphäre bis zu mehreren Atmosphären. Werden dagegen bei Veränderungen des Druckes und der Temperatur bedeutende Dichteänderungen beobachtet, so ist dies ein Hinweis darauf, dass die Substanz im dampfförmigen Zustande chemische Umwandlungen erleidet oder wenigstens, dass Abweichungen von den Gesetzen von Boyle-Mariotte und Gay-Lussac (für die Ausdehnung der Gase durch Wärme) vorliegen. In gewissen Fällen ist die Scheidung der auf die erstere Ursache zurückzuführenden Abweichungen von den letzteren nur unter Annahme willkürlicher Hypothesen möglich.

Was die Methoden der Bestimmung von p (Gewicht) und v (Volum) zur Ermittelung der Dichte anbetrifft, so lassen sich dieselben auf drei Hauptmethoden zurückführen: die Wägungsmethode (wobei ein gegebenes Volum gewogen wird), die volumetrische Methode (wobei das Volum eines gegebenen Gewichts der Substanz gemessen wird) und die Verdrängungsmethode, eigentlich ebenfalls eine volumetrische, da ein bekanntes Gewicht der Substanz genommen und das Volum der von ihren Dämpfen verdrängten Luft bei bekannten Temperatur- und Druckbedingungen gemessen wird.

Die Wägungsmethode ist die zuverlässigste und in historischer Beziehung wichtigste. Als deren Typus kann **die Methode von Dumas** dienen. Man benutzt gewöhnlich ein kugelförmiges Gefäss, einen Ballon (wie in Fig. 84 und 85 dargestellt), in welchen ein Ueberschuss der Substanz gebracht wird (d. h. eine grössere Menge, als diejenige, deren Dampf das Gefäss füllen würde). Der Ballon wird auf eine über den Siedepunkt der Substanz gehende Temperatur erhitzt, wobei die Substanz in Dampf übergeht, welcher die Luft aus dem Ballon verdrängt und denselben anfüllt. Wenn keine Luft und kein Dampf mehr aus dem Ballon austreten, wird er zugeschmolzen oder auf andere Weise verschlossen und nach dem Erkalten das Gewicht des im Ballon zurückgebliebenen Dampfes und sein Volum bei t^0 und dem Druck h bestimmt: ersteres findet man entweder durch direktes Wägen des Ballons mit den Dämpfen, unter Anbringung der erforderlichen Korrekturen auf die verdrängte Luftmenge und unter Abzug des Gewichtes des Ballons, oder man bestimmt die Menge der in Dampfform übergegangenen Substanz auf chemischem Wege; letzteres, d. h. das Volum, ergibt sich aus dem Rauminhalt des Ballons

Die volumetrische Methode, welche zuerst von Gay-Lussac angewandt und später von Hofmann u. and. modifizirt wurde, besteht darin, dass man in eine mit Theilungen versehene und auf t^0 erhitzte Glasglocke oder einfach in die Barometerleere, wie in Fig. 86 dargestellt, eine gewogene Menge Substanz bringt (in einer Ampulle, d. h. einem kleinen Fläschchen, welches mit einem Stöpsel verschlossen oder zugeschmolzen gewogen wird; in letzterem Falle muss das Fläschchen beim Erhitzen im leeren Raum zerspringen; natürlich darf mit der Flüssigkeit keine Luft mit eingeführt werden) und dann das Volum bestimmt, welches die Dämpfe der Substanz einnehmen, während der Raum, in welchem sie sich befinden, auf eine bestimmte Temperatur $t°$ erwärmt ist.

Die **Verdrängungsmethode**, welche von Victor Meyer vorgeschlagen wurde, besteht darin, dass in einem Raume A, der von den Dämpfen einer in E befindlichen konstant siedenden Flüssigkeit umgeben ist, Luft (oder ein anderes Gas) auf eine bestimmte Temperatur t erhitzt wird und, nachdem dies geschehen, in diesen Raum eine Ampulle mit einer gewogenen Menge der Substanz geworfen wird. Die Substanz

zustande ³) entweder einander gleich sind oder in einem einfachen multiplen Verhältniss zu einander stehen. Dieses **erste von Gay-Lussac aufgestellte Gesetz** kann folgendermassen formulirt werden: *Die Mengen der auf einander chemisch einwirkenden Körper nehmen, bei gleichen physikalischen Bedingungen, im gas- oder dampfförmigen Zustande entweder gleiche oder in einem einfachen multiplen Verhältnisse zu einander stehende Volume ein.* Dieses Gesetz gilt nicht nur für einfache, sondern auch für zusammengesetzte Körper, wenn dieselben in chemische Verbindung mit einander treten. So z. B. verbindet sich ein Volum Ammoniakgas mit einem gleichen Volum Chlorwasserstoffgas. Bei der Bildung von Salmiak NH^4Cl betheiligen sich in der That 17 Gewthl. Ammoniak NH^3, das $8^1/_2$-mal dichter als Wasserstoff ist, und 36,5 Gewthl. HCl, dessen Dichte, auf Wasserstoff bezogen, $18^1/_4$ beträgt; dividiren wir die Gewichtsmengen durch die entsprechenden Dichten, so finden wir, dass zwei Volume NH^3 mit ebenfalls zwei Volumen HCl sich verbinden. Die Volume der sich mit einander verbindenden zusammengesetzten Körper sind also in diesem Falle gleich. Da das Gay-

---

verwandelt sich sofort in Dampf und verdrängt einen Theil der Luft in den Messcylinder E. Aus dem Volum dieser Luft bestimmt man ihre Menge und aus dieser das Volum, welches sie bei t^0 einnimmt; dieses letztere Volum ist auch das der Dämpfe. Die Anordnung des Apparates ist in allgemeinen Umrissen in Fig. 87 dargestellt.

3) Dämpfe und Gase folgen (wie im Kap. II ausgeführt) ein und denselben Gesetzen, die aber nur annähernd zutreffen. Um die weiter unten besprochenen Gesetze abzuleiten, muss selbstverständlich nur der möglichst vollkommene (d. h. von dem flüssigen entfernte) gasförmige Zustand bei chemischer Unveränderlichkeit in Betracht gezogen werden, d. h. ein Zustand, bei dem *die Dampfdichte konstant ist* und das Volum des gegebenen Gases oder Dampfes sich bei Druck- und Temperaturänderungen auf dieselbe Weise verändert, wie das Volum des Wasserstoffs, der Luft u. s. w. Dieses muss im Auge behalten werden, um den engen Zusammenhang der weiter unten entwickelten Gesetze mit den Gesetzen der Volumänderungen der Gase durch Druck und Wärme zu erkennen. Da aber diese letzteren Gesetze nicht genau, sondern nur annähernd richtig sind (Kap. II), so gilt dasselbe auch von den hier zu betrachtenden Gesetzen und, da es möglich ist, genauere, der Wirklichkeit noch näher kommende Gesetze der Aenderungen von v unter dem Einflusse von p und t aufzustellen (z. B. das durch die van der Waals'sche Formel ausgedrückte Kap. II, Anm. 33), so lassen sich auch genauere Ausdrücke für das Verhältniss zwischen der Zusammensetzung und der Dichte von Gasen und Dämpfen finden. Doch müssen wir, um gleich hier einen Zweifel an der Allgemeinheit der Volumgesetze nicht aufkommen zu lassen, bemerken, dass die Dichte solcher Gase, wie Sauerstoff, Stickstoff, Kohlensäure u. s. w. und solcher Dämpfe, wie die des Quecksilbers und des Wassers (soweit die Genauigkeit unserer Methoden geht) innerhalb weiter Temperaturgrenzen *konstant bleibt*—von der gewöhnlichen Temperatur an bis zur Weissglühhitze. Bei Druckänderungen bleibt die Dichte konstant selbst da, wo die Abweichungen vom Mariotte'schen Gesetz schon sehr bedeutend sind. Zu dieser Annahme führen die von mir in meiner Arbeit über die Elastizität der Gase (Bd. I, S. 9, in russ. Sprache) gegebenen Daten; dieselben sind aber noch zu vereinzelt um ein positives Urtheil zu gestatten.

Lussac'sche Gesetz nicht nur auf einfache, sondern auch auf zusammengesetzte Körper Anwendung findet, so muss es folgende allgemeinere Fassung erhalten: **die Reaktionen finden zwischen kommensurablen Volumen der Dämpfe der reagirenden Körper statt**[4]).

Die Gesetze der Verbindungsvolume und der multiplen Proportionen wurden fast gleichzeitig, aber unabhängig von einander, ersteres in Frankreich von Gay-Lussac, letzteres in England von Dalton entdeckt. Im Sinne der atomistischen Hypothese besagt das Gay-Lussac'sche Gesetz, dass die Atommengen der einfachen Körper entweder gleiche oder in einem einfachen multiplen Verhältnisse zu einander stehende Volume einnehmen.

Fig. 88. Ruhmkorff'sche Induktionsspirale. Die Pole der inneren Rolle werden mit denen einer galvanischen Batterie und die Pole der äusseren Rolle mit den Platindrähten des Eudiometers verbunden.

Das erste Gesetz von Gay-Lussac bringt das Verhältniss der Gasvolume der Bestandtheile zusammengesetzter Körper zum Ausdruck, während das Verhältniss der Volume dieser Bestandtheile zu dem Volum des aus ihnen entstehenden zusammengesetzten Körpers den Gegenstand des zweiten Gesetzes bildet. Dieses letztere Verhältniss kann in einigen Fällen durch direkte Beobachtung festgestellt werden. Um z. B. das Volum des Wassers, welches aus einem Volum Sauerstoff und zwei Volumen Wasserstoff entsteht, zu bestimmen,

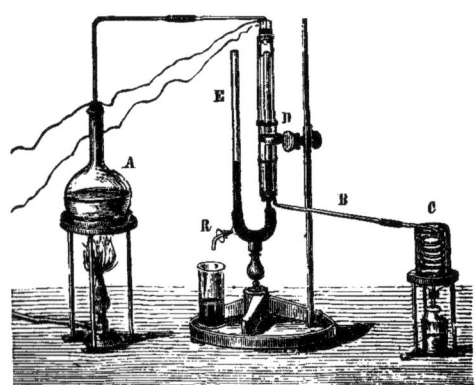

Fig. 89. Apparat zur Bestimmung des Volums von Wasserdampf, der aus Knallgas entsteht.

kann der in Fig. 89 abgebildete Apparat benutzt werden. Derselbe besteht aus einem U-förmig gebogenen Rohr ED, von dessen Schenkeln der eine — D zugeschmolzen, der andere — E offen ist. In dem Schenkel D sind, wie in einem Eudiometer, zwei Platindrähte eingeschmolzen. Das Rohr wird mit Quecksilber gefüllt und darauf ein geringes Volum Knallgas, das durch Zersetzung von Wasser dargestellt wird, eingeführt. Dieses Gasgemisch enthält also in je drei Volumen zwei Volume Wasserstoff und ein Volum Sauerstoff.

---

4) Es sei nochmals daran errinnert, dass dies allgemeine Gesetz nur annähernd zutrifft, wie das von Boyle-Mariotte, und dass, wie bei diesem letzterem, auch bei jenem sich ein genauerer Ausdruck für die Abweichungen finden lässt.

Der das Gas enthaltende Schenkel D wird von einem weiten Glasrohre umgeben und in den Zwischenraum zwischen beiden Dämpfe einer über 100^0, also höher als Wasser siedenden Substanz geleitet. Man kann zu diesem Zwecke Amylalkohol, der bei 132_0 siedet, benutzen; derselbe wird im Kolben A zum Sieden erhitzt, wobei seine Dämpfe durch den das Eudiometerrohr umgebenden Zwischenraum und das Rohr B in den Kühler C gehen, wo sie sich wieder verflüssigen. Nachdem auf diese Weise das Knallgas im Eudiometerrohr auf 132^0 erhitzt und sein Volum konstant geworden ist, wird durch Ausfliessenlassen aus dem Hahne R das Quecksilber in beiden Schenkeln des Rohrs ED auf gleiche Höhe gebracht, so dass das Gas sich unter Atmosphärendruck befindet, und dann das Volum desselben gemessen. Bezeichnen wir dies Volum durch V, so sind in demselben $^1/_3$V Sauerstoff und $^2/_3$V Wasserstoff enthalten. Man unterbricht nun das Durchleiten der Amylalkoholdämpfe, giesst in den offenen Schenkel des Apparates Quecksilber, verschliesst denselben und bringt das Knallgas zur Explosion — es bildet sich Wasser, das in den flüssigen Zustand übergeht. Um das Volum dieses Wassers in dampfförmigem Zustande zu erfahren, lässt man in den den Schenkel D umgebenden Zwischenraum von Neuem Amylalkoholdampf eintreten, wobei alles Wasser in Dampf von derselben Temperatur übergeht, welche die gemessenen Gase besassen; wird auch das Quecksilber in beiden Schenkeln auf dieselbe Höhe gebracht, so ergibt sich, dass das Volum des Wasserdampfes (bei derselben Temperatur und demselben Druck) $^2/_3$V beträgt, d. h. dem Volum des Wasserstoffs im Knallgas gleich ist. Es vereinigen sich also zwei Volume Wasserstoff mit einem Volum Sauerstoff zu zwei Volumen Wasserdampf. Bei Körpern, welche bei gewöhnlicher Temperatur gasförmig sind, wie Ammoniak, Stickoxyd und Stickoxydul, ist die direkte Beobachtung der Volume leicht ausführbar. Man zersetzt z. B. Stickoxydul durch elektrische Funken in einem dem eben beschriebenen ähnlichen Apparate und misst das Volum vor und nach der Zersetzung (bei gleichbleibenden Temperatur- und Druckbedingungen). Es zeigt sich, dass zwei Volume Stickoxydul drei Volume Gas geben, das aus zwei Volumen Stickstoff und einem Volum Sauerstoff besteht; das Stickoxydul ist also wie das Wasser zusammengesetzt: zwei Volume Stickstoff und ein Volum Sauerstoff geben zwei Volume Stickoxydul. Zersetzt man Ammoniak, so findet man, dass zwei Volume desselben ein Volum Stickstoff und drei Volume Wasserstoff geben. Zwei Volume Stickoxyd sind aus einem Volum Stickstoff und einem Volum Sauerstoff zusammengesetzt. Die Berechnung auf Grund der Gasdichten führt zu demselben Resultate. So z. B. ist die Dichte des Stickoxydgases NO, nach Thomsens Bestimmungen $= 15$ (Wasserstoff $= 1$); 30 Gewichtstheile dieses Gases enthalten 14 Th. Stickstoff und 16 Th. Sauerstoff;

2 Vol. Stickoxyd enthalten folglich 1 Vol. Stickstoff und 1 Vol. Sauerstoff. Es lässt sich also, wenn die Dampfdichten eines zusammengesetzten Körpers und seiner Bestandtheile, sowie die Gewichtszusammensetzung bekannt sind, auch die Volumzusammensetzung auf einfache Weise berechnen.

Die verschiedensten Bestimmungen, theils durch direkte Beobachtung, theils durch Berechnung, wie in den soeben gegebenen Beispielen, führten Gay-Lussac zu dem Schlusse, dass *das Volum des entstehenden Körpers im gas- oder dampfförmigen Zustande stets in einem einfachen multiplen Verhältniss zu dem Volume jedes der Bestandtheile steht*, (folglich auch zu der Summe der Volume der sich verbindenden einfachen Körper). Dieses **zweite Gesetz von Gay-Lussac** zeigt also, dass dieselbe Einfachheit der Volumverhältnisse im Dampf- oder Gaszustande, welche für die einfachen Körper besteht, wenn sie mit einander in Verbindung treten, auch auf die entstehenden zusammengesetzten Körper Anwendung findet [5].

Wenn ein zusammengesetzter Körper sich aus seinen Bestandtheilen bildet, so kann die Summe der Volume der reagirenden Körper entweder dem Volum des entstehenden Körpers gleich oder grösser als dasselbe sein; im letzteren Falle findet Kontraktion statt, im ersteren nicht. Wenn dagegen ein zusammengesetzter Körper in mehrere einfachere zerfällt, so bleibt entweder das Volum dasselbe oder es wird Volumzunahme beobachtet. Im Weiteren werden wir daher als **Vereinigungsreaktionen** solche bezeichnen, bei welchen das Volum im gas- oder dampfförmigen Zustande abnimmt, d. h. Kontraktion stattfindet, als **Zersetzungsreaktionen** — solche, bei welchen Volumzunahme vor sich geht, und die Reaktionen, bei denen das Volum im gas- oder dampfförmigen Zustande (selbstverständlich bei gleichem Druck und gleicher Temperatur verglichen) gleich bleibt — als **Ersetzungsreaktionen** oder Substitutionen oder doppelte Umsetzungen. Der Uebergang des gewöhnlichen Sauerstoffs in Ozon, die Bildung von Stickoxydul aus Stickstoff und Sauerstoff, die Einwirkung von Sauerstoff auf Stickoxyd u. s. w. sind demnach Vereinigungen; dagegen ist z. B. die Bildung von Stickoxyd aus Stickstoff und Sauerstoff — eine Ersetzung.

Aus der Kontraktion, die bei der Entstehung chemischer Ver-

---

[5] Dieses zweite Volumgesetz lässt sich auch als Folgerung aus dem ersten ableiten. Das erste Gesetz verlangt ein rationales Verhältniss zwischen den Volumen der sich vereinigenden Körper A und B. Durch Vereinigung dieser Körper entsteht der Körper AB, dieser kann nach dem Gesetze der multiplen Proportionen sich nicht nur mit C, D u. a., sondern auch mit A oder B verbinden; da nun bei dieser neuen Vereinigung das Volum von AB in einem einfachen multiplen Verhältniss zu dem von A stehen muss, so wird auch das Volum des zusammengesetzten Körpers zu den Volumen seiner Bestandtheile in einem einfachen multiplen Verhältniss stehen. Man kann auf diese Weise ein einziges Volumgesetz annehmen; wie wir weiter unten sehen werden, kann auch das dritte dieser Gesetze die beiden anderen einschliessen.

bindungen erfolgt, kann man häufig auf den Grad der Veränderung schliessen, welche der chemische Charakter der Bestandtheile durch ihre Vereinigung erleidet, denn in den Fällen, in welchen Kontraktion stattfindet, erweisen sich die Eigenschaften der entstehenden Verbindung als sehr verschieden von denen ihrer Bestandtheile. Daher besitzt das Ammoniak in seinem physikalischen und chemischen Charakter so wenig Aehnlichkeit mit seinen elementaren Bestandtheilen: bei seiner Bildung findet Kontraktion der Gasvolume statt, die Stofftheilchen nähern sich einander, die Entfernung zwischen den Atomen wird kleiner und aus den permanenten Gasen entsteht ein leicht verflüssigbares Gas. Aus demselben Grunde ist auch das Stickoxydul ein relativ leicht verflüssigbares Gas und die Salpetersäure eine Flüssigkeit, während die elementaren Bestandtheile permanente Gase sind. Umgekehrt ist das Stickoxyd, welches sich ohne Kontraktion bildet und ohne Ausdehnung zersetzt, ein schwer verflüssigbares Gas, wie der Stickstoff und der Sauerstoff, aus denen es besteht. Es sei übrigens bemerkt, dass man einen noch vollständigeren Begriff von der Abhängigkeit der Eigenschaften eines zusammengesetzten Körpers von denen seiner Bestandtheile erhält, wenn man ausserdem die bei seiner Entstehung entwickelte Wärmemenge in Betracht zieht: ist diese Wärmemenge gross, wie z. B. bei der Bildung von Wasser aus Wasserstoff und Sauerstoff, so zeigt sich die Energie der elementaren Bestandtheile in der Verbindung bedeutend vermindert, wird dagegen bei der Entstehung eines zusammengesetzten Körpers wenig Wärme entwickelt oder sogar Wärme absorbirt, wie bei der Bildung von Stickoxydul, so bleibt die Energie der Elemente in der Verbindung unverändert oder wenig verändert; daher besitzt z. B. das Stickoxydul, obgleich es unter Volumkontraktion entsteht, noch die Fähigkeit Verbrennung zu unterhalten.

Die im Vorhergehenden besprochenen Gesetze ergeben sich auf rein experimentellem, empirischem Wege und, wie das Gesetz der multiplen Proportionen zur atomistischen Hypothese und zum Gesetz der Aequivalente geführt hat (Kap. IV), so führen auch diese Gesetze mit Nothwendigkeit zu weiteren wichtigen Folgerungen. Vom Standpunkte der atomistischen Vorstellungen war es am natürlichsten sich die Frage vorzulegen, welche relative Volume den physikalisch untheilbaren, chemisch auf einander wirkenden und aus Atomen der elementaren Körper bestehenden Theilchen wol zukommen. Die einfachste mögliche Annahme war die, dass die Volume dieser Theilchen gleich seien, d. h. dass gleiche Volume der Gase und Dämpfe eine gleiche Anzahl solcher Theilchen — Molekeln — enthalten. Diese Annahme wurde auch zuerst (1810) von dem Italiener **Avogadro** gemacht. **Ampère** (1815) griff zu derselben

Hypothese, um die mathematisch-physikalischen Vorstellungen von den Gasen auf ein einfaches Prinzip zurückzuführen. Doch erst, als **Gerhardt** in den 40-er Jahren dieselbe Hypothese auf die chemischen Erscheinungen anwandte und an einer Reihe von Reaktionen zeigte, dass die Körper in der That am einfachsten und unmittelbarsten in solchen Mengen reagiren, die im dampfförmigen Zustande gleiche Volume einnehmen, als er sodann dieser Hypothese eine exakte Form gab und wichtige Folgerungen aus derselben zog, gelangten die Ideen Avogadro's und Ampère's in der Wissenschaft zur Verbreitung. Bald nach Gerhardt legte Clausius in den 50-er Jahren diese Hypothese der kinetischen Theorie der Gase zu Grunde. Seitdem bildet die Avogadro-Gerhardt'sche Hypothese den Grundstein der modernen physikalischen, mechanischen und chemischen Anschauungen; die Konsequenzen, welche sich aus ihr ergeben, haben sich trotz vielfacher Anfechtungen auf den verschiedensten Wegen bestätigen lassen und heute, wo alle Versuche sie zu wiederlegen fruchtlos geblieben sind, können wir mit Recht behaupten, dass diese Hypothese sich als richtig erwiesen hat,[6]) und können von dem **Gesetz von Avogadro-Gerhardt** als von einem für das Verständniss der Naturerscheinungen überaus wichtigen Grundgesetze sprechen. Dasselbe lässt sich nach zwei Seiten hin formuliren: erstens, bezeichnet es in physikalischem Sinne, dass **gleiche Volume von Gasen** (und Dämpfen) **bei gleichem Druck und gleicher Temperatur, eine gleiche Anzahl von Molekeln enthalten**, d. h. solche Stoffmengen, die mechanisch und physikalisch untheilbar sind und nur durch chemische Kräfte zersetzt werden können. Zweitens, zeigt dasselbe Gesetz in chemischem Sinne, dass **die Stoffmengen, welche in chemische Reaktionen eintreten, im dampfförmigen Zustand gleiche Volume einnehmen**. Für uns ist hier die chemische Seite des Avogadro-Gerhardt'schen Gesetzes die wichtigste und wir wollen daher, ehe wir dasselbe ausführlicher entwickeln und seine Konsequenzen besprechen, die chemischen Erscheinungen betrachten, welche auf dieses Gesetz hinführen und dasselbe erklären.

Wenn zwei Körper mit einander nur in einem Mengenverhältniss und dabei leicht und direkt reagiren, wie z. B. Alkalien mit Säuren,

---

6) Es darf nicht vergessen werden, dass auch das Gravitationsgesetz oder das Gesetz der Einheit der Kräfte, welche den Fall der Körper zur Erde und die Bewegung der Planeten um die Sonne bedingen, dass auch dieses Newton'sche Gesetz ursprünglich eine Hypothese war, die aber zu einer vollkommenen Theorie wurde und die Bedeutung eines Grundgesetzes erlangte, nachdem die Uebereinstimmung aller daraus gezogenen Folgerungen mit der Wirklichkeit ihr die sicherste Grundlage gegeben hatte. Jedes Gesetz, jede Theorie, die wir zur Erklärung von Naturerscheinungen aufstellen, tritt zunächst als Hypothese auf, welche entweder in Uebereinstimmung der gezogenen Folgerungen mit den Thatsachen bald bestätigt wird oder erst allmählich zur Anerkennung gelangt.

so beobachtet man, dass die reagirenden Mengen im gasförmigen Zustande (bei gleichen Druck- und Temperaturbedingungen) gleiche Volume einnehmen. So z. B. reagirt Ammoniak NH^3 mit Chlorwasserstoff HCl, und zwar direkt, nur in einem Verhältnisse: aus 17 Gewichtstheilen NH^3 und 36,5 Chlorwasserstoff entsteht Salmiak und diese Mengen der beiden Gase nehmen gleiche Volume ein [7]). Aethylen C^2H^4 *verbindet* sich mit Chlor Cl^2 nur in einem Verhältniss zu $C^2H^4Cl^2$, die Reaktion geht sehr leicht und direkt von statten und die reagirenden Mengen der Gase besitzen ein und dasselbe Volum. Chlor reagirt mit Wasserstoff nur in einem Verhältniss: der Chlorwasserstoff HCl entsteht aus gleichen Volumen dieser beiden Gase. — Wenn Gleichheit der Volume bei direkten Vereinigungsreaktionen beobachtet wird, so muss dies noch häufiger bei Zersetzungen der Fall sein, wenn aus einem Körper zwei einfachere entstehen. In der That, Essigsäure $C^2H^4O^2$ zerfällt in Sumpfgas CH^4 und Kohlensäuregas, welche in den bei der Zersetzung entstehenden Mengen gleiche Volume einnehmen. Aus Phtalsäure $C^8H^6O^4$ kann man Benzoësäure $C^7H^6O^2$ und Kohlensäure CO^2 erhalten; da nun diese beiden Körper alle Elemente der Phtalsäure enthalten, so müssen sie, obgleich die Phtalsäure bei ihrer unmittelbaren Einwirkung auf einander nicht entsteht (die Reaktion also direkt nicht umkehrbar ist), dennoch als die direkten Zersetzungs-Produkte der Phtalsäure betrachtet werden; beide (d. h. die Benzoësäure und Kohlensäure), müssen im gasförmigen Zustande gleiche Volume einnehmen. Die Benzoësäure $C^7H^6O^2$ selbst kann aber ihrerseits als aus Benzol C^6H^6 und Kohlensäure CO^2 bestehend angesehen werden, welche beide ebenfalls ein und dasselbe Volum einnehmen werden [8]). Ausserordentlich gross ist die Anzahl solcher Beispiele

---

[7]) Diese Thatsache ergibt sich nicht nur aus der im Text angeführten Berechnung, sondern auch aus der direkten Beobachtung. Zur Ausführung des Versuches benutzt man ein Glasrohr, welches durch einen in der Mitte angebrachten Glashahn in zwei Theile getheilt ist. Den einen Theil des Rohres füllt man unter Atmosphärendruck mit Ammoniak, den andern mit Chlorwasserstoff. Beide Gase müssen vollkommen *trocken* sein, da sie in Wasser stark löslich sind und eine geringe Beimengung dieses letzteren eine relativ grosse Menge der Gase in Lösung halten kann. Das eine Ende des Rohrs (z. B. das, welches das Ammoniak enthält) verschliesst man, das andere Ende taucht man in Quecksilber und öffnet den Hahn. Beim Vermischen der beiden Gase bildet sich dann fester Salmiak; ein Theil des Gases bleibt aber, wenn die Volume des Ammoniaks und Chlorwasserstoffs nicht gleich waren, im Rohre zurück. Taucht man das Rohr so weit in das Quecksilber ein, dass der Druck in demselben dem atmosphärischen gleich kommt, so überzeugt man sich, dass das Volum des zurückgebliebenen Gases gleich ist der Differenz der Volume des Ammoniaks und des Chlorwasserstoffs und dass von diesen Gasen dasjenige zurückgeblieben ist, von welchem ein grösseres Volum vorhanden war.

[8]) Die Zahlen sind folgende. Aus 122 g Benzoësäure erhält man: a) 78 g Benzol, dessen Dichte in Bezug auf Wasserstoff = 39 ist, also das relative Volum = 2; b) 44 g Kohlensäuregas, dessen Dichte = 22, das Volum also gleichfalls = 2. Dasselbe wird auch in anderen Fällen beobachtet.

unter den Kohlenstoffverbindungen, deren Studium Gerhardt's wissenschaftliche Thätigkeit vornehmlich gewidmet war. Noch häufiger lässt sich in den Fällen, wo die erste in der Einleitung gegebene Definition dieser Erscheinungen (pag. 5) mit der in diesem Kapitel gegebenen zusammenfällt, — d. h. bei den Ersetzungs-Erscheinungen, bei welchen aus zwei auf einander einwirkenden Körpern zwei neue ohne Volumänderung entstehen — die Beobachtung anstellen, dass die Volume der beiden reagirenden, sowie der beiden entstehenden Körper untereinander gleich sind. Im allgemeinen z. B. geben flüchtige Säuren HX mit flüchtigen Alkoholen R(OH) — entsprechend der Bildung von Salzen aus Säuren und Alkalien — durch doppelte Umsetzung ebenfalls flüchtige Ester RX und Wasser H(OH), wobei die Mengen der reagirenden Körper HX, R(OH) und RX dasselbe Volum, wie das gleichzeitig entstehende Wasser H(OH), einnehmen. Dieses Volum, welches dem durch die Formel des Wassers ausgedrückten Gewicht $= 18$ entspricht, beträgt 2, wenn ein Gewichtstheil Wasserstoff 1 Vol. einnimmt, da die Dichte des Wasserdampfes auf Wasserstoff bezogen $= 9$ ist. Solche verallgemeinerte Beispiele, die sehr zahlreich sind [9]), zeigen, dass das Reagiren in gleichen Volumen eine fortwährend anzutreffende chemische Erscheinung ist, welche nothwendig zur Annahme des Avogadro-Gerhardt'schen Gesetzes führt.

Wenn man nach den Volumverhältnissen in den Fällen fragt, wo zwei Körper nach dem Gesetz der multiplen Proportionen in mehreren Verhältnissen mit einander reagiren, so lässt sich eine bestimmte Antwort nur in besonders genau untersuchten Fällen geben. Chlor z. B. bildet bei der Einwirkung auf Sumpfgas CH^4 vier Körper: CH^3Cl, CH^2Cl^2, $CHCl^3$ und CCl^4 und es lässt sich durch direkte Beobachtung konstatiren, dass zunächst der Körper CH^3Cl (Chlormethyl) entsteht, aus welchem sich dann die übrigen bei weiterer Einwirkung des Chlors bilden. Das Chlormethyl entsteht nun aus gleichen Volumen Sumpfgas CH^4 und Chlor Cl^2, nach der Gleichung: $CH^4 + Cl^2 = CH^3Cl + HCl$. Aehnliche Fälle kommen · unter den organischen; d. h. kohlenstoffhaltigen Verbindungen häufig vor und

---

9) Eine grosse Anzahl solcher allgemeiner Reaktionen, welche beweisen, dass gleiche Volume in Wechselwirkung treten, sind gerade für Kohlenstoffverbindungen bekannt, da viele derselben flüchtig sind. Unter den Reaktionen der Basen mit Säuren oder der Anhydride mit Wasser u. s. w., welche bei den anorganischen Stoffen so häufig vorkommen, sind solche Fälle selten, da viele dieser Stoffe nicht flüchtig und ihre Dampfdichten unbekannt sind. Aber auch hier gilt dasselbe Gesetz: so z. B. zerfällt die Schwefelsäure H^2SO^4 in ihr Anhydrid SO^3 und Wasser H^2O, deren Mengen im dampfförmigen Zustande gleiche Volume einnehmen. Schliesslich wollen wir ein Beispiel anführen, wo drei Körper sich mit einander in gleichen Volumen verbinden: Kohlensäuregas CO^2, Ammoniak NH^3 und Wasser H^2O (alle nehmen je 2 Volume ein) bilden zusammen saures kohlensaures Ammonium $(NH^4)HCO^3$.

gerade diese Reaktionen waren es, deren Studium Gerhardt zur Entdeckung seines Gesetzes führte.

Wenn dagegen Stickstoff oder Wasserstoff mit Sauerstoff mehrere Verbindungen bilden, so lässt sich auf die Frage von den hierbei unmittelbar in Reaktion tretenden Volumen schwer eine bestimmte Antwort geben, da es nicht möglich ist mit Genauigkeit zu beobachten, in welcher Reihenfolge die einzelnen Verbindungsstufen entstehen. Man kann annehmen, obgleich es sich nicht durch den Versuch prüfen und daher nicht positiv behaupten lässt, dass der Stickstoff mit Sauerstoff zunächst Stickoxyd NO (nicht N^2O oder NO^2) bildet, aus welchem dann erst N^2O^3 und NO^2 entstehen. Bei dieser Annahme, welche schon darin eine Stütze findet, dass NO mit Sauerstoff direkt N^2O^3 und NO^2 gibt, würde das Avogadro-Gerhardt'sche Gesetz auch auf diesen Fall Anwendung finden, da das Stickoxyd aus gleichen Volumen Stickstoff und Sauerstoff besteht. Ebenso kann angenommen werden, dass Wasserstoff mit Sauerstoff sich zunächst (in gleichen Volumen: H^2 und O^2) zu Wasserstoffhyperoxyd verbindet, welches durch die frei werdende Wärme in Wasser und Sauerstoff zerfällt, um so mehr, als durch diese Annahme die Bildung der Spuren von Wasserstoffhyperoxyd bei fast allen Verbrennungs- und Oxydationsprozessen wasserstoffhaltiger Körper, in Anbetracht der leichten Zersetzbarkeit des Wasserstoffhyperoxyds, sich auf das einfachste erklärt, während die Bildung des Hyperoxyds aus Wasser, wenn dieses direkt entstehen würde, eine Reaktion wäre, die bis jetzt nicht beobachtet werden konnte [10]).

Eine grosse Anzahl von Erscheinungen zeigt also, dass die chemischen Wechselwirkungen der Stoffe gewöhnlich zwischen gleichen (gasförmigen) Volumen vor sich gehen. Dadurch ist natürlich die Möglichkeit nicht ausgeschlossen, dass Reaktionen auch in

---

10) Dass ursprünglich Wasserstoffhyperoxyd entsteht und erst durch Zersetzung desselben Wasser, ist die Ansicht, welche ich stets vertreten habe (schon in den ersten Auflagen dieses Buches) und welche, besonders seit den Arbeiten von Traube sich zu verbreiten beginnt. Dieselbe wird es möglicher Weise am einfachsten erklären, warum zum Eintreten vieler Reaktionen die Anwesenheit von Spuren von Wasser nothwendig ist, wie z. B. zur Explosion eines Gemisches von Kohlenoxyd und Sauerstoff. Vielleicht wird auch die Theorie der Explosion des Knallgases und des Brennens von Wasserstoff an Klarheit gewinnen und sich mehr dem wahren Sachverhalt nähern, wenn die ursprüngliche Bildung von Wasserstoffhyperoxyd und seine nachfolgende Zersetzung berücksichtigt wird. Ich will nur erwähnen, dass Oettingen (in Dorpat, 1888) durch photographische Aufnahmen von Knallgasexplosionen die Existenz von Wellen und Strömungen nachwies, welche auf Perioden im Verbrennungsprozess und auf wellenförmige Verbreitung der Explosion hindeuten, ein Umstand, der für die Theorie dieser Erscheinung von Wichtigkeit ist. Da der Bildung von H^2O^2 aus O^2 und H^2 eine geringere Wärmemenge entspricht, als der Bildung von H^2O aus H^2 und O, so hängt möglicher Weise auch die hohe Temperatur des Knallgasgebläses von der vorhergehenden Entstehung von Wasserstoffhyperoxyd ab

ungleichen Volumen vor sich gehen, obgleich es sich sehr häufig nachweisen lässt, dass solchen Reaktionen erst Reaktionen zwischen gleichen Volumen vorausgehen [11]).

Das Avogadro-Gerhardt'sche Gesetz lässt sich auch algebraisch ausdrücken. Bezeichnen wir durch M^1, M^2 .... oder überhaupt M das Molekulargewicht oder die Menge eines Körpers, welche in chemische Reaktionen eingeht und welche nach diesem Gesetze bei allen Körpern das gleiche Volum einnehmen muss, und durch D^1,

---

[11] Bei der allgemeinen Geltung des Avogadro-Gerhardt'schen Gesetzes kann die Möglichkeit von Reaktionen zwischen ungleichen Volumen, abgesehen von dem im Text Angeführten, auch dadurch bedingt werden, dass die reagirenden Körper im Momente des Eintretens in die Reaktion eine vorherige Umwandlung erleiden, zersetzt, isomerisirt (polymerisirt) werden u. s. w. Wenn z. B. aus N^2O^4 offenbar NO^2 entsteht, O^2 aus O^3 und umgekehrt, so lässt sich die Möglichkeit der Entstehung von Molekeln, welche nur ein Atom enthalten, z. B. von O oder N aus O^2 oder N^2 oder von höheren Polymeren, wie H^3 aus H^2, nicht läugnen. Auf diese Weise können natürlich durch eine Reihe willkürlicher spezieller Hypothesen auch solche Fälle wie die Bildung von Ammoniak NH^3 aus 3 Vol. Wasserstoff H^2 und einem Volum Stickstoff N^2 im Sinne des Avogadro-Gerhardt'schen Gesetzes erklärt werden. Wir dürfen aber nicht vergessen, dass unsere Kenntnisse in dieser Hinsicht höchst unzureichend sind. Sollte die Existenz des Hydrazins oder Amids N^2H^4 (Kap. VI, Anm. 67) sich bestätigen, so wird sich vielleicht auch das Imid N^2H^2 entdecken lassen, eine Verbindung die 2 Vol. Wasserstoff auf 2 Vol. Stickstoff enthält und folglich durch Aufeinanderwirken gleicher Volume entstehen muss. Wenn es sich dann zeigen würde, dass das Amid durch elektrische Funken, Hitze oder die dunkle Entladung u. s. w. zu Stickstoff und Ammoniak zersetzt wird ($3N^2H^4 = N^2 + 4NH^3$), so wird man annehmen können, dass vor dem Ammoniak das Amid entsteht und möglicher Weise sogar das noch unbeständigere Imid N^2H^2, das ebenfalls unter Bildung von Ammoniak zerfallen kann.

Ich führe dieses nur an, um zu zeigen, dass, wenn in Wirklichkeit auch nicht festgestellt werden konnte, dass Reaktionen immer zwischen gleichen Volumen erfolgen, daraus noch nicht gefolgert werden kann, dass bei weiteren Untersuchungen es niemals gelingen sollte, die Allgemeinheit des Gesetzes darzuthun. Wird ein Gesetz als Hypothese angenommen, so müssen daraus auch die Konsequenzen gezogen werden und wenn dieselben in der Erklärung der Thatsachen Klarheit und Harmonie bringen, wenn sie sogar solche Thatsachen erkennen lassen, die sonst verborgen geblieben wären, so ist die Hypothese bestätigt. Diesen Entwickelungsgang machte auch das Avogadro-Gerhardt'sche Gesetz durch. Schon allein die Einfachheit, mit welcher auf Grund dieses Gesetzes die Gewichte der elementaren Atome sich bestimmen lassen oder die Nothwendigkeit, mit der sich aus dem Gesetz (wie wir weiter unten sehen werden) die Annahme ergibt, dass die lebendige Kraft der Molekeln aller Gase eine konstante Grösse ist, genügten, um dieses Gesetz als eine zur Zeit unersetzliche Hypothese beizubehalten auch ohne darin eine Wahrheit zu sehen. Wenn aber durch die Annahme des Avogadro-Gerhardt'schen Gesetzes, wie wir weiter sehen werden, sich die Möglichkeit ergeben hatte sogar Eigenschaften und Atomgewicht noch nicht bekannter Elemente vorauszusehen und in der Folge Versuche diese Deduktionen bestätigten, so wird es offenbar, dass dieses Gesetz tief in das Wesen des chemischen Verhaltens der Stoffe eindringt. Das einmal für richtig anerkannte Gesetz lässt sich dann auf verschiedene Arten ableiten und ausdrücken, erscheint aber stets, wie alle höheren Gesetze (z. B. das Gesetz der Unzerstörbarkeit des Stoffes, das Gesetz der Erhaltung der Energie, das Gravitationsgesetz u. s. w.), nicht als empirische Folgerung aus directen Beobachtungen und Versuchen, nicht als unmittelbares Resultat der Analyse, sondern als Produkt des selbstständigen Schaffens der forschenden, von der Beobachtung und dem Versuch nur geleiteten und

D^2.... oder überhaupt D — die Dichte oder das Gewicht eines gegebenen Volums der betreffenden Körper im gas- oder dampfförmigen Zustande, unter bestimmten sich gleich bleibenden Temperatur- und Druckbedingungen, so muss nach dem Gesetze:
$$\frac{M^1}{D^1} = \frac{M^2}{D^2} = \ldots = \frac{M}{D} = C$$
sein, wobei C eine Konstante ist. Dieser Ausdruck zeigt unmittelbar, dass die Volume, welche den Molekulargewichten M^1, M^2.... M entsprechen, einer Konstanten gleich sind, denn das Volum ist dem Gewichte direkt und der Dichte umgekehrt proportional; der Werth von C hängt natürlich von den Einheiten ab, welche für den Ausdruck des Molekulargewichtes und der Dichte gewählt werden. Als Einheit des Molekulargewichtes (welches gleich der Summe der Gewichte der den gegebenen Körper zusammensetzenden Atome ist) wird gewöhnlich das Gewicht eines Wasserstoffatoms angenommen, auf welches auch die Dichten der Gase und Dämpfe bezogen werden. Man braucht also nur den Zahlenwerth von M und D für irgend einen zusammengesetzten Körper zu kennen, um den Werth von C, welcher für alle andern Körper derselbe bleibt, zu bestimmen. Betrachten wir das Wasser: die in Reaktionen eintretende (relative) Menge desselben wird durch die Formel oder Molekel H^2O ausgedrückt; für dieselbe ist $M = 18$, wenn $H = 1$, wie wir in einem der vorhergehenden Kapitel gesehen haben. Da die Dichte des Wasserdampfes auf Wasserstoff bezogen $D = 9$ ist, so ist $C = 2$ und daher im Allgemeinen für die Molekeln aller Körper:
$$\frac{M}{D} = 2.$$

Folglich ist das Molekulargewicht gleich der doppelten Dampfdichte (auf Wasserstoff bezogen) und umgekehrt ist **die Dichte eines Dampfes oder Gases** (ebenfalls auf Wasserstoff bezogen) **gleich dem halben Molekulargewicht.**

Die Richtigkeit dieser Folgerung wird durch die überaus grosse Anzahl der beobachteten Dampfdichten vollkommen bestätigt. Nur um einige Beispiele anzuführen, erwähne ich, dass für NH^3 das Molekulargewicht oder die in Reaktionen eintretende Menge, sowie die Zusammensetzung und das der Formel entsprechende Gewicht $14 + 3 = 17$ beträgt, woraus sich $D = 8{,}5$ berechnet, ein Werth,

---

disziplinirten Vernunft, als Resultat der Synthese, welche in der exakten Wissenschaft in demselben Maasse berechtigt ist, wie in den höchsten Gebieten der Kunst. Ohne solches synthetische Schaffen der Vernunft wäre die Wissenschaft nur eine systemlose Ansammlung einer unendlichen Anzahl vereinzelter Thatsachen und würde sich nicht durch die Macht auszeichnen, die ihr in Wirklichkeit eigen ist, sobald sie, ohne die Analyse der realen Thatsachen zu verschmähen, sich zur Synthese aufschwingt und in derselben die Einheit der Formen der äusseren Welt und des inneren Denkens erfasst, d. h. sobald sie nach den äusseren sich der Sinneswahrnehmung, der Beobachtung und dem Verstande darbietenden Formen, den inneren vernunftgemässen Sinn der Dinge und Verhältnissse, die Einheit in der Verschiedenartigkeit entdeckt.

den auch die Beobachtung ergibt. Für N^2O ergibt die Rechnung übereinstimmend mit der Beobachtung die Dichte 22, für Stickoxyd 15, für Stickstoffdioxyd 23. Für das Salpetrigsäureanhydrid N^2O^3, welches zu $NO + NO^2$ dissoziirt, muss die Dichte von 38 (bei unzersetztem N^2O^3) bis 19 (wenn nur $NO + NO^2$ vorhanden sind) variiren. Für H^2O^2, NHO^3, N^2O^4 u. a. Körper, die zwar in den dampfförmigen Zustand übergehen, aber in demselben sich vollständig oder theilweise zersetzen, lassen sich keine konstante Dampfdichten beobachten. Für Salze und ähnliche Körper ist die Dampfdichte entweder überhaupt nicht bekannt, wenn diese Körper noch ehe sie in den Dampfzustand übergehen Zersetzung erleiden (wie KNO^3), oder dieselbe lässt sich nur mit grosser Mühe beobachten, wenn diese Körper bei so hohen Hitzegraden in Dampf übergehen (wie z. B. $NaCl$, $FeCl^2$, $SnCl^2$ u. a.), bei welchen die Bestimmung der Dampfdichte besondere Methoden erfordert, wie sie von Sainte-Claire Deville, Crafts, Nilson und Pettersson, V. Meyer, Scott u. a. ausgearbeitet worden sind. Als es nach Ueberwindung vieler Schwierigkeiten gelang die Dampfdichten solcher Salze, wie KJ, $BeCl^2$, $AlCl^3$, $FeCl^2$ u. s. w. zu bestimmen, fand man auch durch diese das Avogadro-Gerhardt'sche Gesetz bestätigt, d. h. die Versuche ergaben Dampfdichten, die der Hälfte des Molekulargewichtes gleich kamen, natürlich innerhalb der Grenzen, welche die Genauigkeit solcher Bestimmungen und die möglichen Abweichungen vom Gesetze zulassen.

Gerhardt leitete sein Gesetz auf Grund zahlreicher Bestimmungen der Dampfdichten flüchtiger Kohlenstoffverbindungen ab. Einige dieser Verbindungen werden wir im Weiteren kennen lernen, die ausführliche Beschreibung derselben bildet aber in Anbetracht ihrer grossen Anzahl und eines seit lange eingebürgerten Gebrauches den Gegenstand eines besondern Zweiges unserer Wissenschaft, den der Organischen Chemie. Hier sei nur erwähnt, dass für alle diese Verbindungen die berechnete Dampfdichte mit der beobachteten nahezu übereinstimmt.

Wenn, wie wir dies soeben für das Advogadro-Gerhardt'sche Gesetz gezeigt, eine Menge von Beobachtungen die Konsequenzen eines Gesetzes als der Wirklichkeit entsprechend erkennen lassen, so muss dasselbe als durch den Versuch bestätigt angenommen werden. Die Möglichkeit *scheinbarer* Ausnahmen vom Gesetz ist hierbei nicht ausgeschlossen, dieselben können nur zweierlei Art sein: entweder ist der Quotient $\frac{M}{D}$ grösser, als 2 oder er ist kleiner, d. h. die berechnete Dichte erweist sich grösser oder kleiner, als die beobachtete. Wenn die Differenz der durch Rechnung und durch Beobachtung gefundenen Werthe innerhalb der Fehlergrenzen der Beobachtung liegt (z. B. Hundertstel der Dichtezahlen beträgt) oder das Maass der möglichen Abweichungen von den für Gase geltenden Gesetzen, welche nur annähernd sind (wie wir am Gesetze von Boyle-Mariotte gesehen), nicht überschreitet, so weicht der Quotient $\frac{M}{D}$ nur wenig von 2 ab (er liegt zwischen 1,9 und 2,2) und solche Fälle gehören dem Wesen der Sache nach zu den durch das Gesetz vorausgesehenen. Anders verhält es sich, wenn der Quotient $\frac{M}{D}$ um ein Vielfaches nach der einen oder andern Seite hin von 2 abweicht. Solche Fälle müssen sich in Uebereinstimmung mit dem Gesetz erklären lassen, oder das Gesetz muss als den Thatsachen widersprechend verworfen werden, denn Naturgesetze leiden keine Ausnahmen. Wir müssen uns daher der Erklärung solcher scheinbarer Ausnahmen zuwenden und wollen zunächst die Fälle betrachten, *wo der Quotient $\frac{M}{D}$ grösser als 2 ist und die beobachtete Dichte folglich kleiner*, als es das Avogadro-Gerhardt'sche Gesetz verlangt.

Als eine Folge des Avogadro-Gerhardt'schen Gesetzes muss das Vorhandensein einer Zersetzung in den Fällen angenommen werden, wo das Volum der Dämpfe, welches der in Reaktionen eintretenden relativen Gewichtsmenge eines Körpers entspricht, grösser ist, als das zweier Gewichtstheile Wasserstoff. Stellen wir uns z. B. vor, dass wir die Dichte des Wasserdampfes bei einer Temperatur bestimmen, wo derselbe vollständig oder zum grössten Theile in Wasserstoff und Sauerstoff zerfallen ist. Die Dichte des hierbei entstehenden Gasgemisches, des Knallgases, ist 6 (auf Wasserstoff bezogen), da 1 Vol. Sauerstoff 16, und 2 Vol. Wasserstoff 2 Gewichtseinheiten gleich sind und folglich 3 Vol. Knallgas = 18 und 1 Vol. desselben = 6 wiegt; die Dichte des Wasserdampfes beträgt dagegen 9. Wir würden also unter den vorausgesetzten Bedingungen finden, dass $\frac{M}{D} = 3$ und nicht 2 ist. Würden wir uns auf diesen Versuch beschränken, so könnten wir in demselben eine Abweichung vom Avogadro-Gerhardt'schen Gesetze sehen. Mit Hilfe der Diffusion durch poröse Wandungen (Kap. II.) läst sich aber zeigen, dass der Wasserdampf unter den vorausgesetzten Temperaturbedingungen zersetzt ist. Beim Wasser kann selbstverständlich in dieser Hinsicht kein Zweifel auftauchen, da die Dichte seiner Dämpfe bei allen Temperaturen, bei welchen Bestimmungen ausgeführt worden sind, dem Avogadro-Gerhardt'schen Gesetz folgt [12]). Es gibt aber eine

---

12) Da die Dichte der Wasserdampfs innerhalb der Genauigkeitsgrenzen der Beobachtung konstant bleibt, selbst bei 1000°, wo die Dissoziation zweifellos begonnen haben muss, so lässt sich daraus schliessen, dass bei diesen Temperaturen nur eine geringe Menge des Wassers der Zersetzung anheimfällt. Wären selbst 10 pCt des Wassers zersetzt, so wäre die Dampfdichte = 8,57 und der Quotient M/D = 2,1; nun sind aber bei den hohen, hierbei in Betracht kommenden Temperaturen die Versuchsfehler möglicherweise grosser, als solche Abweichungen von

Anzahl von Körpern, die sich bedeutend leichter, als das Wasser, zuweilen schon beim Verdampfen zersetzen und nur im festen und flüssigen, nicht aber im dampfförmigen Zustande existenzfähig sind. Hierher gehören z. B. viele Salze, alle konstant siedenden Lösungen, alle Verbindungen des Ammoniaks, wie die Ammoniumsalze u. s. w. Nach den von Bineau, Deville u. a. ausgeführten Dampfdichtebestimmungen zeigen diese Körper Abweichungen von dem Gesetze. So z. B. wird für den Salmiak NH^4Cl die Dampfdichte von nahezu 14 gefunden, während seine Molekel nicht kleiner als $NH^4Cl = 53,5$ sein kann, die Dampfdichte also 27 betragen müsste. Kleiner als NH^4Cl kann die Salmiakmolekel aber desswegen nicht sein, da sie aus den Molekeln NH^3 und HCl entsteht, je ein Atom N und Cl enthält, also nicht theilbar ist, in Reaktionen (mit KHO, NHO^3 z. B.) niemals in geringerer Menge als 53,5 eingeht u. s. w. Die berechnete Dampfdichte (27) ist hier doppelt so gross, als die beobachtete, folglich $\frac{M}{D} = 4$, anstatt 2. Diese anormale Dampfdichte des Salmiaks gab lange Zeit Veranlassung zu Zweifeln an der Richtigkeit des Avogadro-Gerhardt'schen Gesetzes. Aber eine genauere Erforschung des Gegenstandes zeigte, dass der Salmiak beim Verdampfen sich in NH^3 und HCl zersetzt und die beobachtete Dampfdichte nicht die des Salmiaks, sondern eines Gemisches von NH^3 und HCl ist, die in der That nahezu 14, oder genauer 13,3 betragen muss, da die Dichte des Ammoniaks $NH^3 = 8,5$ und des Chlorwasserstoffs $HCl = 18,2$ ist [13]). Der Beweis dafür, dass der Salmiak in seinen Dämpfen schon zersetzt ist, wurde von Pebal und Than in derselben Weise erbracht, wie für die Zersetzung des Wasserdampfes bei hohen Hitzegraden, d h. durch Hindurchleiten der Salmiakdämpfe durch einen porösen Körper. Für die Geschichte des Avogadro-Gerhardt'schen Gesetzes ist dieser einfache Versuch sehr lehrreich, denn wäre dasselbe nicht bekannt gewesen, so hätte Nichts auf den Gedanken führen können, dass der Salmiak beim Verdampfen Zessetzung erleidet, da seine Zersetzungsprodukte (HCl und NH^3) beim Erkalten wieder Salmiak geben und die Erscheinung alle Anzeichen einer einfachen Destillation an sich trägt. Das Avogadro-Gerhardt'sche Gesetz hat also diese Zersetzung voraussehen lassen und in dieser Möglichkeit Unbekanntes vorauszusehen, besteht eben der unmitelbare Nutzen der Ent-

der normalen Dampfdichte. Wahrscheinlich erreicht aber die Dissoziation bei 1000° nicht einmal 10 pCt. *Daher ist nicht zu erwarten, dass die Dissoziation des Wassers sich nach den Aenderungen seiner Dampfdichte bestimmen lassen könnte*

13) Eine solche Erklärung der anormalen Dampfdichte des Salmiaks, der Schwefelsäure u. a. bei der Destillation sich zersetzender Substanzen, war von Anfang an im Sinne des Avogadro-Gerhardt'schen Gesetzes die natürlichste. Ich habe sie z. B. in meinem Werke über spezifische Volume (1856, in russ. Sprache) gegeben. In demselben Werke wandte ich auch schon die Formel $M/D = 2$ an, welche später von vielen andern Forschern gebraucht wurde.

deckung von Naturgesetzen. Die Betrachtung, welche der Anordnung des uns beschäftigenden Versuches zu Grunde liegt [14]) ist folgende: die berechnete, ebenso wie die durch den Versuch ermittelte Dampfdichte des Ammoniaks und des Chlorwasserstoffs ist $NH^3 = 8{,}5$ und $HCl = 18{,}25$ (wenn Wasserstoff $= 1$ angenommen wird). Wenn wir also ein Gemenge dieser beiden Gase haben, so muss durch enge Oeffnungen das leichtere Ammoniak bedeutend schneller diffundiren, als der schwerere Chlorwasserstoff, ebenso wie Wasserstoff schneller diffundirt, als Sauerstoff. Durch einen porösen Körper muss demnach aus dem Salmiakdampf (wenn er zersetzt ist) in einer gegebenen Zeit mehr Ammoniak, als Chlorwasserstoff hindurchgehen und dieser Ueberschuss an Ammoniak muss z. B mit Hilfe eines angefeuchteten rothen Lakmuspapiers leicht entdeckt werden können. Fände keine Zersetzung des Salmiaks statt, so könnte sein Dampf nach dem Hindurchgehen durch poröse Körper keine Bläuung des Reagenspapieres hervorrufen, da der Salmiak ein neutrales Salz ist. Durch Prüfung der Salmiakdämpfe auf ihre Reaktion nach dem Hindurchgehen durch poröse Körper lässt sich also entscheiden, ob das Salz beim Uebergange in Dampfform sich zersetzt oder nicht. Da der Salmiak schon bei einer relativ niedrigen Temperatur verdampft, so dass die Verdampfung auch im Glasrohr mit Hilfe eines einfachen Gasbrenners vorgenommen werden kann, so lässt sich der Versuch auf sehr einfache und bequeme Weise anstellen. In ein Glasrohr AB (Fig. 90) bringt man einen Propf von biegsamem Asbest, der sich in der Hitze nicht verändert und eine poröse

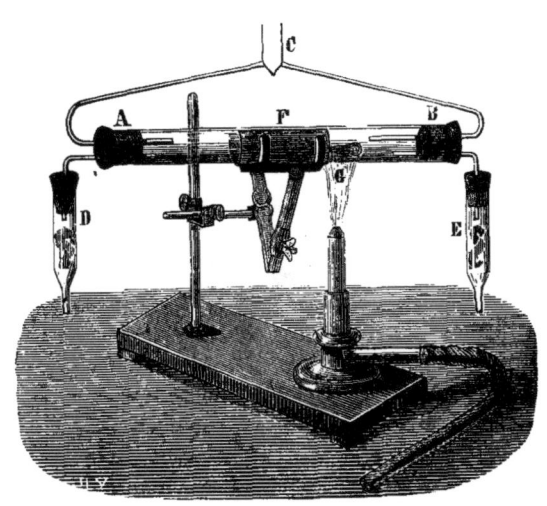

Fig. 90. Apparat zum Nachweis, dass der Salmiak in seinen Dämpfen in Ammoniak (in *D*) und Chlorwasserstoff (in *E*) zersetzt ist.

---

14) Es sei nochmals daran erinnert, dass die Ausführung eines Versuches, die Anordnung desselben und die anzuwendende Methode, durch die dem Versuch zu Grunde liegende, von einem Prinzip ausgehende Deduktion bestimmt wird, nicht umgekehrt, wie Manche glauben. Die leitende Rolle gehört dieser letzteren und sie allein gibt den Anstoss zur Anstellung von Versuchen.

Masse bildet. Dieser Propf befindet sich in der Mitte des Rohres F; neben denselben bringt man in die eine der so getrennten Hälften des Rohres (in G) ein Stück trocknen Salmiaks, den man mit Hilfe eines Gasbrenners erhitzt. Um die beim Erhitzen sich bildenden Dämpfe wegzuführen, leitet man aus einem Gasometer oder Blasebalg von beiden Seiten in das Glasrohr AB durch das gabelförmig verzweigte Rohr C Luft ein, welche die entstehenden Dämpfe in die Cylinder D und E treibt, in denen feuchte Lakmuspapierstreifen (je ein blaues und ein rothes) sich befinden. Beim Erhitzen des Salmiaks [15]) erscheint hinter dem Asbestpropf (in A) Ammoniak und das rothe Lakmuspapier in D wird blau; in B bleibt ein Ueberschuss von Chlorwasserstoff zurück und da dieses Gas saure Eigenschaften besitzt, so färbt es in E das blaue Lakmuspapier roth. Es müssen also, wenn der Salmiak beim Uebergange in Dampf zersetzt wird, nach einiger Zeit die Reagenspapiere in D — blau, in E — roth gefärbt werden. Der Versuch bestätigt dies vollkommen.

Ebenso lässt sich auch in anderen Fällen, wo der Quotient $\frac{M}{D}$ sich grösser als 2 erweist, das Stattfinden einer Zersetzung darthun. Diese scheinbaren Abweichungen von dem Avogadro-Gerhardt'schen Gesetze bilden daher in Wirklichkeit einen schönen Beweis seiner allgemeinen Giltigkeit und der Möglichkeit auf Grund desselben bisher nicht bekannte Erscheinungen (wie die Zersetzung des Salmiaks beim Uebergange in Dampfform) vorauszusehen.

Die Fälle, in welchen der Quotient $\frac{M}{D}$ *kleiner* als 2 ist, also die beobachtete Dampfdichte sich um ein Vielfaches *grösser*, als die berechnete, erweist, erklären sich offenbar auf eine noch einfachere Weise. Die Beobachtung zeigt dann nur, dass das wirkliche Molekulargewicht um so viel grösser ist, um wieviel der bei der Berechnung erhaltene Quotient kleiner als 2 ist. Man braucht dann M nur um so viel Mal zu vergrössern, um den richtigen Quotienten zu erhalten. Wenn z. B. für das Aethylen, dessen Zusammensetzung am einfachsten durch CH^2 ausgedrückt ist, die Dichte 14 und für das ebenso zusammengesetzte Amylen 35 gefunden wird, so ist der Quotient im ersteren Fall = 1, im letzteren = $2/5$. Wird aber das Molekulargewicht des Aethylens nicht = 14 (wie die einfachste Formel ergibt), sondern dem Doppelten = 28 und das des Amylens dem Fünffachen, nämlich = 70 gesetzt, so ist die Zusammensetzung des ersteren C^2H^4, des letzteren C^5H^{10} und der Quotient $\frac{M}{D}$ in beiden Fällen = 2. Diese auf den ersten Blick willkürliche Annahme erweist sich aber als der Wirklichkeit vollkommen ent-

---

15) Zum Gelingen des Versuchs ist es unbedingt nothwendig, dass die Röhren, der Asbest und der Salmiak vollkommen trocken seien, denn sonst hält das Wasser NH^3 und HCl zurück.

sprechend. Die Menge Aethylen, welche z. B. mit Schwefelsäure und and. Säuren reagirt, beträgt nicht 14, sondern 28, und beim Amylen nicht 14, sondern 70. Mit H^2SO^4, mit Br^2, mit HJ u. s. w. verbinden sich das Aethylen und Amylen in den durch die Formeln C^2H^4 und C^5H^{10}, nicht CH^2, ausgedrückten Mengen. Andererseits ist das Aethylen ein schwer verflüssigbares Gas (mit der absoluten Siedetemperatur $= +10°$), Amylen dagegen eine bei $35°$ siedende Flüssigkeit (mit der absoluten Siedetemperatur $= +192°$); dieser Unterschied erklärt sich am einfachsten, wenn im Amylen schwerere Molekeln (M = 70), als im Aethylen (M = 28) angenommen werden. Ein zu kleiner Quotient $\frac{M}{D}$ *deutet also auf eine Polymerisation hin*, ein zu grosser zeigt eine Zersetzung an. Die verschiedene Dichte des Sauerstoffgases und des Ozon's (Kap. IV) bietet einen analogen Fall.

Wenden wir uns zu den einfachen Körpern, so sehen wir, dass bei einigen derselben, besonders bei Metallen, z. B. Quecksilber, Cadmium und Zink, das Atomgewicht, welches in ihren Verbindungen angenommen werden muss (wovon weiter unten die Rede sein wird), auch ihr Molekulargewicht ist. Das Quecksilber besitzt das Atomgewicht 200, seine Dampfdichte beträgt 100, der Quotient ist also $= 2$, folglich *enthält die Molekel des Quecksilbers ein Atom Hg*. Für Na, Cd und Zn ergibt sich dasselbe. Diese einfachsten überhaupt möglichen Molekeln können selbstverständlich **nur bei einfachen Körpern** vorkommen, denn die Molekeln eines zusammengesetzten Körpers müssen wenigstens zwei Atome enthalten. Uebrigens bestehen die Molekeln auch vieler einfacher Körper aus mehr als einem Atom. Beim Sauerstoff ist das Atomgewicht $= 16$, die Dichte $= 16$, also enthält die Molekel zwei Atome O^2, was schon aus dem Vergleiche der Dichte des Sauerstoffs mit der Dichte des aus O^3 bestehenden Ozons hervorgeht. Aus 2 Atomen bestehen auch die Molekeln des Wasserstoffs H^2, Chlors Cl^2, Stickstoffs N^2 u. s. w. Wenn Chlor und Wasserstoff mit einander reagiren, so entsteht ohne Veränderung des Volums Chlorwasserstoff: $H^2 + Cl^2 = HCl + HCl$; das Chlor und der Wasserstoff ersetzen sich hier gegenseitig und darum bleibt auch das Volum dasselbe. Es giebt ferner einfache Körper, deren Molekeln selbst mehr, als zwei Atome enthalten, so z. B. Schwefel S^6, dessen Dampfdichte beim Erhitzen abnimmt und endlich der Molekel S^2 entspricht; Phosphor enthält im dampfförmigen Zustande (da die Dichte D = 62) in der Molekel 4 Atome, P^4. In der Kohle endlich muss, wie wir weiter sehen werden, eine sehr komplizirte Molekel angenommen werden, denn sonst bleiben die Nichtflüchtigkeit und andere Eigenschaften dieses einfachen Körpers ganz unerklärlich. Es sind folglich viele einfache Körper polymerisirt, d. h. sie erscheinen in Molekeln welche aus einer grösseren Anzahl von Atomen zusammengesetzt sind. Wenn nun zusammengesetzte Körper bei mehr oder weniger starkem Erhitzen Zersetzung erleiden, wenn hierbei polymere Körper *depolymerisirt* werden (d. h. ein geringeres Molekulargewicht erhalten, zu leichteren Molekeln zerfallen), wie N^2O^4 zu NO^2 oder Ozon O^3 zu gewöhnlichem Sauerstoff O^2, so ist auch zu erwarten, dass bei höheren Temperaturen *die zusammengesetzten Molekeln einfacher Körper in die einfachsten aus einem Atome bestehenden Molekeln zerfallen werden*. Wenn O^3 in O^2 zersetzt wird, so ist auch die Entstehung von O wahrscheinlich. Für eine solche Annahme spricht noch bis jetzt die *Dampfdichte des Jods*; normal beträgt dieselbe 127 (Dumas, Deville u. a.), entsprechend der Molekel J^2, bis 800^0 bleibt sie konstant, fängt aber weiter an merklich abzunehmen und beträgt, nach den Bestimmungen von V. Meyer, Crafts und Troost unter gew. Druck bei $1000^0 = 100$, bei 1250^0 etwa 80, bei 1400^0 etwa 75, scheint also der Grösse 63, d. h. der Hälfte der ursprünglichen zu zustreben. Bei vermindertem Drucke [16]) geht in der That der Zerfall oder die Depolymerisation so weit, dass die Dichte 66 erreicht wird, wie Crafts bei einer Verminderung des Druckes auf 100 mm und einer Erhöhung der Temperatur auf 1500^0 nachgewiesen hat. Hieraus ist zu schliessen, dass die Molekeln J^2, bei hohen Temperaturen und geringem Druck, allmählich in die Molekeln J übergehen. welche wie beim Quecksilber nur ein Atom enthalten, und dass bei sehr grosser Hitze, welcher das Bestreben zusammengesetzte Körper zu zersetzen und zusammengesetzte Molekeln zu depolymerisiren zuzuschreiben ist, dieses auch für andere einfache Körper der Fall sein wird 17).

Ausser den oben besprochenen zwei Fällen **scheinbarer** Abweichungen vom Avogadro-Gerhardt'schen Gesetz, gibt es noch einen dritten und letzten Fall und zwar einen sehr lehrreichen. Beim Untersuchen eines chemisch einheitlichen Körpers ist man zunächst

---

16) Ganz ebenso, wie bei abnehmendem Druck eine Zunahme der Dissoziation von N^2O^4 und die Bildung einer grösseren relativen Menge von NO^2 beobachtet wird (s. Kap. VI., Anm 46). Der Zerfall von J^2 in $J + J$ ist in der That ein Dissoziationsprozess.

17) Beim Chlor glaubte man Anfangs auch eine solche Zersetzung beobachten zu können; bei genauerer Prüfung zeigte sich aber, dass, wenn überhaupt eine Verminderung der Dichte stattfindet, dieselbe höchst unbedeutend ist. Beim Brom ist sie etwas grösser, aber noch immer bei weitem kleiner, als beim Jod.

Uebrigens geschieht es oft, dass chemische Prozesse unwillkürlich mit physikalischen verwechselt werden und ist es daher wol möglich, dass die Verminderung der Dichte des Chlorgases und der Brom- und Joddämpfe ganz oder theilweise durch einen physikalischen Vorgang — nämlich die Veränderung des Wärmeausdehnungskoëffizienten mit der Temperatur und dem Molekulargewicht — bedingt wird. Ich hatte Gelegenheit zu beobachten (Comptes rendus 1876), dass der Ausdehnungskoëffizient der Gase mit ihrem Molekulargewicht wächst und der direkte Versuch hat z. B. gezeigt (Kap. II, Anm. 26), dass für Bromwasserstoff dieser Koëffizient 0,00386 ($M = 81$) beträgt, während er beim Wasserstoff 0,00367 ist ($M = 2$). Bei

bestrebt denselben in möglichst reinem Zustande abzuscheiden, um dann erst seine physikalischen und chemischen Eigenschaften, darunter auch die Dampfdichte, zu bestimmen. Ist dieselbe normal, d. h. $D = \frac{M}{2}$, so kann man überzeugt sein, dass der Körper keine fremden Beimengungen enthält. Wird dagegen eine anormale Dampfdichte, also D nicht gleich $= \frac{M}{2}$ gefunden, so bietet dies den Gegnern des Avogadro-Gerhardt'schen Gesetzes nur ein neues Argument gegen die Annahme desselben und nichts weiter. Denjenigen aber, welche die grosse Bedeutung dieses Gesetzes erkannt haben, dient ein solches Ergebniss als ein Hinweis darauf, dass eine fehlerhafte Beobachtung vorliegen muss, dass entweder die Dichte bei einer Temperatur bestimmt wurde, bei welcher der Dampf noch nicht den Gesetzen von Boyle-Mariotte und Gay-Lussac folgt, oder dass der Körper nicht genügend rein war u. s. w. Das Avogadro-Gerhardt'sche Gesetz regt dann zu neuen genaueren Untersuchungen an und bis jetzt ist es noch immer gelungen die Ursache eines abweichenden Verhaltens zu erklären. Die Zahl solcher Beispiele ist in der neueren Geschichte der Chemie sehr gross. Einer derselben sei hier angeführt. Für das Pyrosulfurylchlorid $S^2O^5Cl^2$ ist $M = 215$, somit wäre die Dichte $D = 107,5$ zu erwarten, indessen fanden Rosenstiehl, Ogier und and. 53,8, d. h. eine um die Hälfte geringere Dichte; ausserdem wies Ogier (1882) bestimmt nach, dass bei der Destillation der Verbindung keine Dissoziation in SO^3 und SO^2Cl^2 oder überhaupt in irgend welche andere Produkte stattfindet. Die anormale Damfdichte des Pyrosulfurylchlorids blieb daher unerklärlich, bis Konowalow (1885) erkannte, dass die genannten Beobachter ein (SO^3HCl enthaltendes) Gemisch in Händen gehabt hatten und dass die reine Verbindung die normale Dichte von annähernd 107 besitzt. Ohne das Avogadro-Gerhardt'sche Gesetz würde dieses Gemisch nach wie vor für einen reinen Körper gehalten worden sein, um so mehr als die Bestimmung der Chlormenge

---

den Joddämpfen ($M = 254$) ist aber ein relativ sehr grosser Ausdehnungskoëffizient zu erwarten, und dieses allein muss schon eine Verminderung der Dichte bewirken. Da die Chlormolekel Cl^2 ($= 71$) leichter als die des Broms Br^2 ($= 160$) ist, die Jodmolekel J^2 ($= 254$), aber noch schwerer, so entspricht der beobachtete Grad der Dichteabnahme der zu erwartenden Zunahme der Ausdehnungskoëffizienten. Nehmen wir für die Joddämpfe den Ausdehnungskoëffizienten 0,004 an, so muss bei 1000° die Dichte schon 116 sein. Folglich kann die Dissoziation der Joddämpfe eine nur scheinbare sein. Dem entgegen muss aber bemerkt werden, dass die Dichte der schweren Quecksilberdämpfe ($M = 200$, $D = 100$) bei 1500° sich nicht vermindert (nach V. Meyer $D = 98$), obgleich hier der wichtige Unterschied besteht, dass die Quecksilbermolekel ein Atom, die Jodmolekel dagegen zwei enthält. Solche Fragen werden wegen der Schwierigkeit, sie experimentell zu lösen (besonders schwierig ist die Bestimmung der hohen Temperaturen), noch lange keine definitive Entscheidung finden, gerade darum, weil es schwierig, wenn nicht unmöglich ist, hierbei die physikalischen Veränderungen von den chemischen sicher zu unterscheiden.

hier keinen Aufschluss über das Vorhandensein der Beimengung geben konnte. Auf diese Weise ermöglicht ein richtig erkanntes Naturgesetz die Entdeckung neuer Thatsachen.

Alle genau erforschten Fälle bestätigen das Avogadro-Gerhardt'sche Gesetz und da auf Grund desselben aus der Bestimmung der Dampfdichte (einer rein physikalischen Eigenschaft) sich das Molekulargewicht oder die Menge eines Stoffes ergibt, welche in chemische Reaktionen eingeht, so bildet dieses Gesetz ein enges Band zwischen den beiden Wissensgebieten—der Physik und der Chemie. Ferner ergibt das Avogadro-Gerhardt'sche Gesetz für die Begriffe der **Molekel** und des **Atoms** die feste Grundlage, deren sie dis dahin entbehrten. Obgleich schon zu Dalton's Zeit die Nothwendigkeit der Annahme von Atomen einfacher Körper, d. h. durch chemische und andere Kräfte untheilbaren Individuen und von Molekeln zusammengesetzter Körper, d. h. von Atomgruppen, welche nur mechanisch und physikalisch untheilbar sind, anerkannt worden war, liess sich die relative Grösse der Molekeln und Atome damals noch nicht mit genügender Bestimmtheit feststellen. So z. B. konnte man für das Atomgewicht des Sauerstoffes die Zahl 8, oder 16, oder eine beliebige Vielfache annehmen; es lagen keine Daten vor, welche für die eine oder andere dieser Zahlen gesprochen hätten [18]). Von dem Molekulargewichte einfacher und zusammengesetzter Körper hatte man überhaupt keine bestimmte Vorstellung. Erst nach der Aufstellung des Avogadro-Gerhardt'schen Gesetzes erhielt der Begriff der Molekel eine bestimmte Form und ermöglichte seinerseits die Feststellung der Atomgewichte einfacher Körper.

Eine **Molekel** im chemischen Sinne ist die **Stoffmenge**, *welche mit anderen Molekeln in chemische Wechselwirkung tritt und* im gas-

---

[18]) So war es auch in den 50-er Jahren; die einen nahmen $O = 8$, die anderen $O = 16$ an, für die ersteren war Wasser HO, Wasserstoffhyperoxyd HO^2, für die letzteren Wasser H^2O, Wasserstoffhyperoxyd H^2O^2 oder HO. Es herrschte die grösste Willkür. Im Jahre 1860 versammelten sich die Chemiker aller Länder in Karlsruhe zu einem Kongresse, um in Betreff eines einheitlichen Systems der Atomgewichte übereinzukommen. Als Augenzeuge erinnere ich mich recht gut, wie sehr die Meinungen auseinander gingen und mit welcher Wichtigkeit die Koryphäen der Wissenschaft ein Uebereinkommen zu Stande zu bringen suchten. während die Vertreter der Gerhardt'schen Anschauungen mit dem italienischen Professor Cannizzaro an der Spitze, mit Nachdruck auf die Nothwendigkeit hinwiesen diese Ideen mit allen ihren Konsequenzen anzunehmen. Bei der Freiheit der Wissenschaft (ohne sie würde die Wissenschaft nicht fortschreiten, sondern verknöchern und dem nothwendigen wissenschaftlichen Konservatismus (ohne den die Wurzeln früheren Forschens keine neuen Triebe geben könnten) war ein willkürliches Uebereinkommen nicht möglich und auch nicht wünschenswert. Die Wahrheit, in Gestalt des Avogadro-Gerhardt'schen Gesetzes erhielt, Dank dem Kongress, die weiteste Verbreitung und erlangte binnen Kurzem allgemeine Anerkennung. Sodann gewannen auch die neuen, sogenannten Gerhardt'schen Atomgewichte von selbst festen Fuss und kamen seit den 70-er Jahren in allgemeinen Gebrauch.

förmigen Zustande dasselbe Volum einnimmt, wie zwei Gewichtstheile Wasserstoff.

Das Molekulargewicht eines Körpers (welches im Vorhergehenden durch M bezeichnet wurde) wird durch die Zusammensetzung, die chemischen Umwandlungen und die Dampfdichte desselben bestimmt.

Bei mechanischen und physikalischen Umwandlungen der Stoffe bleiben die Molekeln ungetheilt, während sie bei chemischen Reaktionen Veränderungen entweder in ihren Eigenschaften oder ihrer Menge, ihrer Lage oder endlich in der Bewegungsart ihrer Bestandtheile erleiden.

Aus einer Gesammtheit von chemisch ganz gleichen Molekeln bestehen die Massen der bestimmten homogenen Stoffe in allen ihren Aggregatzuständen [19]).

Die Molekeln bestehen aus gesetzmässig geordneten und sich bewegenden Atomen, wie das Sonnensystem [20]) aus seinen Individuen (der Sonne, den Planeten, Trabanten, Kometen u. s. w.) besteht.

---

19) Eine Gasmasse, ein Flüssigkeitstropfen, der kleinste Krystall stellen eine Gesammtheit zahlreicher, in Bewegung befindlicher Molekeln dar, welche sich vielfach wiederholend (wie die Sterne in der Milchstrasse) und sich gesetzmässig gruppirend, ihre eigenen neuen Systeme bilden. Wenn im Gaszustande, bei relativ bedeutender Entfernung der Molekeln von einander, eine Anhäufung verschiedenartiger Molekeln (ohne chemische Wechselwirkung) möglich ist, so ergibt sich die Möglichkeit einer solchen Anhäufung im flüssigen Zustande, wo die Molekeln einander genähert sind, nur bei der besondern Art von gegenseitiger Einwirkung der Molekeln, welche bei der chemischen Anziehung erscheint, insbesondere aber bei der Fähigkeit verschiedenartiger Molekeln mit einander in Verbindung zu treten. Ein solcher Zustand muss in den Lösungen und anderen, als unbestimmte chemische Verbindungen bezeichneten Systemen angenommen werden. Nach der Vorstellung, welche wir in diesem Buche durchzuführen suchen, müssen in solchen Systemen sowol Verbindungen verschiedenartiger Molekeln, als auch Zersetzungsprodukte dieser Verbindungen vorhanden sein, wie im Untersalpetersäureanhydrid N^2O^4 und NO^2. Zugleich muss angenommen werden, dass die Molekeln A, welche in einem gegebenen Moment mit B zu AB verbunden sind, im nächsten sich trennen, um dann von Neuem im gebundenen Zustande zu erscheinen. Eine andere Vorstellung lässt sich von den Fällen des chemischen Gleichgewichts in dissoziirten Systemen nicht gewinnen.

20) Auf diese Weise befestigte sich der grundlegende Gedanke eines einheitlichen harmonischen Typus des Weltbaues, einer der Gedanken, welche den menschlichen Geist zu allen Zeiten durchdrangen und der Hoffnung Raum lassen, dass man mit der Zeit auf dem mühevollen Wege der Entdeckungen, Beobachtungen, Versuche, Gesetze, Hypothesen und Theorien auch in der Erkenntniss des unsichtbaren, inneren Baues der materiellen Körper zu derselben Klarheit und Genauigkeit gelangen wird, welche gegenwärtig in Bezug auf unsere Kenntnisse vom sichtbaren Baue des Weltsystems bestehen. Nur wenige Jahre sind vergangen, seit das Avogadro-Gerhardt'sche Gesetz in der Wissenschaft festen Fuss fasste; viele der noch heute auf dem Gebiete der Chemie thätigen Forscher haben es mit erlebt. Nicht zu verwundern ist also, dass in der Molekularmechanik noch nicht Vieles errungen ist, aber die Theorie der Gase, welche mit dem Begriff der Molekel so eng verknüpft ist,

Je mehr Atome sich zu einer Molekel vereinigen, desto komplizirter ist die entstehende Substanz. Das Gleichgewicht der verschiedenartigen Atome kann hierbei mehr oder weniger beständig sein und es entstehen dem entsprechend Verbindungen von grösserer oder geringerer Beständigkeit. Die physikalischen und mechanischen Umwandlungen verändern die Bewegungsgeschwindigkeit und die Entfernung der einzelnen Molekeln (im Körper) oder der sie zusammensetzenden Atome von einander, während das zuvor bestehende Gleichgewicht des Systems ungestört bleibt; bei chemischen Umwandlungen dagegen erleiden die Molekeln selbst Veränderungen, d. h. es verändern sich die Bewegungsgeschwindigkeit, die gegenseitige Lage, Qualität und Quantität der Atome in den Molekeln.

Atome sind die kleinsten Mengen oder die untheilbaren chemischen Massen der Elemente, aus welchen die Molekeln einfacher und zusammengesetzter Körper bestehen.

Die Atome sind wägbar, die Summe ihrer Gewichte bildet das Gewicht der aus ihnen zusammengesetzten Molekeln, und die Summe der Gewichte der Molekeln — das Gewicht der Körper, d. h. Dasjenige, was die Gravitation und alle von der Masse des Stoffes abhängigen Erscheinungen bedingt.

Die Elemente sind nicht nur durch ihre selbstständige Existenz, die Unfähigkeit sich in einander umzuwandeln u. s. w., sondern auch durch das Gewicht ihrer Atome charakterisirt.

Die chemischen und physikalischen Eigenschaften werden bestimmt durch das Gewicht, die Zusammensetzung und die Natur der den Körper bildenden Molekeln und durch das Gewicht und die Natur der die Molekeln zusammensetzenden Atome.

Die Gesammtheit dieser der **Molekularmechanik** angehörenden Begriffe liegt allen neueren Errungenschaften der Physik und Chemie seit Aufstellung des Avogadro-Gerhardt'schen Gesetzes zu Grunde. Die fruchtbringende Bedeutung dieser Prinzipien zeigt sich in unserem ganzen heutigen chemischen Wissen auf Schritt und Tritt. An dieser Stelle soll die Anwendung des Gesetzes nur an einigen wenigen Beispielen veranschaulicht werden.

Da unter dem Atomgewicht die geringste Menge eines Elementes zu verstehen ist, welche in den verschiedenen Molekeln enthalten sein kann, so müssen wir, um das Atomgewicht des Sauerstoffs zu bestimmen, die Molekeln seiner Verbindungen betrachten, die theils schon beschrieben worden sind, theils noch später besprochen werden sollen:

---

genügt mit ihren Erfolgen schon allein, um zu zeigen, dass die Zeit nicht mehr fern ist, wo unsere Kenntniss des inneren Baues der Stoffe eine rasche Zunahme erfahren werden.

	Molekulargewicht.	Gewicht des Sauerstoffs.
H^2O	18	16
N^2O	44	16
NO	30	16
NO^2	46	32
HNO^3	63	48
CO	28	16
CO^2	44	32

Die Zahl solcher Verbindungen liesse sich noch bedeutend vermehren, aber das Resultat wäre dasselbe: es würde sich, wie in diesen Beispielen, ergeben, dass in den Molekeln der Sauerstoffverbindungen niemals weniger als 16 Gewichtstheile Sauerstoff enthalten sind und dass die Menge desselben immer $n.16$ beträgt, wobei n eine ganze Zahl ist. Die Molekulargewichte der aufgezählten Verbindungen sind entweder direkt aus ihrer Dichte im gas- oder dampfförmigen Zustande oder durch ihre Reactionen bestimmt worden. So z. B. ist die Dampfdichte der Salpetersäure (die oberhalb der Siedetemperatur sich leicht zersetzt) nicht genau bestimmt, aber in Anbetracht des Umstandes, dass diese Verbindung 1 Gewthl. Wasserstoff enthält, sowie auf Grund aller ihrer Eigenschaften und Reactionen, kann sie nur die oben angeführte Molekularzusammensetzung besitzen. — Auf dieselbe Weise, wie wir soeben beim Sauerstoff gesehen, lässt sich auch das Atomgewicht eines jeden anderen Elementes bestimmen, wenn das Molekulargewicht und die Zusammensetzung seiner Verbindungen bekannt sind. Man überzeugt sich z. B. leicht davon, dass in den Verbindungen des Kohlenstoffs nie weniger als $n.12$ Theile desselben enthalten sind, dass also $C = 12$ ist, nicht $C = 6$, wie vor Gerhardt angenommen wurde. Auf diese Weise wurden die heute gebräuchlichen und noch jetzt als Gerhardt'sche bezeichneten Atomgewichte O, N, C, Cl, S u.s.w. ermittelt und definitiv festgestellt. Bei den Metallen, von denen viele keine einzige flüchtige Verbindung geben, lassen sich die Atomgewichte dennoch nach Methoden bestimmen, die weiter unten beschrieben werden sollen, aber auch hier muss in zweifelhaften Fällen das Avogadro-Gerhardt'sche Gesetz zu Hilfe genommen werden. So z. B. liessen gewisse Analogien dem Beryllium das Atomgewicht $Be = 13,5$ zuschreiben, wobei sein Oxyd die Zusammensetzung Be^2O^3 und seine Chlorverbindung $BeCl^3$ haben musste, obgleich vieles Andere, in Bezug auf die Verbindungen dieses Elementes bekannte, für das Atomgewicht $Be = 9$ (das Oxyd — BeO und das Chlorid — $BeCl^2$) sprach [21]. Als aber gefunden wurde,

---

[21] Wenn $Be = 9$ angenommen wird und die Formel des Chlorberylliums $= BeCl^2$, so enthält diese Verbindung auf 9 Th. Beryllium 71 Th. Chlor, das Molekulargewicht beträgt dann $BeCl^2 = 80$ und die Dampfdichte muss $= 40$ oder $n.40$ sein. Ist

dass die Dampfdichte des Chlorberylliums nahezu 40 beträgt, so konnte kein Zweifel mehr darüber bestehen, dass sein Molekulargewicht = 80 ist, entsprechend der Formel $BeCl^2$ und nicht $BeCl^3$, es musste also auch für das Beryllium das Atomgewicht 9 und nicht 13,5 angenommen werden.

Seitdem die Begriffe der Molekel und des Atoms eine feste Grundlage erhalten haben, bringen die chemischen Formeln nicht nur die Zusammensetzung [22]), sondern auch das Molekulargewicht oder die **Dampfdichte**, d. h. eine ganze Reihe der wichtigsten chemischen und physikalischen Eigenschaften der Stoffe zum Ausdruck, denn die Dampfdichte oder das Molekulargewicht und die Zusammensetzung der Körper bedingen wieder eine Menge anderer Eigenschaften

dagegen Be = 13,5 und Chlorberyllium = $BeCl^3$, so kommen auf 13,5 Th. Beryllium 106,5 Th. Chlor, das Molekulargewicht ist dann 120 und die Dampfdichte 60 oder n.60. Die Zusammensetzung ist aber in beiden Fällen dieselbe, denn 9 : 71 = 13,5 : 106,5. Dieses Beispiel zeigt, dass bei Annahme verschiedener Atomgewichte, auf den ersten Blick sehr verschiedene Formeln sowol die procentische Zusammensetzung von Verbindungen, als auch die Eigenschaften, welche die Gesetze der multiplen Proportionen und der Aequivalente verlangen, gleich gut zum Ausdruck bringen können. Als früher die Atomgewichte: H = 1, O = 8, C = 6, Si = 21 u. s. w. angenommen wurden, konnte die Zusammensetzung der Körper bei Anwendung der Dalton'schen Gesetze mit vollkommener Genauigkeit ausgedrückt werden. Die heutigen Gerhardt'schen Atomgewichte: H = 1, O = 16, C = 12, Si = 28, welche Multipla der früheren sind, entsprechen denselben Forderungen. Die Wahl der einen oder anderen der multiplen, für ein Atomgewicht möglichen Werthe lässt sich nicht treffen, so lange die Begriffe der Molekel und des Atoms nicht festgestellt sind; dieses ist aber erst auf Grund des Avogadro-Gerhardt'schen Gesetzes geschehen und daher sind unsere heutigen Atomgewichte ein Ergebniss dieses Gesetzes.

22) Um auf Grund der Formel den Procentgehalt der einfachen Körper in einer gegebenen Verbindung zu berechnen, muss eine einfache Proportion aufgestellt werden. Beim Chlorwasserstoff z. B. zeigt die Formel HCl, dass in 36,5 Th. dieser Verbindung 35,5 Th. Chlor und 1 Th. Wasserstoff enthalten sind. 100 Th. Chlorwasserstoff enthalten also um so viel mal mehr Wasserstoff, als 1 Th., um wieviel 100 grösser ist als 36,5, hieraus ergibt sich die Proportion x : 1 = 100 : 36,5 und x = 2,739. Folglich enthalten 100 Th. Chlorwasserstoff 2,739 Th. Wasserstoff. Um überhaupt, nach einer Formel den Procentgehalt zu berechnen, setzt man an Stelle der Symbole der Elemente die entsprechenden Atomgewichte (multiplizirt mit dem am Symbol stehenden Koëffizienten), addirt dieselben und berechnet, da der Gehalt jedes einzelnen Elementes in der Summe bekannt ist, auf Grund der Proportion den Gehalt des einen oder anderen Elementes in 100 oder einer beliebigen andern Anzahl von Theilen der Verbindung. Wenn umgekehrt nach der Procentzusammensetzung die chemische Formel gefunden werden soll, so dividirt man den Procentgehalt jedes der elementaren Bestandtheile durch das entsprechende Atomgewicht und vergleicht die erhaltenen Quotienten; dieselben müssen in einem einfachen multiplen Verhältniss zu einander stehen. Um z. B. nach der procentischen Zusammensetzung des Wasserstoffhyperoxyds: 5,88 pCt Wasserstoff und 94,12 pCt Sauerstoff, die Formel aufzustellen, dividirt man den Procentgehalt des Wasserstoffs durch 1, den des Sauerstoffs durch 16; man erhält dann die Quotienten 5,88 und 5,88, welche sich wie 1 : 1 verhalten. Das Wasserstoffhyperoxyd enthält also auf je ein Atom Wasserstoff — ein Atom Sauerstoff.

Die Dampfdichte ist $D = \frac{2}{M}$. Die Formel des Aethyläthers (eines Bestandtheiles der Hoffmann'schen Tropfen) z. B ist $C^4H^{10}O$, das Molekulargewicht folglich $= 74$ und die Dampfdichte $= 37$, wie auch der Versuch bestätigt. Die Dichte der Dämpfe und Gase ist also nicht mehr eine nur aus dem Versuch sich ergebende (empirische) Grösse, sondern ihre Bedeutung ist eine rationale geworden. Erinnert man sich ferner, dass 2 Gramm Wasserstoff, d. h. das in Grammen ausgedrückte Molekulargewicht dieses als Einheit dienenden Gases, bei 0^0 und 760 mm Druck ein Volum von 22,3 Liter (oder 22300 cc.) einnimmt, so lässt sich aus den chemischen Formeln direkt das Gewicht der Volumeinheiten von Gasen und Dämpfen berechnen, da das **Volum der Gramm-Molekulargewichte aller** anderen Gase und Dämpfe, ebenso wie das des Wasserstoffs, bei 0^0 und 760 mm **22,3 Liter** beträgt. So z. B. ist für Kohlensäuregas CO^2 das Molekulargewicht $M = 44$, folglich nehmen 44 Grm. dieses Gases bei 0^0 und 760 mm 22,3 Liter ein; ein Liter desselben wiegt also 1,97 Grm. — Die Gesetze von Gay-Lussac, Mariotte und Avogadro-Gerhardt lassen sich in folgender Formel zusammenfassen [23]:

$$6255 \; s \; (273 + t) = Mp,$$

Die oben gegebene praktische Regel zur Aufstellung von Formeln auf Grund der procentischen Zusammensetzung lässt sich folgendermaassen beweisen. Nehmen wir an, dass zwei Elemente (einfache oder zusammengesetzte), deren Atomgewichte und Symbole A und B sind, eine Verbindung geben, welche x Atome A und y Atome B enthält — also A^xB^y, bilden. Nach der Formel enthält also die Verbindung xA Gewichtstheile des ersten Elementes und yB des zweiten; 100 Th. der Verbindung enthalten also (nach der Proportion) $\frac{100 \cdot xA}{xA + yB}$ des ersten Elementes und $\frac{100 \cdot yB}{xA + yB}$ des zweiten. Dividiren wir diese Procentmengen durch die entsprechenden Atomgewichte, so erhalten wir im ersten Falle $\frac{100 \cdot y}{xA + yB}$, im zweiten $\frac{100 \cdot y}{xA + yB}$. Diese Quotienten verhalten sich wie $x : y$, d. h. wie die Mengen der Atome der beiden Elemente.

Wir bemerken noch, dass selbst die chemische Nomenklatur durch den Begriff der Molekel an Deutlichkeit und Folgerichtigkeit gewinnt, indem dann der Name auch die Zusammensetzung direkt ausdrückt. Die Bezeichnung Kohlendioxyd z. B. gibt von CO^2 eine klarere und vollständigere Vorstellung, als Kohlensäuregas oder selbst Kohlensäureanhydrid. Viele Chemiker geben dieser neuen Nomenklatur bereits den Vorzug, aber die Benennung von Körpern ausschliesslich nach ihrer Zusammensetzung ohne Hinweis auf ihre Eigenschaften hat gegenüber der heutigen Nomenklatur auch gewisse Nachtheile. Schwefeldioxyd SO^2 sagt dasselbe, wie Baryumdioxyd BaO^2, während die Bezeichnung Schwefligsäureanhydrid auf die sauren Eigenschaften der Verbindung hinweist. Wahrscheinlich wird es mit der Zeit gelingen, die Vortheile beider Nomenklaturen in einer harmonischen chemischen Sprache zu kombiniren.

23) Diese Formel (welche ich in meinem Werke über die Elasticität der Gase uud in den Comptes rendus 1876 Fevr. in etwas anderer Form gegeben habe) wird folgendermaassen abgeleitet. Nach dem Avogadro-Gerhardt'schen Gesetz ist für

wobei s das Grammgewicht eines Cubikcentimeters des Gases oder Dampfes bei der Temperatur t und dem Druck p (in Centimetern Quecksilbersäule) und M das Molekulargewicht des Gases ist. So z. B. ist bei 100^0 und 760 mm (einer Atmosphäre) das Gewicht eines Cubikcentimeters Aethyläther ($M = 74$) gleich $s = 0{,}0024$[24]).

Da die Molekeln vieler einfacher Körper (H^2, O^2, N^2, Cl^2, Br^2, S^2 — wenigstens bei hohen Temperaturen) gleichartig zusammengesetzt sind, so geben die Formeln der von ihnen gebildeten Verbindungen direkt die Volumzusammensetznng an. So z. B. zeigt die Formel HNO^3, dass man bei der Zersetzung der Salpetersäure 1 Volum Wasserstoff, 1 Vol. Stickstoff und 3 Vol. Sauerstoff erhält.

Von der elementaren und Volumzusammensetzung und den Dampfdichten hängen direkt viele mechanische, physikalische und chemische Eigenschaften der Körper ab, daher gibt das gegenwärtig allgemein angenommene System der Atome und Molekeln die Möglichkeit viele höchst komplizirte Verhältnisse auf einfachere zurückzuführen. Es lässt sich z. B. leicht beweisen, dass die **lebendige Kraft der Molekeln aller Gase und Dämpfe gleich ist**. In der That, die Mechanik lehrt, dass die lebendige Kraft einer in Bewegung befindlichen Masse $= 1/_2 \, mv^2$ ist, wenn m die Masse und v die Geschwindigkeit bezeichnet. In Bezug auf Molekeln ist $m = M$ oder gleich dem Molekulargewichte, und die Bewegungsgeschwindigkeit der Gasmole-

---

alle Gase $M = 2D$, wobei M das Molekulargewicht und D die Dichte in Bezug auf Wasserstoff bezeichnet. Die Dichte ist aber gleich dem Grammgewichte S_0 eines Cubikcentimeters des Gases bei $0°$ und 76 cm. Druck, dividirt durch 0,0000896 (das Gewicht von 1 cc. Wasserstoff). Das Gewicht S eines Cubikcentimeters des Gases bei der Temperatur t und dem Druck p (in Centimetern) ist $= \dfrac{sp}{76\,(1+\alpha t)}$.

Folglich ist $S_0 = s \cdot 76\,(1+\alpha t)p$. Hieraus ergiebt sich $D = \dfrac{76 \cdot s\,(1+\alpha t)}{0{,}0000896\,p}$ und $M = \dfrac{152\,s\,(1+\alpha t)}{0{,}0000896\,p}$; aus letzterem berechnet sich der im Text gegebene Ausdruck, da $\dfrac{1}{\alpha} = 273$. Anstatt s kann $\dfrac{m}{v}$ gesetzt werden, wobei m das Gewicht und v das Volum des Dampfes ist.

24) Diese Formel lässt sich direkt zur Auffindung des Molekulargewichtes nach den Daten für die Dampfdichte gebrauchen, da $s = \dfrac{m}{v}$ ist, d. h. dem Gewicht des Dampfes, dividirt durch sein Volum, und folglich nach den Versuchsdaten $M = \dfrac{6255 \cdot m \cdot (273+t)}{pv}$. Demnach kann anstatt der im Kap. II, Anm. 33 gegebenen Formel $pv = R\,(273+t)$, in welcher R mit der Masse und der Natur des Gases variirt, die Formel $pv = 6255 \cdot \left(\dfrac{m}{M}\right) \cdot (273+t)$ angewandt und, wenn die Gewichtsmenge des Gases m gleich dem Molekulargewicht gesetzt wird, die für alle Gase geltende Formel $pv = 6255\,(273+t)$ benutzt werden.

keln gleich einer Konstante, die wir durch C bezeichnen wollen, dividirt durch die Quadratwurzel aus der Dichte des Gases [25]) also $= \frac{C}{\sqrt{D}}$; da nun $D = \frac{M}{2}$ so ist die lebendige Kraft der Molekeln $= C^2$, d. h. eine Konstante, wie zu beweisen war[26]). Die spezifische Wärme der Gase (wie wir später sehen werden) und viele andere Eigenschaften derselben werden gleichfalls durch ihre Dichte und folglich auch durch ihr Molekulargewicht bestimmt. Beim Uebergange von Gasen und Dämpfen in den flüssigen Zustand wird die sogen. **latente Verdampfungswärme** frei; dieselbe steht, wie sich erweist, ebenfalls in einem Abhängigkeitsverhältniss zu dem Molekulargewichte. Die Beobachtung ergibt folgende latente Verdampfungswärmen: für Schwefelkohlenstoff $CS^2 = 90$, Aether $C^4H^{10}O = 94$, Benzol $C^6H^6 = 109$, Weingeist $C^2H^6O = 200$, Chloroform $CHCl^3 = 67$ u. s. w. Diese Zahlen geben die Wärmemengen an, welche zur Ueberführung je eines Gewichtstheiles der genannten Körper in Dampf erforderlich sind; werden dagegen die Wärmemengen auf die Molekulargewichte bezogen, so zeigt sich eine merkwürdige Gleichförmigkeit derselben. Beim Schwefelkohlenstoff entspricht der Formel CS^2 das Molekulargewicht 76; die auf dies Molekulargewicht bezogene latente Verdampfungswärme ist also $= 76 \cdot 90 = 6840$; beim Aether $= 9656$, beim Benzol $= 8502$, beim Weingeist $= 9200$,

---

25) Kap. I., Anm. 34.

26) In naher Beziehung hierzu steht die **Geschwindigkeit des Schalles in Dämpfen und Gasen.** Der Ausdruck für dieselbe ist $\sqrt{\frac{kpg}{D(1+\alpha t)}}$, in welchem k das Verhältniss der beiden spezifischen Wärmen (das für Gase, deren Molekel 2 Atome enthält, nahezu gleich 1,4 ist), p den Druck des Gases in Gewichtsmengen (d. h. den in Quecksilberhöhe angegebenen Druck multiplizirt mit dem spezifischen Gewicht des Quecksilbers), g die Intensität der Schwere, D das Gewicht eines Cubikmaasses Gas, $\alpha = 0{,}00367$ und t die Temperatur bezeichnet. Da D aus der Zusammensetzung des Gases sich ergibt, so findet man nach der Formel, wenn k gegeben ist, die Geschwindigkeit des Schalles und umgekehrt, aus dieser letzteren den Werth von k. Mit besonderer Leichtigkeit lässt sich die relative Geschwindigkeit des Schalles in zwei Gasen bestimmen (Kundt).

Wird ein etwa 1 m. langes, mit einem Gase gefülltes und an beiden Enden zugeschmolzenes Glasrohr in horizontaler Lage in der Mitte eingeklemmt, so lässt sich durch Reiben des Rohrs (von der Mitte nach den Enden) mit einem nassen Lappen das Rohr und das Gas leicht in longitudinale Schwingungen versetzen. Um die Schwingungen des Gases sichtbar zu machen, kann man vor dem Füllen des Rohres mit Gas Lycopodiumsporen (Semen Lycopodii der Apotheken) in dasselbe bringen. Die Sporen lagern sich dann in Figuren, deren Zahl von der Geschwindigkeit des Schalles in dem betreffenden Gase abhängt. Entstehen z. B. 10 Figuren, so ist die Geschwindigkeit des Schalles im Gase 10 mal geringer als im Glase. Offenbar lässt sich auf diese Weise die Geschwindigkeit in verschiedenen Gasen leicht vergleichen. Der Versuch hat gelehrt, dass die Geschwindigkeit des Schalles im Sauerstoff 4 mal geringer ist, als im Wasserstoff; dies ist aber das umgekehrte Verhältniss der Quadratwurzeln aus den Dichten oder Atomgewichten des Sauerstoffs und Wasserstoffs.

beim Chloroform = 8007; beim Wasser = 9620 u. s. w. Somit ist die latente **Verdampfungswärme** von Molekularmengen bei verschiedenen Körpern ziemlich dieselbe, sie variirt nur zwischen 7 und 10 Tausend Wärmeeinheiten, während sie, auf 1 Gewichtstheil bezogen, bedeutenden Schwankungen unterliegt und z. B beim Wasser 10 mal grösser ist, als beim Chloroform u. s. w. [27]).

Ein anderes Beispiel der unmittelbaren Abhängigkeit der Eigenschaften von dem Molekulargewichte ist folgendes. Löst man in dem 200-fachen Molekulargewicht Wasser (z. B. 3600 g.) je ein Molekulargewicht verschiedener Chlormetalle z. B. NaCl, $CaCl^2$, $BaCl^2$ u. a., so zeigt sich, dass das spezifische Gewicht der Lösung um so grösser wird, je grösser das Molekulargewicht des gelösten Salzes ist [28]):

	Molekulargewicht.	Spezifisches Gewicht bei 15°.
HCl	36,5	1,0041
NaCl	58,5	1,0106
KCl	74,5	1,0121
$BeCl^2$	80	1,0138
$MgCl^2$	95	1,0203
$CaCl^2$	111	1,0236
$NiCl^2$	130	1,0328
$ZnCl^2$	136	1,0331
$BaCl^2$	208	1,0489

Uebrigens hängen nicht alle Eigenschaften der Stoffe von dem Molekulargewicht allein ab [29]). Nicht nur chemische, sondern auch

---

27) Wenn auch die Anwendung des Begriffs der Molekularmengen auf die latente Verdampfungswärme kein strenges Gesetz ergibt, so lässt sie doch eine gewisse Gleichmässigkeit in den Zahlen erkennen, die sonst nur als ein empirisches Ergebniss des Versuches erscheinen. Molekulare Mengen von Flüssigkeiten verbrauchen beim Verdampfen nahezu gleiche Wärmemengen. Wahrscheinlich liegen die Zahlen für die latente Verdampfungswärme von Molekularmengen so nahe, weil die lebendige Kraft der Bewegung in den Molekeln, wie wir gesehen haben, eine konstante Grösse ist.

28) Ausführliches hierüber in meiner Schrift «Untersuchung der wässerigen Lösungen nach ihrem spezifischen Gewichte» (in russ. Spr.) 1887, S. 426.

29) Eine der bemerkenswerthesten Anwendungen der aus dem Avogadro-Gerhardt'schen Gesetz sich ergebenden Begriffe bilden die an verdünnten Lösungen beobachteten Gesetzmässigkeiten, von denen im I-sten Kapitel (Anm. 19, 49, 50, 51) die Rede war. Die ursprünglich von Traube, Pfeffer und insbesondere de-Vries angestellten Versuche bestanden in Folgendem. Traube zeigte, dass gewisse aus unlöslichen Substanzen bestehende Membranen (eine solche entsteht z. B. bei der Einwirkung von Kupfersalzen auf Ferrocyankalium) Wasser durchlassen, während die im Wasser gelösten Substanzen nicht hindurchgehen. Diese Beobachtung ermöglichte es den osmotischen Druck zu bestimmen, wie in dem Kap. I., Anm. 19 beschriebenen Versuche. De-Vries fand ferner in den Pflanzenzellen ein bequemes Mittel um zu bestimmen, ob gegebene Lösungen gleichen osmotischen Druck ausüben (isoton sind) oder nicht. Zu diesem Zweck wird eine Schicht gefärbter Pflan-

viele physikalische Eigenschaften werden durch die Zusammensetzung der Molekeln und die Eigenschaften der in ihnen enthaltenen elementaren Atome bestimmt. So z. B. hängt das spezifische Gewicht fester und flüssiger Körper (wie wir später sehen werden) hauptsächlich von den Atomgewichten der in ihnen enthaltenen Elemente ab; schwere, einfache und zusammengesetzte Körper werden nur von Elementen von hohem Atomgewicht, wie Gold, Platin, Uran, gebildet. Auch im freien Zustande gehören diese einfachen Körper zu den schwersten. Körper dagegen, welche Elemente von geringem Atomgewicht enthalten, wie H, C, O, N (z. B. viele organische Verbindungen) besitzen niemals ein hohes spezifisches Gewicht; dasselbe übersteigt nur um ein geringes die Dichte des Wassers. Je grösser die Menge des Wasserstoffs (des leichtesten Elementes) in einer Verbindung ist, desto geringer wird gewöhnlich das spezifische Gewicht, so dass häufig Körper entstehen, die leichter als Wasser sind. Ebenso hängt die Lichtbrechung ganz von der Menge und der Natur der in den Körpern enthaltenen Elemente

---

zenzellen, z. B. von Tradescantia discolor, unter dem Mikroskop mit der zu untersuchenden Lösung befeuchtet. Wenn der osmotische Druck der Lösung geringer, als der Druck des flüssigen Zellinhaltes, oder demselben gleich ist, so tritt keine wahrnehmbare Veränderung ein. Ist dagegen der osmotische Druck der Lösung grösser, so tritt aus den Zellen Wasser aus, der gefärbte Zellinhalt zieht sich zusammen und löst sich von der Zellenwandung ab, was unter dem Mikroskop leicht zu beobachten ist. Kennt man also für irgend eine Substanz, z. B. Zucker, den osmotischen Druck der einen verschiedenen Gehalt besitzenden Lösungen, so lässt sich der osmotische Druck auch für alle anderen Substanzen bestimmen, da der direkte Versuch lehrt, dass dieser Druck proportional der Konzentration der Lösung wächst. — Um die auf diese Weise erhaltenen Resultate zu veranschaulichen, genügt es mithin irgend eine Substanz, z. B. Zucker, bei einer beliebigen Konzentration seiner Lösung zu betrachten.

Es beträgt z. B. der osmotische Druck einer einprocentigen Zuckerlösung (vergl. S. 75) nach den Versuchen von Pfeffer (1877), $= 53{,}5$ cm. bei $14°$. Der Formel des Zuckers — $C^{12}H^{22}O^{11}$ entspricht das Molekulargewicht $M = 342$ und, da das Gewicht eines Cubikcentimeters einer einprocentigen Zuckerlösung $= 1{,}003$ g., also das Gewicht des Zuckers in einem Cubikcentim. dieser Lösung oder s in der im Text (S. 353) gegebenen Formel $= 0{,}01003$ g. beträgt, so finden wir nach dieser Formel: $6255\,s\,(273 + t) = Mp$, den Werth $p = 52{,}6$, bei $t = 14$. Dies zeigt, dass *der Zucker, wenn er statt in Lösung, im dampfförmigen Zustande sich befände, nach dem Avogadro-Gerhardt'schen Gesetze einen dem osmotischen gleichen Druck ausüben müsste.* Dieses Ergebniss (das noch nicht vollkommen aufgeklärt ist) bildet die Grundlage der Van't Hoff'schen Regel für $i = 1$ (Kap. I., Anm. 19 und 49).

Das Molekulargewicht übt also einen bestimmten Einfluss auf den osmotischen Druck aus (und folglich auch auf die Dampftension und die Gefriertemperatur von Lösungen, s. Kap. I., Anm. 49) und, umgekehrt, kann nach dem osmotiscken Drucke, wie nach der Dampfdichte, das Molekulargewicht bestimmt werden.

Diese Einfachheit der Verhältnisse wird aber nur bei verdünnten Lösungen von Substanzen beobachtet, welche, wie der Zucker, den elektrischen Strom nicht leiten und für die $i = 1$ ist. Bei Salzen und Säuren, die den Strom leiten, variirt diese

ab [30]). Ein interessantes Beispiel bietet in dieser Beziehung der Diamant, dessen hoher Lichtbrechungskoëffizient Newton voraussehen liess, dass dieser Körper einen brennbaren Stoff enthalten müsse, da viele brennbare Oele gleichfalls stark lichtbrechend sind.

Grösse bis $i = 4$ (Kap. I., Anm. 49). Um diese Erscheinung zu erklären, nimmt Arrhenius (theilweise im Anschluss an Hittorf und Clausius) an, dass solche Körper in den Lösungen (besonders in verdünnten) zum Theil dissoziirt sind, wodurch die Anzahl der Molekeln vergrössert wird (Kap. I., Anm. 45). Da Vorstellungen dieser Art noch sehr wenig ausgearbeitet sind und bei Betrachtung der Lösungen von diesem mit besonderm Nachdruck von Ostwald vertheidigten Standpunkte aus, das Wasser oder überhaupt die Lösungsmittel, deren Rolle in den Lösungen (insbesondere verdünnten) eine unverkennbare ist, gänzlich ausser Acht gelassen werden, so halte ich es für nicht angezeigt, hier auf die Arrhenius'sche Theorie einzugehen, obgleich dieselbe meiner Ansicht nach entwickelungsfähige Keime in sich schliesst und mit der Zeit sich mit einer vollständigeren Theorie der Lösungen verschmelzen kann.

Ich erwähne nur noch, dass der osmotische Druck in den Zellen von Organismen mehrere Atmosphären erreicht und wahrscheinlich eine der Ursachen ist, welche die eigenthümlichen Funktionen dieser Zellen bestimmen. Demnach muss eine Erforschung dieser Erscheinungen nicht nur zur Vervollkommnung der Theorie der Lösungen beitragen, sondern auch die Fortschritte der Physiologie fördern.

30) In Bezug auf das Lichtbrechungsvermögen sei zunächst daran erinnert, dass der Brechungsindex auf zwei verschiedene Arten ausgedrückt wird: a) entweder werden alle Daten auf einen Lichtstrahl von bestimmter Wellenlänge, z. B. die Fraunhofer'sche (Natrium-) Linie D des Sonnenspektrum's oder den rothen Strahl (des Wasserstoffspektrums), dessen Wellenlänge 656 Millionstel Millimeter beträgt, bezogen; b) oder man wendet Cauchy's Formel an, welche die Abhängigkeit des Brechungsindex und der Lichtzerstreuung von der Wellenlänge ausdrückt: $n = A + \frac{B}{\lambda^2}$, wo A und B zwei jedem Körper eigenthümliche, aber für alle Strahlen des Spektrums gleichbleibende Konstanten und λ die Wellenlänge des Strahles, für den der Brechungsindex n ist, bedeuten. Wird diese letztere Methode angewandt, so ist gewöhnlich die von der Lichtzerstreuung unabhängige Grösse A Objekt der Untersuchung. Gladstone, Landolt u. a., welche den Begriff der Refraktionsäquivalente in die Wissenschaft einführten und deren Untersuchungen wir hier in Kürze erwähnen wollen, haben die erstere Methode benutzt.

Der **Lichtbrechungsindex** n einer gegebenen Substanz nimmt, wie schon längst bekannt ist, mit der Dichte D ab, so dass die Grösse $\frac{(n-1)}{D} = c$ für einen Lichtstrahl von bestimmter Wellenläge und eine gegebene Substanz nahezu konstant ist. Diese Konstante wird als *Refraktionsenergie* (refractive energy) bezeichnet und das Produkt dieser Grösse mit dem Atom- oder Molekulargewicht als *Refraktionsäquivalent*. Der Brechungsindex des Sauerstoffs ist 1,00021, der des Wasserstoffs 1,00014, die Dichten dieser Gase (auf Wasser bezogen) sind 0,00143 und 0,00009, die Atomgewichte $O = 16$, $H = 1$, folglich sind ihre Refraktionsäquivalente 3,0 und 1,5. Das Wasser ist H^2O, folglich die Summe der Refraktionsäquivalente seiner Bestandtheile $= 2.1,5 + 3,0 = 6$. Der Brechungsindex des Wassers ist 1,331, hieraus ergibt sich das Refraktionsäquivalent $= 5,958$ oder fast $= 6$, wie das durch obige Rechnung gefundene. Der Vergleich der verschiedenen Refraktionsäquivalente zeigt, dass die Summe der Refraktionsäquivalente der Atome, welche eine Verbindung (oder ein Gemisch) zusammensetzen, (annähernd) gleich ist dem Refraktionsäquivalent der Verbindung selbst. Nach den Unter-

Was die Erforschung rein chemischer Verhältnisse und insbesondere die Erklärung der Reaktionen und der chemischen Struktur der Körper betrifft, so verdanken diese dem Avogadro-Gerhardt'schen Gesetze ihre grössten Erfolge. Die heutige Chemie, von den Gesetzen und Begriffen ausgehend welche Lavoisier in die Wissenschaft einführte, hat zu ihrer Grundlage die Gesetze Dalton's, Avogadro-Gehardt's, Berthollet's Lehre vom Gleichgewicht bei chemischen Wechselwirkungen und die von Sainte-Claire Deville eingeführten Begriffe der Dissoziation.

Achtes Kapitel.

Kohlenstoff und Kohlenwasserstoffe.

Die Bezeichnungen Kohle und Kohlenstoff sind scharf auseinander zu halten. Die Kohle, die wol jeder aus eigener Anschauung kennt, kann man nur schwer in chemisch reinem Zustande erhalten. Reine Kohle ist ein nicht schmelzbarer, brennbarer, einfacher Körper, der beim Glühen organischer Substanzen entsteht und eine schwarze, keine Spur von krystallinischer Struktur besitzende, in keinem Lösungsmittel sich lösende Masse darstellt. **Die Kohle ist ein Stoff,** dem bestimmte physikalische und chemische Eigenschaften zukommen. Sie ist ein Körper, der sich direkt mit Sauerstoff (beim Verbrennen zu Kohlensäuregas) verbindet. In den organischen Sub-

---

suchungen von Gladstone, Landolt, Hagen, Brühl, Kanonnikow u. a. besitzen die Elemente folgende Refraktionsäquivalente: $H = 1,3$; $Li = 3,8$; $B = 4,0$; $C = 5,0$; $N = 4,1$ (in den höheren Oxyden 5,3); $O = 2,9$; $F = 1,4$; $Na = 4,8$; $Mg = 7,0$; $Al = 8,4$; $Si = 6,8$; $P = 18,3$; $S = 16,0$; $Cl = 9,9$; $K = 8,1$; $Ca = 10,4$; $Mn = 12,2$; $Fe = 12,0$ (in den Oxydsalzen 20,1); $Co = 10,8$; $Cu = 11,6$; $Zn = 10,2$; $As = 15,4$; $Bi = 15,3$; $Ag = 15,7$; $Cd = 13,6$; $J = 24,5$; $Pt = 26,0$; $Hg = 20,2$; $Pb = 24,8$ u. s. w. Selbstverständlich konnten die Refraktionsäquivalente vieler dieser Elemente nur in den Lösungen ihrer Verbindungen bestimmt werden. War die Zusammensetzung der Lösung bekannt so konnte das Refraktionsäquivalent des einen der Bestandtheile nach denen aller übrigen bestimmt werden. Diese Berechnungen gründen sich auf die Annahme einer nicht streng durchführbaren Gesetzmässigkeit. Dennoch erlauben sie, mit Leichtigkeit nach der chemischen Zusammensetzung eines Körpers die Grösse seines Brechungsindex, wenn auch nur annähernd, zu bestimmen. So z. B. berechnet sich aus der Zusammensetzung des Schwefelkohlenstoffs $CS^2 = 76$ und seiner Dichte 1,27 der Brechungsindex $= 1,618$ (da das Refraktionsäquivalent $= 5 + 2.16 = 37$), was der Wirklichkeit sehr nahe kommt. Offenbar wird hierbei im zusammengesetzten Körper eine einfache Vermischung der Atome angenommen und die physikalischen Eigenschaften der Verbindung auf die Eigenschaften der sie zusammensetzenden elementaren Atome zurückgeführt. Ohne diese Annahme wäre wol kaum der Versuch gemacht worden, die Brechungsindices der verschiedensten Körper unter ein einheitliches Gesetz zu bringen.

stanzen befindet sich die Kohle in Verbindung mit Wasserstoff, Sauerstoff, Stickstoff und Schwefel. In allen diesen Verbindungen ist aber die Kohle nicht als solche vorhanden, ebenso wie im Wasserdampfe kein Eis enthalten ist. Das in diesen Verbindungen Enthaltene wird Kohlenstoff genannt. Der **Kohlenstoff ist also ein Element**, das der Kohle, den aus ihr darstellbaren Stoffen und den Stoffen, aus welchen man die Kohle erhalten kann, gemeinsam ist. Der Kohlenstoff kann in Form von Kohle, aber auch in andern Formen — als Diamant und Graphit — auftreten. In anderen Fällen wird zwar eine solche Unterscheidung in der Bezeichnung eines Elementes und eines einfachen Körpers nicht gemacht: man bezeichnet als Sauerstoff sowol den einfachen Körper — das Sauerstoffgas und seine allotropische Modifikation, das Ozon, — als auch das Element Sauerstoff, welches in diesen einfachen Körpern und in zusammengesetzten Körpern, im Wasser, der Salpetersäure und dem Kohlensäuregas enthalten ist; offenbar enthält aber z. B. Wasser weder Sauerstoffgas, wie es sich im freien Zustande zeigt, noch auch Sauerstoff in Form von Ozon, sondern einen Stoff, der Sauerstoffgas, Ozon und Wasser bilden kann, d. h. das Element Sauerstoff, dem eine gewisse chemische Selbstständigkeit und ein Einfluss auf die Eigenschaften der sauerstoffhaltigen Verbindungen zukommt. Wasserstoffgas ist, wie wir gesehen haben, ein schwer reagirender Körper, Wasserstoff als Element dagegen besitzt in seinen Verbindungen eine im Vergleich mit anderen Elementen ausserordentlich grosse Beweglichkeit. Wir können uns den Kohlenstoff als ein Atom der Substanz der Kohle vorstellen und die Kohle als Aggregat solcher Atome, welche zu einem Ganzen — den Molekeln des einfachen Körpers — der Kohle — zusammengetreten sind. Das Atomgewicht des Kohlenstoffs muss man zu 12 annehmen, da dieses die geringste in die Molekeln seiner Verbindungen eingehende Menge ist; das Molekulargewicht der Kohle dagegen wird wahrscheinlich ein sehr bedeutendes sein. Dasselbe ist unbekannt, da die Kohle nicht in dampfförmigen Zustand übergeht und nur in wenige direkte Reaktionen eingeht (auch in diese nur bei sehr hoher Temperatur, wobei das Molekulargewicht wahrscheinlich sich ebenso ändert, wie beim Uebergang des Ozons in Sauerstoffgas).

Der Kohlenstoff findet sich in der Natur in den verschiedenartigsten Formen, sowol in freiem Zustande, als auch in Verbindungen. In freiem Zustande kennt man mindestens drei Modifikationen des Kohlenstoffs: Kohle, Graphit und Diamant. In Verbindungen kommt der Kohlenstoff als Kohlensäure in der Luft und im Wasser und in Form von kohlensauren Salzen und organischen Ueberresten in der Erdrinde vor. Sodann bildet er einen Bestandtheil der sogenannten **organischen Stoffe**, d. h. einer Menge von Substanzen, aus welchen der Organismus der Thiere und Pflanzen besteht[1]). Die Verschiedenartigkeit dieser Substanzen ist allgemein bekannt. Wachs und Oele, Terpentinöl und Harze, Baumwolle und Eiweiss, das Zellgewebe der Pflanzen und das Muskelgewebe der Thiere, Weinsäure

---

[1]) **Das Holz** ist der nicht mehr in Lebensthätigkeit befindliche Theil der sogen. holzigen Pflanzenorgane; der lebende Theil von Baumstämmen z. B. (die Cambiumschicht) befindet sich zwischen der Rinde und dem Holz. Alljährlich wird aus den von den Wurzeln aufgenommenen und von den Blättern assimilirten Säften in dem Cambium eine neue Holzschicht abgelagert; daher kann man das Alter eines Baumes nach der Zahl dieser Holzschichten, der Jahresringe, bestimmen. Das nächstfolgende Jahr bewegen sich die Säfte schon in einer neuen Cambiumschicht, während die in den vorhergehenden Jahren gebildeten Schichten nur als Stütze für die lebenden Pflanzenorgane dienen. Ein lebender Baum kann als eine Kolonie von zahlreichen Pflanzenorganismen (Zellen), welche auf dieser einen Stütze leben, angesehen werden. Das Holz in seiner Masse besteht hauptsächlich aus einem Zellengewebe, in welchem Ablagerung von Holzstoff und sogen. inkrustirender Substanz stattgefunden hat. Der Zellstoff oder die Cellulose hat die Zusammensetzung $C^6H^{10}O^5$, die inkrustirende Substanz ist reicher an C und H und ärmer an O. Im frischen Holze ist das Gewebe von Wasser durchtränkt. Frisches Birkenholz enthält 31 pCt. Wasser, Lindenholz 47 pCt., Eichenholz 35 pCt., Kiefer und Tanne etwa 37 pCt. Beim Trocknen an der Luft verliert das Holz eine bedeutende Menge Wasser, denn es bleiben nicht mehr als 19 pCt. zurück. Beim künstlichen Trocknen ist der Wasserverlust noch grösser. Wird in die Poren des Holzes Wasser eingetrieben, so wird es schwerer als Wasser, da der Holzstoff ein spezifisches Gewicht von annähernd 1,6 besitzt. In frischem Zustande wiegt ein Cubikcentimeter Holz von Birke nicht über 0,901 g, Tanne 0,894, Linde 0,817, Espe 0,765; im getrockneten Zustande — Birkenholz 0,622, Kiefernholz 0,550, Tannenholz 0,355, Lindenholz 0,430. Guajakholz 1,342, Ebenholz 1,226. Es sei noch erwähnt, dass auf einem Hektar Wald der jährliche Zuwachs an Holz etwa 3000 Kilogramm, selten 5000 beträgt.

Was die mittlere Zusammensetzung des Holzes im lufttrocknen Zustande anbetrifft, so lässt sie sich folgendermaassen ausdrücken: hygroskopisches Wasser 15 pCt., Kohlenstoff 42 pCt., Wasserstoff 5 pCt., Sauerstoff und Stickstoff 37 pCt. und Asche 1 pCt. Bei 150° verliert das Holz sein hygroskopisches Wasser, bei 300° zersetzt es sich unter Bildung von lockerer brauner Kohle, der sogen. Röst- oder Rothkohle, bei 350° bildet sich schwarze Kohle. Aus den angeführten Zahlen über die Zusammensetzung des feuchten Holzes ersieht man, dass sein Wasserstoff als mit Sauerstoff verbunden angesehen werden kann, da zur Verbrennung dieses Wasserstoffs etwa 40 Gewichtstheile Sauerstoff nöthig sind. Im Holze brennt also fast nur der Kohlenstoff, so dass 100 Th. Holz ebensoviel Wärme entwickeln, wie 40 Th. Kohle; in Wirklichkeit gibt die Kohle mehr nützliche Wärme, da beim Brennen des Holzes ein Theil der entwickelten Wärme zur Verdampfung des im Holze enthaltenen Wassers verbraucht wird. Es wäre demnach höchst vortheilhaft zu Heizzwecken das Holz erst in Kohle zu verwandeln, wenn es gelingen könnte, aus 100 Th. Holz etwa 40 Th. Kohle zu erhalten. In der Praxis ist die Ausbeute aber viel geringer und übersteigt nie 30 pCt., da ein Theil des Kohlenstoffs beim Verkohlen des Holzes in gasförmigen Verbindungen oder als Theer u. s. w. verloren geht. Wenn Holz auf weite Strecken transportirt werden oder zur Erzielung sehr hoher Temperaturen dienen soll, so erweist sich die Verkohlung als vortheilhaft, selbst bei einer Ausbeute von 25 pCt. Beim Verbrennen entwickelt Holzkohle etwa 8000 cal., lufttrockenes Holz dagegen nur 2800 cal.; somit geben 7 Theile Kohle ebensoviel Wärme, wie 20 Th. Holz. Nun können aber 20 Th. Holz etwa 5 Th. Kohle geben. Was die Temperatur betrifft, welche beim Verbrennen erreicht wird, so kann sie bei Anwendung von Kohle bedeutend grösser sein als bei Benutzung von Holz, da 20 Th. brennenden Holzes,

und Stärke — sind kohlenstoffhaltige Verbindungen, welche in thierischen oder pflanzlichen Organismen vorkommen. Die Zahl solcher Verbindungen ist so gross, dass dieselben von den übrigen Stoffen gesondert betrachtet werden und einen besonderen Zweig der Chemie — die organische Chemie oder die Chemie der Kohlenstoffverbindungen, richtiger der Kohlenwasserstoffverbin-

---

ausser dem Kohlensäuregas, welches auch beim Verbrennen der entsprechenden Menge von Kohle entsteht, etwa 11 Th. Wasser geben, dessen Dämpfe zu ihrer Erhitzung eine bedeutende Wärmemenge verbrauchen.

Die Zusammensetzung der **grünen Pflanzentheile** — Blätter, jungen Zweige und Stengel — unterscheidet sich von der des Holzes dadurch, dass diese lebenden Organe viel Pflanzensaft enthalten; dieser ist reich an stickstoffhaltigen Substanzen (deren Menge im Holze sehr gering ist), an Mineralsalzen und an Wasser. Als Beispiel führen wir die Zusammensetzung des frischen und trockenen Klees an. 100 Th. des ersteren enthalten etwa 80 pCt. Wasser und 20 pCt. feste Substanz, und zwar 3,5 stickstoffhaltige (Eiweiss-) Substanzen, 9,5 lösliche und etwa 5 unlösliche stickstofffreie organische Substanzen und etwa 2 Asche. In trocknem Klee (Kleeheu) sind etwa 15 pCt. Wasser, 13 pCt. stickstoffhaltige und 7 pCt. Aschensubstanzen enthalten. Die Zusammensetzung der grünen Pflanzentheile zeigt, dass sie, wie das Holz, Kohle geben können. Sie zeigt aber auch die Ursache des verschiedenen Nährwerthes dieser Pflanzentheile und des Holzes. Der Gehalt an Stoffen, die ebenso wie stickstoffhaltige Substanzen, Stärke u. s. w. assimilirbar sind (d h. in das Blut übergehen) und am Aufbau der thierischen Organismen sich betheiligen können, bedingt die Tauglichkeit der grünen Pflanzentheile zur Ernährung der Thiere. — Bei ausgiebiger Ernte kann ein Hektar Land in Form von Gräsern dieselbe Menge von kohlenstoffhaltigen Substanzen geben, wie in Form von Holz.

Bei der **trocknen Destillation** können 100 Th. trocknes Holz, ausser den schon erwähnten 25 Th. Kohle, noch etwa 10 und mehr Theile Theer, etwa 40 Th. einer wässerigen, Essigsäure und Holzgeist enthaltenden Flüssigkeit und etwa 25 Th. Gase liefern, welche letztere zu Beleuchtungs- oder Heizzwecken benutzt werden können, da sie sich von dem gewöhnlichen (aus Steinkohlen dargestellten) Leuchtgas nicht unterscheiden. Da die Holzkohle und der Holztheer werthvolle Produkte sind, so wird die trockne Destillation des Holzes hauptsächlich zum Zweck ihrer Gewinnung betrieben. Besonders brauchbar sind hierzu die an harzigen Stoffen reichen Holzarten, z. B. die Nadelhölzer, wie Kiefer, Tanne u. s. w., während Birke, Eiche und Esche weniger Theer, dafür aber mehr wässerige Flüssigkeit (Holzessig) geben, die zur Bereitung von Essigsäure $C^2H^4O^2$ und Holzgeist (Methylalkohol) CH^4O dient. Zur Gewinnung der Destillationsprodukte wird die trockne Destillation des Holzes in Oefen oder Kesseln vorgenommen. Die Kessel (Thermokessel) stellen liegende oder aufrechtstehende cylindrische Retorten von Kesselblech dar, welche gewöhnlich oben und unten mit Oeffnungen versehen sind, um die leichten und schweren Destillationsprodukte austreten zu lassen. In Oefen kann die trockne Destillation des Holzes auf zweierlei Art ausgeführt werden: entweder wird im Ofen selbst ein Theil des Holzes verbrannt und dadurch die Destillation der übrigen Holzmenge bewirkt, oder die dünnen Wandungen des mit Holz gefüllten Ofens werden von Rauchkanälen umgeben, welche von einer unten befindlichen Feuerung ausgehen. Die erste Methode gibt eine geringere Menge flüssiger Produkte, als die zweite. Bei der Destillation nach der zweiten Methode muss unten am Ofen eine Oeffnung angebracht sein, durch welche die Kohle nach Beendigung der trocknen Destillation entfernt werden kann. Zur trocknen Destillation von 100 Th. Holz werden 20 bis 40 Th. Holz als Heizmaterial verbraucht.

dungen bilden, (die theilweise in Pflanzen- und Thier-Körpern vorkommen).

Wird eine organische Verbindung bei möglichst beschränktem Luftzutritt oder besser bei vollkommenem Luftabschluss stark geglüht, so erleidet dieselbe mehr oder weniger leicht eine Zersetzung. Während bei Luftzutritt organische Substanzen bekanntlich verbrennen, findet bei ungenügender Zufuhr von Luft zum brennenden Körper oder bei einer Temperatur, welche zur Verbrennung zu niedrig ist, oder endlich bei Abkühlung der ersten flüchtigen Zersetzungsprodukte, ehe sie sich mit der Luft vermischen und verbrennen, (z. B. beim Eintritt in kältere Theile des Ofens oder beim Oeffnen der Ofenthüre, durch welche viel kalte Luft auf einmal einströmt), — unvollständige Verbrennung und Bildung von **Rauch**, unter Ausscheiden von Kohle oder Russ, statt [2]). Ihrem Wesen nach ist diese Erscheinung dieselbe, wie

Zwischen dem Verkohlen des Holzes in Haufen und Meilern (Anm. 4.) und in vollkommen abgeschlossenen Räumen existiren zahlreiche Uebergangsformen. Hierher gehören namentlich die Methoden, bei welchen neben der Kohle eine gewisse Menge Theer gewonnen wird. Zu diesem Zwecke wird das Holz über Gruben mit geneigtem Boden verkohlt, wobei der Theer in besondere Behälter abfliesst. Diese Methode ist besonders im nördlichen Russland gebräuchlich.

Der Norden Russlands ist überhaupt so reich an Holz, das ausserdem so niedrig im Preise steht, dass hier alle Bedingungen vorhanden wären, um den Weltmarkt mit den Produkten der trocknen Destillation des Holzes versorgen zu können. Auch Steinkohlen (Anm. 6), Algen, Torf, thierische Substanzen (Anm. 6) u. s. w. werden der trocknen Destillation unterworfen.

2) Bei unvollständiger Verbrennung geht nicht nur ein Theil des Brennmaterials verloren und es entsteht nicht allein der in vielen Hinsichten lästige und

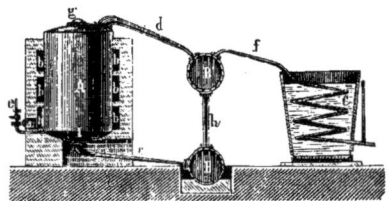

Fig. 91. Apparat zur trocknen Destillation von Holz. A-Kessel oder Retorte, in welche das Holz gebracht wird, und welche durch die Rauchkanäle bb erhitzt wird. In den Röhren c und d verdichtet sich der schwer flüchtige Theer, der in den Vorlagen BB sich ansammelt. Wasserdampf und Dämpfe der leicht flüchtigen Destillationsprodukte gelangen durch das Rohr F in die Kühlschlange C und werden hier verdichtet. Form und Anordnung der Apparate, sowie ihre Dimensionen können die verschiedensten sein. Etwa $1/100$ nat. Gr.

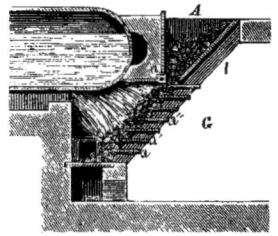

Fig. 92. Treppenrost an einem Dampfkessel. $1/200$.

gesundheitschädliche Rauch, sondern es wird auch die Temperatur der Flamme und folglich auch die Uebergabe von Wärme an die zu erhitzenden Gegenstände verringert. Unter diesen Bedingungen enthält der Rauch nicht nur Russ, d. h. unverbrannte Kohletheilchen, sondern auch Kohlenoxydgas CO (s. Kap. IX), welches unter Entwickelung grosser Wärmemengen würde verbrennen können. In der Technik, wo grosse Mengen von Brennmaterial zu industriellen Zwecken ge-

sie beim einfachen Glühen staltfindet; sie führt zur Bildung derselben Produkte, indem die beim Verbrennen eines Theiles der Substanz sich entwickelnde Wärme zum Erhitzen der übrigen Theile verbraucht wird. Die Zersetzung, welche beim Glühen von zusammengesetzten, Kohlenstoff, Wasserstoff und Sauerstoff enthaltenden Körpern stattfindet, besteht darin, dass ein Theil des Wasserstoffs in freiem Zustande, ein anderer in Verbindung theils mit Sauerstoff, theils mit Kohlenstoff, manchmal auch mit Sauerstoff und mit Kohlenstoff, in Form von gas- oder dampfförmigen Körpern, den sogenannten Produkten der trocknen Destillation ausgeschieden wird. Werden die Dämpfe dieser Produkte durch ein stark erhitztes Rohr geleitet, so erleiden sie eine weitere Zersetzung in derselben Richtung und zerfallen

---

braucht werden, hat das Bestreben, der Verschwendung infolge unvollständiger Verbrennung zu steuern, zu einer Reihe von Erfindungen geführt, um das Brennmaterial vollständiger zu verbrennen und auszunützen. Als bestes und radikales Mittel ist die Anwendung brennbarer Gase (Generatorgase und Wassergas) anzusehen, durch die man leicht vollständige Verbrennung ohne Verlust an Wärmeeffekt und höchstmögliche Temperatur erreicht. Bei Anwendung fester Brennstoffe (wie Kohle, Holz, Torf) wird die unvollständige Verbrennung haupsächlich durch das Oeffnen der Ofenthüren beim Aufschütten frischen Heizmaterials bedingt, wobei kalte Luft einströmt. Diesen Uebelstand beseitigt in vielen Fällen derin Fig. 92 abgebildete Treppenrost.

In den gewöhnlichen Herden wird frisches Brennmaterial auf bereits brennendes geworfen; die Produkte der trocknen Destillation des frischen Brennmaterials müssen also auf Kosten des Sauerstoffs verbrennen, welcher beim Hindurchgehen durch das darunter liegende im vollen Brennen begriffene Material unvereinigt geblieben ist. Ferner wird die Temperatur der Flamme durch die stattfindende trockne Destillation und die Verdampfung des im frischen Brennmaterial enthaltenen Wassers erniedrigt, da ein Theil der Wärme hierbei latent wird. Daher wird beim Aufschütten von frischem Brennmaterial stärkere Rauchbildung (unvollständige Verbrennung) beobachtet. Um dies zu vermeiden, muss der Herd in der Weise konstruirt sein (oder das Aufschütten von Brennmaterial so geschehen), dass die Produkte der trocknen Destillation des frisch aufgeworfenen Brennstoffes über schon im Glühen befindliche Kohlen streichen, wobei natürlich dafür gesorgt sein muss, dass auch diese Kohlen den zur Verbrennung nöthigen Sauerstoff erhalten. Durch den so eben erwähnten Treppenrost wird dies auf einfache Weise erreicht. Das Brennmaterial wird in den Trichter A geschüttet und fällt von hier auf die treppenförmig geordneten Roststäbe. Die glühenden Kohlen befinden sich auf den unteren Stufen des Rostes, so dass die vom frischen Brennmaterial gebildete Flamme über diese Kohlen streicht und durch dieselben ins Glühen gebracht wird. Ueberhaupt sind die Mittel zur Verhütung unvollständiger Verbrennung solcher Heizmaterialien, wie Holz, Torf, Braunkohlen und gewöhnliche (rauchgebende) Steinkohlen, folgende: genügender Luftzutritt durch den Aschenfall und Rost, gleichmässige Vertheilung des Brennstoffes auf diesem letzteren (da sonst grössere Mengen Luft durch die Rostfugen eindringen und die Temperatur erniedrigen), eine dem Zuge des Rauchfanges entsprechende Luftzufuhr und möglichst vollkommene Vermischung der Flamme mit der Luft (ohne unnützen Ueberschuss an dieser letzteren). Koks, Holzkohle, Anthracit — brennen ohne Rauch, da sie keine Produkte der trocknen Destillation entwickeln, aber auch bei ihnen kann unvollständige Verbrennuug stattfinden, wenn die Verbrennungsgase Kohlenoxyd enthalten.

schliesslich in Wasserstoff und Kohle. Alle diese verschiedenen Zersetzungsprodukte enthalten weniger Kohlenstoff, als die ursprüngliche organische Substanz, denn nur ein Theil des Kohlenstoffs wird in Verbindung mit Wasserstoff und Sauerstoff ausgeschieden, der andere bleibt in unverbundenem Zustande in Form eines schwarzen, unschmelzbaren und nicht flüchtigen Körpers — als Kohle [3] —

---

[3] Die verschiedenen Arten von Kohlen, welche sich in der Natur finden und in der Praxis verwandt werden, sind Produkte der Umwandlung kohlenstoffhaltiger Verbindungen. Keine der organischen Substanzen enthält soviel Sauerstoff, dass die Menge desselben zur Verbrennung nicht allein des Wasserstoffs, sondern auch zur Ueberführung alles Kohlenstoffs der Substanz in Kohlensäure ausreichend wäre. So z. B. bestehen die meisten Pflanzengewebe aus Zellstoff $C^6H^{10}O^5$. Diese Formel zeigt, dass der Sauerstoff dieser Verbindung nur den Wasserstoff derselben zu Wasser oxydiren kann, denn um auch den Kohlenstoff in Kohlensäure umzuwandeln, müsste der Zellstoff anstatt 5 Atome 17 Atome Sauerstoff enthalten. Dagegen können unter Einwirkung von Luft die organischen Substanzen vollständig oxydirt werden, so dass der gesammte Wasserstoff in Wasser und der gesammte Kohlenstoff in Kohlensäure übergeht. Dieses findet z. B. statt, wenn thierische oder pflanzliche Stoffe verfaulen, verwesen oder bei ausreichender Luftzufuhr verbrennen. Ist aber die Zufuhr von Luft eine ungenügende, so kann nach dem oben Gesagten keine vollständige Umwandlung in H^2O und CO^2 stattfinden und es muss, wenn die Zersetzung unter solchen Bedingungen dennoch vor sich geht, Kohle, als nicht flüchtige Substanz, zurückbleiben. Da nun alle organischen Stoffe unbeständig sind, der Hitze nicht widerstehen und selbst bei gewöhnlicher Temperatur, besonders in Gegenwart von Wasser, mit der Zeit zersetzt werden, so wird es erklärlich, dass durch Umwandlung von Organismenresten in vielen Fällen Kohle, obgleich niemals in reinem Zustande, entsteht.

Die Veränderungen, welche organische Substanzen ohne Luftzutritt erleiden, sind übrigens nicht so einfach, wie im Vorhergehenden angenommen wurde, denn es findet nicht nur Bildung von Wasser und Kohlensäure statt, sondern der Kohlenstoff und Wasserstoff bilden hierbei eine Menge verschiedenartiger Verbindungen, die theils gasförmig, flüchtig oder in Wasser löslich sind und daher entweichen oder weggeführt werden, während andere nicht flüchtige, kohlenstoffreiche Produkte, die der Einwirkung von Hitze und anderen Agentien relativ gut widerstehen, mit der sich gleichzeitig ausscheidenden Kohle zurückbleiben, wie z. B. manche harzige Substanzen. Je nach der Dauer und der Energie des Zersetzungsprozesses, ist die Menge dieser Beimengungen in der Kohle eine sehr verschiedene. So z. B. wird bei der Einwirkung von Hitze auf Holz zunächst die Feuchtigkeit ausgeschieden, dann bräunt sich das Holz, enthält aber in diesem Stadium noch viel Sauerstoff und Wasserstoff; bei länger andauernder Erhitzung verringert sich die Menge dieser Elemente, während die relative Menge des Kohlenstoffs im Rückstande zunimmt, obgleich die absolute Menge desselben abnimmt, da ein Theil des Kohlenstoffs in Form flüchtiger Produkte entweicht. Je stärker die Hitze, desto weniger Kohle wird gewonnen, aber desto geringer ist auch der Gehalt derselben an Wasserstoff und Sauerstoff. Folgende Tabelle zeigt, nach den Daten von Violette, die Veränderungen, welche das Holz bei verschiedenen Temperaturen durch die trockne Destillation mittelst überhitzten Wasserdampfes erleidet.

Temperatur.	Rückstand von 100 Th. Erlenholz.	100 Th. der zurückbleibenden Kohle enthalten.			
		C	H	O und N	Asche.
150°	100	47,5	6,1	46,3	0,1
350°	29,7	76,6	4,1	18,4	0,6
1032°	18,7	81,9	2,3	14,1	1,6
1500°	17,3	9,5	0,7	3,8	1,7

zurück. Mit der Kohle bleiben auch die erdigen und überhaupt alle nicht flüchtigen Stoffe (die Asche), wenn solche in der organischen Substanz enthalten waren, zurück. Uebrigens sind der hierbei sich bildenden Kohle stets nicht flüchtige theerartige Stoffe beigemengt, zu deren Zersetzung hohe Hitzegrade erforderlich sind. Beim Durchleiten des Gases oder Dampfes einer flüchtigen oder gasförmigen, Kohlenstoff und Wasserstoff enthaltenden Verdindung durch ein stark erhitztes Rohr kann sich ebenfalls Kohle bilden. Organische Substanzen bilden, wenn ihre Verbrennung bei ungenügender Luftzufuhr stattfindet, Russ, d. h. Kohle welche aus dampfförmigen Kohlenwasserstoffen entsteht, deren Wasserstoff zu Wasser verbrennt. So z. B. geben Terpentinöl, Naphtalin und andere durch Hitze schwer zersetzbare Kohlenwasserstoffe beim Verbrennen sehr leicht Kohle in Form von Russ. Chlor und andere Stoffe, die, ebenso wie Sauerstoff, Wasserstoff zu entziehen vermögen, ferner auch wasserentziehende Substanzen besitzen die Fähigkeit aus den meisten organischen Verbindungen Kohlenstoff auszuscheiden (sie zu verkohlen).

Bei ungenügendem Luftzutritt verbrennende organische Stoffe scheiden ebenfalls Kohle aus. Einen Theil derselben erhält man dann als Rückstand, wie z. B. die Holzkohle, welche nach dem Verbrennen von Holz in Oefen zurückbleibt. Die Holzkohle wird auch im Grossen auf dieselbe Weise d. h. durch unvollständige Verbrennung von Holz gewonnen [4]). Derselbe Verkohlungsprozess pflanzlicher Stoffe

---

4) Die Ursachen, welche es vortheilhaft erscheinen lassen, das Holz in Kohle umzuwandeln, sind in der 1-sten Anmerkung angegeben worden. Die **Holzkohle** wird entweder in Haufen und Meilern durch unvollständige Verbrennung von Holz, oder durch trockne Destillation, d. h. Erhitzen von Holz in geschlossenen Behältern (Retorten, Anm. 1) bei vollständigem Luftabschluss gewonnen. Verwendung findet die Holzkohle hauptsächlich zu metallurgischen Prozessen, namentlich bei der Gewinnung von Roheisen aus Erz und der weiteren Verarbeitung des Eisens. Die Haufen- oder Meilerverkohlung bietet den Vortheil, dass sie an jeder beliebigen Stelle im Walde vorgenommen werden kann, ihr Nachtheil besteht darin, dass alle Produkte der trocknen Destillation des Holzes verloren gehen. In solchen Haufen oder Meilern, deren Durchmesser von 2 bis 16 und mehr Meter beträgt, werden Holzscheite in senkrechter, liegender oder geneigter Lage aufgeschichtet, wobei unten mehrere horizontale Kanäle zum Eintritt von Luft und in der Mitte ein senkrechter Kanal zum Austritt von Rauch angebracht werden. Der so gerichtete Meiler wird, besonders in den oberen Theilen, mit einer dicken Lage von Rasen bedeckt, um den freien Zutritt von Luft zu verhindern und die Hitze im Innern zu konzentriren. Beim Brennen senkt sich der Meiler allmählich und es muss daher die Rasendecke nöthigenfalls ausgebessert werden. In dem Maasse wie die Verbrennung sich auf die ganze Holzmasse ausbreitet, steigert sich die Temperatur und es beginnt die trockne Destillation des Holzes. In diesem Stadium werden die Oeffnungen, welche der Luft Zutritt gewähren, geschlossen, um unnützes Verbrennen möglichst zu vermeiden. Seinem Wesen nach besteht der Prozess darin, dass ein Theil des Brennstoffes verbrennt und durch die dabei entwickelte Wärme die übrige Menge der trocknen Destillation unterworfen wird. Die Verkohlung dauert etwa zwei

findet in der Natur statt, wenn Sumpfpflanzen unter Wasser die Veränderungen erleiden, die zur Bildung von Torf führen ⁵).

Wochen, worauf die Kohlen durch Aufschütten von Erde gelöscht werden. Das Ende der Verkohlung erkennt man daran, dass aus dem Meiler nicht mehr Produkte der trocknen Destillation, welche mit leuchtender Flamme brennen, entweichen, sondern eine blassblaue Flamme von Kohlenoxyd erscheint. Trocknes Holz gibt bei der Meilerverkohlung etwa $^1/_4$ seines Gewichtes an Kohle.

5) Wenn abgestorbene Pflanzentheile an der Luft in Gegenwart von Feuchtigkeit sich zersetzen, so hinterbleibt eine kohlenstoffreichere Substanz, der **Humus** (Schwarz-Erde). In trocknem Zustande enthält derselbe etwa 70 pCt. Kohlenstoff. Der Humus entsteht aus Wurzeln, Blättern und Stengeln, welche alljährlich absterben. Die Pflanzenstoffe (Holz, Cellulose) gehen hierbei zunächst in braune (Ulminstoffe), dann in schwarze Produkte (Huminstoffe) über; beide sind in Wasser unlöslich; weiter bildet sich eine lösliche, braune (Apokrensäure), und schliesslich eine lösliche farblose Säure (Krensäure). Alkalien lösen einen Theil der Ulmin- und Huminstoffe und bilden braune Lösungen (von Ulmin- und Huminsäure); hierdurch wird zuweilen die braune Färbung des Wassers von Bächen und Flüssen bedingt. Der Gehalt an Humus in einer Ackerkrume steht gewöhnlich in innigem Zusammenhang mit ihrer Fruchtbarkeit: 1) da bei der Zersetzung von Pflanzenstoffen Kohlensäure, Ammoniak und Salze, deren die Pflanzen zu ihrer Ernährung bedürfen, entstehen, 2) da der Humus Regenwasser anzieht und zurückhält (bis zu 2 Gewthl.), dadurch also dem Boden die nöthige Feuchtigkeit erhält, 3) da der Humus den Boden auflockert und 4) da er die Fähigkeit zur Absorption der strahlenden Wärme vergrössert. Daher zeichnet sich ein an Humus reicher Boden meist durch Fruchtbarkeit aus. Die Mistdüngung bezweckt unter anderem die Vergrösserung der Humusmenge in der Ackererde; dasselbe kann auch durch alle andere leicht veränderliche thierische und pflanzliche Reste erreicht werden. Russland besitzt in seinen grossen Flächen von Schwarzerde (Tschernozjem) eine Quelle unermesslichen Reichthums. Die Entstehung und Verbreitung dieser Erden ist ausführlich von Dokutschajew untersucht worden.

Wenn Substanzen, welche Humus bilden, sich unter Wasser zersetzen, so entsteht weniger Kohlensäuregas, dagegen tritt in grösseren Mengen Sumpfgas CH^4 auf, während der feste Rückstand den sauren Humus der sumpfigen Gegenden und in grossen Massen den **Torf** bildet. Dieser Prozess der Torfbildung geht stellenweise in grossem Maasstabe vor sich und führt zur Bildung ausgedehnter Torflager, die in besonders grosser Anzahl in den Niederungen Hollands, Norddeutschlands, Bayerns und Irlands vorkommen; auch Russland besitzt, besonders in den nordwestlichen Theilen, reiche Torflager. Dichtere, ältere Torfarten nähern sich in ihren Eigenschaften den Braunkohlen, jüngerer Torf, der noch keinem bedeutenderen Druck ausgesetzt war, bildet dagegen eine sehr poröse Masse, in welcher die Struktur der ursprünglichen Pflanzenorgane noch deutlich wahrnehmbar ist. Getrockneter und zuweilen auch gepresster Torf wird als Heizmaterial benutzt. Seine Zusammensetzung ist an verschiedenen Orten sehr verschieden. In lufttrocknem Zustande enthält Torf nicht weniger als 15 pCt. Wasser und gegen 8 pCt. Asche; die übrige Masse besteht aus 45 pCt. Kohlenstoff, 4 pCt. Wasserstoff, 1 pCt. Stickstoff und 28 pCt. Sauerstoff. Der Wärmeeffekt ist fast derselbe wie beim Holz.

Die erdigen **Braunkohlen** sind wahrscheinlich aus Torf entstanden. Andere Braunkohlen bestehen aus einer Masse, die deutliche Holzstruktur aufweist; dieselben werden Lignit genannt. Die Zusammensetzung der Braunkohlen kommt derjenigen des Torfes nahe: im trocknen Zustande enthalten sie im Mittel 60 pCt. Kohlenstoff, 5 pCt. Wasserstoff, 26 pCt. Sauerstoff und Stickstoff und 9 pCt. Asche. In Russland finden sich Braunkohlen an vielen Orten, so namentlich in den Gouvernements Moskau, Tula, Twjer u. a. benachbarten. Sie werden überall, insbesondere da, wo sie

Auf die nämliche Weise sind zweifellos auch die grossen Massen von Steinkohle [6]) entstanden, welche zuerst in England in mächtigen Lagern vorkommen, als Heizmaterial benutzt; sie brennen mit Flamme, wie Holz und Torf, und nähern sich diesen letzteren auch in ihrem Wärmeeffekt, der 2—3 mal geringer ist, als bei den Steinkohlen.

6) Gras und Holz, Seetange und ähnl. Pflanzenstoffe mussten auch in früheren geologischen Perioden unter gewissen Bedingungen dieselben Veränderungen erleiden, wie gegenwärtig, d. h. sie mussten unter Wasser zu Torf und Ligniten umgewandelt werden. Waren dieselben längere Zeit hindurch der Einwirkung von Wasser ausgesetzt, wurden sie durch neuentstehende Erdschichten bedeckt, die einen Druck auf sie ausübten, so erlitten sie weitere Umwandlungen durch Ausscheidung von flüchtigen Bestandtheilen (Torf und Braunkohle scheiden auch beim Liegen an der Luft Gase — Stickstoff, Kohlensäure, Sumpfgas — aus) und bildeten die **Steinkohlen**. Diese stellen eine dichte, homogene, fett- oder glas-glänzende, seltener matte, sehr dunkel braune oder schwarze Masse dar, welche keine Pflanzenstruktur erkennen lässt und sich dadurch von den Braunkohlen unterscheidet. Das spezifische Gewicht der Steinkohlen ist (abgesehen von Beimengungen, wie Kies u. a.) verschieden, und schwankt von 1,25 (trockne mit langer Flamme brennende Kohlen) bis zu 1,6 (Anthracite — ohne Flamme) und selbst bis zu 1,9, wie bei dem sehr dichten im Olonetz'schen Gouvernement gefundenen Schungit, der nach Inostranzew in jeder Hinsicht das äusserste Glied in der Reihe der verschiedenen Modifikationen der Steinkohlen darstellt.

Um den Prozess der Entstehung von Kohle aus Pflanzenresten zu erklären, erhitzte Cagniard de la Tour trockne Holzstücke in zugeschmolzenen dickwandigen Röhren auf die Siedetemperatur des Quecksilbers. Das Holz verwandelte sich hierbei in eine schwarze halbflüssige Masse, aus der sich eine den Steinkohlen sehr ähnliche Substanz abschied. Einige Holzarten gaben Kohle, welche beim Verbrennen einen zusammenbackenden Koks bildete, andere — eine nicht zusammenbackende Kohle, ganz wie dies an den verschiedenen Steinkohlenarten beobachtet wird. Violette wiederholte diese Versuche mit bei 150° getrocknetem Holz und zeigte, dass bei der Zersetzung desselben unter den angegebenen Bedingungen — Gase eine wässerige Flüssigkeit und ein fester Rückstand sich bilden; letzterer hatte bei 200° die Eigenschaften von unvollständig verkohltem Holz, bei 300° und höher entstand eine homogene, steinkohlenähnliche Masse, die bei 340° vollkommen dicht, ohne Blasen war, bei 400° aber Aehnlichkeit mit Anthracit besass. Aller Wahrscheinlichkeit nach ist die Bildung der Steinkohle in der Natur nur in den seltensten Fällen unter dem ausschliesslichen Einfluss von Hitze vor sich gegangen, am wahrscheinlichsten hat sie sich unter der Einwirkung von Wasser vollzogen, das Resultat musste aber in beiden Fällen im Allgemeinen dasselbe sein, wie die Bildung des Torfes in den Torfmooren lehrt.

Die durchschnittliche, aus zahlreichen Analysen sich ergebende Zusammensetzung der Steinkohlen ist abgesehen von der Asche folgende: 84 Th. Kohlenstoff, 5 Th. Wasserstoff, 1 Th. Stickstoff, 8 Th. Sauerstoff und 2 Th. Schwefel. Der Gehalt an Asche beträgt im Durchschnitt $5^1/_2$ pCt., es gibt aber Kohlen, die weit mehr Asche enthalten, wodurch selbstverständlich ihre Brauchbarkeit als Brennmaterial wesentlich beeinträchtigt wird. Was den Wassergehalt betrifft, so sind die Steinkohlen in dieser Hinsicht den Braunkohlen und dem Torf immer vorzuziehen, da sie gewöhnlich nicht über 10 pCt. Wasser enthalten.

Eine besondere Art von Steinkohlen, die zuweilen gar nicht zu denselben gerechnet werden, sind die **Anthracite**, d. h. Kohlen, welche keine oder nur sehr wenig flüchtige Produkte geben, da sie im Vergleich zu Sauerstoff wenig Wasserstoff enthalten. Aus der mittleren Zusammensetzung der Steinkohlen ersieht man, dass sie dem Gewichte nach auf 5 Th. Wasserstoff etwa 8 Th. Sauerstoff enthalten, und da diese Sauerstoffmenge nur 1 Th. Wasserstoff zu Wasser oxydirt, so bleiben

und bald darauf auch in anderen Ländern als hauptsächlichstes Brennmaterial in den verschiedensten technischen Prozessen u. s. w. die weiteste Anwendung gefunden haben.[7]) Russland besitzt

---

4 Th. Wasserstoff, die sich in Verbindung mit Kohlenstoff ausscheiden können. In Form von Benzol und ähnlichen Kohlenwasserstoffen können sich mit diesen 4 Th. Wasserstoff 48 Th. Kohlenstoff ausscheiden, da Benzol auf 1 Th. Wasserstoff 12 Th. Kohlenstoff enthält. Anders verhält es sich bei den Anthraciten. Diese enthalten, abgesehen von der Asche, 94 Th. Kohlenstoff, 3 Th. Wasserstoff und 3 Th Sauerstoff und Stickstoff (nach A. Woskressensky's Analysen enthält der Anthracit von Gruschewka im Dongebiet: $C = 93,8$, $H = 1,7$, Asche $= 1,5$). Im Antracite ist also die Menge des Wasserstoffs, welcher sich mit Kohlenstoff zu Kohlenwasserstoffen verbinden kann, gering und daher verbrennt derselbe ohne Flamme. Die Anthracite sind die ältesten Steinkohlen; zu den zuletzt entstandenen, am wenigsten veränderten Kohlen gehören die, manchen Braunkohlen nahestehenden, trockenen Steinkohlen (1-te Gruppe nach Gruner); sie brennen wie Holz mit langer Flamme, geben Koks, der die Form der Steinkohle beibehält, und scheiden dabei in der Flamme fast die Hälfte ihrer Bestandtheile aus (sie enthalten viel H und O). Die übrigen Steinkohlenarten (nach Gruner 2-te Gruppe — Gaskohlen, 3-te — Schmiedekohlen, 4-te — Verkokungskohlen und 5-te — magere, anthracitische Kohlen) stellen in jeder Hinsicht Uebergänge von den trocknen Kohlen zu den Anthraciten dar. Diese Kohlen brennen mit stark russender Flamme und geben beim Glühen **Koks**, der sich zur Steinkohle ebenso verhält, wie die Holzkohle zum Holz. Menge und Eigenschaften des Koks sind bei den verschiedenen Arten von Steinkohlen sehr verschieden und in der Praxis werden die Steinkohlen meist nach der Natur ihres Koks klassifizirt. In dieser Hinsicht sind besonders wichtig die *fetten* Kohlen, welche bei der trocknen Destillation zusammenbacken, so dass selbst aus Kohlenklein eine einzige blasige Masse von Koks entsteht, während grössere Kohlestücke scheinbar schmelzen, zu grösseren Koksstücken zusammengebacken erscheinen. Die besten Kokskohlen geben beim Verkoken im Ofen bis zu 65 pCt. dichten, zusammengebackenen Koks. Solche Steinkohlen sind besonders werthvoll zu metallurgischen Zwecken (1 Anm. 8). Ausser Koks entstehen aus Steinkohlen bei der trockenen Destillation — Gas (s. später, Leuchtgas), Steinkohlentheer (aus welchem Benzol, Phenol, Naphtalin, Theer zu künstlichem Asphalt u. s. w. gewonnen werden), und eine wässerige, alkalische, kohlensaures Ammonium enthaltende Flüssigkeit (s. Kap. VI). Holz und Braunkohle geben eine essigsaure Flüssigkeit.

7) Die jährliche Steinkohlenproduktion in Grossbritanien betrug 1850 schon 48 Millionen Tons, in den letzten Jahren (1884—1888) etwa 100 Mill. Tons; die aller andern Länder zusammen noch weitere 230 Mill. Tons (davon Russland $3^{1}/_{2}$ Mill.). Somit werden jährlich auf der ganzen Erde fast 400 Mill. Tons Steinkohle verbrannt. Nach Grossbritannien haben die Vereinigten Staaten die grösste Steinkohlenproduktion (75 Mill. Tons), dann folgt Deutschland (60 M. T.); Frankreich produzirt wenig Steinkohle (20 M. T.) und deckt den Verbrauch durch Einfuhr aus England (5 M. T.). Ausser häuslichen Zwecken dient die Steinkohle hauptsächlich zur Dampfkesselheizung. Da auf eine Pferdekraft (= 75 Kilogrammmeter in der Sekunde) eine Dampfmaschine durchschnittlich 25 Kilo Steinkohle täglich oder jährlich (unter Berücksichtigung des Stillstandes) nicht unter 5 Tons verbraucht und da die auf der ganzen Erde im Betriebe befindlichen Dampfmaschinen zusammen nicht weniger als 40 Millionen Pferdekräften entsprechen, so macht der Kohlenverbrauch der Dampfmotoren mindestens die Hälfte des Gesammtverbrauchs an Steinkohlen aus. Dadurch erklärt es sich auch, dass der Steinkohlenverbrauch ein Maas der industriellen Entwickelung eines Landes abgibt. Etwa 15 pCt. aller Steinkohlen werden bei der Gewinnung und Verarbeitung von Roheisen, Schmiedeeisen und Stahl verbraucht.

viele sehr reiche Steinkohlenlager, von denen das Donetz'sche die grösste Bedeutung hat [8]). Bei unvollständiger Verbrennung von flüchtigen Verbindungen, welche Kohlenstoff und Wasserstoff enthalten, verbrennt zunächst der Wasserstoff und ein Theil des Kohlenstoffs, während ein anderer Theil dieses letzteren Russ bildet. Werden z. B. Terpentinöl, Naphtalin oder andere Kohlenwasserstoffe an der Luft entzündet, so bildet sich Russ in grossen Mengen, da diese Körper viel Kohlenstoff enthalten. Aus demselben Grunde brennen Harze, Theer und ähnliche Substanzen mit russender Flamme. Der Russ ist also fein vertheilte Kohle, welche sich bei unvollständiger Verbrennung der Dämpfe und Gase kohlenstoffreicher Verbindungen bildet. In der Praxis findet der Russ vielfach Verwendung zu schwarzer Farbe, so namentlich zur Bereitung der bekannten Druckerschwärze.

Fig. 93. Gewinnung von Russ. Auf dem Herd F werden Theer oder ähnliche mit russender Flamme brennende Substanzen verbrannt. Der Rauch tritt in eine geräumige Kammer, in der der Russ, grösstentheils in der Glocke C sich absetzt. Die Glocke lässt sich mit Hilfe des auf Rollen sich bewegenden Seiles B, heben und senken, wodurch das Sammeln des Russes erleichtert wird. $^1/_{200}$.

8) Die wichtigsten Steinkohlenlager Russlands, in denen gegenwärtig Kohle gefördert wird, sind folgende: das Donetz'sche Becken (1.900.000 Tons jährlich), das Polnische Becken (Dombrowo u. a. 1.750 000 T. jährl.), die Tula'schen und Rjasan'schen Lager des Moskauer Beckens (bis zu 400.000 T.), das Ural'sche Becken (164.000 T.), das Kaukasische (Tkwibul bei Kutais), das Becken der Kirgisensteppe, das Kusnetzki'sche (im Gouv. Tomsk) und das Becken der Insel Sachalin u. a. Das Polnische und das Moskauer Becken liefern keine koksbildende Kohlen. **Das Donetz'sche Steinkohlengebiet**, welches alle Sorten von Kohle liefert (von trocknen Kohlen bei Lissitschansk am Donetz bis zu Anthraciten im Südosten), darunter in grosser Menge vortreffliche metallurgische (verkokbare, vergl. Anm. 6), besonders im westlichen Theile des Beckens, und welches — bei seiner grossen Ausdehnung (nahezu 25.000 Quadratkilometer), bei der geringen Tiefe, in der die Kohlenflötze sich finden (heute geht der Abbau nicht tiefer, als 40 bis 100 Meter, während in England und Belgien Tiefen bis zu 1000 Meter erreicht werden), bei der ausserordentlichen Fruchtbarkeit seines Bodens und bei der günstigen Lage in der Nähe des Meeres (etwas über 100 Kilometer vom Asow'schen Meer) und der Flüsse Donetz, Don und Dnjepr,—noch überaus reiche Lagerstätten von vortrefflichem Eisenerz (Korssak-Mogila, Kriwoj Rog, Sulin u. s w.), Kupfererz, Quecksilbererz (bei Nikitowka im Bachmut'schen Kreise des

Je nach der Temperatur, bei welcher die Verkohlung stattfindet, enthält die entstehende Kohle grössere oder geringere Mengen unvollständig zersetzter organischer Substanzen. Bei möglichst niedriger Temperatur gewonnene Kohle enthält noch bedeutende Mengen Wasserstoff (bis 4 pCt.) und Sauerstoff (bis 20 pCt.) und zeigt noch das Gefüge der Substanz, aus der sie entstanden ist; an der gewöhnlichen Holzkohle z. B. sind die Jahresringe des Holzes deutlich erkennbar. Wird solche Kohle stärkeren Hitzegraden ausgesetzt, so gelingt es neue Mengen Wasserstoff und Sauerstoff (in Form von Gasen und flüchtigen Verbindungen) zu entfernen und bei stärkster Glühhitze eine noch reinere Kohle zu erhalten [9]. Um vollkommen reine Kohle aus Russ zu erhalten, muss man denselben zunächst mit Weingeist und Aether auswaschen, um lösliche Theerstoffe auszuziehen, und dann zur vollständigen Entfernung von Substanzen, welche Wasserstoff und Sauerstoff enthalten, stark erhitzen.

Nach dieser Reinigung verändert übrigens die Kohle ihr Aussehen nicht. Bekanntlich bildet sie eine schwarze, amorphe Substanz, ohne irgend welche krystallinische Struktur (wahrscheinlich ist sie ein Kolloid). Ihre Porösität [10], ihr geringes Wärmelei-

---

Jekaterinoslaw'schen Gouv.), und vieler anderen Erze, sodann Steinsalzlager, vielleicht die reichsten der Welt (bei den Stationen Stupka und Brjänzowka in demselben Gouv.), für die verschiedensten Zwecke taugliche Thone (Porzellanthon, feuerfesten Thon), Gyps, Schiefer, Sandsteine besitzt — wird zweifellos mit der Entwickelung der industriellen Thätigkeit in Russland zu einem grossartigen Industriecentrum werden, welches nicht nur Russland, sondern auch den Weltmarkt mit seinen verschiedenen Erzeugnissen versorgen wird. Nirgends sonst sind an einer Stelle so viele der dazu erforderlichen Bedingungen gleichzeitig vorhanden. Die Entwickelung des Unternehmungsgeistes und des praktischen Wissens, im Verein mit der fortschreitenden Vernichtung der Wälder und der daraus folgenden Nothwendigkeit zum Gebrauch der Steinkohle überzugehen, werden dieses Resultat herbeiführen. Die Wälder Nordrusslands und die Petroleumquellen des Kaukasus können der industriellen Entwickelung Russlands, welche die Donetz'sche Steinkohle zu schaffen berufen ist, nicht förderlich sein, sie aufzuhalten oder ihr eine andere Richtung zu geben sind sie jedenfalls nicht im Stande. England führt auf einer ganzen Flotte von Fahrzeugen jährlich etwa 25 Mill. Tons seiner Steinkohle in das Ausland aus, am Donetz aber ist der Preis der Steinkohle niedriger, als in England (1 Pud = 16 Kilogr. nicht über 5 Kop.) — und die Anthracite, Halbanthracite (die ähnlich der Cardiffkohle rauchlos brennen) und verkokbaren metallurgischen Kohlen des Donetz-Gebietes können in Qualität und Quantität den stets wachsenden Anforderungen der Weltindustrie vollkommen genügen. 1850 wurden auf der ganzen Erde nur 80 Mill. Tons Steinkohle gefördert und verbrannt, gegenwärtig ist diese Menge auf 400 Mill. gestiegen. Englands und Belgiens Kohlenlager nähern sich der Erschöpfung, während am Donetz in einer nur bis zu 200 Metern gehenden Tiefe mindestens 20.000 Mill. Tons Steinkohle aufgespeichert liegen.

9) Da es schwierig ist die Beimengung von Asche. d. h. von erdigen Substanzen der ursprünglichen Pflanzenorgane, aus der Kohle zu entfernen, so muss zur Darstellung von reiner Kohle ein organischer Stoff gewählt werden, der keine Mineralbestandtheile enthält, wie z. B. krystallisirter reiner Zucker, gereinigte krystallinische Weinsäure u. a.

10) Die Poren der Kohle sind nichts anderes, als die Kanäle, durch welche die

tungsvermögen [11]), ihre starke Lichtabsorption (schwarze Farbe und Undurchsichtigkeit) und viele andere Eigenschaften sind ebenfalls allgemein bekannt. Das spezifische Gewicht der Kohle schwankt zwischen 1,4 und 1,9; wenn dieselbe dennoch im Wasser schwimmt,

beim Verkohlen gleichzeitig mit der Kohle entstehenden flüchtigen Produkte entweichen. Die Porosität verschiedener Kohlen, die sehr ungleich ist, hat in technischer Hinsicht grosse Bedeutung Sehr poröse Kohle besitzt nur ein unbedeutendes Volumgewicht (1 Kubikmeter Holzkohle wiegt etwa 200 Kilo). Viele Eigenschaften der Kohle, welche ausschliesslich von ihrer Porosität abhängen, kommen auch anderen porösen Korpern zu, diese Eigenschaften wechseln mit der Dichte, welche durch die Darstellungsweise der Kohle bedingt wird. Hierher gehört z. B. die Fähigkeit der Kohle Gase, Flüssigkeiten und gelöste Stoffe aus Lösungen zu absorbiren. Die dichteste Kohle erhält man durch Einwirkung von starker Hitze z. B. auf Zucker. Sehr dicht ist auch die graue Kohle, welche in den zur Gasbereitung aus Steinkohlen dienenden Retorten sich absetzt; diese Kohle entsteht aus den Dämpfen und Gasen, welche die Steinkohlen beim Glühen abgeben, und scheidet sich an den inneren, der stärksten Hitze ausgesetzten Retortenwandungen ab. Ihrer Dichtigkeit wegen ist diese Kohle ein guter Leiter des galvanischen Stromes und bildet hierin einen Uebergang zum Graphit; sie wird hauptsächlich zu galvanischen Elementen angewandt. Der Koks, d. h. die Kohle, welche bei unvollständiger Verbrennung von Steinkohlen und harzigen Stoffen zurückbleibt. ist von geringer Porosität, färbt nicht ab, ist glänzend, dicht und beinahe unfähig, feste Körper, Flüssigkeiten und Gase zu absorbiren. Leichte Kohlen, wie die aus Holz entstehenden, besitzen dagegen diese Fähigkeit in hohem Grade; besonders ist dieselbe aber in der höchst feinen und lockeren Kohle entwickelt, welche beim Glühen thierischer Abfälle, wie Haut, Knochen u. s. w. entsteht. Die **Absorptionsfähigkeit der Kohle** für Gase ist der des Platinschwamms ähnlich. Es kommt hier offenbar die Adhäsion von Gasen an feste Körper zum Vorschein, analog dem Benetzen dieser Körper durch Flüssigkeiten. Kohle kann eine ihrem eigenen Gewichte fast gleiche Chlormenge absorbiren. Ein Volum Kohle absorbirt folgende Gasmengen in Volumen:

	Saussure: Buchenkohle	Favre: Kokosnusskohle	Wärmeaentwickelung auf 1 g Gas
NH^3	90	172 Vol.	494 cal.
CO^2	35	97 »	158 »
N^2O	40	99 »	169 »
HCl	85	165 »	274 »

Die von der Kohle absorbirte Gasmenge nimmt mit dem Druck zu, und zwar nahezu proportional demselben. Die Wärmemenge, welche bei der Absorption eines Gases durch Kohle entwickelt wird, nähert sich der beim Lösen oder bei der Verflüssigung desselben Gases freiwerdenden Wärmemenge.

Die Kohle absorbirt nicht nur Gase, sondern auch die verschiedensten anderen Körper. So z. B. wird fuseliger Weingeist beim Vermischen mit Kohle oder beim Filtriren durch dieselbe, zum grössten Theil von dem Fuselol befreit. In der Technik und der Laboratoriumspraxis wird das Filtriren durch Kohle zur Reinigung verschiedener Substanzen sehr häufig benutzt. So z. B werden Oele, Weingeist, verschiedene Extrakte und Lösungen von Pflanzenstoffen, überhaupt Flüssigkeiten, welche färbende Substanzen gelöst enthalten, endlich auch Wasser, zur Entfernung riechender und färbender Stoffe, durch Kohle filtrirt. Diese Filtration nennt man Coliren. Um die entfärbende Wirkung der Kohle zu demonstriren, kann man verschiedene, z. B. mit Anilinfarben, Lakmus u. a. gefärbte Lösungen, gebrauchen. Kohle, die irgend einen

so wird dies durch die in ihren Poren eingeschlossene Luft bedingt; gepu vert und mit Weingeist angefeuchtet, sinkt sie im Wasser sofort unter. Die Kohle **schmilzt nicht**, selbst bei den hohen Temperaturen, welche durch Verbrennung von Knallgas erreicht werden, und bei der Temperatur, welche ein starker galvanischer Strom hervorbringt, wird sie nur weich, schmilzt aber nicht vollständig. Indessen werden hierbei das Aussehen und die Eigenschaften der Kohle gänzlich verändert, da sie mehr oder weniger in Graphit übergeht.

Die Beständigkeit der Kohle physikal schen Agentien gegenüber steht zweifellos im Zusammenhange mit ihrer chemischen Beständigkeit. Die Kohle ist in der That ein Körper, der augenscheinlich sehr wenig Energie besitzt: sie löst sich in keinem der bekannten Lösungsmittel und **verbindet sich bei gewöhnlicher Temperatur mit keinem anderen Körper**; sie ist ein inaktiver Körper, wie der Stickstoff [12]). Bei Erhöhung der Temperatur erleiden aber diese Eigenschaften der Kohle eine Veränderung. So z. B. besitzt Kohle die Fähigkeit bei hohen Temperaturen sich mit Sauerstoff direkt zu verbinden, was aus ihrer Brennbarkeit an der Luft hervorgeht. Aber nicht nur **Sauerstoff verbindet sich beim Glühen mit der Kohle**, dieselbe Fähigkeit besitzen auch Schwefel, Wasserstoff, ferner Eisen und einige andere Metalle; doch geht in allen diesen Fällen die

---

Stoff schon bis zur Sättigung absorbirt hat, kann dennoch die Fähigkeit behalten noch andere Stofle aufzunehmen. Je poröser eine Kohle ist, eine desto grössere Fläche bietet sie der Absorption dar. Zur Absorption am geeignetsten ist daher die Thierkohle, welche man besonders leicht beim Glühen von Knochen in sehr fein zertheiltem Zustande erhält.

In grossen Mengen wird die Knochenkohle von den Rübenzuckerfabriken zur Filtration von Zuckersaft angewandt, wobei sie nicht nur der zuckerhaltigen Lösung färbende und riechende Bestandtheile entzieht, sondern auch den Kalk zurückhält, durch dessen Zusatz der Zuckersaft sich beim Versieden besser hält. Die Absorption des Kalkes von der Knochenkohle wird wahrscheinlich nach der Hauptsache nach durch die Mineralbestandtheile dieser Kohle bedingt.

11) Die Kohle ist ein sehr schlechter Wärmeleiter und kann daher als Zwischenlage in Doppelwänden von Gebäuden den Wärmeverlust durch dieselben verhindern. Auch beim Glühen verschiedener Substanzen in Tiegeln werden diese in andere grössere Tiegel gestellt und der Zwischenraum mit Kohle ausgefüllt, die nicht schmilzt und hierbei als feuerfestes Material dient, das eine stärkere Hitze aushalten kann, als die meisten anderen Substanzen.

12) Die Unveränderlichkeit der Kohle durch atmosphärische Einflüsse, welchen selbst Gesteine und die meisten Metalle nicht widerstehen, wird häufig in der Praxis benutzt. So z. B. werden Gruben, welche zur Bezeichnung von Grenzen dienen sollen, mit Kohle ausgefüllt. Holz wird oberflächlich verkohlt, um es im Boden oder an feuchten Orten haltbarer zu machen.

Mit Kohle oder Koks werden in chemischen Fabriken Räume (in manchen Fällen ganze Thürme) angefüllt, wo Säuren (z. B. H^2SO^4, HCl) in Berührung mit Gasen oder Flüssigkeiten gebracht werden müssen. Koks wird desswegen angewandt, weil bei gewöhnlicher Temperatur selbst die energischsten Säuren auf ihn nicht einwirken.

Vereinigung nur bei sehr hohen Temperaturen vor sich, bei denen die Kohlemolekeln eine grössere Beweglichkeit erlangen; bei gewöhnlicher Temperatur dagegen wirkt keiner dieser Körper auf Kohle ein. Beim Verbrennen in Sauerstoff gibt die Kohle Kohlensäuregas CO^2, in Schwefeldämpfen Schwefelkohlenstoff CS^2, mit Eisen verbindet sie sich in der Glühhitze zu Gusseisen. In der starken Hitze, welche beim Durchleiten eines galvanischen Stromes durch Kohlenelektroden erzeugt wird, verbindet sich die Kohle der Elektroden mit Wasserstoff zu Acetylen C^2H^2. Mit Stickstoff verbindet sich die Kohle nicht direkt, in Gegenwart von Metallen oder alkalischen Metalloxyden dagegen absorbirt sie Stickstoff unter Bildung von Cyanmetall, z. B. von Cyankalium KCN. Diese wenigen direkt entstehenden Verbindungen der Kohle dienen als Ausgangsmaterial zur Bildung der so ausserordentlich grossen Anzahl organischer Verbindungen, welche in pflanzlichen und thierischen Organismen enthalten sind oder künstlich dargestellt werden können.

Einige sauerstoffhaltige Verbindungen geben einen Theil ihres Sauerstoffs an Kohle schon bei relativ niedrigen Temperaturen ab. Wird z. B. Salpetersäure mit Kohle gekocht, so entstehen CO^2 und NO^2; Schwefelsäure wird beim Erhitzen mit Kohle zu Schwefligsäuregas reduzirt. Beim Glühen entzieht die Kohle sehr vielen Oxyden ihren Sauerstoff; selbst solche Oxyde, wie die des Natriums und Kaliums, welche durch Wasserstoff nicht reduzirt werden, geben beim Glühen ihren Sauerstoff an Kohle ab. Ueberhaupt gibt es nur wenige Oxyde, welche der reduzirenden Wirkung der Kohle widerstehen; solche sind z. B. die Kieselerde (Siciliumoxyd) und der Kalk (Calciumoxyd).

Ohne ihre chemischen Eigenschaften wesentlich zu ändern, kann die Kohle in ihren physikalischen Eigenschaften tiefgehende Veränderungen erleiden, d. h. isomere oder allotropische **Modifikationen** bilden. Zu diesen gehören die beiden besonderen Formen des Kohlenstoffs — der **Graphit** und der **Diamant**. Dass diese Körper aus demselben Stoff bestehen, wie die Kohle, geht daraus hervor, dass gleiche Mengen derselben beim Verbrennen in Sauerstoff (unter Einwirkung starker Hitze) gleiche Mengen Kohlensäuregas bilden: aus je 12 Theilen Kohle, Diamant oder Graphit in reinem Zustande erhält man 44 Gewichtstheile Kohlensäuregas. In ihren physikalischen Eigenschaften dagegen unterscheiden sich diese Körper ganz bedeutend: das spezifische Gewicht der Kohle beträgt höchstens 1,9, das des Graphits dagegen 2,3 und das des Diamants 3,5. Durch das spezifische Gewicht werden schon viele andere Eigenschaften beeinflusst, z. B. die Brennbarkeit: je leichter eine Kohle ist, mit desto grösserer Leichtigkeit verbrennt sie. Graphit brennt sogar in reinem Sauerstoff nur schwer, während Diamant nur in einer Atmosphäre von reinem Sauerstoff und bei sehr starkem Glühen verbrennen kann. Bei der Verbrennung von Kohle, Diamant oder Graphit werden verschiedene Wärmemengen entwickelt; beim Verbrennen zu Kohlensäuregas entwickelt ein Gewichtstheil Holzkohle 8080 Wärmeeinheiten, dichte Kohle, wie sie in den Gasretorten abgelagert wird, 8050, natürlicher Graphit 7800, Diamant 7770. Je grösser also die Dichte der betreffenden Modifikation des Kohlenstoffs ist, desto weniger Wärme entwickelt sie beim Verbrennen [13].

Kohle kann durch Einwirkung starker Hitze in **Graphit** umgewandelt werden. Wird durch einen Kohlenstab von 4 Millim. Durchmesser und 5 Millim. Länge in einem luftleeren Raume ein Strom geleitet, der von 600 in parallelen Reihen von je 100 geordneten Bunsenschen Elementen erzeugt wird, so geräth die Kohle in intensives Glühen, verflüchtigt sich theilweise und kondensirt sich dann in Form von Graphit. Wird durch Glühen von Zucker dargestellte Kohle in einem gleichfalls aus Kohle hergestellten Tiegel der Einwirkung eines starken galvanischen Stromes unterworfen, so backt sie zu einer graphitähnlichen Masse zusammen. Wird endlich Kohle mit Eisen gemengt und geglüht, so lösen sich im letzteren bis zu 5 pCt. derselben und es entsteht Gusseisen; bei raschem Abkühlen des Gusseisens bleibt die Kohle in Verbindung mit dem Eisen und man erhält sogen. weisses Gusseisen; bei langsamem Abkühlen dagegen scheidet sich der grösste Theil der Kohle aus der Verbindung aus und es entsteht graues Gusseisen, welches beim Lösen in Säuren freien Kohlenstoff in Form von Graphit hinterlässt. — In der Natur findet sich der Graphit theils in kompakten Massen, theils durchdringt er andere Gesteinsarten, wie z. B. Schiefer und zwar an solchen Stellen, die aller Wahrscheinlichkeit nach der Einwirkung unterirdischer Hitze ausgesetzt waren [14]. Sowol der aus Gusseisen erhaltene Graphit, als auch der natürliche erscheint manchmal in krystallinischem Zustande, in Form sechsseitiger Tafeln; weit häufiger bildet er aber amorphe Massen, deren Eigenschaften jeder an den Bleistiften kennen zu lernen Gelegenheit hat [15].

---

13) Bei Zunahme der Dichte gibt die Kohle Wärme ab; es verhält sich also der dichtere Zustand zum weniger dichten, wie der feste zum flüssigen, oder der verbundene zum freien. Daher ist anzunehmen, dass die Graphitmolekeln komplizirter als die Kohlemolekeln und weniger komplizirt als die Diamantmolekeln sind. Die spezifische Wärme deutet ebenfalls darauf hin, da sie, wie wir später sehen werden, in dem Maasse abnimmt, wie die Molekeln komplizirter werden. Für Kohle ist bei gewöhnlicher Temperatur die spezifische Wärme 0,24, für Graphit 0,20, für Diamant 0,147.

14) An einigen Orten geht der Anthracit bei zunehmender Tiefe allmählich in Graphit über. Im Thal von Aosta, am Fusse des Montblanc, unweit Curmajor in der Nähe von heissen Quellen hatte ich selbst Gelegenheit einen solchen allmählichen Uebergang zu beobachten.

15) Bleistifte werden aus Graphit hergestellt, der zu diesem Zwecke durch Schlämmen, Zerkleinern und Entfernen von Steintheilchen in ein homogenes Pul-

Der **Diamant** stellt eine krystallinische und durchsichtige Modifikation des Kohlenstoffs dar. Er krystallisirt in Oktaëdern, Granatoëdern, Würfeln und verschiedenen Kombinationen des regulären Systems [16]). Die Versuche Diamanten künstlich darzustellen, sind zwar nicht gänzlich erfolglos geblieben, haben aber noch nicht zur Darstellung grösserer Krystalle geführt. Es erklärt sich dieses dadurch, dass die Methode, welche gewöhnlich zur Darstellung von Krystallen dient (Ueberführen aus dem flüssigen in den festen Zustand), beim Kohlenstoff nicht anwendbar ist, da weder Kohle noch Graphit schmelzbar oder löslich sind. In einigen Fällen ist es gelungen Diamanten in Form von ganz kleinen, mikroskopischen Krystallen zu erhalten; diese Krystalle stellen sich dem unbewaff-

ver umgewandelt und mit geschlämmtem Thon und Wasser zu einer plastischen Masse geformt wird. Nur die besten Sorten werden aus ganzen Stücken vollkommen homogenen Graphits geschnitten. Der Graphit findet sich an vielen Orten, bei uns ist der sogen. Alibert'sche Graphit der bekannteste: der Fundort dieses Graphits befindet sich im Altaigebirge an der chinesischen Grenze; auch in Finnland trifft man Graphit. Sodann sind von Sidorow reiche Graphitlager an den Ufern der kleinen Tunguska entdeckt worden. Analog den meisten Kohlen, enthält der Graphit noch gewisse Mengen von Wasserstoff, Sauerstoff und Asche, so dass der reinste natürliche Graphit nicht über 98 pCt. Kohlenstoff enthält.

Wie schon erwähnt, wird der Graphit in der Praxis durch einfaches Schlämmen des gepulverten Materials gereinigt, wodurch die gröberen Steinpartikelchen entfernt werden. Eine andere, von Brodie vorgeschlagene Methode besteht darin den gepulverten Graphit mit $1/_{14}$ seines Gewichtes chlorsauren Kaliums zu mengen und das Gemisch mit dem doppelten Gewichte konzentrirter Schwefelsäure so lange zu erhitzen, bis die Ausscheidung riechender Gase aufhört. Nach dem Erkalten wird das Gemisch in Wasser geschüttet und ausgewaschen, darauf der Graphit getrocknet und zum Rothglühen erhitzt. Der Graphit nimmt dabei bedeutend an Volum zu und geht in ein äusserst feines Pulver über, das nochmals ausgewaschen wird. Im Gemenge mit Thon wird der Graphit zur Herstellung feuerfester Tiegel benutzt, welche beim Schmelzen von Metallen Anwendung finden. Wird Graphit wiederholt mit einem auf 60° erwärmten Gemisch von chlorsaurem Kalium (Berthollet's Salz) und Salpetersäure behandelt, so bildet er, nach Brodie's Untersuchungen, eine gelbe, unlösliche, saure Substanz, die sogen. Graphitsäure $C^{11}H^4O^5$. Der Diamant bleibt bei dieser Behandlung unverändert, amorphe Kohle dagegen wird vollständig oxydirt. Dieses Verhalten lässt sich zur Unterscheidung des Graphits von Diamant und amorpher Kohle benutzen. Berthelot gelang es auf diese Weise nachzuweisen, dass durch Zersetzung von Kohlenwasserstoffverbindungen beim Glühen wesentlich amorphe Kohle, bei der Zersetzung der Verbindungen von Kohlenstoff mit Chlor, Schwefel oder Bor dagegen hauptsächlich Graphit entsteht.

16) Manchmal tritt der Diamant in Form von Kugeln auf, welche nicht geschliffen werden können, da sie schon bei Beginn des Schleifens sofort in kleine Bruchstücke zerfallen. Häufig bilden kleine Diamantstücke kompakte Massen, welche mit dem Zucker Aehnlichkeit haben. Solche krystallinische Massen werden meist zu Pulver gestossen beim Schleifen von Diamanten benutzt. Es existiren ferner Modifikationen des Diamants, die fast ganz undurchsichtig und schwarz sind. Da dieselben ebenso hart sind, wie der gewöhnliche Diamant, so benutzt man sie zum Schleifen und Poliren von Diamanten und anderen Edelsteinen, sowie zu Bohrungen in harten Gesteinen, z. B. bei Tunnelbauten.

neten Auge als ein schwarzes Pulver dar, unter dem Mikroskop betrachtet sind sie aber durchsichtig, ferner besitzen sie die Härte, die nur dem Diamant eigen ist. Solches Diamantpulver bildete sich z. B. beim Durchleiten eines schwachen galvanischen Stromes durch flüssigen Chlorkohlenstoff an der negativen Elektrode [17]).

Der Kohlenstoff bildet zahlreiche gasförmige (CO, CO^2, CH^4, C^2H^4, C^2H^2 u. a.) und flüchtige Verbindungen (viele Kohlenwasserstoffe und ihre einfacheren Derivate), sein Atomgewicht $C = 12$ kommt dem des Stickstoffs $N = 14$ und Sauerstoffs $O = 16$ sehr nahe und seine Verbindungen mit diesen Elementen CO (Kohlenoxyd) und N^2C^2 (Cyan) sind Gase; es ist daher anzunehmen, dass der Kohlenstoff, wenn er ebenso wie N^2 oder O^2 Molekeln von der Zusammensetzung C^2 bilden würde, im gasförmigen Zustande auftreten müsste. Da nun durch Polymerisation, d. h. Vereinigung von einfacheren Molekeln zu komplizirteren (z. B. von O^2 zu O^3 oder NO^2 zu N^2O^4), die Siede- und Schmelztemperatur erhöht wird (wie an den Kohlenwasserstoffen der allgemeinen Formel C^2H^{2n} sehr deutlich zu ersehen ist), so sind wir zu der Annahme berechtigt, dass **die Molekeln der Kohle, des Graphits und des Diamants**, welche nicht schmelzbar und nicht flüchtig sind, **aus einer grossen Anzahl von Atomen bestehen**. Die Fähigkeit der Kohlenstoffatome sich gegenseitig zu verbinden und Molekeln von komplizirter Zusammensetzung zu bilden, zeigt sich in den meisten Verbindungen dieses Elementes. Es sind z. B. viele Kohlenstoffverbindungen genau bekannt und auch im dampfförmigen Zustande dargestellt worden, die C^5... C^{10}... C^{30}... u. s. w. überhaupt C^n enthalten, wobei n eine bedeutende Grösse erreichen

---

17) Hannay (1880) erhielt gleichfalls künstliche Diamanten als er ein Gemisch von schweren, flüssigen Kohlenwasserstoffen (Paraffinöl) mit Magnesium in einem dickwandigen, eisernen Rohre erhitzte. Dieser Versuch ist aber, wie es scheint, von keinem andern Forscher wiederholt worden.

Der Diamant wird in einer besondern Felsart — dem Itacolumit angetroffen und aus angeschwemmtem Boden, der wahrscheinlich durch Zerstörung des Itacolumits entstanden ist, durch Auswaschen gewonnen. Grosse Diamantfelder finden sich in Brasilien, in den Provinzen Minas Geraes und Bahia und am Kap der Guten Hoffnung. Die diamantführenden Anschwemmungen geben hier neben schwarzem Sand, sogen. Cascalho, schwarze oder amorphe und gewöhnliche durchsichtige, farblose oder gelbliche Diamanten. Da der Diamant eine sehr deutliche Spaltbarkeit besitzt, so beginnt die Bearbeitung mit dem Spalten (clivage) desselben, worauf dann die gröbere und feinere Schleifung mittelst Diamantpulver erfolgt.

Höchst interessant ist die Thatsache, dass Latschinow und Jerofejew (1887) in einem am 10 September 1886 bei der Dorfschaft «Nowij-Urej» im Krasnoslobodski'schen Kreise des Gouv. Pensa niedergefallenen Meteorstein Diamantpulver gefunden haben. Kohle und Graphit (sogen. Cliftonit) waren schon früher in Meteorsteinen beobachtet worden, während das Vorhandensein von Diamant zwar für wahrscheinlich galt, aber noch nie konstatirt worden war. Der Meteorstein von Nowij-Urej besteht, wie auch viele andere Meteorite, hauptsächlich aus Silicaten und metallischem (nickelhaltigem) Eisen.

kann. Ueberhaupt kommt diese Fähigkeit dem Kohlenstoff in höherem Maasse zu, als irgend einem anderen Elemente[18]). Bis jetzt besitzen wir kein Mittel den Grad der Polymerisation des Kohlenstoffs in den Molekeln der Kohle, des Graphits und des Diamants zu bestimmen; wir müssen aber annehmen, dass ihre Zusammensetzung C^n ist, wobei n einer bedeutenden Grösse entspricht. Die Kohle und zusammengesetzte, nicht flüchtige organische Substanzen, welche allmähliche Uebergänge[19]) zu der Kohle bilden und aus welchen die Hauptmasse der Organismen besteht, enthalten also einen Vorrath an inneren Kräften in Form von Energie, welche die Atome in komplizirte Molekeln zusammenfügt. Wenn Kohle oder eine zusammengesetzte Kohlenstoffverbindung verbrennt, so wird die Energie des Kohlenstoffs und des Sauerstoffs in Wärme umgesetzt; diese Energie benutzen wir auf Schritt und Tritt als Wärmequelle[20]).

Es gibt kein anderes Paar von Elementen, die eine so grosse Anzahl von verschiedenen Verbindungen unter einander eingehen,

---

18) Die Molekeln des Schwefels bestehen (unterhalb 600°) aus S^6, wodurch wahrscheinlich die Bildung des Wasserstoffpolysulfids H^2S^5 bestimmt wird. Phosphor bildet Molekeln aus P^4 und gibt die Verbindung P^4H^2. Bei Betrachtung der spezifischen Wärme, werden wir nochmals Gelegenheit haben, auf die komplexe Natur der Kohlenmolekeln zurückzukommen.

19) Die an Wasserstoff armen (von den Grenzkohlenwasserstoffen sich weit entfernenden) und eine grosse Anzahl von Kohlenwasserstoffatomen enthaltenden Kohlenwasserstoffe, wie Chrysen, Petrocen u. and., $C^nH^{2(n-m)}$, sind feste Körper und um so schwerer schmelzbar, je grösser n und m sind. Sie zeigen eine deutliche Annäherung an die Eigenschaften des Diamant's. Die Kohlenhydrate $C^nH^{2m}O^m$ dagegen gehen in dem Maasse, wie ihnen Wasser entzogen wird, in Substanzen über, welche, wie z. B. die Huminstoffe (s. Anm. 5), einen deutlichen Uebergang von den organischen Stoffen zur Kohle bilden. Der Rückstand, welcher beim Lösen des Eisens (in $CuSO^4$ und NaCl) aus dem, chemisch gebundenen Kohlenstoff enthaltenden, weissen Gusseisen zurückbleibt und Aehnlichkeit mit Kohle und Graphit besitzt, ist nach den Untersuchungen von Zabudsky ein zusammengesetzter Körper $C^{12}H^6O^3$. Die Versuche die komplexe Natur der Molekeln der Kohle, des Graphits und des Diamants zu bestimmen, werden mit der Zeit zweifellos zur Entscheidung dieser Frage führen und werden wahrscheinlich zeigen, dass in den verschiedenen Kohlenarten, dem Graphit und dem Diamant verschieden zusammengesetzte, aber stets aus einer grossen Anzahl von Atomen bestehende Molekeln enthalten sind. Die Beständigkeit der Benzolgruppirung C^6H^6 und die grosse Verbreitung und leichte Bildung der Kohlenhydrate, die ebenfalls C^6 enthalten (z. B. Cellulose $C^6H^{10}O^5$, Glykose $C^6H^{12}O^6$), geben der Vermuthung Raum, dass die Gruppirung C^6 die ursprüngliche, einfachste unter den beim freien Kohlenstoff möglichen ist und dass es einst gelingen wird den Kohlenstoff in dieser Gruppirung darzustellen. Im Diamant wird sich möglicherweise das Verhältniss der Atome erweisen, welches in dem Benzol und seinen Abkömmlingen bekannt ist, und in der Kohle dasjenige der Kohlenhydrate.

20) Beim Verbrennen von Kohle entstehen aus den zusammengesetzten Molekeln C^n einfache Molekeln CO^2, folglich muss ein Theil der Wärme, und wahrscheinlich ein bedeutender, zur Zersetzung der C^n Molekel verbraucht werden. Durch Verbrennung der am meisten komplizirten und am wenigsten Wasserstoff enthaltenden organischen Verbindungen wird es möglicherweise gelingen, eine Vorstellung von der Arbeitsmenge zu gewinnen, die zur Zerstezung von C^n in einzelne Atome erforderlich ist.

wie der Kohlenstoff und der Wasserstoff. Die **Kohlenwasserstoffe** $C^n H^{2m}$ unterscheiden sich in ihrer Zusammensetzung und ihren Eigenschaften, besitzen aber auch manche allgemeine Merkmale. Alle Kohlenwasserstoffe, ob gasförmig, flüssig oder fest sind in Wasser schwer lösliche, brennbare Körper. Gasförmige Kohlenwasserstoffe, die verflüssigt sind, besitzen gleich den bei gewöhnlicher Temperatur flüssigen und festen Kohlenwasserstoffen, wenn letztere geschmolzen sind, das Aussehen und die Eigenschaften von öligen, mehr oder weniger zähen oder beweglichen Flüssigkeiten [21]. Im festen Zustande nähern sie sich meistens in ihren Eigenschaften dem Wachs. Die gewöhnlichen Oele und das Wachs enthalten aber, ausser Kohlenstoff und Wasserstoff, geringe Mengen Sauerstoff. Einige feste Kohlenwasserstoffe haben das Aussehen von Harzen (z. B. Metastyrol, Kautschuk). Im flüssigen Zustande zeigen die hoch siedenden Kohlenwasserstoffe Aehnlichkeit mit Oelen, die niedrig siedenden mit Aether; im gasförmigen Zustande erinnern sie in vieler Hinsicht an das Wasserstoffgas. Dies alles zeigt, dass in den physikalischen Eigenschaften der Kohlenwasserstoffe die Natur der festen und unschmelzbaren Kohle

---

[21] Die **Viskosität** oder **Beweglichkeit von Flüssigkeiten** wird durch ihre *innere Reibung* bestimmt. Diese letztere ergibt sich, wenn man eine Flüssigkeit durch ein enges (Kapillar-) Rohr ausfliessen lässt und die relative Ausflussgeschwindigkeit ermittelt. Leicht bewegliche Flüssigkeiten fliessen rascher aus, als viskose, dickflüssige. Die Viskosität ändert sich mit der Temperatur und der Natur der Flüssigkeit; bei Lösungen hängt sie von dem Gehalt an gelöster Substanz ab, ist aber demselben nicht proportional; so z. B. ist die Viskosität des 20 procentigen Weingeistes 69, die des 50 procentigen 160, wenn die Viskosität des Wassers $=100$ angenommen wird. Wie der Versuch (Poisseuille) und die Theorie (Stokes) lehrt, ist das Volum der durch ein gegebenes Kapillarrohr hindurchströmenden Flüssigkeit proportional der Zeit dem Druck und der vierten Potenz des Rohrdurchmessers und umgekehrt proportional der Länge des Rohrs. Dies erlaubt, aus den Versuchen vergleichbare Daten in Bezug auf den Koeffizienten der inneren Reibung und die Viskosität zu erhalten. Je zusammengesetzter die Molekeln der Kohlenstoffverbindungen werden, je mehr Kohlenstoff (oder CH^2) in die Verbindung eintritt, desto grösser wird die Viskosität. Der Zusammenhang, welcher zwischen der Viskosität und anderen physikalischen und chemischen Eigenschaften bestehen muss (und zum Theil schon festgestellt werden konnte), lässt voraussehen, dass die Bestimmungen der inneren Reibung für die Molekularmechanik von grösster Bedeutung sein werden. Die zahlreichen Untersuchungen, welche in dieser Richtung ausgeführt worden sind, konnten noch nicht unter allgemeine Gesichtspunkte gebracht werden; ein reichhaltiges Material von Zahlen (Beobachtungen) steht uns schon gegenwärtig zu Gebote, aber aus diesen Zahlen ist bisher nicht viel gemacht worden, denn nackte Thatsachen und wenige rein mechanische Folgerungen herrschen noch vor, während der Zusammenhang mit der Molekularmechanik nicht in richtigem Maasse aufgeklärt ist. Untersuchungen von organischen Verbindungen und Lösungen werden hier wol in erster Linie Licht schaffen können. — Aus den vorliegenden Daten ergibt sich aber schon, dass bei der absoluten Siedetemperatur die Viskosität von Flüssigkeiten ebenso gering wird, wie die von Gasen.

eine bedeutende Umwandlung erlitten hat und dass in diesen Verbindungen die Eigenschaften des Wasserstoffs vorwalten. Alle Kohlenwasserstoffe sind indifferente Körper (weder Basen, noch Säuren), die aber unter gewissen Bedingungen in eigenthümliche Reaktionen eintreten. An den bis jetzt betrachteten Wasserstoffverbindungen (dem Wasser, der Salpetersäure, dem Ammoniak) sahen wir, dass von ihren Bestandtheilen am häufigsten der Wasserstoff in Reaktionen eintritt, indem er durch Metalle ersetzt wird. Dem Wasserstoff der Kohlenwasserstoffe geht dieser metallische Charakter ab, d. h. er ist direkt[22]) durch Metalle nicht ersetzbar, selbst nicht durch Natrium oder Kalium. Alle Kohlenwasserstoffe werden bei mehr oder weniger hohen Hitzegraden[23]) unter Bildung von Kohle und Wasserstoff zersetzt. Bei gewöhnlicher Temperatur verbinden sich die meisten nicht mit dem Sauerstoff der Luft, durch Einwirkung von Salpetersäure und andern Oxydationsmitteln aber werden sie meist oxydirt, indem entweder Ausscheidung eines Theils des Wasserstoffs und Kohlenstoffs oder Vereinigung mit Sauerstoff oder den Elementen des Wasserstoffhyperoxyds stattfindet[24]). Werden Kohlenwasserstoffe entzündet, d. h. an der Luft ins Glühen gebracht, so brennen sie; je nach dem Kohlenstoffgehalt findet beim Verbrennen Bildung von Russ, d. h. fein vertheilter Kohle statt; in solchen Fällen erhält man eine leuchtende Flamme. Daher werden auch viele Kohlenwasserstoffe, wie z. B. Petroleum, Leuchtgas, Terpentinöl als Leuchtmaterial benutzt. Die Kohlenwasserstoffe enthalten reduzirende (Sauerstoff entziehende) Bestandtheile—Kohlenstoff und Wasserstoff, sie wirken daher in vielen Fällen als Reduktionsmittel. So z. B.

---

22) Auf indirektem Wege lässt sich aber die Substitution des Wasserstoffs vieler Kohlenwasserstoffe und ihrer Abkömmlinge durch Metalle bewerkstelligen. Die Fähigkeit Metallverbindung zu bilden ist besonders charakteristisch für das Acetylen C^2H^2 und seine Homologen. Die Ersetzbarkeit des Wasserstoffs der Kohlenwasserstoffe durch Metalle ist schon desswegen zu erwarten, weil der Kohlenstoff ein säurebildendes Element ist, d. h. ein Element, welches mit Sauerstoff ein Säureanhydrid bildet; der säurebildende Charakter des Kohlenstoffs ist aber relativ schwach, denn die Kohlensäure CO^2 ist eine schwache Säure und die Chlorverbindungen des Kohlenstoffs, sogar CCl^4, werden durch Wasser nicht zersetzt, wie dies bei PCl^3 und selbst $SiCl^4$ und BCl^3, welche nur wenig energischen Säuren entsprechen, der Fall ist. Die Metallderivate der Kohlenwasserstoffe heissen *metallorganische Verbindungen*. Eine solche Verbindung ist das Zinkäthyl $Zn(C^2H^5)^2$ — Aethylwasserstoff oder Aethan C^2H^6, in welchem zwei Wasserstoffe zweier Molekeln durch ein Zinkatom ersetzt sind.

23) Bei gasförmigen und flüchtigen Kohlenwasserstoffen bedient man sich des Durchleitens durch glühende Röhren. Bei der Zersetzung von Kohlenwasserstoffen durch Hitze erscheinen als nächste Zersetzungsprodukte andere beständigere Kohlenwasserstoffe — z. B. Acetylen C^2H^2, Benzol C^6H^6, Naphtalin $C^{10}H^8$ u. a.

24) Wagner (1888) hat nachgewiesen, dass ungesättigte Kohlenwasserstoffe bei gewöhnlicher Temperatur beim Schütteln mit einer verdünnten (1 pCt.) Lösung von übermangansaurem Kalium $KMnO^4$ — Glykole bilden; so entsteht z. B. aus C^2H^4 Aethylenglykol $C^2H^6O^2$.

geben sie beim Glühen mit Kupferoxyd CO^2 und H^2O, unter Zurücklassung von metallischem Kupfer.

Gerhardt hat nachgewiesen, dass die Kohlenwasserstoffe in ihren Molekeln stets eine paare Anzahl von Wasserstoffatomen enthalten. Nach diesem **Gesetz der paaren Atomzahlen** ist also die allgemeine Formel der überhaupt möglichen Kohlenwasserstoffe C^nH^{2m}, wenn m und n ganze Zahlen sind. Die einfachsten Kohlenwasserstoffe müssen demnach die Zusammensetzung CH^2, CH^4, CH^6... C^2H^2, C^2H^4, C^2H^6, C^2H^8... haben; nicht alle überhaupt möglichen Kohlenwasserstoffe existiren aber, denn die Menge von Wasserstoff, welche mit einer gegebenen Kohlenstoffmenge in Verbindung treten kann, ist, wie wir gleich sehen werden, eine begrenzte.

Es zeigt sich nämlich, dass von den Kohlenwasserstoffen einige zu direkten Vereinigungen fähig sind, andere dagegen diese Fähigkeit nicht besitzen. Zu den ersteren gehören diejenigen, welche auf eine gegebene Kohlenstoffmenge weniger Wasserstoff enthalten, zu den letzteren die an Wasserstoff reichsten. Die Zusammensetzung der direkt nicht verbindungsfähigen[25]), **Grenzkohlenwasserstoffe** genannten Körper lässt sich durch die allgemeine Formel C^nH^{2n+2} ausdrücken Kohlenwasserstoffe, wie CH^6, C^2H^8, C^3H^{10} u. s. w. können demnach nicht existiren; den höchsten Wasserstoffgehalt besitzen CH^4 (n = 1, 2n + 2 = 4), C^2H^6 (n = 2), C^3H^8 (n = 3), C^4H^{10} u. s. w. Wir nennen dies — **das Gesetz der Grenze**. Auf Grund dieses letzteren Gesetzes und jenes der paaren Atomzahlen lässt sich leicht ersehen, dass die Kohlenwasserstoffe Reihen bilden müssen, denen die allgemeinen Formeln C^nH^{2n+2}, C^nH^{2n}, C^nH^{2n-2} u. s. w. zukommen werden. *Homologe* oder zu einer *Reihe* gehörige Kohlenwasserstoffe nennt man solche, die auf n Atome Kohlenstoff eine zu n in einem bestimmten Abhängigkeitsverhältnisse stehende Zahl von Wasserstoffatomen enthalten. So z. B. sind die Kohlenwasserstoffe CH^4, C^2H^6, C^3H^8, C^4H^{10} u. s. w. Glieder der Grenzreihe C^nH^{2n+2}. Die einzelnen Glieder einer homologen

---

[25]) In den Bulletins der Petersburger Akademie der Wissenschaften habe ich 1861 eine Denkschrift über diesen Gegenstand veröffentlicht. Bis dahin waren zwar viele Vereinigungsreaktionen von Kohlenwasserstoffen und deren Derivaten bekannt, aber ihr allgemeiner Charakter wurde übersehen und sie wurden sogar sehr oft als Fälle von Substitution aufgefasst. So wurde z. B. die Vereinigung von C^2H^4 mit Cl^2 häufig in der Weise erklärt, dass man die Entstehung der Substitutionsprodukte C^2H^3Cl und HCl annahm, welche sich dann mit einander wie Salze mit Krystallwasser verbanden. Schon früher betrachtete ich diese Reaktionen als wahre Vereinigungen (Bulletins d. Petersb. Akad. 1857). Im Allgemeinen muss nach dem Gesetz der Grenze ein ungesättigter Kohlenwasserstoff oder das Derivat eines solchen, wenn es sich mit rX^2 verbindet, eine gesättigte oder der Sättigungsgrenze sich nähernde Verbindung geben. Franklands Untersuchungen zahlreicher metallorganischer Verbindungen haben die Grenze in den Verbindungen der Metalle festgestellt, worauf wir im Weiteren noch wiederholt zurückkommen werden.

Reihe [26]) unterscheiden sich also von einander um nCH^2. Uebrigens ist es nicht allein die Zusammensetzung, sondern es sind auch bestimmte Eigenschaften, welche die Glieder einer homologen Reihe in eine Gruppe zusammenfassen lassen. So z. B. sind die Glieder der Reihe C^nH^{2n+2} unfähig Verbindungen einzugehen, während die Kohlenwasserstoffe C^nH^{2n} sich mit Cl^2, SO^3 u. a. verbinden können; die Glieder der Reihe C^nH^{2n-6} finden sich im Steinkohlentheer, geben Nitroverbindungen und besitzen andere gemeinsame Eigenschaften. In einer gegebenen Reihe verändern sich die physikalischen Eigenschaften der einzelnen Glieder in der Weise, dass mit der Zunahme der Grösse n, also auch des Molekulargewichtes, gewöhnlich [27]) die Siedetemperatur und die innere Reibung zunehmen und auch das spezifische Gewicht eine regelmässige Aenderung erleidet [28]).

Viele Kohlenwasserstoffe kommen in der Natur vor; theils bilden sie sich in den Organismen, theils finden sie sich im Mineralreich. Bei weitem grösser ist die Zahl der künstlich dargestellten. Zu ihrer Darstellung benutzt man die Methode der Vereini-

---

26) Den Begriff der Homologie hat Gerhardt in seinem klassischen Werke: «Traité de chimie organique» (4 Bände, 1855 abgeschlossen) auf alle organischen Verbindungen konsequent angewandt. In demselben Werke hat er auch die Eintheilung aller Kohlenstoffverbindungen in *fette* und *aromatische* aufgestellt. Diese Eintheilung ist wesentlich bis heute beibehalten worden, nur werden die Verbindungen der letzteren Gruppe jetzt häufiger als *Benzolderivate* bezeichnet, nachdem Kekulé in seinen schönen Untersuchungen das Vorhandensein des «Benzolkernes» C^6H^6 in allen diesen Körpern nachgewiesen hat.

27) Bei Kohlenwasserstoffen ist dies immer der Fall. Bei ihren Derivaten ist aber in den niederen Homologen das Verhältniss manchmal ein anderes. So z. B. haben wir in der Reihe der Grenzalkohole $C^nH^{2n+1}(OH)$: bei $n = 0$, das Wasser $H(OH)$, das bei 100° siedet und bei 15° das spez. Gew. 0,9992 besitzt; bei $n = 1$ den Methylalkohol (Holzgeist) $CH^3(OH)$, Siedepunkt 66°, spez. Gew. 0,7964 bei 15°; bei $n = 2$ den Aethylalkohol (gew. Weingeist) $C^2H^5(OH)$, Siedep. 78°, spez. Gew. 0,7936 bei 15°. In den höheren Gliedern nehmen diese Grössen schon regelmässig zu. Bei den Glykolen $C^nH^{2n}(OH)^2$ ist dasselbe Verhältniss noch schärfer ausgeprägt. Die Ursache dieser Erscheinung ist offenbar in dem Einflusse des Wassers und der starken gegenseitigen Affinität seiner Elemente — Wasserstoff und Sauerstoff (Kap. I) — zu suchen.

28) So z. B. muss in der Reihe der Grenzkohlenwasserstoffe C^nH^{2n+2} als unterstes Glied (n = 0) der Wasserstoff H^2 angesehen werden. Er bildet ein äusserst schwer verflüssigbares Gas (abs. Siedetemp. unter — 190°), das im flüssigen Zustand unzweifelhaft eine sehr geringe Dichte besitzt. Bei $n = 1, 2, 3$ erhalten wir gasförmige Kohlenwasserstoffe CH^4, C^2H^6, C^3H^8, die immer leichter verflüssigbar werden. Die absolute Siedetemperatur von CH^4 beträgt — 100°, und wird beim Aethan und den folgenden Gliedern immer höher. Der Kohlenwasserstoff C^4H^{10} wird schon bei 0° flüssig, C^5H^{12} (in seinen verschiedenen Isomeren) siedet von + 9° (Ljwow) bis + 37°, C^6H^{14} von 58° bis 78° u. s. w. Das spez. Gew. im flüssigen Zustande bei 15° beträgt:

C^5H^{12}	C^6H^{14}	C^7H^{16}	$C^{10}H^{22}$	$C^{16}H^{34}$
0,63	0,66	0,70	0,75	0.85.

gung nach Resten. Wenn z. B. ein Gemenge von Schwefelwasserstoff und Schwefelkohlenstoffdämpfen durch ein mit Kupfer gefülltes glühendes Rohr geleitet wird, so entzieht das Kupfer den beiden Schwefelverbindungen ihren Schwefel und der Wasserstoff verbindet sich mit dem Kohlenstoff. Wird ein Gemenge der Verbindungen C^6H^5Br (Brombenzol) und C^2H^5Br (Aethylbromid) mit metallischem Natrium erhitzt, so entsteht Bromnatrium NaBr und es bleiben die Gruppen C^6H^5 und C^2H^5 zurück; dieselben sind nach dem Gesetz der paaren Atomzahlen nicht existenzfähig und verbinden sich daher zu dem Kohlenwasserstoffe $C^6H^5C^2H^5$ oder C^8H^{10} (Aethylbenzol). Kohlenwasserstoffe entstehen auch bei der Zersetzung zusammengesetzter organischer (Kohlenstoff-) Verbindungen, insbesondere beim Glühen, d. h. durch trockene Destillation. So z. B. wird die im Benzoëharz vorkommende Benzoësäure $C^7H^6O^2$ beim Durchleiten ihrer Dämpfe durch ein glühendes Rohr in Kohlensäure CO^2 und Benzol C^6H^6 zersetzt. — Unmittelbar vereinigt sich der Kohlenstoff mit Wasserstoff nur in einem Verhältniss: zu dem Kohlenwasserstoff C^2H^2 — Acetylen, der im Vergleich mit anderen Verbindungen dieser Art eine grössere Beständigkeit bei hohen Temperaturen besitzt [29]).

---

29) Beim Verbrennen eines Molekulargrammgewichtes (26 g) Acetylen C^2H^2, bei gewöhnlicher Temperatur (also unter der Annahme, dass das entstehende Wasser im flüssigen Zustande auftritt), werden 310 Cal. (= 310.000 Wärmeeinheiten) entwickelt (Thomsen). Da nun 12 g Kohle beim Verbrennen 97 Cal. und 2 g Wasserstoff 69 Cal. entwickeln, so würden beim Verbrennen der Kohle (24 g) und des Wasserstoffs (2 g), welche aus Acetylen erhalten werden können, nur $2 \times 97 + 69$ oder 263 Cal. entwickelt werden. Offenbar müssen also bei der Bildung von Acetylen 310—263 oder 47 Cal. aufgenommen worden sein. Die Reaktion zwischen Kohle und Wasserstoff ist also eine endothermische und das entstehende Acetylen in dieser Hinsicht ähnlich N^2O, H^2O^2 u. a. — Solche Berechnungen leiden aber an einer Reihe verschiedener Mängel; ihre schwache Seite besteht insbesondere darin, dass eine Reaktion, die nur bei hohen Temperaturen (in der einen oder der anderen Richtung) stattfindet, als bei gewöhnlicher Temperatur vor sich gehend angenommen wird. Berechnungen für hohe Temperaturen sind unmöglich, weil uns die spezifischen Wärmen bei diesen Temperaturen unbekannt sind.

Da die Berechnungen der Verbrennungswärmen kohlenstoffhaltiger Substanzen von praktischer Wichtigkeit sind, führen wir zunächst die Wärmemengen an, welche bei der Verbrennung einiger bestimmter chemischer Verbindungen des Kohlenstoffs entwickelt werden und gehen dann zu den wichtigsten Zahlen für die gewöhnlichen Brennmaterialien über.

I. Die *Verbrennungswärme* (bei vollständiger Verbrennung zu CO^2 und H^2O) für Molekularmengen nachstehender Kohlenstoffverbindungen beträgt: 1) nach Thomsen, für gasförmige C^nH^{2n+2}: $52{,}8 + 158{,}8\,n$ grosse Calorien; 2) für C^nH^{2n}: $17{,}7 + 158{,}1\,n$ Cal.; 3) nach Stohmann (1888), für flüssige Grenzalkohole $C^nH^{2n+2}O$: $11{,}8 + 156{,}3\,n$ und da die latente Verdampfungswärme $= 8{,}2 + 0{,}8\,n$, im gasförmigen Zustande $20{,}0 + 156{,}9\,n$ Cal.; 4) für flüssige einbasische Säuren $C^nH^{2n}O^2$: $-95{,}3 + 154{,}3\,n$ und da die latente Verdampfungswärme annähernd $= 5{,}0 + 1{,}2\,n$ ist, für gasförmige etwa $-90 + 155\,n$ Cal.; 5) für feste zweibasische Säuren $C^nH^{2n-2}O^4$: $-253{,}8 + 152{,}6\,n$ und, wenn sie durch die Formel $C^nH^{2n}C^2H^2O^4$ ausgedrückt werden, $-51{,}4 + 152{,}6\,n$ Cal.; 6) für Benzol und seine Homologen C^nH^{2n-6}, nach Stohmann, im flüssigen

Unter den Grenzkohlenwasserstoffen ist nur einer bekannt, dessen Molekel auf ein Atom Kohlenstoff vier Atome Wasserstoff enthält; er ist zugleich der wasserstoffreichste Kohlenwasserstoff und der einzige, in dessen Molekel nur ein Kohlenstoffatom enthalten ist. Dieser Grenzkohlenwasserstoff CH^4 heisst **Sumpfgas**, Grubengas oder Methan; er enthält 25 pCt. Wasserstoff. Wenn pflanzliche oder thierische Reste bei beschränkter Luftzufuhr oder bei völligem Luftabschluss Zersetzung erleiden, gleichgiltig ob bei gewöhnlicher oder relativ sehr hoher Temperatur, so tritt unter den Zersetzungsprodukten Sumpfgas auf. Wenn daher Pflanzen in Sümpfen unter

Zustande: — 158,6 + 156,3 n, im gasförmigen annähernd — 155 + 157 n Cal.; 7) für gasförmige Homologen des Acetylens $C^n H^{2n-2}$, nach Thomsen: — 5 + 157 n. Aus den angeführten Zahlen ergibt sich, dass die beim Ersatz von H durch Methyl CH^3 eintretende Gruppe CH^2 beim Verbrennen von 152 bis 159 Cal. entwickelt. Diese Wärmemenge ist geringer, als die Summe der von C und H^2 (97 + 69 = 166); die Ursache dieser Differenz (die noch grösser sein müsste, wenn der Kohlenstoff gasförmig wäre) ist in der Wärme, welche bei der Bildung von CH^2 entwickelt wird, zu suchen.

Die Verbrennungswärmen folgender *fester* Körper sind (nach Stohmann), nicht auf Molekulargewichte, sondern auf Gewichtseinheiten bezogen: Cellulose $C^6 H^{10} O^5$ 4146, Stärke 4123, Dextrose $C^6 H^{12} O^6$ 3692, Zucker $C^{12} H^{22} O^{11}$ 3866, Napthalin $C^{10} H^8$ 9621, Harnstoff $CN^2 H^4 O$ 2465, Eieralbumin 5579, trocknes Roggenbrod 4421, Weizenbrod 4302, Fett 9365, Butter 9192, Leinöl 9323.

II) Je ein *Gewichtstheil* der verschiedenen **Heizmaterialien**, in dem Zustande von Reinheit und Trockenheit, wie sie in der Praxis gewöhnlich vorkommen, gibt bei vollständiger Verbrennung und Abkühlung des Rauches folgende Wärmemengen: 1) Holzkohle, Anthracite, Halbanthracite, fette Steinkohlen und Koks: 7200—8200; 2) trockne langflammige Steinkohlen und die besten Braunkohlen: 6200 — 6800; 3) vollkommen ausgetrocknetes Holz 3500, kaum getrocknetes 2500; 4) vollkommen ausgetrockneter, bester Torf 4500, gepresster und getrockneter 3000; 5) Naphtarückstände u. ähnl. *flüssige* Kohlenwasserstoffe etwa 11000; 6) *Leuchtgas* von gewöhnlicher Zusammensetzung (etwa 45 Vol. H, 40 Vol. CH^4, 5 Vol. CO und 5 Vol. N) etwa 12000; 7) Generatorgas (s. Kap. IX), bestehend aus 2 Vol. CO^2, 30 Vol. CO und 68 Vol. N, 910 (auf 1 Gewth.) des gesammten Gases und *5300 auf 1 Gewth. verbrannten Kohlenstoffs*); 8) Wassergas (s. Kap. IX), bestehend aus 4 Vol. CO^2, 8 Vol. N^2, 24 Vol. CO und 46 Vol. H^2, auf 1 Gewth. des gesammten Gases 3000 und auf 1 Gewth. im *Generator* verbrannten Kohlenstoffs 10900. In diesen Zahlen ist, wie bei allen calorimetrischen Bestimmungen zu geschehen pflegt, angenommen, dass das bei der Verbrennung des Heizmaterials entstandene Wasser in den flüssigen Zustand übergegangen ist. Um sich eine richtige Vorstellung von der Temperatur zu machen, welche mit einem gegebenen Heizmateriale erreicht werden kann, ist der Umstand von grösster Wichtigkeit, dass zur vollständigen Verbrennung von festem Heizmaterial das Doppelte der Luftmenge, die thatsächlich verbraucht wird, zugeführt werden muss, während bei flüssigem pulverisirtem und insbesondere bei gasförmigem Material ein Ueberschuss von Luft nicht nöthig ist. Demnach braucht 1 Kilo Kohle (das 8000 Cal. entwickelt) etwa 24 Kilo Luft (auf 1000 Cal. 3 Kilo Luft), 1 Kilo Generatorgas nur 0,77 Kilo Luft (auf 1000 Cal. 0,85) und 1 Kilo Wassergas etwa 4,5 Kilo Luft (auf 1000 Cal. 1,25).

III) Da eine der wichtigsten und verbreitetsten Anwendungen der Brennstoffe zur Erzeugung von Wasserdampf und hierdurch von mechanischer Arbeit dient, so wollen wir an einem Beispiel die Menge Dampf und Arbeit berechnen, die eine gegebene Menge Heizmaterial liefern kann. Angenommen eine Dampfmaschine

Wasser zich zersetzen, so entsteht dieses Gas. Die Gasblasen, welche bekanntlich in grosser Menge aus dem Schlamme der Sümpfe, wenn derselbe bewegt wird, aber auch von selbst, langsam aufsteigen, bestehen zum grössten Theil aus Sumpfgas [30]). Wenn Holz, Steinkohle und viele andere pflanzliche und thierische Stoffe bei Abschluss von Luft durch **Hitze** zersetzt, d. h der trocknen Destillation unterworfen werden, so scheiden sie neben andern gasförmigen Zersetzungsprodukten (Kohlensäure, Wasserstoff u. a.) grosse Mengen Methan aus. Das gewöhnliche Leuchtgas [31]) welches auf diese Weise

---

verbrenne *in der Stunde* ($=3600$ Sekunden) 100 Kilo Anthracit, der 8000 W. E. entwickelt und 90 pCt. Kohlenstoff, 3 pCt. Wasserstoff, 3 pCt. Sauerstoff und 4 pCt. Asche und Stickstoff enthält. Die Verbrennung von 100 Kilo dieser Kohle gibt 800.000 Cal. und braucht (das doppelte der theoretischen Luftmenge gerechnet) 2400 Kilo Luft; im Rauch werden folglich 2500 Kilo enthalten sein und da die spezifische Wärme desselben 0,25 beträgt, werden, wenn die Temperatur des Rauches (beim Verlassen der unter dem Dampfkessel befindlichen Feuerung) um 200° die Lufttemperatur übersteigt, im Rauche 125000 Cal. weggeführt. Dem Dampfkessel und der umgebenden Luft werden also in der Stunde 675000 Cal. oder 187,5 Cal. in der Sekunde abgegeben werden. Ziehen wir 27,5 Cal., die durch Strahlung verloren gehen, ab, so bleiben 160 Cal., die dem Wasser in jeder Sekunde zugeführt werden. Wenn im Dampfkessel (S. 63) der Druck 5 Atm., die Temperatur also 152°, die ursprüngliche Temperatur des Wassers 12° beträgt,. so werden (da der Wärmeverbrauch zur Erwärmung und Verdampfung des Wasser 640 Wärmeeinheiten beträgt S. 62) in der Sekunde 0,25 Kilo Dampf erzeugt ($=900$ Kilo in der Stunde). Wenn dieser Dampf ohne irgend welchen Verlust von Wärme arbeitet und auf 50° abgekühlt wird, so können nach dem zweiten Gesetz der mechanischen Wärmetheorie nicht mehr als $\frac{160\,(150-50)}{150+273}$
$=37,8$ Wärmeeinheiten in Arbeit umgesetzt werden; dieselben können, nach dem ersten Gesetz der mechanischen Wärmetheorie, $424 \times 37,8 = 15927$ Kilogrammmeter oder 212 Pferdekräfte liefern (die Arbeit einer Dampfpferdekraft $=75$ Kilogrammmeter in der Sekunde) Da nun auf unvermeidlichen Wärmeverlust und Reibungsarbeit mindestens 35 pCt. (in den besten Maschinen) entfallen, so können bei vollkommenster Konstruktion der Maschine 100 Kilo des in unserem Beispiele gewählten Heizmaterials etwa 140 Pferdekräfte entwickeln, während gewöhnlich in den besten (Niederdruck-) Dampfmaschinen auf 1 Pferderkraft 1 Kilo Kohle in der Stunde verbraucht wird. Nur in den Gasmotoren nähert sich die vom Heizmaterial verrichtete Arbeit am meisten der theoretischen.

30) Es gelingt mit Leichtigkeit das in Sümpfen sich entwickelnde Gas aufzufangen, wenn man eine mit Wasser gefüllte Flasche mit dem Halse nach unten in das Wasser des Sumpfes taucht und einen Trichter in den Hals der Flasche steckt. Beim Aufrühren des Schlammes werden die aufsteigenden Blasen durch den Trichter aufgefangen.

31) **Leuchtgas** erhält man meist durch Glühen von Steinkohlen (Gaskohlen, Kap. VI) in horizontal liegenden gusseisernen oder thönernen Retorten von oval-cylindrischer Form, von denen mehrere in einem Ofen eingemauert und von einer gemeinsamen Feuerung aus erhitzt werden. Die zur Rothgluth erhitzten Retorten werden dann mit der nöthigen Menge Steinkohlen beschickt und sofort mittelst eines Deckels dicht verschlossen. Auf Fig. 94 ist der vordere Theil eines Ofens mit sieben Retorten abgebildet, von denen zwei offen und die übrigen fünf beschickt und geschlossen sind. In den Retorten bleibt nach der trocknen Destillation (s. Anm. 1) der Koks zurück, während die flüchtigen Produkte (Gase und Dämpfe durch die

dargestellt wird, enthält daher stets Sumpfgas, gemengt mit Wasserstoff und anderen Gasen und Dämpfen (von denen einige aber bei der Reinigung des Leuchtgases entfernt werden). Da die Zersetzung von organischen Resten, welche zur Bildung von Steinkohle

aufsteigenden Röhren bb (von denen jede aus einer Retorte führt), in die auf dem Ofen angebrachte Vorlage (Hydraulik) gehen. Hier sammeln sich die am leichtesten kondensirbaren Produkte, während die übrigen Gase und Dämpfe in das Rohr G treten. Eine Anzahl solcher Rohre, die von den verschiedenen Oefen führen, stehen mit einander in Verbindung In denselben werden die Gase und Dämpfe durch die Berührung mit den kälteren Röhrenwandungen weiter abgekühlt und neue Mengen von weniger flüchtigen Substanzen kondensirt. Aus den Röhren G und n fliessen die kondensirten Produkte durch die Röhren ii in die gemauerten Rinnen gg. Diese Rinnen enthalten stets Wasser, in welches die Röhren ii tauchen, wodurch ein hydraulischer Verschluss hergestellt ist, der kein Gas nach aussen entweichen lässt.

Fig. 94. Schematische Ansicht einer Gasanstalt: aa — Retorten, B — Condensator, C — Scrubber. $1/1500$.

Zur vollständigen Abkühlung wird das Gas durch einen Kondensator, der entweder aus einer Reihe von vertikalen Röhren (die von der umgebenden Luft gekühlt werden) oder, wie in Fig. 94 abgebildet, aus einem Metallkasten (B) besteht, in welchem eine grosse Anzahl vertikaler von Wasser durchflossener Röhren angebracht ist. Das Gas tritt durch n ein und verlässt den Kondensator durch das Rohr r. In dem Zustande, wie es den Kondensator verlässt, enthält dasselbe hauptsächlich die folgenden Dämpfe und Gase: 1) Wasserdampf, 2) Dämpfe von kohlensaurem Ammonium, 3) Dämpfe flüssiger Kohlenwasserstoffe, 4) Schwefelwasserstoff H^2S, 5) Kohlensäuregas CO^2, 6) Kohlenoxyd CO, 7) Schwefligsäuregas SO^2;

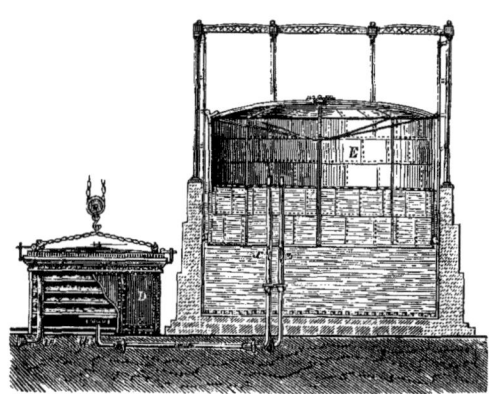

Fig. 95. D — Reinigungsapparate, mit einem Gemenge von Kalk und Eisenvitriol, E — Gasometer, Z — Rohr, welches das Gas der Stadtleitung zuführt. $1/150$.

seine Hauptbestandtheile sind aber 8) Wasserstoff, 9) Methan, 10) Aethylen C^2H^4 und andere gasförmige Kohlenwasserstoffe. Die Kohlenwasserstoffe (3, 9 und 10), Wasserstoff und Kohlenoxyd sind brennbar und bilden daher nützliche Bestandtheile des Leuchtgases; dagegen sind das Kohlensäuregas, der Schwefelwasserstoff und das Schwefligsäuregas, sowie die Dämpfe des kohlensauren Ammoniums, schädliche Bestandtheile, theils weil sie nicht brennbar sind (CO^2, SO^2) und die Temperatur und Leuchtkraft der Flamme vermindern, theils (H^2S, CS^2), weil sie beim Brennen

geführt hat, sich unter der Erde noch fortsetzt, so tritt Methan häufig auch in grossen Massen in Kohlengruben auf. Mit Luft gibt dieses Gas ein explosives Gemisch und da in den Bergwerken bei Lampenlicht gearbeitet werden muss, verursacht das

Schwefligsäuregas entwickeln, welches abgesehen von seinem unangenehmen Geruch, beim Einathmen schädlich wirkt und viele Gegenstände verdirbt. Zur Entfernung dieser Beimengungen wird das Gas durch den Scrubber genannten Cylinder C geleitet. Derselbe ist mit Koksstücken gefüllt, die fortwährend mittelst einer besondern Vorrichtung mit Wasser besprengt werden, so dass hier kohlensaures Ammon. H^2S, CO^2, SO^2, letztere Gase übrigens nicht vollkommen, entfernt werden. Behufs weiterer Reinigung wird das Gas mit Aetzkalk oder mit einer alkalischen Flüssigkeit behandelt, wobei CO^2, SO^2 und H^2S, da sie saure Eigenschaften besitzen, sich mit dem Alkali zu nicht flüchtigen Salzen, wie $CaCO^3$, $CaSO^3$ und CaS, verbinden. Der Kalk muss natürlich von Zeit zu Zeit erneuert werden, da seine Absorptionsfähigkeit mit der Bildung dieser Verbindungen abnimmt. Noch besser wirkt ein Gemenge von Kalk mit Eisenvitriol $FeSO^4$, das mit $Ca(OH)^1$ Eisenoxydulhydrat $Fe(HO)^2$ und Gyps $CaSO^4$ gibt. Das Eisenoxydul, welches zum Theil in Eisenoxyd übergeht, absorbirt H^2S unter Bildung von FeS und H^2O, der Gyps hält die letzten Spuren Ammoniak zurück, während der überschüssige Kalk CO^2 und SO^2 bindet. Das Gemenge von Kalk und Eisenvitriol mit Sägespänen wird in dem Reinigungsapparat D (Fig. 95) auf Sieben ausgebreitet. Es muss noch bemerkt werden, dass bei der Leuchtgasbereitung das Gas aus den Retorten gesaugt werden muss, einerseits um ein längeres Verbleiben der Destillationsprodukte in den Retorten zu vermeiden, was eine weitere Zersetzung der Kohlenwasserstoffe in Kohle und Wasserstoff bewirken würde, andererseits, damit kein bedeutender Druck in den Apparaten entstehe, welcher bei der Unmöglichkeit eine komplizirte Reihe von Apparaten vollkommen luftdicht zu erhalten, grosse Verluste an Gas mit sich bringen würde. Zu diesem Zweck werden besondere Saugpumpen (Exhaustoren, auf unseren Figuren nicht abgebildet) eingeschaltet, die in der Weise regulirt werden, dass gerade die Menge Gas, welche in den Retorten entsteht, aus denselben ausgepumpt wird. Das gereinigte Gas gelangt durch das Rohr x in den Gasometer oder Gasholder E, welcher eine in einem Wasserbassin schwimmende Glocke aus Eisenblech darstellt. Das im Gasometer angesammelte Gas wird durch die Röhrenleitung, welche mit dem Rohr Z in Verbindung steht, den Konsumenten zugeführt. Der Druck, unter welchem das Gas die Röhrenleitung passirt und in den Brennern ausströmt, wird durch das Gewicht der Gasometerglocke bestimmt. 100 Kilo Kohle geben annähernd 20—30 Cubikmeter Gas, dessen Dichte 4—9 mal grösser ist, als die des Wasserstoffs. Ein Cubikmeter (1000 Liter) Wasserstoff wiegt etwa 87 Gramm, folglich geben 100 Kilo Kohle etwa 18 Kilo oder $1/6$ ihres Gewichtes Leuchtgas. Das Leuchtgas ist manchmal leichter, als Methan (wenn es viel Wasserstoff enthält), manchmal schwerer, als dieses Gas (wenn es reich an schweren Kohlenwasserstoffen ist). Aethylen C^2H^4 ist 14 mal und Benzoldampf 39-mal schwerer, als Wasserstoff; das Leuchtgas enthält aber unter Umständen bis zu 15 Volumprozenten solcher Gase und Dämpfe. Je mehr Aethylen und ähnlicher schwerer Kohlenwasserstoffe das Leuchtgas enthält, mit desto stärker leuchtender Flamme verbrennt es und desto mehr Kohlepartikel scheidet es dabei aus. Gewöhnlich enthält Leuchtgas 35—60 Volumprozente Methan, 50—30 Wasserstoff, 3—5 Kohlenoxyd, 2—10 schwerer Kohlenwasserstoffe und 3—10 Stickstoff. — Holz liefert ein ähnliches Gas und in nahezu gleicher Menge, nur enthält dieses Gas mehr Kohlensäure und Dämpfe wässeriger und theeriger Flüssigkeiten, dagegen ist es frei von Schwefelverbindungen. Harze, Oele, Naphta und ähnl. Materialien liefern vorzügliches, mit leuchtender Flamme brennendes Gas in bedeutender Menge. In einem gewöhnlichen Gasbrenner, dessen Flamme eine Lichtstärke von 8—10 Kerzen besitzt, ver-

Auftreten dieses Gasgemisches die gefährlichsten Explosionen [32]) (schlagende Wetter). Um diese Gefahr zu verhüten, bedient man brennen in einer Stunde 5—6 Cubikfuss Steinkohlengas und nur 1 Cubikfuss Naphtagas. 1 Kilogr. Naptha gibt etwa 1 Cubikmeter Gas. Die Bildung von brennbarem Gas beim Glühen von Steinkohle wurde im Anfange des vorigen Jahrhunderts entdeckt, aber erst zu Ende desselben Jahrhunderts schlugen Lebon in Frankreich und Murdoch in England die praktische Verwendung dieses Gases vor. Murdoch gründete mit dem berühmten Watt 1805 die erste Gasanstalt in England.

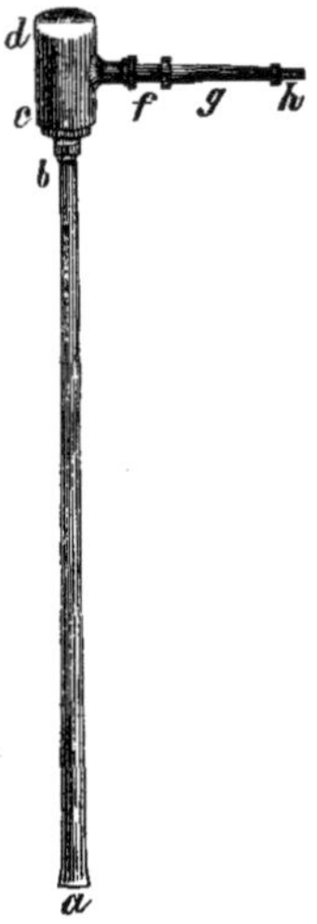

Es sei noch bemerkt, dass auf eine Lichtstärke der stündliche Verbrauch von gewöhnlichem Steinkohlengas 7 g., Naphtagas etwa $1^1/_2$ g, Mineralöl in Lampen 4 g, Stearin Wachs, Paraffin etwa 6—9 g und Talg etwa 13 g beträgt.

In der Praxis dient das Leuchtgas nicht nur zur Beleuchtung (Elektrizität und Mineralöl kommen billiger zu stehen), sondern auch zur Verrichtung von mechanischer Arbeit in Gasmotoren (S. 195); solche Motoren verbrauchen pro Pferdekraft stündlich etwa einen halben Cubikmeter Gas. In Laboratorien findet das Leuchtgas die ausgedehnteste Anwendung als Heizmaterial. Auf S. 14 ist der in Laboratorien gewöhnlich benutzte Gasbrenner von Bunsen abgebildet. Soll die Hitze konzentrirt werden, so wendet man z. B. ein gewöhnliches Löthrohr an, desen Ende h in die Flamme gehalten, während durch a Luft eingeblasen wird (Fig 96), oder man leitet Gas in das Löthrohr (durch ab Fig. 97). Wenn aber zum Glühen von Tiegeln oder zum Schmelzen von Glas eine grosse, heisse, nicht leuchtende Flamme nöthig ist, so benutzt man das Fig. 98 abgebildete Gasgebläse. Hohe Temperaturen, welche sowohl in Laboratorien, als bei technischen Prozessen oft nothwendig sind, werden am leichtesten unter Benutzung von gasförmigem Heizmaterial erreicht (Leuchtgas, Generatorgas, Wassergas S. Kap IX), da Gase ohne Luftüberschuss vollständig verbrannt werden können. Offenbar muss aber, um hohe Hitzegrade zu erzielen, dafür Sorge getragen werden, dass der Wärmeverlust durch Strahlung möglichst vermindert werde.

Fig. 96. Löthrohr. Durch a wird Luft eingeblasen, durch die Platinspitze h tritt sie in die Flamme. Die Trommel cd verbindet die Röhre ab und fg. $^1/_4$.

Fig. 97. Gaslöthrohr, in welchem durch ab Gas zugeführt und durch c Luft eingeblasen wird. $^1/_8$.

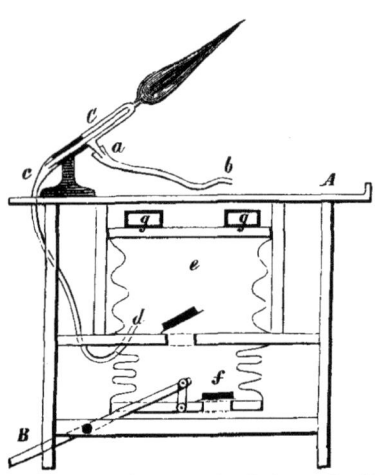

Fig. 98. Gebläsetisch AB mit Gaslampe C. Das Gas tritt in die Lampe durch das Rohr ab, die Luft durch das Rohr cd aus dem Blasebalg ef, der durch das Pedal B und das Gewicht g in Bewegung gesetzt wird. $^1/_{45}$.

32) Das Gas, welches in Kohlengruben auftritt, enthält viel Stickstoff, theilweise CO^2

sich der von Davy konstruirten und nach ihm benannten *Sicherhei'slampe*, welche auf der Beobachtung beruht, dass beim Einführen eines Drahtnetzes in eine Flamme letzterer so viel Wärme entzogen wird, dass hinter dem Netze die Verbrennung sich nicht fortsetzt (die unverbrannten Dämpfe, welche durch das Netz gehen, lassen sich entzünden). In der Sicherheitslampe (Fig. 99) kommt die Flamme nur durch ein Drahtnetz, das sich über dem Glascylinder befindet, mit der äusseren Luft in Berührung [33]).

In manchen Gegenden, besonders da, wo Naphta gefunden wird, entströmt das Sumpfgas in grossen Mengen dem Boden, z. B. bei Baku, wo sich ein alter Tempel der Feueranbeter befindet, in Pennsylvanien, wo dieses Gas als Leucht- und Brennmaterial benutzt wird [34]).

Ziemlich reines Methan [35]) erhält man beim Glühen eines Gemenges von essigsaurem Salz mit einem Alkali. Die Essigsäure $C^2H^4O^2$ zersetzt sich in der Hitze in Methan und Kohlensäure: $C^2H^4O^2 = CH^4 + CO^2$, das Alkali, z. B. NaHO, verbindet sich mit der entstehenden Kohlensäure zu kohlensaurem Salz Na^2CO^3, so dass nur Sumpfgas entweicht:

$$C^2H^3NaO^2 + NaHO = Na^2CO^3 + CH^4.$$

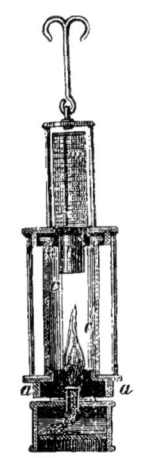

Fig. 99. Davy's Sicherheitslampe. 1/6.

Das Methan ist ein schwer verflüssigbares, in Wasser fast unlösliches, geruch- und geschmackloses Gas. Von den chemischen Eigenschaften desselben ist seine Unfähigkeit sich mit anderen Stoffen zu vereinigen von grösstem Interesse, da andere Kohlenwasserstoffe, welche weniger Wasserstoff enthalten, als der Formel C^nH^{2n+2}

und CH^4. Den besten Schutz gegen Explosionen gewährt eine gute Ventilation (Kap. I). Am zweckmässigsten ist es die Kohlenbergwerke mit elektrischen Lampen zu beleuchten, wie dies schon an manchen Orten geschieht.

33) Davy's Sicherheitslampe, welche in Kohlengruben und anderen Bergwerken, in denen brennbare Gase zu Tage treten, benutzt wird, besteht aus einer Oellampe, deren Flamme in einem fest aufgeschraubten Cylinder von dickem Glas (Fig. 99 c) sich befindet. Ueber diesem Cylinder ist ein Metallcylinder (n) und ein Cylinder aus Drahtnetz *m* befestigt, durch welches die Verbrennungsprodukte und die von aussen zuströmende Luft hindurchgehen; letztere gelangt durch den Zwischenraum zwischen *n* und *m* zur Flamme. Zur Vermeidung von unvorsichtigem Oeffnen ist die Lampe so construirt, dass sie nicht geöffnet werden kann, ohne dass die Flamme ausgelöscht wird.

34) In Pennsylvanien (jenseits der Alleghanies) haben viele zur Gewinnung von Naphta angelegte Bohrlöcher nur Gas geliefert. Dieses Gas wird aber in Metallröhren auf Hunderte von Kilometern fortgeführt und als Brennmaterial, besonders in metallurgischen Prozessen utilisirt.

35) Am reinsten wird das Methan erhalten, wenn man die flüssige Zinkmethyl genannte Verbindung $Zn(CH^3)^2$ mit Wasser zersetzt. Die Reaktion verläuft nach der Gleichung:

$$Zn(CH^3)^2 + 2HOH = Zn(OH)^2 + 2CH^3H.$$

entspricht, mit Wasserstoff, Chlor, einigen Säuren und and. in Verbindung treten können.

Das Sumpfgas ist die einzige Wasserstoffverbindung des Kohlenstoffs, welche ein Atom Kohlenstoff in der Molekel enthält[36]), ebenso wie das Wasser ein Atom Sauerstoff, das Ammoniak ein Atom Stickstoff enthält; daher müssen die verschiedenartigen Verbindungen des Kohlenstoffs mit Wasserstoff von diesem einfachsten Kohlenwasserstoff abgeleitet werden. Vergleichen wir die Molekeln (also gleiche Volume) folgender Körper:

$$HH; \quad OH^2; \quad NH^3; \quad CH^4;$$
$$HCl; \quad SH^2; \quad PH^3; \quad SiH^4;$$

so sehen wir, dass H und Cl einwerthig, O und S zweiwerthig, N und P dreiwerthig, C und Si vierwerthig sind. Wenn die Bildung des Wasserstoffhyperoxydes nach dem Substitutionsgesetz als die Vereinigung von zwei Wasserresten (OH)(OH) betrachtet werden kann, so müssen auf dieselbe Weise auch alle Kohlenwasserstoffe sich aus der einfachsten Verbindung dieser Art, dem Methan CH^4, ableiten lassen. Die Bildung zusammengesetzterer Molekeln aus den Molekeln des Methans lässt sich erklären, wenn angenommen wird, dass die Kohlenstoffatome die Fähigkeit besitzen, sich mit einander zu verbinden. Es hat sich nun beim eingehendsten Studium dieses Gegenstandes ergeben, dass sehr Vieles von dem, was nach dem Substitutionsgesetz vorausgesehen werden konnte, sich thatsächlich vollkommen bestätigte und in der zu erwartenden Weise verlief. Es soll dieser Gegenstand, obwohl die Kohlenstoffverbindungen ihrer ausserordentlich grossen Anzahl wegen, einem besonderen Gebiete der Chemie — der organischen — zugetheilt werden, an dieser Stelle wenigstens in seinen Hauptzügen betrachtet werden, da er das am vollkommensten ausgearbeitete Beispiel der Anwendung des Substitutionsgesetzes bietet.

Nach dem genannten Gesetz, lässt die Molekel des Methans CH^4 folgende vier Arten von Substitution erwarten. 1) Die *Methylirung*, wobei an Stelle eines Wasserstoffatoms H der äquivalente Methanrest, das Methyl CH^3, tritt. In CH^4 ist das Methyl mit H verbunden, kann also diesen letzteren ersetzen, wie (OH), welches mit H Wasser bildet, auch H ersetzt. 2) Die *Methylenirung* oder Ersetzung von H^2 durch CH^2, das Methylen, da CH^4 sich in CH^2 und H^2 theilen lässt. 3) Die *Acetylenirung* oder Ersetzung von H^3 durch CH. 4) Die *Carbonirung* oder Ersetzung von H^4 durch C.

Durch diese vier Arten von Substitution lassen sich alle wichtigsten in Bezug auf die Kohlenwasserstoffe bekannten Thatsachen erklären. So z. B. ergibt sich daraus *das Gesetz der paaren Atom-*

---

36) Das Methylen CH^2 existirt nicht; bei allen Versuchen zur Darstellung desselben (z. B. durch Entziehen von X^2 aus CH^2X^2) bildeten sich C^2H^4, C^3H^6 u. s. w., d. h. es fand Polymerisation statt.

zahlen, nach welchem bei allen vier erwähnten Arten der Substitution stets eine paare Anzahl von Wasserstoffatomen in die Verbindung eintreten oder ausgeschieden werden muss. Da nämlich in CH^4 gleichfalls eine paare Anzahl von Wasserstoffatomen enthalten ist, so muss offenbar auch nach beliebig vielen Substitutionen die Anzahl der Wasserstoffatome in der Molekel eine paare bleiben. Wird H durch CH^3 ersetzt, so nimmt die Wasserstoffmenge um H^2 zu, beim Ersatz von H^2 durch CH^2 bleibt die Zahl der Wasserstoffatome unverändert; tritt beim Acetyleniren CH an die Stelle von H^3, so nimmt der Wasserstoffgehalt um H^2 ab und beim Carboniren treten vier Wasserstoffatome aus. — Das *Gesetz der Grenze* lässt sich ebenso als Folge des Substitutionsgesetzes ableiten, denn die eingeführte Wasserstoffmenge ist bei der Methylirung am grössten, wobei in die Molekel jedesmal CH^2 eingeführt wird; wie viel mal also CH^4 auch der Methylirung unterworfen werden mag, sagen wir (n—1) mal, immer wird man $CH^4(n-1)(CH^2)$ oder $C^n H^{2n+2}$ als allgemeine Formel der höchsten Verbindungsstufe des Kohlenstoffs mit Wasserstoff erhalten. *Ungesättigte Kohlenwasserstoffe*, die weniger Wasserstoff enthalten, entstehen offenbar nur dann, wenn die Substitution im Methan nach einer der drei übrigen Arten — der Methylenirung, Acetylenirung oder Carbonirung — erfolgt. Bei einmaliger Methylirung gibt das Methan CH^4 den Grenzkohlenwasserstoff [37]) CH^3CH^3 — das **Aethan**. Durch einmalige direkte Methylenirung entsteht aus CH^4 das **Aethylen** CH^2CH^2, durch Acetylenirung das **Acetylen** CHCH. Auf diese Weise entstehen die drei *überhaupt möglichen* Kohlenwasserstoffe mit zwei Kohlenstoffatomen in der Molekel: Aethan C^2H^6, Aethylen C^2H^4 und Acetylen C^2H^2. Diese können aber nach dem Substitutionsgesetz wiederum selbst der Substitution unterliegen, also der Methylirung, Methylenirung, Acetylenirung und sogar der Carbonirung (da beim Ersatz von H^4 durch C in der Molekel C^2H^6 noch Wasserstoff zurückbleibt). Setzt man die Sub-

---

37) Obgleich die Darstellungsmethoden und die Reaktionen der Kohlenwasserstoffe hier nicht beschrieben werden können und in die organische Chemie gehören, wollen wir an einem Beispiele den Mechanismus der Umwandlungen zeigen, welche zur Anhäufung von Kohlenstoffatomen in den Molekeln der Verbindungen dieses Elementes führen Aus Methan CH^4 kann man durch Substitution von Wasserstoff durch Chlor oder Jod die Körper CH^3Cl, CH^3J erhalten, andererseits kann der Wasserstoff des Methans durch Metalle wie Natrium ersetzt werden: CH^3Na. Solche Substitutionsprodukte, welche für die Kohlenwasserstoffe besonders charakteristisch sind, dienen zur Darstellung von zusammengesetzteren Kohlenwasserstoffen aus einfacheren. Lässt man die beiden angeführten Substitutionsprodukte des Methans (Halogenderivat und metallorganische Verbindung) auf einander einwirken, so vereinigt sich das Halogen mit dem Natrium zu einer höchst beständigen Verbindung — dem Chlornatrium oder gewöhnlichen Kochsalz — während die Kohlenwasserstoffgruppen, die mit den beiden Elementen verbunden waren, unter einander in Verbindung treten: $CH^3Cl + CH^3Na = NaCl + C^2H^6$. Diese Reaktion ist das einfachste

stitution fort, so gelangt man zu neuen Reihen gesättigter und ungesättigter Kohlenwasserstoffe mit stets zunehmendem Kohlenstoffgehalt in der Molekel und, wenn Acetylenirung und Carbonirung stattfinden, mit beständig abnehmendem Wasserstoffgehalt. *Das Substitutionsgesetz lässt* also nicht nur die Grenze C^nH^{2n+2} *voraussehen*, sondern auch die *unbegrenzte Anzahl der ungesättigten Kohlenwasserstoffe* C^nH^{2n}, C^nH^{2n-2}... $C^nH^{2(n-m)}$, wo m von 0 bis zu $n-1$ ansteigt [38]) und für n bis jetzt keine Grenze bekannt ist.

Aus dem Gesagten ergibt sich nicht nur die Existenz einer grossen Anzahl von polymeren, nur durch das Molekulargewicht sich unterscheidenden Kohlenwasserstoffen, sondern auch die Möglichkeit von Isomeriefällen, bei gleichem Molekulargewichte. Schon in der ersten homologen Reihe der ungesättigten Kohlenwasserstoffe C^nH^{2n} zeigt sich die bei diesen Verbindungen so häufige **Polymerisation**; denn alle Glieder der genannten Reihe: C^2H^4, C^3H^6, C^4H^8... $C^{30}H^{60}$ haben dieselbe elementare Zusammensetzung, deren einfachster Ausdruck CH^2 ist, aber ein verschiedenes Molekulargewicht (Kap. VII, S. 343). Die Unterschiede in den Dampfdichten, Siedepunkten und Erstarrungstemperaturen, die in Reaktionen eintretenden Mengen [39]) und die Entstehungsarten [40]) dieser Kohlenwasserstoffe stehen mit dem Begriffe der Polymerie in so vollkommenem Einklange, dass diese homologe Reihe immer der schönste Beweis für die Richtigkeit unserer Vorstellungen von der Polymerie und dem Molekulargewicht bleiben wird. Aehnliche Fälle sind auch bei anderen Kohlenwasserstoffen bekannt; so entsprechen der einfachsten [41]) Zusammensetzung

---

Beispiel der Bildung eines zusammengesetzten Kohlenwasserstoffs durch Vereinigung nach Resten. Die Reaktion wird durch die Fähigkeit des Chlors und des Natriums sich mit einander zu verbinden, bestimmt.

38) Wenn $m = n-1$ ist, so erhalten wir die Reihe C^nH^2. Das unterste Glied der Reihe ist das Acetylen C^2H^2; mit C^3 können zwei Kohlenwasserstoffe C^3H^2 existiren (beide von ringförmiger Struktur) CHCCH und CCH^2C Keiner derselben ist bekannt. Von den Kohlenwasserstoffen C^4H^2 ist nur einer CHCCCH, Baeyer's Diacetylen, ein explosives, unbeständiges Gas, dargestellt worden. Andere Glieder der Reihe C^nH^2 liessen sich bis jetzt nicht darstellen.

39) Eine Molekel Aethylen C^2H^4, Amylen C^5H^{10} und überhaupt C^nH^{2n} verbindet sich z. B. mit Br^2, HJ, H^2SO^4, die in Reaktion tretenden Mengen sind also proportional dem Molekulargewicht, der Dampfdichte (S.43) und der Zahl n.

40) Aethylen C^2H^4 entsteht z. B. aus Aethylalkohol $C^2H^5(OH)$, unter Ausscheidung einer Wassermolekel, wie Amylen C^5H^{10} aus Amylalkohol $C^5H^{11}(OH)$ oder überhaupt C^nH^{2n} aus $C^nH^{2n+1}(OH)$.

41) Das Acetylen und seine Polymeren haben die empirische Zusammensetzung CH, das Aethylen und seine Homologen (und Polymeren) CH^2, das Aethan CH^3, das Methan CH^4. Diese Reihe ist ein schönes Beispiel der multiplen Proportionen, aber das Verhältniss der Zahl der Kohlenstoffatome zur Zahl der Wasserstoffatome in den gegenwärtig bekannten Kohlenwasserstoffen ist ein so wechselndes, dass es scheinen könnte, die Zusammensetzung dieser Körper stehe im Widerspruch mit Dalton's Gesetz. In der That, die quantitative Zusammensetzung von $C^{30}H^{62}$ und $C^{30}H^{60}$ z. B.

CH, ausser dem Acetylen C^2H^2, das Benzol C^6H^6 und das Styrol C^8H^8. Benzol siedet bei 81°, Styrol bei 144°; das spezifische Gewicht des ersteren ist 0,899, das des letzteren 0,925 bei 0°; auch hier findet also bei zunehmender Polymerisation Erhöhung der Siedetemperatur und Zunahme des spezifischen Gewichtes statt, wie es entsprechend der Vergrösserung des Molekulargewichtes zu erwarten ist.

Isomerie im engeren Sinne, d. h. Verschiedenheit der Eigenschaften bei gleicher Zusammensetzung und gleichem Molekulargewicht, wird bei den Kohlenwasserstoffen (und ihren Abkömmlingen) in überaus zahlreichen Fällen angetroffen, die für das Verständniss der Molekularstruktur besonders wichtig sind. Aber auch diese Fälle lassen sich wie die Polymeren auf Grund der oben erörterten Begriffe, welche die Prinzipien der Konstitution der Kohlenwasserstoffverbindungen [42]) umfassen, voraussehen. Nach dem Substitutionsgesetze z. B. sind für die Grenzkohlenwasserstoffe C^2H^6 und C^3H^8 keine Isomeriefälle möglich, denn ersterer entsteht aus CH^4 durch

---

zeigt so geringe Unterschiede im Gehalt an C und H, dass die Differenzen innerhalb der Fehlergrenzen unserer analytischen Methoden liegen; trotzdem lassen sich diese Körper durch ihre Eigenschaften und Reaktionen unzweifelhaft unterscheiden. Ohne Dalton's Entdeckung wäre die Chemie nicht zu ihrer heutigen Entwickelung gelangt, aber Dalton's Gesetz allein ist nicht im Stande alles das zu umfassen, was nach dem Gesetz von Avogadro-Gerhardt klar verstanden und untrüglich vorausgesehen werden kann.

42) Die Vorstellung von der Konstitution der Kohlenwasserstoffverbindungen, d. h. von der gegenseitigen Bindung der Atome und ihrem Verhältniss zu einander in den Molekeln, beschränkte sich lange Zeit auf die Annahme zusammengesetzter Radikale (z. B. Aethyl C^2H^5, Methyl CH^3, Phenyl C^6H^5 u. s. w.) in diesen Verbindungen; später, seit den 40-er Jahren, wurden die Substitutionserscheinungen studirt und das Verhältniss der Substitutionsprodukte zu den ursprünglichen Körpern (Kernen oder Typen) klar gelegt; erst seit den 60-er Jahren, nachdem einerseits Gerhardt's Begriff der Molekeln angenommen worden war und andererseits das zum Verständniss der Umwandlungen der einfachsten Kohlenstoffverbindungen nöthige Material sich angesammelt hatte, tauchte die Vorstellung auf, dass die Kohlenstoffatome in den zusammengesetzten Kohlenstoffverbindungen sich gegenseitig binden. Diese gegenseitige Bindung der Kohlenstoffatome brachten Kekulé und Butlerow in der Weise zum Ausdruck, dass sie den Kohlenstoff als vierwerthiges Element betrachteten. Obgleich die Ansichten dieser beiden Forscher in Einzelheiten sowol von einander, als von den in diesem Buche dargelegten abweichen, steht doch das Wesentliche ihrer Lehren, nämlich die Erklärung der Isomerie und der gegenseitigen Bindung der Kohlenstoffatome unangefochten da. Seit den 70-er Jahren ist aber in dem Bestreben, die wirkliche räumliche Lagerung der Atome in den Molekeln zu erfassen, eine neue Richtung hervorgetreten, welche von Jahr zu Jahr an Bedeutung gewinnt und für die chemische Mechanik überaus wichtige Resultate verspricht. Diese Richtung wird von Lebel (1874), Van't Hoff (1874) und Wislicenus (1887) vertreten in ihren Versuchen gewisse Isomeriefälle, z. B. die Konstitution von Isomeren, welche sich durch ihre optische Aktivität unterscheiden, zu erklären. Die bis jetzt auf diesem Gebiete erreichten Resultate sind noch zu unvollständig, um hier Platz finden zu können.

Ersatz von H durch Methyl und da anzunehmen ist, dass alle Wasserstoffatome der Methanmolekel in ein und demselben Verhältniss zum Kohlenstoff stehen[43]), so muss man immer dasselbe Aethan CH^3CH^3 erhalten, gleichgiltig, welches der Wasserstoffatome durch Methyl ersetzt wird. Im Aethan stehen ebenfalls alle Wasserstoffatome in ein und demselben Verhältniss zum Kohlenstoff und es entsteht daher durch Methylirung desselben nur ein Propan $CH^3CH^2CH^3$. Dagegen können zwei Butane C^4H^{10} existiren: in dem einen muss das neu eintretende Methyl ein Wasserstoffatom in einem der Methyle des Propans ersetzen: $CH^3CH^2CH^2CH^3$, in dem anderen CH^3 an die Stelle von H in der Gruppe CH^2 treten: $CH^3CHCH^3CH^3$. Diesen letzteren Fall kann man auch als Substitution dreier Wasserstoffatome des Methans durch Methylgruppen betrachten. Geht man weiter, so wird offenbar die Zahl der möglichen Isomeren immer grösser. Wir beschränken uns aber auf die einfachsten Fälle, welche genügen, um die Möglichkeit von Isomeriefällen und die Uebereinstimmung der durch die Theorie vorausgesehenen Fälle mit den beobachteten zu zeigen. Es existirt offenbar nur ein Aethylen C^2H^4 oder CH^2CH^2. Kohlenwasserstoffe von der Formel C^3H^6 sind dagegen zwei möglich, die auch in Wirklichkeit existiren: Propylen und Trimethylen. Ersteres ist Aethylen CH^2CH^2, in welchem ein Wasserstoffatom durch Methyl ersetzt ist: $CH^2CH\ CH^3$; letzteres — Aethan CH^3CH^3, in welchem an Stelle zweier Wasserstoffatome in den beiden Methylgruppen Methylen getreten ist $\genfrac{}{}{0pt}{}{CH^2CH^2}{CH^2}$, so dass das substituirende Methylen mit den beiden Kohlenstoffatomen des Aethans in Verbindung steht[44]). Offenbar ist die Ursache der Isomerie einerseits in der verschiedenen Anzahl von Wasserstoffatomen an den einzelnen Kohlenstoffatomen, andererseits in der verschiedenen Bindung der Kohlenstoffatome mit einander zu suchen. Im Propylen

---

43) Direkte Versuche ergeben, dass, auf welche Weise auch immer die Substitution ausgeführt sein möge, man stets dasselbe CH^3X ($X = Cl$, OH u. s. w.) erhalten wird. Wenn z. B. in CX^4 drei Atome X durch Wasserstoff ersetzt werden, oder in CH^4 unter den verschiedensten Bedingungen ein X an Stelle von H tritt, oder endlich durch Zersetzung zusammengesetzter Verbindungen CH^3X erhalten wird, entsteht immer ein und dasselbe Produkt. Dies wurde in den 60-er Jahren durch zahlreiche Versuche festgestellt und bildet die Grundlage unserer Vorstellungen von der Konstitution der Kohlenwasserstoffverbindungen. Wenn in CH^4 die H-Atome nicht indentisch wären (wie in $CH^3CH^2CH^3$ oder CH^3CH^2X), so müssten ebenso viele Isomeren CH^3X existiren, als Unterschiede zwischen den Wasserstoffatomen in CH^4 bestehen. Die nähere Begründung des hier Angeführten gehört in die organische Chemie.

44) Die ringförmige Bindung von Kohlenstoffatomen wurde zuerst von Kekulé zur Erklärung der Struktur und der Isomerien der aromatischen Verbindungen oder der Derivate des Benzols C^6H^6 (Anm. 26) angenommen. Obgleich die Ursachen der Isomerie dieser Derivate noch nicht als definitiv festgestellt zu betrachten sind, unterliegt es jetztschon keinem Zweifel, dass die ringförmige Bindung thatsächlich existirt und den Verbindungen einen eigenthümlichen Charakter verleiht.

wird eine kettenförmige, im Trimethylen eine ringförmige Bindung angenommen. Selbstverständlich wird auch hier in dem Maasse wie die Anzahl von Kohlenstoffatomen zunimmt, die Zahl der vorauszusehenden und thatsächlich beobachteten Isomeren immer grösser. Wenn aber, ausser der Substitution von Wasserstoff durch den einen oder anderen der vier Methanreste, ein Theil desselben noch durch andere Gruppen oder Elemente X, Y... ersetzt wird, so muss die Zahl der Isomeren zunehmen und zwar in sehr bedeutendem Grade. So z. B. sind für die Derivate des Aethans beim Ersetzen zweier Wasserstoffatome durch X^2 schon zwei Isomeren möglich: ein Aethylenderivat CH^2XCH^2X und ein Aethylidenderivat CH^3CHX^2, z. B. Aethylenchlorid und Aethylidenchlorid. Da ferner an Stelle eines Wasserstoffatoms nicht nur Metalle, sondern Cl, Br, J, (OH)—der Wasserrest, (NH^2)—der Ammoniakrest, (NO^2)—der Salpetersäurerest u. s. w., an Stelle zweier Wasserstoffatome — O, NH, S u. s. w., treten können, so wird es begreiflich, dass die Zahl der Isomeriefälle häufig eine überaus grosse werden kann. Die Methoden der Unterscheidung der einzelnen Isomeren von einander, die Reaktionen ihrer Entstehung und ihres Ueberganges in einander u. s. w., alles dies kann, wie auch die Beschreibung der bekannten Kohlenwasserstoffe und ihrer Abkömmlinge, in diesem Werke nicht Platz finden, denn es gehört in die sogen. **organische Chemie**. Ein weites Gebiet umfassend und mit grösster Vollkommenheit ausgearbeitet, reich an beobachteten Erscheinungen und an streng durchführbaren Verallgemeinungen, ist dieser Theil unserer Wissenschaft in eine besondere Disziplin abgesondert worden und zwar desswegen, weil die Kohlenwasserstoffgruppen Umwandlungen erleiden, die in so grosser Anzahl keines der andern Elemente und ihrer Wasserstoffverbindungen aufweist. Für unseren Zweck genügt es zu zeigen, dass, trotz ihrer so grossen Mannigfaltigkeit, die Kohlenwasserstoffe und deren Abkömmlinge[45]) alle

---

45) Von den stickstofffreien, aber sauerstoffhaltigen Kohlenstoffverbindungen sind folgende die bekanntesten: 1) *Alkohole*: Kohlenwasserstoffe, in denen Wasserstoff durch Hydroxyl (OH) ersetzt ist. Der einfachste ist der Methylalkohol oder Holzgeist $CH^3(OH)$, der bei der trocknen Destillation des Holzes gewonnen wird Dem Aethan C^2H^6 entsprechen Aethylalkohol oder Weingeist $C^2H^5(OH)$ und *Glykol* $C^2H^4(OH)^2$, dem Propan C^3H^8: normaler Propylalkohol $CH^3CH^2CH^2(OH)$ und sekundärer oder Isopropylalkohol $CH^3CH(OH)CH^3$, Propylenglykol $C^3H^6(OH)^2$ und *Glycerin* $C^3H^5(OH)^3$, dessen Verbindungen mit organischen Säuren die Fette bilden. Alle Alkohole geben mit Säuren unter Austritt von Wasser zusammengesetzte Aether oder *Ester*, analog der Bildung von Salzen aus Alkalien. 2) *Aldehyde* sind Alkohole, denen Wasserstoff entzogen worden ist: dem Weingeist entspricht z. B. das Aldehyd C^2H^4O. 3) *Organische Säuren* werden am einfachsten als Kohlenwasserstoffe aufgefasst, in denen Wasserstoff durch Carboxyl (CHO^2) ersetzt ist (s. nächstes Kapitel). Es gibt ferner eine Menge von Uebergangsverbindungen z. B. Aldehyd-Alkohole, Alkoholsäuren (Oxysäuren) u. s. w. Oxysäuren z. B. sind Kohlenwasserstoffe, in denen ein Theil des Wasserstoffs durch Hydroxyl,

vom Substitutionsgesetz umfasst werden. Näheres hierüber wird der Leser in speziellen, die organische Chemie behandelnden Werken finden, hier seien nur noch in Kürze die Eigenschaften der zwei einfachsten ungesättigten Kohlenwasserstoffe — des Aethylens CH^2CH^2 und Acetylens $CHCH$, sowie die Naphta (das Erdöl) beschrieben, welche die natürliche Quelle einer Masse von Kohlenwasserstoffen bildet.

Von den ungesättigten Kohlenwasserstoffen der Reihe C^nH^{2n} ist das niedrigste bekannte Glied C^2H^4 — ein Gas, das **Aethylen** oder **oelbildende Gas**. Da dieses Gas seiner Zusammensetzung nach gleich zwei Molekeln Sumpfgas ist, aus denen zwei Molekeln Wasserstoff ausgetreten sind, so wird es begreiflich, dass beim Glühen von Methan, unter gleichzeitiger Bildung von Wasserstoff, Aethylen entstehen kann und auch thatsächlich entsteht, wenn auch nur in geringer Menge. Da andererseits das Aethylen beim Glühen in Kohle und Methan zerfällt: $C^2H^4 = CH^4 + C$, so wird man in allen den Fällen, wo Methan beim Glühen entsteht, gleichzeitig wenn auch geringe Mengen von Aethylen, Wasserstoff und Kohle erhalten. Je niedriger die Temperatur ist, welcher zusammengesetzte, organische Stoffe ausgesetzt werden, desto mehr Aethylen enthalten die entweichenden Gase, während bei Weissgluth alles Aethylen in Methan und Kohle zerfällt. Steinkohle, Holz und insbesondere Naphta, Harze und Fettsubstanzen geben bei der trocknen Destillation Leuchtgas, das mehr oder weniger reich an Aethylen ist.

Fast ganz frei von Beimengungen anderer Gase[46]), lässt sich Aethylen aus möglichst wasserfreiem Weingeist erhalten, wenn man denselben mit fünf Theilen konzentriter Schwefelsäure mengt und das Gemisch auf eine 100^0 wenig übersteigende Temperatur erhitzt. Die Schwefelsäure entzieht hierbei dem Weingeist $C^2H^5(OH)$ die Elemente des Wassers und gibt Aethylen: $C^2H^6O = H^2O + C^2H^4$. Das grössere Molekulargewicht des Aethylens im Vergleich mit dem des Methans bedingt es, dass das Aethylen relativ leicht durch Druck und Kälte (z. B. in verdampfendem flüssigem Stickoxydul) verflüssigt wird. Seine absolute Siedetemperatur ist $+10^0$, bei 0^0 wird es durch 43 Atm. Durck verflüssigt; flüssiges Aethylen siedet bei -103^0 (bei 1 Atm.) und erstarrt bei -160^0. Das Aethylengas ist farblos; es besitzt einen schwachen ätherischen Geruch,

---

ein anderer durch Carboxyl ersetzt ist; so entspricht dem Aethan C^2H^6 die Milchsäure $C^2H^4(OH)(CHO^2)$. Rechnet man noch die Halogenderivate (H ersetzt durch Cl, Br, J), die Nitroverbindungen (H durch NO^2 ersetzt), Amide, Cyanderivate, Chinone, Ketone u. s. w. hinzu, so wird nicht nur die überaus grosse Anzahl der Kohlenstoffverbindungen, sondern auch die Mannigfaltigkeit ihrer Eigenschaften, wie sie in den Pflanzen und Thieren zu Tage tritt, erklärlich.

46) Aethylenbromid $C^2H^4Br^2$ in alkoholischer Lösung mit zerkleinertem Zink schwach erhitzt, entwickelt reines Aethylen, wobei das Zink der Verbindung direkt Brom entzieht (Sabanejew).

ist in Wasser wenig löslich und löst sich etwas leichter in Weingeist und Aether (in 5 Vol. Weingeist und in 6 Vol. Aether [47]).

Als ungesättigter Kohlenwasserstoff verbindet sich das Aethylen mit einigen Körpern sehr leicht, z. B. mit Chlor, Brom, Jod, rauchender Schwefelsäure und Schwefelsäureanhydrid. Wird Aethylengas in einem zugeschmolzenen Glassgefäss mit einer geringen Menge Schwefelsäure längere Zeit ununterbrochen geschüttelt (indem das Gefäss an einen in Bewegung befindlichen Theil einer Maschine befestigt wird), so verbindet es sich infolge der andauernden Berührung und der wiederholten Vermengung mit der Schwefelsäure allmählich zu $C^2H^4H^2SO^4$. Wenn nun die Schwefelsäure, nachdem sie das Aethylen absorbirt hat, mit Wasser verdünnt und destillirt wird, so geht zugleich mit dem Wasser auch Weingeist über, der durch die Verbindung des Aethylens mit den Elementen des Wassers entstanden ist: $C^2H^4 + H^2O = C^2H^6O$. Diese (von Berthelot beobachtete) Reaktion ist ein charakterisches Beispiel dafür, dass ein gegebener Körper, z. B. Aethylen, der durch die Zersetzung eines anderen, des Weingeistes, entsteht, auch umgekehrt diesen letzteren durch eine Vereinigungsreaktion bilden kann. Die Reaktion: $CH^3CH^2(OH) = H(OH) + CH^2CH^2$ gehört also zu den umkehrbaren. Durch Vereinigung mit verschiedenen Molekeln X^2 gibt das Aethylen gesättigte Verbindungen $C^2H^4X^2$, d. h. $CH^2X\ CH^2X$ oder CH^3CHX^2, welche dem Aethan C^2H^6 oder CH^3CH^3 entsprechen [48]).

---

[47]) Das Aethylen wird durch elektrische Funken, wie durch hohe Temperatur ziemlich leicht zersetzt. Das Volum des entstehenden Gases kann hierbei dasselbe bleiben, wie vor der Zersetzung, wenn das Aethylen Kohle und Methan bildet, es kann sich aber auch verdoppeln, wenn Kohle und Wasserstoff entstehen: $C^2H^4 = CH^4 + C = 2C + 2H^2$. Ein Gemisch von Aethylen und Sauerstoff explodirt mit grosser Heftigkeit; zwei Volume Aethylen brauchen zur vollständigen Verbrennung 6 Vol. Sauerstoff und es entstehen aus den 8 Vol. des Gasgemenges ebenfalls 8 Vol. Verbrennungsprodukte — Wasser und Kohlensäure: $C^2H^4 + 3O^2 = 2CO^2 + 2H^2O$. Nach der Explosion und Abkühlung der Produkte findet Kontraktion des Volums statt, da das Wasser in den flüssigen Zustand übergeht. Wenn zwei Volume Aethylengas genommen waren, findet Kontraktion um 4 Vol. statt, wie beim Methan. Dagegen ist die von Aethylen und von Methan gebildete Kohlensäuremenge verschieden: 2 Vol. CH^4 geben nur 2 Vol. CO^2, 2 Vol. C^2H^4 dagegen 4 Vol. Kohlensäure $2CO^2$.

[48]) Die Homologen des Aethylens C^nH^{2n} treten ebenfalls direkt in Verbindungen ein, deren Bildung aber bei den verschiedenen Gliedern der Reihe nicht mit derselben Leichtigkeit stattfindet. Die Zusammensetzung aller dieser Kohlenwasserstoffe lässt sich durch die Formel $(CH^3)^x(CH^2)^y(CH)^zC^r$ ausdrücken, wobei die Summe $x + z$ immer eine paare Zahl, ferner $x + z + r = \dfrac{3x + z}{2}$ und folglich $z + 2r = x$ ist. Hierdurch werden die möglichen Isomeren bestimmt. Beim Butylen C^4H^8 sind die Isomeren $(CH^3)^2(CH)^2, (CH^3)^2(CH^2)C, (CH^3)(CH^2)^2CH$ und $(CH^2)^4$ möglich.

Das **Acetylen**, $C^2H^2 = CHCH$, welches von Berthelot (1857) dargestellt wurde, ist ein Gas von unangenehmem, durchdringendem Geruch, das sich durch seine grosse Beständigkeit in der Hitze charakterisirt. Es entsteht als einziges Produkt der direkten Vereinigung von Kohlenstoff mit Wasserstoff bei den hohen Hitzegraden, welche erreicht werden, wenn ein sehr starker elektrischer Strom zwischen zwei Kohlenelektroden hindurchgeht. In dem hierbei erscheinenden leuchtenden (Voltaschen) Bogen werden von einem Pole zum anderen Kohletheilchen getragen, welche in einer Wasserstoffatmospähre sich mit dem Wasserstoff zu C^2H^2 verbinden. Das Acetylen entsteht auch aus Aethylen, wenn diesem letzeren zwei Atome Wasserstoff entzogen werden. Man erreicht dies in der Weise, dass man das Aethylen sich zuerst mit Brom zu $C^2H^2Br^2$ vereinigen lässt und dann mittelst alkoholischer Kalilauge dieser Verbindung Bromwasserstoff entzieht, wobei flüchtiges C^2H^3Br entsteht. Beim Durchleiten durch wasserfreien Weingeist, in welchem metallisches Natrium gelöst ist, oder beim Erhitzen mit starker alkoholischer Kalilauge verliert dieses Produkt noch eine Molekel Bromwasserstoff und geht in Acetylen über. Unter diesen Bedingungen (Berthelot, Ssawitsch, Mjassnikow) entzieht das Alkali der Verbindung $C^nH^{2n-1}Br$ eine Molekel Bromwasserstoff und gibt C^nH^{2n-2}. Acetylen entsteht ferner in allen den Fällen, wo organische Stoffe unter der Einwirkung von starker Hitze, z. B. durch trockne Destillation zersetzt werden. Das Leuchtgas enthält daher stets eine gewisse Menge Acetylen, dem es, wenigstens theilweise, seinen charakteristischen Geruch verdankt. Uebrigens ist das Acetylen im Leuchtgas nur in höchst unbedeutender Menge enthalten. Werden Weingeistdämpfe durch ein glühendes Rohr geleitet, so entsteht ebenfalls eine geringe Menge Acetylen. Endlich bildet sich Acetylen aus Methan und Aethan bei unvollständiger Verbrennung dieser Gase, z. B. wenn die Luftzufuhr zur Flamme ungenügend ist[49]). In jeder Flamme befinden sich unvollständig verbrannte Gase, darunter immer auch Acetylen.

Das Acetylen, welches von der Sättigungsgrenze C^nH^{2n+2} noch weiter entfernt ist, als das Aethylen, besitzt auch die Fähigkeit Verbindungen einzugehen in höherem Maasse, als dieses letztere. Es verbindet sich nicht nur mit einer oder zwei Molekeln J^2, H^2,

---

49) Man erreicht dies leicht in den Gasbrennern, welche in Laboratorien benutzt werden und in der Einleitung (S.14) beschrieben sind. In diesen Brennern wird das Gas erst in einem längeren Rohr mit Luft gemengt und beim Austritt aus diesem Rohr entzündet. Wird aber das Gas in diesem Rohre selbst entzündet, so verbrennt es infolge der Abkühlung durch die Wandungen desselben nicht vollständig und bildet Acetylen, dessen Gegenwart sich durch den Geruch kund gibt und beim Durchleiten des Gases (mittelst eines Aspirators) durch eine ammoniakalische Kupferchlorürlösung nachgewiesen werden kann.

H^2SO^4, Cl^2, Br^2 u. s. w. (mit denen auch viele andere ungesättigte Kohlenwasserstoffe sich verbinden), sondern auch mit Kupferchlorür CuCl, welches mit Acetylen einen rothen Niederschlag gibt. Leitet man ein Acetylen enthaltendes Gasgemisch durch eine Lösung von Kupferchlorür (oder $AgNO^3$) in wässerigem Ammoniak, so wird das Acetylen allein absorbirt und es entsteht ein rother (mit Ag ein grauer) Niederschlag, der schon durch einen Schlag heftig explodiren kann. Bei der Einwirkung von Säuren scheidet diese rothe Verbindung wieder Acetylen aus und wird daher auch zur Darstellung von reinem Acetylen benutzt. Das Acetylen und seine Homologen reagiren ferner auch mit Sublimat $HgCl^2$ (Kutscherow, Faworsky). Seines relativ hohen Kohlenstoffgehaltes wegen brennt das Acetylen mit leuchtender Flamme [50]).

Von grossem Interesse ist in vielen Beziehungen das natürliche Auftreten grosser Massen von **Naphta**, eines Gemenges verschiedener flüssiger Kohlenwasserstoffe[51]), hauptsächlich der Reihen C^nH^{2n+2} und C^nH^{2n}. In gewissen Gebirgsgegenden z. B. an den Ausläufern des Kaukasus, parallel dem Hauptgebirgszug, entströmt dem Boden eine ölige Flüssigkeit von dunkelbrauner Farbe und harzigem Geruch, die leichter als Wasser ist. Dieses unter dem Namen Naphta oder Erdöl (Petroleum) bekannte Produkt wird durch Anlegung von Brunnen und tiefen Bohrlöchern in grossen Mengen gewonnen und technisch verwandt. Die ausströmende Naphta, welche aus Bohrlöchern manchmal in Form von Fontainen auf eine grosse Höhe emporgeworfen wird[52]), ist stets von Salzwasser und brennbaren

---

50) Von den Homologen des Acetylens C^nH^{2n-2} steht ihm C^3H^4 am nächsten. Bekannt sind das Allylen CH^3CCH und das Allen CH^2CCH^2; ein Kohlenwasserstoff mit geschlossener Bindung von der Struktur $CH^2(CH)^2$ ist nicht bekannt.

51) In der amerikanischen Naphta, besonders in den flüchtigeren Theilen derselben, walten Grenzkohlenwasserstoffe vor; die Naphta von Baku enthält Kohlenwasserstoffe von der Zusammensetzung C^nH^{2n} (Lissenko, Markownikow, Beilstein), zweifellos aber auch Grenzkohlenwasserstoffe (Mendelejew). Die Struktur dieser Kohlenwasserstoffe ist nur für die niederen Homologen bekannt; trotzdem kann es keinem Zweifel unterliegen, dass die Verschiedenheit der Kohlenwasserstoffe der nordamerikanischen und der kaukasischen Naptha, bei gleichen Siedetemperaturen — (nach sorgfältiger Reinigung durch wiederholte Fraktionirung, welche sehr bequem mittelst Wasserdampf und Durchleiten der destillirten Dämpfe durch die schon kondensirten Theile der Naphta, d. h. durch Rektifikation, sich ausführen lässt) — nicht nur durch das Vorwalten von Grenzkohlenwasserstoffen in der ersteren, und von Naphtenen C^nH^{2n} in der letzteren bedingt wird, sondern auch von der verschiedenen Zusammensetzung und Struktur der entsprechenden Fraktionen abhängt. Die Produkte der Naphta von Baku enthalten mehr Kohlenstoff (daher müssen sie in entsprechend konstruirten Lampen heller brennen), und besitzen eine grössere Dichte und eine grössere innere Reibung (infolge dessen sie als Schmiermittel besser verwendet werden können), als die bei gleichen Temperaturen überdestillirenden Produkte der amerikanischen Naphta.

52) Die Entstehung von Naphta-Fontainen (wenn bei Anlegung von Bohrlöchern

Gasen (CH^4 u. a.) begleitet. Im Kaukasus auf der Halbinsel Apscheron bei Baku wird die Naphta seit den ältesten Zeiten gewonnen, ferner auch in Birmah, in Galizien am Fusse der Karpathen und insbesondere in Amerika — in Pennsylvanien und Canada. Die Naphta ist kein einheitlicher, bestimmter Kohlenwasserstoff, sondern ein Gemisch vieler Kohlenwasserstoffe, deren relative Mengen wechseln, wodurch auch die Dichte, das Aussehen und andere Eigenschaften der Naphta beeinflusst werden. Leichte Naphtasorten besitzen ein spezifisches Gewicht von annähernd 0,8, schwere Sorten bis zu 0,98; erstere stellen leicht bewegliche und relativ leicht flüchtige Flüssigkeiten dar, letztere enthalten geringere Mengen flüchtiger Kohlenwasserstoffe und sind zähflüssiger. Werden leichte Naphtasorten der Destillation unterworfen, so ändert sich die Temperatur in den Dämpfen fortwährend und steigt von 0^0 auf 350^0 und höher. Die zuerst übergehenden Theile bilden eine sehr bewegliche farblose, ätherische Flüssigkeit, aus welcher Kohlenwasserstoffe isolirt werden können, die von 0^0 an sieden: C^4H^{10}, C^5H^{12} (Sp. 30^0), C^6H^{14} (Sp. 62^0), C^7H^{16} (Sp. 90^0) u. s. w. Die oberhalb 130^0 siedenden Theile der Naphta enthalten Kohlenwasserstoffe mit C^9, C^{10}, C^{11} u. s. w., sie bilden das allgemein benutzte Leuchtmaterial, welches unter den Namen Kerosin, Petroleum, Photogen, Photonaphtil u. s. w. bekannt ist; dieses besitzt das spezifische Gewicht 0,78 bis 0,84 und den der Naphta eigenthümlichen Geruch. Die Theile, welche aus der Naphta unter 130^0 überdestilliren und deren spezifisches Gewicht geringer als 0,75 ist, bilden das sogen. Benzin, Ligroin, den Petroleumäther u. s. w. und dienen zum Auflösen von Kautschuk, zum Entfernen von Flecken u. dgl. m. Die über 275^0—300^0 siedenden und ein spezifisches Gewicht von über 0,85 besitzendem Theile der Naphta (welche nur im Wasserdampfstrome unzersetzt destilliren) bilden ein Oel [53]), das in Lampen vorzüglich

---

undurchlässige Thonschichten, welche den naphtaführenden Sand bedecken, durchbohrt werden) wird zweifellos durch den Druck der brennbaren Kohlenwasserstoffgase bedingt, welche mit der Naphta vorkommen und sich unter Druck in derselben auflösen. Solche Fontainen erreichen zuweilen eine Höhe von 100 m, wie die 1887 bei Bakubeobachtete; sie befinden sich periodisch in Thätigkeit und lassen allmählich nach, da die Gase in dem Bohrloch einen Ausweg finden und die ausströmende Naphta den Sand, welcher das Bohrloch theilweise verstopft, an die Oberfläche treibt.

53) Es ist dies das sogen. intermediäre (zwischen dem Kerosin und den Schmierölen überdestillirende) Oel oder die *Pyronaphta*. Für dieses Oel sind schon Lampen konstruirt worden, welche noch einiger Verbesserungen bedürfen; eine ausgedehnte Verwendung hat dasselbe aber noch nicht erhalten. Die amerikanische Naphta, deren Produkte in der ganzen Welt Verbreitung gefunden haben, enthält sehr wenig intermediäre Oele, die bei der Verarbeitung der amerikanischen Naphta theils in das Kerosin, theils in die Schmieröle gebracht werden; Die Produkte der Naphta von Baku dagegen, welche viel intermediäres Oel (bis 30 pCt.) liefern kann, haben noch nicht den entsprechenden Absatz auf dem Weltmarkt gefunden.

brennt und mit Vortheil das Kerosin ersetzt[54]), vor welchem es den Vorzug hat schwer entzündlich und daher nicht feuergefährlich zu sein. Bei noch höheren Temperaturen gehen Naphta-Theile über, deren spezifisches Gewicht 0,9 übersteigt; dieselben finden sich besonders reichlich in der Naphta von Baku (etwa 30 pCt.) und liefern ein vorzügliches *Schmieröl* für Maschinen. Die zurückbleibende Theermasse wird bei der Destillation mit überhitztem Wasserdampf (bei etwa 410°) zersetzt und liefert *Vaselin*, das zu Pomaden, Salben, Pflastern u. s. w. gebraucht wird. Alle Bestandtheile der Naphta finden auf diese Weise die verschiedensten Anwendungen und besitzen einen ausserordentlichen Werth für die Technik, während die Naphta selbst und die Rückstände ihrer Verarbeitung ein vorzügliches Heizmaterial bilden [55]).

Diese Naphta, welche in enormen Massen (bis 2700000 Tons 1887) jährlich gewonnen wird, gibt etwa 25 pCt. relativ leicht flüchtiger und daher feuergefährlicher Bestandtheile, welche das Kerosin nach amerikanischem Typus bilden: da nun durch diese Menge der Bedarf Russlands (jährlich an 325000 Tons) und die ganze Ausfuhr ins Ausland auf der transkaukasischen Eisenbahn (die allein den Transport zum Schwarzen Meer vermittelt, jährlich ebenfalls an 325000 Tons) vollkommen gedeckt werden, so kann infolge der Gewöhnung der Konsumenten an dieses Kerosin das intermediäre Oel keinen Absatz finden; daher wird dieses Oel in irgend beträchtlichem Maasstabe nicht produzirt. Wenn aber von Baku aus zum Schwarzen Meere eine Röhrenleitung für Naphta gelegt sein wird (in Amerika führen zahlreiche Röhrenleitungen die Naphta von den Oelquellen Pennsylvaniens zu den Hafenplätzen am Ozean), so werden gefahrlose Leuchtöle in grossen Massen produzirt werden und zweifellos gesicherten Absatz finden. Möglicherweise wird ein Gemenge von intermediärem Oel mit Kerosin (nach Abdestilliren des Benzins), sogen. *Bakuol* vom sp. Gew. 0,84—0,85 sich in der Praxis als das zweckmässigste Leuchtöl erweisen. Dieses Produkt, welches bei einer Entflammungstemperatur von 40°–60° viel gefahrloser ist, als das amerikanische Kerosin (Entflammungstemperatur 20°—30°), und in Lampen von ganz ähnlicher Konstruktion, wie die für amerikanisches Kerosin gebrauchten, vorzüglich brennen kann, würde den Vorzug bedeutender Wohlfeilheit besitzen, da aus der Naphta von Baku bis 60 pCt. Bakuol gewonnen werden können.

54) Die Verdrängung des gewöhnlichen Kerosins durch Pyronaphta oder Bakuol (Anm. 53), würde nicht nur die Feuergefahr, welche die Benutzung des gewöhnlichen Kerosins mit sich bringt, vermindern, sondern auch bedeutende Vortheile in oekonomischer Hinsicht bieten. 1 Tonne Rohnaphta kommt in Amerika an der Ozeanküste jedenfalls höher als 30 Francs zu stehen und liefert bis $^2/_3$ Tonnen gewöhnliches Kerosin. In Baku kostet 1 Tonne Rohnaphta weniger als 5 Francs, an der Küste des Schwarzen Meeres nach Anlegung einer Rohrleitung wird der Preis 20 Francs nicht übersteigen, während die Ausbeute an Leuchtöl (Kerosin, Bakuol und Pyronaphta) ebenfalls an $^2/_3$ Tonnen beträgt.

55) Zum Heizen wird die Naphta in grossem Maassstabe nur in Russland angewandt, wo der Preis der Naphta und der *Rückstände* von der Kerosingewinnung ein sehr niedriger, während der Absatz der Produkte der Naphtaindustrie auf dem Weltmarkte ein begrenzter ist. Die Naphta selbst und die verschiedenen Rückstände ihrer Verarbeitung bilden ein vorzügliches rauchloses Heizmaterial, mit welchem die höchsten Temperaturen (zum Schmelzen von Stahl und Eisen) leicht erreicht werden können. Bei der Heizung von Dampfkesseln wird ein Cubikfaden trocknes

Da die Naphta sich sogar in den ältesten Schichten der silurischen Formation, einer an Organismen armen Entwickelungsperiode der Erde findet, da sie ferner aus höheren (jüngeren) in tiefere (ältere) Erdschichten nicht gelangen kann (denn sie muss im Wasser, das alle Schichten der Erdrinde durchdringt, immer aufschwimmen) und da endlich Naphtaquellen regelmässig in den Ausläufern von Gebirgen und parallel dem Hauptgebirgszuge sich finden, so erscheint die Bildung der Naphta aus organischen Resten höchst zweifelhaft [56]). Mit grösserer Wahrscheinlichkeit lässt sich annehmen, dass durch Erdspalten, die bei der Erhebung von Gebirgen entstehen, Wasser eindringt, das, wenn es mit den glühenden metallischen Massen des Erdinnern zusammentrifft, zur Bildung von Naphta führt. Das meteorische Eisen enthält bekanntlich Kohlenstoff (wie das Gusseisen); wenn nun angenommen wird, dass im Innern der Erde ein ebensolches Kohlenstoffeisen[57]) vorhanden ist, so muss

---

Holz (etwa 4000 Kilo) durch etwa 1600 Kilo guter (z. B. Donetz'scher) Steinkohle und durch 1200 Kilo Naphta ersetzt; im letzteren Falle sind Heizer überflüssig, da die Zufuhr von flüssigem Heizmaterial automatisch geschehen kann. Näheres über die amerikanische und kaukasische Naphta und ihre Verwerthung habe ich in einer Reihe spezieller Schriften veröffentlicht (D. Mendelejew: 1) Die Naphtaindustrie Pennsylvaniens und des Kaukasus, 1870; 2) Wo sollen Naphtafabriken angelegt werden? 1880; 3) Zur Naphtafrage 1883; 4) Die Naphtaindustrie in Baku, 1886 in russ. Spr.).

56) Bei der trocknen Destillation von Holz, Seealgen und ähnl. Pflanzenstoffen, sowie bei der Zersetzung von Fetten durch Hitze (in zugeschmolzenen Gefässen) bilden sich ähnliche Kohlenwasserstoffe, wie die in der Naphta enthaltenen. Daher lag es am nächsten anzunehmen, dass die Naphta aus Pflanzenresten entstanden sein müsse. Diese Hypothese setzt aber voraus, dass gleichzeitig mit der Naphta und zwar als Hauptprodukt der Zersetzung sich Kohle bilde. In Pennsylvanien und Canada findet sich aber die Naptha in der silurischen und devonischen Formation, welche keine Steinkohle enthalten und arm an Organismenresten sind. Die Steinkohlen sind aus den Pflanzenresten der Steinkohlen-, Jura- und jüngerer Formationen entstanden und zwar, wie ihre Zusammensetzung und Struktur zeigt, durch einen Zersetzungsprozess, welcher der Torfbildung analog sein muss und daher unmöglich die Bildung einer so grossen Menge flüssiger Kohlenwasserstoffe, wie wir sie in der Naphta sehen, bedingen konnte. Die Hypothese, welche die Entstehung der Naphta auf die Zersetzung des Fettes von Thieren (Adipocire, Leichenfett) zurückführt, stösst auf drei kaum zu beseitigende Widersprüche: 1) müssten aus thierischen Resten gleichzeitig bedeutende Mengen stickstoffhaltiger Substanzen entstanden sein, während die Naphta solche Substanzen nur in sehr geringer Menge enthält; 2) entspricht der relativ unbedeutende Fettgehalt der thierischen Organismen durchaus nicht der enormen Masse der bisher schon aufgefundenen Naphta; 3) bleibt die der Richtung von Gebirgsketten parallele Lage der Naphtaquellen unerklärlich. Dieser letztere Umstand, der mir in Pennsylvanien, ebenso wie im Kaukasus aufgefallen war (die Naphtafundorte umgeben hier den Bergrücken kranzförmig: Baku, Tiflis, Gurien, Kuban, Tamanj, Grosnoje, Daghestan), führte mich (1876) auf die Hypothese des mineralen Ursprungs der Naphta.

57) Bei der Emporhebung von Gebirgsketten mussten Spalten entstehen, die sich auf den Berghöhen nach oben zu, am Fusse der Gebirge dagegen nach unten, in der Richtung zum Erdcentrum öffnen. Diese Spalten werden zwar allmählich verschüttet, gestatten aber dem Wasser so tief in das Innere der Erde einzudringen,

das eindringende Wasser in Berührung mit demselben Oxyde des Eisens und Kohlenwasserstoffe bilden[58]). Direkte Versuche haben sodann ergeben, dass Spiegeleisen (ein manganhaltiges, an chemisch gebundenem Kohlenstoff reiches Roheisen) bei der Behandlung mit Säuren flüssige Kohlenwasserstoffe gibt, deren Zusammen-

---

wie dies unter normalen Bedingungen (in der Ebene) nicht möglich ist, und zwar in um so bedeutenderem Maasse, je jünger das Gebirge und die Spalten sind (die Alleghanies sind unzweifelhaft viel älteren Ursprungs, als der Kaukasus, dessen Erhebung in die Tertiärformation fällt). Das Vorkommen der Naphta gerade in den Ausläufern der Gebirge ist in Anbetracht dieser Verhältnisse die wichtigste Stütze der im Text angeführten Hypothese.

Eine weitere Stütze dieser Hypothese ergibt sich bei der Betrachtung der mittleren Dichte der Erde. Cavendish, Ayrie, Cornu u. a. haben unter Anwendung verschiedener Methoden gefunden, dass dieselbe auf Wasser $= 1$ bezogen, sich der Zahl 5,5 nähert. Da nun auf der Oberfläche der Erde neben grossen Wassermassen sich ausschliesslich solche Gesteinsarten (Sand, Thone, Kalkstein, Granit u. s. w.) finden, deren Dichte 3 nicht übersteigt, und da feste Körper selbst bei stärkstem Druck sehr wenig komprimirbar sind, so muss im Erdinnern ein Stoff enthalten sein, dessen Dichte nicht geringer als 7—8 ist. Dieser im Innern der Erde enthaltene schwere Stoff muss aber nicht nur auf der Erdoberfläche, sondern auch im ganzen Sonnensystem verbreitet sein, denn alles spricht dafür, dass die Sonne und die Planeten aus ein und demselben Material bestehen und, nach der am meisten Wahrscheinlichkeit besitzenden Kant-Laplace'schen Hypothese, bilden die Erde und die übrigen Planeten nur losgerissene Theile der Sonnenatmosphäre, die zu halbflüssigen von festen Rinden umgebenen Massen erstarrt sind. Die Spektralanalyse hat gezeigt, dass auf der Sonne von den uns bekannten schweren Elementen in grossen Mengen das Eisen vorkommt. In Form von Sauerstoffverbindungen ist es auch auf der Erdoberfläche sehr verbreitet. Die Meteorsteine—Bruchstücke von Planeten, die im Sonnensystem sich bewegen uud unter Umständen auf die Erdoberfläche gelangen, bestehen aus kieselhaltigen Gesteinen, welche mit den auf der Erde vorkommenden die grösste Aehnlichkeit haben daneben aber auch kompakte Massen von Eisen (Pallas' Eisen im Museum der Petersburger Akademie der Wissenschaften) oder eingesprengte Eisenkörnchen (der Meteorit von Ochansk, 1886) enthalten. Alles dies rechtfertigt die Annahme, dass im Innern der Erde grosse Mengen von Eisen im metallischen Zustande sich befinden. Im Sinne der Kant-Laplace'sche Hypothese ist dies auch zu erwarten: das Eisen musste zu einer Zeit erstarren, wo auf der Erde noch eine sehr hohe Temperatur herrschte und die meisten anderen Bestandtheile der Erde gasförmig waren; Oxyde des Eisens konnten nicht entstehen, denn Schlacken (geschmolzene kieselsaure Verbindungen, wie das Glas und die vulkanischen Gesteine) bedeckten das Eisen und schützten es vor der Einwirkung des Sauerstoffs und Wasserdampfes der Atmosphäre. Der Kohlenstoff befand sich wesentlich unter denselben Bedingungen: seine Oxyde sind ebenfalls dissoziirbar (Deville). er ist ebenso wenig flüchtig, wie das Eisen und verbindet sich mit demselben. Da ausserdem in den Meteorsteinen kohlenstoffhaltiges Eisen (Eisencarbid) gefunden worden ist, so lässt sich das Vorhandensein von kohlenstoffhaltigem Eisen im Erdinnern auf Grund einer Reihe von Thatsachen annehmen; ihre Bestätigung findet diese Annahme zum Theil auch darin, dass in einigen Basalten (alten Lavamassen) eingesprengte Eisenstückchen, wie in den Meteorsteinen, beobachtet worden sind.

58) Die Reaktion könnte nach folgender Gleichung verlaufen: $3 Fe^m C^n + 4m H^2O = mFe^3O^4$ (Hammerschlag, Magneteisenstein) $+ C^{3n}H^{8m}$.

setzung, Aussehen und Eigenschaften [59]), mit denen der Naphta vollkommen übereinstimmen [60]).

---

[59]) Cloëz untersuchte die Kohlenwasserstoffe, welche aus Roheisen beim Lösen desselben in Salzsäure entstehen, und fand in denselben C^nH^{2n} u. a. Ich bearbeitete krystallinisches manganhaltiges Roheisen (8 pCt. Kohlenstoff enthaltend) mit derselben Säure und erhielt ein flüssiges Gemenge von Kohlenwasserstoffen, das dem Aussehen, dem Geruche und den Reaktionen nach die grösste Aehnlichkeit mit der natürlichen Naptha besitzt. Das Zusammentreffen von Eisen und Kohlenstoff bei der Entstehung der Erde ist um so wahrscheinlicher, als in der Natur Elemente von geringem Atomgewicht vorwalten, von diesen aber gerade das Eisen und der Kohlenstoff die am schwersten schmelzbaren und folglich auch die am leichtesten aus dem gasförmigen in den flüssigen Zustand übergehenden (Kap. XV) sind. Ihre Dämpfe mussten sich verflüssigen, als noch eine Temperatur herrschte, bei welcher alle Verbindungen dissoziirten.

[60]) Wahrscheinlich entstand Naphta immer bei der Emporhebung von Gebirgsketten, aber nur in wenigen Fällen waren die Bedingungen für ihre Ansammlung unter der Erdoberfläche vorhanden. Das in die Tiefe eindringende Wasser gab ein Gemisch von Naphtadämpfen und Wasserdampf, das durch die Spalten in kältere Schichten der Erdrinde emporstieg. Die Naphtadämpfe gingen hier in den flüssigen Zustand über und, wenn dem nichts im Wege stand, erschien die flüssige Naphta wegen ihrer geringeren Dichte an der Oberfläche der Erde oder des Wassers. Ein Theil derselben durchdrang verschiedene Gesteine (so entstanden möglicherweise die bituminösen Schiefer, Bogheadkohle, Domanit u. ähnl. brennbare Materialien), ein anderer Theil schwamm auf dem Wasser auf, wurde oxydirt, verdunstete oder wurde ans Land gespült (auf diesem Wege gelangte wahrscheinlich zur Zeit, als noch das Aralo-Kaspische Meer existirte, die kaukasische Naphta an die Ufer der Wolga bei Sysranj, wo viele von Naphta und ihren Oxydationsprodukten, wie Asphalt und Kyr, durchtränkte Gesteinsschichten vorkommen), während der grösste Theil auf die eine oder die andere Weise zu CO^2 und H^2O verbrannte. Wenn dagegen das in den Tiefen entstandene Gemenge der Naphta- und Wasser-Dämpfe keinen direkten Ausweg an die Erdoberfläche fand, so musste es dennoch durch Spalten in kältere Schichten gelangen und hier sich abkühlen. Gewisse Erdschichten, wie z. B. Thon, welche keine Naphta aufnehmen können, wurden nun von dem heissen Wasser in Schlamm umgewandelt, der an die Erdoberfläche in Form von Schlammvulkanen, wie wir sie auch heutzutage beobachten, gepresst wurde. In der Umgebung von Baku und im ganzen Kaukasus in der Nähe der Naphtafundorte existiren solche Vulkane in grosser Anzahl und sind noch heute von Zeit zu Zeit thätig. In Naphtagebieten älteren Ursprungs (wie das Pennsylvanische) sind auch diese Auswege schon verschlossen und die Schlammvulkane weggeschwämmt. Die Naphta und die Kohlenwasserstoffgase, die gleichzeitig mit ihr entstanden und unter dem Drucke der höher liegenden Erdschichten und des Wassers sich in ihr auflösten, durchtränkten Schichten von Sand, welcher grosse Menge dieser Flüssigkeit aufzunehmen vermag, und in welchem dieselbe sich ansammelte, wenn die darüberliegenden Schichten (dichte, von Wasser durchtränkte Thone) für Naphta undurchlässig waren. Auf diese Weise konnte sich die Naphta von den ältesten geologischen Epochen bis auf unsere Zeit erhalten Wenn die Entstehung der Naphta sich in der That auf die angeführte Weise erklärt, so erscheint es wahrscheinlich, dass an relativ (geologisch) jungen Gebirgszügen, wie der Kaukasus, noch heutzutage Naphta entstehen muss. Diese Annahme könnte folgende merkwürdige Thatsache erklären: in Pennsylvanien versiegen an einem gegebenen Orte die Naphtabrunnen in relativ kurzer Zeit, etwa nach 5 Jahren, so dass neue Fundorte aufgesucht werden müssen.— Seit 1859 hat sich die Petroleumgewinnung, von einem Ort zum andern übergehend,

Neuntes Kapitel.

Verbindungen des Kohlenstoffs mit Sauerstoff und Stickstoff.

Das **Kohlensäuregas** (Kohlensäureanhydrid, Kohlendioxyd) CO^2 war das erste Gas, welches von der atmosphärischen Luft unterschie-

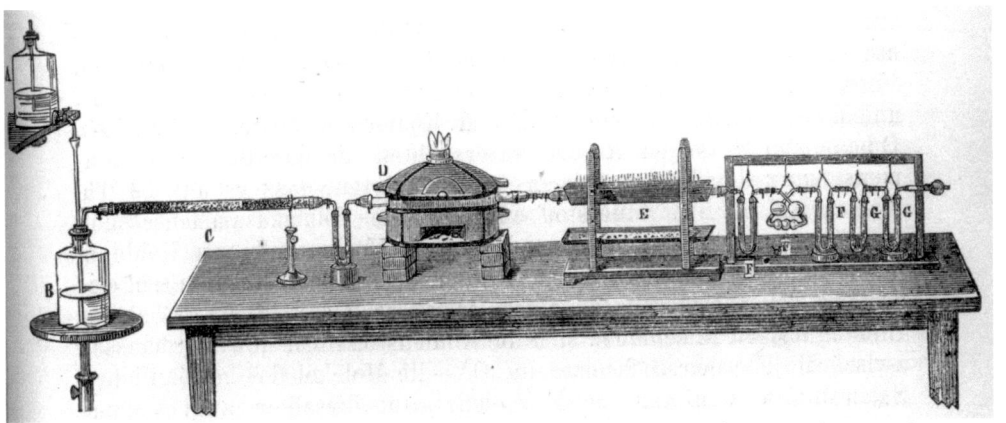

Fig. 100. Apparat von Dumas und Stas. Bestimmung der Zusammensetzung des Kohlensäuregases. In dem Rohr, welches sich im Ofen *D* befindet, wird Kohle, Graphit oder Diamant in einem Strome von Sauerstoff verbrannt, der aus der Flasche *B* durch das aus *A* fliessende Wasser verdrängt wird. In *D* entsteht Kohlensäuregas und Kohlenoxyd. Um letzteres in Kohlensäuregas überzuführen, werden die Verbrennungsprodukte durch ein mit Kupferoxyd beschicktes und auf dem Kohlenbecken *E* zum Glühen erhitztes Rohr geleitet. Das Kupferoxyd oxydirt CO zu CO^2 unter Bildung von metallischem Kupfer. Der Kaliapparat *F* und die Absorptionsröhren *F*, *G*, *G* enthalten Alkali, welches das Kohlensäuregas absorbirt. Aus dem Gewicht der zum Versuche genommenen Kohle und dem des entstandenen Kohlensäuregases (durch Wägen von *F*, *F*, *G* vor und nach dem Versuch) wurde die Zusammensetzung des Kohlensäuregases und das Atomgewicht des Kohlenstoffs bestimmt. $^1/_{26}$.

den wurde. Schon im XVI Jahrhundert wussten Paracelsus und

---

parallel den Alleghanies längs einer Strecke von über 200 Kilometern fortbewegt. In Baku dagegen wird die Naphta an derselben Stelle, wie seit unvordenklichen Zeiten, auch heute gewonnen und dennoch beträgt die hier gewonnene Menge Naphta ebensoviel, wie in ganz Pennsylvanien, — über $2^1/_2$ Millionen Tons jährlich. Vielleicht ist das Naphtagebiet von Baku als einer jüngeren geologischen Epoche angehörend von Natur aus weniger erschöpft, möglicherweise dauert aber hier die Bildung von Naphta noch an, worauf die Anwesenheit thätiger Schlammvulkane hinzuweisen scheint.

Da viele Naphtaarten feste, wenig flüchtige Kohlenwasserstoffe, wie Paraffin und Ceresin gelöst enthalten, so erklärt sich gleichzeitig mit der Entstehung der Naphta auch die des Ozokerites oder Erdwachses (Nephtgil), das in Galizien, bei Noworossijsk im Kaukasus und auf den Inseln des Kaspischen Meers (Tscheleken und Swjätoj Ostrow) in grossen Massen angetroffen wird und zur Gewinnung von Paraffin und Ceresin (Materialien zur Kerzenfabrikation u. ähnl.) dient. Mit der Exploitation der Naphtareichthümer des Kaukasus ist kaum der Anfang gemacht worden (in Baku, am Kuban und in Noworossijsk), während die möglichen Anwendungen dieses Naturproduktes die mannigfaltigsten sind. Es verdienen daher die hier berührten für den Geologen und Chemiker so interessanten Fragen die vollste Aufmerksamkeit auch der Industriellen.

van Helmont, dass Kalkstein beim Glühen ein eigenthümliches Gas ausscheidet, das auch bei der alkoholischen Gährung zuckerhaltiger Lösungen, z. B. bei der Bereitung des Traubenweins, entsteht; sie wussten, dass dieses Gas mit dem sich bei der Verbrennung von Kohle bildenden identisch ist, und dass es auch in gewissen Fällen in der Natur vorkommt. Später wurde gefunden, dass dieses Gas von Alkalien absorbirt wird und sie sättigt, wobei Salze entstehen, die bei der Einwirkung von Säuren dasselbe Gas entwickeln. Priestley wies nach, dass dieses Gas in der Luft enthalten ist, während Lavoisier zeigte, dass es beim Athmen, Brennen, Verwesen und bei der Reduktion von Metallen durch Kohle entsteht, und dass es nur aus Sauerstoff und Kohlenstoff besteht. Berzelius, Dumas und Stas und Roscoe untersuchten die quantitative Zusammensetzung des Kohlensäuregases und zeigten, dass es auf 12 Th. Kohlenstoff 32 Th. Sauerstoff enthält. Die Volumzusammensetzung des Gases ergibt sich daraus, dass beim Verbrennen von Kohle in Sauerstoff das Volum unverändert bleit; **das Kohlensäuregas nimmt also dasselbe Volum ein wie der in ihm enthaltene Sauerstoff,** d. h. bei der Bildung desselben schieben sich die Kohlenstoffatome gewissermaassen zwischen die Sauerstoffatome ein O^2 — die Molekel des gewöhnlichen Sauerstoffgases nimmt zwei Volume ein, dieselben zwei Volume werden auch von CO^2 eingenommen; diese Formel ist demnach der Ausdruck für die Zusammensetzung und das Molekulargewicht des Kohlensäuregases.

In der Natur findet sich das Kohlensäuregas sowol im freien Zustande, als auch in den verschiedenartigsten Verbindungen. Freies Kohlensäuregas ist stets in der atmosphärischen Luft (s. Kap. V) enthalten und findet sich gelöst in allen natürlichen Wassern. Es entweicht ferner aus Vulkanen, aus Bergspalten und sammelt sich in einigen Höhlen an. Die berühmte Hundsgrotte beim Agnanosee am Golf von Bajae in der Nähe von Neapel ist das bekannteste Beispiel dieser Erscheinung. Aehnliche Kohlensäurequellen finden sich auch an anderen Orten: so z. B. in Frankreich in der Auvergne — die sogen. Giftfontaine (fontaine empoisonnée) — eine Bodenvertiefung, die von üppiger Vegetation umgeben ist und aus der sich fortwährend Kohlensäure ausscheidet; am Rhein, im Walde, welcher den Laachersee umgibt und auf dem Terrain verloschener Vulkane steht, existirt eine ähnliche Vertiefung, welche sich fortwährend mit Kohlensäuregas füllt. Insekten und Vögel, welche in die Nähe der Vertiefung kommen, ersticken; denn Thiere können im Kohlensäuregase nicht leben. Viele Mineralquellen (Säuerlinge) scheiden grosse Mengen Kohlensäuregas in die Atmosphäre aus. Die Quellen von Vichy in Frankreich, der Karlsbader Sprudel, der Narsan in Kisslowodsk im Kaukasus sind durch ihr kohlensaures Wasser bekannt. In Bergwerken, Brunnen und Kellern findet häufig ebenfalls Ausscheidung von Kohlensäuregas statt, daher geschieht es nicht selten, dass Menschen beim Hinabsteigen in solche Räume ersticken. Die Ursache der Ausscheidung von Kohlensäuregas aus der Erde ist in der langsamen Oxydation von kohlenstoffhaltigen Substanzen zu suchen. Verbrennung, Fäulniss und Gährung organischer Stoffe geben ebenfalls zur Bildung von Kohlensäuregas Veranlassung. Beim Athmen der Thiere wird stets Kohlensäuregas in die Luft ausgeschieden, ebenso wie beim Athmen der Pflanzen im Dunkeln und beim Keimen der Samen. Durch sehr einfache Versuche kann sich jeder davon überzeugen, dass in den angeführten Fällen Kohlensäure entsteht: wird z. B. die ausgeathmete Luft durch ein Glasrohr in eine durchsichtige Lösung von Kalk (oder Baryt) in Wasser geleitet, so entsteht nach einiger Zeit ein weisser Niederschlag, welcher aus der unlöslichen Verbindung des Kalks mit Kohlensäure besteht. Befestigt man über einem brennenden Körper, z. B. einer Kerzenflamme oder einem Kohlenfeuer, einen Trichter und saugt vermittelst eines Aspirators Luft durch denselben, so lässt sich in dieser Luft (durch Fällung vermittelst Kalkwasser) die Gegenwart grosser Mengen von Kohlensäuregas nachweisen. Lässt man Pflanzensamen unter einer Glasglocke oder in einem verschlossenen Gefässe keimen, so kann man auch hier die Bildung von Kohlensäure beobachten. Bringt man ein Thier unter eine Glasglocke, so kann man die Menge der ausgeathmeten Kohlensäure messen; eine Maus athmet in 24 Stunden mehrere Dekagramme Kohlensäure aus. Derartige Versuche zur Erforschung des **Athmungsprozesses der Thiere** sind mit grosser Sorgfalt selbst an Menschen und grossen Thieren, wie Rinder, Schafe u. s. w., unter Anwendung grosser Kammern angestellt worden. Genaue Untersuchungen der ausgeathmeten Gase haben ergeben, dass ein Mensch in 24 St. etwa 900 g Kohlensäure ausathmet, während gleichzeitig 700 g Sauerstoff absorbirt werden [1]. Endlich sei noch daran erinnert,

---

[1] Die Menge des vom Menschen ausgeathmeten Kohlensäuregases ist nicht gleichmässig vertheilt: während der Nacht wird mehr Sauerstoff aufgenommen, als am Tage (während der 12 Nachstunden etwa 450 g), und umgekehrt am Tage mehr Kohlensäure ausgeschieden als in der Nacht, während der Ruhe. Von der täglich ausgeschiedenen Kohlensäuremenge, welche 900 g beträgt, entfallen auf die Nacht 375 und auf den Tag etwa 525. Dies hängt offenbar davon ab, dass CO^2 bei jeder vom Menschen verrichteten Arbeit ausgeschieden wird und am Tage die Thätigkeit in vielen Hinsichten intensiver ist, als während der Nacht. Jede Bewegung ist das Resultat einer Veränderung des Stoffes, da keine Kraft aus sich selbst entstehen kann (nach dem Gesetz der Erhaltung der Energie). Proportional der Menge von verbranntem Kohlenstoff, wird im Organismus eine Summe von Kräften entwickelt, welche die verschiedenen von den Thieren ausgeführten Bewegungen bewirken. Den Beweis dafür liefert der Umstand, dass der Mensch, während er arbeitet, in 12 Stunden, anstatt 525 g, etwa 900 g CO^2 ausathmet, dabei aber dieselbe Sauerstoffmenge aufnimmt, wie immer. An Arbeitstagen athmet der Mensch während der Nacht ebensoviel Kohlensäure aus, wie an Ruhetagen; dagegen ist die während der Nacht

dass das in der Luft enthaltene Kohlensäuregas die Hauptnahrung der Pflanzen bildet (Kap. III, V und VIII).

In Verbindung mit den verschiedensten Stoffen ist die Kohlensäure in der Natur wol noch mehr verbreitet, als im freien Zustande. Einige dieser Verbindungen zeichnen sich durch ihre Beständigkeit aus und bilden bedeutende Massen der Erdrinde. An erster Stelle gehören hierher die Kalksteine, welche aus kohlensaurem Calcium: $CaCO^3 = CO^2 + CaO$ bestehen. Dieselben haben sich aus den Meeren vergangener geologischer Epochen abgesetzt, was durch den geschichteten Bau und das Vorkommen zahlreicher Reste von Seethieren in den meisten Kalksteinen bewiesen wird. Aus der ungeheuren Masse dieser Kalksteine muss geschlossen werden, dass die Kohlenstoffmenge, welche in Form von Kohlensäure in älteren geologischen Epochen in der Erdatmosphäre vorhanden war, unvergleichlich grösser, als jetzt, gewesen sein muss. Kreide, lithographischer Schiefer, Fliesenstein, Mergel (Gemenge von Kalkstein mit Thon) und zahlreiche ähnliche Gesteine sind Beispiele solcher sedimentärer Gebilde. Häufig werden in der Erde auch kohlensaure Salze anderer Basen — der Magnesia, des Zinkoxyds, des Eisenoxyduls u. s. w. gefunden. Die Schalen der Weichthiere bestehen aus $CaCO^3$ und viele Kalksteine sind ausschliesslich von solchen Schalen gebildet.

aufgenommene Sauerstoffmenge grösser, so dass im Resultat an Arbeitstagen etwa 1300 g Kohlensäure ausgeschieden und etwa 950 g Sauerstoff absorbirt wird. Während der Arbeit wird also der Stoffwechsel energischer. Der Kohlenstoff, welcher bei der Verrichtung von Arbeit verbraucht wird, wird dem Organismus in der Nahrung zugeführt; daher muss die Nahrung der Thiere nothwendig kohlenstoffhaltige Substanzen enthalten, welche unter dem Einflusse der Verdauungssäfte gelöst und in das Blut übergeführt werden können, d. h. verdaulich und assimilirbar sind. Dem Menschen und den Thieren dienen Pflanzen oder andere Thiere als Nahrung, da aber letztere ihrerseits ihre Nahrung nur in fertigem Zustande — den Pflanzen entnehmen können, so sind die Pflanzen die ursprüngliche Quelle aller den Thieren zur Ernährung dienenden Stoffe. In den Pflanzen entstehen diese Stoffe aus dem Kohlenstoff, welcher unter Mitwirkung von Licht aus der Kohlensäure freigesetzt wird. Die grünen Theile der Pflanzen nehmen am Tage aus der Luft die relativ geringe in ihr enthaltene Menge Kohlensäuregas auf und athmen Sauerstoff aus. Das Volum des ausgeschiedenen Sauerstoffs ist nahezu gleich dem Volum der aufgenommenen Kohlensäure, so dass der gesammte Sauerstoff dieser letzteren wieder abgegeben wird und in der Pflanze nur Kohlenstoff zurückbleibt. Gleichzeitig nimmt die Pflanze durch ihre Blätter und Wurzeln Wasser auf. Dieses Wasser vereinigt sich durch einen bis jetzt unaufgeklärten Prozess mit dem der Kohlensäure entnommenen Kohlenstoff zu Verbindungen, welche unter dem Namen der *Kohlenhydrate* bekannt sind und die Hauptmasse der Pflanzenorganismen ausmachen. Als Repräsentanten dieser Klasse von Verbindungen können die Stärke und die Zellstoff, beide von der Zusammensetzung $C^6H^{10}O^5$, dienen. Sie können, wie alle Kohlenhydrate, als Verbindungen des Kohlenstoffs mit Wasser: $6C + 5H^2O$, betrachtet werden. Auf diese Weise findet in der Natur durch die Lebensthätigkeit der thierischen und pflanzlichen Organismen ein **Kreislauf** des Kohlenstoffs statt, wobei die Luftkohlensäure als Vermittler dient.

Zur **Darstellung von Kohlensäuregas** benutzt man in Laboratorien und auch in der Technik verschiedene Arten des natürlich vorkommenden kohlensauren Calciums — Kalkstein, Kreide oder Marmor — indem man das Salz durch eine Säure zersetzt. Gewöhnlich dient hierzu die Salzsäure, d. h. die wässerige Lösung des Chlorwasserstoffs HCl, erstens weil diese Säure mit kohlensaurem Calcium ein lösliches Salz, das Chlorcalcium $CaCl^2$ bildet und daher die weitere Einwirkung der Säure auf das kohlensaure Salz nicht beeinträchtigt wird, und zweitens, weil die Salzsäure als ein Nebenprodukt bei der Gewinnung der Soda (wie wir weiter unten sehen werden) zu den billigsten Säuren gehört [2]). Die Reaktion verläuft nach der Gleichung: $CaCO^3 + 2HCl = CaCl^2 + H^2O + CO^2$.

Die Ursache der Reaktion ist dieselbe, wie bei der Zersetzung des Salpeters durch Schwefelsäure, mit dem einzigen Unterschiede, dass im letzteren Falle das Hydrat, im ersteren — das Anhydrid der Säure entsteht, da das Hydrat der Kohlensäure H^2CO^3 unbeständig ist und beim Freiwerden sofort in das Anhydrid und Wasser zerfällt. Aus der Erklärung der Einwirkung der Schwefelsäure auf Salpeter folgt offenbar, dass nicht alle Säuren zur Darstellung der Kohlensäure dienen können: Säuren, welche entweder chemisch we-

---

2) Anstatt der Salzsäure kann auch jede andere Säure benutzt werden, z. B. Essigsäure. Sogar Schwefelsäure lässt sich anwenden, obgleich sie den Nachtheil bietet, dass unlösliches schwefelsaures Calcium (Gyps) entsteht, welches das unzersetzte kohlensaure Salz umgibt und die weitere Einwirkung der Säure auf dasselbe verhindert; wird aber lockerer Kalkstein, z. B. Kreide, mit Schwefelsäure, welche mit dem gleichen Volum Wasser verdünnt ist, übergossen, so dringt die Säure in die lockere Masse ein und gibt einen anhaltenden, sehr gleichmässigen Kohlensäurestrom. Anstatt des kohlensauren Calciums können andere Salze der Kohlensäure genommen werden; so z. B. wird Soda, Na^2CO^3, benutzt, um einen sehr raschen Kohlensäurestrom zu erhalten (z. B. zur Verflüssigung des Gases). Natürliches krystallinisches kohlensaures Magnesium und ähnliche Salze werden von Salzsäure und Schwefelsäure schwer zersetzt. Wenn in der Technik, z. B. zur Fällung von Kalk aus Zuckerlösungen grössere Mengen Kohlensäuregas angewandt werden müssen, so stellt man dasselbe gewöhnlich durch Verbrennen von Kohle dar und leitet die an CO^2 reichen Verbrennungsprodukte in die kalkhaltige Flüssigkeit. Man benutzt ferner auch das Kohlensäuregas, das bei Gährungsprozessen sich entwickelt oder aus Kalköfen (beim Brennen der Kalksteine zu Kalk) entweicht. Bei der Gährung des Traubensaftes und anderer zuckerhaltiger Lösungen wird Glykose $C^6H^{12}O^6$ in Aethylalkohol $(2C^2H^6O)$ umgewandelt, während Kohlensäuregas $(2CO^2)$ entweicht; geht die Gährung in einer verkorkten Flasche vor sich, so bleibt die Kohlensäure in Lösung und man erhält Schaumwein. Wenn Kohlensäuregas zur Sättigung von Wasser oder andern Getränken bereitet wird, so muss für seine möglichste Reinheit Sorge getragen werden und da das aus gewöhnlichen Kalksteinen erhaltene Gas, neben gewissen Mengen mitfortgerissener Säure, noch organische, in den Kalksteinen vorkommende Stoffe enthält, so nimmt man in diesen Fällen zur Kohlensäurebereitung möglichst dichte, wenig organische Stoffe enthaltende Dolomite und leitet das Kohlensäuregas (abgesehen von den gewöhnlich angewandten Waschflüssigkeiten) durch eine Lösung von übermangansaurem Kalium, welche das Kohlensäuregas unverändert lässt, die organischen Beimengungen aber zerstört (oxydirt).

nig energisch einwirken, oder in Wasser unlöslich, oder selbst ebenso flüchtig wie die Kohlensäure sind, werden diese letztere aus ihren Salzen nicht verdrängen [3]). Da aber fast alle bekannten Säuren in Wasser leichter löslich und weniger flüchtig als Kohlensäuregas sind, so wird dieses Gas aus den kohlensauren Salzen bei der Einwirkung der meisten Säuren ausgeschieden, und zwar geht die Reaktion schon bei gewöhnlicher Temperatur vor sich, wenn die Säure und das entstehende Calciumsalz in Wasser löslich sind [4]).

Zur Darstellung des Kohlensäuregases wird in Laboratorien meist Marmor benutzt. Man bringt Stücke desselben in eine zweihalsige Flasche oder überhaupt in einen der Apparate, wie sie zur Darstellung von Wasserstoff dienen, und übergiesst sie mit Salzsäure. Das entweichende Gas reisst einen Theil des flüchtigen Chlorwasserstoffs mit sich fort und muss daher gewaschen, d. h. durch eine andere zweihalsige, mit Wasser gefüllte Flasche geleitet werden. Um trocknes Kohlensäuregas zu erhalten, leitet man dasselbe nach dem Austritt aus der Waschflasche noch über Chlorcalcium [5]).

Durch Glühen vieler kohlensaurer Salze lässt sich ebenfalls Kohlensäuregas erhalten; aus dem kohlensauren Magnesium $MgCO^3$ z. B. erhält man es leicht durch Erhitzen desselben, besonders in

---

3) Die unterchlorige Säure HClO und ihr Anhydrid Cl^2O verdrängen die Kohlensäure nicht; der Schwefelwasserstoff verhält sich zur Kohlensäure, wie die Salpetersäure zur Salzsäure: ein Ueberschuss der einen Säure verdrängt die andere.

4) Die gewöhnlichen Brausepulver bestehen aus saurem kohlensaurem Natrium $NaHCO^3$ und gepulverter Citronen- oder Weinsäure; im trocknen Zustande entwickeln sie kein Kohlensäuregas, werden sie aber mit Wasser übergossen, so findet eine sehr energische Gasentwickelung statt, da die Substanzen sich lösen und auf einander reagiren können. Die Salze der Kohlensäure können daran erkannt werden, dass sie bei Einwirkung einer jeden Säure unter Aufbrausen Kohlensäuregas entwickeln. Wird z. B. Essig (der eine organische Säure — die Essigsäure enthält) auf Kalkstein Marmor, Asche, Malachit (der kohlensaures Kupfer enthält) u. s. w. gegossen, so entweicht unter Aufbrausen Kohlensäuregas. Es sei noch bemerkt, dass in Abwesenheit von Wasser weder HCl, noch SH^2O^4, noch Essigsäure auf Kalkstein einwirken, ein Umstand, auf den wir später zurückkommen werden.

5) Direkte Beobachtungen von Bogussky und Kajander (1876) haben gezeigt, dass die Menge Kohlensäuregas, welche bei der Einwirkung von Säuren auf möglichst reinen Marmor erzeugt wird, proportional ist der Dauer der Einwirkung, der Grösse der Oberfläche und der Konzentration der Säure und umgekehrt proportional dem Molekulargewicht der Säure. Ist die Oberfläche des (Carrarischen) Marmors gleich 1 Quadratdecimeter, die Dauer der Einwirkung 1 Minute und der Gehalt an Chlorwasserstoff im Cubikdecimeter (Liter) der Säure 1 Gramm, so werden etwa 0,02 g Kohlensäure ausgeschieden. Wenn im Liter n Gramm HCl enthalten sind, so beträgt die ausgeschiedene Kohlensäuremenge n. 0,002 g. Folglich werden bei einem Gehalt von 36,5 (= HCl) g Chlorwasserstoff in der Minute etwa 0,73 g. (annähernd $^1/_2$ Liter) Kohlensäuregas entwickelt. Nimmt man anstatt Chlorwasserstoffsäure Salpetersäure oder Bromwasserstoffsäure, so wird bei Anwendung molekularer Mengen der Säuren dieselbe Menge Kohlensäuregas frei; wenn also im Liter 63 (= NO^3) g Salpetersäure oder 81 (= HBr) g Bromwasserstoffsäure enthalten sind, so entstehen 0,73 g Kohlensäuregas.

Gegenwart von Wasserdämpfen. Saure kohlensaure Salze (siehe unten) geben beim Erhitzen sehr leicht reichliche Mengen von CO^2 ab.

Das Kohlensäuregas entsteht neben Wasser beim Verbrennen und Glühen aller kohlenstoffhaltiger Substanzen im Sauerstoffstrome oder in Gegenwart von Körpern, welche leicht Sauerstoff abgeben, wie Kupferoxyd, chlorsaures Kalium (in diesem Fall oft unter Explosion) u. s. w.

Auf dieser Reaktion beruht die allgemein angewandte Methode zur Bestimmung der Kohlenstoffmenge in den Verbindungen dieses Elementes. Zu diesem Zweck wird die organische Substanz (etwa 0,2 g) mit Kupferoxyd gemengt in ein an einem Ende zugeschmolzenes Glasrohr AA gebracht und der übrige Theil des Rohres auch mit Kupferoxyd gefüllt. Das offene Ende des Rohres wird mit einem Propfen verschlossen, in den eine Röhre mit Chlorcalcium eingesetzt ist, welche zur Absorption des bei der Oxydation der Substanz entstehenden Wassers dient. Mit dem Chlorcalciumrohr wird (luftdicht, mittelst eines Kautschukrohrs E) ein Kaliapparat oder ein ähnliches Absorptionsgefäss (Kap. V) verbunden, welches mit Kalilauge gefüllt und gewogen ist. In diesem Apparat wird das Kohlensäuregas absorbirt; seine Gewichtszunahme gibt die Menge der bei der Verbrennung entstandenen Kohlensäure an, woraus dann der Kohlenstoffgehalt sich leicht berechnen lässt, da 3 Th. Kohlenstoff 11 Th. Kohlensäuregas geben.

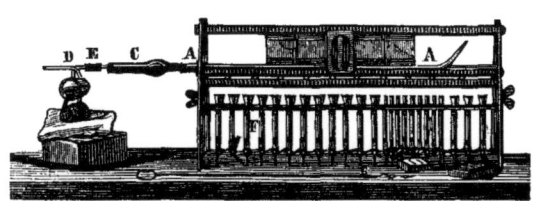

Fig. 101. Apparat zur Verbrennung organischer Substanzen durch Glühen mit Kupferoxyd. $^1/_{25}$.

Das Kohlensäuregas ist farblos, es besitzt einen schwachen Geruch und einen schwach säuerlichen Geschmack; seine Gasdichte beträgt das 22 fache der Dichte des Wasserstoffs, da sein Molekulargewicht 44 ist [6]). Das Kohlensäuregas gehört zu den gasförmigen Körpern,

---

[6]) Das Kohlensäuregas ist $1^1/_2$-mal **schwerer als Luft**, es diffundirt daher relativ schwer, vermischt sich mit der Luft nur langsam und sinkt in derselben unter. Es lässt sich dies auf verschiedene Weise zeigen: aus einem mit Kohlensäuregas gefüllten Cylinder lässt sich das Gas in einen anderen mit Luft gefüllten ausgiessen; wenn ursprünglich in dem ersten Cylinder ein brennender Körper verlosch, so brennt er jetzt in demselben wieder und verlöscht in dem zweiten Cylinder, in welchen das Kohlensäuregas eingegossen worden ist. Leitet man in ein Gefäss so viel Kohlensäuregas, dass es nur theilweise mit dem Gas gefüllt ist, und bringt dann eine Seifenblase in das Gefäss, so sinkt dieselbe nur bis zu der Stelle, wo die Kohlensäureatmosphäre anfängt, da die mit Luft gefüllte Seifenblase leichter ist, als das Kohlensäuregas. Mit der Zeit findet natürlich vollständige Vermischung des Kohlensäuregases mit der Luft statt, in welcher es sich schliesslich ebenso gleichmässig vertheilt, wie Salz in Wasser.

die schon seit langer Zeit in allen drei Aggregatzuständen bekannt waren. Um **flüssiges** Kohlensäureanhydrid zu erhalten, muss das Kohlensäuregas bei 0^0 einem Drucke von 36 Atmosphären unterworfen werden [7]). Seine absolute Siedetemperatur ist $+32^0$ [8]). Flüssiges CO^2 ist farblos, mit Wasser nicht mischbar; löslich dagegen in Weingeist, Aether und Oelen; sein spezifisches Gewicht ist 0,83 bei 0^0. Wird verflüssigtes Kohlensäureanhydrid in ein dickwandiges Glasrohr gegossen und dieses dann zugeschmolzen, so lässt es sich gut aufbewahren, da der Druck der flüssigen Kohlensäure bei gewöhnlicher Temperatur (etwa 50 Atm.) von einem solchen Glasrohr leicht ausgehalten wird. Die Siedetemperatur der flüssigen Kohlensäure ist -80^0, d. h. der Druck derselben übersteigt bei dieser Temperatur nicht den einer Atmosphäre. Auch bei gewöhnlicher Temperatur und unter Atmosphärendruck bleibt flüssiges Kohlensäureanhydrid zum Theil einige Zeit lang flüssig, da es zur Verdampfung einer grossen Wärmemenge bedarf. Geht die Verdampfung rasch vor sich, besonders beim Ausfliessenlassen der Flüssigkeit in dünnem Strahl, so erfolgt eine solche Temperaturerniedrigung, dass ein Theil des CO^2 in eine feste schneeartige Masse verwandelt wird. Wasser, Quecksilber und viele andere Flüssigkeiten erstarren bei der Berührung mit schneeförmiger Kohlensäure [9]). In diesem Zustande kann sich die Kohlensäure längere Zeit an der Luft halten, da sie zur Vergasung noch mehr Wärme bedarf, als flüssige. Trotz seiner niedrigen Temperatur kann man das feste Kohlensäureanhydrid ohne Gefahr in die Hand nehmen, da das fortwährend sich entwickelnde Gas eine Berührung der kalten Masse mit der Haut verhindert; wird aber ein Stück festen Kohlensäureanhydrides zwischen den Fingern zusammengepresst, so wirkt es wie ein glühendes Metall. Wird

---

[7]) Das Kohlensäuregas wurde zuerst von Faraday verflüssigt, der in einem zugeschmolzenen Rohr kohlensaures Salz und Schwefelsäure auf einander einwirken liess. Später wurden von Thilorier und Natterer zu diesem Zweck besondere Apparate konstruirt; Natterers Apparat ist auf S. 322 abgebildet. Es muss aber bemerkt werden, dass bei Arbeiten mit flüssiger Kohlensäure sehr gute Kondensationsapparate, anhaltende Abkühlung und insbesondere rasche Darstellung einer grossen Masse von Kohlensäuregas, nothwendige Bedingungen sind.

[8]) Das Kohlensäuregas besitzt dasselbe Molekulargewicht, wie das Stickoxydul, und zeigt in verflüssigtem Zustande mit flüssigem N^2O die grösste Aehnlichkeit.

[9]) Lässt man flüssige CO^2 in dünnem Strahle in ein geschlossenes Metallgefäss fliessen, so geht nur etwa $1/3$ der Kohlensäure in den festen Zustand über, die übrige Menge verdampft. Zur Abkühlung mittelst fester CO^2 ist es am besten sie im Gemisch mit Aether anzuwenden, da sonst eine innige Berührung mit den abzukühlenden Wandungen unmöglich ist. Bläst man in dieses Gemisch einen Luftstrom, so geht die Verdampfung schnell vor sich und man erhält sehr niedrige Temperaturen. Gegenwärtig wird in besonderen Fabriken (auch bei der Mineralwasserfabrikation) Kohlensäure in grossen Mengen verflüssigt und in eisernen, mit Schraubenkrahn verschlossenen Cylindern versandt, in denen sie unbegrenzt lange Zeit aufbewahrt werden kann.

schneeförmiges Kohlensäureanhydrid mit Aether gemengt, so erhält man eine halbflüssige Masse, welche zur Erzeugung von Kälte dienen kann. Mit Hilfe dieses Gemenges gelingt die Verflüssigung vieler Gase, z. B. von Chlor, Stickoxydul, Schwefelwasserstoff und anderen. Unter dem Rezipienten der Luftpumpe verdampft das Gemenge noch rascher und erzeugt daher eine noch grössere Kälte; so dass es zur Verflüssigung von Gasen benutzt werden kann, die sich auf andere Weise nicht verflüssigen lassen, wie Aethylen, Chlorwasserstoff u. a. Wird ein Rohr mit flüssiger Kohlensäure in das im Vacuum verdampfende Gemisch von Kohlensäure und Aether gebracht, so erstarrt die Kohlensäure zu einer glasartigen, durchsichtigen Masse. In denselben Zustand werden auch viele andere Gase versetzt. Pictet hat diese Methode zur Verflüssigung vieler permanenter Gase benutzt (Kap. II).

Die Fähigkeit des Kohlensäuregases in den flüssigen Zustand überzugehen steht im Zusammenhange mit seiner relativ bedeutenden **Löslichkeit in Wasser**, Weingeist und anderen Flüssigkeiten. Die Löslichkeit des Kohlensäuregases im Wasser ist schon im I-sten Kapitel besprochen worden. In Weingeist ist das Gas noch leichter löslich, als in Wasser: bei 0^0 löst 1 Volum Weingeist 4,3 Vol. Kohlensäuregas und 2,9 Vol. bei 20^0. Lösungen von Kohlensäuregas in Wasser unter einem Druck von mehreren Atmosphären werden künstlich dargestellt, da mit Kohlensäuregas gesättigtes Wasser die Verdauung befördert und ein wohlschmeckendes Getränk bildet. Zur Fabrikation solcher Getränke wird Kohlensäuregas mittelst Druckpumpe in das die Flüssigkeit enthaltende Gefäss gepresst und die Lösung, unter Anwendung besonderer Vorrichtungen zum raschen und luftdichten Verkorken, in Flaschen gefüllt. Auf diese Weise werden die verschiedenen moussirenden Getränke und künstlichen Schaumweine fabrizirt. Der Gehalt an gelöstem Kohlensäuregas in natürlichen Gewässern ist von ausserordentlicher Wichtigkeit, da das Wasser durch die Kohlensäure die Fähigkeit erhält viele Substanzen, welche von reinem Wasser nicht verändert werden, zu zersetzen und aufzulösen. So z. B. lösen sich kohlensaure und phosphorsaure Salze in kohlensäurehaltigem Wasser auf. Wenn Wasser in tiefen Erdschichten unter Druck sich mit Kohlensäuregas sättigt, so kann es kohlensaures Calcium im Verhältniss von 3 g auf 1 Liter auflösen; gelangt dieses Wasser dann an die Oberfläche, so scheidet sich in dem Maasse wie das Kohlensäuregas entweicht, auch das in Lösung befindliche kohlensaure Calcium aus [10]). Koh-

---

10) Wenn kohlensäurehaltiges Wasser, durch die Erde sickernd, in Höhlen gelangt, so findet die Verdunstung langsam statt und es bilden sich dann an den Stellen, wo das Wasser herunterträufelt, Zapfen von kohlensaurem Calcium, von ähnlicher Form, wie die Eiszapfen, welche beim Thauen von Schnee an den Dächern sich bilden. Jedem von der Decke der Höhle herabhängenden, Stalaktit genannten Zapfen, ent-

lensäurehaltiges Wasser befördert die Zersetzung (Verwitterung) vieler Gesteine, denen es Kalk, Alkalien u. a. entzieht. Dieser Prozess geht gegenwärtig, wie auch schon in früheren Epochen, in grossem Maasstabe vor sich. Von den in Gesteinen enthaltenen Oxyden verschiedener Elemente, namentlich des Siliciums, Aluminiums, Calciums und Natriums, löst kohlensäurehaltiges Wasser nur die beiden letzteren auf, indem es sie in kohlensaure Salze überführt Das in den Ozeanen sich ansammelnde Wasser muss daher beim Verdunsten der Kohlensäure Niederschläge von kohlensaurem Calcium ausscheiden, die sich auch in grossen Massen da finden, wo in älteren geologischen Perioden Meere vorhanden waren. Die im Wasser gelöste Säure dient ferner den Wasserpflanzen als Nahrung.

Obgleich das Kohlensäuregas sich im Wasser löst, bildet es dennoch kein bestimmtes Hydrat [11]). Trotzdem lässt sich die Zusammensetzung seines Hydrates auf Grund der Zusammensetzung der kohlensauren Salze bestimmen; denn ein Hydrat stellt ein Salz dar, in welchem das Metall durch Wasserstoff ersetzt ist. Da nun das Kohlensäureanhydrid Salze von der Zusammensetzung K^2CO^3, Na^2CO^3, $HNaCO^3$ u. s. w. bildet, so muss das Kohlensäurehydrat die Zusammensetzung H^2CO^3 besitzen, d. h. es muss aus $CO^2 + H^2O$ bestehen. Jedesmal aber, wenn dieser Körper entstehen könnte, zerfällt er in seine Bestandtheile — Wasser und Kohlensäureanhydrid. Der **Säurecharakter** des Kohlensäuregases tritt in dessen Fähigkeit hervor,

spricht ein auf dem Boden (da, wo die Wassertropfen niederfallen) stehender Stalagmit. Wenn dieselben zusammentreffen so entstehen Säulen. Diese Gebilde bieten zuweilen einen höchst malerischen Anblick dar, so ist z. B. die Höhle auf der Insel Antiparos im Archipelagus wegen ihrer Schönheit berühmt. Auf ähnliche Weise bildet sich der Tuff, blasige Massen von kohlensaurem Kalk, welche an einigen Quellen, da wo das Wasser an die Erdoberfläche tritt, entstehen. Wenn Lösungen von kohlensaurem Kalk in Pflanzen eindringen, so kann dies infolge von Ablagerung des kohlensauren Salzes im Pflanzengewebe zur Bildung einer Art von Versteinerungen führen. Die Löslichkeit von phosphorsaurem Calcium in kohlensäurehaltigem Wasser ist für die Ernährung der Pflanzen von grösster Bedeutung, da alle Pflanzen Kalk und I hosphorsäure enthalten.

11) Die Existenz des von Wroblewsky beschriebenen Krystallhydrates $CO^2 8H^2O$ (Kap. I Anm. 67) ist noch zweifelhaft und wenn es auch wirklich entsteht, so geschieht dies nur unter besonderen Bedingungen. Endlich entspricht diese Verbindung nicht dem Hydrat H^2CO^3, das aus der Zusammensetzung der Salze sich ergibt.

Die sauren Eigenschaften des Kohlenräuregases lassen sich durch einen einfachen Versuch demonstriren. In ein an einem Ende zugeschmolzenes und mit Kohlensäuregas gefülltes Rohr bringt man einen Probircylinder mit Alkalilauge (z. B. NaHO) und verschliesst das Rohr sofort mit einem guten Propfen. Schüttelt man nun die Lauge in dem Rohre und öffnet dasselbe dann unter Wasser (das zugeschmolzene Ende nach oben haltend), so steigt das Wasser im Rohr. Das infolge Absorption von Kohlensäuregas durch Alkali entstandene Vacuum kann so vollständig sein, dass elektrische Entladungen durch dasselbe nicht hindurchgehen.

direkt von Alkalilösungen unter Bildung von Salzen absorbirt zu werden. Hierbei zeigt sich aber auch ein wesentlicher Unterschied der Kohlensäure von der Salpetersäure HNO^3 und anderen einbasischen Säuren, welche mit einwerthigen Metallen (die ein Wasserstoffatom ersetzen), wie K, Na, Ag, Salze bilden, die ein Metallatom enthalten, $NaNO^3$, $AgNO^3$, mit zweiwerthigen [12]), wie Ca, Ba, Pb, dagegen Salze, in die zwei Halogengruppen eingehen, $Ca(NO^3)^2$, $Pb(NO^3)^2$. Die Kohlensäure H^2CO^3 ist eine **zweibasische Säure**, sie enthält in der Molekel zwei Atome Wasserstoff und bildet Salze mit 2 Atomen einwerthiger Metalle, z. B. Na^2CO^3 die Soda, ein neutrales Salz und $NaHCO^3$ das doppelt kohlensaure Natrium ein saures Salz. Wenn also durch M' ein einwerthiges Metall bezeichnet wird, so ist die Zusammensetzung der neutralen kohlensauren Salze (Carbonate): M'^2CO^3 und $M'HCO^3$ die der sauren Salze. Zweiwerthige Metalle M'' geben neutrale Salze der Formel $M''CO^3$, während saure Salze, wie wir weiter unten sehen werden, von solchen Metallen gewöhnlich nicht gebildet werden. Als zweibasische Säure ist die Kohlensäure der Schwefelsäure H^2SO^4 analog[13]), aber während diese letztere zu

---

12) Die Gründe, welche zu der Annahme von ein-, zwei-, drei- und vierwerthigen Metallen zwingen, werden später beim Uebergange von den einwerthigen Metallen (Na, K, Li) zu den zweiwerthigen (Mg, Ca, Ba) auseinandergesetzt werden.

13) Bis in die 40-er Jahre wurden die Säuren nicht nach ihrer Basicität unterschieden. Erst Graham (bei seinen Untersuchungen der Phosphorsäure H^3PO^4) und Liebig (bei der Untersuchung vieler organischen Säuren) erkannten die Existenz von ein-, zwei- und dreibasischen Säuren. Gerhardt und Laurent verallgemeinerten diesen Begriff, indem sie zeigten, dass der Unterschied der Säuren nach ihrer Basicität sich auf viele Reaktionen erstreckt, wobei z. B. die Fähigkeit zweibasischer Säuren mit KHO, NaHO — saure und neutrale Salze und mit Alkoholen RHO — saure und neutrale Ester zu bilden u. s. w. besonders wichtig ist. Gegenwärtig, nachdem die Begriffe der Molekel und des Atoms eine feste Grundlage erhalten, *wird die Basicität einer Säure— als Anzahl der durch Metalle ersetzbaren Wasserstoffatome in der Säuremolekel definirt.* Wenn die Kohlensäure mit Natrium ein saures und ein neutrales Salz, $NaHCO^3$ und Na^2CO^3, bildet, so zeigt dies, dass das Hydrat H^2CO^3 eine zweibasische Säure ist. Bei den jetzt gebräuchlichen Atomgewichten lässt sich die Zusammensetzung der beiden Salze nicht anders ausdrücken. Als aber die Atomgewichte $C = 6$ und $O = 8$ angenommen wurden und die Formel CO^2 nur die Zusammensetzung, nicht das Molekulargewicht des Kohlensäureanhydrids ausdrückte, war die Formel des neutralen Salzes $Na^2C^2O^6$ oder $NaCO^3$; die Kohlensäure konnte als einbasische Säure gelten und das saure Salz wurde durch die Formel $NaCO^3HCO^3$ ausgedrückt. In den 50-er Jahren herrschten in dieser Hinsicht unter den Chemikern die grössten Meinungsverschiedenheiten, jetzt aber kann, Dank dem Avogadro-Gerhardt'schen Gesetze, in solchen Fragen kein Zweifel mehr aufkommen. Wir müssen noch bemerken, dass längere Zeit die Ansicht herrschte, dass einbasische Säuren $R(OH)$ unfähig seien, in Wasser und Anhydrid zu zerfallen und dass diese Fähigkeit nur den zweibasischen Säuren $R(OH)^2$ zukomme, weil in diesen letzteren die zur Ausscheidung einer Wassermolekel nöthigen Elemente vorhanden seien. So z. B. zersetzen sich H^2SO^4 oder $SO^2(OH)^2$, H^2CO^3 oder $CO(OH)^2$ und ähnl. zweibasische Säuren in Anhydrid RO und Wasser H^2O. Da aber die salpetrige

den energischen oder starken Säuren (wie HNO^3, HCl) gehört, sind in der Kohlensäure die sauren Eigenschaften nur schwach entwickelt, sie gehört zu den wenig energischen oder **schwachen Säuren**. Dieser Begriff ist aber offenbar ein relativer, denn ein feststehendes Maass für die Energie der Säuren ist noch nicht vorhanden[14]). Wenn man

---

Säure HNO^2, die Jodsäure HJO^3, die unterchlorige $HClO$ u. a. einbasische Säuren leicht Anhydride: N^2O^3, J^2O^5, Cl^2O u. s. w. geben, so erweist sich diese Ansicht als irrig, obgleich sie mit den an organischen Säuren beobachteten Thatsachen ziemlich gut übereinstimmt. Uebrigens ist bisher bei keiner zweibasischen Säure die Fähigkeit beobachtet worden, ohne Zerfall in Anhydrid und Wasser, überzudestilliren (selbt H^2SO^4 gibt beim Verdampfen und bei der Destillation $SO^3 + H^2O$), und es ist bekannt, dass überhaupt ein solcher Zerfall besonders leicht in den Fällen stattfindet, wo die Säure schwach, wenig energisch ist, wie z. B. Kohlensäure, salpetrige Säure, Borsäure und unterchlorige Säure.—Als ein dem Methan entsprechendes Hydrat $C(HO)^4 = CO^2 + 2H^2O$, müsste die Kohlensäure vierbasisch sein. Salze, welche diesem Hydrate entsprechen, entstehen aber gewöhnlich nicht, nur einige basische Salze könnten von demselben abgeleitet werden: z. B. $CuCO^3CuO = CCu^2O^4$, da Cu zwei Wasserstoffatomen H^2 entspricht. Unter den Estern (Alkoholverbindungen) der Kohlensäure existiren indessen solche Körper, so z. B. der Orthokohlensäure-Aethylester $C(C^2H^5)^4O^4$, der bei der Einwirkung von Chlorpikrin $C(NO^2)Cl^3$ auf Natriumalkoholat C^2H^5ONa entsteht, bei 158° siedet und das spez. Gew. 0,85 besitzt. Die Bezeichnung *Ortho*kohlensäure für CH^4O^4 ist dem Namen der *Ortho*phosphorsäure PH^3O^4, welche dem Phosphorwasserstoff PH^3 entspricht (s. Kap. XIX), nachgebildet.

14) Seit lange schon war man bestrebt ein *Maass der Affinität* der Säuren und Basen zu einander zu finden. Von den Säuren geben die einen, wie die Schwefelsäure oder die Salpetersäure, relativ beständige, durch Hitze und Wasser schwer zersetzbare Salze; andere, wie die Kohlensäure und die unterchlorige Säure, verbinden sich mit schwachen Basen gar nicht und geben mit den meisten andern Basen leicht zersetzbare Salze. Dasselbe gilt von den Basen, von denen Kali K^2O, Natron Na^2O und Baryt BaO zu den starken gehören — sich mit den schwächsten Säuren verbinden und eine Menge sehr beständiger Salze bilden, während Thonerde Al^2O^3 und Wismuthoxyd als Repräsanten der schwachen Basen gelten können, deren Salze durch Wasser und, wenn die Säure flüchtig ist, auch durch Erhitzen leicht zersetzt werden. Diese Eintheilung der Säuren und Basen in stärkere und schwächere steht mit allen bekannten Thatsachen im Einklange und ist daher in diesem Buche berücksichtigt. In den letzten Jahren ist indessen eine Reihe von Untersuchungen ausgeführt worden, deren Resultate zwar das höchste Interesse besitzen, aber meiner Ansicht nach nicht unbedingt angenommen werden können. Thomsen, Ostwald u. a. haben vorgeschlagen, die Affinität der Säuren zu den Basen durch Zahlen auszudrücken, welche sich aus dem Grad der gegenseitigen Verdrängung der Säuren in wässerigen Lösungen ergeben. Als Maassstab der Verdrängung dienten den genannten Forschern: 1) die Wärmemenge, welche beim Mengen einer Salzlösung mit der Lösung einer andern, nicht im Salze vorhandenen Säure entwickelt wird (die «Avidität» der Säuren nach Thomsen), 2) die Volumänderung, welche bei dieser Wechselwirkung von Lösungen stattfindet (die «volum-chemische» Methode von Ostwald), 3) die Veränderung des Brechungsindex in Lösungen (Ostwald) u. s. w. Es existirt ausserdem eine Reihe anderer Methoden, welche die Vertheilung der Basen unter den gleichzeitig in einer Lösung vorhandenen Säuren zu bestimmen gestatten. Einige dieser Methoden werden in der Folge beschrieben werden. Alle diese Bestimmungen werden aber in wässerigen Lösungen ausgeführt und man übersieht gewöhnlich die Affinität zum Wasser. Wenn die Base N sich mit den Säuren X und Y ver-

dennoch von dem schwachen Säurecharakter der Kohlensäure spricht, so geschieht es, weil die *Gesammtheit vieler Eigenschaften* dieser bindet und in Gegenwart beider Säuren sich derart vertheilt, dass $^1/_3$ seiner Menge in Verbindung mit X und $^2/_3$ mit Y erscheint, so schliesst man daraus, dass die Affinität zur Base oder die salzbildende Kraft von Y doppelt so gross ist, als die von X. Wenn aber die Säure X sowol zu N als auch zu Wasser Affinität besitzt, so vertheilt sie sich unter dieselben und, wenn die Affinität von X zum Wasser grösser ist, als die von Y. so kann in Verbindung mit N eine geringere Masse von X, als von Y, erscheinen. Wenn überdiess die Säure X ein saures Salz NX^2 geben kann, die Säure Y aber ein solches Salz nicht bildet, so wird hier die Bestimmung der relativen Energie von X und Y noch irrthümlicher sein, weil die frei werdende Säure X beim Zusatz von Y zu NX ein saures Salz bilden wird. Im 10-ten Kap. werden wir sehen, dass Schwefelsäure und Salpetersäure, bei der Einwirkung auf Natron in schwacher wässeriger Lösung, sich gerade in der Weise vertheilen, wie in unserem Beispiel angenommen war: $^1/_3$ der Base vereinigt sich mit Schwefelsäure, $^2/_3$ mit Salpetersäure. Meiner Ansicht nach bedeutet dies aber noch nicht, dass die Schwefelsäure eine 2-mal geringere Affinität als Salpetersäure zu solchen Basen wie das Natron besitzt, sondern es weist vielmehr auf die grössere Affinität der Schwefelsäure zu Wasser hin. Die Bestimmungen der Vertheilung von Säuren in wässerigen Lösungen zeigen also nur das verschiedene Verhalten der Säuren zu Basen und zu Wasser. Ueberhaupt kann es nicht gelingen, den relativen Grad der Affinität von Säuren zu Basen direkt in wässerigen Lösungen zu bestimmen, so lange man das Verhalten der Säuren, Basen und Salze zum Wasser ausser Acht lässt und das Wasser, das selbst mit den verschiedensten Stoffen salzartige und andere Verbindungen bildet, als inaktives Medium betrachtet. Dies gilt insbesondere für die schwachen Lösungen, welche bei derartigen Untersuchungen meist angewandt werden; in solchen Lösungen ist die Masse des Wassers relativ gross und dasselbe übt daher auch bei geringer Affinität einen bedeutenden Einfluss aus, da hier einerseits das Prinzip der Massenwirkung zur Geltung kommt und anderseits das Wasser selbst ein salzbildendes Oxyd ist.

Aus dem Gesagten ergibt sich also, dass das Studium der Vertheilung der salzbildenden Elemente in *wässerigen Lösungen*, ungeachtet des hohen selbstständigen Interesses dieser Forschungen, schwerlich zur Bestimmung des gegenseitigen Affinitätsgrades von Säuren und Basen führen kann Dasselbe gilt auch von den Bestimmungen der Energie der Säuren durch Messung *der galvanischen Leitungsfähigkeit schwacher Lösungen*. Diese von Arrhenius (1884) vorgeschlagene Methode ist in ausgedehntem Maasse von Ostwald (Lehrbuch d. allgemeinen Chemie, II, 1887) angewandt worden und gründet sich darauf, dass die sogen. molekularen galvanischen Leitungsfähigkeiten schwacher Lösungen verschiedener Säuren (I) sich ebenso verhalten, wie die nach einer der oben beschriebenen Methoden ermittelten Werthe für die Vertheilung der Säuren unter Basen (II) und wie die Werthe, welche sich für die Reaktionsgeschwindigkeiten ergeben (III), z. B. aus der Zersetzungsgeschwindigkeit der Methylester (in Alkohol und Säure) oder der Geschwindigkeit der Inversion von Rohrzuker (seine Spaltung in Glykosen). Nachstehende Tabelle bringt diese drei Zahlenreihen, wobei die Energie der Salzsäure = 100 gesetzt ist:

		I	II	III
Salzsäure	HCl	100	100	100
Bromwasserstoffsäure	HBr	101	89	105
Salpetersäure	HNO^3	100	100	96
Schwefelsäure	H^2SO^4	65	49	74
Ameisensäure	CH^2O^2	2	4	1
Essigsäure	$C^2H^4O^2$	1	2	1
Oxalsäure	$C^2H^2O^4$	20	24	18
Phosphorsäure	PH^3O^4	7	—	6

Säure einen Schluss auf den Grad ihrer Energie zulässt. Mit den so energischen Basen wie NaHO und KHO bildet die Kohlensäure in Wasser lösliche, neutrale Salze, deren Reaktion (auf Pflanzenfarbstoffe) aber alkalisch ist und die in sehr vielen Fällen ebenso wie die freien Alkalien selbst wirken[15]). Nur die sauren Salze $NaHCO^3$ und $KHCO^3$ reagiren auf Lakmus neutral, trotzdem sie, gleich den Säuren, Wasserstoff enthalten, der durch Metalle ersetzbar ist. Saure Salze solcher Säuren wie die Schwefelsäure, z. B. $NaHSO^4$, besitzen dagegen deutlich saure Reaktion. Dies zeigt, dass die Kohlensäure die stark basischen Eigenschaften der Alkalien KHO und NaHO nicht zu sättigen vermag. Mit schwachen Basen, wie die Thonerde Al^2O^3, verbindet sich die Kohlensäure gar nicht und, wenn z. B. zu einer konzentrirten Lösung von schwefelsaurem Aluminium $Al^2(SO^4)^3$ eine konzentrirte Sodalösung Na^2CO^3 zugegossen wird, so entsteht nicht kohlensaures Aluminium $Al^2(CO^3)^3$, wie im Sinne der gewöhnlichen doppelten Umsetzungen der Salze zu erwarten wäre, sondern Aluminiumhydroxyd und Kohlensäuregas, in welche dieses Salz in Gegenwart von Wasser zerfällt: $Al^2(CO^3)^3 + 3H^2O = Al^2(OH)^6 + 3CO^2$. Schwache Basen sind also selbst bei gewöhnlicher Temperatur nicht im Stande Kohlensäure zu binden. Ebenso erklärt es sich, dass Basen von mittlerer Energie zwar kohlensaure Salze bilden, diese Salze aber beim Erhitzen leicht zersetzt werden, wie z. B. das kohlensaure Kupfer $CuCO^3$ (s. Einleitung) und sogar das kohlen-

---

Die nahe Uebereinstimmung dieser nach so verschiedenen Methoden erhaltenen Zahlenreihen ist offenbar für das gegenseitige Verhältniss der verschiedenen Erscheinungen ausserordentlich lehrreich, aber es kann meiner Ansicht nach auf Grund derselben noch nicht behauptet werden, dass die erwähnten Methoden thatsächlich die Affinität, welche zwische Basen und Säuren wirkt, bestimmen lassen, da, wir wiederholen es, die Wirkung des Wassers nicht aus dem Auge gelassen werden darf. Solange also die Theorie der Lösungen nicht definitiv ausgearbeitet ist, müssen solche Resultate mit der grössten Vorsicht aufgenommen werden; sie gehören daher bis jetzt in die speziellen, der chemischen Mechanik gewidmeten Werke. Die Lösung der uns beschäftigenden Frage durch andere genaue Methoden indessen lässt sich jetzt schon erwarten und wir werden später, bei Betrachtung der Reaktionsgeschwindigkeit noch darauf zurückkommen.

Für die Kohlensäure ist der Energiegrad bis jetzt noch nach keiner der oben angeführten Methoden bestimmt worden.

15) Beim Waschen von Geweben mit Aetzalkalien, z. B. NaHO, in verdünnten Lösungen werden Fettsubstanzen entfernt. Ebenso wirken auch Lösungen von kohlensauren Alkalien, z. B. Soda Na^2CO^3, und endlich auch die Seifen, welche ebenfalls Verbindungen schwacher Säuren (Fett- oder Harzsäuren) mit Alkalien darstellen. Alle diese Substanzen werden in der Technik und überhaupt in der Praxis zum Bleichen und Reinigen von Geweben benutzt; Soda und Seifen erhalten aber vor den Aetzalkalien den Vorzug, da ein Ueberschuss dieser letzteren auf das Gewebe zerstörend einwirkt. In den wässerigen Lösungen von Seifen, sowie von Soda, befindet sich ein Theil des Alkalis möglicherweise in freiem Zustande als Aetzalkali, indem das Wasser mit den schwachen Säuren in Konkurrenz tritt und das Alkali sich zwischen den letzteren und dem Wasser vertheilt.

saure Calcium $CaCO^3$. Nur die neutralen kohlensauren Salze (nicht die sauren) der stärksten Basen, wie Kali und Natron, können bis zur Rothgluth erhitzt werden, ohne dass sie sich zersetzen. Die sauren Salze, wie z. B. $NaHCO^3$, werden schon beim Erwärmen ihrer Lösungen unter Ausscheidung von Kohlensäuregas zersetzt: $2NaHCO^3 = Na^2CO^3 + H^2O + CO^2$. Die Wärmemengen, welche bei der Vereinigung der Kohlensäure mit Basen frei gesetzt werden, deuten ebenfalls auf den schwachen Säurecharakter derselben hin; diese Mengen sind bedeutend geringer, als bei energischen Säuren. So z. B. entwickeln in schwacher Lösung 40 g NaHO beim Sättigen (Bildung von neutralem Salz) mit Schwefelsäure, Salpetersäure und überhaupt energischen Säuren von 13 bis 15 grosse Calorien, mit Kohlensäure dagegen nur 10 Cal.[16]).

---

[16] Obgleich die Kohlensäure zu den schwachen Säuren gehört, so gibt es doch eine Anzahl von Säuren, die offenbar noch schwächer sind, so z. B. der Schwefelwasserstoff, die Blausäure, die unterchlorige Säure, viele organische Säuren u. s. w. Verbindungen von Basen, wie die Thonerde, oder von so schwachen Säuren, wie die Kieselerde, mit Alkalien werden in wässrigen Lösungen von der Kohlensäure zersetzt; beim Glühen dagegen, also bei Abwesenheit von Wasser, verdrängen solche Basen und Säuren ihrerseits die Kohlensäure aus ihren Salzen. Dies zeigt auf das deutlichste den Einfluss der Reaktionsbedingungen und der Eigenschaften der entstehenden Körper. Am einfachsten lassen sich diese auf den ersten Blick so komplizirten Verhältnisse verstehen, wenn wir annehmen, dass überhaupt zwei Salze MX und NY sich stets mehr oder weniger zu zwei anderen Salzen MY und NX umsetzen und wenn wir die Eigenschaften der hierbei entstehenden Körper in Betracht ziehen. So z. B. gibt Na^2SiO^3 in wässriger Lösung mit CO^2 eine gewisse Menge von Na^2CO^3 und SiO^2, letztere ist aber ein Kolloid und wird aus der Lösung ausgeschieden, somit kann eine neue Menge von Na^2SiO^3 durch CO^2 zersetzt werden und die Zersetzung so lange weitergehen, bis alles SiO^2 ausgeschieden und Na^2CO^3 entstanden ist. Im geschmolzenen Zustande tritt mit diesen Körpern das Umgekehrte ein. Na^2CO^3 gibt mit SiO^2 eine gewisse Menge von CO^2 und Na^2SiO^3, die Kohlensäure entweicht, da sie ein Gas ist; im zurückbleibenden Gemisch findet von neuem Wechselzersetzung statt, was so lange dauert, bis alles CO^2 ausgeschieden und nur Na^2SiO^3 zurückgeblieben ist. Wenn dagegen keiner der entstehenden Körper aus dem Reaktionsbereich entfernt wird, so findet Vertheilung statt. Die Kohlensäure ist wol eine schwache Säure, aber nicht aus diesem Grunde, sondern weil sie ein Gas ist, wird sie aus den Lösungen ihrer Salze durch die meisten löslichen Säuren verdrängt. Es ist nicht richtig, diese Verdrängung durch die geringe Energie der Kohlensäure zu erklären, wie dies öfters geschieht; dieselbe hängt nur von den Eigenschaften des Kohlensäuregases und seiner Verbindungen ab. So z. B. scheidet Essigsäure aus allen kohlensauren Salzen Kohlensäuregas aus, unter gewissen Bedingungen aber verdrängt dieses Gas die Essigsäure aus ihren Salzen. Löst man z. B. essigsaures Kali in *Weingeist* und leitet in die Lösung Kohlensäuregas, so wird Essigsäure frei, während im Weingeist unlösliches kohlensaures Kalium (Potasche) sich ausscheidet. In wässriger Lösung findet die umgekehrte Umsetzung statt. Offenbar wird der Verlauf doppelter Umsetzungen von den Eigenschaften der entstehenden und reagirenden Körper ebenso beeinflusst, wie von dem Grad der Affinität. Ungeachtet seines schwachen Säurecharakters zersetzt das Kohlensäuregas einige Salze in ihren Lösungen, wie dies schon aus den Untersuchungen Ssetschenow's über die Löslichkeit der Kohlensäure in Salzlösungen

Die meisten kohlensauren Salze sind in Wasser unlöslich, daher geben die Lösungen der löslichen kohlensauren Alkalien: Na^2CO^3, K^2CO^3, $(NH^4)^2CO^3$ in den Lösungen der meisten anderen Salze, MX oder $M''X^2$, Niederschläge unlöslicher Carbonate der Metalle M (einwerthige, H ersetzende) oder M'' (zweiwerthige, H^2 ersetzende), nämlich M^2CO^3 oder $M''CO^3$. So z. B. entsteht aus den Lösungen von $BaCl^2$ und Na^2CO^3 ein Niederschlag von kohlensaurem Baryum $BaCO^3$. Daher enthalten auch die meist aus wsserigen Lösungen entstandenen Gesteine so häufig kohlensaure Salze, wie: $CaCO^3$, $FeCO^3$, $MgCO^3$ u. s. w.

Wie das Wasser, so entsteht auch das Kohlensäuregas aus seinen Elementen unter bedeutender Wärmeentwickelung und zeichnet sich, wie jenes, durch grosse Beständigkeit aus. Nur wenige Stoffe vermögen dem Kohlensäuregas seinen Sauerstoff zu entziehen. Indessen gibt es einige Metalle, z. B. Magnesium, Kalium und ähnliche, welche in diesem Gas brennen, wobei Kohle ausgeschieden wird und das entsprechende Oxyd entsteht. Wird ein Gemenge von Kohlensäuregas und Wasserstoff durch ein glühendes Rohr geleitet, so beobachtet man Bildung von Wasser und Kohlenoxyd: $CO^2 + H^2 = CO + H^2O$. Diese Umwandlung erleidet jedoch nur ein Theil des Kohlensäuregases und es resultirt daher ein Gemisch von CO^2, CO, H^2 und H^2O, das von der Hitze nicht weiter verändert wird [17]). Auch

---

(Kap. I, Anm. 38) hervorgeht. Selbstverständlich spielt auch die relative Energie der Säuren und Basen in diesen Fällen eine Rolle, aber sie ist es nicht allein, die den Verlauf der Reaktionen bestimmt. Bei Betrachtung der Vertheilung und der Reaktionsgeschwindigkeit werden wir auf diese Frage noch zurückkommen. Die im Vorhergehenden angedeuteten Prinzipien der Auffassung chemischer Umsetzungen sind heute allgemein anerkannt; sie wurden im Anfange dieses Jahrhunderts zuerst von Berthollet aufgestellt und werden im nächsten Kapitel ausführlicher besprochen werden.

[17]) Wasserstoff und Kohlenstoff besitzen eine annähernd gleiche Affinität zu Sauerstoff; die Affinität des Wasserstoffs mag etwas grosser sein, da beim Verbrennen von Kohlenwasserstoffen zuerst ihr Wasserstoff sich mit Sauerstoff verbindet. Bis zu einem gewissen Grade lässt sich die Gleichheit der Affinität aus den entwickelten Wärmemengen folgern. Bei der Vereinigung von gasförmigem H^2 mit einem Atom Sauerstoff O werden 69 grosse Calorien entwickelt, wenn das entstehende Wasser in den flüssigen Zustand übergeht. Bleibt das Wasser in Form von Gas (Dampf), so wird die entwickelte Wärmemenge um die latente Verdampfungswärme vermindert und beträgt 58 Cal. Wenn Kohle (in festem Zustande) sich mit $O^2 = 32$ zu gasförmigem CO^2 verbindet, so werden etwa 97 Cal. frei. Könnte der Kohlenstoff im gasförmigen Zustande, wie der Wasserstoff und wie dieser mit einem Gehalt von zwei Atomen C^2 in der Molekel angewandt werden, so würde eine bedeutend grössere Wärmemenge entwickelt, und zwar würde, nach der Analogie mit anderen Körpern, deren Molekeln beim Uebergange aus dem festen in den gasförmigen Zustand etwa 10—15 Cal. aufnehmen, die durch Verbrennung von gasförmigem Kohlenstoff zu gasförmigem CO^2 entwickelte Wärmemenge nicht weniger als 110 Cal. betragen, also ungefähr doppelt so viel, als bei der Entstehung von H^2O. Da die Molekel CO^2 doppelt so viel Sauerstoff enthält, als die Molekel H^2O, so entwickelt der Sauerstoff bei der Vereinigung mit Wasserstoff, wie auch mit Kohlenstoff, ungefähr gleiche Wärmemengen.

beim Glühen für sich allein wird das Kohlensäuregas theilweise zu Kohlenoxyd und Sauerstoff zersetzt. Deville wies diese Zersetzung nach, indem er Kohlensäuregas durch ein langes glühendes, mit Porzellanscherben gefülltes Rohr bei einer Temperatur von 1300^0 streichen liess. Bei rascher Abkühlung vereinigten sich zwar die Zersetzungsprodukte — Kohlenoxyd, Kohle und Sauerstoff — theilweise wieder, aber es gelang einen Theil derselben auch aufzusammeln. Dieselbe Spaltung des Kohlensäuregases in Kohlenoxyd und Sauerstoff wird beim Durchschlagen elektrischer Funken durch das Gas (z. B. in einem Eudiometer) beobachtet. Die Zersetzung ist von einer Volumzunahme begleitet, da 2 Vol. $CO^2 -$ 2 Vol. CO und 1 Vol. O geben. Die Zersetzung geht nur bis zu einer gewissen Grenze und hört sodann auf (nachdem weniger als $1/_3$ des Kohlensäuregases zersetzt ist), es resultirt ein Gemisch von CO^2, CO und O^2, das von den Funken nicht weiter verändert wird. Dieses Verhalten erklärt sich vollkommen dadurch, dass die Reaktion umkehrbar ist, denn wird das Kohlensäuregas aus dem Gemenge entfernt, so bewirkt ein Funken in dem zurückbleibenden Gas Explosion und das Kohlenoxyd verbindet sich mit dem Sauerstoff zu Kohlensäuregas. Entfernt man dagegen aus demselben Gemenge den Sauerstoff und lässt wieder Funken durchschlagen, so geht die Zersetzung von CO^2 weiter und auf diese Weise kann schliesslich alles Kohlensäuregas zersetzt werden. Um den Sauerstoff aus dem Gasgemenge zu entfernen, lässt man ihn durch Phosphor absorbiren. Diese Beispiele zeigen, dass ein bestimmtes Gemenge sich verändernder Körper ein stabiles Gleichgewicht besitzen kann, das aufgehoben wird, sobald man einen der Bestandtheile entfernt. Es ist dies ein spezieller Fall der Massenwirkung. Da ferner das brennbare Kohlenoxyd bei rascher Abkühlung des Gemenges der Zersetzungsprodukte nicht Zeit hat sich mit dem Sauerstoff zu verbinden, wie dies bei allmählicher Abkühlung bis zur vollständigen Umwandlung des Kohlenoxydes in Kohlensäuregas geschieht, so zeigt sich hier, wie in allen chemischen Erscheinungen auch der Einfluss der Zeit, d. h. die Existenz einer für jeden einzelnen Fall bestimmten Reaktionsgeschwindigkeit.

Obgleich das Kohlensäuregas beim Glühen unter Bildung von Sauerstoff zersetzt wird, ist es bei gewöhnlicher Temperatur, wie

---

Wir haben also hier dasselbe Verhältniss, wie in Bezug auf die ebenfalls aus den Wärmetonungen sich ergebenden Affintätsgrössen von H, Fe und Zn zu Sauerstoff (Kap. II, Anm. 7). Daher ist auch hier, wie bei H und Fe, eine Vertheilung des Sauerstoffs unter H und C zu erwarten, wenn diese beiden letzteren gegenüber dem Sauerstoff im Ueberschuss vorhanden sind, während ein Ueberschuss von Kohlenstoff das Wasser und ein Ueberschuss von Wasserstoff die Kohlensäure zersetzen muss. Wenn nun auch in diesem und in anderen einzelnen Fällen solche Erscheinungen eine genügende Erklärung finden, so fehlt es doch bei dem heutigen Stande der Wissenschaft an einer den ganzen Gegenstand umfassenden Theorie.

das Wasser, ein unveränderlicher Stoff. Um so merkwürdiger ist die Zersetzung des Kohlensäuregases in den Pflanzen, wobei der gesammte Sauerstoff desselben in freiem Zustande ausgeschieden wird. Der Mechanismus dieser Zersetzung besteht darin, dass Wärme und Licht, welche von den Pflanzen aufgenommen werden, die zur Spaltung des Kohlensäuregases erforderliche Energie hergeben. Wie aber der Prozess der Umwandlung des Kohlensäuregases in Sauerstoff und die in den Pflanzen verbleibenden Kohlenhydrate (Kap. VIII) vor sich geht und welche einzelne Zwischenreaktionen zu diesem Resultat führen, ist bis jetzt noch nicht aufgeklärt. Es ist bekannt, dass das in vielen Hinsichten dem Kohlensäuregas CO^2 analoge Schwefligsäuregas SO^2 bei der Einwirkung von Licht (oder auch beim Glühen) Schwefel und Schwefelsäureanhydrid (in Gegenwart von Wasser — Schwefelsäure) gibt; für das Kohlensäuregas ist eine solche Zersetzung nicht beobachtet worden, dasselbe bildet keine höhere Oxydationsstufe. Vielleicht liegt übrigens gerade hierin die Ursache der Ausscheidung des Sauerstoffes bei dem uns beschäftigenden Prozesse. Andererseits ist bekannt, dass in den Pflanzen stets **organische Säuren** enthalten sind; diese Säuren müssen aber, wie alle ihre Reaktionen zeigen, als Abkömmlinge der Kohlensäure betrachtet werden. Möglicherweise wird die von den Pflanzen absorbirte Kohlensäure zunächst in organische Säuren übergeführt, aus denen dann alle zusammengesetzten Pflanzenstoffe entstehen. Manche organische Säuren kommen in den Pflanzen in bedeutenden Mengen vor, so z. B. die Weinsäure $C^4H^6O^6$ in dem Traubensaft und im Safte vieler anderer sauren Früchte; die Aepfelsäure $C^4H^6O^5$ — in unreifen Aepfeln und sogar in grösserer Menge in Vogelbeeren; die Citronensäure $C^6H^8O^7$ — im sauren Saft der Citrone, in Stachelbeeren, Moosbeeren u. a.; die Oxalsäure $C^2H^2O^4$ — im Sauerrampfer, dem Sauerklee u. a. Diese Säuren sind in den Pflanzen theils in freiem Zustande, theils als Salze vorhanden; so z. B. findet sich die Weinsäure in den Weintrauben in Form des Salzes $C^4H^5KO^6$, das in den Apotheken unter dem Namen Cremor tartari gebraucht wird, im unreinen Zustande aber den Namen Weinstein führt. Im Sauerklee ist das sogen. Kleesalz C^2HKO^4, ein Kaliumsalz der Oxalsäure enthalten. — Zwischen dem Kohlensäuregas und diesen organischen Säuren besteht ein unverkennbarer Zusammenhang: unter gewissen Bedingungen bilden sie alle Kohlensäuregas und können wiederum alle unter Mitwirkung dieses Gases aus Körpern dargestellt werden, welche durchaus keine sauren Eigenschaften besitzen. Den besten Beweis ergeben die folgenden Beispiele. Wird die Essigsäure $C^2H^4O^2$, welche im gewöhnlichen Essig enthalten ist, im dampfförmigen Zustande durch ein glühendes Rohr geleitet, so zerfällt sie in Kohlensäuregas und Methan $= CO^2 + CH^4$. Umgekehrt lässt sich aber aus diesen Körpern auch wieder Essigsäure gewinnen. Wenn nämlich im Methan (auf indirektem Wege) ein Wasserstoffatom durch Natrium ersetzt wird, so entsteht die Verbindung CH^3Na, die unmittelbar Kohlensäuregas absorbirt und essigsaures Salz bildet: $CH^3Na + CO^2 = C^2H^3NaO^2$. Aus diesem Salze lässt sich die Essigsäure auf dieselbe Weise darstellen, wie die Salpetersäure aus Salpeter. Die Essigsäure zerfällt also in Sumpfgas und Kohlensäuregas und kann aus diesen Gasen wieder dargestellt werden. Der Wasserstoff des Sumpfgases besitzt durchaus nicht die Eigenschaft des Wasserstoffs der Säuren, durch Metalle ersetzt zu werden, denn das Gas selbst zeigt in keiner Weise den Charakter einer Säure; wenn es aber mit den Elementen des Kohlensäuregases in Verbindung tritt, so verwandelt es sich in eine Säure. Ebenso zeigt sich bei allen andern organischen Säuren, dass sie ihren Säurecharakter den Elementen des Kohlensäuregases verdanken. Es gibt daher keine einzige organische Säure, deren Molekel weniger Sauerstoff enthielte, als die Molekel des Kohlensäuregases; alle enthalten mindestens zwei Atome Sauerstoff. Um den Zusammenhang zwischen der Kohlensäure H^2CO^3 und den verschiedenen organischen Säuren und die Ursache des sauren Charakters dieser letzteren zu erkennen, ist es am einfachsten, auf das Substitutionsgesetz zurückzugreifen, welches uns schon das Verhältniss der Sauerstoffverbindungen des Stickstoffs zu seinen Wasserstoffverbindungen (Kap. VI) und aller Kohlenwasserstoffe zum Methan (Kap. VIII) aufgeklärt hat. — Wenn eine Kohlenwasserstoffverbindung A gegeben ist, die keinen Säurecharakter besitzt, aber mit Kohlenstoff verbundenen Wasserstoff enthält, wie die Kohlenwasserstoffe, so können die Verbindungen ACO^2, $A2CO^2$, $A3CO^2$ u. s. w. entstehen, von denen die erste ein-, die zweite zwei, die dritte dreibasisch u. s. w. sein wird, indem also jede Kohlensäuremolekel einem Wasserstoffatom die Fähigkeit verleiht, durch Metalle in derselben Weise ersetzbar zu werden, wie der Wasserstoff der Säuren. Wir müssen daher in den organischen Säuren das Vorhandensein der Gruppe HCO^2, welche **Carboxyl** genannt wird, annehmen. Wenn aber, wie wir soeben gesehen, der Eintritt von CO^2 die Basicität der Säure vergrössert, so bewirkt der Austritt jeder solchen Gruppe eine Verminderung der Basicität. So z. B. geben die Oxalsäure $C^2H^2O^4$ und die Phtalsäure $C^8H^6O^4$ — beide zweibasische Säuren — unter Ausscheidung von CO^2 (was direkt geschieht) einbasische Säuren — die Ameisensäure $CH O^2$ und die Benzoësäure $C^7H^6O^2$. Die Natur der Carboxylgruppe wird auf Grund des Substitutionsgesetzes sofort klar. Nach dem im Kap. V und VIII Angeführten ist CO^2 nichts anderes, als CH^4, in welchem H^4 durch O^2 ersetzt ist, und das Hydrat der Kohlensäure H^2CO^3 ist $CO(OH)^2$ oder Methan, in welchem 2 Wasserstoffatome durch zwei Hydroxylgruppen und die zwei übrigen Wasserstoffatome durch ein Atom Sauerstoff ersetzt sind. Die Carboxylgruppe $CO(OH)$ oder HCO^2 ist demnach der Theil der Kohlensäuremolekel, welcher

(OH) und folglich auch H äquivalent ist; es ist der monovalente Rest der Kohlensäure, der ein Wasserstoffatom ersetzen kann. Die Kohlensäure selbst ist zweibasisch, ihre beiden Wasserstoffe sind durch Metalle ersetzbar; folglich muss im Carboxyl, welches eines der Wasserstoffatome der Kohlensäure enthält, dieser Wasserstoff ebenfalls durch Metalle ersetzt werden können. Wenn daher 1,2... n Atome nicht metallischen Wasserstoffes durch 1,2... n Carboxylgruppen ersetzt werden, so müssen 1,2... n basische Säuren entstehen. *Die organischen Säuren sind demnach Produkte der Substitution von Wasserstoff durch Carboxyl in Kohlenwasserstoffen* [18]). Wird in

[18] Dem CO^2, als Anhydrid einer schwachen zweibasischen Säure, entspricht die Carboxylgruppe, welche Wasserstoff in Kohlenwasserstoffen ersetzt und dadurch diesen letzteren den Charakter relativ schwacher Säuren verleiht. Dagegen ist SO^3 das Anhydrid einer starken zweibasischen Säure und die entsprechende *Sulfoxyl*gruppe $SO^2(OH)$, welche ebenfalls in Kohlenwasserstoffen Wasserstoff ersetzt, gibt daher relativ energische *Sulfosäuren*. Dem Benzol C^6H^6 entsprechen die Benzoesäure $C^6H^5(CO^2H)$ und die Benzolsulfosäure $C^6H^5(SO^2OH)$. Wie die Substitution von H durch Methyl CH^3 einer Addition von CH^2 und die Substitution von H durch Carboxyl COOH einer Addition von CO^2 gleich kommt, so ist auch die Substitution von H durch Sulfoxyl einer Addition von SO^3 gleich. In der That kann die Vereinigung von SO^3 mit Kohlenwasserstoffen direkt stattfinden, z. B: $C^6H^6 + SO^3 = C^6H^5(SO^3H)$.

Wir haben gesehen (Kap. VIII), dass die Konstitution der Kohlenwasserstoffe durch die Substitution von Wasserstoff durch die Methanreste CH^3, CH^2, CH und C erklärt werden muss, dass also die Wasserstoffatome mit bestimmten Kohlenstoffatomen in Verbindung stehen. Dasselbe muss auch von den Gruppen OH, CO^2H u. a. angenommen werden. Hierbei ist es aber von Wichtigkeit, dass ein Kohlenstoffatom H^4, H^3, H^2 oder mehrere CH^3, Cl u. s. w. binden kann, dagegen nie mehr als einen Hydroxylrest. Daher existiren keine Alkohole von der Zusammensetzung $CH^2(OH)^2$ oder $C^3H^4(OH)^4$.

Die Substitution von Wasserstoff in Kohlenwasserstoffen durch Carboxyl oder Sulfoxyl führt zur Bildung von Säuren, da die ursprünglichen Säuren, welchen diese Reste entsprechen, — H^2CO^3 und H^2SO^4 — zweibasisch sind. Die einbasische Salpetersäure kann einen solchen Rest nicht geben. Ihr Rest NO^2 enthält keinen Wasserstoff und verleiht daher den Kohlenwasserstoffen, in welche er substituirend eintritt, keinen Säurecharakter, obgleich er sich zur Salpetersäure $NO^2(OH)$ ebenso verhält, wie das Carboxyl zur Kohlensäure.

Aus den von Thomsen bestimmten Verbrennungswärmen der Säuren RCO^2 (R — ein Kohlenwasserstoff) in *Dampfform* und den Verbrennungswärmen der Kohlenwasserstoffe R selbst, ergibt sich, dass die Bildung der Säuren RCO^2 aus $R + CO^2$ immer von einer *geringen* Aufnahme oder Entwickelung von Wärme begleitet ist. Die Verbrennungswärmen (in grossen Calorien), auf Molekularmengen bezogen, sind folgende:

R =	H^2	CH^4	C^2H^6	C^6H^6
Verbrennungswärme von R	68,4	212	370	777
» » RCO^2	69,4	225	387	766

Dem Wasserstoff H^2 entspricht die Ameisensäure CH^2O^2, dem Benzol C^6H^6 die Benzoësäure $C^7H^6O^2$. Die für diese letzteren zwei Körper angeführten Verbrennungswärmen beziehen sich auf den festen Zustand und sind von Stohmann bestimmt. Die Verbrennungswärme der Ameisensäure beträgt nach Stohmann im flüssigen Zustande 59 Cal., in Dampfform 64,6 Cal. Der letztere Werth ist bedeutend geringer, als der von Thomsen gefundene.

einem Grenzkohlenwasserstoff C^nH^{2n+2} ein Wasserstoff durch Carboxyl ersetzt, so entsteht eine einbasische gesättigte (fette) Säure: $C^nH^{2n+1}(CO^2H)$, wie z. B. die Ameisensäure HCO^2H, die Essigsäure CH^3CO^2H,... die Stearinsäure $C^{17}H^{35}CO^2H$ u. s. w. Bei zweimaliger Substitution durch Carboxyl entstehen zweibasische Säuren: $C^nH^{2n}(CO^2H)(CO^2H)$, wie z B. Oxalsäure (n = o), Malonsäure (n=1), Bernsteinsäure (n=2) u. s. w. Dem Benzol C^6H^6 entsprechen: die Benzoësäure $C^6H^5(CO^2H)$, die Phtalsäure $C^6H^4(CO^2H)^2$ (mit ihren Isomeren) u. s. w. bis zur Mellithsäure $C^6(CO^2H)^6$; in allen diesen Säuren ist die Basicität gleich der Anzahl der Carboxylgruppen. Wenn auf Grund des Substitutionsgesetzes die Existenz von Isomeren und ihre Konstitution sich bei den Kohlenwasserstoffen erklären liess, so muss dies auch bei den organischen Säuren der Fall sein. Wenn in den Kohlenwasserstoffen Wasserstoff durch Chlor, Hydroxyl u. s. w. ersetzt werden kann, so ist dieselbe Substitution auch in den organischen Säuren möglich. Hieraus ergibt sich, dass die Zahl dieser Verbindungen und ihrer Umwandlungen eine ausserordentlich grosse ist. Die ausführliche Behandlung dieses höchst interessanten Gegenstandes gehört aber in die organische Chemie.

Kohlenoxyd, CO. Dieses Gas bildet sich jedesmal, wenn die Verbrennung eines kohlenstoffhaltigen Stoffes in Gegenwart eines grossen Ueberschusses von glühender Kohle stattfindet; die Kohle wird durch die Luft zunächst zu Kohlensäure oxydirt, aber das Kohlensäuregas gibt beim Zusammentreffen mit glühender Kohle die Hälfte seines Sauerstoffs an letztere ab und bildet Kohlenoxyd: $CO^2 + C = 2CO$. Daher kann man Kohlenoxyd erhalten, indem man Kohlensäuregas über glühende Kohle leitet; das überschüssige Kohlensäuregas wird durch Alkalilauge entfernt, welche nur das Kohlensäuregas, nicht aber das Kohlenoxyd absorbirt. Auf dieser Erscheinung beruht auch die Bildung von Kohlenoxyd in unseren gewöhnlichen Zimmeröfen gegen Ende der Verbrennung, wenn alles Brennmaterial in Kohle umgewandelt ist und die einströmende Luft über eine grosse Oberfläche glühender Kohlen streicht; man beobachtet dann die blaue Flamme von brennendem CO. Kohlenoxyd bildet sich auch bei der Meilerverkohlung, in Kohlenbecken, in denen viel Kohle aufgeschichtet ist, und unter ähnlichen Umständen. Dieselbe Umwandlung von Kohlensäure in Kohlenoxyd findet häufig bei metallurgischen Prozessen statt, z. B. bei der Gewinnung von Roheisen aus Erzen, insbesondere in hohen, sogen. Schachtöfen und Schmiedeherden, wo die Luft von unten eintritt und eine hohe Schicht von Kohle durchstreichen muss. Auf diese Weise erhält man Flammenfeuer vermittelst eines Heizmaterials, das an und für sich ohne Flamme verbrennt, wie Anthracit, Koks, Holzkohle. Auf dem nämlichen Prinzip beruht die Heizung mittelst **Generatoren**, d. h. Apparaten, in welchen aus festem Heizmaterial — gasförmiges Kohlenoxyd gewonnen wird, [19]). Bei der Umwandlung von 1 Th. Kohle in Kohlenoxyd werden 2420 Wärmeeinheiten entwickelt, beim Verbrennen derselben Kohle zu Kohlensäuregas dagegen 8080. Wenn daher Kohle zuerst in Kohlenoxyd übergeführt wird, so erhält man ein

---

[19]) In Generatoren werden alle Arten von kohlenstoffhaltigen Brennstoffen in brennbares Gas verwandelt, selbst solche, die in gewöhnlichen Oefen wegen ihrer geringen Dichte, ihres grossen Gehaltes an Wasser oder ihrer nicht brennbaren Beimengungen (die aber Wärme absorbiren), keine hohen Temperaturen geben können, wie z. B. Coniferenzapfen, Torf, minderwerthige Steinkohlensorten u. s. w. Man erhält aus diesen Brennstoffen ein ebenso gutes Gas, wie aus den besten Kohlen, da das Wasser bei der Abkühlung des Gases sich verflüssigt, während die Aschenbestandtheile im Generator zurückbleiben. Die Konstruktion der Generatoren wird durch Fig. 102 und 103 veranschaulicht. Der Brennstoff liegt auf dem Rost A, durch welchen, sowie durch den Aschenfall B, die Luft eintritt (entweder infolge

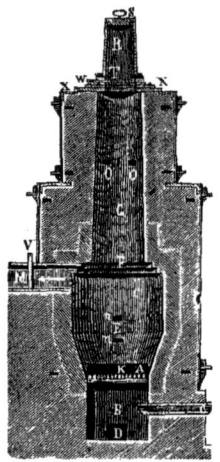 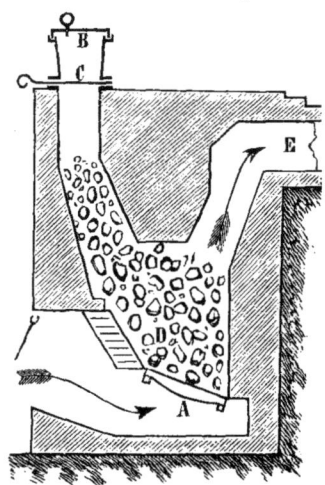

Fig. 102. Generator — Apparat zur Gewinnung von Kohlenoxyd zu Heizzwecken. $^1/_{89}$.

Fig. 103. Schematische Ansicht eines Generators; A—Rost, durch welchen Luft eintritt, BC—Vorrichtung zum Einschütten von Brennmaterial, D — brennende Kohle, E—Kanal, durch welchen das Generatorgas in die Feuerung geleitet wird.

des in der Esse des Ofens, in welchem das Gas verbrennt, stattfindenden Zuges oder vermittelst eines Gebläsewerks); die Menge derselben kann durch Schieber genau regulirt werden. Die Oeffnung K dient zum Reinigen des Rostes. Die Luft gelangt durch den Rost in den Schacht KFEG, der sich von F an nach unten zu erweitert, so dass das Brennmaterial hier bedeutend lockerer liegt, als in den oberen Theilen des Schachtes, und die Gase aus den unteren Theilen durch das Rohr M in der durch einen Pfeil angegebenen Richtung leicht weggeführt werden können. Der Austritt der Gase wird durch den Schieber V regulirt; die Oeffnungen n und m dienen dazu, den Brennstoff von Zeit zu Zeit durchzurühren; durch OO wird der Stand des Brennstoffs beobachtet. Um frischen Brennstoff zuzuschütten, wobei kein Gas entweichen darf, bringt man denselben zunächst in den vom Schieber T verschlossenen Raum R, setzt den Deckel S auf und öffnet dann T, wobei der Brennstoff in den Schacht fällt. Gegenwärtig benutzt man meist Generatoren von der in Fig. 103 schematisch dargestellten Konstruktion.

Gas, das beim Verbrennen auf ein Theil darin enthaltener Kohle 5660 Wärmeeinheiten liefert. Eine solche Umwandlung von festem Heizmaterial in Kohlenoxyd oder Generatorgas, das ein Gemenge von CO (etwa $^1/_3$ dem Volum nach) und Stickstoff ($^2/_3$ Vol.) darstellt, bietet in vielen Hinsichten bedeutende Vortheile. Diese bestehen namentlich darin, dass gasförmiges Heizmaterial leicht vollständig verbrannt werden kann, ohne Ueberschuss an Luft, welcher die Temperatur erniedrigen [20]) würde, während eine vollständige Verbrennung von festem Heizmaterial ohne diesen Luftüberschuss nicht erreichbar ist. Gase, wie CO, welche sich innig mit der Luft vermischen, verbrennen ohne einen Ueberschuss an letzterer. Wenn diese Luft ausserdem vorgewärmt wird unter Benutzung der Wärme, welche sonst im Rauche verloren geht [21]), so können mit Hilfe von Generatorgas sehr hohe Temperaturen (etwa 1800^0) erreicht werden, bei welchen Platin geschmolzen werden kann [22]). Solche *Regenarativöfen* werden bei technischen Prozessen, welche hohe Hitzegrade

---

20) Ein Luftüberschuss erniedrigt die Temperatur, indem die Luft selbst erwärmt wird (wie in Kap. III erklärt). In gewöhnlichen Heizanlagen übertrifft die zugeführte Luftmenge die zu Verbrennung erforderliche um das 3 bis 4 fache. In den besten Feuerungen (mit Rost, regulirtem Lufttritt und entsprechendem Zuge des Schornsteins) muss dennoch doppelt so viel Luft zugeführt werden, als die Verbrennung erfordert—im andern Falle enthält der Rauch viel Kohlenoxyd.

21) Wenn bei einem technischen Prozess eine Temperatur von $1000^°$ nöthig ist, so verlässt der Rauch den Herd mit dieser oder einer höheren Temperatur und eine grosse Wärmemenge geht verloren. Um den Luftzug zu bewirken genügt es im Rauchfang eine Temperatur von $100-150^°$ zu haben, die übrige Wärme des Rauches kann also utilisirt werden. Dies geschieht, indem man mittelst der Rauchgase Dampfkessel oder andere Apparate erhitzt. Das Vorwärmen der Luft bildet aber die beste Methode zur Utilisation der Rauchwärme, denn es ermöglicbt, eine höhere Temperatur, schnellere Erhitzung und Ersparniss an Brennstoff zu erreichen.

22) Die Regenerativofen wurden von den Gebr. Siemens in den 60-er Jahren in die verschiedensten technischen Prozesse eingeführt und bilden den wichtigsten Fortschritt der Heiztechnik, besonders da, wo es sich um Erhaltung hoher Temperaturen handelt. Das Prinzip besteht in folgendem: die aus dem Ofen austretenden Verbrennungsprodukte werden in eine mit Ziegelsteinen gefüllte Kammer (I) geleitet, geben ihre Wärme den Ziegelsteinen ab und entweichen in den Schornstein. Nachdem die Ziegelsteine erhitzt sind, werden die Rauchgase in eine zweite ebensolche Kammer (II) geleitet, während durch I die zur Verbrennung von Generatorgasen nöthige Luft geleitet und hier erhitzt wird. Nachdem die Ziegelsteine in I ihre Wärme abgegeben haben, leitet man die Luft durch II und die Rauchgase durch I u. s. w. Auf demselben Prinzip beruhen die Regenerativgasbrenner: die Verbrennungsprodukte erhitzen die zuströmende Luft, die Temperatur wird höher, die Flamme leuchtender und es kann also bei geringerem Gasverbrauch dieselbe Leuchtkraft erzielt werden. Vollkommenes ist mit diesen Konstruktionen natürlich noch nicht erreicht, es sind im Gegentheil weitere Verbesserungen zu erwarten. Da aber bei bestimmten hohen Temperaturen Vereinigungsreaktionen nicht mehr stattfinden können, so wird die höchste Temperatur, die zu erreichen ist, durch den Eintritt entgegengesetzter Reaktionen, d. h. durch die Dissoziation bestimmt. Hier, wie in so vielen andern Fragen, muss die weitere Erforschung des Gegenstandes direkten Nutzen der Praxis bringen.

erfordern (z. B. in der Glasindustrie, beim Giessen von Stahl u. s. w.), angewandt; sie sind aber auch dadurch von grösstem Nutzen, dass sie eine bedeutende Ersparniss an Brennstoff [23]) bewirken, da die Wärmeabgabe an zu erhitzende Gegenstände bei sonst gleichen Bedingungen durch den Temperaturunterschied bestimmt wird.

Die Umwandlung von CO^2 in Kohlenoxyd durch Kohle ($C+CO^2 = CO + CO$) gehört zu den umkehrbaren Reaktionen, denn bei hohen Temperaturen wird das Kohlenoxyd in Kohle und Kohlensäuregas zersetzt, wie H. Sainte-Claire-Deville unter gleichzeitiger Anwendung «eines kalten und heissen Rohrs» nachgewiesen hat. Er leitete nämlich Kohlenoxyd durch ein in einem Ofen erhitztes Rohr; in demselben befand sich ein enges versilbertes Kupferrohr, durch welches ein Strom kalten Wassers floss; die Kohle, welche bei der Zersetzung des Kohlenoxyds im erhitzten äusseren Rohre entstand, setzte sich an den Wandungen des kalten inneren Rohres in Form von Russ ab und konnte infolge dessen weder mit dem Sauerstoff, noch mit dem Kohlensäuregas, die gleichzeitig mit ihm entstanden, wieder in Reaktion treten [24]). Eine Reihe elektrischer Funken zer-

---

23) Auf den ersten Blick scheint es irrationell zu sein fast $^1/_3$ der Wärme, welche ein Heizmaterial liefern kann, verloren gehen zu lassen, indem man dasselbe in Gas umwandelt. In Wirklichkeit ist diese Umwandlung jedoch von grösstem Nutzen, besonders, wenn es gilt, hohe Temperaturen zu erzielen. Dies geht schon daraus hervor, dass mit sauerstoffreichem (z. B. Holz) oder feuchtem Brennmaterial selbst bei vollkommenster Konstruktion der Feuerung die zum Schmelzen von Glas oder Stahl erforderliche Temperatur nicht erreicht werden kann, während im Generator damit ebendasselbe Gas gewonnen wird, wie mit dem kohlenstoffreichsten und trockensten Material. Nur die Wärme kann utilisirt werden, die gewissermaassen konzentrirt, also ein Verbrennungsprodukt von hoher Temperatur ist; bei niedriger Temperatur gehen selbst grosse Wärmemengen meist nutzlos verloren. Ausführlicher können wir auf diese Fragen nicht eingehen; sie gehören in spezielle technische Werke. In den folgenden Anmerkungen führen wir jedoch einige in dieser Beziehung wichtige Zahlen an.

24) Das erste Produkt der Verbrennung von Kohle ist immer CO^2 und nicht CO. Wenn die Kohlenschicht nicht hoch ist (niedriger als ein Decimeter, bei dichter Lage der Kohlen) entsteht gar kein Kohlenoxyd. Dasselbe bildet sich sogar bei hoher Kohlenschicht nicht, wenn die Temperatur nicht 500° übersteigt und der Luft- oder Sauerstoffstrom langsam ist. Durch einen schnellen Luftstrom geräth die Kohle in lebhafteres Brennen, die Temperatur steigt und es tritt dann Kohlenoxyd auf (Lang 1888). Naumann und Pistor haben bestimmt, dass die Reaktion zwischen CO^2 und C bei ungefähr 550° beginnt, die zwischen H^2O und C bei etwa 500°. Bei dieser letzteren Temperatur bildet sich auch Kohlensäuregas, Kohlenoxyd dagegen nur bei höherer Temperatur (Lang) infolge der Reaktionen: $C + CO^2 = 2CO$ und $CO^2 + H^2 = CO + H^2O$. Rathke (1881) hat nachgewiesen, dass die Bildung von CO aus $CO^2 + C$ bei keiner Temperatur zu Ende geht und immer ein Theil von CO^2 unzersetzt bleibt; nach den Bestimmungen von Lang bleiben bei einer Temperatur von etwa 1000° nicht weniger als 3 pCt. CO^2 unzersetzt, selbst wenn die Einwirkung stundenlang andauert. Die endothermischen Reaktionen: $C + 2H^2O = CO^2 + 2H^2$ und $CO + H^2O = CO^2 + H^2$ gehen ebenfalls nicht zu Ende. Dies wird erklärlich, wenn man in Betracht zieht, erstens, dass alle angeführten Reaktionen *umkehrbar* sind, also nur bis zu einer bestimmten Grenze gehen, zweitens, dass bei 500° der Sauerstoff anfängt sich mit

setzt ebenfalls das Kohlenoxyd zu CO^2 und C und die Zersetzung kann bis zu Ende gehen, wenn die entstehende Kohlensäure durch ein Alkali entfernt wird (Deville).

Ebenso wie CO^2 wirkt bei hoher Temperatur auch Wasserdampf, der in vielen Hinsichten mit der Kohlensäure ähnlich ist, auf Kohle ein: $C + H^2O = H^2 + CO$.

2 Vol. CO^2 geben mit Kohle 4 Vol. eines Gemenges von H^2 und CO. Dieses brennbare Gasgemisch heisst **Wassergas** [25]). Der Wasserdampf muss hierzu stark überhitzt sein, da sonst Abkühlung der Kohle eintritt. Bei der Einwirkung auf glühende Kohle gibt derselbe erst bei sehr hohen Temperaturen (bei denen CO^2 dissoziirt) grössere Mengen CO; er fängt aber schon bei 500^0 an mit der Kohle zu reagiren, und zwar unter Bildung von Kohlensäure: $C + 2H^2O = CO^2 + 2H^2$. Da ferner auch das bei der Reaktion entstehende CO unter Bildung von CO^2 zersetzt wird, so bildet das Wassergas ein Gemisch von H und CO, in welchem Wasserstoff vorwaltet, und stets eine gewisse Menge CO^2 (gewöhnlich über 3 pCt.) enthalten ist, die um so grösser ist, je niedriger die Reaktionstemperatur war [26]).

H und mit C zu verbinden, und drittens, dass die Anfangstemperaturen der Dissoziation von H^2O, CO^2 und CO nahe bei einander zwischen $500°$ und $1200°$ liegen. Bei H^2O und CO ist diese Anfangstemperatur unbekannt, bei CO^2 muss sie nach den vorliegenden Daten (Le Chatelier 1888) zu $1050°$ angenommen werden. In der Nähe von $2000°$ wird bei geringem Druck, etwa 0,001 Atmosphäre, die Hälfte von CO^2 zersetzt; bei gewöhnlichem Druck dagegen zersetzen sich nicht über 5pCt. Der Einfluss des Druckes ist daraus zu erklären, dass der Zerfall von CO^2 in $CO + O$ unter Volumzunahme stattfindet (wie die Dissoziation von N^2O^4, s. Kap. VI, Anm. 46.). Da in Oefen, Lampen und sogar bei Explosionen die Temperatur $2000° - 2500°$ nicht übersteigt, so kann trotz des geringen Partialdruckes des Kohlensäuregases, seine Dissoziation nicht bedeutend sein; sie beträgt wahrscheinlich nicht mehr als 5 pCt.

25) Kohlenoxydgas (28 g. Molekulargewicht oder 2 Vol.) entwickelt bei der Verbrennung (zu CO^2) 68 Cal. (Thomsen 67960 cal.), Wasserstoff H^2 (18 g. oder 2 Vol.), bei der Verbrennung zu *flüssigem* Wasser 69 Cal. (Thomsen 68300 cal.), bei der Bildung von *Wasserdampf* dagegen 58 Cal. Kohle gibt bei der Verbrennung zu CO^2 (44 g. oder 2 Vol.) 97 Cal. Hieraus ergibt sich: 1) dass die Oxydation von fester Kohle zu CO 29 Cal. entwickelt; 2) dass die Reaktion $C + CO^2 = 2CO$ 39 Cal. *absorbirt*; 3) dass die Reaktion $C + H^2O = H^2 + CO$ ebenfalls Wärme absorbirt, und zwar, wenn das Wasser in *Dampfform* angewandt wird, 29 Cal. und wenn man von flüssigem Wasser ausgeht, 40 Cal. (fast ebenso viel wie $C + CO^2$); 4) dass die Reaktion $C + 2H^2O = CO^2 + 2H^2$ 19 Cal. absorbirt (Wasser in Dampfform); 5) dass die Reaktion $CO + H^2O = CO^2 + H^2$ 10 Cal. *entwickelt* (Wasser in Dampfform).

Folglich entwickeln 2 Vol. CO oder H^2 beim Verbrennen zu CO^2 oder H^2O fast gleiche Wärmemengen, ebenso wie die Reaktionen $C + H^2O = CO + H^2$ und $C + CO^2 = CO + CO$.

26) *Wassergas*, das bei Weissglühhitze dargestellt wurde, enthält annähernd 50pCt. H^2, 40 pCt. CO, 5 pCt. CO^2, der Rest ist Stickstoff aus der Kohle und der Luft. Im Vergleich zum Generatorgas, das viel Stickstoff enthält, ist es also an brennbaren Bestandtheilen bedeutend reicher und kann daher zur Erreichung höherer Temperatur angewandt und vollständiger ausgenützt werden. Könnte man CO^2 ebenso leicht

Metalle, wie Fe oder Zn, welche in der Glühhitze Wasser zu H reduziren, zersetzen auch CO^2 zu CO, so dass die beiden gewöhnlichen Produkte der vollständigen Verbrennung—H^2O und CO^2—in ihren Reaktionen grosse Aehnlichkeit besitzen; dem entsprechend besteht ein Parallelismus zwischen H^2 und CO. Die Oxyde der genannten Metalle geben bei der Reduktion durch Kohle ebenfalls CO. So z. B. erhielt Priestley dieses Gas, indem er Kohle mit

---

in reinem Zustande erhalten, wie H^2O, so wäre zwischen den beiden Fällen kein Unterschied vorhanden. In Bezug auf die Utilisation der aus Kohle erhältlichen Wärme besteht kein Unterschied, da CO fast dieselbe Wärmemenge entwickelt, wie H^2. und sogar mehr, wenn die Temperatur der Verbrennungsprodukte höher als 100° ist und das Wasser dampfförmig bleibt (Anm. 25). Wassergas besitzt vor dem Generatorgase den Vorzug, dass es gewissermaassen als konzentrirteres Brennmaterial erscheint. In den Fällen also, wo besonders hohe Temperaturen nöthig sind (z. B. zur Beleuchtung mittelst glühenden Kalks oder Magnesia, zum Schmelzen von Stahl u. s. w.) oder das Gas auf bedeutende Entfernungen geleitet werden muss, ist das Wassergas vortheilhafter. Wenn aber keine besonders hohe Temperatur erreicht werden muss (wie bei gewöhnlichen Feuerungen und den meisten technischen Prozessen) und das Gas an Ort und Stelle verbrannt wird, zieht man das Generatorgas vor, da es leichter darzustellen ist und hierzu nicht so hohe Temperaturen, wie das Wassergas, erfordert, bei denen die Apparate stark angegriffen werden.

Wassergas bereitet man (nach einer grossen Anzahl verschiedener Systeme, von denen das von T. Lowe, Norristown, Pennsylvanien 1875, das gebräuchlichste ist) in cylinderförmigen Generatoren, in welche man (durch Entweichende Rauchgase) erhitzte Luft leitet, um die Kohle weissglühend zu machen. Durch die CO enthaltenden Verbrennungsprodukte wird der Wasserdampf überhitzt und dann auf die weissglühende Kohle geleitet. Hierbei entsteht Wassergas—ein Gemenge von Wasserstoff und Kohlenoxyd. Die praktische Aufgabe besteht darin, die gesammte Wärme, welche von der Kohle entwickelt wird und im entstehenden glühenden Gase enthalten ist, zur Vorwärmung der Luft und zur Erzeugung und Ueberhitzung von Wasserdampf zu utilisiren.

Das Wassergas wird oft als der Brennstoff der Zukunft bezeichnet. In der That ist es zu den verschiedensten Zwecken verwendbar, in Haushaltungen, wie in Fabriken, zur Speisung von Gasmotoren (S. 195) und zur Beleuchtung. Soll Wassergas zur Beleuchtung dienen, so wird entweder in seiner nicht leuchtenden Flamme Platin, Kalk, Magnesia, Zirkoniumoxyd, überhaupt ein feuerbeständiger Körper zum Glühen gebracht (wie im Drummondschen Licht, Kap. III), oder es wird *carburirt*, indem man es mit Dämpfen flüchtiger Kohlenstoffverbindungen mengt (meist Naphtabenzin, Naphtalin, oder auch einfach Naphtagas); diese Dämpfe oder Gase verleihen der an sich blassen Flamme des Kohlenoxyds und Wasserstoffs eine bedeutende Leuchtkraft.

Da das Wassergas, das so werthvolle Eigenschaften besitzt, in Centralanstalten bereitet und durch Röhrenleitungen den Konsumenten zugeführt werden kann, da es sich ferner aus allen Arten von Brennstoffen darstellen lässt und ausserdem billiger, als gewöhnliches Leuchtgas, sein muss, so ist in der That zu erwarten, dass es mit der Zeit (nachdem die Praxis bequeme und ökonomische Methoden zur Herstellung dieses Gases ausgearbeitet haben wird) nicht nur das Leuchtgas verdrängen, sondern auch an die Stelle der heute gebräuchlichen, in vielen Hinsichten so unbequemen Arten von Heizmaterialien treten wird. Gegenwärtig findet das Wassergas hauptsächlich zu Beleuchtungszwecken und in Gasmotoren, als Ersatz von gewöhnlichem Leuchtgase, Anwendung.

Zinkoxyd glühte. Wahrscheinlich entsteht hier zunächst CO^2, das aber von C zu CO reduzirt wird.

Wie die freie Kohlensäure, so kann auch die in Verbindungen enthaltene in Kohlenoxyd umgewandelt werden. Wenn $MgCO^3$ oder $BaCO^3$ mit Kohle oder Zn oder Fe geglüht wird, so entsteht Kohlenoxyd: man kann z. B. dieses Gas erhalten, indem man ein inniges Gemenge von 9 Th. Kreide und 1 Th. Kohle in einer Thonretorte glüht.

Viele kohlenstoffhaltige Substanzen [27] namentlich organische Säuren oder Carboxylsäuren, geben beim Glühen oder bei der Einwirkung anderer Stoffe Kohlenoxyd. — Die einfachste Verbindung dieser Gruppe—die Ameisensäure CH^2O^2—wird schon beim Erhitzen auf nur 200^0 zu Kohlenoxyd und Wasser zersetzt: $CH^2O^2 = CO + H^2O$. Man erhitzt die Ameisensäure im Gemenge mit Glycerin, weil sie allein sich bei einer Temperatur verflüchtigt, die bedeutend niedriger liegt, als der Anfang der Zersetzung. Ameisensaure Salze (Formiate) geben beim Erhitzen mit Schwefelsäure Kohlenoxyd. Gewöhnlich wird aber das Kohlenoxyd im Laboratorium nicht aus Ameisensäure, sondern aus Oxalsäure $C^2H^2O^4$ dargestellt, um so mehr, als erstere selbst aus der Oxalsäure gewonnen wird. Diese letztere Säure erhält man durch Einwirkung von Salpetersäure auf Stärke, Zucker u. ähnl. Körper; sie findet sich ziemlich verbreitet in der Natur und wird auch in der Technik angewandt. Beim Erhitzen zersetzt sich die Oxalsäure mit Leichtigkeit: ihre Krystalle verlieren zunächst ihr Krystallisationswasser, dann sublimiren sie theilweise unzersetzt, erleiden aber zum grössten Theile eine Zersetzung in Wasser, Kohlenoxyd und Kohlensäuregas: $C^2H^2O^4 = H^2O + CO^2 + CO$ [28]. Man setzt der Oxalsäure gewöhnlich konzentrirte Schwefelsäure zu, die wasserentziehend wirkt und dadurch die Zersetzung beschleunigt. Das entweichende Gemenge von Kohlenoxyd und Kohlensäuregas wird über Aetzalkali (in Stücken und in Lösung) geleitet, wobei die Kohlensäure absorbirt wird und nur Kohlenoxyd zurückbleibt. Im Gemisch mit Glycerin erleidet die Oxalsäure beim Erhitzen zuerst auf 100^0 und dann auf 140^0 dieselbe Zersetzung.

---

27) Das gelbe Blutlaugensalz — $K^4FeC^6N^6$ gibt beim Erhitzen mit 10 Theilen konzentrirter Schwefelsäure eine bedeutende Menge sehr reinen, von Kohlensäuregas freien, Kohlenoxyds.

28) Die Zersetzung der Ameisensäure und Oxalsäure unter Bildung von Kohlenoxyd wird durch die Annahme der Carboxylgruppe leicht erklärlich: die Formel der Ameisensäure ist $H(CO^2H)$, die der Oxalsäure $(HCO^2)^2$, wir haben hier also H^2, in welchem in dem einen Falle ein Wasserstoffatom durch Carboxyl ersetzt ist, während in dem andern an Stelle der beiden Wasserstoffe zwei Hydroxyle getreten sind. Die genannten Säuren können auch als $H^2 + CO^2$ und $H^2 + 2CO^2$ betrachtet werden. Wir haben aber gesehen, dass H^2 mit CO^2 unter Bildung von CO und H^2O reagirt. Aus demselben Grunde gibt auch die Oxalsäure unter Austritt von CO^2 Ameisensäure und letztere kann, wie wir weiter sehen werden, aus $CO + H^2O$ entstehen.

In seinen **physikalischen Eigenschaften** besitzt das Kohlenoxyd Aehnlichkeit mit dem Stickstoff, was durch das gleiche Molekulargewicht beider Gase sich erklärt. Wie der Stickstoff, so ist auch CO farb- und geruchlos; es besitzt eine niedrige absolute Siedetemperatur (-140^0, Stickstoff -146^0), erstarrt bei -200^0 (Stickstoff bei 202^0), siedet bei -190^0 (Stickstoff bei -203^0) uud ist in Wasser ebenso wenig löslich (S. 89), wie der Stickstoff. In den **chemischen Eigenschaften** der beiden Gase besteht dagegen ein tiefgehender Unterschied. In dieser Hinsicht lässt sich vielmehr eine Analogie zwischen CO und H^2 bemerken. Das Kohlenoxyd brennt mit blauer Flamme, wobei 2 Vol. CO $-$ 2 Vol. CO^2 geben, ebenso wie 2 Vol. H^2- 2 Vol. H^2O; mit Sauerstoff im Eudiometer explodirt das Kohlenoxyd [29]), wie der Wasserstoff. — Eingeathmet, wirkt das Kohlenoxyd als starkes Gift, indem es vom Blute absorbirt wird [30]); hierdurch erklärt sich die schädliche Wirkung des Dunstes, welcher bei unvollständiger Verbrennung von Kohle und anderen kohlenstoffhaltigen Heizmaterialien auftritt.

Infolge seiner Fähigkeit sich mit Sauerstoff zu verbinden ist das Kohlenoxyd ein starkes **Reduktionsmittel**; es entzieht vielen Stoffen in der Glühhitze ihren Sauerstoff und verbindet sich mit demselben zu Kohlensäuregas. Selbstverständlich werden nur solche Oxyde vom Kohlenoxyd (wie vom Wasserstoff, Kap. II) reduzirt, welche ihren Sauerstoff relativ leicht abgeben, so z. B. Kupferoxyd, während beständige Oxyde, wie das des Magnesiums und das des Kaliums, nicht reduzirt werden. Metallisches Eisen reduzirt Kohlensäuregas zu Kohlenoxyd, wie es auch Wasserstoff aus Wasser frei macht; umgekehrt wird es aus seinen Oxyden wieder durch Kohlenoxyd reduzirt. Metallisches Kupfer dagegen zersetzt weder Wasser, noch Kohlensäuregas. Ein auf 300^0 erhitzter Platindraht (und Platinschwamm schon bei gewöhnlicher Temperatur) ruft in einem

---

29) Von Interesse ist der Umstand, dass vollkommen trocknes Kohlenoxyd mit Sauerstoff, nach den Beobachtungen von Dixon, durch Funken von geringer Intensität nicht zur Explosion gebracht wird, während in Gegenwart einer noch so geringen Feuchtigkeitsmenge Explosion erfolgt. L. Meyer hat übrigens nachgewiesen, dass Funken von grosser Intensität auch bei Abwesenheit von Feuchtigkeit Explosion hervorrufen. Mir scheint, dass dieses Verhalten sich dadurch erklären könnte, dass H^2O mit CO sich zu $CO^2 + H^2$ umsetzt, der Wasserstoff mit Sauerstoff darauf H^2O^2 (Kap. VII, Anm. 10) bildet und dieses letztere mit Kohlenoxyd $CO^2 + H^2O$ gibt. In diesem Fall würde also das Wasser immer von neuem gebildet werden und wiederum in die Reaktion eintreten können. Möglicherweise liegt hier aber bloss eine Kontaktwirkung vor.

30) Das Kohlenoxyd wirkt im Organismus sehr schnell, da es vom Blute ebenso gebunden wird, wie der Sauerstoff. Das Absorptionsspektrum des Blutes erleidet hierbei eine so auffallende Veränderung, dass man mit Hilfe von Blut leicht Spuren von Kohlenoxyd in der Luft nachweisen kann. — Nach Kapustin kann Leinöl (demnach auch Oelfarben) beim Eintrocknen an der Luft (unter Aufnahme von Sauerstoff) — Kohlenoxyd ausscheiden.

Gemenge von $CO+O$, wie in H^2+O, Explosion hervor. Alle seine Reaktionen zeigen die grösste Analogie mit denen des Wasserstoffes. Es muss aber im Auge behalten werden, dass zwischen den beiden genannten Gasen folgender wichtige Unterschied besteht: die Molekel des Wasserstoffs H^2 lässt sich in zwei gleiche Theile zerlegen, während die Kohlenoxydmolekel CO je ein Atom seiner elementaren Bestandtheile, C und O, enthält und daher unter keinen Umständen zwei Molekeln einer Substanz geben kann, die seine beiden Elemente enthalten würde. Dies zeigt sich mit besonderer Deutlichkeit an der Wirkung des Chlors auf Wasserstoff und auf Kohlenoxyd: mit dem ersteren gibt Chlor HCl, mit dem letzteren Kohlenoxychlorid $COCl^2$, d. h. die Molekel Wasserstoff H^2 wird bei Einwirkung von Chlor unter zwei Chlorwasserstoffmolekeln vertheilt, während die Molekel CO ungetheilt in die Molekel des Kohlenoxychlorids eintritt. Es ist dies ein charakteristisches Beispiel der Reaktionen der sogen. **zweiwerthigen** oder **zweiatomigen Reste** oder **Radikale**: H ist ein einwerthiges Radikal, wie K, Cl u. a., Kohlenoxyd CO dagegen ein zweiwerthiges Radikal, das sich nicht (ohne Zersetzung) in identische Theile theilen lässt; es ist äquivalent mit H^2, aber nicht mit H, verbindet sich daher mit X^2 und ersetzt H^2. Der Unterschied ergibt sich aus folgender Zusammenstellung:

HH Wasserstoff   CO Kohlenoxyd
HCl Chlorwasserstoff $COCl^2$ Kohlenoxychlorid
HKO Aetzkali $CO(KO)^2$ kohlensaures Kalium
HNH^2 Ammoniak $CO(NH^2)^2$ Harnstoff
HCH^3 Methan $CO(CH^3)^2$ Aceton
HHO Wasser $CO(HO)^2$ Kohlensäure.

Einwerthige Radikale X, wie H, Cl, Na, NO^2, NH^2, NH^4, CH^3, CO^2H, OH u. a. bilden nach dem Substitutionsgesetz mit einander die Verbindungen XX', mit Sauerstoff und überhaupt zweiwerthigen Radikalen Y, z. B. O, CO, CH^2, S, Ca u. a., die Verbindungen XX'Y. Die zweiwerthigen Radikale Y, von denen einige im isolirten Zustande existiren können, verbinden sich mit einander zu YY', sowie mit X^2 oder XX', wie wir das am Uebergange von CO in CO^2 und in $COCl^2$ sehen.

Die Fähigkeit des Kohlenoxyds, Verbindungen einzugehen, kommt in vielen seiner Reaktionen zum Vorschein. So z. B. wird es von einer Lösung von Kupferchlorür CuCl in rauchender Salzsäure unter Bildung einer durch Wasser zersetzbaren krystallinischen Verbindung $COCu^2Cl^2 2H^2O$ leicht absorbirt. Das Kohlenoxyd verbindet sich ferner direkt mit Kalium (bei 90°) zu $(KCO)^n$ [31]), mit Platin-

---

[31]) Die Molekeln des metallischen Kaliums (Scott, 1887) enthalten ein Atom, wie die des Quecksilbers; wahrscheinlich ist es durch diesen Umstand bedingt, dass CO sich mit K verbindet. Da aber das Kalium in der Mehrzahl seiner Verbindungen

chlorür $PtCl^2$, mit Chlor Cl^2 u. s. w. Besonders bemerkenswerth sind aber die Vereinigungen des CO mit Alkalien., z. B. KHO, BaH^2O^2 u. s. w. Obgleich das Kohlenoxyd keine sauren Eigenschaften besitzt und von Alkalien nicht sofort absorbirt wird, findet, wie Berthelot (1861) gezeigt hat, dennoch Absorption desselben durch Aetzkali, in Gegenwart von Wasser und beim Erwärmen, allmählich statt, so dass nach stundenlangem Einwirken das Kohlenoxydgas vollständig gebunden ist. Es entsteht hierbei $CHKO^2$, das Kaliumsalz der einfachsten organischen Säure, die auch in der Natur vorkommt und unter dem Namen **Ameisensäure** CH^2O^2 bekannt ist. Aus Kaliumsalz kann dieselbe durch Destillation mit verdünnter Schwefelsäure dargestellt werden, wie die Salpetersäure NHO^3 aus Salpeter $NaNO^3$. Diese Säure, die in den Ameisen und den Drüsenhaaren der Brennnessel enthalten ist (beim Eindringen in die Haut brechen diese Haare ab und lassen die ätzende Ameisensäure ausfliessen), entsteht bei der Einwirkung von Oxydationsmitteln auf viele organische Stoffe; sie kann auch aus Oxalsäure dargestellt werden und zerfällt unter verschiedenen Bedingungen in Kohlenoxyd und Wasser. Die Bildung dieser Säure aus Kohlenoxyd ist eines der gegenwärtig in grosser Anzahl bekannten Beispiele von Synthesen organischer Verbindungen aus anorganischen.

Die Ameisensäure $H(CHO^2)$, die Kohlensäure $HO(CHO^2)$ und die Oxalsäure $(CHO^2)^2$ sind die einfachsten unter den organischen Säuren oder den Carboxylsäuren $(RCHO^2)$, sie entsprechen dem Wasserstoff HH und dem Wasser HOH. Geht man von dem Kohlenoxyd aus, so wird die Bildung der Carboxylsäuren leicht verständlich, da CO sich mit X^2 verbindet, d. h. Verbindungen von der Formel COX^2 gibt. Wenn das eine dieser X Hydroxyl OH, das andere aber Wasserstoff H ist, so erhalten wir die einfachste organische Säure — die Ameisensäure HCOOH. Wie nun alle Kohlenwasserstoffe sich aus dem einfachsten, dem Methan CH^4 ableiten lassen (Kap. VIII), so kann auch die Zusammensetzung aller organischen Säuren erklärt werden, wenn von der Ameisensäure ausgegangen wird.

Ebenso lässt sich auch der Zusammenhang der stickstoffhaltigen Verbindungen des Kohlenstoffs mit den andern Verbindungen dieses Elementes zeigen. Wir wollen dies hier nur an einer Klasse dieser Verbindungen nachweisen.

Allen Carboxylsäuren $R(CHO^2)$ entsprechen Ammoniumsalze von der allgemeinen Formel $R(CNH^4O^2)$; dieselben enthalten die Elemente

---

wie ein einwerthiges Radikal auftritt, so erfolgt Polymerisation zu $K^2C^2O^2$ und wahrscheinlich auch weiter zu $K^{10}C^{10}O^{10}$, da bei der Einwirkung von Salzsäure auf die Verbindung Produkte mit C^{10} entstehen. Die schwarze Verbindung von CO und K zersetzt sich leicht unter heftiger Explosion; an der Luft oxydirt sie sich. Obgleich Brodie und Lerch die Natur dieser Verbindung in vielen Hinsichten aufgeklärt haben, ist sie noch immer nicht genügend erforscht.

des Wassers, welche durch wasserentziehende Substanzen ausgeschieden werden können. Es entstehen hierbei Kohlenstoffstickstoffverbindungen RCN welche die einwerthige Gruppe (oder das Radikal) CN — **Cyan** enthalten und daher **Cyanverbindungen** heissen [32]. Hierin zeigt sich auf das deutlichste der Zusammenhang, welcher zwischen den verschiedenartigsten Verbindungen des Kohlenstoffs besteht und nicht nur in der Zusammensetzung dieser Verbindungen, sondern auch in einer ganzen Reihe von Reaktionen zu Tage tritt.

In dem uns hier beschäftigenden Fall sind zwei Umstände von grösster Wichtigkeit: 1) Wie wir gesehen haben, finden die verschiedenartigen Umwandlungen der einfachsten Kohlenstoffsäuren in einander durch die Annahme der Carboxylgruppe in diesen Säuren eine einfache Erklärung In analoger Weise waren Umwandlungen verschiedener Cyanverbindungen in einander, insbesondere des Cyanwasserstoffs HCN, welcher der Ameisensäure $H(CHO^2)$, der Cyansäure $OH(CN)$, welche der Kohlensäure $OH(CHO^2)$, und des Cyans $(CN)^2$, welches der Oxalsäure $(CHO^2)^2$ entspricht, lange Zeit bekannt. Daher nahm Gay-Lussac, noch bevor die Carboxylsäuren näher untersucht waren, in der Blausäure oder dem Cyanwasserstoff HCN und ihren Salzen die Existenz des Radikals Cyan CN an. Aus einem dieser Salze, dem Cyanquecksilber, erhielt Gay-Lussac beim Glühen das Cyan selbst $(CN)^2$. 2) Die Ammoniumsalze der Carboxylsäuren $R(CNH^4O^2)$ enthalten die Elemente zweier Wassermolekeln und da, wir als Molekularmengen diejenigen Mengen der Körper bezeichnen, welche in Reaktionen eintreten (Kap. VII), so müssen diese Salze, ehe sie unter Verlust von zwei Wassermolekeln eine Cyanverbindung oder ein **Nitril** geben, unter Austritt von einer Molekel Wasser — ein sogen. **Amid** geben können: $R(CNH^4O^2) - H^2O = R(CNH^2O)$. Die Amide sind demnach Verbindungen, welche den einwerthigen Ammoniakrest NH^2, das Amid, enthalten oder Verbindungen COX^2, in denen das eine X Amid (NH^2) und das andere R ist. Eine solche Verbindung ist das Formamid oder das Amid der Ameisensäure: $(CO)H(NH^2)$ oder $H(CNH^2O)$. Die Amide bilden eine zahlreiche Gruppe von Stickstoffverbindungen, die auf verschiedene Weise dargestellt werden können [33], in der

---

[32] Auf den durch das Carboxyl vermittelten Zusammenhang der zahlreichen Klasse der Cyanverbindungen mit den übrigen Kohlenstoffverbindungen habe ich in den 60-er Jahren auf dem ersten russischen Naturforscherkongress hingewiesen.

[33] So z. B. entsteht *Oxamid*, das Amid der Oxalsäure, $(CNH^2O)^2$, in Form eines unlöslichen Niederschlages beim Zusetzen von Ammoniaklösung zu einer weingeistigen Lösung von Oxalsäureäthylester $(CC^2H^5O^2)^2$; diesen Ester erhält man aber durch Einwirkung von Oxalsäure auf Weingeist: $(CHO^2)^2 + 2C^2H^5OH = 2HOH + (CC^2H^5O^2)^2$. Als nächste Abkömmlinge des Ammoniaks scheiden die Amide bei Einwirkung von Alkalien Ammoniak aus, unter gleichzeitiger Bildung eines Salzes der vorliegenden Säure. Bei Nitrilen erfolgt diese Reaktion schon bedeutend schwieriger.

Natur, sowol in Pflanzen, als in Thieren, vorkommen und, wie aus dem Vorhergehenden ersichtlich, unter Wasserverlust in Nitrile oder Cyanverbindungen übergehen können. Sie sind also das Zwischenglied zwischen den Verbindungen $R(CNH^4O^2)$ und RCN. Die verschiedenen Amide und Nitrile der organischen Säuren (also auch die Cyanverbindungen) werden mit den übrigen Kohlenstoffverbindungen in der organischen Chemie beschrieben. Wir erwähnen hier nur die einfachsten dieser Körper und gehen dabei von den Ammoniumsalzen und den Amiden der Kohlensäure aus.

Da die Kohlensäure zweibasisch ist, so muss sie Ammoniumsalze von der nachfolgenden Zusammensetzung bilden: $H(NH^4)CO^3$ — **saures kohlensaures Ammonium** und $(NH^4)^2CO^3$ — **neutrales kohlensaures Ammonium**, also Verbindungen der Kohlensäure H^2CO^3 mit einer und mit zwei Molekeln Ammoniak. Das saure Salz bildet eine geruchlose, auf Lakmus neutral reagirende Substanz, die bei gewöhnlicher Temperatur sich in 6 Theilen Wasser löst, in Weingeist unlöslich ist und in krystallinischem Zustande entweder wasserfrei oder mit wechselndem Gehalt an Krystallisationswasser erhältlich ist. Wird eine wässrige Ammoniaklösung mit Kohlensäure gesättigt, bis keine Absorption mehr stattfindet, und die Lösung dann über Schwefelsäure unter dem Rezipienten der Luftpumpe verdunstet, so scheiden sich Krystalle dieses Salzes aus. Dasselbe Salz entsteht überhaupt beim Verdunsten von Lösungen aller Ammoniumsalze der Kohlensäure im Vacuum. An der Luft scheidet die Lösung des sauren Salzes selbst bei gewöhnlicher Temperatur Kohlensäuregas aus, wie alle sauren Carbonate (z. B. $NaHCO^3$), und schon bei $38°$ findet diese Ausscheidung mit grosser Geschwindigkeit statt. Daher muss die Darstellung des sauren Salzes in Lösungen und die Verdampfung dieser Lösungen bei niedriger Temperatur und in *Gegenwart von überschüssiger Kohlensäure*, dem Dissoziationsprodukte des sauren Salzes, ausgeführt werden. Unter *Abgabe von Kohlensäuregas* und Wasser geht das saure Salz in neutrales kohlensaures Ammonium über: $2(NH^4)HCO^3 = H^2O + CO^2 + (NH^4)^2CO^3$. Dieses letztere wird aber selbst schon in Lösungen unter *Ausscheidung von Ammoniak* und Bildung von saurem kohlensaurem Ammonium zersetzt. Daher erhält man das neutrale Salz in Krystallen $(NH^4)^2CO^3H^2O$ nur bei niedrigen Temperaturen und aus Lösungen, welche *überschüssiges Ammoniak*, das Dissoziationsprodukt des Salzes, enthalten. Da nun das neutrale Salz[34]) nach dem allgemeinen Typus solcher Zersetzungen unter *Ausscheidung von Wasser* ein Amid, nämlich das **carbaminsaure**

---

34) Das saure Salz $(NH^4)HCO^3$ müsste unter Verlust von Wasser *Carbaminsäure* $(NH^2)HCO^2$ oder besser $OH(CNH^2O)$ bilden; diese Säure entsteht aber nicht, was aus der Unbeständigkeit des sauren Ammoniumcarbonats selbst leicht erklärlich ist: es erfolgt Ausscheidung von CO^2 und das freigewordene Ammoniak gibt carbaminsaures Salz.

Ammonium: $NH^4O(CNH^2O) = (NH^4)^2CO^3 - H^2O$, bilden kann, so werden hierdurch noch komplizirtere Verhältnisse geschaffen. In Wirklichkeit müssen offenbar bei Veränderung der relativen Mengen von Wasser, Ammoniak und Kohlensäure die verschiedensten intermediären Produkte entstehen, welche Gemische von Verbindungen der genannten drei Salze darstellen, d. h. es müssen Gleichgewichtszustände verschiedener umkehrbarer Reaktionen eintreten. So z. B. stellt das gewöhnliche käufliche kohlensaure Ammonium (Hirschhornsalz), welches beim Glühen eines Gemenges von Kalkstein mit schwefelsaurem Ammonium (Kap. VI) oder Salmiak sublimirt: $2NH^4Cl + CaCO^3 = CaCl^2 + (NH^4)^2CO^3$, ursprünglich das neutrale Salz dar, welches aber zum Theil unter Ammoniakverlust in das saure Salz, zum Theil unter Wasserverlust in carbaminsaures Ammonium übergeht. Die Zusammensetzung des käuflichen Salzes ist daher meistens die folgende:

$$NH^4O(CNH^2O) + 2OH(CNH^4O^2) = 4NH^3 + 3CO^2 + 2H^2O.$$

Das Salz hat überhaupt keine beständige Zusammensetzung, es scheidet je nach den verschiedenen Bedingungen NH^3, CO^2 oder H^2O aus und ist am besten als ein Gemenge von saurem kohlensaurem und carbaminsaurem Ammonium zu betrachten. Dass das käufliche Salz carbaminsaures Ammonium enthält, wird dadurch bewiesen, dass sein Wassergehalt geringer ist, als der des neutralen oder sauren Ammoniumcarbonates [35]); beim Auflösen in Wasser gibt aber das käufliche Ammoniumcarbonat ein Gemisch von saurem und neutralem Salz. Das carbaminsaure Ammonium selbst aber, dessen Zusammensetzung (und Bildung) durch die Formel $2NH^3 + CO^2$ ausgedrückt wird, fällt in wässriger Lösung Calciumsalze, z. B. $CaCl^2$, nicht vollständig aus, wie das neutrale kohlensaure Ammonium: $(NH^4)^2CO^3 + CaCl^2 = 2NH^4Cl + CaCO^3$, wahrscheinlich, weil in Wasser lösliches carbaminsaures Calcium entsteht.

Das **carbaminsaure Ammonium** besitzt unter allen Ammoniumsalzen der Kohlensäure die einfachste Zusammensetzung und entsteht sehr leicht, wenn 2 Vol. trocknen Ammoniakgases mit 1 Vol. trocknen Kohlensäuregases zusammengebracht werden: $2NH^3 + CO^2 = NH^4O(CNH^2O)$. Es bildet eine feste Substanz von starkem Ammoniakgeruch, zieht Feuchtigkeit an und zersetzt sich schon bei $60°$ vollständig. Diese Zersetzung [36]) ergibt sich aus seiner Dampfdichte,

---

[35]) Das neutrale Salz enthält: $2NH^3 + CO^2 + H^2O$, das saure: $NH^3 + CO^2 + H^2O$, das käufliche kohlensaure Ammon dagegen enthält auf $3CO^2$ nur $2H^2O$.

[36]) Naumann hat für carbaminsaures Ammonium folgende Dampftensionen (in Millmetern Quecksilberhöhe) gefunden.

$-10°$	$0°$	$+10°$	$20°$	$30°$	$40°$	$50°$	$60°$
5	12	30	62	124	248	470	770

Die Dampftensionen in Gegenwart eines Ueberschusses an NH^3 oder CO^2 sind von Horstmann und von Isambert bestimmt worden. Es zeigte sich, wie zu erwarten

welche 13 (H = 1) beträgt, d. h. einem Gemenge von 2 Vol. NH^3 und 1 Vol. CO^2 entspricht. Offenbar muss dieses Salz auch aus allen andern Ammoniumsalzen der Kohlensäure bei der Einwirkung von wasserentziehenden Stoffen, z. B. Soda oder Potasche [37]) entstehen, da im wasserfreien Zustande NH^3 und CO^2 nur die eine Verbindung $CO^2 2NH^3$ bilden [38]).

Wie schon erwähnt, kann das carbaminsaure Ammonium als COX^2 betrachtet werden, in welchem die Reste NH^2 und NH^4O (d. h. HO, in welchem H durch NH^4 vertreten ist) die beiden X ersetzen; es kann daher noch Wasser abgeben und das symmetrische Amid $CO(NH^2)^2$ bilden. Dieses — das **Carbamid ist identisch mit dem Harnstoff** CN^2H^4O, der im Harne enthalten ist (beim Menschen etwa 2 pCt.) und das gewöhnliche Zersetzungsprodukt [39]) der stickstoffhaltigen Verbindungen im Organismus der höheren Thiere (insbesondere der fleischfressenden) bildet. Wird carbaminsaures Ammonium auf 140^0 erhitzt (im zugeschmolzenen Rohr, Basarow) oder lässt man NH^3 auf $COCl^2$ einwirken (Nathanson), so erhält man Harnstoff, wodurch der direkte genetische Zusammenhang desselben mit der Kohlensäure, d. h. das Vorhandensein der Reste der Kohlensäure und des Ammoniaks in demselben, bewiesen wird. Dies erklärt auch die Bildung von kohlensaurem Ammonium aus Harnstoff beim Faulen von Harn (Kap. 6):

$$CN^2H^4O + H^2O = CO^2 + 2NH^3.$$

Somit muss der Harnstoff, sowol seiner Entstehung, als auch seinen Reaktionen nach, als Amid der Kohlensäure aufgefasst werden. Der Harnstoff ist Ammoniak (2 Molekeln), in welchem ein Theil des Wasserstoffes (2 Atome) durch den zweiwerthigen Rest der Kohlensäure ersetzt ist, und welches die Fähigkeit behalten hat, sowol mit Säuren (z. B. mit Salpetersäure zu $CN^2H^4OHNO^3$) als mit Basen (z. B. HgO) und Salzen (z. B. NaCl, NH^4Cl) in Verbindung zu treten, aber keine alkalischen Eigenschaften

---

war, dass bei Ueberschuss des einen oder des anderen dieser Gase die Masse des entstehenden Salzes (in festem Zustande) zunimmt und die Zersetzung (der Uebergang in Dampf) sich verringert.

37) $CaCl^2$ tritt mit $N^2H^6CO^2$ in doppelte Umsetzung. Säuren (z. B. Schwefelsäure) entziehen dem Salze NH^3 unter Ausscheidung von CO^2; Alkalien (z. B. KHO) entziehen ihm CO^2 und machen NH^3 frei. Daher können in diesem Fall als wasserentziehende Stoffe nur die Carbonate Na^2CO^3 oder K^2CO^3 benutzt werden.

38) Es ist anzunehmen, dass die Reaktion zunächst zwischen gleichen Volumen (Kap. VII) erfolgt, dabei entsteht aber Carbaminsäure $HO(CNH^2O)$, die als Säure sich sofort mit dem Ammoniak zu $NH^4O(CNH^2O)$ verbindet.

39) Der Harnstoff bildet zweifellos das Oxydationsprodukt der höchst zusammengesetzten Stickstoffverbindungen des Thierorganismus (der Eiweissstoffe). Er kommt im Blute vor und wird aus demselben in den Nieren ausgeschieden. Der Mensch scheidet täglich etwa 30 g Harnstoff aus. Der Harnstoff ist ein Derivat der Kohlensäure; letztere ist aus ihm leicht erhältlich und daher muss er als Oxydationsprodukt angesehen werden.

besitzt. Im Wasser löst sich der Harnstoff unverändert auf; beim Glühen gibt er Ammoniak ab und geht in **Cyansäure** CNHO oder die polymere **Cyanursäure** $C^3N^3H^3O^3$ über. Die Cyansäure ist das Nitril der Kohlensäure, also eine Cyanverbindung, deren Zusammenhang mit der Kohlensäure schon darin deutlich hervortritt, dass saures kohlensaures Ammonium unter Verlust von $2H^2O$ in diese Säure CNOH übergehen muss. Zwischen der Cyanursäure (einem festen, krystallinischen sehr beständigen Körper) und der Cyansäure (einer flüssigen, sehr unbeständigen und verschiedenartige Umwandlungen erleidenden Substanz) besteht ein direktes polymeres Verhältniss: beide haben dieselbe Zusammensetzung und gehen bei Temperaturänderungen in einander über. Wenn Krystalle der Cyanursäure auf t^0 erhitzt werden, so beträgt (nach Troost und Hautefeuille) die Tension der Dämpfe p in Millimetern Quecksilberhöhe:

t	160°	170°	200°	250°	300°	350°
p	56	68	130	220	430	1200

Die Dämpfe enthalten nur Cyansäure und kondensiren sich beim *raschen* Abkühlen zu einer beweglichen, flüchtigen Flüssigkeit (vom spez. Gew. 1,14 bei 0°). Wird flüssige Cyansäure allmählich erhitzt, so geht sie in ein neues festes und amorphes Polymeres (Cyamelid) über, das beim Erhitzen, wie die Cyanursäure, Dämpfe von Cyansäure gibt. Werden diese Dämpfe über 150° erhitzt, so gehen sie direkt in Cyanursäure über. So z. B. kann bei 350° die Tension durch Zuführung von Cyansäuredämpfen nicht über 1200 mm gesteigert werden, da der Ueberschuss dieser Dämpfe in Cyanursäure übergeht. Die oben angeführten Zahlen zeigen demnach die Dissoziationstension der Cyanursäure oder den Maximaldruck, welchen die Dämpfe von HOCN bei einer gegebenen Temperatur erreichen können, während bei Vergrösserung des Druckes oder Zuführung von Cyansäuredämpfen der Ueberschuss dieser Dämpfe in Cyanursäure umgewandelt wird.

Dieses Verhalten der Cyansäure, um deren Erforschung sich hauptsächlich Wöhler verdient gemacht hat, zeigt auf das deutlichste *die Fähigkeit der Cyanverbindungen sich zu polymerisiren*. Diese Fähigkeit findet ihre Erklärung in der oben entwickelten Auffassung dieser Derivate. Alle Cyanverbindungen sind Ammoniumsalze $R(CNH^4O^2)$ welche $2H^2O$ verloren haben, ihre Molekeln müssen daher die Fähigkeit besitzen, mit zwei Wassermolekeln oder anderen entsprechenden Molekeln (z. B. H^2S, HCl, $2H^2$ u. s. w.) und folglich auch mit einander sich zu verbinden. Die Polymerisation ist aber nichts anderes, als eine Vereinigung gleichartiger Molekeln zu neuen zusammengesetzteren [40]).

---

40) Ebenso sind die Aldehyde (z. B. C^2H^4O, S. 395) als Alkohole (z. B. C^2H^6O), zu betrachten, aus denen Wasserstoff ausgetreten ist.

Ausser der Polymerisationsfähigkeit bietet die Cyansäure auch in vielen anderen Hinsichten ein grosses Interesse; eine eingehendere Beschreibung derselben gehört aber in die organische Chemie. Hier sei nur noch der ausserordentlich wichtige Uebergang des Ammoniumsalzes dieser Säure in Harnstoff erwähnt. Die Salze der Cyansäure, welche durch Einwirkung von Säuren und selbst von Wasser leicht in NH^3 und CO^2 zerfällt, entstehen, wie wir später sehen werden, bei der Oxydation von Cyanmetallen. Auf solche Weise wird z. B. das cyansaure Kalium KCNO in der Regel dargestellt. Lösungen von cyansauren Salzen (Cyanaten) scheiden beim Zusatz von Schwefelsäure freie Cyansäure aus, die aber sofort zerfällt: $CNHO + H^2O = CO^2 + NH^3$. Das cyansaure Ammonium $CN(NH^4)O$ zeigt dasselbe Verhalten, aber nur so lange es nicht erhitzt worden ist. Nach dem Erhitzen erscheint es schon mit gänzlich veränderten Eigenschaften, es wird in Harnstoff umgewandelt. Die Zusammensetzung des cyansauren Ammoniums und des Harnstoffs ist die nämliche: CN^2H^4O, aber ihre Struktur, d. h. die Vertheilung und Bindung der Elemente ist eine verschiedene: im cyansauren Ammonium ist das eine Stickstoffatom in Form von Cyan CN, d. h. in Verbindung mit Kohlenstoff, das andere dagegen in Form von Ammonium NH^4 enthalten. Da ferner die Cyansäure eine der Hydroxylgruppen der Kohlensäure enthält, so ist in ihrem Ammoniumsalz das Ammonium mit Sauerstoff verbunden. Im Harnstoff dagegen sind beide Stickstoffatome unmittelbar mit Kohlenstoff verbunden und symmetrisch in Bezug auf den Kohlensäurerest CO gestellt: $CO(NH^2)^2$. Schon dieser letztere Umstand bringt es mit sich, dass der Harnstoff bedeutend beständiger ist, als das cyansaure Ammonium, wodurch die Umwandlung dieses Salzes beim schwachen Erwärmen seiner Lösung in Harnstoff sich leicht erklärt. Diese interessante Isomerisation wurde 1828 von Wöhler entdeckt und war von höchster historischer Bedeutung, da sie die bis dahin herrschende Ansicht, dass die Stoffe, welche unter dem Einflusse der in Organismen thätigen Kräfte sich bilden, ausserhalb der Organismen

---

Die Aldehyde besitzen ebenfalls die Fähigkeit mit vielen Substanzen in Verbindung zu treten und Polymerisation zu erleiden, wobei Polymere entstehen, die wenig flüchtig sind und beim Erhitzen sich depolymerisiren. Obgleich ähnliche Polymerisationserscheinungen in ziemlich grosser Anzahl bekannt sind (z. B. der Uebergang von gelbem Phosphor in rothen, des Styrols in Metastyrol u. s. w.), so liegen dennoch die Verhältnisse nirgends so klar und einfach, wie bei der Cyansäure. Ausführlicheres hierüber ist in den Lehrbüchern der organischen und theoretischen Chemie nachzulesen. Wenn wir an dieser Stelle einige hierauf bezügliche Daten gebracht haben, so geschah es hauptsächlich in der Absicht, an einem typischen Beispiel den Leser mit dem Wesen der Polymerisation (die häufiger, als früher angenommen wurde, bei Verbindungen verschiedener Elemente vorkommt, s. z. B. Kieselsäure SiO^2) bekannt zu machen und die Fähigkeit der Cyanderivate in die verschiedensten Vereinigungsreaktionen einzugehen, zu zeigen.

nicht entstehen, widerlegte. Aber abgesehen davon ist die leichte Umwandlung von NH^4OCN in $CO(NH^2)^2$ das beste Beispiel für den Uebergang eines vorhandenen Gleichgewichtszustandes von Atomen in einen neuen beständigeren.

Wie der Kohlensäure, so entsprechen jeder Carboxylsäure RCO^2H ihre Amide $RCONH^2$ [41]) und Nitrile RCN. Der Ameisensäure HCO^2H entspricht das Formamid $HCONH^2$ und als Nitril der **Cyanwasserstoff** HCN. — Das ameisensaure Ammonium HCO^2NH^4 und das Formamid geben daher beim Erhitzen und bei der Einwirkung wasserentziehender Substanzen (Phosphorsäureanhydrid) Cyanwasserstoff HCN, der umgekehrt unter verschiedenen Bedingungen (z. B. wenn er unter Einwirkung von HCl sich mit Wasser verbindet) Ameisensäure und Ammoniak geben kann. Der Cyanwasserstoff enthält Wasserstoff neben zwei säurebildenden Elementen — Kohlenstoff und Stickstoff [42]), er bildet daher mit Metallen **Salze** MCN (Cyanide), hat den Character einer schwachen Säure und heisst daher *Blausäure*, obgleich er auf Lakmus nicht sauer reagirt (die Cyansäure dagegen besitzt ausgesprochen saure Eigenschaften). Die geringe Energie der Cyanwasserstoffsäure zeigt sich schon darin, dass die Cyanide der Alkalimetalle, z. B. Cyankalium ($KHO + HCN = H^2O + KCN$), in Lösungen stark alkalische Reaktion besitzen [43]). Leitet man Ammoniak über glühende Kohle,

---

41) Die meisten Säureamide RNH^2 verbinden sich sehr leicht schon beim Kochen, noch leichter bei der Einwirkung von Alkalien oder Säuren, mit Wasser. Bei der Einwirkung von Alkalien scheiden die Amide Ammoniak aus, selbstverständlich unter Aufnahme von Wasser; gleichzeitig entsteht das Alkalisalz der Säure, welcher das Amid entspricht: $RNH^2 + KHO = RKO + NH^3$.

Bei der Einwirkung von Säuren entsteht das Ammoniumsalz der reagirenden Säure, während die Säure, deren Amid genommen war, in freiem Zustande ausgeschieden wird: $RNH^2 + HCl + H^2O = RHO + NH^4Cl$.

Die Amide gehen also sehr leicht wieder in die entsprechenden Ammoniumsalze über (bei der Einwirkung von Wasser, Alkalien oder Säuren), sie unterscheiden sich aber von diesen Salzen auf das deutlichste. Von den Ammoniumsalzen ist kein einziges unzersetzt flüchtig; meist geben sie beim Erhitzen unter Austritt von Wasser Amide. Die Amide dagegen sind vielfach krystallinische flüchtige, leicht destillirbare Körper, so z. B. die Amide der Essig-, Benzoë-, Ameisensäure und vieler anderen organischen Säuren. Nach dem oben Gesagten können die Amide als Säuren RHO aufgefasst werden, in denen das Hydroxyl HO durch den Ammoniakrest NH^2 ersetzt ist.

42) Wenn NH^3 und CH^4 keinen sauren Charakter besitzen, so hängt dies wahrscheinlich davon ab, dass sie beide viel Wasserstoff enthalten, während in der Blausäure ein Wasserstoffatom unter dem Einflusse zweier säurebildender Elemente (N und C) sich befindet. Das Acetylen C^2H^2 enthält wenig Wasserstoff und zeigt daher schon in gewisser Hinsicht einen sauren Charakter: seine Wasserstoffatome sind durch Metalle leicht ersetzbar.

43) Lösungen der Cyanmetalle, z. B. KCN oder BaC^2N^2 werden sogar von der Kohlensäure, z. B. der Luft, zersetzt. Solche Lösungen lassen sich auch nicht un-

besonders in Gegenwart von Alkalien oder Stickstoff durch ein Gemenge von Kohle mit Alkali (namentlich KHO), oder glüht man ein Gemenge stickstoffhaltiger organischer Substanzen mit einem Alkali, so vereinigt sich in allen diesen Fällen das Alkalimetall mit Kohlenstoff und Stickstoff und bildet ein Cyanid MCN, z. B. KCN. Das Cyankalium wird in der Praxis in grossen Mengen gebraucht und entsteht nach dem soeben Gesagten unter den verschiedensten Bedingungen, so z. B. beim Ausschmelzen von Roheisen in Hohöfen, besonders wenn Holzkohle, deren Asche Kali enthält, zur Anwendung kommt. Während des Hohofenprozesses kommen der Stickstoff der Luft, das Alkali der Asche und Kohlen bei hoher Temperatur mit einander in Berührung und es entstehen daher bedeutende Mengen von Cyankalium. In der Praxis wird übrigens gewöhnlich nicht direkt Cyankalium dargestellt, sondern eine eigenthümliche Verbindung desselben — Kaliumferrocyanid oder **gelbes Blutlaugensalz**. Diese salzartige Verbindung, welche die Zusammensetzung $K^4FeC^6N^6$ $3H^2O$ besitzt, wird fabrikmässig gewonnen, indem stickstoffhaltige organische Abfälle (von Häuten, Horn u. s. w.) in gusseisernen Kesseln (welche das im Salze enthaltene Eisen liefern) mit Potasche geglüht werden. Dieses gelbe Blutlaugensalz ist dadurch charakterisirt, dass es mit Eisenoxydsalzen FeX^3 — Berlinerblau, eine bekannte blaue Farbe, bildet, woher auch der Name der Cyanverbindungen (vom Griechischen κυάνεος blau) und der Blausäure stammt. Aus dem gelben Blutlaugensalz werden gewöhnlich alle übrigen Cyanverbindungen gewonnen.

Wird dieses Salz mit 2 Theilen Wasser und $^3/_4$ Th. Schwefelsäure gemengt und erhitzt, so zersetzt es sich, analog dem Salpeter, und scheidet flüchtige Cyanwasserstoffsäure aus. Dieselbe wurde 1782 von Scheele entdeckt, der sie aber nur in wässeriger Lösung kannte. Erst Gay-Lussac 1815 stellte die Natur derselben endgiltig fest und bewies, dass sie nur Wasserstoff, Kohlenstoff und Stickstoff: (CNH) enthält.

Wird das auf oben beschriebene Weise erhaltene Destillat (eine schwache Lösung von HCN) nochmals destillirt und werden die ersten Fraktionen aufgefangen, so kann aus denselben die wasserfreie Säure dargestellt werden. In die abgekühlte konzentrirte Lösung werden Stücke von Chlorcalcium geworfen, wobei die in Chlor-

---

zersetzt aufbewahren, da erstens die freie Cyanwasserstoffsäure an und für sich zersetzt und polymerisirt wird und da sie zweitens mit alkalischen Flüssigkeiten Ammoniak und Ameisensäure gibt. Aus den Lösungen von K^2CO^3 oder Na^2CO^3 scheidet die Cyanwasserstoffsäure keine Kohlensäure aus. Wird aber zu einem Gemenge der Lösungen von K^2CO^3 und HCN eines der Oxyde ZnO, HgO u. ähnl. zugesetzt, so erfolgt Ausscheidung von CO^2. Dies beruht auf der grossen Neigung der Metallcyanide, Doppelsalze zu bilden: es entsteht z. B. $ZnK^2(CN^4)$, eine in Wasser losliche Verbindung.

calciumlösung unlösliche Säure als gesonderte Schicht oben aufschwimmt. Wird dieses Produkt nochmals über Chlorcalcium bei möglichst niedriger Temperatur destillirt, so erhält man die Blausäure in wasserfreiem Zustande. Die Arbeit erfordert ausserordentliche Vorsicht, da die Blausäure sehr giftig und leicht flüchtig ist [44]).

Die wasserfreie Cyanwasserstoffsäure stellt eine leicht bewegliche und höchst flüchtige Flüssigkeit dar; ihr spezifisches Gewicht beträgt 0,697 bei 18°, bei niedrigeren Temperaturen, besonders im Gemenge mit einer geringen Menge Wasser, erstarrt sie leicht; sie siedet bei 26°, verdampft daher sehr leicht und wäre bei gewöhnlicher Temperatur richtiger als gasförmiger Körper zu bezeichnen. Desto vorsichtiger muss man daher mit dieser Substanz umgehen, die in geringer Menge eingeathmet oder auf die Haut gebracht, Thiere sofort tödtet. Mit Wasser, Weingeist, Aether ist die Cyanwasserstoffsäure in allen Verhältnissen mischbar; schwache Lösungen dieser Säure finden in der Medizin Anwendung [45]). Von

---

44) Man kann das Gemenge der Dämpfe von Wasser und Blausäure, das beim Erhitzen von gelbem Blutlaugensalz mit Schwefelsäure entsteht, direkt über Chlorcalcium leiten. Das Chlorcalciumrohr muss hierbei abgekühlt werden, erstens weil die Blausäure beim Erwärmen leicht verändert wird, zweitens, weil das Chlorcalcium in der Kälte mehr Wasser absorbirt. Beim Hindurchgehen durch eine genügend lange Schicht von $CaCl^2$ wird das Wasser zurückgehalten und in den Dämpfen bleibt nur Blausäure nach. Dieselbe muss sehr sorgfältig abgekühlt werden, um sie in flüssigen Zustand zu bringen. Gay-Lussac stellte reine Blausäure dar, indem er Chlorwasserstoffgas auf Cyanquecksilber einwirken liess. Dieses letztere Salz kann man in reinem Zustande erhalten, wenn man eine Lösung von gelbem Blutlaugensalz mit einer Lösung von salpetersaurem Quecksilberoxyd kocht, die Flüssigkeit filtrirt und durch Abkühlung krystallisiren lässt. Man erhält auf diese Weise $Hg(CN)^2$ in farblosen Krystallen. Uebergiesst man diese Krystalle mit einer konzentrirten Chlorwasserstofflösung und leitet das entweichende Gemenge von Wasserdampf, Chlorwasserstoff und Cyanwasserstoff durch ein Rohr, das Marmorstücke (zur Absorption von Chlorwasserstoff) und Chlorcalcium enthält, so kondensirt sich beim Abkühlen Cyanwasserstoffsäure. Wasserfreie Cyanwasserstoffsäure kann ferner auch durch Zersetzung von erhitztem Cyanquecksilber durch Schwefelwasserstoffgas dargestellt werden. Das Cyan und der Schwefel wechseln hierbei ihre Stellen und es entstehen Cyanwasserstoff und Schwefelquecksilber: $Hg(CN)^2 + H^2S = 2HCN + HgS$.

45) Verdünnte (2-procentige) wässerige Blausäurelösungen erhält man bei der Destillation einiger Pflanzenstoffe. Allgemein bekannt ist unter diesen Produkten das Kirschlorbeerwasser, das durch Mazeration und Destilliren von Kirschlorbeerblättern mit Wasser erhalten wird und Blausäure enthält. Ein ähnliches Wasser erhält man durch Destillation eines Aufgusses von bitteren Mandeln, deren charakteristischer Geschmack und giftige Eigenschaften allgemein bekannt sind. Der bittere Geschmack dieser Mandeln wird durch den Gehalt an einer eigenthümlichen Substanz, sogen. Amygdalin, bedingt Dieser Körper, der den bitteren Mandeln durch Weingeist entzogen werden kann, wird, wenn zerriebene bittere Mandeln mit Wasser längere Zeit stehen, zu sogen. aetherischem Bittermandelöl (Benzaldehyd), Glykose und Cyanwasserstoff zersetzt:

$$C^{20}H^{27}NO^{11} + 2H^2O = C^7H^6O + CNH + 2C^6H^{12}O^6$$
Amygdalin   Wasser   Benzaldehyd   Blausäure   Glykose

ihren Salzen (Cyanmetallen oder Cyaniden) MCN lösen sich in Wasser—die Salze des K, Na, NH^4, ebenso wie des Ba, Ca, Hg, deren Zusammensetzung M''(CN)^2 ist, die Cyanide des Mn; Zn, Pb und and. sind dagegen unlöslich. Mit KCN und ähnlichen Cyaniden bilden diese letzteren Cyanmetalle Doppelsalze; als Beispiel eines solchen wird uns das noch näher zu beschreibende gelbe Blutlaugensalz dienen. Durch Beständigkeit zeichnen sich nicht nur einige dieser Doppelcyanide aus, sondern auch das lösliche Hg(CN)^2, das unlösliche AgCN und bei Abwesenheit von Wasser sogar das KCN. In geschmolzenem Zustande wirkt Cyankalium [46]), da es die Elemente K und C enthält, reduzirend. Beim Schmelzen mit Bleioxyd wird es zu cyansaurem Kalium KOCN oxydirt, eine Reaktion, welche den Zusammenhang zwischen HCN und OHCN, d. h. den Nitrilen der Ameisensäure und der Kohlensäure zeigt. Diese Nitrile stehen in demselben Verhältniss zu einander, wie die entsprechenden Säuren, denn Ameisensäure gibt bei der Oxydation Kohlensäure.

Der Zusammenhang, welcher zwischen dem Cyanwasserstoff, den Cyanmetallen, den cyansauren Salzen und den verschiedenen anderen Cyanverbindungen besteht, lässt sich am besten durch die Annahme erklären, dass sie alle ein aus Kohlenstoff und Stickstoff bestehendes Radical — das Cyan CN — enthalten. Die Blausäure ist demnach Cyanwasserstoff, die Cyansäure — Cyanhydrat; erstere entspricht dem Chlorwasserstoff HCl, letztere der unterchlorigen Säure ClOH. Das freie Cyan muss also aus Cyanwasserstoffsäure bestehen, in welcher Wasserstoff durch Cyan ersetzt ist: (CN)^2 oder CNCN. Diese Zusammensetzung muss nach der vorhergehenden Darlegung das Nitril der Oxalsäure besitzen und in der That gibt auch das oxalsaure Ammonium oder das entsprechende Amid (Oxamid), beim Erhitzen mit Phosphorsäureanhydrid, freies **Cyangas**. Dasselbe Gas entsteht auch aus einigen Cyanmetallen einfach beim Erhitzen derselben. Am besten eignet sich zur Darstellung des Cyans das Cyanquecksilber, das leicht in reinem Zustande zu erhalten ist und dann sich

---

Wird nun das Gemenge (mit Wasser) destillirt, so gehen mit dem Wasserdampf die Blausäure und das Bittermandelöl über. Das Oel ist im Wasser unlöslich oder nur wenig löslich, während die Blausäure im Wasser gelöst wird. Das Bittermandelwasser ist dem Kirschlorbeerwasser ganz ähnlich und wird wie dieses letztere in der Medizin angewandt, selbstverständlich nur in kleinen Mengen, da es giftig ist.

Vollkommen reine, wasserfreie Cyanwasserstoffsäure und ihre verdünnten Lösungen können unzersetzt aufbewahrt werden; konzentrirte Lösungen dagegen halten sich nur in Gegenwart anderer Säuren. In Gegenwart verschiedener Beimengungen entsteht leicht ein braunes Polymeres, das auch in Lösungen von KCN sich bildet.

46) Dieses Salz, das in der Praxis vielfach Anwendung findet, wird beim Kalium beschrieben werden.

durch seine Beständigkeit auszeichnet. Wird diese Verbindung erhitzt, zo zersetzt sie sich, analog dem Quecksilberoxyd, zu metallischem Quecksilber und Cyangas [47]: $HgC^2N^2 = Hg + C^2N^2$. Ein Theil des entstehenden Cyans wird aber stets polymerisirt und geht in einen dunkelbraunen unlöslichen Körper, das **Paracyan**, über, das beim Erhitzen Cyangas gibt [48].

Das Cyan ist ein eigenthümlich riechendes, farbloses, giftiges Gas, welches sich leicht zu einer farblosen, in Wasser unlöslichen Flüssigkeit vom spezifischen Gewicht 0,86 kondensirt. Der Siedepunkt dieser Flüssigkeit ist $-21°$, daher kann das Cyangas in einer starken Kältemischung leicht verflüssigt werden. Bei $-35°$ wird das flüssige Cyan fest. Von Wasser wird das Cyangas in bedeutenden Mengen aufgelöst, und zwar absorbirt 1 Vol. Wasser bis $4^1/_2$ Vol. Cyangas. 1 Vol. Weingeist löst 23 Vol. Cyangas. Solche Lösungen sind jedoch unbeständig. Der Hitze widersteht das Cyangas, ohne zersetzt zu werden, relativ gut; bei der Einwirkung von elektrischen Funken dagegen scheidet es Kohle aus und hinterlässt ein dem ursprünglichen Volum des Cyangases gleiches Stickstoffvolum. Infolge seines Kohlenstoffgehaltes brennt das Cyangas mit röthlich-violetter Flamme. Diese Färbung verleihen in grösse-

---

[47] Zur Darstellung von Cyangas muss vollkommen trockenes Cyanquecksilber angewandt werden, da in Gegenwart von Feuchtigkeit dieses Salz beim Glühen Ammoniak, Kohlensäure und Blausäure bildet. Anstatt des Cyanquecksilbers kann auch ein Gemenge von vollkommen trocknem gelbem Blutlaugensalz und Chlorquecksilber genommen werden; in der Retorte selbst findet dann doppelte Umsetzung und Bildung von Cyanquecksilber statt. Cyansilber gibt ebenfalls beim Glühen Cyangas.

[48] Das **Paracyan**, ein brauner Körper von der Zusammensetzung des Cyans, bildet sich immer im Rückstande, wenn Cyan, nach welcher Methode es auch sei, dargestellt wird. Cyansilber z. B. schmilzt bei schwachem Erhitzen, scheidet bei weiterem Erhitzen Cyangas aus, während der Rückstand bedeutende Mengen von Paracyan enthält. Merkwürdig ist hierbei, dass gerade die Hälfte des Cyans in gasförmigem Zustande entweicht, während die andere Hälfte in Paracyan sich umwandelt. Das im Rückstande neben Paracyan entstandene metallische Silber wird durch Quecksilber, dann durch Salpetersäure (die auf Paracyan nicht einwirkt) ausgezogen. — Wird Paracyan im Vacuum erhitzt, so zersetzt es sich unter Bildung von Cyangas, der Druck p kann aber bei einer gegebenen Temperatur t eine bestimmte Grenze nicht übersteigen, so dass die Zersetzung äusserlich den Charakter einer einfachen Verdampfung trägt. Trotzdem haben wir es hier mit einer vollständigen Umwandlung zu thun, die aber, wie der Uebergang der Cyanursäure in Cyansäure, in einem bestimmten **Dissoziationsdruck** ihre Grenze findet und in Gemässheit mit den Gesetzen der Dissoziation verläuft. Troost und Hautefeuille (1868) haben für die Zersetzung des Paracyans folgende Tensionen gefunden:

t = 530°   581°   600°   635°
p = 90   143   296   1089 mm.

Schon bei 550° wird indessen ein Theil des Cyans zu C und N zersetzt. Der umgekehrte Uebergang des Cyans in Paracyan beginnt bei 350° und erlangt bei 600° eine bedeutende Geschwindigkeit. Dieser Uebergang (die Polymerisation) zeigt dieselbe Analogie mit dem Uebergange von Dämpfen in den festen Zustand, wie die Umwandlung des Paracyans in Cyan mit der Verdampfung.

rem oder geringeren Maasse alle Stickstoffverbindungen der Flamme. Beim Verbrennen gibt das Cyangas Kohlensäuregas und Stickstoff. Dieselben Produkte erhält man, wenn man Cyangas mit Sauerstoff im Eudiometer explodiren lässt oder dasselbe mit gewissen Oxyden in der Glühhitze zusammenbringt.

Der Zusammenhang des Cyans mit den Cyanmetallen ergibt sich nicht nur aus seiner Entstehungsweise (aus Quecksilbercyanid), sondern auch daraus, dass Natrium oder Kalium beim Erhitzen in diesem Gas sich entzünden, wobei die Cyanide dieser Metalle entstehen. Aus einem Gemenge von Cyangas und Wasserstoff entsteht beim Erhitzen auf 500^0 (Berthelot) [49]) oder bei der Einwirkung der stillen Entladung (Boileau) Cyanwasserstoff. Diese gegenseitigen Uebergänge lassen es zweifellos erscheinen, dass alle Nitrile der organischen Säuren ein und dieselbe Gruppe — das Cyan — enthalten, wie alle organischen Säuren die aus den Elementen der Kohlensäure bestehende Carboxylgruppe.

Ausser den Amiden [50]), Nitrilen (oder Cyanderivaten RCN) und Nitroverbindungen (welche den Salpetersäurerest NO^2 enthalten) gibt es zahlreiche andere Verbindungen, die gleichzeitig Kohlenstoff und Stickstoff enthalten. Ihre Beschreibung gehört aber in die organische Chemie.

Zehntes Kapitel.

Chlornatrium. Berthollet's Lehre. Chlorwasserstoff.

In den vorhergehenden Kapiteln lernten wir die wichtigsten Eigenschaften der vier Elemente — Wasserstoff, Sauerstoff, Stickstoff und Kohlenstoff — kennen, die zuweilen, da die organischen Stoffe aus ihnen bestehen, unter dem Namen der *Organogene* zusammengefasst werden. Die Verbindungen dieser Elemente unter einander

---

49) Das Cyan wird (wie das Chlor) von einer Aetznatronlösung absorbirbt, es entstehen Cyannatrium und cyansaures Natrium: $C^2N^2 + 2NaHO = NaCN + CNNaO + H^2O$; übrigens zersetzt sich das cyansaure Salz relativ leicht und auch ein Theil des Cyans erleidet weitergehende Umwandlungen.

50) Wenn wir überhaupt Verbindungen, welche den Ammoniakrest NH^2 enthalten, als Amide bezeichnen, so gehören zu ihnen auch einige der sogen. *Amine*, d. h. Kohlenwasserstoffe C^nH^{2m}, in welchen Wasserstoff durch NH^2 ersetzt ist, z. B. Methylamin CH^3NH^2, Anilin $C^6H^5NH^2$ u. a. Die Amine können überhaupt als Ammoniak angesehen werden, in welchem der Wasserstoff ganz oder zum Theil durch Kohlenwasserstoffradikale ersetzt ist, z. B. Trimethylamin $N(CH^3)^3$. Wie das Ammoniak, besitzen diese Körper die Fähigkeit, sich mit Säuren zu verbinden und krystallinische, den Ammoniumsalzen ähnliche Salze zu bilden. Sie finden sich auch in der Natur und führen den allgemeinen Namen der **Alkaloide**: so z. B. das als Arzneimittel bekannte Chinin, das Nicotin im Tabak u. a.

können als Typen aller andern chemischen Verbindungen dienen, denn sie erscheinen in solchen atomistischen Verhältnissen (die Verbindungstypen, -formen oder -stadien), in welchen auch alle anderen Elemente sich mit einander verbinden.

Wasserstoff HH oder überhaupt H R
Wasser H^2O » » H^2R
Ammoniak H^3N » » H^3R
Methan H^4C » » H^4R.

Die angeführten Verbindungen enthalten auf ein Atom des betreffenden Elementes — ein, zwei, drei oder vier Atome Wasserstoff. Verbindungen eines Atomes Sauerstoff mit drei oder vier Atomen Wasserstoff sind nicht bekannt, folglich fehlen dem Sauerstoffatom gewisse Eigenschaften, die wir in den Atomen des Kohlenstoffs oder Stickstoffs antreffen.

Die Fähigkeit eines Elementes mit Wasserstoff (oder einem demselben ähnlichen Element) eine Verbindung von bestimmter Zusammensetzug zu bilden, ermöglicht es, die Zusammensetzung seiner anderen Verbindungen vorauszusehen. Wenn wir z. B. wissen, dass das Element M sich mit Wasserstoff zu HM verbindet und andere Verbindungen, wie H^2M, H^3M überhaupt H^nM^m, mit Wasserstoff nicht gibt, so müssen wir nach dem Substitutionsgesetz annehmen, dass dieses Element die Verbindungen M^2O, M^3N, MHO, MH^3C u. s. w. bilden kann. Ein solches Element ist z. B. das Chlor. Wenn ein dem Sauerstoff ähnliches Element R mit Wasserstoff die Verbindung H^2R gibt, so müssen wir erwarten, dass die übrigen Verbindungen dieses Elementes dem Wasserstoffhyperoxyd, den Metalloxyden, der Kohlensäure, dem Kohlenoxyd u. a. ähnlich sein werden. Ein solches Element ist z. B. der Schwefel. Wir können also die Elemente nach ihrer Analogie mit H, O, N, C unterscheiden und auf Grund dieser Analogie, wenn auch nicht die Eigenschaften (z. B. den sauren oder basischen Charakter), so doch die Zusammensetzung einiger[1]) ihrer Verbindungen vor-

---

[1]) Nach dem Prinzip der Werthigkeit oder Valenz lassen sich nicht alle von einem Elemente gebildeten Verbindungen voraussehen, da die Valenz der Elemente nicht konstant ist und ausserdem bei den einzelnen Elementen nicht gleichmässig variirt. In CO^2, COX^2, CH^4 und der grossen Menge der ihnen entsprechenden Kohlenstoffverbindungen ist der Kohlenstoff vierwerthig, in CO muss man entweder den Kohlenstoff als zweiwerthig betrachten oder annehmen, dass die Werthigkeit des Sauerstoffs sich verändert. Nun ist aber gerade der Kohlenstoff ein Element, dessen Werthigkeit konstanter, als die aller anderen Elemente ist. Der Stickstoff in NH^3, $NH^2(OH)$, N^2O^3, sogar in CNH kann als dreiwerthig gelten. In NH^4Cl, $NO^2(OH)$ und allen denselben entsprechenden Verbindungen muss er dagegen als fünfwerthig angenommen werden. In N^2O besitzt der Stickstoff eine unpaare (die Valenz des Sauerstoffs $= 2$ angenommen), in NO dagegen eine paare Werthigkeit. Wenn der Schwefel in vielen seiner Verbindungen zweiwerthig, wie der Sauerstoff ist (z. B. in H^2S, SCl^2, KHS u. a.), so lässt sich nach diesen Verbindungen nicht voraussehen, dass

aussehen. Aus dem Gesagten ergibt sich, was unter dem Begriffe der **Aequivalenz** oder **Werthigkeit** der Elemente zu verstehen ist. Der Wasserstoff ist als Repräsentant der monovalenten oder einwerthigen Elemente anzusehen, welche die Verbindungen RH, R(OH), R^2O, RCl, R^3N, R^4C u. s. w. bilden; der Sauerstoff, in dem Zustande, in welchem er in das Wasser eingeht, als Reprä-

---

er auch SO^2, SO^3, SCl^4, $SOCl^2$ und eine Reihe ähnlicher Verbindungen bildet, in denen seine Valenz höher als 2 ist. Das Schwefligsäureanhydrid SO^2 zeigt in vielen Hinsichten die grösste Aehnlichkeit mit CO^2, wenn daher C vierwerthig ist, so muss auch S in SO^2 dieselbe Werthigkeit besitzen. — Wie diese Beispiele zeigen, kann das Prinzip der Werthigkeit beim Studium der Elemente nicht als Grundlage dienen, obgleich es die Erfassung zahlreicher Analogien ausserordentlich erleichtert. Eine bestimmte Werthigkeit darf nicht als Grundeigenschaft der Atome und Elemente angesehen werden, sie kann aber dennoch bei der Betrachtung der Verbindungen solcher Elemente wie Kohlenstoff, der in allen gewöhnlichen, besonders aber in den Grenzverbindungen und in den denselben nahe stehenden Verbindungen, immer als vierwerthiges Element auftritt, von grossem Nutzen sein.

Die wichtigsten Gründe, welche gegen die Annahme der Werthigkeit als Ausgangsbegriff bei der Betrachtung der Elemente und ihrer Verbindungen sprechen, sind meiner Ansicht nach, die folgenden vier: 1) Die einwerthigen Elemente H, Cl u. a. treten im freien Zustande als Molekeln H^2 Cl^2 u. s. w. auf, d. h. sie verdoppeln sich, wie auch zu erwarten war, ähnlich den einwerthigen Resten CH^3, OH, CO^2H u. s. w., die als C^2H^6, O^2H^2, $C^2O^4H^2$ (Methan, Wasserstoffhyperoxyd, Oxalsäure) auftreten; dagegen enthalten die Molekeln von Kalium und Natrium (bei hohen Temperaturen vielleicht auch Jod) im freien Zustande nur ein Atom: K, Na. Hieraus folgt, dass *freie Affinitäten* existiren können; dann steht aber auch nichts der Annahme entgegen, dass in allen ungesättigten Verbindungen freie Affinitäten vorhanden sein können und das z. B. in der Verbindung C^2H^4 die beiden Kohlenstoffatome sich gegenseitig mit je einer Affinität binden, je zwei Affinitäten den Wasserstoff sättigen, während die vierte Affinität jedes Kohlenstoffatomes frei bleibt. Mit der Annahme von freien Affinitäten muss man aber überhaupt auf alle Vortheile der Anwendung des Valenzbegriffes verzichten. 2) Es gibt Fälle, wo einwerthige Elemente R sich zu komplizirteren Molekeln als R^2 verbinden und Molekeln R^3, R^4 u. s. w. geben, wie z. B. Na^2H. Dies zwingt nun entweder die Existenz von freien Affinitäten zuzugeben oder anzunehmen, dass solche Elemente wie H und Na, welche ein Maass der Werthigkeit anderer Elemente bilden, ihre Werthigkeit verändern können. 3) Das periodische System der Elemente, das wir später kennen lernen werden, zeigt, dass die Veränderung der Formen der Sauerstoff- und Wasserstoffverbindungen gesetzmässig vor sich geht: Chlor ist einwerthig dem Wasserstoff und 7-werthig dem Sauerstoff gegenüber. Schwefel ist zweiwerthig im Verhältniss zum Wasserstoff und 6-werthig zum Sauerstoff; Phosphor 3-werthig zum Wasserstoff und 5-werthig zum Sauerstoff. Die Summe der beiden Valenzen beträgt in allen Fällen 8. Nur C (und seine Analogen, wie z. B. Si) sind vierwerthig sowol zum Wasserstoff, als auch zum Sauerstoff. Es liegt also die Eigenschaft, ihre Werthigkeit zu ändern im Wesen der Elemente und die konstante Werthigkeit kann daher nicht als Grundeigenschaft der Elemente betrachtet werden. 4) Die Krystallhydrate (z. B. NaCl $2H^2O$ oder NaBr $2H^2O$) Doppelsalze (z. B. $PtCl^4$ 2KCl, H^2SiF^6 u. s. w.) uud ähnlich zusammengesetzte Verbindungen zeigen, dass nicht nur die Elemente selbst, sondern auch ihre gesättigten (Grenz-) Verbindungen noch weitere Vereinigungen eingehen können. Eine bestimmte Werthigkeit der Elemente annehmen hiesse also eine Beschränkung anerkennen, die in der Natur der chemischen Umwandlungen nicht begründet ist.

sentant der bivalenten oder zweiwerthigen Elemente, welche die Verbindungen RH^2, RO, RCl^2, $RHCl$, $R(OH)Cl$, $R(OH)^2$, R^2C, RH^2C u. s. w. bilden; der Stickstoff des Ammoniaks als Repräsentant der trivalenten oder dreiwerthigen Elemente, welche die Verbindungen: RH^3, R^2O^3, $R(OH)^3$, RCl^3, RN, RHC u. s. w. bilden; der Kohlenstoff endlich als Repräsentant der tetravalenten oder vierwerthigen Elemente, welche die Verbindungen RH^4, RO^2, $RO(OH)^2$, $R(OH)^4$, RHN, RCl^4, $RHCl^3$ u. s. w. bilden. Dieselben **Verbindungsformen** oder Formen der Atomkombinationen finden sich bei allen übrigen Elementen, von denen die einen mit H, andere mit O, noch andere mit N oder C Aehnlichkeiten aufweisen. Neben diesen quantitativen Analogien, welche das Substitutionsgesetz voraussehen lässt (Kap. VI), bestehen zwischen den Elementen auch qualitative Analogien, welche in den im Vorhergehenden beschriebenen Verbindungen der Organogene nicht in ihrem ganzen Umfange sich erkennen lassen und ihren prägnantesten Ausdruck in der Bildung von Basen, Säuren und Salzen verschiedener Typen und Eigenschaften finden. Da es für das weitere Studium der Elemente und ihrer Verbindungen von besonderer Wichtigkeit ist, die Salze als eigenthümliche, den Säuren und Basen entsprechende Verbindungen kennen zu lernen und da das Kochsalz oder Chlornatrium NaCl in jeder Beziehung als Typus eines Salzes dienen kann, so gehen wir zunächst zur Beschreibung desselben über, um dann die Säure HCl und die Base NaOH und zuletzt die diesen letzeren entsprechenden Elemente: das Metalloid Chlor und das Metall Natrium zu betrachten.

Chlornatrium, (Natriumchlorid), NaCl, ist das allgemein bekannte, gewöhnliche Kochsalz: es findet sich im Urgebirge der Erdkruste [2]), aus welchem es durch das atmosphärische Wasser allmählich gelöst wird und in geringer Menge in alle fliessenden Wasser gelangt, die es den Meeren und Ozeanen zuführen. Durch diesen Prozess

---

2) Zu den Gesteinen der Urformation rechnet man diejenigen, die keine durch Absetzen aus dem Wasser bedingte Schichtenbildung zeigen, keine Pflanzen- und Thierreste enthalten, sich unter den abgesetzten Erdschichten befinden und überall ihrer Zusammensetzung und ihrer, gewöhnlich krystallinischen Struktur nach gleichartig sind. Nimmt man an, dass die Erde sich ursprünglich in einem feurig-flüssigen Zustande befand, so gehören zur Urformation die Gesteine, welche zuerst die feste Erdrinde bildeten. Aber selbst bei Annahme dieser Hypothese über die Entstehung der Erde muss zugegeben werden, dass auf die ursprünglich gebildete Erdkruste die darauf folgenden Sedimente aus dem Wasser verändernd einwirkten; es sind daher als Urgesteine diejenigen anzusehen, aus deren Zersetzungsprodukten (unter dem Einfluss der Atmosphäre, des Wassers, vulkanischer Ausbrüche, der Organismen u. s. w.) alle Gesteinsarten und Substanzen der Erdoberfläche entstanden sind. Die Entstehung der verschiedenen Gesteine lässt sich nach den bis jetzt bekannten Thatsachen nur bis zur Urformation verfolgen, zu der z. B. die Granite, Gneisse und Porphyre gehören.

hat sich im Laufe der Zeit, seit dem Bestehen der Erde, das Kochsalz in grosser Menge in den Ozeanen angesammelt, deren Wasser unter Zurücklassung des Salzes verdunstete. Das Meerwasser ist nicht nur die Quelle zur direkten Gewinnung des darin gelösten Salzes, sondern es verdanken ihm ihre Entstehung auch die Steinsalzlager und die Salzquellen und Salzseen, aus denen gleichfalls Kochsalz gewonnen wird.

Die Gewinnung des Kochsalzes *aus dem Meerwasser* geschieht auf verschiedene Weise. In südlichen Gegenden, namentlich an den Ufern des Atlantischen Ozeans, des Mittelländischen und des Schwarzen Meeres benutzt man dazu die heisse Sommerzeit, indem man an niedrig gelegenen Ufern Reihen von mit einander kommunizirenden flachen Bassins anlegt, welche von dem Meere entweder

Fig. 104. Das in der Bretagne übliche Verfahren zur Gewinnung des Kochsalzes aus dem Meerwasser durch Verdunsten des letztern in Bassins.

durch natürliche Erhöhungen oder durch aufgeworfene Wälle geschieden sind. In die höher gelegenen Bassins lässt man das Meerwasser während der Fluth einfliessen oder schafft es mittelst Pumpen hinein. Eine merkliche Verdunstung des eingelassenen Wassers beginnt schon im April. In dem Maasse wie das Wasser verdunstet, lässt man es in die folgenden Bassins fliessen, während man das obere Bassin wieder mit frischem Meerwasser füllt, oder man richtet es so ein, dass das Wasser allmählich durch die verschiedenen Bassins fliesst. Selbstverständlich muss der Boden der Bassins möglichst undurchlässig für Wasser sein und er wird daher mit Lehm ausgelegt. Die Ausscheidung der Kochsalz-Krystalle beginnt, wenn die Verdunstung so weit vorgeschritten ist, dass der Salzgehalt auf 28 pCt. gestiegen ist, was 28^0 des Aräometers von Baumé entspricht. Die Krystalle werden dann herausgeschöpft und finden ohne weiteres als Kochsalz Verwendung. Gewöhnlich schöpft man nur die erste Hälfte des Chlornatriums aus, das sich aus dem Meerwasser ausscheiden kann, weil die andere Hälfte einen bitteren Geschmack besitzt, der von einer Beimengung von Magnesiumsalzen, die sich zugleich mit dem Kochsalz ausscheiden, herrührt. In einigen Gegenden, wie z. B. im Rhône-Delta, auf der Insel Camargue, lässt man das Wasser vollständig verdunsten,[3]) um auch die Magnesium- und Kaliumsalze, die sich zuletzt ausscheiden, zu gewinnen. Beim Verdunsten des Meerwassers scheiden sich nämlich verschiedene Salze aus. In dem Wasser der Ozeane ist das Chlornatrium in solcher Menge enthalten, dass es bei der Verdunstung, trotz seiner leichten Löslichkeit, das Wasser bald sättigt und sich auszuscheiden beginnt. Aus 100 Theilen Ozeanwasser scheidet sich bei der natürlichen und künstlichen Verdunstung anfangs etwa ein Theil ziemlich reinen Kochsalzes aus, von welchem im Ganzen gegen $2^1/_2$ pCt. im Wasser enthalten sind. Der Rest des Kochsalzes scheidet sich schon zugleich mit den bitteren Magnesiumsalzen aus, welche die Hauptbeimengung des im Meerwasser enthaltenen Kochsalzes ausmachen. Ihrer grossen Löslichkeit und ihrer geringen Menge wegen (die weniger als 1 pCt. beträgt) scheiden sich diese Magnesiumsalze in den ersten Krystallisationen nur als eine unbedeutende Beimengung zum Kochsalze aus, während in den folgenden Krystallisationen ihre Ausscheidung zugleich mit dem Kochsalze erfolgt. Gleichzeitig und selbst noch vor dem Kochsalz scheidet sich aus dem Meerwasser, infolge seiner geringen Löslichkeit der darin enthaltene Gyps oder das schwefelsaure Calcium, $CaSO_4 2H_2O$, aus. Nach der Ausscheidung ungefähr der Hälfte des Kochsalzes, scheidet sich bei der weiteren Verdunstung des Meerwassers ein Gemisch von Kochsalz mit schwefelsaurem Magnesium aus, worauf dann die Ausscheidung des Chlorkaliums und Chlormagnesiums beginnt, welche in gemeinschaftlicher Verbindung als Doppelsalz $KMgCl_3 6H_2O$ auskrystalliren. Dieses in der Natur vorkommende Salz wird Karnallit

---

3) Die Kaliumsalze (das sogen. Sommersalz) wurden auf der Insel Camargue noch in den 60-ger Jahren gewonnen, jetzt aber erhält man sie viel billiger in Stassfurt, wo die Verdampfung und Ausscheidung des Salzes auf natürlichem Wege vor sich gegangen ist, so dass das Stassfurter Salz nur der Reinigung unterworfen zu werden braucht, welche auch das aus dem Meerwasser gewonnene «Sommersalz» erfordert.

genannt und ist als eine Krystallhydrat-Verbindung von KCl mit MgCl^2 anzusehen [4]). Nach der Ausscheidung des Karnallits bleibt eine sirupartige Mutterlauge zurück, welche viel Chlormagnesium im Gemisch mit verschiedenen anderen Salzen enthält [5]). Meistens lässt man das Meerwasser nur verdunsten, um Chlornatrium daraus zu gewinnen; sobald sich daher merkliche Beimengungen von Magnesiumsalzen [6]) auszuscheiden beginnen, lässt man die übriggebliebene Lösung wieder in das Meer fliessen.

Derselbe Process, den man jetzt künstlich zur Gewinnung des Salzes aus dem Meerwasser anwendet, ging fortwährend im Laufe der verschiedenen geologischen Perioden seit dem Bestehen der Erde in grossartigem Maasstabe vor sich; durch das Emporheben einzelner Gegenden wurden Meerestheile von der übrigen Wassermasse losgerissen (das Todte Meer z. B. ist ein von dem Mittelländischen und der Aralsee ein von dem Kaspischen Meere abgetrennter Theil), das Wasser verdunstete und, wenn die Masse des zufliessenden Süsswassers geringer war, als die des verdunstenden Wassers, so bildete sich Steinsalz. Ein steter Begleiter des Steinsalzes muss der mit demselben auch in der That immer vorkommende Gyps sein, der sich aus dem Meerwasser noch vor dem Chlornatrium ausscheidet. Wo man Gypsschichten antrifft, kann man daher auch nach Kochsalz suchen. Der Gyps bleibt aber (als ein wenig lösliches Salz) an der Stelle seiner Ablagerung zurück, während das Kochsalz (seiner Löslichkeit wegen) durch Regen und fliessendes Süsswasser gelöst und fortgetragen werden kann, so dass in Gypslagern das Kochsalz auch fehlen kann, während

---

4) Das Doppelsalz von KCl und MgCl^2 bildet sich nur in Lösungen, welche einen Ueberschuss von MgCl^2 enthalten, da Wasser, indem es das löslichere MgCl^2 auszieht, zugleich das Doppelsalz zersetzt.

5) Da eine Grundeigenschaft der Salze die Austauschfähigkeit ihrer Metalle ist, so lässt sich nicht feststellen, welche Salze im Meerwasser enthalten sind, denn sicher ist nur, dass das Wasser die Metalle M (einwerthige, wie Na und K, und zweiwerthige, wie Mg und Ca) und die Halogene X (und zwar einwerthige, wie Cl, Br und zweiwerthige, wie SO^4 und CO^3) enthält, welche darin in den verschiedensten Kombinationen vertheilt sein können; das K z. B. kommt als KCl, KBr, K^{2}SO^4 vor, desgleichen die Metalle Na, Mg und Ca. Beim Eindampfen scheiden sich die verschiedenen Salze in der Reihenfolge aus, welche durch die Sättigungsgrenze bedingt wird. Einen Beweis hierfür gibt uns das Verhalten der Lösung eines Gemisches von NaCl und MgSO^4 (beide Salze werden, wie oben erwähnt, aus dem Meerwasser gewonnen); beim Eindampfen scheidet diese Lösung Krystalle der beiden darin enthaltenen Salze aus, beim Abkühlen zuerst das Salz Na^{2}SO^4 10H^{2}O, weil bei niederen Temperaturen dessen Sättigungsgrenze zuerst erreicht wird. Die Lösung muss also, ausser MgSO^4 und NaCl, auch die Salze MgCl^2 und Na^{2}SO^4 enthalten. Dasselbe ist auch im Meerwasser der Fall.

6) Das aus dem Meerwasser gewonnene Salz setzt man in Haufen dem Regen aus, damit es durch das Regenwasser gereinigt (raffinirt) werde, denn letzteres sättigt sich bald mit dem Kochsalz und löst dann nur noch die Beimengungen desselben auf.

umgekehrt, überall wo Kochsalz vorhanden ist, auch Gyps angetroffen wird. Da die geologischen Veränderungen, denen unsere Erdoberfläche unterliegt, natürlich fortdauern, so erscheinen auch jetzt an Stelle früher vorhandener, aber nun zurückgewichener Meere Salzseen, zuweilen in bedeutender Ausdehnung. Auf solche Weise sind viele der Salzseen entstanden, die sich an den Niederungen der Wolga und in den Kirgisensteppen befinden, wohin sich in einer, der gegenwärtigen vorausgegangenen geologischen Epoche das Aralisch-Kaspische Meer erstreckt haben muss. Zu diesen Salzseen gehören der See von Baskuntschak (im Kreise Krasnojarsk des Gouvernements Astrachan, eine Fläche von 112 Quadr.-Kilometer einnehmend), der Eltonsee (200 Quadratkilometer gross, in einer Entfernung von 149 Kilometern vom linken Wolgaufer) und eine Menge (gegen 700) anderer Salzseen in den Wolganiederungen. In denjenigen dieser Seen, zu welchen der jährliche Zufluss von Süsswasser geringer ist, als das verdunstende Wasser, und die schon so viel Salz enthalten, dass ihr Wasser gesättigt ist, muss entweder bereits ausgeschiedenes Salz am Boden vorhanden sein, oder es muss sich solches jährlich während des Sommers ausscheiden. Derselbe Charakter kommt auch einigen an den Ufern des Asowschen Meeres, z. B. in der Nähe von Genitschesk und Berdjansk gelegenen Seen zu. Auch der salzdurchtränkte Boden einiger mittelasiatischer Steppengegenden, in denen Mangel an atmosphärischen Niederschlägen herrscht, ist auf dieselbe Weise entstanden, indem das Meer allmählich austrocknete und das zurückgebliebene Salz vom Süsswasser noch nicht ausgewaschen werden konnte. Als Hauptergebniss dieses in der Natur vor sich gegangenen Prozesses erscheinen die grossen Steinsalzmassen, welche aber allmählich von dem in das Erdreich dringenden Wasser wieder weggewaschen werden. Das fortwährend durch die Steinsalzlager sickernde Wasser kommt an verschiedenen Stellen der Erdoberfläche in Form von *Salzquellen* zum Vorschein. Salzquellen zeigen folglich das Vorhandensein von Steinsalzlagern in der Tiefe an. Wenn das unterirdische Wasser längere Zeit über Salzschichten fliesst, so sättigt es sich mit dem Salze, wird dann aber beim Weiterfliessen über wasserundurchlässige (Thon-) Schichten mit dem durch den Boden dringenden Süsswasser wieder verdünnt. Je weiter daher eine Salzquelle von dem von ihm durchflossenen Steinsalzlager entfernt ist, desto geringer wird ihr Salzgehalt sein; dagegen kann man durch bis ins Salzlager dringende tiefe Bohrungen vollkommen gesättigte Salzsoolen erhalten. Richtet man sich nach den vorhandenen Salzquellen und der Lage der Erdschichten, so kann man zu den Steinsalzlagern selbst gelangen, welche sich zuweilen tief unter anderen Erdschichten befinden. Auf solche Weise sind in der Nähe von Brjanzewka und Dekonowka im Kreise Bachmut des Gouvernements Jekaterinoslaw in einer Tiefe von 20 Metern Steinsalzlager von 35 Meter Mächtigkeit aufgefunden worden, aus denen (seit 1880) das schönste Steinsalz in grossen Mengen gewonnen wird. Als Richtschnur dienten bei der Auffindung dieser Salzlager die in der Nähe von Slawjansk und Bachmut befindlichen Salzquellen und die Bohrlöcher, welche in der Gegend zur Gewinnung von konzentrirten (gesättigten) Salzsoolen angelegt worden waren. In erster Reihe müssen aber in dieser Beziehung die so viel Bemerkenswerthes bietenden Steinsalzlager von Stassfurt (südlich von Magdeburg) genannt werden. Die zahlreichen salzhaltigen Quellen in dieser und den benachbarten Gegenden liessen schon frühe auf die Existenz von Salzlagern schliessen [7]) und mittelst tiefer Bohrungen erhielt man in der That an Salz sehr reiche, ja selbst gesättigte Soolen. Durch noch tiefer dringende Bohrungen erreichte man Salzlager, deren oberste Schichten aus bitterem, ungeniessbarem Salze bestanden, welches infolge dessen Abraumsalz genannt wurde. Bei noch weiterem Eindringen in die Tiefe gelangte man endlich zu mächtigen Lagern von wirklichem Steinsalz. Die oberen Salzschichten des Stassfurter Lagers, welche ausserdem noch verschiedene Kalium-, Magnesium- und Natriumsalze enthalten, liefern uns den augenscheinlichen Beweis, dass das Steinsalz aus dem Meerwasser stammt. Selbstverständlich ist es, dass nicht nur die vollständige Verdampfung eines Meeres, bis zur Ausscheidung von Karnallit, sondern auch der Umstand, dass die so leicht löslichen, sich aus dem Meerwasser nach dem Kochsalze ausscheidenden Salze unter anderen Erdschichten sich bis auf unsere Zeit erhalten haben, als ganz exklusive Erscheinungen zu betrachten sind. Das Stassfurter Salzlager hat daher in wissenschaftlicher Beziehung eine grosse Bedeutung, ganz abgesehen davon, dass es ein so reicher Fundort an Kaliumsalzen ist, die in der Technik vielfach verwendet werden. Längst bekannte Fundorte von Steinsalz sind die von

---

[7]) Als die deutschen Gelehrten, gestützt auf die über die Bohrlöcher und die Richtung der Erdschichten gesammelten Daten, genau die Stelle und Tiefe der Salzlager in Stassfurt angegeben hatten und die von der Regierung ausgeführten Bohrungen auf eine Salzschicht gestossen waren, die bitteres und ungeniessbares Salz enthielt, so fehlte es nicht an Stimmen, die in ihrer Unwissenheit die Wissenschafft verhöhnten, und der Erfolg erschien so zweifelhaft, dass sogar die weiteren Arbeiten zur Vertiefung der bereits angelegten Schachte eingestellt werden mussten. Es kostete nicht wenig Anstrengungen die Regierung zur Fortsetzung der Arbeiten zu bewegen. Jetzt, nachdem die tiefer liegenden mächtigen Schichten reinen Salzes zu den bedeutenden Reichthümern Deutschlands gezählt werden und die zuerst angetroffenen «Abraumsalze» sich als die werthvollsten erwiesen haben (zur Gewinnung der Salze des K und Mg) müssen die Stassfurter Salzlager als eine der wissenschaftlichen Errungenschaften zum Nutzen der Menschheit betrachtet werden.

Wieliczka in der Nähe von Krakau und die von Cordowa in Spanien. In Russland sind bekannt: a) die direkt zu Tage tretenden grossartigen, massiven Steinsalzlager der *Iletzkaja Zastschita*, am linken Ufer des Uralflusses im Gouvernement Orenburg, (die Ausdehnung dieses Lagers beträgt 3 Quadr.-Kilom. und die Mächtigkeit 140 Meter), b) die Fundorte von *Tschingak* im Kreise Jenotajewsk des Gouv. Astrachan (96 Kilom. von der Wolga); c) von *Kuljpinsk* im Kaukasus am Araxes im Gouv. Eriwan (die Mächtigkeit des Lagers erreicht 150 Meter); d) von *Kagyzman* im Gebiete von Kars und e) von Krasnowodsk in Transkaspien.

Wenn das in die Erde dringende Wasser längere Zeit hindurch mit dem Steinsalze in Berührung bleibt, so bilden sich gesättigte Salzsoolen, welche man mittelst Bohrlöcher gewinnen kann, wie dies z. B. in den Gouvernements von Perm, Charkow und Jekaterinoslaw geschieht. In Berchtesgaden in Baiern (im Salzkammergut) dagegen wird das unter der Erde befindliche mit viel Thon vermengte Steinsalz durch künstlich zugeleitetes Wasser ausgelaugt. Bei geringem Salzgehalt verursacht die Konzentration der Salzsoolen durch Eindampfen zu grosse Kosten und man benutzt daher eine billigere Methode, indem man die Verdunstung der Salzlösung durch den Wind bewirken lässt. Man errichtet zu diesem Zwecke sogenannte *Gradirwerke*, welche sich zuweilen mehrere Kilometer weit hinziehen und zwar in einer zum herrschenden Winde senkrechten Richtung. Die Gradirwerke sind offene mit Reisig ausgefüllte Gerüste, über welche eine Rinne a (Fig. 105) läuft, in die das zu verdunstende Salzwasser hinaufgepumpt wird. Beim Ueberfliessen aus dieser Rinne vertheilt sich das Wasser über den Reisig in dünnen Schichten, die eine grosse Verdunstungs-Fläche aufweisen, infolge dessen während der warmen Jahreszeit und bei windigem Wetter die herabfliessende Salzlösung schnell konzentrirt wird.

Fig. 105. Gradirwerk zum Verdunsten des Wassers von Salzquellen. 1/100.

In einem grossen unter dem Gradirwerk angebrachten Reservoir sammelt sich allmählich die abtropfende Lösung, welche dann meistens noch ein zweites und drittes Mal hinaufgepumpt wird, um diejenige Konzentration zu erreichen, bei welcher es sich als vortheilhaft erweist, die weitere Verdunstung durch direktes Erwärmen zu bewirken. Gewöhnlich lässt man die Verdunstung auf dem Gradirwerk so weit gehen, dass der Salzgehalt der Lösung auf 12—15 pCt. steigt. Natürliche Salzsoolen von genügender Konzentration lässt man ebenso wie die auf den Gradirwerken konzentrirten Lösungen in grossen, flachen Pfannen, aus zusammengenieteten Eisenplatten, eindampfen, welche direkt entweder von unten oder von der Oberfläche aus erwärmt werden. Um das Eindampfen zu beschleunigen und an Brennmaterial zu sparen, wendet man die verschiedensten Mittel an; man stellt künstliche Zugvorrichtungen her, damit die sich bildenden Wasserdämpfe fortgeführt werden, benutzt zum Vorwärmen die entweichenden Wasserdämpfe und den Rauch. Die zuerst auskrystallisirenden Antheile enthalten fast immer Gyps, welcher, wie gesagt, meistens dem Steinsalze beigemengt ist. Die weiteren Antheile bestehen aus reinem Salz, das in dem Maasse, wie es sich ausscheidet, ausgeschöpft und auf geneigte Bretter gebracht wird, von denen die mitgeschöpfte Lösung abfliessen kann. Das Salz wird getrocknet und stellt dann das sogen. Siedsalz dar. Seitdem aber, Dank den neueren Forschungen, die Möglichkeit geboten ist, die Steinsalzlager selbst aufzufinden, ist die früher allgemein verbreitete Gewinnung des Kochsalzes durch Eindampfen von Salzsoolen eingestellt worden und wird nur noch dort ausgeübt, wo ganz billiges Brennmaterial zu haben ist.

Um sich über die Bedeutung der Salzgewinnung eine richtige Vorstellung zu machen, genügt es darauf hinzuweisen, dass auf jeden Einwohner eines Landes im Mittel jährlich etwa 8 Kilo Kochsalz zur Nahrung und zur Erhaltung des Viehs verbraucht werden. In Ländern, wo das Kochsalz ausserdem vielfach Verwendung in der Technik findet, so namentlich in England, wird noch eine fast ebenso grosse Menge Kochsalz zur Darstellung von Chlor und Natrium enthaltenden Substanzen, hauptsächlich von Soda und Chlorverbindungen (Chlorkalk und Salzsäure) verwendet.

Obgleich manche Steinsalzstücke und Siedsalz-Krystalle fast reines Chlornatrium darstellen, enthält das im Handel befindliche Kochsalz gewöhnlich verschiedene Beimengungen, unter denen Magnesiumsalze am häufigsten sind. Ist das Kochsalz rein, so gibt dessen Lösung beim Zusatz von Soda, Na^2CO^3, keinen Niederschlag; wenn aber Magnesiumsalze vorhanden sind, so wird kohlensaures Magnesium $MgCO^3$, das in Wasser unlöslich ist, gefällt. Das Steinsalz, das man zum Gebrauche zerkleinert, enthält ausserdem meistens eine grössere oder geringere Beimengung von Thon und and. unlöslichen Bestandtheilen [8]). Zum gewöhnlichen Gebrauche ist

---

8) In Steinsalzlagern sieht man gewöhnlich sehr dünne Zwischenschichten, die

der grösste Theil des Steinsalzes ohne weitere Reinigung vollkommen tauglich. Soll dasselbe aber gereinigt werden, so löst man es wieder auf und lässt die abgestandene Lösung krystallisiren, wobei aber die Verdunstung nur so weit gehen darf, dass die Beimengungen in der Mutterlauge bleiben können. Um für chemische Zwecke vollkommen reines Chlornatrium zu erhalten, verfährt man am einfachsten in der Weise, dass man in die gesättigte Lösung des Salzes Chlorwasserstoffgas einleitet, wobei das Salz, infolge seiner Unlöslichkeit in einer konzentrirten Lösung von HCl, gefällt wird, während die Beimengungen in Lösung bleiben. Diese Operation wiederholt man, bringt das Salz zum Schmelzen (wobei alles HCl entweicht) und lässt das reine Chlornatrium durch Eindampfen seiner Lösung noch umkrystallisiren [9]).

Das reine Chlornatrium ist in gut ausgebildeten Krystallen (die man aus einer langsam verdunstenden Lösung erhalten kann) oder in kompakten Massen (wie sie zuweilen im Steinsalz angetroffen werden) eine farblose und durchsichtige Substanz, spröder, jedoch weniger hart, als Glas. [10]) Es krystallisirt in den Formen des tesseralen Systems, meistens in Würfeln, selten in der Kombination von Würfel und Oktaeder. In manchen Steinsalzlagern sind grosse durchsichtige Würfel von Kochsalz aufgefunden worden, deren Kanten eine Länge von 10 Centimetern erreichten. [11]) Bei schnellem Eindampfen von Kochsalz-Lösungen erhält man dasselbe nur in ganz

---

nur durch die verschiedene Strahlenbrechung zu bemerken sind. In den ausgezeichnet angelegten Salzbergwerken von Brjantzewka der Hrn. Letunowsky und Ko. zählte ich, wenn ich mich dessen recht erinnere (1888), im Mittel auf je einen Meter Tiefe gegen 10 solcher Zwischenschichten, zwischen denen das im Allgemeinen sehr reine Salz vollständig durchsichtig war. Da die Mächtigkeit dieses Salzlagers gegen 35 Meter beträgt, so müssen gegen 350 Zwischenschichten darin vorhanden sein. Dieselben entsprechen aller Wahrscheinlichkeit nach den Jahresablagerungen. Ist dieses in der That der Fall, so muss die Ablagerung in ungefähr 350 Jahren vor sich gegangen sein. Dieselbe Erscheinung muss jetzt auch in den Salzseen, in welchen Ausscheidungen von Salz stattgefunden, beobachtet werden können.

9) Auf diese Weise werden, wie ich mich selbst überzeugte, nicht nur die beigemengten schwefelsauren Salze, sondern auch die Kaliumsalze vollständig entfernt.

10) Nach den Bestimmungen von Klodt kann das Steinsalz von Brjantzewka beim Zusammendrücken einen Widerstand von 340 Kilogr. auf einen Quadratcentimeter leisten: Glas hält 1700 Kilogr. aus. In dieser Beziehung gewährt das Steinsalz eine zweimal grössere Sicherheit, als ein Bau aus Ziegeln und man kann daher beim Abbau von Salzlagern, sich auf die Festigkeit des Steinsalzes selbst verlassend, gefahrlos grosse Massen von Salz herausbefördern, ohne Stützen anbringen zu müssen.

11) Um gut ausgebildete Krystalle zu erhalten, vermischt man eine gesättigte Kochsalzlösung mit $FeCl^3$, bringt einige Kryställchen von NaCl hinein und lässt allmählich (in einem lose bedeckten Gefässe) verdunsten. Beim Zufügen von Borax, Harnstoff u. a. erhält man Kombinationen von Würfeln und Oktaëdern. Schöne Kochsalzkrystalle bilden sich in gallertartiger Kieselerde.

kleinen Krystallen, während bei langsamem Verdunsten sehr grosse Krystalle entstehen können. Geht die Verdunstung in offenen Räumen vor sich, so scheidet sich das Kochsalz auf der Oberfläche [12]) der Lösung in Würfeln aus, die mit einander zu vierseitigen, eine Pyramide bildenden Trichtern verwachsen, wie dieses *Fig. 106* veranschaulicht. Solche Krystallverwachsungen erscheinen zuweilen bei ruhigen Wetter; sie können sich bedeutend vergrössern, und schwimmen so lange, bis das Wasser in die Trichter dringt, welche dann sinken.

Das Kochsalz schmilzt bei 774^0 (nach Carnelley) zu einer farblosen Flüssigkeit (sp. Gew. 1,602, nach Quincke) und erstarrt, wenn es vollkommen rein ist, zu einer nichtkrystallinischen Masse, während unreines Kochsalz nach dem Schmelzen eine undurchsichtige Masse von rauher Oberfläche bildet. Beim Schmelzen beginnt schon das Chlornatrium sich zu verflüchtigen (sein Gewicht nimmt ab) und bei Weissgluth vedampft es vollständig; bei gewöhnlicher Temperatur ist es, wie die meisten Salze, als eine nicht flüchtige Substanz anzusehen, doch sind bis jetzt keine hierauf bezüglichen genauen Versuche angestellt worden.

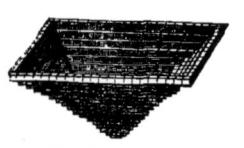

Fig. 106. Krystallverwachsung von Kochsalzwürfeln

---

12) Wird eine Lösung von NaCl langsam und von oben erwärmt, so muss in der oberen Schicht, wo die Verdampfung stattfindet, die Sättigung früher eintreten, als in den unteren kälteren Schichten, — daher beginnt die Krystallisation auch von der Oberfläche und ein zuerst gebildetes Kryställchen hält sich, indem es in seinem oberen Theilen trocknet, so lange auf der Oberfläche der Lösung bis vollständige Benetzung eintritt. Dann sinkt das Kryställchen, da es schwerer als die Lösung ist, theilweise in dieselbe ein, während die inzwischen wieder an der Oberfläche entstehenden Kryställchen sich an die Kanten der zuerst entstandenen ansetzen. Auf diese Weise bildet sich ein vierseitiger Trichter, der sich (wenn das Wasser nicht bewegt ist) auf dem Wasser schwimmend erhält, indem die sich immer wieder bildenden Kryställchen grösstentheils sich an den oberen Kanten der zuletzt gebildeten ansetzen. Auf diese Weise erklärt sich die auf den ersten Blick so merkwürdige trichterförmige Verwachsung der Kochsalz-Krystalle. Dass aber unter den gegebenen Bedingungen die Krystallisation nicht in den unteren Schichten, sondern von oben aus beginnt, erklärt sich durch das spezifische Gewicht, das für die NaCl Krystalle = 2,16 ist, während eine bei $25^°$ gesättigte Lösung 26,7 pCt NaCl enthält und ein spez. Gew. von 1,2004 bei $25°/4°$ hat; der Gehalt einer bei $15°$ gesättigten Lösung beträgt 26,5 pCt und das spez. Gew. 1,203 bei $15°.4°$. Es ist folglich eine bei höherer Temperatur gesättigte Lösung, trotz des grösseren Salzgehaltes, dennoch spezifisch leichter. Eine *Krystallisation von der Oberfläche* der Lösung aus kann bei vielen Substanzen darum nicht erfolgen, weil die Löslichkeit derselben mit der Temperatur schneller zunimmt, als das spezifische Gewicht abnimmt. Die gesättigte Lösung bildet dann auch immer die unterste Schicht, von welcher aus die Krystallisation erfolgt. Es kommt noch hinzu, dass beim Erwärmen von Wasser und Lösungen von oben (z. B. durch die Sonnenstrahlen), die wärmeren Schichten, als die leichteren oben bleiben, während beim Erwärmen von unten die wärmeren Schichten aufsteigen. Daher ist das Wasser in der Tiefe immer kälter, was eine längst bekannte Thatsache ist. Hierdurch und durch

Das spezifische Gewicht einer gesättigten Kochsalz-Lösung [13]) (deren Gehalt 26,4 pCt. beträgt) ist bei Zimmertemperatur 1,2, das der Krystalle 2,16. Bei gewöhnlicher und bei höherer Temperatur aus seiner Lösung ausgeschiedenes Kochsalz enthält kein Krystallisationswasser [14]); wenn es aber bei niedriger Temperatur auskrystallisirt, und zwar aus einer bis auf—$12°$ abgekühlten gesättigten Lösung, so erscheinen prismatische Krystalle, die zwei Wassermolekeln enthalten: $NaCl\ 2H^2O$. Bei Zimmertemperatur zerfallen diese Krystalle in NaCl und dessen Lösung. [15]) Beim Abkühlen ungesättigter Kochsalz-Lösungen unter $0°$ erhält man Eiskrystalle, [16]) wenn

die Beobachtungen von Soret (Kap. 1. Anm. 19) erklären sich die Unterschiede in der Dichte, der Temperatur und dem Salzgehalte der Ozeane unter verschiedenen Breitengraden (in polaren und tropischen Gegenden) und in verschiedenen Tiefen.

13) Durch Zusammenfassen der von Poggiale, Möller und Karsten erhaltenen Daten (die augenscheinlich genauer sind, als die von Gay-Lussac und anderen) fand ch, dass in einer gesättigten Lösung bei Temperaturen (t) von $0°$ bis $108°$ auf 100 g Wasser $35,7 + 0,024\ t + 0,0002\ t^2$ g Salz enthalten sind. Nach dieser Formel ist die Löslichkeit bei $0° = 35,7$ g ($= 26,3$ pCt): dieselbe beträgt nach Karsten 36,09, nach Poggiale $= 35,5$ und nach Möller 35,6 g. Diese ziemlich bedeutenden Unterschiede, die man in den Angaben über eine so gewöhnliche Substanz wie das NaCl antrifft, weisen auf die Nothwendigkeit neuer genauerer Bestimmungen hin.

14) Vollkommen reines *geschmolzenes* Kochsalz ist, nach Karsten, nicht hygroskopisch, während das krystallisirte Salz, selbst wenn es vollständig rein ist, nach Stas, aus feuchter Luft bis zu 0,6 pCt Wasser anzieht. In den Bergwerken von Brjantzewka (Anm. 8), in denen die Temperatur das ganze Jahr hindurch $+ 10°$ ist, lässt sich beobachten, wie mir Hr. Klodt mittheilte, dass während des Sommers und bei feuchter Witterung auch die Wände feucht, im Winter dagegen trocken werden. Es stimmt dies damit überein, dass die Dampfspannung der Lösungen einer bestimmten Grösse entspricht, die kleiner, als die für Wasser ist (pag. 103).

Hygroskopischer wird das Kochsalz, wenn es solche Beimengungen wie $MgSO^4$ u. a. enthält. Bei einem Gehalt an $MgCl^2$ beginnt es in feuchter Luft zu zerfliessen. Krystallisirtes, nicht vollkommen reines Kochsalz zerknistert beim Erwärmen infolge von eingeschlossenem Wasser. Reines Kochsalz, ebenso wie durchsichtiges Steinsalz und einmal geschmolzenes Salz zerknistert nicht. Geschmolzenes NaCl wirkt au Lakmus schwach alkalisch, was durch einen Gehalt an Natriumoxyd bedingt ist (das sich wol durch die Einwirkung des Sauerstoffs der Luft während des Schmelzens bildet); diese Thatsache ist durch viele Beobachtungen festgestellt worden. Auf sehr empfindliches Lakmus (das mit Alkohol ausgewaschen und mit Oxalsäure neutralisirt worden war) zeigt, nach einer Angabe von A. Stscherbakow, selbst krystallisirtes Kochsalz eine schwach alkalische Reaktion.

Im Steinsalz trifft man zuweilen in kleinen Höhlungen eine farblose Flüssigkeit; einige Steinsalzarten besitzen einen Kohlenwasserstoff-Geruch. Bis jetzt ist diese Erscheinung noch wenig erforscht.

15) Indem ich eine bei gewöhnlicher Temperatur gesättigte Kochsalzlösung auf $-15°$ abkühlte, erhielt ich zuerst gut ausgebildete tafelförmige (sechsseitige) Krystalle, welche bei Zimmertemperatur zerfielen (unter Ausscheidung von wasserfreiem NaCl); darauf bildeten sich aus derselben Lösung prismatische bis zu 20 mm. lange Nadeln. Was hier die Ursache der verschiedenen Krystallisation ist, habe ich bis jetzt nicht untersuchen können. Auch das Salz $NaJ\ 2H^2O$ krystallisirt bekanntlich in Tafeln und Prismen. Das Bromnatrium krystallisirt bei gewöhnlicher Temperatur gleichfalls mit einem Gehalt an $2H^2O$.

16) Wie einfach auch die Beobachtungen über die Eisbildung in Salzlösungen

aber die Zusammensetzung der Lösung der Formel NaCl $10H^2O$ entspricht, so erstarrt dieselbe bei einer Temperatur von -23^0 vollständig. Eine kochend gesättigte Kochsalzlösung siedet bei 109^0 und enthält auf 100 Thl. Wasser ungefähr 42 Thl. Salz.

Von den physikalischen Eigenschaften der Chlornatrium-Lösungen ist am vollständigsten das spezifische Gewicht erforscht. Aus der Zusammenstellung der Daten von Kremers, Gerlach, Schmidt, Marignac, Thomsen, Nichol und Bender ergibt sich [17]), dass das spezifische Gewicht einer Chlornatriumlösung (im luftleeren Raume und

---

erscheinen, so sind die bis jetzt vorhandenen Angaben, selbst über das NaCl, noch immer nicht genügend vollständig und übereinstimmend. Nach Blagden und Raoult ist die Temperatur der Eisbildung aus einer Lösung, die auf 100 g Wasser c Gramm Salz enthält $=-0{,}6$ c, bis zu $c=10$, nach Rosetti $=-0{,}649$ c bis zu $c=8{,}7$, nach Coppet (bis zu $c=10$) $=-0{,}55c-0{,}006c^2$, nach Karsten (bis zu $c=10$) $=-0{,}762c+0{,}0084c^2$, Guthrie endlich erhielt viel niedrigere Zahlen. Nimmt man die Zahlen von Rosetti an und wendet die in der Anm. 49, S. 105 gegebene Regel an, so erhält man $i=0{,}649$. $58{,}5/18{,}5=205$.

Nicht weniger auseinander gehend sind die Angaben für konzentrirte Lösungen. So z. B. bildet sich Eis in einer Lösung, die 20 pCt. NaCl enthält, nach Karsten bei $-14{,}4^0$, nach Guthrie bei $-17{,}0^0$ und nach Coppet bei $-17{,}6^0$. Rüdorff nimmt an, dass bei starken Lösungen die Temperatur der Eisbildung proportional dem Gehalt an NaCl $2H^2O$ (auf 100 g Wasser) um $0{,}342^0$ für 1 g Salz abnimmt, während nach Coppet eine Proportionalität streng genommen weder für einen Gehalt an NaCl, noch an NaCl $2H^2O$ angenommen werden kann. Ebenso unsicher sind die Angaben über die Dampfspannung und Siedetemperatur der Lösungen des NaCl.

17) Eine Zusammenfassung der Angaben über das spezifische Gewicht der Lösungen von NaCl und anderer, bis jetzt mehr oder weniger genau untersuchter wässriger Lösungen habe ich in meinem im 1-ten Kap. Anm 19 zitirten Werke gegeben.

Auch die Diffusion der Kochsalzlösungen ist öfters der Untersuchung unterzogen worden, doch sind bis jetzt hierüber keine vollständigen Angaben vorhanden. Nach Graham und de Vries geht in gallertartigen Massen (z. B. in erstarrter Gelatine oder in gallertartiger Kieselerde) die Diffusion ebenso vor sich, wie in Wasser, was aller Wahrscheinlichkeit nach als eine sehr bequeme und genaue Methode zur Erforschung der Diffusions-Erscheinungen benutzt werden kann. N. Umow untersuchte (1888 in Odessa) die Diffusion des Kochsalzes, indem er in Cylinder, in welche er über eine Schicht von Kochsalzlösung Wasser gegossen hatte, Glaskugeln von bestimmter Dichte brachte und dann im Laufe von Monaten die Lage (Höhe) dieser Kugeln beobachtete, welche in dem Maasse, wie das Salz in die oberen Schichten drang, allmählich aufschwammen. Auf diese Weise fand er, dass bei konstanter Temperatur die Entfernung zwischen den einzelnen Kugeln (d. h. die Länge der sich zwischen zwei Schichten von bestimmter Konzentration befindenden Wassersäule) konstant blieb, dass in einem gegebenen Zeitmomente die Konzentration g der verschiedenen sich in einer Tiefe von z befindlichen Schichten durch die Gleichung: $B-kz=\log(A-q)$ ausgedrückt werden kann, in der A, B und K Konstanten sind, dass die Diffusions-Geschwindigkeit der verschiedenen Schichten sich proportional den entsprechenden Tiefen verhalten u. s. w. Durch diese Untersuchung von Umow hat unsere Kenntniss der Diffusion eine bedeutende Erweiterung erhalten, aber dennoch muss disser Gegenstand, wegen seiner Wichtigkeit für die Theorie der Lösungen und im Allgemeinen der Flüssigkeiten, noch einer ausführlichen Untersuchung unterworfen werden.

Wasser von 4^0 gleich 1000 gesetzt) bis 15^0 in Abhängigkeit von p oder dem Procentgehalte des Salzes in der Lösung durch die folgende Parabelgleichung ausgedrückt werden kann: $S_{15} = 9991,6 + 71,17p + 0,2140p^2$; Bei einer Lösung von der Zusammensetzung $200H^2O + NaCl$. z. B, wo $p = 1,60$, ist $S_{15} = 1,0106$. Die Parabel zeigt, dass beim Vermischen einer Kochsalzlösung mit Wasser Kontraktion stattfindet [18]) und dass die Zunahme des Salzgehalts (oder

---

[18]) Bezeichnet man mit S_0 das spezifische Gewicht des Wassers und mit S das einer Lösung, die p Procente Salz enthält, so erhält man z. B. beim Vermischen von gleichen Gewichtstheilen Wasser und dieser Lösung eine Lösung, die $1/2$ p Salz enthält, deren spezifisches Gewicht x, wenn keine Kontraktion stattgefunden, sich aus der Gleichung: $\frac{2}{x} = \frac{1}{S_0} + \frac{1}{S}$ ergibt, da das Volum gleich dem durch die Dichte dividirten Gewichte ist. In Wirklichkeit erweist sich das spezifische Gewicht immer grösser, als das unter der Voraussetzung, dass keine Kontraktion eintritt, berechnete, wie man sich algebraisch überzeugen kann, wenn man an Stelle von S den parabolischen Ausdruck $S = S_0 + Ap + Bp^2$ setzt, während an Stelle von $x = S_0 + A \, 1/2 p + B' /_4 p^2$, gesetzt wird. Auf diese Weise kann man sich auch überzeugen, dass die Kontraktion c bei der Bildung von 100 g Lösung sich zur Zusammensetzung der letzteren nicht in einem so einfachen Verhältnisse befindet, wie Geritsch (1888) annimmt, welcher $c = Ap(100 - p)$ setzt, wobei A eine für alle Lösungen einer gegebenen Substanz konstante Grösse ist. Der Werth von c ergibt sich augenscheinlich aus der Gleichung: $p/B + (100 - p)/S_0 = 100/S + c$, in welcher B das spezifische Gewicht der gelösten Substanz ist, die als flüssig angenommen wird Nimmt man für die mittleren beobachteten spezifischen Gewichte von NaCl bei 15^0, wenn $p = 10$ und $p = 20$ die Werthe 10726 und 11501 an, so erhält man (da $S_0 = 9991,6$) für $A = 285 \cdot 10^{-10}$ und für $B = 17476$, wenn also $p = 5$ ist, so berechnet sich das spezifische Gewicht auf 10377, während der gefundene Werth $= 10353$ ist, mit einem wahrscheinlichen Fehler von nicht mehr, als ± 2; der Unterschied übersteigt folglich um vieles die möglichen Fehler. Dass die Annahme von Geritsch nicht zulässig ist, ergibt sich auch aus der Untersuchung aller anderen Lösungen. Aehnlich verhält es sich in dieser Beziehung mit den Hypothesen von Michel und Crafts oder Groshans, welche ich in meinem bereits zitirten Werke der Betrachtung unterzogen habe. Zunächst, sofern es sich um Auffindung eines die Bildung der Lösungen nur annähernd und in allgemeinen Umrissen ausdrückenden Gesetzes handelt, kann man die Lösungen als mechanische Aggregate betrachten, aber bei genauerer Erforschung muss man auch noch die in denselben stattfindenden chemischen Wechselwirkungen in Betracht ziehen; eine solche Erforschung führt nun zu der Vorstellung über die Natur der Lösungen und zu den Schlussfolgerungen, welche im 1-ten Kap. auseinandergesetzt und in meinen Buche über die Lösungen ausführlicher entwickelt sind. Hierdurch soll selbstverständlich dem Streben, bei den Lösungen nach Regelmässigkeiten zu suchen, nicht entgegengetreten werden, sondern es wird nur als unerlässliche Bedingung die Forderung gestellt, dass die chemische Zusammensetzung der Lösungen berücksichtigt werde. Solcher Art sind z. B. die von van't Hoff gezogenen Schlüsse, jedoch ohne Rücksicht auf die spezifischen Gewichte der Lösungen. In Bezug auf die spezifischen Gewichte schwacher Lösungen von Chlormetallen lässt sich z. B. annehmen, dass dieselben bei der Zusammensetzung $RCl^n + 200 H^2O$ alle ein dem Werthe $9951 + 2,595 M$ nahes spezifisches Gewicht bei $15^0/4^0$ besitzen, wobei M das Molekulargewicht des gelösten Chlormetalles ist. Für $SrCl^2$ z. B. ist $M = 158$ und die Formel ergibt für $S = 10361$, während durch den Versuch 10364 gefunden wurde; für LiCl ist $M = 42,5$ und $S = 10061$, der Versuch ergibt 10060. So lange aber noch keine vollständige Theorie der Lösungen ausgearbeitet ist, können solche Re-

des Differentialquotienten ds/dp) bei 15° eine solche Veränderung im spezifischen Gewicht bedingt, welche durch die Gleichung einer Geraden ausgedrückt werden kann: 71,17+0,428 p. Bei 0° und 100° (wenn das spezif. Gewicht des Wassers 9998,7 und 9585 ist) müssen zum Ausdrucke dieser Zunahme in die Gleichung an Stelle von 71,17 die Werthe 75,4 resp. 65,7 und an Stelle von 0,428 die Werthe 0,31 resp. 0,72 gesetzt werden. Man erhält auf diese Weise für das spezifische Gewicht der Kochsalzlösungen die folgenden Zahlen:

bei	0°	15°	30°	100°
p = 5	10372	10353	10307	9922
» 10	10768	10728	10669	10278
» 15	11164	11107	11043	10652
» 20	11568	11501	11429	11043

wobei das Gewicht auf den leeren Raum [19]) reduzirt und Wasser bei 4° gleich 1000 gesetzt ist. [20])

Da das Aräometer von Baumé in der Weise konstruirt ist; dass es in einer 10 procentigen Chlornatriumlösung bis zu dem mit 10° bezeichneten Theilstrich der Skala einsinkt, so entsprechen die Baumé'schen Grade ziemlich genau dem in Procenten ausgedrückten Salzgehalte der Lösung. In Weingeist ist das Kochsalz etwas löslich [21]), unlöslich dagegen in Aether und in öligen Flüssigkeiten.

---

gelmässigkeiten nur als Material zur Ausarbeitung einer Theorie dienen; eine besondere Bedeutung darf man denselben nicht beimessen.

19) Das spezifische Gewicht bestimmt man gewöhnlich durch Wägen in der Luft, indem man das gefundene Gewicht in Grammen durch das in Kubikcentimetern ausgedrückte Volum dividirt, letzteres ergibt sich aus dem Gewicht des dasselbe einnehmenden Wassers, dividirt durch dessen Dichte bei der Versuchs-Temperatur. Bezeichnet man das so gefundene spezifische Gewicht mit S, so wird dasselbe in der Leere, da ein Kubikcentimeter Luft unter den gewöhnlichen Bedingungen 0,0012 g wiegt, folgendes sein: $S = S_1 - 0,0012 (S_1-1)$, wenn die Dichte des Wassers=1 ist.

20) Ist das spezifische Gewicht S_2 direkt durch Division des Gewichtes der Lösung durch das des Wassers bei derselben Temperatur und demselben Volume gefunden worden, so ergibt sich das wahre spezifische Gewicht S_1 bezogen auf Wasser bei 4°, durch Multiplikation von S_2 mit dem spez. Gewichte des Wassers bei der Beobachtungstemperatur. Alle erforderlichen Korrekturen des spezifischen Gewichtes von Flüssigkeiten finden sich in meinen beiden Werken: «Ueber die Verbindungen von Alkohol mit Wasser» (1865) und «Untersuchung der wässrigen Lösungen nach ihrem spezifischen Gewichte» 1887.

Es muss darauf hingewiesen werden, dass die Angaben über das spezifische Gewicht von NaCl Lösungen in der Nähe der Sättigungsgrenze nicht genügend unter einander übereinstimmen und es ist Grund zu der Annahme vorhanden, dass für starke Lösungen, welche mehr NaCl als NaCl $10H^2O$ (p = 24,53) enthalten, noch eine andere Parabelgleichung anzuwenden sei.

21) Nach Schiff lösen bei 15° 100 g Alkohol, die p Gewichtsprocente C^2H^6O enthalten:

p = 10	20	40	60	80
28,5	22,6	13,2	5,9	1,2 g NaCl.

Das Kochsalz bildet nur sehr wenige [22]) und dabei wenig beständige Verbindungen (Doppelsalze); zersetzen lässt es sich auf chemischem Wege nur schwierig; eine Dissoziation desselben ist nicht beobachtet worden [23]). Leicht zersetzt wird es aber durch den galvanischen Strom, und zwar sowol im geschmolzenen Zustande, als auch in Lösung. Schmilzt man in einem Tiegel trocknes Chlornatrium und leitet dann einen galvanischen Strom hindurch, indem man als positive Elektrode Kohle und als negative Platin oder Quecksilber anwendet, so *zersetzt es sich in zwei Stoffe*: an der positiven Elektrode erscheint das gasförmige, stark riechende Chlor und an der negativen das metallische Natrium; folglich ist das Kochsalz aus diesen beiden einfachen Körpern zusammengesetzt. Beide Körper wirken im Entstehungszustande auf Wasser ein: das Natrium scheidet bekanntlich Wasserstoff aus und bildet Aetznatron, während das Chlor aus dem Wasser Sauerstoff ausscheidet und Chlorwasserstoff bildet. Beim Durchleiten des galvanischen Stromes durch eine Kochsalzlösung erhält man daher kein Natrium, sondern es erscheinen am positiven Pole Sauerstoff, Chlor und Chlorwasserstoff und am negativen — Wasserstoff und Aetznatron. Der Chlorwasserstoff lässt sich leicht an seinen sauren Eigenschaften und das Aetznatron an seiner alkalischen Reaktion erkennen. Das Kochsalz wird folglich beim Einwirken des Stromes, ebenso wie auch andere Salze, in Metall und Halogen zersetzt, zeichnet sich aber von den sauerstoffhaltigen Salzen durch seine einfache Zusammensetzung aus und bestätigt hierdurch die im 3-ten Kapitel entwickelte Wasserstoffsäuren-Theorie. Natürlich kann sich das Kochsalz, wie jedes andere Salz, aus dem entsprechenden Alkali und der Säure unter Ausscheidung von Wasser bilden. Es entsteht daher beim Vermischen von Natronlauge (dem Alkali) und Chlorwasserstoff (der Säure): $NaHO + HCl = NaCl + H^2O$.

Durch die überaus verschiedenartigen doppelten Umsetzungen des Chlornatriums können fast alle anderen Verbindungen des Chlors und des Natriums dargestellt werden. Die als Beispiele doppelter Umsetzungen von Salzen dienenden *doppelten Umsetzungen des Kochsalzes* beruhen fast ausschliesslich auf der Ersetzbarkeit des

---

22) Unter den vom NaCl gebildeten Doppelsalzen ist das von Ditte (1870) durch Eindampfen der Lösung, die nach dem Erwärmen von jodsaurem Natrium mit Salzsäure bis zum Aufhören der Chlorentwickelung zurückbleibt, erhaltene Salz von der Zusammensetzung $NaJO^3$ NaCl $14H^2O$ bemerkenswerth. Ein ähnliches (vielleicht auch dasselbe) Doppelsalz erhielt Rammelsberg in ausgezeichnet ausgebildeten Krystallen durch direkte Wechselwirkung der beiden Salze.

23) Aber schon in der Flamme eines Brenners tritt das Natrium im freien Zustande auf (vgl. die spektroskopischen Untersuchungen), wobei zweifelsohne die in der Flamme enthaltenen reduzirenden Elemente C und H in Wirkung treten. Bei einem Ueberschuss von HCl, das mit dem Natrium wieder NaCl bildet, erscheint in der Flamme kein Natrium und das Salz bewirkt keine Flammenfärbung.

Natriums durch Wasserstoff und andere Metalle. Direkt kann jedoch das Natrium des Kochsalzes weder durch Wasserstoff, noch durch irgend ein anderes Metall ersetzt werden, denn hierbei müsste sich metallisches Natrium ausscheiden, welches sowol den Wasserstoff, als auch die meisten anderen Metalle aus ihren Verbindungen verdrängt, selbst aber, so weit bekannt, von keinem Metalle verdrängt wird. Die Ersetzung des Natriums im Kochsalz durch Wasserstoff und verschiedene andere Metalle erfolgt nur dann, wenn das Natrium in irgend eine andere Natriumverbindung übergehen kann. War der Wasserstoff oder das andere Metall M in Verbindung mit dem Elemente X, so geht die folgende doppelte Umsetzung vor sich: $NaCl + MX = NaX + MCl$. Unter besonderen Bedingungen können solche doppelte Umsetzungen bis zu Ende gehen, sonst aber verlaufen sie nur theilweise. Am besten lassen sich diese Bedingungen auseinandersetzen, wenn man den Prozess betrachtet der in der Praxis bei der Verarbeitung des Kochsalzes zu den verschiedenen Verbindungen des Chlors und Natriums eingeschlagen wird. Wir beginnen daher mit der Beschreibung der Einwirkung von Schwefelsäure auf das Kochsalz, wobei Chlorwasserstoff und schwefelsaures Natrium entstehen, und gehen dann zu den Verbindungen über, die aus den beiden zuletzt genannten Substanzen gewonnen werden. Aus dem Chlorwasserstoff gewinnt man das Chlor selbst und fast alle anderen Verbindungen dieses Elementes und aus dem schwefelsaurem Natrium die Soda, d. h. das kohlensaure Salz, das Aetznatron, das Metall Natrium selbst und alle seine Verbindungen.

Sogar im Organismus der Thiere unterliegt das Kochsalz ähnlichen Veränderungen, indem es das Natron und die Chlorwasserstoffsäure liefert, welche an den Lebensprozessen des thierischen Organismus theilnehmen. Dass das Kochsalz zur Nahrung sowol der Menschen, als auch der Thiere unumgänglich ist, ersieht man daraus, dass alle Stoffe, welche aus dem Blute in den Magen und Darmkanal ausgeschieden werden, Chlorwasserstoff und Natriumsalze enthalten. Das Blut und die Galle z. B., welch letztere von der Leber ausgeschieden wird und im Darmkanal sich mit den Speisen vermengt, enthalten Natriumsalze, der saure Magensaft dagegen Chlorwasserstoffsäure. In bedeutender Menge finden sich Natriumsalze beständig im Harne vor und müssen, wenn sie ausgeschieden werden, im Organismus auch wieder ersetzt werden; es müssen daher mit der Nahrung solche Substanzen aufgenommen werden, die Verbindungen des Natriums und Chlors enthalten. Die in Freiheit lebenden Thiere begnügen sich meist mit den Chlornatriummengen, die im Wasser oder in Pflanzen und in anderen Thieren enthalten sind, suchen aber auch öfters Salzquellen auf; auch Hausthiere nehmen gern Kochsalz zu sich, wobei man beobachten kann, dass ihre Lebensverrichtungen darnach regelmässiger vor sich gehen.

Einwirken von Schwefelsäure auf Kochsalz. Uebergiesst man Kochsalz mit Schwefelsäure, so bemerkt man, wie bereits Glauber zeigte, dass selbst bei Zimmertemperatur sich ein Gas von stechendem Geruch ausscheidet. Die Wechselwirkung, die hier eintritt, besteht in der gegenseitigen Ersetzung des Natriums des Kochsalzes und des Wasserstoffes der Schwefelsäure:

$$\underset{\text{Natriumchlorid}}{\text{NaCl}} + \underset{\text{Schwefelsäure}}{\text{H}^2\text{SO}^4} = \underset{\text{Chlorwasserstoff}}{\text{HCl}} + \underset{\substack{\text{Saures schwefelsaures}\\\text{Natrium.}}}{\text{NaHSO}^4} \quad \text{(I)}$$

Bei Zimmertemperatur geht diese Wechselwirkung nicht bis zu Ende, sondern hört bald auf. Erwärmt man aber das Gemisch, so geht die Zersetzung so weit, dass, wenn genug Kochsalz vorhanden ist, alle Schwefelsäure in saures schwefelsaures Natrium übergeht. Ein Ueberschuss der Säure bleibt unverändert. Wenn auf eine Molekel H^2SO^4 (98 Theile) 2 Molekeln NaCl (117 Th.) genommen werden, so erleidet bei schwachem Erwärmen nur die Hälfte des Kochsalzes (58,5 Th.) die Umwandlung. Die vollständige Zersetzung, bei der kein Wasserstoff in der Schwefelsäure und kein Chlor im Kochsalz zurückbleiben, geht nur *beim Glühen* vor sich (wenn auf 98 Thl. Schwefelsäure 117 Thl. Kochsalz genommen werden):

$$\underset{\text{Kochsalz}}{2\text{NaCl}} + \underset{\text{Schwefelsäure}}{\text{H}^2\text{SO}^4} = \underset{\text{Chlorwasserstoff}}{2\text{HCl}} + \underset{\text{Schwefelsaures Natrium.}}{\text{Na}^2\text{SO}^4} \quad \text{(II)}$$

Diese doppelte Umsetzung ist das Resultat der Einwirkung des zuerst entstandenen sauren Salzes NaHSO^4 auf NaCl, denn das saure Salz wirkt, da es Wasserstoff enthält, selbst wie eine Säure:

$$\text{NaCl} + \text{NaHSO}^4 = \text{HCl} + \text{Na}^2\text{SO}^4.$$

Die Addition dieser Gleichung mit der ersten (I) ergibt die Gleichung (II), welche die Gesammtreaktion ausdrückt. Aller Wasserstoff der Schwefelsäure und das Chlor des Salzes scheiden sich in Form des gasförmigen Chlorwasserstoffs vollständig aus. Man nimmt also zu dieser Reaktion das nicht oder nur schwer flüchtige Kochsalz und die wenig flüchtige Schwefelsäure und erhält als Resultat der gegenseitigen Einwirkung, nachdem sich der Wasserstoff und das Natrium gegenseitig ersetzt haben, das nicht flüchtige schwefelsaure Natrium und den gasförmigen Chlorwasserstoff. Die Flüchtigkeit dieses letzteren bedingt es, dass die Reaktion zu Ende geht. Der Mechanismus einer solchen doppelten Umsetzung und die Ursache des Reaktionsverlaufes sind genau dieselben, die wir bei der Zersetzung des Salpeters durch die Schwefelsäure kennen gelernt haben (Kap. 6). In beiden Fällen verdrängt die Schwefelsäure die andere, flüchtige Säure.

Die flüchtige Säure entsteht aber nicht nur in diesen beiden, sondern auch in allen den Fällen, in welchen sie durch den Austausch eines Metalles gegen den Wasserstoff der Schwefelsäure entstehen kann. Hieraus muss man schliessen, dass als Ursache des Reaktionsverlaufs die Flüchtigkeit der Säure anzusehen ist. Wenn die Säure löslich, aber nicht flüchtig ist, oder wenn die Reaktion in einem abgeschlossenen Raume, aus dem die entstehende Säure nicht entweichen kann, stattfindet, oder wenn die Temperatur nicht hoch genug ist, um die Säure in den elastischen, gasförmigen Zustand überzuführen, so geht die Reaktion in der That nicht zu Ende, sondern erreicht nur eine bestimmte Grenze. Im höchsten Grade wichtig sind die hierauf bezüglichen Erklärungen, die zu Beginn dieses Jahrhunderts von dem französischen Chemiker Berthollet in seinem Werke «Essai de Statique chimique» gegeben worden sind. Die *Lehre Berthollet's* geht von der Annahme aus, dass eine chemische Wechselwirkung zwischen Stoffen nicht nur infolge des verschiedenen Verwandtschaftsgrades zwischen ihren ungleichartigen Bestandtheilen, sondern auch unter dem Einfluss der relativen Masse der auf einander einwirkenden Stoffe und der physikalischen Bedingungen der Reaktion vor sich geht. Kommen zwei Körper, welche die Elemente MX und NY enthalten, mit einander in Berührung, so entstehen durch doppelte Umsetzung die neuen Köper MY und NX; doch bleibt die Reaktion unvollendet, wenn nicht einer der entstehenden Körper aus der gegenseitigen Wirkungssphäre entfernt wird. Dieses kann aber nur in dem Falle geschehen, wenn einer der neuen Körper solche physikalische Eigenschaften besitzt, welche ihn von den anderen, zugleich vorhandenen Körpern unterscheiden. Der Körper muss also ein Gas sein, wenn die anderen flüssig oder fest sind, oder er muss fest und unlöslich sein, wenn die anderen flüssig und löslich sind. Scheidet sich aber aus der Wirkungssphäre keiner der reagirenden und entstehenden Körper aus, so hängt die Menge der neu entstehenden nur von der relativen Masse der Körper MX und NY und von der zwischen den Elementen M, N, X und Y bestehenden Stärke der Anziehung ab; aber wie gross die Masse und wie bedeutend die Anziehung auch sein mögen, die Zersetzung wird, wenn sich nichts ausscheidet, immer unvollendet bleiben und es wird ein Gleichgewichtszustand eintreten, bei welchem an Stelle der zwei zur Reaktion genommenen Körper, vier Körper vorhanden sein werden: ein Theil der beiden ursprünglichen Körper MX und NY und eine bestimmte Menge der neu entstandenen Körper MY und NX, vorausgesetzt, dass weder ein Körper MN oder XY, noch irgend welche andere entstehen, was zunächst [24]) bei

---

24) Wenn man sich unter MX und NY Salzmolekeln vorstellt *und kein anderer dritter Körper* zugegen ist (wie z. B. Wasser bei Lösungen), so wäre auch in einem solchen Falle die Bildung von XY möglich; so z. B. können Cyan, Jod u. a. mit den Halogenen selbst und mit zusammengesetzten Gruppen, welche die Rolle der Halogene in den Salzen spielen, in Verbindung treten. Ausserdem können die Salze MX und NY oder MY und NY mit einander Doppelsalze bilden.

einer doppelten Umsetzung von Salzen, in welchen M und N Metalle und X und Y Halogene sind, auch angenommen werden kann. Diese Vereinfachung ist hier zulässig, weil die gewöhnlichen doppelten Umsetzungen ausschliesslich in einem Austausch von Metallen bestehen. Die Gesammtheit unserer Kentnisse von den doppelten Umsetzungen der Salze führt eben zu dem Schlusse, dass aus den Salzen MX und NY immer, wenn auch in geringer Menge, die Salze NX und MY entstehen, wie dieses die Berthollet'sche Lehre erfordert. Hierauf bezügliche historische Daten folgen weiter unten, zunächst sollen aber einige Beobachtungen von Spring (1888) erwähnt werden, aus denen hervorgeht, dass dem Austausch ihrer Metalle die Salze selbst im **festen Zustande** unterliegen, wenn sie nur genügend mit einander in Berührung kommen (wozu Zeit, feine Zertheilung und vollständige Vermischung erforderlich sind). Spring beobachtete diesen Austausch in einem innigen Gemisch von zwei nicht hygroskopischen, fein zerpulverten Salzen: Kaliumsalpeter KNO^3 und vollkommen trocknem essigsaurem Natrium $C^2H^3NaO^2$, das er mehrere Monate lang in einem Exsikkator liegen lies. Nach Ablauf dieser Zeit erwies sich, dass das Gemisch an der Luft energisch Feuchtigkeit anzog; es mussten also salpetersaures Natrium $NaNO^3$ und essigsaures Kalium $C^2H^3KO^2$ entstanden sein — Salze, die sich von den beiden mit einander vermischten Salzen durch ihre grosse Hygroskopizität auszeichnen [24 bis]).

Wenn heute die Berthollet'sche Lehre der Betrachtung unterzogen wird, so muss dieses unter Zugrundelegung unserer jetzigen Vorstellungen von den Atomen und Molekeln geschehen, Vorstellungen, welche zur Zeit, als Berthollet seine Lehre aufstellte, noch gar nicht vorhanden waren. Wir wollen daher die Wechselwirkung zweier Salze unter der Voraussetzung betrachten, dass M und N einerseits und X und Y andererseits äquivalent sind, d. h. einander so vollkommen ersetzen können, wie Na und K oder wie $^1/_2$Ca und $^1/_2$Mg (zweiwerthige Metalle) Wasserstoff ersetzen.

Wenn aber eine ungleiche Anzahl von Molekeln vorhanden oder die Werthigkeit der dieselben bildenden Elemente verschieden ist, z. B. bei $NaCl + H^2SO^4$, wo Cl ein einwerthiges Halogen ist, SO^4 aber ein zweiwerthiges, so kann die Erscheinung infolge der Entstehung anderer Körper, ausser MY und NY, verwickelter werden; noch verwickelter muss aber augenscheinlich die Erscheinung dann werden, wenn ein Lösungsmittel, besonders in grosser Masse, an dem Vorgange theil nimmt, wie dieses in Wirklichkeit meist der Fall ist. Ich kann daher, wenn ich auch einen Theil des über die Erscheinungen der doppelten Umsetzungen von Salzen vorhandenen Materials darlegte, die Theorie dieses Gegenstandes nicht als vollständig betrachten und beschränke mich daher auf das Wenige, was ich mitgetheilt. Eine vollständige Zusammenstellung aller hierauf bezüglichen Daten findet man in den ausführlicheren Werken über theoretische Chemie.

24 bis) Als Spring ein Gemisch von $KNO^3 + C^2H^3NaO^2$ bis auf $100°$ erwärmte, erwies sich dasselbe nach 3 Stunden als zu einer Masse zusammengeschmolzen, obgleich der Schmelzpunkt von KNO^3 bei $340°$ und von $NaNO^3$ bei $320°$ liegt.

Wenn aber, nach der Lehre von Berthollet, mMX eines Salzes mit nNY eines anderen Salzes in Berührung kommen, so entsteht eine Menge x von MY und von NX und es bleiben folglich m—x vom Salze MX und n—x vom Salze NY unzersetzt. Ist m grösser, als n und sind die Massen sowol von M und N, als auch von X und Y äquivalent, so müsste beim grösstmöglichen Austauch x = n sein, wobei aus den angewandten Salzen: nMY+nNX+(m—n)MX entstehen würden, d. h. eines der beiden ursprünglichen Salze würde unverändert bleiben, weil die Reaktion nur zwischen nMX und nNY von sich gehen könnte. Wäre x in Wirklichkeit = n oder = o, so würde die Masse des Salzes MX gar keinen Einfluss auf den Reaktionsverlauf ausüben, wie dieses Bergmann lehrte, indem er annahm, dass eine doppelte Umsetzung nicht von der Masse der reagirenden Körper abhänge, sondern durch die Verwandtschaft allein bestimmt werde. Ist die Verwandtschaft von M zu X und von N zu Y grösser, als die von M zu Y und von N zu X, so tritt nach der Lehre von Bergmann keine Zersetzung ein, x ist folglich = o. Dagegen findet, dieser Lehre gemäss, ein vollständiger Austauch dann statt, wenn die Verwandtschaft von M zu Y und N zu X grösser ist, als zwischen den ursprünglich verbundenen Elementen der Salze MX und NY; wobei x=n sein muss. Nach der Lehre von Berthollet dagegen findet immer eine Vertheilung von M und N zwischen X und Y statt, und zwar nicht nur proportional dem Verwandtschaftsgrade, sondern auch proportional der Masse, so dass bei geringem Verwandtschaftsgrade, aber grosser Masse, eine ebensolche Einwirkung erfolgen kann, wie bei starkem Verwandtschaftsgrade und geringer Masse. Daher wird, erstens, x stets kleiner, als n und das Verhältniss x/n kleiner, als eins sein, also die Zersetzung sich durch die folgende Gleichung ausdrücken lassen: mMX + nNY = (m—x) MX + (n—x) NY + xMY + xNX; zweitens wird die Zersetzung um so weiter gehen, je grösser die Masse m ist, d. h. x und das Verhältniss x/(n—x) werden so weit zunehmen, dass wenn m unendlich gross ist, der Bruch x/n = 1, der Bruch x/(n—x) aber unendlich gross und die Zersetzung vollständig sein wird, wie gering dabei auch die Verwantdschaft zwichen den Elementen in den Salzen MY und NX sein möge; und drittens wird man (wenn m = n) in beiden Fällen, einerlei, ob man von MX+NY oder MY+NX ausgeht, zu ein und demselben Systeme: (n—x) MX+(n—x)NY+xMY+xNX gelangen. Diese unmittelbaren Folgerungen aus der Berthollet'schen Lehre bestätigen sich in Wirklichkeit. So z. B. besitzt ein Gemisch der Lösungen von KCl und NaNO^3 in allen Fällen dieselbe Summe von Eigenschaften, wie auch ein Gemisch der Lösungen von NaCl und KNO^3, unter der Voraussetzung natürlich, dass die Zusammensetzung der Gemische dieselbe sei. Diese Gleichartigkeit in den Eigenschaften beider Gemische lässt sich nun entweder durch die Annahme erklären, dass das eine System der Salze in das andere übergeht, entsprechend dem stärkeren Verwandtschaftsgrade, wie Bergmann lehrte (indem z. B. aus $KCl + NaNO^3$ das System $KNO^3 + NaCl$ entsteht, unter der Voraussetzung, dass die Verwandtschaft zwischen den Elementen des letztern Systems stärker ist, als zwischen denen des ersteren) oder durch die andere Annahme, nach welcher beide Systeme infolge eines theilweisen Austausches ihrer Elemente in ein und denselben Gleichgewichtszustand übergehen, wie dieses aus der Lehre von Berthollet folgt. Experimentell bestätigt sich die letztere Annahme. Bevor wir aber zu den historisch wichtigsten Versuchen übergehen, welche die Berthollet'sche Lehre bestätigen, müssen wir zuerst den Begriff der *Masse* der auf einander einwirkenden Stoffe einer genaueren Betrachtung unterziehen. Berthollet verstand unter der Masse direkt die relativen Mengen dieser Stoffe, heute jedoch darf man unter diesem Worte nur die Anzahl der auf einander einwirkenden Molekeln verstehen, da diese als chemische Einheiten in Reaktion treten; bei den doppelten Umsetzungen von Salzen zieht man nun anstatt der Anzahl der Molekeln die der Aequivalente in Betracht. In der Reaktion von $NaCl + H^2SO^4$ z. B. finden sich auf 1 Aequivalent des Salzes 2 Aequivalente der Säure. Nimmt man $2NaCl + H^2SO^4$, so wirken gleiche Aequivalente auf einander ein u. s. w. Der *Einfluss der Masse* auf den Zersetzungsgrad x/n bildet die Grundlage der Berthollet'schen Lehre; es soll daher vor allem festgestellt werden, wie dieser Begriff bei den doppelten Umsetzungen der Salze zu verstehen ist.

In den 40-er Jahren zeigte Heinrich Rose, dass alle dem Schwefelcalcium, CaS, ähnlichen Schwefelmetalle durch Wasser unter Bildung von Schwefelwasserstoff, H^2S, zersetzt werden, trotzdem vorausgesetzt werden musste, dass infolge der Verwandtschaft von H^2S, als einer Säure, zum Kalk CaH^2O^2, als einer Base, diese beiden Körper auf einander einwirken und $CaS + 2H^2O$ entstehen müssten. Rose wies ausserdem noch darauf hin, dass diese Zersetzung um so vollständiger ist, je mehr Wasser auf CaS einwirkt. Der Reaktionsverlauf lässt sich hierbei leicht verfolgen, da der entstehende H^2S durch Erwärmen aus der Lösung ausgetrieben werden kann und der sich bildende Kalk in Wasser schwer löslich ist. Sodann machte Rose die Beobachtung, dass die im chemischen Sinne so schwachen Reagentien, wie CO^2 und H^2O, wenn sie lange Zeit hindurch und in Masse auf die in der Natur vorkommenden beständigsten Gesteine, die selbst den stärksten Säuren widerstehen, einwirken, allmählich dennoch chemische Veränderungen bewirken, so z. B. die in diesen Gesteinen enthaltenen Basen CaO, Na^2O, K^2O ausziehen. Im Wesentlichen dieselbe Wirkung übt viel Wasser auf $SbCl^3$, $Bi(NO^3)^3$ und and. Verbindungen aus, die eine um so grössere

Menge von Säure abgeben, je grösser die Masse des einwirkenden Wassers ist [25]).

Das im Wasser unlösliche schwefelsaure Baryum $BaSO^4$ gibt beim Schmelzen mit Soda Na^2CO^3 gleichfalls unlösliches $BaCO^3$ und Na^2SO^4, doch bleibt die Reaktion unvollendet. Wirkt eine Lösung von Na^2CO^3 auf einen Niederschlag von $BaSO^4$ ein, so ist die Zersetzung gleichfalls unvollständig, denn sie erreicht eine Grenze und erfordert Zeit (Dulong, Rose). In der Lösung erhält man ein Gemisch von Na^2CO^3 und Na^2SO^4 und im Niederschlage ein Gemisch von $BaCO^3$ und $BaSO^4$. Giesst man die Lösung ab und bringt zum Niederschlag von Neuem eine Lösung von Na^2CO^3, so geht ein Theil des $BaSO^4$ wieder in $BaCO^3$ über und es lässt sich auf diese Weise, indem immer wieder $NaCO^3$ zugesetzt wird, alles $BaSO^4$ in $BaCO^3$ überführen. Wird die Na^2CO^3-Lösung zugleich mit einer bestimmten Menge von Na^2SO^4 zum $BaSO^4$ zugegossen, so findet keine Einwirkung von Na^2CO^3 auf $BaSO^4$ statt, weil in diesem Falle sofort sich ein im Gleichgewicht befindliches System herstellt, das durch die entgegengesetzte Einwirkung von Na^2SO^4 auf $BaCO^3$ und das gleichzeitige Vorhandensein von Na^2CO^3 und Na^2SO^4 in der Lösung bedingt wird. Es wird sogar, wenn in der Lösung eine grosse Masse von Na^2SO^4 vorhanden ist, vom $BaCO^3$ wieder soviel in $BaSO^4$ übergeführt, bis sich ein bestimmtes Gleichgewicht zwischen den in entgegengesetzter Richtung verlaufenden Reaktionen, bei denen einerseits durch Einwirken von $Na^2CO^3-BaCO^3$, andererseits von $Na^2SO^4-BaSO^4$ entsteht, herstellt.

Ein weiteres sehr wichtiges Moment der Berthollet'schen Lehre liegt darin, dass nach derselben bei *Wechselzersetzungen* immer eine *Grenze* erreicht werden oder *ein Gleichgewichtszustand* eintreten muss. In dieser Beziehung sind historisch am wichtigsten die Bestimmungen von Malaguti (1857), welcher Lösungen äquivalenter Mengen zweier Salze MX und NY mit einander vermengte und über die Grösse des stattfindenden Austausches nach dem sich darauf beim Zusetzen von Alkohol bildenden Niederschlage urtheilte. Wurden z. B. Lösungen von schwefelsaurem Zink $ZnSO^4$ und $2NaCl$ zusammengebracht, so bildeten sich, infolge des Austausches, Na^2SO^4 und $ZnCl^2$. Im Ueberschusse zugesetzter Alkohol fällte dann ein Gemisch von $ZnSO^4$ und Na^2SO^4 und nach der Zusammensetzung des Nieder-

---

25) Historisch war der Einfluss der Masse die erste genau beobachtete Erscheinung, die zu Gunsten der Berthollet'schen Lehre sprach. Dieser Umstand muss daher auch heute im Auge behalten werden. Bei doppelten Umsetzungen in schwachen Lösungen, wo die Wassermasse gross ist, muss auch ihr Einfluss, trotz der geringen Verandtschaft, gross sein — wie dieses die Lehre von Berthollet erfordert.

Besonders deutlich tritt der Masseneinfluss des Wassers in den Versuchen von Muir (1879) mit dem Chlorwismuth hervor, dessen Zersetzung desto weiter geht, je grösser die relative Menge des Wassers und je kleiner die der Salzsäure, eines der Reaktionsprodukte, ist.

schlages erwies es sich, dass 72 pCt. der angewandten Salze zersetzt worden waren. Dagegen zeigte der aus einem Gemisch der Lösungen von Na^2SO^4 und $ZnCl^2$ gefällte Niederschlag die frühere Zusammensetzung, d. h. der Zersetzung waren gegen 28 pCt. der angewandten Salze unterlegen. Bei dem gleichen Versuche mit einem Gemisch von $2NaCl + MgSO^4$ zersetzte sich ungefähr die Hälfte der Salze, was durch die folgende Gleichung ausgedrückt werden kann: $4NaCl + 2MgSO^4 = 2NaCl + MgSO^4 + Na^2SO^4 + MgCl^2 = 2Na^2SO^4 + 2MgCl^2$. Ebenso wies Malaguti nach, dass auch die oben angeführten, umkehrbaren Reaktionen der unlöslichen Baryumsalze eine bestimmte Grenze erreichen. Bei Anwendung eines Gemisches von $BaCl^2 + Na^2SO^4$ z. B. zersetzten sich etwa 72 pCt. der Salze, indem sich $BaSO^4$ und Na^2CO^3 bildeten. Wurden aber die beiden letzteren Salze genommen, so gingen etwa 19 pCt. derselben in $BaCO^3$ und Na^2SO^4 über. Wahrscheinlich hatte die Reaktion weder in dem einen, noch in dem anderen Falle ihr Ende erreicht, denn dazu wäre mehr Zeit und eine schwer erreichbare Gleichartigkeit der Bedingungen erforderlich gewesen.

Gladstone (1855) stützte sich bei der Beurtheilung der Grösse des Austausches auf die Färbung der Lösungen verschiedener Eisenoxydsalze. Eine Lösung von Rhodaneisen z. B. zeigt eine sehr intensive rothe Färbung und es liess sich durch Vergleichen der Färbung der entstehenden Lösungen mit derjenigen von Lösungen, deren Zusammensetzung bekannt war, annährend die Menge des entstandenen Rhodaneisens beurtheilen. Diese kolorimetrische Methode war besonders wichtig, weil sie es zum ersten Male ermöglichte, über die Zusammensetzung einer Lösung zu urtheilen, ohne dass aus letzterer einer der Bestandtheile ausgeschieden zu werden brauchte. Als Gladstone äquivalente Mengen von salpetersaurem Eisenoxyd $Fe(NO^3)^3$ und Rhodankalium $3KCNS$ anwandte, unterlagen der Zersetzung nur 13 pCt. der Salze. Wurde die Masse des Rhodankaliums vergrössert, so nahm auch die Menge des entstehenden Rhodaneisens zu, aber selbst dann, als mehr als 300 Aequivalente KCNS genommen wurden, blieb dennoch ein Theil des Eisens als salpetersaures Salz zurück. Augenscheinlich ist die zwischen Fe und NO^3 und zwischen K und CNS bestehende Verwandtschaft stärker, als die zwischen Fe und CNS und zwischen K und NO^3. Durch seine Untersuchungen über die Veränderung der Fluorescenz der Lösungen von schwefelsaurem Chinin, ebenso wie über die Aenderungen des optischen Drehungsvermögens von Nikotin-Lösungen erbrachte Gladstone noch weitere Beweise für die vollständige Anwendbarkeit der Berthollet'schen Lehre; insbesondere wies er aber auf den Einfluss der Masse hin, worin das Hauptmoment dieser damals noch wenig verbreiteten Lehre liegt.

Zu Anfang der 60-er Jahre erhielt die Lehre, nach welcher

Wechselzersetzungen immer eine Grenze erreichen und nach welcher der Verlauf chemischer Umwandlungen durch den Einfluss der Masse bedingt wird, eine wichtige Stütze durch die Untersuchungen von Berthollet und P. Saint-Giles über die Bildung der Ester RX aus Alkoholen ROH und Säuren HX. Die Esterbildung, die ihrem Wesen nach der Salzbildung sehr ähnlich ist, unterscheidet sich aber dadurch, dass sie langsamer vor sich geht, (bei Zimmertemperatur Jahrelang und nicht bis zu Ende), dass sie also eine Grenze erreicht, die durch die entgegengesetzte Reaktion bestimmt wird, da ein Ester mit Wasser wieder in den Alkohol ROX und die Säure HX zerfällt. Wirken Alkohol und Säure in molekularem Verhältniss auf einander ein, so wird die Grenze gewöhnlich dann erreicht, wenn $^2/_3$ der angewandten Alkohol-Menge in den Ester übergegangen sind. So z. B. bildet gewönlicher Alkohol C^2H^5OH mit Essigsäure $HC^2H^3O^2$ beim Erwärmen schnell, sonst aber langsam das System: $ROH + HX + 2RX + 2H^2O$, einerlei ob man von $3ROH + 3HX$ oder von $3RX + 3H^2O$ ausgeht. Die Beobachtungen über den Verlauf und das Ende der Reaktion lassen sich im gegebenen Falle sehr leicht ausführen, weil die Menge der freien Säure leicht nach der zu ihrer Sättigung erforderlichen Alkalimenge bestimmt werden kann, da sowol Alkohole als auch Ester auf Lakmus und andere Indikatoren ohne Einfluss sind. Bei einer grösseren Masse von Alkohol geht die Reaktion weiter. Kommen auf eine Molekel Essigsäure HX zwei Mol. Alkohol ROH, so gehen anstatt 66 pCt 83 pCt Säure in den Ester über und bei 50 Mol. Alkohol wird fast die ganze Säure ätherifizirt. In Bezug auf diesen Gegenstand sind die ausführlichen Untersuchungen von Prof. N. Menschutkin über den Einfluss der Zusammensetzung der Alkohole und Säuren auf die Grenze und die Geschwindigkeit des Austausches zu nennen, doch gehören diese und andere Details bereits in die speziellen Werke über organische und theoretische Chemie. Jedenfalls hat die Erforschung der Aetherifikation der chemischer Mechanik die werthvollsten Daten geliefert, welche die beiden Grundsätze von Berthollet über den Einfluss der Masse und die Grenze der Wechselwirkung, d. h. das Eintreten des Gleichgewichts bei umkehrbaren Reaktionen direkt auf das deutlichste bestätigen. Dieselben Resultate ergab auch die Erforschung vieler Dissoziations-Erscheinungen, von denen bereits die Rede war und die noch öfters zu erwähnen sein werden. In Betreff der doppelten Umsetzungen von Salzen sind noch die Beobachtungen von Wiedemann über die zersetzende Einwirkung einer grossen Masse von Wasser auf Eisenoxydsalze zu erwähnen, welche durch Messen des magnetischen Verhaltens der Lösungen beurtheilt werden konnte, da das durch Wasser frei werdende (lösliche, kolloidale) Eisenoxyd weniger magnetisch ist, als die Eisenoxydsalze.

Ein sehr wichtiges Moment in der Geschichte der Berthollet'schen Lehre bildete die Formulirung, welche diese Lehre im Jahre 1867 durch die norwegischen Gelehrten Guldberg und Waage erhielt. Dieselben bezeichneten als reagirende, einwirkende Masse die in einem bestimmten Volum enthaltene Anzahl von Molekeln und nahmen entsprechend dem Geiste der Berthollet'schen Lehre an, dass die stattfindende Reaktion dem *Produkte* der vorhandenen Massen der reagirenden Substanzen proportional ist. Nimmt man also die Salze MX und NY in äquivalenten Mengen ($m=1$ und $n=1$) ohne die Salze MY und NX, welche sich aus den beiden ersteren bilden, zuzusetzen, und bezeichnet mit k den Proportionalitäts-Koeffizienten der Wechselwirkung von MX und NY und durch k' den von MY und NX, so erhält man, wenn die Zersetzung die Grösse x erreicht, als Maass der Einwirkung der beiden ersten Salze den Ausdruck: $k(1-x)(1-x)$ und der beiden letzteren den Ausdruck: $k'x.x$; der Gleichgewichtszustand oder die Grenze wird erreicht, wenn: $k(1-x)^2 = k'x^2$; hieraus ergibt sich das Verhältniss $k/k' = [x/(1-x)]^2$. Es wird folglich, beim Einwirken eines Alkohols auf eine Säure, wenn $x = {}^2/_3$ ist, $k/k' = 4$ sein, d. h. die Wechselwirkung zwischen dem Alkohol und der Säure wird 4 mal grösser sein, als zwischen dem Ester und dem Wasser. Ist das Verhältniss k/k' bekannt, so kann danach der *Einfluss der Masse leicht bestimmt werden.* Wenn z. B. anstatt 1 Molekel Alkohol 2 genommen werden, so erhält man die Gleichung: $k(2-x)(1-x) = k'xx$, aus welcher sich $x=0{,}85$ ergibt oder 85 auf Procente berechnet, eine Grösse, die der empirisch gefundenen nahe kommt. Werden 300 Molekeln Alkohol angewandt, so erweist sich x, wie auch der Versuch ergibt, nahezu gleich 100 pCt [26].

Die Salzbildung lässt sich aber nicht in einer so bequemen Weise verfolgen, wie die Aetherifikation. Dennoch sind bereits viele Versuche angestellt worden, um den Reaktionsverlauf bei der Bildung eines Salzes verfolgen zu können. So z. B. suchten Chitschinsky (1866), Petrijew (1885) und viele Andere festzustellen, wie sich die Metalle und die Halogengruppen vertheilen, wenn ein Metall und mehrere Halogene als Säuren in Ueberschuss genommen werden, oder wie sich die Basen an eine Säure vertheilen, wenn umgekehrt mehrere Basen auf ein Halogen kommen und zwar in den Fällen, wenn die Salze zum Theil in den Niederschlag gehen, und zum Theil in der Lösung bleiben. Obgleich nun solche kompli-

---

[26] Aus dem Angeführten folgt, dass ein Ueberschuss an Säure auf den Reaktionsverlauf ebenso einwirken muss, wie ein Ueberschuss an Alkohol. Nimmt man auf 1 Molekel Alkohol 2 Mol. Essigsäure, so werden bei dem Versuche in der That 84 pCt. des Alkohols aetherifizirt. Wenn bei reichlichem Ueberschuss an Säure oder Alkohol Abweichungen bemerkt werden, so ist deren Ursache in der nicht vollständigen Gleichheit der Bedingungen und Einflüsse zu suchen.

zirte Fälle im Allgemeinen die Berthollet'sche Lehre bestätigen (so z. B. gibt eine Lösung von $AgNO^3$ einen Theil von Ag^2O bei der Einwirkung von PbO ab, während aus einer Lösung von salpetersaurem Blei durch Ag^2O ein Theil von PbO gefällt wird), so können dieselben ihrer Komplizirtheit wegen (denn es ist z. B. die Bildung von basischen Salzen und Doppelsalze nicht ausgeschlossen) doch nicht zu einfachen Resultaten führen. Viel lehrreicher und vollständiger sind die von Muir (1876) angestellten Versuche. Derselbe ging von dem einfachen Beispiele der Fällbarkeit von kohlensaurem Calcium $CaCO^3$ beim Vermischen der Lösungen von $CaCl^2$ und Na^2CO^3 oder K^2CO^3 aus und fand, dass hierbei nicht allein die Geschwindigkeit der Einwirkung (es wurden z. B. aus dem Gemisch von $CaCl^2 + Na^2CO^3$ in den ersten 5 Minuten 75, in 30 Min. 85 und in 2 Tagen 94 p Ct. $CaCO^3$ gefällt) von der Temperatur, der relativen Masse und der Wassermenge (deren Zunahme die Geschwindigkeit verringert) abhängig ist, sondern dass dieselbe Abhängigkeit auch in Bezug auf die Grenze der Zersetzung besteht. Aber auch bei solchen Untersuchungen werden die Reaktions-Bedingungen durch die Ungleichartigkeit des Mittels komplizirt, da ein theilweises Ausfällen der Salze stattfindet, wodurch das System heterogen wird. Die Erforschung der doppelten Umsetzungen von Salzen in homogenen Systemen stösst wiederum auf solche Schwierigkeiten, die bis heute noch nicht vollständig überwunden sind, obgleich Versuche dazu schon seit langem angestellt wurden. In Anbetracht der geschichtlichen Bedeutung dieser Versuche sollen die von Thomsen (1869) und von Ostwald (1876) ausgeführten näher betrachtet werden.

Thomsen benutzte die thermochemische Methode zur Untersuchung stark verdünnter Lösungen, wobei er das Wasser nicht weiter in Betracht zog. Die von ihm angewandte Lösung von Aetznatron enthielt 100 H^2O auf eine Molekel NaHO und die Verdünnung der Schwefelsäure-Lösung entsprach der Zusammensetzung $1/_2\ H^2SO^4 + 100\ H^2O$. Beim Vermischen dieser Lösungen in dem Verhältniss, dass äquivalente Mengen der Base und Säure auf einander wirkten, dass also auf 40 g NaHO (das Aequivalent dieser Base) 49 g H^2SO^4 kamen, betrug die Wärmeentwickelung $+15689$ Wärmeeinheiten. Wurde das entstandene neutrale schwefelsaure Natrium noch mit n Aequivalenten Schwefelsäure vermischt, so erfolgte Absorption von Wärme; die absorbirte Wärmemenge betrug n. $1650/(n + 0,8)$ W. E. Eine Molekel Aetznatron entwickelt, indem sie sich mit einem Aequivalent Salpetersäure verbindet, $+13617$ W. E. Beim Vergrössern der Salpetersäure-Menge findet dagegen auf eine jede weitere Molekel der Säure eine Absorption von Wärme statt, die — 27 Einheiten entspricht. Ebenso entwickeln sich bei der Vereinigung des Aetznatrons mit Salzsäure $+13740$ W. E. und auf eine jede weiter zugesetzte Molekel der Säure werden — 32 W. E. absorbirt. Es entwickelt folglich die Schwefelsäure bei der Salzbildung etwas mehr Wärme, als die Salpeter- und Salzsäure, und zwar um etwa 2000 Wärme-Einheiten auf jede Molekel Aetznatron. Hieraus könnte man schliessen, dass weder HNO^3, noch HCl auf Na^2SO^4 einwirken. In Wirklichkeit geht aber beim Einwirken dieser beiden Säuren auf Na^2SO^4 die Zersetzung weiter, als beim Einwirken von Schwefelsäure auf $NaNO^3$ und $NaCl$. Zu dieser Schlussfolgerung gelangte Thomsen auf Grund der folgenden Thatsachen. Er vermischte eines der drei neutralen Salze mit der in dem Salze nicht enthaltenen Säure, z. B. eine Lösung von schwefelsaurem Natrium mit einer Salpetersäure-Lösung und bestimmte die hierbei eintretende Wärmeabsorption. Letztere fand statt, weil schon von einem neutralen Salz ausgegangen wurde und beim Vermischen der genannten neutralen Salze mit Säuren Wärme absorbirt wird. Nach der Menge dieser Wärme liess sich nun der beim Vermischen der Lösungen vor sich gehende Prozess beurtheilen, weil die beim Zusetzen von Schwefelsäure zu schwefelsaurem Natrium absorbirte Wärmemenge bedeutend, dagegen diejenige, die beim Zusetzen von Salpeter- und Salzsäure absorbirt wird, sehr gering ist. Thomsen beobachtete, indem er je eine Molekel schwefelsaures Natrium mit einer verschiedenen Anzahl von Salpetersäure-Molekeln vermischte, dass mit der Zunahme der Menge der Salpetersäure auch die Wärmemenge, die absorbirt wurde, immer mehr und mehr zunahm. Wurde auf $^1/_2$ Na^2SO^4 eine Molekel HNO^3 genommen, so betrug die Absorption auf je eine im schwefelsauren Natrium enthaltene Molekel von Aetznatron 1752 Wärmeinheiten. Bei Anwendung der doppelten Menge von Salpetersäure wurden 2026 und bei der dreifachen Menge 2050 W. E. absorbirt. Wäre die doppelte Umsetzung bei Anwendung eines Aequivalentes Salpetersäure eine vollständige, so würde die Wärmetönung sich aus der Summe: 13617 — 15689 — 1650/1,8 ergeben oder 2989 W. E. betragen, wenn man annimmt, dass beim Vermischen von Schwefelsäure mit $NaNO^3$ ebensoviel Wärme absorbirt wird, wie beim Vermischen mit $^1/_2 Na^2SO^4$. Da aber in Wirklichkeit anstatt der 2989 W. E. nur 1752 absorbirt werden, so wurden nur etwa $^2/_3$ der Schwefelsäure verdrängt. Das Verhältniss von $k:k'$ ist also bei den Reaktionen: $^1/_2$ $Na^2SO^4 + HNO^3$ und $NaNO^3 + ^1/_2 H^2SO^4$, ebenso wie bei den Estern, gleich 4. Unter Zugrundelegung dieser Zahl fand Thomsen, dass bei allen Mischungen von Na^2SO^4 mit HNO^3 und $NaNO^3$ mit H^2SO^4 die bestimmten Wärmemengen dem Gesetze von Guldberg und Waage entsprachen, dass also die Grenze der Zersetzung um so weiter gerückt wurde, je grösser die Menge der zugesetzten Säure war. Dasselbe Verhalten wie HNO^3 zeigte auch HCl zur Schwefelsäure. Das beobachtete thermische Resultat bei der Vermischung z. B. von $^1/_2$ Na^2SO^4 mit HCl war = — 1682 und das berechnete $= -1691$; beim Vermischen derselben Menge des Salzes mit 2HCl ergab der Versuch—1878, die Berechnung—1870, mit 4HCl gefunden — 1896, berechnet — 1917. Beim Vermischen von NaCl mit $^1/_2\,H^2SO^4$ ergab der Versuch eine Wärmeentwickelung von $+244$ W. E., während die Berechnung $+257$ erforderte; wurde die doppelte Menge von Schwefelsäure genommen, so betrug die bestimmte Wärmemenge $+336$ und die berechnete $+292$. Diese relativ geringen Abweichungen der empirisch gefundenen Zahlen von den berechneten erklären sich durch die nicht zu vermeidenden Versuchsfehler der kalorimetrischen Bestimmungen. Es erscheinen folglich die Untersuchungen von Thomsen als eine vollständige Bestätigung der Hypothesen von Guldberg und Waage und der Lehre von Berthollet [27]).

27) Die Ergebnisse der Untersuchungen von Thomsen lassen sich folgendermaassen zusammenfassen: a) Wenn äquivalente Mengen von NaHO, HNO^3 (oder HCl) und $^1/_2\,H^2SO^4$ auf einander in wässriger Lösung einwirken, so verbinden sich $^2/_3$ des Natrons mit der Salpetersäure und $^1/_3$ mit der Schwefelsäure; b) dieselbe Vertheilung tritt ein, wenn das Natron in Verbindung mit der Salpetersäure oder mit der Schwefelsäure angewandt wird; c) die Salpetersäure hat folglich ein zweimal grösseres Bestreben, sich mit dem Natron zu verbinden, als die Schwefelsäure, und ist daher in wässriger Lösung stärker als die letztere.

Man muss daher, nach Thomsen, einen Ausdruck zur Bezeichnung des Strebens einer Säure, eine Base zu sättigen, haben. Die Bezeichnung — Affinität lässt sich zu diesem Zwecke nicht verwenden, weil man unter derselben meistens die Kraft versteht, welche erfordert wird, um eine Substanz in ihre Bestandtheile zu zerlegen. Diese Kraft muss daher durch die Menge der Arbeit oder Wärme gemessen werden, welche zur Zersetzung verwandt wird. Die oben angeführte Erscheinung ist von ganz anderer Art. Thomsen führt zu ihrer Bezeichnung das Wort *Avidität* ein, welches das Streben einer Säure zur Neutralisation ausdrücken soll. Die Avidität der Salpetersäure zum Natron ist zweimal grösser als die Avidität der Schwefelsäure. Dasselbe Resultat ergibt sich bei der Salzsäure, deren Avidität zum Natron gleichfalls zweimal grösser ist, als die der Schwefelsäure. Versuche, die mit anderen Säuren ausgeführt wurden, haben gezeigt, dass keiner der untersuchten Säuren eine so grosse Avidität zukommt, wie der Salz- oder Salpetersäure. Im Vergleich zur Schwefelsäure haben einige Säuren eine grössere, andere eine geringere Avidität; für manche Säuren ist die Avidität $= 0$. Dem Leser ist es natürlich klar, dass die Methode, die Thomsen angewandt hat, weiterer Ausarbeitung werth ist, denn seine Resultate betreffen wichtige Fragen der Chemie, aber bis jetzt kann seinen Schlussfolgerungen noch keine grosse Glaubwürdigkeit beigemessen werden, weil in der Untersuchungsmethode selbst die Verhältnisse sehr verwickelt sind. Besonders zu berücksichtigen ist, dass alle untersuchten Wechselwirkungen doppelte Umsetzungen sind, bei denen A und B sich nicht mit C verbinden und sich nicht der Affinität oder Avidität nach vertheilen, sondern zwei entgegengesetzte Reaktionen vor sich gehen: $MX+NY$ gibt $MY+NX$ und umgekehrt. Es findet hier folglich keine direkte Bestimmung der Affinität oder Avidität d. h. des Strebens zur Vereinigung statt, sondern nur eine Bestimmung der Differenz oder des Verhältnisses der Affinitäten oder Aviditäten. Die Salpetersäure besitzt nicht nur zum Konstitutionswasser, sondern auch zum Wasser, das zum Lösen dient, eine viel geringere Verwandtschaft, als die Schwefelsäure. Es folgt dieses aus den thermischen Daten. Die Reaktion $N^2O^5+H^2O$ entwickelt $+3600$ W. E. und die Lösung des entstehenden Hydrates $2NHO^3$ in einem sehr grossen Ueberschuss an

Ostwald benutzte im Wesentlichen denselben Weg wie Thomsen und bestimmte gleichfalls in verdünnten Lösungen die Veränderungen des spezifischen Gewichtes (und später auch des Volums), welche beim Sättigen von Säuren durch Basen und beim Zersetzen von Salzen einer Säure durch eine andere vor sich gehen. Er kam hierbei zu ebendenselben Schlussfolgerungen wie Thomsen. Folgendes Beispiel veranschaulicht die von Ostwald angewandte Methode. Eine Lösung von Aetznatron, die fast die molekulare Menge (40 Gramme) im Liter enthielt, hatte das spezifische Gewicht 1,04051. Das spezifische Gewicht eines gleichen Volums mit dem äquivalenten Gehalte an Schwefelsäure war 1,02970 und an Salpetersäure 1,03084. Beim Vermischen der Lösungen von NaHO und H^2SO^4 bildete sich eine Lösung von Na^2SO^4 vom spezifischen Gewicht 1,02959; das spezifische Gewicht hatte folglich eine Abnahme erfahren, die wir Q nennen wollen und die gleich $1,04051 + 1,02970 - 2 . 1,02959 = 0,01103$ war. Auf dieselbe Weise ergab sich das spezifische Gewicht einer Mischung der Lösungen von NaHO und HNO^3 zu 1,02633, folglich $Q = 0,01869$. Setzte man zu 2 Vol. der Lösung von Na^2SO^4 ein Vol. der Salpetersäure-Lösung zu, so erhielt man eine Lösung vom spezifischen Gewicht 1,02781; folglich war die Abnahme des letzteren $Q = 2 . 1,02959 + 1,03084 - 3 . 1,02781 = 0,00659$. Wäre keine chemische Einwirkung zwischen den Salzen erfolgt, so würde, nach Ostwald, das spezifische Gewicht sich nicht verändert haben; hätte aber die Salpetersäure die Schwefelsäure verdrängt, so müsste $Q'' = 0,01869 - 0,01103 = 0,00766$ gewesen sein. Augenscheinlich war also nur ein Theil der Schwefelsäure durch die Salpetersäure verdrängt worden. Die Grösse der Ver-

---

Wasser +14986 W. E. Die Wärmetönung bei der Bildung von $SO^3 + H^2O$ beträgt +21308 W. E. und die der Lösung von H^2SO^4 in einem Ueberschuss von Wasser +17860 W. E. In beiden Fällen entwickelt also die Schwefelsäure eine grössere Wärmemenge. Der Austausch zwischen Na^2SO^4 und $2HNO^3$ erfolgt nicht nur auf Kosten der Bildung von $NaNO^3$, sondern auch von H^2SO^4; folglich spielt in den Erscheinungen der Verdrängung auch die Verwandtschaft der Schwefelsäure zum Wasser eine Rolle. Aus diesem Grunde kann in solchen Bestimmungen, wie sie Thomsen ausführte, das Wasser nicht als ein an dem Processe nicht theilnehmendes Mittel betrachtet werden, sondern es kommt demselben sicher eine Rolle zu. Von nicht geringerer Bedeutung ist auch die Fähigkeit des Na^2SO^4 sich mit der überschüssigen H^2SO^4 zu dem sauren Salze zu verbinden, eine Fähigkeit, welche die Salze der Salpeter- und Salzsäure nicht besitzen. Trotzdem lässt sich erwarten, dass das Gesetz von Guldberg und Waage, so wie es oben im Text erklärt worden ist, auf die von Thomsen beobachteten Erscheinungen wird Anwendung finden können; obgleich aus der Uebereinstimmung der Versuche mit der Berechnung noch keine Schlussfolgerungen über das relative Streben der Säuren zur Vereinigung mit Basen gezogen werden kann. Beim Zusammentreffen von Na^2O mit SO^3 und N^2O^5 wird die Vertheilung wahrscheinlich eine andere sein; selbst bei Anwendung von stärkeren Lösungen, als sie Thomsen benutzte, kann möglicher Weise schon ein anderes Resultat erhalten werden (vergl. die folg. Anm. und Kap. 9. Anm. 14).

drängung entspricht aber nicht dem Verhältniss von Q' zu Q'', weil die Abnahme des spezifischen Gewichtes auch durch das Vermischen der Lösungen von Na^2SO^4 und H^2SO^4 bedingt wird; dagegen findet beim Vermischen der Lösungen von $NaNO^3$ und HNO^3 im spezifischen Gewichte eine nur unbedeutende Aenderung statt, deren Grösse in die Grenzen der möglichen Versuchsfehler fällt. Aus ähnlichen Daten zog Ostwald dieselbe Schlussfolgerung wie Thomsen und bestätigte hierdurch von neuem die von Guldberg und Waage gegebene Formulirung der Berthollet'schen Lehre [28]).

---

[28]) Noch deutlicher, als in den von Thomsen angewandten Methoden, offenbart es sich in den Methoden von Ostwald, dass das Wasser an diesen Reaktionen Theil nimmt, denn beim Sättigen der Salzlösungen durch Alkalien (worüber frühere Untersuchungen von Kremers, Reinhold und and. vorliegen) findet keine Kontraktion, wie nach der Menge der sich entwickelnden Wärme zu erwarten wäre, sondern Volumzunahme statt (also Verringerung des spezifischen Gewichtes, wenn die Berechnung in der ursprünglichen Untersuchung von Ostwald angenommen wird). Man erhält z. B. beim Vermischen von 1880 g einer Schwefelsäurelösung von der Zusammensetzung SO^3+100H^2O und dem Volume von 1815 CC mit der entsprechenden Menge einer Lösung von $2(NaHO+50H^2O)$, deren Volum 1793 CC beträgt, nicht 3608, sondern 3633 CC; die Ausdehnung ist also = 25 CC auf eine Molekel (in Grammen) des entstehenden Salzes Na^2SO^4. Ebendasselbe erfolgt auch in anderen Fällen. Bei Anwendung von Salpeter- und Salzsäure ist die Ausdehnung noch grösser, als bei der Schwefelsäure und bei Anwendung von KHO grösser, als von NaHO (während NH^3-Lösungen Kontraktion ergeben). Die Ursache dieser Erscheinungen ist in dem Verhalten zum Wasser zu suchen. NaHO und H^2SO^4, die sich unter Wärmeentwickelung im Wasser lösen, geben auch eine bedeutende Kontraktion; aus solchen Lösungen scheidet sich das Wasser sehr schwer aus. Nach eingetretener Sättigung bildet sich das Salz Na^2SO^4, welches das Wasser nur schwach gebunden hält und beim Lösen nur wenig Wärme entwickelt, also zum Wasser nur eine geringe Verwandtschaft besitzt. Beim Sättigen der Schwefelsäure durch Natron wird das Wasser aus einer beständigen Verbindung gleichsam verdrängt und in eine unbeständige übergeführt. Daher erfolgt Ausdehnung (Verringerung der spezifischen Gewichtes). Nicht die Einwirkung der Säure auf das Alkali, sondern die Einwirkung des Wassers bedingt die Erscheinung, welche Ostwald als Maass des Salzbildung benutzen will. Das Wasser, das ausser Acht gelassen wird, zeigt selbst seine Verwandtschaft und wirkt auf die Erscheinungen ein, die der Erforschung unterworfen werden. Ausserdem ist im gegebenen Falle der Einfluss des Wassers sehr bedeutend, weil es in grosser Menge angewandt wird. Ist kein Wasser oder nur wenig davon vorhanden, so bedingt die Verwandtschaft der Base zur Säure Kontraktion, nicht Ausdehnung. Das spezifische Gewicht von Na^2O ist 2,8, folglich das Volum = 22, das von SO^3 ist 1,9 und das Volum 41; die Summe beider Volume ist daher 63, während für Na^2SO^4 das spez. Gew. 2,65 und das Volum 53,6 ist. Folglich beträgt die Kontraktion auf eine Molekel des Salzes 10 CC. Aus $H^2SO^4 = 53,3$ Volum und 2NaHO (=37, 4 Volum) erhält man $2H^2O = 36$ Vol. und $Na^2SO^4 = 53,6$ Vol. Aus 90,7 CC, die einwirken, entstehen bei der Sättigung 89,6; es erfolgt also wieder, wenn auch eine geringere Kontraktion, obgleich die stattfindende Reaktion eine Substitution und keine Addition ist. Bei Substitutionen findet aber gewöhnlich keine oder eine geringe Volumänderung statt. Hieraus folgt, dass die von Ostwald erforschten Reaktionen wol kaum von dem Maasse der Einwirkung der Salze, sondern eher von dem Verhalten der gelösten Substanzen zum Wasser bedingt werden. Bei

Die oben angeführten Untersuchungen sind grösstentheils mit wässrigen Lösungen angestellt worden, da aber das Wasser selbst ein salzartiger Körper ist, der sich mit Salzen verbinden und mit denselben doppelte Umsetzungen eingehen kann, so haben wir es bei den in wässrigen Lösungen vor sich gehenden Reaktionen eigentlich mit höchst verwickelten Fällen zu thun. Viel einfacher ist die Reaktion zwischen Alkoholen und Säuren, welche daher auch zur Bestätigung der Berthollet'schen Lehre von besonderer Bedeutung ist. Dieselbe Einfachheit der Verhältnisse, wie diese Reaktion, weisen nur die von Gustavson untersuchten Wechselzersetzungen auf, welche zwischen CCl^4 und RBr^n einerseits und zwischen CBr^4 und RCl^n andrerseits vor sich gehen. Letztere Reaktion ist zu einer solchen Untersuchung besonders geeignet, da die angewandten Verbindungen RCl^n nud RBr^n (ebenso wie BCl^3, $SiCl^4$, $TiCl^4$, $POCl^3$ und $SnCl^4$) zu den Körpern gehören, welche sich beim Einwirken von Wasser zersetzen, während CCl^4 und CBr^4 durch Wasser nicht zersetzt werden. Wurde z. B. das Gemisch von $CCl^4 + SiBr^4$ erwärmt und das entstandene Reaktionsprodukt darauf mit Wasser behandelt, welches das unzersetzt gebliebene $SiBr^4$ und das sich bei der Umsetzung bildende $SiCl^4$ zersetzte, so liess sich die stattgefundene Zersetzung bestimmen, wenn man die Zusammensetzung des durch das Wasser veränderten Produktes feststellte. Zu den Versuchen wurden immer äquivalente Mengen angewandt, z. B. $4 BCl^3 + 3 CBr^4$. Beim Vermischen fand zunächst gar keine Umsetzung statt, als aber erwärmt wurde, erfolgte dieselbe, wenn auch sehr langsam, (denn es waren z. B. in den genannten Gemisch nach 14-tägigem Erwärmen auf 123^0 nur 4,86 pCt. Cl durch Br ersetzt worden, nach 28 Tagen 6,83 pCt. und nach 60 Tagen bei 150^0 10,12 pCt); hierbei wurde immer die Grenze erreicht, welche dem ergänzenden Systeme entsprach, also in dem vorliegenden Falle dem System $4 BBr^3 + 3 CCl^4$. In diesem letzteren wurden 89,97 pCt Brom im BBr^3 durch Chlor ersetzt, d. h. man erhielt 89,97 Molekeln BCl^3, während 10,02 Molekeln BBr^3 unverändert zurückblieben; es war dasselbe Gleichgewicht eingetreten, welches das System $4BCl^3 + 3CBr^4$ ergeben hatte. Beide Systeme hatten folglich zu ein und demselben Gleichgewichte geführt, wie es nach der Lehre von Berthollet auch erwartet werden musste [28 bis]).

Substitutionen ist die Volum-Aenderung nur gering, bei: $2NaNO^3 + H^2SO^4 = 2HNO^3 + Na^2SO^4$ z. B. beträgt sie 38,8 + 53,3 und 241,2 + 53,6; aus 131 Vol. entstehen also 136. Auf Grund des Auseinandergesetzten muss man voraussetzen, dass die von Thomsen und Ostwald erforschten Erscheinungen, wenn bei denselben das Wasser in Betracht gezogen würde, sich als viel verwickelter herausstellen würden, als sie ursprünglich erschienen und dass auf diesem Wege man sich wol kaum eine genauere Vorstellung von der Vertheilung der Säuren unter Basen wird machen können.

28 bis) Die von G. Gustavson im Laboratorium der St. Petersburger Universität

Auf diese Weise ergibt sich von verschiedenen Seiten die Bestätigung der folgenden Berthollet'schen Grundsätze, die sich auf die doppelten Umsetzungen zwischen Salzen beziehen: 1) Wenn zwei Salze MX und NY mit verschiedenem Halogen und verschiedenem Metall auf einander einwirken, so erhält man die beiden anderen Salze MY und NX, aber die Ersetzung geht nicht zu Ende, wenn nicht eines der Salze entfernt wird. 2) Die Wechselwirkung ist begrenzt, es tritt immer ein Gleichgewicht zwischen den Körpern MX, NY, MY und

---

1871—72 angeführten Untersuchungen gehören zu den ersten, in welchen in den Grenzen der Substitution (und der Reaktionsgeschwindigkeit) das Maass der Verwandtschaft der Elemente zu den Halogenen deutlich hervortritt. Die in demselben Laboratorium von A. Potilitzin (1879) angestellten Versuche (vrgl. Kap. 11. Anm. 66) beziehen sich auf eine andere Seite dieser Frage, die jetzt noch wenig ausgearbeitet ist, trotz ihrer wichtigen Bedeutung und trotz des Umstandes, dass in theoretischer Hinsicht seit der Zeit (Dank hauptsächlich Guldberg und van't Hoff) bedeutende Fortschritte gemacht worden sind. Höchst wünschenswerth wäre es gewesen, dass die Untersuchungen von Gustavson sich auch auf den Einfluss der Masse bezogen hätten und genauere Daten über die Geschwindigkeit und die Temperatur ermittelt worden wären, besonders in Anbetracht der grossen Bedeutung, welche dieselben für unsere Auffassung der doppelten Umsetzungen von Salzen «in Abwesenheit von Wasser» besitzen.

Gustavson zeigte, dass je grösser das Atomgewicht des mit Chlor verbundenen Elementes ist (B, Si, Ti, As. Sn), desto mehr Chlor durch Brom beim Einwirken von CBr^4 ersetzt wird, und dass folglich beim Einwirken von Bromverbindungen auf CCl^4 die Ersetzung von Brom durch Chlor um so geringer ist. Für die folgenden Chlorverbindungen z. B. beträgt die in Procenten ausgedrückte Ersetzung (beim Eintreten der Grenze):

BCl^3	$SiCl^4$	$TiCl^4$	$AsCl^3$	$SnCl^4$
10,1	12,5	43,6	71,8	77,5

Aus den von Gustavson gegebenen Zahlen kann, wie mir scheint, Folgendes geschlossen werden. Erwärmt man CBr^4 mit RCl^4, so findet ein Austausch von Brom und Chlor statt. Es fragt sich nun, was beim Vermischen mit CCl^4 geschehen wird? Nach der Grösse der Atomgewichte $B = 11$, $C = 12$, $Si = 28$ zu urtheilen, müssen 11 pCt. Chlor durch Brom ersetzt werden. Dieses kann aber nur, wie ich glaube, auf eine Bewegung der Atome in den Molekeln hinweisen. Das Gemisch von CCl^4 und CBr^4 befindet sich nicht in einem starren Gleichgewichte, vielmehr bewegen sich im demselben nicht nur die Molekeln, sondern auch die Atome in den Molekeln und die angeführte Zahl entspricht dem Maasse ihrer Umlagerung unter den gegebenen Bedingungen. Der Austausch des Bromes aus CBr^4 mit dem Chlor aus CCl^4 erreicht beim Eintreten der Reaktionsgrenze etwa 11 pCt. d. h. ein Theil der Bromatome, die in einem gegebenem Augenblicke mit einem bestimmten Kohlenstoffatome in Verbindung waren, gehen zu einem anderen Kohlenstoffatome über, während das Chlor von diesem letzteren an die Stelle des Broms tritt. Es sind daher auch in einer homogenen Masse von CCl^4 nicht alle Chloratome beständig mit ein und demselben Kohlenstoffatome in Verbindung; *auch in einem homogenen Mittel findet ein Austausch von Atomen unter den verschiedenen Molekeln statt.* Diese Hypothese kann meiner Ansicht nach einige Dissoziations-Erscheinungen erklären; indem ich ihrer erwähne, halte ich es indessen nicht für nöthig, an dieser Stelle länger bei derselben zu verweilen. Bemerken will ich noch, dass mich das Studium der Lösungen zu derselben geführt hat und dass Pfaundler im Wesentlichen eine ähnliche Hypothese ausgesprochen hat. In neuester Zeit verbreitet sich eine analoge Auffassung über die Elektrolyse von Salzlösungen.

NX ein, da die entgegengesetzte Reaktion ebenso möglich ist, wie die direkte. 3) Die Grenze wird sowol durch die Grösse der vorhandenen Affinitäten, als auch durch die relativen Massen bestimmt, welche sich aus der Zahl der auf einander einwirkenden Molekeln ergeben. 4) Bei sonst gleich bleibenden Bedingungen ist die chemische Wirkung dem Produkte der einwirkenden Massen proportional [29]).

Wenn also die Salze MX und NY bei der Wechselwirkung theilweise in die Salze MY und NX übergegangen sind, so stellt sich ein Gleichgewicht her und die Reaktion hört auf; wenn aber einer der entstehenden Körper infolge seiner physikalischen Eigenschaften aus der Wirkungssphäre der übrigen Körper entfernt wird, so geht die Reaktion weiter. Das Entfernen aus der Wirkungssphäre hängt ausser von den physikalischen Eigenschaften des betreffenden Körpers auch von den Bedingungen ab, unter welchen die Reaktion vor sich geht. Es kann sich z. B. das Salz NX bei der Wechselwirkung in Lösungen, wenn es unlöslich ist, als Niederschlag ausscheiden, während die drei anderen Salze in Lösung bleiben, oder es kann auch in Form von Dampf entweichen. Nehmen wir nun an, dass dasselbe auf irgend eine Weise, sei es als Niederschlag oder als Dampf, aus der Wirkungssphäre der übrigen Körper entfernt werde, so wird die Reaktion von neuem erfolgen, denn wenn auch die Menge der Elemente N und X in der Masse abgenommen haben wird, so muss sich trotzdem nach dem Berthollet'schen Gesetze wieder eine neue Menge von NX bilden. Ist dieses geschehen, so wird diese Menge von neuem entfernt und die Reaktion kann auf diese Weise selbst dann zu Ende gehen, wenn die Verwandtschaft zwischen den Elementen des entstehenden Körpers NX sehr schwach ist. Es ist selbstverständlich, dass, wenn die diesen Körper zusammensetzenden Elemente noch eine starke Verwandtschaft zu

---

[29]) Die Berthollet'sche Lehre könnte in keiner Weise erschüttert werden, wenn es auch gelänge zu beweisen, dass es Fälle gibt, wo zwischen Salzen keine Zersetzung eintritt, denn im Prinzip muss zugegeben werden, dass die Zersetzung so gering sein kann, dass bei grossen Massen keine irgend bemerkbaren Verdrängungen erfolgen werden. Die Grundbedingung der Anwendbarkeit der Berthollet' schen Lehre, wie auch der Deville'schen Dissoziationstheorie, ist die Umkehrbarkeit der Reaktionen. Da es in der Praxis nicht umkehrbare Reaktionen (z. B. $CCl^4 + H^2O = CO^2 + 4HCl$) und nicht flüchtige Körper gibt, so kann man, unter Anerkennung der Lehre von den umkehrbaren Reaktionen und der Lehre von der Verflüchtigung von Flüssigkeiten, dennoch die Existenz von nicht flüchtigen Substanzen und das Stattfinden von Reaktionen annehmen, welche scheinbar mit der Berthollet'schen Lehre nicht übereinstimmen. Diese Lehre kann augenscheinlich eher als die entgegengesetzte Lehre von Bergmann eine Lösung der verwickelten Aufgaben der chemischen Mechanik herbeiführen, deren Fortschritte gegenwärtig wol am meisten von der Erweiterung unserer Kentnisse von der Dissoziation, vom Einflusse der Masse und des Gleichgewichtes und der Geschwindigkeit chemischer Reaktionen abhängen.

Mendelejew. Chemie.

einander besitzen, die vollständige Zersetzung bedeutend leichter vor sich gehen wird. Die oben entwickelte Vorstellung über den Verlauf chemischer Umwandlungen lässt sich auf sehr viele, chemisch erforschte Reaktionen anwenden, ohne dass hierzu, was besonders wichtig ist, die Feststellung eines Maasses der Verwandtschaft zwischen den vorhandenen Substanzen erforderlich wäre. Beispiele von Reaktionen, welche für die Affinität kein Maass ergeben, welche aber bis zu Ende gehen, da einer der entstehenden Körper vollkommen aus der Wirkungssphäre der anderen ausgeschieden wird, sind: die Ausscheidung basischer, in Wasser unlöslicher Hydrate beim Einwirken von Ammoniak auf Salzlösungen, die Verdrängung der flüchtigen Salpetersäure durch die nicht flüchtige Schwefelsäure, ebenso wie die Zersetzung des Kochsalzes durch Schwefelsäure unter Bildung von gasförmigem Chlorwasserstoff [30]).

---

30) Das Kochsalz geht nicht nur mit Säuren, sondern auch mit *allen Salzen* in doppelte Umsetzungen ein, welche jedoch, wie aus Berthollet's Lehre folgt, nur in wenigen Fällen es ermöglichen, neue Salze darzustellen, weil die Umsetzung nur dann bis zu Ende gehen kann, wenn das entstehende Chlormetall aus dem Bereiche der auf einander einwirkenden Substanzen ausgeschieden wird. Wenn man z. B. eine Lösung von Kochsalz mit einer Lösung von schwefelsaurem Magnesium vermischt, so ist die doppelte Umsetzung desswegen unvollständig, weil alle Salze in Lösung bleiben. Es können sich hier schwefelsaures Natrium und Chlormagnesium bilden — beide in Wasser lösliche Salze; nichts wird ausgeschieden und die Zersetzung: $2NaCl + MgSO_4 = MgCl_2 + Na_2SO_4$ geht nicht zu Ende. Das auf diese Weise entstandene schwefelsaure Natrium lässt sich aber durch Abkühlen ausscheiden, da es in der Kälte nur wenig löslich ist. Wendet man konzentrirte Lösungen von Kochsalz und schwefelsaurem Magnesium an, so scheidet sich das schwefelsaure Natrium beim Abkühlen in Krystallen aus, die Krystallisationswasser enthalten. Vollständig ist die Ausscheidung natürlich nicht, weil ein Theil des schwefelsauren Natriums auch in der Kälte in Lösung bleibt. Dennoch benutzt man diese Zersetzung zur Gewinnung von Na_2SO_4 aus den beim Verdampfen des Meerwassers entstehenden Rückständen, welche ein Gemisch von schwefelsaurem Magnesium und Kochsalz enthalten. In Stassfurt findet sich dieses Gemisch bereits fertig gebildet vor. Zum Ausscheiden des Salzes wird öfters künstliches Abkühlen mittelst Maschinen zur Kälteerzeugung benutzt. Die Annahme, dass solche doppelte Umsetzungen nur infolge des Temperaturwechsels eintreten, lässt sich in Anbetracht anderer analoger Fälle nicht rechtfertigen. Die Lösung des schwefelsauren Kupfers oder Kupfervitriols z. B. ist eine blaue Flüssigkeit, die des Kupferchlorids eine grüne. Vermischt man diese beiden Salze, so lässt sich die grüne Farbe ganz deutlich beobachten, also auch die Gegenwart des Kupferchlorides in der Lösung des schwefelsauren Kupfers erkennen. Da nun beim Zugiessen einer Kochsalz-Lösung zu einer Lösung von schwefelsaurem Kupfer sofort eine grüne Färbung entsteht, so muss sich hierbei Kupferchlorid bilden, das aber in Lösung bleibt. Die Umsetzung erfolgt also wieder in Uebereinstimmung mit Berthollet's Lehre.

Nach dem Vorhergehenden zu urtheilen, kann die vollständige Zersetzung des Kochsalzes nur dann eintreten, wenn das daraus entstehende Chlormetall aus der Wirkungssphäre ausgeschieden wird. Einen solchen Fall bieten uns die Salze des Silbers, da das Chlorsilber in Wasser unlöslich ist; setzt man zu der Lösung eines Silbersalzes Chlornatrium, so erhält man Chlorsilber und das Natriumsalz der Säure.

Um zu beweisen, dass die doppelten Umsetzungen, die den eben angeführten analog sind, wirklich im Sinne der Berthollet'schen Lehre verlaufen, lässt sich auch die Thatsache anführen, dass Kochsalz durch Salpetersäure und Salpeter durch Chlorwasserstoff ebenso vollständig wie durch Schwefelsäure zersetzt werden kann, aber nur dann, wenn im ersteren Falle ein Ueberschuss von Salpetersäure und im letzteren ein Ueberschuss von Salzsäure auf die gegebene Menge des Natriumsalzes vorhanden ist und die entstehende Säure entfernt wird. Erwärmt man in einer Porzellanschale Kochsalz mit Salpetersäure, so entweicht sowol Salzsäure, als auch Salpetersäure. Es geht also eine theilweise Einwirkung auf das Kochsalz vor sich; da aber beide Säuren flüchtig sind, so verwandeln sie sich beim Erwärmen in Dampf und man erhält daher im Rückstande ein Gemisch des angewandten Chlornatriums mit dem entstandenen salpetersauren Natrium. Fügt man darauf eine neue Menge von Salpetersäure hinzu, so entweicht beim Erwärmen zugleich mit letzterer wieder ein Theil der Salzsäure. Wiederholt man dieses mehrere Male, so kann man allen Chlorwasserstoff austreiben und im Rückstande nur salpetersaures Natrium erhalten. Verfährt man in entgegengesetzter Weise und erwärmt salpetersaures Natrium mit einer wässrigen Lösung von Chlorwasserstoff, so entweicht mit dem Ueberschuss des letzteren immer auch Salpetersäure. Beim Wiederholen dieses Verfahrens kann man zuletzt durch überschüssigen Chlorwasserstoff alle Salpetersäure ebenso vertreiben, wie durch einen Ueberschuss der letzteren allen Chlorwasserstoff. Hieraus ergibt sich mit auffallender Deutlichkeit der Einfluss der Masse des einwirkenden Stoffes und der Einfluss der Flüchtigkeit desselben. Man kann daher auch behaupten, dass die Schwefelsäure nicht infolge ihrer grösseren Verwandtschaft den Chlorwasserstoff verdrängt, sondern dass die Reaktion nur aus dem Grunde zu Ende geht, weil die Schwefelsäure nicht flüchtig ist, während der entstehende Chlorwasserstoff sich leicht verflüchtigt.

Auf diesen Daten beruht die Darstellung des Chlorwasserstoffs. Im Laboratorium wendet man einen Ueberschuss an Schwefelsäure an, damit die Einwirkung leicht und bei niedriger Temperatur vor sich gehe, in der Technik, wo ökonomische Gründe mit in Betracht zu ziehen sind, werden äquivalente Mengen benutzt, damit das

---

deren Silbersalz genommen war. Das entstehende Chlorsilber scheidet sich sofort als Niederschlag aus, da es in Wasser unlöslich ist, und die Reaktion geht zu Ende, d. h. es geht entweder alles Silber oder alles Chlor in das Chlorsilber über. Dieses Verhalten benutzt man zum Ausscheiden des Silbers aus seinen Lösungen und zum Bestimmen des Chlors. Es darf aber nicht ausser Acht gelassen werden, dass etwas Chlorsilber dennoch im Wasser gelöst bleibt, namentlich wenn letzteres viel NaCl enthält, und dass daher ein Theil des Silbers nicht in den Niederschlag übergeht.

neutrale Salz Na^2SO^4 und nicht das saure $NaHSO^4$ entstehe, denn im letzteren Falle müsste die doppelte Menge von Schwefelsäure angewandt werden. Der trockne Chlorwasserstoff ist ein in Wasser leicht lösliches Gas. Seine wässrige Lösung, die in der Praxis so oft angewandt wird, ist unter dem Namen *Salzsäure* bekannt [31]).

In den chemischen Fabriken wird die Zersetzung d s Kochsalzes durch Schwefelsäure in grossen Mengen hauptsächlich zur Darstellung des neutralen schwefelsauren Natriums ausgeführt, so dass der Chlorwasserstoff oder die Salzsäure nur als Nebenprodukt gewonnen wird. Die Zersetzung wird in *Muffelöfen* ausgeführt (Fig. 107 und 108). Ein Muffelofen besteht, abgesehen vom Herde e, aus zwei Theilen: der Schale (Pfanne) B und der Muffel oder dem aus grossen Ziegeln gemauerten Calcinirraume A, der von allen Seiten vom Rauch und der Flamme des Herdes umspült wird. Die Zersetzung des Kochsalzes durch die Schwefelsäure, welche anfangs keine so hohe Hitze erfordert, und daher schon in der weniger erhitzten Schale B beginnt, unter deren Sohle die die Flamme in den

Fig. 107. Muffelofen zur Zersetzung von NaCl durch H^2SO^4 im Grossen. ef ist die Heizung, aa der Raum, in welchem die Zersetzung zu Ende geführt wird, g ein Schieber zur Regulirung des Zuges in der Feuerung und g' ein Schieber zwischen der Muffel und dem Raume, in dem die durch c einzugiessende Schwefelsäure mit dem Kochsalz gemengt wird. $^1/_{100}$.

Fig. 108. Durchschnitt des in Fig. 107 abgebildeten Muffelofens. B ist die Schale (Pfanne), in der das Kochsalz mit der Schwefelsäure vermengt wird und A der Raum, in dem die Zersetzung zu Ende geführt wird.

---

31) Zur Darstellung geringer Mengen von Salzsäure benutzt man gewöhnlich den Seite 279, Fig. 74 abgebildeten Apparat. Das Kochsalz, das vorher geschmolzen wird, damit es nicht schäume und nicht übergeworfen werde, bringt man in den Kolben, in welchen man durch den Welter'schen Trichter das Gemisch von Schwefelsäure und Wasser giesst. Man wendet meist auf einen Gewichtstheil Kochsalz die anderthalbfache Menge konzentrirter Schwefelsäure an, die man zur Hälfte mit Wasser vermischt, um die Einwirkung zu verlangsamen, da mit unverdünnter Säure die Reaktion plötzlich und zu schnell eintritt. Aus einem solchen Gemisch scheidet sich der Chlorwasserstoff anfangs ohne Erwärmen aus, später bei Erwärmen auf dem Wasserbade. Die rohe Salzsäure des Handels enthält gewöhnlich verschiedene Beimengungen, die man entfernen kann, wenn man die Säure wieder destillirt und nur die mittleren Antheile auffängt. Um beigemengtes Arsen zu entfernen. setzt man zur Säure $FeCl^2$ und benutzt nur das nach dem ersten Drittel übergehende Destillat. Trocknen Chlorwasserstoff erhält man, wenn man das sich entwickelnd Gas durch konzentrirte Schwefelsäure streichen lässt und über Quecksilber aufsam-

Kamin führenden Züge angebracht sind, wird in der Muffel zu Ende geführt. Wenn die Einwirkung in der Pfanne aufhört und kein Chlorwasserstoff mehr ausgeschieden wird, dann bringt man die Salzmasse, in der noch ungefähr die Hälfte des Kochsalzes unzersetzt ist und in der sich gleichfalls etwa die Hälfte der Schwefelsäure als saures schwefelsaures Natrium befindet, aus der Pfanne in die Muffel. In letzterer bleibt dann nach Beendigung der Zersetzung das neutrale schwefelsaure Natrium zurück, welches zur Glasbereitung und zur Darstellung von anderen Natriumverbindungen, z. B. der Soda, Verwendung findet. Zur Beschickung eines Muffelofens nehmen die Fabriken, die Schwefelsäure von 60^0 Baumé (mit 22 pCt. Wasser) benutzen, auf 117 Th. Kochsalz gegen 125 Th. Schwefelsäure.

Das aus dem Muffelofen kommende Chlorwasserstoffgas kondensirt man, indem man es in Wasser auflöst [32]. Da es unmöglich ist, einen vollkommen hermetisch schliessenden Ofen herzurichten und alles entstehende Gas in die dazu bestimmten Röhren zu leiten, so ist man gezwungen, für die Herstellung eines künstlichen Zuges zu sorgen, welcher das Chlorwasserstoffgas durch Apparate treibt, in denen es verflüssigt werden kann. Man erreicht dieses in der Weise, dass man die Enden der den Chlorwasserstoff ableitenden Röhren in andere hohe Röhren einlässt, in welchen durch

---

melt. Durch Phosphorsäureanhydrid kann HCl nicht getrocknet werden, weil bei Zimmertemperatur das Gas absorbirt wird ($2P^2O^5 + 3HCl = POCl^3 + 3HPO^3$, Bailey u. Fowler 1888).

32) Da für die Fabriken, die das Kochsalz auf Na^2SO^4 verarbeiten, der Chlorwasserstoff öfters gar keinen Werth hat, so würde man ihn gerne mit dem Rauche frei entweichen lassen, wenn hierdurch nicht die Luft der Umgebung der Fabrik verdorben und alle Vegetation zu Grunde gerichtet werden würde. In allen Staaten sind daher die Fabriken gesetzlich gezwungen das HCl—Gas durch Wasser zu absorbiren, wobei letzteres nicht in die Flüsse gelassen werden darf, damit das Wasser derselben nicht verdorben werde. Die Absorption von HCl bietet übrigens keine Schwierigkeiten (wie z. B. die von SO^2), da dieses Gas eine grosse Verwandtschaft zum Wasser besitzt und mit demselben ein bei über 100^0 siedendes Hydrat bildet. Daher wird das HCl Gas selbst durch Wasserdämpfe und heisses Wasser absorbirt und schwache Lösungen desselben können gleichfalls zum Absorbiren benutzt werden. Warder zeigte jedoch (1888) dass aus schwachen Lösungen von der Zusammensetzung $H^2O + nHCl$ beim Sieden (wobei der Rückstand beinahe der Formel HCl $8H^2O$ entspricht) kein Wasser, sondern eine der Zusammensetzung $H^2O + 445$ n'HCl entsprechende Lösung übergeht, so dass man bei der Destillation von HCl $10H^2O$ z. B. im Destillate HCl $23H^2O$ erhält. In dem Maasse wie die Stärke der zurückbleibenden Lösung zunimmt, wird auch des Destillat konzentrirter; zur vollständigen Absorption von HCl muss folglich zuletzt reines Wasser benutzt werden.

Da in Russland die Gewinnung von Na^2SO^4 aus NaCl in grösserem Maasstabe noch nicht eingeführt ist, die Salzsäure aber in der Praxis sehr häufig Anwendung findet (z. B. zur Gewinnung von $ZnCl^2$, dessen Lösung zum Imprägniren von Eisenbahnschwellen benutzt wird), so wird hier das Kochsalz zuweilen speziell zum Zwecke der Salzsäuregewinnung verarbeitet.

Verbrennen von Brennstoffen ein starker Zug unterhalten wird. Durch diesen Zug wird der Chlorwasserstoff, zugleich mit der ihm beigemengten Luft, abgeführt und in den Absorptionsapparaten dann immer in einer bestimmten Richtung weiter geleitet. In den letzteren trifft der Chlorwasserstoff mit Wasser zusammen, welches ihm entgegenrieselt und ihn absorbirt. In den Fabriken leitet man den Chlorwasserstoff gewöhnlich nicht durch Wasser, sondern lässt ihm nur dicht über der Oberfläche des Wassers hinstreichen. Der Absorptionsapparat, dessen Anordnung aus Fig. 109 ersichtlich ist, besteht aus grossen Flaschen aus Steinzeug, von denen eine jede mit vier Oeffnungen versehen ist: zwei derselben befinden sich am oberen und zwei am mittleren breiten Theile der Flaschen. Mittelst der oberen Oeffnungen stehen die Flaschen unter einander durch die Röhren BB in Verbindung, durch welche das aus dem Ofen kommende Chlorwasserstoffgas streicht. Durch die unteren Seitenöffnungen der Flaschen fliesst das zur Absorption dienende Wasser in der Richtung zum Ofen, so dass es zuletzt, wenn es unten abfliesst, fast ganz mit Chlorwasserstoff gesättigt ist; es enthält dann an 20 pCt. HCl. In den Steinzeugflaschen wird aber nicht aller Chlorwasserstoff absorbirt. Zur vollständigen Absorption dienen die sogen. *Koksthürme*, welche gewöhnlich aus zwei neben einander stehenden Röhren bestehen. Am Boden befindet sich ein durchbrochenes Gewölbe aus Ziegelsteinen, auf welches bis nach oben Koksstücke aufgeschichtet werden. Man benutzt Koks, weil Salzsäure auf denselben nicht einwirkt. Ueber die den Thurm füllenden Koksstücke lässt man Wasser herabrieseln, das sich auf diese Weise gut vertheilt und den entgegenströmenden Chlorwasserstoff absorbirt.

Fig. 109. Apparat zur fabrikmässigen Verflüssigung von Chlorwasserstoff. Durch die Röhren *BB* und den Koksthurm wird das aus dem Muffelofen kommende mit Luft gemischte Chlorwasserstoffgas durch *MN* in den Fabrikschornstein gezogen. Diesem Gasstrome entgegen fliesst aus *E* durch den Koksthurm Wasser, welches den Chlorwasserstoff löst. $^1/_{100}$.

Der Chlorwasserstoff kann natürlich auch aus allen anderen Chlormetallen dargestellt werden [33]). Sodann entsteht er öfters auch

---

[33] Den schwachen Basen entsprechen Chlormetalle, die durch Wasser mehr oder weniger leicht zersetzt werden, z. B. $MgCl^2$, $AlCl^3$, $SbCl^3$, $BiCl^3$. Die Zer-

bei anderen Reaktionen, von welchen viele weiter unten noch zur Besprechung kommen werden, so z. B. beim Einwirken von Wasser auf Chlorschwefel, Phosphorchlorid, Antimonchlorid u. a.

Der *Chlorwasserstoff* ist ein farbloses Gas von stechendem Geruche und saurem Geschmacke, das die Feuchtigkeit der Luft anzieht und daher raucht, indem es Dämpfe bildet, die aus einer Verbindung von Chlorwasserstoff mit Wasser bestehen. Beim Abkühlen und unter einem Drucke von 40 Atmosphären verdichtet sich der Chlorwasserstoff zu einer farblosen Flüssigkeit vom spezifischen Gewicht 0,908 bei $0°$ [34]), die bei $-35°$ siedet und deren absolute Siedetemperatur $+52°$ ist. Wir sahen bereits (im 1-ten Kap.), dass der Chlorwasserstoff sich sehr gierig *mit Wasser* verbindet, und zwar unter beträchtlicher Wärmeentwickelung. Die entstehende Lösung erreicht eine Dichte von 1,23, wenn das Wasser in der Kälte mit dem Gase gesättigt wird. Beim Erwärmen einer solchen Lösung, die gegen 45 pCt. Chlorwasserstoff enthält, scheidet sich das Gas mit einer nur geringen Beimengung von Wasserdampf aus. Doch lässt sich durch Erwärmen nicht aller Chlorwasserstoff austreiben, wie es bei einer Ammoniak-Lösung geschehen kann. Die Temperatur, die beim Erwärmen der Chlorwasserstoff-Lösung anfangs steigt, wird konstant, sobald sie $110°-111°$ erreicht; d. h. es bildet sich eine konstant siedende Lösung, welche jedoch unter verschiedenem Drucke (und verschiedener Destillations-Temperatur) keine konstante Zusammensetzung besitzt

---

setzung von $MgCl^2$ (ebenso wie von Karnallit) durch Schwefelsäure geht schon bei gewöhnlicher Temperatur vor sich und kann daher als eine *bequeme Methode zur Darstellung von Chlorwasserstoff* benutzt werden. Die Dämpfe des Kochsalzes geben mit Wasserdämpfen und Kieselerde (Siliciumdioxyd, das sich mit Natriumoxyd verbinden kann) Chlorwasserstoff und Natriumoxyd. Auch bei vielen Zersetzungsreaktionen von Kohlenstoffverbindungen, die Chlor und Wasserstoff enthalten, bildet sich Chlorwasserstoff; z. B. beim Durchleiten von Aethylchlorid durch glühende Röhren erhält man ölbildendes Gas und Chlorwasserstoff. Letzterer entsteht auch beim Glühen mancher Chlormetalle in einem Wasserstoffstrome, namentlich solcher, die sich leicht reduziren und schwer oxydiren, wie z. B. Chlorsilber. Beim Glühen von Chlorblei in einem Strom von Wasserdämpfen bilden sich HCl und PbO. Im Allgemeinen lässt sich sagen, dass aus $2MCl^n + nH^2O$ öfters $M^2O^n + 2nHCl$ entstehen und aus $MCl^n + H^n$ zuweilen $M + nHCl$, obgleich beide Reaktionen auch in entgegengesetzter Richtung verlaufen, indem aus $M^2O^n + n2HCl$ oft $2MCl^n + nH^2O$ und aus $M + nHCl$ zuweilen $MCl^n + H^n$ entstehen; unter M ist ein Metall zu verstehen. Die zahlreichen Fälle der Bildung des Chlorwasserstoffs erklären sich durch die relativ grosse Beständigkeit dieser Verbindung, die sogar aller Wahrscheinlichkeit nach grösser ist, als die des Wassers, da bei hoher Temperatur und selbst beim Einwirken des Lichtes allein das Wasser durch Chlor unter Ausscheidung von Sauerstoff und Bildung von Chlorwasserstoff zersetzt wird. Auch bei der direkten Einwirkung von Chlor auf Wasserstoff erfolgt ihre Vereinigung (vergl. weiter unten).

34) Nach Ansdell (1880) ist das spezifische Gewicht des flüssigen HCl bei $0°=0{,}908$, bei $11{,}67°=0{,}854$, bei $22{,}7°=0{,}808$, bei $33{,}0°=0{,}748$. Diese Flüssigkeit dehnt sich also stärker, als Gase aus (Kap. 2, Anm. 34).

(Roscoe und Dittmar), weil das Hydrat bei der Destillation zersetzt wird, wie dies aus den Bestimmungen der Dichte der übergehenden Dämpfe zu ersehen ist (Bineau). In Anbetracht dessen, dass: 1-tens, bei Abnahme des Druckes, unter dem die Destillation vor sich geht, die Zusammensetzung der konstant siedenden Lösung sich dem Gehalte an 25 pCt. HCl nähert [35]); dass, 2-tens, beim Durchleiten eines trocknen Luftstromes durch die Chlorwasserstofflösung mit dem Sinken der Temperatur der Gehalt an HCl sich gleichfalls 25 pCt nähert [36]); dass, 3-tens, Salzsäure-Lösungen je nach dem Gehalt von mehr oder weniger als 25 pCt HCl verschiedene Eigenschaften zeigen (starke HCl Lösungen rauchen z. B. und entwickeln mit Sb^2S^3 Schwefelwasserstoff, während schwache Lösungen auf Sb^2S^3 nicht einwirken) und dass, 4-tens, die der Formel HCl $6H^2O$ entsprechende Zusammensetzung 25,26 pCt HCl erfordert, — muss, unter gleichzeitiger Berücksichtigung der Dampfspannung, welche bei der Vereinigung von HCl mit H^2O abnimmt, die Annahme gemacht werden, dass hier ein *bestimmtes Hydrat* von der Zusammensetzung HCl $6H^2O$ vorliegt. Auf die Existenz dieses Hydrates weisen auch die Dichten der HCl-Lösungen hin, wie später gezeigt werden soll. Ein anderes Hydrat des Chlorwasserstoffs, ein Krystallhydrat von der Zusammensetzung HCl $2H^2O$ [37]), bildet sich bei der Absorption von HCl durch eine gesättigte Lösung dieses Gases, wenn dieselbe zugleich auf — 23° abgekühlt wird. Die Krystalle dieses Hydrates schmelzen bei — 18° [38]).

Die aus den Bestimmungen von Ure, Kremers, Kolb, Berthelot, Marignac und Kohlrausch erhaltenen Mittelwerthe für die spezifi-

---

35) Nach Roscoe und Dittmar enthält die konstant siedende Lösung unter einem Drucke von 3 Atmosphären 18 pCt HCl, und bei $1/_{10}$ Atmosphärendruck 23 pCt. Zwischen diesen Grenzen liegt der Gehalt bei mittleren Drucken.

36) Bei 0° beträgt der Gehalt 25 pCt, bei 100° 20,7 pCt. (Roscoe und Dittmar).

37) Dieses Krystallhydrat, das Pierre und Puchot erhielten und das Roozeboom untersuchte, ist dem Hydrate $NaCl2H^2O$ analog. Die Krystalle $HCl2H^2O$ haben bei —22° das spezifische Gewicht 1,46. Der Dissoziationsdruck der Lösung von der Zusammensetzung $HCl2H^2O$ ist bei —24°=760; bei —19°=1010; bei —18°=1057; bei —17°=1112 Millim. Quecksilbersäule. Bei —17,7° besitzt das Krystallhydrat im festen Zustande dieselbe Tension, bei niederen Temperaturen dagegen eine viel geringere: bei —24° gegen 150 und bei —19° gegen 580 mm. Ein Gemisch von rauchender HCl mit Schnee erniedrigt die Temperatur bis auf —38°.

38) Nach den Bestimmungen von Roscoe lösen 100 Gr. Wasser bei 0° unter dem Druck von p Millimet. folgende Mengen Chlorwasserstoff in Grammen:

$p=$	100	200	300	500	700	1000
HCl:	65,7	70,7	73,8	78,2	81,7	85,6

Bei der Temperatur t° und 760 mm. Druck,

t=	0	8°	16°	24°	40°	60°
HCl:	82,5	78,3	74,2	70,0	63,3	56,1,

Bakhuis-Roozeboom zeigte 1886, dass zugleich mit dem Krystallhydrate $HCl2H^2O$

schen Gewichte der p Procente HCl enthaltenden Lösungen bei 15°, wobei das Wasser, bei seiner grössten Dichte (bei 4°) = 10,000 gesetzt ist, sind in der folgenden Tabelle, in der mit s überschriebenen Kolumne zusammengestellt. Der mögliche Versuchfehler der Bestimmungen ist nicht kleiner, als ± 2 und nicht grösser als ± 10.

p	s	S	p	s	S
5	10242	10240	25	11266	11263
10	10490	10492	30	11522	11522
15	10744	10746	35	11773	11770
20	11001	11003	40	11997	12005

Die dritte Kolumne enthält unter dem Buchstaben S die spezifischen Gewichte, die nach der Formel: $S = 9991,6 + 49,43 p + 0,0571 p^2$ berechnet sind, in welcher p bis 25,26 steigt, was dem oben betrachteten Hydrate $HCl6H^2O$ entspricht. Für höhere Werthe von p gilt die Formel $S = 9785,1 + 65,10 p - 0,240 p^2$. Die Vergleichung der beobachteten Werthe mit den berechneten (also s

---

(bei Aenderungen des Druckes p) bei der Temperatur t° Lösungen entstehen können, die auf 100 Gr. Wasser c Gr. HCl enthalten:
$t =$ —23,8° —21° —19° —18° —17,7°
$c =$ 84,2   86,8 92,6 98,4 101,4
$p =$ —   334   580   900   1073 mm.

Letztere Zusammensetzung entspricht dem geschmolzenen Krystallhydrate $HCl 2H^2O$, das bei Temperaturen über —17,7° zerfällt. Unter konstantem Atmosphärendruck, wenn keine Krystalle vorhanden sind, ist:
$t =$ —24° —21° —18° —10° 0°
$c =$ 101,2 98,3 95,7 89,8 84,2.

Aus diesen Daten ergibt sich, dass das Hydrat $HCl2H^2O$ im flüssigen Zustande existiren kann, was bei den Hydraten von CO^2, Cl^2, SO^2 und anderen nicht der Fall ist.

Nach Marignac bestimmt sich die spezifische Wärme c der Lösung $HCl+mH^2O$ (bei 30°, die spez. Wärme des Wassers = 1 gesetzt) durch den Ausdruck:
$$c(36,5+m18) = 18m - 28,39 + 140/m - 288/m^2,$$
wenn m nicht kleiner als 6,25 ist, z. B. für $HCl+25H^2O$, ist $c=0,877$.

Nach Thomsen ist die Wärmemenge Q (in Tausenden von Kalorien ausgedrückt), die sich beim Lösen von 36,5 Gr. gasförmigen HCl in m Molekeln H^2O (je 18 Grm. Wasser) entwickelt, gleich:
$m =$ 2   4   10   50   400
$Q =$ 11,4 14,3 16,2 17,1 17,3.

In den angegebenen Wärmemengen ist auch die latente Verflüssigungswärme enthalten, welche auf die molekulare Menge von HCl, nach der Analogie zu urtheilen (S. 355), von 5 bis zu 9 Tausend Cal. betragen muss.

Die Untersuchungen von Scheffer über die Diffusionsgeschwindigkeit der Salzsäurelösungen (in Wasser) ergaben (1888), dass der Diffusionskoeffizient k mit der Zunahme des Gehalts n an Wasser folgendermassen abnimmt, wenn die Zusammensetzung der Lösung bei 0° $HCl+nH^2O$ ist:
$n =$ 5   6,9   9,8   14   27,1 129,5
$k =$ 2,31 2,08 1,86 1,67 1,52 1,39.

Ausserdem stellte es sich heraus, dass starke Lösungen in schwache schneller diffundiren, als in Wasser.

mit S) ergibt eine vollständige Uebereinstimmung der Parabeln mit den gefundenen Mittelwerthen. Auf die Nothwendigkeit der Annahme zweier Parabeln weist schon der Umstand hin, dass die Zunahme des spezifischen Gewichtes mit dem Anwachsen des Procentgehaltes (oder der Differentialquotient $^{ds}/_{dp}$) bei 25 pCt. das Maximum erreicht [39]). Es ist z. B., nach den Versuchsdaten, zwischen 0 und 10 pCt. in den Werthen von s die mittlere Differenz, die einem Procent entspricht, $= 49,8$, zwischen 20 und 30 pCt $= 52,1$ und zwischen 30 und 40 pCt. $= 47,5$. Die den Uebergang bildende Lösung $HCl6H^2O$ unterscheidet sich noch dadurch, dass die von der Temperatur bedingte Veränderung ihres spezifischen Gewichtes eine konstante Grösse ist, so dass dieser Lösung das spezifische Gewicht $11352,7 \,(1 - 0,000447\, t)$ entspricht, wo 0,000447 der Ausdehnungs-Modulus der Lösung ist [40]). Für sehr schwache Lösungen, ebenso wie für Wasser, wird die Veränderung für 1° (oder der Differentialquotient $^{ds}/_{dp}$) mit der Zunahme der Temperatur *grösser*; es verändern sich z. B. die Differenzen $S_0 - S_{15}$ und

---

39) Unter der Voraussetzung, dass das Maximum des Differentialquotienten mit der Formel $HCl6H^2O$ zusammenfalle, kann man annehmen, dass das spezifische Gewicht durch eine Parabel dritter Ordnung ausgedrückt werde; aber diese Voraussetzung führt zu keinem mit der Wirklichkeit übereinstimmenden Ausdrucke, weder im vorliegenden Falle, noch auch in den Fällen (bei den Lösungen des Alkohols und der Schwefelsäure), in denen die spezifische Gewichte mit grosser Genauigkeit bestimmt sind (vergl. mein S. 75 citirtes. Werk).

40) Da beim Wasser der Ausdehnungsmodulus (oder die Grösse k in dem Ausdrucke $S_t = S_0 - kS_0 t$ oder $V_t = \dfrac{1}{1-kt}$, für welche bei ungleichmässiger Aenderung des spezifischen Gewichtes $\dfrac{ds}{dtS_0}$ gesetzt werden muss) bei 48° den Werth 0,000447 erreicht, so liesse sich annehmen, dass bei 48° allen Chlorwasserstofflösungen derselbe Ausdehnungsmodulus zukomme, was aber in Wirklichkeit nicht der Fall ist. Bei niedriger und gewöhnlicher Temperatur ist der Ausdehnungsmodulus der wässrigen Lösungen grösser, als der des Wassers und zwar desto grösser, je grösser der Gehalt an gelöster Substanz ist (daher sinkt infolge des Lösens die Temperatur der grössten Dichte, wenn der Modulus $= 0$ wird). Beim Wasser nimmt der Ausdehnungsmodulus $\left(-\dfrac{ds}{dtS_0}\right)$ mit der Temperatur rasch zu, bei Lösungen dagegen langsamer (oder er nimmt sogar ab, wie bei H^2SO^4 oder rauchender Salzsäure). daher fällt bei einer bestimmten Temperatur t der Modulus der Lösungen mit dem des Wassers zusammen. Diese Temperatur kann man als «charakteristisch» bezeichnen. Für Lösungen von NaCl liegt sie ungefähr bei 58°, für LiCl bei 30°, für KNO^3 bei 80°, und für schwache Lösungen von H^2SO^4 bei 68°. Um ein Beispiel zu geben seien hier die Ausdehnungsmoduli (mit 10000 multiplizirt) für die Lösungen von NaCl angegeben:

	0°	20°	50°	60°	80°	100°
Wasser	—0,65	2,07	3,64	5,11	6,25	7,09
10% NaCl		2,3	3,4	4,3	5,0	5,7	6,3
20» »		3,6	4,0	4,5	5,0	5,4	5,8

$S_{15} - S_{30}$ (d. h. die Differenzen der spezifischen Gewichte bei 0^0, 15^0 und 30^0) folgendermaassen [41]):

$p =$	0	5	10	15	20
$S_0 - S_{15} =$	7,1	23	38	52	64
$S_{15} - S_{30} =$	33,9	42	50	59	67

Für stärkere Lösungen, die mehr HCl, als $HCl6H^2O$ enthalten, werden diese Koëffizienten mit der Zunahme der Temperatur *geringer*, für die 30 pCt. HCl enthaltende Lösung z. B. beträgt die Differenz bei $S_0 - S_{15} = 88$ und bei $S_{15} - S_{30} = 87$ (nach den Daten von Marignac); für die Lösung $HCl6H^2O$ sind diese Differenzen konstant $= 76$.

Auf Grund der angeführten Thatsachen muss folglich angenommen werden, dass der Chlorwasserstoff mit Wasser zwei bestimmte Verbindungen oder Hydrate bildet, nämlich: $HCl2H^2O$ und $HCl6H^2O$. Beide Hydrate dissoziiren sehr leicht, wenn sie sich im flüssigen Zustande befinden, und zersetzen sich vollständig, wenn sie in Dampf übergehen.

Die Chlorwasserstoff-Lösungen besitzen alle *Eigenschaften energischer Säuren*, denn nicht nur röthen sie blaue Pflanzenfarbstoffe, verdrängen aus kohlensauren Salzen das Kohlensäuregas u. s. w., sondern sie sättigen vollständig selbst solche energische Basen, wie Kali, Kalk und andere. Trockner Chlorwasserstoff wirkt übrigens auf Pflanzenfarbstoffe nicht ein und viele der doppelten Umsetzungen, welche in Gegenwart von Wasser leicht vor sich gehen, werden durch ihn nicht hervorgerufen. Es erklärt sich dies durch den elastisch-gasförmigen Zustand des Chlorwasserstoffes. Glühendes Eisen, Zink, Natrium und andere Metalle wirken auf das Chlorwasserstoffgas ein, indem sie den Wasserstoff verdrängen, welcher dann die Hälfte des Volums des zur Verwendung gelangten Chlorwasserstoffes einnimmt. Dieses Verhalten lässt sich auch zur Bestimmung der Zusammensetzung dieses Gases benutzen. Chlorwasserstoff, der infolge seiner Vereinigung mit Wasser in den flüssigen und gebundenen Zustand übergangen ist und hierbei seine Elasticität sowie eine bedeutende Wärmemenge eingebüsst hat, wirkt wie eine Säure und zeigt, in Bezug auf Energie und viele andere Eigenschaften, grosse Aehnlichkeit mit der Salpetersäure [42]).

---

41) Dir angeführten Zahlen können direkt zur Bestimmung der durch die Temperatur bedingten Aenderungen des spezifischen Gewichtes der Salzsäurelösungen dienen, weil man die Gleichung $S_t = S_o - t(A+Bt)$ annehmen kann. Weiss man z. B. dass das spezifische Gewicht einer 10 procentigen HCl Lösung bei $15^0 = 10492$ ist, so wird dieselbe bei $t^0 = 10530 - t(2,13+0,027t)$ sein. Hieraus werden auch die Werthe des Ausdehnungsmodulus bestimmt (vergl. Anm. 40).

42) Beide Säuren entwickeln z. B. mit Basen in schwachen Lösungen fast ein und dieselbe Wärmemenge (Kap. 3. Anm. 53); zur Schwefelsäure zeigen sie ein und dasselbe Verhalten; beide geben rauchende Lösungen und bilden Hydrate und

Letztere wirkt jedoch sehr oft oxydirend, da sie Sauerstoff enthält, der sich leicht ausscheidet, — eine Eigenschaft, die der Salzsäure nicht zukommt. Der Wasserstoff des Chlorwasserstoffs wird durch die meisten Metalle verdrängt (selbst durch solche, wie Kupfer z. B., welche keinen H aus H^2SO^4 ausscheiden, sondern diese Säure unter Bildung von SO^2 zersetzen). Es wirken z. B. Zink, selbst Kupfer und Zinn unter Entwickelung von Wasserstoff ein. Nur wenige Metalle, z. B. Gold, Platin werden vom Chlorwasserstoff nicht angegriffen. Blei zeigt in kompakter Masse nur aus dem Grunde eine schwache Einwirkung, weil das entstehende Chlorblei unlöslich ist und daher das Metall vor dem weiteren Einwirken des Chlorwasserstoffes schützt. Auf dieselbe Weise erklärt sich die geringe Wirkung auf Silber und Quecksilber, denn die beiden Chlorverbindungen AgCl und HgCl sind in Wasser unlöslich.

Chlorme'alle (Chloride) bilden sich nicht nur beim Einwirken von HCl auf Metalle, sondern auch nach verschiedenen anderen Methoden, z. B. beim Einwirken von Chlorwasserstoff auf kohlensaure Salze, Oxyde und Hydroxyde, desgleichen auch beim Einwirken von Chlor auf Metalle und einige Verbindungen derselben. Die Chlormetalle besitzen die Zusammensetzung: MCl, z. B. NaCl, KCl, AgCl, HgCl, wenn je ein Atom des Metalls je ein Wasserstoffatom ersetzt, oder wenn das betreffende Metall einatomig oder einwerthig ist. Zweiwerthige Metalle bilden Chloride von der Zusammensetzung MCl^2, z. B. $CaCl^2$, $CuCl^2$, $PbCl^2$, $HgCl^2$, $FeCl^2$, $MnCl^2$. Wieder anderen Chloriden kommen z. B. die Formeln $AlCl^3$, Fe^2Cl^6, $PtCl^4$ zu. Wie bereits aus den angeführten Beispielen zu ersehen war, geben viele Metalle mit Chlor, ebenso wie mit Sauerstoff, mehrere Verbindungen. Von den entsprechenden Oxyden unterscheiden sich die Chlormetalle dadurch, dass sie Cl^2 an Stelle von O enthalten, wie es das Substitutions-Gesetz erfordert, da der Sauerstoff OH^2 bildet und folglich zweiwerthig ist, während das Chlor ClH gibt und folglich einatomig oder einwerthig ist. Dem Eisenoxydul FeO z. B. entspricht das Eisenchlorür $FeCl^2$, dem Eisenoxyd Fe^2O^3 das Eisenchlorid Fe^2Cl^6, was sich auch schon aus der Bildung dieser Verbindungen ergibt, denn das Eisenchlorür z. B. entsteht beim Einwirken von HCl auf Eisenoxydul oder auf dessen kohlensaures Salz. Die Einwirkung von HCl auf basische Oxyde MO oder überhaupt auf M^nO^m besteht, wie auch die Einwirkung anderer Säuren, in einer doppelten Umsetzung: es bilden sich Wasser mH^2O und Chlormetall M^nCl^{2m}. In derselben Weise wirkt HCl auch auf basische Hydrate: $M^n(OH)^{2m}$ $+ 2mHCl = 2mH^2O + M^nCl^{2m}$ und auf kohlensaure Salze, z. B.: $Na^2CO^3 + 2HCl = 2NaCl + H^2O + CO^2$. Dem HCl kommen folglich

---

konstant siedende Lösungen; beide verändern (bei der Zusammensetzung $HCl6H^2O$ und HNO^35H^2O) die Richtung der Kurve für ds/dp u. s. w.

alle typischen Eigenschaften einer Säure und den daraus entstehenden Metallchloriden die von Salzen zu. Die Säuren und Salze, welche wie HCl und M^nCl^{2m} keinen Sauerstoff enthalten, nennt man *Haloïdsäuren* und Haloïdsalze. Der HCl ist eine Haloïdsäure, das NaCl ein Haloïdsalz und das Chlor ein Halogen oder Salzbildner. Einige Metallchloride höherer Verbindungsstufen scheiden beim Erwärmen Chlor aus, das Chlorid $CuCl^2$ z. B. geht hierbei in CuCl über. Die Fähigkeit des HCl mit Basen z. B. mit MO Chlormetalle MCl^2 und Wasser zu bilden, findet bei hohen Temperaturen eine Grenze durch das Eintreten der umgekehrten Reaktion: $MCl^2 + H^2O = MO + 2HCl$. Je stärker die basischen Eigenschaften der Base MO hervortreten, desto schwächer ist diese umgekehrte Reaktion; dieselbe erfolgt aber leicht beim Erwärmen der Chloride schwacher Basen, z. B. Al^2O^3, MgO und anderer. Daher erhielt Deville die Oxyde Fe^2O^3, SnO^2 und ähnliche, als er sie in einem langsamen Strome von HCl bis zur Rothgluth erhitzte, in Krystallen: es bildeten sich zuerst Fe^2Cl^6 und $SnCl^4$, die sich aber durch das entstehende Wasser wieder zersetzten, wobei die Krystalle entstanden. Metallchloride, welche den Hyperoxyden entsprechen, sind entweder unbekannt oder dieselben scheiden, wenn sie existiren, leicht ihr Chlor aus. Es gibt z. B. keine dem BaO^2 entsprechende Verbindung $BaCl^4$.

Im Allgemeinem haben die Metallchloride das Aussehen von Salzen, ebenso wie das sie repräsentirende Kochsalz; sie sind leicht schmelzbar, leichter als die Oxyde und viele andere Salze (CaO z. B. ist unschmelzbar, während $CaCl^2$ leicht schmilzt). Beim Erhitzen erweisen sich viele Chloride beständiger, als die Oxyde, manche gehen sogar in Dampf über; leicht flüchtig ist das Chlorid des Quecksilbers, das Sublimat $HgCl^2$, während das Oxyd HgO sich beim Erhitzen zersetzt. Das Chlorsilber AgCl ist leicht schmelzbar und schwer zersetzlich, während das Oxyd Ag^2O leicht zersetzt wird. Die meisten Metallchloride lösen sich in Wasser, wenig löslich sind nur AgCl, CuCl, HgCl und $PbCl^2$; diese Chloride sind daher leicht als Niederschläge erhältlich, wenn man die Lösungen der Salze ihrer Metalle mit der Lösung irgend eines Chlormetalles oder selbst von Chlorwasserstoff vermischt. Das in einem Haloïdsalze enthaltene Metall lässt sich öfters durch ein anderes Metall und selbst durch Wasserstoff ersetzen, ebenso wie das Metall eines Oxydes. Durch Kupfer wird z. B. aus einer Lösung von Quecksilberchlorid das Quecksilber verdrängt: $HgCl^2 + Cu = CuCl^2$ + Hg. Beim Erhitzen von Chlorsilber in Wasserstoff verdrängt letzterer das Silber: $2AgCl + H^2 = Ag^2 + 2HCl$. In allen diesen und in einer ganzen Reihe ähnlicher Reaktionen haben wir typische Formen doppelter Umsetzungen von Salzen vor uns. Das Maass der Zersetzung und die Bedingungen, unter denen dieselben in der einen oder anderen Richtung verlaufen (indem z. B. aus Metall $+$ Säure $=$ Wasserstoff $+$ Salz oder umgekehrt entstehen) werden durch die Eigenschaften der auf einander wirkenden und entstehenden Verbindungen, durch die Temperatur u. s. w. bestimmt, wie bei der Beschreibung des Chlornatriums auseinander gesetzt wurde und noch weiter entwickelt werden soll.

Die Fähigkeit des Chlorwasserstoffs mit basischen Oxyden und deren Hydraten in doppelte Umsetzungen einzugehen, hängt nur von seinen sauren Eigenschaften ab, welche es auch bedingen, dass er mit Säuren und Säureanhydriden nur selten in Reaktion tritt. Eine solche Reaktion ist z. B. die Vereinigung des Chlorwasserstoffs mit dem Schwefelsäureanhydride zu der Verbindung SO^3HCl; auch auf einige Säuren wirkt der Chlorwasserstoff ein, indem er dem Sauerstoff derselben seinen Wasserstoff abgibt und freies Chlor ausscheidet (vergl. das folgende Kap.).

Der Chlorwasserstoff HCl gehört, wie schon aus der Zusammensetzung seiner Molekel hervorgeht, zu den einbasischen Säuren und bildet daher keine sauren Salze (wie z. B. $NaHSO^4$ oder $NaHCO^3$). Dennoch besitzen viele Chlormetalle, die aus schwachen Basen entstanden sind, die Fähigkeit sich mit *Chlorwasserstoff zu verbinden*, analog der Fähigkeit, sich mit H^2O oder NH^3 zu verbinden und der Fähigkeit, Doppelsalze zu geben. Längst bekannt waren die Verbindungen von HCl mit $AuCl^3$, $PtCl^4$, $SbCl^3$ und anderen Metallchloriden, welche sehr schwachen Basen entsprechen. Erst später zeigten Berthelot, Engel und andere, dass diese Fähigkeit des HCl, sich mit M^nCl^m zu verbinden, viel öfter auftritt, als früher angenommen wurde. Leitet man z. B. trocknen HCl durch eine Lösung von Chlorzink (die aber einen Ueberschuss dieses Salzes enthalten muss), so bildet sich in der Kälte (bei 0^0) die Verbindung $HClZnCl^2 2H^2O$ und bei gewöhnlicher Temperatur $HCl2ZnCl^2H^2O$, was analog der bei niedriger Temperatur vor sich gehenden Bildung von $ZnCl^2 3H^2O$ ist (Engel 1886). Aehnliche Verbindungen sind mit $CdCl^2$, $CuCl^2$, $HgCl^2$, $CuSO^4$, Fe^2Cl^6 und anderen Salzen erhalten worden (Berthelot, Ditte, Tschelzow, Latschinow). Diese Verbindungen mit HCl sind gewöhnlich in Wasser löslicher, als die Chlormetalle selbst. Durch HCl wird also die Löslichkeit von Chlormetallen, die energischen Basen entsprechen (z. B. $NaCl$, $BaCl^2$) verringert; dagegen wird dieselbe vergrössert, wenn Chlormetalle vorliegen, die schwachen Basen entsprechen (z. B $CdCl^2$, Fe^2Cl^6 und andere). Das in Wasser unlösliche Chlorsilber löst sich in Salzsäure. Der Chlorwasserstoff verbindet sich auch mit einigen ungesättigten Kohlenwasserstoffen und deren Derivaten (z. B. mit Terpentinöl zu $C^{10}H^{16}2HCl$). Zu diesen Additionsprodukten gehört der *Salmiak* [43]),

---

[43]) Wenn ein ungesättigter Kohlenwasserstoff oder überhaupt eine ungesättigte Verbindung sich mit Molekeln wie Cl^2, HCl, SO^3, H^2SO^4 und ähnlichen verbindet, so

Chlorammonium oder *Chlorwasserstoffammoniak* $NH^4Cl = NH^3HCl$. Beim Vermischen von trocknem HCl mit trocknem NH^3 bildet sich sofort die starre Verbindung derselben, die gleiche Volume dieser beiden Gase enthält. Auch beim Vermischen der Lösungen dieser Gase entsteht der Salmiak, der sich auch aus HCl und kohlensaurem Ammon bildet. Es ist dies auch die in der Praxis gewöhnlich angewandte Methode zur Darstellung des Salmiaks [44]). Das spezifische Gewicht des Salzes ist 1,55. Wir sahen bereits (S. 283) dass der Salmiak, ebenso wie andere Ammoniaksalze, sich leicht zersetzen lässt, z. B. durch Erwärmen mit Alkalien, und theilweise auch schon durch Kochen seiner Lösung. Bei erhöhter Temperatur kann sich aber das Ammoniak unter Bildung von Wasserstoff zersetzen, wobei es dann die Fähigkeit besitzt, wie ein Reduktionsmittel zu

---

lässt sich die Ursache einer solchen Reaktion folgendermaassen veranschaulichen. Wenn der Stickstoff ausser dem Typus NX^3, zu welchem das Ammoniak NH^3 gehört, noch Vebindungen vom Typus NX^5 bildet, z. B. $NO^2(OH)$, so ist auch die Bildung der Ammoniumsalze in diesem Sinne zu verstehen: NH^3 bildet NH^4Cl, weil NX^3 die Fähigkeit zukommt NX^5 zu bilden. Da aber gesättigte Verbindungen, wie z. B. SO^3H^2O, NaCl und ähnliche sich gleichfalls verbinden können, selbst unter einander, so kann auch dem HCl nicht die Fähigkeit, Verbindungen einzugehen abgesprochen werden. SO^3 verbindet sich mit H^2O, desgleichen auch mit HCl und mit ungesättigten Kohlenwasserstoffen. Es lässt sich hier keine Grenze ziehen, wie es noch vor kurzem versucht wurde, indem man atomistische Verbindungen von molekularen unterschied und z. B. annahm, dass PCl^3 eine atomistische und PCl^5 eine molekulare Verbinbindung sei, nur weil letztere leicht in die Molekeln PCl^3 und Cl^2 zerfällt.

44) Den Salmiak gewinnt man aus kohlensaurem Ammonium, das bei der trocknen Destillation von Stickstoffverbindungen erhalten wird, wenn die dabei entstehende wässrige Lösung mit Chlorwasserstoff gesättigt wird (vergl. Kap. 6). Man erhält zuerst eine Salmiaklösung, die man eindampft; die hierbei im Rückstande verbleibende Masse, der verschiedene andere Produkte der trocknen Destillation, namentlich harzige Produkte beigemengt sind, wird zur Reinigung des Salmiaks gewöhnlich der Sublimation unterworfen. Man benutzt hierzu gusseiserne oder thönerne Schalen, auf welche Hauben von demselben Material mittelst Lehm aufgekittet werden. In dem oberen Theile oder der Haube solcher Apparate wird immer eine niedrigere Temperatur herrschen, als in dem unteren, der unmittelbar erwärmt wird. Beim Erhitzen sublimirt der Salmiak und setzt sich an den kälteren Theilen des Apparates an. Auf diese Weise erhält man den Salmiak, von vielen seiner Beimengungen gereinigt, in krystallischen Krusten von mehreren Centimetern Dicke; in dieser Form wird er auch meistens in den Handel gebracht.

Um den sehr lehrreichen Versuch der Bildung von festem Salmiak aus den Gasen NH^3 und HCl bequem zu demonstriren, kann man folgendermassen verfahren: man füllt mit NH^3 eine dünnwandige Röhre, die man mit einem Korke verschliesst und in einen dickwandigen Cylinder bringt, in welchen man einen schnellen Strom von HCl einleitet. Darauf verschliesst man auch das dickwandige Rohr und zerschlägt das darin befindliche dünnwandige durch starkes Schütteln. Der Salmiak erscheint hierbei in weissen Flocken. Ein mit rauchender Salzsäure benetzter Glasstab (oder Papier) gibt, wenn er in die Nähe einer mit starkem NH^3 gefüllte Flasche gebracht wird, gleichfalls eine deutlich bemerkbare Wolke von Salmiak.

wirken, z. B. auf Metalloxyde. In seinen anderen Eigenschaften und Reaktionen erinnert der Salmiak, namentlich wenn er gelöst ist, vollkommen an Kochsalz. Mit $AgNO^3$ z. B. bildet er einen Niederschlag von AgCl, mit H^2SO^4 Salzsäure und schwefelsaures Ammon und mit einigen Chlormetallen und an deren Salzen verbindet er sich zu Doppelsalzen [45]).

Elftes Kapitel.

Die Halogene: Chlor, Brom, Jod und Fluor.

Der Chlorwasserstoff gehört, ebenso wie das Wasser, zu den beständigsten Substanzen und dennoch zersetzt er sich nicht nur beim Einwirken des galvanischen Stromes, sondern auch bei starkem Erhitzen [1]). Deville zeigte, dass diese Zersetzung schon bei 1300^0 beginnt, denn beim Durchleiten von Chlorwasserstoff durch eine bis auf diese Temperatur erhitzte Röhre, in welcher sich eine andere, mit Silberamalgam bedeckte Röhre befand, die abgekühlt war (vergl. Seite 428), wurde Chlor absorbirt und es trat freier Wasserstoff auf. V. Meyer und Langer beobachteten (1885) die Zersetzung des Chlorwasserstoffs in einem Gefäss aus Platin, durch dessen Wandungen freier Wasserstoff diffundiren konnte (S. 161), infolge dessen der Volum des Gases abnahm, während im Gefäss (mit unzersetztem HCl, der mit Stickstoff gemischt war) freies Chlor zurückblieb, das aus KJ Jod ausschied [2]). Die gewöhnliche Me-

---

45) Die Löslichkeit des Salmiaks in 100 Thl. Wasser beträgt (nach Alluard):

$0°$	$10°$	$20°$	$30°$	$40°$	$60°$	$80°$	$100°$	$110°$
28,40	32,48	37,28	41,72	46	55	64	73	77

Eine gesättigte Lösung siedet bei $115{,}8°$. Das spezifische Gewicht von Salmiaklösungen bei $15°/4°$ (Wasser bei $4° = 10000$) ergibt sich aus der Gleichung $S = 9991{,}6 + 31{,}26p - 0{,}085p^2$, in welcher p die Gewichtsmenge von NH^4Cl in 100 Gew. Th. der Lösung angibt. Bei der Mehrzahl der Salze nimmt der Differentialquotient ds dp mit dem Anwachsen von p zu, hier dagegen ab. Bei den Ammoniumsalzen ist (zum Unterschiede von den Salzen von KHO und NaHO) das Volum der Lösung des Ammoniaks plus das der Säure grösser als das Volum der entstehenden Salzlösung. Beim Lösen von *festem* Salmiak in Wasser erfolgt keine Ausdehnung, sondern Kontraktion. Zu bemerken ist noch, dass Salmiaklösungen eine saure Reaktion besitzen, selbst dann, wenn der Salmiak sorgfältig mit destillirten Wasser ausgewaschen wird (wie es z. B. Stscherbakow ausführte).

1) In Amerika und auch bei uns (von Beketow) ist der Vorschlag gemacht worden, die Zersetzung des geschmolzenen NaCl beim Einwirken des galvanischen Stromes zur Darstellung von Chlor und Natrium zu benutzen. Eine konzentrirte HCl Lösung zersetzt sich beim Einwirken des galvanischen Stromes in gleiche Volume von Chlor und Wasserstoff.

2) Um bei so hoher Temperatur arbeiten zu können (bei der das beste Porzellan zu schmelzen anfängt) benutzten V. Meyer und Langer die dichte, graphitähn-

thode zur Darstellung von Chlor aus Chlorwasserstoff besteht im Entziehen des Wasserstoffs des letzteren durch Oxydationsmittel.

Die sauren Eigenschaften des Chlorwasserstoffs und der Salzsäure waren bereits bekannt, als Lavoisier die Bildung der Säuren bei der Vereinigung von Wasser mit den Oxyden der Metalloide entdeckte, woraus geschlossen werden konnte, dass auch die Salzsäure sich durch die Vereinigung von Wasser mit dem Oxyde eines besonderen Elementes bilden müsse. Als daher Scheele das Chlor beim Einwirken von Salzsäure auf Manganhyperoxyd erhielt, so sah er es für die Säure an, die in dem Kochsalz enthalten sein musste, und als bekannt wurde, dass das Chlor mit Wasserstoff Salzsäure bildet, so glaubten Lavoisier und Berthollet, dass es eine Verbindung von Sauerstoff mit dem Anhydride der Salzsäure sei. Sie setzten voraus, dass im Chlorwasserstoffe Wasser und das Oxyd eines besonderen Radikals enthalten seien und dass das Chlor die höhere Oxydationsstufe dieses Radikals (murias, von der lateinischen Bezeichnung der Salzsäure «acidum muriaticum») sei. Erst nachdem im Jahre 1811 Gay-Lussac und Thénard in Frankreich und Davy in England die Ueberzeugung gewonnen hatten, dass die von Scheele erhaltene Substanz keinen Sauerstoff enthalte, dass sie unter keinen Bedingungen mit Wasserstoff Wasser bilde und dass auch der Chlorwasserstoff kein Wasser enthalte, erklärten sie das Chlor für ein Element. Sie nannten dasselbe Chlor vom griechischen Worte χλωρός grüngelb, da das Chlorgas eine sofort in die Augen fallende grüngelbe Färbung zeigt.

Zur Darstellung von Chlor benutzt man gewöhnlich den Chlorwasserstoff, und zwar in wässriger Lösung, d. h. Salzsäure, welcher zu diesem Zwecke der Wasserstoff entzogen werden muss. Dieses bewirken fast alle Oxydationsmittel, namentlich solche, die beim Erhitzen ihren Sauerstoff ausscheiden, z. B. Manganhyperoxyd, Berthollet'sches Salz, Chromsäure und andere (ausser den Basen, welche wie HgO und Ag^2O mit HCl Salze bilden können). Die stattfindende Zersetzung besteht darin, dass der Sauerstoff des oxydirenden Stoffes aus 2HCl das Chlor verdrängt und Wasser H^2O bildet oder den Wasserstoff entzieht und das Chlor frei macht: $2HCl + O$ (aus dem Oxydationsmittel) $= H^2O + Cl^2$. Sogar die Salpetersäure vermag theilweise diese Zersetzung zu bewirken; doch ist die Reaktion dabei verwickelter, wie wir später sehen werden, und daher zur Darstellung des Chlors ungeeignet. Man benutzt solche oxydirende Substanzen, welche mit HCl keine anderen flüchtigen Produkte bilden. Es sind das die folgenden: Berthollet'sches Salz, doppeltchromsaures Kalium, übermangansaures Kalium, Man-

---

liche Kohle der Gasretorten und ein starkes Gebläse. Gemessen wurde die Temperatur nach dem Stickstoff-Volum in einem Platingefässe, durch welches der sich beim Erhitzen nicht verändernde Stickstoff nicht durchdringt.

ganhyperoxyd und andere. In den Laboratorien, sowol wie in den Fabriken, benutzt man gewöhnlich das zuletzt genannte Hyperoxyd. Den hierbei vor sich gehenden chemischen Prozess kann man sich in der Weise vorstellen, dass zwischen 4HCl und MnO^2 eine Substitution vor sich geht, dass also das Mangan an die Stelle der vier Wasserstoffatome tritt oder dass das Chlor und der Sauerstoff ihre Plätze austauschen, wobei $2H^2O$ und $MnCl^4$ entstehen [3]). Die entstehende Chlorverbindung ist sehr unbeständig und zerfällt sogleich in Chlor, welches als Gas entweicht, und in eine niedere, weniger Chlor enthaltende Verbindung, die im Apparat, in welchem das Gemisch erwärmt wird, zurückbleibt: $MnCl^4 = MnCl^2 + Cl^2$. Damit die Salzsäure auf das Manganhyperoxyd einwirke, ist eine Wärme von circa 100^0 erforderlich. Im Laboratorium benutzt man zur *Dar-*

---

[3]) Diese Auffassungsweise scheint am natürlichsten zu sein, obgleich man die Zersetzung gewöhnlich in der Weise erklärt, dass man annimmt, das Chlor bilde mit dem Mangan nur eine Verbindungsstufe $MnCl^2$ und die Reaktion verlaufe auf folgende Weise:

$$MnO^2 + 4HCl = MnCl^2 + 2H^2O + Cl^2,$$

also gleichsam voraussetzt, dass das MnO^2 in MnO und O zerfalle, wobei beide, sowol das Manganoxydul, als auch der Sauerstoff, auf den Chlorwasserstoff einwirken; ersteres gibt als Base die Reaktion $MnO + HCl = MnCl^2 + H^2O$, wobei gleichzeitig $H^2O + Cl^2$ aus $2HCl + O$ entsteht. Die Reaktion erfolgt hier im Entstehungszustande; ein Gemisch von Sauerstoff mit Chlorwasserstoff entwickelt beim Glühen Chlor.

Alle Oxydationsstufen des Mangans (Mn^2O^3, MnO^2, MnO^3, Mn^2O^7), mit Ausnahme des Oxyduls, geben mit Chlorwasserstoff Chlor, weil von allen Chlorverbindungen des Mangans nur das Manganchlorür $MnCl^2$ ein beständiger Körper ist, während die übrigen sich leicht unter Entwickelung von Chlor zersetzen. Die Wechselwirkungen zwischen Chlorwasserstoff und sauerstoffreichen Salzen erklären sich nach dem Vorhergehenden ebenso einfach durch doppelte Umsetzungen und die Unbeständigkeit der höheren Chlorverbindungen. Aus dem Kaliumbichromate $K^2Cr^2O^7$ z. B. könnte sich die Verbindung $K^2Cr^2Cl^{14}$ bilden; dieselbe ist aber unbekannt, und zerfällt wahrscheinlich, wenn sie sich wirklich bilden sollte, sofort in Chlor 6Cl, Kaliumchlorid 2KCl und Chromchlorid Cr^2Cl^6. Wir treffen hier also auf die folgenden zwei Umstände: 1) die Ersetzung von Sauerstoff durch Chlor und 2) die Unbeständigkeit einiger Chlorverbindungen, deren entsprechende Sauerstoffverbindungen existiren. Diese beiden Umstände sind für das Verständniss des Verhaltens solcher Elemente wie Chlor und Sauerstoff von ausserordentlicher Wichtigkeit. Da nach dem Substitutionsgesetze beim Ersetzen von Sauerstoff durch Chlor Cl^2 an die Stelle von O treten, so müssen die Chlorverbindungen eine grössere Anzahl von Atomen enthalten, als die entsprechenden Sauerstoffverbindungen. Daher ist es nicht zu verwundern, dass manche der ersteren nicht existenzfähig oder, wenn sie entstehen, sehr unbeständig sind. Ausserdem ist ein Chloratom schwerer, als ein Sauerstoffatom, und auf ein sich mit ihm verbindendes Element käme daher eine grössere Chlor-Masse, wenn in einem höheren Oxyde aller Sauerstoff durch Chlor ersetzt würde. Darin liegt die Ursache, dass nicht einer jeden Sauerstoffverbindung eine äquivalente Verbindung des Chlors entspricht. Viele Chlorverbindungen zersetzen sich schon sogleich bei ihrer Bildung unter Ausscheiden von Chlor. Letzteres entwickelt sich z. B. beim Einwirken von Chlorwasserstoff auf Verbindungen, die viel Sauerstoff enthalten. Es weist dieses auf die Existenz von Chlorverbindungen, welche ebenso Chlor ausscheiden, wie die Hyperoxyde Sauerstoff. Von solchen Ver-

stellung von Chlor Manganhyperoxyd, das man entweder mit Salzsäure oder mit einem Gemisch von Kochsalz und Schwefelsäure [4]) in einem Kolben auf dem Wasserbade erwärmt. Das entweichende Chlor lässt man durch Wasser streichen, um HCl zurückzuhalten. Ohne Erwärmung erhält man Chlor beim Einwirken von Salzsäure auf Bleichkalk: $CaCl^2O^2 + 4HCl = CaCl^2 + 2H^2O + 2Cl^2$, eine Reaktion, die gleichfalls zur Darstellung von Chlor angewandt wird [5]). Ueber Quecksilber lässt sich das Chlor nicht auffangen, weil es sich

---

bindungen ist in der That eine bedeutende Anzahl bekannt. Zu denselben gehört z. B. das Antimonpentachlorid $SbCl^5$, das beim Erwärmen in Chlor und Antimontrichlorid zerfällt. Das Kupferdichlorid $CuCl^2$, das dem Kupferoxyde entspricht, scheidet beim Erwärmen die Hälfte seines Chlores aus, ganz analog dem Ausscheiden der halben Sauerstoffmenge aus dem Baryumhyperoxyde. Dieses Verhalten des Kupferchlorids lässt sich sogar zur Darstellung von Chlor und Kupferchlorür CuCl benutzen. Das weisse Kupferchlorür absorbirt hierbei aus der Luft Sauerstoff und geht in die grüne Verbindung von der Zusammensetzung Cu^2Cl^2O über. Letztere gibt mit Chlorwasserstoff Wasser und Kupferchlorid: $Cu^2Cl^2O + 2HCl = H^2O + 2CuCl^2$. Das entstehende Chlorid kann man trocknen und dann wieder zum Entwickeln von Chlor benutzen. In wässriger Lösung und bei Zimmertemperatur ist aber die Verbindung $CuCl^2$, die beim Erwärmen zerfällt, beständig. Auf diesem Verhalten beruht die Methode von Deacon zur Darstellung des Chlors aus Salzsäure durch Einwirkung von Luft und Kupfersalz. Leitet man bei etwa 440° ein Gemisch von Luft und HCl über Thonkugeln, die mit der Lösung eines Kupfersalzes (eines Gemisches von $CuSO^4$ mit Na^2SO^4) getränkt sind, so bildet sich durch die doppelte Umsetzung des Kupfersalzes mit dem Chlorwasserstoff $CuCl^2$, das in CuCl und Cl zerfällt. Der Sauerstoff der Luft führt aber CuCl in die Verbindung Cu^2Cl^2O über, welche mit 2HCl wieder $CuCl^2$ bildet u. s. w.

Das Magnesiumchlorid, das aus dem Meerwasser (aus Karnallit und and.) gewonnen wird, kann zur Darstellung nicht nur von HCl, sondern auch von Chlor benutzt werden, weil sein basisches Salz (das Magnesiumoxychlorid) beim Erhitzen an der Luft in Magnesiumoxyd und Chlor zerfällt (Prozess Weldon-Pechiney).

4) Man erhitzt ein Gemisch von 3 Gewichtstheilen Manganhyperoxyd, 4 Th. Kochsalz (geschmolzenes, damit es nicht schäume) und 9 Th. Schwefelsäure, die man vorher mit 5 Th Wasser vermischt hat, in einem Salzbade, damit die Temperatur über 100° steige. In einem Chlorentwickelungs-Apparate wendet man Korken an, die vorher mit Paraffin getränkt sein müssen (um nicht vom Chlore angegriffen zu werden), und schwarzen, nicht vulkanisirten Kautschuk (gewöhnlicher, vulkanisirter Kautschuk enthält Schwefel und wird beim Einwirken von Chlor brüchig).

Die Reaktion, nach der das Chlor dargestellt wird, lässt sich durch folgende Gleichung ausdrücken: $MnO^2 + 2NaCl + 2H^2SO^4 = MnSO^4 + Na^2SO^4 + 2H^2O + Cl^2$. Mittelst MnO^2 ist das Chlor aus HCl zuerst von Scheele und aus NaCl zuerst von Berthollet dargestellt worden.

5) Damit die Einwirkung der Salzsäure auf den Bleichkalk nicht zu stürmisch verlaufe, muss die Säure tropfenweise zugesetzt werden (Mermet, Kämmerer). K. Winkler vermischt den Bleichkalk mit $1/4$ zerstossenen, gebrannten Gypses und formt aus dem angefeuchteten Gemische durch Pressen Würfel, die er bei Zimmertemperatur trocknen lässt. Solche Würfel lassen sich bequem in den Apparaten zur Darstellung von Wasserstoff und CO^2 anwenden, da man beim Einwirken von Salzsäure auf dieselben einen gleichmässigen Chlorstrom erhält.

Aus einem Gemisch von Kaliumbichromat und Salzsäure erhält man vollkommen sauerstofffreies Chlor (V. Meyer und Langer).

mit diesem Metalle ebenso wie mit vielen anderen direkt verbindet; in Wasser löst es sich, obgleich warmes und salzhaltiges Wasser nur wenig Chlor aufnimmt. Da das Chlor schwerer als Luft ist, so kann man es direkt in einem trocknen Gefässe aufsammeln, bis zu dessen Boden ein Glasrohr reicht, durch welches das Chlor eingeleitet wird. Dasselbe sammelt sich am Boden als dichtere Schicht, die allmählich die Luft aus dem Gefässe verdrängt, welchen Vorgang man an der Farbe des Chlorgases leicht verfolgen kann [6]).

Chlor ist ein gelblich grünes Gas von erstickendem, charakteristischem Geruch. Beim Erniedrigen der Temperatur auf -50^0 oder unter einem Drucke von 6 Atmosphären (bei 0^0) verdichtet es sich zu einer Flüssigkeit von grünlich gelber Farbe, deren Dichte 1,3 ist und die bei -34^0 siedet [7]). Die Dichte des gasförmigen Chlores ist ebenso wie das Atomgewicht 35,5 mal grösser, als die Dichte, resp. das Atomgewicht des Wasserstoffs; die Chlor-Molekel [8]) besteht folglich aus Cl^2. Bei 0^0 löst ein Volum

---

6) In den *Fabriken* benutzt man am vortheilhaftesten zur Darstellung des Chlors aus MnO^2 und HCl Ballons A (Fig. 110) aus hart gebranntem Steinzeug, in welche siebartig durchlöcherte Cylinder B aus Steinzeug oder Blei eingehängt sind. Das zerkleinerte, natürliche Manganhyperoxyd bringt man in diese Cylinder, auf welche dann der Deckel C aufgekittet wird. Eingekittet wird auch der Steinzeugstöpsel der Tubulatur D, welche zum Eingiessen der Salzsäure und zum Entfernen des Rückstandes dient. Das sich ausscheidende Chlor entweicht durch ein bleiernes Gasleitungsrohr, das in die zweite Tubulatur E eingestellt ist. Die Ballons befinden sich in einem Wasserbade, in welchem sie gleichmässig erwärmt werden können. Im Rückstande erhält man Manganchlorür. Zur sauren Lösung desselben setzt man nach dem Verfahren von Weldon Kalk zu, wobei durch doppelte Umsetzung Calciumchlorid und unlösliches Manganhydroxydul entstehen. Nach dem Absetzen des letzteren wird noch ein Ueberschuss von Kalk zugesetzt, damit das empirisch als vortheilhaftestes gefundene Verhältniss: $2MnCl^2 + CaO + xCaCl^2$ annähernd erreicht werde, und presst dann mittelst einer Pumpe Luft durch das Gemisch. Das farblose Manganoxydul absorbirt hierbei Sauerstoff und geht in eine braune Verbindung über, welche Maganhyperoxyd MnO^2 und Oxyd Mn^2O^3 enthält und beim Einwirken von Salzsäure wieder Chlor entwickelt, weil, wie gesagt (vergl. Anm. 3), nur das Chlorür $MnCl^2$ beständig ist. Auf diese Weise wird immer ein und dieselbe Manganmenge zur Darstellung des Chlors benutzt. Nach dem Kuhlmann'schen Verfahren setzt man das Maganoxydul dem Einwirken von Stickstoffoxyden und Luft aus, wodurch das salpetersaure Salz $Mn(NO^3)^2$ gewonnen wird, das beim Glühen wieder Stickstoffoxyde und Manganhyperoxyd gibt.

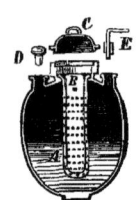

Fig. 110. Steinzeug-Ballon zur Entwickelung von Chlor in Fabriken $1/40$.

7) Die Verflüssigung des Chlors bewirkten im Jahre 1823 Davy und Faraday, indem sie den einen Schenkel eines gebogenen Glasrohres (pag. 123), der das Krystallhydrat Cl^28H^2O enthielt, in warmes Wasser tauchten und den anderen Schenkel durch eine Kältemischung abkühlten. Melsens verflüssigte das Chlor mittelst ausgeglühter Holzkohle, welche die Fähigkeit besitzt, ein gleiches Volum dieses Gases aufzunehmen. Beim Erhitzen der mit trocknem Chlor gesättigten Kohle erhielt er in dem abgekühlten Theile des erwähnten Glasrohres gleichfalls flüssiges Chlor.

8) Da mit Zunahme des Molekulargewichts der Ausdehnungskoëffizient der Gase zunimmt (der für $H^2 = 0,367$, $CO^2 = 0,373$, $HBr = 0,386$ ist, Kap. 2 Anm. 26), so lässt

Wasser $1^1/_2$ Vol. Chlor, bei 10^0 gegen 3 Vol. und bei 50^0 wieder $1^1/_2$ Vol. [9]). Diese Lösung, welche man Chlorwasser nennt, wird verdünnt mit Wasser in der Medizin und im Laboratorium angewandt. Chlorwasser erhält man durch Einleiten von Chlor in Wasser; beim Einwirken des Lichtes zersetzt es sich und bildet Sauerstoff und HCl. Bei 0^0 gesättigtes Chlorwasser scheidet das Krystallhydrat $Cl^2 8H^2O$ aus, welches beim Erwärmen leicht in Chlor und Wasser zerfällt [10]).

sich voraussetzen, dass die Ausdehnung des Chlores bedeutender sein wird, als die der Luft und der sie zusammensetzenden Gase, wie dies auch durch die Beobachtungen von Ludwig (1868) bestätigt wird. Auf Grund ihrer Beobachtung, dass die Dichte des Chlors bei $1400^\circ = 29$ ist (wenn es sich ebenso wie der Stickstoff ausdehnt), machten V. Meyer und Langer (1885) die Voraussetzung, dass die Chlormolekeln bei dieser Temperatur theilweise in ihre Atome zerfallen. Es lässt sich aber auch annehmen, dass die beobachtete Abnahme der Dichte nur durch eine Zunahme des Ausdehnungskoëffizienten bedingt werde.

9) Die Untersuchung der Chlorlösungen (aus denen sich alles Chlor durch Kochen oder Durchleiten von Luft austreiben lässt) zeigt, dass die Löslichkeit dieses Gases in vieler Hinsicht eigenthümliche Verhältnisse aufweist. Nach Gay-Lussac und Pelouze nimmt die Löslichkeit von 0° bis zu $8^\circ - 10^\circ$ zu (bei 0° lösen sich $1^1/_2$ bis 2, bei 10° 3 bis $2^3/_4$ Volume Chlor in 100 Vol. Wasser). Es erklärt sich dies nicht durch das Zerfallen des Chlorhydrates bis $8^\circ - 10^\circ$, sondern durch die Bildung desselben bei Temperaturen unter 9°. Nach Roscoe vergrössert sich die Löslichkeit des Chlors in Gegenwart von Wasserstoff selbst im Dunkeln. Nach Berthelot nimmt sie im Laufe der Zeit zu; Schönbein und andere nehmen an, dass das Chlor auf Wasser unter Bildung von $HClO + HCl$ einwirke.

Zwischen Chlor, Wasserdampf (als Gas), Wasser, flüssigem Chlor, Eis und dem festen Krystallhydrate des Chlors muss augenscheinlich ein sehr komplizirtes Gleichgewichtsverhältniss herrschen. Eine Theorie solcher Gleichgewichtszustände wurde von Guldberg (1870) gegeben und von Bakhuis-Roozeboom (1887) weiter entwickelt. Ohne in Einzelheiten einzugehen, wird es hier genügen darauf hinzuweisen, dass es jetzt (nach der Wärmetheorie und nach direkten Beobachtungen von Ramsay und Young z. B.) zweifellos festgestellt ist, dass bei ein und derselben Temperatur Körper im festen und flüssigen Zustande eine verschiedene Dichte besitzen und dass bei Temperaturen zwischen $-0^\circ,24$ und $+28^\circ,7$ (wenn gleichzeitig Hydrat und Lösung vorhanden sein können) Wasser in Gegenwart des Krystallhydrats eine andere Chlor-Menge löst, als wenn kein Krystallhydrat zugegen ist. (vergl. die folg. Anmerk. 10).

10) Nach den Daten von Faraday wurde dem Chlorhydrate die Zusammensetzung $Cl^2 10H^2O$ zugeschrieben. Bakhuis-Roozeboom bewies aber (1885), dass es weniger Wasser enthält: $Cl^2 8H^2O$. Zuerst erhält man feine, fast farblose Krystalle, welche allmählich (bei Temperaturen unter der kritischen $28^\circ,7$ oberhalb deren sie nicht existenzfähig sind) in grosse gelbe Krystalle übergehen (die den K^2CrO^4—Krystallen ähnlich sind); das spezifische Gewicht derselben ist 1,23. Das Chlorhydrat entsteht, wenn die Lösung mehr Chlor enthält, als sich unter dem der gegebenen Temperatur entsprechenden Dissoziationsdrucke lösen kann. In Gegenwart des Hydrates beträgt der Procentgehalt an Chlor: bei $0^\circ = 0,5$ bei $9^\circ = 0,9$, bei $20^\circ = 1,82$. Bei Temperaturen unter 9° wird die Löslichkeit (nach Gay-Lussac und Pelouze Anm. 9) durch die Bildung des Hydrates bedingt; bei höheren Temperaturen kann sich unter dem Atmosphärendruck kein Hydrat bilden und die Löslichkeit des Chlors nimmt wie die aller anderen Gase ab. Bildet sich kein Krystallhydrat, so folgt die Löslichkeit auch unter 9° derselben Regel (bei 6° lösen sich 1,07 und bei 9° 0,95 pCt. Chlor). Nach den Bestimmungen von Roozeboom ist die Dissoziationsspannung des Chlors, das durch das Hydrat ausgeschieden wird, bei $0^\circ = 249$, bei $4^\circ = 398$, bei $8^\circ = 620$,

Erwärmt man dieses Krystallhydrat in einem zugeschmolzenen Rohre bis auf 35°, so bilden sich zwei Schichten: eine untere, nur wenig Wasser enthaltende Chlorschicht und eine obere, die aus Wasser mit einer geringen Chlormenge besteht.

Mit *Wasserstoff* verbindet sich das Chlor unter Explosion, wenn ein Gemisch gleicher Raumtheile beider Gase der direkten Einwirkung der Sonnenstrahlen [11]) ausgesetzt wird, oder wenn es mit Platinschwamm oder einem glühenden Körper in Berührung kommt, oder wenn der elektrische Funke durchschlägt. Auch hier ist die Ursache der Explosion, ebenso wie beim Knallgase, die Entwickelung von Wärme und die plötzliche Ausdehnung des entstehenden Produktes. Zerstreutes Tageslicht wirkt auf das Gemisch von Chlor und Wasserstoff nur langsam ein [12]). Der bei dieser Reaktion ent-

bei $10° = 797$, bei $14° = 1400$ mm. Ein Theil des Krystallhydrates bleibt hierbei im festen Zustande. Bei 9°,6 erreicht die Dissoziationsspannung den Atmosphärendruck. Unter grösserem Drucke kann sich das Krystallhydrat auch bei Temperaturen über 9° bis zu 28°,7 bilden, wenn die Spannung des Hydrates gleich der des Chlores ist. Augenscheinlich hat man es in dem entstehenden Gleichgewichtszustande einerseits mit dem Falle eines komplizirten heterogenen Systems, andrerseits mit dem einer Lösung eines festen und gasförmigen Stoffes in Wasser zu thun.

Mit dem Chlorwasser und dem Krystallhydrate des Chlors muss man in Dunkeln oder in einem Raum mit dunklen Glasscheiben arbeiten, denn beim Einwirken des Lichtes scheidet sich Sauerstoff aus und man erhält HCl.

11) Die Entdeckung der chemischen Einwirkung des Lichtes auf ein Gemisch von Cl und H machten Gay-Lussac und Thénard (1809). Seitdem ist diese Einwirkung von Vielen, namentlich Draper, Bunsen und Roscoe untersucht worden. Wie das Sonnenlicht wirkt auch elektrisches Licht, ebenso auch das von brennendem Magnesium oder beim Verbrennen von CS^2 in NO entstehende und überhaupt jedes Licht, das phothographische Bilder hervorruft. Bei einer unter $-12°$ liegenden Temperatur hört aber die Wirkung des Lichtes auf, wenigstens erfolgt keine Explosion. Früher wurde angenommen, dass das Chlor, wenn es einmal dem Lichte ausgesetzt gewesen war, auch im Dunkeln mit dem Wasserstoff in Reaktion treten könne; dieses geschieht jedoch, wie sich herausgestellt hat, nur wenn das Chlor Feuchtigkeit enthält und wird durch die Bildung von Chloroxyd bedingt. Sind dem Gemische andere Gase oder selbst Chlor oder Wasserstoff beigemengt, so tritt eine bedeutend schwächere Explosion ein; um daher ein explosives Gemisch von Chlor und Wasserstoff zu erhalten, muss eine konzentrirte Lösung von HCl (vom spez. Gew. 1,15) durch den galvanischen Strom zersetzt werden; hierbei zersetzt sich kein Wasser und dem Chlor wird kein Sauerstoff beigemengt.

12) Die Menge des Chlors und Wasserstoffs, die sich mit einander verbinden, ist der Intensität des Lichtes proportional, aber nicht aller Strahlen, sondern nur der sogen. chemischen (aktinischen). welche chemische Reaktionen bedingen. Daher kann ein Gemisch von Chlor und Wasserstoff, das der Einwirkung des Lichtes in einem Gefässe von bestimmtem Inhalt und bestimmter Oberfläche ausgesetzt wird, zum Messen der Intensität chemischer Lichtstrahlen (als sogen. Aktinometer) dienen, wobei natürlich die Einwirkung von Wärmestrahlen ausgeschlossen sein muss, was sich mittelst Durchlassens der Strahlen durch Wasser erreichen lässt. In dieser Richtung angestellte (photochemische) Versuche haben ergeben, dass die chemische Einwirkung hauptsächlich in dem violetten Theile des Spektrums vor sich geht und dass selbst die unsichtbaren ultravioletten Strahlen einwirken. Eine nicht leuchtende Gasflamme enthält keine chemisch wirkenden Strahlen, wird sie aber durch Kupfersalze grün

stehende Chlorwasserstoff nimmt (bei derselben Temperatur und demselben Drucke) dasselbe Volum, wie das Gemisch ein. Es findet eine Umsetzungsreaktion statt: $H^2 + Cl^2 = HCl + HCl$; die Atome des Chlors und des Wasserstoffs tauschen ihre Plätze aus und aus zwei verschiedenen Molekeln erhält man zwei gleiche. Auf 1 Gewichtstheil Wasserstoff werden bei dieser Reaktion 22 Tausend Wärme-Einheiten entwickelt [13]).

---

gefärbt, so zeigt sie eine bedeutende chemische Einwirkung, während eine durch Natriumsalze stark gelb gefärbte Gasflamme gleichfalls nicht chemisch einwirkt.

Die chemische Einwirkung des Lichtes offenbart sich am deutlichsten in dem Lebensprozess der Pflanzen, in der Photographie, im Bleichen von Geweben und in den Aenderungen (im Ausbleichen) von Farben im Sonnenlicht. Ein Mittel zur Messung dieser Einwirkung bietet uns die Reaktion zwischen Chlor und Wasserstoff. Auf diesem Gebiet, der sogen. *Photochemie*, sind besonders umfassende Untersuchungen von Bunsen und Roscoe in den 50-er und 60-er Jahren ausgeführt worden. Das von ihnen benutzte Aktinometer enthielt ein Gemenge von $H + Cl$, das durch eine Lösung von Chlor in Wasser abgesperrt wurde. Der entstehende HCl wurde absorbirt, so dass man nach der eintretenden Volumänderung über die vor sich gegangene Vereinigung urtheilen konnte. Da die Einwirkung des Lichtes, wie zu erwarten, sich der Zeit und der Lichtintensität proportional erwies, so konnten ausführliche photochemische Untersuchungen in Bezug auf den Einfluss der Tages- und Jahreszeit, verschiedener Lichtquellen, die Absorption des Lichtes u. s. w. angestellt werden. Ausführlicheres findet man hierüber in speziellen Werken; hier soll nur noch darauf hingewiesen werden, dass schon durch geringe Beimengungen anderer Gase die Einwirkung des Lichtes auf das Gemenge schwächer wird; $1/330$ Wasserstoff z. B. schwächt dieselbe bis auf 33 pCt., $1/200$ Sauerstoff auf 10 pCt., $1/100$ Chlor auf 60 pCt., u. s. w. Nach Klimenko und Pekatoros (1889) wird die photochemische Veränderung von Chlorwasser durch die Beimengung von Metallchloriden verzögert und zwar verschieden je nach dem Metalle.

Da bei der Reaktion zwischen Chlor und Wasserstoff viel Wärme entwickelt wird und die Reaktion als eine exothermische von selbst vor sich gehen kann, so lässt sich die Einwirkung des Lichtes mit dem Entzünden vergleichen d. h. sie bringt das Chlor und den Wasserstoff in den zum Reagiren erforderlichen Zustand, indem sie das ursprüngliche Gleichgewicht stört, was die von der Lichtenergie bewirkte Arbeit ausmacht. Auf diese Weise ist, meiner Ansicht nach, nach dem Vorgange von Pringsheim (1887) die Einwirkung des Lichtes auf das Chlorknallgas zu verstehen.

13) Bei der Bildung von Wasserdämpfen entwickeln sich (aus einem Gewichtstheil Wasserstoff) 29 Tausend W. E. Die folgende Tabelle enthält (nach Thomsen; für Na^2O nach Beketow) die Wärmemengen (in Tausend W. E.), die sich bei der Bildung verschiedener anderer, *einander entsprechender* Verbindungen von Sauerstoff und Chlor entwickeln:

$\begin{cases} 2NaCl\ 195; & CaCl^2\ 170; & HgCl^2\ 63; & 2AgCl\ 59; \\ Na^2O\ 100; & CaO\ 131; & HgO\ 42; & Ag^2O\ 6; \end{cases}$

$\begin{cases} 2AsCl^3\ 143; & 2PCl^5\ 210; & CCl^4\ 21; & 2HCl\ 44\ (gasf.). \\ As^2O^3\ 155; & P^2O^5\ 370; & CO^2\ 97; & H^2O\ 58\ (gasf.). \end{cases}$

Die zuerst angeführten vier Elemente entwickeln eine grössere Wärmemenge bei der Bildung ihrer Chloride, die folgenden vier dagegen bei der Bildung ihrer Sauerstoffverbindungen. Die ersten vier Chloride (der Tabelle) sind wirkliche Salze, die aus den Oxyden und HCl entstehen, während die vier letzteren andere Eigenschaften besitzen, was schon daraus zu ersehen ist, dass sie nicht aus den Oxyden und HCl entstehen und

Hieraus folgt, dass die Affinität des Chlors zum Wasserstoff sehr bedeutend ist, sie nähert sich der zwischen Sauerstoff und Wasserstoff bestehenden Affinität. Daher [14]) erhält man auch aus einem Gemisch von Wasserdämpfen und Chlor oder beim Einwirken des Lichtes auf Chlorwasser Sauerstoff, während in vielen Fällen, wie wir gesehen, das Chlor aus seinen Wasserstoffverbindungen durch Sauerstoff verdrängt wird. Die Reaktion: $H^2O + Cl^2 = 2HCl + O$ gehört zu den umkehrbaren und wenn Wasserstoff mit Chlor und Sauerstoff zusammentrifft, so vertheilt er sich zwischen beiden. Dieses Verhalten bestimmt viele der Eigenschaften des Chlors, z. B. sein Einwirken auf Verbindungen, die Wasserstoff enthalten, und seine Reaktionen in Gegenwart von Wasser.

Viele *Metalle* verbinden sich mit dem Chlor sofort, wenn sie in dasselbe eingeführt werden, und bilden die entsprechenden Metallchloride. Bietet das Metall der Einwirkung eine grosse Oberfläche dar oder wird es schwach erwärmt, so kann die Vereinigung unter Entwickelung von Wärme und Licht vor sich gehen, d. h. das Metall kann im Chlorgas verbrennen. Natrium z. B. verbrennt unter Bildung von Kochsalz [15]), das hier also auf synthetischem Wege entsteht. Ohne vorheriges Erwärmen verbrennt unter starkem Erglühen auch z. B. gepulvertes Antimon (Fig. 111) [16]). Selbst solche Metalle, wie Gold und Platin [17]), die sich mit Sauerstoff nur indirekt zu höchst unbeständigen Verbindungen vereinigen, geben

---

mit Wasser HCl bilden. Nimmt man als Maass der Verwandtschaft die Wärme an, so ist die Verwandtschaft der ersteren Metalle zum Chlore grösser, als zum Sauerstoff und bei den letzteren umgekehrt. Da aber der physikalische Zustand der Körper ein verschiedener ist und das Chlor den Sauerstoff verdrängt und ebenso auch der Sauerstoff das Chlor, so lässt sich nach thermochemischen Daten über die Verwandtschaft nur dann urtheilen, wenn verschiedene Korrekturen angebracht werden, deren Werthe aber augenblicklich noch zweifelhaft sind.

14) Vergl. Kap. 3, Anm. 5.

15) In vollkommen trocknem Chlor verändert sich das Natrium bei Zimmertemperatur und selbst bei schwachem Erwärmen nicht; beim Erhitzen geht aber die Vereinigung sehr energisch vor sich.

16) Ein lehrreicher Versuch der Verbrennung in Chlor lässt sich in der Weise ausführen, dass man einen Streifen unächten Blattgoldes in einem Glasballon befestigt, in den ein mit einem Hahne versehenes Glasrohr eingestellt ist. Pumpt man aus diesem Ballon die Luft aus und lässt dann durch Oeffnen des Hahnes Chlor eintreten (das mit Gewalt einströmen wird), so entzündet sich das Blattgold.

17) Das Verhalten des Platins zu Chlor bei hoher Temperatur (1400°) ist sehr bemerkenswerth, weil hierbei Platinchlorür $PtCl^2$ entsteht, das schon bei viel niedrigerer Temperatur in Cl^2 und Pt zerfällt. Trifft nämlich das Chlor bei dieser hohen Temperatur mit Platin zusammen, so entstehen mit Dämpfe von $PtCl^2$, die sich beim Abkühlen wieder zersetzen und Platin ausscheiden. Die Erscheinung besteht gleichsam in einer Verflüchtigung des Platins. Dass hier in Wirklichkeit zuerst Platinchlorür entsteht, bewies Deville durch Einbringen eines kalten Rohres in das erhitzte äussere Rohr (wie in dem Versuch mit CO pag. 428) Dennoch konnte V. Meyer bei 1690° die Dichte des Chlors in einem Platingefässe bestimmen.

mit Chlor unmittelbar Chloride. An Stelle des Chlorgases benutzt man zum Lösen von Gold und Platin entweder Chlorwasser oder Königswasser.

Königswasser nennt man ein Gemisch von 1 Theil Salpetersäure und 2—3 Theilen Salzsäure. Dasselbe bildet lösliche Chloride nicht nur mit solchen Metallen, welche sich in Salzsäure lösen, sondern auch mit solchen, wie Gold und Platin, die weder von der einen, noch von der anderen Säure angegriffen werden. Die Wirkung des Königswassers wird dadurch bedingt, dass die Salpetersäure dem Chlorwasserstoff allmählich Wasserstoff entzieht und Chlor frei macht, welches sich mit dem in Lösung gehenden Metalle verbindet [18]). Das Königswasser wirkt also durch das darin enthaltene und sich entwickelnde Chlor.

Auf die meisten *Metalloide* wirkt das Chlor gleichfalls direkt ein; Schwefel und Phosphor verbrennen im Chlorgas, mit dem sie sich schon bei gewöhnlicher Temperatur verbinden. Nur Stickstoff, Kohlenstoff und Sauerstoff gehen mit Chlor in keine direkte Verbindungen ein. Die aus den Metalloiden entstehenden Chloride, wie z. B. Phosphortrichlorid, Chlorschwefel u. a. besitzen aber nicht die Eigenschaften von Salzen. Wenn die Metallchloride M^nCl^{2m} den Basen M^nO^m und ihren Hydraten $M^n(OH)^{2m}$ entsprechen, so stehen die Chloride der Metalloide, wie wir später sehen werden, in demselben Verhältniss zu den Säureanhydriden und Säuren:

Fig. 111. Vorrichtung zum Demonstriren der Verbrennung von pulverförmigem Antimon in Chlor. Das Antimon wird aus dem Kolben c durch den Kautschukschlauch b, der mit einem in den Korken c eingestellten Glasrohr verbunden ist, in die mit Chlor gefüllte Glasglocke geschüttet. Die Verbrennung erfolgt unter Entwickelung von Licht und Bildung von $SbCl^3$. $^1/_{10}$

NaCl   FeCl²   SnCl⁴   PCl³   HCl
NaOH   Fe(OH)²   Sn(OH)⁴   P(OH)³   H(OH)

Da viele Chlorverbindungen eine mit den entsprechenden Hydraten analoge Zusammensetzung besitzen und da ausserdem manche (Säure-)Hydrate aus Chloriden beim Einwirken von Wasser entstehen, z. B.:

$$PCl^3 + 3H^2O = P(OH)^3 + 3HCl,$$

---

18) Königswasser, das längere Zeit an der Luft gestanden, scheidet Chlor aus und erweist sich als auf Gold nicht einwirkend. Gay-Lussac, der die Wirkung des Königswassers erklärt hat, zeigte, dass beim Erwärmen desselben ausser Chlor noch zwei Chloranhydride entstehen: das der Salpetersäure NO²Cl (Salpetersäure NO²OH, in der OH durch Cl ersetzt ist, vergl. Kap. 19) und das der salpetrigen Säure NOCl. Auf Gold wirken diese Chloranhydride nicht ein. Die Reaktion des Königswassers lässt sich daher durch die folgende Gleichung ausdrücken: $4NHO^3 + 8HCl = 2NO^2Cl + 2NOCl + 6H^2O + 2Cl^2$. Die Bildung der Chloranhydride NO²Cl und NOCl erklärt

während andere Chloride aus Hydraten und Chlorwasserstoff gebildet werden, z. B. NaOH + HCl = NaCl + H^{2}O, so sucht man diesen innigen Zusammenhang zwischen Hydraten und Chlorverbindungen durch die Bezeichnung der letzteren als *Chloranhydride* auszudrücken. Ein basisches Hydrat reagirt gewöhnlich entsprechend der Gleichung:

Hydrat + Chlorwasserstoff = Chloranhydrid + Wasser
M(OH) + HCl = MCl + H^{2}O

und ein Säurehydrat ROH entsteht nach der Reaktion:

Chloranhydrid + Wasser = Hydrat + Chlorwasserstoff
RCl + H^{2}O = R(OH) + HCl.

Es sind also die Verbindungen des Chlors denen des sogen. Wasserrestes (OH) äquivalent, worauf auch die Analogie hinweist, die zwischen dem freien Chlor Cl^2 und dem Wasserstoffhyperoxyd (HO)^2 vorhanden ist.

Die den Säuren und Metalloiden entsprechenden Chloranhydride zeigen sehr wenig Aehnlichkeit mit den Metallsalzen. Fast alle Chloranhydride sind flüchtig, besitzen einen starken, erstickenden Geruch, der die Augen und Athmungsorgane reizt. Mit Wasser reagiren sie, wie viele Säureanhydride, unter Wärmeentwickelung, indem sie Chlorwasserstoff ausscheiden und Säurehydrate bilden. Daher können sie auch gewöhnlich nicht aus den entsprechenden Säuren durch Einwirken von Chlorwasserstoff dargestellt werden — weil dann gleichzeitig Wasser entstehen müsste, das sie zersetzen und in ihr Hydrat überführen würde. Von den echten salzartigen Metallchloriden, wie NaCl, bis zu den echten Säurechloranhydriden bilden zahlreiche Chlorverbindungen einen eben solchen Uebergang, wie die intermediären Oxyde zwischen den Basen und den Säuren. Schwache Basen besitzen öfters schwach saure Eigenschaften. In dem Maasse, wie wir die verschiedenen Elemente näher kennen lernen werden, werden wir auch in diese verschiedenen Verhältnisse einen tieferen Einblick erlangen; zunächst wollen wir aber, ohne in die Betrachtung des eigenartigen Charakters der Säurechloranhydride näher einzugehen, nur darauf hinweisen, dass Körper, welche diesem Typus entsprechen, nicht nur direkt aus Chlor und Metalloiden entstehen, sondern auch durch Einwirken von Chlor auf viele niedere Oxydationsstufen erhältlich sind. So können z. B. CO, NO, NO^2 und andere niedere Oxyde, die die Fähigkeit besitzen, Sauerstoff zu addiren, sich auch mit der entsprechenden Chlormenge verbinden und COCl^2, NOCl, NO^{2}Cl, SO^{2}Cl^2 u. s. w. bilden. Hierbei ist vor allem zweierlei zu bemerken: erstens, dass das Chlor sich mit solchen Körpern verbindet, die auch Sauerstoff addiren können, weil es in vielen Fällen ebenso, wenn nicht noch energischer als

---

sich durch die Desoxydation der Salpetersäure, wobei NO und NO^2 entstehen, die mit dem sich zugleich entwickelnden Chlor in Verbindung treten.

Sauerstoff wirkt, mit dem es im Verhältniss von Cl^2 zu O (oder Cl zu OH) in Austausch tritt; zweitens, dass bei der Vereinigung mit Chlor sehr leicht das Maximum der Additionsfähigkeit erreicht wird, die dem gegebenen Elemente oder einer Kombination von Elementen eigen ist. Wenn Phosphor PCl^3 und PCl^5 bildet, so ist augenscheinlich PCl^5 im Vergleich mit PCl^3 die höhere Verbindungsstufe. Der Form PCl^5 oder im Allgemeinen PX^5 entsprechen die Verbindungen PH^4J, $PO(OH)^3$, $POCl^3$ u. a. Wenn das Chlor auch nicht immer direkt die höchste Verbindungsstufe eines gegebenen Elementes bildet, so bilden sich doch meistens die niederen Verbindungsstufen in der Weise, dass die Grenzverbindung selbst oder eine sich derselben nähernde Verbindung entsteht. Besonders deutlich offenbart sich dies in den Kohlenwasserstoffen, in denen die Grenzverbindungen der Formel C^nH^{2n+2} entsprechen. Ungesättigte Kohlenwasserstoffe können sehr leicht Chlor addiren und auf diese Weise Grenzverbindungen bilden. Das Aethylen C^2H^4 z. B. verbindet sich mit Cl^2, indem es das sogen. Oel der holländischen Chemiker, das Aethylenchlorid $C^2H^4Cl^2$, bildet, welches eine Grenzverbindung, C^nX^{2n+2}, ist. In allen ähnlichen Fällen kann dann das addirte Chlor durch Ersetzungsreaktionen das Hydrat und eine ganze Reihe anderer Derivate bilden. Aus $C^2H^4Cl^2$ z. B. erhält man das Glykol genannte Hydrat $C^2H^4(OH)^2$.

Indem das Chlor auf diese Weise sehr leicht in Verbindungen eingeht, führt es in zahlreichen Fällen niedere Verbindungsformen in höhere über. Sehr oft kann das Chlor *in Gegenwart von Wasser* direkt *oxydiren*. Die Reaktion verläuft im Wesentlichen in derselben Weise. Der Körper A verbindet sich mit Chlor z. B. zu dem Körper ACl^2, der dann in das Hydrat $A(OH)^2$ übergeht, welches durch Verlust von Wasser AO gibt. Die Oxydation geht öfters auch beim Einwirken von Wasser und Chlor vor sich: $A + H^2O + Cl^2 = 2HCl + AO$. Beispiele dieser oxydirenden Einwirkung des Chlors lassen sich sowol im Laboratorium, als auch in der Fabrikspraxis sehr oft beobachten. In Gegenwart von Wasser oxydirt das Chlor z. B. Schwefel und Metallsulfide, wobei der Schwefel in Schwefelsäure übergeht und das Chlor in Chlorwasserstoff oder, wenn ein Sulfid oxydirt wird, in Chlormetall. Ein Gemisch von Kohlenoxyd und Chlor bildet, wenn es in Wasser geleitet wird, Kohlensäuregas und Chlorwasserstoff. Schwefligsäuregas wird durch Chlor, ebenso wie durch Salpetersäure, zu Schwefelsäure oxydirt: $SO^2 + 2H^2O + Cl^2 = H^2SO^4 + 2HCl$. In der Praxis benutzt man die oxydirende Wirkung des Chlors in Gegenwart von Wasser zum schnellen *Bleichen von Geweben* und Faserstoffen. Der Farbstoff der letzteren wird durch die Oxydation in eine farblose Verbindung übergeführt. Das Chlor kann dann aber auch auf das Gewebe selbst einwirken. Daher müssen beim Bleichen bestimmte Vorsichtsmassregeln beobachtet werden, damit die Wirkung sich nur auf den Farbstoff und nicht auch auf das Gewebe erstrecke. Die von Berthollet gemachte Entdeckung der bleichenden Wirkung des Chlors gehört zu den wichtigen Errungenschaften der Technik. Die früher allgemein übliche Sonnenbleiche ist in kurzer Zeit durch die Chlorbleiche verdrängt worden, da letztere eine sehr bedeutende Ersparniss an Zeit und Arbeit und folglich auch an den Kosten des Bleichens ermöglicht [19]).

Die Eigenschaft des Chlors, in Verbindungen zu treten, steht im engen Zusammenhang mit seiner Eigenschaft, Substitutionen zu bewirken, da nach dem Substitutions-Gesetz das Chlor bei seiner Vereinigung mit Wasserstoff gleichzeitig auch Wasserstoff ersetzt, wobei in beiden Fällen dieselbe Chlormenge einwirkt. *Es kann daher ein Chloratom, das sich mit einem Wasserstoffatom verbindet, auch ein Wasserstoffatom ersetzen.* Diese Eigenschaft des Chlors wollen wir nun einer näheren Betrachtung unterziehen, nicht nur weil sie uns die Anwendbarkeit des Substitutions-Gesetzes an auffallenden und historisch wichtigen Beispielen zeigt, sondern hauptsächlich aus dem Grunde, weil durch solche Reaktionen die *indirekten Wege* zur Darstellung vieler Körper erklärt werden, auf die wir bereits öfters hingewiesen haben und die in der Chemie fortwährend angewandt werden. Auf Kohle [20]), Sauerstoff und Stickstoff wirkt das Chlor nicht ein, während es auf indirektem Wege durch Ersetzen von Wasserstoff mit denselben dennoch in Verbindung gebracht werden kann.

Da das Chlor sich leicht mit Wasserstoff verbindet, nicht aber mit Kohle, so zersetzt es bei hohen Temperaturen Kohlenwasserstoffe (und viele ihrer Derivate), indem es ihnen Wasserstoff entzieht und Kohle ausscheidet, was sich leicht demonstriren lässt, wenn man eine brennende Kerze in ein mit Chlor gefülltes Gefäss bringt. Die Kerzenflamme wird kleiner, aber ohne zu verlöschen; es scheidet sich viel Russ aus und es entsteht Chlorwasserstoff. Das Chlor zersetzt nämlich die sich im Glühen befindenden dampfförmigen Produkte der Flamme, verbindet sich mit dem Wasserstoff, während der Kohlenstoff sich als Russ absetzt [21]). Auf diese Weise

---

19) Die oxydirenden Eigenschaften des Chlors offenbaren sich auch in seiner zerstörenden Wirkung auf die meisten organischen Gewebe und in der Tödtung von Organismen. Es wird daher zur **Vernichtung von Miasmen** beim Auftreten von Epidemien benutzt. In Wohnräumen muss aber das Ausräuchern mit Chlor sehr vorsichtig geschehen, weil das Chlor den Athmungsorganen verderblich ist, deren Gewebe es zerstört.

20) Die bedeutende Absorptionsfähigkeit der Kohle für Chlor weist gewissermassen auf eine Anziehung der Kohle hin; dennoch entsteht hier keine Verbindung von Chlor mit Kohlenstoff (Versuche gleichzeitig das Licht einwirken zu lassen scheinen bis jetzt noch nicht gemacht worden zu sein).

21) Dasselbe geschieht auch beim Einwirken von Sauerstoff, mit dem Unterschiede, dass in letzterem die Kohle verbrennt, was im Chlore nicht der Fall ist. Wenn bei hoher Temperatur Chlor und Sauerstoff mit einander konkurrirend ein-

wirkt das Chlor auf Kohlenwasserstoffe bei hohen Temperaturen ein; betrachten wir jetzt seine Wirkung bei niedrigen Temperaturen.

Eines der wichtigsten Momente in der Geschichte der Chemie bildet die von J. B. Dumas und Laurent gemachte Entdeckung, dass das Chlor den *Wasserstoff* verdrängen und ersetzen kann. Die Bedeutung dieser Entdeckung beruht darauf, dass das Chlor sich als ein Element erwies, dem die Eigenschaft zukommt sich sowol mit dem Wasserstoff leicht zu verbinden, als auch denselben zu ersetzen. Es offenbarte sich auf diese Weise, dass zwischen Elementen, die mit einander beständige Verbindungen bilden, keine Gegensätzlichkeit besteht. Das Chlor verbindet sich mit dem Wasserstoff nicht der entgegengesetzten Eigenschaften dieser Elemente wegen, wie vor Dumas und Laurent behauptet wurde,—als man dem Wasserstoff einen elektropositiven und dem Chlor einen elektronegativen Charakter zuschrieb,—denn der Grund der vorsichgehenden Verbindung kann nicht in einer Gegensätzlichkeit liegen, wenn dasselbe Chlor, das sich mit dem Wasserstoff verbindet, denselben auch ersetzen kann, wobei der entstehende Körper viele der Eigenschaften des ursprünglichen beibehält. Die Ersetzung oder Substitution von Wasserstoff durch Chlor nennt man *Metalepsie*. Der Mechanismus derselben ist sehr konstant. Unterwirft man eine wasserstoffhaltige Verbindung, am besten einen Kohlenwasserstoff, der direkten Einwirkung von Chlor, so entsteht einerseits Chlorwasserstoff und andrerseits eine Verbindung, die an Stelle von Wasserstoff Chlor enthält; das Chlor theilt sich hierbei in zwei gleiche Theile: der eine Theil scheidet sich in Form von Chlorwasserstoff aus und der andere tritt an die Stelle des auf diese Weise ausgeschiedenen Wasserstoffs. *Bei der Metalepsie bildet sich immer gleichzeitig auch Chlorwasserstoff* [22]), entsprechend dem Schema:

$$C^nH^mX + Cl^2 = C^nH^{m-1}ClX + HCl$$

Kohlenwasserstoff. Freies Chlor. Metalepsie-Produkt. Chlorwasserstoff.

Oder allgemein: $RH + Cl^2 = RCl + HCl$.

Die Bedingungen, unter denen die Metalepsie vor sich geht, sind gleichfalls sehr konstant. Im Dunkeln wirkt das Chlor auf wasserstoffhaltige Stoffe gewöhnlich nicht ein, die Einwirkung beginnt erst unter dem Einflusse des Lichtes. Der Metalepsie beson-

---

wirken, so verbrennt der Sauerstoff die Kohle und das Chlor den Wasserstoff. Liegt reiner Wasserstoff vor, so verbindet sich derselbe ausschliesslich mit dem Chlor, wenn dieses nur in genügender Menge vorhanden ist; Wasser bildet sich gar nicht.

[22]) Dieses Zerfallen des Chlors in zwei verschieden wirkende Theile kann zugleich als eine deutliche Bestätigung des Begriffes der Molekel dienen. Nach dem Avogadro-Gerhardt'schen Gesetze enthält eine Chlormolekel zwei Atome Chlor: das eine Atom tritt an die Stelle von Wasserstoff, das andere verbindet sich mit Wasserstoff.

ders günstig ist die direkte Einwirkung der Sonnenstralen. Bemerkenswerth ist es [23]), dass auch Beimengungen mancher Substanzen von günstigem Einfluss sind (z. B. Jod, Aluminiumchlorid, Antimonchlorid u. a.). Eine geringe Beimengung von Jod zu der Verbindung, die der Metalepsie unterworfen wird, ruft dieselbe Wirkung hervor, wie die direkten Sonnenstrahlen [24]).

Entzündet man ein Gemisch von Sumpfgas mit Chlor, so wird dem Sumpfgas aller Wasserstoff entzogen und es bildet sich Chlorwasserstoff und Kohle, ohne dass Metalepsie erfolgt [25]). Setzt man aber ein Gemisch gleicher Raumtheile Chlor und Sumpfgas der Einwirkung des zerstreuten Tageslichtes aus, so wird das grünlich-gelbe Gemisch allmählich farblos und es entstehen Chlorwasserstoff und das erste Metalepsie-Produkt, nämlich Methylchlorid:

$$CH^4 + Cl^2 = CH^3Cl + HCl.$$
Sumpfgas. Chlor. Methylchlorid. Chlorwasserstoff.

Das Volum bleibt unverändert; das entstehende Methylchlorid ist ein Gas. Isolirt man dasselbe (Methylchlorid löst sich in Eisessig, in welchem Chlorwasserstoff nur wenig löslich ist) und mengt es von neuem mit Chlor, so kann man eine weitere metaleptische

---

23) Am ausführlichsten ist unter solchen Ueberträgern von Chlor oder überhaupt von Halogenen, unter denen das Jod und $SbCl^3$ schon seit Langem bekannt sind, das Bromaluminium von Gustavson und das Chloraluminium von Friedel untersucht. Gustavson zeigte, dass Brom, in welchem man die geringste Menge metallischen Aluminiums auflöst (das hierbei auf dem Brom schwimmt und sich mit ihm unter Entwickelung von viel Wärme und Licht verbindet), die Eigenschaft erhält, Metalepsie sofort zu bewirken, während reines Brom z. B. auf Benzol C^6H^6 nur sehr langsam einwirkt; in Gegenwart von Al^2Br^6 verläuft die Einwirkung leicht und energisch, so dass jeder Tropfen des Kohlenwasserstoffes viel HBr unter Bildung von Metalepsieprodukten entwickelt. Nach Gustavson beruht der Mechanismus dieser lehrreichen Reaktion auf der Fähigkeit des Al^2Br^6 mit Kohlenwasserstoffen und deren Derivaten in Verbindung zu treten. Ausführlicheres hierüber und überhaupt über die Metalepsie der Kohlenwasserstoffverbindungen findet man in den speziellen Werken über organische Chemie.

24) Da eine geringe Beimengung von J^2, Al^2Cl^6 und anderen Körpern der Metalepsie grosser Substanzmengen in derselben Weise förderlich ist, wie NO der Reaktion von SO^2 mit O und H^2O, so muss das Wesen bei diesen Erscheinungen dasselbe sein. Von den wirklichen Kontakterscheinungen (die gleichfalls ihre Erklärung in einer auf der Oberfläche von Körpern stattfindenden chemischen Einwirkung finden müssen) unterscheiden sich diese Erscheinungen nur dadurch, dass sie in Lösungen vor sich gehen, während der Kontakt durch feste Körper bedingt wird und an deren Oberflächen stattfindet. Wahrscheinlich beruht die Wirkung des Jods auf der Bildung von Jodchlorid, das leichter in Reaktion tritt, als das Chlor selbst.

25) Die Metalepsie gehört, wenn man sich so ausdrücken darf, zu den zarten Reaktionen, wenn man sie mit der energischen Reaktion der Verbrennung vergleicht. Zu solchen Reaktionen gehören im Allgemeinen auch viele Substitutionen. Die Metalepsie-Reaktionen finden unter Entwickelung von Wärme statt, die aber geringer ist, als die sich bei der Bildung des gleichzeitig entstehenden Chlorwasserstoffs entwickelnde. Nach den Daten von Thomsen entwickelt sich z. B. bei der Reaktion: $C^2H^6 + Cl^2 = C^2H^5Cl + HCl$ gegen 20 Tausend W. E. und bei der Bildung von HCl 22 Taus. W.E.

Substitution bewirken — ein zweites Wasserstoffatom durch Chlor ersetzen und aus dem Methylchlorid einen flüssigen Körper von der Zusammensetzung CH^2Cl^2, das sogen. Methylenchlorid, erhalten. Die Ersetzung geht dann noch weiter und es entsteht zunächst das Chloroform $CHCl^3$ und zuletzt der Chlorkohlenstoff CCl^4. Von diesen Verbindungen ist das Chloroform am bekanntesten, weil es aus vielen organischen Stoffen (beim Einwirken von Chlorkalk) erhältlich ist und in der Medizin als ein Mittel benutzt wird, das beim Einathmen Gefühllosigkeit oder Anästhesie hervorruft. Das Chloroform siedet bei 62^0, der Chlorkohlenstoff bei 78^0; beide Verbindungen stellen farblose, riechende Flüssigkeiten dar, die schwerer als Wasser sind. Augenscheinlich erfolgt also die Ersetzung des Wasserstoffs durch das Chlor stufenweise und es lässt sich deutlich beobachten, dass die doppelten Umsetzungen zwischen molekularen Mengen d. h. zwischen gleichen Volumen im gasförmigen Zustande vor sich gehen. Das Chloroform lässt sich auch direkt aus dem Sumpfgas darstellen, aber es ist das dritte Metalepsie-Produkt des Sumpfgases, da noch zwei Zwischenprodukte existiren, von denen das erste bei der Einwirkung von einer Molekel Sumpfgas auf eine Molekel Chlor entsteht.

Den *Chlorkohlenstoff*, der sich bei der Metalepsie des Sumpfgases bildet, kann man nicht direkt aus Chlor und Kohlenstoff erhalten; er lässt sich aber aus einigen Kohlenstoffverbindungen darstellen, z. B. aus Schwefelkohlenstoff, wenn man die Dämpfe desselben, gemengt mit Chlor, durch eine glühende Röhre leitet. Dann verbinden sich sowol der Schwefel, als auch der Kohlenstoff mit dem Chlor. Augenscheinlich lässt sich durch vollständige Metalepsie aus einem jeden Kohlenwasserstoffe der entsprechende Chlorkohlenstoff darstellen. Es sind in der That schon viele Chlorkohlenstoffe bekannt.

Der chemische Grundcharakter einer Kohlenstoffverbindung wird durch die Metalepsie gewöhnlich nicht verändert, denn aus indifferenten Körpern erhält man auch indifferente Metalepsie-Produkte und aus Säuren — Metalepsie-Produkte, die gleichfalls saure Eigenschaften besitzen. Selbst die krystallinische Form bleibt bei der Metalepsie oftmals unverändert. Geschichtlich von besonderer Wichtigkeit ist die Metalepsie der Essigsäure CH^3CO^2H. Diese Säure enthält drei Wasserstoffatome des Sumpfgases, dessen viertes Atom durch das Carboxyl ersetzt ist; bei der Einwirkung von Chlor erhält man daher (entsprechend der Menge des Chlors und den Reaktionsbedingungen) drei Metalepsie-Produkte: die Mono-, Di- und Trichloressigsäure: CH^2ClCO^2H, $CHCl^2CO^2H$ und CCl^3CO^2H. Alle diese Säuren sind, wie die Essigsäure selbst, einbasisch. Weitere hierauf bezüglichen Einzelheiten können übergangen werden (da sie in die organische Chemie gehören), aber es muss an dieser Stelle besonders hervorgehoben werden: erstens, dass auf diese Weise — *auf indirektem Wege* — solche Kohlenstoffverbindungen (z. B. CCl^4, C^2Cl^4, C^6Cl^6 u. s. w.) gewonnen werden, die sich direkt aus den Elementen nicht darstellen lassen, und zweitens, dass man aus den entstehenden Metalepsie-Produkten, da dieselben Chlor, ein mit den Metallen so leicht reagirendes Element, enthalten, noch komplizirtere Molekeln erhalten kann, zu deren Bildung den ursprünglichen Kohlenstoffverbindungen die Fähigkeit abgeht. Wenn z. B. ein Alkali (oder zuerst ein Salz und dann das Alkali oder ein basisches Oxyd und Wasser) auf ein Metalepsie-Produkt einwirkt, so bildet das Chlor mit dem Metalle des Alkalis ein Salz und der Wasserrest tritt an die Stelle des Chlors; aus CH^3Cl z. B. erhält man CH^3OH. Auch beim Einwirken auf Metallderivate von Kohlenwasserstoffen, z. B. auf CH^3Na bildet das Chlor gleichfalls ein Salz, während der Kohlenwasserstoffrest, z. B. das Methyl CH^3 an die Stelle des Chlors tritt. Aus CH^3Cl entsteht auf dieselbe oder ähnliche Weise CH^3CH^3 oder C^2H^6, aus C^6H^6 — $C^6H^5CH^3$ u. s. w. Beim Einwirken von Ammoniak gehen die Metalepsie-Produkte nicht selten gleichfalls in Reaktionen ein, bei welchen HCl (das weiter in NH^4Cl übergeht) und ein Amid entstehen; letzteres ist ein Metalepsie-Produkt, in welchem das Chlor durch den Ammoniakrest NH^2 ersetzt ist. Auf diese Weise gelangte man mittelst metaleptischer Substitutionen zu einem allgemeinen Verfahren, nach welchem komplizirte Kohlenstoffverbindungen aus einfacheren, zu direkten Reaktionen überhaupt nicht fähigen Verbindungen dargestellt werden konnten und erhielt über die Konstitution solcher organischer Verbindungen Aufklärung, an deren Untersuchung man sich bis dahin nicht gewagt hatte, weil man annahm, dass diese Verbindungen nur in den Organismen unter dem Einfluss einer wunderthätigen Kraft entstehen können [26]).

---

[26] In der Geschichte der organischen Chemie war es unter der Herrschaft der (von Lavoisier und Gay-Lussac herrührenden) Vorstellungen von den zusammengesetzten Radikalen ein sehr wichtiges Moment, als man die Möglichkeit erlangte über die Struktur der Radikale selbst urtheilen zu können. Es war klar, dass z. B. das Aethyl C^2H^5 oder das Radikal des gewöhnlichen Alkohols C^2H^5OH, ohne eine Aenderung zu erleiden, in eine Masse von Aethylderivaten übergeht, aber das Verhalten dieses Radikals zu einfacheren Kohlenstoffverbindungen blieb unaufgeklärt, obgleich man sich damit schon in den 40-er und 50-er Jahren beschäftigt hatte. In dem Aethylwasserstoff $C^2H^5H=C^2H^6$ nahm man das Vorhandensein desselben Aethyls an und hielt das Methan für Methylwasserstoff: $CH^4=CH^3H$. Das aus letzterem entstehende freie Methyl $CH^3CH^3=C^2H^6$ hielt man für ein Derivat des Methylalkohols CH^3OH und nur für ein Isomeres des Aethylwasserstoffs. Erst mittelst der Metalepsieprodukte überzeugte man sich, dass hier keine Isomerie, sondern eine vollständige Identität vorliegt und es wurde augenscheinlich, dass das Aethyl ein methylirtes Methyl ist: $C^2H^5=CH^2CH^3$. Einen noch stärkeren Anstoss gab seiner Zeit die Erforschung der Reaktionen der Monochloressigsäure CH^2ClCO^2H oder $CO(CH^2Cl)(OH)$. Es erwies sich, dass, wie das Chlor der Chloranhydride, so auch das metaleptische Chlor, z. B. im Methylchloride CH^3Cl oder im Aethylchloride

Der *Metalepsie* unterliegen nicht allein Kohlenwasserstoffe, denn genau in derselben Weise entstehen auch aus manchen anderen Wasserstoffverbindungen beim Einwirken von Chlor die entsprechenden Chlorprodukte, z. B. aus Ammoniak, Aetzkali, Aetzkalk und einer ganzen Reihe *alkalischer* Substanzen [27]. Wie aus dem Sumpfgase durch Ersetzen von Wasserstoff Methylchlorid entstehen kann, ebenso lässt sich auch im Ammoniak NH^3, im Aetzkali KHO und im Kalkhydrate CaH^2O^2 oder $Ca(HO)^2$ der Wasserstoff durch Chlor ersetzen; man erhält hierbei Chlorstickstoff NCl^3, unterchlorigsaures Kalium $KClO$ und unterchlorigsaures Calcium $CaCl^2O^2$. In allen diesen Fällen ist nicht nur die relative Zusammensetzung dieselbe, sondern auch der ganze Reaktions-Mechanismus bleibt derselbe, wie bei den Ersetzungen im Sumpfgase. Es wirken gleichfalls zwei Chloratome ein, von denen das eine an die Stelle des Wasserstoffs tritt, während das andere sich in Form von Chlorwasserstoff ausscheidet, wie bei der Metalepsie, nur mit dem Unterschiede, dass der entstehende Chlorwasserstoff nicht frei bleibt, sondern auf die vorhandene alkalische Substanz einwirkt. So z. B. wirkt der beim Einwirken von Chlor auf Aetzkali entstehende Chlorwasserstoff auf eine neue Menge von Aetzkali ein und bildet Chlorkalium und Wasser. Es geht daher nicht nur die Reaktion: $KHO + Cl^2 = HCl + KClO$, sondern auch: $KHO + HCl = H^2O + KCl$ vor sich und man erhält als Resultat der beiden gleichzeitig verlaufenden Reaktionen: $2KHO + Cl^2 = H^2O + KCl + KClO$. Zunächst sollen hier nur einige Einzelheiten genauer in Betracht gezogen werden.

Beim Einwirken von *Chlor auf Ammoniak* kann entweder ein vollständiges Zerfallen des Ammoniaks unter Ausscheidung von gasförmigem Stickstoff stattfinden oder es kann ein Metalepsie-Produkt entstehen (wie beim Einwirken auf CH^4 und H^2O). Wenn Chlor im Ueberschuss und unter Erwärmen einwirkt, so wird das Ammoniak unter

---

C^2H^5Cl, zu Substitutionen fähig ist. Man erhielt z. B. die Glykolsäure $CH^2(OH)(CO^2H)$ oder $CO(CH^2OH)(OH)$ und fand, dass OH in der Gruppe $CH^2(OH)$ ebenso wie in den Alkoholen reagirt. Es wurde daher klar, dass die Radikale selbst erst zerlegt werden mussten, wenn man den Zusammenhang zwischen den einzelnen, dieselben bildenden Atome begreifen wollte. Hier nahm die moderne Lehre von der Struktur der Kohlenstoffverbindungen ihren Ursprung (vgl. Kap. 8, Anm. 42).

27) Indem wir die Einwirkung des Chlors in vielen Fällen auf Metalepsie zurückführen, erklären wir nicht nur mittelst einer einzigen Methode viele indirekte Darstellungsarten, z. B. von CCl^4, NCl^3 und Cl^2O, sondern nehmen auch der Metalepsie der Kohlenwasserstoffe die Exklusivität, die derselben nicht selten zugeschrieben wurde. Durch Unterordnung unserer chemischen Vorstellungen unter das Substitutions-Gesetz, gelingt es, die Metalepsie als speziellen Fall eines allgemeinen Gesetzes voraus zu sehen.

Ausscheidung von Stickstoff zersetzt [28]), wobei natürlich Salmiak entstehen muss: $8NH^3 + 3Cl^2 = 6NH^4Cl + N^2$. Ist aber das Ammoniaksalz im Ueberschuss vorhanden, so wird der Wasserstsff im Ammoniak durch Chlor ersetzt. Die Reaktion besteht darin, dass $NH^3 + 3Cl^2 = NCl^3 + 3HCl$ bilden [29]). Das entstehende Metalepsie-Produkt, der *Chlorstickstoff* NCl^3, der von Dulong entdeckt wurde, ist eine Flüssigkeit, die sich ausserordentlich leicht nicht nur beim Erwärmen, sondern auch infolge mechanischer Ursachen, durch Stoss und Berührung mit festen Körpern, zersetzt. Die hierbei erfolgende Explosion wird dadurch bedingt, das aus dem flüssigen Chlorstickstoff gasförmige Produkte, Stickstoff und Chlor, entstehen und zwar plötzlich in bedeutender Menge. Es ist sogar gefährlich den Chlorstickstoff in irgend erheblicher Menge darzustellen. Wenn ammoniakhaltige Substanzen mit Chlor in Berührung kommen, muss man immer die grösste Vorsicht üben, weil unter diesen Be-

---

28) Diese Reaktion lässt sich zur Darstellung von Stickstoff benutzen. Wenn man eine grössere Menge Chlorwasser in einen Glascylinder bringt und den übriggebliebenen kleineren Raum mit wenig Ammoniaklösung ausfüllt, so entwickelt sich beim Schütteln des Cylinders Stickstoff. Lässt man Chlor auf eine sehr schwache Lösung von NH^3 einwirken, so entspricht das Volum des sich ausscheidenden Stickstoffs nicht dem Volume des angewandten Chlors, weil sich chlorsaures Ammonium bildet. Leitet man Ammoniakgas durch eine feine Oeffnung in ein Gefäss mit Chlor, so erfolgt die Ausscheidung des Stickstoffs unter Lichtentwickelung und Erscheinen von Salmiakdämpfen. In allen diesen Fällen muss das Chlor im Ueberschuss vorhanden sein.

29) Der entstehende HCl verbindet sich mit NH^3 und das Resultat ist daher folgendes: $4NH^3 + 3Cl^2 = NCl^3 + 3NH^4Cl$. In die Reaktion geht also weniger Ammoniak ein; damit aber in Wirklichkeit Metalepsie stattfinde, muss das Ammoniak als Salz im Ueberschuss vorhanden sein. Leitet man durch eine dünne Röhre in ein Gefäss mit Ammoniakgas Chlor in kleinen Blasen ein, so bewirkt eine jede Blase Explosion. Wenn man dagegen Chlor in eine Ammoniaklösung leitet, so geht die Reaktion anfangs in der Richtung der Bildung von Stickstoff vor sich, weil der Chlorstickstoff auf Ammoniak wie Chlor einwirkt. Hat sich aber schon Salmiak gebildet, so verläuft die Reaktion in der Richtung zur Bildung von Chlorstickstoff. Auf eine Salmiaklösung wirkt Chlor zuerst immer unter Bildung von Chlorstickstoff ein, welcher mit dem Ammoniak eingedermassen in Reaktion tritt: $NCl^3 + 4NH^3 = N^2 + 3NH^4Cl$. Daher wird, so lange die Flüssigkeit noch Ammoniak enthält, also alkalisch reagirt, das Hauptprodukt Stickstoff sein. Die Reaktion $NH^4Cl + 3Cl^2 = NCl^3 + 4HCl$ ist umkehrbar: in schwacher Lösung verläuft sie in der Richtung der angeführten Gleichung (vielleicht infolge der Affinität von HCl zum Wasserüberschuss), dagegen beim Einwirken von konzentrirter Salzsäure in entgegengesetzter Richtung (wahrscheinlich infolge der Affinität von HCl zu NH^3). Es müssen daher zwischen NH^3, HCl, Cl^2, H^2O und NCl^3 sehr interessante Fälle von Gleichgewicht vorhanden sein, die bis jetzt noch nicht erforscht sind. Die Reaktion: $NCl^3 + 4HCl = NH^4Cl + 3Cl^2$ ermöglichte es Deville und Hautefeuille, die Zusammensetzung des Chlorstickstoffs festzustellen. Der Chlorstickstoff bildet, als Chloranhydrid, das sich mit Wasser langsam zersetzt, salpetrige Säure oder deren Anhydrid: $2NCl^3 + 3H^2O = N^2O^3 + 6HCl$. Aus den angeführten Daten ist zu ersehen, dass der Chlorstickstoff sehr viel chemisch Interessantes bietet, das durch seine Analogie mit dem Phosphortrichloride noch erhöht wird.

dingungen solche explosive Produkte entstehen können. Gefahrloser lässt sich das flüssige Metalepsie-Produkt des Ammoniaks in kleinen Tropfen darstellen, wenn man den galvanischen Strom auf eine schwach erwärmte Salmiaklösung einwirken lässt; dann scheidet sich am positiven Pole Chlor aus, das durch Einwirken auf das Ammoniak allmählich das Metalepsie-Produkt bildet, welches in der Flüssigkeit aufschwimmt (da es vom entweichenden Gase emporgehoben wird). Ueberschichtet man nun die Flüssigkeit mit Terpentinöl, so geben die aufschwimmenden Tröpfchen bei Berührung mit der Terpentinölschicht schwache Explosionen, die infolge des immer nur in geringer Menge entstehenden Chlorstickstoffs ganz ungefährlich sind. Unter Beobachtung besonderer Vorsichtsmaassregeln lassen sich die Chlorstickstoff-Tropfen auch zur Untersuchung aufsammeln. Man verfährt in der Weise, dass man in eine mit Quecksilber gefüllte Schaale den Hals eines Trichters einstellt und durch denselben zuerst eine gesättigte Kochsalzlösung und darüber eine Lösung von Salmiak in 9 Th. Wasser giesst. Wenn man dann langsam das Chlor einleitet, so sinken die entstehenden Chlorstickstoff-Tropfen in dem Salzwasser unter. Der Chlorstickstoff NCl^3 ist eine gelbe, ölige Flüssigkeit vom spezifischen Gewicht 1,65, die bei 71^0 siedet und bei 97^0 sich in $N + Cl^3$ zersetzt. Bei Berührung mit Phosphor, Terpentinöl, Gummi und and. explodirt er, zuweilen so heftig, dass ein kleiner Tropfen ein dickes Brett durchschlägt. Diese leichte Zersetzbarkeit des Chlorstickstoffs steht im Zusammenhange mit der bei seiner Bildung stattfindenden Aufnahme von Wärme, welche bei der Zersetzung wieder ausgeschieden wird; nach Deville und Hautefeuille beträgt diese Wärmemenge etwa **38 Tausend Wärmeeinheiten**.

Wenn Chlor von einer Lösung von Aetznatron $NaHO$ (wie auch anderer Alkalien) bei gewöhnlicher Temperatur absorbirt wird, so erfolgt Ersetzung des Wasserstoffs im Aetznatron durch Chlor, indem sich zugleich aus dem entstehenden Chlorwasserstoff Chlornatrium bildet, so dass die Reaktion in zwei Phasen dargestellt werden kann, wie bereits erklärt wurde. Es bilden sich gleichzeitig unterchlorigsaures Natrium $NaClO$ und Chlornatrium: $2NaHO + Cl^2 = NaCl + NaClO + H^2O$. Die entstehende Lösung führt den Namen «Eau de Labarraque». Ebendieselbe Reaktion geht auch vor sich, wenn man Chlor über trocknes Kalkhydrat bei Zimmertemperatur leitet: $2Ca(HO)^2 + 2Cl^2 = CaCl^2O^2 + CaCl^2 + 2H^2O$. Man erhält ein Gemisch des Metalepsie-Produktes mit Chlorcalcium. Dieses Gemisch, der *Bleichkalk*, wird in grossem Maassstabe in der Praxis angewandt, weil es schon für sich allein, besonders aber in Gegenwart von Säuren, die Fähigkeit besitzt Gewebe zu bleichen, also ähnlich dem Chlore wirkt. Vor diesem hat aber der Bleichkalk den Vorzug, dass seine zerstörende Wirkung gemässigt werden und dass er als feste Substanz viel bequemer gehandhabt werden kann, als das gasförmige Chlor. Man nennt den Bleichkalk auch *Chlorkalk*, weil er aus Chlor und Kalk dargestellt wird und diese beiden Substanzen auch enthält [30]). Im Laboratorium lässt sich eine Chlorkalklösung leicht darstellen, wenn man durch ein abgekühltes Gemisch von Wasser mit Kalk (Kalkmilch) Chlor durchleitet. Erwärmen muss vermieden werden, weil dann: $3Ca(ClO)^2$ in $2CaCl^2 + Ca(ClO^3)^2$ übergeht. Im Grossen stellt man den Chlorkalk in den Fabriken aus möglichst reinem gelöschtem Kalke dar, den man in nicht zu dicken Schichten in niedrigen, grossen Kammern (aus Kalkstein oder mit Theer getränktem Holze, auf welche das Chlor nicht einwirkt) ausbreitet und dann durch Bleiröhren Chlor einleitet. Die Einrichtung des Apparates ist aus Fig. 112 ersichtlich.

Fig. 112. Vorrichtung zur Darstellung von Chlorkalk in kleineren Fabriken durch Einwirken von Chlor, das in den Gefässen *C* entwickelt wird, auf Kalk, der in *M* ausgebreitet ist ¹/₁₀₀.

30) Wasserfreier Kalk CaO (wie auch $CaCO^3$) absorbirt in der Kälte kein Chlor; wird er aber in einem Chlorstrome geglüht, so scheidet er Sauerstoff aus und geht in $CaCl^2$ über. Diese Reaktion entspricht der zersetzenden Einwirkung des Chlors auf CH^4, NH^3 und H^2O. Auch (trocknes) Kalkhydrat CaH^2O^2 absorbirt bei 100° kein Chlor. Die Absorption beginnt erst unter 40° bei gewöhnlicher Temperatur. Die hierbei entstehende trockene Masse enthält noch Kalkhydrat und zwar nicht weniger als 3 Molekeln auf 4 Chloratome und entspricht der Zusammensetzung $[Ca(HO)^2]^3Cl^4$. Aller Wahrscheinlichkeit nach findet zuerst eine einfache Absorption von Chlor durch den Kalk statt, was daraus gefolgert werden kann, dass selbst beim Einwirken von Kohlensäuregas aus der trocknen Masse alles Chlor ausgeschieden und nur kohlensaurer Kalk gebildet wird. Wenn man aber den Bleichkalk in Gegenwart von Wasser darstellt oder den erhaltenen Bleichkalk (der leicht löslich ist) in Wasser auflöst und in die Lösung Kohlensäuregas einleitet, so wird schon kein Chlor, sondern Chlorigsäuregas Cl^2O ausgeschieden; doch nur die eine Hälfte des Chlors geht in das Oxyd über die andere bleibt als Chlorcalcium in Lösung. Hieraus lässt sich bereits schliessen, dass beim Einwirken von Wasser auf den Bleichkalk Chlorcalcium entsteht; bewiesen wird dies dadurch, dass wenig Wasser dem Bleichkalk viel $CaCl^2$ entzieht. Wirkt man auf den Bleichkalk mit viel Wasser ein, so bleibt der Ueberschuss des Kalkhydrats zurück. Beim Einwirken von Wasser auf die trocknen Masse $Ca^3(HO)^6Cl^4$ entstehen: Kalkhydrat, Chlorcalcium und $Ca(ClO)^2$ eine salzartige Verbindung : $Ca^3H^6O^6Cl^4 = CaH^2O^2 + CaCl^2O^2 + CaCl^2 + 2H^2O$. Die entstehenden Körper besitzen eine verschiedene Löslichkeit. Wasser entzieht zuerst das am meisten lösliche Chlorcalcium $CaCl^2$, dann die Verbindung $Ca(ClO)^2$ (unterchlorigsaures Calcium) und lässt zuletzt nur Kalkhydrat $Ca(HO)^2$ zurück. Die Lösung, die ein Gemisch von Chlorcalcium und unterchlorigsaurem Calcium enthält, hinterlässt beim Eindampfen $Ca^2O^2Cl^4 3H^2O$. Trockner Bleichkalk absorbirt kein Chlor mehr, aber in Lösung kann er eine sehr bedeutende Chlormenge absorbiren. Wird

Die Metalepsie-Produkte der alkalischen Hydrate: NaClO und Ca(ClO)^2, welche in der Eau de Labarraque und der Bleichkalklösung enthalten sind (und sich von den Metallchloriden nicht trennen lassen) müssen als Salze angesehen werden, weil ihre Metalle (Na und Ca) gegen andere ausgetauscht werden können. Doch lässt sich das diesen Salzen entsprechende Hydrat, die *unterchlorige Säure* HClO, aus zweierlei Gründen nicht isolirt oder in reinem Zustande darstellen: erstens weil dieses Hydrat, da es eine sehr schwache Säure ist, in Wasser und das Anhydrid — das *Chlormonoxyd* (Unterchlorigsäuregas) zerfällt: Cl^{2}O = 2HClO — H^{2}O (gleichwie H^{2}CO^3 oder HNO^2) und zweitens, weil es in vielen Fällen und sehr leicht seinen Sauerstoff unter Bildung von Salzsäure ausscheidet: HClO = HCl + O. Sowol die unterchlorige Säure, als auch das Chlormonoxyd können als Metalepsieprodukte des Wassers betrachtet werden, da HOH — ClOH und ClOCl entspricht. Daher zerfallen auch die Bleichsalze (Gemische unterchlorigsaurer Salze mit Metallchloriden) in vielen Fällen unter Ausscheiden: 1) von *Chlor*, z. B. beim Einwirken eines Ueberschusses starker Säuren, die aus NaCl oder CaCl^2 — HCl ausscheiden können, am einfachsten beim Einwirken der Salzsäure selbst (vrgl. pag. 500): NaCl + NaClO + 2HCl = 2NaCl + H^{2}O + Cl^2; oder 2) von *Sauerstoff*, wie bereits früher gezeigt wurde (pag. 182); auf dieser Ausscheidung von Sauerstoff (oder Chlor) beruht eben die Anwendung der Bleichsalze zum Bleichen von Geweben und überhaupt ihre *oxydirende Wirkung*; der Sauerstoff scheidet sich auch beim Erwärmen der trocknen Bleichsalze aus: NaCl + NaClO = 2NaCl + O; oder 3) endlich von *Chlormonoxyd*, das Chlor und Sauerstoff enthält. Wenn man zu der Lösung eines Bleichsalzes (dessen Reaktion entweder infolge eines Ueberschuss an Alkali oder wegen der zu schwachen sauren Eigenschaften von HClO alkalisch ist) etwas Schwefel-, Salpeter- oder ähnliche Säure zusetzt (soviel, dass sich noch kein HCl entwickele), so zerfällt die frei werdende unterchlorige Säure HClO in Wasser und Chlormonoxyd. Lässt man auf eine Bleichsalzlösung CO^2 (oder Borsäure und ähnliche sehr schwache Säuren) einwirken, so findet keine Verdrängung von HCl aus NaCl

---

eine Chlorkalklösung, nachdem sie Chlor absorbirt, gekocht, so scheidet sich viel Chlorigsäuregas aus und gelöst bleibt nur Chlorcalcium. Die Zersetzung lässt sich durch die Gleichung: CaCl^2+CaCl'O^2+2Cl^2=2CaCl^2+2Cl^{2}O ausdrücken und kann zur Darstellung von Chlorigsäuregas benutzt werden.

Es wird zuweilen angenommen, dass der Bleichkalk die Verbindung Ca(OH)^{2}Cl^2 enthalte, die dem Calciumhyperoxyd CaO^2 analog ist, wobei ein Sauerstoffatom durch (OH)^2 und das andere durch Cl^2 ersetzt ist; nach dem soeben Auseinandergesetzten kann dies aber nur in der trocknen Masse der Fall sein, nicht in der Lösung.

Beim Aufbewahren zersetzt sich der Bleichkalk zuweilen unter Ausscheiden von Sauerstoff (pag. 182), desgleichen auch beim Erwärmen.

oder $CaCl^2$, wol aber von HClO und Chlormonoxyd statt [31]), weil die unterchlorige Säure zu den schwächsten Säuren gehört (pag. 410). Auf diesen schwachen sauren Eigenschaften des Chlormonoxyds beruht eine ausgezeichnete Methode zur Darstellung desselben. Zinkoxyd und Quecksilberoxyd bilden beim Einwirken von Chlor in Gegenwart von Wasser keine Salze der unterchlorigen Säure, sondern Metallchloride und unterchlorige Säure, was darauf hinweist, dass diese Säure mit den genannten Basen nicht in Verbindung treten kann. Wenn daher durch die aus solchen Oxyden, wie die des Zinks oder Quecksilbers, beim Zusammenschütteln mit Wasser entstehende trübe Flüssigkeit Chlor durchgeleitet wird [32]), so lässt sich die stattfindende Reaktion durch die folgende Gleichung ausdrücken: $2HgO + 2Cl^2 = Hg^2OCl^2 + Cl^2O$. Man erhält hierbei eine Verbindung von Quecksilberoxyd mit Quecksilberchlorid: $Hg^2OCl^2 = HgO + HgCl^2$, das sogen. Quecksilberoxychlorid, welches in Wasser unlöslich ist und durch Cl^2O nicht verändert wird; die Lösung enthält daher nur unterchlorige Säure, die aber grösstentheils in Cl^2O und Wasser zerfällt.

Eine Lösung von Chlormonoxyd in Wasser erhält man auch beim Einwirken von Chlor auf viele Salze, z. B. auf in Wasser gelöstes schwefelsaures Natrium: $Na^2SO^4 + H^2O + Cl^2 = NaCl + HClO + NaHSO^4$. Die unterchlorige Säure bildet sich hier also zugleich mit HCl infolge der Reaktion zwischen Chlor und Wasser: $Cl^2 + H^2O = HCl + HClO$. Vermischt man das Krystallhydrat des Chlors mit Quecksilberoxyd, so bildet der bei der Reaktion entstehende Chlorwasserstoff Quecksilberchlorid und in der Lösung erhält man unterchlorige Säure. Eine schwache Lösung von unterchloriger Säure oder von Chlormonoxyd lässt sich durch Destillation konzentriren; wenn man aber zu einer starken Lösung derselben eine Substanz zusetzt, die Wasser entzieht (aber nicht HClO zersetzt),

---

[31] Zur Bildung der Bleichsalze darf daher das Chlor keinen HCl und der Kalk kein $CaCl^2$ enthalten. Ein Ueberschuss von Chlor kann beim Einwirken auf eine Bleichkalklösung auch Chlorigsäuregas bilden, da dieses aus kohlensaurem Kalk beim Einwirken von Chlor entsteht. Beim Durchleiten von Chlor durch frisch gefällten kohlensauren Kalk in Wasser verläuft die Reaktion entsprechend der Gleichung: $2Cl^2 + CaCO^3 = CO^2 + CaCl^2 + Cl^2O$, woraus man schliessen kann, das die Kohlensäure, obgleich sie das Chlorigsäuregas Cl^2O verdrängt, selbst durch einen Ueberschuss dieses Gases verdrängt werden kann.

[32] Rothes Quecksilberoxyd wirkt im trocknen Zustande auf Chlor unter Bildung von trocknem Cl^2O ein (Balard), vermischt mit Wasser zeigt es nur eine geringe Einwirkung und ist es frisch gefällt, so scheidet es mit Chlor Sauerstoff aus. Um ein Quecksilberoxyd darzustellen, das beim Einwirken von Chlor in Gegenwart von Wasser leicht und viel Cl^2O bildet, verfährt man in der Weise, dass man aus einem Quecksilberoxydsalze durch ein Alkali das Oxyd fällt, dann dasselbe auf 300° erwärmt und wieder abkühlt (Pelouze). Beim Versetzen eines Quecksilberoxydsalzes mit einem löslichen unterchlorigsauren Salze MClO scheidet sich HgO aus, da unterchlorigsaures Quecksilber sich sofort zersetzt.

z. B. salpetersaures Calcium, so scheidet sich das Anhydrid der unterchlorigen Säure, d. h. Chlormonoxyd aus.

Das den unterchlorigsauren Salzen entsprechende Chlormonoxyd, welches zwei Elemente, Sauerstoff und Chlor, enthält, die beide oxydirend wirken, bildet ein charakteristisches Beispiel einer Verbindung von Elementen, welche in den meisten Fällen ein und dieselbe chemische Wirkung ausüben. Dargestellt wird das Chlormonoxyd durch Einwirken von trocknem Chlor auf abgekühltes Quecksilberoxyd. Bei gewöhnlicher Temperatur ist es ein Gas oder Dampf, der sich zu einer rothen Flüssigkeit kondensirt, die bei $+20°$ siedet und Dämpfe bildet, aus deren Dichte (43 im Verhältniss zu Wasserstoff) geschlossen werden muss, dass aus 2 Vol. Chlor und 1 Vol. Sauerstoff 2 Vol. Cl^2O entstehen. In wasserfreiem Zustande *zersetzt sich* das gasförmige und flüssige Chlormonoxyd *leicht unter Explosion* in Cl^2 und O. Diese Explosionsfähigkeit wird durch den Umstand bestimmt, dass bei der *Zersetzung* des Chlormonoxyds Wärme entwickelt wird; auf jede Molekel Cl^2O kommen gegen 15000 Wärmeeinheiten [33]. Die Explosion kann sogar spontan eintreten, aber auch durch die Gegenwart vieler oxydirbarer Substanzen (z. B. Schwefel, organischer Verbindungen) bedingt werden. Die Lösung des Unterchlorigsäuregases ist aber, trotz ihrer Unbeständigkeit, nicht mehr explosiv [34].

Die unterchlorige Säure, ihre Salze und Cl^2O bilden den Uebergang vom Chlorwasserstoff, den Chlormetallen und dem Chlore zu einer ganzen Reihe von Verbindungen, welche dieselben Elemente enthalten, aber in Verbindung mit einer noch grösseren Menge von Sauerstoff. Auch ihrer Entstehung nach befinden sich die höheren Oxyde des Chlors in einem innigen Zusammenhange mit der unterchlorigen Säure und ihren Salzen:

Cl^2	NaCl	HCl	Chlorwasserstoffsäure.
Cl^2O	NaClO	HClO	Unterchlorige Säure.

---

[33] Dasselbe zeigen alle explosiven Substanzen: O^3, H^2O^2, NCl^3, Nitroverbindungen u. a. Daher lassen sich dieselben auch nicht aus einfachen Körpern oder einfachern Verbindungen darstellen, sondern zerfallen in solche. Im flüssigen Zustande explodirt Cl^2O sogar durch Berührung mit pulverförmigen Körpern und durch schnelle Erschütterung, wenn z. B. an dem Gefässe, in dem es sich befindet, getheilt wird.

[34] Eine Lösung von Chlormonoxyd oder unterchloriger Säure ist schon der vorhandenen Wassermenge wegen nicht explosiv, sodann entwickelt Cl^2O beim Lösen bereits gegen 9000 Wärmeinheiten, so dass der Vorrath an Wärme dadurch geringer wird.

Die Fähigkeit der unterchlorigen Säure mit ungesättigten Kohlenwasserstoffen in Verbindung zu treten, wird häufig in der organischen Chemie benutzt. Eine Lösung dieser Säure absorbirt z. B. Aethylen unter Bildung von C^2H^5ClO.

Die oxydirenden Eigenschaften der unterchlorigen Säure utilisirt man nicht nur zum Bleichen, sondern auch zu vielen Oxydationsreaktionen, z. B. zum Ueberführen der niederen Manganoxyde in das Hyperoxyd.

Cl^2O^3 $NaClO^2$ $HClO^2$ Chlorige Säure [35]).
Cl^2O^5 $NaClO^3$ $HClO^3$ Chlorsäure.
Cl^2O^7 $NaClO^4$ $HClO^4$ Ueberchlorsäure.

Beim Erwärmen der Lösungen von Salzen der unterchlorigen Säure MClO geht eine merkwürdige Veränderung vor sich. Aus den so unbeständigen Salzen entstehen, ohne daß irgend etwas zugefügt wird, zwei neue, viel beständigere Salze: das eine dieser Salze enthält mehr Sauerstoff als MClO, das andere ist sauerstofffrei:

$$3MClO = MClO^3 + 2MCl.$$
Unterchlorigsaures Salz. Chlorsaures S. Chlormetall.

Ein Theil und zwar $^2/_3$ des unterchlorigsauren Salzes scheiden Sauerstoff aus, während der übrige Theil, das letzte Drittel, oxydirt wird [36]). Aus dem intermediären Körper RX entstehen die beiden

---

[35] Die *chlorige Säure* $HClO^2$ ist in vielen Beziehungen (nach Millon, Brandau u. and.) der unterchlorigen Säure HClO sehr ähnlich; beide Säuren unterscheiden sich von $HClO^3$ und $HClO^4$ durch ihre Unbeständigkeit, die in ihrem Bleichvermögen hervortritt. Die beiden höheren Säuren besitzen kein Bleichvermögen. Andererseits ist die chlorige Säure $HClO^2$ der salpetrigen Säure HNO^2 analog. Das Anhydrid der unterchlorigen Säure Cl^2O^3 kennt man in reinem Zustande nicht, aber wahrscheinlich ist es dem Chlordioxyd ClO^2 beigemengt, das beim Einwirken von Salpeter- oder Schwefelsäure auf ein Gemisch von Berthollet's Salz mit leicht oxydirbaren Substanzen, wie NO, As^2O^3, Zucker und and. entsteht. Bekannt ist augenblicklich nur, dass reines Chlordioxyd ClO^2 (vgl. Anm. 39—43) beim Einwirken von Wasser (und Alkalien) allmählich in ein Gemisch von chloriger und unterchloriger Säure übergeht, sich also wie ein gemischtes Anhydrid verhält: $2ClO^2 + H^2O = HClO^3 + HClO^2$, analog dem Verhalten von NO^2 (das mit Wasser HNO^3 und HNO^2 bildet). Das Silbersalz $AgClO^2$ ist in Wasser wenig löslich. Nach den Untersuchungen von Garzarolli-Thurnlak und and. scheint das Oxyd Cl^2O^3 überhaupt nicht zu existiren

[36] Der den Ausgangspunkt dieser Art von Verbindungen bildende Chlorwasserstoff erscheint schon als eine gesättigte Substanz, die sich direkt mit Sauerstoff nicht verbindet; trotzdem lässt sich indirekt zwischen die beiden, den Chlorwasserstoff bildenden Elemente noch eine bedeutende Menge von Sauerstoff einzwängen. Dasselbe geschieht auch in vielen anderen Fällen. Zu einem Grenzkohlenwasserstoffe lässt sich z. B. Sauerstoff zuweilen in bedeutender Menge addiren oder zwischen die Elemente desselben einschieben; so entsteht aus C^3H^8 beim Addiren mit drei Sauerstoffatomen ein Alkohol, das Glycerin $C^3H^5(OH)^3$. Aehnliche Beispiele werden wir auch noch weiterhin antreffen. Man erklärt dieses Verhalten gewöhnlich in der Weise, dass man den Sauerstoff als ein zweiwerthiges Element betrachtet, d. h. als ein solches, das sich mit zwei verschiedenen Elementen, wie Chlor, Wasserstoff und ähnlichen, verbinden kann. Der Sauerstoff lässt sich also immer zwischen je zwei mit einander verbundene Elemente einfügen, indem er mittelst einer seiner Affinitäten mit dem einem und mittelst der anderen mit dem zweiten Elemente in Verbindung tritt. Eine solche Vorstellung bringt übrigens nicht das Wesentliche der Sache zum Ausdruck, nicht einmal hinsichtlich der Chlorverbindungen allein. Da die unterchlorige Säure HOCl, d. h. Chlorwasserstoff, in welchen ein Sauerstoffatom eingeschoben ist, wie wir gesehen, eine sehr unbeständige Substanz ist, so wäre eigentlich zu erwarten, dass durch Addition von neuen Sauerstoffmengen noch unbeständigere Verbindungen entstehen müssten, weil nach der eben entwickelten Anschauung das Chlor und der Wasserstoff, die eine so beständige

Körper: R und RX^3, analog der Entstehung von Stickoxyd und Salpetersäureanhydrid (oder Salpetersäure) aus dem Salpetrigsäureanhydride: $3N^2O^3 = N^2O^5 + 4NO$. Das Salz MClO^3 entspricht der *Chlorsäure* HClO^3 und dem Berthollet'schen Salze KClO^3. Dasselbe Salz muss augenscheinlich auch beim direkten Einwirken von Chlor auf Aetzkali entstehen, wenn dieses in erwärmter Lösung angewandt wird, da zuerst RClO und dann erst RClO^3 gebildet wird: $6KHO + 3Cl^2 = KClO^3 + 5KCl + 3H^2O$. Das *Berthollet'sche Salz* lässt sich infolge seiner geringen Löslichkeit in kaltem Wasser von KCl leicht trennen [37]).

Verbindung bilden, hierbei weiter aus einander gerückt werden. Nun erweist es sich aber, dass die Verbindungen HClO^3 und HClO^4 viel beständiger sind. Uebrigens hat die Addition von Sauerstoff auch ihre Grenze; über eine bestimmte Menge hinaus lässt sich Sauerstoff nicht mehr addiren. Wenn obige Vorstellung richtig und nicht nur schematisch wäre, so dürfte bei der Addition von Sauerstoff keine Grenze erreicht werden, und es müssten um so unbeständigere Körper entstehen, je mehr Sauerstoff in die ununterbrochene Kette eingehen würde. Zu Schwefelwasserstoff lassen sich aber nicht mehr als vier Sauerstoffatome addiren, desgleichen auch zu Chlorwasserstoff und Phosphorwasserstoff. Die Ursache dieser Eigenthümlichkeit ist wol in den Eigenschaften des Sauerstoffs selbst zu suchen. Vier Sauerstoffatome scheinen die Fähigkeit zu besitzen ein Ganzes zu bilden, das mit zwei oder mehreren Atomen verschiedener anderer Substanzen z. B. mit Chlor und Wasserstoff, Wasserstoff und Schwefel, Natrium und Mangan, Phosphor und Metallen u. s. w. in Verbindung treten und relativ beständige Verbindungen, wie NaClO^4, Na^{2}SO^4, NaMnO^4, Na^{3}PO^4 und ähnl. bilden kann (vrgl. Kap. 10. Anm. 1).

37) Beim Einleiten von Chlor in eine *abgekühlte* Lösung von KHO bildet sich das Bleichsalz KCl + KClO, während beim Einleiten in eine *erwärmte* Lösung das Berthollet'sche Salz entsteht. Letzteres kann seiner geringen Löslichkeit wegen ein das Chlor einleitende Rohr leicht verstopfen; um dieses zu vermeiden wendet man ein in einen Trichter auslaufendes Rohr an.

In den Fabriken bereitet man gewöhnlich zur Darstellung des chlorsauren Kaliums oder des *Berthollet'schen Salzes* KClO^3 zuerst chlorsaures Calcium, indem man in Wasser, das Kalk suspendirt enthält, so lange Chlor unter schwachem Erwärmen einleitet, als es noch absorbirt wird. Man erhält dann in der Lösung ein Gemisch von Chlorcalcium und chlorsaurem Calcium. Zu dem noch warmen Gemische setzt man Chlorkalium zu und erhält beim Abkühlen durch doppelte Umsetzung im Niederschlage das chlorsaure Kalium, welches in kaltem Wasser, namentlich in Gegenwart anderer Salze wenig löslich ist: $Ca(ClO^3)^2 + 2KCl = CaCl^2 + 2KClO^3$. Im Laboratorium stellt man chlorsaures Kalium am besten durch Einleiten von Chlor in eine konzentrirte warme Lösung von Bleichkalk und nachheriges Zusetzen von Chlorkalium dar.

Das Berthollet'sche Salz krystallisirt gut in grossen, farblosen Tafeln. Seine Löslickeit beträgt in 100 Theilen Wasser bei: 0°=3 Thl.; 20°=8 Thl.; 40°=14 Thl.; 60° = 25 Thl.; 80° = 40 Thl. KClO^3. Zum Vergleich sei die Löslichkeit des Chlorkaliums KCl angeführt; in 100 Thl. Wasser lösen sich davon bei: 0°=28 Thl ; 20°=35 Thl.; 40° = 40 Thl.; 100° = 57 Thl. Von KClO^4 lösen sich bei 0° ungefähr 1 Thl ; bei 20° etwa 1$^3/_4$ Thl. und bei 100° ungefähr 18 Thl. Beim Erwärmen schmilzt das chlorsaure Kalium (nach verschiedenen Beobachtern liegt die Schmelztemperatur zwischen 335° und 376°, nach den neueren Bestimmungen von Carnelley bei 359°) und zersetzt sich unter Ausscheidung von Sauerstoff; zunächst entsteht aber überchlorsaures Kalium, wie später dargelegt werden wird. Ein Gemisch von Ber-

Setzt man schwache Schwefelsäure zu einer Lösung von chlorsaurem Kalium, so wird *Chlorsäure* $HClO^3$ frei; dieselbe lässt sich aber nicht durch Destillation abscheiden, da sie sich hierbei zersetzt. Zur Darstellung der freien Säure muss chlorsaures Baryum durch Schwefelsäure zersetzt werden [38]). Letztere gibt mit dem Baryum einen Niederschlag von schwefelsaurem Baryum, während die freie Chlorsäure in Lösung bleibt. Die Lösung, die unter dem Rezipienten einer Luftpumpe eingedampft werden kann, ist farb- und geruchlos und wirkt wie eine starke Säure (sie sättigt NaHO, zersetzt Na^2CO^3, scheidet mit Zn Wasserstoff aus u. s. w.); aber schon beim Erwärmen über 40^0 zerfällt sie in Chlor, Sauerstoff und Ueberchlorsäure: $4HClO^3 = 2HClO^4 + H^2O + Cl^2 + O^3$. In stark konzentrirtem Zustande wirkt die Chlorsäurelösung so energisch oxydirend, dass sie organische Substanzen schon bei der Berührung entzündet. Jod, schweflige Säure und ähnliche oxydirbare Stoffe führt sie in die höheren Oxydationsstufen über, indem sie sich selbst zu Salzsäure desoxydirt. Chlorwasserstoffgas entwickelt mit der Chlorsäure (wie auch mit den niederen Chloroxysäuren) Chlor: $HClO^3 + 5HCl = 3H^2O + 3Cl^2$.

Bei vorsichtigem Einwirken von Schwefelsäure auf $KClO^3$ erhält man *Chlordioxyd* ClO^2 (Davy, Millon) [39]), ein sich leicht verflüs-

---

thollet'schem Salze mit Salpetersäure oder Salzsäure wird zum Oxydiren und Chloriren in Lösungen benutzt. Mit glühender Kohle zusammengebracht verpufft das Salz; gemischt mit Schwefel ($^1/_3$ des Gewichts vom $KClO^3$) verbrennt es diesen unter Explosion. Dasselbe geschieht mit vielen Schwefelmetallen und organischen Verbindungen. Solche Gemische mit chlorsaurem Kalium entzünden sich durch einen Tropfen konzentrirter Schwefelsäure. Bedingt wird dies Verhalten durch den grossen Sauerstoffgehalt des Berthollet'schen Salzes und die Leichtigkeit, mit welcher derselbe ausgeschieden wird. Ein Gemisch von 2 Thl. Berthollet'schen Salzes mit 1 Thl. Zucker und 1 Thl. gelben Blutlaugensalzes wirkt wie Schiesspulver, aber zu schnell, so dass es die Geschütze sprengt; ausserdem oxydirt es das Metall derselben. Das Natriumsalz $NaClO^3$ ist bedeutend löslicher, als das Kaliumsalz und daher auch schwerer von NaCl und anderen Beimengungen zu reinigen. Auch das Baryumsalz ist löslicher; in 100 Thl. Wasser lösen sich: bei $0^\circ = 24$ Thl., $20^\circ = 37$ Thl. und $80^\circ = 98$ Thl.

38) Zur Darstellung des Salzes $Ba(ClO^3)^2H^2O$ bereitet man zuerst unreine Chlorsäure, sättigt sie mit Baryt und reinigt dann das Baryumsalz durch Krystallisation. Um aber, wenn auch unreine, doch freie Chlorsäure darzustellen, führt man das in $KClO^3$ enthaltene Kalium in unlösliches Salz über. Zu dem Zwecke setzt man der Lösung von Berthollet's Salz Weinsäure oder Kieselfluorwasserstoffsäure zu, da das saure weinsaure Kalium und das Kieselfluorkalium in Wasser kaum löslich sind, während die durch diese Säuren ausgeschiedene Chlorsäure sich leicht in Wasser löst.

39) Zur Darstellung von Chlordioxyd kühlt man 100 g H^2SO^4 durch ein Gemisch von Eis und Kochsalz, fügt allmählich 15 g pulverförmiges $KClO^3$ hinzu und destillirt vorsichtig zwischen 20° und 40°, indem man die übergehenden Dämpfe durch eine Kältemischung verflüssigt. Die Reaktion, die unter Explosion stattfinden kann, verläuft nach der Gleichung: $3KClO^3 + 2H^2SO^4 = 2KHSO^4 + KClO^4 + 2ClO^2 + H^2O$. Auf gefahrlose Weise erhielten Calvert und Davies das Chlordioxyd durch Erwärmen

sigendes Gas; verflüssigt siedet dasselbe bei $+10^0$. Seiner Dampfdichte nach (35, wenn $H = 1$) [40]) entspricht die Molekel des Chlordioxyds der Formel ClO^2. Im gasförmigen und flüssigen Zustande *explodirt* ClO^2 ebenso leicht wie Cl^2O (z. B. schon bei 60^0, bei Berührung mit organischen und pulverförmiger Körpern u. a.) und zerfällt in Cl und O^2; daher wirkt es in vielen Fällen oxydirend [41]), obgleich es (wie NO^2) selbst weiter oxydirbar ist [42]). In Wasser und Alkalien löst sich ClO^2 unter Bildung von chloriger und Chlorsäure: $2ClO^2 + 2KHO = KClO^2 + KClO^3 + H^2O$; es muss daher als ein intermediäres Oxyd [43]) zwischen den (unbekannten) Anhydriden der chlorigen und der Chlor-Säure betrachtet werden: $4ClO^2 = Cl^2O^3 + Cl^2O^5$.

Analog der Entstehung der Salze der Chlorsäure durch Oxydation der Salze der unterchlorigen Säure $HClO$, bilden sich auch die Salze der Ueberchlorsäure $HClO^4$ durch Oxydation der Salze der Chlorsäure $HClO^3$. Hier gelangen wir zu der höchsten Oxydationsstufe von HCl. Die *Ueberchlorsäure* $HClO^4$ ist die beständigste aller Sauerstoffsäuren des Chlors. Wenn geschmolzenes Berthollet'sches Salz zu schäumen und zu erstarren beginnt, nachdem es $1/3$ seines Sauerstoffs ausgeschieden, so entstehen Chlorkalium und überchlorsaures Kalium: $2KClO^3 = KClO^4 + KCl + O^2$.

Die Bildung des überchlorsauren Kaliums bei der Sauerstoff-Darstellung aus Berthollet'schem Salze lässt sich leicht beobachten, weil das Salz $KClO^4$ schwerer als $KClO^3$ schmilzt; es erscheint daher in der geschmolzenen Masse in Form von festen Theilchen.

---

eines Gemisches von $KClO^3$ mit Oxalsäure in einem Probirrohre (im Wasserbade auf 70^0). $2KClO^3 + 3C^2H^2O^4 2H^2O = 2C^2HKO^4 + 2CO^2 + 2ClO^2 + 4H^2O$. Ein geringer Zusatz von Schwefelsäure beschleunigt die Reaktion.

40) Nach der Analogie mit NO^2 könnte man annehmen, dass bei niederen Temperaturen eine Verdoppelung der Molekeln zu Cl^2O^4 stattfinden müsste, da die Reaktionen von ClO^2 auf ein gemischtes Anhydrid der Säuren $HClO^2$ und $HClO^3$ hinweisen.

41) Infolge der Bildung von Chlordioxyd entzündet sich ein Gemisch von $KClO^3$ mit Zucker durch einen Tropfen Schwefelsäure. Dieses Gemisch wurde daher früher zur Herstellung der sogen. Tunkzündhölzchen benutzt und dient jetzt zuweilen als Zündmasse in Minen, in welchen die Schwefelsäure im gewünschten Momente mit dem Gemische zusammengebracht wird. Die Bildung von ClO^2 ermöglicht auch die Ausführung des lehrreichen Versuchs, Phosphor unter Wasser verbrennen zu lassen. Zu diesem Zwecke bringt man Phosphorstückchen mit chlorsaurem Kalium auf den Boden eines mit Wasser gefüllten Gefässes und lässt auf das Gemisch (durch einen langen Trichter) Schwefelsäure fliessen; der Phosphor verbrennt dann auf Kosten des entstehenden ClO^2.

42) $MnKO^4$ oxydirt ClO^2 zu Chlorsäure (Fürst).

43) Euchlorin, das Davy durch schwaches Erwärmen von $KClO^3$ mit HCl erhielt, ist ein Gemisch von ClO^2 mit Cl (Pebal). Das flüssige und gasförmige Chloroxyd, das Millon für Cl^2O^3 hielt, enthält wahrscheinlich ein Gemisch von ClO^2 (von der Dampfdichte 35), Cl^2O^3 (dessen Dampfdichte 59 sein muss) und Chlor (Dampfdichte 35,5), da seine Dampfdichte zu etwa 40 bestimmt wurde.

(Beim Einwirken einiger Säuren, z. B. Schwefel- oder Salpetersäure, bildet das Berthollet'sche Salz gleichfalls überchlorsaures Kalium). Infolge seiner geringen Löslichkeit in Wasser lässt sich das Kaliumsalz der Ueberchlorsäure leicht reinigen; alle anderen Salze dieser Säure lösen sich leicht und zerfliessen sogar an der Luft. Obgleich die Salze der Ueberchlorsäure mehr Sauerstoff enthalten, als die der Chlorsäure, so zersetzen sie sich, merkwürdiger Weise, schwerer und verpuffen mit Kohle sogar viel schwächer als die chlorsauren Salze. Schwefelsäure scheidet (bei Temperaturen nicht unter 100°) aus $KClO^4$ die flüchtige und ziemlich beständige Ueberchlorsäure aus, welche weder durch Schwefelsäure noch durch andere Säuren zersetzt wird, wie dies bei der Chlorsäure geschieht. Von allen Sauerstoffsäuren des Chlors lässt sich nur die Ueberchlorsäure destilliren [44]). Das gereinigte Hydrat $HClO^4$ ist eine farblose, sehr ätzende, an der Luft rauchende Flüssigkeit [45]) vom spezifi-

---

[44] Konzentrirt man eine Lösung von Chlorsäure $HClO^3$ zuerst unter dem Rezipienten einer Luftpumpe über Schwefelsäure und destillirt sie dann, so bildet sich unter Ausscheiden von Chlor und Sauerstoff Ueberchlorsäure: $4HClO^3 = 2HClO^4 + Cl^2 + 3O + H^2O$. Roscoe zersetzte daher eine Lösung von $KClO^3$ direkt durch Kieselfluorwasserstoffsäure, filtrirte vom Niederschlage K^2SiF^6 ab, konzentrirte die Lösung von $HClO^3$ und erhielt dann bei der Destillation $HClO^4$ (vrgl. die folgende Anm.). Die Fähigkeit von $HClO^3$ in $HClO^4$ überzugehen lässt sich auch daraus ersehen, dass $KMnO^4$ durch eine Lösung von $HClO^3$, obgleich nur allmählich, entfärbt wird. Beim Zersetzen einer Lösung von $KClO^3$ durch den galvanischen Strom erhält man an der positiven Elektrode (wo sich Sauerstoff ausscheidet) $KClO^4$. Beim Einwirken des Stromes auf Lösungen von Cl^2 und Cl^2O bildet sich gleichfalls $HClO^4$. Die Ueberchlorsäure ist zuerst von Stadion, dann von Serullas dargestellt und von Roscoe untersucht worden.

[45] Die Ueberchlorsäure, die man im freien Zustande beim Einwirken von Schwefelsäure auf ihre Salze erhält, kann aus ihrer Lösung sehr einfach durch Destillation abgeschieden werden, da sie flüchtig ist und bei der Destillation sich nur theilweise zersetzt. Die übergehende Lösung kann durch Verdunsten in einem offenen Gefässe konzentrirt werden. Bei der Destillation steigt die Temperatur auf 200° und man erhält dabei im Destillate das flüssige, sehr beständige Hydrat von der Zusammensetzung $HClO^4 2H^2O$. Vermischt man dieses Hydrat mit Schwefelsäure, so beginnt dessen Zersetzung bei 100°, wobei aber ein Theil der Säure ohne Zersetzung übergeht und in der Vorlage als krystallinisches Hydrat $HClO^4 H^2O$ erscheint, das bei 50° schmilzt. Bei vorsichtigem Erwärmen zerfällt dieses Hydrat in $HClO^4$, d. h. in Ueberchlorsäure, die unter 100° überdestillirt, und in das flüssige Hydrat $HClO^4 2H^2O$. Man kann das Hydrat $HClO^4$ auch in der Weise erhalten, dass man chlorsaures Kalium mit der vierfachen Menge von starker Schwefelsäure übergiesst, vorsichtig destillirt und die im Destillat erscheinenden Krystalle des Hydrats $HClO^4 2H^2O$ nochmals überdestillirt. Isolirt lässt sich das Hydrat $HClO^4$ nicht destilliren, da es sich bei der Destillation so lange zersetzt, bis das beständigere Hydrat $HClO^4 H^2O$ entsteht, das beim Destilliren in $HClO^4$ und $HClO^4 2H^2O$ zerfällt; dieses letztere Hydrat destillirt ohne Zersetzung. Es ist dies ein ausgezeichnetes Beispiel, das uns den Einfluss des Wassers auf die Beständigkeit von Verbindungen und auf die Eigenschaft des Chlors, Verbindungen vom Typus ClX^7 zu geben, demonstrirt, denn die Hydrate: $ClO^3(OH)$; $ClO^2(OH)^3$ und $ClO(OH)^5$ lassen sich alle auf diesen Typus zurückführen. Weitere Untersuchungen werden wahrscheinlich auch zur Entdeckung des Hydrates $Cl(OH)^7$ führen.

schen Gewichte 1,78 bei 15°. (Beim Aufbewahren zersetzt es sich zuweilen unter heftiger Explosion). Mit Kohle explodirt das Hydrat sehr heftig, ebenso mit Papier, Holz und anderen organischen Substanzen. Mit etwas Wasser zusammengebracht scheidet dieses Hydrat $HClO^4$ beim Abkühlen das krystallinische Hydrat $HClO^4 H^2O$ aus, das schon viel beständiger ist. Noch beständiger ist das flüssige Hydrat $HClO^4 2H^2O$. In Wasser löst sich die Ueberchlorsäure in jedem Verhältniss und die Lösungen zeichnen sich durch ihre Beständigkeit aus [46]). Beim Glühen zersetzt sich die Ueberchlorsäure ebenso wie ihr Salz unter Ausscheiden von Sauerstoff [47]).

Vergleicht man das Chlor, als Element, nicht nur mit Stick-

---

46) Nach Roscoe ist das spezifische Gewicht von $HClO^4 = 1{,}782$ und von $HClO^4 H^2O$ im flüssigen Zustande (bei 50°) $= 1.811$; die Verbindung von $HClO^4$ mit H^2O erfolgt also unter bedeutender Kontraktion.

47) Die Zersetzung von Salzen, die dem Berthollet'schen ähnlich sind, ist in den letzten Jahren ausführlich von Potilitzin und P. Frankland untersucht worden. Durch Zersetzen von chlorsaurem Lithium $LiClO^3$ z. B. konstatirte ersterer (nach der Menge von LiCl und O), dass anfangs die Zersetzung des geschmolzenen Salzes nach der Gleichung: $3LiClO^3 = 2LiCl + LiClO^4 + 5O$ verläuft und dass zuletzt das zurückbleibende Salz sich folgendermaassen zersetzt: $5LiClO^3 = 4LiCl + LiClO^4 + 11O$. Die aus seinen Versuchen gefolgerte Annahme, dass $LiClO^4$ sich zugleich mit $LiClO^3$ zersetzen kann, bewies Potilitzin durch direkte Versuche. Er sucht die Aufmerksamkeit hauptsächlich darauf zu lenken, dass die Zersetzungsreaktion von $KClO^3$ und ähnlichen Salzen, die eine endothermische Reaktion ist (vrgl. Kap. 3 Anm. 12) von selbst nicht vor sich gehen kann, sondern Zeit und Erhöhung der Temperatur erfordert, um ihr Ende zu erreichen. Hierdurch bestätigt es sich aufs Neue, dass das chemische Gleichgewicht nicht durch den Wärmeeffekt allein ausgedrükt werden kann.

P. Frankland und J. Dingwall zeigten (1887), dass ein Gemisch von $KClO^3$ mit zerstossenem Glas sich bei 448° (im Schwefeldampf) fast genau nach der Gleichung: $2KClO^3 = KClO^4 + KCl + O^2$ zersetzt, während das Salz für sich allein fast die doppelte Sauerstoffmenge ausscheidet, entsprechend der Gleichnng: $8KClO^3 = 5KClO^4 + 3KCl + 2O^2$. In Gegenwart von beigemengtem MnO^2 ist die Zersetzung von $KClO^4$ vollständig: $KClO^4 = KCl + 2O^2$. Ueberchlorsaures Kalium bildet aber bei seiner Zersetzung zuerst $KClO^3$, etwa nach der Gleichung: $7KClO^4 = 2KClO^3 + 5KCl + 11O^2$. Es ist jetzt zweifellos festgestellt, dass beim Erwärmen von $KClO^3$ das Salz $KClO^4$ entsteht, das bei seiner Zersetzung unter Sauerstoff-Ausscheidung wieder in das Salz $KClO^3$ übergeht.

Die Zersetzung des Berthollet'schen Salzes ist eine Reaktion, bei der Wärme entwickelt wird und welche infolgedessen leicht der Kontaktwirkung des Manganhyperoxyds und anderer Beimengungen unterliegt. So schwache Einflüsse, wie die des Kontakts, können, wie es auch in der That geschieht, bemerkbar werden, wenn die Reaktion entweder unter Wärmeentwickelung erfolgt (wie bei Knallgas, H^2O^2 und and.), oder wenn nur wenig Wärme absorbirt oder entwickelt wird (wie bei $H^2 + J^2$ und and.). Augenscheinlich kann das in solchen Fällen nicht sehr stabile Gleichgewicht schon durch eine geringe an den Berührungsflächen eintretende Veränderung gestört werden. Zum Verständniss des Verlaufs der Kontakterscheinungen genügt es, sich z. B. vorzustellen, dass an den Berührungsflächen die kreisförmige Bewegung der Atome in den Molekeln in eine ellyptische übergehe. Hierbei können zeitweise wieder schnell zerfallende besondere Verbindungen auftreten, deren Bildung jedoch die mitgetheilte Auffassung der Erscheinung nicht ändern kann.

stoff und Kohlenstoff, sondern auch mit allen anderen nichtmetallischen Elementen (mit den Metallen hat es so wenig gemein, dass es mit denselben nicht verglichen werden kann), so ergeben sich folgende Grund-*Eigenschaften der Halogene* oder Salzbildner: mit Metallen bildet das Chlor—Salze (wie NaCl und and.), mit Wasserstoff—die sehr energische, einbasische Säure HCl (deren Molekel ein H enthält); dasselbe Chlor kann aber Wasserstoff auch metaleptisch ersetzen; mit Sauerstoff bildet es Oxyde von saurem Charakter. Diese Eigenschaften des Chlors kommen auch den drei Elementen: Brom, Jod und Fluor zu, welche mit dem Chlor zu der natürlichen Familie der Halogene gehören. Jedes derselben hat seine Eigenheiten, seine individuellen Eigenschaften, durch welche es sich als einfacher Körper und in seinen Verbindungen von den übrigen unterscheidet, — denn sonst würden sie nicht selbstständige Elemente sein, — aber nach ein und denselben Hauptmerkmalen der Familie kann man aus dem Verhalten des einen Elementes das Verhalten der anderen voraussehen. Hierdurch erlangt man wieder die Möglichkeit, alle Verschiedenartigkeit der elementaren Eigenschaften leichter zu erfassen und die Elemente selbst in ein System zu bringen.

Um eine Richtschnur bei der Vergleichung der Elemente unter einander zu haben, muss man seine Aufmerksamkeit auf die Eigenschaften und Merkmale richten, durch welche sich die Elemente am meisten unterscheiden, weil nur unter dieser Bedingung die Vergleichung keine künstliche sein wird. Als wichtigste Eigenschaft der Elemente ist ihr *Atomgewicht* anzusehen, eine ganz zweifellos festgestellte Grösse, die bei den Elementen immer in Betracht zu ziehen ist. Den Halogenen kommen die folgenden Atomgewichte zu:
$$F = 19; \; Cl = 35{,}5, \; Br = 80; \; J = 128.$$
Alle physikalischen und chemischen Eigenschaften der einfachen Körper und ihrer entsprechenden Verbindungen müssen offenbar in einer gewissen Abhängigkeit von dieser Grundeigenschaft sein, wenn die Gruppirung in eine Familie naturgemäss ist. In Wirklichkeit erweisen sich auch z. B. die Eigenschaften des Broms, dessen Atomgewicht dem Mittel der Atomgewichte des Chlors und Jods fast gleich kommt, als mittlere der Eigenschaften dieser beiden Elemente (Cl und J). Die zweite messbare Eigenschaft der Elemente ist ihre Werthigkeit oder die Fähigkeit *Verbindungen von bestimmter Form* zu bilden. In dieser Beziehung finden wir einen weit gehenden Unterschied zwischen den Halogenen und z. B. dem Kohlenstoffe oder dem Stickstoffe. Obgleich die Form ClO^2 den Formen NO^2 und CO^2 entspricht, so ist dieselbe nur für den Kohlenstoff die höchste, wie für den Stickstoff die Form N^2O^5; für das Chlor würde diese Form eine ganz andere sein, denn das Anhydrid der Ueberchlorsäure müsste, wenn es existenzfähig wäre, die Zusammensetzung Cl^2O^7 besitzen. Ihren Verbindungsformen nach stimmen die Halo-

gene, wie auch alle anderen Elemente einer Familie oder Gruppe, vollkommen mit einander überein, wie dies aus den Wasserstoffverbindungen zu ersehen ist:

HF, HCl, HBr, HJ.

Ebenso verhält es sich auch mit den Sauerstoffverbindungen. Das Fluor bildet jedoch keine Verbindungen mit Sauerstoff, während das Brom und Jod, entsprechend $HClO^3$ und $HClO^4$ die Verbindungen $HBrO^3$ und $HBrO^4$, HJO^3 und HJO^4 geben. Durch Vergleichen der Eigenschaften dieser Säuren lässt sich sogar voraussehen, dass das Fluor keine Sauerstoffverbindungen bilden kann. Das Jod oxydirt sich nämlich leicht, z. B. durch Salpetersäure, während das Chlor direkt nicht oxydirt werden kann. Die Sauerstoffsäuren des Jods sind relativ beständiger, als die des Chlors, so dass im Allgemeinen gesagt werden kann, dass die Affinität des Jods zum Sauerstoff viel stärker ist, als die des Chlors. Das Brom steht auch hier in der Mitte. Beim Fluor lässt sich daher eine noch geringere Affinität zum Sauerstoff als beim Chlor erwarten — und bis jetzt ist keine Verbindung des Fluors mit Sauerstoff bekannt. Sollten einmal solche Verbindungen erhältlich werden, so werden sie jedenfalls sehr unbeständig sein. Das entgegengesetzte Verhalten zum Wasserstoff zeigen die Halogene. Die Affinität des Fluors zum Wasserstoff ist so stark, dass es das Wasser schon bei gewöhnlicher Temperatur zersetzt, während die des Jods so gering ist, dass der Jodwasserstoff sich leicht zersetzt, sich nur schwierig bildet und in vielen Fällen wie ein Reduktionsmittel einwirkt.

Nach ihren Verbindungsformen sind die Halogene *monovalente oder einwerthige Elemente* im Verhältniss zu Wasserstoff und siebenwerthige im Verhältniss zu Sauerstoff, wenn der Stickstoff im ersteren Falle als ein dreiwerthiges Element (da er NH^3 bildet) und im letzteren als ein fünfwerthiges (da er N^2O^5 gibt) und der Kohlenstoff im Verhältniss zu H und zu O (da er CH^4 und CO^2 bildet) als ein vierwerthiges Element betrachtet werden.

Da nicht nur die Sauerstoffverbindungen der Halogene, sondern auch ihre Wasserstoffverbindungen saure Eigenschaften besitzen, so sind die Halogene *Elemente von ausschliesslich säurebildendem Charakter*. Elemente wie Na, K, Ba geben nur Basen. Der Stickstoff bildet wol mit Sauerstoff saure Oxyde, aber das Ammoniak besitzt die Fähigkeit mit Wasser ein Alkali zu geben, was auf einen schwach säurebildenden Charakter des Stickstoffs im Vergleich mit den Halogenen hinweist. Es gibt keine anderen Elemente mit so scharf entwickelten säurebildenden Eigenschaften, wie die Halogene.

Bei der Beschreibung der verschiedenen, die Halogene charakterisirenden Eigenheiten werden wir das oben angegebene allgemeine Verhalten derselben fortwährend bestätigt sehen.

Da das *Fluor* Wasser unter Ausscheidung von Sauerstoff (welcher Ozon bildet, wenn die Temperatur nicht zu hoch ist) zersetzt: $F^2 + H^2O = 2HF + O$, so waren lange Zeit hindurch alle Versuche dasselbe mit Hilfe der gewöhnlichen Methoden in freiem Zustande darzustellen, vergeblich. So z. B. erhielt man beim Einwirken von HF auf MnO^2 und bei der Zersetzung einer Lösung von HF durch den galvanischen Strom an Stelle des erwarteten Fluors nur Sauerstoff oder ein Gemisch dieses letzteren mit Fluor. Beim Einwirken von Sauerstoff oder des galvanischen Stromes auf glühendes und geschmolzenes CaF^2 entwickelt sich wahrscheinlich etwas Fluor [48]), aber dasselbe wirkt dann bei der hohen Temperatur selbst auf Platin ein und wird absorbirt, so dass nur Sauerstoff zurückbleibt. Beim Einwirken von Chlor auf Fluorsilber in Gefässen aus natürichem Flussspath müsste gleichfalls freies Fluor auftreten, doch mengt sich dem entstehenden Gase immer Chlor bei. Durch Glühen von Fluorcerium, CeF^4, hatte wol auch Brauner freies Fluor erhalten ($2CeF^4 = 2CeF^3 + F^2$); aber alle diese Versuche, aus welchen nur hervorging, dass das Fluor ein Gas ist, das Wasser zersetzt und in vielen Fällen ebenso wie Chlor wirkt, ergaben nicht die Möglichkeit die Eigenschaften des Fluors selbt zu untersuchen. Zur Erreichung des Zieles durfte augenscheinlich bei den Versuchen kein Wasser zugegen sein und musste Temperatur-Erhöhung möglichst vermieden werden. Diesen Bedingungen genügte Moissan, als er im Jahre 1886 in einem U förmigen Platinrohre mit Hilfe eines galvanischen Stromes (von 20 der Reihe nach verbundenen Bunsenschen Elementen) auf $-23°$ abgekühlten, verflüssigten Fluorwasserstoff zersetzte, dem er zur Leitungsfähigkeit etwas KF zugesetzt hatte. An der negativen Elektrode erhielt er Wasserstoff und an der positiven (aus Platiniridium) das Fluor als ein farbloses Gas, das Wasser unter Entwickelung von Ozon und HF zersetzte, mit Silicium sich direkt zu SiF^4 und mit Bor zu BF^3 verband. Auf Metalle wirkt aber das Fluor bei gewöhnlicher Temperatur relativ schwach ein, weil das zunächst entstehende Fluor-

---

48) Es ist anzunehmen, dass in diesem Versuche von Fremy, der Einwirkung von Sauerstoff auf $CaCl^2$ entsprechend, freies Fluor auftritt, dass aber gleichzeitig auch die entgegengesetzte Reaktion: $CaO + F^2 = CaF^2 + O$ verläuft, also eine Vertheilung von Ca zwischen O und F^2 stattfindet. Beim Einwirken einer starken Lösung von HF auf MnO^2 entsteht zweifellos MnF^4, welches in $MnF^2 + F^2$ zerfallen kann, wobei infolge des Einwirkens von F^2 auf Wasser wieder HF sich bildet; zugleich tritt wahrscheinlich auch die Affinität von MnF^2 zu 2HF in Wirkung. Bei den Versuchen (von Davy, Knox, Longet, Fremy, Gore und and.) zur Zersetzung von Fluormetallen (PbF^2, AgF, CaF^2 und anderen) durch Chlor kamen zweifellos auch Fälle von Vertheilung vor, indem ein Theil des Metalles sich mit Cl verband, während ein Theil des F ausgeschieden wurde, aber die Resultate waren nicht entscheidend. Aller Wahrscheinlichkeit nach hat schon Fremy das Fluor in Händen gehabt, nur nicht in reinem Zustande.

metall sie vor der weiteren Einwirkung schützt; von Eisen wird es dennoch vollständig absorbirt. Durch Kohlenwasserstoffe, z. B Naphta, sodann Alkohol wird das Fluor sofort unter Ausscheidung von HF absorbirt. Mit Wasserstoff verbindet es sich leicht unter starker Explosion zu HF [49]).

Von den Fluorverbindungen trifft man in der Natur ziemlich häufig in Gebirgsadern das in Wasser unlösliche Fluorcalcium CaF^2, das unter den Namen *Flussspath* (spathum fluoricum) bekannt ist [50]), seltener den *Kryolith*, eine Verbindung von Fluoraluminium mit Fluornatrium Na^3AlF^6 (die in grossen Massen in Grönland vorkommt). Dieselbe ist ebenso wie CaF^2 in Wasser unlöslich und gibt mit Schwefelsäure HF. In geringen Mengen ist das Fluor öfters sogar als Bestandtheil des Thierkörpers, im Blut, Harn, den Knochen aufgefunden worden. Die im Thierkörper enthaltenen Fluormetalle können nur mit der Nahrung eingeführt worden sein, sie müssen daher auch in den Pflanzen und im Wasser vorkommen. In der That werden auch im fliessenden Wasser und namentlich im Meerwasser immer Fluorverbindungen, wenn auch nur in geringer Menge, angetroffen.

Der *Fluorwasserstoff* oder die *Flusssäure* HF lässt sich aus dem

---

49) Nach Moissan erhält man das Fluor beim Einwirken des galvanischen Stromes auf geschmolzenes KHF^2. Unser chemisches Wissen befindet sich heute in einem Stadium, in welchem der Begriff des Elementes und seiner Eigenschaften viel allgemeiner ist, als der Begriff des einfachen Körpers. Dass jetzt auch das Fluor, als einfacher Körper, dem Versuche und der Beobachtung nicht entgangen ist und dass es gelungen ist dasselbe zu isoliren, ist eine nützliche und erfreuliche Thatsache, aber die Gesammtheit unserer allgemeinen chemischen Kenntnisse vom Fluor hat dadurch nur wenig gewonnen. Dagegen würde es sehr nutzbringend sein, wenn gegenwärtig das Fluor einer vergleichenden Untersuchung in Bezug auf Sauerstoff und Chlor unterzogen werden könnte; besonderes Interesse bieten die Erscheinungen der Vertheilung der mit einander unter verschiedenen Bedingungen und Verhältnissen konkurrirenden Elemente F^2 und O^2 oder F^2 und Cl^2.

50) Man nennt ihn Spath, weil er sehr oft in Krystallen auftritt, die eine deutliche Spaltbakeit zeigen. Die Bezeichnung Flussspath erklärt sich durch seine Fähigkeit, beim Ausschmelzen von Metallen aus Erzen leicht schmelzbare Schlacken zu bilden, da er mit Kieselerde nach der Gleichung: $SiO^2 + 2CaF^2 = 2CaO + SiF^4$ reagirt. Die Verbindung SiF^4 ist ein Gas, während der Kalk mit weiteren Mengen SiO^2 einen glasartigen Fluss oder Schlacke bildet. Der Flussspath wird in Gebirgs- Gängen und Adern, zuweilen in ziemlich bedeutenden Massen, angetroffen. Er krystallisirt in Formen des regulären Systems, oftmals in sehr grossen, halbdurchsichtigen und farblosen oder verschiedenartig gefärbten Würfeln. Beim Erhitzen schmilzt er und krystallisirt wieder beim Abkühlen. In Wasser ist er unlöslich; sein spezifisches Gewicht ist 3,1. Beim Glühen von Flussspath in Wasserdämpfen erhält man Kalk und Fluorwasserstoff: $CaF^2 + H^2O = CaO + 2HF$. Mit Aetzkali oder Aetznatron oder sogar deren kohlensauren Verbindungen geschmolzen geht der Flussspath leicht in doppelte Umsetzungen ein, indem das Fluor sich mit Kalium oder Natrium und das Calcium mit Sauerstoff verbindet. In Lösungen erfolgt die Bildung von CaF^2 infolge seiner sehr geringen Löslichkeit, z. B.: $Ca(NO^3)^2 + 2KF = CaF^2$ (im Niederschlage) $+ 2KNO^3$ (in Lösung). In 26000 Thl. Wasser löst sich nur 1 Theil Flussspath.

Flussspathe nicht in Glasretorten darstellen, weil Glas von dieser Säure angegriffen und zersetzt wird. Man erhält dieselbe in Blei- oder Platingefässen; letztere benutzt man zur Darstellung reiner Flusssäure, da Blei gleichfalls, wenn auch nur schwach, angegriffen wird; vor der weiteren Einwirkung schützt die zunächst entstehende Schicht von Fluorblei und schwefelsaurem Blei. Gepulverter Flussspath entwickelt mit starker Schwefelsäure schon bei gewöhnlicher Temperatur Dämpfe von Fluorwasserstoff, die an der Luft rauchen: $CaF^2 + H^2SO^4 = CaSO^4 + 2HF$. Bei 130^0 wird diese Zersetzung vollständig. Der hierbei entweichende Fluorwasserstoff lässt sich durch eine Kältemischung zu wasserfreier Säure verflüssigen. Leichter gelingt die Verflüssigung, wenn man in die abgekühlte Vorlage Wasser bringt, da der Fluorwasserstoff in kaltem Wasser leicht löslich ist.

Der verflüssigte wasserfreie Fluorwasserstoff siedet bei $+19^0$, hat das spezifische Gewicht 0,9849 bei $12,8^0$ [51]) und löst sich in Wasser unter bedeutender Wärmeentwickelung zu einer konstant siedenden Lösung, die bei 120^0 überdestillirt, was also ganz analog der Verbindung des Chlorwasserstoffs mit Wasser ist. Das spezifische Gewicht dieser Lösung von der Zusammensetzung $HF\,12H^2O$ ist 1,15 [52]). Beim Destilliren einer mehr Wasser enthaltenden Lösung geht zuerst nur eine sehr schwache Lösung über. Sowol die Fluorwasserstoffsäure selbst, als auch ihre wässrige Lösung muss in Platingefässen aufbewahrt werden; doch können schwache Lösungen in Gefässen aus verschiedenen Kohlenwasserstoffen z. B. Guttapercha oder selbst in mit Paraffin überzogenen Glasgefässen aufbewahrt werden. Auf Kohlenwasserstoffe und wachsartige Substanzen wirkt Fluorwasserstoff nicht ein, dagegen greift er Metalle, Glas, Porzellan und die meisten Gesteine an [53]). Auch Leder zer-

---

Als Fluorcalcium bildet Fluor, gewöhnlich aber nur in geringer Menge, einen Bestandtheil mehrerer Mineralien, z. B. der Apathite, deren Hauptmasse phosphorsaures Calcium bildet. Manche Apathite enthalten überhaupt kein Fluor, sondern nur Chlor; in anderen Fällen enthalten sie Fluor, wogegen der Chlorgehalt um eine äquivalente Menge verringert ist.

51) Es sind dies Daten von Gore. Bis auf $-34°$ abgekühlter HF bleibt noch flüssig. Fremy erhielt wasserfreien Fluorwasserstoff, indem er glühendes PbF^2 durch Wasserstoff zersetzte oder das Doppelsalz HKF^2 erhitzte; letzteres krystallisirt leicht (in Würfeln) aus einer Lösung von HF, die zur Hälfte mit KHO oder K^2CO^3 gesättigt ist.

52) Diese Zusammensetzung entspricht dem Krystallhydrate $HCl\,2H^2O$. Alle Eigenschaften der Flusssäure erinnern an die Salzsäure und man muss daher die relativ leichte Verflüssigung von HF (der bei $+19°$ siedet, HCl bei $-35°$) durch die bei niedrigen Temperaturen erfolgende Polymerisation zu H^2F^2 erklären: im flüssigen Zustand unterscheidet sich also HF vom HCl, bei welchem bis jetzt noch keine Polymerisations-Erscheinungen bemerkt worden sind.

53) Die zersetzende Einwirkung der Flusssäure auf Glas und ähnliche Kieselsäureverbindungen beruht auf der Reaktion zwischen HF und SiO^2 (welche später

frisst er und zeichnet sich durch seine Giftigkeit aus. Mit Flusssäure muss man daher immer in einem guten Zugschranke arbeiten, damit keine Dämpfe eingeathmet werden. Metalloide wirken auf Fluorwasserstoff nicht ein, aber alle Metalle, mit Ausnahme von Quecksilber, Silber, Gold und Platin und theilweise auch Blei, zersetzen ihn unter Entwickelung von Wasserstoff. Mit Basen verbindet sich Fluorwasserstoff direkt zu Fluormetallen und verhält sich überhaupt im Allgemeinen wie HCl. Dennoch sind auch deutliche individuelle Unterschiede vorhanden und zwar grössere als zwischen HCl, HBr und HJ. So z. B. sind die Silberverbindungen dieser drei Säuren in Wasser unlöslich, das Fluorsilber löst sich dagegen merklich. Umgekehrt ist CaF^2 in Wasser unlöslich, während $CaCl^2$, $CaBr^2$ und CaJ^2 sich nicht nur leicht lösen, sondern auch Wasser energisch anziehen, so dass $CaCl^2$ zum Trocknen von Gasen benutzt wird. Weder HCl, noch HBr oder HJ wirken auf Sand oder Glas, welche von HF aber unter Bildung von gasförmigem Fluorsilicium angegriffen werden. Die Halogenwasserstoffsäuren bilden mit Na oder K nur neutrale Salze, z. B. KCl, NaCl, der Fluorwasserstoff dagegen gibt auch saure Salze, z. B. HKF^2, (und beim Lösen von KF in flüssigem HF erhält man noch KHF^2 2HF). Diese letztere Eigenschaft hängt mit der Dampfdichte des Fluorwasserstoffes zusammen, die bei Zimmertemperatur nahe 20 ist, was der Formel H^2F^2 entspricht, wie Mallet zeigte (1881); beim Erwärmen findet aber Depolymerisation statt und die Dichte nähert sich 10, wie es die Formel HF verlangt [54]).

---

ausführlicher beschrieben werden wird), wobei gasförmiges SiF^4 entsteht: $SiO^2 +$ $4HF^4 = SiF + 2H^2O$. Die Kieselerde SiO^2 ist der bindende (saure) Bestandtheil des Glases und einer Masse von Gesteinen, die aus kieselsauren Salzen bestehen. Durch Entfernen der Kieselerde wird die Bindung aufgehoben. In der Technik und im Laboratorium benutzt man die Flusssäure um Zeichnungen, Theilungen und dgl. auf Glas einzuätzen.

Zum *Graviren auf Glas* bedeckt man dasselbe mit einer Schicht von Firniss, den man aus 4 Theilen Wachs und 1 Thl. Terpentinöl bereitet. Flusssäure wirkt auf den Firniss nicht ein; derselbe ist ziemlich weich und man kann auf ihm leicht mittelst eines Stahlstiftes bis auf das Glas gehende Zeichnungen machen. Das betreffende Glas bringt man dann in ein Bleigefäss mit Flussspath und Schwefelsäure. Letztere muss in bedeutendem Ueberschuss angewandt werden, weil in anderem Falle die Zeichnungen durchsichtig werden (infolge der Bildung von Kieselfluorwasserstoff). Nach genügender Einwirkung wird die Firnissschicht entfernt (durch Wegschmelzen) und die mit dem Stahlstift ausgeführten Zeichnungen erscheinen auf dem Glase als matte Linien. Man kann auch in der Weise verfahren, dass man ein Gemisch von Kieselfluormetall mit Schwefelsäure direkt auf das Glas aufträgt, wobei der entstehende HF gleichfalls eine matte Zeichnung hervorbringt. Im Laboratorium benutzt man die Lösung oder die Dämpfe von HF (oder auch Zusammenschmelzen mit KHF^2 oder NH^4F) zum Zersetzen von Kieselsäureverbindungen, welche in den gewöhnlichen Säuren unlöslich sind.

54) Mallet bestimmte die Dampfdichte des Fluorwasserstoffes (1881) bei 30° und 100°, bei letzterer Temperatur ist sie (1869) schon von Gore bestimmt worden.

Viel vollständiger ist die Analogie des Chlors mit den beiden anderen Halogenen: Brom und Jod. Nicht nur ihre Wasserstoffsäuren, sondern auch diese Halogene selbst ähneln dem Chlore in Vielem [55]); sogar die Eigenschaften der entsprechenden Metallverbindungen des Chlors, Broms und Jods zeigen sehr viel Gemeinschaftliches. So z. B. krystallisiren die Chloride, Bromide und Jodide des Natriums und Kaliums im regelmässigen System und sind in Wasser löslich; die Chloride des Aluminiums Magnesiums, und Baryums lösen sich in Wasser ebenso leicht, wie die Bromide und

---

Thorpe und Hambly führten (1888) 14 Bestimmungen zwischen $26°$ und $88°$ aus und zeigten, dass in diesen Temperaturgrenzen die Dichte allmählich abnimmt, analog den Dämpfen der Essigsäure, bei welchen dies schon längst genau festgestellt worden ist. Die Fähigkeit des HF sich zu H^2F^2 zu polymerisiren steht mit der Eigenschaft vieler Fluormetalle, mit HF Säuren zu bilden, in Verbindung; als Repräsentanten können hier KHF^2 und H^2SiF^6 angeführt werden. Diese Fähigkeit kommt auch dem HCl zu (der z. B. H^2PtCl^6 bildet, vgl. pag. 444); so dass auch hierin die Flusssäure sich den anderen Halogenwasserstoffsäuren nähert.

55) So z. B. verläuft der Versuch mit Rauschgold (Anm. 16) genau ebenso, wenn Br, wie wenn Cl angewandt wird. Sehr lehrreich ist der folgende Versuch, der die direkte Vereinigung der Halogene mit Metallen demonstrirt: wirft man ein kleines Aluminiumstückchen in flüssiges Brom, so schwimmt das Aluminium auf diesem und erst nach einiger Zeit tritt die Reaktion ein, bei der Wärme, Licht und Bromdämpfe entwickelt werden. Ein glühendes Aluminiumstückchen geräth auf der Oberfläche des Bromes in sehr schnelle Bewegung und das entstehende $AlBr^3$ löst sich im Ueberschusse des Broms. Auf diese Weise wird nach Gustavson das Gemisch von Br mit $AlBr^2$ dargestellt, welches so leicht metaleptisch reagirt, selbst in den Fällen, wenn das Brom allein keine Metalepsie bewirken kann oder wenn es zu langsam wirkt, wie z. B. auf Benzol (C^6H^6). Fügt man diesen Kohlenwasserstoff tropfenweise zu $AlBr^3$ haltigem Brome, so entwickelt sich sofort viel HBr und es bilden sich Metalepsie-Produkte. Nach, Gustavson wird diese leichte Reaktionsfähigkeit durch die Eigenschaft des $AlBr^3$, mit den entstehenden Reaktionsprodukten unbeständige Verbindungen zu bilden, bedingt.

Zur Vergleichung bringen wir hier einige thermochemische Daten (nach Thomsen) für die analogen Wirkungen von: 1) Chlor, 2) Brom und 3) Jod auf verschiedene Metalle. Das Halogenatom bezeichnen wir durch X und setzen das Zeichen $+$ zwischen die auf einander wirkenden Substanzen. Alle Zahlen bezeichnen Tausende Calorien und beziehen sich auf das Molekulargewicht in Grammen und auf gewöhnliche Temperatur:

	1	2	3		1	2	3
$K^2 + X^2$	211	191	160	$Ca + X^2$	170	141	—
$Na^2 + X^2$	195	172	138	$Ba + X^2$	195	170	—
$Ag^2 + X^2$	59	45	28	$Zn + X^2$	97	76	49
$Hg^2 + X^2$	83	68	48	$Pb + X^2$	83	64	40
$Hg + X^2$	63	51	34	$Al + X^3$	161	120	70

Die latente Verdampfungswärme der Molekulargewichtsmenge Br^2 beträgt ungefähr 7,2 und beim Jod 6,0 Tausend W. E., während die latente Erstarrungswärme des Broms Br^2 ungefähr 0,3 und des Jods J^2 3,0 Tausend W. E. beträgt. Aus diesen Zahlen ergibt sich, dass der Unterschied in den Verbindungswärmen nicht von dem verschiedenen Aggregatzustande abhängt. Joddämpfe entwickeln z. B. mit Zn bei der Bildung von ZnJ^2: $49 + 8 + 3$ oder etwa 60 Tausend W. E., also $1^1/_2$ mal weniger als $Zn + Cl^2$.

Jodide dieser Metalle. Ebenso wie Silber- und Bleichlorid, so sind auch die Bromide und Jodide des Silbers und Bleis in Wasser kaum löslich. Ausserdem zeigen auch die Sauerstoffverbindungen des Broms und Jods eine sehr grosse Analogie mit den entsprechenden Verbindungen des Chlors. Der unterchlorigen Säure entsprechend ist eine unterbromige Säure bekannt, deren Salze gleichfalls bleichende Eigenschaften besitzen. Sehr ähnlich unter einander sind die höheren Sauerstoffsäuren des Jods, Broms und Chlors und auch deren Salze. Das Jod ist im Jahre 1811 von Courtois in der Asche (Varec) von Meeresalgen entdeckt und bald darauf von Clément, Gay-Lussac und Davy erforscht worden. Das Brom entdeckte Balard 1826 in der Mutterlauge des Meerwassers und unterwarf es auch der Untersuchung. *Brom* und Jod finden sich, wie das Chlor, in Verbindung mit Metallen im Meerwasser. Die Menge der Brom- und namentlich der Jodmetalle ist jedoch im Meerwasser so gering, dass ihre Gegenwart nur durch empfindliche Reagentien nachgewiesen werden kann [56]). Bei der Salzgewinnung aus dem Meerwasser bleiben die darin enthaltenen Brommetalle in den Mutterlaugen zurück, aus denen sie auch gewonnen werden können; doch geschieht dies in der Technik nur selten, weil andere, viel reichere Quellen zur Gewinnung des Broms bekannt sind. Brom und Jod kommen auch in Verbindung mit Silber zugleich mit Chlorsilber als seltene Erze hauptsächlich in Amerika vor. Einige mineralische Heilquellen (Kreuznach, Staraja-Russa) enthalten Brom- und Jodmetalle, aber immer zugleich mit viel Chlornatrium. Die oberen Schichten des Stassfurter Steinsalzes (Kap. 10), welche zur Darstellung von Kaliumsalzen benutzt werden, enthalten gleichfalls Brommetalle [57]). Diese Letzteren sammeln sich bei den Krystallisationen der Kaliumsalze in den letzten Mutterlaugen an, welche heute (sowie das Wasser einiger amerikanischer Quellen) die Hauptmasse des Broms liefern. Aus einem Gemisch der Lösungen von Brom- und Chlormetallen lässt sich das Brom leicht ausscheiden, da es vom Chlor aus seinen Verbindungen mit Na, Mg, Ca und anderen Metallen verdrängt wird. Eine farblose Lösung von Brom- und Chlormetallen nimmt beim Einleiten von Chlor eine orangegelbe Färbung infolge von sich ausscheidendem Brome an [58]). Auf ähnliche Weise kann das Brom auch

---

56) Ein Liter Meerwasser enthält ungefähr 20 Gramm Chlor und 0.07 Gr. Brom. Im Todten Meere ist die Brommenge etwa 10 mal grösser.

57) Stassfurter Karnallit enthält jedoch kein Jod.

58) Chlor darf aber nicht in zu grossem Ueberschusse angewandt werden, weil dann das Brom chlorhaltig wird. Das Brom des Handels enthält auch öfters Chlor in Form von Chlorbrom. In Wasser löst sich Chlor leichter als Brom und kann daher vermittelst desselben von letzterem getrennt werden. Zur Darstellung von reinem Brom wird das käufliche Brom mit Wasser gewaschen, mittelst Schwefelsäure getrocknet und destillirt, wobei nur die bei 58° übergehenden Antheile aufgefangen werden. Dann wird es grosstentheils in KBr übergeführt, zu dessen Lösung der

fabrikmässig dargestellt werden. Einfacher ist es aber zu der bromhaltigen Mutterlauge direkt etwas Manganhyperoxyd und Schwefelsäure zuzusetzen; hierdurch wird ein Theil des Chlors in Freiheit gesetzt, welches dann das Brom verdrängt.

Brom ist eine *dunkelbraune Flüssigkeit*, die braune Dämpfe entwickelt und einen schädlich wirkenden, schweren und erstickenden Geruch besitzt; daher stammt auch seine Benennung (vom griechischen Worte βρῶμος — Gestank). Der Dampfdichte nach enthält die Brommolekel Br^2. Beim Abkühlen erstarrt das Brom zu graubraunen Schüppchen, die dem Jode ähnlich sind. Die Schmelztemperatur des reinen Broms ist — 7,05° [59]). Die Dichte des flüssigen

---

Rest des Broms zugesetzt wird, um das beigemengte Jod auszuscheiden, das durch Schütteln mit CS^2 entfernt wird. Wird nun das auf diese Weise erhaltene KBr mit MnO^2 und H^2SO^4 erwärmt, so erhält man Brom, das kein Jod mehr enthält; letzteres kommt übrigens auch in einigen Handelssorten nicht vor, wie z. B. im Stassfurter Brom. Wenn man einen Theil von jodfreiem Brome in KBr und den anderen in $KBrO^3$ überführt, so bildet ihr Gemisch (in dem durch die Gleichung gegebenen Verhältnisse) bei der Destillation mit Schwefelsäure wieder Brom: $5KBr + KBrO^3 + 6H^2SO^4 = 6KHSO^4 + 3H^2O + 3Br^2$. Um vollkommen chlorfreies Brom zu erhalten, löst man es in einer konzentrirten Lösung von Bromcalcium und fällt es dann durch einen Ueberschuss von Wasser; hierbei verliert das Brom alles Chlor, da dieses mit $CaBr^2$ Chlorcalcium bildet.

[59]) Ueber die Schmelztemperatur des Broms wurden lange Zeit widersprechende Angaben gemacht. Einige (Regnault, Pierre) gaben — 7° bis — 8° an. Andere (Balard, Liebig, Quincke, Baumhauer) — 20° bis — 25°. Dank aber den in letzter Zeit (1885) ausgeführten Untersuchungen, namentlich von Ramsay und Young ist es jetzt sicher festgestellt, dass die Schmelztemperatur des reinen Broms zweifellos bei — 7° liegt. Diese Zahl ergibt sich nicht nur aus direkten Versuchen (die von Van der Plaats bestätigt worden sind), sondern auch aus der Bestimmung der Dampftension des Broms. Für festes Brom beträgt bei t° die Tension p in Millimetern:

$p =$ 20   25   30   35   40   45 mm.
$t =$ — 16°,6 — 14° — 12° — 10° — 8°,4 — 7°,0
Für flüssiges Brom:
$p =$ 50   100   200   400   600   760 mm.
$t =$ — 5,0 + 8°,2 23°,4 40°,4 51°,9 58°,7

Beide Kurven schneiden sich bei — 7,05°. Ramsay und Young bemerkten ausserdem bei der Vergleichung der Dampftension vieler Flüssigkeiten (z. B. der Daten im Kap. 2 Anm. 27), dass das Verhältniss der gleichen Tensionen entsprechenden, absoluten Temperaturen (d. h. t + 273) für jedes Paar von Substanzen sich in Abhängigkeit von t *geradlinig verändert*; sie bestimmten daher bei den angeführten Tensionen p das Verhältniss von t + 273 für Wasser und Brom, wobei sie fanden, dass die Geraden, welche dieses Verhältniss für das flüssige und feste Brom ausdrücken, sich gleichfalls bei 7,05° schneiden. Für festes Brom ist z. B.:

$p =$ 20   25   30   35   40   45
$273 + t =$ 256,4   259   261   263   264,6   266
$273 + t' =$ 295,3   299   302,1   304,8   307,2   309,3
$c =$ 1,152   1,154   1,157   1,159   1,161   1,163,

t' bezeichnet die Temperaur des Wassers, welche der Tension der Dämpfe p entspricht, und c das Verhältniss von $273+t$ zu $273+t'$. Die Grösse c lässt sich augenscheinlich mit grosser Genauigkeit durch die Gerade $c = 1,1703 + 0,0011\,t$ ausdrücken. Auf dieselbe Weise erhält man für flüssiges Brom im Verhältniss zu Wasser:

Broms beträgt bei 0° 3,187 und bei 15° etwa 3,0. Die Siedetemperatur liegt bei 58,7°. Zur Reinigung wird das Brom gewöhnlich destillirt. Das Brom ist, wie auch das Chlor, in Wasser löslich: 1 Theil erfordert bei 5° 27 Theile Wasser und bei 15° 29 Thl. Die wässrige Bromlösung hat eine gelblich-rothe Farbe und scheidet beim Abkühlen auf — 2° Krystalle aus, die auf eine Brommolekel 10 Mol. Wasser enthalten [60]). Alkohol löst Brom in grösserer Menge und Aether in noch bedeutenderer. Aber in diesen Lösungen entstehen mit der Zeit Reaktionsprodukte des Broms mit diesen organischen Lösungsmitteln. Wässrige Lösungen von Brommetallen lösen gleichfalls viel Brom auf.

Was das *Jod* anbetrifft, so wird es fast ausschliesslich aus den Mutterlaugen gewonnen, die nach der Krystallisation des Chilisalpeters $NaNO^3$ und beim Auslaugen der Asche von Seepflanzen oder Algen zurückbleiben. Diese Pflanzen, welche durch die Fluth im Ocean an die Küsten von Frankreich, England und Spanien, zuweilen in bedeutenden Mengen, geworfen werden, gehören meist verschiedenen Arten von Fucus, Laminaria und ähnlicher Gattungen an. Die geschmolzene Asche dieser Algen nennt man in Schottland Kelp und in der Normandie Varec. Das in den Algen in bedeutender Menge angesammelte Jod bleibt, wenn dieselben verbrannt (oder der trocknen Destillation unterworfen) werden, in der Asche zurück, die hauptsächlich Salze des Kaliums, Natriums nnd Calciums enthält. Die Metalle sind in den Algen als Salze organischer Säuren enthalten, welche beim Verbrennen zersetzt werden und kohlensaures Kalium und Natrium bilden. Die Asche der Seepflanzen enthält daher kohlensaures Natrium oder Soda, welche nun ausgelaugt, d. h. in warmem Wasser gelöst wird. Beim Eindampfen solcher Laugen scheiden sich Soda und andere Salze aus und man erhält eine Mutterlauge, welche Chlor, Brom und Jod in Verbindung mit Metallen, namentlich aber viel Chlor und Jod enthält. 13000 Kilogr. Asche (Varec) geben ungefähr 1000 Kilo Soda und 15 Kilo Jod.

$c' = 1,1585 - 0,00057$ t. Diese Geraden schneiden sich in der That entsprechend der Temperatur — 7,06°, wodurch von Neuem diese Schmelztemperatur des Broms bestätigt wird. Auf diese Weise lässt sich bei dem heutigen Zustande unserer Kenntnisse die Schmelztemperatur genau feststellen und *kontroliren*. Auch für das Jod bestimmten Ramsay und Young diese festen Punkte auf dieselbe Weise.

60) Die von Paterno und Nasini (nach der Methode von Raoult, vrgl. Kap. 1 Anm. 49) über die Eisbildung in wässrigen Bromlösungen angestellten Beobachtungen ergaben (— 0°,115 bei einem Gehalt von 1,391 Gr. Brom in 100 Gr. Wasser), dass das Brom in der Lösung als Molekel Br^2 enthalten ist. Aehnliche mit Jod angestellte Versuche ergaben für verschiedene Lösungsmittel Jodmolekeln von verschiedener Zusammensetzung.

Bakhuis Rozeboom untersuchte das Bromhydrat ebenso ausführlich, wie das Chlorhydrat (Anm. 9 u. 10). Die Temperatur, bei der das Hydrat vollständig zerfällt, ist $+6,2°$, die Dichte des Hydrats $Br^2 10H^2O$ beträgt 1,49.

Die Ausscheidung des Jods aus den Mutterlaugen geht desswegen verhältnissmässig so leicht vor sich, weil das Jod aus dem Jodkalium und seinen anderen Verbindungen mit Metallen durch Chlor verdrängt wird. Aus Jodnatrium wird das Jod nicht nur durch Chlor, sondern auch durch Schwefelsäure ausgeschieden. Beim Einwirken auf ein Jodmetall setzt Schwefelsäure Jodwasserstoff in Freiheit, der sich aber leicht zersetzt, namentlich in Gegenwart von Substanzen, die Sauerstoff ausscheiden können, wie z. B. Chromsäure, salpetrige Säure und selbst Eisenoxydsalze [61]). Das frei gesetzte Jod scheidet sich wegen seiner geringen Löslichkeit in Wasser als Niederschlag aus. Um reines Jod zu erhalten, genügt es beim Sublimiren desselben die ersten und letzten Antheile zu entfernen und nur die mittleren aufzusammeln. Das Jod geht aus seiner Dampfform direkt in den krystallinischen Zustand über und setzt sich in den kälteren oder abgekühlten Theilen des Apparates in tafelförmigen Krystallen von schwarzgrauer Farbe und metallischem Glanze an.

Das spezifische Gewicht der Jodkrystalle ist 4,95. Es schmilzt bei $114°$ und siedet bei $184°$ [62]), seine Dämpfe entstehen aber schon bei viel niedrigerer Temperatur. Von der violetten Farbe dieser Dämpfe hat das Jod seinen Namen erhalten (ἰοειδής -violett). Der Geruch des Jods erinnert an den charakteristischen Geruch der unterchlorigen Säure; sein Geschmack ist scharf und herb. Auf die Haut und verschiedene Organe wirkt das Jod zerstörend und wird vielfach in der Medizin des Reizes wegen, den es auf die Haut ausübt, benutzt. Geringe Jodmengen färben die Haut gelb oder braun; diese Färbung verschwindet nach einiger Zeit, theilweise infolge der Ver-

---

61) Die Reaktion entspricht überhaupt der Gleichung: $2HJ + O = J^2 + H^2O$, wenn der Sauerstoff einer Substanz entnommen wird, die ihn leicht ausscheidet. Die den höheren Oxydations- oder Chlorirungsstufen entsprechenden Verbindungen bilden daher mit HJ oftmals niedere Verbindungsstufen. Eisenoxyd Fe^2O^3 ist die höhere, FeO die niedere Oxydationsstufe; ersterer entspricht FeX^3, letzterer FeX^2; dieser Uebergang geht nun unter dem Einflusse von HJ vor sich. Die Verbindungen des Kupferoxyds CuO oder CuX^2 geben mit HJ Verbindungen, die dem Oxydul Cu^2O oder CuX entsprechen. Selbst die der höheren Stufe SO^3 entsprechende Schwefelsäure kann in dieser Weise auf HJ einwirken und die niedere Stufe SO^2 bilden. Noch leichter erfolgt die Freisetzung des Jods aus HJ unter dem Einflusse von Substanzen, welche Sauerstoff ausscheiden können. In der Praxis wendet man die verschiedensten Oxydationsmethoden an, um Jod aus sauren Flüssigkeiten, die z. B. Schwefelsäure und HJ enthalten, auszuscheiden. Am öftesten benutzt man dazu die höheren Stickstoffoxyde, welche dabei in NO übergehen. Man kann zur Ausscheidung von J aus HJ sogar mit HJO^3 einwirken. Diese Reaktionen, bei denen HJ oxydirt wird, haben ihre Grenze, da unter bestimmten Bedingungen, namentlich in schwachen Lösungen das frei werdende Jod selbst oxydirend wirken kann, indem es den Halogencharakter hervorkehrt, was gelegentlich noch in Betracht gezogen werden wird.

62) Zur vollkommenen Reinigung löste Stas das Jod noch in einer konzentrirten Lösung von KJ und fällte es dann durch Zugiessen von Wasser (s. Anm. 58).

flüchtigung des Jods. Wasser löst nur $\frac{1}{5000}$ Th. Jod. Hierbei entsteht eine braune Lösung, welche bleichende Eigenschaften besitzt, aber in viel geringerem Grade, als es beim Brom und Chlor der Fall ist. Wasser, das Salze und namentlich Jodmetalle in Lösung enthält, löst Jod schon in viel bedeutenderer Menge zu einer dunkelbraunen Flüssigkeit. Reiner Alkohol löst nur wenig Jod und erhält dadurch eine braune Farbe; wenn aber im Alkohol geringe Mengen von Jodverbindungen, z. B. Jodäthyl gelöst sind, so nimmt die Löslichkeit des Jods bedeutend zu [63]). Aether löst Jod in grösserer Menge als Alkohol; besonders leicht löst sich aber Jod in flüssigen Kohlenwasserstoffen, in Schwefelkohlenstoff und in Chloroform. Eine geringe Jodmenge verleiht dem Schwefelkohlenstoff eine rosa Färbung, eine etwas grössere färbt ihn violett. Chloroform (wenn es keinen Alkohol enthält) wird durch wenig Jod gleichfalls rosa gefärbt. Dieses Verhalten erlaubt es, die Gegenwart geringer Mengen ausgeschiedenen Jods zu entdecken (z. B. mittelst Cl aus KJ). Zur Entdeckung des Jods kann auch die blaue Färbung benutzt werden, die freies Jod mit *Stärke* gibt.

Beim Vergleichen der vier einfachen Körper: Fluor, Chlor, Brom und Jod ergibt sich, dass sie als Beispiel von ähnlichen Substanzen dienen können, welche sich nach ihren physikalischen Eigenschaften in derselben Reihenfolge ordnen lassen, in der sie ihrem Atom- und Molekulargewicht nach stehen. Dem zunehmenden Molekulargewichte dieser Reihe entsprechend, beobachtet man ein immer grösseres spezifisches Gewicht, eine höhere Schmelz- und Siedetemperatur und eine ganze Reihe von Eigenschaften, die von dieser Aenderung der Grundeigenschaft abhängig sind. Ein grösseres Atomgewicht muss auch eine grössere gegenseitige Anziehung der Molekeln, und folglich auch eine schwierigere Trennung derselben bedingen. Sehr anschaulich zeigen dies polymere Körper; so z. B. sind die Kohlenwasserstoffe von der Formel C^nH^{2n} zunächst gasförmige Körper: C^2H^4, C^3H^6, sodann bei grösserem Molekulargewichte Flüssigkeiten, z. B. C^5H^{10}, C^7H^{14} u. s. w. und bei dessen

---

[63]) Die Löslichkeit des Jods in Lösungen, die Jodmetalle und überhaupt Jodverbindungen enthalten, kann einerseits darauf hinweisen, dass das Stattfinden eines Lösungsvorganges durch die Aehnlichkeit zwischen dem Lösungsmittel und dem sich Lösenden bedingt wird (pag. 80) und andrerseits als indirekter Beweis der Richtigkeit der Vorstellung von den Lösungen dienen, welche wir im 1-ten Kapitel entwickelten, da es in vielen Fällen bereits gelungen ist aus solchen Lösungen unbeständige Polyjodverbindungen, analog den Krystallhydraten, darzustellen. Es verbindet sich z. B. Tetramethylammonium $N(CH^3)^4J$ mit J^2 und J^4. Sogar die Lösung von J^2 in einer gesättigten KJ-Lösung weist auf die Bildung von Spuren der bestimmten Verbindung KJ^3 hin. Der Lösung von KJ^3 in Alkohol entzieht CS^2 kein Jod, obgleich aus einer alkoholischen Jod-Lösung dieses Halogen durch CS^2 ausgezogen wird (Girault, Jörgensen). Die Unbeständigkeit solcher Verbindungen ist der Unbeständigkeit vieler Krystallhydrate, z. B. $HCl\ 2H^2O$, analog.

weiterer Zunahme endlich feste Körper. Dasselbe Verhältniss finden wir bei den vier eben angeführten elementaren Körpern. Das Chlor siedet im freien Zustande schon bei $-35°$, Brom bei ungefähr $+60°$ und Jod erst bei über $+180°$. Nach dem Gesetze von Avogadro-Gerhardt sind die Dampfdichten der Elemente im gasförmigen Zustande den Atomgewichten proportional. Wie die Atomgewichte verhalten sich nun bei den Halogenen wenigstens annähernd auch die spezifischen Gewichte im flüssigen (und festen) Zustande. Beim Dividiren des Atomgewichtes des Chlors (35,5) durch sein spezifisches Gewicht im flüssigen Zustande (1,3) erhält man das Volum $= 27$; dasselbe Volum ergibt sich auch für das Brom $\frac{80}{3,1} = 26$ und das Jod $\frac{127}{4,9} = 26$ [64]).

Die Brom- und Jodmetalle verhalten sich in den meisten Fällen analog den entsprechenden Chlormetallen [65]), aber Chlor verdrängt Brom und Jod, und Brom setzt wiederum Jod in Freiheit; dieses Verhalten benutzt man zum Ausscheiden der beiden letzteren Halogene. Nach den Untersuchungen von Potilitzin (1880) kann jedoch auch *umgekehrt* Chlor durch Brom verdrängt werden und zwar sowol in Lösungen, als auch beim Erhitzen von Chlormetallen in einer Atmosphäre von Bromdämpfen, wobei eine Vertheilung des Metalls zwischen den Halogenen (nach der Lehre Berthollet's) stattfindet, aber in der Weise, dass der grössere Theil des Metalles zum Chlore übergeht, was auf eine stärkere Affinität des Chlors zu Metallen im Vergleich mit Brom uud Jod deutet [66]).

---

[64]) Dass die Atomvolume der Halogene selbst einander gleichkommen ist um so bemerkenswerther, als in allen Halogenverbindungen das Volum beim Ersetzen von Fluor durch Chlor, Brom und Jod grösser wird. Das Volum von NaF z. B. (das man durch Dividiren des spezifischen Gewichts in das durch die Formel ausgedrückte Gewicht erhält) beträgt etwa 15, von NaCl 27, von NaBr 34 und von NaJ 41. Das Volum von $SiHCl^3$ ist 82, das der entsprechenden Verbindung des Broms 108 und der des Jods 122. Das spezifische Gewicht der Lösung, z. B. von $NaCl + 200 H^2O$ ist 1,0106 bei $\frac{15°}{4°}$, das Volum beträgt also $\frac{3658,5}{1,0106} = 3620$; hieraus folgt, dass das Volum von NaCl in der Lösung $= 3620 - 3603$ (das Volum von $200\,H^2O) = 17$ ist. In einer gleichen Lösung beträgt das Volum von $NaBr = 26$ und von $NaJ = 35$.

[65]) Immer aber übertrifft die Dichte (und sogar das Volum, vrgl. Anm. 64) der Bromverbindungen die der Chlorverbindungen, während die Jodverbindungen eine noch grössere Dichte besitzen. Dasselbe zeigen auch viele andere Beziehungen, die Jodverbindungen sieden z. B. höher, als die entsprechenden Chlorverbindungen u. s. w.

[66]) Potilitzin zeigte, dass beim Erwärmen verschiedener Chlormetalle mit äquivalenten Brommengen in zugeschmolzenen Röhren immer eine Vertheilung des Metalls zwischen den Halogenen stattfindet und dass im Endprodukte die durch Brom ersetzte Chlormenge den Atomgewichten der angewandten Metalle proportional und der Valenz derselben umgekehrt proportional ist. Im Gemische NaCl + Br z. B. werden von 100 Th. Chlor 5,54 Th. in AgCl + Br dagegen 27,28 Th. Chlor durch Brom ersetzt. Diese Zahlen verhalten sich wie 1: 4,9 und die Atomgewichte Na:

Uebrigens verhalten sich diese beiden letzteren zu Metalloxyden zuweilen ebenso, wie Chlor. Gay-Lussac beobachtete beim Glühen von K^2CO^3 in Joddämpfen (wie auch in Chlor) ein Ausscheiden von Sauerstoff und Kohlensäuregas: $K^2CO^3 + J^2 = 2KJ + CO^2 + O$. Die umgekehrte Reaktion zwischen Halogen und Sauerstoff erfolgt aber beim Br und J noch leichter, als beim Chlor. Aus

---

Ag = 1 : 4,7. Geht man von einer Chlorverbindung MCl^n aus, so beträgt bei der Einwirkung von nBr die Ersetzung in Procenten ausgedrückt $4 \frac{M}{n^2}$ (M ist das Atomgewicht des Metalls). Dieses Gesetz ist aus Beobachtungen an den Chlorverbindungen von Li, Na, K, Ag (n = 1); Ca, Sr, Ba, Co, Ni, Hg, Pb (n=2), Bi (n = 3), Sn (n = 4) und Fe^2 (n = 6) abgeleitet worden.

Die Bestimmungen *Potilitzin's* ergeben nicht nur eine glänzende Bestätigung der *Lehre Berthollet's*, sondern bilden auch den ersten Versuch zu einer direkten Bestimmung der Affinität einfacher Körper unter Anwendung des Verdrängungsverfahrens (seit 1879 sind keine ähnlichen Bestimmungen publicirt worden). Das Hauptziel seiner Untersuchung bestand jedoch in der Absicht, festzustellen, dass die Verdrängung in den Fällen vor sich geht, in welchen Wärme absorbirt wird; dass Wärme absorbirt werden muss, folgte daraus, dass alle Brommetalle bei ihrer Bildung weniger Wärme entwickeln, als Chlormetalle (vgl. die Daten in der Anm. 55). Von den anderen Beobachtungen Potilitzin's auf diesem Gebiete sind noch die folgenden hervorzuheben.

Vergrössert man die angewandte Brommenge, so nimmt auch die Menge des verdrängten Chlors zu. Wenn z. B. auf eine Molekel NaCl — 1 und 4 Aequivalente Brom einwirken, so beträgt die Menge des verdrängten Chlors in Procenten: 6,08 resp. 12,46 und beim Einwirken von 1, 4, 9, 16, 25 und 100 Molekeln Brom auf eine Molekel $BaCl^2$: 7,8; 17,6; 23,5; 31,0; 35,0 und 45 Procent. Lässt man äquivalente Chlorwasserstoff-Mengen auf Brommetalle in zugeschmolzenen Röhren und unter Ausschluss von Wasser bei 300° einwirken, so sind die Procentmengen des durch Chlor verdrängten Broms bei doppelten Umsetzungen zwischen einwerthigen Metallen den Atomgewichten umgekehrt proportional. Bei NaBr + HCl z. B. beträgt die Verdrängung 21 pCt., bei KCl = 12 und bei AgCl = $4^1/_4$ pCt. In wässriger Lösung verläuft die Erscheinung, obgleich sie durch die Mitwirkung des Wassers komplizirt wird, im Wesentlichen in derselben Weise. Auch bei gewöhnlicher Temperatur verlaufen die Reaktionen schon von selbst in beiden Richtungen, aber mit verschiedener *Geschwindigkeit*. Beim Einwirken einer schwachen Lösung von Chlornatrium (1 Aequiv. in 5 Litern) auf Bromsilber betrug die ersetzte Brommenge nach $6^1/_2$ Tagen 2,07 pCt., mit KCl=1,5 pCt. Beim Einwirken eines Ueberschusses von Chlormetall nimmt die Grösse des Austausches zu; mit 4 Aequiv. KCl erreichte sie in 9 Tagen 4,95 pCt.; beim Einwirken von 9 Gr. NaCl auf 1,1 Gr. AgBr wurden in 13 Tagen 9,69 pCt. Brom ersetzt. Diese Umwandlungen gehen gleichfalls unter Absorption von Wärme vor sich.

Die umgekehrten Reaktionen, bei denen Wärme entwickelt wird, verlaufen unvergleichlich schneller, gehen aber gleichfalls nur bis zu einer bestimmten Grenze; bei der Reaktion AgCl + RBr z. B. entstehen in verschiedener Zeit die folgenden Procentmengen AgBr:

Stunden:	2	3	22	96	120
K	79,82	87,4	88,22	—	94,21
Na	83,63	90,74	91,70	95,49	—

Folglich verlaufen die unter Entwickelung von Wärme stattfindenden Reaktionen unvergleichlich schneller, als die umgekehrten. Vergleich man die Anfangsgeschwindigkeit der Reaktionen mit der sich entwickelnden Wärmemenge, so findet

BaJ² wird z. B. das Jod beim Glühen durch Sauerstoff verdrängt. (Ausserdem wird die Reaktion durch die leichtere Oxydationsfähigkeit von J im Vergleiche mit Cl verwickelter). Wenn Jodaluminium im Sauerstoffstrome direkt verbrennt (Deville und Trost), und man dasselbe Verhalten auch beim Chloraluminium, wenn auch weniger scharf, beobachtet, so weist dies auf die geringere Affinität der Halogene zu solchen Metallen hin, die nur schwache Basen bilden. Noch mehr gilt dieses für die Metalloide, welche Säuren bilden und mit Sauerstoff viel mehr Wärme ausscheiden, als mit den Halogenen. Aber in allen diesen Fällen ist die Affinität (und die entwickelte Wärmemenge) beim Jod und Brom geringer, als beim Chlor, wahrscheinlich schon desswegen, weil das Atomgewicht des Jods und Broms grösser ist; die übrigen Eigenschaften der Atome aller Halogene sind einander ähnlich. Deutlicher als im Verhalten zu den Metallen tritt der geringere Energievorrath des Jods und Broms im Verhalten der Halogene zu Wasserstoff hervor. Im gasförmigem Zustande treten alle Halogene mehr oder weniger leicht mit Wasserstoff in direkte Substitution ein, so z. B. in Gegenwart von Platinschwamm, wobei Halogenwasserstoffsäuren HX entstehen, die aber durchaus nicht die gleiche Beständigkeit zeigen: am beständigsten ist HCl, am wenigsten beständig HJ, während HBr in der Mitte steht. Um HCl auch nur theilweise zu zersetzen, ist schon eine sehr starke Hitze erforderlich, während HJ sich im Lichte schon bei Zimmertemperatur und beim Erhitzen sehr leicht zersetzt. Die Reaktion: $J^2 + H^2 = HJ + HJ$ ist daher leicht umkehrbar; folglich ist eine Grenze vorhanden und HJ dissoziirt leicht [67]). Zur Zersetzung von 2HCl in $H^2 + Cl^2$ braucht man,

---

man zwischen den entsprechenden Daten eine vollständige Uebereinstimmung. Bei der Reaktion zwischen AgCl und KBr werden 3,5 Tausend W. E. entwickelt und die Geschwindigkeit derselben in den ersten zwei Stunden findet ihren Ausdruck in der Bildung von 79,8 pCt. Bromsilber. Beim Einwirken von NaBr auf AgCl entwickeln sich 4,3 Taus. W. E, und die Geschwindigkeit der beiden ersten Stunden beträgt 83,2 pCt. Diese der Geschwindigkeit entsprechenden thermischen Zahlen trifft man auch bei anderen Verbindungen. Hieraus folgt, dass die thermischen Zahlen nicht der ganzen Arbeit der Affinität, sondern nur den Anfangsgeschwindigkeiten der Reaktionen proportional sind. Es erklärt dies auch, warum man auf Grund von thermischen Zahlen die Richtung der Hauptreaktion voraussehen, nicht aber voraussagen kann, in welcher Richtung die Reaktion nicht verlaufen wird.

[67]) Die *Dissoziation des Jodwasserstoffs* ist von Hautefeuille und dann von Lemoine ausführlich untersucht worden. Aus den Untersuchungen des Letzteren soll Folgendes mitgetheilt werden. Bei 180° findet eine merkliche, aber langsame Zersetzung von HJ statt; mit der Zunahme der Temperatur nimmt auch die Geschwindigkeit zu und die Zersetzungs-Grenze wird weiter gerückt Ebenso verhält es sich auch mit der umgekehrten Reaktion, d. h. J^2 und H^2 bilden 2HJ nicht nur unter dem Einfluss von Platinschwamm, welcher zugleich die Zersetzung beschleunigt (Corenwinder), sondern auch von selbst, jedoch langsam. Die Grenze der um-

nach direkten Messungen der sich entwickelnden Wärmemenge zu urtheilen, 44 Tausend W. E. (da bei der Bildung von HCl 22 Taus. W. E. entwickelt werden). Bei der Zersetzung von 2HBr in $H^2 + Br^2$ beträgt der Wärmeverbrauch, wenn man das Brom in dampfförmigen Zustande erhält, gegen 24 Taus. W. E. Bei Zersetzung von 2HJ in $H^2 + J^2$ (in Dampfform) aber findet keine Aufnahme, sondern eine *Entwickelung* von etwa 3 Tausend W. E. statt [68]), was zweifellos in ursächlichem Zusammenhange mit der

> kehrbaren Reaktion bleibt dieselbe sowol in Gegenwart, als auch in Abwesenheit von Platinschwamm. Durch Vergrösserung des Druckes wird die Reaktion der Bildung von HJ sehr beschleunigt; analog wirkt auch der Platinschwamm, indem er die Gase verdichtet. Unter Atmosphärendruck erreicht die Zersetzung von HJ bei 250° die Grenze erst nach mehreren Monaten, bei 430° in einigen Stunden. Bei 250° beträgt die Grenze ungefähr 18 pCt der Zersetzung, d. h. dass von 100 Theilen Wasserstoff in HJ gegen 18 pCt. bei dieser Temperatur ausgeschieden werden können, aber auch nicht mehr (die Dissoziationsgrösse ergibt sich aus der ausgeschiedenen Wasserstoffmenge, die leicht gemessen werden kann), bei 440° entsprechen 29 pCt. der Grenze. Wenn aber der Druck, unter welchem 2HJ in $H^2 + J^2$ übergehen $4^1/_2$ Atmosphären ist, so beträgt die Grenze bei 250° 24 pCt. und unter 5 Atmosphären 29 pCt. Der geringe Einfluss des Druckes auf die Dissoziation von HJ (vrgl. N^2O^4, Kap. 6 Anm. 46) wird dadurch bedingt, dass bei der Reaktion: $2HJ = J^2 + H^2$ keine Volumänderung vor sich geht und dass die wahrscheinlich vorhandenen Unterschiede durch Abweichungen vom Gesetze Boyle-Mariotte's bestimmt werden. Zur Veranschaulichung des Einflusses der Zeit führen wir die folgenden sich auf 350° beziehenden Zahlen an: 1) Bei der Reaktion $H^2 + J^2$ blieben nach 3 Stunden 88 pCt. Wasserstoff im freien Zustande: nach 8 St. 69 pCt., nach 34 St. 48 pCt., nach 76 St. 29 pCt. und nach 327 St. 18,5 pCt. H^2. 2) Umgekehrt wurden bei der Zersetzung von 2HJ: nach 9 St. 3 pCt. und nach 250 St. 18,5 pCt. H^2 frei. Setzt man einen Ueberschuss von Wasserstoff zu, so wird die Zersetzungs-Grenze enger oder die Menge des aus $J^2 + H^2$ entstehenden HJ wird grösser, wie dies nach der Lehre Berthollet's auch erwartet werden muss (Kap. 10). Ohne eine Beimengung von Wasserstoff zerfallen 26 pCt. HJ bei 440°, dagegen zweimal weniger, wenn man H^2 beimengt. Wenn daher eine unbegrenzte Wasserstoffmenge zugesetzt wird, so findet keine Zersetzung von HJ statt. Sehr begünstigt wird die Zersetzung von HJ durch das Einwirken von Licht. Bei gewöhnlicher Temperatur zerfallen unter der Einwirkung des Lichts 80 pCt. HJ, während bei Abhaltung des Lichtes diese Zersetzungsgrenze erst durch sehr hohe Temperaturen erreicht werden kann. Durch den Einfluss von Licht, Platinschwamm und Beimengungen im Glase (namentlich von Na^2SO^4, welches auf HJ zersetzend einwirkt) wird die Untersuchung sehr erschwert, aber zugleich lässt sich ersehen, dass bei solchen Reaktionen wie $2HJ = J^2 + H^2$, bei denen die Wärmetönungen sehr gering sind, verschiedene nebensächliche, schwache Einflüsse tiefgehende Aenderungen im Verlaufe der Erscheinung hervorrufen können. (Anm. 47).
> 68) Die thermischen Bestimmungen von Thomsen (bei 18°) ergaben in Tausenden Calorien: $Cl + H = + 22$; $HCl + Aq$ (d. h. beim Auflösen von HCl in viel Wasser) $= + 17,3$ und folglich $H + Cl + Aq = + 39,3$; (zu Angaben in Molekeln müssen diese Zahlen verdoppelt werden); $Br + H = + 8,4$; $HBr + Aq = 19,9$; $H + Br + Aq = + 28,3$. Die Verdampfung von Br^2 verbraucht, nach Berthelot, 7,2; folglich $Br^2 + H^2 = 16,8 + 7,2 = + 24$, wenn man Br^2, um es mit Cl^2 zu vergleichen in Dampfform nimmt. $H + J = - 6,0$; $HJ + Aq = + 19,2$; $H + J + Aq = 13,2$, da aber nach Berthelot die Schmelzwärme von $J^2 = 3,0$ und die Verdampfungs-

Beständigkeit von HCl, der leichten Zersetzbarkeit von HJ und den dazwischen liegenden Eigenschaften von HBr steht. Es lässt sich daher erwarten, dass das Chlor Wasser unter Entwickelung von Sauerstoff zersetzt, während das Jod dies nicht bewirken kann [69]), obgleich es aus den Oxyden des Kaliums und Natriums Sauerstoff ausscheidet, da die Affinität dieser Metalle zu den Halogenen sehr bedeutend ist. Aus demselben Grunde zersetzt Sauerstoff leicht HJ, namentlich wenn er in Verbindungen auftritt, die ihn leicht ausscheiden können (z. B. ClHO, CrO^3 und and.). Ein Gemisch von $4HJ + O^2$ entzündet sich bei Berührung mit einem glühenden Körper und bildet Wasser und J^2. Ein Tropfen rauchender Salpetersäure entzündet sich in einer Atmosphäre von HJ unter Entwickelung eines Gemisches brauner Dämpfe von NO^2 und violetter Joddämpfe. In Gegenwart von Alkalien und viel Wasser kann aber das Jod auch oxydirend wirken (wie das Chlor), d. h. es kann Wasser zersetzen, indem hierbei die Affinität von HJ zum Alkali und Wasser ebenso förderlich einwirkt, wie die der Schwefelsäure beim Zersetzen von Wasser durch Zink. Am deutlichsten tritt die relative Unbeständigkeit von HJ erst im gasförmigen Zustande hervor, denn beim Lösen in Wasser entwickeln die Halogenwasserstoffsäuren so viel Wärme, dass ihre Lösungen einander viel näher stehen. Man ersieht dies auch aus den thermochemischen Daten, indem bei der Bildung von HX in Lösung (in viel Wasser) aus den *gasförmigen* einfachen Körpern die fol-

---

wärme 6,0 Tausend W. E. beträgt, so ist $J^2 + H^2 = -2.6,0 + 3 + 6 = -3,0$, wenn das Jod in Dampfform genommen wird. Berthelot gibt aber auf Grund seiner eigenen Bestimmungen $+ 0,8$ Taus. W. E. Solche Widersprüche kommen in der Thermochemie, bei der Unvollkommenheit der vorhandenen Methoden, nicht selten vor und werden durch die Nothwendigkeit bedingt, die zu Grunde liegenden Zahlen auf Umwegen erlangen zu müssen. Um z. B. die Wärmetönung von $H + J$ zu bestimmen zersetzte Thomsen eine schwache KJ-Lösung durch gasförmiges Chlor und erhielt bei dieser Reaktion $+ 26,2$, woraus er nach den bereits bekannten Wärmetönungen der Reaktionen $KHO + HCl$, $KHO + HJ$ und $Cl + H$ in wässrigen Lösungen die Daten für $H + J + Aq$ und dann, da die für $HJ + Aq$ bekannt waren, die Wärmetönung von $J + H$ ableitete. Offenbar können sich auf diese Weise die nicht zu vermeidenden Fehler summiren.

69) Nach Berthollet's Lehre und den Beobachtungen von Potilitzin muss übrigens angenommen werden, dass Spuren der langsamen Zersetzung von Wasser durch Jod wol vorhanden sein können. In diesem Sinne erklärt sich die Beobachtung von Dossios und Weith über die nach Monaten eintretende Zunahme der Löslichkeit des Jods in Wasser, welche durch allmählige die Bildung von HJ bedingt wird. Entzieht man einer solchen Lösung das Jod durch Schwefelkohlenstoff, so lässt sich nach Einwirkung von N^2O^3 vermittelst Stärke noch Jod in der Lösung entdecken. Es ist anzunehmen, dass viele ähnliche Reaktionen, die viel Zeit erfordern und in geringen Mengen vor sich gehen, bis jetzt der Beobachtung entgangen sind, da immer noch an der allgemeinen Giltigkeit der Lehre Berthollet's gezweifelt wird und häufig nur die thermochemische Seite der Reaktionen in Betracht gezogen oder der Einfluss der Zeit und der Masse ausser Acht gelassen wird.

genden Wärmemengen entwickelt werden: bei HCl 39, HBr 32 und HJ 18 Tausend W. E. [70]). Besonders deutlich zeigt sich dies aber in der Aehnlichkeit der wässrigen Lösungen von HBr und HJ mit Lösungen von HCl, sowol in Bezug auf die Fähigkeit Hydrate und rauchende, konstant siedende Lösungen zu geben, als auch auf die Eigenschaft, mit Basen in Reaktion zu treten, Haloidsalze zu bilden u. s. w.

Bromwasserstoff und *Jodwasserstoff* können daher, wie aus dem eben Mitgetheilten folgt, in gasförmigem Zustande nicht unter allen den Bedingungen, unter denen HCl entsteht, dargestellt werden. Dieselben Erscheinungen, wie bei NaCl, erfolgen z. B. beim Vermischen von Schwefelsäure mit einer Lösung von NaJ (wobei theilweise HJ entsteht, jedoch Alles in Lösung bleibt); vermischt man aber starke Schwefelsäure mit NaJ, so zersetzt der Sauerstoff derselben den frei werdenden HJ unter Bildung von Jod: $H^2SO^4 + 2HJ = 2H^2O + SO^2 + J^2$. Diese Reaktion verläuft in Gegenwart einer grossen *Masse* von Wasser (2000 Th. auf 1 Th. SO^2) in umgekehrter Richtung. Hierin offenbart sich nicht nur die Affinität des HJ zu Wasser, sondern auch der direkte Einfluss des Wassers auf die Richtung einer chemischen Reaktion, die unter dessen Mitwirkung stattfindet, [71]). Aus den entsprechenden Haloidsalzen ist es daher leicht (durch Einwirken von H^2SO^4), gasförmigen HCl zu erhalten, nicht aber HBr und HJ, isolirt als Gase [72]). Zur Darstellung der Letzteren sind andere Methoden erforderlich, vor allem Anwesenheit von Sauerstoff entziehenden Substanzen, da derselbe HBr und HJ leicht zersetzen kann. H^2S, Phosphor und ähnliche Mittel, die selbst leicht Sauerstoff entziehen, führen daher Brom und Jod in Gegenwart von Wasser in HBr und HJ über. Beim Einwirken von Phosphor z. B. geht im Wesentlichen aller Sauerstoff des Wassers zum Phosphor über und die Reaktion führt zur Bildung von HBr und HJ; eine Verwickelung entsteht aber infolge der Umkehrbarkeit der Reaktionen, der in Wirkung tretenden Affinität zum Wasser und anderer Umstände, die sich aus der Lehre Berthollet's erklären. H^2S wird durch Chlor (und auch Brom) direkt unter Bildung von 2HCl und Schwefel zersetzt und zwar sowol im gasförmigen Zustande, als auch in Lösung; beim Jod erfolgt aber die Reaktion nur in schwachen wässrigen Lösungen, wenn der Affinität des Jods zum Wasserstoff

---

70) Auf Grund der Angaben in Anm. 68.
71) Zahlreiche ähnliche Fälle bestätigen das in den Anmerkungen 27 und 28 im 10-ten Kapitel Ausgesprochene.
72) Störend wirkt die Desoxydations-Fähigkeit der Schwefelsäure. Flüchtige Säuren gehen selbst mit HBr und HJ in die Vorlage über. Von den nicht flüchtigen und nicht reduzirend wirkenden Säuren üben viele nur eine schwache Einwirkung aus (wie H^3PO^4) oder bleiben ganz ohne Wirkung (wie H^3BO^3).

die Affinität des HJ zum Wasser zu Hilfe kommt. Im gasförmigen Zustande wirkt Jod auf H^2S nicht ein [73]), während Schwefel gasförmigen HJ zersetzen kann, wobei H^2S und eine Verbindung von Schwefel mit Jod entstehen, aus welcher durch Wasser HJ entwickelt wird [74]). Leitet man aber Schwefelwasserstoff in Wasser, in dem Jod suspendirt ist, so geht die Reaktion: $H^2S + S = 2HJ + S$ so lange vor sich, als die Lösung verdünnt bleibt und, wenn Jod zugesetzt wird, bis eine Lösung von Jod in Jodwasserstoffsäure annähernd von der Zusammensetzung $2HJ + 4J^2 + 9H^2O$ entsteht (nach Bineau); auf eine solche Lösung bleibt H^2S, trotz der Gegenwart von viel freiem Jod, ohne Einwirkung. Durch Einleiten von H^2S in Wasser mit darin suspendirtem Jod lassen sich daher nur schwache HJ-Lösungen darstellen'[74bis]).

Zur Darstellung [75]) von gasförmigem HBr oder HJ ist die Re-

---

[73]) Dieses entspricht den thermochemischen Daten, denn, sind alle Substanzen im *gasförmigen* Zustande (für S beträgt die Schmelzwärme 0,3 und die Verdampfungswärme 2,3), so erhält man: $H^2 + S = + 4,7$; $H^2 + Cl^2 = + 44$ $H^2 + Br^2 = + 24$ und $H^2 + J^2 = - 3$ Tausend W. E. Bei Bildung von H^2S wird folglich weniger Wärme entwickelt, als bei Bildung von HCl und HBr, aber mehr als bei der von HJ. In schwachen Lösungen beträgt die Bildungswärme von: $H^2 + S + Aq = + 9,3$ Taus. W. E., also weniger, als bei der Bildung aller Halogenwasserstoffsäuren, da H^2S mit Wasser nur wenig Wärme entwickelt. In schwachen Lösungen wird daher H^2S durch Chlor, Brom und Jod zersetzt.

[74]) Es sind hier die drei Elemente: H, S und J, welche untereinander gepaarte Verbindungen bilden können: HJ, H^2S und SJ; letztere entsteht in verschiedenen Verhältnissen. In solchen Fällen offenbart es sich, wie verwickelt die Aufgaben der chemischen Mechanik sind. Nur die Betrachtung der einfachsten Fälle kann augenscheinlich den Schlüssel zur Lösung der verwickelteren Aufgaben liefern. Andrerseits erhellt aus den auf den letzten Seiten angeführten Beispielen, dass ohne Erfassen der Bedingungen des chemischen Gleichgewichts wir zu keinem Verständnisse der chemischen Erscheinungen gelangen können. Die Möglichkeit zur Lösung der vorstehenden Aufgabe scheint gegeben zu sein, wenn man Berthollet folgt, aber die Arbeit in dieser Richtung hat in den letzten Jahrzehnten kaum begonnen und es muss noch Vieles erklärt und das Versuchsmaterial, welches fortwährend anzutreffen ist, zuerst gesammelt werden. Die neuere Chemie wird sich zweifellos zunächst an die Lösung dieser beiden Aufgaben machen. Durch die Mittheilung der vorhandenen Kenntnisse über die Halogene beabsichtige ich, auf solche Aufgaben und auf die Methoden hinzuweisen, deren Befolgung zu Aufklärungen führen könnte. Der Raum des Buches erlaubt es aber nicht, alle Aufgaben dieser Art in den Kreis der Betrachtung zu ziehen.

74 bis) Im Wesentlichen dasselbe geschieht, wenn SO^2 in schwacher Lösung mit Jod — HJ und Schwefelsäure bildet. Beim Eindampfen geht die umgekehrte Reaktion vor sich. Ueberall treten im Gleichgewicht befindliche Systeme auf und es offenbart sich die Rolle des Wassers.

[75]) Die Methoden der Bildung und Darstellung von Verbindungen sind nichts anderes, als partielle Beispiele chemischer Einwirkungen. Wenn die chemische Mechanik besser und vollständiger als jetzt bekannt wäre, so könnten alle Arten der Darstellung mit allen Einzelheiten (in Bezug auf Wassermenge, Temperatur, Masse, Druck u. s. w.) vorausgesehen werden. Die Erforschung der praktischen

aktion zwischen Phosphor, Halogen und Wasser am passendsten, wenn von letzterem nicht zu viel genommen wird (denn sonst lösen sich HJ und HBr) und wenn das Halogen allmählich zu dem mit Wasser angefeuchteten Phosphor zugesetzt wird. Bringt man in einen Kolben rothen Phosphor, den man mit Wasser anfeuchtet, und giesst dann tropfenweise Brom zu (aus einem mit Glashahn versehenen geschlossenen Trichter), so erfolgt eine reichliche und gleichmässige Entwickelung von Bromwasserstoffgas [76]). Zur Darstellung von HJ setzt man in einem Kolben mit 10 Theilen (trocknen) Jods 1 Theil gewöhnlichen (gelben) trocknen Phosphors zu, indem man den Kolben schüttelt; die Reaktion geht (unter Entwickelung von Licht und Wärme) ruhig vor sich, und wenn die Masse des entstandenen Jodphosphors erkaltet ist, so giesst man zu derselben aus einem Glastrichter mit Glashahn tropfenweise Wasser zu, wobei die Entwickelung von HJ sogar ohne Erwärmen erfolgt. Zur Erklärung dieser Darstellungsmethode genügt es in Erinnerung zu bringen, dass Chlorphosphor mit Wasser HCl bildet. Dasselbe geschieht bei der Bildung von Jodwasserstoff: der Sauerstoff des Wassers geht zum Phosphor und der Wasserstoff zum Jod über: $PJ^3 + 3H^2O = PH^3O^3 + 3HJ$ [77]).

Darstellungs-Methoben ist daher einer der Wege zur Erforschung der chemischen Mechanik. In der Einwirkung von Jod auf Phosphor und Wasser liegt ein gleicher Fall vor (vergl. Anmerkung 74), der aber noch verwickelter wird infolge der Möglichkeit der Bildung einer Verbindung von PH^3 mit HJ und ausserdem infolge der Entstehung von PJ^2 und PJ^3 und der Affinität des HJ und der Säuren des Phosphors zum Wasser. Das theoretische Interesse, das die Frage des Gleichgewichts in allen möglichen Verwickelungen bietet, ist natürlich sehr bedeutend; es tritt aber in den Hintergrund vor dem unmittelbaren Interesse, eine praktische Methode zum Isoliren von Substanzen und zum Benutzen derselben entsprechend den Bedürfnissen des Menschen zu finden. Erst nach Befriedigung dieser Bedürfnisse und in dem Maasse, wie dieselben befriedigt werden, können andere Interessen in Betracht kommen, welche wieder ihren Einfluss auf jene ausüben müssen. Daher halte ich es zwar für zeitgemäss auf das theoretische Interesse, welches die Frage vom chemischen Gleichgewichte bietet, hinzuweisen, suche aber die Hauptaufmerksamkeit des Lesers in diesem Werke auf die chemischen Interessen hinzulenken.

76) HBr erhält man beim Einwirken von Brom auf Paraffin bei 180° und, nach Gustavson's Vorschlag, durch tropfenweises Zugiessen von Brom (dem man vortheilhaft etwas $AlBr^3$ zugibt) zu Anthracen (ein fester Kohlenwasserstoff des Steinkohlentheers). Balard stellte HBr durch Einwirkung von Bromdämpfen auf feuchte Stücke gewöhnlichen Phosphors dar. Flüssiges Phosphortribromid, das man direkt aus P und Br erhält, entwickelt beim Einwirken von Wasser gleichfalls einen HBr-Strom. Auch Bromkalium (und — natrium) bildet beim Einwirken von Schwefelsäure in Gegenwart von Phosphorstücken HBr, während HJ hierbei zersetzt wird. Um aus HBr die Bromdämpfe zu entfernen leitet man das Gas über feuchten Phosphor und trocknet es dann durch Phosphorsäureanhydrid oder $CaBr^2$, nicht aber $CaCl^2$, da dieses hierbei HCl bilden würde. Ueber Quecksilber können weder HBr, noch HJ aufgesammelt werden, da es von diesen Gasen angegriffen wird; sie lassen sich aber in einem trocknen Gefässe, bis zu dessen Boden ein das Gas zuführende Glasrohr eingesenkt ist, auffangen, denn beide Gase sind bedeutend schwerer als Luft.

77) Phosphor nimmt man gewöhnlich mehr als zur Bildung von PJ^3 erforderlich

Im gasförmigen Zustande sind HBr und HJ dem HCl sehr ähnlich: durch Druck und Abkühlung werden sie verflüssigt, an der Luft rauchen sie, bilden konstant siedende Lösungen und Hydrate, reagiren mit Metallen, Oxyden und Salzen u. s. w. [78]). Nur die relativ leichte Zersetzbarkeit des HBr und namentlich des HJ unterscheidet sie von der Salzsäure. Daher wirkt auch Jodwasserstoff in zahlreichen Fällen wie ein Desoxydations- oder Reduktionsmittel und wird sogar öfters zum Uebertragen von Wasserstoff benutzt. Berthelot, Baeyer, Wreden und and. erhielten z. B. beim Erwärmen ungesättigter Kohlenwasserstoffe mit einer HJ-Lösung sich der Grenze $C^n H^{2n+2}$ nähernde oder sogar gesättigte Kohlenwasserstoffe. Aus dem Benzol $C^6 H^6$ z. B. erhält man beim Erwärmen desselben mit einer konzentrirten HJ-Lösung in zugeschmolzenen Röhren Hexahydrobenzol $C^6 H^{12}$. Die leichte Zersetzbarkeit des HJ erklärt es, dass Jod auf Kohlenwasserstoffe nicht metaleptisch einwirkt, da der frei werdende HJ mit dem entstehenden Metalepsieprodukt RJ umgekehrt Jod, J^2, und die Wasserstoffverbindung, RH, bildet. Zur Darstellung von Jodsubstitutionsprodukten setzt man daher Jodsäure (Kekulé) oder

ist, da sich sonst ein Theil des Jods verflüchtigt. Wendet man weniger als 10 Thl. Jod an, so bildet sich viel PH^{4}J. Das angegebene Verhältniss ist von Gay-Lussac und Kolbe festgestellt worden. Man gewinnt HJ auch nach verschiedenen anderen Methoden. Bannow löst 2 Th. Jod in 1 Th. vorher bereiteter starker HJ-Lösung (vom spezifischen Gewicht 1,67) und giesst dann die Lösung durch den Tubulus einer Retorte auf röthen Phosphor. Personne erwärmt direkt ein Gemisch von 15 Th. Wasser, 10 Th. Jod und 1 Th. rothen Phosphors und leitet den sich entwickelnden HJ über feuchten Phosphor zur Entfernung freien Jods (Anm. 76). Es darf übrigens nicht vergessen werden, dass zwischen HJ und Phosphor auch die umgekehrte Reaktion, bei der PH^{4}J und PJ^3 entstehen, eintreten kann (Oppenheim).
Zu bemerken ist, dass die Reaktion zwischen Phosphor und Jod mit Wasser genau in dem angegebenen Verhältniss und mit Vorsicht auszuführen ist, da Explosionen vorkommen können. Mit rothem Phosphor verläuft die Reaktion ruhiger, erfordert aber trotzdem Vorsicht.
Nach L. Meyer geht die Reaktion bei überschüssigem Jod ohne Bildung von Nebenprodukten (PH^{4}J), entsprechend der Gleichung: $P + 5J + 4H^2O = PH^3O^4 + 5HJ$ vor sich. In eine tubulirte Retorte bringt man 100 Gr. Jod und 10 Gr. Wasser und giesst durch den Tubulus (anfangs sehr vorsichtig tropfenweise) ein teigartiges Gemisch von 5 Gr. rothen Phosphors und 10 Gr. Wasser hinein. Ist der Retortenhals nach oben gerichtet und lässt man das Gas durch etwas Wasser streichen, so erhält man jodfreien Jodwasserstoff.
78) Die spezifischen Gewichte habe ich nach den Beobachtungen von Topsöe und Berthelot für 15°/4° berechnet:

	10	20	30	40	50	60%
HBr	1,071	1,157	1,258	1,374	1,505	1,650
HJ	1,075	1.164	1,267	1,399	1,567	1,769

Bromwasserstoff bildet die Hydrate HBr2H^{2}O und HBrH^{2}O, die von Bakhuis Rooseboom ebenso genau untersucht sind, wie das Hydrat von HCl (vgl. Kap. 10 Anm. 37).
Mit metallischem Silber entstehen aus HJ-Lösungen sehr leicht Wasserstoff und AgJ. Ebenso wirken Quecksilber, Blei und andere Metalle.

Quecksilberoxyd zu (Wesseljsky), da diese Substanzen mit HJ sofort in Reaktion treten: $HJO^3 + 5HJ = 3H^2O + 3J^2$ und $HgO + 2HJ = HgJ^2 + H^2O$. Aus diesem Verhalten erklärt es sich auch, dass das Jod auf NH^3 und NaHO analog dem Chlore (und Brome) einwirken kann, da aus HJ hierbei NH^4J und NaJ entstehen. Eine NH^3-Lösung bildet daher mit Jodtinktur oder sogar festem Jod sofort ein stark explosives, festes, schwarzes Metalepsieprodukt, das gewöhnlich *Jodstickstoff* genannt wird, obgleich es wahrscheinlich noch Wasserstoff enthält: $3NH^3 + 2J^2 = 2NH^4J + NHJ^2$. Die Zusammensetzung dieses Produktes wechselt übrigens und bei überschüssigem Wasser erhält man anscheinend NJ^3. Der Jodstickstoff ist ebenso explosiv wie NCl^3. Beim Einwirken von Jod auf NaHO-Lösungen bildet sich aber kein Bleichsalz (wie beim Einwirken von Chlor und Brom), sondern die Reaktion verläuft direkt unter Bildung von jodsaurem Salze: $6NaHO + 3J^2 = 5NaJ + 3H^2O + NaJO^3$ (Gay-Lussac). Ebenso wirken auch die Lösungen anderer Alkalien und selbst ein Gemisch von Wasser mit Quecksilberoxyd. Die direkte Entstehung von *Jodsäure* $HJO^3 = JO^2(OH)$ weist auf die Neigung des Jods zur Bildung von Verbindungen nach dem Typus JX^5 hin. Diese Eigenschaft des Jods kommt in der That in zahlreichen Fällen zum Vorschein. Besonders bemerkenswerth ist, dass Jodsäure direkt und leicht beim Einwirken oxydirender Substanzen auf Jod entsteht. Starke Salpetersäure z. B. führt Jod direkt in Jodsäure über, während sie auf Chlor gar nicht einwirkt [79]). Daraus folgt, dass die Affinität des Jods zum Sauerstoffe grösser ist, als die des Chlors, was noch dadurch bestätigt wird, dass Chlor aus seinen Sauerstoffverbindungen [80]) durch Jod verdrängt und dass in Gegenwart von Wasser Jod

---

79) Die Oxydation von J^2 durch starke Salpetersäure ist von Connel entdeckt worden. Nach Millon geht dieselbe, nur langsamer, auch beim Einwirken der Salpetersäurehydrate bis zu HNO^3H^2O vor sich: vom Hydrate HNO^32H^2O und noch schwächeren Lösungen wird Jod nur gelöst, nicht oxydirt. Auch hier offenbart sich die Mitwirkung des Wassers. Dieselbe ist z. B. auch daraus ersichtlich, dass trocknes NH^3 sich direkt mit Jod verbindet, (bei 0° entsteht J^24NH^3), während Jodstickstoff nur in Gegenwart von Wasser entsteht.

80) Das Brom verdrängt gleichfalls Chlor, z. B. aus HClO und bildet direkt $HBrO^3$. Setzt man zu einer Lösung von Berthollet'schem Salze (75 Thl. in 400 Wasser) Jod (80 Thl.) und dann etwas Salpetersäure zu, so entweicht beim Kochen Chlor und in der Lösung bildet sich jodsaures Kalium. Die Salpetersäure scheidet hierbei zuerst einen Theil der Chlorsäure aus, die dann mit dem Jod Chlor entwickelt. Die entstehende Jodsäure wirkt auf eine neue Menge des Berthollet'schen Salzes ein, macht wieder Chlorsäure frei und auf diese Weise setzt sich die Wirkung fort. Uebrigens machte Potilitzin (1887) die Beobachtung, dass nicht nur Brom und Jod aus $HClO^3$ und $KClO^3$ Chlor verdrängen, sondern dass auch Chlor aus $NaBrO^3$ Brom verdrängt, wobei die Reaktion nicht in Form eines direkten Austausches der Halogene, sondern unter Bildung der freien Säuren verläuft: $5NaClO^3 + 3Br^2 + 3H^2O = 5NaBr + 5HClO^3 + HBrO^3$.

durch Chlor oxydirt wird [81]). Selbst Ozon oder die dunkle Entladung kann beim Einwirken auf ein Gemisch von Sauerstoff mit Joddämpfen letztere zu Jodsäure oxydiren [82]). Dieselbe scheidet sich aus ihrer Lösung in Form des Hydrats HJO^3 aus, das bei 170° Wasser verliert und in das Anhydrid J^2O^5 übergeht. Beide: das Anhydrid vom spezifischen Gewicht 5,037 und die Säure HJO^3, vom spez. Gew. 4,869 bei 0°, sind krystallinisch, farblos nnd in Wasser löslich [83]); sie zerfallen beim Glühen in Jod und Sauerstoff, wirken auf viele Substanzen stark oxydirend, z. B. auf: SO^2, H^2S, CO und and., bilden mit HCl Chlorjod und Wasser, und mit Basen Salze, sowol neutrale MJO^3 als auch saure, z. B. KJO^3HJO^3 und $KJO^3 2HJO^3$. Mit HJ scheidet Jodsäure sofort Jod aus: $HJO^3 + 5HJ = 3H^2O + 3J^2$.

Dem Jod entspricht, ebenso wie dem Chlor, noch eine höhere Oxydationsstufe, die *Ueberjodsäure* HJO^4, die in Form ihrer Salze beim Einwirken von Chlor auf alkalische Lösungen jodsaurer Salze und auch beim Einwirken von Jod auf Ueberchlorsäure entsteht [84]).

---

81) Leitet man Chlor in Wasser, das mit Jod vermischt ist, so löst sich das Jod; die Flüssigkeit wird farblos und enthält, je nach der Menge des vorhandenen Wassers und Chlors, entweder $JHCl^2$ oder JCl^3 oder HJO^3. Ist wenig Wasser vorhanden, so kann sich HJO^3 direkt in Krystallen ausscheiden; doch die vollständige Umwandlung erfolgt nur dann, wenn auf 1 Th. Jod nicht weniger als 10 Th. Wasser kommen: $JCl + 3H^2O + 2Cl^2 = JHO^3 + 5HCl$ (Bornemann).

82) Schönbein und Ogier haben dies gezeigt. Nach Ogier werden Joddämpfe durch Ozon bei 45° sofort oxydirt; hierbei entsteht zuerst J^2O^3, das mit Wasser und beim Erwärmen in J^2O^5 und J^2 zerfällt.

Beim Zersetzen von HJ-Lösungen durch den galvanischen Strom bildet sich am positiven Pole HJO^3 (Riche). Beim Verbrennen von Wasserstoff, dem eine geringe Menge HJ beigemischt ist, entsteht gleichfalls HJO^3 (Salet.).

83) Nach Kämmerer erstarrt eine Lösung, deren Zusammensetzung $2HJO^3 9H^2O$ ist und deren spezifisches Gewicht bei 14° 2,127 beträgt, beim Abkühlen vollständig. Eine Vergleichung der Lösungen von $HJ + mH^2O$ mit denen von $HJO^3 + mH^2O$ ergibt, dass letztere ein grösseres spezifisches Gewicht, dagegen ein geringeres Volum zeigen (was auch beim Uebergehen zu den Lösungen von $HJO^4 + mH^2O$ der Fall ist), während beim Vergleichen der Lösungen von $HCl + mH^2O$ mit denen von $HClO^3 + mH^2O$, man bei letzteren auf ein grösseres spezifisches Gewicht, aber auch auf ein grösseres Volum stösst, was übrigens auch in einigen anderen Fällen vorkommt (z. B. bei H^3PO^3 und H^3PO^4). Thomsen gibt seinen Bestimmungen des spezifischen Volums der Lösungen der Jodsäure und Ueberjodsäure bei 17°/17° für $HJO^3 + mH^2O$ folgenden Ausdruck: $18m + 39,1 - 13,1m (m + 18)$ und für $H^5JO^6 + mH^2O$ den Ausdruck $18m + 23,8$, was darauf hinweist, dass beim Vermischen dieser letzteren mit Wasser keine Kontraktion eintritt.

84) Wenn man jodsaures Natrium mit einer Lösung von Aetznatron vermischt, erwärmt und Chlor einleitet, so scheidet sich ein schwer lösliches, der Ueberjodsäure entsprechendes Salz von der Zusammensetzung $Na^4J^2O^9 3H^2O$ aus, nach der Gleichung: $6NaHO + 2NaJO^3 + 4Cl = 4NaCl + Na^4J^2O^9 + 3H^2O$.

In Wasser ist dieses Salz schwer löslich, leicht dagegen selbst in der schwächsten Salpetersäurelösung. Aus einer solchen Lösung scheidet salpetersaures Silber einen Niederschlag aus, der aus der entsprechenden Silberverbindung $Ag^4J^2O^9 3H^2O$ besteht. Löst man letztere in erwärmter Salpetersäure, so scheiden bei Verdampfung

Die Ueberjodsäure krystallisirt aus ihren Lösungen als Hydrat mit $2H^2O$ (entsprechend $HClO^4 2H^2O$); da aber überjodsaure Salze bekannt sind, die 5 Metallatome enthalten, so muss dieses Wasser als Konstitutionswasser angesehen werden. Die Zusammensetzung $JO(OH)^5 = HJO^4 2H^2O$ entspricht daher der höchsten Form der Halogenverbindungen JX^7 [85]). Wenn die Ueberjodsäure oxydirend einwirkt oder sich beim Erwärmen auf 200^0 zersetzt, so bildet sie zuerst Jodsäure; sie kann sich aber auch vollständig unter Bildung von HJ zersetzen.

Wir sehen also, dass, ausser Brom, auch das Jod in seinem Verhalten zu verschiedenen Substanzen sehr viel Aehnlichkeit mit dem Chlor zeigt, dass es aber auch eine Reihe qualitativer, individueller Unterschiede, die jedes Element charakterisiren, besitzt. Zu diesen Unterschieden gehört auch die Bildung von Verbindungen zwischen Chlor und Jod [86]). Diese beiden einfachen Körper verbinden sich nämlich direkt mit einander, unter

---

sich orangefarbige Krystalle eines Silbersalzes von der Zusammansetzung $AgJO^4$ aus. Dieses letztere bildet sich aus dem ersteren infolge der Entziehung von Silberoxyd durch die Salpetersäure: $Ag^4J^2O^9 + 2HNO^3 = 2AgNO^3 + 2AgJO^4 + H^2O$. Durch Wasser wird das Silbersalz in der Weise zersetzt, dass wieder das erstere Salz entsteht, während in der Lösung Jodsäure bleibt: $4AgJO^4 + H^2O = Ag^4J^2O^9 + 2HJO^4$. Die Struktur des Salzes $Na^4J^2O^9 3H^2O$ erscheint einfacher, wenn das Krystallisationswasser nicht besonders geschrieben wird, denn die Formel lässt sich dann durch 2 theilen: $JO(OH)^3(ONa)^2$, d. h. sie entspricht dem Typus JOX^5 oder JX^7, ebenso wie $AgJO^4$, welchem die Formel $JO^3(OAg)$ zukommt. Durch den Typus JX^7 lässt sich die Zusammensetzung aller Salze der Ueberjodsäure ausdrücken. Kimmins führt (1889) alle überjodsauren Salze auf 4 Typen zurück: Metasalze HJO^4 (mit Ag, Cu, Pb), Mesosalze $H^3JO^5(PbH, Ag^2H, CdH)$, Parasalze $H^5JO^6(Na^2H^3, Na^3H^2)$ und Disalze $H^4J^2O^9(K^4, Ag^4, Ni^2)$. Die ersteren drei sind direkte Verbindungen vom Typus JX^7: $JH^3(OH)$, $JO^2(OH)^3$ und $JO(OH)^5$; der letztere Typus verhält sich zum Typus der Mezosalze, wie die pyrophosphorsauren Salze zu den orthophosphorsauren, d. h. $2H^3JO^5 - H^2O = H^4J^2O^9$.

85) Die Ueberjodsäure, die von Magnus und Ammermüller entdeckt und darauf in ihren Salzen von Langlois, Rammelsberg und vielen Anderen untersucht worden ist, bietet uns das Beispiel eines Hydrates, in welchem der ursprünglich für so scharf gehaltene Unterschied zwischen Hydrat- und Krystallisationswasser offenbar nicht vorhanden ist. In $HClO^4 2H^2O$ muss das Wasser $2H^2O$, da es durch Basen nicht ersetzt werden kann, als Krystallisationswasser betrachtet werden, in $HJO^4 2H^2O$ dagegen als Hydratwasser. Später soll gezeigt werden, dass nach dem periodischen System der Elemente die Halogene als Elemente zu betrachten sind, deren höchster salzbildender Typus GX^7 ist, wenn G das Halogen und X Sauerstoff ($O=X^2$), OH und ähnliche Elemente bezeichnet. Das Hydrat $JO(OH)^5$, das vielen Salzen der Ueberjodsäure entspricht (z. B. Ba, Sr, Hg), erschöpft nicht alle Formen, die möglich sind. Offenbar sind durch Verlust von Wasser noch verschiedene andere Formen (Pyro, Meta und ähnl.), möglich, welche bei der Phosphorsäure ausführlicher besprochen werden (vgl. auch die vorhergeh. Anm.).

86) In seinem Verhalten zu H, O, Cl und anderen nimmt das Brom die Mitte zwischen Chlor und Jod ein; es liegt daher keine Nothwendigkeit vor, die Bromverbindungen specieller zu behandeln. Es ist dies ein grosser Vortheil, der sich aus der natürlichen Gruppirung der Elemente ergibt.

Wärmeentwickelung und Bildung von *Jodmonochlorid* JCl oder von *Jodtrichlorid* JCl³ [87]). Da Wasser mit diesen Verbindungen unter Bildung von Jodsäure und Jod reagirt, so müssen zu ihrer Darstellung Jod und Chlor in trocknem Zustande angewandt werden [88]). JCl und JCl³ entstehen sehr oft, z. B. beim Einwirken von Königswasser auf Jod, von Chlor auf HJ, von Chlorwasserstoff auf HJO³, von Jod auf KClO³ (beim Erwärmen) u. s. w. Trapp erhielt JCl in schönen rothen Krystallen beim Einleiten eines schnellen Chlorstromes in geschmolzenes Jod. Das Jodmonochlorid destillirt hierbei über und erstarrt; es schmilzt bei 27°. JCl³ entsteht leicht beim Ueberleiten von Chlor über JCl-Krystalle und erscheint in orangegelben Krystallen, die bei 34° schmelzen und sich bei 47° verflüchtigen, hierbei aber in Cl² und ClJ zersetzt werden. Die chemischen Eigenschaften des JCl und JCl³ entsprechen vollständig denen des Chlors und des Jods, wie dies auch zu erwarten ist, weil hier den Lösungen oder Legirungen analoge Verbindungen vorliegen. Die

---

[87]) Beide Verbindungen erhielten Gay-Lussac und viele Andere. Neuere, sorgfältige Untersuchungen über JCl haben viele der von Trapp (1854) gemachten Beobachtungen, sogar seine Angaben über die Existenz zweier Isomeren (eines flüssigen und eines festen) bestätigt (Stortenbeker). Bei wenig überschüssigem Jode bleibt JCl flüssig und krystallisirt leicht, wenn JCl³ beigemengt ist. Schützenberger vervollständigte die Daten über die Einwirkung von Wasser auf JCl und JCl³ (Anm. 88). Das Jodtrichlorid JCl³ ist am ausführlichsten von Christomanos untersucht worden.

Beim Aufbewahren von flüssigem Jodmonochlorid scheiden sich mit der Zeit schöne zerfliessliche Oktaëder von der Zusammensetzung JCl³ aus, die folglich aus dem Jodmonochlorid unter Ausscheiden von freiem Jod entstehen müssen; letzteres bleibt aber in dem überschüssigen Jodide gelöst. Nach einigen Beobachtungen zu urtheilen, bestehen diese Krystalle nicht aus vollkommen reinem JCl³. Leitet man durch ein Gemisch von 20 Theilen Wasser mit 1 Theil Jod Chlor, so löst sich alles Jod und man erhält zuletzt eine farblose Lösung, die wahrscheinlich die Verbindung JCl⁵ enthält, denn mit Alkalien bildet letztere Chlormetall und jodsaures Salz, ohne die geringste Ausscheidung von freiem Jod: $JCl^5 + 6KHO = 5KCl + KJO^3 + 3H^2O$. Die Existenz von JCl⁵ wird aber bestritten, da dieser Körper für sich allein nicht erhältlich ist.

Stortenbeker untersuchte (1888) die Gleichgewichtszustände des Systems aus den Molekeln J², JCl, JCl³ und Cl² in derselben Weise, in welcher Bakhuis Roseboom (Kap 10. Anm. 38) die Gleichgewichtszustände zwischen HCl, HCl2H²O und H²O untersucht hatte. Nach seinen Untersuchungen lässt sich JCl in zwei Modifikationen darstellen: in einer beständigeren (der gewöhnlichen), welche bei 27°,2 schmilzt und in einer anderen, deren Schmelzpunkt 13°,9 ist. Letztere bildet sich bei rascher Abkühlung, geht aber leicht in die gewöhnliche Modifikation über. JCl³ schmilzt bei 101°, aber nur in einem zugeschmolzenen Rohre unter dem Drucke von 16 Atmosphären.

[88]) Beim Einwirken von Wasser auf JCl und JCl³ entsteht die Verbindung JHCl², welche, augenscheinlich, durch Wasser nicht verändert wird. Ausser dieser Verbindung entsteht immer Jod und Jodsäure: $10JCl + 3H^2O = HJO^3 + 5JHCl^2 + 2J^2$. Das Jodtrichlorid kann in dieser Beziehung als ein Gemisch von $JCl + JCl^5 = 2JCl^3$ betrachtet werden, denn: $JCl^5 + 3H^2O = JHO^3 + 5HCl$; folglich entstehen beim Einwirken von Wasser auf JCl³ gleichfalls HJO³, Jod, JHCl² und HCl.

ungesättigten Kohlenwasserstoffe, z. B. die sich mit Cl^2 und J^2 direkt verbinden, verbinden sich auch direkt mit JCl, z. B. das Aethylen, C^2H^4.

Zwölftes Kapitel.

Natrium.

Beim Einwirken von Schwefelsäure auf Kochsalz scheidet sich Chlorwasserstoff aus und es entsteht, wenn das Gemisch schliesslich geglüht wird, das neutrale *schwefelsaure Natrium* oder Natriumsulfat Na^2SO^4 (vrgl. Kap. 10). Dasselbe bildet eine farblose, salzartige Masse, [1]) die aus feinen, sich in Wasser lösenden Krystallen besteht. Es entsteht auch als Produkt vieler anderen doppelten Umsetzungen, welche öfters in grossem Maassstabe ausgeführt werden, so z. B. beim Erwärmen von schwefelsaurem Ammonium mit Kochsalz, wobei Salmiak sublimirt, beim Einwirken von H^2SO^4 auf $NaNO^3$ u. s. w. Eine ähnliche Zersetzung erfolgt z. B. beim Glühen eines Gemisches von schwefelsaurem Blei mit Kochsalz: das Gemisch schmilzt leicht und bei weiterer Temperatursteigerung erscheinen schwere Dämpfe von Chlorblei. Wenn die Entwickelung der Dämpfe aufhört, so gibt die zurückgebliebene Masse beim Behandeln mit Wasser eine Lösung von schwefelsaurem Natrium, gemischt mit noch unzersetztem Kochsalz. Ein bedeutender Theil des schwefelsauren Bleis entgeht aber der Zersetzung: $PbSO^4 + 2NaCl = PbCl^2 + Na^2SO^4$, bei welcher $PbCl^2$ in Dampfform entweicht, während die drei übrigen Salze im Rückstande bleiben. Diese Zersetzung des Bleisalzes ist der beim Einwirken von Schwefelsäure stattfindenden ganz analog; die Ursachen und der Verlauf der Reaktion sind genau dieselben, auf welche bei der Betrachtung der Lehre Berthollet's hingewiesen wurde. Auch hier lässt sich ganz deutlich zeigen, dass eine doppelte Umsetzung nicht durch irgend welche unbekannte Ursachen, sondern nur durch das Ausscheiden einer der sich bildenden Substanzen aus der Wirkungs-

---

1) Indem ich die Eigenschaften von NaCl, HCl und Na^2SO^4 mit einiger Ausführlichkeit beschreibe, beabsichtige ich an einzelnen Beispielen dem Leser einen Begriff von den Eigenschaften der salzartigen Substanzen überhaupt zu geben; weder bei dem Umfange des vorliegenden Werkes, noch nach dessen Bestimmung und Zweck liegt die Möglichkeit vor, bei allen Salzen, Säuren und anderen Körpern in Einzelheiten einzugehen. Das wichtigste Ziel dieses Werkes — die Charakteristik der Elemente und die Beschreibung der zwischen den Atomen wirkenden Kräfte — würde durch Vermehrung der Zahl der zu beschreibenden Eigenschaften und Verhältnisse, die noch keine Verallgemeinerung erfahren haben, sicher nicht gefördert werden.

sphäre der anderen bedindgt wird. Setzt man nämlich zu einer Lösung von schwefelsaurem Natrium in Wasser die Lösung irgend eines Bleisalzes zu (sei es auch Chlorblei, welches selbst nur wenig löslich ist), so erhält man sofort einen Niederschlag von schwefelsaurem Blei. Das Blei entzieht hierbei in der Lösung dem schwefelsauren Natrium die Elemente der Schwefelsäure. Beim Glühen findet die umgekehrte Erscheinung statt. Die Reaktion in der Lösung beruht auf der Unlöslichkeit des schwefelsauren Bleis und die beim Glühen auf der Flüchtigkeit des Chlorbleis. Betrachten wir noch einige der in Lösungen vor sich gehenden Umsetzungen, bei denen schwefelsaures Natrium entsteht.

Schwefelsaures Silber Ag^2SO^4 bildet mit Kochsalz Chlorsilber, da dieses in Wasser unlöslich ist, und in der Lösung bleibt schwefelsaures Natrium: $Ag^2SO^4 + 2NaCl = Na^2SO^4 + 2AgCl$. Beim Vermischen von kohlensaurem Natrium mit den schwefelsauren Salzen des Eisens, Kupfers, Mangans, Magnesiums und and. erhält man schwefelsaures Natrium in Lösung und kohlensaures Salz des entsprechenden Metalles, infolge der Unlöslichkeit dieser Salze, im Niederschlage, z. B.: $MgSO^4 + Na^2CO^3 = Na^2SO^4 + MgCO^3$. In eben derselben Weise wirkt auch Aetznatron auf die Mehrzahl der schwefelsauren Salze, deren Hydroxyde in Wasser unlöslich sind, z. B.: $CuSO^4 + 2NaHO = Cu(HO)^2 + Na^2SO^4$. Die schwefelsauren Salze des Magnesiums, der Thonerde, des Eisenoxyds und and. müssen beim Vermischen mit einer Kochsalzlösung Chlormagnesium, Chloraluminium, u. s. w. und schwefelsaures Natrium bilden, da diese Chlormetalle in Wasser löslicher sind, als letzteres. Lässt man die vorher eingeengte Lösung erkalten, so scheidet sich das schwefelsaure Natrium aus. Dieses Verhalten benutzt man zur Darstellung von schwefelsaurem Natrium in grossem Maassstabe in den Fabriken, welche aus dem Meerwasser die darin enthaltenen Salze gewinnen. In ähnlicher Weise geschieht die Darstellung auch aus dem schwefelsauren Magnesium, das sich in Stassfurt in grosser Menge in den Steinsalzschichten findet. Beim Abkühlen der Lösung geht die Reaktion: $2NaCl + MgSO^4 = MgCl^2 + Na^2SO^4$ vor sich.

Wenn also schwefelsaure Salze mit Natriumsalzen in Berührung kommen, kann man immer die Bildung und Ausscheidung von schwefelsaurem Natrium erwarten, wenn nur die passenden Bedingungen vorhanden sind. Es ist daher nicht zu verwundern, dass das schwefelsaure Natrium in der Natur ziemlich häufig angetroffen wird. Einige Salzquellen und Salzseen in den Steppen der unteren Wolga und im Kaukasus enthalten ganz bedeutende Mengen von schwefelsaurem Natrium, das sich schon beim Eindampfen leicht ausscheidet. Am Fusse des Bergrückens „Wolfsmähne", 38 Kilometer östlich von Tiflis, ist in einer Tiefe von nur 5 Fuss eine mächtige

Schicht sehr reinen Glaubersalzes $Na^2SO^4 10H^2O$ aufgefunden worden [2]). Eine zwei Meter mächtige Schicht desselben Salzes befindet sich auf dem Grunde einiger (gegen 10 Quadratkilometer bedeckenden) Seen des Kuban-Gebietes in der Nähe von Batalpaschinsk, wo seit 1887 die Gewinnung des Salzes in Angriff genommen ist. In Spanien, in der Nähe von Aranjuez und Madrid fand und gewinnt man gleichfalls schwefelsaures Natrium.

Die Darstellungsmethoden von Salzen durch doppelte Umsetzungen aus anderen bereits vorhandenen Salzen sind so verbreitet, dass es bei der Beschreibung eines einzelnen Salzes durchaus nicht nothwendig ist, alle Fälle herzuzählen, in denen die Bildung dieses Salzes durch doppelte Umsetzung beobachtet wurde [3]). Die Möglichkeit dieser Umsetzungen kann auf Grund der Lehre Berthollet's schon aus den Eigenschaften des vorliegenden Salzes vorausgesagt werden. Es ist daher von Wichtigkeit die Eigenschaften der Salze zu kennen, und zwar um so mehr, als bis jetzt gerade in Bezug auf die Eigenschaften (die Löslichkeit, Bildung von Krystallhydraten, Flüchtigkeit und and.), welche zu einer Trennung der Salze von einander benutzt werden können, noch keine allgemeine Gesetze aufgestellt worden sind [4]). Diese Eigenschaften müssen noch durch Beobachtungen festgestellt werden, voraussagen lassen sie sich nur selten.

Das schwefelsaure Natrium scheidet sehr leicht Wasser aus und kann wasserfrei dargestellt werden, wenn es vorsichtig so lange

---

2) Das wasserfreie (geglühte) Salz Na^2SO^4 wird in Handel einfach «Sulfat» und in der Mineralogie Thenardit genannt. Das krystallinische, 10 Wassermolekeln enthaltende Salz nennen die Mineralogen *Mirabilit*. Beim Schmelzen dieses Salzes erhält man $Na^2SO^4 H^2O$ und eine übersättigte Lösung.

3) Salze entstehen nicht nur nach den angegebenen verschiedenen Ersetzungs-Methoden, sondern auch durch verschiedenartig vor sich gehende Vereinigungen. Na^2SO^4 z. B. kann aus Na^2O und SO^3 entstehen, sodann durch Oxydation von Schwefelnatrium Na^2S und schwefligsaurem Natrium Na^2SO^3 u. s. w. Durch Glühen von $NaCl$ mit einen Gemisch von Wasserdampf, Luft und SO^2 erhält man gleichfalls Na^2SO^4.

4) Beobachtungen gibt es schon viele, aber bis jetzt ist aus den Einzelheiten noch wenig Allgemeines gefolgert worden. Ferner ist zu beachten, dass die Eigenschaften eines Salzes durch die Gegenwart anderer Salze Veränderungen erleiden. Bedingt wird dies nicht allein durch wechselseitige Zersetzungen oder Bildung von selbstständig existirenden Doppelsalzen, sondern auch durch den gegenseitigen Einfluss der Salze auf einander oder durch Kräfte, welche den beim Lösen wirkenden analog sind. Wir haben noch keine allgemeine Gesichtspuncte, die es ermöglichen würden, Nichtbeobachtetes vorauszusehen, wenn eine sehr nahe Analogie nicht vorliegt. Als Beweis sei von den hierher gehörenden zahlreichen Thatsachen wenigstens eine angeführt: 100 Theile Wasser lösen bei 20° 34 Th. KNO^3, setzt man aber $NaNO^3$ hinzu, so steigt die Löslichkeit des KNO^3 auf 48 Th. in 100 Th. Wasser (Carnelley und Thomson). Ueberhaupt erweist es sich, dass überall, wo genaue Beobachtungen vorliegen, die Eigenschaften eines gegebenen Salzes durch die Gegenwart anderer Salze verändert werden.

geglüht wird, als sein Gewicht konstant bleibt; bei weiterem Glühen verliert es theilweise die Elemente des Schwefelsäureanhydrids. Es schmilzt bei 861° (bei Rothgluth) und verflüchtigt sich in geringer Menge bei sehr starkem Glühen, wobei es sich natürlich zersetzt. Bei 0° *lösen* 100 Theile Wasser 5,0 Th. des wasserfreien Salzes Na^2SO^4, bei 10° 9,0 Th., bei 20° 19,4 Th., bei 30° 40,0 Th. und bei 34° 55,0 Th., gleichviel, ob man vom wasserfreien Salze oder den Krystallen $Na^2SO^4\ 10H^2O$ ausgeht [5]). Diese Krystalle schmelzen bei 34° und die Löslichkeit nimmt bei höheren Temperaturen wieder ab [6]). Eine bei 34° gesättigte Lösung hat ungefähr die Zusammensetzung $Na^2SO^4 + 14H^2O$, während das 10 Molekeln Krystallwasser enthaltende Salz auf 100 Th. Wasser 78,9 Th. Na^2SO^4 enthält, woraus zu ersehen ist, dass es nicht, ohne Zersetzung zu erleiden, schmelzen kann [7]), analog dem Verhalten der Hydrate des Chlors $Cl^2\ 8H^2O$ und der schwefligen Säure $SO^2\ 7H^2O$. Nicht

---

5) Die Daten über die Löslichkeit sind den Bestimmungen von Gay-Lussac, Löwel und Mulder entnommen (Kap. 1. Seite 56).

6) Dass auch bei vielen anderen schwefelsauren Salzen die Löslichkeit, nachdem eine bestimmte Temperatur erreicht ist, wieder abnimmt, sahen wir bereits im 1-ten Kap. Anm. 24. Beim Gyps $CaSO^4 2H^2O$, Kalk und vielen anderen treffen wir dieselbe Erscheinung, die aber bis jetzt noch nicht genügend erforscht ist. Sehr lehrreich ist die von Tilden und Shenstone 1884 gemachte Beobachtung, nach welcher die Löslichkeit von Na^2SO^4 bei weiteren Temperatursteigerungen über 140° (in geschlossenen Gefässen) wieder zuzunehmen beginnt. Bei 100° lösen sich in 100 Theilen Wasser etwa 43 Th. Na^2SO^4, bei 140° 42 Th., bei 160° 43 Th. bei 180° 44 Th. und bei 230° 46 Th. Augenscheinlich ist die Erscheinung der Sättigung, die durch das Vorhandensein der gelösten Substanz im Ueberschusse bestimmt wird, sehr verwickelt; sie kann daher für die Theorie der Lösungen, als flüssiger unbestimmter chemischer Verbindungen, wol schwerlich viele nützliche Resultate geben und zwar um so weniger, als die physikalisch-mechanische Seite des Ueberganges aus dem festen Zustande in den flüssigen (oder umgekehrt) bis jetzt theoretisch viel weniger aufgeklärt ist, als der Uebergang der Flüssigkeiten in Dampf.

7) Vergleiche hierüber Kap. 1. Anm. 56. Das für die Theorie der Lösungen historisch sehr wichtige Beispiel des schwefelsauren Natriums ist trotz der zahlreich vorhandenen Untersuchungen immer noch nicht genügend erforscht, namentlich in Bezug auf die Dampftension der Lösungen und Krystallhydrate des Salzes; denn die Methoden, welche Guldberg, Rozeboom, van't Hoff und and. zur Untersuchung anderer Lösungen und Krystallhydrate benutzten, lassen sich bei dem schwefelsauren Natrium noch nicht vollkommen anwenden. Sehr wichtig wäre es auch, den Einfluss des Druckes auf die verschiedenen Erscheinungen zu untersuchen, welche den Verbindungen des Wassers mit Na^2SO^4 entsprechen, da beim Ausscheiden von Krystallen z. B. des Natriumsulfats mit 10 Molekeln Wasser das Volum grösser wird, wie aus den folgenden Daten zu ersehen ist: das spezifische Gewicht von Na^2SO^4 ist 2,66, von $Na^2SO^4 10H^2O = 1,46$ und das spec. Gew. der Lösungen bei 15°/4° ist $9992 + 90{,}2\ p + 0{,}35\ p^2$, wenn p den Procentgehalt des wasserfreien Salzes in der Lösung bezeichnet und das spez. Gew. des Wassers bei 4° = 1000 ist. Hieraus berechnet sich für die 20 pCt. wasserfreien Salzes enthaltende Lösung das spez. Gewicht zu 1,1936; folglich ist das Volum von 100 Gr. dieser Lösung = 83,8 Cu-

nur das geschmolzene Salz $Na^2SO^4 10H^2O$, sondern auch die bei 34^0 gesättigte Lösung (diese jedoch nicht auf einmal, sondern allmählich) scheidet das Salz $Na^2SO^4H^2O$, das nur eine Molekel Wasser enthält, aus. Das Salz mit sieben Molekeln Krystallisationswasser Na^2SO^4 $7H^2O$ zerfällt schon bei niederer Temperatur gleichfalls unter Bildung dieses eine Wassermolekel enthaltenden Salzes. Daher kann von 35^0 an die Löslichkeit nur für dieses letztere Salz angegeben werden; dieselbe beträgt in 100 Th. Wasser: bei 40^0 48,8, bei 50^0 46,7, bei 80^0 43,7 und bei 100^0 42,5 Th. Na^2SO^4. Wenn man das 10 Wassermolekeln enthaltende Salz schmilzt und in Gegenwart des Salzes mit einer Wassermolekel abkühlen lässt, so bleiben in der Lösung bei 30^0 50,4 Th. und bei 20^0 52,8 Th. Na^2SO^4. Folglich ist die Löslichkeit von Na^2SO^4 und $Na^2SO^4H^2O$ ein und dieselbe und nimmt mit der Temperatur ab; dagegen nimmt die Löslichkeit des Salzes Na^2SO^4 $10H^2O$ mit der Temperatur zu. Wenn aber die Lösung des wasserfreien Na^2SO^4 nur Krystalle des Salzes mit 7 Wassermolekeln $Na^2SO^47H^2O$ enthält, das aus übersättigten Lösungen entsteht, so tritt die Sättigung bei der folgenden Zusammensetzung der Lösung ein: wenn 100 Th. Wasser bei 0^0 19,6, bei 10^0 30,5, bei 20^0 44,7 und bei 25^0 52,9 Th. Na^2SO^4, enthalten. Ueber 27^0 zerfällt das Salz mit 7 Wassermolekeln ebenso, wie das mit 10 Mol. bei 34^0, in das Salz mit einer Wassermolekel und eine übersättigte Lösung. Für das schwefelsaure Natrium ergeben sich auf diese Weise drei Löslichkeitskurven: für $Na^2SO^4 7H^2O$ (von 0^0 bis 26^0), für $Na^2SO^4 10H^2O$ (von 0^0 bis 34^0) und für $Na^2SO^4H^2O$ (eine bei 26^0 beginnende abfallende Kurve), da drei Krystallhydrate dieses Salzes existiren und die Löslichkeit sich nur auf einen bestimmten Zustand der im Ueberschuss vorhandenen (oder ausgeschiedenen) Substanz beziehen kann [8]).

Aus den Lösungen des schwefelsauren Natriums kann man also drei verschiedene Krystallhydrate erhalten: 1) beim Abkühlen einer übersättigten Lösung das unbeständige Salz mit 7 Wassermolekeln, wenn

---

bikcent., das Volum des darin enthaltenen $Na^2SO^4 = \dfrac{20}{2,66}$ oder $= 7,5$ cc und das Volum des Wassers $= 80,1$ cc. Es findet also beim Zerfallen der Lösung in wasserfreies Salz und Wasser eine Zunahme des Volums statt (aus 83,8 Vol. ergeben sich 87,6 Vol.). Ebenso entstehen aus 83,8 cc. einer 20 procentigen Lösung $\left(\dfrac{45,4}{1,46} = \right)$ 31,1 cc. $Na^2SO^4 10H^2O$ und 54,6 cc. Wasser, d. h. man erhält aus 85,7 cc. bei der Bildung der Lösung 83,8 cc.

8) An diesem Beispiele offenbart es sich, dass zum Verständniss der Lösungen selbst die Erscheinungen der Sättigung nicht viel beitragen können. Die Lösung bleibt dieselbe, erscheint aber in Berührung mit verschiedenen festen Körpern entweder als gesättigt oder übersättigt, da die Krystallisation durch die Anziehung eines festen Körpers bedingt wird, wie dies aus der Erscheinung der Uebersättigung deutlich hervorgeht.

die Temperatur unter 26⁰ ist; 2) unter gewöhnlichen Bedingungen das Salz mit 10 Wassermolekeln, wenn die Temperatur 34⁰ nicht übersteigt, und 3) das Salz mit einer Wassermolekel, bei Temperaturen über 34⁰. Die beiden letzteren Krystallhydrate befinden sich in einem stabilen Gleichgewicht und entstehen beim Zerfallen des sich in unbeständigem Gleichgewicht befindenden Salzes mit 7 Wassermolekeln, wahrscheinlich nach der Gleichung: $3Na^2SO^4 7H^2O = 2Na^2SO^4 10H^2O + Na^2SO^4 H^2O$. Das gewöhnliche schwefelsaure Natrium mit 10 Wassermolekeln ist unter dem Namen *Glaubersalz* bekannt. Alle drei Krystallhydrate des schwefelsauren Natriums verlieren beim Trocknen über Schwefelsäure vollständig ihr Wasser und gehen in das wasserfreie Salz über [9]).

Das schwefelsaure Natrium Na^2SO^4 verbindet sich nur mit wenigen anderen Salzen, hauptsächlich wieder mit schwefelsauren Salzen, unter Bildung von Doppelsalzen. Es scheiden z. B. mit einer Lösung von schwefelsaurem Natrium vermischte Lösungen von schwefelsaurer Magnesia, Thonerde oder Eisenoxyd beim Eindampfen Krystalle von Doppelsalzen aus. Diese Doppelsalze sind vollkommen analog der Verbindung des schwefelsauren Natriums mit der Schwefelsäure selbst, welche sehr leicht beim Lösen des Salzes in der Säure und darauf folgendem Eindampfen entsteht. Das *saure schwefelsaure Natrium* scheidet sich hierbei in Krystallen aus $Na^2SO^4 + H^2SO^4 = 2NaHSO^4$. Diese Zusammensetzung hat das sich aus warmen Lösungen ausscheidende Salz; aus abgekühlten Lösungen erhält man das Krystallhydrat $NaHSO^4 H^2O$ [10]). In feuchter Luft zerfallen die Krystalle des sauren Salzes allmählich in H^2SO^4, welche zerfliesst, und Na^2SO^4 (Graham, Rose). Durch Alkohol wird dem sauren Salze gleichfalls H^2SO^4 entzogen. Dieses Verhalten zeigt, dass

---

9) Nach den Bestimmungen von Pickering (1886) absorbirt (daher das Zeichen —) das Grammmolekulargewicht von Na^2SO^4 (d. h. 142 g) beim Lösen in viel Wasser bei 0°—1100 W. E. bei 10°—700, bei 15°—275, bei 20° (entwickelt es)+ 25 und bei 25° +300 W. E. Das Salz Na^2SO^4 10H²O absorbirt bei 5°—4225, bei 10°—4000, bei 15°—3570, bei 20°—3160 und bei 25° - 2775 W. E. Hieraus ergeben sich für die Verbindungswärme von $Na^2SO^4 10H^2O$ (vergl Kap. 1. Anm. 56) bei 5° = +3125, bei 10° = +3250, bei 20° = +3200 und bei 25° = +3050 W. E.

Beim Lösen des 10 Wassermolekeln enthaltenden Salzes findet augenscheinlich ein Sinken der Temperatur statt. Die Lösungen in Salzsäure bewirken eine noch grössere Temperaturerniedrigung, da sie das Krystallisationswasser in festem Zustande, d. h. als Eis, enthalten, welches beim Schmelzen Wärme aufnimmt. Ein Gemisch von 15 Thl. $Na^2SO^4 10H^2O$ mit 12 Thl. konzentrirter Salzsäure bedingt eine Abkühlung, die genügt um Wasser gefrieren zu machen. Beim Behandeln mit HCl bildet sich natürlich etwas NaCl.

10) Die sehr grossen und gut ausgebildeten Krystalle dieses Salzes erinnern an das Hydrat $H^2SO^4 H^2O$ oder $SO^2(OH)^4$. Ueberhaupt werden beim Ersetzen des Wasserstoffs durch Natrium viele Eigenschaften der Säuren weniger verändert, als beim Ersetzen durch andere Metalle. Dieses wird, aller Wahrscheinlichkeit nach, durch die Gleichheit der Volume bedingt.

H^2SO^4 von Na^2SO^4 nur schwach gebunden wird [11]). Wie $NaHSO^4$, so verlieren auch alle Gemische von Na^2SO^4 mit H^2SO^4 beim Erwärmen Wasser und gehen bei beginnender Rothgluth in das *di-*oder *pyroschwefelsaure Natrium* $Na^2S^2O^7$ über. Dieses wasserfreie Salz scheidet, wenn es bis zu heller Rothgluth erhitzt wird, die Elemente des schwefelsäureanhydrides aus und im Rückstand erhält man wieder das neutrale schwefelsaure Natrium: $Na^2S^2O^7 = Na^2SO^4 + SO^3$. Man ersieht also, dass das neutrale Salz sich mit Wasser, mit anderen Salzen der Schwefelsäure, mit SO^3, H^2SO^4 u. s. w. verbinden kann [11 bis]).

Das schwefelsaure Natrium kann durch doppelte Umsetzungen in das Natriumsalz einer beliebigen anderen Säure übergeführt werden, wenn man zu diesem Zwecke die Flüchtigkeit oder die ungleiche Löslichkeit der verschiedenen Salze benutzt. Dank der Unlöslichkeit des schwefelsauren Baryums z. B. kann man aus dem schwefelsauren Natrium das Natriumhydroxyd oder das Aetznatron darstellen, wenn man zur Lösung des Salzes Aetzbaryt zusetzt: $Na^2SO^4 + Ba(HO)^2 = BaSO^4 + 2NaHO$. Geht man von irgend einem Baryumsalze BaX^2 aus, so erhält man das entsprechende Natriumsalz: $Na^2SO^4 + BaX^2 = BaSO^4 + 2NaX$. Das hierbei entstehende schwefelsaure Baryum erhält man im Niederschlage, da es fast unlöslich ist, während das Aetznatron oder das Salz NaX in Lösung bleibt, denn die *Natriumsalze sind* im Allgemeinen *löslich*. Nach Berthollet's Lehre lassen sich solche Fälle immer voraussehen.

Die *Zersetzungs-*Reaktionen des schwefelsauren Natriums bestehen hauptsächlich im Ausscheiden von Sauerstoff. An und für sich ist das Salz sehr beständig und nur bei der Schmelztemperatur des Eisens scheidet es die Elemente des Anhydrids SO^3 aus, aber auch dann nicht vollständig, sondern nur theilweise. Dagegen lässt sich der Sauerstoff dem schwefelsaurem Natrium, wie auch den anderen

---

11) In Lösung erleidet das saure Salz, aller Wahrscheinlichkeit nach, eine um so grössere Zersetzung, je grösser die vorhandene Wassermasse ist (Berthelot). Die spezifischen Gewichte der Lösungen sind nach Marignac bei $15°/4° = 9992 + 77,92p + 0,239\ p^2$ (vrgl. Anm. 7). Aus diesen Angaben und den spezifischen Gewichten von H^2SO^4 ergibt sich, dass beim Vermischen der Lösungen von H^2SO^4 mit Na^2SO^4 immer *Ausdehnung* stattfindet; beim Vermischen z. B. von $H^2SO^4 25H^2O$ mit $Na^2SO^4 + 25H^2O$ erhält man aus 483 Vol. 486. Schwache Lösungen absorbiren hierbei Wärme (vrgl. Kap. 10. Anm. 27). Dennoch entstehen und erscheinen in Krystallform Salze, die noch mehr Säure enthalten; z. B. beim Abkühlen einer Lösung von 1 Theil Na^2SO^4 mit 7 Th. H^2SO^4 scheiden sich die Krystalle $NaHSO^4H^2SO^4$ aus, die bei 100° schmelzen, während der Schmelzpunkt von $NaHSO^4$ bei 149° liegt (Schultz 1868).

11 bis) Um die im Salze $NaHSO^4$ vorhandene schwache Bindung zu demonstriren, sei erwähnt, dass dasselbe unter verringertem Drucke viel leichter, als unter gewöhnlichem dissoziirt und unter Wasserverlust $Na^2S^2O^7$ bildet; eine Eigenschaft, die sogar zur fabrikmässigen Darstellung dieses Salz benutzt wird.

Salzen der Schwefelsäure, mit Hilfe von Substanzen entziehen, welche sich leicht mit Sauerstoff verbinden, z. B. Kohle und Schwefel. Der Wasserstoff ist jedoch nicht im Stande, diese Wirkung auszuüben. Erwärmt man schwefelsaures Natrium mit Kohle, so scheiden sich CO^2 und CO aus und man erhält je nach Umständen entweder die niedere Sauerstoffverbindung Na^2SO^3, das schwefligsaure Natrium (z. B. bei der Glasfabrikation) oder die Zersetzung schreitet weiter und es bildet sich Na^2S, Schwefelnatrium, nach der Gleichung: $Na^2SO^4 + 2C = 2CO^2 + Na^2S$.

Auf Grund dieser Reaktion wird der grösste Theil des fabrikmässig gewonnenen schwefelsauren Natriums zu *Soda*, d. h. zu dem *kohlensauren Salze* oder Natriumcarbonat Na^2CO^3 verarbeitet, welches die verschiedenartigste Anwendung findet. Infolge der schwach sauren Eigenschaften der Kohlensäure verhalten sich die kohlensauren Salze in vielen Fällen wie die wasserfreien Oxyde selbst oder wie deren Hydrate. Daher wird das kohlensaure Natrium vielfach seiner alkalischen Eigenschaften wegen benutzt. Beim Einwirken selbst schwacher organischer Säuren z. B. scheidet es sogleich seine Kohlensäure aus und bildet das Natriumsalz der einwirkenden organischen Säure. Eine Sodalösung zeigt auf Lakmus schon alkalische Reaktion und kann in zahlreichen Fällen direkt wie ein Alkali wirken. Analog den Alkalien löst das kohlensaure Natrium z. B. einige organische Substanzen (Harze, Säuren) und wird daher wie die Alkalien und die Seife (die gleichfalls durch das in ihr enthaltene Alkali wirkt) zur Entfernung solcher Substanzen, namentlich beim Bleichen von Geweben, z. B. von Kattun und ähnlichen benutzt. In bedeutender Menge dient das kohlensaure Natrium zur Darstellung des Natronhydrats oder des Aetznatrons selbst, das gleichfalls eine ausgedehnte Anwendung findet.

Aus dem Vorhergehenden folgt, dass die grossen Sodafabriken sich zunächst mit Schwefelsäure zum Ueberführen des Kochsalzes in schwefelsaures Natrium versorgen müssen, um aus letzterem dann die Soda und das Aetznatron darzustellen. In diesen Fabriken werden also alkalische Substanzen (Soda und Aetznatron) und Säuren (Schwefel- und Salzsäure) dargestellt, d. h. solche chemische Produkte, die sich durch die grösste Reaktionsfähigkeit auszeichnen und in der Technik daher häufig verwendet werden. Unter chemischen Fabriken versteht man infolge dessen hauptsächlich Sodafabriken.

Der Umwandlungsprozess des Natriumsulfats in Soda geht bei starkem Erhitzen eines Gemisches dieses Salzes mit Kohle und kohlensaurem Kalk vor sich. Hierbei finden die folgenden Reaktionen statt: zuerst wird das Natriumsulfat durch die Kohle desoxydirt und bildet Schwefelnatrium und Kohlensäuregas: $Na^2SO^4 + 2C = Na^2S + 2CO^2$. Das entstandene Schwefelnatrium tritt dann mit dem kohlensauren Kalke in doppelte Umsetzung und es entstehen Schwefelcalium und Soda:

Na^2S + $CaCO^3$ = Na^2CO^3 + CaS
Schwefelnatrium   Kohlensaurer Kalk   Soda   Schwefelcalcium.

Hierbei wird ausserdem ein Theil des überschüssigen kohlensauren Kalks durch die Hitze in Kalk und Kohlensäuregas zersetzt: $CaCO^3 = CaO + CO^2$, während das Kohlensäuregas mit der überschüssigen Kohle Kohlenoxyd bildet, was man zu Ende der Reaktion an dem Erscheinen der blauen Flamme des Kohlenoxyds erkennt.

Fig 113. Aeussere Ansicht eines Flammenofens zur Darstellung von Soda (die vordere Wand beim Herde ist der Deutlichkeit wegen entfernt). *F* ist der Herd, in *M* befindet sich das Gemisch von Na^2SO^4, C und $CaCO^3$, welches in den vom Herde entferntesten Theil des Ofen durch eine obere (nicht angegebene) Oeffnung eingeschüttet wird; *PP* sind Oeffnungen zum Umrühren und Vorschieben der Masse mit langen eisernen Krücken *KK*. Die Masse wird so lange erhitzt, bis sie in breiigen Fluss kommt und dann aus dem Ofen in flache auf Wagen (*C*) befindliche Blechkästen gekrückt. ¹/₁₀₀

Als Resultat erhält man auf diese Weise aus einer Masse, die Na^2SO^4 enthielt, eine Masse, die aus Na^2CO^3, CaS und CaO besteht, die aber das bei ber Reaktion entstehende Schwefelnatrium nicht, oder richtiger nur in geringer Menge, enthält. Der ganze Prozess, der bei hoher Temperatur verläuft, lässt sich durch die drei oben angeführten Gleichungen ausdrücken, wenn dabei in Betracht gezogen wird, dass auf zwei Molekeln CaS eine Molekel CaO entsteht [12]). Die summirten Reaktionen lassen sich dann in der folgenden Gleichung zusammenfassen: $2Na^2SO^4 + 3CaCO^3 + 9C = 2Na^2CO^3 +$

---

12) Das Schwefelcalcium CaS wird, wie auch viele andere in Wasser lösliche Schwefelmetalle, durch Wasser zersetzt, da der Schwefelwasserstoff eine sehr schwache Säure ist: $CaS + H^2O = CaO + H^2S$. Durch Einwirken von viel Wasser auf Schwefelcalcium lässt sich Kalk ausfällen; wenn man aber mit einer Kalklösung einwirkt, so stellt sich ein Gleichgewichtszustand her, wobei sich das fast unverändert bleibende System $CaO + 2CaS$ bildet. Der das Produkt der Einwirkung von Wasser auf CaS bildende Kalk setzt der Einwirkung eine Grenze. Wenn daher in der Sodalauge kein Ueberschuss an Kalk vorhanden wäre, so würden die Schwefelverbindungen theilweise in die Lösung übergehen (die in Wirklichkeit nur sehr wenig davon enthält). Bei der Sodagewinnung werden also die Bedingungen, unter denen der Gleichgewichtszustand eintritt, eingehalten, indem der Prozess in der Weise geleitet wird, dass das unveränderliche Produkt CaO2CaS entsteht. Anfangs hielt man dieses Produkt für eine besondere unlösliche Verbindung, aber die selbstständige Existenz derselben ist durch Nichts bewiesen.

CaO+2CaS+10CO. Die in den Fabriken angewandten Mengen entsprechen dem durch vorliegende Gleichung ausgedrückten Verhältniss. Zur Zersetzung werden Flammenöfen benutzt, in welche von oben aus ein Gemisch aus 1000 Theilen schwefelsauren Natriums, 1040 Theilen kohlensauren Calciums (in Form von ziemlich porösem Kalkstein) und 500 Theilen Steinkohlenklein eingeführt wird. Dieses Gemisch wird zuerst in dem von der Feuerung entfernteren Theile des Ofens geglüht und dann allmählich näher geschoben, wobei die Masse mit eisernen Krücken gemischt wird. Die entstehende halbflüssige Masse wird nach Beendigung des Prozesses abgekühlt und dann der methodischen Auslaugung [13]) unterworfen, wobei die Soda

---

13) Unter *methodischem Auslaugen* versteht man das Ausziehen einer löslichen Substanz durch Wasser aus einer Masse, in welcher sie enthalten ist. Es wird in der Weise ausgeführt, dass keine schwachen, wässrigen Lösungen entstehen und im Rückstande dennoch nichts von der löslichen Substanz zurückbleibt, In der Praxis ist dies eine sehr wichtige Aufgabe bei vielen technischen Betrieben, bei welchen aus einer gegebenen Masse alles in Wasser Lösliche ausgezogen werden muss. Man erreicht dies leicht, indem man die auszuziehende Masse zuerst mit Wasser übergiesst, die entstehende starke Lösung abgiesst, wieder Wasser aufgiesst, nach einiger Zeit die Lösung ebenso entfernt, von neuem Wasser zusetzt u. s. w., bis die Masse ausgelaugt ist. Auf diese Weise erhält man jedoch zuletzt so schwache Lösungen, dass es unvortheilhaft wird, sie einzudampfen. Dies wird dadurch vermieden, dass man das frische, erwärmte Wasser, das zum Auslaugen bestimmt ist, nicht auf die frische Masse giesst, sondern auf die, welche schon früher theilweise ausgelaugt wurde. Das frische Wasser gibt auf diese Weise eine schwache Lösung, die dann weiter benutzt wird. Die zuletzt entstehende bereits starke Lösung oder Lauge lässt man aus dem Theile des Apparates herausfliessen, in welchen die frische, noch nicht ausgelaugte Masse gelegt wurde, durch deren Auslaugung endlich die möglichst vollständige Sättigung der aus den anderen Theilen kommenden Lösung erreicht wird. Die Auslaugeapparate bestehen gewöhnlich aus mehreren unter einander kommunizirenden Gefässen, in welche abwechselnd, in einer bestimmten Reihenfolge, die zum Auslaugen bestimmte Masse gebracht und Wasser eingelassen wird, ebenso, wie aus ihnen die entstandene Lauge abgezogen und der ausgelaugte Rückstand herausgenommen wird. Fig. 114 veranschaulicht einen solchen Apparat, der aus vier unter einander der Reihe nach verbundenen Gefässen besteht. Das in eines dieser Gefässe gegossene Wasser fliesst durch die beiden folgenden und wird aus dem vierten abgelassen. In diesem letzteren muss sich die frische auszulaugende Masse befinden, während das frische Wasser in das Gefäss geleitet wird, welches die schon am meisten ausgelaugte Masse enthält. Durch ein kommunizirendes Heberrohr, das vom Boden dieses Gefässes ausgeht

Fig. 114, Apparat zum systematischen Auslaugen der Rohsoda. Das Wasser wird aus den Hähnen *rr* abwechselnd in die einzelnen Gefässe eingelassen, während zum Ablassen der gesättigten Lauge die Hähne *RR* dienen ¹/₁₀₀.

in Lösung geht und das Gemisch von CaO mit CaS die sogenannten «Sodarückstände» bildet [14]).

Der beschriebene Prozess der Sodagewinnung wurde im Jahre 1808 vom französischen Arzte Leblanc entdeckt und wird daher als „*Leblanc'scher Sodaprozess*" bezeichnet. Bemerkenswerth

---

und am oberen Rande des folgenden ausläuft, fliesst die Lösung in dieses letztere, auf dieselbe Weise dann in das nächstfolgende, um endlich, nachdem es mit der eben eingefüllten Masse im letzten Gefässe in Berührung gekommen, abgelassen zu werden. Der nur aus Unlöslichem bestehende Inhalt des Gefässes, durch welches zuerst das frische Wasser durchgelassen worden war, wird entfernt und dieses Gefäss wieder mit frischer Masse beschickt. Darauf wird auf dieselbe Weise mit dem nächsten Gefässe verfahren u. s. w. Die Flüssigkeiten in den einzelnen Auslaugegefässen werden sich natürlich infolge der verschiedenen Dichte der Lösungen auf ungleichem Niveau befinden.

14) In diesen Rückständen befindet sich aller Schwefel, welcher in der zum Zersetzen des Kochsalzes erforderlichen Schwefelsäure verbraucht wird und mit den Rückständen auch verloren geht. Diese Rückstände bilden eine Last und verursachen unnütze Unkosten den nach dem Leblanc'schen Verfahren arbeitenden Sodafabriken. Von den verschiedenen zur Rückgewinnung des Schwefels aus den Sodarückständen vorgeschlagenen Methoden erwähne ich nur die folgende, da sie im chemischen Sinne lehrreich ist.

Nach Kinaston (1885) werden die Sodarückstände mit einer $MgCl^2$-Lösung (vom spez. Gew. 1,21) bearbeitet; hierbei entweicht Schwefelwasserstoff: $CaS + MgCl^2 + 2H^2O = CaCl^2 + Mg(OH)^2 + H^2S$. Leitet man jetzt Schwefligsäuregas ein, so bildet sich unlösliches schwefligsaures Calcium: $CaCl^2 + Mg(OH)^2 + SO^2 = CaSO^3 + MgCl^2 + H^2O$. Die zugleich mit $CaSO^3$ entstandene Lösung von $MgCl^2$ wird von Neuem derselben Bearbeitung unterworfen, während aus dem (ausgewaschenen) Salze $CaSO^3$ durch Einwirken von schwacher Salzsäure und H^2S in der Kälte der Schwefel gewonnen wird: $CaSO^3 + 2H^2S + 2HCl = CaCl^2 + 3H^2O + 3S$.

Beim Auslaugen der aus dem Sodaofen kommenden Masse gehen zugleich mit der Soda noch die folgenden Beimengungen in die entstehende Lösung über: viel Aetznatron, das durch Einwirken des Kalks auf die Soda entsteht, sodann Natriumsulfat, das der Zersetzung entgangen ist, Schwefelnatrium, das sich bei der ersten Einwirkung der Kohle auf das Natriumsulfat bildet, und noch einige andere Verbindungen (schwefligsaures Natrium z. B.), von denen weiter noch die Rede sein wird. Die erhaltene unreine Sodalösung wird eingedampft. Hierzu benutzt man die Wärme der Sodaöfen und des entweichenden Rauches und spart auf diese Weise an Brennmaterial. Da der Sodaprozess nur bei hoher Temperatur vor sich geht, so müssen auch der Rauch und die aus dem Sodaofen schlagende Flamme eine hohe Temperatur besitzen. Die Eindampfpfannen werden unmittelbar am Sodaofen aufgestellt, so dass dessen Rauchgase unter denselben hinwegziehen und hierbei ihre Wärme der in den Pfannen oder Kesseln befindlichen Sodalösung abgeben. Beim Eindampfen dieser Lösung scheidet sich zuerst Natriumsulfat und dann erst Natriumcarbonat aus. Dieses letztere (die Soda) wird ausgeschöpft und zunächst auf geneigte Flächen bildende Bretter gebracht, damit die anhaftende Flüssigkeit abtropfen kann. In der Lösung bleibt Aetznatron mit unzersetzt gebliebenem Kochsalz zurück.

Die auf diese Weise erhaltene Rohsoda wird mittelst Krystallisation gereinigt. Zu dem Zwecke lässt man die gesättigte Sodalösung bei Temperaturen unter $30°$ in gut gelüfteten Räumen, damit der sich bildende Wasserdampf entweichen kann, krystallisiren. Hierbei bilden sich die grossen durchsichtigen Sodakrystalle von der Zusammensetzung $Na^2CO^3 10H^2O$, die an der Luft verwittern (vergl. Kap. 1).

sind die Umstände der Entdeckung desselben. Die in der Praxis so vielfach angewandte Soda wurde lange Zeit hindurch ausschliesslich aus der Asche von Seetangen gewonnen (Kap. 11 Seite). Auch heute noch ist diese Methode an den Küsten der Normandie in Gebrauch. In Frankreich, wo seit Langem sehr bedeutende Mengen von Soda zur Darstellung von Seife (der sogen. Marseiller) und bei der Herstellung von Geweben verbraucht wurden, reichte die an den Ufern des Landes gewonnene Soda bei weitem nicht aus und musste der fehlende Theil importirt werden. Während der Revolutionskriege trat daher, als die Einfuhr ausländischer Waaren nach Frankreich aufhörte, bald ein Mangel an Soda ein und die Französische Akademie der Wissenschaften setzte einen Preis für die Entdeckung einer vortheilhaften Methode zur Darstellung von Soda aus Kochsalz aus. Leblanc schlug damals seine, durch ihre grosse Einfachheit sich auszeichnende Methode vor [15]).

Von den anderen Methoden zur fabrikmässigen Darstellung der Soda ist der *Ammoniaksoda-Prozess* [16]) von Wichtigkeit. Bei demselben

[15] Die Nachtheile des Leblanc'schen Sodaverfahrens sind: die massenhafte Anhäufung der «Sodarückstände», welche bei der relativen Billigkeit des Schwefels (namentlich in Form von Kiesen) keine entsprechende Verwendung finden (obgleich sie zur Gewinnung von Schwefel und Schwefelverbindungen benutzt werden können und auch benutzt werden) und die zu vielen Zwecken ungenügende Reinheit der entstehenden Soda. Die Vortheile des Verfahrens bilden, abgesehen von der Einfachheit und Billigkeit desselben, die gleichzeitige Gewinnung verschiedener Säuren, die technisch verwandt werden, die Darstellung von Chlor und Chlorkalk, mit Hilfe der in grossen Mengen als Nebenprodukt entstehenden Salzsäure, und namentlich die leichte Gewinnung von Aetznatron, nach welchem in der Technik die Nachfrage mit jedem Jahre zunimmt. In Gegenden, wo Kochsalz, Kiese, Kohle und Kalksteine (d. h. die zur Sodafabrikation erforderlichen Materialien) sich gleichzeitig vorfinden, wie z. B. am Ural oder im Gebiet des Don, sind alle Bedingungen zur Entwickelung der Sodafabrikation in grossem Maassstabe gegeben. Noch günstiger liegen die Bedingungen dort, wo, wie im Kaukasus, das schwefelsaure Natrium bereits in der Natur angetroffen wird. Dieses Salz wird übrigens hauptsächlich, ebenso wie auch ein nahmhafter Theil des von den Sodafabriken produzirten Natriumsulfats zur Glasfabrikation verwendet. Von überwiegender Bedeutung sind bis jetzt noch die Sodafabriken Englands.

Von den zahlreichen und verschiedenartigsten anderen Verfahren zur Sodagewinnung aus NaCl seien die folgenden erwähnt. Durch Bleioxyd PbO wird NaCl unter Bildung von $PbCl^2$ und Natriumoxyd zersetzt, welches mit CO^2 Soda gibt (Methoda von Scheele). Nach Carny erhält man geringe Sodamengen, wenn man mit Kalk behandeltes NaCl an der Luft stehen lässt. Nach der Methode von E. Kopp wird ein Gemisch von (125 Th.) Natriumsulfat, (80 Th.) Eisenoxyd und (55 Th.) Kohle in gewöhnlichen Sodaöfen geglüht. Hierbei entsteht die in Wasser unlösliche, unbeständige Verbindung $Na^6Fe^4S^3$, die durch Absorption von O und CO^2 in Soda und FeS übergeht. Letzteres kann durch Rösten in das zur Schwefelsäurefabrikation erforderliche Schwefligsäuregas und das bei diesem Verfahren wieder nothwendige Fe^2O^3 übergeführt werden. Nach der Methode von Gunt wird Na^2SO^4 in Na^2S übergeführt und letzteres durch einen Strom von CO^2 mit Wasserdämpfen zersetzt, wobei H^2S entweicht und Soda entsteht.

Soda wird auch aus Kryolith gewonnen (vergl. das Kap. über Al).

[16] Diese Methode, auf die zuerst Türk hingewiesen und die Schlösing ausge-

werden in die natürliche, gesättigte Kochsalzlösung direkt zuerst NH^3-Dämpfe und dann CO^2 im Ueberschusse eingeleitet, damit sich das saure kohlensaure Ammonium $(NH^4)HCO^3$ bilde. Durch doppelte Umsetzung dieses Salzes mit NaCl entstehen dann das saure Salz $NaHCO^3$, das sich seiner geringen Löslichkeit wegen ausscheidet, und NH^4Cl, das (mit etwas NaCl und $NaHCO^3$) in Lösung bleibt. Aus dem Salmiak erhält man (durch Erwärmen mit Kalk oder Magnesia) wieder NH^3 und aus dem Salze $NaHCO^3$ durch Glühen Soda und zwar in sehr reinem Zustande.

Die Soda [17]) verliert, ebenso wie Na^2SO^4, beim Erwärmen leicht alles Wasser und schmilzt, wenn sie wasserfrei ist, bei heller Rothgluth (bei 814°). In der Flamme eines Gasbrenners lässt sich eine geringe Sodamenge, die man mittelst eines Platindrahtes in die Flamme bringt, verflüchtigen. In den Glasschmelzöfen geht ein Theil der Soda immer in den dampfförmigen Zustand über. Das Verhalten der Soda zu Wasser ist in Vielem dem des schwefelsauren Natriums analog [18]). Die

---

arbeitet hatte, ist von Solvay in die Technik eingeführt worden. In Russland ist die erste grosse nach dem Solvay'schen Verfahren arbeitende Fabrik (1883) in Bereznjaki an der Kama im Gouvernement Perm errichtet worden; dieselbe gehört Ljubimow. Für Russland, wo noch grosse Mengen von Chlorkalk aus dem Auslande eingeführt und Manganerze ausgeführt werden, sind jedoch Sodafabriken, die nach dem Leblanc'schen Verfahren arbeiten würden, am nothwendigsten. Die Sache ist zwar schon in Angriff genommen worden, hat sich aber bis jetzt noch nicht entwickelt.

17) Die im Handel befindliche (kalzinirte, wasserfreie) Soda ist selten rein; die krystallisirte Soda ist gewöhnlich reiner. Die Reinigung gelingt am besten, wenn man eine gesättigte Sodalösung so lange eindampft, bis $1/3$ der Flüssigkeit verdampft ist, die ausgeschiedene Soda dann aufsammelt, mit kaltem Wasser auswäscht, darauf mit einer starken Ammoniaklösung schüttelt, die Flüssigkeit abgiesst und glüht. Die Beimengungen der Soda bleiben hierbei in der Mutterlauge, im Wasser und in der Ammoniaklösung.

18) Die Aehnlichkeit ist so gross, dass man zu ihrer Erklärung bei der Verschiedenheit der molekularen Zusammensetzung von Na^2SO^4 und Na^2CO^3 die Salze auf den Typus $(NaO)^2R$ beziehen muss, in welchem $R = SO^2$ oder $= CO$ ist. Viele andere Natriumsalze enthalten gleichfalls $10H^2O$.

Das spezifische Gewicht des Natriumcarbonats Na^2CO^3 ist 2,48, das des Salzes mit 10 Wassermolekeln 1,46. Von dem 7 Wassermolekeln enthaltenden Salze sind (nach Loewel, Marignac, Rammelsberg) zwei Modifikationen bekannt, welche gleichzeitig beim Abkühlen der gesättigten Lösung unter einer Alkoholschicht entstehen; die eine ist weniger beständig (entsprechend dem schwefelsauren Salze) und zeigt bei 0° eine Löslichkeit von 32 Th. Na^2CO^3 in 100 Th. Wasser, die andere ist beständiger; ihre Löslichkeit beträgt 20 Th. Na^2CO^3 in 100 Th. Wasser. Von dem Salze mit 10 Wassermolekeln lösen sich in 100 Th. Wasser bei $0° = 7,0$, bei $20° = 21,7$ und bei $30° = 37,2$ Th. Na^2CO^3. Bei 80° lösen sich nur 46,1 bei 90° 45,7 und bei 100° 45,4 Th. Na^2CO^3. Das spezifische Gewicht der Sodalösungen lässt sich (nach Gerlach und Kohlrausch) bei 15°/4° durch die Parabel $s = 9992 + 104,5\,p + 0,165\,p^2$ ausdrücken. Das Volum schwacher Sodalösungen ist nicht nur geringer als die Summe der Volume des wasserfreien Salzes und des Wassers, sondern auch geringer als das Volum des darin enthaltenen Wassers. 1000 Gramm der einprocentigen Lösung z. B. nehmen bei 15° ein Volum von 990,4 CC. ein (das spez. Gew. ist 1,0097), enthalten aber 900 Gr. Wasser, deren

grösste Löslichkeit entspricht der Temperatur von 37°. Bei gewöhnlicher Temperatur krystallisirt die Soda gleichfalls mit 10 Molekeln Wasser und bildet Krystalle, welche ebenso, wie die des Glaubersalzes, bei 34° schmelzen. Sodann gibt die Soda auch übersättigte Lösungen und scheidet, je nach den Bedingungen, verschiedene Verbindungen mit Krystallisationswasser aus (vrgl. Seite 122).

Bei Rothgluth scheidet überhitzter Wasserdampf aus kohlensaurem Natrium Kohlensäuregas aus und bildet Aetznatron: $Na^2CO^3 + H^2O = 2NaHO + CO^2$. Die Kohlensäure CO^2 wird hier durch Wasser ersetzt, was durch ihren schwach sauren Charakter bedingt wird. Direkt in Natriumoxyd und Kohlensäuregas zersetzt sich aber das kohlensaure Natrium nur in sehr geringem Grade; beim Schmelzen von Soda scheidet sich z. B. nur 1 pCt. CO^2 aus [19]). Dagegen verlieren die kohlensauren Salze vieler anderen Metalle, z. B. des Ca, Cu, Mg, Fe und ähnl. beim Glühen alles CO^2. Dieses weist auf die bedeutende Energie der Base hin, die in der Soda enthalten ist. Mit den löslichen Salzen der meisten Metalle scheidet das kohlensaure Natrium Niederschläge — die unlöslichen kohlensauren Salze dieser Metalle oder deren Oxydhydrate — aus (im letzteren Falle entweicht Kohlensäuregas). Mit Baryumsalzen z. B. bildet sich unlösliches kohlensaures Baryum ($BaCl^2 + Na^2CO^3 = 2NaCl + BaCO^3$), mit den Salzen der Thonerde Thonerdehydrat unter Ausscheidung von Kohlensäuregas: $3Na^2CO^3 + Al^2(SO^4)^3 + 3H^2O = 3Na^2SO^4 + 2Al(OH)^3 + 3CO^2$. Das Natriumcarbonat scheidet wie alle kohlensauren Salze mit allen irgend energischen Säuren Kohlensäuregas aus. Wenn aber zu einer Sodalösung allmählich mit Wasser verdünnte Säure gegossen wird, so findet Anfangs keine Entwickelung von Kohlensäuregas statt, weil dasselbe mit dem noch nicht zersetzten Theil der Soda das *saure* oder das *doppeltkohlensaure Natrium* $NaHCO^3$ (Natriumbicarbonat) bildet. Die Zusammensetzung dieses Salzes kann man sich aber auch in der Weise vorstellen, dass man sie als Verbindung von Kohlensäure H^2CO^3 mit dem neutralen Salze Na^2CO^3 ansieht, analog den Verbindungen dieses letzteren mit Was-

---

Volum bei 15° 990,8 cc. beträgt. Dieser verhältnissmässig seltene Fall (wir treffen ihn noch bei den NaHO-Lösungen) entspricht den schwachen Lösungen, bei welchen der Werth von A grösser als 100 ist, wenn das spez. Gew. des Wassers bei 4° $= 10000$ und das der Lösung durch die Parabel $s = S_o + Ap + Bp^2$ ausgedrückt wird, wobei S_o das spez. Gewicht des Wassers ist (Ausführlicheres findet man in meinem Werke: «Untersuchung wässriger Lösungen» 1887 § 94 und 95; russisch). Das spez. Gew. einer 5-procentigen Sodalösung ist bei 15°/4° $= 1,0520$, einer 10 proc. 1,1057 und einer 15 proc. 1,1603. Die von der Temperatur bedingten Aenderungen des spezifischen Gewichts sind hier fast dieselben wie bei den NaCl-Lösungen bei gleichem Procentgehalte.

19) Nach der Beobachtung von Pickering. Nach Rose scheidet sich auch beim Kochen von Na^2CO^3-Lösungen etwas CO^2 aus.

ser. Für diese Auffassung spricht: 1-tens die Existenz eines anderen Salzes von der Zusammensetzung $Na^2CO^3 2NaHCO^3 2H^2O$ (anderthalbfach kohlensaures Natrium), das man beim Abkühlen einer gekochten Lösung des doppeltkohlensauren Natriums und beim Vermischen des letzteren mit dem neutralen Salze erhält und dessen Zusammensetzung sich nicht mehr, wie beim doppeltkohlensauren Natrium, von dem normalen Hydrate der Kohlensäure ableiten lässt [20]; und 2-tens der Umstand, dass die Krystalle des sauren Salzes kein Krystallisationswasser enthalten, da bei ihrer Bildung (die nur bei niederen Temperaturen erfolgt, analog der Bildung der krystallinischen Verbindungen mit Wasser) das Krystallisationswasser der Soda ausgeschieden und durch die Elemente der Kohlensäure das Wasser gleichsam ersetzt wird. Jedoch ist das saure kohlensaure Natrium immer unbeständig, denn es scheidet nicht nur beim Glühen, sondern sogar bei schwachem Erwärmen seiner Lösung und selbst bei gewöhnlicher Temperatur in feuchter Luft CO^2 aus und geht in das neutrale Salz über. Trotzdem kann das saure kohlensaure Natrium leicht rein in Krystallen erhalten werden, wenn man in eine starke Sodalösung unter Abkühlen Kohlensäuregas einleitet. Das saure Salz scheidet sich hierbei direkt in Krystallen aus, da es in Wasser weniger löslich ist, als das neutrale Salz [21]). Noch leichter bildet es sich beim Verwittern

---

20) Das anderthalbfach saure Salz besitzt übrigens alle Eigenschaften einer bestimmten chemischen Verbindung: es krystallisirt in durchsichtigen Krystallen, besitzt eine konstante Zusammensetzung und unterscheidet sich in seiner Löslichkeit von dem neutralen und sauren Salze. In der Natur findet es sich unter dem Namen Trona, Urao und and. Nach Watts und Richards (1886) lassen sich durch Vermischen einer beim Erwärmen gesättigten Lösung des neutralen kohlensauren Salzes mit einer konzentrirten Lösung des sauren Salzes leicht Krystalle von der Zusammensetzung $NaHCO^3 Na^2CO^3 2H^2O$ darstellen, wenn die Temperatur über $35°$ beträgt. Dieselbe Zusammensetzung kommt nach Laurent dem natürlichen Urao zu (Boussingault). An der Luft ist das saure kohlensaure Natrium sehr beständig; durch Ueberführen in dasselbe lässt sich Soda in grösseren Mengen in reinem Zustande erhalten. Theoretisch sind solche Verbindungen nur wenig erforscht, sie bieten aber ein besonderes Interesse, weil sie wahrscheinlich der Orthokohlensäure $C(OH)^4$ und gleichzeitig auch den Doppelsalzen (z. B. dem Astrachanit) entsprechen (vrgl. Kap. 14).

21) 100 Th Wasser lösen bei $0°$ 7 Th. des sauren Salzes, was 4,3 Th. des wasserfreien neutralen Salzes entspricht, während von diesem letzteren in 100 Th. Wasser bei $0°$ sich 7 Th. lösen. Die Löslichkeit des sauren Salzes ändert sich ziemlich regelmässig 100 Th. Wasser lösen bei $15°$—9 Th. und bei $30°$—11 Th. desselben. Das Ammoniumsalz und namentlich das Kaliumsalz sind in Wasser viel löslicher. Auf diesen Löslichkeitsunterschieden beruht der Ammoniaksodaprozess. Von dem doppeltkohlensauren Ammonium lösen sich bei $0°$ in 100 Th. Wasser 12 Th., bei $30°$—27 Th. Die Löslichkeit zeigt also eine bedeutende Zunahme mit der Temperatur.

Die Zersetzbarkeit der gesättigten Lösung des sauren kohlensauren Ammoniums ist jedoch geringer, als die Zersetzbarkeit der Lösung des doppeltkohlensauren Natriums. Die gesättigten Lösungen dieser Salze besitzen in der That folgende Spannungen des Gemisches von CO^2 und H^2O-Dämpfen: bei $15°$ und $50°$ beträgt die Spannung beim

von Sodakrystallen, die sehr leicht in bedeutender Menge Kohlensäuregas absorbiren [22]). Das saure kohlensaure Natrium krystallisirt gut, jedoch nicht in so grossen Krystallen, wie die Soda; es besitzt einen salzartigen Geschmack, nicht den alkalischen der Soda, und eine schwach alkalische, fast neutrale Reaktion. Schon bei 70^0 scheidet seine Lösung CO^2 aus und beim Kochen wird die Gasentwickelung eine sehr reichliche. Aus dem Gesagten folgt, dass dieses Salz in zahlreichen Reaktionen, namentlich beim Erwärmen, ähnlich dem neutralen Salze wirken muss; selbsverständlich wird es aber auch seine Eigenthümlichkeiten besitzen. Eine Lösung von kohlensaurem Natrium ruft z. B. in Lösungen von neutralen Magnesiumsalzen eine Trübung (oder einen Niederschlag) von kohlensaurem Magnesium $MgCO^3$ hervor, während saures kohlensaures Natrium hierbei keinen Niederschlag bildet, da kohlensaures Magnesium in Gegenwart von überschüssiger Kohlensäure löslich ist.

Das *Aetznatron*, NaHO, (Natriumhydroxyd, Natronhydrat), das dem Natrium entsprechende Alkalihydrat wird gewöhnlich aus Soda durch Einwirken von Kalk dargestellt [23]). Man verfährt in folgender Weise. Eine schwache meist 10 procentige Sodalösung [24]) kocht man in gusseisernen oder silbernen Kesseln, (da NaHO auf Eisen und Silber nicht einwirkt) und setzt allmählich während des Siedens Kalk hinzu. Letzterer ist in Wasser nur wenig, aber immerhin

---

Natriumsalz 120 und 750 Millim. und beim Ammoniumsalz 120 und 563 Mm. Diese Daten sind für das Verständniss der Erscheinungen beim Ammoniaksodaprozesse von grosser Bedeutung. Nach denselben muss bei stärkerem Drucke das Natriumsalz sich in grösserer Menge bilden, wenn das Ammoniumsalz im Ueberschuss vorhanden ist.

22) Krystallinische Soda absorbirt (wenn sie zerkleinert ist) gleichfalls CO^2, scheidet aber zugleich ihr Krystall-Wasser aus: $(Na^2CO^3 10H^2O + CO^2 = Na^2CO^3 H^2CO^3 + 9H^2O)$; ein Theil der Soda löst sich in diesem Wasser und in die entstehende Lösung gehen auch alle in der Soda enthaltenen Beimengungen über. Soll die Bildung einer solchen Lösung verhindert werden, so wendet man ein Gemisch von geglühter und krystallinischer Soda an. Das doppeltkohlensaure Natrium (Natriumbicarbonat) wird hauptsächlich für den inneren Gebrauch dargestellt und gewöhnlich einfach «*Soda*» genannt, z. B. in den sogen. Sodapulvern; benutzt wird es zu künstlichen Mineralwassern, zur schnellen Entwickelung von grösseren Mengen CO^2 bei der Bereitung von kohlensäurehaltigem Wasser im Hausgebrauch, zur Bereitung von Digestivpastillen, welche den in Essentuki (im Kaukasus) und Vichy bereiteten (pastilles digestives de Vichy) ähnlich sind u. s. w.

23) Natron bezeichnet in der Chemie Natriumoxyd; daher muss das Wort Natron von Natrium, d. h. von dem Metalle, scharf unterschieden werden.

24) Mit wenig Wasser geht die Reaktion überhaupt nicht oder gar in entgegengesetzter Richtung vor sich, indem NaHO und KHO dem $CaCO^3$—CO^2 entziehen (Liebig, Watson, Mitscherlich). Es offenbart sich hier der Einfluss der Masse des Wassers. Nach Herberts lassen sich aber starke Sodalösungen durch Kalk unter vermindertem Drucke zersetzen, was von nicht geringem Interesse sein dürfte, wenn es sich durch weitere Untersuchungen bestätigen sollte.

löslich. Beim Zusetzen des Kalkes wird die klare Sodalösung trübe, indem sich ein Niederschlag ausscheidet, der aus dem fast unlöslichen kohlensauren Kalk besteht, und in der Lösung erhält man, wenn die erforderliche Menge Kalk zugesetzt worden war, das Aetznatron. Die Zersetzung erfolgt nach der Gleichung: $Na^2CO^3 + Ca(HO)^2 = CaCO^3 + 2NaHO$. Beim Abkühlen setzt sich der kohlensaure Kalk leicht ab und die klar gewordene, das Aetznatron enthaltende Lösung (die Natronlauge) kann abgegossen werden [25]. Dieselbe wird in guss- oder schmiedeeisernen oder, wenn ganz reines Aetznatron dargestellt werden soll, in silbernen Kesseln eingedampft [26]. Gefässe aus Porzellan, Glas oder ähnlichem Material können

---

[25] So lange in der Lösung unzersetzte Soda vorhanden ist, scheidet überschüssige zur Lösung zugesetzte Säure CO^2 aus und die Lösung eines Baryumsalzes bewirkt einen weissen Niederschlag, der mit Säuren aufschäumt (da CO^2 entweicht); (Schwefelsäure gibt gleichfalls einen weissen Niederschlag, $BaSO^4$, der aber in Säuren unlöslich ist). Zur Zersetzung der Soda benutzt man gelöschten, in Wasser zerrührten Kalk. Um reines Aetznatron zu bereiten, löste man früher (nach Berthollet) das erhaltene NaHO in Alkohol, in welchem die Beimengungen (Na^2CO^3, Na^2SO^4) unlöslich sind, während gegenwärtig infolge der Billigkeit des metallischen Natriums, das durch Destillation gereinigt werden kann, *reines Aetznatron* durch Einwirken von Natrium auf eine geringe Quantität Wasser dargestellt wird. Auch durch Krystallisation aus starken Lösungen (bei niedriger Temperatur) lassen sich alle Beimengungen des NaHO vollständig entfernen (vrgl. Anm. 27).

In den nach dem Leblanc'schen Verfahren arbeitenden Sodafabriken wird das Aetznatron direkt aus der beim Eindampfen der Sodalösung zurückbleibenden Lauge gewonnen (Anm. 14). In grösserer Menge entsteht es, wenn ein Ueberschuss an Kohle und Kalk angewendet wird. Nach dem Ausscheiden der weniger löslichen Soda bildet sich eine (infolge ihres Gehaltes an Eisenoxyden) rothgefärbte Lauge, welche das NaHO enthält, aber im Gemisch mit Schwefel- und Cyanverbindungen, die in den Leblanc'schen Sodaöfen entstehen (vrgl. Seite 252 und Kap. 9) und die auch Eisen enthalten. Dampft man die rothe Lauge ein, indem man gleichzeitig Luft einbläst, um die Beimengungen zu oxydiren (zu welchem Zwecke man zuweilen auch $NaNO^3$, Chlorkalk u. dgl. zusetzt), so erhält man zuletzt geschmolzenes NaOH. Die geschmolzene Masse lässt man abstehen, damit sich der eisenhaltige Niederschlag absetze und giesst sie dann in Eisencylinder, in welchen sie erstarrt. Solches Aetznatron enthält 10 pCt. überschüssiges Wasser und eine Beimengung von Salzen, aber fast keine Soda und kein Eisen wenn nur der Prozess richtig geleitet war.

[26] Löwig beschrieb eine Methode zur Darstellung von NaHO aus geglühter Soda. Erhitzt man Soda mit überschüssigem Eisenoxyd bis zu dunkler Rothgluth, so entweicht CO^2 und der zurückbleibenden Masse lässt sich das Aetznatron durch warmes Wasser entziehen. In dieser Reaktion, die erfahrungsgemäss sehr leicht vor sich geht, haben wir das Beispiel einer Kontaktwirkung vor uns, die analog der Einwirkung von Fe^2O^3 auf die Zersetzung von $KClO^3$ ist. Die Ursache der Reaktion kann aber auch darin liegen, dass eine geringe Menge von Soda mit dem Eisenoxyd in doppelte Umsetzung tritt und das entstehende kohlensaure Eisen in CO^2 und Fe^2O^3 zerfällt, welches von Neuem in die Reaktion eingeht. Solche Erklärungen, die den *Grund* einer Reaktion ausdrücken sollen, tragen eigentlich nur wenig zur Vervollständigung des elementaren Begriffs des *Kontakts* bei, der meiner Ansicht nach darin besteht, dass die Bewegung der Atome in den Molekeln unter dem Einflusse der in Berührung tretenden Substanzen

hierbei nicht benutzt werden, da sie von der Natronlauge angegriffen werden. Beim Eindampfen krystallisirt NaHO nicht, da es in heissem Wasser sehr leicht löslich ist; in Krystallen und zwar mit einem Gehalt an Krystallisationswasser kann man es nur durch Abkühlen erhalten. Dampft man die Lösung bis zum spezifischen Gewicht 1,38 ein und kühlt dann auf 0^0 ab, so erscheinen durchsichtige Krystalle von der Zusammensetzung $2NaHO7H^2O$; dieselben schmelzen bei $+6^0$ [27]). Wenn das Eindampfen so lange fortgesetzt wird, als sich noch Wasser ausscheidet, wobei stark erhitzt werden muss, so erstarrt das Natronhydrat NaHO beim Abkühlen zu einer krystallinischen halbdurchsichtigen Masse [28]).

Das Aetznatron NaHO ist eine farblose, krystallinische, halbdurchsichtige Masse vom spezifischen Gewicht 2,13, die an der Luft Feuchtigkeit und Kohlensäure absorbirt [29]) und sich in Wasser [30]) unter bedeutender Wärmeentwickelung löst [31]). Die bei gewöhnlicher Temperatur gesättigte Lösung hat das spez. Gew. 1,5, enthält 45 pCt. NaHO und siedet bei 130^0; bei 55^0 löst Wasser

---

eine Aenderung erleidet. Um sich hiervon eine deutliche Vorstellung zu bilden, genügt es z. B. die Annahme zu machen, dass in der Soda die Elemente CO^2 sich in einem Kreise um Na^2O bewegen und dass in den Berührungspunkten mit Fe^2O^3 diese Bewegung in eine elliptische mit längerer Axe übergehe, infolge dessen die Elemente CO^2, wenn sie sich weiter von Na^2O entfernen, abgerissen werden und von Fe^2O^3 nicht zurückgehalten werden können.

27) Durch Krystallisation von sehr starker Natronlauge lassen sich verschiedene Beimengungen des NaHO z. B. Na^2SO^4 entfernen. Das geschmolzene Krystallhydrat $2NaHO7H^2O$ bildet eine Lösung vom spezifischen Gewicht 1,405 (Hermes). Nach einigen anderen Bestimmungen enthält dieses Krystallhydrat weniger Wasser, nämlich nur $NaHO3H^2O$. Beim Lösen der Krystalle in Wasser findet Abkühlung statt.

28) Festes Aetznatron enthält gewöhnlich mehr Wasser als der Formel NaHO entspricht. In den Laboratorien benutzt man gewöhnlich geschmolzenes Aetznatron, das zum Gebrauche zerkleinert werden muss. Das Aetznatron muss in gut schliessenden Gefässen aufbewahrt werden, da es aus der Luft Feuchtigkeit und Kohlensäure anzieht.

29) Nach den Aenderungen, die das Aetznatron an der Luft erleidet, lässt es sich leicht von dem sehr ähnlich aussehenden Aetzkali unterscheiden. Beide Alkalien ziehen aus der Luft H^2O und CO^2 an, aber das Aetzkali geht hierbei in eine zerfliessbare Masse von Pottasche über, während das Aetznatron ein trocknes Pulver von verwitterter Soda bildet.

30) Da das Molekulargewicht von $NaHO = 40$ ist, so beträgt das Volum der Molekel $= \dfrac{40}{2,13} = 18,5$; es nähert sich sehr dem Volum der Wassermolekel H^2O. Dasselbe Verhältniss ergeben auch andere Natriumverbindungen; das Molekularvolum der Natriumsalze z. B. nähert sich dem der entsprechenden Säuren.

31) Die molekulare Menge von NaHO (40 Gr.) entwickelt beim Lösen in viel Wasser (in 200 Molekeln) nach Berthelot 9780 und nach Thomsen 9940 W. E.; bei 100^0 entwickeln sich gegen 13000 W. E. (Berthelot). Die Lösungen $NaHO + nH^2O$ entwickeln beim Vermischen mit Wasser Wärme, wenn der Wassergehalt weniger als $6H^2O$ beträgt, nehmen bei grösserem Gehalt an Wasser aber Wärme auf.

das gleiche Gewicht an NaHO [32]). Aetznatron löst sich nicht nur in Wasser, sondern auch in Alkohol und sogar in Aether. Auf die Haut wirken schwache Lösungen wie Seife, denn in letzterer ist der wirkende Bestandttheil das Aetznatron [33]).

Die chemischen *Reaktionen des Aetznatrons* sind typisch für die ganze Klasse der ätzenden Alkalien, d. h. der löslichen basischen Hydroxyde, welche man aus Wasser und dem betreffenden Metalloxyd

---

[32] Das spezifische Gewicht der NaHO-Lösungen beträgt bei $15°/4°$:

bei:	5	10	15	20	30	40 pCt. NaHO
	1,057	1,113	1,169	1,224	1,331	1,436

1000 Gramm einer 5 procentigen Lösung nehmen ein Volum von 946 ein, also weniger als das Wasser, das zur Herstellung der Lösung dient (vergl. Anm. 18).

[33] Das Aetznatron kann (wie auch andere ätzende Alkalien) die Verbindungen, welche Säuren mit Alkoholen bilden, verseifen. Bezeichnet man durch RHO [oder $R(HO)_n$] die Zusammensetzung des Alkohols, d. h. des Kohlenwasserstoffhydrats und durch QHO die der Säure, so ergibt sich für die Verbindung der Säure mit dem Alkohol oder den Ester die Zusammensetzung RQO. Die Ester sind folglich Analoga der Salze, wenn die Alkohole Analoga der Basen sind. Das Aetznatron wirkt auf die Ester ebenso wie auf die meisten Salze, d. h. es scheidet den Alkohol aus und bildet das Natriumsalz der Säure, die in dem Ester vorhanden war. Die Reaktion verläuft folgendermaassen:

$$RQO + NaHO = NaQO + RHO$$
Ester   Aetznatron   Natriumsalz   Alkohol.

Diese Zersetzung nennt man *Verseifung*, da es schon seit Langem bekannt ist, dass einer ähnlichen Zersetzung die dem Glycerin $C^3H^5(OH)^3$ entsprechenden Ester unterliegen, welche in den Thieren und Pflanzen in Form von Fetten und Oelen vorkommen. Beim Einwirken von Aetznatron auf Fette oder Oele entstehen Glycerin und Natriumsalze der Säuren, welche in dem Fette oder Oele in Verbindung mit dem Glycerin enthalten waren, wie dies Chevreul zu Anfang unseres Jahrhunderts zeigte. Die Natriumsalze der Fettsäuren werden in der Praxis *Seifen* genannt. Seife erhält man also aus Fetten durch Einwirken von Aetznatron, wobei Glycerin und Natriumsalze entstehen. Da in den Fetten das Glycerin sich gewöhnlich in Verbindung mit mehreren Säuren befindet, so besteht auch die Seife aus den Natriumsalzen mehrerer Säuren. Den grössten Theil der in den Fetten in Verbindung mit Glycerin befindlichen Säuren bilden die festen Palmitin- und Stearinsäure $C^{16}H^{32}O^2$ und $C^{18}H^{36}O^2$ und die flüssige Oleïnsäure $C^{18}H^{34}O^2$. Die Seife enthält daher hauptsächlich ein Gemisch der Natriumsalze dieser drei Säuren. Zur Gewinnung von Seife werden Fette so lange mit einer Lösung von Aetznatron behandelt, bis eine homogene Emulsion entsteht, worauf dann die erforderliche Menge Aetznatron zugesetzt wird, damit beim Erwärmen die Verseifung vor sich gehe. Aus der entstehenden Lösung wird die Seife entweder durch einen Ueberschuss an Aetznatron oder mittelst Kochsalz ausgeschieden, welches die Seife aus ihrer Lösung verdrängt (daher wird Seife durch salzhaltiges Wasser nicht gelöst; sie seift nicht). Durch Wasser erleidet Seife eine theilweise Zersetzung (da sie nur schwache Säuren enthält) wobei das frei werdende Alkali die Wirkung ausübt, die einer Seife eigen ist und auf welcher die gewöhnliche Anwendung der Seife beruht. Daher können anstatt Seife schwache Alkalien benutzt werden. Starke Lösungen ätzender Alkalien wirken auf Haut und Gewebe zerstörend ein; aus Seife bilden sich dieselben nicht, da die Reaktion umkehrbar ist und das Alkali nur durch überschüssiges Wasser frei gesetzt wird. Auch hier sehen wir wieder, wie durch die Lehre Berthollet's viele der täglich stattfindenden Erscheinungen erklärt werden können.

erhalten kann und deren Zusammensetzung durch den Gehalt an Metall M und Hydroxyl OH, d. h. durch die Formel MOH charakterisirt ist. Die Aetznatronlösung, die Natronlauge genannt wird, ist eine höchst ätzend wirkende Flüssigkeit, welche auf die meisten Substanzen zerstörend einwirkt, z. B. auf fast alle organischen Gewebe. Das Aetznatron ist daher, wie alle löslichen Basen, ein Gift, auf welches Säuren wie ein Gegengift wirken; Salzsäure z. B. bildet mit Aetznatron NaCl. Die Einwirkung des Aetznatrons auf Knochen, Fett, Stärke und ähnliche vegetabilische und animalische Stoffe erklärt uns seine Wirkung auf Organismen. Knochen z. B., die man in eine schwache Natronlauge taucht, zerfallen zu Pulver [34]), hierbei entwickelt sich ein Ammoniakgeruch, da das Aetznatron auf die (aus C, N, H, O und S zusammengesetzten, den Eiweissstoffen ähnliche) Leimsubstanz der Knochen einwirkt, indem es dieselbe theilweise löst und theilweise vollständig zerstört, wobei Ammoniak entsteht. Fette, Talg, Oele werden durch Natronlauge verseift, indem in Wasser lösliche *Seifen* oder Natriumsalze organischer Säuren entstehen, welche in den Fetten enthalten sind [35]). Die am meisten charakteristische Reaktion des Aetznatrons wird aber durch seine Fähigkeit bestimmt alle *Säuren* zu *sättigen* und *mit ihnen Salze zu bilden*, welche fast alle in Wasser löslich sind; in diesem Sinne ist das Aetznatron eine ebenso typische Base, wie die Salpetersäure eine typische Säure ist. Von anderen basischen Hydroxyden unterscheidet sich das Aetznatron dadurch, dass es sich nicht durch die Bildung von Niederschlägen unlöslicher Natriumsalze entdecken lässt. Die starken alkalischen Eigenschaften des Aetznatrons bestimmen: seine Fähigkeit sich mit allen, selbst den schwächsten Säuren zu verbinden, seine Eigenschaft aus Ammoniaksalzen NH^3 zu verdrängen, seine Einwirkung auf Salze, deren Basen in Wasser unlöslich sind u. s. w. Beim Vermischen der Lösungen der meisten Metallsalze mit Natronlauge bildet sich ein lösliches Natriumsalz, indem sich das unlösliche Hydroxyd des Metalls ausscheidet, das in dem Salze enthalten war; aus salpetersaurem Kupfer z. B. erhält man unlösliches Kupferhydroxyd: $Cu(NO^3)^2 + 2NaHO = Cu(HO)^2 + 2NaNO^3$. Selbst viele *basische Oxyde*, wie z. B. die des Zinks und Aluminiums, welche vom Aetznatron gefällt werden, besitzen die *Fähigkeit*, sich mit demselben auch *zu verbinden* und in lösliche Verbindungen überzugehen; in den Salzen solcher Metalle bildet daher das Aetznatron zuerst einen Hydroxyd Niederschlag, der sich im überschüs-

---

34) Hierauf beruht das Verfahren von Iljenkow und Engelhardt nach welchem die Knochen mit Asche, Kalk und Wasser vermischt werden; hierbei erhält man übrigens mehr KHO als NaHO, aber die Wirkung dieser beiden Alkalien ist fast dieselbe.

35) Die Erklärung findet man in Anm. 33.

sigen Aetznatron löst. Dies tritt z. B. beim Zusetzen von Aetznatron zu den Salzen der Thonerde (d. h. des Aluminiumoxyds) ein. Hieraus ersieht man, dass solchen Alkalien, wie das Aetznatron, die Fähigkeit zukommt, sich nicht allein mit Säuren, sondern auch mit schwach basischen Oxyden zu verbinden. Das Aetznatron *wirkt* daher *auf die meisten einfachen Körper* ein, welche sich mit Säuren oder ähnlichen Oxyden verbinden können; mit metallischem Aluminium z. B. entwickelt das Aetznatron Wasserstoff, wirkt also auf das Metall ganz wie eine Säure. Wenn die Substanz, die mit Aetznatron zusammengebracht wird, mit dem sich entwickelnden Wasserstoff in Verbindung treten kann, so bildet sich eine Wasserstoffverbindung (Aluminium bildet keine solche Verbindung). So wirkt z. B. Phosphor auf Aetznatron ein und bildet Phosphorwasserstoff. Wenn die entstehende Wasserstoffverbindung sich mit dem Alkali verbinden kann, so entsteht natürlich das Salz der betreffenden Säure. In dieser Weise wirken z. B. Chlor und Schwefel auf Aetznatron ein. Das Chlor bildet mit dem Wasserstoff des Aetznatrons HCl, welcher sich mit NaHO sofort zu Chlornatrium verbindet, gleichzeitig aber tritt das andere Atom der Chlormolekel Cl^2 an die Stelle des Wasserstoffs und bildet NaClO. In derselben Weise erhält man beim Einwirken von Aetznatron auf Schwefel Schwefelwasserstoff, der sich mit dem Aetznatron zu Schwefelnatrium verbindet, ausserdem entsteht noch unterschwefligsaures Natrium (vrgl. Schwefel). Infolge der Möglichkeit solcher Reaktionen wirkt das Aetznatron auf viele Metalle und Metalloide ein. Die Einwirkung wird durch die Gegenwart des Sauerstoffs der Luft öfters verstärkt, so dass die Bildung von Säuren und an Sauerstoff reichen Oxyden noch leichter erfolgt. Viele Metalle und deren niedere Oxyde absorbiren z. B. in Gegenwart eines Alkalis Sauerstoff und bilden Säuren. Sogar Manganhyperoxyd absorbirt im Gemisch mit Aetznatron aus der Luft Sauerstoff und bildet mangansaures Natrium. Organischen Säuren entzieht das Aetznatron beim Glühen die Elemente der Kohlensäure, bildet Soda und verdrängt die Kohlenwasserstoffgruppe, die in der organischen Säure mit der Kohlensäure verbunden ist.

Das Aetznatron gehört daher, wie auch alle löslichen Alkalien, zu den in chemischer Beziehung am energischsten wirkenden Substanzen. Nur wenige Körper widerstehen seiner Einwirkung und selbst kieselerdehaltige Gesteine werden angegriffen, indem sie wenigstens beim Zusammenschmelzen mit Aetznatron glasartige Flüsse oder Schlacken bilden, wie später gezeigt werden wird. Als typisches Beispiel basischer Hydrate unterscheidet sich das Aetznatron, wie auch das Aetzammon, von vielen anderen basischen Oxyden dadurch, dass es mit Säuren leicht *saure Salze* (z. B. $NaHSO^4$, $NaHCO^3$), aber keine basischen Salze bildet, während weniger energische Basen, wie Kupferoxyd und Bleioxyd, umgekehrt leicht basische und schwierig saure Salze bilden. Diese Fähigkeit zur Bildung saurer Salze, namentlich mit mehrbasischen Säuren, findet ihre Erklärung in den stark basischen Eigenschaften des Aetznatrons und der geringen Entwickelung dieser Eigenschaften in den Oxyden, die leicht basische Salze bilden und sich sogar mit solchen Basen wie Aetznatron und Aetzammon verbinden. Eine energische Base kann eine bedeutende Säuremenge binden, während eine schwache Base dessen nicht fähig ist. Einigen schwachen Basen, namentlich den intermediären Oxyden (der Thonerde z. B.), geht überhaupt die Fähigkeit ab sich mit so schwachen Säuren, wie die Kohlensäure, zu verbinden; wenn trotzdem Verbindungen entstehen, so sind sie höchst unbeständig und basisch. Die Bildung von sauren Salzen durch solche Säuren, wie Kohlen-, Oxal-, Schwefel-, Phosphorsäure und ähnliche, welche zwei oder mehrere Wasserstoffatome enthalten, die durch Metalle ersetzt werden können, erklärt sich schon dadurch, dass in diesen Säuren entweder alle Wasserstoffatome, oder nur ein Theil derselben, sich durch Natrium ersetzen lassen. Einbasische Säuren, wie Salpetersäure, Chlorwasserstoffsäure und ähnliche, bilden keine irgend beständige saure Salze (wol aber unbeständige Verbindungen des neutralen Salzes mit der Säure), weil sie nur ein einziges durch Metalle ersetzbares Wasserstoffatom enthalten. Da nun das Natrium, wie in den folgenden Kapiteln gezeigt werden wird, zu den einwerthigen Metallen gehört, welche den Wasserstoff Atom für Atom ersetzen, und da es, wie das Chlor unter den Metalloiden, unter den Metallen als typisches Beispiel eines Elementes von monovalenten oder einwerthigen Eigenschaften dienen kann, so erklärt sich hierdurch wenigstens theilweise, dass in einer zweibasischen Säure, z. B. in der Kohlensäure H^2CO^3 oder in H^2SO^4, der Wasserstoff Atom für Atom durch Natrium ersetzt und zuerst ein saures und dann ein neutrales Salz gebildet werden kann, z. B.: $NaHSO^4$ und Na^2SO^4, während zweiwerthige Metalle, wie Calcium oder Baryum, keine sauren Salze bilden, da ihre Atome beide Wasserstoffatome auf einmal ersetzen und z. B. sogleich $CaCO^3$ und $CaSO^4$ bilden.

Nach dem eben Auseinandergesetzten zu urtheilen, lässt sich erwarten, dass zweiwerthige Metalle mit Säuren, die mehr als zwei Wasserstoffatome enthalten, leicht saure Salze bilden werden, also z. B. mit der dreibasischen Phosphorsäure H^3PO^4; in der That existiren solche Salze, aber die Verhältnisse werden verwickelter, da mit der Zunahme der Werthigkeit und der Aenderung des Atomgewichts meist auch der basische Charakter schwächer wird oder sich ändert. Schwächere Basen (wie Silberoxyd), bilden aber, wenn sie auch einwerthigen Metallen entsprechen, keine sauren Salze, während noch schwächere Basen (wie CuO, PbO) leicht basische Salze bilden. Basische und saure Salze müssen eigentlich als den Krystallhydraten analoge Verbindungen angesehen werden; denn solche Säuren, wie die Schwefelsäure, bilden nicht nur saure und neutrale Salze, wie nach der Einwerthigkeit des Natriums zu erwarten wäre, sondern auch noch Salze, die grössere Säuremengen enthalten. Ein Beispiel solcher Verbindungen sahen wir bereits im anderthalbfach kohlensauren Natrium. Wenn nun alles dies in Betracht gezogen wird, so muss man folgern, dass die Fähigkeit mehr oder weniger leicht saure Salze zu bilden eher mit der Energie der Basen, als mit der Werthigkeit in Einklang gebracht werden kann. Am richtigsten ist es aber anzunehmen, *dass die Fähigkeit der Basen, saure und basische Salze zu bilden, zu ihrer Charakteristik gehört*, wie auch die Fähigkeit, sich mit Wasserstoff zu verbinden, eine charakteristische Eigenschaft gewisser Elemente ist. In diesem Sinne zeichnet sich also das Aetznatron durch die Fähigkeit aus leicht saure Salze zu bilden, während es zur Bildung basischer Salze unfähig ist. Die Basen der Metalle K und Li theilen mit dem Natrium diese Eigenschaft, während die Metalle Cu und Pb keine sauren, leicht aber basische Salze bilden; Ba, Ca und Ag bilden sowol saure, als auch basische Salze nur schwierig, dagegen leicht neutrale Salze.

Wir sahen also, wie das Kochsalz in schwefelsaures Natrium, dieses in Soda und die Soda in Aetznatron übergeführt wird. Lavoisier hielt das Aetznatron noch für einen einfachen Körper, denn er kannte weder die unter Ausscheidung von Sauerstoff stattfindende Zersetzung des Aetznatrons, noch die Bildung desselben aus metallischem Natrium beim Einwirken von Wasser.

Die Darstellung des *metallischen Natriums* gehört zu den wichtigsten Entdeckungen der Chemie, denn sie führte nicht nur zu einer weiteren und richtigeren Auffassung des Begriffs der einfachen Körper, sondern bedingte es hauptsächlich, dass diejenigen chemischen Eigenschaften erkannt werden konnten, die im Natrium deutlich hervortreten, aber in den anderen, allgemein bekannten Metallen nur schwach ausgedrückt sind. Die Entdeckung, dass das Aetznatron zersetzbar ist, machte im Jahre 1807 der englische Chemiker *Davy*. Als er mit dem positiven Pole (Kupfer oder Kohle) einer starken Voltaschen Säule ein feuchtes (d. h. leitend gemachtes) Stück Aetznatron verband und den negativen Pol in Quecksilber tauchte, das er in eine Vertiefung des Aetznatronstückes gegossen hatte, so löste sich beim Durchleiten des galvanischen Stromes im Quecksilber ein besonderes Metall auf, das sich leichter als letzteres erwies und Wasser zersetzen konnte, wobei wieder Aetznatron entstand. Bei der Zersetzung des Aetznatrons durch den galvanischen Strom erhält man am negativen Pole Wasserstoff und Natrium und am positiven Pole Sauerstoff. Davy hatte auf diese Weise (durch Analyse und Synthese) bewiesen, dass die Alkalien, die bis dahin für unzersetzbar gehalten wurden, zusammengesetzte Körper sind. Ferner zeigte er auch, dass das von ihm entdeckte Metall bei Rothgluth sich verflüchtigt, was die wichtigste physikalische Eigenschaft zur Isolirung des Natriums ist, da alle Methoden zur Gewinnung desselben hierauf beruhen. Ausserdem beobachtete Davy die leichte Oxydirbarkeit des Natriums und die Entzündbarkeit der Natriumdämpfe an der Luft; letztere Eigenschaft erschwerte längere Zeit hindurch die Gewinnung dieses Metalles. Einer genaueren Untersuchung wurde das Natrium sodann von Gay-Lussac und Thénard unterworfen, welche auch einfachere Methoden zu seiner Darstellung ausarbeiteten und die Beobachtung machten, dass metallisches Eisen bei hohen Temperaturen die Fähigkeit besitzt, das Natrium aus dem Aetznatron zu reduziren [36]. Später fand Brunner, dass dieselbe Reduktion nicht allein durch Eisen, sondern auch durch Kohle bewirkt werden kann, nicht aber durch Wasserstoff [37]. Trotzdem waren die Darstellungsmethoden sehr umständlich und das Natriummetall bildete daher eine grosse Seltenheit. Am störendsten war der Umstand, dass zur Verdichtung der sich leicht oxydirenden Natriumdämpfe komplizirte, den Zutritt von Luft beseitigende Apparate angewandt werden mussten. Diesem Uebelstande wurde zwar durch den von Donny und Mareska hergestellten einfachen Kühler abgeholfen, doch gelang es erst St. Claire Deville die früher gebräuchlichen verwickelten Manipulationen zu

---

[36] Nach Deville wird diese Zersetzung des Aetznatrons durch metallisches Eisen nur durch die bei Weissgluth eintretende Dissoziation des Alkalis in Natrium, Wasserstoff und Sauerstoff bedingt. Das Eisen hält hierbei nur den entstehenden Sauerstoff zurück, denn sonst würden sich die bei der Zersetzung frei werdenden Elemente beim Abkühlen wieder verbinden, wie es in anderen bekannten Dissoziationsfällen geschieht. Nimmt man an, dass die Temperatur der beginnenden Zersetzung der Eisenoxyde höher ist, als die des Natriumoxyds, so erklärt sich die Zersetzung durch die Hypothese von Deville. Derselbe beweist seine Ansicht durch folgenden Versuch: bringt man eine mit eisernen Hobelspänen gefüllte eiserne Flasche in der Weise zum Glühen, dass der obere Theil derselben bis zu heller Weissgluth erhitzt wird, während der untere Theil eine etwas niedrigere Temperatur besitzt und führt dann in den oberen Theil Aetznatron ein, so zersetzt sich dieses und man erhält Natriumdämpfe (der Versuch war eigentlich mit Aetzkali angestellt worden). Beim Zerschlagen der Flasche überzeugt man sich dann, das die Oxydation des Eisens nicht im oberen Theil, sondern nur im unteren stattgefunden hat. Erklären lässt sich dies durch die Annahme, dass im oberen Theil der Flasche das Alkali sich in Na, H und O zersetzt, während im unteren Theile das Eisen aus diesem Gemisch den Sauerstoff absorbirt. Beim Erhitzen der ganzen Flasche auf nur die Temperatur, die beim ersten Versuche der untere Theil besass, erhielt Deville keine Natriumdämpfe. Nach der Hypothese war in diesem Falle die Temperatur nicht hoch genug, um die Dissoziation des NaHO hervorzurufen.

[37] Wir erwähnten bereits (Kap. 2 Anm. 9), dass es Beketow war, der die Verdrängung des Natriums durch Wasserstoff zeigte, aber nicht aus NaHO, sondern aus Na^2O und auch nur zur Hälfte unter Bildung von NaHO.

umgehen und einfache Methoden auszuarbeiten, welche erst die fabrikmässige Gewinnung des Natriums ermöglichten.

Nach der Methode von Deville gewinnt man das Natrium durch Glühen eines Gemisches aus Soda (7 Th.), die kein Wasser enthalten darf, Kohle (2 Th.) und Kalkstein oder Kreide (7 Th.). Letztere wird nur zugesetzt, damit die schmelzenden Soda sich von der Kohle nicht trenne [38]). Beim Glühen verliert die Kreide ihre Kohlensäure und der zurückbleibende Kalk, der unschmelzbar ist, durchtränkt die schmelzende Soda, so dass in der entstehenden dick flüssigen Masse die Kohle in inniger Berührung mit der Soda bleibt und bei Weissgluth die Reduktion bewirkt. Hierbei entwickeln sich Natriumdämpfe und Kohlenoxyd entsprechend der Gleichung: $Na^2CO^3 + 2C = Na^2 + 3CO$. Der Kalk dient, wie erwähnt, nur als mechanische Beimengung. Beim Abkühlen verdichten sich die Natriumdämpfe zu geschmolzenem Metall (das sich viel schwieriger oxydirt, als die Natriumdämpfe, die sogar brennen), während das Kohlenoxydgas entweicht. Zum Erhitzen des Gemisches von Soda, Kohle und Kreide benutzt man schmiedeeiserne, etwa einen Meter lange und einen Decimeter weite Röhren, die in einem Flammenofen bis zu Weissgluth erhitzt werden. Das eine Ende eines solchen Retortenrohres verschliesst man mit der schmiedeeisernen Scheibe A (Fig. 115), die mit Chamottethon eingekittet wird, und das andere mit einer gleichen, aber durchbohrten Scheibe C. Beim Glühen der in das Retortenrohr gebrachten Mischung scheiden sich zuerst Wasserdämpfe aus (die in der Mischung als Feuchtigkeit enthalten sind), dann Kohlensäuregas und Produkte der trocknen Destillation der Kohle, bis die letztere auf die Soda einzuwirken beginnt. Das Eintreten dieser Reaktion macht sich sofort bemerkbar, da die entstehenden Natriumdämpfe und das Kohlenoxydgas sich von selbst entzünden, wenn sie aus der Mün-

---

38) In England, wo die Darstellung des Natriums jetzt schon im Grossem fabrikmässig betrieben wird (in den 60-er und 70-er Jahren wurde das Natrium nur in einigen Fabriken in Frankreich gewonnen), setzt man zum Deville'schen Gemisch, um die Zersetzung der Soda zu beschleunigen, noch Eisen und Eisenoxyde zu, welche mit der Kohle metallisches Eisen und Kohlenstoffeisen geben. Heute erhält man ein Kilogramm Natrium bereits für einen so geringen Preis (2½ Francs), für welchen man vor 30 Jahren nicht einmal ein Gramm dieses Metalls haben konnte. Die fabrikmässige Darstellung des Natriums wird nicht nur der Gewinnung solcher Metalle wie Aluminium (das Metall des Thons und Alauns), sondern auch anderen Industriezweigen förderlich sein. Die Gewinnung mit Hilfe des galvanischen Stroms, die schon so oft versucht und vorgeschlagen wurde, ist noch immer an der Unvollkommenheit verschiedener, einschlagender Manipulationen gescheitert. Deville war es der, nach Ueberwindung aller Hindernisse, die sich durch ihre Einfachheit und Billigkeit auszeichnende Methode ausgearbeitet hatte, welche gegenwärtig zur Darstellung des Natriums benutzt wird; aber die Industrie hat sich die Möglichkeit, billiges Natrium anwenden zu können, noch wenig zu Nutze gezogen.

dung des Retortenrohres an die Luft treten und dann mit leuchtender gelber Flamme zu brennen fortfahren. Dies ist der Moment zum Einstellen des Kühlers B, der aus zwei viereckigen dünnen mit ihren vorstehenden Rändern dicht auf einander passenden Platten aus Eisenblech besteht. In dem freien Raume zwischen den beiden durch Schrauben zusammengehaltenen Hälften des Kühlers

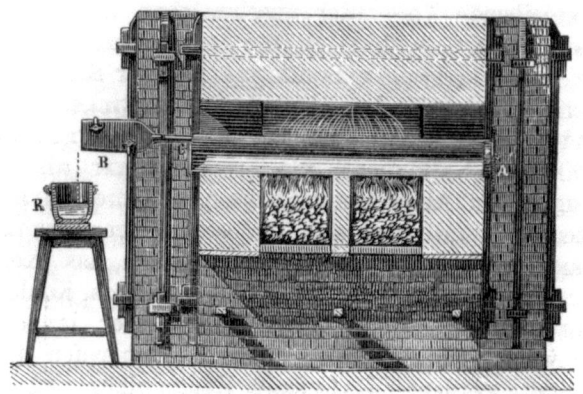

Fig. 115. Vorrichtung zur fabrikmässigen Darstellung von Natrium nach der Deville'schen Methode. Das zu erhitzende Gemisch von Soda, Kohle und Kreide befindet sich in dem eisernen Rohre AC, das mit dem Kühler B aus Eisenblech verbunden ist. R ist die Vorlage, die Naphta (Erdöl) enthält. $1/25$.

werden die Natriumdämpfe verflüssigt. Dank seinen dünnen metallenen Wandungen wird der Kühler selbst durch die umgebende Luft genügend abgekühlt, erwärmt sich aber so weit, dass das verflüssigte Natrium nicht erstarrt und daher den Apparat nicht verstopft, sondern fortwährend aus dem Kühler herausfliesst und in einem darunter gestellten Gefässe aufgefangen wird. In diesem letzteren befindet sich Naphta (schwerflüchtige Kohlenwasserstoffe), unter welcher das flüssige Natrium sich ansammelt und auf diese Weise, während es allmählich erstarrt, vor der Oxydation geschützt bleibt. Das Verbindungsrohr zwischen dem Kühler und dem Retortenrohre im Flammenofen muss während des Prozesses öfters (mittelst eines Eisenstabes) gereinigt werden, da es durch feste Natriumverbindungen, die zugleich mit dem metallischen Natrium und Kohlenoxyd entstehen, leicht verstopft werden kann. In reinerem Zustande erhält man Natrium durch Wiederholen der Destillation, die sogar vermittelst Porzellanretorten, aber im Strome eines auf das Natrium nicht einwirkenden Gases, z. B. Stickstoff, ausgeführt werden kann.

Fig. 116. Kühler von Donny und Mareska zur Verdichtung der Natriumdämpfe. Derselbe besteht aus zwei Theilen Eisenblech, welche mittelst Schrauben auf einander festgehalten werden $1/14$.

Kohlensäuregas darf nicht angewandt werden, da es vom Natrium, welchem es seinen Sauerstoff abgibt, theilweise zersetzt wird.

Das reine Natrium stellt ein glänzendes, silberweisses Metall dar, das bei Zimmertemperatur weich wie Wachs ist, aber in der Kälte spröde wird; in gewöhnlicher, feuchter Luft wird es sehr bald trübe und bedeckt sich mit einer Schicht von NaHO, das sich auf Kosten des in der Luft enthaltenen Wasserdampfes bildet. In vollkommen trockner Luft behält das Natrium seinen Glanz unbegrenzte Zeit hindurch. Die Dichte des Natriums beträgt bei gewöhnlicher Temperatur 0,98; es ist also leichter als Wasser; bei 95° schmilzt es und destillirt bei heller Rothgluth (bei ungefähr 900°). Mit den meisten Metallen lässt sich das Natrium legiren, was zuweilen unter Entwickelung, zuweilen unter Aufnahme von Wärme stattfindet. Wirft man z. B. Natrium (dessen Oberfläche rein metallisch ist) auf Quecksilber, so erfolgt, besonders wenn dieses erwärmt ist, Explosion und eine so bedeutende Wärmeentwickelung, dass das Quecksilber theilweise verdampft [39]). Die entstehenden Verbindungen oder Lösungen des Natriums in Quecksilber oder die Natrium-*Amalgame* stellen schon bei einem Gehalt von 2 Th. Natrium auf 100 Th. Quecksilber feste Körper dar. Nur die sehr wenig Natrium enthaltenden Amalgame sind flüssig. Da das Natrium in den Amalgamen alle seine wichtigsten Eigenschaften beibehält, so werden dieselben, da sie an der Luft ziemlich beständig und auch bequemer zu handhaben sind, (denn sie sind schwerer als Wasser), öfters bei chemischen Untersuchungen an Stelle des Natriums benutzt [40]).

---

39) Berthelot fand, indem er Natriumamalgam in Wasser und Säuren löste und von der beobachteten Wärmemenge die Lösungswärme des Natriums abzog, dass *auf jedes Natriumatom* bei der Bildung von viel (über 90 pCt) Quecksilber enthaltenden Amalgamen desto mehr Wärme entwickelt wird, je grösser die Natriummenge ist, jedoch nur bis die sich der Formel $NaHg^5$ nähernde Zusammensetzung erreicht ist. Bei der Bildung dieses letzteren Amalgams werden 18500 Calorien entwickelt, bei $NaHg^3$ gegen 14 und bei NaHg gegen 10 Taus. Cal. Kraut und Popp schrieben den bestimmten krystallinischen Natriumamalgam die Zusammensetzung $NaHg^6$ zu, nach Grimaldi dürfte aber jetzt angenommen werden, dass dieselbe $NaHg^5$ ist. Dieses Amalgam lässt sich leicht erhalten, wenn man das 3 procentige Amalgam mit Natronlauge übergiesst und einige Tage hindurch stehen lässt, bis sich eine krystallinische Masse ausscheidet aus der das Quecksilber durch Auspressen in Sämischleder entfernt werden kann. Dieses Amalgam gibt mit einer Lösung von KHO das Kaliumamalgam KHg^{10} (Crookewitt, Grimaldi). Wir bemerken hier, dass die latente Schmelzwärme (für Atomgewichtsmengen) von $Hg = 360$ (Personne), von $Na = 730$ (Joannis) und von $K = 610$ Calorien beträgt.

40) Die Legirungen sind den Lösungen vollständig analog und gehören zu ein und derselben Klasse der sogenannten unbestimmten chemischen Verbindungen (Kap. 1.) Bei den Legirungen, welche leicht aus dem flüssigen in den festen Zustand übergehen, war es daher leichter die Bildung bestimmter chemischer Verbindungen zu entdecken. Eine genauere Kenntniss der Legirungen ist schon desswegen von besonderer Wichtigkeit, weil sie zu einer richtigen Auffassung der Lösungen führen kann; ausserdem bietet sie aber auch ein selbständiges Interesse.

Aus Na und Hg bildet sich leicht eine Legirung von krystallinischem Gefüge und der bestimmten, atomistischen Zusammensetzung NaHg^5. Ein zur Charakteristik der Legirungen besonders wichtiges Beispiel ist die Legirung des Natriums mit Wasserstoff oder das *Wasserstoffnatrium* Na^{2}H, welches ein metallisches Aussehen besitzt [41]). Nach Troost und Hautefeuille absorbirt das Natrium bei gewöhnlicher Temperatur keinen Wasserstoff, aber von 300° an bis zu 421° erfolgt die Absorption schon unter gewöhnlichem Druck (unter erhöhtem sogar bei noch höherer Temperatur). Auf 1 Volum Na werden bis zu 238 Vol. Wasserstoff absorbirt. Das Metall nimmt hierbei an Volum zu und die einmal entstandene Legirung kann bei gewöhnlicher Temperatur längere Zeit aufbewahrt werden ohne sich zu verändern. Das Wasserstoffnatrium sieht wie das Natrium selbst aus, ist ebenso weich, wird beim Abkühlen spröde und zersetzt sich über 300° unter Entwickelung von Wasserstoff, wobei alle Dissoziations-Erscheinungen deutlich zum Vorschein kommen, d. h. einer bestimmten Temperatur entspricht eine bestimmte Tension des sich entwickelnden Wasserstoffs [42]). Dieses Verhalten bestätigt es, dass die Bildung von Substanzen, die dissoziiren können, von den Dissoziations-Bedingungen abhängig ist. Das Wasserstoffnatrium schmilzt leichter, als das Natrium selbst, und zwar ohne sich zu zersetzen, wenn es sich in einer Wasserstoff-Atmosphäre befindet. An der Luft oxydirt es sich leicht, aber schwerer als Wasserstoffkalium. Die chemischen Reaktionen des Natriums bleiben auch in seiner Wasserstoffverbindung erhalten, ja sie werden, wenn man sich so ausdrücken darf, durch den Gehalt an Wasserstoff sogar verstärkt. Jedenfalls besitzt das Wasserstoffnatrium [43]) ganz andere Eigenschaften, als solche Wasserstoffver-

---

Die Verbindung des Natriums mit Wasserstoff, in welcher die Veränderung der physikalischen Eigenschaften ebenso augenscheinlich ist, wie die Beibehaltung der chemischen Eigenschaften und die leichte Dissoziationsfähigkeit, muss in dieser Hinsicht viel zum Verständniss sowol der Legirungen, als auch der Lösungen beitragen. Legirungen und Lösungen bleiben homogen, wennauch die Zersetzung schon eingetreten oder weiter gegangen ist, daher können wir dieselbe direkt nicht bemerken, dagegen sind die Zersetzungsprodukte der Legirung Na^{2}H heterogen und folglich auch leicht zu unterscheiden.

41) Kalium bildet dieselbe Verbindung, nicht aber Lithium, wenigstens nicht unter denselben Bedingungen.

42) Die Dissoziationstension des Wasserstoffs beträgt in Millimetern bei:

330°	350°	380°	400°	420°	430°
28	57	150	447	752	910

43) Bei der Bildung von Legirungen findet im Allgemeinen nur eine sehr unbedeutende Volumänderung statt, daher lässt sich nach dem Volum von Na^{2}H bis zu einem gewissen Grade auf das Volum des Wasserstoffs im festen oder flüssigen Zustande schliessen, wie schon Archimedes nach dem Volum und der Dichte einer Legirung von Gold und Kupfer den Goldgehalt bestimmt hatte. Aus der Dichte 0,959 von Na^{2}H ergibt sich, dass das Volum von 47 Grm. (einer Molekel) dieser

bindungen wie HCl, H^2O, H^3N, H^4C und selbst als gasförmige Wasserstoffverbindungen von Metallen, wie AsH^3, TeH^2. In einem ähnlichen Zustande befindet sich der Wasserstoff, wenn er von Platin, Palladium, Nickel und Eisen absorbirt ist. In den Verbindungen mit diesen Metallen, wie auch in dem Wasserstoffnatrium, ist der Wasserstoff komprimirt, absorbirt (okkludirt, vergl. pag. 161).

Die wichtigste Eigenschaft des Natriums ist natürlich seine Fähigkeit, leicht Wasser zu zersetzen und aus den meisten Wasserstoffverbindungen, namentlich aus allen Säure- und Hydratverbindungen, in denen das Vorhandensein von Hydroxyl angenommen wird, *Wasserstoff zu entwickeln*. Es hängt dies von der Fähigkeit des Natriums ab, mit solchen Elementen in Verbindung zu treten, die sich auch mit Wasserstoff verbinden. Wir sahen bereits, dass das Natrium nicht nur aus Wasser, Chlorwasserstoff [44]) und allen anderen Säuren, sondern auch aus Ammoniak, nicht aber aus Kohlenwasserstoffen den Wasserstoff ausscheidet [45]). Das Natrium brennt sowol in Chlor, als auch in Sauerstoff unter bedeutender Wärmeentwickelung. In engem Zusammenhange mit diesen Eigenschaften des Natriums steht seine Fähigkeit *Sauerstoff, Chlor* und ähnliche

Verbindung $=49,0$ cc ist. Das Volum von 46 Grm. Natrium, die in derselben enthalten sind, beträgt 47,4 cc (die Dichte ist unter denselben Bedingungen 0,97). Hieraus berechnet sich das Volum eines Gramms Wasserstoff in Na^2H zu 1,6 cc., folglich ist die Dichte des metallischen Wasserstoffs oder das Gewicht eines Kubikcentimeters $=0,6$ Gramm. Dieselbe Dichte besitzt der Wasserstoff in seinen Legirungen mit Kalium und Palladium. Verflüssigter Wasserstoff besitzt in der Nähe seiner absoluten Siedetemperatur eine viel geringere Dichte, wenigstens so weit sich dies nach den vorhandenen, unvollständigen Angaben beurtheilen lässt.

Es ist zu beachten, dass das Wasserstoffnatrium nach der gewöhnlichen Aequivalenz von H^2 mit O nicht dem Oxyde Na^2O, sondern dem Suboxyde entspricht; wenn man über die Werthigkeit nach den Wasserstoffverbindungen urtheilte, so müsste das Natrium hiernach ein halbwerthiges Element sein. Aber nach dem Substitutions-Gesetz ist das Natrium in allen seinen gewöhnlichen Verbindungen: Na^2O, NaCl, NaHO, $NaHSO^4$ u. s. w. als einwerthiges Element anzusehen. Das Wasserstoffnatrium gehört daher zu der Reihe Na^2X und nicht zu NaX.

44) Nach G. Schmidt wird *vollkommen* trockner HCl nur sehr schwierig durch Natrium zersetzt, obgleich die Zersetzung sehr leicht mit Kalium und feuchtem HCl verläuft. Nach Wanklyn brennt Natrium auch in trocknem Chlor sehr schwer. Dieses Verhalten findet sich wahrscheinlich in Uebereinstimmung mit der Beobachtung von Dixon, dass trocknes Kohlenoxyd mit Sauerstoff beim Durchschlagen elektrischer Funken nicht explodirt.

45) Da das Natrium keinen Wasserstoff aus Kohlenwasserstoffen ausscheidet, so kann es in flüssigen Kohlenwasserstoffen *aufbewahrt* werden. Man benutzt hierzu gewöhnlich Naphta (Erdöl), die aus einem Gemisch verschiedener flüssiger Kohlenwasserstoffe besteht. Uebrigens bedeckt sich in Naphta aufbewahrtes Natrium immer mit einer Art Kruste, welche sich infolge der Einwirkung des Natriums auf einige Beimengungen der Naphta bildet. Damit Natrium in Naphta seinen Glanz behalte, setzt man Oenanthalkohol, der bei der Destillation von Ricinusöl mit Aetzkali entsteht, oder Naphtalin zu. Natrium und auch Kalium lassen sich in einem Gemisch von reinem Benzin mit Paraffin gut aufbewahren.

Elemente den meisten Verbindungen derselben zu *entziehen*. Wie es den Stickstoffoxyden und der Kohlensäure Sauerstoff entzieht, so zersetzt das Natrium auch die meisten anderen Oxyde bei bestimmten Temperaturen. Das Wesen der Sache ist hier dasselbe wie bei der Zersetzung des Wassers. Beim Einwirken auf Chlormagnesium z. B. verdrängt das Natrium das Magnesium und beim Einwirken auf Chloraluminium das metallische Aluminium. Schwefel, Phosphor, Arsen und eine ganze Reihe anderer Elemente verbinden sich gleichfalls mit dem Natrium [46]).

Mit *Sauerstoff* bildet das Natrium drei Verbindungen: das Suboxyd Na^4O, das Oxyd Na^2O und das Hyperoxyd NaO. Die Benennung derselben ergibt sich aus ihrem Verhalten: Na^2O ist ein basisches Oxyd (mit Wasser bildet es Aetznatron), während Na^4O und NaO keine salzartigen Verbindungen geben. Das Suboxyd [47]) ist eine graue, entzündliche Substanz, die leicht Wasser unter Ausscheidung von Wasserstoff zersetzt; es bildet sich bei langsamer Oxydation von Natrium an der Luft bei gewöhnlicher Temperatur [48]). Das Na-

---

46) Wenn das Natrium auch nicht direkt Wasserstoff aus Kohlenwasserstoffen verdrängt, so lassen sich doch Verbindungen darstellen, die Natrium und Kohlenwasserstoffgruppen enthalten. Einige derselben sind bereits dargestellt worden, aber nicht in reinem Zustande. Zinkäthyl $Zn(C^2H^5)^2$ z. B. scheidet beim Einwirken von Na Zink aus und bildet Natriumäthyl C^2H^5Na; die Zersetzung bleibt aber unvollständig und die erhaltene Verbindung lässt sich nicht vom Zinkäthyl trennen. Im Natriumäthyl kommt die Energie des Natriums deutlich zum Vorschein, denn dasselbe reagirt mit Substanzen, die Halogene, Sauerstoff u. s. w. enthalten, und absorbirt direkt Kohlensäureanhydrid, wobei das Salz einer Carboxylsäure (Propionsäure) entsteht.

47) Die dem Suboxyde entsprechende Verbindung Na^2Cl bildet sich, wie es scheint, beim Durchleiten des galvanischen Stromes durch geschmolzenes Kochsalz, denn das sich hierbei auscheidende Natrium löst sich im Kochsalze auf und scheidet sich weder beim Abkühlen aus, noch lässt es sich durch Quecksilber entziehen, so dass man annehmen muss, dass die Verbindung Na^2Cl vorliegt; dies wird auch durch das Verhalten der erhaltenen Masse zu Wasser bestätigt, denn man erhält hierbei Wasserstoff, Aetznatron und Kochsalz: $Na^2Cl + H^2O = H + NaHO + NaCl$; die Reaktion ist also analog der Einwirkung des Natriumsuboxyds auf Wasser. Wenn Na^2Cl wirklich als Salz existirt, so muss das entsprechende Oxyd Na^4O, analog den anderen Basen von der Zusammensetzung M^2O, als Quadrantoxyd bezeichnet werden. Nach anderen Angaben bildet sich das Suboxyd, wenn Natrium in dünnen Blättchen oder erstarrten feinen Tropfen allmählich in feuchter Luft sich oxydirt.

48) Nach einer leicht anzustellenden Beobachtung oxydirt sich geschmolzenes Natrium an der Luft, aber es entzündet sich nicht; das Brennen beginnt erst, wenn sich Dämpfe zu bilden anfangen, d. h. bei starker Glühhitze. Davy und Karsten erhielten die Oxyde Na^2O und K^2O indem sie die Metalle mit den Aetzalkalien erwärmten: $NaHO + Na = Na^2O + H$; Beketow gelang es aber nicht, die Oxyde nach dieser Methode darzustellen. Er erhielt die Oxyde durch direktes Verbrennen der Metalle in trockner Luft und darauf folgendes Glühen mit dem Metalle zur Zerstörung des entstandenen Hyperoxydes. Das auf diese Weise erhaltene Oxyd Na^2O gab beim Glühen in einer Wasserstoffatmosphäre ein Gemisch von Na-

triumhyperoxyd [49]) ist ein bei heller Rothgluth schmelzender Körper von gelblich grüner Farbe, der beim Verbrennen von Natrium in überschüssigem Sauerstoff entsteht; beim Einwirken von Wasser scheidet er Sauerstoff aus:

Suboxyd: $Na^4O^2 + 3H^2O = 4NaHO + H^2$.
Oxyd: $Na^2O + H^2O = 2NaHO$.
Hyperoxyd: $Na^2O^2 + H^2O = 2NaHO + O$.

Alle drei Oxyde bilden mit Wasser Aetznatron, aber nur das Oxyd Na^2O geht hierbei direkt in das Hydrat über; die beiden anderen scheiden entweder H oder O aus. Diesen Unterschied zeigen die Oxyde auch in ihrem Verhalten zu vielen anderen Körpern. CO^2 z. B. verbindet sich direkt mit Na^2O, welches (beim Erhitzen) im Kohlensäuregase zu Soda verbrennt; das Hyperoxyd scheidet mit CO^2 Sauerstoff aus. Beim Einwirken von Säuren bilden sowol das Natrium, als auch alle seine Oxyde nur Salze, die dem Natriumoxyd, d. h. der Form oder dem Typus NaX entsprechen. Das Natriumoxyd Na^2O ist folglich das *einzige salzbildende Oxyd* dieses Metalls, wie es beim Wasserstoff das Wasser ist. Obgleich Wasserstoff das Hyperoxyd H^2O^2 bildet, so entstehen dennoch keine entsprechenden Salze; sollten sich dieselben bilden können, so werden sie wahrscheinlich ebenso unbeständig sein wie das Wasserstoffhyperoxyd selbst. Obgleich der Kohlenstoff auch das Kohlenoxyd CO bildet, so ist sein einziges salzbildendes Oxyd das Kohlensäuregas CO^2. Dem Stickstoff und Chlor entsprechen mehrere salzbildende Oxyde und Salztypen, aber von den Stickstoffoxyden sind NO und NO^2 keine

---

trium mit Aetznatron: $Na^2O + H = NaHO + H$ (vrgl. Kap. 2 Anm. 9). Wenn beide Beobachtungen richtig sind, so ist diese Reaktion umkehrbar. Natriumoxyd muss bei der Zersetzung von Na^2CO^3 durch Eisenoxyd (Anm. 26) und bei der Zersetzung von $NaNO^3$ entstehen. Nach Karsten ist das spezifische Gewicht des Natriumoxyds 2,8, nach Beketow 2,3. Die Schwierigkeit der Darstellung des Oxydes wird dadurch bedingt, dass bei einem Ueberschuss von Na Suboxyd und O Hyperoxyd entsteht. Die graue Färbung des Suboxyds und auch des Oxyds weist möglicher Weise auf einen Gehalt an metallischem Natrium hin. In Gegenwart von Wasser kann ausserdem auch Wasserstoffnatrium im Oxyde enthalten sein.

49) Von allen Natriumoxyden lässt sich am leichtesten das Hyperoxyd NaO oder Na^2O^2 durch Verbrennen von Natrium in überschüssigem Sauerstoff darstellen. Beim Glühen absorbirt das Hyperoxyd Joddämpfe und scheidet Sauerstoff aus: $Na^2O^2 + J^2 = Na^2OJ^2 + O$. Die Verbindung Na^2OJ^2 ist analog der Verbindung Cu^2OCl^2, die bei der Oxydation von CuCl entsteht. Die angegebene Erscheinung gehört zu den wenigen Reaktionen, bei welchen J direkt O verdrängt. Beim Lösen in angesäuertem Wasser gibt die Verbindung freies Jod und ein Natriumoxydsalz. Kohlenoxyd wird durch glühendes Natriumhyperoxyd absorbirt und bildet $Na^2CO^3 = Na^2O^2 + CO$, während Kohlensäuregas aus dem Hyperoxyd Sauerstoff ausscheidet. Mit Stickstoffoxydul reagirt es nach der Gleichung: $Na^2O^2 + 2N^2O = 2NaNO^2 + N^2$, mit Stickoxyd verbindet es sich direkt zu salpetrigsaurem Natrium: $NaO^2 + NO = NaNO^2$. Beim Einwirken auf Wasser bildet das Natriumhyperoxyd kein Wasserstoffhyperoxyd ($Na^2O^2 + 2H^2O = 2NaHO + H^2O^2$), weil letzteres sich in Gegenwart des entstehenden Aetznatrons in Wasser und Sauerstoff zersetzt.

salzbildenden Oxyde wie N^2O^3, N^2O^4 und N^2O^5, (übrigens entstehen auch aus N^2O^4 keine diesem Oxyde entsprechende, besondere Salze); N^2O^5 ist die höchste Form der salzbildenden Oxyde des Stickstoffs. Die Fähigkeit der Elemente eine oder mehrere salzbildende Formen zu geben, gehört zu ihren Grundeigenschaften, die von nicht geringerer Bedeutung sind, als die basischen oder sauren Eigenschaften der entstehenden Oxyde. Das Natrium, als typisches Metall, bildet keine sauren Oxyde, während das Chlor, als typisches Metalloid, mit Sauerstoff keine Basen bildet. Das Natrium kann folglich *als Element* folgendermaassen charakterisirt werden: es gibt ein sehr beständiges salzbildendes Oxyd Na^2O, das die Eigenschaften starker Basen besitzt, und Salze, die nach dem Typus NaX zusammengesetzt sind, in denen daher das Natrium als ein monovalentes oder einwerthiges Element wie der Wasserstoff erscheint [50]).

Vergleicht man das Natrium und dessen Analoga, zu deren Beschreibung wir jetzt übergehen, mit anderen metallischen Elementen, so lässt sich ersehen, dass die eben angeführten Merkmale, zusammen mit der relativen Leichtigkeit des Metalls und seiner Verbindungen, sodann sein Atomgewicht die wesentlichsten Eigenschaften dieses Elementes sind, welche es von den übrigen deutlich unterscheiden und welche seine Analoga leicht erkennen lassen.

Dreizehntes Kapitel.

Kalium, Rubidium, Cäsium und Lithium.
Spektraluntersuchungen.

Ebenso wie dem im Kochsalz enthaltenen Chlor die Halogene: Fluor, Brom und Jod entsprechen, so entspricht auch dem Natrium des Kochsalzes eine Reihe analoger Elemente: Lithium $Li = 7$, Kalium $K = 39$, Rubidium $Rb = 85$ und Cäsium $Cs = 133$. Diese

---

50) Beim Erhitzen von Natrium in trocknem Ammoniak erhielten Gay-Lussac und Thenard eine olivenfarbige, leicht schmelzbare Masse: *Natriumamid* NH^2Na, gleichzeitig entwickelte sich Wasserstoff. Dieses Amid gibt mit Wasser NaHO und NH^3, mit Kohlenoxyd Cyannatrium NaCN und Wasser und mit trocknem HCl — NaCl und NH^3, das in Salmiak übergeht. Diese und andere Reaktionen des Natriumamids zeigen, dass das Natrium in demselben seine energische Reaktionsfähigkeit beibehalten hat und dass das Natriumamid nur wenig beständiger als das entsprechende Amid des Chlors ist, obgleich es nicht die Fähigkeit zur spontanen Zersetzung besitzt; letzteres erklärt sich schon durch den Unterschied in den Eigenschaften des metallischen Natriums und des gasförmigen Chlors. Beim Glühen zersetzt sich das NH^2Na nur theilweise unter Entwickelung von freiem Sauerstoff, während die Hauptmasse in Ammoniak und Stickstoffnatrium Na^3N zerfällt: $3NH^2Na = 2NH^3 + Na^3N$. Die letztere Verbindung ist eine fast schwarze, pulverförmige Masse, die durch Wasser in NH^3 und NaHO zersetzt wird.

Elemente sind dem Natrium Na = 23 ebenso ähnlich, wie F=19, Br = 80 und J = 127 dem Chlore Cl = 35,5. Im freien Zustande sind diese Elemente ebenso wie das Natrium weiche Metalle, die sich in feuchter Luft schnell oxydiren, bei gewöhnlicher Temperatur Wasser zersetzen und lösliche Hydrate (Hydroxyde) bilden, stark basische Eigenschaften und, wie das Aetznatron, die Zusammensetzung RHO besitzen. Die Aehnlichkeit dieser Metalle mit dem Natrium tritt namentlich in solchen Verbindungen, wie die Salze, zuweilen mit überraschender Deutlichkeit hervor. Die entsprechenden Salze der Salpeter-, Schwefel-, Kohlensäure und fast aller anderen Säuren dieser Metalle besitzen viele gemeinschaftliche Merkmale. Man fasst die dem Natrium so ähnlichen Metalle unter der Bezeichnung der *Alkalimetalle* zusammen.

Von den Alkalimetallen ist nach dem Natrium in der Natur am verbreitetsten das *Kalium*. Dasselbe erscheint, wie das Natrium, weder im freien Zustande, noch auch als Oxyd oder Alkali, sondern in Form von Salzen, welche, was ihre Verbreitung anbetrifft, sehr viel Gemeinschaftliches mit den Natriumsalzen zeigen. In der Erdrinde findet man die Verbindungen des K und Na in den Gesteinen als *Kieselerdeverbindungen* vor. Das Kaliumoxyd bildet, wie das Natriumoxyd, mit der Kieselerde salzartige Verbindungen, welche, wenn noch verschiedene andere Oxyde wie z. B. Kalk CaO oder Thonerde Al^2O^3 hinzutreten, glasartige höchst beständige Gesteinsmassen geben. Solche zusammengesetzte Kieselerdeverbindungen, die Kali K^2O (Kaliumoxyd) oder Natron Na^2O (Natriumoxyd), zuweilen auch beide Oxyde zusammen, sodann Kieselerde SiO^2, Kalk CaO, Thonerde Al^2O^3 und andere Oxyde enthalten, bilden die Hauptmasse der Gesteine, aus denen, nach der Lage der Erdschichten zu urtheilen, das uns zugängliche Innere der Erde hauptsächlich besteht. Hierher gehören die das Urgestein bildenden Granite, Porphyre u. s. w. [1]). Die Oxyde, welche in diese Gesteine eingehen, bilden nicht, wie im Glase, eine homogene, amorphe Legirung, sondern vertheilen sich in besondere, meistens krystallinische Verbindungen, in welche die Urgesteine zerlegt werden können. Der Granit z. B. besteht, wie schon erwähnt, aus Feldspath, Quarz und Glimmer. Diese Bestandtheile der Gesteine enthalten nun Kali, Natron und andere Oxyde. Der Orthoklas genannte Feldspath aus Graniten enthält 8 bis 15 Procente Kali, eine andere Modifikation des Feldspaths (der Oligoklas), gleichfalls aus Graniten, enthält nur 1 oder 2, höchstens 6 pCt. Kali, dagegen 6—12 pCt. Natron. Der Glimmer des Granits enthält 3—10 Procente Kali. Aus den Urgesteinen entstehen unter dem Einflusse von Luft und CO^2-haltigem Wasser, wie bereits erwähnt wurde und noch genauer erklärt werden soll, die locke-

---

1) Ueber Urgesteine (primäre Gebirgsarten) vergl. Kap. 10, Anm. 2.

ren und geschichteten Gebirgsarten, die jetzt die Hauptmasse der Erdoberfläche ausmachen. Bei der Bildung dieser Gesteinsarten aus den Urgesteinen durch Einwirken von Wasser mussten augenscheinlich die Verbindungen des Kalis, wie auch die des Natrons (da sie alle in Wasser löslich sind) in Lösung gehen und sich dann weiter im Meerwasser ansammeln. Im *Meerwasser* sind in der That, wie bereits erwähnt (Kap. 1 und 10), immer Kaliumverbindungen enthalten, welche daraus auch gewonnen werden können. Beim Eindampfen des Meerwassers bleibt eine Mutterlauge zurück, die Chlorkalium und viel Chlormagnesium enthält und beim Abkühlen Krystalle eines Doppelsalzes ausscheidet, welches aus diesen beiden Salzen zusammengesetzt ist. Dieses Doppelsalz findet sich in Stassfurt und wird *Karnallit* $KMgCl^3 6H_2O$ genannt. Der Stassfurter Karnallit [2]) dient jetzt zur Gewinnung des Chlorkaliums und überhaupt aller Verbindungen dieses Elementes [3]). In Stassfurt findet sich

---

[2]) Der Karnallit gehört zu den Doppelsalzen, die durch Wasser direkt zersetzt werden; aus seinen Lösungen krystallisirt er nur bei einem Ueberschuss von $MgCl^2$. Beim Vermischen starker Lösungen von KCl und $MgCl^2$ scheiden sich farblose Krystalle vom spez. Gew. 1,60 aus, während die Stassfurter Krystalle gewöhnlich eine rosa Färbung besitzen, die durch eine Beimengung von Eisenglimmer bedingt ist. In 100 Th. Wasser lösen sich in Gegenwart überschüssigen Salzes 65 Th. Karnallit. An der Luft zerfliesst es und man erhält KCl und eine $MgCl^2$-Lösung.

[3]) Eine Trennungsmethode von NaCl und KCl ist bereits beschrieben worden (Seite 83). Beim Eindampfen eines Gemisches der Lösungen dieser beiden Salze scheidet sich NaCl aus und beim Abkühlen KCl, was durch die sich mit der Temperatur verschieden ändernde Löslichkeit der Salze bedingt ist. Nach den zuverlässigsten Daten beträgt die Löslichkeit des Chlorkaliums in 100 Th. Wasser (über NaCl vergl. Kap. 10, Anm. 13) bei:

10°	20°	40°	60°	100°
32	35	40	46	57.

Beim Vermischen mit den Lösungen anderer Salze ändert sich natürlich die Löslichkeit des KCl, aber die Aenderungen sind nicht gross. Das spezifische Gewicht des festen Salzes ist 1,99, also geringer als das des NaCl. Alle Natriumsalze sind bei demselben Procentgehalt spezifisch schwerer, als die entsprechenden Kaliumsalze. Ist das spez. Gewicht des Wassers bei $4° = 1000$, so beträgt das spez. Gewicht bei einem Gehalt von p Procenten KCl bei $15° = 9992 + 63{,}29\,p + 0{,}226\,p^2$; folglich bei 10 pCt 1,0647 und bei 20 pCt 1,1348.

Das Kaliumchlorid (Chlorkalium) verbindet sich mit Jodtrichlorid ($KCl + JCl^3 = KJCl^4$) zu einer schmelzbaren Verbindung von gelber Farbe, die beim Glühen wieder JCl^3 ausscheidet und mit Wasser KJO^3 und HCl bildet. Diese Verbindung lässt sich nicht allein direkt, sondern auch nach vielen anderen Methoden darstellen, z. B. durch so lange fortgesetztes Einleiten von Chlor in eine KJ-Lösung als noch Absorption stattfindet: $KJ + 2Cl^2 = KClJCl^3$. Dieselbe Verbindung entsteht aus Jodkalium mit Berthollet'schem Salz und starker Salzsäure, wie auch aus: $KClO^3 + J + 6HCl = KClJCl^3 + 3Cl + 3H^2O$. Man hat es hier mit einem besonderen Salze zu thun, das dem (unbekannten) KJO^2 entspricht, in welchem der Sauerstoff durch Chlor ersetzt ist. Geht man bei Beurtheilung chemischer Verbindungen von der Werthigkeit aus und nimmt die konstante Werthigkeit an, hält also K, Cl und J für einwerthige Elemente, so lässt sich die Bildung einer solchen Verbindung nicht erklären, da nach dieser Annahme einwerthige Elemente nur zu

zuweilen auch reines Chlorkalium KCl (Kaliumchlorid), das Sylvin genannt wird. Durch doppelte Umsetzungen führt man das Chlorkalium in alle anderen Kaliumsalze über [4], von denen einige direkt in der Praxis verwandt werden. Die wichtigste Bedeutung haben jedoch die Kaliumsalze für die Pflanzen, zu deren Ernährung sie unentbehrlich sind [5]).

In den Urgesteinen finden sich fast gleiche Mengen von Kali und Natron. Im Meerwasser dagegen walten Natriumverbindungen vor. Es findet dies darin seine Erklärung, dass die bei der Zersetzung der Urgesteine entstehenden Kaliumverbindungen bei den anderen Zersetzungsprodukten dieser Gesteine zurückbleiben. Bei der Zersetzung des Granits und ähnlicher Gebirgsarten, entstehen, ausser den in Wasser löslichen Verbindungen, auch unlösliche: Sand und aus Wasser, Thonerde und Kieselerde bestehender Thon, der zunächst vom Wasser fortgetragen und dann schichtenweise abgesetzt wird. Dieser Thon nun, namentlich wenn er sich mit Pflanzenresten vermischt, hält mehr Kalium, als Natriumverbindungen zurück. Diese

---

paarigen Verbindungen zusammentreten können, z. B. zu KCl, ClJ, KJ u. s. w.; im vorliegenden Falle hat man die Anhäufung zu $KJCl^4$.

4) Selbstverständlich ist auch eine direkte Darstellung von Kaliumverbindungen aus den namentlichen in manchen Gegenden so verbreiteten kaliumhaltigen Urgesteinen möglich. In chemischer Beziehung bietet eine solche Darstellung keine Schwierigkeiten. Es lässt sich z. B. gepulverter Feldspath mit Kalk und Flussspath zusammenschmelzen (Methode von Warda) nnd das Alkali dann mit Wasser auslaugen (beim Schmelzen bildet die Kieselerde eine unlösliche Kalkverbindung) oder man bringt durch Behandeln von Feldspath mit Flusssäure (wobei Fluorsilicium als Gas entweichen wird) das Alkali des Feldspaths in Lösung, um es dann von den anderen unlöslichen Oxyden trennen zu können. In der auf diese Weise entstandenen wässrigen Lösung erhält man neben verschiedenen Fluormetallen hauptsächlich Fluoraluminium und Fluorkalium. Dampft man die Lösung nach Zusatz von Schwefelsäure ein, so entweicht HF und die Metalle bleiben als schwefelsaure Salze zurück. Aus der Lösung dieser Salze kann man durch Ammoniak das unlösliche Aluminiumhydroxyd ausfällen; in Lösung bleiben dann nur Ammonium- und Kaliumsalze. Beim Glühen zersetzen sich die ersteren und entweichen, so dass man im Rückstand nur schwefelsaures Kalium erhält. Bis jetzt ist es jedoch unvortheilhaft und auch nicht nothwendig diese Methoden zu benutzen, da noch reichliche Quellen zur Darstellung von Kaliumverbindungen auf billigere Weise vorhanden sind. Ausserdem sind jetzt in den meisten chemischen Reaktionen die Kaliumsalze durch Natriumsalze ersetzt, namentlich seit die Soda nach dem Leblanc'schen Verfahren so leicht dargestellt werden kann. Das Ersetzen der Verbindungen des Kaliums durch die des Natriums bietet nicht nur den Vortheil der grösseren Billigkeit der Natriumsalze vor denen des Kaliums, sondern auch noch den, dass zu einer bestimmten Reaktion vom Natriumsalze weniger, als vom entsprechenden Kaliumsalz erforderlich ist, denn das Atomgewicht des Natriums (23) ist kleiner, als das des Kaliums (39).

5) Direkte Versuche, bei denen Pflanzen auf künstlichem Boden oder in Lösungen aufgezogen wurden, ergaben, dass bei sonst gleich bleibenden (physikalischen, chemischen und physiologischen) Bedingungen unter Ausschluss von Natriumsalzen Pflanzen wachsen und sich vollkommen entwickeln können, während dies unmöglich wird, sobald Kaliumsalze ausgeschlossen werden.

Erscheinung, die *Absorptionsfähigkeit des Bodens*, lässt sich direkt beweisen. Wenn man durch gewöhnliche Ackerkrume, die Thon und Humus enthält, eine schwache Lösung von Kaliumsalzen durchfliessen lässt, so wird eine ziemlich bedeutende Menge dieser letzteren zurückgehalten. Die Kaliumsalze verdrängen hierbei eine äquivalente Menge von Kalksalzen, die gewöhnlich ebenfalls in der Ackerkrume enthalten sind. Dieser Prozess des Durchfiltrirens durch pulverförmige, erdige Substanzen geht in der Natur fortwährend vor sich und überall werden im lockeren Boden bedeutende Mengen von Kaliumsalzen zurückgehalten. Hierdurch erklärt sich die Gegenwart geringer Mengen Kaliumsalze im Wasser der Flüsse, Seen, Bäche und Ozeane. Aus der Ackerkrume gelangen die Kaliumsalze in wässriger Lösung mittelst der Wurzeln in die *Pflanzen*. Beim Verbrennen von Pflanzen bleibt bekanntlich Asche zurück, welche, ausser verschiedenen anderen Substanzen, immer Kaliumverbindungen enthält. Viele Landpflanzen enthalten sehr wenig Natriumverbindungen [6], dagegen trifft man das Kalium und seine Verbindungen in der Asche aller Pflanzen an; unter den Kulturpflanzen enthalten namentlich Gräser, Kartoffel, Rübe und Buchweizen grössere Kaliummengen. Zur Gewinnung von Kaliumverbindungen lässt sich hauptsächlich die Asche von Grasgewächsen benutzen; in der Technik verwendet man dazu meist Buchweizenstroh, Sonnenblumen und Kartoffelkraut. In den Pflanzen selbst ist das Kalium zweifellos in Form von komplizirten Verbindungen und Salzen organischer Säuren enthalten; zuweilen lassen sich solche Kaliumsalze direkt aus Pflanzensäften gewinnen. So z. B. enthalten Sauerklee und Sauerampfer in ihrem Safte saures oxalsaures Kalium CH^2KO^4, welches unter dem Namen Kleesalz bekannt ist und zum Entfernen von Tintenflecken benutzt wird. Traubensaft enthält den aus Traubenweinen sich ausscheidenden sogen. Cremor tartari oder Weinstein, der nichts anderes als saures weinsaures Kalium $C^4H^5KO^6$ ist [7]. Beim Verbrennen der die genannten oder andere

---

6) Der grosse Gehalt an Natriumsalzen in den pflanzenfressenden Thieren stammt augenscheinlich zum grössten Theil aus den Natriumverbindungen des Wassers, das die Thiere geniessen.

7) Da die Pflanzen immer Aschen- (Mineral-) Bestandtheile enthalten und sich in einem Mittel, dem diese Bestandtheile, namentlich die Salze der 4 basischen Oxyde: K^2O, CaO, MgO und Fe^2O^3 und der 4 Säureoxyde: CO^2, N^2O^5, P^2O^5 und SO^3 fehlen, nicht entwickeln können, so wirft sich unwillkührlich die Frage auf: welche Rolle diese Salze bei der Entwickelung der Pflanzen spielen? Bei dem heutigen Zustande unseres chemischen Wissens ist nur eine Antwort möglich, obgleich auch diese eine Hypothese in sich schliesst. Diese Antwort ist mit besonderer Deutlichkeit von Gustavson formulirt worden. Davon ausgehend (vergl. Kap. 11 Anmk. 55), dass eine geringe Menge von Aluminium ein Einwirken von Brom auf Kohlenwasserstoffe schon bei gewöhnlicher Temperatur leicht ermöglicht, macht er die Schlussfolgerung,— die viel Wahrscheinlichkeit für sich hat und mit vielen sich auf die

Kaliumsalze enthaltenden Pflanzen verbrennt die Kohlenstoffsubstanz und in der Asche erhält man das Kalium als kohlensaures Kalium K^2CO^3 (Kaliumcarbonat), das in der Praxis *Pottasche* genannt wird. Die Asche der Landpflanzen enthält also Pottasche, die durch einfaches Auslaugen gewonnen werden kann [8]). Die

---

Reaktionen der Kohlenstoffverbindungen beziehenden Daten übereinstimmt,— dass die den Kohlenstoffverbindungen zugesetzten Mineralsubstanzen die Reaktionstemperatur erniedrigen und überhaupt die chemischen Reaktionen in den Pflanzen erleichtern und auf diese Weise die Umwandlung der einfachsten Nährstoffe in die komplizirten Bestandtheile des Pflanzenorganismus befördern. Das Gebiet der chemischen Reaktionen, die in organischen Stoffen durch die Gegenwart geringer Mengen mineralischer Beimengungen bedingt werden, ist bis jetzt noch wenig berührt worden, obgleich einzelne hierauf bezügliche Thatsachen schon aufgefunden und viele solche Reaktionen mit unorganischer Verbindung bekant sind. Das Wesen der Sache lässt sich folgendermaassen ausdrücken: die Körper A und B wirken an und für sich nicht auf einander ein, wird aber ein dritter, besonders energisch wirkender Körper C in geringer Menge beigemengt, so erfolgt auch die Reaktion zwischen A und B, denn A verbindet sich mit C zu AC und auf diesen neuen, einen anderen chemischen Energievorrath besitzenden Körper reagirt B und bildet die Verbindung AB, wobei C wieder in Freiheit gesetzt wird.

Es ist zu bemerken, dass alle Mineralsubstanzen, die den Pflanzen nothwendig sind (vrgl. den Anfang dieser Anm.), den höchsten Verbindungstypen der Elemente entsprechende Salze sind und in dieser Form in die Pflanzen eingehen, dass dagegen die niederen Oxydationsformen derselben Elemente (z. B. schweflige und phosphorige Säure) den Pflanzen schädlich (giftig) sind und dass starke Lösungen der von den Pflanzen aufzunehmenden Salze (da sie nach de Vries einen zu starken osmotischen Druck ausüben und die Zellen zusammendrücken, vergl. Seite 357) nicht nur nicht in die Pflanzen eingehen, sondern dieselben direkt tödten (vergiften).

Aus dem oben Gesagten wird ausserdem begreiflich, dass bei längerer Kultur der Vorrath an Kaliumsalzen in einem Boden erschöpft werden kann und das daher Fälle eintreten können, in welchen eine direkte Düngung des Bodens mit Kaliumsalzen von Vortheil sein muss. Mist, überhaupt thierische Exkremente, Asche und alle die Abfälle, die zur Düngung der Felder benutzt werden können, enthalten viel Kaliumsalze; wenn daher die natürlichen (Stassfurter) Kaliumsalze, besonders K^2SO^4, öfters eine Erhöhung des Ernteertrages bedingen, so erklärt sich dies wol durch ihre Wirkung auf die Eigenschaften des Bodens. Kaliumsalze dürfen daher nicht zum Düngen verwendet werden, ohne dass vorher durch besondere Versuche festgestellt wird, dass die Düngung damit für ein gegebenes Feld und bestimmte Pflanzen wirklich von Nutzen ist.

8) Die Thiere enthalten gleichfalls Kaliumverbindungen, denn sie nähren sich ja von Pflanzen. Milch z. B., namentlich Frauenmilch, enthält eine ziemlich bedeutende Menge von Kaliumverbindungen; in der Kuhmilch sind übrigens nur wenig Kaliumsalze vorhanden. Im Thierkörper herrschen gewöhnlich Natriumverbindungen vor. Die Ausscheidungen der Thiere, namentlich der pflanzenfressenden, enthalten dagegen oft viel Kaliumsalze. Besonders reich an Kaliumsalzen ist der Schafschweiss; beim Auswaschen der Wolle lösen sich die Salze.

Die Asche des Holzes, das einen nicht mehr lebenden Theil der Bäume darstellt, enthält wenig Pottasche (vrgl. Kap. 8. Anm. 1). Zur Gewinnung von Pottasche, die einstmals (bis zur Verbreitung des Stassfurter KCl) in grossen Mengen im östlichen Russland betrieben wurde, benutzt man die Asche von Gräsern, Kartoffelkraut, Buchweizen u. s. w. Die Asche wird mit Wasser behandelt (ausgelaugt), die Lösung eingedampft und der

Pottasche kann auch aus KCl auf dieselbe Weise dargestellt werden, wie die Soda aus NaCl. Aus K^2CO^3 lassen sich durch direktes Einwirken von Säuren die verschiedenen Kaliumsalze darstellen, z. B. schwefelsaures Kalium (Kaliumsulfat) [9]), Brom- und

---

Rückstand geglüht, um die in den Auszug übergegangenen organischen Substanzen zu zerstören. Der Glührückstand stellt die rohe Pottasche dar. Zur Reinigung wird dieselbe in wenig Wasser gelöst, da die Pottasche sehr leicht, die Beimengungen dagegen schwer löslich sind. Die Lösung wird wieder eingedampft und der Rückstand geglüht; hierbei erhält man gereinigte Pottasche. Alle Beimengungen lassen sich aber auf diese Weise nicht entfernen. Um chemisch reines *kohlensaures Kalium* zu erhalten geht man gewöhnlich von irgend einem anderen Salze aus, das man vorher durch Umkrystallisiren reinigt. Die Pottasche krystallisirt nur schwer oder gar nicht und kann daher nicht durch Krystallisation gereinigt werden, dagegen lassen sich gut krystallisirende Salze auf diese Weise leicht reinigen, so z. B. weinsaures Kalium oder saures kohlensaures Kalium, auch schwefelsaures und salpetersaures Kalium u. and. Meistens geht man vom sauren, weinsauren Kalium aus, das in grossen Mengen zu medizinischen Zwecken dargestellt wird; in der Medizin heisst es Cremor tartari. Beim Glühen ohne Luftzutritt hinterlässt dieses Salz ein Gemisch von Kohle und Pottasche. Dies Gemisch, in welchem die Kohle sehr fein zertheilt ist, wird zuweilen zur Reduktion von Metallen aus ihren Oxyden benutzt. Um die Kohle zu verbrennen, setzt man dem Weinstein beim Glühen etwas Salpeter zu. Zur weiteren Reinigung wird das erhaltene kohlensaure Kalium in das saure Salz übergeführt, indem in seine konzentrirte Lösung Kohlensäuregas eingeleitet wird. Das entstehende saure kohlensaure Kalium (Kaliumbicarbonat) $KHCO^3$ ist, wie auch beim Natrium, weniger löslich als das Kaliumcarbonat K^2CO^3 und scheidet sich daher beim Abkühlen der Lösung direkt in Krystallen aus. Beim Glühen scheiden diese Krystalle das in ihnen enthaltene Wasser und Kohlensäure aus und es hinterbleibt reine Pottasche. Durch ihre physikalischen Eigenschaften unterscheidet sich die Pottasche— das Kaliumcarbonat—sehr deutlich vom Natriumcarbonat— der Soda; aus ihren Lösungen erhält man sie als eine pulverförmige, weisse Masse, von alkalischem Geschmack und alkalischer Reaktion. An der Luft zieht das gewöhnlich nur Spuren einer Krystallisation zeigende Kaliumcarbonat energisch Feuchtigkeit an und zerfliesst allmählich zu einer gesättigten Lösung. Bei Rothgluth schmilzt das Kaliumcarbonat (bei 830°) und bei noch stärkerem Erhitzen verflüchtigt es sich, wie man dies in Glashütten beobachten kann. Seine Löslichkeit ist sehr bedeutend. Bei gewöhnlicher Temperatur löst Wasser eine gleiche Menge Kaliumcarbonat. Aus der gesättigten Lösung scheiden sich bei starker Abkühlung Krystalle aus, die zwei Molekeln Wasser enthalten. Eine Beschreibung der Reaktionen der Pottasche würde überflüssig sein, da diese Reaktionen ganz analog denen der Soda sind. Als die künstliche Soda (aus den Sodafabriken) noch wenig verbreitet war, wurde vielfach Pottasche benutzt und auch heute noch ersetzt man im Hausbedarf die Soda durch Aschenlauge, d. h. die wässrige Lösung der Asche unserer Oefen (in Russland). Diese Asche enthält Pottasche, die beim Waschen von Geweben, Wäsche und dgl. ebenso wie Soda wirkt.

Ein Gemisch von K^2CO^3 mit Na^2CO^3 schmilzt viel leichter, als jedes Salz einzeln, und aus den Lösungen dieses Gemisches erhält man gut krystallisirende Salze, z. B. (Marguerite's Salz) $K^2CO^3 6H^2O 2(Na^2CO^3 6H^2O)$. Aehnliche Krystalle bilden sich auch bei anderen multiplen Verhältnissen von K zu Na (ausser dem angeführten von 1:2 sind solche von 1:1 und 1:3 bekannt), aber immer mit dem Gehalt von 6 Wassermolekeln. Es liegt hier offenbar eine durch die *Aehnlichkeit* bedingte Verbindung, wie bei Legirungen, Lösungen und ähnl. vor.

9) Das *schwefelsaure Kalium* (Kaliumsulfat) K^2SO^4 krystallisirt aus seinen Lösungen in wassserfreiem Zustande, wodurch es sich von dem entsprechenden

Jodkalium [10]); durch Einwirken von Kalk erhält man leicht das *Aetzkali* KHO (Kaliumhydroxyd), das nicht nur seiner Darstellungsweise nach, sondern auch in sehr vielen anderen Beziehungen

Natriumsalze unterscheidet, analog dem Unterschiede der Pottasche von der Soda. Es ist überhaupt zu bemerken, dass die meisten Natriumsalze sich leichter mit Krystallisationswasser verbinden, als die Kaliumsalze. Die beim Lösen des Natriumsulfats auftretende Eigenthümlichkeit fehlt dem Kaliumsulfat, da es keine Verbindung mit Krystallisationswasser bildet. 100 Th. Wasser lösen bei gewöhnlicher Temperatur 10 Theile Kaliumsulfat, bei $0°-8,3$ Th. und bei $100°-26$ Th. In der chemischen Praxis wird meistens das *saure schwefelsaure Kalium* $KHSO^4$ benutzt, das leicht beim Erwärmen des neutralen Salzes mit Schwefelsäure entsteht. Bringt man dieses Gemisch zum Glühen, so scheiden sich zuerst Schwefelsäuredämpfe aus und wenn deren Entwickelung aufhört, so befindet sich im Rückstande das saure Salz. Bei stärkerem Glühen und zwar bei über $600°$ scheidet das saure schwefelsaure Kalium alle Schwefelsäure aus und geht wieder in das neutrale Kaliumsulfat über. Dank seiner leichten Zersetzbarkeit und konstanten Zusammmensetzung ist das saure Salz von grossem Werthe zum Ausführen solcher chemischen Umwandlungen, die nur beim Einwirken von Schwefelsäure bei hoher Temperatur vor sich gehen; denn in Form dieses Salzes kann man eine ganz bestimmte Schwefelsäure-Menge bei hoher Temperatur einwirken lassen, wie dies öfters namentlich in der chemischen Analyse verlangt wird. Das saure schwefelsaure Kalium wirkt ganz in derselben Weise, wie die Schwefelsäure selbst; aber die Anwendung der Säure ist bei Temperaturen über $400°$ unbequem, weil sie sich dann verflüchtigt, während das saure Salz hierbei noch flüssig bleibt und durch die Elemente der Schwefelsäure einwirkt. Durch Anwendung des sauren Salzes wird also die Siedetemperatur der Schwefelsäure erhöht. Auf diese Weise werden durch Glühen mit saurem schwefelsaurem Kalium einige Oxyde in ihre schwefelsauren Salze übergeführt, z. B. die Oxyde des Eisens, Aluminiums, Chroms.

Beim Erwärmen von K^2SO^4 mit überschüssiger Schwefelsäure auf $100°$ bildet sich, nach Weber, eine bestimmte chemische Verbindung, die auf eine Molekel K^2O acht Molekeln SO^3 enthält. Die Salze des Rb, Cs und Tl zeigen dieselbe Erscheinung, nicht aber die des Na und Li.

10) *Brom-* und *Jodkalium* (Kaliumbromid und -jodid) werden ebenso wie die entsprechenden Verbindungen des Natriums in der Medizin und Photographie benutzt. Das Jodkalium erhält man leicht in reinem Zustande durch Vermischen der Lösungen von Jodwasserstoff und Aetzkali bis zu ihrer gegenseitigen Sättigung. In der Praxis wendet man übrigens nicht diese, sondern einfachere Methoden an, wenngleich dieselben auch kein so reines Produkt liefern. Man sucht z. B. direkt HJ in Gegenwart von KHO oder K^2CO^3 zu erhalten. Zu diesem Zwecke trägt man in eine Lösung reiner Pottasche Jod ein und leitet dann Schwefelwasserstoff durch, wobei das J in HJ übergeführt wird. Oder man bereitet aus P, J und H^2O eine Lösung, die HJ und Phosphorsäure enthält und setzt dann Kalk zu; hierbei erhält man CaJ^2 in Lösung und phosphorsauren Kalk im Niederschlage. Durch doppelte Umsetzung entsteht dann aus CaJ^2 und K^2CO^3 unlösliches $CaCO^3$ und in der Lösung erhält man 2KJ. Setzt man zu einer schwachen Lösung von Aetzkali (die keine Pottasche enthält, also frisch bereitet ist) so lange Jod zu, bis ein Ueberschuss desselben die Lösung färbt, so erhält man, wie beim Einwirken von Chlor auf Kalilauge, ein Gemisch von Jodkalium mit jodsaurem Kalium. Letzteres geht, nachdem die Lösung eingedampft ist, beim Glühen des Rückstandes gleichfalls in Jodkalium über. Löst man nun wieder in Wasser und dampft ein, so scheiden sich würfelförmige Krystalle von wasserfreiem Jodkalium aus. Dasselbe löst sich in Wasser und Alkohol, ist schmelzbar und zeigt alkalische Reaktion, die aber dadurch bedingt wird, dass beim Glühen ein Theil des Salzes sich zersetzt und Kaliumoxyd bildet. Aus

dem Aetznatron ähnlich ist [11]). Die wässrige Lösung des Aetzkalis nennt man Kalilauge. Von den Kaliumverbindungen beschreiben wir daher nur die beiden folgenden, häufig angewandten Salze, deren Analoga beim Natrium nicht erwähnt worden sind.

Das *Cyankalium* (Kaliumcyanid) KCN zeigt in chemischer Beziehung einige Aehnlichkeit mit den Haloïdsalzen des Kaliums. Es entsteht nicht nur nach der Gleichung: $KHO + HCN = H^2O + KCN$, sondern auch überall da, wo stickstoffhaltige Kohlenstoffverbindungen, z. B. verschiedene thierische Abfälle in Gegenwart von metallischem Kalium oder von Kaliumverbindungen geglüht werden; es bildet sich selbst beim Glühen von Pottasche mit Kohle in einem Stickstoffstrome. Zur Darstellung des Cyankaliums benutzt man das gelbe Blutlaugensalz (vergl. S. 442), dessen fabrikmässige Darstellung beim Eisen beschrieben werden wird. Gepulvertes Blutlaugensalz, das bis zur Ausscheidung seines Krystallisationswassers getrocknet worden ist, schmilzt bei Rothgluth und zersetzt sich in Kohlenstoffeisen, Stickstoff und Cyankalium: $FeK^4C^6N^6 = 4KCN + FeC^2 + N^2$. Das Kohlenstoffeisen sammelt sich am Boden des Gefässes an. Beim Behandeln der erhaltenen Masse mit Wasser wird das Cyankalium theilweise zersetzt, wendet man aber zum Auslaugen Alkohol an, so geht es in Lösung und scheidet sich

---

diesem alkalischen Salze erhält man das neutrale durch Zusetzen von Jodwasserstoff bis zur neutralen Reaktion. Es ist von Vortheil, dem Gemische von KJO^3 mit KJ beim Glühen etwas feine Kohle zuzusetzen, weil dann die Ausscheidung des Sauerstoffs aus KJO^3 leichter erfolgt. Die Umwandlung von KJO^3 in KJ lässt sich auch durch einige reduzirende Substanzen, z. B. Zinkamalgam ausführen; letzteres bewirkt die Reduktion beim Kochen der Lösung. Endlich erhält man KJ auch beim Vermischen einer Lösung von FeJ^2 (welches überschüssiges Jod enthalten muss) mit K^2CO^3; hierbei bildet sich ein Niederschlag von kohlensaurem Eisenoxydul (der bei einem Ueberschuss von Jod körnig ist und Eisenoxydul und Oxyd enthält), während 2KJ in Lösung bleibt. Eisenjodür FeJ^2 erhält man beim direkten Einwirken von Jod auf Eisen in Gegenwart von Wasser. Beim Lösen von Jodkalium in Wasser findet eine bedeutende Temperatur-Erniedrigung statt (die sogar 24° betragen kann). 100 Theile Jodkalium lösen sich bei 12,5° in 73,5 Th. Wasser, bei 18° in 70 Th. und die gesättigte bei 120° siedende Lösung enthält 100 Th. KJ in 45 Th. Wasser. Jodkalium-Lösungen lösen Jod in bedeutender Menge; sind dieselben konzentrirt, so lösen sie ebenso viel oder auch noch mehr J auf, als sie KJ enthalten (vrgl. Kap. 11 Anm. 63).

11) Aetzkali erhält man nicht nur beim Einwirken von Kalk auf schwache Pottasche-Lösungen (wie NaHO aus Na^2CO^3), sondern auch beim Glühen von KNO^3 mit Kupferfeilspänen (vergl. Anm. 15) und beim Vermischen einer Lösung von K^2SO^4 (oder sogar Alaun $KAlS^2O^8$) mit BaH^2O^2. Um es zu reinigen, löst man das Aetzkali in Alkohol (in dem die Beimengungen wie K^2SO^4, K^2CO^3 u. and. unlöslich sind) und entfernt dann den letzteren durch Eindampfen.

Das spezifische Gewicht des Aetzkalis ist 2,04, das seiner Lösungen (vergl. Kap. 12 Anm. 18) bei 15°: $s = 9992 + 90{,}4\,p + 0{,}28\,p^2$ (vor p^2 steht hier das Zeichen $+$, bei NaHO dagegen — Minus). Starke Aetzkalilösungen scheiden beim Abkühlen das Krystallhydrat $KHO4H^2O$ aus, das beim Lösen in Wasser Abkühlung hervorruft (wie $2NaHO7H^2O$).

beim Abkühlen im krystallinischen Zustande aus [12]). Eine Lösung von KCN reagirt stark alkalisch, besitzt den der Blausäure eigenen Geruch nach bitteren Mandeln und ist ein heftig wirkendes Gift. In geschmolzenem Zustande ist das Cyankalium sehr beständig, dagegen zersetzt es sich leicht in wässriger Lösung. Die Blausäure besitzt so wenig Energie, dass KCN schon vom Wasser zersetzt wird. Selbst bei Abschluss von Luft bräunt und zersetzt sich eine Cyankaliumlösung leicht; beim Erwärmen scheidet sie Ammoniak aus und bildet ameisensaures Kalium, was nach der im 9-ten Kapitel über die Cyanverbindungen entwickelten Vorstellung vollkommen begreiflich ist: $KCN + 2H^2O = CHKO^2 + NH^3$. Die Gleichung erklärt die Unbeständigkeit der Lösungen des Cyankaliums in Wasser. Ausserdem wirkt auch CO^2 auf KCN unter Ausscheidung von Blausäure ein und beim Einwirken von Luft bildet sich cyansaures Kalium, das gleichfalls sehr unbeständig ist.

Als eine Kohlenstoff und Kalium enthaltende Verbindung besitzt das Cyankalium namentlich im geschmolzenen Zustande stark reduzirende Eigenschaften und wird daher als ein energisch wirkendes Reduktionsmittel angewandt. In der Praxis werden bedeutende Mengen von Cyankalium zur Bereitung von Metalllösungen verbraucht, welche sich beim Einwirken des galvanischen Stromes unter Ausscheidung des gelösten Metalls zersetzen. Auf diesem

---

12) Das Cyan, das mit dem Eisen in Verbindung war, zerfällt hier offenbar in Stickstoff, der als Gas entweicht, und Kohlenstoff, der sich mit dem Eisen verbindet. Um dieses zu vermeiden, setzt man beim Schmelzen des Blutlaugensalzes Pottasche hinzu. Man nimmt gewöhnlich ein Gemisch aus 8 Theilen wasserfreien Blutlaugensalzes und 3 Th. reiner Pottasche. Beim Schmelzen findet eine doppelte Umsetzung statt, bei welcher kohlensaures Eisenoxydul und Cyankalium entstehen. Aber auch nach dieser Methode erhält man kein reines Cyankalium und zwar aus folgenden Gründen: 1) weil ein Theil des Cyankaliums sich auf Kosten des kohlensauren Eisenoxyduls zu cyansaurem Kalium oxydirt: $FeCO^3 + KCN = CO^2 + Fe + KCNO$; 2) weil ein Theil des Eisens beim Einwirken von Wasser wieder in Lösung geht und 3) weil das Cyankalium sehr leicht Aetzkali bildet, das auf die Wandungen des Gefässes, in dem erwärmt wird, einwirkt (um dieses zu vermeiden, muss man Gefässe aus Eisen benutzen). Setzt man dem Gemisch von 8 Th. wasserfreien Blutlaugensalzes und 3 Th. Pottasche noch einen Theil Kohlenpulver zu, so erhält man nach dem Glühen eine Masse, in der kein cyansaures Kalium enthalten ist, da der Sauerstoff von der zugesetzten Kohle absorbirt wird, aber es lässt sich dann durch Schmelzen allein kein farbloses Cyankalium gewinnen; dennoch geht nur letzteres in Lösung, wenn man die Schmelze mit Alkohol auszieht. Selbstverständlich kann man reines Cyankalium leicht durch Sättigen von Blausäure mit Aetzkali oder besser durch Einleiten von Cyanwasserstoffdämpfen in eine alkoholische Aetzkalilösung erhalten; im letzteren Falle entstehen direkt Cyankaliumkrystalle. Gegenwärtig wird das Cyankalium, hauptsächlich zum Vergolden und für die Galvanoplastik in grossen Mengen aus dem gelben Blutlaugensalze dargestellt. Beim Schmelzen grösserer Mengen hat der Sauerstoff der Luft nur beschränkten Zutritt und man erhält, wenn die Operation in grossem Maassstabe und mit besonderer Vorsicht geleitet wird, zuweilen ein sehr reines Salz. Bei langsamem Abkühlen scheidet sich das Cyankalium in würfelförmigen Krystallen, wie das Chlorkalium, aus.

Verhalten beruht die Anwendung des Cyankaliums zur galvanischen Vergoldung und Versilberung in Form von Doppelsalzen mit Cyangold oder Cyansilber. Die wässrigen Lösungen dieser Doppelsalze reagiren alkalisch [13]) und sind ziemlich beständig. Das Cyankalium erlangt nämlich in seinen Doppelsalzen, d. h. in Verbindung mit anderen Cyanmetallen eine grössere Beständigkeit; (wie dies z. B. am gelben Blutlaugensalz zu ersehen ist, das Cyankalium in Verbindung mit Cyaneisen enthält). Die Fähigkeit des Cyankaliums zur Bildung von Doppelsalzen offenbart sich am deutlichsten in seiner Eigenschaft viele Metalle unter Entwickelung von Wasserstoff zu lösen. Es löst z. B. Eisen, Kupfer, Zink; gleichzeitig entsteht natürlich Aetzkali:

$$4KCN + 2H^2O + Zn = K^2ZnC^4N^4 + 2KHO + H^2.$$

Gold und Silber lösen sich in Cyankalium nur bei Luftzutritt, wobei der Wasserstoff, der sich ausscheiden müsste, mit dem Sauerstoff der Luft Wasser bildet. Nur Platin, Quecksilber und Zinn sind in Cyankaliumlösungen unlöslich, selbst bei Luftzutritt.

Das *salpetersaure Kalium* oder der gewöhnliche *Salpeter* (Kaliumnitrat) KNO^3 wird hauptsächlich zur Herstellung des Schiesspulvers benutzt, in welchem es nicht durch das Natriumsalz ersetzt werden kann, da dieses hygroskopisch ist und daraus bereitetes Schiesspulver feucht wird. Zu Schiesspulver kann nur sehr reiner Salpeter benutzt werden, da selbst die geringste Beimengung von Natrium,- Magnesium- oder Calciumsalzen, wie auch von Chlormetallen schon ein Feuchtwerden des Salpeters und folglich auch des Schiesspulvers selbst bewirkt. Dank seiner grossen Krystallisationsfähigkeit lässt sich der Salpeter sowol in grossen, als auch in kleinen Krystallen leicht rein darstellen. Der grosse Unterschied in der Löslichkeit des Salpeters bei verschiedenen Temperaturen kommt dieser Krystallisation besonders zu statten. Die bei ihrer Siedetemperatur (116°) gesättigte Salpeterlösung enthält auf 100 Th. Wasser 335 Th. Salpeter, während bei gewöhnlicher Temperatur, z. B. bei 20° die Lösung nur 32 Th. Salpeter enthalten kann. Wenn man daher bei der Gewinnung und Reinigung des Salpeters seine bei der Siedetemperatur gesättigte Lösung abkühlen lässt, so scheidet sich fast aller Salpeter in Krystallen aus. Bei langsamer und ruhiger Abkühlung erhält man grosse Krystalle, kleine dagegen, wenn schnell unter beständigem Rühren abgekühlt wird. In der Mutterlauge bleiben wenn auch nicht alle, so doch die meisten Beimengungen, die übrigens nur in geringer Menge vorhanden sind. Grosse Krystalle können in entstehenden Höhlungen etwas Mutterlauge, also auch Beimengungen zurückhalten. Bei

---

13) In alkalischen Lösungen geht die galvanische Fällung der Metalle gewöhnlich gleichmässiger und reiner vor sich.

raschem Abkühlen einer heiss gesättigten Lösung erhält man den Salpeter in feinen Krystallen als sogen. Salpetermehl.

Der gewöhnliche Salpeter findet sich in der Natur selten und nur in geringer Menge, gemischt mit anderen salpetersauren Salzen, besonders mit Natrium-, Magnesium- und Calciumsalpeter. Solche Gemische entstehen in fruchtbarem Boden überall dort, wo, wie in der *Ackerkrume,* stickstoffhaltige organische Substanzen sich in Gegenwart von Alkalien oder alkalischen Erden bei ungehindertem Luftzutritt zersetzen. Zur Bildung von salpetersauren Salzen sind nicht nur genügender Luftzutritt, sondern auch Feuchtigkeit und warmes Wetter erforderlich. Ausserdem geht, wie Schlössing und Müntz auf Grundlage der Pasteur'schen Methode zeigten, die Bildung von Salpeter bei Zersetzung stickstoffhaltiger Substanzen nur unter Mitwirkung besonderer mikroskopischer Organismen (Fermenten) vor sich; fehlen diese Organismen, so entsteht auch beim Vorhandensein aller anderen erforderlichen Bedingungen (Alkalien, Feuchtigkeit, Wärme von 37^0, Luft und stickstoffhaltiger Substanzen), kein Salpeter.

Bedeutende Mengen von Salpeter finden sich in den oberen Erdschichten Indiens, wo die Gewinnung des Salpeters schon seit Langem betrieben wird. Erde, die mit Salpetersäuresalzen durchdrungen ist, bedeckt sich zuweilen, wenn nach Regen heisses Wetter eintritt, mit einem Anflug von Salpeterkrystallen, die sich infolge der Verdunstung des Wassers bilden, in dem der Salpeter gelöst war. Aus solcher Erde gewinnt man den Salpeter durch methodisches Auslaugen, wie später genauer angegeben werden wird. In Ländern mit gemässigtem Klima erhält man Salpeter aus dem Schutte alter Gebäude, namentlich aus den kalkhaltigen Theilen derselben, die mit der Erde unmittelbar in Berührung waren. In diesen Theilen finden sich nämlich die zur Salpeterbildung erforderlichen Bedingungen vor, denn der als Mörtel zu den Steinbauten verwandte Kalk liefert die Base, während Mist, Harn und andere thierische Abfälle die Stickstoffquelle bilden. Bei methodischer Auslaugung erhält man aus solchem Schutte, ebenso wie aus salpeterhaltiger Erde, Lösungen von salpetersauren Salzen. Dieselben Lösungen ergeben sich auch beim Auslaugen der sog. Salpeterplantagen, d. h. Haufen Mist mit zwischengelegtem Reisig, die mit Asche oder anderen alkalischen und kalkhaltigen Abfällen bedeckt werden. Salpeterplantagen werden in Gegenden angelegt, wo der Mist keine Verwendung als Dünger findet, z. B. in Russland, im südöstlichen Theile des «Tschernosjem»-Gebietes, das seines fruchtbaren (aus Schwarzerde, Humus, bestehenden) Bodens wegen bekannt ist. In den Salpeterplantagen geht bei warmem Wetter derselbe Oxydationsprozess stickstoffhaltiger Substanzen unter Zutritt von

Luft und Feuchtigkeit in Gegenwart von Alkalien vor sich, wie in fruchtbarer Ackererde. Beim Auslaugen gehen zugleich mit verschiedenen salpetersauren Salze auch lösliche organische Stoffe in die Lösung über. Die einfachste Behandlung solcher Lösung besteht nun darin, dass man Pottasche oder Holzasche (die ja Pottasche enthält) zusetzt. Hierbei entstehen durch doppelte Umsetzung der Pottasche mit den salpetersauren Salzen des Kalks und der Magnesia die unlöslichen kohlensauren Salze dieser Basen, während der Salpeter in Lösung bleibt: $K^2CO^3 + Ca(NO^3)^2 = 2KNO^3 + CaCO^3$. Infolge der Unlöslichkeit des kohlensauren Kalks und der kohlensauren Magnesia erhält man nach der Behandlung mit Pottasche in der Lösung nur Kalium- und Natriumsalze zusammen mit organischer Substanz. Diese letztere scheidet sich theilweise schon beim Erwärmen der Lösung in unlöslichem Zustande aus und wird bei schwachem Glühen des ausgeschiedenen Salpeters vollständig zersetzt. Durch wiederholte Krystallisation lässt sich dann der so gewonnene Salpeter leicht reinigen.

Der grösste Theil des zur Fabrikation des Schiesspulvers erforderlichen Salpeters wird gegenwärtig aus salpetersaurem Natrium oder *Chilisalpeter* gewonnen. Dieses Salz findet sich in der Natur (in Chile). Die Umwandlung des Chilisalpeters in gewöhnlichen Salpeter geschieht durch doppelte Umsetzung. Man benutzt dazu Pottasche (und erhält dann beim Vermischen der erwärmten konzentrirten Lösungen im Niederschlag direkt Soda) oder, wie in letzter Zeit meistens, Chlorkalium. Beim Eindampfen eines Gemisches starker Lösungen von Chlorkalium und salpetersaurem Natrium scheidet sich zuerst das bei der doppelten Umsetzung ($KCl + NaNO^3 = NaCl + KNO^3$) entstehende Chlornatrium aus, dessen Löslichkeit in heissem und in kaltem Wasser fast dieselbe ist. Beim Abkühlen scheidet sich dagegen viel KNO^3 aus, während $NaCl$ in der Mutterlauge bleibt. Zur vollständigen Reinigung unterwirft man den Salpeter der Raffination, indem man ihn durch Umkrystallisiren in Salpetermehl überführt und mit einer Salpeterlösung auswäscht, die nicht den Salpeter, wol aber die Beimengungen desselben auflöst.

Salpeter ist ein farbloses Salz, das einen eigenartigen, erfrischenden Geschmack besitzt. Er krystallisirt leicht in langen rhombischen, sechsseitigen Prismen, die in Pyramiden auslaufen und gefurcht sind. Die Krystalle, deren spezifisches Gew. 1,93 ist, enthalten kein Wasser, können aber leicht in Höhlungen, die sich in ihnen gewöhnlich bilden, etwas von der Lösung, aus der sie krystallisiren, zurückhalten. Beim Reinigen des Salpeters durch Umkrystallisiren sucht man daher die Bildung grosser Krystalle zu verhindern und lässt sogen. Salpetermehl sich bilden. Bei schwachem Glühen (339°) schmilzt der Salpeter zu einer vollständig farblosen

Flüssigkeit [14]). Bei gewöhnlicher Temperatur und im festen Zustande erscheint er als ein nur selten in Reaktion tretendes und unveränderliches Salz, bei *erhöhter Temperatur* dagegen wirkt er als sehr energisches *Oxydationsmittel*, indem er leicht einen grossen Theil seines Sauerstoffs abgibt [15]). Glühende Kohle, auf welche Salpeter geworfen wird, verbrennt mit Heftigkeit; ein mechanisches Gemisch von Salpeter mit zerkleinerter Kohle entzündet sich schon bei Berührung mit einem glühenden Körper und fährt

---

[14] Vor dem Schmelzen verändern die Salpeterkrystalle ihre Gestalt und erscheinen in derselben Form, wie die Krystalle des Chilisalpeters, d. h. in Rhomboëdern; auch aus erwärmten Lösungen krystallisirend und überhaupt bei höherer Temperatur nimmt der Salpeter eine andere krystallinische Form an, als wenn er bei gewöhnlicher oder niedriger Temperatur krystallisirt. Geschmolzener Salpeter erstarrt zu einer strahlenförmigen, krystallinischen Masse; in Gegenwart von Chlormetallen zeigt er dagegen eine andere Struktur, welches Verhalten sogar dazu benutzt werden kann, um festzustellen, in wie weit ein Salpeter rein ist. Schon eine geringe Beimengung von Kochsalz bedingt, dass eine erstarrte Salpetermasse im Innern nicht mehr krystallinisch erscheint.

Carnelley und Thomson bestimmten (1888) die Schmelztemperatur der Gemische von KNO^3 und $NaNO^3$. Der Kalisalpeter schmilzt bei 339° und der Chilisalpeter bei 316°. Bei einem Gehalte von p Procenten an KNO^3 besitzen solche Gemische die folgenden Schmelzpunkte:

p = 10   20   30   40   50   60   70   80   90
   298° 283° 268° 242° 231° 231° 242° 284° 306°.

Auch die Beobachtung von Schaffgotsch (1857) bestätigt, dass beim Vermischen molekularer Mengen (p = 54,3), d. h. bei Bildung der Legirung: KNO^3NaNO^3, das Gemisch dieser beiden Salze die niedrigste Schmelztemperatur besitzt (231°).

Aehnliches findet nach den eben genannten Beobachtern auch in Betreff der Löslichkeit der Gemische beider Salpeter bei 20° in 100 Th. Wasser statt. Wenn p die Gewichtsmenge von KNO^3 bezeichnet, die im Gemisch mit 100—p Gewichtstheilen $NaNO^3$, zum Lösen genommen wird und c die Menge der vermischten Salze, die sich in 100 Theilen Wasser lösen, wobei die Löslichkeit von $NaKO^3 = 87$ und von $KNO^3 = 34$ Th. beträgt, so sind die Werthe von p und c die folgenden:

p = 10   20   30   40   50   60   70   80   90
c = 110 136 136 138 106   81   73   54   41.

Hieraus folgt, dass die grösste Löslichkeit nicht der am leichtesten schmelzenden Legirung, (oder dem Gemisch der beiden Salpeter), sondern einer an $NaNO^3$ viel reicheren Legirung entspricht.

Beide Erscheinungen zeigen, dass in homogenen flüssigen Mischungen zwischen zwei Körpern dieselben chemischen Kräfte wirken, welche das Molekulargewicht bestimmen, selbst auch dann, wenn einander sehr ähnliche Körper vermischt werden, wie z. B. KNO^3 und $NaNO^3$, zwischen denen kein direkter chemischer Austausch stattfindet. Bemerkenswerth ist auch, dass die grösste Löslichkeit nicht der niedrigsten Schmelztemperatur entspricht, was natürlich dadurch bedingt ist, dass beim Lösen noch ein dritter Körper — das Wasser mitwirkt, obgleich hierbei auch die Anziehung zwischen KNO^3 und $NaNO^3$, die analog der zwischen K^2CO^3 und Na^2CO^3 bestehenden Anziehung ist (Anm. 8), theilweise von Einfluss sein muss.

[15] Geschmolzener Salpeter scheidet bei weiterer Temperaturerhöhung Sauerstoff und zuletzt Stickstoff aus. Zuerst bildet sich salpetrigsaures Kalium KNO^2 (Kaliumnitrit) und dann auch Kaliumoxyd. Die Beimengung einiger Metalle z. B. fein zertheilten Kupfers ist dieser Zersetzung förderlich. Der Sauerstoff geht dann selbstverständlich an das Metall über.

dann von selbst zu brennen fort. Hierbei scheidet sich Stickstoff aus, während der Sauerstoff die Kohle oxydirt, infolge dessen kohlensaures Kalium und Kohlensäuregas entstehen: $4KNO^3 + 5C = 2K^2CO^3 + 3CO^2 + 2N^2$. Diese Reaktion wird dadurch bedingt. dass die Wärmeentwickelung bei der Vereinigung des Sauerstoffs mit Kohle bedeutend grösser ist, als bei seiner Vereinigung mit Stickstoff.

Die einmal begonnene Verbrennuug kann daher auf Kosten des Salpeters von selbst weiter gehen, ohne dass Erwärmen nöthig wäre. Dieselbe Oxydation oder Verbrennung auf Kosten des Sauerstoffs aus dem Salpeter erfolgt auch beim Erwärmen des letzteren mit Schwefel und anderen brennbaren Substanzen. Wenn man ein Gemisch von Schwefel und Salpeter auf eine erhitzte Fläche bringt, so verbrennt der Schwefel zu schwefelsaurem Kalium und schwefliger Säure: $2KNO^3 + 2S = K^2SO^4 + SO^2 + N^2$. Eine ähnliche Erscheinung findet auch beim Erhitzen des Salpeters mit vielen Metallen statt. Besonders bemerkenswerth ist die Oxydation solcher Metalle, welche mit überschüssigem Sauerstoff saure Oxyde bilden können; letztere verbinden sich mit dem Kaliumoxyde zu Kaliumsalzen. Solche Metalle sind z. B. Mangan, Antimon, Arsen, Eisen, Chrom u. and. Dieselben verdrängen, ebenso wie C und S, aus dem Salpeter den Stickstoff. Die niederen Oxyde dieser Metalle werden beim Schmelzen mit Salpeter in höhere übergeführt. Organische Substanzen werden beim Erhitzen mit Salpeter gleichfalls oxydirt, d. h. sie verbrennen auf Kosten des Salpeters. Diese Eigenschaften des Salpeters erklären seine häufige Anwendung in der chemischen Praxis und in der Technik als ein bei hoher Temperatur wirkendes Oxydationsmittel. Als solches wird der Salpeter auch zur Herstellung des *Schiesspulvers* verwandt, welches ein mechanisches Gemisch von fein zerriebenen: Schwefel, Salpeter und Kohle ist. Das gegenseitige Mengenverhältniss dieser Bestandtheile ändert sich je nach der Bestimmung des Schiesspulvers und der Beschaffenheit der Kohle (man benutzt eine lockere, nicht vollständig durchgeglühte Kohle, die also noch Wasserstoff und Sauerstoff enthält). Beim Verbrennen des Schiesspulvers bilden sich Gase — hauptsächlich Stickstoff und Kohlensäuregas, — welche einen bedeutenden Druck ausüben, wenn sie sich nicht ungehindert ausbreiten können. Die Verbrennung des Schiesspulvers lässt sich durch die folgende Gleichung ausdrücken: $2KNO^3 + 3C + S = K^2S + 3CO^2 + N^2$. Aus derselben ergibt sich, dass das Schiesspulver auf 202 Theile Salpeter (74,8%), 36 Theile Kohle (13,3%) und 32 Theile Schwefel (11,9%) enthält, was auch der wirklichen Zusammensetzung des Schiesspulvers ziemlich nahe kommt [16]).

---

16) In China, wo die Fabrikation des Schiesspulvers seit Langem bekannt ist,

Das Kalium ist auf dieselbe Weise wie das Natrium dargestellt worden, — zuerst durch Einwirken des galvanischen Stromes, dann durch Reduktion mit Hilfe metallischen Eisens und zuletzt durch Einwirken von Kohle auf kohlensaures Kalium bei hoher Temperatur. Bei der Darstellung von *metallischem Kalium* muss jedoch die

---

wendet man 75,7 Salpeter, 14,4 Kohle und 9,9 Theile Schwefel an. Das gewöhnliche russische Jagdpulver enthält 80 Th. Salpeter, 12 Kohle und 8 Schwefel. Kanonenpulver besteht aus 75 Th. Salpeter, 15 Kohle und 10 Schwefel. Schiesspulver entzündet sich beim Erwärmen auf 300° durch Schlag und durch Funken. Eine kompakte oder homogene Schiesspulvermasse verbrennt langsam und übt eine geringe dynamische Wirkung aus, da die Verbrennung allmählich fortschreitet. Um wirksam zu sein, muss das Schiesspulver mit einer gewissen Geschwindigkeit verbrennen, damit während der Bewegung des Geschosses im Laufe der Druck fortwährend steige, ohne im Geringsten nachzulassen. In Geschützen erreicht man dieses dadurch, dass man dem Schiesspulver die Form von Körnern oder selbst von grossen 6 seitigen, durchlöcherten Prismen gibt (prismatisches Pulver).

Die Verbrennungsprodukte des Schiesspulvers sind von zweierlei Art: 1) Gase, die den Druck bewirken und die Ursache der dynamischen Wirkung sind, und 2) der feste Rückstand, der gewöhnlich infolge eines Gehalts an unverbrannten Kohletheilchen schwarz ist. Dieser Rückstand enthält meistens, ausser Kohle und Schwefelkalium K^2S, noch eine ganze Reihe anderer Salze, z. B. K^2CO^3, K^2SO^4. Es weist dies schon darauf hin, dass die Verbrennung des Schiesspulvers nicht so einfach vor sich geht, wie es nach der oben angeführten Gleichung erscheint. Daher ist auch das Gewicht des Pulverrückstandes grösser, als es sich der Theorie nach berechnet. Nach der oben gegebenen Gleichung müssten 270 Theile Schiesspulver 110 Th. Rückstand, d. h. 100 Th. Pulver, 37,4 Th. K^2S zurücklassen; in Wirklichkeit schwankt das Gewicht des Pulverrückstandes zwischen 40 und 70 pCt. (gewöhnlich beträgt es ungefähr 52 pCt). Dieser Unterschied hängt von der Menge des im Rückstande verbleibenden Sauerstoffs (vom Salpeter resultirend) ab. Ist nun der Pulverrückstand verschieden zusammengesetzt, so muss offenbar auch die Zusammensetzung der aus dem Schiesspulver entstehenden Gase verschieden sein und kann folglich auch der ganze Verbrennungsprozess des Schiesspulvers in verschiedenen Fällen nicht in gleicher Weise vor sich gehen. Nach den Untersuchungen von Gay-Lussac, Schischkow und Bunsen, Nobel und Abel, Fedorow und and., hängt der Unterschied in der Zusammensetzung der Pulvergase und des Rückstandes von den Bedingungen ab, unter denen die Verbrennung des Schiesspulvers stattfindet. Wenn das Schiesspulver in einem offenen Raume abbrennt, wobei die entstehenden Gase auf den Pulverrückstand nicht weiter einwirken, so bleibt ein bedeutender Theil der in die Zusammensetzung des Pulvers eingehenden Kohle unverbrannt, da die Kohle auf Kosten des Sauerstoffs des Salpeters erst nach dem Schwefel verbrennt. In diesem Falle lässt sich der *Beginn* der Verbrennung des Schiesspulvers durch folgende Gleichung ausdrücken: $2KNO^3 + 3C + S = 2C + K^2SO^4 + CO^2 + N^2$. Bei blindem Schiessen enthält der Pulverrückstand meist ein Gemisch von C, K^2SO^4, K^2CO^3 und $K^2S^2O^3$ Geht die Verbrennung des Schiesspulvers in einem geschlossenen Raume vor sich, z. B. im Laufe eines Geschütze beim Abfeuern von Geschossen, so vermindert sich zunächst die Menge des entstehenden schwefelsauren Kaliums und auch die des schwefligsauren Kaliums, während die Menge von CO^2 in den Pulvergasen und die Menge des Schwefelkaliums im Rückstande zunehmen. Die Menge der Kohle, welche in die Reaktion eingeht, nimmt folglich zu, während die im Rückstande verbleibende Menge derselben abnimmt. Unter solchen Bedingungen nimmt das Gewicht des Pulverrückstandes ab, wie dies z. B. durch die Gleichung: $4K^2CO^3 + 4S = K^2SO^4 + 3K^2S + 4CO^2$ zum Ausdruck ge-

Eigenheit dieses Metalles, sich leicht mit CO zu einer explosiven und entzündbaren Masse zu verbinden in Betracht gezogen werden[17]). Dennoch lässt sich diese Methode benutzen, da das Kalium leicht flüchtig, sogar flüchtiger als Natrium ist. Bei gewöhnlicher Temperatur ist das Kalium weicher, als Natrium; auf frischen Durchschnittsflächen zeigt es eine weissere Farbe und oxydirt sich in feuchter Luft noch leichter als letzteres. Bei niedrigen Temperaturen ist das Kalium spröde, aber schon bei 25^0 ganz weich; bei 58^0 schmilzt es schon. Bei schwacher Rothgluth (720^0) destillirt es, ohne sich zu verändern, und bildet grüne Dämpfe, deren Dampfdichte [18]) nach den Bestimmungen von A. Scott (1887) = 19 ist (die Dichte des Wasserstoffs = 1 gesetzt). Die Kaliummolekeln bestehen also aus einem Atom (wie die Molekeln des Natriums, Quecksilbers, Zinks)[19]). Bei 15^0 ist das spezifische Gewicht des Kaliums 0,87, also geringer als das des Natriums, was auch bei allen anderen Kaliumverbindungen der Fall ist [20]).

---

bracht wird. In den Pulvergasen ist ausserdem CO und im Rückstand K^2S^2 aufgefunden worden. Die Menge von K^2S nimmt in dem Maasse zu, wie die Verbrennung vollständiger wird; im Rückstande entsteht das K^2S auf Kosten des schwefligsauren Kaliums. In letzterer Zeit sind in Bezug auf die Erforschung des Schiesspulvers und anderer explosiver Stoffe grosse Fortschritte gemacht worden. so dass dieses Gebiet, das eine artilleristische Spezialität bildet, sehr umfangreich geworden ist.

17) Ueber die hierbei entstehenden Körper vergl. Kap. 9, Anm. 31.

18) A. Scott bestimmte (1887) in einem vorher mit Stickstoff gefüllten Platingefässe, das er in einem besonderen Ofen erhitzte, die Dampfdichte vieler Verbindungen der Alkalimetalle; aber seine wichtigen Untersuchungen sind noch nicht genügend ausführlich beschrieben und auch nicht allgemeiner bekannt geworden. Die folgende Zusammenstellung enthält die von Scott bestimmten Dampfdichten, die auf Wasserstoff = 1 bezogen sind:

Na 12,75 (12,5)   KJ 92 (84)
K 19 (19,5)   RbCl 70 (60)
CsCl 89,5 (84,2)   CsJ 133 (130)
$FeCl^3$ 68   AgCl 80 (71,7).

In den Klammern sind die theoretischen Dichten beigefügt, die nach dem Avogadro-Gerhardt'schen Gesetz den angegebenen Formeln entsprechen. Bei $FeCl^3$ ist die entsprechende Zahl nicht angegeben, weil unter den eingehaltenen Versuchsbedingungen sich dieses Chlorid wahrscheinlich theilweise zersetzt. Wäre dies nicht der Fall, so müsste der Formel $FeCl^3$ die Dichte 81 entsprechen; wenn die Zersetzung $Fe^2Cl^6 = 2FeCl^2 + Cl^2$ vollständig wäre, so müsste die Dichte 54 sein. Das Salz AgCl wird aller Wahrscheinlichkeit nach durch Platin zersetzt. Die meisten der von Scott gegebenen Zahlen stimmen so gut mit den theoretischen überein, dass eine grössere Uebereinstimmung nicht erwartet werden könnte.

19) Bei den Metalloiden sind die Molekeln komplizirter, z. B. H^2, O^3, Cl^2 u. s. w. Die Molekel des Arsens, das seinem Aussehen nach an die Metalle erinnert, seinen chemischen Eigenschaften nach aber sich den Metalloiden nähert, besteht aus 4 Atomen As^4. Ueber die Dampfdichte des Jods vergl. Kap. 7, Seite 346.

20) Da K ein grösseres Atomgewicht besitzt als Na, so ist Volum der Molekel oder der Quotient aus dem Molekulargewicht in das spezifische Gewicht bei den Kaliumverbindungen grösser, als bei den Verbindungen des Natriums, denn der Zähler

Wasser wird durch das Kalium bei gewöhnlicher Temperatur sehr leicht zersetzt; hierbei werden auf die dem Atomgewicht des Kaliums entsprechende Menge 45 Taus. W. E. entwickelt. Diese Wärme genügt, um den sich ausscheidenden Wasserstoff zu entzünden, dessen Flamme durch die Kaliumpartikelchen violett gefärbt wird [21]).

Auch im Verhalten zu Wasserstoff und Sauerstoff sind Kalium und Natrium sich sehr ähnlich. Mit Wasserstoff bildet Kalium (zwischen 200° und 411°) Wasserstoffkalium K^2H und mit Sauerstoff: das Suboxyd K^4O, das Oxyd K^2O und das Hyperoxyd KO^2; letzteres enthält also mehr Sauerstoff, als das Natriumhyperoxyd Es ist jedoch wahrscheinlich, dass beim Verbrennen von Kalium auch ein Hyperoxyd von der Zusammensetzung KO entsteht Quecksilber löst das Kalium ebenso wie Natrium [22]). Ueberhaupt stehen die beiden Metalle—Kalium und Natrium einander ebenso nahe, wie die Halogene Chlor und Brom, oder besser wie Fluor und Chlor, da das Atomgewicht des $Na = 23$ das des $F = 19$ um dieselbe Grösse übertrifft, wie das Atomgewicht des $K = 39$, das des $Cl = 35,5$.

Die Aehnlichkeit zwischen *Kalium* und *Natrium* ist so gross, dass von ihren *Verbindungen* nur wenige salzförmige leicht von einander *unterschieden* werden können. Zu diesen gehört z. B. das saure weinsaure Kalium $C^4H^5KO^6$ (Cremor tartari), das sich durch seine geringe Löslichkeit in Wasser, besonders aber in Alkohol und einer

---

und Nenner des Bruches, der das Volum ergibt, nehmen zu. Zur Vergleichung seien die Volume der folgenden, einander entsprechenden Verbindungen angeführt:

Na 24   NaHO 18   NaCl 28 $NaNO^3$ 37 Na^2SO^4 54.
K 45   KHO 27   KCl 39 KNO^3 48 K^2SO^4 66.

21) Beim Zersetzen des Wassers durch Kalium muss man vorsichtiger sein, als bei den gleichen Versuchen mit Natrium (vergl. Kap. 2, Anm. 8).

Beim Glühen zersetzt das Kalium CO^2 und CO, denen es Sauerstoff entzieht, wobei Kohle ausgeschieden wird die ihrerseits dem entstehenden Kaliumoxyd Sauerstoff entzieht. Auf dieser Einwirkung beruht die Darstellung des Kaliums durch Glühen von Pottasche mit Kohle. Die Reaktion $K^2O + C = K^2 + CO$ gehört daher zu den umkehrbaren. Vergleicht man aber die Wärmetönungen, welche bei der Bildung dieser Verbindungen beobachtet werden, so lässt sich das Eintreten der letzteren Reaktion nicht erwarten, denn die Kohle entwickelt bei ihrer Vereinigung mit Sauerstoff zu CO nur 30 Taus. W. E. (vgl. Kap. 9, Anm 25), während bei der Bildung von K^2O aus Kalium und Sauerstoff gegen 100 Taus. W. E. entwickelt werden. Die Wärmeentwickelung bei der Bildung von FeO aus Eisen beträgt gegen 70 Taus. W. E. Offenbar findet bei der Zersetzung des Kaliumoxyds durch Kohle eine bedeutende Absorption von Wärme statt und bei der umgekehrten Reaktion, die jedoch schwieriger vor sich geht, eine Entwickelung von Wärme. Es ist dies wohl ein Beispiel, das auf die Unmöglichkeit hinweist, nach thermischen Daten über die Richtung einer Reaktion zu urtheilen.

22) Das bestimmte, krystallinische Amalgam des Kaliums enthält im Vergleich zu dem des Natriums die doppelte Menge an Quecksilber KHg^2 (wie auch das Kaliumhyperoxyd doppelt so viel Sauerstoff als das Natriumhyperoxyd enthält), vergl. Kap. 12 Anm. 39.

Weinsäurelösung auszeichnet, während das entsprechende Natriumsalz leicht löslich ist. Setzt man zu der Lösung eines Kaliumsalzes Weinsäure im Ueberschusse zu, so erhält man in den meisten Fällen einen Niederschlag des schwer löslichen, sauren weinsauren Kaliums, was bei den Natriumsalzen nicht der Fall ist. Noch deutlicher tritt der Unterschied in der Löslichkeit der Chloroplatinate des Kaliums und Natriums hervor. Die Chlormetalle KCl und NaCl bilden nämlich, wenn sie in Lösung mit Platinchlorid $PtCl^4$ zusammengebracht werden, leicht die Doppelsalze (Chloroplatinate) K^2PtCl^6 und Na^2PtCl^6, die sich durch ihre verschiedene Löslichkeit in Wasser, besonders aber in einem Gemisch von Alkohol mit Aether auszeichnen. Das Natriumsalz ist löslich, das Kaliumsalz fast unlöslich oder kaum löslich. Die Reaktion mit Platinchlorid wird daher häufig zur Trennung des Kaliums vom Natrium benutzt. (Genaueres findet man in den Lehrbüchern der analytischen Chemie). Ausser den Chloroplatinaten gibt es nur noch wenige Salze, durch welche das Kalium und Natrium sich trennen und deutlich unterscheiden lassen. Die Aehnlichkeit dieser beiden Metalle ist wohl eine sehr weit gehende, abes es lässt sich doch die geringste Menge des einen derselben, die dem anderen beigemengt ist, leicht erkennen, wenn man dazu ihre Fähigkeit, der *Flamme* eine verschiedene *Färbung* zu ertheilen, benutzt. Die Gegenwart von Natriumsalzen erkennt man an einer hellgelben Flammenfärbung; reine Kaliumsalze ertheilen einer farblosen Flamme eine violette Färbung. Diese schwach violette Färbung verschwindet aber bei gleichzeitiger Anwesenheit von Natriumsalzen, so dass sich das Kalium in Gegenwart von Natrium auf diese Weise nicht entdecken lässt. Die Entdeckung gelingt indessen leicht, wenn das Licht einer durch beide Metalle gefärbten Flamme mit Hilfe eines Prismas zerlegt wird, da die in Gegenwart von Natriumsalzen entstehende gelbe Flammenfärbung durch eine Gruppe von Lichtstrahlen bedingt wird, denen ein bestimmter Brechungsindex zukommt, und zwar von Strahlen, welche dem gelben Theil des Sonnenspektrums vom Brechungsindex der Fraunhofer'schen Linie D (richtiger einer Gruppe von Linien) entsprechen, während eine Kaliumsalze enthaltende Flamme keine gelben, sondern nur rothe

---

Das *Kalium* bildet mit *Natrium Legirungen* in jedem Mengenverhältniss. Die Legirungen, die 1 bis 3 Atome K auf ein Atom Na enthalten, sind dem Quecksilber analoge *Flüssigkeiten*. Joannis fand, dass bei der Zersetzung von Wasser durch die Legirungen: Na^2K, NaK, NaK^2 und NaK^3 die entwickelten Wärmemengen: 44,5; 44,1; 43,8 und 44,4 Tausend W. E. betragen (durch Na 42,6 und K 45,4). Die Bildung der flüssigen Legirung NaK^2 geht unter Entwickelung von Wärme vor sich. Die anderen Legirungen können als Lösungen von K und Na in dieser flüssigen Legirung betrachtet werden. Jedenfalls ist die Erniedrigung des Schmelztemperatur dieser Legirungen ebenso augenscheinlich, wie die der zusammengeschmolzenen Mischungen (Legirungen) des Kali- und Natronsalpeters (vergl. Anm. 14).

und violette Strahlen aussendet. Wenn sich in einer Flamme Kaliumsalze befinden, so erhält man daher bei der Zerlegung des Lichtes (der an und für sich farblosen, aber durch das Salz gefärbten Flamme) durch ein Prisma rothe und violette Lichtstreifen, die von einander relativ weit entfernt sind; eine durch Natriumsalze gefärbte Flamme dagegen bedingt das Erscheinen eines gelben Lichtstreifens. Enthält eine Flamme gleichzeitig beide Metalle, so erscheinen auch gleichzeitig die Spektrallinien, die dem Kalium und dem Natrium entsprechen.

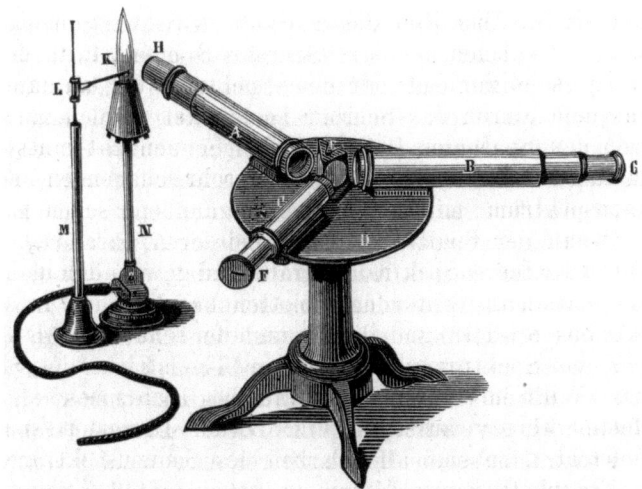

Fig. 117. Spektralapparat zur Untersuchung gefärbter Flammen. Das Prisma E und der Tisch D werden mit einem undurchsichtigen Pappdeckel oder Tuch bedeckt. Durch G beobachtet man das Spektrum, welches beim Einführen der zu untersuchenden Substanz (mittelst des Platindrahtes KJ) in die Flamme entsteht. F wird durch eine Flamme beleuchtet, so dass die Skala durch Reflexion in G neben dem Spektrum erscheint. $^1/_{10}$.

Zur bequemen Untersuchung solcher Flammenfärbungen dienen besondere *Spektralapparate* [23]), welche aus einem das Licht brechenden Prisma E *(Fig. 117)* und drei Röhren bestehen, die auf die

---

23) Zu genauen Messungen und vergleichenden Untersuchungen benutzt man komplizirtere Apparate, die eine stärkere Lichtzerstreuung bewirken und zu diesem Zwecke mit mehreren Prismen versehen sind. So z. B. geht das Licht im Spektroskop von Browning zunächst durch sechs Prismen, wird darauf, nachdem es totale Reflexion erfahren, durch den oberen Theil derselben sechs Prismen nach unten zurückgeführt und gelangt endlich durch abermalige totale Reflexion in das Okularrohr. Bei so bedeutender Lichtzerstreuung kann die relative Lage der Spektrallinien mit Genauigkeit bestimmt werden. Zur absoluten und genauen Messung der Wellenlängen sind Spektralapparate mit Diffraktionsgittern von besonderer Wichtigkeit. Spektralapparate verschiedenster Konstruktion werden zu speziellen Zwecken z. B. zur Untersuchung des Lichtes von Himmelskörpern, zur Beobachtung der Absorptionsspektren von mikroskopischen Präparaten u. s. w. benutzt. Ausführliches hierüber findet man in den Lehrbüchern der Physik und in speziellen, die Spektralanalyse behandelnden Schriften. Eines verdienten Rufes geniessen unter diesen letzteren die Werke von Roscoe, Kayser, Vogel und Lecoq de Boisbaudran.

Flächen des Brechungswinkels des Prismas gerichtet sind. An dem vom Prisma abgewendeten Ende des Rohrs A befindet sich ein vertikaler Spalt H zum Durchlassen des zu untersuchenden Lichtes, dessen Strahlen in diesem Rohre (dem Kollimator) eine parallele Richtung erhalten, dann auf das Prisma E gerichtet und in demselben gebrochen und zerstreut werden. Das hierbei entstehende Spektrum beobachtet man durch das Sehrohr B. Das dritte Rohr C enthält (an seinem Ende F) eine auf durchsichtigem Glase horizontal angebrachte Skala, welche besonders beleuchtet wird (mittelst eines Gasbrenners oder einer Kerze, die in der Figur nicht abgebildet sind). Das Bild dieser Skala wird von der Fläche des Prismas, vor welcher sich das Sehrohr B befindet, in der Weise reflektirt, dass es zugleich mit dem Spektrum der zu untersuchenden Lichtquelle durch das Sehrohr beobachtet werden kann. Lässt man durch den Spalt des Rohres A das Sonnenlicht eindringen, so wird dem durch die Oeffnung G in das Sehrohr schauenden Beobachter das Sonnenspektrum mit den dunkeln Fraunhofer'schen Linien erscheinen (wenn der Spalt eng genug und der Apparat richtig eingestellt ist [24]). Kleinere Spektralapparate sind gewöhnlich in der Weise eingestellt, dass man rechts den violetten und links den rothen Theil des Spektrums erblickt und die Fraunhofer'sche Linie D (des gelben Theils des Spektrums) am 50-ten Theilstriche des Skala erscheint [25]). Wird in solchem Apparate das Licht, welches ein glühender fester Körper ausstrahlt, z. B. das Drummond'sche Kalklicht, beobachtet, so sind alle Farben des Sonnenspektrums, nicht aber die Fraunhofer'schen Linien zu sehen. Stellt man dagegen vor den Spalt H des Spektralapparates eine nicht leuchtende Flamme, die an und für sich kein sichtbares Spektrum gibt (eine Gasflamme oder die blasse Flamme von Wasserstoffgas, das man

---

24) Jeder spektroskopischen Beobachtung muss offenbar ein genaues Einstellen aller Theile des Apparates vorausgehen, damit das in demselben erhaltene Bild möglichst deutlich sei. Einzelheiten über die praktische Handhabung der Spektralapparate sind gleichfalls in speziellen Werken zu suchen. Hier müssen wir einige Vertrautheit des Lesers mit den wichtigsten physikalischen Daten über Lichtbrechung, Lichtzerstreuung, Diffraktion voraussetzen, sowie die Kenntniss der Theorie des Lichtes, welche es erlaubt die Wellenlängen bestimmter Lichtstrahlen in absolutem Maasse auszudrücken, auf Grund von Beobachtungen mit Hilfe von Diffraktionsgittern, bei denen die Entfernungen zwischen den Theilstrichen sich leicht in Theilen eines Millimeters bestimmen lassen.

25) Was die Dimensionen der Skala anbetrifft, so ist zu bemerken, dass gewöhnlich das Spektrum von Null (wo das rothe Licht anfängt) bis zum 170-sten Theilstriche (wo das Ende des sichtbaren violetten Theiles liegt) reicht und dass die äusserste breite Fraunhofer'sche Linie A im rothen Theile dem 17-ten Theilstriche, die im Anfang des blauen, nahe am grünen Theile liegende Linie F dem 90-ten und die Linie G, welche noch deutlich am Anfange des violetten Theiles sichtbar ist, dem 127-ten Theilstriche der Skala entspricht.

aus einer Platinspitze ausströmen lässt), und bringt man in dieselbe ein Metallsalz, so erhält man ein wesentlich anderes Bild. Wird z. B. in die Flamme des Gasbrenners N ein am Stativ ML befestigter Platindraht, an dessen Ende Chlornatrium angeschmolzen ist, eingeführt, so färbt sich die Flamme gelb und im Spektralapparate erscheint eine helle gelbe Linie, welche mit dem 50-ten Theilstriche der gleichzeitig sichtbaren Skala zusammenfällt. Im Natriumspektrum treten weder gelbe Strahlen anderer Brechungsindices, noch überhaupt Strahlen anderer Farben neben dieser Linie auf; das Spektrum der Natriumverbindungen besteht also aus gelben Strahlen derselben Brechbarkeit, wie die (schwarze) Fraunhofer'sche Linie D des Sonnenspektrums. Wird anstatt des Natriumsalzes in die Flamme ein Kaliumsalz gebracht, so erscheinen im Spektrum zwei Linien, eine rothe in der Nähe der Fraunhofer'schen Linie A und eine violette, die aber beide eine bedeutend geringere Helligkeit besitzen, als die Natriumlinie. Ausserdem beobachtet man in den mittleren Theilen der Skala ein schwaches, fast ununterbrochenes Spektrum. Bringt man nun das Gemisch eines Natrium- und Kaliumsalzes in die Flamme, so erhält man gleichzeitig drei Linien: die rothe und schwach violette des Kaliums und die gelbe des Natriums. Somit lässt sich mit Hilfe des soeben beschriebenen Apparates das Verhältniss der Spektren der Metalle zu bestimmten Theilen des Sonnenspektrums genau feststellen. Die hierbei in Betracht kommenden Theile dieses letzteren sind die dunklen, sogen. Fraunhofer'schen Linien, d. h. die Theile des Spektrums, wo Lichtstrahlen bestimmter Brechbarkeit fehlen. Die von Fraunhofer, Brewster, Foucault, Angström, Bunsen, Kirchhoff, Cornu, Lockyer, Dewar u. a. angestellten sorgfältigen Beobachtungen haben gezeigt, dass **die Spektren einiger Metalle mit gewissen Fraunhofer'schen Linien genau übereinstimmen.** So z. B. entspricht, wie wir sahen, die Natriumlinie genau der Fraunhofer'schen Linie D. Diese Uebereinstimmung, die auch bei vielen anderen Metallspektren beobachtet wird, ist eine vollkommen genaue (nicht nur annähernde) und kann daher nicht zufällig sein. In der That, wendet man einen Spektralapparat mit einer grossen Anzahl von Prismen und von bedeutender Vergrösserungsfähigkeit an, so zeigt sich, dass die dunkle Linie D des Sonnenspektrums aus einem ganzen System von feineren und dickeren (schärferen und intensiveren), in bestimmter Ordnung neben einander liegenden dunklen Linien besteht [26]). In derselben Ordnung erscheinen auch die

---

26) Die zwei intensivsten Linien des Natriums (D) besitzen die Wellenlängen von 0,0005895 und 0,0005889 Millimetern; ausserdem sind auch schwächere Linien sichtbar, deren Wellenlängen, nach Liveing und Dewar, in Millionsteln Millimeter folgende sind: 588,7 und 587,1; 616,0 und 615,4; 515,5 und 515,2; 498,3 und 498,2

hellen Linien, in welche die gelbe Natriumlinie bei Anwendung eines solchen Apparates zerlegt wird. Jeder einzelnen hellen Linie des Natriumspektrums entspricht genau eine dunkle Linie des Sonnenspektrums. Dass wir in den einfachen Spektralapparaten, wie sie gewöhnlich bei chemischen Untersuchungen angewandt werden, anstatt eines Liniensystems eine einzige gelbe Linie im Natriumspektrum sehen, erklärt sich einfach durch die geringe Lichtzerstreuung im Prisma dieser Apparate und die Grösse des Spalts ihres Objectivs.

Dieses genaue Zusammenfallen der hellen Linien des Natriums mit den entsprechenden dunklen Linien des Sonnenspektrums kann, wie gesagt, nicht zufällig sein. Eine weitere Bestätigung ergibt sich daraus, dass die hellen Linien anderer Metalle ebenfalls mit bestimmten dunklen Linien des Sonnenspektrums sich decken. So z. B. geben die Funken, welche zwischen den eisernen Elektroden einer Ruhmkorff'schen Spirale überspringen, 450 deutlich sichtbare, das Eisen charakterisirende Linien. Alle diese hellen Linien, die das Spektrum des Eisens bilden, treten, wie Kirchhoff gezeigt hat, im Sonnenspektrum als dunkle Fraunhofer'sche Linien auf, die genau an denselben Stellen sich befinden, wie die hellen Linien im Eisenspektrum, ganz ebenso wie die Natriumlinien als Fraunhofer'sche Linie D im Sonnenspektrum auftreten. Zahlreiche Beobachter haben auf diese Weise das Sonnenspektrum und die Spektren verschiedener Metalle parallelen Untersuchungen unterworfen und in dem ersteren Linien gefunden, die nicht nur den Linien des Natriums und des Eisens, sondern auch vieler anderen Metalle genau entsprechen [27]. Die Spektra solcher Elemente, wie Wasserstoff. Sauerstoff, Stickstoff und and. Gase, können in Geissler'schen Röhren beobachtet werden, d. h. in Glasröhren, welche mit dem betreffenden Gase in verdünntem Zustande gefüllt sind und durch welche man eine Ruhmkorff'sche Spirale sich

---

u. s. w. Wie zwischen den hier paarweise zusammengestellten Linien, so suchen viele Forscher auch bei anderen Elementen eine einfache Gesetzmässigkeit in dem Verhältniss der Wellenlängen aufzufinden.

27) Die genauesten hierauf bezüglichen Bestimmungen wurden an Spektren, welche durch Diffraktion entstehen, angestellt. In solchen Spektren hängt die Lage der dunklen und hellen Linien weder von dem Brechungsindex des Materials, aus welchem das Prisma besteht, noch von der Lichtzerstreuung im Apparate ab. Die beste, d. h. allgemeinste und genaueste Methode, die Resultate solcher Beobachtungen auszudrücken, besteht darin, dass man die Wellenlängen, welche den Strahlen bestimmter Brechbarkeit entsprechen, bestimmt. Diese Wellenlängen werden in **Millionsteln Millimeter** angegeben; die Zehn Millionstel sind schon zweifelhaft und liegen innerhalb der Fehlergrenzen. Zur Orientirung geben wir zunächst die Wellenlängen an, welche den wichtigsten Fraunhofer'schen Linien und den einzelnen Farben des Spektrums entsprechen.

SPEKTRALLINIEN.

entladen lässt. Der Wasserstoff gibt ein Spektrum, das aus drei Linien besteht: einer rothen, welche der Fraunhofer'schen Linie D, einer grünen, welche F, und einer violetten, welche einer der zwischen G und H liegenden Linien entspricht. Von diesen Strahlen ist der rothe am hellsten; daher scheint uns auch das Licht von Wasserstoffgas, bei der elektrischen Entladung durch ein mit demselben gefülltes Geissler'sches Rohr, röthlich zu sein.

Die Uebereinstimmung der Fraunhofer'schen Linien mit den Spektren der Metalle hängt von der Erscheinung der sogen.

Fraunhofer'sche Linie	A	B	C	D
Wellenlänge	761,0	687,5	656,6	589,5 — 588,9
Farbe		roth		orange
Fraunhofer'sche Linie	E	b	F	G	H
Wellenlänge	527,3	518,7	486,5	431,0	397,2
Farbe	gelb	grün	hellblau		violett.

In der nachfolgenden Tabelle sind für einige **einfache Körper die Wellenlängen** ihrer Lichtstrahlen, natürlich bei weitem nicht alle, sondern nur die der längsten und hellsten Linien (s. unten) zusammengestellt. Mit Fettdruck sind die Wellenlängen der intensivsten unter den deutlich sichtbaren und in der Flamme eines Gasbrenners. in Geisslerschen Röhren oder mittelst elektrischer Entladung leicht erhältlichen Linien bezeichnet. Diese Linien gehören den einfachen Körpern, und zwar im glühenden oder verdünnten gasförmigen Zustande, was nicht zu übersehen ist, da die Spektren mit der Temperatur und dem Drucke unter Umständen sich wesentlich verändern. Zusammengesetzte Körper geben andere Spektrallinien (s. weiter unten), doch werden sie in vielen Fällen durch die Flamme oder die elektrische Entladung zersetzt.

H².				656,2						486,1			434				
Li.			670,6		610					497		460,3					
Na.						589,5	588,9										
K.	770	766				(583	578		535	532)						404	
Rb.	780				629,6								459	456	420		
Os.					622	600											
Ag.							546,4		520,8						421		
Cu.						578	570	522	515	511							
Fe.			640			(561	544	537	532	521	496	489	441	430	427	407	404)
Mn.				602		601	551	534			482	471		436		424	403)
Hg.				615		579	577	546									404
Cd.			643,8					537,7	533,6	508,5	479,9	467,7					
Zn.			636							492	472	468	448				
Mg.									518	516	481	471	445	442	423	(384	383)
Ca.			646	644		612		559					460		430	421	397 393
Sr.				641	606			548	524				455				408
Ba.				649,7	614		533,5	549			493,8		466			413	
Al.				624	623		572	570							417		396 394
Ga.									525				451				403
Jn.					619			549	535		489						410
Tl.				645									452				
Sn.						605,7	560,7	554,7	537								406
Pb.						(580	556)	(579	545	506)			445		421		
J².					621	613		560			479	(470	454	437			
Br².			636					(544	523)	517	519	480	462)	436	431)		
Cl².							(546	539	528		494						
O².				615				543	533	516	(495	494	470	465	447	432)	
N².			662	(632	620	585	574	544	535	527	516)	457	442	(436	426)	409	

Umkehrung des Spektrums ab. Diese Erscheinung besteht, wie weiter gezeigt werden soll, darin, dass unter bestimmten Bedingungen, anstatt des hellen Spektrums eines Metalles, ein dunkles, aus Fraunhofer'schen Linien bestehendes, hervorgerufen werden kann. Um diese Erscheinung zu erklären, muss man erwägen, dass beim Hindurchgehen des Lichtes durch gewisse durchsichtige Substanzen Strahlen von bestimmter Brechbarkeit zurückgehalten werden, wie dies an gefärbten Lösungen leicht zu ersehen ist. Das Licht, welches durch die gelbe Lösung eines Uransalzes gegangen ist, enthält keine violetten Strahlen; die rothe Lösung der Uebermangansäure hält viele Strahlen im gelben, grünen und blauen

Fig. 118. Absorptionsspektren des Stickstoffdioxydes (1) und des Joddampfes (2).

Man kann annehmen, dass das *rothe* Licht den Strahlen entspricht, deren Wellenlängen 780 bis 650 beträgt, das *orangefarbene* von 650 bis 590, das *gelbe* von 590 bis 520, das *grüne* von 520 bis 490, das *blaue* von 490 bis 420 und das *violette* von 420 bis 380. Oberhalb 780 sind die Strahlen kaum sichtbar — ultraroth, ebenso wie die unterhalb 380 — ultraviolett.

In der Tabelle sind die Spektrallinien ebenso geordnet, wie sie im Spektrum erscheinen, links die rothen, rechts die violetten. Fett gedruckt sind, wie erwähnt, die Linien, welche so hell und leicht aufzufinden sind, dass man mit Hilfe derselben bequem sowol die Uebereinstimmung der Skalentheilungen mit den Wellenlängen, als auch die Beimengung eines gegebenen Elementes in einem anderen nachweisen kann. Durch Klammern sind die Zahlen derjenigen Linien verbunden, zwischen welchen bei genügender Dispersion im Spektralapparate mehrere andere Linien deutlich zu sehen sind. In den gewöhnlichen in Laboratorien gebräuchlichen Apparaten mit einem Prisma, gehen die Linien, deren Wellenlängen sich nur um 2—3 Millionstel Millimeter unterscheiden, in einander über, selbst bei schärfster Einstellung des Apparates und bei Anwendung einer so hellen Lichtquelle, dass die Beobachtung bei möglichst enger Spaltöffnung ausgeführt werden kann. Ist aber die Weite des Spaltes grösser, so erscheinen selbst Linien, deren Wellenlängen um 20 Millionstel Millimeter differiren, als eine einzige breite Linie. Bei schwacher Beleuchtung (d. h. wenn eine geringe Lichtmenge in den Apparat eindringt), sind nur die *hellsten* Linien deutlich sichtbar. Die *Länge* der Spektrallinien stimmt nicht immer mit ihrer Helligkeit überein. Nach Lockyer wird sie in der Weise bestimmt, dass man die Kohlenelektroden, zwischen denen die Metalldämpfe ins Glühen gebracht werden, nicht parallel dem Spalt, wie dies gewöhnlich zur Erlangung einer grösseren Lichtmenge geschieht, sondern perpendikulär zu demselben aufstellt. Dann erscheinen einige Linien kürzer, andere länger. Gewöhnlich sind, nach Lockyer, Dewar, Cornu, diejenigen Linien am längsten, mit denen sich am leichtesten die *Umkehrung* der Spektrums erzielen lässt. Demnach sind diese Linien auch die charakteristischsten. Nur die längsten und hellsten Linien sind in unserer Tabelle angeführt. Die in der Tabelle gegebenen Linien beziehen sich ferner auf die *leuchtenden* Spektren der *glühenden verdünnten Dämpfe einfacher*

Theile des Spektrums zurück; die Lösungen von Kupfersalzen absorbiren fast alle rothen Strahlen. Manche farblose Lösungen besitzen gleichfalls die Eigenschaft Strahlen bestimmter Brechbarkeit zu absorbiren und geben daher charakteristische **Absorptionsspektren**. So z. B. absorbiren Lösungen von Didymsalzen Lichtstrahlen, welche bestimmten Brechungsindices entsprechen; daher erhält man beim Betrachten des Spektrums dieses Lichtes den Eindruck [28]) von schwarzen Linien, wie in nebenstehender Figur 119 abgebildet ist. Auch viele Dämpfe (J^2) und Gase (NO^2) geben derartige Spektren. Nach dem Hindurchgehen durch eine dicke Schicht von Wasserdampf, Sauerstoff oder Stickstoff gibt das Sonnenlicht ebenfalls eigenthümliche Absorptionsspektren.

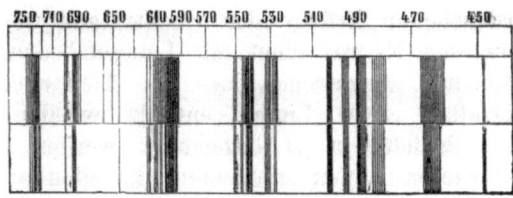

Fig. 119. Absorptionsspektren von Didymsalzen in schwacher und in konzentrirter Lösung (nach Lecoq de Boisbaudran).

Daher erscheinen im Sonnenspektrum, insbesondere Morgens und Abends, d. h. wenn die Son-

---

Körper. Da aber bei bedeutenden Aenderungen der Temperatur und der Dampfdichte auch die Spektren sich verändern, z. B. schwache Linien deutlicher hervortreten und helle manchmal gänzlich verschwinden, wie besonders aus Ciamician's Untersuchungen der Halogenspektren hervorgeht, so darf den Wellenlängen der hellsten Linien, so lange unsere Beobachtungsmethoden und die Theorie des Gegenstandes weitere Fortschritte nicht gemacht haben, keine besondere theoretische Bedeutung beigelegt werden. Die Helligkeit der Spektrallinien hat zunächst eine Bedeutung nur in praktischer Hinsicht, als wichtiges Hilfsmittel bei unseren gewöhnlichen spektroskopischen Beobachtungen.

28) Die Lichteindrücke sind, wie überhaupt alle unsere Sinneseindrücke, relativer Natur: da wo im Spektrum des Lichtes, welches durch ein absorbirendes Medium hindurchgegangen ist, gewisse Lichtstrahlen zu fehlen scheinen, sind sie möglicherweise im Grunde nur abgeschwächt. Bei den Absorptionsspektren wird dieses direkt sowol durch den Versuch (indem man Lösungen verschiedener Konzentration oder dieselben Lösungen bei verschiedener Dicke der Schichte anwendet), als auch durch spektroskopische Messungen (wie sie in den Lehrbüchern der Physik beschrieben sind, z. B. mittelst des Apparates von Vierordt) bewiesen. Die relative Schärfe der schwarzen Linien in den Absorptionsspektren und der hellen farbigen Linien in den Emissionsspektren leuchtender Dämpfe und Gase, welche dieselben bei der Beobachtung an und für sich so leicht erkenntlich macht, ist bei den Messungen derselben eine Quelle bedeutender Schwierigkeiten, wie dies z. B. auch die Helligkeit gewisser Sterne ist.

Die Methode der Beobachtung von Absorptionsspektren besteht in folgendem: man benutzt eine Lichtquelle, die weisses Licht ausstrahlt und ein kontinuirliches, weder schwarze Linien noch helle Streifen enthaltendes Spektrum gibt, z. B. eine Kerze, eine Lampe u. s. w. Auf diese Lichtquelle richtet man das Spaltrohr des Spektroskopes und erhält dann beim Hineinsehen in das Beobachtungsfernrohr alle Farben des Spektrums. Bringt man nun zwischen die Lichtquelle und den Spalt des Spektroskopes (oder auch im Apparate selbst auf dem von den Lichtstrahlen zurückgelegten Wege) ein absorbirendes durchsichtiges Medium, z. B. eine Lösung

nenstrahlen einen längeren Weg in der Atmosphäre, welche diese Gase enthält, zurückzulegen haben, als um die Mittagszeit, besondere dunkle, sogen. Luftlinien, die Brewster zuerst beobachtete. Offenbar können demnach die Fraunhofer'schen Linien durch die Absorption gewisser Strahlen des Sonnenlichtes auf dem Wege von der Sonne zur Erde ihre Erklärung finden. Dies wurde denn auch durch die von **Kirchhoff** (1859) über das Verhältniss der Absorptionsspektren zu den Spektren leuchtender, ins Glühen gebrachter Gase ausgeführten Untersuchungen, von denen die ausserordentlichen Erfolge der Spektralanalyse ihren Ausgang nahmen, bewiesen. Es war schon seit Langem beobachtet worden (Fraunhofer, Foucault, Angström), dass das Lichtspektrum der Natriumflamme dieselben zwei Linien enthält, welche im Sonnenspektrum mit dem Buchstaben D bezeichnet werden, hier aber in Form von schwarzen Linien erscheinen, die offenbar einem Absorptionsspektrum angehören. Als nun Kirchhoff abgeschwächtes Sonnenlicht auf den Spalt des Spektroskopes fallen liess, gleichzeitig aber vor demselben eine Natriumflamme aufstellte, so ergab sich ein vollständiges Zusammenfallen dieser Linien, d. h. die hellen Natriumlinien bedeckten genau die Linie D des Sonnenspektrums. Es zeigte sich ferner, dass das kontinuirliche Spektrum des Drummond'schen Kalklichtes eine schwarze D-Linie enthält, wenn sich zwischen der Lichtquelle und dem Spalt des Apparates eine Natriumflamme befindet. Da es also gelungen war, künstlich eine Fraunhofer'sche Linie zu erhalten, so konnte nun kein Zweifel mehr darüber bestehen,

---

oder ein mit Gas gefülltes Rohr, so wird entweder das ganze Spektrum gleichmässig abgeschwächt, oder es erscheinen im hellen Felde des kontinuirlichen Spektrums an bestimmten Stellen Absorptionsstreifen, die je nach der Natur des absorbirenden Mediums verschiedene Breite, Lage, Schärfe der Umrisse und Intensität der Lichtabsorption besitzen. Wie die leuchtenden Spektren glühender Gase und Dämpfe, so sind auch die Absorptionsspektren einer grossen Anzahl von Substanzen, in manchen Fällen sehr eingehend untersucht worden. So z. B. das Spektrum der braunen Stickstoffdioxyddämpfe (von Hasselberg in Pulkowo), die Spektren von Farbstoffen, namentlich derjenigen, welche in der orthochromatischen Photographie Anwendung finden (von Eder u. a.), die Spektren des Blutes, des Chlorophylls (des grünen Farbstoffes der Pflanzen) u. ähnl. Substanzen. Es zeigte sich, dass mit Hilfe solcher Spektren geringe Mengen der betreffenden Substanzen, sogar unter dem Mikroskop (Spektralmikroskop) nachgewiesen und die Veränderungen derselben untersucht werden können.

Die Absorptionsspektren, die man schon bei gewöhnlicher Temperatur erhält und den Stoffen in allen Aggregatzuständen eigen sind, bieten ein weites, bisher aber wenig bearbeitetes Feld für die wissenschaftliche Untersuchung dar. Das Studium derselben verspricht eine ausgiebige Ernte an wichtigen Resultaten, sowol für die Theorie der gesammten Spektroskopie, als auch für die Erforschung der Struktur der Stoffe. Bei den Farbstoffen hat sich bereits erwiesen, dass in gewissen Fällen eine gegebene Veränderung der Zusammensetzung und der Struktur nicht nur eine bestimmte Aenderung der Farbe, sondern auch eine Verschiebung der Absorptionsspektren um bestimmte Wellenlängen zur Folge hat.

dass diese Linie im Sonnenspektrum deshalb sichtbar ist, weil das Sonnenlicht irgendwo durch glühende Natriumdämpfe geht. Man war auf diese Weise zu einem neuem Begriffe, dem der **Umkehrung der Spektren** [29]), d. h. der Korrelation zwischen den von einer Substanz unter gegebenen Temperaturbedingungen ausgestrahlten und absorbirten Lichtwellen gelangt. Auf Grund einer eingehenden Analyse dieses Verhältnisses, brachte Kirchhoff dasselbe in einem Gesetze zum Ausdruck, das sich elementar folgendermaassen formuliren lässt: bei einer gegebenen Temperatur ist das Verhältniss zwischen der Intensität des emittirten Lichtes von bestimmter Wellenlänge und der Absorptionsfähigkeit für dasselbe Licht (von gleicher Wellenlänge) eine konstante Grösse [30]). Ebenso wie eine schwarze matte Oberfläche Wärmestrahlen in grosser Menge aussendet und andererseits sie auch in grosser Menge absorbirt, während eine glänzende Metalloberfläche wenige solcher Strahlen aussendet und wenige absorbirt, so strahlt auch eine durch Natrium gelbgefärbte Flamme eine bedeutende Menge gelben Lichtes von bestimmter Brechbarkeit aus und besitzt zugleich die Fähigkeit, grössere Mengen von Lichtstrahlen derselben Brechbarkeit zu absorbiren. Ueberhaupt werden die Lichtstrahlen, die von einem gegebenen Medium erzeugt werden, von demselben beim Hindurchgehen auch zurückgehalten.

[29]) Um die Umkehrbarkeit der Spektren darzuthun, sind verschiedene Methoden in grosser Anzahl vorgeschlagen worden. Wir erwähnen hier nur die zwei, welche am leichtesten auszuführen sind. Die Methode von Bunsen besteht darin, dass man in einen zur Entwickelung von Wasserstoff dienenden Apparat Kochsalz (dessen Theilchen vom Wasserstoffgas mit fortgerissen werden und seine Flamme gelb färben) bringt und das Gas in zwei Brenner leitet, von denen einer eine breite flache, der andere, mit einer engen Oeffnung versehene, eine kleine Flamme gibt. Das blassere Licht dieser letzteren Flamme erscheint auf der hellen flachen (viel gelbes Natriumlicht aussendenden) Flamme als dunkler Fleck. Nach Ssadowsky wird beim Spektralapparate, der auf eine Lampe (die ein kontinuirliches Spektrum gibt) gerichtet ist, das vordere Rohr A (Fig. 117) abgeschraubt und zwischen dieses und das Prisma eine kochsalzhaltige Weingeistflamme gebracht; beim Hineinsehen in das Okularrohr B erblickt man dann direkt die schwarze Linie des Natriums. Der Versuch gelingt stets, wenn die Lichtstärken beider Lampen in dem richtigen Verhältniss zu einander stehen.

[30]) Als Absorptionsfähigkeit bezeichnet man das Verhältniss der Intensität des auf einen Körper fallenden Lichtes (von bestimmter Wellenlänge) zu derjenigen des von ihm zurückgehaltenen. Direkte, von Bunsen und Roscoe angestellte Versuche, haben gezeigt, dass dieses Verhältniss für jeden gegebenen Körper ein konstantes ist. Bezeichnen wir dieses Verhältniss für einen gegebenen Körper bei gegebener Temperatur, z. B. für eine durch Natrium gefärbte Flamme, mit A und die Intensität des Lichtes gleicher Wellenlänge, das bei derselben Temperatur von demselben Körper ausgestrahlt wird, mit E, so ist nach Kirchhoff's Gesetz der Quotient A/E eine Konstante, die von der Natur des Körpers unabhängig ist (wol ist aber A von derselben abhängig) und nur durch die Temperatur und die Wellenlänge bestimmt' wird. Die Erläuterung und Entwickelung des Kirchhoff'schen Gesetzes findet man in den Lehrbüchern der Physik.

Die hellen Spektrallinien, welche ein gegebenes Metall charakterisiren, können also absorbirt, d. h. in dunkle Linien umgewandelt werden, wenn das betreffende Licht, bei kontinuirlichem Spektrum, durch einen das gegebene Metall enthaltenden Raum hindurchgeht. Dieser Vorgang, der künstlich hervorgerufen werden kann, muss offenbar auch beim Sonnenlichte stattfinden, da das Spektrum desselben schwarze, für gewisse Metalle charakteristische Linien enthält. Die Fraunhofer'schen Linien stellen also ein Absorptionsspektrum dar; sie entstehen infolge der Umkehrung des Spektrums unter der Voraussetzung natürlich, dass die Sonne an und für sich, wie alle bekannten künstlichen Lichtquellen, ein kontinuirliches Spektrum ohne dunkle Linien gibt [31]. Somit wird angenommen, dass die Sonne, infolge ihrer hohen Temperatur, helles Licht ausstrahlt, das ein kontinuirliches Spektrum gibt, und dass dieses Licht, bevor es in unser Auge gelangt, durch einen mit Dämpfen verschiedener Metalle und ihrer Verbindungen gefüllten Raum hindurchgeht. Da nun in der Erdatmosphäre [32] keine oder nur äusserst wenig Metalldämpfe enthalten sind und auch im Weltraum die Anwesenheit solcher Dämpfe nicht anzunehmen ist, so bleibt nur die Annahme übrig, dass dieselben in der die **Sonne umgebenden Atmosphäre** enthalten sind. Da ferner die Ursache des Sonnenlichts in der hohen Temperatur der Sonne, bei welcher Metalle wie Natrium und sogar Eisen sich aus ihren Verbindungen ausscheiden und in den Dampfzustand übergehen, zu suchen ist, so wird die Existenz einer Metalldämpfe enthaltenden Atmosphäre leicht begreiflich. Wir müssen uns also die Sonne von einer Atmosphäre glühender gas- und dampfförmiger Körper umgeben denken [33] und unter diesen müssen alle die elementaren Stoffe

---

31) Werden Metalle erhitzt, so fangen sie etwa bei 420° (verschieden je nach der Natur des Metalles) an, Licht auszustrahlen, das aber nur in einem dunklen Raum sichtbar ist. Bei weiterem Erhitzen strahlen sie zunächst rothes, dann gelbes und endlich weisses Licht aus. Komprimirte oder schwere Gase (s. Kap. III. Anm. 44) geben bei starkem Glühen ebenfalls weisses Licht. Endlich ist auch das Licht glühender Flüssigkeiten (z. B. geschmolzenen Stahls oder Platins) weiss, d. h. zusammengesetzt. Dies ist auch leicht erklärlich, da in der dichteren Stoffmasse die Zahl der Zusammenstösse von Molekeln und Atomen so gross ist, dass das ausschliessliche Auftreten von Wellen weniger bestimmter Längen, wie in verdünnten Gasen und Dämpfen, unmöglich ist.

32) Wie schon erwähnt, war es Brewster, der zuerst unter den Fraunhofer'schen Linien die Luftlinien von den Sonnenlinien unterschied. Janssen zeigte, dass im Spektrum der Atmosphäre Linien enthalten sind, die durch Absorption seitens des Wasserdampfes zu Stande kommen. Jegorow, Olszewski, Janssen, Liveing und Dewar bewiesen durch eine Reihe von Versuchen, dass auch der Luftsauerstoff bestimmte Linien im Sonnenspektrum, namentlich die Linie A, hervorruft.

33) Aehnlich unseren vulkanischen Ausbrüchen, nur in unvergleichlich grossartigerem Maasstabe, finden Eruptionen auch auf der Sonne statt und bilden eine durchaus nicht seltene Erscheinung. Sie erscheinen für den Beobachter auf der Erde

sich befinden, deren umgekehrte Spektren mit der einen oder anderen der Fraunhofer'schen Linien zusammenfallen, also: Natrium, Eisen, Wasserstoff, Lithium, Calcium, Magnesium u. s. w. Auf diese Weise besitzen wir in den optischen Untersuchungen ein Mittel, um die Zusammensetzung der uns unzugänglichen Himmelskörper zu erforschen. Seit Kirchhoffs Arbeiten sind in dieser Hinsicht viele neuen Resultate errungen worden und es ist gelungen an den Spektren der Himmelskörper sowol Erscheinungen, welche auf den letzteren vor sich gehen, zu beobachten [34], also auch die Existenz einiger der uns auf der Erde genau bekannten Elemente auf denselben nachzuweisen [35]. Die Ergebnisse dieser Forschungen

---

als Protuberanzen, die in Form von schwach leuchtenden Dampfmassen an dem Rande der Sonnenscheibe bei totalen Sonnenfinsternissen sichtbar werden. Diese Protuberanzen können jetzt mit Hilfe von Spektralapparaten, nach einer von Lockyer angegebenen Methode, jederzeit beobachtet werden; sie enthalten leuchtende (helle Streifen gebende) Dämpfe verschiedener einfacher Körper, namentlich Wasserstoff.

34) Das hervorragende Interesse und die umfassende Natur der astrophysikalischen Untersuchungen der Sonne, der Kometen, der Fixsterne, der Nebelflecke u. s. w. machen dieses neue Gebiet der Naturforschung zu einem der wichtigsten; näheres hierüber muss indessen in Spezialwerken nachgelesen werden. Bei dieser Gelegenheit kann ich jedoch nicht umhin, den Leser vor den übereilten Schlüssen zu warnen, welche von Vielen bei ungenügender Vertrautheit mit dem Gegenstande gemacht werden. Wie der Astronom leicht in Irrthümer verfällt, wenn er aus den beobachteten Spektren der Himmelskörper Schlüsse über die Zusammensetzung der einfachen Körper zieht, so kann auch der Chemiker leicht fehlgehen, wenn er nur auf Grund spektroskopischer Beobachtungen die Natur der Himmelserscheinungen beurtheilt.

Seit Zöllner's Untersuchungen sind die *Verschiebungen* der Spektrallinien zu den wichtigsten Daten der Astrophysik geworden. Wie die Höhe eines musikalischen Tones bei Annäherung des tönenden Gegenstandes zum Ohre oder bei Entfernung von demselben sich verändert, so ändert sich auch die Höhe des Lichttones oder die Länge der Lichtwelle eines leuchtenden Dampfes, wenn sich die Entfernung zwischen demselben und der Erde, von der aus wir ihn beobachten, zu- oder abnimmt. Diese Veränderung wird im Spektrum als Verschiebung der Linien sichtbar. Die auf der Sonne stattfindenden Eruptionen geben sogar gebrochene Spektrallinien, da die mit grosser Geschwindigkeit sich bewegenden Dampf- und Gasmassen, bald sich in der Richtung zum Auge des Beobachters fortbewegen, bald zurück zum Sonnenkerne strömen. Da die Erde sich mit dem Sonnensystem zwischen den Fixsternen bewegt, so kann nach der Verschiebung der Spektrallinien im Lichte dieser letzteren die Richtung und Geschwindigkeit der Bewegung der Sonne im Weltraum bestimmt werden.

Die Veränderungen, die im Sonnenkern und in der Sonnenatmosphäre vor sich gehen, werden gegenwärtig mit Hilfe des Spektroskopes erforscht. Solche Untersuchungen werden auf zahlreichen speziell zu diesem Zweck eingerichteten astrophysikalischen Observatorien systematisch ausgeführt.

35) Auf Grund der spektroskopischen Untersuchungen muss die Existenz einer grossen Anzahl der in der Chemie bekannten Elemente auf der Sonne und den Gestirnen angenommen werden. Ein reichhaltiges Material ist in dieser Hinsicht von Huggins, Secchi u. and. gesammelt worden. Abgesehen von den auf der Erde bekannten Elementen, wird auf der Sonne die Existenz eines besonderen Elementes, des

führen zu dem Schluss, dass im Weltall die einfachen Stoffe überalle dieselben sind, wie auf der Erde, und dass selbst bei der hohen Hitze, die auf der Sonne herrscht, eine Zerstörung oder Veränderung dieser Stoffe, die wir als die Elemente der Chemie ansehen, nicht stattfindet. Eine hohe Temperatur ist aber eine der Bedingungen, unter welchen zusammengesetzte Körper am leichtesten zersetzt werden. Wenn also das Natrium und die anderen ihm ähnlichen Elemente zusammengesetzt wären, so müssten sie, aller Wahrscheinlichkeit nach, bei der Sonnentemperatur in ihre Bestandtheile zerfallen. Diese Annahme ist schon aus dem Grunde

Helium's angenommen. Dieses Element ist durch eine im Spektrum der Protuberanzen und der Sonnenflecken sehr deutlich sichtbare Linie charakterisirt (nahe bei D, mit einer Wellenlänge von 587,5), die keinem der bekannten Elemente zugehört und nicht als schwarze Linie, durch Umkehrung des Spektrums, hervorgerufen werden kann. Diese Annahme ist möglicherweise richtig, d. h. es wird vielleicht ein einfacher Körper entdeckt werden, dem das Spektrum des Helium's angehört; es könnte sich aber auch erweisen, dass eines der bekannten Elemente unter gewissen Bedingungen die Heliumlinie gibt, denn die Helligkeit und die Lage der sichtbaren Spektrallinien verändert sich bekanntlich mit der Temperatur, dem Druck und der Natur der Verbindung des betreffenden Elementes. So z. B. konnte Lockyer am äussersten Ende des Calciumspektrums bei relativ niedrigen Temperaturen nur die Linie 423 beobachten, während bei erhöhter Temperatur die Linien 397 und 393 sichtbar wurden und bei noch weiterer Temperaturerhöhung die ersterwähnte Linie 423 gänzlich verschwand.

Lockyer (in England), dem die Spektroskopie zahlreiche wichtige Beobachtungen verdankt, gelangte zu der Ansicht, dass bei der auf der Sonne herrschenden Temperatur unsere elementaren Körper zersetzt werden, das Eisen z. B. unter Bildung zweier neuen Elemente, von denen jedes ein eigenthümliches Spektrum gibt. Zu dieser Annahme führte ihn die Beobachtung, dass in verschiedenen Theilen der Sonne (den Flecken, Protuberanzen u. s. w.) die einzelnen Spektrallinien des Eisens ungleiche Intensität besitzen und ferner dass in den Sonnenflecken eine *Verschiebung* (Anm. 34) gewisser Linien dieses Metalles beobachtet wird, während gleichzeitig andere Linien des Eisenspektrums unverändert bleiben, was, nach Lockyer, davon abhängt, dass das eine Zersetzungsprodukt des Eisens sich in Bewegung befindet, während der andere Bestandtheil in den unteren Schichten der Sonnenatmosphäre verbleibt. Diese Erscheinungen glaubt aber Kleiber dadurch erklären zu können, dass das sichtbare Sonnenspektrum durch die Zusammensetzung der Sonnenatmosphäre in ihrer ganzen Mächtigkeit bedingt wird, dass die verschiedenen Schichten der Sonnenatmosphäre nicht gleichmässig bewegt sind und endlich dass für Spektrallinien verschiedener Wellenlänge die Konstante des Kirchhoff'schen Gesetzes nicht dieselbe ist. Wenn also die Dicke der Schichte eines glühenden Dampfes, sein Druck und seine Temperatur in dem Versuche, den wir auf der Erdoberfläche ausführen, und in einer gegebenen Schichte der Sonnenatmosphäre nicht die nämlichen sind, so genügt dies schon, um eine merkliche Verschiedenheit in der Intensität der einzelnen Streifen im Spektrum eines und desselben elementaren Körpers hervorzurufen. In Bezug auf die Beobachtung, dass nur *ein Theil* der Linien des Eisenspektrums verschoben erscheint, hatten schon Liveing und Dewar bemerkt, dass es nur die langen (Anm. 27), in den am stärksten verdünnten Dämpfen auftretenden Linien sind, die Verschiebung erleiden. Kleiber seinerseits weist noch auf die folgenden zwei Thatsachen hin: erstens wird, wie Lockyer selbst angibt, zuweilen eine und dieselbe Linie im Sonnenspektrum bald

berechtigt, dass die Spektra, welche wir unter den gewöhnlichen Versuchsbedingungen beobachten, häufig den Metallen selbst und nicht den ursprünglich genommenen Verbindungen derselben gehören, infolge der Zersetzung derselben durch die Flamme. Wird Kochsalz in die Flamme eines Gasbrenners gebracht, so zerfällt es theilweise, zunächst wahrscheinlich mit Wasser in Chlorwasserstoff und Natriumhydroxyd; letzteres wird zum Theil von den Kohlenstoffverbindungen der Flamme zu metallischem Natrium reduzirt, dessen Dämpfe glühend werden und Licht von bestimmter

---

in verschobener (gebrochener), bald in normaler Lage beobachtet; zweitens, hängt die Lichtintensität der einzelnen Spektrallinien von der verschiedenen Temperatur und Dichte der Schichten der Sonnenatmosphäre ab, so dass infolge der Bewegung der oberen Schichten die durch dieselben bedingten Linien verschoben werden können, während andere Linien, welche den unteren Schichten ihre Entstehung verdanken, unverändert bleiben. Ausserdem muss ich meinerseits bemerken, dass die von Lockyer angenommenen Bestandtheile des Eisens, sich auf der Sonne gleichzeitig neben einander befinden müssen, wenn wir im Sonnenlichte das normale Eisenspektrum beobachten; dann bleibt es aber unerklärlich, wie der eine Bestandtheil des Eisens sich in Bewegung befinden kann, während der andere in Ruhe verharrt. Da ferner das Eisenspektrum in der Sonne sich vollkommen mit demjenigen deckt, das wir in unseren Versuchen, bei relativ niedrigen Temperaturen, im Laboratorium erhalten, so müsste eins von beiden angenommen werden: entweder, dass es zur Zersetzung des Eisens keiner so hohen Temperatur bedarf, wie der auf der Sonne herrschenden,—dann müsste es aber leicht sein, auch auf der Erde die Zersetzbarkeit des Eisens experimentell darzuthun — oder dass die beiden Bestandtheile des Eisens bei ihrer Wiedervereinigung (d. h. bei der Bildung von unzersetztem Eisen) die Lage ihrer Spektrallinien nicht ändern, was aber den Thatsachen widersprechen würde, da bekanntlich (s. weiter unten) bei der Vereinigung von elementaren Körpern ihre Spektren eine Veränderung erleiden. Andere Beobachtungen, die Lockyer zum Beweise der Zersetzbarkeit einiger einfacher Körper anführte, erwiesen sich bei Anwendung von Apparaten mit stärkerer Dispersion als irrig und beruhten auf der Verwechslung von nicht identischen Spektrallinien (Liveing und Dewar). Somit können die Beobachtungen, auf deren Grund Lockyer die Zersetzbarkeit der einfachen Körper annahm und die ihrer Zeit grosses Aufsehen erregten, nicht im Sinne der Lehre von einer einheitlichen Urmaterie (Einl. Anm. 27) ausgelegt werden, ihre Bedeutung liegt aber darin, dass sie zu neuen Untersuchungen auf dem Gebiete der Spektrometrie anregten. Zum Schluss sei noch hervorgehoben: 1) dass die Begriffe des einfachen Körpers und des Elementes in jeder Hinsicht fester stehen, als irgend welche Resultate spektroskopischer Untersuchungen; 2) dass die relativ neue Theorie der Spektren einfacher Körper nur ein Ergebniss der chemischen Theorie der einfachen Körper ist; und 3) dass in Bezug auf die spektralen Erscheinungen, mit Ausnahme des Kirchhoff'schen Gesetzes, noch keine Verallgemeinerungen möglich sind, welche es erlauben würden, die Erscheinungen vorauszusehen, während die Lehre von den einfachen Körpern diesen Zustand schon erreicht hat. Erst wenn die Theorie der spektralen Erscheinungen den Grad von Vollkommenheit erreicht haben wird, den die chemischen Theorien schon jetzt besitzen, werden die heutigen Anschauungen möglicherweise bedeutende Veränderungen erleiden und vervollkommnet werden; gegenwärtig befindet sich aber die Spektrometrie im Zustande der Ansammlung von Thatsachenmaterial, sie beherrscht dasselbe noch nicht, da die Unterordnung dieser Thatsachen unter bestimmte Gesetze noch nicht gelungen ist.

Brechbarkeit ausstrahlen. Es wird dies durch folgende Versuche bestätigt. Leitet man in eine durch Natrium leuchtend gemachte Flamme Chlorwasserstoffgas, so verschwindet das Natriumspektrum, da bei Gegenwart eines Ueberschusses an Chlorwasserstoff in der Flamme metallisches Natrium nicht beständig bleiben kann. Dasselbe geschieht auch beim Einführen von Salmiak in die Flamme, da bei dessen Zersetzung in der Hitze Chlorwasserstoff frei wird. Bringt man NaCl (oder auch NaHO oder Na^2CO^3) in ein Porzellanrohr, dessen Enden mit Glasplatten verschlossen sind, und glüht das Rohr, damit das Chlornatrium in Dampf übergehe, so erhält man bei der Untersuchung des ausgestrahlten Lichtes kein Natriumspektrum. Ersetzt man aber das Kochsalz durch metallisches Natrium, so erhält man sowol dessen leuchtendes Spektrum, als auch das Absorptions-Spektrum, je nachdem man das von den glühenden Dämpfen ausgestrahlte Licht oder das durch das Rohr hindurchgehende Licht einer anderen Lichtquelle untersucht. Folglich geben nicht die Verbindungen des Natriums (NaCl oder andere Verbindungen), sondern nur das Natriummetall selbst

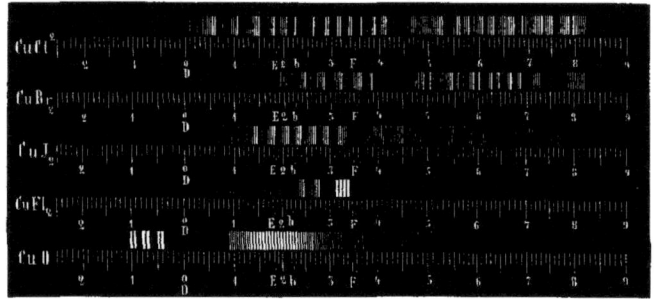

Fig. 120. Leuchtende Spektren von Kupferverbindungen.

das charakteristische Spektrum dieser Stoffe. Dasselbe gilt auch von den anderen, ähnlich dem Natrium sich verhaltenden Elementen. Die **Verbindungen** des Chlors und anderer **Halogene** mit Baryum, Calcium, Kupfer u. s. w. geben dagegen selbstständige, von den Spectren der reinen Metalle verschiedene Spektra. Bringt man in eine Flamme Chlorbaryum, so beobachtet man ein gemischtes Spektrum, das zum Theil dem metallischen Baryum, zum Theil dem Chlorbaryum gehört. Wird aber ausser $BaCl^2$ in die Flamme HCl oder NH^4Cl eingeführt, so verschwindet das Spektrum des Metalles und es bleibt nur dasjenige der Chlorverbindung sichtbar, das sich von den Spectren der Fluor-, Brom- und Jodverbindung des Baryums deutlich unterscheidet. Die Spektren verschiedener Verbindungen ein und desselben Elementes, sowie des Elementes selbst im freien Zustande, zeigen einen gewissen Grad von Aehnlichkeit und besitzen einige gemeinsame

Spektrallinien; daneben treten aber auch besondere nur für die einzelnen Verbindungen charakteristische Eigenthümlichkeiten im Spektrum auf. Selbstständige Spektren werden besonders leicht bei vielen Kupferverbindungen beobachtet. Ueberhaupt geben einige zusammengesetzte Körper, welche bei hohen Temperaturen beständig bleiben und leuchtend werden, selbständige Spektren; sie sind aber in der Mehrzahl der Fälle aus nicht scharfen hellen Linien und ganzen Streifen (Bandenspektra) zusammengesetzt, während einfache metallische Stoffe meist nur wenige scharf begrenzte Spektrallinien geben [36]). Nichts berechtigt zu der Annahme, dass das Spektrum einer Verbindung direkt die Summe der Spektren seiner

---

36) Die spektralen Untersuchungen werden noch dadurch erschwert, dass ein und derselbe Stoff bei verschiedenen Temperaturen verschiedene Spektren gibt, wie dies z. B. besonders deutlich an den Gasen zum Vorschein kommt, deren Spektren bei elektrischen Entladungen in Geissler'schen Röhren beobachtet werden. Plücker, Wüllner, Schuster u. a. haben nachgewiesen, dass bei niederen Temperaturen und geringem Druck das Spektrum des Jods, des Schwefels, des Stickstoffs, des Sauerstoffs u. s. w. sich wesentlich von dem Spektrum derselben Elemente bei hohen Temperaturen und bedeutendem Druck unterscheidet. Dies kann entweder davon abhängen, dass mit der Temperatur auch die Molekularstruktur der Elemente sich ändert, analog dem Übergang des Ozons in Sauerstoff, oder aber auch davon, dass bei niedrigen Temperaturen gewisse Lichtstrahlen eine relativ grössere Intensität besitzen, als die Strahlen, welche bei höheren Temperaturen sichtbar werden. Denken wir uns die Gasmolekeln, deren Geschwindigkeit von der Temperatur abhängt, in beständiger Bewegung, so müssen diese Molekeln häufig aneinander stossen und zurückprallen, wodurch sie selbst und der hypothesische Aether in die eigenthümliche Art von Bewegung kommen, die wir als Lichterscheinungen empfinden. Die Erhöhung der Temperatur eines Gases und die Zunahme seiner Dichte müssen die Zusammenstösse seiner Molekeln und demnach auch die durch diese Zusammenstösse bedingten Lichterscheinungen beeinflussen; hierin kann aber auch die Verschiedenheit der Spektren unter den angegebenen Bedingungen ihren Grund haben. Direkte Beobachtungen haben in der That ergeben, dass durch Druck verdichtete Gase, in denen häufigere und verschiedenartige Zusammenstösse der Molekeln erfolgen müssen, komplizirtere Spektren geben, als verdünnte Gase, ja dass zuweilen das Spektrum sogar kontinuirlich wird. Zum Beweise, dass die Spektren je nach den Bedingungen, unter denen sie zu Stande kommen, variiren, sei nur darauf hingewiesen, dass an einem Platindraht angeschmolzenes schwefelsaures Kalium beim Durchschlagen des elektrischen Funkens ein System scharfer Linien von den Wellenlängen 583—578 gibt, während beim Durchschlagen des Funkens durch eine Lösung des Salzes dieses Liniensystem schwach hervortritt und dass Roscoe und Schuster im Absorptionsspektrum der grünen Dämpfe des metallischen Kaliums im Roth, Orange und Gelb viele Linien von derselben Intensität beobachteten, wie im soeben erwähnten Systeme.

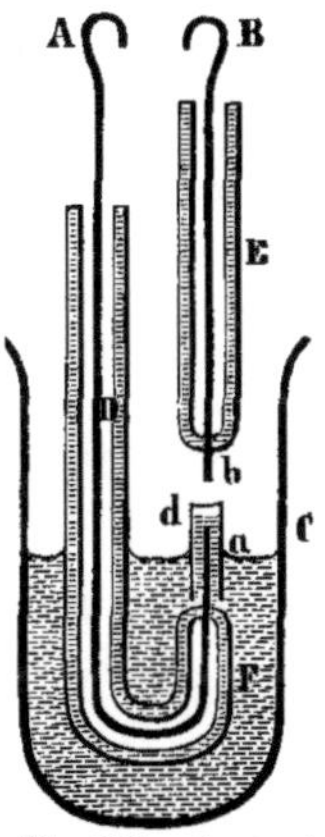

Um die Spektren von Lösungen zu beobachten, ist es am bequemsten den nebenstehend (Fig. 121) abgebildeten Apparat von Lecoq de Boisbaudran zu benutzen. Derselbe besteht aus einem engen Cylinder C, in welchen (mittelst eines Pfropfens) ein am Ende umgebogenes Kapillarrohr DF mit dem eingeschmolzenen Platindraht Aa (von 0,3 bis 0,5 Millim. Durchmesser) eingestellt wird. Auf das untere aus dem

Fig. 121. Apparat zur Beobachtung der Spektren gelöster Substanzen.

Bestandtheile darstelle, vielmehr **besitzt jeder zusammengesetzte Körper**, sofern er durch die Hitze nicht zersetzt wird, **sein eigenes Spektrum.** Dieses wird am besten durch die Absorptionsspektren bestätigt, die ja nichts anderes sind, als umgekehrte Spektren, die aber schon bei gewöhnlicher Temperatur beobachtet werden können. Wenn also alle die verschiedenen Salze des Na, Li, K ein und dieselben Spektren geben, so erklärt sich dies dadurch, dass in der Flamme die freien Metalle, infolge der Zersetzung ihrer Verbindungen, enthalten sind. **Die spektralen Erscheinungen werden durch die Molekeln, nicht durch die Atome bedingt,** d. h. nicht die Atome, sondern die Molekeln des Natriummetalles rufen die Arten von Schwingungen hervor, die im Spektrum der Natriumsalze zum Ausdruck kommen; wo kein freies metallisches Natrium zugegen ist, kann auch das Spektrum desselben nicht auftreten.

Die **Spektraluntersuchungen** haben nicht nur die Frage über die Zusammensetzung der Himmelskörper (der Sonne, der Fixsterne, der Nebelflecken, der Kometen u. s. w.) der wissenschaftlichen Erforschung zugänglich gemacht, sondern auch eine neue **Methode** zur Untersuchung der auf der Erdoberfläche vorkommenden Stoffe in die Chemie eingeführt. Mit Hilfe dieser Methode hat Bunsen zwei neue Elemente aus der Gruppe der Alkalimetalle und haben andere Forscher nach ihm die Metalle Thallium, Indium und Gallium entdeckt. Das Spektroskop wird ferner auch bei der Untersuchung seltener Metalle, die häufig in Lösungen charakteristische Absorptionsspektren geben, verschiedener Farbstoffe und überhaupt zahlreicher organischer Substanzen u. s. w. benutzt [37]). Was speziell die Analoga

---

Rohre hervorragende Ende (a) dieses Drahtes wird ein enges Kapillarröhrchen d aufgesetzt, das um 1—2 Millimeter über das Ende des Drahtes hinausreicht. Wird in den Cylinder die zu untersuchende Lösung gegossen, so steigt sie im Rohre d, so dass das Ende des Drahtes a von ihr bedeckt wird. Ueber dem Rohre d wird (mittelst des Pfropfens oder an einem Stativ) ein anderes gerades Kappillarrohr E befestigt, in welchem der Platindraht Bb (von 1 Millim: Durchmesser, da ein dünnerer Draht sich stark erhitzen würde) befestigt wird. Wird nun der Draht A mit dem positiven, der Draht B mit dem negativen Pole eines Ruhmkorff'schen Induktionsapparates (umgekehrt würde man das Luftspektrum erhalten) verbunden, so erscheinen zwischen den Enden der Platindrähte a und b rasch auf einander folgende Funken, die man untersuchen kann, indem man den Cylinder vor den Spalt eines Spektralapparates stellt. Entfernt man die Drahtenden von einander, oder ändert man die Richtung des Stromes, die Konzentration der Lösung und andere Bedingungen, so kann man die entsprechenden Aenderungen im Spektrum leicht beobachten.

37) Auf die Bedeutung des Spektroskopes für chemische Untersuchungen hatte Gladstone schon 1856 hingewiesen, aber erst nach den Entdeckungen von Kirchhoff und Bunsen fand das Spektroskop allgemein in die chemischen Laboratorien Eingang. Es ist zu hoffen, dass mit der Zeit die Spektraluntersuchungen gewisse für die theoretische Chemie wichtige Fragen zur Entscheidung bringen werden; bisher sind aber in dieser Richtung nur die ersten Schritte gethan, die zu sicheren Ergebnissen noch nicht geführt haben. So z. B. haben viele Forscher, indem sie die

des Natriums betrifft, so geben alle diese Metalle so leicht flüchtige Salze und besitzen so charakteristische Spektren, dass sie selbst in äusserst geringen Mengen auf das leichteste mittelst des Spektroskopes nachgewiesen werden können [38]). So z. B. ruft das Lithium eine sehr intensive Rothfärbung der Flamme hervor und gibt im Spektrum eine sehr helle rothe Linie (deren Wellenlänge 670 Millionstel Millimeter beträgt), die es leicht macht die Verbindungen dieses Metalles neben den Verbindungen anderer Alkalimetalle zu entdecken.

Das *Lithium* $Li = 9$ wird, analog dem Kalium und Natrium, in kieselerdehaltigen Gesteinen ziemlich häufig, aber nur in geringer Menge und gleichsam als Beimengung dieser beiden, in bedeutender Masse auftretenden Alkalimetalle angetroffen. Nur wenige Minerale enthalten mehrere Procente Lithium [39]). Die Lithiumver-

Wellenlängen aller Lichtschwingungen verglichen, die von einem gegebenen einfachen Körper erzeugt werden, ein gesetzmässiges Verhältniss derselben zu einander (Obertöne) aufzufinden gesucht. Andere wieder (besonders Hartley und Ciamician) haben beim Vergleiche der Spektren ähnlicher Elemente (z. B. von Cl^2, Br^2 und J^2) eine gewisse Aehnlichkeit (Homologie) derselben konstatiren können. Noch andere endlich (Grünwald) suchen das Verhältniss der Spektren zusammengesetzter Körper zu denen ihrer Bestandtheile zu ermitteln u. s. w. Doch können alle diese Fragen keineswegs als allseitig abgeschlossen erachtet werden, schon in Anbetracht der grossen Anzahl von Spektrallinien, die vielen einfachen Körpern eigen sind (zumal im ultrarothen und ultravioletten Theile des Spektrums), der Unsicherheit in Bezug auf die Existenz von so schwachen Linien, die uns unsichtbar bleiben, und überhaupt der Neuheit aller hier in Betracht kommenden Untersuchungen.

38) Um die ausserordentliche Empfindlichkeit der spektroskopischen Reaktionen darzuthun, genügt es folgende Beobachtung von Bence Jones anzuführen. Wird einem Meerschweinchen die Lösung von 3 Gran eines Lithiumsalzes unter die Haut eingespritzt, so kann schon nach Verlauf von 4 Minuten das Lithium in der Galle und den Flüssigkeiten des Auges mittelst des Spektroskopes nachgewiesen werden, nach 10 Min. findet man das Lithium schon in allen Körpertheilen des Versuchsthieres.

39) Im Spodumen sind bis zu 6 pCt. Li^2O und im Petalith oder Lithionglimmer gegen 3 pCt. Li^2O enthalten. Der Lithionglimmer, der in einigen Graniten in ziemlich bedeutender Menge vorkommt, wird meistens zur technischen Darstellung von Lithiumpräparaten benutzt, von denen einige in der Medizin Verwendung finden und zwar bei der Behandlung von Blasenkrankheiten, zum Auflösen der Blasensteine. Der Lepidolith, der im natürlichen Zustande von Säuren nicht angegriffen wird, lässt sich jedoch nach vorherigem Schmelzen durch starke Salzsäure zersetzen. Nach mehrstündigem Einwirken dieser Säure geht die ganze Kieselerde des Lepidoliths in den unlöslichen Zustand über, während das Lithium als Chlorlithium in der Lösung bleibt. Setzt man nun letzterer zunächst Salpetersäure zu (um Eisenoxyd in Oxydul überzuführen) und dann Soda bis zum Eintreten der alkalischen Reaktion, so gehen Eisenoxyd, Thonerde und Magnesia als unlösliche Hydroxyde oder kohlensaure Salze in den Niederschlag über. Die Chloride der Alkalimetalle: KCl, $NaCl$ und $LiCl$ dagegen bleiben gelöst, da sie durch Soda aus verdünnter Lösung nicht gefällt werden. Zuletzt dampft man ein und versetzt mit starker Sodalösung. Hierbei fällt kohlensaures Lithium aus, das trotz seiner Löslichkeit in Wasser, doch bedeutend weniger löslich ist, als Na^2CO^3; aus konzentrirten Lösungen wird also das Lithium durch Soda als Li^2CO^3 gefällt: $2LiCl + Na^2CO^3 = 2NaCl + Li^2CO^3$. Das dem kohlensauren Natrium in vielen Beziehungen ähnliche

bindungen nähern sich in ihren Eigenschaften den entsprechenden Verbindungen des Kaliums und Natriums; eine Ausnahme bildet das *kohlensaure Lithium*, Li^2CO^3, das wegen seiner geringen Löslichkeit in kaltem Wasser zur Trennung des Li von K und Na benutzt wird. Aus dem kohlensauren Salze lassen sich leicht die anderen Verbindungen des Lithiums darstellen. Das Lithiumhydroxyd LiHO z. B. erhält man, ebenso wie das Aetznatron, durch Einwirken von Kalk auf dieses Salz. In Wasser ist das Lithiumhydroxyd löslich; aus alkoholischer Lösung krystallisirt es in Form von $LiHOH^2O$. Das metallische Lithium bildet sich beim Einwirken des galvanischen Stromes auf geschmolzenes Chlorlithium. Letzteres schmilzt man zu diesem Zwecke in einem gusseisernen Tiegel mit gut schliessendem Deckel und leitet dann durch die geschmolzene Masse den galvanischen Strom einer bedeutenden Anzahl von Elementen, indem man als positiven Pol eine dichte Kohle C (Fig. 122) benutzt, welche mit dem in die eiserne Röhre BB eingesetzten Porzellanrohre P umgeben ist, und als negativen Pol einen Eisendraht, an welchem sich beim Durchgehen des Stromes das geschmolzene Lithium ansetzt. Am positiven Pole scheidet sich Chlor aus. Von Zeit zu Zeit, wenn sich an dem Eisendrahte eine genügende Lithiummenge angesetzt hat, wird derselbe herausgenommen, um das ausgeschiedene Metall abzunehmen. Das Lithium ist unter allen Metallen das leichteste, sein spezifisches Gewicht beträgt 0,59, daher schwimmt es sogar auf Naphta (Erdöl); es schmilzt bei 180°, verflüchtigt sich aber selbst bei Rothgluth nicht. Hinsichtlich seiner gelblichen Färbung erinnert es an Natrium. Bei 200° entzündet sich das Lithium an der Luft und verbrennt mit heller Flamme zu Lithiumoxyd. Wasser zersetzt es, ohne den sich hierbei entwickelnden Wasserstoff zu entzünden. Das charakteristische Kennzeichen der Lithiumverbindungen ist die *rothe Färbung*, die sie einer nicht leuchtenden Flamme ertheilen [40]).

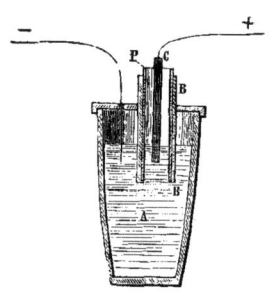

Fig. 122. Darstellung von Lithium durch Einwirken des galvanischen Stromes auf geschmolzenes Chlorlithium $^1/_8$

---

kohlensaure Lithium (Lithiumcarbonat) ist ein in kaltem Wasser wenig lösliches Salz; in siedendem Wasser löst es sich in ziemlich bedeutender Menge. Es bildet durch seine geringe Löslichkeit den Uebergang von den Alkalimetallen zu den anderen Metallen, namentlich zu denen der alkalischen Erden (Magnesium, Baryum), deren kohlensaure Salze wenig löslich sind. Das Lithiumoxyd Li^2O erhält man durch Glühen von Li^2CO^3 mit Kohle. Beim Lösen von Li^2O in Wasser werden (auf eine Molekel) 26 Taus. W. E. entwickelt. Die Wärmeentwicklung bei der Vereinigung von Li^2 und O beträgt 140 Taus. Calorien; sie ist also grösser als bei der Bildung von Na^2O (100 Taus. Cal.) und von K^2O (97 Taus. Cal.), wie Beketow 1887 zeigte.

40) Beim Prüfen auf einen Gehalt an Lithium behandelt man das zu untersu-

Als Bunsen mittelst spektroskopischer Untersuchungen festzustellen suchte, ob in verschiedenen in der Natur vorkommenden Verbindungen, zugleich mit Lithium, Kalium und Natrium, nicht noch andere, unbekannte Metalle vorhanden seien, fand er bald zwei neue Metalle mit selbständigen Spektren. Dieselben wurden nach ihren charakteristischen Linien im Spektrum und der Färbung, die sie der Flamme ertheilen, benannt. Das eine dieser Metalle nannte man *Rubidium*, von rubidius—dunkelroth, da es rothe und violette Linien im Spektrum zeigt, das andere *Cäsium*, da es der Flamme eine himmelblaue Färbung ertheilt und ein Spektrum gibt, das sich durch zwei helle blaue Linien charakterisirt. Beide Metalle finden sich in der Natur als Begleiter von Na, K und Li, aber in sehr geringen Mengen, das Rubidium jedoch öfter als das Cäsium. Die Menge des Rubidium- und Cäsiumoxyds im Lepidolithe beträgt meistens nicht mehr als $1/2$ Procent. Das Rubidium ist auch in der Asche verschiedener Pflanzen gefunden worden, im Meerwasser scheint es jedoch nicht als Begleiter von Kalium aufzutreten. Die meisten Mineralwasser weisen gleichfalls einen sehr geringen Gehalt an Rubidium auf. Die Fälle, wo sich Cäsium ohne Rubidium findet, sind selten; in einem Granite von der Insel Elba fand man Cäsium ohne Begleitung von Rubidium. Dieser Granit enthält das sehr seltene Mineral *Pollux*, welches einen bis auf 34 Procent steigenden Gehalt an Cäsiumoxyd aufweist [41]). Mit Hilfe des Spektroskops und unter Benutzung des Umstandes dass

---

chende Material mit einer Säure (wenn Kieselerde-Verbindungen vorliegen mit Flusssäure), erwärmt den Rückstand mit Schwefelsäure, dampft ein, trocknet und zieht mit Alkohol aus, der eine gewisse Quantität schwefelsaures Lithium löst. Lässt man nun die alkoholischen Lösung verbrennen, so erkennt man das Lithium leicht an der tief rothen Flammenfärbung. In zweifelhaften Fällen benutzt man einen Spektralapparat, wobei in Gegenwart von Lithium die charakteristischen rothen Linien desselben auftreten müssen. Das Lithium ist im Jahre 1817 von Arfvedson im Petalith entdeckt worden.

41) Die meisten Metalle werden aus den Lösungen ihrer Salze durch kohlensaures Ammon als kohlensaure Salze gefällt; z. B. Calcium, Eisen u. s. w. Die Alkalimetalle, deren kohlensaure Salze löslich sind, werden nicht gefällt. Man dampft daher die Lösung ein, glüht den Rückstand (um die Ammoniumsalze zu vertreiben) und erhält nun die Salze von Alkalimetallen. Die Trennung derselben von einander wird nach Zusetzen von Salzsäure mit Hilfe einer Platinchlorid-Lösung ausgeführt Die Chloride des Lithiums und Natriums geben mit Platinchlorid in Wasser leicht lösliche Doppelsalze (Chloroplatinate), während die Chloride des Kaliums, Rubidiums und Cäsiums mit $PtCl^4$ Doppelsalze bilden, die in Wasser sich nur schwer lösen. 100 Theile Wasser lösen bei 0° 0,74 Th. des Kaliumsalzes, aber nur 0,134 Th. des entsprechenden Rubidiumsalzes und 0,024 Th. des Cäsiumsalzes; bei 100° lösen sich 5,13 Th. K^2PtCl^4, 0,634 Th. des Rubidium- und 0,177 Th des Cäsiumsalzes. Es lassen sich also nach dieser Methode Rubidium und Cäsium trennen, jedoch erfordert dieselbe viel Zeit. Leichter gelingt die Trennung auf Grund der verschiedenen Löslichkeit der kohlensauren Salze des Rubidiums und Cäsiums in Alkohol; Cs^2CO^3 löst sich in Al-

die Doppelsalze von RbCl und CsCl mit Platinchlorid noch weniger löslich in Wasser sind, als das entsprechende Kaliumchloroplatinat K^2PtCl^6, gelang es Bunsen, Rubidium und Cäsium von einander und von Kalium zu trennen. Auch im freien Zustande sind die beiden Metalle erhältlich [42]; das spezifische Gewicht des bei 39° schmelzenden Rubidiums ist 1,52, das des Cäsiums 1,88; letzteres schmilzt bei 27°.

In den Eigenschaften der freien Metalle und der entsprechenden Verbindungen, selbst wenn diese sehr komplizirt sind, zeigen Li, Na, K, Rb und Cs eine nicht zu bestreitende chemische Aehnlichkeit, welche schon daraus zu ersehen ist, dass diese Metalle Wasser zersetzen und dass ihre Hydroxyde RHO und kohlensauren Salze R^2CO^3 sich in Wasser lösen, während die Hydroxyde und kohlensauren Salze fast aller anderen Metalle in Wasser unlöslich sind. Vergleicht man aussserdem noch die einander entsprechenden Salze, z. B. die schwefelsauren und salpetersauren und die Chlormetalle, so ergibt sich zweifellos, dass alle diese Metalle in ihrem chemischen Charakter eine sehr bedeutende Aehnlichkeit mit einander besitzen. Daher bilden sie auch die natürliche Gruppe der *Alkalimetalle*. Die Halogene einerseits und die Alkalimetalle andrerseits sind die Elemente, die ihrem Charakter nach am weitesten auseinander gehen. Alle anderen Elemente sind entweder Metalle,— welche sich bis zu einem gewissen Grade, wenn sie Salze, nicht aber Verbindungen mit den Eigenschaften von Säuren bilden, den Alkalimetallen nähern, jedoch nicht so energisch wie diese wirken,— oder sie sind Nichtmetalle. Die meisten Metalle werden aus ihren Verbindungen durch die Alkalimetalle verdrängt, entwickeln bei ihrer Vereinigung mit den Halogenen weniger Wärme und bilden weniger energische Basen, als die Alkalimetalle. Hierher gehören z. B. die gewöhnlichen Metalle: Silber, Eisen, Kupfer und andere. Die Nichtmetalle sind Elemente, welche ihrem Charakter nach sich den Halogenen nähern, sich ebenso wie diese mit Wasserstoff vereinigen, jedoch nicht zu so energischen Verbindungen wie die Halogenwasserstoffsäuren; ferner treten sie auch mit Metallen in Verbindung ohne jedoch solche salzartige Verbindungen zu bilden,

---

kohol, das kohlensaure Rubidium ist fast ebenso unlöslich, wie das entsprechende Kaliumsalz (die Pottasche). Setterberg benutzte die Alaune dieser Metalle zu ihrer Trennung. Die beste Trennungsmethode jedoch, die von Sharples angegeben ist, beruht darauf, dass aus einem Gemisch von KCl, NaCl, CsCl und RbCl in Gegenwart von KCl durch Zinntetrachlorid das sehr wenig lösliche Doppelsalz des Cäsiums und Zinns gefällt wird

[42] Bunsen erhielt das Rubidium durch Destillation des mit Russ vermengten weinsauren Salzes und Beketow (1888) durch Glühen des Hydroxyds mit Aluminium: $2RbOH + Al = RbAlO^3 + H^2 + Rb$. Beim Einwirken auf Wasser entwickelt das Rubidium 94 Taus. W. E. Das Cäsium ist (1882) von Setterberg durch Elektrolyse der geschmolzenem Cyanide des Cäsiums und Baryums dargestellt worden.

wie sie aus den Halogenen entstehen. Es sind also Elemente, in welchen die Eigenschaften der Halogene, jedoch nicht so deutlich, wie in diesen selbst, zum Vorschein kommen. Zu diesen Elementen gehören z. B.: Schwefel, Phosphor, Arsen. Endlich gibt es noch Elemente, in welchen, wie im Kohlenstoff und Stickstoff, weder die Eigenschaften der Metalle, noch die der Halogene scharf hervortreten, welche also in dieser Beziehung zwischen den beiden angeführten Gruppen von Elementen stehen.

Der scharfe Unterschied in den Eigenschaften der Halogene und Alkalimetalle äussert sich darin, dass die einen nur Säuren und keine Basen, die anderen dagegen nur Basen bilden. Erstere sind die echten *säurebildenden Elemente*, letztere die *basischen* oder *metallischen Elemente*. Wenn die einzelnen Elemente dieser beiden Gruppen unter einander in Verbindung treten, so bilden die Halogene chemisch unbeständige Verbindungen, die Alkalimetalle dagegen — Legirungen, in denen sie ihren Metallcharakter beibehalten, analog den nur aus Halogenen gebildeten Verbindungen, in denen (z. B. in der Verbindung JCl) der Halogencharakter fortbesteht. Unter einander bilden folglich sowol die säurebildenden Elemente, als auch die basischen Elemente nur wenig charakteristische Verbindungen, welche die Eigenschaften der sie bildenden Elemente besitzen. Wenn aber Alkalimetalle mit Halogenen in Verbindung treten, so entstehen sehr beständige Körper, in welchen die ursprünglichen Eigenschaften der Halogene und der Alkalimetalle vollständig verschwinden. Die Bildung solcher Verbindungen geht unter bedeutender Wärmeentwickelung und vollständiger Aenderung der ursprünglichen Körper sowol in physikalischer, als auch in chemischer Beziehung vor sich. Eine aus Kalium und Natrium bestehende Legirung besitzt, trotzdem sie bei Zimmertemperatur flüssig ist, dieselben metallischen Eigenschaften, wie ihre beiden Bestandtheile. Dagegen zeigt die aus Natrium und Chlor gebildete Verbindung weder das Aussehen, noch auch die Eigenschaften ihrer Bestandtheile: NaCl schmilzt bei höherer Temperatur als Na und Cl, verflüchtigt sich bedeutend schwerer u. s. w.

Trotz dieses bedeutenden qualitativen Unterschiedes besteht aber *zwischen den Halogenen und den Alkalimetallen* eine wichtige quantitative *Aehnlichkeit* welche dadurch zum Ausdruck gebracht wird, dass die Elemente beider Gruppen im Verhältniss zu Wasserstoff oder zu einwerthigen Elementen als einwerthige (oder monovalente) Elemente, die Wasserstoff Atom für Atom ersetzen, betrachtet werden. Bei der Metalepsie durch Halogene treten diese an die Stelle des Wasserstoffs z. B., von Kohlenwasserstoffen, während die Alkalimetalle den Wasserstoff im Wasser und in Säuren ersetzen. Wie in einem Kohlenwasserstoffe der Reihe nach jedes

Wasserstoffatom z. B. durch Chlor ersetzt werden kann, so lassen sich in Säuren, die mehrere Wasserstoffatome enthalten, diese Atome der Reihe nach durch Alkalimetalle ersetzen. Hieraus folgt, dass die Atome der genannten Elemente den Atomen des Wasserstoffs ähnlich sind, von welchem immer als Einheit ausgegangen wird. Auf Ammoniak und Wasser kann sowol Cl, als auch Na direkt substituirend einwirken. Auf Grund des Substitutions-Gesetzes lässt sich schon aus der Bildung von NaCl die Monovalenz der Atome der Halogene und der Alkalimetalle folgern. Mit solchen Elementen wie Sauerstoff bilden sowol Halogene, als auch Wasserstoff und Alkalimetalle Verbindungen, in welchen der Sauerstoff je zwei Atome Halogen, Wasserstoff oder Alkalimetall bindet, wie dies schon aus der Vergleichung der Zusammensetzung des Wassers mit der von KHO, K^2O, HClO und Cl^2O leicht zu ersehen ist. Es darf übrigens nicht übersehen werden dass die Halogene mit Sauerstoff, ausser den Verbindungen vom Typus R^2O, noch höhere Säureoxyde bilden, während dem Wasserstoff und den Alkalimetallen die Fähigkeit zur Bildung analoger Verbindungen abgeht. Wie wir später sehen werden, unterliegen auch diese Verhältnisse einem besonderen Gesetze, das den allmählichen Uebergang der Eigenschaften der Elemente von den Alkalimetallen zu den Halogen darthut [43]).

Die Alkalimetalle lassen sich, ebenso wie die Halogene, nach der Grösse ihrer Atomgewichte in folgender Reihe ordnen: Lithium — 7, Natrium — 23, Kalium — 39, Rubidium — 85 und Cäsium — 133, so dass auf Grund derselben die relativen Eigenschaften analoger Verbindungen der auf diese Weise geordneten Elemente beurtheilt werden können. Es sind z. B. die Chloroplatinate des Lithiums und Natriums in Wasser löslich, die des Kaliums, Rubidiums und Cäsiums dagegen unlöslich; die Löslichkeit erweist

---

[43]) Es muss hier erwähnt werden, dass die Halogene die Rolle von Metallen spielen können und zwar besonders das Jod, welches daher auch leichter, als die anderen Halogene das Metalle ersetzt wird und welches sich auch seinen physikalischen Eigenschaften nach mehr als die anderen Halogene den Metallen nähert. Schützenberger erhielt beim Einwirken von Chloroxyd Cl^2O auf Essigsäureanhydrid, $(C^2H^3O)^2O$, die Verbindung $C^2H^3O(OCl)$, welche er essigsaures Chlor nannte. Mit Jod scheidet diese Verbindung Chlor aus und bildet essigsaures Jod $C^2H^3O(OJ)$, das auch beim Einwirken von Chlorjod auf essigsaures Natrium $C^2H^3O(ONa)$ entsteht.

Die eben genannten Verbindungen sind sehr unbeständig; sie zerfallen beim Erwärmen unter Explosion und werden durch Wasser und viele andere Reagentien zersetzt. Es entspricht dieses Verhalten auch der Zusammensetzung dieser Verbindungen, denn sie enthalten einander sehr ähnliche Elemente, aus denen das Chloroxyd Cl^2O selbst und auch JCl oder NaK bestehen. Beim Einwirken von Cl^2O auf ein Gemisch von Jod mit Essigsäureanhydrid erhielt Schützenberger noch die Verbindung $J(C^2H^3O^2)^3$, welche dem JCl^3 analog ist, da die Gruppe $C^2H^3O^2$, ebenso wie Cl, als ein Halogen betrachtet werden kann, das mit Metallen Salze bildet.

sich hier als desto geringer, je höher das Atomgewicht des betreffenden Alkalimetalls ist. In anderen Fällen ist es gerade umgekehrt: mit der Zunahme des Atomgewichtes nimmt auch die Löslichkeit zu. Sogar in den Eigenschaften der Metalle selbst offenbart sich diese stetige Aenderung, die der Aenderung des Atomgewichts entspricht. So z. B. ist Lithium nur schwer flüchtig, während Natrium schon durch Destillation erhältlich ist. Kalium destillirt leichter als Natrium, aber Rubidium und Cäsium sind noch viel flüchtigere Metalle.

Vierzehntes Kapitel.

Aequivalenz und spezifische Wärme der Metalle. Magnesium, Calcium, Strontium, Baryum und Beryllium.

Die Zusammensetzung entsprechender Verbindungen von Metallen lässt sich leicht durch Bestimmungen des *Aequivalenzgewichtes* der letzteren, d. h. der Gewichtsmenge eines Metalls, die einen Gewichtstheil Wasserstoff ersetzt, feststellen.

Wenn ein Metall Säuren unter Entwickelung von Wasserstoff zersetzt, so ergibt sich das Aequivalenzgewicht desselben durch direktes Messen des Wasserstoffvolums, das man beim Einwirken einer bestimmten Menge des Metalls auf die im Ueberschuss angewandte Säure erhält. Aus dem Volume lässt sich dann auch das Gewicht des Wasserstoffs leicht berechnen [1]. Dasselbe Resultat erreicht man durch Bestimmen der Zusammensetzung eines neutralen Salzes des Metalls; wenn man z. B. feststellt, welche Menge des Metalls sich mit 35,5 Th. Chlor oder mit 80 Th. Brom verbindet [2]. Wenn man durch den galvanischen Strom gleichzeitig (z. B. durch Einschalten in ein und denselben Strom) eine Säure und das geschmolzene Salz eines Metalles zersetzt und das Mengenverhältniss zwischen dem Wasserstoffe und dem Metalle, die hierbei ausgeschieden werden, bestimmt, so erfährt man gleichfalls das Aequivalenzgewicht, da nach dem Faraday'schen Gesetze von Elektrolyten (Leitern 2-ter Ordnung) in gleichen Zeiträumen immer

---

[1] Das Aequivalenzgewicht lässt sich auf diese Weise unter entsprechenden Bedingungen genau festellen, (wenn alle nöthigen Vorsichtsmaassregeln in Betracht gezogen werden). Reynolds und Ramsay bestimmten (1887) nach derselben (aus 29 Versuchen) das Aequivalent des Zinks zu 32,7, andere Forscher fanden für dieses Metall nach anderen Methoden zwischen 32,55 und 32,95 liegende Werthe. Durch Sammeln des Wasserstoffs, der durch gleiche Gewichtsmengen verschiedener Metalle (beim Einwirken von Säuren oder Alkalien) ausgeschieden wird, lässt sich der Unterschied in den Aequivalenten dieser Metalle ebenfalls demonstriren.

[2] Die genauesten Atomgewichts-Bestimmungen sind von Stas ausgeführt worden (vergl. hierüber das Kapitel Silber).

äquivalente Mengen zersetzt werden. Zum Ziele gelangt man ferner einfach durch Bestimmen des Verhältnisses zwischen dem Gewichte des Metalles und dem seines salzbildenden Oxydes, da man hierbei die sich mit 8 Gewichtstheilen Sauerstoff verbindende Gewichtsmenge des Metalls erfährt. Diese letztere stellt nun das Aequivalenzgewicht dar, denn 8 Th. Sauerstoff verbinden sich mit einem Gewichtstheil Wasserstoff. Die verschiedenen Verfahren ermöglichen also eine Kontrole und die ganze Frage der genauen Bestimmung der Aequivalente läuft darauf hinaus, wie man am besten der Absorption von Feuchtigkeit, der weiteren Oxydation, der Flüchtigkeit u. s. w. entgegentritt, d. h. die Bedingungen beobachtet, die möglichst genaue Wägungen zulassen. Die genauere Beschreibung dieser Bedingungen gehört aber in das Gebiet der analytischen Chemie.

Bei monovalenten oder einwerthigen, den Alkalimetallen analogen Metallen ist das Aequivalenzgewicht dem Atomgewichte gleich. Bei zweiwerthigen Metallen entspricht es dem Gewichte zweier Aequivalente, bei n-werthigen dem von n Aequivalenten. Das Aluminium $Al = 27$ z. B. ist dreiwerthig, sein Aequivalent ist folglich $= 9$, das Magnesium $= 24$ ist zweiwerthig und sein Aequivalent ist $= 12$. Wenn daher H, Na oder überhaupt ein einwerthiges Metall M die Verbindungen: M^2O, MHO, MCl, MNO^3, M^2SO^4, d. h. nach dem allgemeinen Typus MX bildet, so werden die entsprechenden Verbindungen eines zweiwerthigen Metalles, wie Magnesium und Calcium z. B., die folgenden sein: MgO, $Mg(HO)^2$, $MgCl^2$, $Mg(NO^3)^2$, $MgSO^4$, d. h. sie werden nach dem Typus MgX^2 zusammengesetzt sein.

Wonach richtet man sich also, wenn man das eine Metall zu den einwerthigen, die anderen zu den 2, 3, 4... n-werthigen zählt? Weshalb macht man diesen Unterschied? Warum nimmt man nicht alle Metalle als monovalent an und hält nicht z. B. das Magnesium für ein einwerthiges Metall? Thut man dies in Wirklichkeit, indem man $Mg = 12$ setzt und nicht $= 24$ (wie heute angenommen ist), so gelangt man nicht nur zu einfachen Ausdrücken für die Zusammensetzung aller Magnesiumverbindungen, sondern hat noch den Vortheil, für die Salze dieses Metalles die gleiche Zusammensetzung wie für die Natrium- oder Kaliumverbindungen zu erhalten. Wenn nun diese Annahme früher allgemein gemacht wurde,—warum ist jetzt die Aenderung eingeführt?

Die Antwort auf diese Fragen wurde erst möglich, nachdem die Begriffe der Molekel und des Gewichts der Atome—der kleinsten in die Molekeln der Verbindungen der Elemente eingehenden Menge—festgestellt waren, d. h. nachdem das Gesetz von Avogadro-Gerhardt Anerkennung gefunden hatte (vergl. Kap. 7). Betrachtet man z. B. einen solchen einfachen Körper, wie das Arsen, das ein metallisches Aussehen hat, so findet man, dass dasselbe viele flüchtige Verbindungen bildet, deren Dampfdichte und folglich auch Molekulargewicht leicht festzustellen ist. Hieraus ergibt sich dann das richtige Atomgewicht des Arsens in derselben Weise wie beim O, N, Cl, C u. s. w. Dasselbe ist As = 75 und die Verbindungen des Arsens sind, wie die des Stickstoffs, nach den Formen AsX^3 und AsX^5, zusammengesetzt, z. B. AsH^3, $AsCl^3$, $AsCl^5$, As^2O^5 u. s. w. Das Arsen ist also offenbar ein Metall (oder besser ein Element) von zweierlei Werthigkeit, und zwar ist es nicht einwerthig, sondern 3- oder 5-werthig. Dieses eine Beispiel zwingt schon zur Anerkennung der Existenz mehrwerthiger Atome. Da aber das Antimon und das Wismuth in allen ihren Verbindungen dem Arsen ebenso ähnlich sind, wie K dem Rb und Cs, so ist man, trotzdem das Wismuth nur wenige flüchtige Verbindungen bildet, gezwungen, die Zusammensetzung sowol der Antimon-, als auch der Wismuthverbindungen durch dieselben Formen auszudrücken, die den Arsenverbindungen zukommen.

Unter den zweiwerthigen Metallen finden wir gleichfalls viele einander analoge Elemente und auch solche, die flüchtige Verbindungen geben (vergl. weiter unten); zu den letzteren gehört z. B. das Zink. Dasselbe geht selbst in Dampf über und bildet mehrere flüchtige Verbindungen (z. B. ZnC^4H^{10}, Zinkäthyl, vom Siedepunkte 118^0 und der Dampfdichte 61,3), deren Molekeln nie weniger als 65 Theile Zink enthalten. Diese Gewichtsmenge ist aber H^2 äquivalent, denn 65 Theile Zink verdrängen 2 Gewichtstheile Wasserstoff. Das Zink bietet uns also das Beispiel eines zweiwerthigen Metalles, wie das Arsen das eines drei- oder fünfwerthigen. Dem Zink ist nun in vielen Beziehungen das Magnesium sehr ähnlich, so dass auch das Magnesium als ein zweiwerthiges Metall zu betrachten ist.

Zur Unterscheidung ein- und zweiwerthiger Elemente sind Metalle, welche wie das Quecksilber und Kupfer, die Fähigkeit besitzen, nicht eine, sondern zwei Basen zu bilden, von besonderer Wichtigkeit. Das Kupfer bildet mit Sauerstoff ein Oxydul Cu^2O und ein Oxyd CuO. Die dem Kupferoxydule entsprechenden Verbindungen CuX sind (in quantitativer Beziehung, der Zusammensetzung nach) den Verbindungen NaX und AgX ähnlich, während die dem Kupferoxyde entsprechenden Verbindungen CuX^2 mit MgX^2, ZnX^2 und überhaupt mit den Verbindungen der zweiwerthigen Metalle Aehnlichkeiten aufweisen. Diese Beispiele erklären es, dass man Metalle von verschiedener Werthigkeit unterscheiden muss.

Es lässt sich also, wie eben angegeben, mit Hilfe einiger, relativ weniger, flüchtiger Metallverbindungen und indem man vorhandene Aehnlichkeiten aufsucht (vergl. Kap. 15) die Werthigkeit vieler Metalle feststellen. Zu demselben Zwecke [3]) ist vielfach auch die in Bezug auf die *spezifische Wärme* der Elemente von *Dulong und Petit aufgestellte Regel* benutzt worden, namentlich seit der Entwickelung, die diese Regel durch die Untersuchungen von Regnault erfahren hatte und seit dem Cannizzaro (1860) auf die Uebereinstimmung der Folgerungen aus dieser Regel mit denjenigen, die sich aus dem Gesetze von Avogadro-Gerhardt ergeben, hingewiesen hatte.

Dulong und Petit hatten bei ihren zahlreichen Bestimmungen der spezifischen Wärme fester einfacher Körper die Beobachtung gemacht, dass je grösser das Atomgewicht eines einfachen Körpers, desto geringer seine spezifische Wärme ist, *dass also das Produkt aus der spezifischen Wärme Q und dem Atomgewichte A eine fast*

---

[3]) Die wichtigsten Methoden, nach denen bis jetzt die Werthigkeit der Elemente oder die Anzahl der die Atome bildenden Aequivalente festgestellt worden ist, sind die folgenden: 1) Die auf dem Avogadro-Gerhardt'schen Gesetze beruhende Methode, welche als die allgemeinste und sicherste schon bei vielen Elementen angewandt worden ist. 2) Die Methode, bei der die Zusammensetzung der verschiedenen Oxydationsstufen und der Isomorphismus oder im Allgemeinen die Aehnlichkeit derselben zu Grunde gelegt wird. Es ist z. B. Fe = 56, da das Eisenoxydul mit MgO isomorph ist; das Eisenoxyd enthält $1\frac{1}{2}$ mal mehr Sauerstoff, als das Eisenoxydul. Nach dieser Methode ist die Zusammensetzung der Verbindungen vieler Elemente von Berzelius, Marignac und and. festgestellt worden. 3) Die auf dem Gesetze von Dulong und Petit fussende Methode, nach welcher die spezifische Wärme bestimmt wird. Dieselbe ist von Regnault und namentlich von Cannizzaro zur Unterscheidung der einwerthigen Metalle von den zweiwerthigen benutzt worden. 4) Endlich die sich auf das periodische Gesetz stützende Methode (vergl. Kap. 15), welche zur Feststellung der Atomgewichte des Ceriums, Urans, Yttriums und ähnlicher Elemente, namentlich aber des Galliums, Scandiums und Germaniums gedient hat. Gewöhnlich werden die nach einer Methode erhaltenen Resultate durch die anderen kontrolirt, was auch durchaus nothwendig ist, da bei jeder Methode die einzelnen Bestimmungen durch die Erscheinungen der Dissoziation, Polymerisation u. s. w. beeinflusst werden können.

Erwähnen will ich hier, dass man noch auf vielen anderen Wegen zu demselben Ziele gelangen kann, namentlich, wenn man die physikalischen Eigenschaften in Betracht zieht, welche sich offenbar in Abhängigkeit von der Grösse der Atome (oder Aequivalente) oder Molekeln befinden. Als Beispiel führe ich an, dass sogar das spezifische Gewicht der Lösungen der Chlormetalle dazu benutzt werden kann (Kap. 7. Pag. 356). Hält man das Beryllium für ein dreiwerthiges Element, nimmt also für seine Chlorverbindung die Zusammensetzung $BeCl^3$ (oder eine polymere) an, so passt das spezifische Gewicht der Lösungen des Berylliumchlorids nicht in die Reihe der anderen Metallchloride. Setzt man aber das Atomgewicht Be = 7 und schreibt dem Beryllium als einem zweiwerthigen Elemente die Formel $BeCl^2$ zu, so vollführt sich die Einreihung ungezwungen (vergl. pag. 351). Burdakow fand (im St. Petersburger Universitätslaboratorium), dass das spezifische Gewicht der Lösung $BeCl^2 + 200H^2O$ bei $15°/4° = 1{,}0138$, d. h. grösser als das der entsprechenden Lösung $KCl + 200H^2O$ (= 1,0121) und kleiner als das der Lösung $MgCl^2 + 200H^2O$ (= 1,0203) ist, wie es auch nach der Grösse des Molekulargewichts $BeCl^2 = 80$ sein muss, da das Molekulargewicht des KCl = 74,5 und des $MgCl^2 = 95$ ist. (Vgl. Mendelejeff's Werk: ‹Untersuchung wässriger Lösungen› in russischer Sprache).

konstante Grösse darstellt. Hieraus folgt, dass zur Ueberführung der verschiedenen einfachen Körper in einen bestimmten Wärmezustand die gleiche Arbeit aufgewendet werden muss, wenn die einfachen Körper in atomistischen Mengen angewandt werden, dass also die Wärmemengen, die zum Erwärmen gleicher Gewichtsmengen der einfachen Körper verbraucht werden, durchaus nicht gleich, sondern den Atomgewichten umgekehrt proportional sind. Bei Aenderungen der Wärme erscheint das Atom als Einheit, alle Atome sind dann, trotz ihres verschiedenen Gewichts und ihrer verschiedenen Natur — gleich. Es ist dies der einfachste Ausdruck dessen, was Dulong und Petit gefunden haben. Unter spezifischer Wärme versteht man die Wärmemenge, die zum Erwärmen einer *Gewichtseinheit* eines Körpers um einen Grad erforderlich ist. Multiplizirt man die spezifische Wärme der einfachen Körper mit deren Atomgewicht, so erhält man die *Atomwärme* derselben, d. h. die Wärmemenge, die zum Erwärmen des Atomgewichts eines einfachen Körpers um einen Grad erforderlich ist. Diese Produkte erweisen sich nun für die meisten einfachen Körper, wenn auch nicht als vollkommen identisch, so doch als einander nahe liegend. Eine Identität darf auch nicht erwartet werden, da die spezifische Wärme eines und desselben Körpers sich mit der Temperatur, mit dessen Uebergange aus einem Zustande in den andern, oft sogar mit der einfachen mechanischen Aenderung der Dichte (wie sie z. B. durch Schmieden bewirkt wird) ändert, von möglichen isomeren Aenderungen schon ganz abgesehen. Die folgende Tabelle enthält einige Daten,[4] welche die Richtigkeit der von Dulong und Petit gezogenen Schlussfolgerungen bestätigen:

[4] Die angeführten Werthe der spezifischen Wärme beziehen sich auf verschiedene, aber meist zwischen 0° und 100° liegende Temperaturen, nur für das Brom ist die Bestimmung (von Regnault) bei —7° eingereiht worden. *Die durch die Aenderung der Temperatur bedingten Aenderungen der spezifischen Wärme* bilden eine sehr verwickelte Erscheinung, auf welche hier nicht näher eingegangen werden kann. Als Beispiel führe ich nur an, dass Bystrom für die spezifische Wärme des Eisens folgende Werthe fand: bei 0° = 0,1116; 100° = 0,1114; 200° = 0,1188; 300° = 0,1267 und 1400° = 0,4031. Zwischen den zuletzt angeführten Temperaturgrenzen (bei etwa 600°) erleidet das Eisen eine besondere Veränderung (Selbsterwärmung, Rekaleszenz); vergl. hierüber beim Eisen. Für den Quarz SiO^2 beträgt nach Pionchon $Q = 0,1737 + 394 t \cdot 10^{-6} - 27 t^2 \cdot 10^{-9}$ bis zu 400°; folglich ändert sich die spezifische Wärme mit der Temperatur nur wenig. Desto bemerkenswerther sind die Beobachtungen H. E. Weber's über die bedeutende Aenderung der spezifischen Wärme der Kohle, des Diamants und des Bors:

	0°	100°	200°	600°	900°
Holzkohle	0,15	0,23	0,29	0,44	0,46
Diamant	0,10	0,19	0,22	0,44	0,45
Bor	0,22	0,29	0,35	—	—

Diese wichtigen Beobachtungen (die von Dewar bestätigt wurden) überzeugen von der allgemeinen Giltigkeit der Regel von Dulong und Petit, denn die genannten

	Li	Na	Mg	P
A =	7	23	24	31
Q =	0,9408	0,2934	0,245	0,202
AQ =	6,59	6,75	5,88	6,26
	Fe	Cu	Zn	Br
A =	56	63	65	80
Q =	0,112	0,093	0,093	0,0843
AQ =	6,27	5,86	6,04	6,74
	Pd	Ag	Sn	J
A =	106	108	118	127
Q =	0,0592	0,056	0,055	0,541
AQ =	6,28	6,05	6,49	6,87
	Pt	Au	Hg	Pb
A =	196	198	200	206
Q =	0,0325	0,0324	0,0333	0,0315
AQ =	6,37	6,41	6,66	6,49

einfachen Körper erschienen so lange als Ausnahmen von dem allgemeinen Gesetze, als man die mittlere spezifische Wärme für Temperaturen zwischen 0^c und 100^0 in Betracht zog. Beim Diamant z. B. war das Produkt AQ bei $0°=1,2$ und beim Bor $= 2,4$ Als man jedoch diejenigen Werthe annahm, denen die spezifische Wärme mit der Steigerung der Temperatur offenbar zustrebt, so ergaben sich auch für diese Körper Produkte, die sich 6 näherten, wie dies bei den anderen einfachen Körpern der Fall ist. Bei dem Diamante und der Kohle zeigt die spezifische Wärme offenbar das Bestreben sich 0,47 zu nähern, also dem Werthe, durch dessen Multiplikation mit 12 das Produkt 5,6 erhalten wird; ebendasselbe Produkt treffen wir auch beim Mg und Al. Ich mache darauf aufmerksam, dass man bei den festen einfachen Körpern mit geringem Atomgewicht für die Atomwärme Werthe erhält, die von 6 bedeutend abweichen, wenn für die spezifische Wärme die bei Temperaturen zwischen $0°$ und $100°$ erhaltenen Mittelwerthe eingestellt werden.

	Li = 7	Be = 9	B = 11	C = 12
Q =	0,94	0,42	0,24	0,20
AQ =	6,6	3,8	2,6	2,4

Es liegt daher auf der Hand, dass die bei niedriger Temperatur bestimmte spezifische Wärme des Berylliums nicht zur Feststellung des Atomgewichts dieses Metalls benutzt werden kann. Andrerseits hängt die geringe spezifische Wärme der Kohle, des Graphits, Diamants und Bors, möglicher Weise, von der komplexen Zusammensetzung der Molekel dieser einfachen Körper ab. Ueber die Nothwendigkeit dieser Annahme in Bezug auf die Kohlenstoffmolekeln vergleiche Kap. 8. Die Molekel des Schwefels besteht wenigstens aus S^6 und dessen Atomwärme beträgt $32.0,163 = 5,22$, d. h. sie ist merklich geringer als gewöhnlich. Durch die Anhäufung vieler Kohlenstoff-Atome in der Molekel desselben erklärt sich bis zu einem gewissen Grade die relativ geringe Atomwärme des Kohlenstoffs. In Bezug auf die spezifische Wärme zusammengesetzter Körper muss hier die Folgerung Kopp's erwähnt werden, nach welcher die Molekularwärme (d. h. das Produkt MQ) eines solchen Körpers als die Summe der Atomwärmen seiner Bestandtheile betrachtet werden kann. Da diese Regel jedoch nicht allgemein, sondern nur zur annähernden Beurtheilung der spezifischen Wärme von Körpern anwendbar ist, für welche keine direkten Bestimmungen vorliegen, so halte ich es nicht für nothwendig in weitere Einzelheiten einzugehen. Man findet dieselben in Liebig's Annalen. Supplementband 1864, wo auch die zahlreichen von Kopp ausgeführten Bestimmungen angegeben sind.

Aus diesen Daten ersieht man, dass das Produkt aus der spezifischen Wärme der einfachen Körper und deren Atomgewicht einen fast konstanten, sich 6 nähernden Werth darstellt. Es lässt sich daher nach der spezifischen Wärme eines Metalles mit genügender Annäherung die Werthigkeit desselben bestimmen. Die spezifische Wärme des Lithiums, Natriums und Kaliums z. B. bestätigt die Richtigkeit der Atomgewichte, die für diese Metalle angenommen sind, denn durch Multipliziren der empirisch gefundenen spezifischen Wärme derselben mit dem entsprechenden Atomgewicht erhält man die folgenden Werthe: für Li 6,59, Na 6,75 und K 6,47. Von den Erdalkalimetallen ist die spezifische Wärme bestimmt für: Magnesium $= 0,245$ (von Regnault und Kopp), Calcium $= 0,170$ (Bunsen) und Baryum $= 0,05$ (Mendelejeff). Wenn man den Magnesiumverbindungen dieselbe Zusammensetzung zuschreibt wie den entsprechenden Kaliumverbindungen, so ist das Aequivalent des Magnesiums gleich 12 zu setzen. Nun ergibt sich aber beim Multipliziren dieser Zahl mit der spezifischen Wärme des Magnesiums der Werth 2,94, welcher zweimal kleiner ist, als die entsprechenden Werthe der anderen Elemente. Das Atomgewicht des Magnesiums muss folglich nicht zu 12, sondern zu 24 angenommen werden, denn die Atomwärme ist dann $= 24 . 0,245 = 5,9$. Beim Calcium (Ca $= 40$) ist die Atomwärme $= 40 . 0,17 = 6,8$, wenn dessen Verbindungen die Zusammensetzung CaX^2 beigelegt wird, z. B. $CaCl^2$, $CaSO^4$, CaO; beim Baryum ist sie$=137 . 0,05.=6,8$ Man muss folglich diese Metalle für zweiwerthig halten; ihre Atome ersetzen H^2, Na^2 oder K^2. Diese Folgerung lässt sich noch durch Analogien bestätigen, wie weiterhin gezeigt werden soll. Konsequente Atomgewichts-Bestimmungen auf Grund der spezifischen Wärme von Elementen, bei denen das Avogadro-Gerhardt'sche Gesetz zu diesem Zwecke nicht benutzt werden konnte, sind um das Jahr 1860 von Cannizzaro ausgeführt worden.

Zu eben denselben Folgerungen in Bezug auf die Zweiwerthigkeit des Magnesiums und seiner Analoga gelangt man beim Vergleichen der spezifischen Wärme der Verbindungen dieser Metalle, namentlich ihrer Halogenverbindungen, die am einfachsten zusammengesetzt sind, mit der spezifischen Wärme der entsprecheden Verbindungen der Alkalimetalle. Die spezifische Wärme z. B. von $MgCl^2$ und $CaCl^2$ ist 0.194 und 0,164 und von NaCl und KCl $=$ 0,214 und 0,172; die Molekularwärme (oder das Produkt QM, wo M da Molekulargewicht ist) beträgt folglich 18,4 und 18,2 resp. 12,5 und 12,8. Auf diese Weise ergeben sich für die Atomwärme (oder den durch die Anzahl der Atome dividirten Quotienten QM) der angeführten vier Chloride Werthe, die sich 6 nähern, wie dies auch bei einfachen Körpern der Fall ist. Wenn aber anstatt der wirklichen Atomgewichte Mg $= 24$ und Ca $= 40$ die Aequivalente Mg = 12 und Ca = 20 eingesetzt würden, so würde sich für das Chlormagnesium und das Chlorcalcium die Atomwärme ungefähr zu 4,6 ergeben, während sie sich für KCl und NaCl zu 6,3 berechnet [5]).

Da die spezifische Wärme oder Wärmemenge, die zum Erwärmen einer Gewichtseinheit um einen Grad erforderlich ist[6]), eine

[5]) Es ist zu bemerken, dass bei Sauerstoff- (und auch Wasserstoff- und Kohlenstoff-) Verbindungen der Quotient MQ/n, wo n die Anzahl der Atome in der Molekel angibt, sich immer kleiner als 6 erweist; bei festen Körpern ist er z. B. bei $MgO = 5,0$; $CuO = 5,1$; $MnO^2 = 4,6$; Eis $= 3,0$ ($Q = 0,504$); $SiO^2 = 3,5$ u. s. w. Gegenwärtig lässt sich noch nicht feststellen, ob dies von der geringeren spezifischen Wärme der Sauerstoffatome in ihren festen Verbindungen oder von irgend welchen anderen Bedingungen abhängt. Wenn aber diese Verringerung der spezifischen Wärme, die durch den Sauerstoffgehalt bedingt wird, näher in Betracht gezogen wird, so lässt sich dennoch bis zu einem gewissen Grade beobachten, dass auf die spezifische Wärme der Oxyde die Werthigkeit der Elemente von Einfluss ist. Es beträgt z. B. bei der Thonerde Al^2O^3 ($Q = 0,217$) $MQ = 22,3$, folglich der Quotient $MQ/n = 4,5$; dieser Werth nähert sich also dem für das MgO angegebenen. Würde man aber der Thonerde die Zusammensetzung der Magnesia zuschreiben, d. h. das Aluminium als zweiwerthig ansehen, so würde sich der viel geringere Quotient 3,7 ergeben. Im Allgemeinen zeigen Verbindungen von gleicher atomistischer Zusammensetzung und ähnlichen chemischen Eigenschaften einander nahe kommende Molekularwärmen MQ, wie dies schon längst von vielen Beobachtern bemerkt worden ist. Es betragen z. B. die Molekularwärmen von ZnS 11,7 und HgS 11,8; $MgSO^4$ 27,0 und $ZnSO^4$ 28,0 u. s. w.

[6]) Wenn W die Wärmemenge bedeutet, die in der Masse m einer Substanz bei der Temperatur t enthalten ist und dW die zum Erwärmen von t auf $t + dt$ erforderliche Wärmemenge, so ist die spezifische Wärme $Q = dW/m.\,dt$. Die spezifische Wärme ändert sich nicht nur mit der Aenderung der Zusammensetzung und der Komplizirtheit der Molekeln einer Substanz, sondern auch mit der Aenderung der Temperatur, des Druckes und des physikalischen Zustandes der Körper. Selbst bei Gasen und Dämpfen macht sich eine Aenderung von Q zugleich mit der von t bemerkbar. Nach Regnault und Wiedemann ist z. B die spezifische Wärme von CO^2 bei $0° = 0,19$, bei $100° = 0,22$ und bei $200° = 0,24$. Die von der Temperatur bedingten Aenderungen der spezifischen Wärme permanenter Gase sind übrigens, soviel bekannt, sehr unbedeutend. Daher lässt sich annehmen, dass die spezifische Wärme der permanenten Gase, welche zwei Atome in der Molekel enthalten (H^2, O^2, N^2, CO, NO), keine Aenderungen mit der Temperatur erleidet, wie dies auch durch Versuche festgestellt ist. Die Beständigkeit der spezifischen Wärme vollkommener Gase bildet eine der Grundthesen der ganzen Wärmetheorie und dient als Ausgangspunkt für alle Temperatur-Bestimmungen, welche mit Hilfe von Gasthermometern, die mit Wasserstoff, Stickstoff oder Luft gefüllt sind, ausgeführt werden. Auf Grund der vorhandenen Bestimmungen macht Le Chatelier (1887) die Annahme, dass die Molekularwärme, d. h. das Produkt MQ, bei allen Gasen sich proportional der Temperatur ändert und dabei das Bestreben zeigt, bei der absoluten Null-Temperatur, d. h. bei $-273°$, immer ein und demselben Werthe (6,8) gleich zu kommen. Es ist daher $MQ = 6,8 + a\,(273 + t)$, wo a eine Konstante bedeutet, die in dem Maasse, wie die Gasmolekel komplizirter wird, einen immer grösseren Werth erlangt. Der Werth von $1000\,a$ ist bei $NH^3 = 6,11$, bei $CO^2 = 7,42$, bei $C^2H^4 = 12,7$, bei $CHCl^3 = 29,5$ u. s. w. Bei den permanenten Gasen ist $a = 0$ und $MQ = 6,8$, d. h. die Atomwärme ist $= 3,4$ (wenn die Molekel 2 Atome enthält), wie dies auch mit der Wirklichkeit übereinstimmt. Bei allen Flüssigkeiten (wie auch bei den durch sie gebildeten Dämpfen) nimmt die spezifische Wärme

zusammengesetzte Grösse darstellt, in welcher nicht nur der Zuwachs an Energie, der bei Aenderung der Temperatur einer Substanz erfolgt, sondern auch die äussere Arbeit der Ausdehnung [7])

mit der Temperatur zu, beim Benzol z. B. entsprechend: 0,38+0,0014 t. Nach R. Schiff (1887) ist die Aenderung der spezifischen Wärme vieler organischer Flüssigkeiten der Aenderung der Temperatur proportional (wie bei den Gasen, nach Chatelier) und befindet sich in Abhängigkeit von der Zusammensetzung und der absoluten Siedetemperatur. Die Theorie der Flüssigkeiten wird sich diese einfachen Verhältnisse, die an die Einfachheit der mit der Temperatur stattfindenden Aenderungen des spezifischen Gewichts (vergl. Kap. 2. Anm. 34), der Kohäsion und anderer Eigenschaften der Flüssigkeiten erinnert, aller Wahrscheinlichkeit nach, zu Nutze ziehen. Dieselben lassen sich alle durch die lineare Funktion der Temperatur: a+bt ebenso annähernd ausdrücken, wie die Eigenschaften der Gase durch die Gleichung pv=RT.

Was das Verhältniss der spezifischen Wärme der Flüssigkeiten (und festen Körper) und ihrer Dämpfe im Allgemeinen anbetrifft, so ist darauf hinzuweisen, dass die spezifische Wärme des Dampfes einer Flüssigkeit (und auch eines festen Körpers) immer kleiner, als die der Flüssigkeit selbst ist. Sie beträgt z. B. beim Benzol als Dampf 0,22, als Flüssigkeit 0,38; beim Chloroform als Dampf 0,13, als Flüssigkeit 0,23; beim Wasser als Dampf 0,475, als Flüssigkeit 1,0. Wie verwickelt die Verhältnisse sind, welche die spezifische Wärme bedingen, ist schon daraus zu ersehen, dass dieselbe für Eis kleiner ist, als für flüssiges Wasser (=0,502). Nach Regnault ist die spezifische Wärme der Bromdämpfe = 0,055 (bei 150°), des flüssigen Broms = 0,107 (bei 30°) und des festen = 0,034 (bei −15°). Die spezifische Wärme der festen Benzoesäure ist von 0° bis 100° (nach Versuchen und Bestimmungen von Hess 1838) = 0,31 und der flüssigen = 0,50. Zu den gegenwärtigen Aufgaben der Chemie gehört die Aufklärung der verwickelten Verhältnisse, welche zwischen der Zusammensetzung und solchen Eigenschaften wie die spezifische Wärme. die latente Wärme die Ausdehnung durch Wärme, die innere Reibung und die Kohäsion bestehen. Zusammenfassen lassen sich dieselben nur durch eine vollständige Theorie der Lösungen, eine Theorie, deren Erscheinen jetzt in relativ kurzer Zeit erwartet werden kann, um so mehr, als vieles hierauf Bezügliche schon theilweise aufgeklärt ist.

[7]) Die zum Erwärmen eines Gewichtstheils eines Körpers um einen Grad erforderliche Wärmemenge Q lässt sich durch die Summe $Q = K + B + D$ ausdrücken, wobei K die wirklich zum Erwärmen verbrauchte Wärmemenge oder die sogenannte absolute spezifische Wärme ist, B die Wärmemenge welche auf die bei der Temperaturänderung stattfindende innere Arbeit verbraucht wird, und D die zur äusseren Arbeit erforderliche Menge. Bei Gasen kann letztere leicht bestimmt werden, wenn man deren Ausdehnungskoëffizienten kennt, der 0,00368 beträgt. Führt man hier dieselben Betrachtungen aus, wie sie im 1-ten Kapitel gegen Ende der 11-ten Anmerkung beschrieben sind, so findet man, dass ein Kubikmeter Gas, um 1° erwärmt, die äussere Arbeit von 10333.0,00368 oder 38 02 Kilogrammmeter leistet, wozu $\frac{38,02}{424}$ oder 0,0897 Wärmeeinheiten erforderlich sind. Es ist dies der Wärmeverbrauch der äusseren Arbeit. die von einem Kubikmeter Gas geleistet wird; die spezifische Wärme wird aber auf die Gewichtseinheit bezogen, auf diese muss daher die gefundene Wärmemenge (0,0897) umgerechnet werden, um den Werth von D zu erhalten. Ein Kubikmeter Wasserstoff wiegt bei 0° und 760 mm. Druck 0,0896 Kilo: ein Gas, dessen Molekel das Gewicht M hat, besitzt die Dichte $\frac{M}{2}$, ein Kubikmeter desselben wird folglich (bei 0° und 760 mm) 0,0448 M Kilo wiegen und ein Kilogramm das Volum von $\frac{1}{0,0448 \, M}$ Kub.-Meter einnehmen. Folg-

und die innere Arbeit, die in den Molekeln vor sich geht und die-

---

lich wird die äussere Arbeit beim Erwärmen eines Kilo des gegebenen Gases um 1°, d. h. $D = \dfrac{0{,}0896}{0{,}0448\,M}$ oder $D = \dfrac{2}{M}$ sein.

Nimmt man an, dass die innere Arbeit bei Gasen, wenn permanente Gase vorliegen, ganz unbedeutend ist und setzt daher $B = 0$, so beträgt die spezifische Wärme der Gase bei konstantem Drucke $Q = K + \dfrac{2}{M}$, wenn K die spezifische Wärme bei konstantem Volum oder die wahre spezifische Wärme bezeichnet, und M das Gewicht der Molekel. Folglich ist $K = Q - \dfrac{2}{M}$. Die spezifische Wärme Q wird direkt durch Versuche festgestellt. Nach Regnault beträgt sie für Sauerstoff 0,2175, Wasserstoff 3,405 und Stickstoff 0,2438; die Molekulargewichte dieser Gase sind 32, 2 und 28, folglich ist für Sauerstoff $K = 0{,}2175 - 0{,}0625 = 0{,}1550$, für Wasserstoff $K = 3.4050 - 1{,}000 = 2{,}4050$ und für Stickstoff $K = 0{,}2438 - 0{,}0714 = 0{,}1724$. Diese Werthe, welche die wahre spezifische Wärme der angeführten einfachen Körper ausdrücken, stehen im umgekehrten Verhältniss zu den Atomgewichten derselben, d. h. die Produkte aus der spezifischen Wärme und dem Atomgewicht ergeben eine konstante Grösse. Beim Sauerstoff ist dies Produkt $= 0{,}155.16 = 2{,}48$, beim Wasserstoff $= 2{,}40$ und beim Stickstoff $0{,}1724.14 = 2{,}414$. Bezeichnet man daher mit A das Atomgewicht, so ist der Ausdruck $K.A = $ einer Konstanten, für welche man 2,45 setzen kann. Es ist dies der wahre Ausdruck des Gesetzes von Dulong und Petit, denn K ist die wahre spezifische Wärme und A das Atomgewicht. Es muss übrigens bemerkt werden, dass auch das Produkt aus der beobachteten spezifischen Wärme Q mit A einer Konstanten gleich kommt (beim Sauerstoff $= 3{,}48$, beim Wasserstoff $= 3{,}40$), was dadurch bedingt wird, dass auch die äussere Arbeit D dem Atomgewichte umgekehrt proportional ist.

Bei Gasen unterscheidet man die spezifische Wärme bei konstantem Drucke c' (diesen Werth bezeichneten wir oben durch Q) und bei konstantem Volum c. **Das Verhältniss der Werthe der beiden spezifischen Wärmen** k ist, nach dem Auseinandergesetzten, gleich dem von $Q:K$ oder von $2{,}45\,n + 2$ zu $2{,}45$. Bei $n = 1$ ist das Verhältniss $k = 1{,}8$, bei $n = 2$ ist $k = 1{,}4$, bei $n = 3$ ist $k = 1{,}3$ und bei einer sehr grossen Anzahl n von Atomen in der Molekel ist $k = 1$. Das Verhältniss der beiden spezifischen Wärmen wird also von 1,8 bis zu 1,0 kleiner, in dem Maasse wie die Anzahl n der in der Molekel enthaltenen Atome zunimmt. Diese Folgerung findet bis zu einem gewissen Grade ihre Bestätigung durch direkte Beobachtungen. Bei solchen Gasen wie H², O², N², CO, Luft und anderen, bei denen $n = 2$ ist, lässt sich k nach verschiedenen Methoden bestimmen, deren Beschreibung in die Physik gehört (z. B. nach den Aenderungen der Temperatur bei Aenderungen des Druckes, nach der Schallgeschwindigkeit u. s. w.). Aus diesen Bestimmungen ergibt sich in der That, dass k sich 1,4 nähert und bei Gasen, wie CO², NO² und anderen 1,3 nahe kommt. Nach der auf Seite 355 erwähnten Methode bestimmten Kundt und Warburg (1875) den Werth von k für Quecksilberdämpfe, bei denen $n = 1$ ist, und fanden $k = 1{,}67$. d. h. einen grösseren Werth als für Luft, was nach dem oben Auseinandergesetzten auch zu erwarten war.

Die Annahme, dass die wahre spezifische Wärme der Atome in Gasen $= 2{,}43$ ist, lässt sich nur unter der Bedingung machen, dass die Gase vom flüssigen Zustande weit entfernt sind und beim Erwärmen keine chemische Aenderung erleiden, d. h. dass in ihnen keine innere Arbeit stattfindet ($B = 0$). Diese Arbeit lässt sich daher bis zu einem gewissen Grade nach der zu beobachtenden spezifischen Wärme bestimmen. Da beim Chlor z. B. ($Q = 0{,}12$ nach Regnault und $k = 1{,}33$, nach den Versuchen von Strecker und Martini, daher $K = 0{,}09$ und $MK = 6{,}4$) die Atomwärme (3,2) bedeutend grösser ist, als bei den anderen zwei Atome in der Mole-

selben bei Zunahme der Temperatur [8]) zum Zerfallen bringt, eingeschlossen ist, so lässt sich in dem Verhältniss der Werthe der spezifischen Wärme zu der Zusammensetzung nicht die Einfachheit erwarten, welche z. B. in Bezug auf de Dichte gasför-

---

kel enthaltenden Gasen, so muss vorausgesetzt werden, dass beim Erwärmen desselben eine grössere innere Arbeit geleistet wird, über deren Natur wir uns jedoch gegenwärtig keine Vorstellung machen können. Da aber bei solchen Gasen wie Aethylen ($Q = 0,39$) nach Wiedemann $k = 1,2$, $K = 0,33$ und $MK = 9,2$ ist, und die wahre Atomwärme daher kleiner ist, als bei den permanenten Gasen $= 1,5$, so kann die Frage über die Korrelation der spezifischen Wärme der Gase mit der Anzahl der Atome in der Molekel und mit der Zusammensetzung nicht als genügend verallgemeinert angesehen werden, wenn von der Folgerung von Le Chatelier (Anm. 6) abgesehen wird, welche sich auf die Gesammtheit der vorhandenen Daten stützt. Sollte sich diese Folgerung bestätigen, so wird man zugeben müssen, dass das Gesetz von Dulong und Petit nur für permanente und ein relativ geringes Molekulargewicht besitzende Gase anwendbar ist. Zur Lösung dieser Frage könnten Bestimmungen der spezifischen Wärme der Quecksilberdämpfe bei verschiedenen Temperaturen führen. Hierzu fehlen aber noch die erforderlichen genauen Methoden.

Desto bemerkenswerther ist die Anwendbarkeit des Gesetzes von Dulong und Petit für die meisten der gewöhnlichen einfachen Körper im festen Zustande. Um die Daten über die spezifische Wärme der Gase und festen Körper unter einem allgemeinen Gesichtspunkt zusammen zu fassen, lässt sich, wie mir scheint, die folgende allgemeine Thesis annehmen: *die Atomwärme* d. h. AQ oder $Q\dfrac{M}{n}$, wobei *M das Molekulargewicht und n die Anzahl der Atome bezeichnet, ist um so geringer* (bei festen Körpern erreicht sie den grössten Werth 6,8; bei Gasen den Werth 3,4) *je zusammengesetzter die Molekel nach der Anzahl (n) der sie bildenden Atome erscheint und je geringer, bis zu einem gewissen Grade* (bei gleichem physikalischem Aggregatzustande), *das mittlere Atomgewicht* $\dfrac{M}{n}$ *ist*.

8) Als Beispiel genügt die Hinweisung auf die spezifische Wärme des Stickstofftetroxyds N^2O^4, das beim Erwärmen allmählich in NO^2 übergeht, wobei also chemische Arbeit der Zersetzung geleistet wird, welche Wärme verbraucht. Im Allgemeinen gesprochen erscheint die spezifische Wärme als eine zusammengesetzte Grösse, aus welcher deutlich zu ersehen ist dass auf Grund der thermischen Daten (z. B. der Reaktionswärme) allein man sich weder von den stattfindenden chemischen, noch den physikalischen Aenderungen einen Begriff machen kann, denn dieselben hängen immer von der Gesammtheit dieser Aenderungen ab.

Wenn ein Körper von der Temperatur t_0 auf t_1 erwärmt wird, so muss er eine chemische Veränderung (d. h. eine grössere oder geringere Aenderung des Zustandes der Atome in den Molekeln) erleiden, wenn er schon bei t_1 der Dissoziation unterliegt. Selbst bei dem einfachsten Körper, dessen Molekeln nur aus einem Atom bestehen, ist eine beim Erwärmen vor sich gehende, wirkliche chemische Veränderung denkbar, da die Wärmemenge, die sich bei chemischen Reaktionen entwickelt grösser ist als die, welche an ausschliesslich physikalischen Aenderungen Theil nimmt. Ein Gramm Wasserstoff (dessen spezifische Wärme = 3,4 bei konstantem Drucke ist) müsste, wenn seine Temperatur bis zur absoluten Null sinken würde, im Ganzen etwa Tausend W. E. und 8 Gr. Sauerstoff müssten die Hälfte dieser Menge abgeben; wenn sie sich aber mit einander verbinden, so entwickeln sie bei der Bildung von 9 Gr. Wasser eine 30 mal grössere Wärmemenge. Folglich ist der Vorrath an chemischer Energie (d. h. Bewegung der Atome, z. B. Wirbelbewegungen oder andere) viel grösser als der an physikalischer Energie, welche den Mo-

miger Körper angetroffen wird. Wenn daher die spezifische Wärme auch als eines der wichtigen Hilfsmittel zur Beurtheilung der Werthigkeit der Elemente erscheint, so beruht die sichere Bestimmung der Werthigkeit doch hauptsächlich auf dem Gesetz von Avogadro-Gerhardt. Alle anderen Mittel dürfen nur zur Aushilfe und vorläufig benutzt werden, so lange noch keine Möglichkeit vorliegt, direkt zur Bestimmung der Dampfdichte zu schreiten.

Unter den zweiwerthigen Metallen nehmen ihrer Verbreitung in der Natur nach *Magnesium* und *Calcium* die erste Stelle ein, also diejenige, welche unter den einwerthigen Metallen dem Natrium und Kalium zukommt. Diese Zusammenstellung findet ihre Bestätigung in der Wechselbeziehung, die zwischen den Atomgewichten der genannten vier Elemente besteht. Das Atomgewicht des Magnesiums ist 24 und des Calciums 40, während das Atomgewicht des Natriums und Kaliums 23, respective 39 beträgt d. h. das Atomgewicht der beiden letzteren Metalle ist um eine Einheit kleiner, als das der beiden ersteren[9]). Alle vier gehören zu den *leichten Metallen*, denn sie besitzen ein geringes spezifisches Gewicht, durch welches sie sich von den gewöhnlichen allgemein bekannten schweren Metallen unterscheiden (z. B. von Fe, Cu, Ag, Pb), denen ein bedeutend grösseres spezifisches Gewicht zukommt. Das geringe spezifische Gewicht hat zweifellos nicht nur die Bedeutung eines einfachen Merkmals, sondern auch die einer wichtigen Eigenschaft. Alle leichten Metalle besitzen in der That eine Reihe ähnlicher Merkmale, durch welche sie sich den Alkalimetallen nähern, so z. B. zersetzen Magnesium und Calcium Wasser (ohne einen Zusatz von Säure), also analog den Alkalimetallen, nur geht die Zersetzung nicht so leicht vor sich wie beim Einwirken der letzteren. Der Zersetzungprozess ist im Wesentlichen derselbe, z. B: $Ca + 2H^2O = CaH^2O^2 + H^2$, d. h. Wasserstoff wird ausgeschieden und es entsteht das Hydroxyd des betreffenden Metalls. Die Hydroxyde RH^2O^2 des Calciums und Magnesiums sind Basen, die fast alle Säuren sättigen, aber schon nicht mehr in allen Fällen so energisch wirken, wie die Hydroxyde der echten Alkalimetalle; beim Glühen scheiden sie Wasser aus, in welchem sie jedoch nicht so leicht löslich sind, mit Säuren entwickeln sie weniger Wärme und bilden Salze, die unbeständiger sind und sich beim Erhitzen

---

lekeln eigen ist. Die Aenderungen welche dieser Vorrath erleidet, bilden nun die Ursache der chemischen Umwandlungen. Wir stossen hier an die Grenzen unseres gegenwärtigen Wissens, deren Ueberschreitung die Disziplin der Wissenschaft nicht zulässt. Es müssen noch zahlreiche neue wissenschaftliche Entdeckungen gemacht werden, ehe dies möglich werden könnte.

9) Gleichsam als wäre $NaH = Mg$ und $KH = Ca$, was auch mit der Werthigkeit übereinstimmt. KH enthält zwei einwerthige Elemente und ist eine zweiwerthige Gruppe wie das Element Ca.

leichter zersetzen, als die entsprechenden Salze des Natriums oder Kaliums. $CaCO^3$ und $MgCO^3$ z. B. verlieren beim Erhitzen leicht Kohlensäure; auch die salpetersauren Salze zersetzen sich beim Erhitzen unter Zurücklassung von CaO und MgO. Chlormagnesium und Chlorcalcium scheiden beim Erwärmen mit Wasser HCl aus, wobei die Hydroxyde entstehen, die beim Erhitzen in die Oxyde selbst übergehen. In jeder Hinsicht zeigt sich bereits eine Abnahme der alkalischen Eigenschaften.

Magnesium und Calcium gehören zu den Metallen, welche *Metalle der alkalischen Erden* (Erdalkalimetalle) genannt werden, da sie analog den Alkalimetallen energische Basen bilden und in der Natur als Verbindungen verbreitet sind, aus welchen die unlösliche Masse der Erde besteht; auch besitzen ihre Oxyde RO selbst ein erdartiges Aussehen. Die Erdalkalimetalle bilden viele in Wasser unlösliche Salze, während die entsprechenden Salze der Alkalimetalle gewöhnlich löslich sind; in Wasser fast unlöslich sind z. B. die Salze der Kohlen-, Phosphor- und Borsäure. Dieser Unterschied ermöglicht die Trennung der Erdalkalimetalle von den Alkalimetallen. Wenn einer Lösung, die ein Gemisch von Salzen dieser Metalle enthält, eine Lösung von kohlensaurem Ammonium zugesetzt wird, so entstehen durch doppelte Umsetzung die unlöslichen kohlensauren Salze der Erdalkalimetalle, die in den Niederschlag gehen, während die Alkalimetalle in Lösung bleiben: $RX^2 + Na^2CO^3 = RCO^3 + 2NaX$.

Die Oxyde der Erdalkalimetalle werden öfters durch besondere Namen bezeichnet: MgO nennt man Magnesia oder Bittererde, CaO — Kalk, was der Bezeichnung von K^2O als Kali und von Na^2O als Natron analog ist.

In den Urgesteinen finden sich die Magnesia und der Kalk in Verbindung mit Kieselerde, öfters in wechselnden Mengen, so dass in einigen Fällen der Kalk, in anderen die Magnesia vorwaltet, wobei beile Oxyde, da sie einander ähnlich sind, sich gegenseitig in äquivalenten Mengen ersetzen. Die verschiedenen Arten der *Augite, Hornblenden oder Amphibole* und ähnlicher Minerale, die in fast allen Gebirgsarten vorkommen, enthalten gleichzeitig Kalk, Magnesia und Kieselerde. Die meisten Urgesteine enthalten ausserdem Thonerde, Kali und Natron. Unter dem Einfluss von (CO^2 haltigem) Wasser und Luft erleiden diese Gesteine Veränderungen, wobei Kalk und Magnesia in Lösung gehen, daher sind letztere in jedem Wasser und namentlich im Meerwasser enthalten. Die *kohlensauren Salze* $CaCO^3$ und $MgCO^3$, die in der Natur sehr verbreitet sind, *lösen sich in überschüssigem mit Kohlensäure gesättigtem Wasser* [10]); daher trifft man in der Natur öfters Wasser,

---

10) Na^2CO^3 und andere kohlensaure Salze bilden mit Kohlensäure saure Salze,

das diese Salze enthält und dieselben beim Verdunsten ausscheidet. 1 Kilogramm mit CO^2 gesättigten Wassers löst übrigens nicht mehr als 3 Gramm $CaCO^3$. Beim Verdunsten scheidet solches Wasser allmählich einen unlöslichen Niederschlag von $CaCO^3$ ab. Es lässt sich mit Bestimmtheit behaupten, dass die Bildung der in der Natur so verbreiteten, aus kohlensauren Salzen des Calciums und Magnesiums bestehenden Ablagerungen gerade in dieser Weise vor sich gegangen ist, denn darauf weist die geschichtete Struktur derselben hin, die nur durch allmählich auf dem Grunde von Meeren vor sich gehende Niederschläge bedingt sein kann. In diesen Niederschlägen finden sich ausserdem öfters Reste von Seethieren und Pflanzen, Muscheln u. s. w. Die sedimentären, aus kohlensaurem Kalk und kohlensaurer Magnesia bestehenden Gesteine sind die wichtigsten Fundorte des Calciums und Magnesiums. Gewöhnlich waltet in diesen Gesteinen der kohlensaure Kalk vor, da auch in Gebirgsarten und im fliessenden Wasser mehr Kalk, als Magnesia enthalten ist. Die hauptsächlich aus kohlensaurem Kalk bestehenden geschichteten Gesteine werden *Kalksteine* genannt; zu denselben gehören z. B. der gewöhnliche Fliesenstein, der zum Herstellen von Trottoiren, Steintreppen u. s. w. benutzt wird, und die Kreide. *Dolomite* nennt man Kalksteine, in denen ein bedeutender Theil des Kalks durch Magnesia ersetzt ist. Vom Kalkstein unterscheidet sich der Dolomit durch seine Härte und dadurch, dass er mit Säuren nicht so leicht seine Kohlensäure ausscheidet. Manche Dolomite [11]) enthalten kohlensauren Kalk und kohlensaure Magnesia in einer gleichen Anzahl von Molekeln und treten zuweilen in krystallinischem Zustande auf, was leicht zu verstehen ist, da der kohlensaure Kalk selbst in diesem Zustand als *Kalkspath* in der Natur sehr häufig vorkommt. Die natürlich vorkommende krystallinische kohlensaure Magnesia wird *Magnesit* genannt. Die Bildung der krystallinischen Varietäten unlöslicher kohlensaurer Salze erklärt sich durch die Möglichkeit ihrer allmählichen Ausscheidung aus kohlensäurehaltigen Lösungen.

---

welche weniger löslich sind, als die neutralen Salze; hier liegt nun der umgekehrte Fall vor: bei einem Ueberschuss an CO^2 bildet sich ein Salz, das löslicher als das neutrale, aber noch unbeständiger als $NaHCO^3$ ist.

11) Die Bildung der Dolomite lässt sich erklären, wenn wir uns vorstellen, dass die Lösung eines Magnesiumsalzes auf kohlensaures Calcium einwirkt. Durch doppelte Umsetzung kann hierbei kohlensaures Magnesium entstehen und wenn man nun annimmt, dass die Umsetzung nicht vollständig ist, sondern nur bis zu einer bestimmten Grenze geht, so wird ein Gemisch von kohlensaurem Calcium und kohlensaurem Magnesium resultiren. Als Haidinger ein Gemisch von kohlensaurem Calcium $CaCO^3$ mit der Lösung einer äquivalenten Menge von schwefelsaurem Magnesium $MgSO^4$ in einem zugeschmolzenen Rohre auf $200°$ erhitzte, so ging in der That das Magnesium theilweise in kohlensaures Salz $MgCO^3$ und das Calcium theilweise in Gyps $CaSO^4$ über.

Aus dem Meerwasser (Kap 10) erhält man ausserdem schwefelsauren Kalk und schwefelsaure Magnesia, welche also sowol in Lagern, als auch in Quellen angetroffen werden. Zu bemerken ist, dass das Meerwasser (relativ) ziemlich viel Magnesia enthält, da die schwefelsaure Magnesia und das Chlormagnesium in Wasser löslich sind; der Kalkgehalt dagegen ist gering, denn der schwefelsaure Kalk ist wenig löslich. Wenn daher das Auftreten grosser Lager von schwefelsaurer Magnesia in der Natur nicht zu erwarten ist, so muss im Gegentheil angenommen werden, dass schwefelsaurer Kalk oder *Gyps* $CaSO^4 2H^2O$ in grossen Massen vorkommen wird, was in Wirklichkeit auch der Fall is. Der Gyps bildet zuweilen, wie z. B. an der Wolga, am Don und in den Ostseeprovinzen ungeheure Lager, die sich viele Kilometer weit hinziehen.

In viel geringerer (meistens nur in Bruchtheilen von Procenten, selten in grösserer) Menge gehen Kalk und Magnesia in die *Zusammensetzung des Bodens* ein; ganz ohne Gehalt an diesen Basen kann der Boden keine Pflanzen hervorbringen. Von besonderer Wichtigkeit ist der Kalkgehalt; eine Vergrösserung desselben bedingt gewöhnlich einen reicheren Ernteertrag, obgleich reiner Kalkboden unfruchtbar ist. Man verwendet daher zum Düngen des Bodens sowol den Kalk selbst [12]), als auch Mergel, d. h. mit kohlensaurem Kalk vermengten Thon, der fast überall in der Natur angetroffen wird. Aus dem Boden gelangen der Kalk und die Magnesia (diese in geringerer Menge) *in die Pflanzen*, wo sie in Form von Salzen angetroffen werden. Einige dieser Salze scheiden sich in den Pflanzen im krystallinischen Zustande aus, z. B. das oxalsaure Calcium. Der in den Pflanzen enthaltene Kalk liefert das Material zu den verschiedenen Kalkablagerungen, die so häufig *in den Thieren* aller Klassen angetroffen werden. Die Knochen der höheren Thiere, die Muscheln der Weichthiere, die Skelette der Seeigel und ähnliche feste Ablagerungen von Seethieren enthalten kohlensaure Salze; die Muscheln hauptsächlich kohlensauren Kalk, die Knochen — phosphorsauren Kalk. Einige Kalksteine bestehen fast ausschliesslich aus solchen Ablagerungen. Die Stadt Odessa z. B. befindet sich auf einem solchen aus Muscheln bestehenden Kalksteinboden.

Da der Kalk und die Magnesia in vielen Beziehungen einander so ähnliche Basen sind, so wurde früher lange Zeit hindurch kein

---

12) Der zweifellos günstige Einfluss den Kalk in seiner Verwendung als Dünger, wenn auch nicht auf jeden, so doch auf solchen Ackerboden ausübt, auf dem längere Zeit hindurch Getreide gebaut wurde, erklärt sich nicht durch den Bedarf der Pflanzen an Kalk, sondern vielmehr durch die chemischen und physikalischen Aenderungen, die der Kalk im Boden hervorruft, in dem er als starke Base die Zersetzung der mineralischen und organischen Bestandtheile des Bodens fördert.

Unterschied zwischen ihnen gemacht. Erst zu Anfang des 18-ten Jahrhunderts wurde die Magnesia zum ersten Male in Italien dargestellt und als Heilmittel benutzt. Black, Bergman und Andere bestätigten dann die Eigenthümlichkeit der Magnesia und unterschieden sie vom Kalk.

Das *metallische Magnesium* (wie auch Ca) lässt sich nicht, wie die Alkalimetalle, durch Glühen von Magnesiumoxyd oder von kohlensaurem Magnesium mit Kohle darstellen [13]; man erhält es aber beim Einwirken des galvanischen Stromes auf geschmolzenes Chlormagnesium (dem hierbei mit Votheil etwas KCl zugesetzt wird). Zuerst ist das metallische Magnesium von Davy und Bussy durch Einwirken von Kaliumdämpfen auf Chlormagnesium dargestellt worden. Gegenwärtig stellt man es in ziemlich bedeutender Menge in derselben Weise (nach Deville) dar, nur wendet man statt des Kaliums Natrium an. Man schmilzt zu diesem Zwecke wasserfreies Chlormagnesium in einem bedeckten Tiegel unter Zusatz von Kochsalz und Fluorcalcium. Diese letzteren werden nur zur leichteren Bildung einer geschmolzenen Masse zugesetzt, welche den Luftzutritt zum sich ausscheidenden Metalle verhindern soll. Auf je fünf Theile Chlormagnesium fügt man, nachdem die Masse geschmolzen und stark erhitzt ist, einen Theil zerkleinerten Natriums zu und rührt um. Die Reaktion verläuft sehr rasch: $MgCl^2 + Na^2 = Mg + 2NaCl$. In grossem Maasstabe wird alsdann das pulverförmige Magnesium bei Weissgluth destillirt. Die Destillation ist nothwendig, um ein vollständig homogenes Metall zu erhalten, denn nur als solches kann das Magnesium gleichmässig verbrennen [14]; dargestellt wird es aber hauptsächlich zu

---

[13] Durch Natrium und Kalium wird die Magnesia MgO nur bei Weissgluth und nur sehr langsam zersetzt, und zwar wahrscheinlich aus folgenden zwei Ursachen. Erstens, weil $Mg + O$ bei ihrer Vereinigung mehr Wärme (gegen 140 Taus. Cal.) entwickeln, als $K^2 + O$ oder $Na^2 + O$ (ungefähr 100 Taus. Cal.) und zweitens weil die Magnesia nicht schmilzt und daher nicht, wie das Natrium oder Kalium auf die Kohle einwirken kann, d. h. die Magnesia kommt nicht in den zur Reaktion erforderlichen beweglichen Zustand. Durch die erstere Ursache allein lässt sich das Ausbleiben der Reaktion zwischen Kohle und Magnesia nicht erklären, da Eisen und Kohle bei ihrer Vereinigung mit Sauerstoff weniger Wärme entwickeln, als Na oder K, und dennoch diese Alkalimetalle verdrängen. Die Zersetzung des Chlormagnesiums durch K oder Na erfolgt nicht nur, weil diese Metalle bei ihrer Vereinigung mit Chlor mehr Wärme entwickeln, als das Magnesium, wenn es sich mit Chlor verbindet ($Mg + Cl^2$ entwickeln 150 und $Na^2 + Cl^2$ ungefähr 195 Taus. Calorien), sondern auch weil beim Glühen sowol $MgCl^2$, als auch das entstehende Doppelsalz schmelzen. Wahrscheinlich wird aber auch die umgekehrte Reaktion stattfinden.

[14] Das käufliche Magnesium enthält gewöhnlich etwas *Stickstoffmagnesium* Mg^3N^2 (Deville und Caron) d. h. das Substitutions Produkt des Ammoniaks, das direkt beim Glühen von Magnesium in Stickstoff entsteht und als ein gelbgrünes Pulver erscheint, welches mit Wasser NH^3 und MgO und beim Erhitzen mit CO^2 Cyangas bildet. Vollkommen reines Magnesium erhält man beim Einwirken des galvanischen Stromes.

Beleuchtungszwecken. Das Magnesium ist ein silberweisses Metall, das, im Gegensatz zu den weichen Alkalimetallen, ebenso hart ist, wie die meisten anderen Metalle. Dies ist auch begreiflich, denn das Magnesium schmilzt erst bei etwa 500° und siedet bei 1000°. Es ist hämmerbar und dehnbar wie die gewöhnlichen Metalle, so dass es sich leicht zu Draht und Band ausziehen lässt. Zur Beleuchtung benutzt man meistens Magnesiumband. Von den Alkalimetallen unterscheidet sich das Magnesium dadurch, dass es bei gewöhnlicher Temperatur auf die Feuchtigkeit der Luft nicht einwirkt, also in der Luft fast unverändert bleibt; auch vom Wasser wird es bei gewöhnlicher Temperatur nicht angegriffen, und kann daher leicht ausgewaschen werden (zum Entfernen von NaCl bei der Darstellung des Metalls). Erst bei der Siedetemperatur des Wassers [15]) und besonders bei noch höheren Temperaturen zersetzt das Magnesium Wasser unter Ausscheidung von Wasserstoff, aber die Reaktion verläuft nur schwierig. Es erklärt sich dies durch die Bildung des in Wasser unlöslichen Hydrats MgH^2O^2, welches das Metall bedeckt und vor der weiteren Einwirkung des Wassers schützt. Aus Säuren scheidet das Magnesium leicht Wasserstoff aus und bildet Salze. Entzündet *brennt* es nicht nur im Sauerstoff, sondern auch in der Luft und sogar in CO^2; es entwickelt hierbei ein *blendend weisses Licht* und verbrennt zu einem weissen Pulver von Magnesiumoxyd oder Magnesia. Die Stärke dieses Lichtes ist natürlich dadurch bedingt, dass das Magnesium (24 Gewichtsth.) beim Verbrennen gegen 140 Taus. W. E. entwickelt und das Verbrennungsprodukt die unschmelzbare Magnesia ist, dessen Partikelchen in den Dämpfen des brennenden Magnesiums zum Glühen kommen; es liegen also vollständig die Bedingungen zu einer starken Lichtentwickelung vor. Das Magnesiumlicht enthält viele Strahlen, die chemisch wirken und sich im violetten (und ultravioletten) Theile des Spektrums befinden. Es kann daher das brennende Magnesium als Lichtquelle beim Photographiren benutzt werden [16]).

Infolge seiner grossen Verwandtschaft zum Sauerstoff reduzirt das Magnesium viele Metalle aus den Lösungen ihrer Salze schon

---

15) Wasserstoffhyperoxyd löst das Magnesium (Weltzien). Die Reaktion ist nicht erforscht.

16) Zum Verbrennen des Magnesiums benutzt man einen besonderen Mechanismus, welcher ähnlich den Werken von Pendeluhren aus einem drehbaren Cylinder besteht, auf dem das Magnesium-Band oder der Draht aufgerollt ist. Setzt man den Cylinder in Bewegung, so wird das Magnesiumband abgewickelt und gleichmässig vorgeschoben und zwar in der Maasse, wie es verbrennt. Dasselbe erreicht man in besonderen Lampen, in welchen ein Gemisch von Magnesiumpulver mit Sand aus einem trichterförmigen Reservoir allmählich in die Flamme fällt. Zum Photographiren wird am besten Magnesiumpulver in eine farblose (Weingeist- oder Gas-) Flamme eingeblasen.

bei gewöhnlicher Temperatur [17]) z. B. Zn, Fe, Bi, Sb, Cd, Sn, Pb, Cu, Ag u. and.; beim Glühen entzieht Magnesiumpulver den Sauerstoff solchen Oxyden, wie SiO^2, Al^2O^3, B^2O^3 und anderen, so dass man direkt durch Zusammenschmelzen von pulverförmiger Kieselerde mit Magnesium in einem schwer schmelzbaren Probirröhrchen Silicium gewinnen kann [18]). Mit geschmolzenem KHO oder NaHO reagirt das Magnesium unter energischer Entwickelung von Wasserstoff.

Zu den Halogenen ist die Affinität des Magnesiums viel geringer, als zum Sauerstoff [19]), was sich schon daraus ersehen lässt, dass das Magnesium mit einer Jodlösung nur schwach reagirt; dagegen verbrennt es in den Dämpfen von freiem Jod, Brom oder Chlor. Der Charakter des Magnesiums wird auch dadurch bestimmt, dass allen seinen Salzen die Fähigkeit eigen ist, sich mit Wasser bei relativ nicht hohen Hitzegraden zu zersetzen, wobei die Elemente der Säure ausgeschieden werden und das nicht flüchtige, sich in der Hitze nicht verändernde Magnesiumoxyd zurückbleibt. Selbst schwefelsaures Magnesium zersetzt sich bei der Schmelztemperatur des Eisens vollständig unter Zurücklassung von Magnesiumoxyd. Die Zersetzung der Magnesiumsalze geht viel leichter vor sich, als die der Calciumsalze. Das Salz $MgCO^3$ z. B. zersetzt sich vollständig schon bei 170°.

Das *Magnesiumoxyd* oder die *Magnesia* (Bittererde) findet sich in der Natur sowol als Hydrat (das Mineral Brucit MgH^2O^2), als auch wasserfrei (der Periklas MgO). Es ist ein in der Medizin häufig angewandtes Mittel (gebrannte Magnesia, Magnesia usta seu calcinata). Die Magnesia bildet ein weisses, sehr feines und lockeres Pulver vom spez. Gewichte 3,4, das unschmelzbar ist und in der Knallgasflamme kaum zusammenbackt. Bleibt es längere Zeit hindurch in Berührung mit Wasser, so verbindet es sich damit nur sehr langsam zu dem Hydrate $Mg(OH)^2$, welches beim Glühen sehr leicht, noch vor Beginn der Rothgluth, sein Wasser abgibt und wieder in das wasserfreie Oxyd übergeht. Das Magnesiahydrat

---

17) Nach den Beobachtungen von Maack, Commaille Böttger und and. Die beim Glühen mit Magnesium stattfindenden Reduktionen sind von Geuther, Phipson, Parkinson und Gattermann untersucht worden.

18) Diese Wirkung des metallischen Magnesiums hängt, aller Wahrscheinlichkeit nach, wenn auch nur theilweise (vgl. Anm. 13), sowol von seiner Flüchtigkeit, als auch davon ab, dass das Magnesium bei seiner Vereinigung mit einer bestimmten Sauerstoffmenge mehr Wärme entwickelt als Al, Si, K und andere einfache Körper.

19) Nach Davy findet beim Erhitzen von MgO in Chlor eine vollständige Ersetzung statt, denn das Volum des frei werdenden Sauerstoffs ist zweimal kleiner, als das des verschwindenden Chlors. Es ist jedoch wahrscheinlicher, dass infolge der Bildung von Chloroxyd, die Zersetzung der Magnesia nicht zu Ende geht, sondern durch die umgekehrte Reaktion begrenzt wird, wenn kein Ueberschuss an Sauerstoff vorhanden ist, also keine Massenwirkung stattfinden kann.

(Magnesiumhydroxyd) erhält man als eine gallertartige, amorphe Masse beim Vermischen der Lösungen irgend eines Magnesiumsalzes und eines löslichen Alkalis: $MgCl^2 + 2KHO = Mg(HO)^2 + 2KCl$. Die Zersetzung geht bis zu Ende und fast alles Magnesium erhält man im Niederschlage, was auf die fast vollständige Unlöslichkeit des Magnesiahydrats in Wasser deutlich hinweist. Ein Theil Magnesiumhydroxyd löst sich erst in 55000 Theilen Wasser. Dennoch reagirt eine solche Lösung alkalisch und gibt z. B. mit einem löslichen phosphorsauren Salze einen Niederschlag des noch weniger löslichen phosphorsauren Magnesiums. Das Magnesiumhydroxyd löst sich nicht nur in Säuren, wobei es Salze bildet, sondern es verdrängt auch einige andere Basen, z. B. Ammoniak aus Ammoniaksalzen beim Kochen. Aus der Luft absorbirt das Magnesiumhydroxyd die Kohlensäure. Alle Magnesiumsalze sind farblos, ebenso wie die Salze des Ca, K und Na, wenn zugleich auch die betreffende Säure farblos ist. Die löslichen Magnesiumsalze besitzen einen bitteren Geschmack; daher hat die Magnesia den Namen *Bittererde* erhalten. Im Vergleich zu den Alkalien ist die Magnesia eine schwache Base, da ihre Salze wenig beständig sind, sie bildet aber leicht basische, dagegen nur schwierig saure Salze; mit Salzen der Alkalimetalle verbindet sie sich zu Doppelsalzen, was überhaupt allen schwachen Basen eigen ist, wie wir weiter bei Betrachtung derselben noch sehen werden.

Die Fähigkeit der Magnesiumsalze Doppelsalze und basische Salze zu bilden, offenbart sich häufig in den Reactionen derselben. Besonders bemerkenswerth ist die Fähigkeit der Magnesiumsalze zur Bildung von *Doppelsalzen mit Ammoniumsalzen*. Beim Vermischen gesättigter Lösungen von $MgSO^4$ und $(NH^4)^2SO^4$ scheidet sich direkt das krystallinische Doppelsalz $Mg(NH^4)^2(SO^4)^2 6H^2O$ aus [20]). Starke Lösungen des gewöhnlichen kohlensauren Ammoniums lösen MgO und $MgCO^3$ und fällen Krystalle des Doppelsalzes $Mg(NH^4)^2(CO^3)^2 4H^2O$, dem durch Wasser kohlensaures Ammonium entzogen wird. Im Ueberschusse des Ammoniumsalzes löst sich das Doppelsalz [21]). Wenn daher die Lösung eines Magnesiumsalzes irgend ein Ammoniumsalz, z. B. Salmiak, im Ueberschusse enthält, so wird durch Na^2CO^3 kein kohlensaures Magnesium gefällt. Ein Gemisch der Lösungen von $MgCl^2$ und NH^4Cl scheidet beim Verdunsten und Abkühlen das Doppelsalz $Mg(NH^4)Cl^3 6H^2O$ aus [22]).

---

20) Selbst eine Lösung von NH^4Cl bildet mit $MgSO^4$ dieses Salz. Das spezifische Gewicht desselben ist 1,72; 100 Th. Wasser lösen bei 0°—9,0 und bei 20° 17,9 Th. des wasserfreien Doppelsalzes. Das Wasser entweicht vollständig bei 130°.

21) Es ist dies ein Beispiel des Einflusses der Massenwirkung; das Doppelsalz wird durch Wasser zersetzt, während der Theil der Lösung, der sich bei dieser Zersetzung bildet, in Wasser vollständig löslich ist.

22) Fügt man zur $MgCl^2$-Lösung überschüssiges Ammoniak, so scheidet sich im

Ebenso wie Ammoniumsalze können auch Kaliumsalze mit den Magnesiumsalzen in Verbindung treten [23]. In den Salzlagern von Stassfurt findet sich das Doppelsalz $MgKCl^3 6H^2O$, welches *Karnallit* genannt wird [24]. Dasselbe bildet sich beim Abkühlen einer gesättigten Lösung von KCl mit überschüssigem $MgCl^2$. Eine gesättigte Lösung von $MgSO^4$ löst K^2SO^4 und eine gesättigte Lösung dieses letzteren Salzes löst wieder festes $MgSO^4$. Aus solchen Lösungen krystallisirt das Doppelsalz $K^2Mg(SO^4)^2 6H^2O$ aus, welches ganz analog dem oben erwähnten schwefelsauren Ammonium-Magnesium ist [25].

Niederschlage nur die Hälfte des Magnesiums aus: $2MgCl^2 + 2NH^4OH = Mg(OH)^2 + MgNH^4Cl^3 + NH^4Cl$. Eine NH^4Cl-Lösung scheidet mit MgO Ammoniak aus und bildet eine Lösung desselben Salzes: $MgO + 3NH^4Cl = MgNH^4Cl^3 + H^2O + 2NH^3$.

Von den Ammonium-Magnesiumdoppelsalzen ist das der Phosphorsäure $MgNH^4 PO^4 6H^2O$ in Wasser fast unlöslich, auch in Gegenwart von Ammoniak (im Liter lösen sich 0,07 g des Salzes). In Form dieses Salzes wird das Magnesium sehr oft aus Lösungen gefällt, in denen es durch Ammoniumsalze gelöst ist. Da nun der Kalk durch Ammoniumsalze nicht in Lösung gehalten wird, sondern ausgefällt werden kann, z. B. durch Soda, so lässt sich auf Grund dieses verschiedenen Verhaltens leicht die *Trennung* von CaO und MgO ausführen.

23) Die Natur der Doppelsalze und die Ursache ihrer Bildung lässt sich verstehen, wenn man annimmt (was übrigens das Wesen der Sache nicht vollständig umfasst), dass dem einen Metalle der Doppelsalze (z. B. dem K) die Fähigkeit zukommt, leicht saure Salze zu bilden, während das andere (z. B. das Mg) leicht basische Salze bilden kann, dass also im ersteren die Eigenschaften energischer basischer Elemente vorherrschen, während im letzteren diese Eigenschaften so schwach hervortreten, dass die Salze desselben den Charakter von Säuren besitzen. (Die Salze des Magnesiums oder Aluminiums wirken in vielen Fällen wie Säuren). Wenn nun die Salze der beiden Metalle mit einander in Verbindung treten, so werden die entgegengesetzten Eigenschaften der Salze gleichsam kompensirt.

24) Zugleich mit dem Karnallite (vergl. Kap. 10 Anm. 13 und Kap. 13) findet sich auch viel Kainit $KMgCl(SO^4)3H^2O$, ein Doppelsalz, das 2 Metalle und 2 Halogene enthält; das spez. Gewicht desselben beträgt 2,13 und die Löslichkeit 79,6 Th. in 100 Th. Wasser bei 18°.

25) Die Bestandtheile einiger Doppelsalze diffundiren mit verschiedener Geschwindigkeit, so dass die diffundirte Lösung die beiden Salze in einem anderen Mengenverhältnisse enthält, als die ursprüngliche Lösung des Doppelsalzes. Es weist dies auf eine stattfindende Zersetzung durch Wasser hin. Dieser Zersetzung unterliegen nach Rüdorff (1888) alle Doppelsalze, die dem Karnallite, dem $MgK^2(SO^4)^2 6H^2O$ und den Alaunen ähnlich sind. Dagegen diffundiren solche Salze wie der Brechweinstein, die Doppelsalze der Oxalsäure und die Doppelcyanide, ohne hierbei zu zerfallen, was aller Wahrscheinlichkeit nach sowol von der relativen Diffusions-Geschwindigkeit der das Doppelsalz bildenden Bestandtheile, als auch von der Affinität der letzteren zu einander bedingt wird. Das komplizirte Gleichgewicht, das sich zwischen dem Wasser, den einzelnen Salzen MX und NY und dem Doppelsalz MNXY herstellt, sind schon theilweise erklärt, (wie weiter unten gezeigt werden wird), aber nur in den Fällen, wo heterogene Systeme vorliegen, (d. h. wenn einer der Bestandtheile sich im festen Zustand aus der flüssigen Lösung ausscheidet); unerklärt bleiben dagegen die Fälle des Gleichgewichts in homogenen, flüssigen Mitteln (in Lösungen), da diese Fälle die Theorie der Lösungen selbst betreffen, welche gegenwärtig noch nicht abgeschlossen ist. (Kap. 1, Anm. 19 und and). In Bezug auf

Die nächsten Analoga des Magnesiums bilden ähnliche krystallinische Doppelsalze, die in derselben Form (des monoklinen Systems) krystallisiren, dieselbe Zusammensetzung besitzen, leicht (unter 140°)

die heterogene Zersetzung von Doppelsalzen ist es längst bekannt, dass solchen Salzen wie Karnallit und $K^2Mg(SO^4)^2$ durch Wasser, wenn dieses in zum Lösen ungenügender Menge zugesetzt wird, das löslichere Magnesiumsalz entzogen wird. Zur vollständigen Sättigung von 100 Th. Wasser sind vom (wasserfreien) Salze $K^2Mg(SO^4)^2$ bei 0°—14,1 Th. erforderlich, bei 20°—25 Th. und bei 60°—50,2 Th., während 100 Th. Wasser bei 0°—27 Th. $MgSO^4$, bei 20°—36 Th. und bei 60°—55 Th. lösen, wenn man vom wasserfreien Salze ausgeht. (Anm. 27).

Von allen Gleichgewichtssystemen, welche sich in Lösungen von Doppelsalzen herstellen, ist bis jetzt dasjenige am meisten erforscht, das aus Wasser, Na^2SO^4, $MgSO^4$ und dem von diesen letzteren gebildeten und mit 4 oder $6H^2O$ krystallisirenden Doppelsalze $Na^2Mg(SO^4)^2$ besteht. Das Krystallhydrat $Na^2Mg(SO^4)^2 4H^2O$ findet sich in Stassfurt und scheidet sich aus vielen Salzseen des Gouvernements Astrachan aus, woher es die Benennung **Astrachanit** erhalten hat. Das spez. Gewicht der monoklinen Krystalle dieses Krystallhydrats beträgt 2,22. Wird es gepulvert und mit der (nach der weiter angeführten Gleichung) erforderlichen Menge Wasser gemischt, so erstarrt es wie Alabaster zu einer festen Masse, wenn die Temperatur *unter* 22° liegt (van't Hoff und van Deventer 1886. Bakhuis Roozeboom 1887), wenn sie aber diesen *Uebergangspunkt* (point de transition) übersteigt, so findet zwischen dem Doppelsalze und dem Wasser die Reaktion: $MgNa^22(SO^4)4H^2O + 13H^2O = Na^2SO^410H^2O + MgSO^47H^2O$ nicht statt, d. h. man erhält nicht das erstarrte Gemisch von Glaubersalz und Bittersalz. Wenn man das Gemisch der Lösungen (äquivalenter Mengen) dieser Salze eindampft und, um die Entstehung einer übersättigten Lösung zu verhindern, sowol Krystalle des Astrachanits, als auch der beiden einzelnen Salze, die aus letzterem entstehen können, zusetzt, so bildet sich bei Temperaturen über 22° ausschliesslich Astrachanit (der auf diese Weise auch dargestellt wird); bei niederen Temperaturen dagegen scheiden sich die Salze des Mg und Na^2 gesondert aus. Beim Vermischen äquivalenter Mengen von Glauber- und Bittersalz in festem Zustande tritt bei Temperaturen unter 22° keine Veränderung ein, während bei höheren Temperaturen Astrachanit und Wasser entstehen. Das dem Molukulargewichte (in Grammen) entsprechende Volum von $Na^2SO^410H^2O$ ist $\frac{322}{1,46} = 220,5$ CC.; von $MgSO^47H^2O = \frac{246}{1,68} = 146,4$ CC; folglich muss das Gemisch äquivalenter Mengen ein Volum von 366,9 CC einnehmen. Das Volum des Astrachanits ist aber $\frac{334}{2,22} = 150,5$ und das von $13H^2O = 234$; die Summe ist also = 380,5 CC. Es lässt sich daher in einem entsprechenden Apparate (eine Art von Thermometer, das mit Oel und dem Gemisch von gepulvertem Bitter- und Glaubersalz gefüllt ist) die Bildung des Astrachanits leicht verfolgen; dass dieselbe unter 22° nicht eintritt, über 22° aber um so schneller verläuft, je höher die Temperatur ist, lässt sich nach der eintretenden Volumänderung feststellen. Bei der Uebergangstemperatur ist die Löslichkeit des Astrachanits und des Gemisches der dasselbe bildenden Salze die gleiche, während bei höherer Temperatur die Lösung, die mit dem Gemische der beiden einzelnen Salze gesättigt ist, in Bezug auf den Astrachanit, als übersättigt erscheint; bei niederen Temperaturen ist dagegen die mit Astrachanit gesättigte Lösung wieder in ezug auf die beiden einzelnen Salze übersättigt, wie dies mit besonderer Ausführlichkeit von Karsten, Deakon und and. dargethan worden ist. Nach Roozeboom können zwei Lösungen des Doppelsalzes, welche ihrer Zusammensetzung nach die möglichen Grenzen bilden, existiren; man erhält sie durch Lösen des Doppelsalzes, das mit dem einen oder dem anderen seiner Bestandtheile gemischt ist. Van't Hoff zeigte ausserdem, dass das Streben zur Bildung von Dop-

ihr Krystallisationswasser vollständig verlieren und den schwefelsauren Salzen entsprechen, als deren Typus das *schwefelsaure Magnesium* (Magnesiumsulfat) $MgSO^4$ erscheint [26]). Dieses Salz findet sich in Stassfurt als *Kieserit* $MgSO^4 H^2O$, krystallisirt aber aus seiner Lösung gewöhnlich mit einem Gehalt von sieben Molekeln Wasser $MgSO^4 7H^2O$; aus einer gesättigten Lösung scheidet es sich mit sechs Wassermolekeln aus $MgSO^4 6H^2O$, beim Abkühlen unter 0^0 krystallisirt es mit 12 Molekeln Wasser und eine Lösung von der Zusammensetzung $MgSO^4 24H^2O$ erstarrt vollständig bei -5^0 [27]).

pelsalzen einen deutlichen Einfluss auf den Verlauf der doppelten Umsetzungen ausübt, denn das Gemisch $2MgSO^4 7H^2O + 2NaCl$ geht bei Temperaturen über 31^0 in $MgNa^2 2(SO^4)4H^2O + MgCl^2 6H^2O + 4H^2O$ über, während unter 31^0 diese doppelte Umsetzung nicht stattfindet, was auf die oben angegebene Weise bewiesen werden kann.

Die hier angeführten Beispiele offenbaren den innigen Zusammenhang, der sowol zwischen der Temperatur und der Bildung, als auch zwischen der Temperatur und der Zustandsänderung von Stoffen besteht. Wir stossen also auf dieselben Begriffe, die Deville in Bezug auf die Dissoziation entwickelte, nur sind diese Begriffe hier erweitert, um den Uebergang des festen Zustandes in den flüssigen und umgekehrt erklären zu können. Gleichzeitig offenbart sich aber auch die wichtige Rolle, welche das Wasser bei der Bildung von Verbindungen spielt und es zeigt sich, dass die Affinität zum Krystallisationswasser ihrem Wesen nach der Affinität der Salze zu einander und folglich auch der Affinität der Säuren zu Basen ähnlich ist, da (vom Grade der Affinität, d. h. der quantitativen Seite abgesehen) ein wesentlicher Unterschied zwischen der Bildung von Doppelsalzen und der Bildung von Salzen selbst nicht vorhanden ist. Wenn aus $NaHO$ und $NHO^3 - NaNO^3$ und Wasser entstehen, ist die Erscheinung ihrem Wesen nach dieselbe, wie bei der Entstehung des Astrachanits aus $Na^2SO^4 10H^2O$ und $MgSO^4 7H^2O$. In beiden Fällen wird Wasser ausgeschieden, und hierdurch die Aenderung im Volume bedingt.

26) Dieses Salz und besonders sein Krystallhydrat mit 7 Wassermolekeln ist als Bittersalz. Epsomit oder englisches Salz bekannt und wird seit Langem als Abführungsmittel benutzt. Das Bittersalz scheidet sich beim Verdunsten von Meerwasser und vieler Salzquellen aus und wird leicht aus Magnesia und Schwefelsäure dargestellt. Bei der Gewinnung von CO^2 aus Magnesit $MgCO^3$ und Schwefelsäure, bleibt eine Lösung von $MgSO^4$ zurück. Wenn Dolomit, ein Gemisch von $MgCO^3$ und $CaCO^3$, so lange mit Salzsäure, behandelt wird, bis mehr als die Hälfte desselben sich löst, so geht hauptsächlich $CaCO^3$ in Lösung, während $MgCO^3$ ungelöst bleibt und durch Einwirken von Schwefelsäure in $MgSO^4$ übergeführt werden kann.

27) Das wasserfreie Magnesiumsulfat $MgSO^4$ (dessen spez. Gew. 2,61 ist) zieht in feuchter Luft $7H^2O$ an; beim Erhitzen in Wasserdämpfen oder in HCl gibt es H^2SO^4 ab; mit Kohle reagirt es entsprechend der Gleichung: $2MgSO^4 + C = 2SO^2 + CO^2 + 2MgO$. Das schwefelsaure Salz, das eine Wassermolekel enthält (der Kieserit) $MgSO^4 H^2O$ (vom spez. Gewicht 2,56) löst sich nur schwer in Wasser und bildet sich beim Erwärmen der anderen Krystallhydrate bis auf 135^0. Das 6 Wassermolekeln haltende Salz ist dimorph. Wenn eine bei ihrer Siedetemperatur gesättigte Lösung von Magnesiumsulfat abgekühlt wird, ohne dass Krystalle des Salzes mit 7 Wassermolekeln hineingelangen können, so krystallisirt das Salz $MgSO^4 6H^2O$ in Krystallen des *monoklinen* Systems aus, die ebenso unbeständig sind, wie das Salz $Na^2SO^4 7H^2O$ (vergl. pag. 556) (Löwel, Marignac); setzt man aber der Lösung beim Abkühlen einige dem quadratischen Systeme angehörende, prismatische Krystalle von schwefelsaurem Kupfer-Nickel zu, dessen Zusammensetzung $MSO^4 6H^2O$ ist, so setzt sich an diesen Krystallen das Salz $MgSO^4 6H^2O$ gleichfalls in prisma-

Wasser und MgSO^4 können auf diese Weise mehrere bestimmte mehr oder weniger stabile Gleichgewichtssysteme bilden; auf eines derselben lässt sich auch das Doppelsalz MgSO^{4}K^{2}SO^{4}6H^{2}O zurückführen, um so mehr als es 6H^{2}O enthält und MgSO^4 das beständigste System mit 7H^{2}O bildet, so dass das Doppelsalz als dieses Krystallhydrat des schwefelsauren Magnesiums (mit 7 Wassermolekeln), in welchem eine Molekel H^{2}O durch die Molekel K^{2}SO ersetzt ist, betrachtet werden kann [28]).

tischen Krystallen des *quadratischen* Systems an (Lecoq de Boisbaudran). Die gewöhnlichen, dem *rhombischen* Systeme angehörenden Krystalle des Bittersalzes MgSO^{4}7H^{2}O, deren spez. Gewicht 1,69 beträgt, entstehen, wenn Magnesiumsulfatlösungen bei Temperaturen unter 30° krystallisiren.

In der Leere oder bei 100° verlieren diese Krystalle 5H^{2}O, bei 132°–6H^{2}O und bei 200° alle 7H^{2}O (Graham). Bringt man in die gesättigte Lösung Krystalle von Eisen- oder Kobaltvitriol, so bilden sich *hexagonale* Krystalle des Salzes mit 7 Wassermolekeln, die sich in einem unbeständigen Gleichgewichtszustand befinden und bald trübe werden, da sie wahrscheinlich in die beständigere gewöhnliche Form des Bittersalzes übergehen (Lecoq de Boisbaudran). Durch Abkühlen gesättigter Lösungen unter 0° erhielt Fritsche ein Gemisch von Eiskrystallen mit Magnesiumsulfat-Krystallen, die 12 Wassermolekeln enthielten und schon bei Temperaturen über 0° leicht zerfielen. Nach Guthrie scheiden schwache MgSO^4-Lösungen beim Abkühlen so lange Eis aus, bis die Zusammensetzung MgSO^{4}24H^{2}O erreicht wird und die Lösung dann bei—5,3° vollständig zum Kryohydrat erstarrt (pag. 111). Die Temperatur der Eisbildung wird nach de Coppet und Rüdorff durch jeden Gewichtstheil des Salzes mit 7 Wassermolekeln auf 100 Theile Wasser um 0,073° erniedrigt. Diese Zahl führt (vergl. Kap. 1. Anm. 49) sowol *beim Salze mit 7 Wassermolekeln, als auch beim wasserfreien Salze zu i=1;* woraus deutlich zu ersehen ist, dass nach der Temperatur der Eisbildung über den Verbindungszustand, in welchem sich eine gelöste Substanz befindet, nicht geurtheilt werden kann.

Die Löslichkeit der verschiedenen Krystallhydrate des schwefelsauren Magnesiums ändert sich, nach Löwel, ebenso, wie die Löslichkeit von Na^{2}SO^4 und Na^{2}CO^3 (Kap. 12. Anm. 7 und 18). Auf 100 Theile lösen sich in Gegenwart des Salzes mit 6H^{2}O 40,75 Th. MgSO^4, des hexagonalen Salzes mit 7H^{2}O 34,67 Th und in Gegenwart der gewöhnlichen Krystalle des 7H^{2}O enthaltenden Salzes nur 26 Th. MgSO^4; d. h. für das gewöhnliche Salz erscheinen die Lösungen der übrigen Krystallhydrate als übersättigte Lösungen.

Alles dieses zeigt, wie viele verschiedenartige mehr oder weniger beständige Gleichgewichtszustände zwischen Wasser und einer darin gelösten Substanz eintreten können (vergl. Kap. 1).

Die Lösung von sorgfältig gereinigtem MgSO^4 in Wasser reagirt nach Stscherbakow auf Lackmus alkalisch und auf Phenolphtaleïn sauer.

Das spezifische Gewicht der Lösungen einiger Magnesium- und Calciumsalze, auf 15°/4° reduzirt, wenn Wasser bei 4° = 1000, ergibt sich aus Folgendem:

$$MgSO^4 : s = 9992 + 99{,}89\ p + 0{,}553\ p^2$$
$$MgCl^2 : s = 9992 + 81{,}31\ p + 0{,}372\ p^2$$
$$CaCl^2 : s = 9992 + 80{,}24\ p + 0{,}476\ p^2$$
$$15°\ ds/dt = -(1{,}5 + 0{,}12\ p)\ \text{für } CaCl^2.$$

[28]) Graham unterschied sogar in dem 7 Wassermolekeln enthaltenden Magnesiumsulfate die letzte Molekel des Krystallisationswassers als eine solche, die sich durch Salze ersetzen lässt, indem er hervorhob, dass die dem Salze MgK^2(SO^4)^2 6H^{2}O analogen Doppelsalze beim Erwärmen auf 135° alles Wasser verlieren, während das Bittersalz MgSO^{4}7H^{2}O hierbei nur 6H^{2}O verliert. Pickering zeigte übri-

Eine sehr bemerkenswerthe Eigenthümlichkeit der Magnesia, ebenso wie auch anderer schwacher Basen, namentlich solcher, die mehrwerthigen Metallen entsprechen, ist die *Fähigkeit zur Bildung basischer Salze.* So energische und einwerthigen Metallen entsprechende Basen wie Kali und Natron bilden keine basischen, wol aber saure Salze, während das Magnesium gerade basische Salze, namentlich mit schwachen Säuren leicht bildet; manche Oxyde, z. B. CaO und PbO bilden noch viel häufiger basische Salze. Beim Vermischen kalter Lösungen von $MgSO^4$ und Soda bildet sich ein gallertartiger Niederschlag des basischen Salzes $Mg(OH)^2 4MgCO^3 9H^2O$, wobei aber nicht alles Magnesium ausfällt, denn ein Theil desselben bleibt als saures Doppelsalz in Lösung. Ein noch basischeres Salz erhält man beim Zusetzen von Soda zu einer siedenden $MgSO^4$-Lösung: $4MgSO^4 + 4Na^2CO^3 + 4H^2O = 4Na^2SO^4 + CO^2 + Mg(OH)^2 3MgCO^3 3H^2O$. Dieses basische Salz ist das gewöhnliche, als *weisse Magnesia* (Magnesia alba) bekannte Heilmittel, das in sehr leichten, lockeren Stücken im Handel zu haben ist. Bei geringer Aenderung der Temperatur und der Zersetzungs-Bedingungen erhält man andere basische Salze. Jedoch lässt sich durch solche Fällungen nicht das *neutrale Salz* $MgCO^3$ (Magnesiumcarbonat) darstellen, das in der Natur als Magnesit angetroffen wird und Rhomboëder vom spezifischen Gewichte 3,056 bildet. Die Bildung der verschiedenen basischen Salze weist eigentlich darauf hin, dass das Wasser das zunächst entstehende neutrale Salz zersetzt. Das neutrale kohlensaure Magnesium lässt sich auch auf künstlichem Wege darstellen, wenn man die Lösung von basischem kohlensaurem Magnesium in kohlensäurehaltigem Wasser langsam verdunsten lässt, denn CO^2 ist eines der beim Einwirken von Wasser entstehenden Zersetzungsprodukte von $MgCO^3$. Das Salz scheidet sich hierbei mit einem Gehalt an Wasser aus; dampft man aber die Lösung in einem Kohlensäurestrome ein, so erhält man das wasserfreie Salz, das sogar krystallinisch und an der Luft ebenso unveränderlich ist, wie das natürliche Magnesiumcarbonat [29]). Die zersetzende Wirkung des Wassers auf Magnesiumsalze, welche direkt von den schwachen basischen Eigenschaften der Magnesia abhängt [30]) offenbart sich am deutlichsten im *Chormagnesium* $MgCl^2$

---

gens, dass solche Doppelsalze sich leicht zersetzen, und dass die Bildung derselben unter geringer Wärmeentwickelung erfolgt. Ueberhaupt wird bei der Addition von Krystallisationswasser immer wenig Wärme entwickelt (vergl. Kap. 1. Anm. 56).

29) Die Krystallform des auf diese Weise erhaltenen wasserfreien Salzes unterscheidet sich von der des natürlichen Salzes. Ersteres erscheint in Rhomboëdern, die den Kalkspathrhomboëdern ähnlich sind, letzteres in rhombischen Prismen, in denen das Calciumcarbonat als Aragonit krystallisirt (vergl. weiter unten).

30) Das schwefelsaure Magnesium geht in manche Reaktionen ein die der Schwefelsäure selbst eigen sind. Wenn z. B. ein inniges Gemisch äquivalenter

(Magnesiumchlorid). Dieses Salz ist, wie wir sahen (Kap. 10), im Meerwasser enthalten [31]) und bleibt beim Verdunsten desselben in den letzten Mutterlaugen zurück. Beim Abkühlen der genügend konzentrirten Laugen scheidet sich das Krystallhydrat $MgCl^2 6H^2O$ aus [32]), wird aber weiter (über 106^0) erwärmt, so scheidet sich zugleich mit Wasser auch HCl aus, so dass zuletzt Magnesia mit einer geringen Menge von $MgCl^2$ zurückbleibt [33]). Es lässt sich also durch einfaches Eindampfen wasserfreies Chlormagnesium nicht darstellen. Versetzt man aber die $MgCl^2$-Lösung mit Salmiak oder Chlornatrium, so wird selbst nach vollständiger Eindampfung kein Chlorwasserstoff ausgeschieden und die zurückbleibende Masse löst sich wieder vollständig in Wasser. Bedingt wird dies natürlich durch die Affinität des Chlormagnesiums zum zugesetzten Chlormetalle. Dieses Verhalten ermöglicht nun die Darstellung des wasserfreien Chlormagnesiums aus seiner wässerigen Lösung, denn setzt man derselben Salmiak (im Ueberschuss) zu und dampft ein, so erhält man im Rückstand das wasserfreie Doppelsalz $MgCl^2 2NH^4Cl$, das beim Erhitzen auf (460^0) allen Salmiak verliert und eine geschmolzene Masse von wasserfreiem Chlormagnesium zurück lässt. Dasselbe lässt sich auch durch direkte Vereinigung von Chlor mit Magnesium und durch Einwirken von Chlor auf Magnesiumoxyd darstellen; im letzteren Falle scheidet sich Sauerstoff aus. Die Reaktion verläuft noch leichter, wenn *Magnesia mit Kohle in einem Chlorstrome geglüht wird*, wobei die

---

Mengen von wasserhaltigem Magnesiumsulfat und Natriumchlorid bis zur Rothgluth erhitzt wird, so scheidet sich ebenso Chlorwasserstoff aus, wie beim Einwirken von Schwefelsäure auf Kochsalz: $MgSO^4 + 2NaCl + H^2O = Na^2SO^4 + MgO + 2HCl$. In ähnlicher Weise scheidet das Magnesiumsulfat aus salpetersauren Salzen Salpetersäure aus. Im Gemisch mit Kochsalz und Manganhyperoxyd entwickelt es Chlor. Zu galvanischen Batterien, z. B. in dem bekannten Meidinger'schen Elemente benutzt man anstatt Schwefelsäure Bittersalz. Aus den angeführten Beispielen geht deutlich hervor, wie ähnlich die Reaktionen von Säuren denen von Salzen sind namentlich wenn letztere so schwache Basen wie MgO enthalten.

31) Da im Meerwasser Salze von der Zusammensetzung MCl und MgX^2 enthalten sind, so muss sich darin, nach Berthollet's Lehre, auch $MgCl^2$ finden.

32) Wie die Krystallhydrate von Natriumsalzen oft $10H^2O$ enthalten, so findet man in vielen Krystallhydraten von Magnesiumsalzen $6H^2O$.

33) Am einfachsten lässt sich diese Zersetzung als Resultat der beiden entgegengesetzten Reaktionen: $MgCl^2 + H^2O = MgO + 2HCl$ und $MgO + 2HCl = MgCl^2 + H^2O$ oder als Folge einer Vertheilung zwischen O und Cl' einerseits und von H^2 und Mg andererseits betrachten. Dann erklärt es sich auch gemäss der Lehre Berthollet's, dass eine grosse Masse von Chlorwasserstoff MgO in $MgCl^2$ und eine grosse Masse von Wasser $MgCl^2$ in MgO überführt. Die Grenze der Umkehrbarkeit bezeichnet das Krystallhydrat $MgCl^2 6H^2O$. Es können aber auch intermediäre Gleichgewichtssysteme in Form von basischen Salzen existiren. Beim Vermischen von geglühter Magnesia mit einer $MgCl^2$-Lösung vom spez. Gewicht 1,2 entsteht ein erstarrendes basisches Salz, das bei gewöhnlicher Temperatur durch Wasser fast gar nicht zersetzt wird (vergl. beim Zink).

Kohle natürlich zum Entziehen des Sauerstoffs dient. Diese Methode ist auch zur Darstellung solcher Chlormetalle anwendbar, die noch schwerer als das Magnesiumchlorid wasserfrei zu erhalten sind. Das wasserfreie Chlormagnesium bildet eine farblose, durchsichtige Masse, die aus biegsamen krystallinischen Blättern mit Perlmutterglanz besteht. Bei schwacher Rothgluth (bei 708°) schmilzt es zu einer farblosen Flüssigkeit. Mit Wasser zusammengebracht erwärmt es sich sehr bedeutend, was auf die starke Affinität des Salzes zum Wasser hinweist [34]). In trocknem Zustande ist es beständig, aber beim Einwirken von Feuchtigkeit wird es schon bei gewöhnlicher Temperatur theilweise zersetzt unter Bildung von Chlorwasserstoff.

Das *Calcium* und seine Verbindungen zeigen in vielen Beziehungen eine grosse Aehnlichkeit mit den Magnesiumverbindungen, weisen aber auch nicht wenige, scharf zu unterscheidende Merkmale auf [35]). Im Allgemeinen verhält sich das Calcium zum Magnesium ebenso wie das Kalium zum Natrium. Das metallische Calcium ist von Davy, analog dem Kalium, beim Einwirken des galvanischen Stromes auf Chlorcalcium in Quecksilberlösung dargestellt worden; Calciumoxyd lässt sich weder durch Kohle, noch durch Eisen zersetzen und auf $CaCl^2$ wirkt selbst metallisches Natrium nur schwierig ein. Dagegen gelingt die Zersetzung des $CaCl^2$ leicht durch den galvanischen Strom [36]) und auch die Zersetzung des Jodcalciums, wenn es mit metallischem Natrium erhitzt wird. Wie Wasserstoff, Kalium und Magnesium, so bildet auch das Calcium ein Jodid, in welchem die Bindung mit dem Jod schwächer ist als die Bindung mit Chlor (und Sauerstoff); daher erleidet auch das Calciumjodid Zersetzungen, denen das Chlorid und das Oxyd des Calciums nur schwer unterliegen [37]). Das *metallische Calcium* besitzt eine gelbe

---

34) Nach Thomsen beträgt die Wärmeentwickelung bei der Vereinigung von $MgCl^2$ mit $6H^2O$ 33 Tausend Calorien und beim Lösen in überschüssigem Wasser 36 Taus. Cal.

35) Zur Trennung von Kalk und Magnesia lassen sich, ausser der in Anmerkung 22 angegebenen, noch viele andere Methoden anwenden. Erwähnenswerth ist die Methode, die auf dem verschiedenen Verhalten der beiden Basen zu einer wässrigen Zuckerlösung beruht: das Kalkhydrat löst sich darin in bedeutender Menge (indem besondere Verbindungen entstehen), während die Magnesia unlöslich ist. Wenn daher das durch Glühen von Dolomit erhaltene Gemisch von Kalk und Magnesia, nach dem Löschen durch Wasser, mit einer 10 procentigen Zuckerlösung behandelt wird, so lässt sich aller Kalk in Lösung bringen und dann mittelst CO^2 als $CaCO^3$ ausfällen. Durch einen Zusatz von Zucker (Sirup) zu dem bei Bauten verwendeten Kalke wird, wie ich mich selbst überzeugte, die bindende Kraft des Mörtels bedeutend erhöht. In Indien und Japan ist dies, wie ich gehört, schon seit Langem in Gebrauch.

36) Caron erhielt übrigens beim Schmelzen von $CaCl^2$ mit Zn und Na eine Legirung von Zn und Ca, aus welcher bei Weissglühhitze das Zink sich verflüchtigte und Calcium zurückblieb.

37) Jodcalcium (Calciumjodid) lässt sich durch Sättigen von Kalk mit Jodwas-

Färbung und einen bedeutenden Metallglanz, den es in trockner Luft nicht verliert; sein spezifisches Gewicht ist 1,58. Es zeichnet sich durch seine bedeutende Dehnbarkeit aus; schmilzt bei Rothgluth, wobei es sich entzündet und mit sehr heller Flamme verbrennt, da sich pulverförmiges, unschmelzbares Calciumoxyd ausscheidet. Nach der beim Verbrennen des Calciums entstehenden grossen Flamme zu urtheilen, muss man annehmen, dass das Metall sich hierbei verflüchtigt. Durch Wasser wird das Calcium schon bei gewöhnlicher Temperatur zersetzt und an feuchter Luft oxydirt es sich, aber nicht so schnell, wie Natrium. Beim Verbrennen von Calcium entsteht das Oxyd desselben, das unter dem Namen Kalk oder *Aetzkalk* CaO allgemein bekannt ist. In der Natur findet sich dieses Oxyd nicht im freien Zustande, denn es ist eine energische Base und trifft überall mit Substanzen von sauren Eigenschaften zusammen, mit denen es sich zu Salzen verbindet. Meistens kommt der Kalk in Verbindung mit Kieselerde oder als kohlensaures und schwefelsaures Salz vor. Beim Erhitzen von kohlensaurem und salpetersaurem Kalk findet Zersetzung statt und man erhält Kalk. Aus dem kohlensauren Salze, das in der Natur so verbreitet ist, wird der Kalk gewöhnlich auch dargestellt. Der kohlensaure Kalk dissoziirt beim Erhitzen: $CaCO^3 = CaO + CO^2$. Diese Zersetzung wird gewöhnlich bei Rothglühhitze und in Gegenwart von Wasserdämpfen oder im Strome eines indifferenten Gases, durch Brennen von Kalkstein in Haufen oder in besonderen Oefen, Kalköfen, ausgeführt [38]).

---

serstoffsäure darstellen; dasselbe ist ein in Wasser sehr leicht lösliches Salz (1 Th. des Salzes löst sich bei 20° schon in 0,49 Th. Wasser und bei 43° in 0,35 Th.), das an der Luft zerfliesst und dem Chlorcalcium sehr ähnlich ist. Beim Eindampfen seiner Lösung bleibt das Jodcalcium fast unverändert und schmilzt beim Erhitzen ebenso wie Chlorcalcium; es lässt sich daher aus einer Lösung leicht wasserfrei erhalten. Beim Schmelzen von wasserfreiem Jodcalcium in einem gut bedeckten eisernen Tiegel mit der äquivalenten Natriummenge erhält man Jodnatrium und metallisches Calcium (Liés-Bodart). Nach einem Vorschlag von Dumas wird diese Reaktion in einem geschlossenem Raume unter Druck ausgeführt.

38) In Schachtöfen, die periodisch oder ununterbrochen wirken und Kalköfen genannt werden. Die cylindrischen periodisch wirkenden Kalköfen werden abwechselnd mit Schichten von Brennmaterial und Kalkstein beschickt. Die Zersetzung des letzteren geschieht durch die beim Verbrennen des ersteren sich entwickelnde Hitze. Der gewonnene Kalk wird aus dem Ofen, nachdem sich derselbe etwas abgekühlt, herausgenommen, worauf der Ofen von Neuem beschickt werden kann. Die ununterbrochen wirkenden Kalköfen (Fig. 123) nehmen nur den Kalkstein auf während das Brennmaterial in besonderen Oefen verbrannt wird, aus denen man die Flamme in den Kalkofen schlagen lässt wo sie dann die Zersetzung des Kalksteines bewirkt. Die Beschickung geschieht in der Weise, dass von oben aus fortwährend frischer Kalkstein zugeschüttet wird, während der entstehende Kalk aus dem unteren Theil des Ofens herausgenommen werden kann.

Zur Darstellung von Kalk können nicht alle Kalksteine benutzt werden, da manche derselben Beimengungen, hauptsächlich Thon, Dolomit und Sand enthalten.

Das Calciumoxyd, d. h. der ungelöschte Kalk (vom spezifischen Gewicht 3,15) ist eine bei der stärksten Hitze unverändert bleibende Substanz [39]); man benutzt ihn daher als feuerfestes Material. Aus Kalk konstruirte Deville seinen Ofen zum Schmelzen von

---

Beim Brennen geben solche Kalksteine entweder halb zusammengeschmolzene Massen oder unreinen Kalk, der *magerer Kalk* genannt wird, zum Unterschiede von dem aus reinen Kalksteinen entstehenden *fetten* Kalke. Letzterer zerfällt beim Einwirken von Wasser vollständig zu einem feinen Pulver, das zu vielen Zwecken benutzt werden kann, zu welchen der magere Kalk nicht anwendbar ist. Einige Arten des mageren Kalks werden übrigens (vergl. das Kap. über Kieselerde) zur Darstellung von hydraulischen Cementen benutzt, die unter Wasser erhärten (Wassermörtel).

Zur Gewinnung von vollständig reinem Kalke müssen natürlich möglichst reine Materialien angewandt werden. Im Laboratorium benutzt man zu diesem Zwecke Marmor oder Muscheln, welche aus fast reinem kohlensaurem Calcium bestehen. Dieselben werden zuerst in einem Schmelzofen erhitzt, dann mit etwas Wasser begossen und von Neuem in einem Tiegel heftig geglüht. Rascher erhält man reinen Aetzkalk durch Erhitzen von salpetersaurem Calcium CaN^2O^6. Dieses Salz bildet sich leicht beim Lösen von Kalksteinen in Salpetersäure. Die hierbei entstehende Lösung kocht man zuerst mit etwas Kalk, um die in Wasser unlöslichen Oxyde des Eisens und Aluminiums zu fällen (die fast in jedem Kalksteine vorkommen) und lässt dann das salpetersaure Calcium auskrystallisiren; beim Erhitzen zerfällt letzteres: $CaN^2O^6 = CaO + 2NO^2 + O^2$.

Bei der Zersetzung von kohlensaurem Calcium behält der entstehende Aetzkalk das Aussehen der betreffenden Kalkstücke, da die Bindung der Kalk-Partikelchen durch das Glühen nicht aufgehoben wird. Dieses ist ein charakteristisches Merkmal des **ungelöschten Kalkes,**

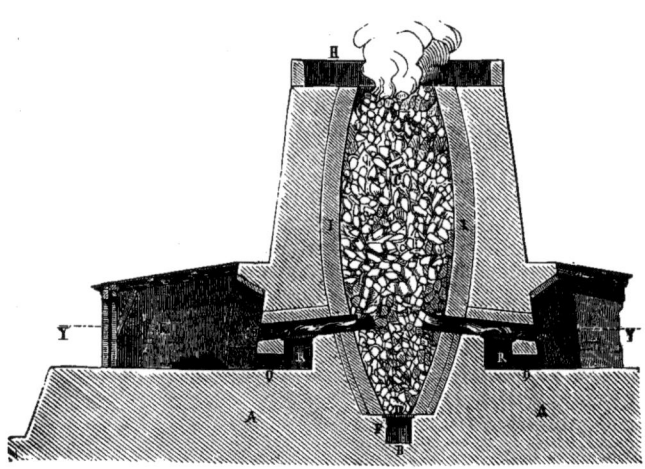

Fig. 123. Kontinuirlich wirkender Kalkofen. Beim Kalkbrennen wird der Kalkstein in den Schacht von oben durch die Gicht eingebracht und durch vier seitliche Feuerungen erhitzt. *D* ist der Rost, *BF* der Raum, in welchen der Kalk aus dem Ofen gezogen wird, *K* der Raum für die Heizer, *M* die Schüröffnung zur Feuerung und *QR* der Aschenfall. 1/200.

d. h. des frisch geglühten, der an der Luft noch keine Veränderung erlitten hat. Derselbe zieht aus der Luft Feuchtigkeit an und zerfällt allmählich zu Pulver; bei längerem Liegen an der Luft zieht er auch Kohlensäure an, nimmt dabei an Volum zu, geht aber nicht vollständig in das kohlensaure Salz über, sondern bildet eine Verbindung dieses letzteren mit Aetzkalk.

39) Bei Weissglühhitze wird der Aetzkalk durch Kaliumdämpfe zu metallischem Calcium reduzirt; beim Glühen in Chlorgas scheidet er Sauerstoff aus. Schwefel, Phosphor und and. werden beim Erhitzen vom Kalke absorbirt.

Platin und zur Destillation von Silber durch die beim Verbrennen von Knallgas entstehende Hitze. Das Kalkhydrat oder Calciumhydroxyd CaH^2O^2 (vom spez. Gewicht 2,07) ist die gewöhnlichste der alkalischen Substanzen. Es wird hauptsächlich zur Herstellung von Mörtel oder als Bindemittel von Sand, Steinen und Ziegeln benutzt. Das Erhärten des Mörtels beruht grösstentheils auf einer Absorption von CO^2 [40]). Der Aetzkalk wirkt, wie die Alkalien, auf viele animalische und vegetabilische Stoffe ein und findet daher eine ausgedehnte Anwendung, z. L. zum Verseifen von Fetten und in der Landwirthschaft zur Beschleunigung der Zersetzung in den sogenannten Komposten oder Gemischen von pflanzlichen und thierischen Abfällen, die zum Düngen des Bodens benutzt werden. Das Kalkhydrat verliert sein Wasser schon bei schwachem Erhitzen (bei 530^0), nicht aber bei 100^0. Beim Vermischen mit Wasser bildet der Aetzkalk eine teigige Masse, den Kalkbrei, und bei überschüssigem Wasser die *Kalkmilch*; beim Umrühren mit Wasser bleibt nämlich der Aetzkalk in der Flüssigkeit lange suspendirt und ertheilt ihr ein milchiges Aussehen. Ausserdem ist er aber auch direkt in Wasser löslich, und wenn auch nur unbedeutend, so doch in solchem Verhältnisse, dass die Lösung, das *Kalkwasser*, durch CO^2 gefällt wird und eine deutlich alkalische Reaktion besitzt. Ein Theil Aetzkalk löst sich bei gewöhnlicher Temperatur in etwa 800 Th. Wasser. Bei 100^0 sind aber zum Lösen von CaO schon gegen 1500 Th. Wasser erforderlich; daher wird

---

[40] Hauptsächlich wird der Kalk mit Wasser und Sand gemischt, als **Mörtel** oder **Cement** zum Verkitten von Steinen und Ziegeln verbraucht. Der Sand ist zur innigeren Bindung der Steine nothwendig, da ohne denselben beim Verdampfen des Wassers das Volum des Kalkes so bedeutend abnimmt dass in der Masse Risse entstehen und der Kalk theilweise zu Pulver zerfällt. Der mit dem Kalke vermischte Sand beugt nun dieser Zerbröckelung vor, indem die einzelnen Theilchen, aus denen der Sand besteht, sich mit dem Kalke verkitten und beim Trocknen eine zusammenhängende Masse bilden. Der Erhärtungsprozess des Mörtels besteht zunächst in einer direkten Verdampfung des Wassers und einer Krystallisation des Kalkhydrats; in Folge dessen hält der Mörtel die einzelnen Steine und Sandtheilchen ebenso zusammen, wie der Leim—zusammengeleimte Holzstücke. Die hierdurch bedingte Erhärtung ist aber anfangs gering, wie durch direkte Versuche nachgewiesen werden kann, erst später wird sie grösser infolge weiterer Veränderungen des Kalkes, bei welchen kohlensaure, kieselsaure und ähnl. Kalksalze entstehen, die sich durch ihr starkes Adhäsionsvermögen auszeichnen. Mit der Zeit unterliegt der Kalk theilweise der Einwirkung der Kohlensäure der Luft, wobei kohlensaurer Kalk entsteht; jedoch geht hierbei nicht mehr als die Hälfte des Kalks in $CaCO^3$ über. Ausserdem wirkt der Kalk auch noch auf die Kieselerde der Ziegel ein, wobei allmählich neue, theilweise fein krystallinische Bildungen entstehen, welche dem Mörtel eine fortwährend zunehmende Festigkeit verleihen. Auf diese Weise (und nicht durch die grössere Fertigkeit früherer Zeiten, wie zuweilen angenommen wird) erklärt es sich, dass das Mauerwerk von Gebäuden, die mehrere Jahrhunderte alt sind, eine so bedeutende Festigkeit besitzt. Ueber die hydraulischen Cemente vergl. das Kap. über Kieselerde.

Kalkwasser beim Kochen trübe. Beim Eindampfen von Kalkwasser in einem luftleeren Raume scheidet sich das Kalkhydrat in sechsseitigen Krystallen aus [41]). Versetzt man Kalkwasser mit Wasserstoffhyperoxyd, so scheiden sich feine Krystalle von Calciumhyperoxyd, $CaO^2 8H^2O$ aus. Diese letztere Verbindung ist sehr unbeständig und zersetzt sich, analog dem Baryumhyperoxyd, beim Erwärmen. Als energische Base verbindet sich der Aetzkalk mit allen Säuren und bildet in dieser Beziehung den Uebergang von den wahren Alkalien zu der Magnesia. Viele Calciumsalze (der Kohlen-, Phosphor-, Bor- und Oxalsäure) sind in Wasser unlöslich; ausserdem ist auch das schwefelsaure Calcium nur wenig löslich. Als eine im Verhältniss zur Magnesia energischere Base bildet der Aetzkalk Salze CaX^2, die sich von den Magnesiumsalze MgX^2 durch ihre Beständigkeit unterscheiden; basische Salze und Doppelsalze bildet der Kalk nicht so leicht, wie die Magnesia.

Ebenso wie sich Sauerstoff und Wasserstoff nur bei höheren Temperaturen verbinden, wird auch *vom Aetzkalk bei gewöhnlicher Temperatur trocknes Kohlensäuregas nicht absorbirt*, was bereits Scheele bekannt war. Nach Schuljatschenko findet selbst bei 360° noch keine Absorption statt. Dieselbe erfolgt erst bei Rothgluth [42]), aber auch dann entsteht nur ein Gemisch von

---

41) Die durchsichtigen, glänzenden Krystalle des Kalkhydrats, die sich in den hydraulischen (Portland) Cementen bilden, sind von Glinka gemessen worden.

42) Durch das Erhitzen wird ein Stoff in den Zustand gebracht, der zur Reaktion erforderlich ist. Es ist anzunehmen, dass beim Erwärmen eines Stoffes nicht nur der Zusammenhang der ihn bildenden Partikelchen oder die Kohäsion der Molekeln sich ändert (dieselbe verringert sich gewöhnlich), und dass die Bewegung oder der Energievorrath der Molekeln zunimmt, sondern dass auch die Bewegung der Atome selbst in den Molekeln eine Aenderung erleidet. Dieselben Aenderungen müssen auch beim Lösen und überhaupt bei Vereinigungen stattfinden, denn eine gelöste oder in Verbindung getretene Substanz, z. B. Kalk, der in Wasser gelöst oder damit verbunden ist, wirkt auf Kohlensäure ebenso ein, wie beim Erwärmen. Zum Verständniss der chemischen Erscheinungen ist es wichtig, sich diesen Parallelismus zu verdeutlichen. Unter Zugrundelegung desselben erklärt sich z. B. die Beobachtung Rose's, dass (bei langsamer Diffusion der Lösungen von $CaCl^2$ und Na^2CO^3) aus schwachen Lösungen Aragonit, aus starken dagegen Kalkspath entsteht. Das Verdünnen wirkt hier ebenso, wie das Erwärmen, denn aus erwärmten Lösungen scheidet sich das Calciumcarbonat immer als Aragonit aus. Besonders lehrreich erscheint auch der hierauf bezügliche Versuch Kuhlmann's, nach welchem wasserfreies (vollkommen trocknes) Baryumoxyd auf Schwefelsäuremonohydrat H^2SO^4 (das weder H^2O noch SO^3 enthält) nicht einwirkt; aber schon die Berührung des Gemisches mit einem erhitzten oder feuchten Gegenstande genügt, um die ganze Masse sofort in die heftigste Reaktion zu bringen, die ihrem Wesen nach einer Verbrennung gleichkommt.

Der Einfluss des Lösens auf den Verlauf einer Reaktion lässt sich durch den folgenden, lehrreichen Versuch demonstriren. In eine tubulirte Retorte, die mit einem in Quecksilber tauchenden Rohre verbunden und in deren Tubulus ein mit Wasser gefüllter Scheidetrichter eingestellt wird, bringt man Kalk oder Baryumoxyd. Beim Füllen der Retorte mit trocknem CO^2 findet keine Absorption statt;

CaO mit CaCO^3 (Rose). Dagegen wird von gelöschtem Kalke und Kalkwasser CO^2 rasch und vollständig absorbirt. Diese Erscheinungen stehen mit der **Dissoziation des kohlensauren Calciums** in Zusammenhang, welche von Debray (1867) erforscht wurde und zwar unter dem Einfluss des von Henry Saint Claire Deville in die Wissenschaft eingeführten Begriffs der Dissoziation. Da nicht flüchtige Körper keine Dampftension besitzen, so zeigt auch das CaCO^3 bei gewöhnlicher Temperatur keine Dissoziationstension für CO^2. Anders verhält es sich bei Temperaturen, bei denen seine Zersetzung beginnt. Wie einem jeden flüchtigen Körper bei jeder Temperatur seine grösstmögliche Dampftension zukommt, so entspricht auch dem CaCO^3 seine **Dissoziationstension**, und zwar beträgt dieselbe bei 770° (der Siedetemperatur des Cd) ungefähr 85 *mm* (Quecksilbersäule) und bei 930° (Siedetemperatur des Zn) 520 mm. Bei grösserer Tension findet keine Verdampfung, sowie auch keine Zersetzung statt. Beim Erhitzen von Kalkspathkrystallen bis auf die Siedetemperatur des Zinks (930°) in einer Atmosphäre von Kohlensäuregas bei Atmosphärendruck (760 mm) geht nach Debray auch nicht die geringste Zuersetzung vor sich, während schon bei bedeutend niedrigerer Temperatur das kohlensaure Calcium vollständig zersetzt werden kann, wenn nur die Tension des CO^2 geringer als die der Dissoziation ist, was man entweder direkt durch Auspumpen des Kohlensäuregases oder durch Beimischen eines anderen Gases, also indem man den von CO^2 ausgeübten Druck vermindert, erreichen kann [43]). Es ist dies ganz analog dem Trocknen von Substanzen bei gewöhnlicher Temperatur, wenn man den Wasserdampf durch Absorption oder durch den Strom eines anderen Gases entfernt. Auf diese Weise kann man bei einer bestimmten Temperatur, welche höher sein muss, als die des Beginns der Dissoziation, aus CaO+CO^2 — CaCO^3 erhalten und umgekehrt auch CaCO^3 in CaO+CO^2 zersetzen [44]). Bei gewöhnlicher Temperatur

lässt man aber aus dem Scheidetrichter vorsichtig etwas Wasser auf das ungelöschte Oxyd fliessen, so kann man leicht alles CO^2 absorbiren lassen und in der Retorte einen (mit Wasserdampf gefüllten) leeren Raum herstellen, der sich durch das Aufsteigen des Quecksilbers bemerkbar machen wird. In Gegenwart von Wasser ist die Absorption vollständig, während beim Glühen des trocknen Oxyds die Dissoziationsspannung des CO^2-Gases vorhanden bleibt. Beide Erscheinungen zeigen also eine gewisse Aehnlichkeit, weisen aber auch einen Unterschied auf, der dadurch bedingt wird, dass CaCO^3 bei niederen Temperaturen nicht dissoziirt, infolge dessen CO^2 in wässriger Lösung vollständig absorbirt werden kann.

43) Schon längst ist durch Versuche festgestellt, dass man aus nicht vollständig gebranntem Kalke, wenn man ihn mit Wasser anfeuchtet und von Neuem brennt, leicht alle Kohlensäure austreiben kann, und dass man im Allgemeinen die Zersetzung von CaCO^3 durch Einblasen von Luft oder Dampf oder selbst von Verbrennungsgasen aus feuchtem Brennmaterial beschleunigen kann, da man auf diese Weise den Partialdruck verringert.

44) Bis zur Einführung der Deville'schen Dissoziationstheorie erklärte man sich

geht die erstere Reaktion nicht vor sich, da auch die letztere nicht stattfindet. Auf diese Weise erklären sich von einem allgemeinen

solche Zersetzungen durch die Annahme, dass dieselben bei einer bestimmter Temperatur beginnen und durch Steigerung der Temperatur beschleunigt werden, aber man hielt es nicht für möglich, dass bei derselben Temperatur, bei welcher die Zersetzung vor sich geht, auch die Vereinigung stattfinden kann. Berthollet und Deville verdankt die Wissenschaft die Einführung des Begriffs des Gleichgewichts und die Aufklärung des Wesens der umkehrbaren Reaktionen. Natürlich ist noch bei weitem nichts Alles aufgeklärt, denn es müssen noch die Fragen über die Geschwindigkeit der Reaktionen, die Vollständigkeit der Berührung u. s. w. in Betracht gezogen werden, aber ein wichtiger Schritt in das Gebiet der chemischen Mechanik ist gethan und man kann auf dem eingeschlagenen Wege weiter fortschreiten, da viele Daten bereits in dem Sinne, der durch die Lehren Berthollet's und Deville's gegeben ist, bearbeitet worden sind. An der Ausarbeitung der Fragen, welche die Dissoziation betreffen, haben, ausser Deville selbst, besonders die französischen Chemiker Debray, Troost, Lemoine, Hautefeuille, Le-Chatelier und andere mitgewirkt.

Um zu zeigen, dass die Erscheinungen des Verdampfens und der Dissoziation einander vollkommen ähnlich sind, genügt es, abgesehen vom bereits Mitgetheilten, zu erwähnen, dass die Wärmemenge, die bei der Zersetzung eines dissoziirenden Körpers absorbirt wird, nach dem Gesetze der Aenderung des Dissoziationsdruckes ebenso berechnet werden kann, wie man auf Grund des zweiten Gesetzes der mechanischen Wärmetheorie die latente Verdampfungswärme des Wassers berechnet, wenn man die von der Temperatur bedingte Aenderung des Druckes kennt. Diese Abhängigkeit lässt sich durch die folgende Gleichung ausdrücken:

$$424\ L = T \left(\frac{1}{d} - \frac{1}{D}\right)\frac{d(p)}{d(t)},$$

in welcher L die latente Verdampfungswärme, 424 das mechanische Wärmeäquivalent, T die absolute Temperatur der Umwandlung: $T = 273 + t$, d das Gewicht eines Kubikmaasses der Substanz vor und D nach der Umwandlung in Dampf ist; $\frac{1}{d} - \frac{1}{D}$ entspricht daher der *Aenderung des Volums*, die bei der Umwandlung vor sich geht, und $\frac{d(p)}{d(t)}$ ist der Differentialquotient von p (Druck) durch t (Temperatur) oder die Aenderung des Druckes (in Gewichts- und Längeneinheiten ausgedrückt) dividirt durch die Aenderung der Temperatur. Beim Wasserdampf beträgt, bei Annahme der Meter- und Kilogramm-Einheiten, nach den Daten des 1-sten Kapitels, wenn $t = 100°$, d. h. $T = 373°$ ist, die Aenderung des Volums 1,652 (da ein Kubikmeter Wasserdampf bei 100° 0,605 Kilo und ein Kubikmeter Wasser bei 100°—960 Kilo wiegt). Der Werth von $\frac{dp}{dt}$ für Wasserdampf bei 100° ergibt sich daraus, dass bei Aenderung der Temperatur um 1° die Tension des Wasserdampfes bei 100° sich um 27 Millimeter Quecksilbersäule ändert. Hieraus folgt, dass die Grösse der Druckänderung in Kilogrammen auf den Quadratmeter $= 0,027 . 13595 = 367$ ist. Der Werth des zweiten Theils der Gleichung beträgt folglich $374 . 1,652 . 367 = 226144$ und der des ersten Theils $536 . 424 = 227264$, d. h. beide Theile sind in den Genauigkeitsgrenzen der Daten gleich. Daher lässt sich die Wärmemenge L, die bei der Verdampfung verbraucht wird, bestimmen, wenn die Aenderung der Tension und der Dichte bekannt ist. Dasselbe bezieht sich auch auf die Dissoziation. Als Beispiel führen wir die Daten an, welche Troost und Hautefeuille für Wasserstoff-Kalium und -Natrium erhielten: t ist die Temperatur und h der entsprechende Dissoziationsdruck in Millim. Quecksilbersäule.

$t =$	330°	340°	350°	360°	400°	430°
K^2H, h =	45	58	72	98	548	1100
Na^2H, h =	28	40	57	75	447	910

CALCIUMSALZE.

Gesichtspunkte aus die wichtigsten Erscheinungen im Verhalten des Aetzkalks zum Kohlensäuregas [45]).

Das **kohlensaure Calcium** (oder der kohlensaure Kalk, Calciumcarbonat) $CaCO^3$, aus welchem, wie bereits gesagt, die verschiede-

---

Hieraus folgt, das bei 350° für K^2H die 1° entsprechende Druckzunahme annähernd 2 Millim. Quecksilbersäule beträgt oder dass das Produkt $= 27$ Kilo auf den Quadratmeter ist. Die Grösse der Volumänderung ergibt sich, wenn man weiss, dass das Gewicht eines Kubikmeters Wasserstoff bei 350° unter 72 Millim. Druck $=$ 0,0037 Kilo ist. Folglich beträgt die Aenderung des Volums annähernd 270. Da $t = 350°$, so ist $T = 623°$ und aus der Gleichung ergibt sich für L ein 10 Tausend Calorien nahe kommender Werth, d. h. bei der Bildung des Wasserstoffkaliums, wenn nach der Aenderung des Dissoziationsdruckes desselben geurtheilt wird, werden auf jedes Gramm addirten Wasserstoffs ungefähr 10 Taus. Calorien entwickelt. Durch Versuche ist diese Zahl nicht kontrolirt worden, auch die Zahl der 13 Taus. Cal. nicht, die sich für die Bildung von Na^2H bei 300° berechnen, dagegen stimmen die von Montier aus den Daten von Troost für den Dissoziationsdruck des Wasserstoffpalladimus (bei 20°) berechneten 4,1 Calorien vollkommen mit den direkten Resultaten von Favre überein, aus denen hervorgeht, dass jedes Gramm Wasserstoff, das sich mit Palladium verbindet, bei gewöhnlicher Temperatur 4,174 Calorien entwickelt. Es lassen sich daher *bei der Dissoziation, wie auch bei der Verdampfung, ein und dieselben Begriffe der mechanischen Wärmetheorie anwenden.* Die bei der Absorption von Wasserstoff sich entwickelnde Wärme hängt natürlich nicht nur von dem physikalischen Prozesse der Verdichtung des Gases, sondern auch von der Bildung einer neuen chemischen Verbindung ab, was schon daraus zu ersehen ist, dass verschiedene Metalle bei der Absorption eines Grammes Wasserstoff verschiedene Wärmemengen entwickeln und zwar: Pd 4, K 10, Na 13, und Pt 20 Calorien. Man darf daher aus der Uebereinstimmung der berechneten mit den gefundenen Daten nicht auf eine Identität, sondern nur auf eine Analogie der Dissoziationserscheinung mit der Verdampfung schliessen.

45) Aber auch gegenwärtig ist die Frage über die Bildung eines basischen kohlensauren Calciums noch unentschieden. Nach einigen Daten zu schliessen, kann bei erhöhter Temperatur nicht nur $CaCO^3$, sondern auch ein basisches Salz entstehen, was jedoch von einigen Beobachtern bestritten wird. Wahrscheinlich wird das Verhalten von CaO zu CO^2 durch die Gegenwart des Wassers komplizirt, denn das Vorhandensein einer Anziehung zwischen $CaCO^3$ und Wasser ergibt sich aus der Bildung des **Krystallhydrats** $CaCO^35H^2O$ (Pelouze, Salm-Horstmar), das in rhombischen Prismen vom spezifischen Gewicht 1,77 krystallisirt und bei 20° alles Wasser verliert. Dieses Krystallhydrat entsteht, wenn eine Lösung von Kalk in Zuckerwasser längere Zeit hindurch an der Luft stehen bleibt und allmählich CO^2 anzieht, oder wenn eine solche Lösung mit CO^2 ungefähr bei 3° gesättigt wird. Andererseits bildet sich in wässriger Lösung wahrscheinlich auch das **saure Salz** $CaH^2(CO^3)^2$, was aus zweierlei Gründen anzunehmen ist, erstens weil CO^2-haltiges Wasser $CaCO^3$ löst, und zweitens besonders desswegen, weil aus den Untersuchungen von Schlösing (1872) hervorgeht, dass z. B. bei 16° ein Liter Wasser in einer Atmosphäre von CO^2 (unter 0,984 Atm. Druck) 1,086 Gr. $CaCO^3$ und ausserdem noch 1,778 Gr. CO^2 löst, was der Bildung von $CaCO^3$ und der Lösung von CO^2 im übrigen Wasser entspricht. Nach Caro kann ein Liter Wasser bis zu 3 Gr. $CaCO^3$ lösen, wenn der Druck des CO^2 bis auf 4 und mehr Atmosphären gesteigert wird. An der Luft scheiden solche Lösungen CO^2 aus, wobei das $CaCO^3$ ausfällt, eine Erscheinung, die in vielen Quellen vor sich geht. Auf derselben beruht auch die Entstehung der Tuffe, Kalkstalaktite und ähnlicher Bildungen aus Wasser, das $CaCO^3$ und CO^2 in Lösung enthält. Bei gewöhnlicher Temperatur lösen sich in einem Liter Wasser nicht mehr als 13 Milligramm $CaCO^3$,

nen Kalksteine, der Marmor u. s. w. bestehen, findet sich in der Natur auch im krystallinischen Zustande und kann als Beispiel der unter dem Namen **Dimorphismus** bekannten Erscheinung dienen, da es in zwei verschiedenen Krystallformen auftritt. Als **Kalkspath** bildet es Kombinationen des rhomböedrischen Systems (sechsseitige Prismen, Rhomboëder u. s. w.). Der Kalkspath hat das spezifische Gewicht 2,7 und zeichnet sich durch seine Spaltbarkeit nach den Flächen des Rhomboëders aus, dessen Winkel 105° betragen. Der vollkommen durchsichtige isländische Spath zeigt doppelte Strahlenbrechung (und wird daher öfters zu physikalischen Apparaten benutzt). In seiner anderen Krystallform erscheint das kohlensaure Calcium $CaCO^3$ als **Aragonit**, der im rhombischen System krystallisirt und das spezifische Gewicht 3,0 besitzt. Künstlich erhält man das Calciumcarbonat durch langsame Krystallisation: bei gewöhnlicher Temperatur in Krystallen des rhomboëdrischen Systems, beim Erwärmen dagegen in Aragonit-Krystallen. Es lässt sich daher annehmen, dass der Kalkspath einer niederen und der Aragonit einer höheren Krystallisations-Temperatur entspricht [46]).

Das **schwefelsaure Calcium** (Calciumsulfat) kommt in der Natur in Verbindung mit zwei Molekeln Wasser, als Gyps $CaSO^4 2H^2O$, am häufigsten vor. Bei schwachem Erhitzen verliert [47]) der Gyps beide Wassermolekeln und geht in wasserfreien oder geb-

---

46) Beim Ausscheiden aus seinen Lösungen hat das kohlensaure Calcium im ersten Momente ein gallertartiges Aussehen, was annehmen lässt, dass es im kolloïdalen Zustande erscheint. Mit der Zeit wird es krystallinisch. Auf den kolloïdalen Zustand des $CaCO^3$ lässt sich aus den folgenden Beobachtungen schliessen. Nach Famintzin kann sich nämlich das kohlensaure Calcium unter gewissen Bedingungen in Form von Körnern ausscheiden, welche die der Stärke eigene geschichtete Struktur zeigen, was nicht nur an und für sich, sondern auch als Beispiel der Darstellung einer Mineralsubstanz in einer solchen Form, in welcher bis jetzt nur organische, in den Pflanzen gebildete Substanzen auftraten, von Interesse ist. Ferner lässt sich hieraus schliessen, dass die Formen (Zellen, Gefässe, Körner) der Pflanzen- und Thiersubstanzen, in welchen sich diese in den Organismen befinden, nicht etwas nur den Organismen Eigenes darstellen, sondern als das Resultat der besonderen Bedingungen erscheinen, unter denen sich diese Substanzen bilden. Traube und darauf Monier und Vogt erhielten (1882) durch langsames Ausscheiden von Niederschlägen (indem sie mit kiesel- und kohlensaurem Natrium auf schwefelsaure Salze verschiedener Metalle einwirkten) unter dem Mikroskope Bildungen, die in allen Beziehungen wie Pflanzenzellen aussahen. Infolge seiner Unlöslichkeit in Wasser kann das kohlensaure Calcium leicht aus jedem anderen Calciumsalze durch Zusetzen der Lösung eines kohlensauren Alkalisalzes dargestellt werden; man kann es z. B. durch kohlensaures Ammonium ausfällen.

47) Nach Le Chatelier (1888) verliert der Gyps bei 125° $1^1/_2$ H^2O, d. h. es bildet sich $H^2O2CaSO^4$, und erst bei 194° entweicht alles Wasser.

Nach Shenstone und Cundall (1888) beginnt der Gyps in trockner Luft sein Wasser schon bei 70° zu verlieren. Beim Erwärmen von Gyps mit Wasser in geschlossenen Gefässen auf 150° bildet sich gleichfalls die Verbindung $H^2O2CaSO^4$ (Hoppe-Seyler).

rannten Gyps über, welcher als Alabaster in grossen Mengen zu Stukkaturarbeiten verbraucht wird. Die Anwendung beruht darauf, dass der gebrannte, gepulverte und durchgesiebte Gyps mit Wasser [48]) einen flüssigen leicht zu formenden Teig bildet, der nach kurzer Zeit unter schwachem Erwärmen zu einer festen Masse erstarrt, indem $CaSO^4$ sich wieder mit Wasser zu $CaSO^42H^2O$ verbindet. Der aus Alabaster und Wasser angerührte Teig ist ein mechanisches Gemenge, während beim Erhärten eine chemische Verbindung von $CaSO^4$ mit $2H^2O$ entsteht, welche als $S(OH)^6$, wo zwei Wasserstoffatome durch ein zweiwerthiges Calciumatom ersetzt sind, betrachtet werden kann. Der natürliche Gyps erscheint in farblosen oder bunt geaderten, marmorähnlichen Massen, zuweilen auch in vollkommen farblosen Krystallen vom spez. Gewicht 2,33. Der halbdurchsichtige, Selenit genannte Gyps wird, wie der Marmor, zum Ausmeisseln verschiedener Gegenstände benutzt. In der Natur findet sich ausserdem, zuweilen neben Gyps, das wasserfreie schwefelsaure Calcium $CaSO^4$, welches **Anhydrit** genannt wird. Der Anhydrit, dessen spez. Gewicht 2,97 ist, kann sich nicht direkt mit Wasser verbinden; hierdurch unterscheidet er sich von dem wasserfreien Salze, das man durch schwaches Glühen des Gypses erhält. Sehr stark geglühter Gyps verdichtet sich und verliert die Fähigkeit, sich mit Wasser zu erhärten (todtgebrannter Gyps). Der Uebergang des Gypses in den Anhydrit geht sogar beim Erwärmen in Wasser vor sich, wenn die Temperatur auf 150^0 erhöht wird. 1 Theil $CaSO^4$ löst sich bei 0 in 525 Th. Wasser, bei 38^0 in 466 Th. und bei 100^0 in 571 Th. Am löslichsten ist der Gyps bei 36^0, was analog der Löslichkeit von Na^2SO^4 ist [49]).

---

48) Zu Stukkaturarbeiten wird dem Gyps gewöhnlich noch Kalk und Sand zugesetzt, weil dann die Masse härter wird und nicht so schnell erstarrt. Bei der Verarbeitung zu Marmorimitationen setzt man dem Alabaster Leim zu und unterwirft dann die erhärtete Masse einer Politur. Der sogen. todtgebrannte Gypse ist unbrauchbar, da ihm, ebenso wie dem natürlichen Anhydrite, die Fähigkeit, sich mit Wasser zu verbinden abgeht. Wenn die Moleküln eines Körpers in eine krystallinische oder überhaupt verdichtete Masse übergehen, so muss dies offenbar auf die chemische Reaktionsfähigkeit desselben von Einfluss sein; mit besonderer Deutlichkeit lässt sich dieser Einfluss an Metallen beobachten, wenn sie in verschiedener Form (als Pulver Krystalle, geschmiedete Massen, u. s. w.) in Betracht kommen.

49) Gyps, namentlich bei $120°$ entwässerter, bildet in Bezug auf $CaSO^42H^2O$ leicht übersättigte Lösungen, welche auf 110 Th. Wasser bis zu 1 Th. $CaSO^4$ enthalten können (Marignac). Schwache Salzsäure löst Gyps beim Sieden zu $CaCl^2$ auf. Ueber das Verhalten des Gypses zu kohlensauren Alkalien vergl. Kap. 10. Durch Alkohol wird Gyps aus wässrigen Lösungen gefällt, da schwefelsaure Salze in Alkohol überhaupt wenig löslich sind.

Wie alle schwefelsauren Salze, gibt auch der Gyps beim Glühen mit Kohle derselben seinen Sauerstoff ab und geht in Schwefelcalcium über.

Das schwefelsaure Calcium kann, analog dem $MgSO^4$, auch Doppelsalze bilden, doch entstehen diese viel schwerer und sind chemisch wenig beständig. Sie ent-

Da der **Kalk** eine energischere Base als die Magnesia ist, so wird auch das **Chlorcalcium** (Calciumchlorid) $CaCl^2$ durch Wasser schwerer zersetzt als das Chlormagnesium. Beim Eindampfen von $CaCl^2$-Lösungen scheidet sich nur wenig HCl aus und durch Eindampfen in einem Chlorwasserstoffstrome lässt sich leicht wasserfreies Chlorcalcium erhalten, das bei $719°$ schmilzt. Aus wässrigen Lösungen scheidet sich das Krystallhydrat $CaCl^2 6H^2O$ vom Schmelzpunkte $28°$ aus [50]).

Wie dem Kalium $K=39$ (und Natrium$=23$) seine nächsten Analoga $Rb=85$ und $Cs=133$ entsprechen, und ausserdem $Li=7$, so entsprechen auch dem Calcium $Ca=40$ (und Magnesium$=24$) die nächsten Analoga: Strontium $Sr=87$ und Baryum $Ba=137$, und

---

halten, wie überhaupt alle Doppelsalze, weniger Krystallisationswasser, als die sie zusammensetzenden Salze. Rose, Phillips, Schott, Zepharovich, Struve, Ditte und andere erhielten das Salz $CaK^2(SO^4)^2 H^2O$, z. B. durch Vermischen von Gyps mit der äquivalenten Menge K^2SO^4 und Wasser; dieses Gemisch erstarrt zu einer homogenen Masse. Fritsche erhielt das entsprechende Natriumsalz im wasserhaltigen (mit $2H^2O$) und im wasserfreien Zustande durch Erwärmen eines Gemisches von Gyps mit gesättigter Na^2SO^4-Lösung. Das wasserfreie Salz $CaNa^2(SO^4)^2$ findet sich in der Natur als *Glauberit*. Auch den *Gaylussit* $CaNa^2(CO^3)^2 5H^2O$ stellte Fritsche dar, indem er frisch gefälltes $CaCO^3$ mit einer gesättigten Na^2CO^3-Lösung behandelte.

50) Das Chlorcalcium hat das spezifische Gewicht 2,20 und, wenn es geschmolzen ist, 2,13; die Krystalle $CaCl^2 6H^2O$ zeigen das spez. Gew. 1,69. Wenn das Volum dieser Krystalle bei $0° = 1$, so ist es bei $29° = 1,020$ und das der geschmolzenen Masse ist bei derselben Temperatur 1,118 (Kopp). Eine Lösung, die 50 pCt. $CaCl^2$ enthält, siedet bei $130°$, mit 70 pCt. bei $158°$. Ueberhitzter Wasserdampf zersetzt $CaCl^2$ schwerer als $MgCl^2$ und leichter als $BaCl^2$ (Kunheim). Durch Natrium wird geschmolzenes $CaCl^2$ selbst bei längerem Erhitzen nicht zersetzt (Liès-Bodart), aber eine Legirung von Na mit Zn, Pb und Bi bewirkt die Zersetzung; hierbei entstehen Legirungen des Ca mit den genannten Metallen (Caron). Die Legirung mit Zink enthält bis zu 15 pCt. Ca. Das Chlorcalcium löst sich in Alkohol und absorbirt NH^3. Das Gramm-Molekulargewicht $CaCl^2$ entwickelt beim Lösen in (überschüssigem) Wasser 18723 Cal. und in Alkohol 17555 Cal. (Pickering). Bakhuis-Roozeboom, der die Krystallhydrate des $CaCl^2$ genauer erforschte (1889), fand, dass $CaCl^2 6H^2O$ bei $30,2°$ schmilzt und bei niederen Temperaturen sich in Lösungen bildet, die auf 100 Th. Wasser nicht mehr als 103 Th. $CaCl^2$ enthalten; steigt der Gehalt an $CaCl^2$ bis auf 120 Th. (immer auf 100 Th. Wasser), so bilden sich Blättchen von der Zusammensetzung $CaCl^2 4H^2O\beta$, welche über $38,4°$ in das Krystallhydrat $CaCl^2 2H^2O$ übergehen; bei Temperaturen unter $18°$ geht das Krystallhydrat β in das beständigere $CaCl^2 4H^2O\alpha$ über, dessen Bildung durch mechanisches Reiben gefördert wird. Folglich erscheint, wie beim $MgSO^4$ (Anm. 27), ein und dasselbe Krystallhydrat in zwei verschiedenen Formen: in der Form β, die leicht entsteht, aber sich nicht hält, unbeständig ist und in der anderen, beständigen α. Die Löslichkeit der angeführten Krystallhydrate oder die auf 100 Th. Wasser kommende $CaCl^2$-Menge ist folgende:

	$0°$	$20°$	$30°$	$40°$	$60°$
$CaCl^2 6H^2O$	60	75	100	(102,8)	
$CaCl^2 4H^2O\alpha$	—	90	101	117	(154,2)
$CaCl^2 4H^2O\beta$	—	104	114	—	
$CaCl^2 2H^2O$	—	—	(308,3)	128	137.

ausserdem Beryllium, dessen Atomgewicht gleichfalls kleiner ist Be=9. Wie Rubidium und Cäsium seltener als Kalium sind, so kommen auch Strontium und Baryum in der Natur seltener als Calcium vor. Da diese Metalle: Baryum, Strontium und Beryllium dem Calcium in vielen Beziehungen ähnlich sind, so können sie schon nach einer kurzen Betrachtung ihrer wichtigsten Verbindungen leicht charakterisirt werden. Es weist dies auf die wichtigen Vortheile der Anordnung der Elemente nach ihren natürlichen Gruppen hin, zu deren Betrachtung wir im nächsten Kapitel übergehen wollen.

Von den Baryumverbindungen findet sich in der Natur am öftesten das **schwefelsaure Baryum** (Baryumsulfat) $BaSO^4$, das in denselben wasserfreien Krystallen des rhombischen Systems wie der Anhydrit auftritt. Die Krystalle erscheinen gewöhnlich in durchsichtigen oder halbdurchsichtigen Massen und besitzen ein bedeu-

---

Die eingeklammerten Zahlen geben den Gehalt an $CaCl^2$ in den Krystallhydraten auf 100 Th. Wasser an. Die Löslichkeitskurven der beiden ersteren Salze schneiden sich bei 30° und die der Salze mit $4H^2O\alpha$ und $2H^2O$ bei 45°. Die Krystalle des Salzes $CaCl^2 2H^2O$ kann man auch bei gewöhnlicher Temperatur aus Lösungen, die HCl enthalten, erhalten (Ditte). Die Dampftension dieses Krystallhydrats erreicht den Atmosphärendruck bei 165°; es kann daher in einer Atmosphäre von Wasserdampf getrocknet und frei von der Mutterlauge, deren Dampftension grösser ist, dargestellt werden. Beim Erhitzen in einem zugeschmolzenen Rohre zerfällt das Krystallhydrat $CaCl^2 2H^2O$ bei 175° in $CaCl^2 H^2O$ und eine Lösung. Bei Temperaturen über 260° zerfällt auch das Krystallhydrat $CaCl^2 H^2O$ und es entsteht wasserfreies $CaCl^2$.

Andrerseits scheidet sich, nach Hammerl, beim Abkühlen von $CaCl^2$-Lösungen Eis aus, wenn die Lösung weniger als 43 Th. $CaCl^2$ auf 100 Th. Wasser enthält; wenn sie mehr enthält, so entsteht das Krystallhydrat $CaCl^2 6H^2O$ und wenn sie endlich die angegebene Zusammensetzung $CaCl^2 14H^2O$ besitzt, (bei welcher 44 Th. $CaCl^2$ auf 100 Th. Wasser erforderlich sind), so erstarrt sie als Kryohydrat bei—55°. Die Löslichkeit des $CaCl^2$ ist vollständiger als die irgend eines anderen Salzes erforscht.

Unter Weglassung des unbeständigen Gleichgewichtssystems $CaCl^2 4H^2O\beta$, geben wir hier, nach den Bestimmungen von Bakhuis Roozeboom, die Temperaturen t an, bei denen der Uebergang des einen Hydrats in das andere stattfindet und bei denen gleichzeitig (in stabilem Gleichgewichte) die Lösung $CaCl^2 + nH^2O$, die beiden festen Körper A und B und Wasserdampf, dessen Tension in Millimetern in der letzten Kolumne unter p angegeben ist, vorhanden sein können:

t	n	A	B	p
—55°	14,5	ледъ	$CaCl^2 6H^2O$	0
+29°,8	6,1	$CaCl^2 6H^2O$	$CaCl^2 4H^2O$	6,8
45°,3	4,7	$CaCl^2 4H^2O$	$CaCl^2 2H^2O$	11,8
175°,5	2,1	$CaCl^2 2H^2O$	$CaCl2H^2O$	842
260°	1,8	$CaCl^2 H^2O$	$CaCl^2$	mehrere Atmosph.

Die $CaCl^2$-Lösungen können als ein bequemes Beispiel zur Erforschung übersättigter Lösungen dienen, welche hier so leicht entstehen, da sich verschiedene Hydrate bilden können. Eine Lösung, die z. B. bei 25° mehr als 83 Th. $CaCl^2$ auf 100 Th. Wasser enthält, erscheint für das Krystallhydrat $CaCl^2 6H^2O$ bereits als übersättigt.

tendes spezi sches Gewicht, nämlich 4,45; daher die Bezeichnung **Schwerspath** oder **Baryt**.

Dem Schwerspath analog ist das seltener vorkommende schwefelsaure Strontium, *Cölestin* $SrSO^4$. Aus dem Schwerspath werden alle anderen Baryumverbindungen dargestellt, denn das kohlensaure Baryum ($BaCO^3$, als Mineral *Witherit*, dem der auf dem Aetna vorkommende seltene *Strontianit* $SrCO^3$ entspricht), welches sich leichter verarbeiten lässt (da es durch Säuren direkt unter Ausscheidung von CO^2 zersetzt wird), ist ein verhältnissmässig seltenes Mineral. Die Verarbeitung des Schwerspaths wird durch seine Unlöslichkeit in Wasser und in Säuren erschwert, doch sie gelingt durch Reduktion [51]). Analog den schwefelsauren Salzen des Natriums und Calciums gibt auch der Schwerspath beim Glühen mit Kohle dieser seinen Sauerstoff ab und geht in Schwefelbaryum BaS über. Die Reaktion: $BaSO^4 + 4C = BaS + 4CO$ geht vor sich, wenn ein inniges Gemisch von gepulvertem Schwerspath, Kohle und Theer stark erhitzt wird. Beim Behandeln der erkalteten Masse mit Wasser geht dann das entstandene Schwefelbaryum in Lösung [52]). Wird nun die Lösung mit Salzsäure gekocht, so entweicht der Schwefel als gasförmiger Schwefelwasserstoff und in der Lösung erhält man Chlorbaryum: $BaS + 2HCl = BaCl^2 + H^2S$. Auf diese Weise wird das schwefelsaure Baryum in Chlorbaryum übergeführt [53]), aus welchem durch dop-

---

51) Ueber die Einwirkung von $BaSO^4$ auf Soda und Pottasche vergl. Seite 470.

52) Das Schwefelbaryum wird durch Wasser zersetzt: $BaS + 2H^2O = H^2S + Ba(OH)^2$, (die Reaktion ist umkehrbar), aber die entstehenden Körper sind beide in Wasser löslich und ihre Trennung wird noch erschwert durch die Absorption von Sauerstoff, wobei BaS in $BaSO^4$ übergeht. Den Schwefelwasserstoff entfernt man aus der Lösung zuweilen durch Kochen mit Kupfer- oder Zinkoxyd. Beim Zusetzen von Zucker zu der BaS-Lösung fällt ein Baryumsaccharat aus, das durch Kohlensäuregas unter Bildung von $BaCO^3$ zersetzt wird. Ein äquivalentes Gemisch von Na^2SO^4 mit $BaSO^4$ oder $SrSO^4$ geht beim Glühen mit Kohle in ein Gemisch von Na^2S mit BaS oder SrS über; lost man dieses Gemisch in Wasser und dampft dann ein, so krystallisirt beim Abkühlen BaH^2O^2 oder SrH^2O^2 aus und in der Lösung bleibt 2NaHS. In der Praxis werden die Hydrate BaH^2O^2 und SrH^2O^2 sehr häufig angewandt, das Strontiumhydroxyd z. B. in den Zuckerfabriken zum Ausziehen des Zuckers aus der Melasse.

Die vollständige Zersetzung und Ueberführung des Baryumsulfats in $BaCl^2$ erreichte Boussingault durch Erhitzen von $BaSO^4$ in Chlorwasserstoffgas. Zu bemerken ist noch, dass Grouven durch Glühen eines Gemisches von Kohle und $SrSO^4$ mit $MgSO^4$ und K^2SO^4 die leichte Zersetzbarkeit des Strontiumsulfats demonstrirte, welche durch die Bildung von Doppelsalzen wie $SrSK^2S$ bedingt wird; in Wasser sind diese Doppelsalze leicht löslich, CO^2 bewirkt in ihren Lösungen einen Niederschlag von $SrCO^3$. An solchen Beispielen ersieht man, dass die Kraft, welche die Bildung der Doppelsalze bedingt, auch auf die Richtung einer Reaktion von Einfluss sein kann, und die zahlreichen Doppelsilikate der Erdkruste weisen darauf hin, dass diese Kraft auch bei den in der Natur stattfindenden chemischen Vorgängen eine Rolle spielt.

53) Das schwefelsaure Baryum führt man in $BaCl^2$ zuweilen in der Weise über, dass man es gepulvert mit Steinkohle und Manganchlorid (das als Nebenpro-

pelte Umsetzung mit einer starken Lösung von Salpetersäure oder Salpeter das weniger lösliche salpetersaure Baryum [54]) (Baryumnitrat) $Ba(NO^3)^2$ und mittelst Soda das in Wasser unlösliche $BaCO^3$ erhältlich sind. Die beiden letzteren Salze gehen beim Erhitzen in **Baryumoxyd** (Aetzbaryt) BaO über, das mit Wasser **Baryumhydroxyd** (Barythydrat) $Ba(OH)^2$ bildet. Vom Aetzkalk unterscheidet sich der Aetzbaryt durch seine grössere Löslichkeit in Wasser [55]) und die Fähigkeit sich mit Wasser zu dem Krystall-

---

dukt bei der Darstellung von Chlor zurückbleibt) so lange erhitzt, bis die Masse halbflüssig wird und Kohlenoxyd entwickelt. Hierbei geht die folgende Umsetzung vor sich: zuerst entzieht der Kohlenstoff dem schwefelsauren Baryum den Sauerstoff und bildet Schwefelbaryum BaS, das mit dem Manganchlorid $MnCl^2$ durch doppelte Umsetzung unlösliches Schwefelmangan MnS und lösliches Chlorbaryum $BaCl^2$ bildet. Die Lösung dieses letzteren ist leicht rein zu erhalten, da viele Beimengungen, z. B. Eisen, mit dem Mangan im unlöslichen Rückstande bleiben. Die von Niederschlage abfiltrirte $BaCl^2$-Lösung wird meistens zur Darstellung von schwefelsaurem Baryum benutzt, das beim Versetzen der Lösung mit Schwefelsäure als feines Pulver ausfällt. Das **schwefelsaure Baryum** (Baryumsulfat) zeichnet sich durch seine Unveränderlichkeit den meisten chemischen Reagentien gegenüber aus; in Wasser und auch in Säuren ist es unlöslich; die Lösungen der Aetzalkalien und kohlensauren Salze greifen es nur nach andauernder Einwirkung an (bei forgesetztem Kochen mit einer Sodalösung z. B. geht es allmählich in kohlensaures Baryum über, vergl. Kap. 10). Seiner Beständigkeit wegen wird das künstlich erhaltene schwefelsaure Baryum als Farbe an Stelle des Bleiweisses benutzt. Letzteres wird beim Einwirken von Schwefelwasserstoff schwarz, während die Baryumfarbe, das Permanentweiss (blanc fixe) unverändert bleibt.

Ein Theil Calciumchlorid löst sich bei 20° in 1,36 Th. Wasser, Strontiumchlorid in 1,88 und Baryumchlorid in 2,88 Th. Wasser bei derselben Temperatur. In demselben Verhältniss ändert sich auch die Löslichkeit der Bromide und Jodide dieser Metalle. Baryum- und Strontiumchlorid krystallisiren aus ihren Lösungen leicht mit einem Gehalt an Wasser und bilden: $BaCl^2 2H^2O$ und $SrCl^2 6H^2O$ (letzteres entspricht seiner Zusammensetzung nach den Chloriden des Ca und Mg).

54) Die salpetersauren Salze $Sr(NO^3)^2$ (Strontiumnitrat) und $Ba(NO^3)^2$ (Baryumnitrat), die beim Abkühlen ihrer Lösungen Krystallhydrate mit $4H^2O$ bilden, sind in Wasser so wenig löslich, dass sie sich aus Gemischen konzentrirter Lösungen von $BaCl^2$ oder $SrCl^2$ mit $NaNO^3$ in ziemlich bedeutender Menge ausscheiden. Man erhält die Nitrate meist aus den kohlensauren Salzen oder den Oxyden durch Einwirken von Salpetersäure oder auch aus den Chlormetallen gleichfalls mittelst Salpetersäure; diese Nitrate sind namentlich in salpetersäurehaltigem Wasser sehr wenig loslich. 100 Theile Wasser losen bei 15° 6,5 Th. Strontiumnitrat und 8,2 Th. Baryumnitrat; vom Calciumnitrat werden bei derselben Temperatur mehr als 300 Theile gelost. Das Strontiumnitrat verleiht der Flamme brennender Körper eine schöne rothe Färbung und wird daher öfters zu bengalischen Flammen in der Feuerwerkerei und zu Signalfeuern benutzt, für welche übrigens Lithiumsalze vorzuziehen sind. Das Calciumnitrat ist sehr hygroskopisch, dem Baryumnitrat dagegen fehlt diese Eigenschaft vollständig; es ist in dieser Beziehung dem Kaliumnitrate ähnlich und wird daher auch an Stelle des letzteren zur Herstellung eines Sprengmittels, des Saxifragins, benutzt (das aus 76 Th. Baryumnitrat, 2 Th. Salpeter und 22 Th. Kohle besteht).

55) Ueber die Dissoziation der Krystallhydrats des Aetzbaryts vergl. Kap. 1. Anm. 65. In 100 Th. Wasser lösen sich bei:

hydrate $BaH^2O^28H^2O$ verbinden zu können. In der technischen und chemischen Praxis wird der Aetzbaryt sehr häufig angewandt, da er vor den andern Basen den grossen Vorzug hat, dass er aus Lösungen durch einen Zusatz von Schwefelsäure immer vollständig entfernt werden kann, denn das hierbei ausfallende schwefelsaure Baryum ist beinahe vollkommen unlöslich. Aus alkalischen Lösungen lässt sich der Baryt (z. B. der zur Sättigung einer Säure zugesetzte Ueberschuss desselben) auch durch Einleiten von Kohlensäuregas vollständig als fast unlösliches, weisses, pulverförmiges Baryumcarbonat ausfällen. In Anbetracht dieser beiden Reaktionen würde das Baryumhydroxyd eine sehr ausgedehnte Verwendung finden, wenn die Verbindungen des Baryums in der Natur ebenso verbreitet wären, wie die des Calciums oder Natriums und wenn ausserdem die löslichen Baryumverbindungen nicht giftig wären. Das salpetersaure Baryum zersetzt sich beim Erhitzen direkt unter Zurücklassung von Baryumoxyd BaO. Aus kohlensaurem Baryum, besonders leicht aus gefälltem, erhält man das Baryumoxyd, wenn das Salz im Gemisch mit Kohle oder in einem Strom von Wasserdampf erhitzt wird. Das Baryumoxyd verbindet sich mit Wasser unter bedeutender Wärmeentwickelung und das entstehende Hydrat, das Baryumhydroxyd, bindet das Wasser so stark, dass es selbst durch starkes Erhitzen nicht wieder ausgetrieben werden kann. Wenn aber das Baryumhydroxyd in einem Strome von Wasserstoff oder einem anderen Gase, namentlich Luft, stark erhitzt wird, so dissoziirt es vollständig. Mit Sauerstoff verbindet sich das Baryumoxyd zu **Baryumhyperoxyd** BaO^2 (vergl. darüber das 3-te und 4-te Kapitel) [56]). Weder CaO, noch SrO verbinden sich direkt mit Sauerstoff; die Hyperoxyde des Calciums und Strontiums lassen sich nur durch Einwirken von Wasserstoffhyperoxyd darstellen.

Baryumoxyd zersetzt sich beim Glühen mit Kalium und geschmolzenes Chlorbaryum beim Einwirken des galvanischen Stromes; in beiden Fällen erhält man das **metallische Baryum**, wie schon Davy

	0°	20°	40°	60°	80°
BaO	1,5	3,5	7,4	18,8	90,8
SrO	0,3	0,7	1,4	3	9

Uebersättigte Lösungen bilden sich sehr leicht. Wasserfreies Baryumoxyd BaO schmilzt in der Knallgasflamme. Beim Erhitzen mit Kaliumdämpfen wird dem Baryumoxyd der Sauerstoff entzogen, während beim Erhitzen mit Chlor der Sauerstoff verdrängt wird.

56) Sehr charakteristisch für das Baryumoxyd ist seine Fähigkeit, beim Erhitzen Sauerstoff zu absorbiren und hierbei in das Hyperoxyd BaO^2 überzugehen. Nur dem wasserfreien Oxyde kommt diese Fähigkeit zu, dem Hydroxyde geht sie ab. Die Hyperoxyde des Calciums und Strontiums können mittelst Wasserstoffhyperoxyd dargestellt werden. Das Baryumhyperoxyd ist in Wasser unlöslich, aber es kann ein Hydrat bilden und sich sogar mit Wasserstoffhyperoxyd zu einer sehr unbeständigen Verbindung von der Zusammensetzung BaH^2O^4 verbinden: letztere verliert allmählich Sauerstoff (Schöne, vergl. Kap. 4. Anm. 21).

gezeigt hat. Crookes erhielt (1862) durch Erwärmen von Natriumamalgam mit einer gesättigten $BaCl^2$-Lösung Baryumamalgam, aus dem das Quecksilber leicht abdestillirt werden konnte. In derselben Weise wird auch das metallische Strontium dargestellt. Beide Metalle lösen sich in Quecksilber und sind allem Anscheine nach nicht flüchtig oder wenigstens kaum flüchtig; sie sind schwerer als Wasser—das spez. Gewicht des Ba ist 3,6 und das des Sr—2,5; Wasser zersetzen sie, ebenso wie die Alkalimetalle, schon bei gewöhnlicher Temperatur.

Als salzbildende Elemente zeichnen sich das Baryum und Strontium durch ihre energischen basischen Eigenschaften aus; saure Salze bilden sie nur schwer und basische fast gar nicht. Beim Vergleichen der beiden Metalle mit einander und mit Calcium ergibt sich, dass die alkalischen Eigenschaften in dieser Gruppe (wie auch in der des K, Rb und Cs) zugleich mit dem Atomgewichte zunehmen. Dieselben Beziehungen zeigen auch viele andere einander entsprechende Verbindungen dieser Metalle. Die Löslichkeit und das spezifische Gewicht [57] der Hydroxyde RH^2O^2 z. B. nehmen vom Ca zum Sr und Ba übergehend zu, während die Löslichkeit der schwefelsauren Salze abnimmt [58] Daher war zu erwarten, dass das Magnesium und Beryllium, welche ein noch kleineres Atomgewicht besitzen, schwefelsaure Salze von noch grösserer Löslichkeit bilden werden, wie dies in Wirklichkeit auch der Fall ist.

Wie die Gruppe der Alkalimetalle durch die ihren Eigenschaften nach einander nahe stehenden Metalle: Kalium, Rubidium und Cäsium und ausserdem durch zwei Metalle mit geringerem Atomgewicht: Natrium und Lithium (das leichteste aller Metalle),—die bereits einige Eigenthümlichkeiten aufweisen, — gebildet wird, so gehören zu der Gruppe der Erdalkalimetalle ausser: Calcium, Strontium und Baryum, noch Magnesium und **Beryllium** oder Glycinium. In der Reihe der Metalle dieser letzteren Gruppe nimmt das Beryllium seinem Atomgewichte nach dieselbe Stelle ein, wie das Lithium in der Reihe der Alkalimetalle. Das Atomgewicht des Berylliums $Be=Gl=9$ ist grösser als das des Lithiums (7), ebenso

---

[57] Selbst bei den Lösungen tritt diese stetige Zunahme des spezifischen Gewichts hervor, und zwar nicht allein bei äquivalenten Lösungen (z. B. RCl^2 + $200H^2O$), sondern auch bei Lösungen von gleicher procentischer Zusammensetzung, wie aus den Parabelgleichungen des spezifischen Gewichts bei 15° zu ersehen ist (Wasser bei 4° = 10000):

$$BeCl^2 : S = 9992 + 67{,}21p + 0{,}111p^2$$
$$CaCl^2 : S = \text{ » } + 80{,}24p + 0{,}476p^2$$
$$SrCl^2 : S = \text{ » } + 85{,}57p + 0{,}733p^2$$
$$BaCl^2 : S = \text{ » } + 86{,}56p + 0{,}813p^2$$

(Die Bestimmungen für das $BeCl^2$ sind von Burdakow ausgeführt).

[58] Ein Theil $CaSO^4$ löst sich bei gewöhnlicher Temperatur in 500 Th. Wasser, $SrSO^4$ in 7000 Th. und $BaSO^4$ in ungefähr 400000 Th.; $BeSO^4$ ist in Wasser leicht löslich.

wie das Atomgewicht des Magnesiums (24) grösser als das des Natriums (23) und wie das des Calciums (40) grösser als das des Kaliums (39) ist [59]. Beryllium nannte man das Metall nach dem Minerale Beryll, in welchem es enthalten ist, und Glycinium nach dem süssen Geschmack seiner Salze. Ausser im Beryll findet es sich im Aquamarin, Smaragd und anderen meist grün gefärbten Mineralien, welche zuweilen in grösseren Massen auftreten, aber im Allgemeinen relativ sehr selten sind, und welche, wenn sie in durchsichtigen Krystallen erscheinen, zu den Edelsteinen gerechnet werden. Der Zusammensetzung des Berylls und Smaragds entpricht die Formel: $Al^2O^3 3BeO 6SiO^2$. Am bekanntesten sind die sibirischen und brasilianischen Berylle. Das spezifische Gewicht des Berylls beträgt 2,7. Aus den schwach basischen Eigenschaften des Berylliumoxyds lässt sich einige Aehnlichkeit mit dem Aluminiumoxyd ersehen; dieselbe entspricht der Aehnlichkeit des Lithiumoxyds mit dem Magnesiumoxyde [60]. In Anbetracht des seltenen Vorkommens

---

59) Das Beryllium zählen wir zu den zweiwerthigen Erdalkalimetallen, d. h. wir geben seinem Oxyde die Formel BeO, trotzdem von Vielen der Vorschlag, es für dreiwerthig anzusehen (Be = 13,5, vergl. Seite 351), gemacht und auch vertheidigt wurde. Die richtige atomistische Zusammensetzung des Berylliumoxyds ist zuerst (1819) vom russischen Forscher **Awdejew** festgestellt worden, welcher die Verbindungen des Berylliums mit denen des Magnesiums verglich und die damals herrschende Ansicht von der ähnlichen Zusammensetzung des Berylliumoxyds mit dem Aluminiumoxyde durch den Beweis, dass das schwefelsaure Beryllium mit dem schwefelsauren Magnesium eine grössere Aehnlichkeit besitze, als mit dem schwefelsauren Aluminium, widerlegte. Besonders wichtig war der Umstand, dass die Analoga der Thonerde Alaune geben, während das Berylliumoxyd, trotzdem es eine schwache Base ist, keine wahren Alaune sondern, wie die Magnesia, basische und Doppelsalze bildet. Bei der Aufstellung des periodischen Systems der Elemente (1869) zeigte es sich sofort, dass die Ansicht Awdejew's der Wirklichkeit entspricht, d. h. dass das Beryllium zweiwerthig und nicht dreiwerthig ist. Die sich widersprechenden Ansichten über die Werthigkeit des Berylliums hatten in den 70-er und Anfangs der 80-er Jahre eine ganze Reihe von Untersuchungen über dieses Element veranlasst, bis endlich Nilson und Pettersson, die eifrigsten Vertheidiger der Dreiwerthigkeit des Berylliums, durch die Bestimmung des Dampfdichte des Berylliumchlorids $BeCl^2$ (= 40, vergl. Seite 351) den unbestreitbaren Beweis lieferten, dass das Beryllium zweiwerthig ist.

60) Das Berylliumoxyd wird, analog dem Aluminiumoxyd, aus den Lösungen seiner Salze durch Alkalien als gallertartiges Hydroxyd BeH^2O^2 gefällt, das sich (ebenso wie die Thonerde) in überschüssiger Kali- oder Natronlauge löst. Diese Reaktion kann zur Unterscheidung und Trennung des Berylliumoxydes von der Thonerde benutzt werden, da die mit Wasser verdünnte alkalische Lösung beim Kochen nur das Hydroxyd des Berylliums und nicht das des Aluminiums ausscheidet. Die Löslichkeit des Berylliumoxyds in Alkalien weist schon auf seine schwach basischen Eigenschaften hin und scheidet es scheinbar aus der Reihe der alkalischen Erden aus. Stellt man aber diese Oxyde nach dem abnehmenden Atomgewichte der Metalle in einer Reihe zusammen:

BaO, SrO, CaO, MgO, BeO,

so ersieht man, wie die basischen Eigenschaften stetig und deutlich abnehmen und die Löslichkeit der Oxyde immer geringer wird, so dass man schon a priori, auch wenn

des Berylliums, dem besonders hervortretende individuelle Eigenschaften nicht eigen sind, sowie der Möglichkeit bis zu einem gewissen Grade diese Eigenschaften auf Grund des periodischen Systems der Elemente, das im nächsten Kapitel betrachtet werden wird, voraussehen zu können und sodann der Kürze des vorliegenden Werkes wegen—sollen nur die folgenden kurzen Angaben über die Berylliumverbindungen gemacht werden. Die Selbständigkeit desselben ist im Jahre 1798 von Vauquelin festgestellt worden, während Wöhler und Bussy das metallische Beryllium darstellten. Wöhler erhielt das Beryllium, analog dem Magnesium, durch Einwirken von metallischem Kalium auf $BeCl^2$. Nach Nilson und Pettersson beträgt das spezifische Gewicht des Berylliums 1,64; es ist schwer schmelzbar, denn es schmilzt erst bei der Schmelztemperatur des Silbers, dessen Weisse und Glanz es gleichfalls besitzt. Charakteristisch ist die schwere Oxydirbarkeit des Berylliums, selbst in der Oxydationsflamme des Löthrohrs bedeckt es sich nur mit einer dünnen Oxydschicht; es brennt nicht einmal in reinem Sauerstoffe und kann Wasser weder bei gewöhnlicher Temperatur, noch bei Rothgluth zersetzen. Chlorwasserstoffgas zersetzt es aber schon bei schwachem Erwärmen unter Ausscheiden von Wasserstoff und bedeutender Wärmeentwickelung. Selbst auf schwache Salzsäure wirkt das Beryllium schon bei gewöhnlicher Temperatur ein. Ebenso leicht wirkt es auf Schwefelsäure ein; merkwürdiger Weise ist aber sowol schwache, als auch starke Salpetersäure ohne Einwirkung auf das Beryllium, das augenscheinlich der Wirkung von Oxydationsmitteln besonders gut widersteht. Aetzkali wirkt auf das Beryllium ebenso wie auf Aluminium, indem es Wasserstoff aus-

---

das Berylliumoxyd gar nicht bekannt wäre, hätte behaupten können, dass an seine Stelle ein in Wasser unlösliches Oxyd von sehr schwach basischen Eigenschaften hingehört. In der Reihe der Alkalimetalle ist das Lithiumoxyd Li^2O eine viel schwächere Base, als Na^2O, K^2O u. s. w. und Li^2CO^3 ist in Wasser unlöslich.

Ein anderes charakteristisches Merkmal der Berylliumsalze ist der beim Einwirken von Ammoniak auf dieselben entstehende gallertartige Niederschlag, der sich in einem Ueberschusse von kohlensaurem Ammonium löst, analog dem Magnesia-Niederschlag; hierdurch unterscheidet sich das Berylliumoxyd vom Aluminiumoxyde. Das in Wasser unlösliche kohlensaure Beryllium ist in vielen Beziehungen dem kohlensauren Magnesium ähnlich. Das schwefelsaure Beryllium zeichnet sich durch seine bedeutende Löslichkeit aus: bei gewöhnlicher Temperatur löst es sich in dem gleichen Gewichte Wasser; es erscheint in schönen Krystallen von der Zusammensetzung $BeSO^4 4H^2O$ und ist an der Luft unveränderlich. Beim Erhitzen hinterlässt es Berylliumoxyd, welches, selbst nachdem es sehr andauernd geglüht worden war, von Neuem in Schwefelsäure gelöst werden kann; aus schwefelsaurem Aluminium erhält man bei derselben Behandlung Aluminiumoxyd, das sich nicht mehr in Säuren löst. Von wenigen Ausnahmen abgesehen, krystallisiren die Berylliumsalze nur schwer. Mit den Magnesiumsalzen zeigen sie manche Aehnlichkeit: das Berylliumchlorid z. B. ist ganz analog dem Magnesiumchlorid; im wasserfreien Zustande ist es flüchtig, enthält es aber Wasser, so zersetzt es sich beim Erhitzen unter Ausscheidung von Chlorwasserstoff.

scheidet und das Metall löst; Ammoniak wirkt aber nicht ein. Durch diese Eigenschaften scheint das Beryllium aus der Reihe der anderen Metalle dieser Gruppe herauszutreten; vergleicht man aber die Eigenschaften des Calciums, Magnesiums und Berylliums unter einander, so wird man finden, dass das Magnesium in der Mitte zwischen den beiden anderen steht. Calcium zersetzt Wasser sehr leicht, Magnesium nur schwer und Beryllium gar nicht. Die Eigenheiten, durch welche das Beryllium in der Reihe der Erdalkalimetalle hervortritt, erinnern an die Eigenheiten des Fluors in der Reihe der Halogene; das Fluor unterscheidet sich von den anderen Halogenen durch viele Eigenschaften und besitzt das kleinste Atomgewicht, ebenso wie das Beryllium das kleinste Atomgewicht unter den Erdalkalimetallen aufweist.

Fünfzehntes Kapitel.

Die Aehnlichkeit der Elemente unter einander und das periodische Gesetz.

Aus den Beispielen der vorhergehenden Kapitel lässt sich ersehen, dass alle Daten, welche wir über die chemischen Umwandlungen, die den einfachen Körpern eigen sind, besitzen, zur genauen Beurtheilung der Aehnlichkeit der Elemente unter einander unzureichend sind, da diese Aehnlichkeit eine verschiedenseitige sein kann. So z. B. weisen Li oder Ba in einigen Beziehungen mit Na oder K Aehnlichkeiten auf, in anderen mit Mg oder Ca. Es sind daher zu einer richtigen Beurtheilung offenbar genaue, messbare Kennzeichen erforderlich. Wenn eine Eigenschaft erst gemessen werden kann, so verliert sie ihren Doppelcharakter und schliesst willkührliche Bestimmungen aus.

Zu solchen genau messbaren und bereits verallgemeinerten Eigenschaften oder Kennzeichen der Elemente und der ihnen entsprechenden Verbindungen gehören die folgenden: a) der Isomorphismus oder die Analogie in den Krystallformen und die hiermit verbundene Fähigkeit isomorphe Gemische zu bilden; b) die Volumverhältnisse analoger Verbindungen der Elemente; c) die Zusammensetzung ihrer salzartigen Verbindungen und d) die Atomgewichte der Elemente. In dem vorliegenden Kapitel sollen diese vier Seiten des Gegenstandes, die von grösster Bedeutung für die regelrechte Systematik der Elemente, für ihre leichtere Erforschung und auch für die Beurtheilung ihrer wichtigsten Eigenschaften sind, einer kurzen Betrachtung unterzogen werden.

Die Methode, welche zuerst zur Entdeckung von Aehnlichkeiten zwischen Verbindungen zweier verschiedener Elemente benutzt wurde und sich als wichtig erwies, gründete sich auf die Anwendung des **Iso-morphismus**, eines Begriffes, den **Mitscherlich** (1820) in die Chemie einführte, nachdem er festgestellt hatte, dass die einander entsprechenden Salze der Arsensäure H^3AsO^4 und der Phosphorsäure H^3PO^4 mit demselben Wassergehalte krystallisiren, sehr ähnliche Krystallformen besitzen und aus ihren Lösungen gleichzeitig in homogenen Krystallen auskrystallisiren können, welche aus einem Gemisch der Salze beider Säuren bestehen. Als isomorph bezeichnet man Körper, die, bei gleicher Anzahl von Atomen in ihren Molekeln, ähnliche chemische Umwandlungen erleiden, ähnliche Eigenschaften und gleiche oder einander sehr nahe kommende Krystallformen haben. Wenn isomorphe Körper einige gemeinsame Elemente enthalten, so folgert man, dass die anderen Elemente, die in die Zusammensetzung dieser Körper eingehen, einander ähnlich sein müssen. Da nun Krystalle genau gemessen werden können, so erweist sich die äussere Form oder das Verhalten der Molekeln, welche die Krystallform bedingen, als ebenso geeignet zur Beurtheilung der zwischen den Atomen wirkenden inneren Kräfte, wie eine Vergleichung der Reaktionen, der Dampfdichte u. s. w. Von den früher angeführten Beispielen sei hier auf die Verbindungen der Alkalimetalle mit den Halogenen, RX, z. B. NaCl, KCl, KJ, RbCl hingewiesen, die alle in Oktaëdern oder Würfeln des regulären Systems auftreten. Die salpetersauren Salze des Rubidiums und Cäsiums erscheinen in denselben wasserfreien Krystallen, wie das salpetersaure Kalium. Die kohlensauren Salze der Erdalkalimetalle sind mit dem kohlensauren Calcium isomorph, d. h. sie erscheinen entweder in denselben Krystallformen wie der Kalkspath oder in den rhombischen Krystallen des Aragonits [1]). Ferner krystallisirt das $NaNO^3$ in Rhomboëdern, die denen des Kalkspaths $CaCO^3$ sehr nahe kommen, während das KNO^3 in den Krystallformen des Aragonits $CaCO^3$ erscheint; diese Salze enthalten alle die gleiche Anzahl von Atomen: auf je ein Metall-Atom (Na,K,Ca) ein Metalloid-Atom und drei Sauerstoff-Atome. Die Gleichheit der Krystallform entspricht also der Gleichheit in der atomistischen Zusammensetzung. Es fehlt jedoch die Uebereinstimmung in den Eigenschaften, denn das $CaCO^3$ nähert sich augenscheinlich mehr dem $MgCO^3$, als dem $NaNO^3$. Nicht die Aehnlichkeit der Krystallformen (Homöomorphimus) allein ist es also, durch welche isomorphe Körper charak-

---

[1]) Die Krystallformen des Aragonits, Strontianits und Witherits gehören zum rhombischen System; der Prismenwinkel beträgt bei $CaCO^3$ 116°10′, $SrCO^3$ 117°19′ und $BaCO^3$ 118°30′. Andrerseits stehen sich die Krystallformen des Kalkspaths, Magnesits und Zinkspaths ebenso nahe, erscheinen aber im rhomboëdrischen System, mit dem Rhomboëderwinkel bei $CaCO^3$ 105°8′, $MgCO^3$ 107°10′ und $ZnCO^3$ 107°40′. Schon diese Vergleichung ergibt, dass das Zn dem Mg näher steht, als das Mg dem Ca.

terisirt werden, sondern es müssen dieselben auch ähnliche Eigenschaften und die Fähigkeit besitzen in analoge Reaktionen eingehen zu können, was bei den Salzen RNO^3 und $R''CO^3$ nicht der Fall ist. Dass zwei Verbindungen in Wirklichkeit mit einander vollkommen isomorph sind, lässt sich am sichersten daran erkennen, dass dieselben aus einer Lösung **zusammen krystallisiren**, d. h. in homogenen Krystallen erscheinen können, in deren Zusammensetzung sie in den verschiedensten Mengenverhältnissen eingehen, welche allem Anscheine nach von den Molekular- und Atomgewichten ganz unabhängig sind. Sollten diese Verhältnisse irgend welchen Gesetzen unterliegen, so werden letztere den Gesetzen analog sein, die sich auf die unbestimmten chemischen Verbindungen beziehen [2]). Zur Verdeutlichung können die folgenden Beispiele dienen. Chlorkalium und salpeter- oder schwefelsaures Kalium sind mit einander nicht isomorph, denn sie haben eine verschiedene atomistische Zusammensetzung. Beim Eindampfen des Gemisches einer Lösung dieser Salze scheidet sich ein jedes derselben einzeln in den Krystallen aus, die ihm eigen sind. Krystalle, die ein Gemisch beider Salze enthalten, würden nicht entstehen können. Verdampft man aber die vermischten Lösungen zweier isomorpher Salze, so erhält man, bei einem bestimmten Mengen-Verhältniss, Krystalle, die aus beiden Salzen bestehen. Es ist dieses indessen nicht absolut zu nehmen, denn aus einer Lösung, die z. B. bei höherer Temperatur mit einem Gemisch von KCl und NaCl gesättigt ist, scheidet sich beim Verdampfen des Wassers nur Chlornatrium, beim Abkühlen dagegen nur Chlorkalium aus. Ersteres wird nur sehr wenig Chlorkalium und letzteres nur sehr wenig Chlornatrium enthalten [3]). Dagegen lassen sich z. B. schwefelsaures Magnesium

---

[2]) Das gewöhnlichste Beispiel unbestimmter chemischer Verbindungen bieten uns die Lösungen. Aber auch in den isomorphen Gemischen, welche unter den die Erdrinde bildenden krystallinischen Kieselerdeverbindungen so gewöhnlich sind, ebenso wie in den Legirungen, unter denen die Metalllegirungen in der Praxis eine so wichtige Anwendung finden, haben wir Beispiele unbestimmter chemischer Verbindungen. Wenn im 1-sten Kapitel und an verschiedenen anderen Stellen dieses Werkes zu beweisen gesucht wurde, dass es nothwendig sei, in den Lösungen die Existenz bestimmter Verbindungen (im dissoziirten Zustande) anzunehmen, so bezieht sich dies auch auf die isomorphen Gemische und die Legirungen. Aus diesem Grunde habe ich an verschiedenen Stellen die Thatsachen hervorgehoben, welche zur Annahme zwingen, dass in isomorphen Gemischen und Legirungen bestimmte chemische Verbindungen existiren.

[3]) Die Ursache dieser Verschiedenheit, welche bei verschiedenen Körpern, die in der gleichen Form erscheinen, in Bezug auf ihre Fähigkeit zur Bildung isomorpher Gemische beobachtet wird, darf nicht in dem Unterschiede der Volumzusammensetzung gesucht werden, wie dies von Vielen in Uebereinstimmung mit Kopp geschieht. Die (durch Division der Dichte in das Molekulargewicht sich ergebenden) Volume der Molekeln solcher Isomorphen, die Gemische bilden, kommen einander nicht näher, als die Volume von Isomorphen, die keine Gemische bilden. Für $MgCO^3$ z. B. ist das Molekulargewicht 84, die Dichte 3,06 und das Volum 27. Für $CaCO^3$,

und schwefelsaures Zink durch Eindampfen ihrer Lösung nicht von einander trennen, obgleich sie eine sehr verschiedene Löslichkeit besitzen. In der Natur findet sich kohlensaures Magnesium mit dem ihm isomorphen kohlensaurem Calcium in ein und denselben Krystallen. Den Rhomboëder-Winkeln solcher Kalkmagnesiaspathe entsprechen Grössen, die zwischen denen der Winkel des Kalkspathes und des Magnesiaspathes liegen. (Die Rhomboëder-Winkel des $CaCO^3$ betragen $105°8'$, des $MgCO^3$ $107°30'$ und des $MgCa(CO^3)^2$ $106°10'$). Die isomorphen Gemische des Kalk- und Magnesiaspathes erscheinen öfters in gut ausgebildeten Krystallen, in denen die Gewichtsmengen der beiden Bestandtheile in den einfachen atomistischen Verhältnissen bestimmter chemischer Verbindungen zu einander stehen, z. B. der Zusammensetzung $CaCO^3 Mg CO^3$ entsprechen; in anderen Gemischen ist dies nicht der Fall, namentlich wenn dieselben nicht deutlich krystallinisch sind, wie z. B. die Dolomite, und wenn auf künstlichem Wege isomorphe Gemische dargestellt werden. Aus den mikroskopischen (ebenso wie auch aus den die Drehung der Polarisations-Ebene betreffenden) Untersuchungen von Inostrantzew und anderen geht hervor, dass in vielen ähnlichen Fällen eine wirklich mechanische, wenn auch mikroskopisch feine Gruppirung der verschiedenen Krystalle des $CaCO^3$ und $CaMgC^2O^6$ zu einem Ganzen stattfindet. Von einem isomorphen Gemische kann man sich eine Vorstellung machen, wenn man (auf Grund der Unterscheidungen von Mallard, Wyrubow und anderen) annimmt, dass die sich gruppirenden Theilchen eine so geringe Grösse wie die Molekeln selbst besitzen.

Isomorphe Gemische bezeichnet man durch besondere Formeln, die Spathe z. B. durch RCO^3, wo $R = Mg$, Ca ist und auch $= Fe$, Mn und and. sein kann. Auf diese Weise deutet man an, dass sich das Ca theilweise durch Mg oder ein anderes Metall ersetzen lässt. Als Beispiel des Auskrystallisirens isomorpher Gemische aus ihren Lösungen führt man gewöhnlich die Alaune an, welche wasserhaltige, gut krystallirende Doppelsalze von schwefelsaurer (oder selensaurer) Thonerde (oder eines isomorphen Oxydes) mit einem schwefelsauren Alkali darstellen. Beim Vermischen einer Lösung von schwefelsaurer Thonerde mit schwefelsaurem Kali scheidet sich ein

---

als Kalkspath, ist das Volum $= 37$, als Aragonit $= 33$; für $SrCO^3 = 41$ und für $BaCO^2 = 46$; es findet also bei diesen einander nahe stehenden Isomorphen mit der Zunahme des Molekulargewichts auch eine Volumzunahme statt. Dasselbe ergibt eine Vergleichung von NaCl (Volum der Molekel $= 27$) mit KCl (Volum 37) oder von Na^2SO^4 (Volum 55) mit K^2SO^4 (Volum 66) oder von $NaNO^3$ (Vol, 38), obgleich die letzteren nicht so leicht wie die ersteren isomorphe Gemische bilden. Offenbar lässt sich die Ursache des Isomorphismus durch die einander nahekommenden Molekularvolume nicht erklären. Es ist eher anzunehmen, dass die Fähigkeit zur Bildung isomorpher Gemische, bei ähnlicher Form und Zusammensetzung, sich mit der Löslichkeit und den Gesetzen derselben im Zusammenhang befindet.

Alaun von der Zusammensetzung $KAlS^2O^812H^2O$ aus. Die Alaune krystallisiren alle in den Formen des regulären Systems und enthalten ein und dieselbe Menge Krystallisationswasser ($12H^2O$). Vermischt man Lösungen von Kalium- und Ammoniumalaun ($NH^4 AlS^2O^812H^2O$), so scheiden sich Krystalle aus, welche die beiden Alkalien in verschiedenen Mengeverhältnissen enthalten, während Krystalle von Kalium- oder Ammoniumlaun allein nicht entstehen: jeder der ausgeschiedenen Krystalle enthält sowol Kalium, als auch Ammonium. Taucht man einen Kaliumalaun-Krystall in eine Lösung, aus der Ammoniumalaun auskrystallisiren kann, so wird der Kaliumalaunkrystall in dieser Lösung zu wachsen fortfahren und sich vergrössern, indem sich an seinen Flächen Ammoniumalaun-Krystalle absetzen. Diese Erscheinung lässt sich deutlich beobachten, wenn man einen farblosen Krystall des gewöhnlichen Alauns in die gesättigte, violette Lösung des Chromalauns $KCrS^2O^812H^2O$ taucht; der farblose Krystall bedeckt sich dann bald mit einer violetten Schicht, die aus kleinen Chromalaun-Krystallen besteht, was bereits vor Mitscherlich bekannt war. Ueber diese violette Schicht kann man wieder durch Eintauchen in eine Lösung von Aluminiumalaun eine farblose Schicht aus Kryställchen dieses letzteren sich ansetzen lassen. Es können also die Krystalle des einen Alauns in der Lösung des anderen weiter wachsen. Bei gleichzeitiger Ausscheidung können so feine Kryställchen entstehen, dass sie im Gemisch nicht mehr zu unterscheiden sind. Den Vorgang erklären die eben beschriebenen Versuche: die anziehende Krystallisationskraft der Isomorphen ist nahezu dieselbe, so dass die Anziehung des einen Isomorphen die Krystallisation des anderen ebenso hervorruft, wie es bei der Anziehung ganz homogener Krystalltheilchen der Fall sein würde. Offenbar lässt sich also die **Krystallisation** eines Isomorphen durch den anderen **hervorrufen** [4]). Diese Erscheinung erklärt einerseits die Anhäufung verschiedener Isomorphen in einem Krystalle und zeigt andrerseits am Genauesten die Aehnlichkeit sowohl der molekularen Zusammensetzung von Isomorphen, als auch der Kräfte, welche den Elementen zukommen, durch die sich die Isomorphen von einander unterscheiden. So z. B. krystallisirt das schwefelsaure Eisenoxydul oder der Eisenvitriol in Krystallen des monoklinen Systems und enthält 7 Molekeln Wasser: $FeSO^47H^2O$; der Kupfervitriol krystallisirt mit 5 Molekeln Wasser im triklinen Systeme: $CuSO^45H^2O$; trotzdem lässt es sich leicht beweisen, dass die beiden Salze isomorph sind, d. h. in identischen Formen und mit demselben molekularen

---

4) Ueber diese Erscheinungen bei $MgSO^4$ vergl. die 27-te Anm. des vorigen Kap.

An demselben Beispiele ersieht man, welche Verwickelung die Erscheinung des Dimorphismus bei der Vergleichung der Form von Analogen herbeiführen kann.

Wassergehalt erscheinen können. Marignac erhielt z. B. beim Eindampfen eines Gemisches von Schwefelsäure und $FeSO^4$ unter dem Rezipienten der Luftpumpe zuerst Krystalle mit 7 Wassermolekeln und dann mit 5 Molekeln: $FeSO^4 5H^2O$; letztere erwiesen sich als eben solche wie die Kupfervitriol-Krystalle. Lecoq de Boisbaudran erhielt dagegen den Kupfervitriol nicht nur in den monoklinen Krystallen des Eisenvitriols, sondern auch in der Zusammensetzung des letzteren: $CuSO^4 7H^2O$; diese Krystalle entstehen, wenn eine gesättigte Kupfervitriollösung durch Eintauchen von Eisenvitriol-Krystallen zum Krystallisiren gebracht wird.

Es lässt sich folglich der Isomorphismus, der sich in der Aehnlichkeit der Krystallformen und der Fähigkeit Krystallisation hervorzurufen äussert, als ein Mittel zur Entdeckung von Analogien in der molekularen Zusammensetzung benutzen. Ein Beispiel wird dies erklären. Setzt man zu einer Kaliumsufat-Lösung nicht Aluminiumsulfat, sondern Magnesiumsulfat zu, so erhält man beim Eindampfen der Lösung statt des Alauns das Doppelsalz $K^2 MgS^2 O^8 6H^2O$, in welchem das Mengenverhältniss der Bestandtheile (auf $2SO^4$ kommen zwei Kaliumatome, im Alaun nur ein Atom) und die Menge des Krystallysationswassers (6 Molekeln auf $2SO^4$, im Alaune 12) ganz andere sind, als beim Alaune; zudem ist dies Doppelsalz mit dem Alaune durchaus nicht isomorph, denn es bildet mit demselben kein isomorphes Krystallgemisch und eine Krystallisation dieses Doppelsalzes kann ebenso wenig durch den Alaun hervorgerufen werden, als es umgekehrt der Fall sein könnte. Thonerde und Magnesia oder Al und Mg sind folglich trotz ihrer gegenseitigen Aehnlichkeit, nicht isomorph, und die scheinbar ähnlichen Doppelsalze, die sie bilden, sind in Wirklichkeit sehr verschieden. Dieser Unterschied wird durch die chemischen Formeln zum Ausdruck gebracht, indem man annimmt, die Thonerde, d. h. das Aluminiumoxyd, Al^2O^3, enthalte in seiner Molekel eine andere Anzahl von Atomen, als das Magnesiumoxyd MgO; Al wird als ein dreiwerthiges und Mg als eine zweiwerthiges Metall bezeichnet. Es lässt sich also nach der Zusammensetzung und Form des Doppelsalzes eines gegebenen Metalles beurtheilen, ob dasselbe dem Aluminium oder dem Magnesium analog ist oder nicht. Das Zink z. B. bildet keinen Alaun, wol aber mit Kaliumsulfat ein Doppelsalz, welches ganz analog dem entsprechenden Magnesiumsalze zusammengesetzt ist. Auf ähnliche Weise lassen sich öfters zweiwerthige, dem Magnesium oder Calcium analoge Elemente von dreiwerthigen, welche dem Aluminium analog sind, unterscheiden. Die spezifische Wärme und die Dampfdichte dienen hierbei als leitende Prinzipien. Sodann können auch indirekte Beweise benutzt werden. Das Eisen z. B. bildet Oxydulverbindungen FeX^2, die mit den Magnesiumverbindungen, und Oxydverbindungen FeX^3, die mit denen des Aluminiums isomorph sind; in beiden Fällen ergibt sich die relative Zusammensetzung direkt aus der Analyse, da in $FeCl^2$ auf eine gegebene Menge Eisen nur $^2/_3$ der Chlormenge kommen, die in $FeCl^3$ enthalten ist.

Es ist daher das Zusammentreten homogener Molekeln zu krystallinischen Formen als eines der vielen Hilfsmittel zur Beurtheilung der inneren Welt der Molekeln und Atome anzusehen, als ein Mittel zum Erringen von Anhaltspunkten zu weiterem Eindringen in die unsichtbare Welt der molekularen Mechanik, welche das wissenschaftliche Ziel der physikalisch-chemischen Forschungen bildet. Dieses Mittels hat sich die Chemie schon öfters zur Entdeckung der Aehnlichkeit von Elementen und ihrer Verbindungen bedient [5]).

---

[5]) Die Fähigkeit der festen Körper zur Bildung regelmässiger Krystallformen, das Vorkommen zahlreicher krystallinischer Substanzen in der Erdrinde und die geometrisch einfachen Gesetze, nach denen die Krystallbildungen erfolgen — haben von jeher die Aufmerksamkeit der Naturforscher den Krystallen zugewendet. Die Krystallform ist zweifellos der Ausdruck des Verhältnisses, in welchem sich die Atome in den Molekeln und die Molekeln in der Substanzmasse selbst befinden. Die Krystallisation wird durch die Vertheilung der Molekeln in der Richtung ihrer grössten Kohäsion bestimmt; es müssen daher an der krystallinischen Vertheilung der Materie dieselben Kräfte theilnehmen, welche zwischen den Molekeln wirken; da nun letztere wieder von den Kräften abhängen, welche die Atome in den Molekeln zusammenhalten, so muss zwischen der atomistischen Zusammensetzung und der Vertheilung der Atome in den Molekeln einerseits und den Krystallformen der Substanzen andrerseits ein sehr inniger Zusammenhang bestehen. Nach der Krystallform lässt sich also über die Zusammensetzung urtheilen. Es ist dies der ursprüngliche, aprioristische Gedankengang, der den Untersuchungen **über den Zusammenhang zwischen der Zusammensetzung und der Krystallform** zu Grunde lag. *Hauy* stellte im Jahre 1811 das Grundgesetz fest, welches dann durch weitere Untersuchungen ausgearbeitet wurde. Nach diesem Gesetz ist die krystallinische Grundform einer gegebenen chemischen Verbindung konstant (es ändern sich nur die Kombinationen); mit der Aenderung der Zusammensetzung ändert sich auch die Form. Die Grundform wird entweder durch die Winkel der Hauptformen (wie Prisma, Rhomboëder, Pyramide) oder durch das Verhältniss der Krystallaxen zu einander bestimmt und steht mit den optischen und vielen anderen Eigenschaften der Krystalle im Zusammenhang. Daher wird bei Untersuchungen bestimmter chemischer Verbindungen im festen Zustande immer auch die Krystallform in Betracht gezogen (gemessen); dieselbe ist ein sicheres, scharfes und messbares Merkmal. Ein historisch wichtiges Moment bildete die von *Klaproth, Vauquelin* und anderen gemachte Entdeckung, dass der Aragonit dieselbe Zusammensetzung wie der Kalkspath besitzt, aber im rhombischen System krystallisirt, während der Kalkspath in Rhomboëdern auftritt. Hauy nahm zuerst an, dass die Zusammensetzung eine verschiedene sei, später hielt er die Struktur der Atome in den Molekeln für verschieden. Jedoch ist auch gegenwärtig noch kein Unterschied in den Reaktionen der beiden Varietäten des $CaCO^3$ entdeckt worden, obgleich nicht geleugnet werden kann, dass ein Unterschied dennoch möglich ist (da noch sehr wenig Untersuchungen darüber angestellt worden sind). *Beudant, Frankenheim, Laurent* und andere fanden, dass die Formen der beiden Salpeter KNO^3 und $NaNO^3$ gerade den Formen des Aragonits und des Kalkspaths entsprechen, dass aber die Salpeter aus der einen Form in die andere übergehen können, wobei die Aenderung der Winkel nur eine geringe ist, denn der Winkel des Prismas beim KNO^3 und Aragonite beträgt 119° und der

Die Regelmässigkeit und Einfachheit, welche in den strengen Gesetzen der Krystallbildungen ihren Ausdruck finden, wiederholen sich beim Zusammentreten der Atome zu Molekeln. Wie dort, so erweisen sich auch hier nur wenige, ihrem Wesen nach verschiedene Formen und die an denselben beobachtete Verschiedenartigkeit lässt sich auf wenige ihr zu Grunde liegenden Unterschiede zurückführen. Indem die Molekeln zu Krystallformen zusammentreten und die Atome zu Molekular- oder **Verbindungsformen**, entstehen aus der die Basis bildenden Krystall- und Molekularform — Modifikationen, Verbindungen und Kombinationen.

Winkel beim $NaNO^3$ und Kalkspath 120°. Der **Dimorphismus** oder die Krystallisation einer Substanz in verschiedenen Formen führt also im Wesentlichen zu keiner grossen Aenderung in der Vertheilung der Molekeln, trotzdem eine solche offenbar stattfindet. Diese Folgerung wurde durch die Untersuchungen *Mitscherlich's* (1822) über den Dimorphismus des Schwefels bestätigt, obgleich auch gegenwärtig nicht behauptet werden kann, dass beim Dimorphismus die Atome ihre Vertheilung beibehalten, während die Molekeln allein sich anders vertheilen. Leblanc, Berthier, Wollaston und anderen war es bereits bekannt, dass viele Körper von verschiedener Zusammensetzung in denselben Formen auftreten und in einem Krystall zusammen krystallisiren. Gay-Lussac zeigte (1816), dass ein Kaliumalaunkrystall in einer Lösung von Ammoniumalaun zu wachsen fortfährt. *Beudant* erklärte (1817) diese Erscheinung durch die Annahme, dass Körper, die eine grössere Krystallisationskraft besitzen, beim Krystallisiren die Beimengung **mitreissen**; diese Annahme suchte er durch Beispiele von natürlich vorkommenden und künstlichen Krystallen zu bestätigen. Jedoch Mitscherlich und darauf *Berzelius, Heinrich Rose* und andere wiesen nach, dass dieses Mitreissen nur dann stattfindet, wenn die einzelnen Körper gleiche oder nahezu gleiche Formen besitzen und bis zu einem gewissen Grade chemisch ähnlich sind. Auf diese Weise wurde der Begriff des **Isomorphismus** aufgestellt, den man als eine durch die Analogie der atomistischen Zusammensetzung bedingte Aehnlichkeit der Formen betrachtete. Sodann erklärte man mittelst des Isomorphismus die Veränderlichkeit der Zusammensetzung vieler Mineralien, wobei man die Existenz isomorpher Gemische annahm. Die Zusammensetzung aller Granate z. B. lässt sich durch die allgemeine Formel $(RO)^3 M^2O^3 (SiO^2)^3$ ausdrücken, in welcher $R = Ca, Mg, Fe, Mn$ und $M = Fe, Al$ ist und in welcher R und M entweder einzelne Elemente oder äquivalente Verbindungen derselben oder Gemische in allen möglichen Verhältnissen sein können.

Aber zugleich mit den vielen Thatsachen, welche sich durch die Begriffe des Isomorphismus und des Dimorphismus erklären liessen, häuften sich andere an, welche das gegenseitige Verhältniss von Form und Zusammensetzung noch verwickelter machten. Zu diesen gehören in erster Reihe die Erscheinungen des **Homöomorphismus**, d. h. der Aehnlichkeit der Form bei verschiedener Zusammensetzung, sodann die Fälle von Polymorphismus und Hemimorphismus, in welchen Körper von nahezu gleicher oder ähnlicher Zusammensetzung nach ihren Grundformen oder nur nach einigen Winkeln einander nahe stehen. Die Fälle von Homöomorphismus sind sehr zahlreich. Viele können übrigens auf Analogien in der atomistischen Zusammensetzung zurückgeführt werden: z. B. CdS (Greenockit) und AgJ, $CaCO^3$ (Aragonit) und KNO^3, $CaCO^3$ (Kalkspath) und $NaNO^3$, $BaSO^4$ (Schwerspath), $KMnO^4$ (Kaliumpermanganat) und $KClO^4$ (Kaliumperchlorat), Al^2O^3 (Korund) und $FeTiO^3$ (Titaneisenstein), FeS^2 (Markasit rhombischen Systems) und FeSAs (Arsenkies), NiS und NiAs u. s. w. Ausserdem gibt es homöomorphe Körper von ganz verschiedener Zusammensetzung; auf viele derselben ist von Dana hin-

Wenn es feststeht, dass das Kalium Verbindungen von der Grundform KX bildet, in welcher X ein einwerthiges Element ist, (das sich mit einem Wasserstoffatom verbinden und dieses, nach dem Substitutionsgesetze, auch ersetzen kann), so ist auch die Zusammensetzung seiner Verbindungen bekannt: K^2O, KHO, KCl, NH^2K, KNO^3, K^2SO^4, $KHSO^4$, $K^2Mg(SO^4)^26H^2O$ u. s. w. Aber wie in Wirklichkeit nicht alle abgeleiteten Krystallformen, die möglich sind, auftreten, so bildet auch nicht jedes Element in Wirklichkeit alle möglichen Atomkombinationen. Unbekannt sind z. B. für das Kalium die Verbindungen: KCH^3, K^3P, K^2Pt und ähnliche, die für den Wasserstoff oder das Chlor existiren.

Es liegen nur sehr wenige Grundformen vor, nach denen die Atome zu Molekeln zusammentreten; die Mehrzahl ist uns schon

---

gewiesen worden. In sehr ähnlichen Krystallformen erscheinen z. B. Zinnober HgS und Susannit $PbSO^43PbCO^3$; das im monoklinen System krystallisirende saure schwefelsaure Kalium $KHSO^4$ und der Feldspath $KAlSi^3O^8$; Glauberit $Na^2Ca(SO^4)^2$, Augit $RSiO^3 (R = Ca, Mg)$, Soda $Na^2CO^310H^2O$, Glaubersalz $Na^2SO^410H^2O$ und Borax $Na^2B^4O^710H^2O$ gehören nicht nur zu demselben (monoklinen) Systeme, sondern erscheinen auch in ähnlichen Kombinationen und besitzen nahezu gleiche Winkel. Diese und viele ähnliche Fälle könnten als vollkommen willkührlich erscheinen (besonders da die nahe Uebereinstimmung der Winkel und Grundformen nur relativ ist), wenn nicht andere Fälle bekannt wären, in welchen die Aehnlichkeit der Form mit der nahen Uebereinstimmung der Eigenschaften und einer deutlichen Aenderung der Zusammensetzung im Zusammenhange steht. In vielen Pyroxenen und Amphibolen z. B., die nur Kieselerde und der Magnesia entsprechende Oxyde (MgO, CaO, FeO, MnO) enthalten, findet man öfters Thonerde Al^2O^3 und Wasser H^2O. *Scherer*, *Hermann* und viele Andere suchten diese Fälle durch **polymeren Isomorphismus** zu erklären, indem sie behaupteten MgO könne $3H^2O$ ersetzen (z. B. Olivin und Serpentin), $SiO^2 — Al^2O^3$ (in den Amphibolen, im Talk) u. s. w. Diese Fälle sind zum Theil zweifelhaft, da viele der natürlichen Mineralien, von welchen bei Aufstellung des Begriffs des polymeren Isomorphismus ausgegangen wurde, aller Wahrscheinlichkeit nach nicht mehr ihre ursprüngliche Zusammensetzung besassen, sondern unter dem Einflusse von Lösungen, mit denen sie zusammen gekommen waren, bereits Aenderungen erlitten hatten, so dass sie zu den **Pseudomorphosen**, d. h. falschen Krystallen gezählt werden müssen. Trotzdem kann die Existenz einer ganzen Reihe von natürlichen und künstlichen Homöomorphen, die sich durch ihren verschiedenen Gehalt an Wasser, Kieselerde oder irgend einem anderen Bestandtheile unterscheiden, keinem Zweifel unterliegen. Auf einen bemerkenswerthen Fall ist z. B. von Thomsen (1874) hingewiesen worden. Die Metallchloride RCl^2 krystallisiren oft mit Wasser und enthalten dann auf ein Chloratom nicht weniger als eine Molekel Wasser. Aus der Reihe RCl^22H^2O erscheint als bekanntestes Beispiel das Baryumchlorid $BaCl^22H^2O$, welches im rhombischen System krystallisirt. In nahezu gleichen Formen treten Baryumbromid $BaBr^22H^2O$ und Kupferchlorid $CuCl^22H^2O$ auf. Fast dieselbe Krystallform des rhombischen Systems besitzen auch: KJO^4, $KClO^4$, $KMnO^4$, $BaSO^4$, $CaSO^4$, Na^2SO^4, $BaC^2H^2O^4$ (ameisensaures Baryum) und andere. Eine parallele Reihe bilden die Metallchloride von der Zusammensetzung RCl^24H^2O, die schwefelsauren Salze RSO^42H^2O und die ameisensauren Salze $RC^2H^2O^42H^2O$. Diese im monoklinen Systeme krystallisirenden Verbindungen besitzen nahezu gleiche Formen und unterscheiden sich von den Verbindungen der ersten Reihe durch ihren um $2H^2O$ grösseren Gehalt an Wasser. Durch weitere

bekannt. Bezeichnet man durch X ein einwerthiges Element und durch R das mit demselben verbundene Element, so erhält man die folgenden acht Formen:

$RX, RX^2, RX^3, RX^4, RX^5, RX^6, RX^7, RX^8$.

Setzt man an Stelle von X Chlor oder Wasserstoff, so ergeben sich für die erste Form als Beispiele: H^2, Cl^2, HCl, KCl, NaCl u. s. w. Für die zweite Form RX^2 können als Beispiele die Verbindungen des Sauerstoffs oder Calciums dienen: OH^2, OCl^2, OHCl, CaS, $Ca(OH)^2$, $CaCl^2$ u. s. w. Die dritte Form RX^3 kommt dem Ammoniak NH^3 und den folgenden Verbindungen zu: N^2O^3, NO(OH), NO(OK), PCl^3, P^2O^3, PH^3, SbH^3, Sb^2O^3, B^2O^3, BCl^3, Al^2O^3 u. s. w. Für die Form RX^4 erscheinen als beste Beispiele das Sumpfgas CH^4 und die demselben entsprechenden Grenzkohlenwasserstoffe

Addition von noch zwei Molekeln Wasser gelangt man wieder zu nahezu gleichen Formen des monoklinen Systems, z. B. $NiCl^2 6H^2O$ und $MnSO^4 4H^2O$. Hieraus ersieht man, dass nicht nur die Chloride $RCl^2 2H^2O$ ihrer Form nach den Sulfaten RSO^4 und Formiaten $RC^2H^2O^4$ ähnlich sind, sondern, dass auch die Verbindungen dieser Chloride mit $2H^2O$ und mit $4H^2O$ in ähnlichen Formen erscheinen, wie die Sulfate und Formiate mit $2H^2O$ und $4H^2O$.

Wenn allen diesen Verbindungen die ihnen gemeinsamen Elemente R und O^2 entzogen werden, so bleibt beim Ersetzen von Cl^2H^4 durch SO^2 und $C^2H^2O^2$ die Form erhalten. Unter den Metallchloriden lassen sich als Beispiele von Homöomorphismus die hexagonal krystallisirenden, wasserhaltigen Verbindungen des Calciums und Strontiums anführen, welche mit Metalldoppelchloriden Aehnlichkeit zeigen. Bei $CaCl^2 6H^2O$ und $SrCl^2 6H^2O$ verhält sich die vertikale Krystallaxe zur horizontalen wie $0{,}496:1$ und wie $0{,}508:1$ und der Rhomboëderwinkel beträgt $129°1'$ und $128°2'$, während bei Doppelchloriden und Fluoriden, wie $NiPtCl^6 6H^2O$, $MgSnF^6 6H^2O$ und $ZnSnF^6 6H^2O$ und anderen das Verhältniss der Axen gleich $0{,}508$ bis $0{,}519:1$ ist und der Rhomboëderwinkel $127°$ bis $128° 17'$ beträgt. Diese Beispiele ergeben, dass die Bedingungen welche die Krystallform bestimmen, sich nicht nur bei isomorphen Ersetzungen wiederholen können, wenn die Anzahl der Atome in den Molekeln die gleiche ist, sondern auch dann, wenn diese Anzahl verschieden ist, vorausgesetzt, dass besondere Verhältnisse in der Zusammensetzung vorliegen, welche bis jetzt noch von keinem allgemeinen Gesichtspunkt aus betrachtet sind. Zinkoxyd ZnO und Thonerde Al^2O^3 z. B. treten in nahezu gleichen Formen auf, beide krystallisiren im rhomboëdrischen System und der Winkel, den die Fläche der Pyramide und die Endfläche bilden, beträgt $118°7'$, respektive $118°49'$. Die Thonerde Al^2O^3 ist ihrer Krystallform nach der Kieselerde ähnlich und wir werden weiterhin sehen, dass die Aehnlichkeit der Form mit der Aehnlichkeit einiger Eigenschaften in Zusammenhang steht. Es lässt sich daher nach Scherer in den komplexen Molekeln von Kieselerdeverbindungen zuweilen SiO^2 durch Al^2O^3 ersetzen. Die Oxyde Cu^2O, MgO, NiO, Fe^3O^4, CeO^2 krystallisiren alle im regulären System, obgleich sie eine sehr verschiedene atomistische Zusammensetzung besitzen. *Marignac* bewies die vollkommene Aehnlichkeit der Krystallformen von K^2ZrF^6 mit $CaCO^3$; das Kaliumzirkonfluorid ist sogar ebenso, wie das kohlensaure Calcium dimorph. Gleichzeitig ist dieses Doppelfluorid auch isomorph mit R^2NbOF^5 und $R^2WO^2F^4$, in welchen R ein Alkalimetall bedeutet. Zwischen $CaCO^3$ und K^2ZrF^6 ergibt sich eine Aequivalenz, denn K^2 ist mit Cu, C mit Zr und F^6 mit O^3 äquivalent; die beiden anderen isomorphen Salze bestehen, abgesehen vom gleichen Gehalt an Alkalimetall, einerseits aus einer gleichen Anzahl von Atomen und zeigen andrerseits ähnliche Eigenschaften wie K^2ZrF^6.

C^nH^{2n+2}, sodann die Verbindungen CH^3Cl, CCl^4, $SiCl^4$, $SnCl^4$, SnO^2, CO^2, SiO^2 und eine ganze Reihe anderer. Für die Form RX^5 sind keine ausschliesslich Wasserstoff enthaltende Verbindungen bekannt; als Repräsentanten erscheinen der Salmiak und die demselben entsprechenden Verbindungen: $NH^4(OH)$, $NO^2(OH)$, $ClO^2(OK)$, sodann PCl^5, $POCl^3$ und and. Für die Form RX^6 sind gleichfalls keine Wasserstoffverbindungen bekannt, aber es existirt noch eine Chlorverbindung WCl^6. Dagegen sind viele Sauerstoffverbindungen vorhanden, unter denen SO^3 die bekannteste ist. Ferner $SO^2(OH)^2$, SO^2Cl^2, $SO^2(OH)Cl$, CrO^3 und andere, welche alle einen Säure-Charakter besitzen. Von den höheren Formen existiren überhaupt nur Sauerstoffverbindungen und Säuren. Zu der Form RX^7 gehört die uns schon bekannte Ueberchlorsäure $ClO^3(OH)$ und

---

Als einfachstes Beispiel von Aehnlichkeit der Formen bei ähnlichen chemischen Umwandlungen, ohne dass eine gleiche atomistische Zusammensetzung vorliegt, kann der längt bekannte Isomorphismus der Verbindungen des Kaliums und Ammoniums, KX und NH^4X, dienen. Es können daher weitere Fortschritte in der Lehre von der Wechselbeziehung zwischen Zusammensetzung und Krystallform erst dann gemacht werden, wenn systematisch, nach einem bestimmten Plane gesammelte Thatsachen in genügender Anzahl vorliegen werden. Der Anfang ist bereits gemacht worden, besonders durch die hervorragenden Arbeiten des Genfer Gelehrten Marignac über die Krystallformen und die Zusammensetzung zahlreicher Doppelfluoride und durch die Untersuchungen Wyrubow's über Eisencyanide und andere Verbindungen. Schon gegenwärtig lässt sich feststellen, dass bei bestimmten Aenderungen in der Zusammensetzung einige Winkel beibehalten werden, während andere bedeutenden Aenderungen unterliegen. *Laurent* führte den Begriff des **Hemimorphismus** ein (eine Benennung, die irre führen kann), um eine Aehnlichkeit, die sich nur auf einige Winkel erstreckt, zu bezeichnen und den Begriff des **Paramorphismus**, um anzuzeigen, dass im Allgemeinen nahezu gleiche, aber verschiedenen Systemen angehörige Formen vorliegen. Der Flächenwinkel eines Rhomboëders z. B. kann grösser und kleiner als 90° sein, infolge dessen spitze und stumpfe Rhomboëder nahezu die Form eines Würfels annehmen können. Die Pyramidenflächen des quadratisch krystallisirenden Hausmannits Mn^3O^4 sind unter einem Winkel von 118° zu einander geneigt, während der Magneteisenstein Fe^3O^4, der in vielen Beziehungen dem Hausmannite ähnlich ist, in regulären Oktaëdern erscheint, deren Flächenneigung 109° 28' beträgt. Es ist dies ein Beispiel von Paramorphismus: die Systeme sind verschieden, die Zusammensetzung ist ähnlich und die Formen zeigen eine gewisse Aehnlichkeit. Der Hemimorphismus ist an zahlreichen Beispielen von salzartigen und anderen Substitutionen festgestellt worden. *Laurent* zeigte z. B. und *Hinze* bestätigte es (1873), dass viele Naphtalinderivate von ähnlicher Zusammensetzung isomorph sind. Nach *Nickles* (1849) beträgt der Prismenwinkel des schwefelsauren Glykols 125° 26' und des salpetersauren Glykols 126° 95'. Beim oxalsauren Salze des Methylamins ist der Prismenwinkel 131° 20' und beim Fluorwasserstoffsalze, das eine ganz verschiedene Form besitzt, beträgt der Winkel 132°. *Groth* suchte (1870) allgemein festzustellen, welche Aenderung in der Form eintritt, wenn der Wasserstoff durch verschiedene andere Elemente und Gruppen ersetzt wird und nannte die hierbei von ihm beobachtete Regelmässigkeit **Morphotropie**. Die folgenden Beispiele sollen zeigen, dass die Morphotropie an den Hemimorphismus Laurent's erinnert. Das Benzol C^6H^6 erscheint im rhombischen System, seine Axen verhalten sich wie 0,891 : 1 : 0,799; in demselben Systeme krystallisiren das Phenol C^6H^5OH und das

das übermangansaure Kalium. Die Form RX^8 ist sehr selten, sie kommt dem Anhydride der Ueberosmiumsäure OsO^4 zu. Die noch komplizirteren Formen, welche so deutlich in den Krystallhydraten, den Doppelsalzen und ähnlichen Verbindungen hervortreten, können auch als selbstständige betrachtet werden, doch bei dem gegenwärtigen Zustande unseres Wissens ist es am einfachsten, diese Formen als Kombinationen ganzer Molekeln aufzufassen, denen keine Doppelverbindungen, die ein Atom des Elementes R und mehrere Atome anderer Elemente RX^n enthalten würden, entsprechen. Die angeführten Formen erschöpfen die möglichen Fälle direkter Atomkombinationen; die Form $MgSO^4 7H^2O$ z. B. kann, ohne den gegenwärtig bekannten Thatsachen Gewalt anzuthun, nicht direkt von der Form MgX^n oder SX^n abgeleitet werden, während die Form $MgSO^4$ sowol dem Typus der Magnesiumverbindungen MgX^2, als auch dem der Schwefelverbindungen SO^2X^2 oder allgemeiner SX^6 entspricht, wo X^2 durch $(OH)^2$ ersetzt ist, wobei im letzteren im Hydroxyl an Stelle von H^2 ein Magnesiumatom getreten ist [6]); das Magnesium Mg ersetzt immer H^2.

Resorcin $C^6H^4(OH)^2$, nur das Verhältniss einer der Axen ist verändert: beim Resorcin ist es 0,910 : 1 : 0,540, d. h. in der einen Richtung bleibt die krystallinische Vertheilung dieselbe, in der anderen ändert sie sich. Im rhombischen System krystallisiren auch Dinitrophenol, $C^6H^3(NO^2)^2(OH)$, = 0,833 : 1 : 0,753, Trinitrophenol (Pikrinsäure) = 0,937 : 1 : 0,974 und dessen Kaliumsalz = 0,942 : 1 : 1,354. Das Verhältniss der beiden ersteren Axen ist hier beibehalten, d. h. einige Winkel sind dieselben geblieben. Laurent vergleicht den Hemimorphismus mit einem architektonischen Style. Die verschiedenen gothischen Dome z. B. unterscheiden sich in Vielem, dennoch zeigen sie eine gewisse Aehnlichkeit, welche in der Gesammtheit der allgemeinen Verhältnisse und in einigen Einzelheiten zum Ausdruck kommt. Offenbar muss die Molekularmechanik, die eine allgemeine Aufgabe für mehrere Zweige der Naturforschung bildet, viele fruchtbringende Folgerungen von der weiteren Ausarbeitung der Daten über die Aenderungen erwarten, welche in einer Krystallform eintreten, wenn die Zusammensetzung des Körpers sich ändert; ich halte es daher für nützlich die Aufmerksamkeit junger Gelehrter, welche ein Thema für selbstständige wissenschaftliche Arbeiten suchen, auf das ausgedehnte Arbeitsfeld zu lenken, das die Untersuchung der Wechselbeziehung zwischen Form und Zusammensetzung bietet. Die geometrische Regelmässigkeit und eigenthümliche Schönheit der Krystallbildungen üben einen gewissen Reiz aus und verleiten zur Anstellung solcher Untersuchungen.

6) Es darf übrigens nicht unbemerkt bleiben, dass die Krystallhydrate des Natriums öfters $10H^2O$ enthalten, die des Magnesiums 6 und $7H^2O$ dass die Platindoppelsalze nach dem Typus PtM^2X^6 zusammengesetzt sind, u. s. w. Die weitere Ausarbeitung der Daten über die Krystallhydrate, Doppelsalze, Legirungen, Lösungen und ähnliche im *chemischen Sinne* schwache Verbindungen (d. h. solche, die schon durch schwache chemische Einflüsse leicht Aenderungen erleiden) würden wahrscheinlich ermöglichen, dieselben von einem allgemeinen Gesichtspunkt aus zu betrachten. Gegenwärtig werden diese Verbindungen nur nebenbei oder zufällig erforscht und die Daten, die sich auf sie beziehen, sind nicht systematisch geordnet, infolge dessen zunächst noch keine allgemeinen Folgerungen erwartet werden können. Noch vor Kurzem zur Zeit Gerhardts wurden nur drei Typen angenommen: RX, RX^2 und RX^3; der Typus RX^4 wurde erst später aufgestellt von (Cooper, Kekulé,

Die vier niederen Formen RX, RX², RX³ und RX⁴ kommen bei Verbindungen der Elemente sowol mit Chlor und Sauerstoff, als auch mit Wasserstoff vor, während die vier höheren Formen nur bei solchen den Charakter von Säuren zeigenden Verbindungen erscheinen, welche durch Chlor, Sauerstoff und ähnliche Elemente gebildet sind.

Unter den Sauerstoffverbindungen bieten die salzbildenden Oxyde, welche entweder als Basen oder als Säureanhydride Salze bilden können, in jeder Beziehung das grösste Interesse. Manche Elemente, wie z. B. Calcium und Magnesium geben nur ein salzbildendes Oxyd, z. B. MgO, welches der Form MgX² entspricht. Die meisten Elemente erscheinen aber in mehreren Formen. Das Kupfer z. B. bildet CuX und CuX² oder Cu²O und CuO. Wenn ein Element eine höhere Form RX^n bildet, so existiren meist, gleichsam infolge von Symmetrie, auch die niederen Formen RX^{n-2}, RX^{n-4} und überhaupt solche, die sich von der Form RX^n um eine paare Anzahl von X unterscheiden. Beim Schwefel z. B. sind die Formen SX², SX⁴ und SX⁶ bekannt, z. B. SH², SO² und SO³. Letztere, SX⁶, ist die höchste Form, dagegen fehlen vollständig die Formen SX⁵ und SX³. Zuweilen erscheinen aber bei ein und demselben Elemente auch paare und unpaare Formen. Beim Kupfer und Quecksilber z. B. sind die Formen RX und RX² bekannt.

Von den **salzbildenden Oxyden** sind bis jetzt nur die weiter unten angeführten **acht Formen** bekannt. Diese bestimmen die möglichen Verbindungsformen der Elemente, wenn in Betracht gezogen wird, dass ein Element, das in einer bestimmten Form auftritt, auch niedere Formen bilden kann. Aus diesem Grunde ist die seltene Form der **Suboxyde** oder Quadrantoxyde (z. B. Ag⁴O) nicht charakteristisch, denn ihr entspricht immer eine höhere Oxydationsstufe und ihre Verbindungen zeichnen sich durch grosse Un-

---

Butlerow und and.) hauptsächlich zur Verallgemeinerung der Daten über die Kohlenstoffverbindungen. Auch gegenwärtig begnügen sich noch Viele mit diesen Typen, von denen auch die höheren Formen, z. B. RX⁵ von RX³ in derselben Weise abgeleitet werden wie POCl³ von PCl³, unter der Annahme, dass der Sauerstoff sich mit dem Chlor (wie in HClO) und Phosphor in unmittelbarer Verbindung befindet. Gegenwärtig ist es aber vollkommen einleuchtend, dass durch die Formen RX, RX², RX³ und RX⁴ allein die Verschiedenartigkeit der Erscheinungen nicht zum Ausdruck gebracht werden kann. Man gelangte zu dieser Ueberzeugung, als Wurtz bewiesen hatte, dass das Phosphorpentachlorid nicht als eine Verbindung der Molekeln PCl³ + Cl², in welche es wol zerfallen kann, sondern als eine ganze Molekel, PCl⁵, zu betrachten ist, welche ebenso in Dampfform übergeht, wie PF⁵ und SiF⁴. Die Nothwendigkeit der Annahme noch höherer Formen als RX⁸ liegt gegenwärtig noch nicht vor, wird meiner Ansicht nach später eintreten. Einige Thatsachen, welche weiterhin angeführt sind, werden diese Ansicht beweisen, an dieser Stelle erwähne ich nur die folgende. Die Oxalsäure C²H²O⁴ bildet nämlich ein Krystallhydrat mit 2H²O welches auf den Typus CH⁴ oder speziell auf den Aethantypus C²H⁶, wo alle Wasserstoffatome durch den Wasserrest ersetzt sind: C²H²O⁴2H²O = C²(OH)⁶, nicht nur zurückgeführt werden kann, sondern auch zurückgeführt werden muss.

beständigkeit aus, indem sie leicht in den einfachen Körper und die höhere Form zerfallen (z. B. $Ag^4O = 2Ag + Ag^2O$). Viele Elemente bilden ausserdem Uebergangsformen, intermediäre Oxyde, welche, wie N^2O^4, in die niedere und höhere Form zerfallen können. Das Eisen z. B. bildet den Magneteisenstein (Eisenhammerschlag) Fe^3O^4, welcher in jeder Beziehung (seinen Reaktionen nach) als eine Verbindung des Oxyduls Fe O mit dem Oxyde Fe^2O^3 erscheint. Die selbstständigen mehr oder weniger beständigen Verbindungen entsprechen den folgenden acht Formen:

R^2O, Salze RX, Hydrate R(OH). Meistens Basen wie: K^2O, Na^2O, Hg^2O, Ag^2O, Cu^2O; wenn saure Oxyde dieser Form existiren, so sind sie sehr selten, entstehen nur mit Elementen von ausgeprägten Säurecharakter und besitzen trotzdem nur schwach saure Eigenschaften, z. B. Cl^2O.

R^2O^2 oder RO, Salze RX^2, Hydrate $R(OH)^2$, einfachste basische Salze R^2OX^2 oder R(OH)X. Gleichfalls fast ausschliesslich Basen, aber mit schwächer entwickelten basischen Eigenschaften, als in der vorhergehenden Form, z. B.: CaO, MgO, BaO, PbO, FeO, MnO u. s. w.

R^2O^3, Salze RX^3, Hydrate $R(OH)^3$, RO(OH), einfachste basische Salze ROX, $R(OH)X^2$. Wenig energische Basen z. B. Al^2O^3, Fe^2O^3, Tl^2O^3, Sb^2O^3, die sauren Eigenschaften gleichfalls wenig entwickelt, z. B. in B^2O^3, aber bei den Metalloiden schon ausgesprochene Säuren, z. B. P^2O^3, $P(OH)^3$.

R^2O^4 oder RO^2, Salze RX^4 oder ROX^2, Hydrate $R(OH)^4$, $RO(OH)^2$. Selten (schwache) Basen, wie ZrO^2, PtO^2, meist saure Oxyde, aber die sauren Eigenschaften im Allgemeinen noch schwach hervortretend, wie bei CO^2, SO^2, SnO^2. In dieser, der vorhergehenden und der folgenden Form erscheinen viele intermediäre Oxyde.

R^2O^5, Salze hauptsächlich von der Zusammensetzung ROX^3, RO^2X. $RO(HO)^3$, $RO^2(OH)$, selten RX^5. Der basische Charakter schwach (X—ein einfaches oder zusammengesetztes Halogen, z. B. NO^3, Cl), der saure vorherrschend, wie in N^2O^5, P^2O^5, Cl^2O^5, dann X=OH, OK, z. B. $NO^2(KO)$.

R^2O^6 oder RO^3, Salze und Hydrate meist RO^2X, $RO^2(OH)^2$. Die Oxyde von saurem Charakter, wie SO^3, CrO^3, MnO^3. Basische Eigenschaften selten und schwach entwickelt, wie in UO^3.

R^2O^7, Salze RO^3X, Hydrate $RO^3(OH)$, saure Oxyde z. B. Cl^2O^7, Mn^2O^7. Die basischen Eigenschaften ebenso wenig entwickelt, wie die sauren in den Oxyden R^2O.

R^2O^8 oder RO^4. Sehr seltene Form, nur in OsO^4 und RuO^4 bekannt.

Aus dem Umstande, dass die Säurehydrate und Salze in deren Zusammensetzung ein Atom eines Elementes eingeht, in allen höheren Formen nicht mehr als vier Atome Sauerstoff enthalten, wie auch die höchste Oxydform RO^4, lässt sich ersehen, dass die Entstehung der salzbildenden Oxyde durch eine bestimmte allgemeine Ursache beeinflusst wird, welche wol am einfachsten in den Grundeigenschaften des Sauerstoffs zu suchen ist. Das Hydrat des Oxyds RO^2 ist in der höchsten Form $RO^2 2H^2O = RH^4O^4 = R(HO)^4$. Diese Zusammensetzung besitzen z. B. das Kieselerdehydrat und die demselben entsprechenden Salze $Si(MO)^4$ (die Monosilikate). Das Oxyd R^2O^5 entspricht dem Hydrate $R^2O^5 3H^2O = 2RH^3O^4 = 2RO(OH)^3$, dessen Form z. B. die Orthophosphorsäure PH^3O^4 besitzt. Das Hydrat des Oxyds RO^3 ist $RO^3 H^2O = RH^2O^4 = RO^2(OH)^2$; hierher gehört z. B. die Schwefelsäure. Das R^2O^7 entsprechende Hydrat ist augenscheinlich $RHO^4 = RO^3(OH)$; diese Form kommt z. B. der Ueberchlorsäure zu. Ausser dem Gehalte an O^4 ist hier noch zu berücksichtigen, dass **die Menge des Wasserstoffs in Hydrate gleich dem Gehalte an Wasserstoff in der Wasserstoffverbindung ist.** Das Silicium z. B. bildet SiH^4 und SiH^4O^4, der Phosphor PH^3 und PH^3O^4, der Schwefel SH^2 und SH^2O^4, das Chlor ClH und $ClHO^4$. Wenn dies auch keine Erklärung ergibt, so führt es wenigstens zu einem harmonischen und allgemeinen System durch die Zusammenfassung: **dass die Elemente sich mit einer desto grösseren Sauerstoffmenge verbinden, je weniger Wasserstoff sie binden können.** Da diese Gesetzmässigkeit den Schlüssel zum Verständniss aller weiteren Folgerungen enthält, so geben wir derselben eine allgemeinere Formulirung. Wenn ein Element R die Wasserstoffverbindungen RH^n bildet, so ist das Hydrat seines höchsten Oxydes RH^nO^4 und das höchste Oxyd enthält daher $2RH^nO^4 - nH^2O = R^2O^{8-n}$. Das Chlor z. B. bildet ClH, das Hydrat $ClHO^4$ und das höchste Oxyd Cl^2O^7. Der Kohlenstoff: CH^4 und CO^2; diesen letzteren analog sind auch SiH^4 und SiO^2, die höchsten Verbindungen des Siliciums mit Wasserstoff und Sauerstoff. Die Mengen des Sauerstoffs und Wasserstoffs sind hier äquivalent. Der Stickstoff verbindet sich mit einer grösseren Menge Sauerstoff zu N^2O^5, dafür aber mit einer geringeren Menge Wasserstoff zu NH^3. *Die Summe der Aequivalente Wasserstoff und Sauerstoff,* die mit einem Atom Stickstoff in dessen höchsten Formen in Verbindung sind, *beträgt* wie immer *acht.* Ebendasselbe ist auch bei den anderen sich mit Sauerstoff und Wasserstoff verbindenden Elementen der Fall. Der Schwefel z. B. bildet SO^3, folglich kommen auf ein Atom Schwefel sechs Aequivalente Sauerstoff und SH^2 enthält zwei Aequivalente Wasserstoff. Die Summe ist wieder gleich acht. Dasselbe ergibt sich auch aus dem Verhältniss von Cl^2O^7 und ClH. Es zeigt dies, dass die Fähigkeit der Elemente zur Vereinigung mit anderen Elementen, die so verschiedenartig wie Sauerstoff und Wasserstoff sind, einer allgemeinen Gesetzmässigkeit unterliegt, welche in dem System der Elemente ihre Formulirung findet [7]).

Aus dem Vorhergehenden ersieht man nicht nur die Regelmässigkeit und Einfachheit, denen die Bildung und die Eigenschaften der Oxyde und überhaupt aller Verbindungen der Elemente unterliegen, sondern man erhält auch ein neues, sicheres Mittel zur Erkennung der Aehnlichkeit der Elemente unter einander. Aehnliche Elemente geben ähnliche Verbindungsformen, sowol höhere, als auch niedere. Wenn CO^2 und SO^2 sowol ihren physikalischen, als auch chemischen Eigenschaften nach sehr ähnliche Gase sind, so liegt die Ursache dieses nicht in der Aehnlichkeit des Schwefels mit dem Kohlenstoffe, sondern in der Identität der Verbindungsform RX^4, in welcher beide Oxyde erscheinen und in dem Einfluss der relativ grossen Menge Sauerstoff, den derselbe immer auf die Eigenschaften seiner Verbindungen ausübt. Dass zwischen dem Kohlenstoffe und Schwefel in der That nur eine geringe Aehnlichkeit besteht, ergibt sich nicht allein daraus, dass CO^2 die *höchste Oxydationsform* des Kohlenstoffs ist, während SO^2 sich weiter zu SO^3 oxydiren kann, sondern auch aus allen anderen Verbindungen dieser Elemente, z. B. SH^2 und CH^4, SCl^2 nnd CCl^4, welche weder ihrer Form, noch ihren chemischen Eigenschaften nach einander ähnlich sind. Am deutlichsten offenbart sich die Unähnlichkeit zwischen C und S in der verschiedenen Zusammensetzung ihrer höchsten Oxydationsstufen: CO^2 beim Kohlenstoff und SO^3 beim Schwefel. Bei den einander ähnlichen Halogenen sind sowol die niederen, als auch die höheren Verbindungsformen ein und dieselben; desgleichen bei den Alkalimetallen und den Erdalkalimetallen. Schon seit Langem sind mehrere Gruppen ähnlicher Metalle

---

7) Den Oxyden von der Form der Suboxyde R^4O entsprechen der Aequivalenz nach die Wasserstoffverbindungen R^2H. Solche Verbindungen bilden Palladium, Natrium und Kalium; es ist nun bemerkenswerth, dass diese Elemente in dem periodischen System einander nahe stehen und dass in den Gruppen, in welchen die Wasserstoffverbindungen R^2H erscheinen, auch die Quadrantoxyde R^4O auftreten.

Um die Darlegung des Gegenstandes nicht zu kompliziren, berühre ich hier das Verhältniss der Hydrate zu den Oxyden und das der Oxyde zu einander nur in allgemeinen Umrissen. Den Begriff der Orthosäuren und der normalen Säuren z. B. werde ich bei der Phosphorsäure und der phosphorigen Säure entwickeln.

Da bei der weiteren Auseinandersetzung des periodischen Gesetzes nur die Oxyde, welche Salze bilden, in Betracht gezogen werden, so theile ich an dieser Stelle folgende sich auf die Hyperoxyde beziehende Angaben mit. Von **Hyperoxyden**, die dem Wasserstoffhyperoxyd entsprechen, sind bis jetzt die folgenden bekannt: H^2O^2, Na^2O^2, S^2O^7(als HSO^4?), K^2O^4, K^2O^2, CaO^2, TiO^3, Cr^2O^7, CuO^2(?)Rb^2O^2, SrO^2, Ag^2O^2, CsO^2, Cs^2O^2, BaO^2 und UO^4. Es ist wahrscheinlich, dass bei weiteren Untersuchungen noch andere Hyperoxyde entdeckt werden. An den gegenwärtig bekannten lässt sich die Periodizität verfolgen, denn Hyperoxyde bilden die Elemente der 1-sten Gruppe (Li ausgenommen), welche R^2O geben, und sodann die Elemente der VI-ten Gruppe, welche dazu besonders geneigt zu sein scheinen.

bekannt: Analoga besitzen z. B. der Sauerstoff, Stickstoff, Kohlenstoff und andere Elemente, deren Gruppen noch weiterhin betrachtet werden sollen. Bei dieser Betrachtung tauchen aber unwillkührlich die Fragen auf: was denn die Ursache dieser Aehnlichkeit ist und wie sich diese Gruppen zu einander verhalten? Wenn diese Fragen nicht beantwortet werden, so kann man bei der Zusammenstellung der Gruppen leicht irre gehen, da die Begriffe in Bezug auf den Grad der Aehnlichkeit immer relativ sein werden und weder scharf begrenzt noch genau definirt werden können. Das Lithium z. B. ist in einer Beziehung dem Kalium ähnlich, in anderen wieder dem Magnesium; das Beryllium ähnelt dem Aluminium und dem Magnesium. Das Thallium zeigt, wie schon bei seiner Entdeckung festgestellt wurde, viel Aehnlichkeit mit dem Blei und Quecksilber, aber es besitzt auch Eigenschaften, die dem Lithium und Kalium zukommen. Wenn kein Maass angelegt werden kann, so ist man natürlich gezwungen, sich mit Annäherungen und Zusammenstellungen zu begnügen, welche nicht auf scharfen und genauen, sondern nur scheinbaren Merkmalen beruhen. Aber die Elemente besitzen eine genau messbare und keinem Zweifel unterliegende Eigenschaft, welche in ihrem Atomgewichte zum Ausdruck kommt. Die Grösse desselben zeigt die relative Masse des Atoms an oder,—um den Begriff des Atoms zu vermeiden,—das Verhältniss zwischen den Massen, welche die chemisch selbständigen Individuen oder Elemente bilden. Dem Sinne aller unserer physikalisch-chemischen Kentnisse nach ist aber die Masse einer Substanz eben die Eigenschaft, von welcher alle anderen Eigenschaften der Materie abhängen müssen, denn sie werden durch dieselben Bedingungen und Kräfte bestimmt, welche sich in dem Gewicht eines Körpers offenbaren; das Gewicht ist aber der Masse der Substanz direkt proportional. Es ist daher am natürlichsten, nach einer Abhängigkeit zwischen den Eigenschaften und Aehnlichkeiten einerseits und den Atomgewichten der Elemente andererseits zu suchen.

Es ist dies der Grundgedanke, der zur **Anordnung aller Elemente nach der Grösse ihres Atomgewichtes zwingt.** Hierbei fällt es aber sofort in die Augen, dass sich die Eigenschaften in den Perioden der Elemente wiederholen. Die Beispiele sind uns schon bekannt:

$F=19$; $Cl=35,5$; $Br=80$; $J=127$.
$Na=23$; $K=39$; $Rb=85$; $Cs=133$.
$Mg=24$; $Ca=40$; $Sr=87$; $Ba=137$.

Diese drei Gruppen offenbaren das Wesen der Sache. Die Halogene besitzen ein kleineres Atomgewicht als die Alkalimetalle, deren Atomgewichte wieder kleiner als die der Erdalkalimetalle sind. Wenn daher **alle Elemente nach der Grösse ihres Atomgewichts geordnet werden,** so ergibt sich **eine periodische Wiederholung der Ei-**

genschaften. Durch das **Gesetz der Periodizität** wird dies folgendermaasen zum Ausdruck gebracht: *die Eigenschaften der einfachen Körper, wie auch die Formen und Eigenschaften der Verbindungen der Elemente befinden sich in einer periodischen Abhängigkeit* (oder bilden, algebraisch ausgedrückt eine periodische Funktion) *von der Grösse des Atomgewichts der Elemente* [8]). Nach diesem Gesetze ist das periodische **System der Elemente** aufgestellt worden (vergl. die

---

8) In der Form, welche ich hier dem periodischen Gesetz und dem periodischen System der Elemente gegeben habe, ist dasselbe auch in der ersten Auflage dieses Werkes erschienen, das ich im Jahre 1868 begonnen und 1871 beendet hatte. Um die Gesammtheit unserer Kenntnisse über die Elemente auseinandersetzen zu können, habe ich mich in das Verhalten derselben zu einander viel hineindenken müssen. Anfangs 1869 schickte ich vielen Chemikern einen besonderen Abdruck meines: *Versuches zu einem System der Elemente auf Grund ihres Atomgewichts und ihrer chemischen Aehnlichkeit* zu und in der März-Sitzung des Jahres 1869 machte ich der «Russischen Chemischen Gesellschaft» in St. Petersburg eine Mittheilung «*Ueber die Korrelation der Eigenschaften mit dem Atomgewicht der Elemente*». Das in dieser Abhandlung Mitgetheilte ist folgendermassen resümirt: 1) Die nach der Grösse ihres Atomgewichts geordneten Elemente zeigen eine deutliche *Periodizität* der Eigenschaften. 2) Elemente, die in ihrem chemischen Verhalten ähnlich sind, besitzen entweder einander nahe kommende Atomgewichte (Pt, Jr, Os) oder stetig und gleichförmig zunehmende (K, Rb, Cs). 3) Die Anordnung der Elemente oder ihrer Gruppen nach der Grösse des Atomgewichts entspricht ihrer sogenannten *Werthigkeit*. 4) Die in der Natur am meisten verbreiteten Elemente besitzen ein geringes Atomgewicht und alle Elemente mit geringem Atomgewichte charakterisiren sich durch scharf hervortretende Eigenschaften; dieselben sind daher typische Elemente. 5) Die *Grösse* des Atomgewichts bestimmt den Charakter eines Elementes. 6) Es ist zu erwarten, das noch viele *unbekannte* einfache Körper entdeckt werden, z. B. dem Al und Si ähnliche Elemente mit einem Atomgewicht von 65—75. 7) Die Grösse des Atomgewichtes eines Elementes kann zuweilen einer Korrektur unterworfen werden, wenn Analoga desselben bekannt sind. Das Atomgewicht des Te z. B. muss nicht 128, sondern 123—126 betragen. 8) Manche Analogien der Elemente lassen sich nach der Grösse ihres Atomgewichtes entdecken.

Diese Zeilen enthalten Alles, was die periodische Gesetzmässigkeit betrifft. Die darauf folgenden Abhandlungen (1870—72) über denselben Gegenstand (z. B. die Mittheilungen in der Russischen chemischen Gesellschaft, auf dem Naturforscher-Kongress in Moskau, in der St. Petersburger Akademie der Wissenschaften und in Liebig's Annalen) enthalten nur Anwendungen der angeführten Aufstellungen, welche späterhin ihre Bestätigungen fanden und zwar durch die Arbeiten Roscoe's, Carnelley's, Thorpe's und anderer in England, durch Rammelsberg (in Bezug auf das Cerium und Uran), L. Meyer (in Bezug auf das spezifische Volum der Elemente), Zimmermann (in Bezug auf das Uran), sodann hauptsächlich durch Cl. Winkler (der das Germanium entdeckte und dessen Identität mit dem Eka-Silicium zeigte) und Andere in Deutschland, durch Lecoq de Boisbaudran (der das Gallium=Eka-Aluminium entdeckte) in Frankreich, durch Cleve (in Bezug auf die Atomgewichte der Ceritmetalle), Nilson (den Entdecker des Scandiums = Eka-Bor) und Nilson und Pettersson (welche die Dampfdichte des $BeCl^2$ bestimmten) in Schweden und durch Brauner (der das Ce untersuchte und das Atomgewicht des Fe = 125 bestimmte) in Oesterreich.

Ich halte es für nothwendig mitzutheilen, dass ich bei der Aufstellung des periodischen Systems der Elemente die früheren Arbeiten von Dumas, Gladstone,

nebenstehende Tabelle). Die Elemente sind nach ihrem Atomgewicht unter Berücksichtigung der 8 Formen der Oxyde geordnet, welche wir auf den vorhergehenden Seiten betrachtet haben: die 1-ste Gruppe bilden die Elemente, deren höchste Oxyde R^2O und deren Salze folglich RX sind; zur 2-ten Gruppe gehören die Elemente, welche die höchste Oxydationsstufe R^2O^2 oder RO geben; zur 3-ten, die R^2O^3 bilden u. s. w. Gleichzeitig befinden sich aber die Elemente aller Gruppen, die ihren Atomgewichte nach einander am nächsten kommen, in Reihen, deren im Ganzen 12 sind. Die paaren und unpaaren Reihen der einzelnen Gruppen bilden dieselben Formen, unterscheiden sich aber in ihren Eigenschaften, so dass zwei neben einander stehende Reihen, eine paare und eine unpaare, z. B. die 4-te und 5-te Reihe eine Periode bilden. Es bilden folglich die Elemente der 4-ten, 6-ten, 8-ten, 10-ten und 12-ten Reihe oder die der 3-ten, 5-ten, 7-ten, 9-ten und 11-ten Reihe Analoga. Solche analoge Elemente sind die Halogene, die Alkalimetalle und andere. Zwei neben einander stehende Reihen, eine paare und eine unpaare, bilden auf diese Weise eine grosse **Periode**. Die Perioden beginnen mit den Alkalimetallen und schliessen mit den Halogenen ab. Die Elemente der beiden ersten Gruppen, deren Atomgewichte die kleinsten sind, besitzen

---

Pettenkofer, Kremers und Lenssen über die Atomgewichte ähnlicher Elemente benutzt habe, dass mir aber die den meinigen vorhergegangenen Arbeiten von *de Chancourtois* in Frankreich (Vis tellurique oder die Spirale der Elemente nach ihren Eigenschaften und Aequivalenten) und von *J. Newlands* in England (Law of octaves, nach welchem z. B. H, F, Cl, Cr, Br, Pd, J, Pt die erste und O, S, Fe, Se, Ru, Fe, Au, Th die zweite Oktave bilden), in welchen einige Keime des periodischen Gesetzes zu sehen sind, unbekannt waren. Was die Untersuchungen von Professor Lothar Meyer in Bezug auf das periodische Gesetz betrifft, so ist es (Anm. 12 und 13 dieses Kap.) nach der Untersuchungs-Methode seiner ersten Abhandlung (Lieb. Ann. Suppl. VII. 1870 pag. 354) zu urtheilen, in welcher er gleich Anfangs ein Referat meiner oben angeführten Untersuchung aus dem Jahre 1869 zitirt, augenscheinlich, dass er das periodische Gesetz in der Form angenommen hat, in welcher ich dasselbe aufgestellt hatte.

Zum Schlusse dieser historischen Bemerkung halte ich es für nützlich, darauf hinzuweisen, dass kein einziges von den allgemein giltigen Naturgesetzen auf einmal begründet worden ist; immer sind der Feststellung derselben Andeutungen voraus gegangen. Die Anerkennung eines Gesetzes erfolgt jedoch nicht, wenn es seiner ganzen Bedeutung nach vollständig begriffen, sondern erst wenn es durch den Versuch bestätigt wird, denn die Naturforscher müssen den Versuch als höchste Instanz zur Entscheidung ihrer Kombinationen und Ansichten betrachten. Daher sehe ich, meinerseits, in Roscoe, de Boisbaudran, Nilson, Winkler, Brauner, Carnelley, Thorpe und Anderen, welche die Anwendbarkeit des periodischen Gesetzes in der chemischen Wirklichkeit bewiesen haben, die wahren Begründer des periodischen Gesetzes, zu dessen weiterer Entwickelung neue Kräfte erwartet werden müssen. Die bereits vorliegenden Versuche, deren in den folgenden Anmerkungen Erwähnung geschehen wird, können gegenwärtig noch nicht als solche angesehen werden, die irgend welche Aufklärung in die Fragen bringen, welche beim Studium dieses Gesetzes unwillkührlich auftauchen.

gerade infolge dieses Umstandes [9]), neben den gemeinschaftlichen Eigenschaften der Gruppe, auch viele selbstständige Eigenschaften. Das Fluor z. B. unterscheidet sich in Vielem von den anderen Halogenen, das Lithium von den übrigen Alkalimetallen u. s. w. Die Elemente mit dem kleinsten Atomgewicht kann man als **typische Elemente** betrachten; zu denselben gehören:

H.
Li. Be. B. C. N. O. F.
Na. Mg. . . . .

In der vorliegenden Tabelle sind alle übrigen Elemente nicht nach Gruppen und Reihen, sondern *nach Perioden* geordnet:

Paare Reihen.   Mg. Al. Si. P. S. Cl.

K. Ca. Sc. Ti. V. Cr. Mn. Fe. Co. Ni. Cu. Zn. Ca. Ge. As. Se. Br.
Rb. Sr. Y. Zr. Nb. Mo. — Ru. Rh. Pd. Ag. Cd. In. Sn. Sb. Te. J.
Cs. Ba. La Ce. Di? — — — — — — — — — — — —
— — Yb. — Ta. W. — Os. Ir. Pt. Au. Hg. Tl. Pb. Bi. — —
— — — Th. — U

Unpaare Reihen.

Um in das Wesen der Sache einzudringen, muss im Auge behalten werden, dass hier in jeder Zeile das Atomgewicht der Elemente allmählich zunimmt; in der zweiten Zeile z. B. steigt es von K=39 bis auf Br=80, (welches das 17-te Element ist), die zwischenliegenden Elementen haben ein von 39 bis auf 80 steigendes Atomgewicht.

Denselben Grad von Aehnlichkeit, den wir zwischen K, Rb und Cs oder Cl, Br und J oder Ca, Sr und Ba angetroffen haben, finden wir auch zwischen den Elementen der anderen vertikalen Kolumnen. Zn, Cd und Hg z. B. sind die nächsten Analoga des Magnesiums, welche wir im nächsten Kapitel betrachten werden. Die übrigen Elemente sind weiterhin (im vorliegenden Buche) gleichfalls nach dem periodischen Systeme vertheilt und beschrieben. Die Anordnung der Elemente nach Gruppen, Reihen und Perioden zeigen die beigegebenen Tabellen. Um den Sachverhalt richtig aufzufassen ist es von grosser Wichtigkeit sofort die Einsicht zu erlangen [10]), dass

---

9) In analoger Weise zeigen in der Reihe der Homologen organischer Verbindungen (vrgl. Kap. 8) die ersten Glieder, die am wenigsten Kohlenstoff enthalten, trotzdem sie die allgemeinen Eigenschaften aller Homologen besitzen, immer auch einige schärfer hervortretende Eigenheiten.

10) Ausser der Anordnung der Elemente: a) in aufsteigender Ordnung nach der Grösse ihres Atomgewichts, unter Angabe ihrer Analogien durch Bezeichnung dieser oder jener Eigenschaften sowol der *Elemente* (z. B. ihrer Fähigkeit zur Bildung dieser oder jener Verbindungsformen), als auch der *einfachen Körper* und der entsprechenden zusammengesetzten Körper (vergl. die beigegebene Tabelle); b) nach Perioden (vergleiche die erste Tabelle) und c) nach Gruppen und Reihen oder

jede Anordnung der Elemente nach ihrem Atomgewichte im Wesentlichen ein und dieselbe **Abhängigkeit** — **die Periodizität der Eigen-**

kleinen Perioden (zweite Tabelle) — sind mir noch die folgenden Methoden bekannt, durch welche die periodische Abhängigkeit der Elemente zum Ausdruck gebracht wird. 1) *In einer Ebene nach rechtwinkligen Koordinatenaxen.* Auf der Abszissenaxe werden die Atomgewichte aufgetragen, während die Ordinaten Eigenschaften bezeichnen, z. B. die spezifischen Volume oder Schmelztemperaturen. Diese sonst anschauliche Methode bietet den theoretischen Nachtheil, dass sie gar nicht auf die Existenz einer begrenzten und bestimmten Anzahl von Elementen in jeder Periode hinweist. Aus derselben folgt z. B. keineswegs, dass zwischen Mg und Al nicht noch ein Element mit dem Atomgewicht von etwa 25, dem Atomvolumen 13 und überhaupt mit mittleren Eigenschaften (in Bezug auf Mg und Al) existiren kann. Das wahre periodische Gesetz entspricht nicht einer stetigen Aenderung der Eigenschaften, die zugleich mit einer stetigen Aenderung des Atomgewichts vor sich geht, d. h. es drückt keine kontinuirliche Funktion aus, sondern eine unterbrochene (nicht fortlaufende) und multiple, da es ein rein chemisches Gesetz ist, das von den Begriffen der Atome und Molekeln ausgeht, die sich in multiplen Verhältnissen mit einander verbinden; als ein solches Gesetz stützt es sich *vor Allem* auf die Verbindungsformen, die nicht zahlreich und arithmetisch einfach sind und sich *wiederholen*, ohne stetige Uebergänge zu zeigen; daher befindet sich in jeder Periode nur eine bestimmte Anzahl von Gliedern. Aus diesem Grunde kann sich zwischen Mg, das $MgCl^2$, und Al, das AlX^3 bildet, nicht noch irgend ein anderes Element befinden; die Unterbrechung erfolgt nach dem Gesetze der multiplen Proportionen. Das periodische Gesetz darf daher nicht durch geometrische Figuren ausgedrückt werden, unter welchen immer etwas kontinuirliches verstanden wird, sondern es ist dieselbe Methode anzuwenden, wie in der Theorie der Zahlen. Daher habe ich auch das periodische Verhalten der Elemente niemals durch geometrische Figuren ausgedrückt, zu deren Hilfe ich auch nie zugreifen gedenke. 2) *In der Ebene durch eine Spirale.* Von einem Centrum aus zieht man den Grössen der Atomgewichte parallele Radien, trägt die einander ähnlichen Elemente auf diesen Radien auf und vertheilt die Kreuzungspunkte längs der Spirale. Diese von Chaucourtois, Baumhauer, E. Huth und Anderen angewandte Methode besitzt die Nachtheile der vorhergehenden, beseitigt aber die Unbestimmtheit in der Anzahl der Elemente in einer Periode. In dieser Methode ist nur das Bestreben zu sehen die komplizirten Verhältnisse zu einer einfachen anschaulichen Darstellung zu bringen, da die Gesetzmässigkeit der Spirale, ebenso wie die Anzahl der Radien durch nichts bedingt wird. 3) Nach den *Linien der Werthigkeit*, welche parallel, wie bei Reynold's und Rev. S. Haugthon, oder abfallend, wie bei Crookes, auf beiden Seiten einer Axe gezogen werden, auf welcher nach der Grösse ihrer Atomgewichte die Elemente aufgetragen werden, so dass auf eine Seite die Glieder der paaren Reihen (paramagnetische Elemente, wie O, K, Fe) und auf die andere die Glieder der unpaaren Reihen (diamagnetische, wie S, Cl, Zn, Hg) kommen. Durch Verbinden der auf diese Weise erhaltenen Punkte erhält man eine periodische Kurve, welche Crookes mit den Schwingungen eines Pendels vergleicht; dagegen betrachtet Haughton die Kurve als eine kubische. Diese Methode wäre sehr anschaulich, wenn sie nicht die Forderung enthielte, dass z. B. der Schwefel für zweiwerthig oder das Mangan für einwerthig angesehen werde, denn beide Elemente bilden in diesen Formen nur unbeständige Verbindungen; ausserdem ist für den Schwefel die niedrigste, noch mögliche Form SX^2 und für das Mangan die höchste mögliche Form als Basis angenommen, ohne zu berücksichtigen, dass das Mangan nur nach der Analogie von $KMnO^4$ mit $KClO^4$ als ein einwerthiges Element betrachtet werden kann. Bei Reynolds und Crookes befinden sich sodann die Elemente H, Fe, Ni, Co und andere ausserhalb der Linien der Werthigkeit

schaften — zum Ausdruck bringt [11]). In Bezug auf diese Abhängigkeit ist Folgendes in Betracht zu ziehen:
1) Die Formen der höchsten **Sauerstoffverbindungen** werden durch

---

und das Uran wird ohne allen Grund für zweiwerthig gehalten. 4) Nach den *Drehungsflächen* in den Kreuzungspunkten mit bestimmten anderen Flächen. Ein Versuch die Elemente nach diesem Prinzipe zu ordnen, um ihre periodische Abhängigkeit zum Ausdruck zu bringen, ist von Rantzew gemacht worden. Es ist jedoch über diesen Versuch, der nicht ohne Interesse zu sein scheint, bis jetzt nichts Näheres veröffentlicht, sondern nur eine Mittheilung in der Russ. chem. Gesellschaft gemacht worden. 5) *Durch Exponentialfunktionen in ganzen Zahlen*; z. B. durch die Funktion: $A = 15n - 15 (0{,}9375)^t$ sucht E. J. Mills (1886) alle Atomgewichte auszudrücken, indem er n und t als ganze Zahlen ändert. Beim Sauerstoff z. B. ist n=2 und t=1, woraus sich für A=15,94 ergibt, beim Antimon ist n=9, t=0 und A=120 u. s. w. Der Werth von. n ändert sich von 1 bis 16 und t von 0 bis 59. Eine Analogie kommt hierbei kaum zum Vorschein, da z. B. beim Cl $n = 3$ und $t = 7$ ist, beim Brom sind diese Zahlen 6 und 6, beim J — 9 und 9, beim K — 3 und 14, beim Rb — 6 und 18 und beim Cs — 9 und 20; eine gewisse Regelmässigkeit scheint dennoch hervorzutreten. 6) Am natürlichsten ist der Versuch, die Abhängigkeit der Eigenschaften der einfachen Körper von ihren Atomgewichten durch *trigonometrische Funktionen* auszudrücken, da diese Abhängigkeit eine periodische ist, wie auch die Funktion der trigonometriscben Linien. Dieser Versuch, den Ridberg in Schweden (Lund 1884) und F. Flawitzky in Russland (Kasan 1887) gemacht haben, ist als der Ausarbeitung werth anzusehen, obgleich er das Fehlen von Uebergangs-Elementen z. B. zwischen Mg und Al gleichfalls nicht zum Ausdruck bringt, was aber sehr wesentlich und besonders wichtig ist. 7) Der erste Versuch in dieser letzteren Richtung ist 1888 im Journal der Russ. phys.-chem. Gesellschaft von *B. Tschitscherin* gemacht worden, der die Alkalimetalle einer ausführlichen Betrachtung unterzog und das folgende einfache Verhältniss zwischen den Atomvolumen dieser Metalle entdeckte: diese Volume sind alle = A (2—0,0428 A. n), wenn A das Atomgewicht bezeichnet und n = 1 bei Li und Na, bei K = $^4/_8$, bei Rb = $^3/_8$ und bei Cs = $^2/_8$ ist. Wäre n immer = 1, so müsste bei $A = 46^2/_3$ das Atomvolum = 0 sein und bei $A = 23^1/_3$ würde das grösste Volum erreicht werden; die Dichte würde mit der Zunahme von A wachsen. Um sowol die Aenderung von n, als auch das Verhältniss der Atomgewichte der Alkalimetalle zu den anderen Elementen und die Werthigkeit selbst zu erklären, lässt Tschitscherin die Atome aus der Urmaterie entstehen, betrachtet das Verhältniss der centralen Masse zur peripherischen und leitet, indem er von mechanischen Anfängen ausgeht, viele Eigenschaften der Atome aus der Wechselwirkung der inneren und peripherischen Theile eines jeden Atoms ab. Sein Versuch bietet viele interessante Zusammenstellungen, kann aber schon desswegen nicht weiter in Betracht gezogen werden, weil er noch unbeendet ist. Sodann nimmt Tschitscherin die Hypothese der Zusammensetzung aller Elemente aus einem Stoffe an, was gegenwärtig weder thatsächlich, noch spekulativ begründet werden kann. Als Ausgangspunkt aller seiner Kombinationen dienen die spezifischen Gewichte der Metalle bei einer bestimmten Temperatur (wobei es unbekannt ist, wie sich das Verhältniss bei anderen Temperaturen gestalten wird), während schon infolge mechanischer Einflüsse Aenderungen im spezifischen Gewicht eintreten können.

11) Zahlreiche Naturerscheinungen zeigen eine periodische Abhängigkeit; so z. B. erscheinen der Wechsel der Tages- und der Jahreszeiten und verschiedene andere Schwankungen als Aenderungen von periodischen Eigenschaften, welche von der Zeit und dem Raume abhängen. In den gewöhnlichen periodischen Funktionen ändert sich die eine Variable ununterbrochen, während die andere so lange anwächst, bis die Periode der Abnahme beginnt, um, wenn auch diese die Grenze erreicht,

die Gruppe bestimmt: die erste Gruppe bildet R^2O, die zweite R^2O^2 oder RO, die dritte R^2O^3 u. s. w. Es sind acht Formen von Oxyden und daher auch acht Gruppen vorhanden. Je zwei Gruppen bilden eine Periode; ein und dieselben Oxyd-Formen kommen in jeder Periode zweimal vor. In der mit K beginnenden Gruppe z. B. bilden Oxyde von der Zusammensetzung RO die Elemente

---

wieder zu wachsen. Mit der periodischen Funktion der Elemente verhält es sich anders: die Masse der Elemente nimmt nicht ununterbrochen zu, die Uebergänge geschehen sprungweise, z. B. vom Mg zum Al. Die Aequivalenz oder Werthigkeit springt direkt von 1 auf 2, auf 3 u. s. w. ohne Uebergänge. Diese Eigenschaften sind nun, meiner Ansicht nach, die wichtigsten; ihre Periodizität bildet das Wesen des periodischen Gesetzes, welches *die Eigenschaften der Elemente*, und nicht der einfachen Körper *zum Ausdruck* bringt. Die Eigenschaften der einfachen und zusammengesetzten Körper befinden sich in der periodischen Abhängigkeit vom Atomgewichte der Elemente nur desswegen, weil sie das Resultat der Eigenschaften der Elemente selbst sind, welche die einfachen und zusammengesetzten Körper bilden. Das periodische Gesetz erklären und ausdrücken heisst die Ursache des Gesetzes der multiplen Proportionen, den Unterschied der Elemente und die Aenderung ihrer Werthigkeit erklären und ausdrücken, und gleichzeitig verstehen, was Masse und Schwere bedeuten; dies kann aber gegenwärtig, meiner Ansicht nach, noch nicht geschehen. Aber ebenso, wie man, ohne die Ursache der Schwere zu kennen, die Gesetze der Schwere anwenden kann, kann man auch zu chemischen Zwecken die von der Chemie entdeckten Gesetze benutzen, ohne eine Erklärung der Ursache derselben zu besitzen. Die oben beschriebene Eigenartigkeit der chemischen Gesetze, welche sich auf die bestimmten chemischen Verbindungen und die Atomgewichte beziehen, zwingt zur Annahme, dass die Zeit zu ihrer ausführlichen Auslegung noch nicht erschienen ist und wie ich glaube, nicht früher erscheinen wird, als bis das Gesetz der Schwere, eines der Grundgesetze der Naturforschung, eine Erklärung gefunden haben wird.

Es muss hier noch an die vielseitigen Wechselbeziehungen zwischen den unzersetzbaren **Elementen und den zusammengesetzten Kohlenstoffradikalen** erinnert werden, auf welche schon längst (von Pettenkofer, Dumas und Anderen) die Aufmerksamkeit gelenkt worden war und welche vor Kurzem (1886) wieder von Carnelley und am eigenartigsten (1883) von **Pelopidas** auf Grund des periodischen Systems betrachtet worden ist. Pelopidas vergleicht eine aus 8 Kohlenwasserstoffradikalen von der Zusammensetzung C^nH^{2n+1}, C^nH^{2n} ... bestehende Reihe, z. B. aus C^6H^{13}, C^6H^{12}, C^6H^{11}, C^6H^{10}, C^6H^9, C^6H^8, C^6H^7 und C^6H^6 mit der Reihe der in 8 Gruppen geordneten Elemente. Die Aehnlichkeit tritt besonders deutlich darin hervor, dass die Radikale C^nH^{2n+1}, indem sie in Grenzverbindungen sich mit X verbinden, die folgenden Glieder dagegen mit X^2, X^3 .. X^8, und dass dem letzten Gliede das aromatische Radikal C^6H^5 folgt, welches wieder viele Eigenschaften des Radikals C^6H^{13} besitzt, wie dieses z. B. sich mit einem Atome zu C^6H^5X verbinden kann. Als eine Bestätigung des Parallelismus erscheint nach Pelopidas auch die Fähigkeit der genannten Radikale den Gruppen entsprechende Sauerstoffverbindungen zu bilden, welche sich allmählich den Säuren nähern. Die Radikale der I-ten Gruppe z. B. C^6H^{13} oder C^6H^5 bilden, ebenso wie die Alkalimetalle, Oxyde von der Form R^2O und Hydrate RHO; in der III-ten Gruppe entstehen die Oxyde R^2O^3 und die Hydrate RO^2H, z. B. aus der Reihe CH^3 dieser Gruppe das Oxyd $(CH)^2O^3$ oder $C^2H^2O^3$, d. h. das Ameisensäureanhydrid und das Hydrat CHO^2H — die Ameisensäure. In der VI-ten Gruppe erscheint bei C^2 als das Oxyd RO^3 — C^2O^3, dessen Hydrat $C^2H^2O^4$ ist, d. h. gleichfalls eine zweibasische Säure — die Oxalsäure, wie bei den Mineralsäuren die Schwefelsäure. Indem Pelopidas seine Anschauungen

Ca und Zn, von der Zusammensetzung RO^3 die Elemente Mo und Te u. s. w. Die Oxyde der paaren Reihen, selbstverständlich von derselben Form, besitzen stärkere basische Eigenschaften als die Oxyde der unpaaren Reihen. Diesen letzteren Oxyden ist hauptsächlich der Säurecharakter eigen. Daher stehen die Elemente, die ausschliesslich Basen bilden, also die Alkalimetalle, am Anfang der Perioden, während die nur Säuren bildenden Elemente, die Halogene, die Perioden abschliessen. Dazwischen befinden sich die Uebergangselemente, deren Charakter und Eigenschaften im Weiteren beschrieben werden sollen. Zu bemerken ist, dass der Säurecharakter hauptsächlich den Elementen mit kleinen Atomgewichten in den unpaaren Reihen zukommt, der basische Charakter dagegen den schwersten Elementen der paaren Reihen. Daher herrschen unter den leichtesten (typischen) Elementen solche vor, die Säuren bilden, namentlich in den letzten Gruppen, während die schwersten Elemente selbst in den letzten Gruppen (z. B. Th, U) einen basischen Charakter besitzen. Der basische oder saure Charakter der höchsten Oxyde bestimmt sich also durch: a) die Form des Oxyds, b) die paare oder unpaare Reihe, in der sich das Element befindet und c) die Grösse des Atomgewichts.

2) Wasserstoffverbindungen, die flüchtige und gasförmige Körper geben und analogen Reaktionen wie HCl, H^2O, H^3N und H^4C unterliegen, werden nur von Elementen der unpaaren Reihen und der höheren Gruppen gebildet, deren Oxyde die Zusammensetzung R^2O^7, RO^3, R^2O^5 und RO^2 besitzen.

3) Wenn ein Element eine Wasserstoffverbindung, RX^m, gibt, so bildet es auch metallorganische Verbindungen von derselben Zu-

---

an zahlreichen organischen Verbindungen entwickelt, hält er sich namentlich bei den Radikalen auf, die dem Ammonium entsprechen. In die I-te Gruppe bringt er z. B. das Methylammonium $N(CH^3)H^3$ oder NCH^6, das die Eigenschaften der Alkalimetalle besitzt und die Base $NH^3CH^3(OH)$ gibt, welche dem NaHO analog ist. In der II-ten und den folgenden Gruppen erhält er durch Abziehen von Wasserstoff Reste von immer höherer Werthigkeit und weniger basischem Charakter. Zuletzt erweist sich in der VII-ten Gruppe das Cyan CN, dessen Aehnlichkeit mit den Halogenen allgemein bekannt ist.

In Bezug auf diesen merkwürdigen Parallelismus muss vor Allem bemerkt werden, dass bei Uebergängen zu benachbarten Gliedern von höherer Werthigkeit das Atomgewicht der Elemente zunimmt, während das Gewicht der Kohlenwasserstoffradikale abnimmt. Daher liegt aber auch kein Grund vor, in dieser Wechselbeziehung einen Hinweis darauf zu sehen, dass die elementaren Körper zusammengesetzt seien; es ist vielmehr anzunehmen, dass die periodische Aenderung der einfachen und zusammengesetzten Körper irgend einem höheren Gesetze unterliegt; bis jetzt fehlen uns aber noch die Mittel, um die Natur und desto mehr die Ursache dieses Gesetzes zu erfassen. Aller Wahrscheinlichkeit nach liegt die Ursache in der inneren Mechanik der Atome und Molekeln. Da das periodische Gesetz erst seit einigen Jahren zu allgemeiner Annahme gelangt ist, so erscheint es als natürlich, dass weitere Fortschritte in der Aufklärung desselben nur von der Erweiterung unserer Kenntnisse, die sich auf dieses Gesetz beziehen, zu erwarten sind.

sammensetzung, in welcher $X = C^n H^{2n+1}$, d. h. der Rest eines Grenzkohlenwasserstoffes ist. Die Elemente der unpaaren Reihen, welchen keine Wasserstoffverbindungen entsprechen und welche Oxyde von der Form RX, RX^2, RX^3 geben, bilden metallorganische Verbindungen, deren Form dieselbe, wie die der höchsten Oxyde ist. Das Zink z. B. bildet das Oxyd ZnO, Salze ZnX^2 und Zinkäthyl $Zn(C^2H^5)^2$. Die Elemente der paaren Reihen geben, wie es scheint, überhaupt keine metallorganische Verbindungen, denn alle Versuche zur Darstellung derselben z. B. mit Titan, Zirkonium oder Eisen sind bis jetzt resultatlos geblieben.

4) Der Unterschied in der Grösse der Atomgewichte von Elementen, die zu benachbarten Perioden gehören, beträgt annähernd 45, z. B. zwischen K und Rb, Cr und Mo, Br und J. Die Elemente der typischen Reihe besitzen jedoch ein geringeres Atomgewicht. Der Unterschied in den Atomgewichten zwischen Li, Na und K, zwischen Ca, Mg und Be, zwischen Si und C, zwischen S und O und auch zwischen Cl und F beträgt 16. In dem Maasse wie das Atomgewicht zunimmt, weisen die Elemente einer Gruppe zweier benachbarten Reihen meistens einen grösseren Unterschied auf (20 = Ti—Si, = V—P, = Cr—S, = Mn—Cl, = Nb—As u. s. w.), bis derselbe bei den schwersten Metallen sein Maximum erreicht, z. B. bei Th—Pb = 26, bei Bi—Ta = 26, bei Ba—Cd = 25 u. s. w. Dafür nimmt aber auch der Unterschied in den Elementen der paaren und unpaaren Reihen zu. Die Unterschiede zwischen Na und K, Mg und Ca, Si und Ti sind in der That geringer, als die zwischen Pb und Th, Ta und Bi, Cd und Ba u. s. w. Auf diese Weise lässt sich sogar, wenn auch nicht ganz deutlich, ein Zusammenhang zwischen der Grösse des Unterschiedes in den Atomgewichten analoger Elemente und der Aenderung in ihren Eigenschaften bemerken [12]).

---

12) Die Beziehungen gewichen der Grösse der Atomgewichte, insbesondere die sich wiederholende Differenz von 16, sind in den 50-er und 60-er Jahren von Dumas, Pettenkofer, L. Meyer und anderen bemerkt worden. Nach Dumas und anderen brachte z. B. Lothar Meyer im Jahre 1864 eine Zusammenstellung der 4-werthigen Metalloide—C, Si, der 3-werthigen—N, P, As, Sb, Bi, der 2-werthigen—O, S, Se, Te und der einwerthigen—F, Cl, Br, J, sodann der einwerthigen Metalle—Li, Na, K, Rb, Cs, Tl und der zweiwerthigen—Be, Mg, Ca, Sr, Ba, wobei er bemerkte, dass der Unterschied im Allgemeinen zuerst 16, dann ungefähr 46 und zuletzt 87 bis 90 beträgt. In solchen Bemerkungen sind die Anfänge des periodischen Gesetzes zu suchen. Nachdem dasselbe aufgestellt worden war, beschäftigte sich mit dem eben Erwähnten am ausführlichsten Ridberg (Anm. 10), welcher die Periodizität in der Aenderung der Unterschiede zwischen den Atomgewichten zweier benachbarter Elemente und in dem Verhältniss desselben zur Werthigkeit bemerkte. A. Bazarow stellte (1887) dieselbe Untersuchung an, indem er jedoch nicht die arithmetischen Unterschiede benachbarter und analoger Elemente, sondern das Verhältniss ihrer Atomgewichte in Betracht zog, wobei er gleichfalls bemerkte, dass

5) Jedem Elemente kommt nach dem periodischen Systeme eine Stelle zu, welche durch die (mit einer römischen Ziffer bezeichnete) Gruppe und die (mit arabischer Ziffer angegebene) Reihe bestimmt wird. Auf diese Weise wird auf die Grösse des Atomgewichts, die Analogie, die Eigenschaften und die Form des höchsten Oxydes, der Wasserstoff- und anderer Verbindungen—überhaupt auf die quantitativen und qualitativen Eigenschaften eines Elementes hingewiesen, obgleich ausserdem noch eine ganze Reihe von Einzelheiten oder individuellen Eigenschaften vorhanden bleiben, deren Grund, nach dem Sinne der dem Systeme zu Grunde liegenden Lehre, in den geringen Unterschieden der Atomgewichte zu suchen ist. Wenn in einer Gruppe, welche die Elemente R', R'', R''' enthält, in der Reihe eines dieser Elemente z. B. vor R'' das Element Q'' und nach R'' das Element T'' steht, so lassen sich die Eigenschaften von R'' durch R', R''', Q'' und T'' bestimmen. Es muss z. B. das Atomgewicht von $R'' = {}^1/_4 (R' + R''' + Q'' + T'')$ sein. Das Selen z. B. befindet sich in einer Gruppe mit Schwefel $S=32$ und Tellur $Te=125$; in der 7-ten Reihe steht vor demselben $As=75$ und nach ihm $Br=80$. Hieraus berechnet sich das Atomgewicht des Selens zu $^1/_4 (32+125+75+80)=78$, was auch in Wirklichkeit der Fall ist. Auf dieselbe Weise könnten auch andere Eigenschaften des Selens bestimmt werden, wenn sie nicht bekannt wären. Arsen bildet z. B. H^3As, Brom HBr, folglich muss das zwischen diesen beiden Elementen befindliche Selen—H^2S bilden und zwar von solchen Eigenschaften, die als mittlere zwischen denen von H^3As und HBr erscheinen werden. Selbst die physikalischen Eigenschaften des Selens und seiner Verbindungen, deren Zusammensetzung sich schon aus der Zugehörigkeit des Selens zur Gruppe ergibt, lassen sich mit grosser Annäherung an die Wirklichkeit nach den Eigenschaften des S, Te, As und Br bestimmen. **Auf diese Weise ist es möglich die Eigenschaften noch nicht entdeckter Elemente voraus zu sagen.** So z. B. fehlte noch vor kurzem ein Element an der Stelle IV—5, d. h. in der IV-ten Gruppe, in der 5-ten Reihe. Dieses Element nannte ich Ekasilicium, indem ich davon ausging, dass ein unbekanntes Element vorläufig nach dem ihm in der Gruppe vorangehenden bekannten Elemente bezeichnet werden kann, unter Hinzufügung zu dem Namen dieses letzteren der Sylbe **Eka**, die im Sanskrit *ein* bedeutet. Da nun das an die Stelle IV—5 gehörende Element dem Silicium Si folgt, das sich an der Stelle IV—3 befindet, so nannte ich dieses unbekannte Element Ekasilicium Es. Die Eigenschaften, welche diesem Elemente nach den bekannten Eigenschaften des Si, Sn, Zn und As

---

mit der Zunahme der Atomgewichte dieses Verhältniss abwechselnd zu- und abnimmt.

Die VIII-te Gruppe des periodischen Systems wird beim Fe, Co, Ni, Cu und deren Analogen näher betrachtet werden.

zukommen müssen, sind die folgenden. Das Atomgewicht muss sich 72 nähern, das höchste Oxyd muss EsO^2 und das niedrigste EsO sein, die gewöhnlichen Verbindungen müssen der Form EsX^4 und die chemisch unbeständigen der Form EsX^2 entsprechen; sodann muss Es flüchtige metallorganische Verbindungen bilden, z. B. $Es(CH^3)^4$, $Es(CH^3)^3Cl$, $Es(C^2H^5)^4$ vom Siedepunkte 160^0 u. s. w., ferner eine flüchtige und flüssige Chlorverbindung $EsCl^4$ vom Siedepunkte 90^0 und dem spezifischen Gewichte 1,9. EsO^2 muss das Anhydrid einer schwachen kolloidalen Säure sein; das metallische Es muss sich ziemlich leicht aus dem Oxyde und aus K^2EsF^6 durch Reduktion darstellen lassen und das spezifische Gewicht 5,5 zeigen; die Dampfdichte des EsO^2 muss etwa 4,7 betragen; die Schwefelverbindung EsS^2 analog SnS^2 und SiS^2 sein und sich wahrscheinlich in Schwefelammon lösen u. s. w. Diese Charakteristik, die ich im Jahre 1871 gemacht hatte, als das Ekasilicium noch unbekannt war, hat sich vollkommen bestätigt, als Clemens Winkler in Freiberg das von ihm Germanium, Ge, genannte Element endeckte, welches alle vorausgesagten Eigenschaften des Ekasiliciums in Wirklichkeit besitzt [13]). Es ist dies die wichtigste Be-

---

13) Naturgesetze dulden keine Ausnahmen und unterscheiden sich dadurch von Regeln und Regelmässigkeiten, z. B. von grammatikalischen. Bestätigen kann man ein Gesetz nur dadurch, dass man auf Grund desselben Folgerungen zieht, welche sonst nicht möglich sind und auch nicht erwartet werden können und welche dann durch den Versuch gerechtfertigt werden. Daher habe ich, meinerseits, nachdem ich das periodische Gesetz erkannt hatte (1869—1871), aus demselben solche logische Folgerungen gezogen, die zeigen konnten, ob das Gesetz richtig sei oder nicht. Zu diesen Folgerungen gehören die Prognose von Eigenschaften noch nicht entdeckter Elemente und die Korrektur der Atomgewichte vieler damals noch wenig bekannter Elemente. Das Uran z. B. passte als dreiwerthiges Element, $U=120$, für welches es gehalten wurde, nicht in das periodische System; ich schlug daher vor, das Atomgewicht desselben zu verdoppeln, $U = 240$. was später durch die Untersuchungen von Roscoe, Zimmermann und and. gerechtfertigt wurde. Dasselbe war mit dem Cerium der Fall, dessen Atomgewicht nach dem periodischen Gesetze gleichfalls verändert werden musste; ich bestimmte daher die spezifische Wärme dieses Elementes und die hierbei erhaltene Zahl wurde durch neuere Bestimmungen von Hillebrand bestätigt; ebenso mussten auch die Aenderungen, die ich mit einigen Formeln der Ceriumverbindungen vorgenommen hatte, nach den Untersuchungen von Rammelsberg, Brauner, Cleve und anderen angenommen worden. Das periodische Gesetz muss entweder bis zu seinen letzten Konsequenzen anerkannt und als ein neues Mittel der chemischen Forschung betrachtet oder es muss verworfen werden. Da ich es für allein richtig hielt, empirisch vorzugehen, so habe ich selbst, so viel ich konnte, Kontrolversuche angestellt und Allen die Möglichkeit gewährt das periodische Gesetz zu widerlegen oder zu bestätigen, und war nicht der Ansicht L. Meyer's (Lieb. Ann. 1870 Erg. B. VII p. 364): „Es würde voreilig sein, auf so unsichere Anhaltspunkte hin eine Aenderung der bisher angenommenen Atomgewichte vorzunehmen". Der neue *Stützpunkt*, den das periodische Gesetz gewährt und der, wie ich schon erwähnte, meiner Ansicht nach, entweder bestätigt oder verworfen werden musste, ist nun überall durch inzwischen angestellte Versuche bestätigt worden. Dadurch ist der *Stützpunkt* ein allgemeiner geworden. Ohne eine

stätigung der Richtigkeit des periodischen Gesetzes [14]). Ausser dem Germanium ist die Existenz auch noch anderer Elemente durch dieses Gesetz vorausgesehen worden. Bei der Beschreibung der Elemente der III-ten Gruppe werden wir sehen, dass die vorausgesagten Eigenschaften des Ekaaluminiums El=68 an der Stelle III—5 des Systems sich in dem später entdeckten Metalle Gallium bestätigten und dass das Scandium sich als das vorausgesagte Ekabor erwies [15]).

---

solche Prüfungs-Methode kann kein Naturgesetz festgestellt werden. Weder **de Chancourtois**, dem die Franzosen die Entdeckung des periodischen Gesetzes zuschreiben, noch **Newlands**, der von den Engländern als erster genannt wird, noch **L. Meyer**, den gegenwärtig Viele als den Begründer des periodischen Gesetzes zitiren — wagten es, die *Eigenschaften* nicht entdeckter Elemente vorauszusagen, „angenommene Atomgewichte" zu ändern und überhaupt das periodische Gesetz als ein neues, sicher festgestelltes Naturgesetz zu betrachten, wie ich dieses gleich Anfangs (1869) gethan hatte; es können daher die von diesen Forschern entdeckten *Regelmässigkeiten*, die mir zudem unbekannt waren, nur als eine Vorbereitung zur Entdeckung des Gesetzes betrachtet werden. Auf dieselbe Weise sind vor Kirchhoff die Gesetze der Spektroskopie, vor R. Mayer. Joule und Clausius die der mechanischen Wärmetheorie, ja selbst vor Lavoisier und Newton die ihnen unstreitig zugehörenden Entdeckungen vorbereitet worden. Indem ich meine anspruchslosen Arbeiten durch so grosse Namen und Beispiele decke, möchte ich mich nur vor den Vorwürfen schützen, welche ich mir zuziehen müsste, wenn ich nicht die Frage der Geschichte der Entdeckung des periodischen Gesetzes in Betracht ziehen würde, da über diese Frage sehr viel geschrieben worden ist, seit die Entdeckung des Galliums, Scandiums und Germaniums das periodische Gesetz als eine neue Wahrheit hinstellten, die es ermöglicht, Ungesehenes zu sehen und noch nicht Erkanntes zu erkennen.

14) Als ich im Jahre 1871 über die Anwendung des periodischen Gesetzes zur Bestimmung der Eigenschaften noch nicht entdeckter Elemente schrieb, glaubte ich die Bestätigung meiner Folgerung nicht zu erleben. In Wirklichkeit geschah es aber anders. Damals hatte ich drei Elemente: Ekabor, Ekaaluminium und Ekasilicium beschrieben und erlebe jetzt. nachdem seit der Zeit noch keine 20 Jahre verflossen sind, die hohe Freude der Entdeckung dieser drei Elemente, die Gallium, Scandium und Germanium nach den Ländern benannt sind, in welchen die dieselben enthaltenden seltenen Mineralien aufgefunden wurden.

15) An dem Beispiele des Indiums lässt sich das Wesen der Methode folgendermaassen erklären. Das dem Wasserstoff entsprechende Aequivalent des Indiums in seinem Oxyde wurde zu 37,7 angenommen, d. h. die Zusammensetzung des Indiumoxyds wurde. wie die des Wassers, durch In^2O ausgedrückt (In = 37,7). Für das Atomgewicht des mit dem Zink zusammen vorkommenden Indiums galt das doppelte Aequivalent, d. h. man hielt das Indium für ein zweiwertiges Element: $In = 2 \times 37,7 = 75,4$. Würde Indium nur das eine Oxyd RO bilden, so müsste es in die II-te Gruppe gehören. Aber bei dieser Annahme erwies sich für das Indium keine freie Stelle im System der Elemente, da die Stellen: $II - 5 = Zn = 65$ und $II - 6 = Sr = 87$ von schon bekannten Elementen eingenommen waren und ein Element vom Atomgewichte 75 nach dem periodischen System nicht zweiwerthig sein konnte. Da nun weder die Dampfdichte, noch die spezifische Wärme des Metalles, noch auch isomorphe Indiumverbindungen bekannt waren (die Indiumsalze krystallisiren nur schwierig), so lag kein Grund vor das Indium für ein zweiwerthiges Metall anzusehen. Man musste dasselbe vielmehr für 3-werthig, 4-werthig u. s. w. halten. Wurde aber das Indium für ein dreiwerthiges Element angesehen, so

6) Da ein wahres Naturgesetz keine Ausnahmen zulässt, so bietet die periodische Abhängigkeit der Eigenschaften von den Atomgewichten der Elemente ein **neues Mittel** dar, um nach dem Aequivalente **das Atomgewicht** oder die Werthigkeit wenig untersuchter, aber schon bekannter Elemente **zu bestimmen**, d. h. solcher Elemente, denen willkürliche, auf keiner sicheren Basis beruhende Atomgewichte beigelegt werden, da andere Mittel zur Bestimmung derselben noch nicht angewandt werden konnten. Als das periodische Gesetz aufgestellt wurde (1869), liess sich auf diese Weise für mehrere Elemente das richtige Atomgewicht erkennen, welches dann durch spätere Untersuchungen auch wirklich bestätigt wurde. Zu diesen Elementen gehören: Indium, Uran, Cerium, Yttrium und andere.

7) Die periodische Aenderung der Eigenschaften der Elemente in Abhängigkeit von ihrer Masse unterscheidet sich von der periodischen Abhängigkeit anderer Art (z. B. der periodischen Aenderung der Sinuse bei Vergrösserung der Winkel, oder der Aenderung der Lufttemperatur im Laufe der Zeit nach den Jahres- und Tages-Perioden) dadurch, dass die Masse der Atome nicht ununterbrochen zunimmt, sondern sprungweise, d. h. dass zwischen zwei Elementen (z. B. $K=39$ und $Ca=40$ oder $Al=27$ und $Si=28$ oder $C=12$ und $N=14$ u. s. w.) nicht nur keine Uebergangs-Elemente existiren, sondern nach dem Gesetze der multiplen Pro-

---

musste sein Atomgewicht $In = 3 \times 37{,}7 = 113$ betragen und die Zusammensetzung seines Oxydes In^2O^3 und die seiner Salze InX^3 sein. Bei dieser Annahme erwies sich aber auch die ihm zukommende Stelle im Systeme als unbesetzt: nämlich in der III-ten Gruppe und der 7-ten Reihe, zwischen $Cd=112$ und $Sn=118$, und es erschien als Analogon des Al- oder als Dvialuminium (Dvi = 2 im Sanskrit). Dieser Stelle entsprechen alle beobachteten Eigenschaften des Indiums, z. B. die Dampfdichte: $Cd=8{,}6$, $In=7{,}4$, $Sn=7{,}2$ und der basische Charakter der Oxyde: CdO, In^2O^3, SnO^2, der sich der Reihe gemäss in der Weise ändert, dass die Eigenschaften des In^2O^3 in der Mitte zwischen denen von CdO und SnO^2 oder Cd^2O^2 und Sn^2O^4 stehen. Dass das Indium wirklich in die III-te Gruppe gehört, ist durch die unabhängig von einander von Bunsen und mir ausgeführten Bestimmungen der spezifischen Wärme desselben bestätigt worden, und auch dadurch bestätigt worden, dass das Indium, ebenso wie das derselben Gruppe angehörige Aluminium, Alaune bildet.

Infolge ähnlicher Schlüsse musste das Atomgewicht des Ti nahe zu 48 und nicht zu 52 angenommen werden, wie aus vielen Analysen hervorging, und das des Te zu 125 und nicht zu 128. Auch diese beiden Korrekturen, die auf Grund des Gesetzes an empirischen Daten angebracht wurden, sind gegenwärtig schon bestätigt worden, denn Thorpe fand für das Titan und Brauner für das Tellur durch sorgfältige Versuche eben das Atomgewicht, welches vom periodischen Gesetze vorausgesehen war. Dasselbe wiederholte sich bei den Platinmetallen. Denn obgleich frühere Analysen die Atomgewichte: $Os=199{,}7$ $Ir=198$ und $Pt=197$ ergeben hatten, musste nach dem periodischen Gesetze angenommen werden, wie ich es auch schon 1871 gethan hatte, dass das Atomgewicht vom Os zum Pt und Au nicht kleiner, sondern grösser wird. Zahlreiche, namentlich von Seubert ausgeführte Untersuchungen haben diese auf dem Gesetze beruhende Prognose vollkommen bestätigt. Ein wahres Naturgesetz geht den Thatsachen voraus, erräth Zahlen, führt zur Verbesserung der Beobachtungs-Methoden u. s. w.

portionen (von Dalton) auch nicht existiren dürfen. Die *Molekel* einer Wasserstoffverbindung z. B. kann ein Wasserstoffatom, wie HF oder 2, wie H^2O oder 3, wie NH^3 u. s. w. enthalten, aber in keiner *Molekel* dürfen $2^1/_2$ Wasserstoffatome auf das Atom eines Elementes kommen, ebenso wenig, wie es zwischen N und O ein Element geben kann, dessen Atomgewicht grösser als 14 und kleiner als 16 wäre. Die Natur der periodischen Funktion der Elemente wird eben dadurch bestimmt, dass kein Atom mehr als 4 Wasserstoffatome binden kann und dass auf 2 Atome eines Elementes nicht mehr als 8 Atome Sauerstoff kommen können. Hierdurch werden auch die 8 Gruppen der Elemente bestimmt.

8) Das Wesen der Begriffe, die das periodische Gesetz hervorgerufen haben, beruht auf allgemeinen physikalisch-mechanischen Grundlagen, durch welche die Wechselbeziehung, Unwandelbarkeit und Aequivalenz der Naturkräfte anerkannt wird. In direkter Abhängigkeit von der Masse des Stoffes stehen die Schwere, die Anziehung in geringen Entfernungen und viele andere Erscheinungen. Es ist daher nicht anzunehmen, dass die chemischen Kräfte von der Masse unabhängig seien. Die Abhängigkeit ist in der That vorhanden, denn die Eigenschaften der einfachen und zusammengesetzten Körper werden durch die Masse der dieselben bildenden Atome bestimmt. Das Molekulargewicht oder die Masse der Molekeln bestimmt, wie wir gesehen, viele Eigenschaften und zwar unabhängig von der Zusammensetzung der Molekeln. Es weisen z. B. die beiden Gase CO und N^2, die dasselbe Molekulargewicht besitzen, viele gleiche oder nahezu gleiche Eigenschaften auf (Dichte, Verflüssigungstemperatur, spezifische Wärme u. s. w.). Die von der Natur der Substanz bedingten Unterschiede spielen eine nebensächliche Rolle, bilden eine Grösse anderer Ordnung. Auch die Eigenschaften der Atome werden hauptsächlich durch ihre Masse, ihr Gewicht bestimmt. **Diese Abhängigkeit** der Eigenschaften von der Masse ist eine eigenthümliche, sie **wird durch das periodische Gesetz zum Ausdruck gebracht.** Mit der Zunahme der Masse ändern sich die Eigenschaften anfangs stetig und regelmässig, dann aber findet eine Umkehr statt, die zu den ursprünglichen Eigenschaften zurückführt, und es beginnt wieder eine neue, ähnliche Periode in der Aenderung. Trotzdem bedingt aber auch hier, wie in anderen Fällen, eine geringe Aenderung in der Masse des Atoms gewöhnlich auch eine geringe Aenderung in den Eigenschaften; diese Aenderung bestimmt einen Unterschied zweiter Ordnung. Die Atomgewichte des Kobalts und Nickels, sodann die des Rh, Ru und Pd und wieder die des Os, Ir und Pt kommen einander sehr nahe, aber auch die Eigenschaften sind nahezu gleiche, so dass die Unterschiede kaum zu bemerken sind. Wenn nun die Eigenschaften der Atome eine Funktion ihres Gewichtes

sind, so müssen viele Begriffe, die in der Chemie mehr oder weniger festen Fuss gefasst haben, geändert, entwickelt und im Sinne dieser Folgerung ausgearbeitet werden, da man sich die chemischen Elemente gewöhnlich aus so selbstständigen Atomen bestehend vorstellt, als ob sie einen selbständigen durch die *Natur* dieser Atome bedingten Einfluss ausübten. An Stelle dieses Begriffes von der Natur der Elemente muss jetzt der Begriff *ihrer Masse* treten und es muss folglich nicht der Einfluss eines Elementes an und für sich betrachtet werden, sondern es muss dieser Einfluss einerseits mit dem Einflusse anderer Elemente, die eine nahezu gleiche Masse besitzen, und andererseits mit dem von Elementen, die zu derselben Gruppe, aber zu anderen Perioden gehören, verglichen werden. Es erhalten dann viele chemische Folgerungen einen neuen Sinn und andere Bedeutung und man bemerkt Regelmässsgkeit dort, wo dieselben sonst der Aufmerksamkeit entgangen wären. Es offenbart sich dies besonders deutlich an den physikalischen Eigenschaften, zu deren Betrachtung wir später übergehen wollen; an dieser Stelle wollen wir noch bemerken, dass zuerst Gustavson (Kap. 10 Anm. 28 bis) und dann Potilitzin (Kap. 11 Anm. 66) auf die directe Abhängigkeit der Reaktionsfähigkeit von der Grösse des Atomgewichts und von derjenigen Grundeigenschaft der Elemente, welche in ihren Verbindungsformen zum Ausdruck kommt, hingewiesen haben und dass es sich später in zahlreichen Fällen herausstellte, dass auch das rein chemische Verhalten der Elemente mit den periodischen Eigenschaften derselben im Zusammenhange steht. Als Beispiel führe ich an, dass Carnelley die Abhängigkeit der Zersetzbarkeit der Hydrate von der Stellung der Elemente im periodischen System bemerkte und das L. Meyer, Willgerodt und andere auf den Zusammenhang zwischen dem Atomgewichte oder der Stellung der Metalle im periodischen System und der Fähigkeit derselben als Halogen-Ueberträger bei Kohlenwasserstoffen zu dienen, hingewiesen haben [16]). Sodann wird es nach

---

16) In Anbetracht des von Gustavson und Friedel beobachteten raschen Eintretens der Metalepsie in Gegenwart von Aluminium haben Meyer, Willgerodt und and. fast alle gewöhnlichen einfachen Körper in Bezug auf dieses Verhalten der Untersuchung unterworfen. Zu diesem Zwecke wurde das zu untersuchende Metall z. B. in Benzol gebracht, in welches dann im zerstreuten Tageslichte Chlor eingeleitet wurde. Mit Na, K, Ba und ähnl. fand keine Einwirkung auf das Benzol statt, d. h. es schied sich kein HCl aus, wurde aber Al oder überhaupt ein Halogenüberträger angewandt, so konnte die stattfindende Wirkung nach der Masse des sich ausscheidenden Chlorwasserstoffs beobachtet werden (besonders wenn das entstehende Chlormetall sich im Benzol löste). In der I-ten Gruppe und überhaupt unter den leichten und den zu den paaren Reihen gehörenden Elementen finden sich keine einfachen Körper, die als Ueberträger bei der Metalepsie fungiren, während die im periodischen System einander nahe stehenden einfachen Körper: Al, Ga, In, Sb, Fe, J als ausgezeichnete Halogenüberträger benutzt werden können.

dem periodischen Gesetz auch einleuchtend, dass in der Natur nur Elemente von geringem Atomgewichte verbreitet sind und dass in den Organismen ausschliesslich die leichtesten Elemente (H, C, N, O) vorherrschen, deren geringe Masse sich den Umwandlungen, die den Organismen eigen sind, leicht unterwerfen kann. Poljuta (in Charkow), Botkin, Blake und andere haben sogar Wechselbeziehungen zwischen der physiologischen Wirkung von Salzen (und anderen Präparaten) auf den Organismus und der Stellung der in den Salzen enthaltenen Elemente im periodischen Systeme aufgefunden [17]).

Da dem Wesen der Sache nach von der Zusammensetzung der Körper und den Eigenschaften der dieselben bildenden Elemente auch die physikalischen Eigenschaften abhängig sein müssen, so ist a priori zu erwarten, dass auch letztere sich von dem Atomgewichte der Elemente und folglich auch von der Stellung derselben im periodischen Systeme in Abhängigkeit befinden werden. Auf Thatsachen, welche diese Abhängigkeit beweisen, werden wir noch öfters bei der weiteren Darlegung stossen; an dieser Stelle mache ich nur auf die von Carnelley (1879) entdeckte Abhängigkeit der magnetischen Eigenschaften der einfachen Körper von der Stellung, die sie im periodischen Systeme einnehmen, aufmerksam. Nach Carnelley gehören alle einfachen Körper der *paaren Reihen* (die mit Li, K, Rb, Cs beginnen) zu den *magnetischen* (paramagnetischen). Magnetisch sind z. B. nach den Bestimmungen von Faraday: C, N, O, K, Ti, Cr, Mn, Fe, Co, Ni, Rh, Pd, Ce, Os, Ir, Pt. Dagegen sind die einfachen Körper der *unpaaren Reihen diamagnetisch:* H, Na, Si, P, S, Cl, Cu, Zn, As, Se, Br, Ag, Cd, Sn, Sb, J, Au, Hg, Tl, Pb, Bi.

Carnelley zeigte ferner, dass auch die **Schmelztemperatur** der einfachen Körper sich periodisch ändert, wie aus der beiliegenden Tabelle (zu Seite 690) zu ersehen ist, in welcher die am sichersten bestimmten Daten zusammengestellt und diejenigen hervorgehoben sind, die den Maximal- und Minimalwerthen entsprechen [18]). Die-

---

17) Es muss durchaus beachtet werden, dass das oben angeführte periodische Verhalten *die Elemente* zeigen, nicht die einfachen Körper, denn das periodische Gesetz bezieht sich auf die Elemente, da diesen das Atomgewicht eigen ist, während die einfachen Körper ebenso wie die zusammengesetzten ein Molekulargewicht besitzen. Die physikalischen Eigenschaften werden hauptsächlich durch die Eigenschaften der Molekeln bestimmt und hängen nur mittelbar von den Eigenschaften der die Molekeln bildenden Atome ab. Darin liegt eben der Grund, dass die Perioden, die z. B. in den Verbindungsformen deutlich und vollkommen scharf zum Ausdruck kommen, in den physikalischen Eigenschaften sich schon gewissermaassen verwickeln. Es erscheinen z. B. neben den Maxima und Minima, die den Perioden und Gruppen entsprechen, neue Molekeln; in der Schmelztemperatur des Germaniums z. B. tritt ein örtliches Maximum auf; letzteres war übrigens vom periodischen Gesetze bei der Bestimmung der Eigenschaften des Ekasiliciums vorausgesehen.

18) Offenbar sind viele der Schmelztemperaturen, namentlich die 1000° über-

selbe Abhängigkeit tritt bei der Vergleichung der Schmelztemperaturen der Chlormetalle hervor, von denen viele von Carnelley zu diesem Zweck von Neuem bestimmt worden sind [19]).

steigenden, nicht genau bestimmt; einige von mir gegebene (die eingeklammerten) beruhen nur auf annähernden vergleichenden Bestimmungen, zu deren Ausgangspunkten mir die Schmelztemperaturen des Ag und Pt dienten, welche gegenwärtig durch viele Beobachtungen festgestellt worden sind. Ausser den grossen Perioden, in welchen die Maxima der Schmelztemperaturen dem Si, Ti, Ru (?) und C, Os (?) entsprechen, sind noch kleine Perioden vorhanden, deren Maxima S, As, Sb entsprechen. Die Minima entsprechen den Halogenen und den Alkalimetallen. Die Kolumne neben den Schmelztemperaturen enthält die linearen Ausdehnungskoëffizienten (nach Fizeau), um die Aufmerksamkeit auf den Zusammenhang dieser Grössen mit den Schmelztemperaturen zu lenken. Diesen Zusammenhang bringt Raoul Pictet durch das Produkt $\alpha(t+273)\sqrt[3]{\dfrac{A}{s}}$ zum Ausdruck, welches er bei allen einfachen Körpern fast konstant und nahezu $=0{,}045$ fand. In diesem Produkte ist α der lineare Ausdehnungskoeffizient, $t+263$ die Schmelztemperatur von der absoluten Null ($-273°$) gerechnet und $\sqrt[3]{\dfrac{A}{s}}$ die mittlere Entfernung der Centren der Atome, wenn A das Atomgewicht und s das spezifische Gewicht des einfachen Körpers bedeutet. Obgleich dieses Produkt in Wirklichkeit Schwankungen unterworfen ist (bei Sn z. B. ist es kleiner als 0,03), so gibt die von Pictet aufgestellte Regel dennoch einen Begriff über den Zusammenhang von Grössen, die unter einander in einer gewissen Abhängigkeit stehen müssen.

19) Aus den Schmelztemperaturen der folgenden Metallchloride (deren Siedetemperaturen in Klammern beigefügt sind) lässt sich eine gewisse Regelmässigkeit ersehen, obgleich die Anzahl der Daten zu einer Verallgemeinerung noch ungenügend ist:

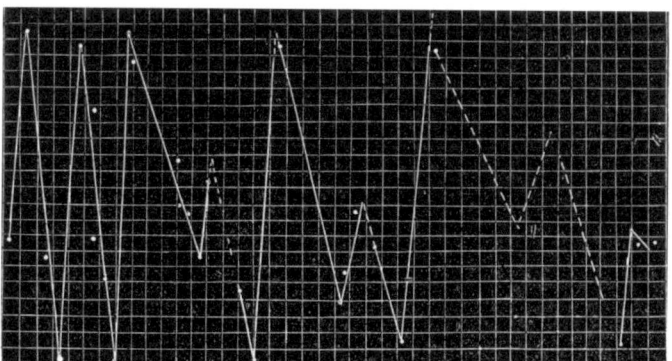

Fig. 124. Diagramm von Laurie, das die periodische Aenderung der Bildungswärme der Chloride der einfachen Körper zum Ausdruck bringt. Auf der Abszissenaxe sind die Atomgewichte von 0 bis 210 aufgetragen und auf der Ordinate die Wärmemengen von 0 bis 220 Tausend Calorien, welche sich bei der Vereinigung mit Cl^2 (d. h. mit 71 Th. Chlor) entwickeln. Auf den höchsten Punkten der Kurve befinden sich die Alkalimetalle Li, Na, K, Rb, Cs und auf den untersten die Halogene F, Cl, Br, J.

LiCl 598°,	BeCl² 600°,	BCl³ — 20°,
NaCl 772°,	MgCl² 708°,	AlCl³ 187°,
KCl 734°,	CaCl² 719°,	ScCl³ ?
{ CuCl 434°,	ZnCl² 262°,	GaCl³ 76°,
{ (993°)	(680°)	(217°)
AgCl 451°	CdCl² 541°.	InCl³ ?
{ TlCl 427°	PbCl° 498°,	BiCl³ 227°.
{ (713°)	(908°)	

Es unterliegt keinem Zweifel, dass auch viele andere physikalische Eigenschaften bei genauerer Erforschung sich gleichfalls in periodischer Abhängigkeit von den Atomgewichten erweisen werden, gegenwärtig sind aber mit einiger Vollständigkeit nur wenige dieser Eigenschaften bekannt. Zunächst soll nur eine derselben, die am leichtesten und häufigsten bestimmt wird, nämlich **das spezifische Gewicht** im festen (und flüssigen) Zustande, näher betrachtet werden, um so mehr, als der Zusammenhang dieser physikalischen Eigenschaften mit den chemischen Eigenschaften und dem chemischen Verhalten fortwährend zum Vorschein kommt. Es sind z. B. unter allen Metallen die Alkalimetalle (Na, K, Rb, Cs) und unter den Metalloiden die Halogene (Cl, Br, J), welche am energischsten in Reaktionen eingehen; gleichzeitig erweist es sich aber auch, dass unter den benachbarten einfachen Körpern—die Alkalimetalle und die Halogene das kleinste spezifische Gewicht besitzen. Da

---

Zur Vergleichung, die nicht ohne Interesse ist, bringen wir noch die folgenden Schmelztemperaturen: $HCl-112°$ ($-102°$); $RbCl$ 710°, $SrCl^2$ 825°, $CsCl$ 631°, $BaCl^2$ 860°, $SbCl^3$ 73° (223°), $TeCl^2$ 209° (327°), JCl 27° (303°), $HgCl^2$ 276° (303°), $FeCl^3$ 306°, $NbCl^5$ 194° (240°), $TaCl^5$ 211° (242°), WCl^6 190°. Die Schmelztemperaturen der Metallbromide und Jodide liegen bald niedriger, bald höher als die der entsprechenden Chloride, je nach dem Atomgewichte des Elementes und der Anzahl der Halogenatome, wie aus folgenden Beispielen zu ersehen ist. 1) KCl 734°, KBr, 699° KJ 634°; 2) $AgCl$ 454°, $AgBr$ 427°, AgJ 527°; $PbCl^2$ 498° (900°), $PbBr$ 499° (861), PbJ^2 383° (906°); 4) $SnCl^4$ unter $-20°$ (114°), $SnBr^2$ 30° (201°), SnJ^4 146° (295°). Laurie bemerkte (1882) eine Periodizität auch in der Wärmemenge, die sich bei der Bildung der Chloride, Bromide und Jodide entwickelt, wie aus der folgenden Zusammenstellung zu ersehen ist, in der die sich entwickelnden Wärmemengen in Tausenden von Calorien ausgedrückt und auf eine Chlormolekel Cl^2 bezogen sind, infolge dessen die Bildungswärme von KCl verdoppelt und die von $SnCl^4$ halbirt ist u. s. w.: Na 195 (Ag 59, Au 12), Mg 151 (Zn 97, Cd 93, Hg 63), Al 117, Si 79 (Sn 64); K 211 (Li 187), Ca 170 (Sr 185, Ba 194). Aus dieser Zusammenstellung ergibt sich, dass die grösste Wärmemenge die Alkalimetalle entwickeln und dass von denselben angefangen in jeder Periode eine Abnahme eintritt bis zu den Halogenen, bei deren gegenseitiger Verbindung nur sehr wenig Wärme entwickelt wird.

In Anbetracht dessen halte ich es nicht für überflüssig zu bemerken: 1) dass Thomsen, dessen Angaben ich oben benutzt habe, obgleich er die periodische Aenderung der kalorischen Aequivalente ausser Acht gelassen hatte, dennoch die Korrelation der Werthe, die ähnlichen Elementen entsprechen, bemerkt hat; 2) dass die Allgemeinheit vieler Folgerungen der Thermochemie bedeutend gewinnen muss, wenn auf dieselbe das periodische Gesetz angewandt werden wird, welches sich offenbar auch bei den kalorimetrischen Daten wiederholt; wenn auf Grund dieser letzteren öfters richtige Prognosen gestellt wurden, so hängt dies nach Laurie's Beobachtungen von der Periodizität der thermischen, wie auch der vieler anderen Eigenschaften ab; und 3) dass die Bildungswärme der Oxyde, welche gleichfalls in periodischer Abhängigkeit von den Atomgewichten steht, sich von der Bildungswärme der Metallchloride dadurch unterscheidet, dass die grössten Werthe für dieselbe auf die zweiwerthigen Metalle der alkalischen Erden (Mg, Ca, Sr, Ba) fallen und nicht auf die einwerthigen Alkalimetalle, wie bei der Bildung der Chloride, Bromide und Jodide. Wahrscheinlich hängt dies damit zusammen, dass Cl, Br, J einwerthige Elemente sind, während der Sauerstoff zweiwerthig ist.

nun so wenig energische Metalle wie Ir, Pt nnd Au, ja sogar Kohle oder Diamant unter den einfachen Körpern, die ihnen dem Atomgewichte nach nahe stehen, die grösste Dichte besitzen, so übt der Verdichtungs-Grad der Materie auf den Verlauf der Umwandlungen, die dem Stoffe eigen sind, offenbar einen Einfluss aus; sodann ist diese Abhängigkeit von dem Atomgewicht augenscheinlich eine periodische. Um sich hierüber Rechenschaft zu geben, kann man sich die leichtesten einfachen Körper als locker und etwa einem Schwamme ähnlich, für andere leicht durchdringbar vorstellen, die schwersten dagegen als zusammengepresste und zum Aufnehmen anderer Elemente nur schwer auseinander tretende Massen. Am deutlichsten erscheinen diese Verhältnisse, wenn man an Stelle der spezifischen Gewichte [20]), die sich auf die Einheit des Volums beziehen, zur Vergleichung die **Atomvolume** setzt d. h. die Quotienten $\frac{A}{s}$ aus dem Atomgewichte A durch das spezifische Gewicht s. Da dem Sinne der Atomlehre nach der wägbare Theil des Stoffes den Raum nicht vollständig ausfüllt, sondern — analog den Sternen und Planeten, die sich im Weltraum bewegen und denselben in grösseren oder geringeren Zwischenräumen erfüllen — von einem Mittel (der Aetherhülle, wie man sich vorstellt) umgeben ist, so drückt der Quotient $\frac{A}{s}$ nur das mittlere Volum aus, das der Atomensphäre entspricht; es ist daher $\sqrt[3]{\frac{A}{s}}$ die **mittlere Entfernung der Centren der Atome.** Bei zusammengesetzten Körpern, deren Molekel M wiegt, ergibt sich der Mittelwerth für das Atomvolum durch Division des mittleren Molekularvolums $\frac{M}{s}$ durch die Anzahl n der in der Molekel enthaltenen Atome [21]). Die

---

20) Nachdem ich mich von den 50-er Jahren an mit den Fragen über die Verhältnisse der spezifischen Gewichte und Volume zu der chemischen Zusammensetzung beschäftigt habe, neige ich jetzt der Ansicht zu, dass die direkte Betrachtung der spezifischen Gewichte im Wesentlichen dieselbe Resultate ergibt, wie die Betrachtung der spezifischen Volume; letztere gewährt nur eine grössere Anschaulichkeit. Aus der beigegebenen Tabelle der periodischen Eigenschaften der einfachen Körper und der Oxyde ist dies deutlich zu ersehen. Die Elemente z. B., die unter den benachbarten das grösste Volum besitzen, zeigen auch das kleinste spezifische Gewicht, d. h. die periodische Aenderung beider Eigenschaften tritt mit gleicher Deutlichkeit zum Vorschein. Beim Uebergange vom Ag zum J z. B. findet eine stetige Abnahme des spezifischen Gewichtes und eine stetige Zunahme des spezifischen Volums statt. Ueber den periodischen Wechsel in der Zu- und Abnahme des spezifischen Gewichts und des spezifischen Volums der einfachen Körper in Abhängigkeit von ihrem Atomgewicht machte ich im August 1869 eine Mittheilung auf dem russischen Naturforscher-Kongresse in Moskau. Im folgenden Jahre 1870 erschien die Abhandlung L. Meyers, welche gleichfalls die spezifischen Volume der einfachen Körper betraf.

21) Das mittlere Atomvolum zusammengesetzter Körper verdient meiner Ansicht

relativ leichten einfachen Körper, welche sehr reaktionsfähig sind, besitzen das grösste Atomvolum: Na 23, K 45, Rb 57, Cs 71, bei den Halogenen beträgt es ungefähr 27. Ein geringes mittleres Atomvolum besitzen dagegen Körper, die nur schwer in Reaktionen eingehen: für C in Form von Diamant ist dasselbe kleiner als 4, in Form von Kohle annähernd 6, für Ni und Co kleiner als 7, für Ir und Pt etwa 9. Die übrigen einfachen Körper, die im Vergleich mit den eben genannten mittlere Atomgewichte und Eigenschaften besitzen, zeigen auch mittlere Atomvolume. Daher befinden sich die **spezifischen Gewichte und die spezifischen Volume fester (und flüssiger) Körper**, ebenso wie alle ihre anderen Eigenschaften, **in periodischer Abhängigkeit von den Atomgewichten**, wie dies aus der beiliegenden Tabelle (zu Seite 690) zu ersehen ist, in welcher die Atomgewichte A, die spezifischen Gewichte s und die Atomvolume $\frac{A}{s}$ zusammengestellt sind.

Die Gesammtheit der hierauf bezüglichen Daten lässt sich folgendermaassen zusammenfassen: in den Perioden, die mit Li, Na, K, Rb, Cs beginnen und mit F, Cl, Br, J enden, besitzen die äussersten Glieder (die energisch wirkenden einfachen Körper) eine geringe Dichte und ein grosses Volum und die zwischenliegenden eine sich stetig ändernde grössere Dichte und ein geringeres Volum, d. h. mit der Zunahme des Atomgewichts nimmt die Dichte abwechselnd zu und ab, u. s. w. Dabei wird mit der Zunahme der Dichte die Energie geringer; die grösste Dichte besitzen die einfachen Körper, welche ihren Atomgewichten nach die schwersten sind und die geringste Energie besitzen.

Zur Aufklärung des Verhältnisses zwischen den Volumen der einfachen Körper und ihren Verbindungen gibt dieselbe Tabelle die Dichten und Volume der höchsten salzbildenden Oxyde der meisten Elemente in derselben Reihenfolge (nach der Grösse der Atomgewichte) wie die einfachen Körper. Um die Vergleichung zu erleichtern, sind die Volume aller Oxyde auf je zwei Atome des Elementes, das mit dem Sauerstoff verbunden ist, berechnet. Z. B., die Dichte von $Al^2O^3 = 4,0$ das Gewicht von $Al^2O^3 = 102$ und das Volum von $Al^2O^3 = 25,5$. Wenn also das Volum von $Al = 11$ ist, so folgt daraus, dass aus 22 Volumen desselben bei der Bildung des Aluminiumoxydes 25,5 Volume entstehen.

---

nach eine grössere Aufmerksamkeit, als die, welche bis jetzt darauf verwandt wurde. Als Beispiel führe ich an, dass das mittlere Atomvolum der wenig energischen Oxyde gewöhnlich nahezu 7 beträgt, z. B. bei: SiO^2, Sc^2O^3, TiO^2, V^2O^5, desgleichen bei ZnO, Ga^2O^3, GeO^2, ZrO^2, In^2O^3, SnO^2, Sb^2O^5 u. a. Bei basischen und sauren Oxyden ist das mittlere Atomvolum grösser als 7. In den Grössen der mittleren Atomvolume der Oxyde und Salze lässt sich sowol eine periodische Veränderlichkeit, als auch ein Zusammenhang mit der Energie, die im Wesentlichen dieselbe, wie bei den einfachen Körpern ist, beobachten.

Auch in Bezug auf die spezifischen Gewichte und Volume der höheren salzbildenden Oxyde lässt sich sogleich eine deutliche Periodizität wahrnehmen. In jeder Periode z. B., die mit einem basischen Oxyde beginnt, nimmt das spezifische Gewicht Anfangs zu, erreicht sein Maximum und fällt dann, indem es zu den sauren Oxyden übergeht, bis es in den Halogenen wieder sein Minimum erreicht. Ganz besonders muss aber beachtet werden, dass das Volum der alkalischen Oxyde geringer ist, als das Volum der in ihnen enthaltenen Metalle, wie aus der 10-ten Kolumne der Tabelle zu ersehen ist, welche diesen Unterschied auf je ein Sauerstoffatom angibt [22]). Es entstehen z. B. aus 2 Atomen Na oder 46 Volumen desselben 24 Volume Na^2O und gegen 37 Vol. 2NaHO, d. h. der Sauerstoff und Wasserstoff, die sich in dem Natrium vertheilen, bewirken nicht nur keine Vergrösserung in der Entfernung der Atome desselben, sondern im Gegentheil sie nähern diese Atome einander, ziehen sie durch die Kraft ihrer grösseren Affinität zusammen, wobei offenbar auch die relativ geringe gegenseitige Anziehung der Natriumatome in Betracht kommt. Solche Metalle wie Al und Zn, die sich mit Sauerstoff zu Oxyden von schwacher salzbildender Fähigkeit verbinden, ändern ihr Volum fast gar nicht, während die gewöhnlichen Metalle und Metalloide bei ihrer Oxydation, namentlich wenn saure Oxyde entstehen, immer eine Zunahme des Volums aufweisen, d. h. ihre Atome treten auseinander, um den Sauerstoff aufzunehmen. Der Sauerstoff ist in denselben nicht zusammengepresst, wie in den Alkalien, und kann daher relativ leicht ausgeschieden werden.

Da mit einer ähnlichen periodischen Stetigkeit in Abhängigkeit von der Aenderung der Elemente sich auch die Volume der Chloride, der metallorganischen und aller anderen entsprechenden Verbindungen ändern, so muss es offenbar möglich sein, die Eigenschaften empirisch noch nicht erforschter Körper und selbst noch unentdeckter Elemente angeben zu können. Auf diesem Wege konnten auf Grund des periodischen Gesetzes viele Eigenschaften des Sc, Ga und Ge vorausbestimmt werden, welche sich dann nach der Entdeckung dieser Elemente vollkommen bestätigten [23]). Das perio-

---

22) Das Volum des Sauerstoffs ist offenbar eine veränderliche Grösse, (vergl. die Tabelle in der 10. Kolumne), die eine periodische Funktion der Grösse des Atomgewichts und der Oxydform bildet, daher müssen die einstmals zahlreichen Versuche zur Bestimmung des Atomvolums des Sauerstoffs in seinen Verbindungen zum wenigsten als überflüssig angesehen werden. Da aber bei der Bildung der Oxyde augenscheinlich eine Kontraktion stattfindet, denn das Volum des Oxyds ist meist geringer, als das Volum des darin enthaltenen einfachen Körpers, so ist unter Zugrundelegung der Zahlen der 2-ten Kolumne anzunehmen, dass das Volum des Sauerstoffs im freien Zustande gegen 12—15 beträgt; das spezifische Gewicht des festen Sauerstoffs im freien Zustande wird daher etwa 0,9 sein.

23) Beim In^2O^3 z. B. muss das spez. Gewicht und das spez. Volum das mittlere

dische Gesetz umfasst daher nicht nur das gegenseitige Verhalten der Elemente zu einander, deren Aehnlichkeit es zum Ausdruck bringt, sondern es verleiht der Lehre von den Verbindungsformen, welche die Elemente bilden, eine gewisse Vollendung, offenbart die Regelmässigkeiten in den Aenderungen aller chemischen und physikalischen Eigenschaften der einfachen und zusammengesetzten Körper, ermöglicht das Voraussagen der Eigenschaften empirisch noch nicht erforschter einfacher und zusammengesetzter Körper und schafft auf diese Weise die Basis zum Aufbau der Mechanik der Atome und Molekeln [24]).

---

zwischen dem von Cd^2O^2 und Sn^2O^4 sein, da das In zwischen Cd und Sn steht. Daher war es schon in den 70-er Jahren zu ersehen, dass das Volum des In^2O^3 etwa 38 und das spez. Gewicht etwa 7,2 betragen müsse, was aber erst im Jahre 1880 durch die von Nilson und Pettersson ausgeführten Bestimmungen bestätigt wurde (letztere fanden das spez. Gewicht $= 7,179$).

24) Da Angaben über die gegenseitige Entfernung und die Volume der Molekeln und Atome fester und flüssiger Körper sicherlich zur Entscheidung der Fragen der molekularen Mechanik, welche gegenwärtig nur für den gasförmigen Zustand der Stoffe einigermaassen aufgeklärt ist, erforderlich sind, so hat sich über das spezifische Gewicht von festen Körpern und namentlich von Flüssigkeiten bereits eine ausführliche Literatur gebildet. Bei den festen Körpern stösst man aber auf die grosse Schwierigkeit, dass das spezifische Gewicht derselben nicht nur bei Aenderung des isomeren Zustandes (SiO^2 z. B. besitzt als Quarz das spez. Gew. 2,65 und als Tridymit 2,2), sondern auch direkt durch mechanisches Zusammendrücken (z. B. bei krystallinischen, gegossenen und geschmiedeten Metallen), ja selbst durch den Grad der Zerkleinerung und durch ähnliche Einflüsse sich ändert, welche beim spezifischen Gewicht von Flüssigkeiten nicht in Betracht kommen.

Ohne in weitere Einzelheiten, der Kürze des vorliegenden Werkes wegen, einzugehen, will ich ausser dem schon Mitgetheilten noch bemerken, dass die spezifischen Volume und die gegenseitige Entfernung der Atome in einer ziemlich grossen Anzahl von Untersuchungen behandelt worden sind, dass aber bis jetzt nur auf wenige Verallgemeinerungen hingewiesen werden kann, welche von Dumas, Kopp und and. gemacht und von mir zusammengestellt und vervollständigt worden sind, und zwar in meiner in der 20-sten Anmerkung zitirten Arbeit und in Abhandlungen, welche diesen Gegenstand betreffen. Diese Verallgemeinerungen sind die folgenden:

1) Unter einander ähnliche und namentlich isomorphe Verbindungen besitzen öfters nahezu gleiche Molekularvolume.

2) Andere in ihren Eigenschaften ähnliche Verbindungen zeigen Molekularvolume, die mit dem Molekulargewichte zunehmen.

3) Wenn bei einer Vereinigung im dampfförmigen Zustande Kontraktion stattfindet, so wird meistens auch im festen und flüssigen Zustande eine Kontraktion beobachtet, d. h. die Summe der Volume der reagirenden Körper ist grösser, als das Volum des entstehenden oder der entstehenden Körper.

4) Bei Zersetzungen findet das Umgekehrte von dem statt, was bei Vereinigungen vor sich geht.

5) Bei Ersetzungen (wenn die Volume im dampfförmigen Zustande sich nicht ändern) tritt gewöhnlich eine unbedeutende Volumänderung ein, d. h. die Summe der Volume der reagirenden Körper ist der Summe der Volume der entstehenden fast gleich.

6) Nach dem Volum einer Verbindung lässt sich daher über das Volum der Bestandtheile nicht urtheilen, wol aber nach dem Volum des Ersetzungsproduktes.